全国优秀教材一等奖

21世纪化学规划教材·基础课系列

# 基础有机化学

## （第4版）上册

邢其毅　裴伟伟
徐瑞秋　裴　坚　编著

图书在版编目(CIP)数据

基础有机化学：第4版．上册/邢其毅等编著．—北京：北京大学出版社，2016.6
（21世纪化学规划教材·基础课系列）
ISBN 978-7-301-27212-1

Ⅰ．①基⋯　Ⅱ．①邢⋯　Ⅲ．①有机化学－高等学校－教材　Ⅳ．①O62

中国版本图书馆 CIP 数据核字（2016）第 126808 号

| | |
|---|---|
| 书　　　名 | 基础有机化学（第4版）上册<br>JICHU YOUJI HUAXUE (DI-SI BAN) SHANG CE |
| 著作责任者 | 邢其毅　裴伟伟　徐瑞秋　裴　坚　编著 |
| 责 任 编 辑 | 郑月娥 |
| 标 准 书 号 | ISBN 978-7-301-27212-1 |
| 出 版 发 行 | 北京大学出版社 |
| 地　　　址 | 北京市海淀区成府路 205 号　100871 |
| 网　　　址 | http://www.pup.cn　新浪微博：@北京大学出版社 |
| 电 子 邮 箱 | 编辑部 lk2@pup.cn　总编室 zpup@pup.cn |
| 电　　　话 | 邮购部 62752015　发行部 62750672　编辑部 62767347 |
| 印 刷 者 | 北京中科印刷有限公司 |
| 经 销 者 | 新华书店 |
| | 889 毫米×1194 毫米　16 开本　42.5 印张　1100 千字<br>2016 年 6 月第 4 版　2025 年 4 月第 23 次印刷 |
| 定　　　价 | 89.00 元 |

未经许可，不得以任何方式复制或抄袭本书之部分或全部内容。
**版权所有，侵权必究**
举报电话：010-62752024　电子邮箱：fd@pup.cn
图书如有印装质量问题，请与出版部联系，电话：010-62756370

# 内 容 简 介

本书第 1 版、第 2 版和第 3 版由高等教育出版社出版。第 1 版 1987 年获国家级优秀教材奖;第 2 版 1997 年获国家教委科技进步二等奖;第 3 版 2006 年获评北京高等教育精品教材、普通高等教育"十五"国家级规划教材。第 4 版 2021 年获首届全国教材建设奖全国优秀教材一等奖。

本书是在 2005 年出版的《基础有机化学》(第 3 版)基础上修订而成的。全书共 27 章。上册 13 章,主要介绍:(1) 有机化学的起源和发展简史;(2) 有机化合物系统命名、静态立体化学、光谱等基本知识;(3) 烷烃、烯烃、炔烃、卤代烃、醇、醚、醛、酮、羧酸及羧酸衍生物等各类化合物的结构、性质和合成等;(4) 自由基取代反应、饱和碳原子上的亲核取代反应、酰基碳原子上的亲核取代反应、自由基加成反应、亲电加成反应、亲核加成反应、周环反应、β-消除反应、氧化还原反应、重排反应、缩合反应等基本反应。

下册 14 章,主要介绍:(1) 胺、杂环化合物、芳香化合物、酚、醌等各类化合物的结构、性质和合成等;(2) 芳香亲电和亲核取代反应、氧化反应、重排反应以及过渡金属参与的有机反应等;(3) 生物分子的结构、性质和在自然界中生命体中的作用等;(4) 对逆合成的分析;(5) 文献资料的检索方法等。

本书除保留了第 3 版的一些特点外,还具有如下新的特点:(1) 书的版式作了更新;(2) 内容编排更加紧凑合理;(3) 简单介绍了若干对有机化学作出贡献的科学家,注意学科的继承和发展;(4) 介绍了现代有机化学对芳香性的介绍和理解;(5) 结合现代有机化学的教学方法,更加重视对有机反应机理的分析、介绍和总结;(6) 对一些重要的有机反应作了进一步的总结和分类,便于读者的学习。

本书可作为综合性大学化学专业的教材,也可供其他院校有关专业和对有机化学有兴趣的读者选用。

# 第 4 版前言

《基础有机化学》自 1980 年问世至今已出了三版,历经了 36 年。36 年来,本书一直作为北京大学化学与分子工程学院本科生的教材和研究生准备入学考试的参考书,在国内有较大的影响力。现在,第 3 版教材已使用了 11 年。在此期间,有机化学在理论、合成方法学及新研究领域方面都有了许多进展,此书的使用者对有机化学的理解和需求也有了新的变化,全国高校在教学过程中对有机化学课程的教学方法和模式也有了新的改革。为了适应有机化学在研究和教学上的新发展和需求,本书的作者决定编写《基础有机化学》第 4 版。第 4 版编写的宗旨是:有机化学教材要与有机化学的发展同步,在强化有机化学核心知识内容和基本特点的基础上,应科学地反映有机化学学科在过去这些年里对基础研究和前沿发展的新进展;在符合学习对象认知规律的基础上,应着重于学生在科学素养和创新能力等方面的培养。

第 4 版是在第 3 版的基础上编写的;并以协调当前有机化学教学理论和学科研究发展的方向为指导原则,对第 3 版教材作了适当的修改。新版具有以下特点:

1. 全书的版式作了更新,分为正文和边栏两部分。正文为有机化学的基本内容,结构较为紧凑;边栏对正文内容作了适当补充和说明,介绍了一些对有机化学作出贡献的科学家,同时也起启发学习、引导思考的作用。

2. 全书的框架更为合理。全书分为基础理论知识、专题介绍和文献查阅方法三部分。基础理论知识部分采用下列四种分章方式混编:① 相关知识点独立设章。如有机化合物系统命名、静态立体化学、光谱等。② 按有机化合物类型分章。如醇和醚、羧酸等。③ 按反应类型分章。如周环反应、缩合反应等。④ 按官能团类型和反应类型结合分章。如卤代烃 饱和碳原子上的亲核取代反应 β-消除反应;羧酸衍生物 酰基碳上的亲核取代反应等。在编写各章内容时,为了更好地体现各章知识的完整性和连贯性,书中有些内容作了必要的重复,但这种重复是在提高基础上的重复,符合循序渐进的认知规律;在叙述化合物性质时,更突出构效关系的分析;在介绍反应时,更突出对反应本质的理解和强化对反应机理的描述。总之,我们希望这些改进能使学习者对有机化学的学习更系统、更深入、更能发挥主动性。

3. 有机化学的内容十分丰富,与人类生活和工农业生产的关系十分紧密,合理取材和安排相关内容对于提高此书的可读性、可讲授性以及提高学生对有机化学的学习兴趣都是至为重要的。本书在内容的选择和安排上充分考虑了这一点。

4. 此书对芳香化合物的编写作了较大的调整,设立了苯和芳香性的独立章节,重点介绍了近年来在芳香性研究方面的新进展和新理论,打破读者以往对 Hückel 规则的误读。此外,将芳香亲电和亲核取代反应合并为一章,并介绍芳香亲核反应的新进展,使学习者对芳环上的反应理解更为准确,也更加方便学生的学习和总结。

5. 杂环化合物中内容作了较大的调整,包括脂杂环和芳香杂环两部分,重点介绍杂原子对环体系的影响和杂环的合成方法进展,对其与前面章节中重复的部分内容作了删节。

6. 第 4 版对第 3 版中专题介绍部分进行了调整,编写了氧化反应、重排反应、过渡金属催化反应等新的章节,主要在于总结有机反应的相应规律和学科研究的新进展。这将有利于学生的科学素养和创新意识的培养。

7. 第 4 版重新编写了文献查阅的方法，更加有利于学生对文献检索体系的了解，帮助学生建立更为顺畅的学习和研究方法。

8. 本书的习题采用了难易相结合的方式，更能体现教学上的要求。习题答案可查看与本书配套的习题集。

第 4 版的上册(第 1~13 章)由裴伟伟编写、整理和定稿，第 4 版的下册(第 14~27 章)由裴坚编写、整理和定稿。

作者在撰写过程中，得到了北京大学教务部、化学与分子工程学院老师们的关心和帮助。北京大学出版社的郑月娥编辑为本书的顺利出版作出了重要的贡献。北京农科院的苑嗣纯老师为此书结构式的录入和编排付出了辛勤的劳动。我们的学生陆作雨、柳晗宇等为本书的编写提了很多非常有益的建议，文献检索的章节是在柳晗宇同学作业的基础上进行修改和调整的。在此，作者向他们致以最诚挚和最衷心的感谢。

作者感谢读者多年来的关心、爱护和帮助，恳请读者在使用此书的过程中继续提出宝贵的意见，使此书在后续的编写过程中变得更好，真正成为一本对读者有益的经典教材。

编　者

2016 年 1 月于北京大学燕园

# 第 3 版前言

本书的第 1 版于 1980 年出版,第 2 版于 1993 年出版。第 2 版出版后,作为北京大学化学与分子工程学院本科生的教材和研究生准备入学考试的参考书,已使用了 11 年之久。在此期间,有机化学无论在理论、方法学和前沿领域的应用方面都已取得了极大的进展,而化学教学在方法和技术上也有了前所未有的改革和变化。正是为了适应新的教学形势的需要,邢其毅教授决定编写《基础有机化学》第 3 版。遗憾的是,在作出编写决定后不久,著名的有机化学教育家邢其毅教授因病医治无效,不幸逝世。为了实现邢其毅教授生前的愿望,编写小组召开了工作会议,确立了教材要与时代的发展同步前进的原则,明确了第 3 版的编写目标:要科学地反映学科的核心知识内容和基本特点,要符合学习对象的认知规律,要有利于全面培养学生的科学素质和创新能力,要加强基础知识和前沿领域的密切结合。

本教材第 3 版是在第 2 版的基础上,以与当前化学教学的要求和学科发展的方向相一致为宗旨来编写的。第 3 版具有以下特点:

1. 全书的框架结构更趋于合理。第 3 版在框架结构上作了较大的调整。全书分为基础和专章两部分。基础部分采用相关知识点独立设章,以及按官能团分章和按基本反应机理分章相结合的编排方式。目的在于更好地体现知识的完整性和连贯性。采用相关知识适当集中的方法,不仅使每章内容各有重点,且具备相对的完整性和独立性。读者既可以按序学习全书,也可以根据需要,取某些章节单独学习。

2. 教材内容的选择和安排上更符合认知规律。有机化学的内容十分丰富,与工农业生产和生活的关系十分密切,应用也十分广泛。合理地取材和由浅入深、循序渐进地安排各知识点,提高教材的可读性、可讲授性和方便学生自学,将有利于学生顺利地步入有机化学世界并对此产生浓厚的兴趣。

3. 开设学科前沿领域的窗口。在基础教材中设立专章,介绍有机化学学科发展的新成就和新反应,使学生考虑问题的起点更高,视野更开阔,对学科的了解更全面。这将利于提高学生的素质和培养他们的创新意识。在最后一章将简单介绍用计算机查阅文献的方法,帮助学生建立更广阔的学习通道。

4. 在章末增加了"复习本章的指导提纲",引导学生复习和总结。在章末还增加"英汉对照词汇",鼓励和方便学生阅读英文杂志和书籍。在书末还向读者推荐了一些参考书,有兴趣的学生可通过阅读这些书来了解国内外有机化学教材的情况和学习更深入的知识。

5. 本书的习题体现本课程的教学要求,与正文内容的知识点相匹配。习题答案参见与本书配套的习题集。

第 3 版教材的编写由裴伟伟(第 1~10 章、第 12~16 章、第 20~23 章)和裴坚(第 11 章、第 17~19 章、第 24~27 章)共同完成。全书的策划、统一整理和定稿由裴伟伟负责。

作者在撰写本书的过程中,得到了高等教育出版社"高等教育百门精品课程教材建设计划"的资助。也得到了北京大学教务处和化学院领导的关心和帮助。北京大学唐恢同教授精心地审阅了全部书稿,并提出很好的改进意见。高等教育出版社岳延陆编审从本书的策划、编写到出版自始至终给予了高度的重视、关心和支持。责任编辑秦凤英的高度责任心和丰富的经验为本书的顺利出版作出了重要贡献。本书的部分核磁共振图谱是由北京大学潘景歧、吕木坚提供的,大部分红外图谱是由翁诗甫提供的。我们的学生焦雷和梁勇为本书结构式的录入和编排付出了辛勤的劳动。在此,作者一并向他们致以最诚挚、最衷心的感谢。作者也向所有关心此书的北京大学有机化学研究所的老师们表示感谢。

  作者恳切地希望此书能给读者带来一些方便和益处,但由于编者水平所限,书中的疏漏和错误之处在所难免,敬请读者批评指正,以便有机会再版时得以更正。

编 者

2005 年 1 月于北京

# 第 2 版前言

本书自 1980 年出版后,在北京大学化学系作为教材及研究生准备入学考试的参考资料,已使用了十二年之久。在此期间,有机化学无论在理论上、方法上均取得了很大的进展。作者及高等教育出版社均感到本书有修改再版的必要。

第 2 版编写的精神与第 1 版一致,把结构、反应和合成结合起来,循序渐进地加以叙述。篇幅大致相同。在某些内容与章节的安排上与第 1 版有所不同,如将第一、二、三章合并,内容作了精简;将芳核的亲电取代一章合并到芳香烃一章中,一起讨论。在材料选择上也有所取舍,如将有机合成新方法——相转移催化及偶极非质子溶剂的使用和合成高分子两章删掉,必要的内容保留,分散在有关章节中叙述。过渡金属化合物取得了很大的进展,但第 1 版资料较多,初学者学时感到困难,本版作了大量的压缩。波谱分析的进步促进了结构测定的迅速发展,为有机分子世界增加了许多新的内容,红外、核磁、紫外、质谱是结构测定中最常用的方法,故本版对此介绍较为详尽,核磁共振中增加了碳谱的内容,二维核磁共振是非常重要的,但限于篇幅,未能讨论。元素有机方面增加了有机硅及有机硼的内容。为了能在学生查阅手册及阅读有关专业书籍时提供一些方便,简单地介绍了各类有机化合物的英文命名。构象及立体化学全部改写,立体化学的基本概念贯穿于全书之中,可以看做是本书的一个重点。有机合成是有机学科的重要组成部分,第 2 版选择了新的示例,略为介绍了逆向合成的推理方法,以加强学生在合成设计方面的训练。

为便于学生及时自我检查所学知识,第 2 版在正文各内容层次中增加了习题;章末增加了少数最基本的易得的中文参考书目,有兴趣的学生可通过阅读参考书来开阔视野、深入学习。

自第 1 版出版后,我们陆续收到广大读者的来信,对本书提出了许多批评和建议,如有个别地方内容重复、取材不当、印刷上及文字上的错误等,在此谨向他们表示衷心的感谢,作者在本版内,竭尽所能,力图改正,但恐力不从心,有负大家的期望,深信读者会一如既往,不断给我们提出宝贵意见,使本书在下一版中得到进一步的改善。本书在编写和使用过程中,北京大学化学系有机教研室的同事们和历届化学系的学生提出了许多建设性的宝贵意见,对本书的修改是十分有益的,在此,也向他们表示衷心的感谢。

作 者
1992 年 5 月于北大

# 第 1 版前言

1977年教育部在武昌召开了一次高等学校理科化学教材会议。会议上,大家一致认为应该鼓励各有关的学校根据教师个人不同的教学经验和对这门学科的不同认识,编写不同风格不同特点的教材。根据这个精神,北京大学化学系把编写本书的任务交给了我们。因为时间很仓促,我们的水平又有限,因此本书无论在选材或编排方面,都可能存在着不少问题,甚至有错误的地方。但是作者认为,如果一本书要到它完美无缺时,才出版问世,那本书就永远也写不成了。我们只是根据自己的一点教学经验,先写这一本,算是一种尝试,听听同行和学生们的意见。假若这本小书能起到抛砖引玉的作用,那就算达到编写本书的目的了。

任何一本基础学科的教材,在作者看来,主要是从大量的材料中,不断地筛选,根据自己的教学经验编写而成。以有机化学而论,材料特别丰富,取舍是一件很不容易的工作。现有的教科书体系,都是经过百年的教学经验,不断地筛选,删去旧的,加进新的,逐渐形成的。目前编写的许多教科书,表面上看来很不相同,但这些不同主要表现在编写和介绍的方法上,就其内容而言,基本上是大同小异的。有机化学的基本资料是由结构、反应和合成三部分组成的,不少书就是按照这样三部分编写的。实际上,反应和合成是一个问题的两个方面,因此本书通过分析典型例题阐明了较复杂化合物的合成途径,而一些简单化合物的合成则是通过反应来阐述的。也有些作者认为按有机化合物反应机制分类是比较严格的,所以首先对各类化合物的结构和性能作一简短的介绍,然后着重讨论各类机制不同的反应。作者根据以往的经验,觉得过于集中讨论某一反应,学生会觉得非常枯燥,而把结构、反应、合成三者结合起来同时学习,可以使学生得到比较有系统的知识,同时也可避免在阅读或听课时,引起一些不必要的疑问。例如在讨论某一类型的化合物时,可以结合它的结构推引出反应发生的内在原因,然后再介绍这一反应在合成上的应用。这样学习,学生会感到比较生动,也比较多样化一点。因此本书是按化合物分类的方式编写的。我们认为,不应该为了强调理论上的阐述,把许多重要的工业制备都删略,因为有机工业制备也是基础有机知识的一部分,所以我们在有关的章节内加入了有关这方面的一些资料,但做得还很不够。这样做,不仅是为了多样化,同时也表达了作者对待这门科学的一种看法。作者认为应该比较全面地对待一门基础科学,任何过分的偏废都是不合适的,教学效果也是不好的。

对于初学的人,不应过于集中地介绍某一概念,而应当根据需要有步骤地循序渐进。因此本书中有些内容,作了必要的重复。例如光谱、立体概念、构象等就是根据这个精神,分别在几处作了讨论。作者认为这种重复对于学习是有帮助的。

现在许多教科书在每一章后都作了简短的总结,这对学习是非常必要的。但是作者认为这步工作应当根据学生自己的理解,用自己的语言,作出自己的总结。因此作者把这一重要任务交给了读者。每章后的习题,实质上也是一种总结,这些题目,有的是作者查阅文献编写的,有的是从其它教科书中取得的,这里就不一一声明了。

在本书编写过程中,裴伟伟同志担任了大部分缮写工作,并提了一些有益的建议,刘瑞雯同志担任了许多插图的描绘工作。作者特在此向他们致谢。

作　者<br>
1980 年 4 月于北大

# 目 录

## 第 1 章 绪论 / 1

1.1 有机化学和有机化合物的特性 …… 1
1.2 结构概念和结构理论 …… 3
    1.2.1 A. Kekulé(凯库勒)及 A. Couper(古柏尔)的两个重要基本规则(1857) …… 3
    1.2.2 A. Butlerov(布特列洛夫)的化学结构理论(1861) …… 5
1.3 化学键 …… 7
    1.3.1 原子轨道 …… 7
    1.3.2 原子的电子构型 …… 8
    1.3.3 典型的化学键 …… 9
    1.3.4 价键理论 …… 10
    1.3.5 分子轨道理论 …… 13
    1.3.6 共价键的极性　分子的偶极矩 …… 17
    1.3.7 共价键的键长　键角　键能 …… 19
1.4 酸碱的概念 …… 22
    1.4.1 酸碱电离理论 …… 22
    1.4.2 酸碱溶剂理论 …… 22
    1.4.3 酸碱质子理论 …… 22
    1.4.4 酸碱电子理论 …… 24
    1.4.5 软硬酸碱理论 …… 25
章末习题 …… 25
复习本章的指导提纲 …… 26
英汉对照词汇 …… 27

## 第 2 章 有机化合物的分类　表示方式　命名 / 29

2.1 有机化合物的分类 …… 29
2.2 有机化合物的表示方式 …… 31
    2.2.1 有机化合物构造式的表示方式 …… 31
    2.2.2 有机化合物立体结构的表示方式 …… 32
2.3 有机化合物的同分异构体 …… 33
**有机化合物的命名** …… 35
2.4 烷烃的命名 …… 35
    2.4.1 链烷烃的命名 …… 36
    2.4.2 单环烷烃的命名 …… 43
    2.4.3 桥环烷烃的命名 …… 45
    2.4.4 螺环烷烃的命名 …… 46
2.5 烯烃和炔烃的命名 …… 47
    2.5.1 烯基、炔基和亚基的命名 …… 47
    2.5.2 烯烃和炔烃的系统命名 …… 48
2.6 芳香烃的命名 …… 52
    2.6.1 含苯基的单环芳烃的命名 …… 52
    2.6.2 多环芳烃的命名 …… 54
    2.6.3 非苯芳烃的命名 …… 56
2.7 烃衍生物的系统命名 …… 57
    2.7.1 常见官能团的词头、词尾名称 …… 57
    2.7.2 单官能团化合物的系统命名 …… 58
    2.7.3 含多个相同官能团化合物的系统命名 …… 61
    2.7.4 含多种官能团化合物的系统命名 …… 62
    2.7.5 环氧化合物和冠醚的命名 …… 64
章末习题 …… 65
复习本章的指导提纲 …… 66
英汉对照词汇 …… 66

## 第3章 立体化学 / 69

- 3.1 轨道的杂化和碳原子价键的方向性 … 70
  - 3.1.1 甲烷 $sp^3$ 杂化 σ键 ……… 70
  - 3.1.2 乙烯 $sp^2$ 杂化 π键 ……… 71
  - 3.1.3 乙炔 sp 杂化 正交的π键 …………………… 71
- **构象、构象异构体** ……………………… 72
- 3.2 链烷烃的构象 …………………… 72
  - 3.2.1 乙烷的构象 ………………… 72
  - 3.2.2 丙烷的构象 ………………… 74
  - 3.2.3 正丁烷的构象 构象分布 … 75
  - 3.2.4 乙烷衍生物的构象分布 … 76
- 3.3 环烷烃的构象 …………………… 77
  - 3.3.1 Baeyer 张力学说 …………… 77
  - 3.3.2 环丙烷的构象 ……………… 78
  - 3.3.3 环丁烷的构象 ……………… 78
  - 3.3.4 环戊烷的构象 ……………… 79
  - 3.3.5 环己烷的构象 ……………… 79
  - 3.3.6 取代环己烷的构象 ………… 81
  - 3.3.7 十氢化萘的构象 …………… 84
  - 3.3.8 中环化合物的构象 ………… 85
- **旋光异构体** ……………………… 86
- 3.4 旋光性 …………………………… 86
  - 3.4.1 平面偏振光 ………………… 86
  - 3.4.2 旋光仪 旋光物质 旋光度 …………………… 87
  - 3.4.3 比旋光度 分子比旋光度 … 87
- 3.5 手性和分子结构的对称因素 ……… 88
  - 3.5.1 手性 手性分子 …………… 88
  - 3.5.2 判别手性分子的依据 ……… 88
- 3.6 含手性中心的手性分子 …………… 90
  - 3.6.1 手性中心和手性碳原子 …… 90
  - 3.6.2 含一个手性碳原子的化合物 …………………… 90
  - 3.6.3 含两个或多个手性碳原子的化合物 …………………… 93
  - 3.6.4 含两个或多个相同（相像）手性碳原子的化合物 ……… 95
  - 3.6.5 含手性碳原子的单环化合物 … 97
  - 3.6.6 含有其他不对称原子的光活性分子 …………………… 99
- 3.7 含手性轴的旋光异构体 …………… 100
  - 3.7.1 丙二烯型的旋光异构体 …… 100
  - 3.7.2 联苯型的旋光异构体 ……… 101
- 3.8 含手性面的旋光异构体 …………… 103
- 3.9 消旋、拆分和不对称合成 ………… 104
  - 3.9.1 外消旋化 …………………… 104
  - 3.9.2 差向异构化 ………………… 105
  - 3.9.3 外消旋体的拆分 …………… 106
  - 3.9.4 不对称合成法 ……………… 108
- 章末习题 …………………………… 109
- 复习本章的指导提纲 ………………… 111
- 英汉对照词汇 ………………………… 111

## 第4章 烷烃 自由基取代反应 / 113

- 4.1 烷烃的分类 ……………………… 114
- 4.2 烷烃的物理性质 ………………… 114
- **烷烃的反应** ……………………… 116
- 4.3 预备知识 ………………………… 116
  - 4.3.1 有机反应及其分类 ………… 116
  - 4.3.2 有机反应机理 ……………… 117
  - 4.3.3 有机反应中的热力学与动力学 …………………… 118
- 4.4 烷烃的结构和反应性分析 ……… 121
- 4.5 自由基反应 ……………………… 121
  - 4.5.1 碳自由基的定义和结构 …… 121
  - 4.5.2 键解离能和碳自由基的稳定性 …………………… 122
  - 4.5.3 自由基反应的共性 ………… 123
- 4.6 烷烃的卤化 ……………………… 124
  - 4.6.1 甲烷的氯化 ………………… 124
  - 4.6.2 甲烷的卤化 ………………… 125
  - 4.6.3 高级烷烃的卤化 …………… 126
- 4.7 烷烃的热裂 ……………………… 128
- 4.8 烷烃的氧化 ……………………… 130
  - 4.8.1 自动氧化 …………………… 130
  - 4.8.2 燃烧 ………………………… 130

| | | | | |
|---|---|---|---|---|
| 4.9 | 烷烃的硝化 | 130 | 4.12 烷烃的来源 | 133 |
| 4.10 | 烷烃的磺化及氯磺化 | 131 | 章末习题 | 134 |
| 4.11 | 小环烷烃的开环反应 | 132 | 复习本章的指导提纲 | 135 |
| **烷烃的制备** | | 133 | 英汉对照词汇 | 135 |

## 第5章　紫外光谱　红外光谱　核磁共振和质谱　/ 137

**(一) 紫外光谱** ⋯⋯⋯⋯⋯ 137
5.1 紫外光谱的基本原理 ⋯⋯⋯ 138
 5.1.1 紫外光谱的产生 ⋯⋯⋯ 138
 5.1.2 电子跃迁的类型 ⋯⋯⋯ 138
5.2 紫外光谱图 ⋯⋯⋯⋯⋯⋯⋯ 139
5.3 各类化合物的电子跃迁 ⋯⋯ 141
 5.3.1 饱和有机化合物的
   电子跃迁 ⋯⋯⋯⋯⋯ 141
 5.3.2 不饱和脂肪族化合物的
   电子跃迁 ⋯⋯⋯⋯⋯ 141
 5.3.3 芳香族化合物的电子跃迁 ⋯ 144
5.4 影响紫外光谱的因素 ⋯⋯⋯ 145
 5.4.1 生色团和助色团 ⋯⋯⋯ 145
 5.4.2 红移现象和蓝(紫)移现象 ⋯ 146
 5.4.3 增色效应和减色效应 ⋯⋯ 147
5.5 $\lambda_{max}$与化学结构的关系 ⋯⋯⋯ 148
**(二) 红外光谱** ⋯⋯⋯⋯⋯⋯⋯ 150
5.6 红外光谱的基本原理 ⋯⋯⋯ 150
 5.6.1 红外光谱的产生 ⋯⋯⋯ 150
 5.6.2 分子的振动形式和
   红外吸收频率 ⋯⋯⋯⋯ 151
 5.6.3 振动自由度和红外吸收峰 ⋯ 152
 5.6.4 红外光谱仪及测定方法 ⋯⋯ 152
5.7 红外光谱图 ⋯⋯⋯⋯⋯⋯⋯ 153
 5.7.1 红外光谱图的组成 ⋯⋯⋯ 153
 5.7.2 官能团区和指纹区 ⋯⋯⋯ 154
5.8 重要官能团的红外特征吸收 ⋯ 155
 5.8.1 烷烃红外光谱的特征 ⋯⋯ 155
 5.8.2 烯烃红外光谱的特征 ⋯⋯ 156
 5.8.3 炔烃红外光谱的特征 ⋯⋯ 158
 5.8.4 芳烃红外光谱的特征 ⋯⋯ 158
 5.8.5 卤代烃红外光谱的特征 ⋯ 160
 5.8.6 醇、酚、醚红外光谱的特征 ⋯ 160
 5.8.7 醛、酮红外光谱的特征 ⋯ 161
 5.8.8 羧酸红外光谱的特征 ⋯⋯ 162
 5.8.9 羧酸衍生物、腈红外
   光谱的特征 ⋯⋯⋯⋯⋯ 163
 5.8.10 胺红外光谱的特征 ⋯⋯ 164
**(三) 核磁共振** ⋯⋯⋯⋯⋯⋯⋯ 165
5.9 核磁共振的基本原理 ⋯⋯⋯ 165
 5.9.1 原子核的自旋 ⋯⋯⋯⋯ 165
 5.9.2 核磁共振现象 ⋯⋯⋯⋯ 165
 5.9.3 $^1H$的核磁共振
   饱和与弛豫 ⋯⋯⋯⋯⋯ 166
 5.9.4 $^{13}C$的核磁共振
   丰度和灵敏度 ⋯⋯⋯⋯ 168
 5.9.5 核磁共振仪 ⋯⋯⋯⋯⋯ 168
**氢谱** ⋯⋯⋯⋯⋯⋯⋯⋯⋯⋯⋯ 169
5.10 化学位移 ⋯⋯⋯⋯⋯⋯⋯ 169
 5.10.1 化学位移的定义 ⋯⋯⋯ 169
 5.10.2 屏蔽效应和化学位移的
   起因 ⋯⋯⋯⋯⋯⋯⋯ 170
 5.10.3 化学位移的表示 ⋯⋯⋯ 170
 5.10.4 影响化学位移的因素 ⋯ 171
5.11 特征质子的化学位移 ⋯⋯⋯ 173
 5.11.1 烷烃 ⋯⋯⋯⋯⋯⋯⋯ 174
 5.11.2 烯烃 ⋯⋯⋯⋯⋯⋯⋯ 175
 5.11.3 炔烃 ⋯⋯⋯⋯⋯⋯⋯ 176
 5.11.4 芳烃 ⋯⋯⋯⋯⋯⋯⋯ 177
 5.11.5 卤代烃 ⋯⋯⋯⋯⋯⋯ 177
 5.11.6 醇　酚　醚　羧酸　胺 ⋯ 178
 5.11.7 羧酸衍生物 ⋯⋯⋯⋯⋯ 178
5.12 耦合常数 ⋯⋯⋯⋯⋯⋯⋯ 178
 5.12.1 自旋耦合和
   自旋裂分 ⋯⋯⋯⋯⋯ 178
 5.12.2 自旋耦合的起因 ⋯⋯⋯ 179
 5.12.3 耦合常数的定义和表达 ⋯ 179
 5.12.4 化学等价　磁等价
   磁不等价 ⋯⋯⋯⋯⋯ 180
 5.12.5 耦合裂分的规律 ⋯⋯⋯ 183

| | | | |
|---|---|---|---|
| 5.13 | 醇的核磁共振 ………………… 185 | 5.22 | 质谱图的表示 ………………… 201 |
| 5.14 | 积分曲线和峰面积 …………… 187 | 5.23 | 离子的主要类型、形成及其应用…… 202 |
| 5.15 | $^1$H NMR 图谱的剖析 ………… 188 | | 5.23.1 分子离子 ………………… 203 |

**碳谱** …………………………………… 190

| | | | |
|---|---|---|---|
| | | | 5.23.2 同位素离子 ……………… 203 |
| 5.16 | $^{13}$C NMR 谱的去耦处理 …… 190 | | 5.23.3 碎片离子 重排离子 …… 205 |
| 5.17 | $^{13}$C 的化学位移 …………… 191 | | 5.23.4 亚稳离子 ………………… 209 |
| 5.18 | $^{13}$C NMR 谱的耦合常数 …… 193 | | 5.23.5 多电荷离子 ……………… 209 |
| 5.19 | $^{13}$C NMR 谱的特点 ………… 194 | 5.24 | 影响离子形成的因素 ………… 210 |
| 5.20 | NMR 谱提供的结构信息 …… 194 | 章末习题 …………………………………… 211 |

**(四)质谱** ……………………………… 199

复习本章的指导提纲 …………………… 214

| | | |
|---|---|---|
| 5.21 | 质谱分析的基本原理和质谱仪 …… 199 | 英汉对照词汇 …………………………… 214 |

## 第 6 章 卤代烃 饱和碳原子上的亲核取代反应 β-消除反应 / 216

| | | | |
|---|---|---|---|
| 6.1 | 卤代烃的分类 ………………… 217 | | 6.6.8 卤代烃亲核取代反应的 |
| 6.2 | 卤代烃的命名 ………………… 217 | | 应用 ………………………… 247 |
| | 6.2.1 卤代烷的系统命名法 …… 217 | 6.7 | β-消除反应 …………………… 250 |
| | 6.2.2 卤代烷的普通命名法 …… 218 | | 6.7.1 定义、一般表达式和反应 |
| 6.3 | 卤代烃的结构 ………………… 218 | | 机理分类 ………………… 250 |
| | 6.3.1 碳卤键的特点和反应性分析 … 218 | | 6.7.2 卤代烃失卤化氢 |
| | 6.3.2 卤代烷的构象 …………… 219 | | E2 反应 …………………… 250 |
| 6.4 | 卤代烷的物理性质 …………… 220 | | 6.7.3 卤代烃 E2 反应和 $S_N$2 反应的 |
| **卤代烃的反应** ……………………… 222 | | | 并存与竞争 ……………… 253 |
| 6.5 | 与有机反应相关的若干预备知识…… 222 | | 6.7.4 卤代烃失卤化氢 |
| | 6.5.1 有机化学中的电子效应 … 222 | | E1 反应 …………………… 253 |
| | 6.5.2 碳正离子 ………………… 227 | | 6.7.5 卤代烃 E1 反应和 $S_N$1 反应的 |
| | 6.5.3 手性碳原子的构型保持和 | | 并存与竞争 ……………… 254 |
| | 构型翻转(Walden 转换)…… 230 | | 6.7.6 亲核取代反应和消除反应的 |
| | 6.5.4 一级反应和二级反应 …… 231 | | 并存与竞争 ……………… 255 |
| | 6.5.5 反应的分子数 …………… 232 | | 6.7.7 邻二卤代烷失卤原子 |
| 6.6 | 饱和碳原子上的亲核取代反应 …… 232 | | E1cb 反应 ………………… 257 |
| | 6.6.1 定义、一般表达式和反应 | | 6.7.8 卤代烃消除反应的应用 …… 258 |
| | 机理分类 ………………… 232 | 6.8 | 卤代烃的还原 ………………… 259 |
| | 6.6.2 $S_N$2 反应的定义、机理、 | 6.9 | 卤仿的分解反应 ……………… 260 |
| | 反应势能图和特点 ……… 233 | 6.10 | 卤代烃与金属的反应 ………… 261 |
| | 6.6.3 成环的 $S_N$2 反应 ………… 234 | | 6.10.1 有机金属化合物的 |
| | 6.6.4 $S_N$1 反应的定义、机理、 | | 定义和命名 ……………… 261 |
| | 反应势能图和特点 ……… 235 | | 6.10.2 有机金属化合物的结构 … 262 |
| | 6.6.5 溶剂解反应 ……………… 237 | | 6.10.3 有机金属化合物的 |
| | 6.6.6 Winstein 离子对机理 …… 238 | | 物理性质 ………………… 263 |
| | 6.6.7 影响卤代烃亲核取代 | | 6.10.4 格氏试剂和有机锂试剂的 |
| | 反应的因素 ……………… 239 | | 制备及性质 ……………… 263 |

**有机卤化物的制备** ·········· 268
  6.11 一般制备方法 ·········· 268
  6.12 氟代烷的制法 ·········· 270

章末习题 ·········· 271
复习本章的指导提纲 ·········· 274
英汉对照词汇 ·········· 275

## 第7章 醇和醚 / 277

**(一) 醇** ·········· 277
  7.1 醇的分类 ·········· 278
  7.2 醇的命名 ·········· 278
    7.2.1 醇的系统命名 ·········· 278
    7.2.2 醇的其他命名法 ·········· 278
  7.3 醇的结构 ·········· 279
    7.3.1 醇的结构特点 ·········· 279
    7.3.2 醇的构象 ·········· 279
  7.4 醇的物理性质 ·········· 280

**醇的反应** ·········· 282
  7.5 醇羟基上氢的反应 ·········· 282
  7.6 醇羟基上氧的反应 ·········· 283
    7.6.1 碱性 ·········· 283
    7.6.2 醇的亲核性 醇与含氧无机酸及其酰卤、酸酐的反应 ·········· 284
  7.7 醇羟基转换为卤原子的反应 ·········· 285
    7.7.1 与氢卤酸的反应 ·········· 285
    7.7.2 与卤化磷反应 ·········· 288
    7.7.3 与亚硫酰氯反应 ·········· 288
    7.7.4 醇经苯磺酸酯中间体制备卤代烃 ·········· 290
  7.8 醇的β-消除 E1反应 ·········· 291
  7.9 醇的氧化 ·········· 293
    7.9.1 用高锰酸钾或二氧化锰氧化 ·········· 293
    7.9.2 用铬酸氧化 ·········· 294
    7.9.3 用硝酸氧化 ·········· 295
    7.9.4 Oppenauer 氧化法 ·········· 296
    7.9.5 用 Pfitzner-Moffatt 试剂氧化 ·········· 296
  7.10 醇的脱氢 ·········· 298
  7.11 多元醇的特殊反应 ·········· 298
    7.11.1 邻二醇用高碘酸或四醋酸铅氧化 ·········· 298
    7.11.2 邻二醇的重排反应——频哪醇重排 ·········· 300

**醇的制备** ·········· 302
  7.12 几个常用醇的工业生产 ·········· 302
  7.13 醇的实验室制备法 ·········· 305
    7.13.1 卤代烃的水解 ·········· 305
    7.13.2 烯烃的水合、硼氢化-氧化和羟汞化-还原 ·········· 306
    7.13.3 羰基化合物的还原 ·········· 306
    7.13.4 用格氏试剂与环氧化合物或羰基化合物反应制备 ·········· 306

**(二) 醚** ·········· 309
  7.14 醚的分类 ·········· 309
  7.15 醚的命名 ·········· 310
    7.15.1 一般醚的命名 ·········· 310
    7.15.2 环氧化合物（或内醚）的命名 ·········· 310
    7.15.3 冠醚的命名 ·········· 311
  7.16 醚的结构 ·········· 312
  7.17 醚的物理性质 ·········· 312

**醚的反应** ·········· 313
  7.18 醚的自动氧化 ·········· 313
  7.19 形成𬭩盐 ·········· 314
  7.20 醚的碳氧键断裂反应 ·········· 315
  7.21 1,2-环氧化合物的开环反应 ·········· 316
    7.21.1 酸性开环反应 ·········· 316
    7.21.2 碱性开环反应 ·········· 317

**醚的制备** ·········· 319
  7.22 Williamson 合成法 ·········· 319
  7.23 醇分子间失水 ·········· 322
  7.24 烯烃的烷氧汞化-去汞法 ·········· 324
  7.25 醚类化合物的应用 ·········· 324
  7.26 相转移催化作用及其原理 ·········· 326

章末习题 ·········· 330
复习本章的指导提纲 ·········· 332
英汉对照词汇 ·········· 333

## 第8章 　烯烃　炔烃　加成反应(一) 　　　/ 335

**(一) 烯烃** ·············· 336
8.1 　烯烃的分类 ·············· 336
8.2 　烯烃的命名 ·············· 336
  8.2.1 　烯烃的系统命名 ·············· 336
  8.2.2 　烯烃的其他命名法 ·············· 336
8.3 　烯烃的结构 ·············· 337
8.4 　烯烃的物理性质 ·············· 339
**烯烃的反应** ·············· 341
8.5 　加成反应的定义和分类 ·············· 341
8.6 　烯烃的亲电加成反应 ·············· 341
  8.6.1 　烯烃与氢卤酸的加成 碳正离子中间体机理 ·············· 342
  8.6.2 　烯烃与硫酸、水、有机酸、醇和酚的加成 ·············· 345
  8.6.3 　烯烃与卤素的加成 ·············· 346
  8.6.4 　烯烃与次卤酸的加成 ·············· 350
8.7 　烯烃的自由基加成反应 ·············· 350
8.8 　烯烃与卡宾的反应 ·············· 352
  8.8.1 　卡宾的定义和结构 ·············· 352
  8.8.2 　卡宾的制备 ·············· 352
  8.8.3 　卡宾与碳碳双键的反应 ·············· 353
8.9 　烯烃的氧化 ·············· 355
  8.9.1 　烯烃的环氧化反应 ·············· 355
  8.9.2 　烯烃被高锰酸钾氧化 ·············· 358
  8.9.3 　烯烃被四氧化锇氧化 ·············· 358
  8.9.4 　烯烃的臭氧化-分解反应 ·············· 359
8.10 　烯烃的硼氢化-氧化反应和硼氢化-还原反应 ·············· 361
  8.10.1 　乙硼烷的介绍 ·············· 361
  8.10.2 　烯烃的硼氢化反应 ·············· 361
  8.10.3 　烷基硼的氧化反应 ·············· 362
  8.10.4 　烷基硼的还原反应 ·············· 363
8.11 　烯烃的催化氢化反应 ·············· 364
  8.11.1 　异相催化氢化 ·············· 364
  8.11.2 　均相催化氢化 ·············· 365
  8.11.3 　二亚胺还原 ·············· 366
8.12 　烯烃α氢的卤化 ·············· 366
8.13 　烯烃的聚合　橡胶 ·············· 368
  8.13.1 　烯烃的聚合 ·············· 368
  8.13.2 　橡胶 ·············· 369
**烯烃的制备** ·············· 372
8.14 　烯烃制备方法的归纳 ·············· 372
**(二) 炔烃** ·············· 373
8.15 　炔烃的分类 ·············· 373
8.16 　炔烃的命名 ·············· 373
  8.16.1 　炔烃的系统命名 ·············· 373
  8.16.2 　炔烃的其他命名法 ·············· 373
8.17 　炔烃的结构 ·············· 374
8.18 　炔烃的物理性质 ·············· 375
**炔烃的反应** ·············· 376
8.19 　末端炔烃的特性 ·············· 376
  8.19.1 　酸性 ·············· 376
  8.19.2 　末端炔烃的卤化 ·············· 378
  8.19.3 　末端炔烃与醛、酮的反应 ·············· 378
8.20 　炔烃的亲电加成 ·············· 379
  8.20.1 　炔烃与氢卤酸的加成 ·············· 379
  8.20.2 　炔烃与水的加成 ·············· 379
  8.20.3 　炔烃与卤素的加成 ·············· 380
8.21 　炔烃的自由基加成 ·············· 381
8.22 　炔烃的亲核加成 ·············· 381
  8.22.1 　炔烃与氢氰酸的加成 ·············· 382
  8.22.2 　炔烃与含活泼氢的有机物反应 ·············· 382
8.23 　炔烃的氧化 ·············· 383
  8.23.1 　炔烃被高锰酸钾氧化 ·············· 383
  8.23.2 　炔烃的臭氧化-分解反应 ·············· 383
8.24 　炔烃的硼氢化-氧化和硼氢化-还原反应 ·············· 384
  8.24.1 　炔烃的硼氢化-氧化反应 ·············· 384
  8.24.2 　炔烃的硼氢化-还原反应 ·············· 384
8.25 　炔烃的还原 ·············· 384
  8.25.1 　催化氢化 ·············· 384
  8.25.2 　用碱金属和液氨还原 ·············· 385
  8.25.3 　用氢化铝锂还原 ·············· 385
8.26 　乙炔的聚合 ·············· 386
**炔烃的制备** ·············· 387
8.27 　乙炔的工业生产 ·············· 387
8.28 　炔烃的实验室制备 ·············· 388

8.28.1　由二元卤代烷制备 ……… 388
　　8.28.2　用末端炔烃制备 ………… 388
章末习题 ……………………………… 390
复习本章的指导提纲 ………………… 393
英汉对照词汇 ………………………… 394

# 第9章　共轭烯烃　周环反应　/ 395

**(一) 共轭双烯** …………………………… 395
9.1　共轭双烯的结构 ……………………… 395
9.2　共轭烯烃的物理性质 ………………… 396
9.3　共轭双烯的特征反应——
　　1,4-加成反应 ……………………… 397
**(二) 共振论** ……………………………… 399
9.4　共振论简介 …………………………… 399
　　9.4.1　共振论的产生 ………………… 399
　　9.4.2　共振论的基本思想 …………… 399
　　9.4.3　写共振极限式的原则 ………… 400
　　9.4.4　共振极限结构稳定性的
　　　　　差别 ……………………… 400
　　9.4.5　共振极限结构对杂化体的
　　　　　贡献 ……………………… 401
　　9.4.6　共振论的应用及缺陷 ………… 401
**(三) 分子轨道理论对共轭多烯的处理** …… 403
9.5　分子轨道理论的基本思想 …………… 403
9.6　1,3-丁二烯的 π 分子轨道及
　　相关知识 ……………………………… 403
9.7　直链共轭多烯 π 分子轨道的特征 …… 405
9.8　用分子轨道理论解释 1,3-丁二烯
　　的特性 ………………………………… 407
**(四) 周环反应** …………………………… 409
9.9　周环反应和分子轨道对称守恒
　　原理 …………………………………… 409
　　9.9.1　周环反应及其特点 …………… 409
　　9.9.2　分子轨道对称守恒原理 ……… 410
9.10　前线轨道理论的概念和中心思想 … 411
9.11　电环化反应及前线轨道理论对
　　　电环化反应的处理 ………………… 411
　　9.11.1　电环化反应的定义和描述
　　　　　　立体化学的方法 ……… 411
　　9.11.2　前线轨道理论处理电环化
　　　　　　反应的原则和分析 ……… 412
　　9.11.3　电环化反应的立体选择规则
　　　　　　和应用实例 ……………… 415
9.12　环加成反应及前线轨道理论对
　　　环加成反应的处理 ………………… 418
　　9.12.1　环加成反应的定义、分类和
　　　　　　表示方法 ………………… 418
　　9.12.2　前线轨道理论处理环加成
　　　　　　反应的原则和分析 ……… 418
　　9.12.3　环加成反应的立体选择
　　　　　　规则和应用实例 ………… 421
9.13　Diels-Alder 反应 …………………… 423
　　9.13.1　Diels-Alder 反应的定义 …… 423
　　9.13.2　Diels-Alder 反应对反应物
　　　　　　的要求 …………………… 423
　　9.13.3　Diels-Alder 反应的分类 …… 424
　　9.13.4　Diels-Alder 反应的区域
　　　　　　选择性 …………………… 425
　　9.13.5　Diels-Alder 反应的立体
　　　　　　选择性 …………………… 426
　　9.13.6　Diels-Alder 反应的应用
　　　　　　实例 ……………………… 428
9.14　1,3-偶极环加成反应 ………………… 430
　　9.14.1　1,3-偶极化合物 ……………… 430
　　9.14.2　1,3-偶极环加成反应的
　　　　　　定义和应用实例 ………… 431
9.15　σ 迁移反应及前线轨道理论对
　　　σ 迁移反应的处理 ………………… 433
　　9.15.1　σ 迁移反应的定义、命名和
　　　　　　立体化学表示方法 ……… 433
　　9.15.2　前线轨道理论处理 σ 迁移
　　　　　　反应的原则和分析 ……… 435
　　9.15.3　σ 迁移反应的立体选择规则和
　　　　　　应用实例 ………………… 437
9.16　能量相关理论 ……………………… 440
9.17　芳香过渡态理论 …………………… 443
章末习题 ………………………………… 446
复习本章的指导提纲 …………………… 448
英汉对照词汇 …………………………… 449

## 第10章 醛和酮 加成反应(二) / 451

- 10.1 醛、酮的分类 ………………… 451
- 10.2 醛、酮的命名 ………………… 452
  - 10.2.1 醛、酮的系统命名 ……… 452
  - 10.2.2 醛的其他命名法 ………… 452
  - 10.2.3 酮的其他命名法 ………… 453
- 10.3 醛、酮的结构和构象 ………… 454
  - 10.3.1 醛、酮的结构 …………… 454
  - 10.3.2 醛、酮的构象 …………… 454
- 10.4 醛、酮的物理性质 …………… 455
- **醛、酮的反应** ……………………… 456
- 10.5 羰基的亲核加成 ……………… 457
  - 10.5.1 总述 ……………………… 457
  - 10.5.2 与含碳亲核试剂的加成 … 457
  - 10.5.3 与含氮亲核试剂的加成 … 462
  - 10.5.4 与含氧亲核试剂的加成 … 465
  - 10.5.5 与含硫亲核试剂的加成 … 469
- 10.6 α,β-不饱和醛、酮的加成反应 … 471
  - 10.6.1 α,β-不饱和醛、酮加成反应的分类 ……………… 471
  - 10.6.2 1,4-共轭加成的反应机理 ……………………… 473
  - 10.6.3 Michael 加成反应 ……… 475
- 10.7 醛、酮 α 活泼氢的反应 ……… 477
  - 10.7.1 醛、酮 α-H 的活性 ……… 477
  - 10.7.2 醛、酮的烯醇化反应 …… 478
  - 10.7.3 醛、酮 α-H 的卤化 ……… 480
  - 10.7.4 卤仿反应 ………………… 481
- 10.8 羟醛缩合反应 ………………… 482
  - 10.8.1 定义和反应式 …………… 482
  - 10.8.2 羟醛缩合反应的机理 …… 482
  - 10.8.3 羟醛缩合反应的分类 …… 484
- 10.9 醛、酮的重排反应 …………… 490
  - 10.9.1 Beckmann 重排 ………… 490
  - 10.9.2 Favorski 重排 …………… 492
  - 10.9.3 二苯乙醇酸重排 ………… 492
  - 10.9.4 Baeyer-Villiger 氧化重排 ……………………… 493
- 10.10 醛、酮的氧化 ……………… 494
  - 10.10.1 醛的氧化 ……………… 494
  - 10.10.2 酮的氧化 ……………… 496
- 10.11 羰基的还原 ………………… 497
  - 10.11.1 将羰基还原成亚甲基的反应 …………………… 497
  - 10.11.2 将羰基还原成 CHOH 的反应 …………………… 499
  - 10.11.3 用活泼金属的单分子还原和双分子还原 ………… 503
- **醛、酮的制备** …………………… 505
- 10.12 醛、酮的一般制备法 ……… 505
  - 10.12.1 用芳烃制备 …………… 505
  - 10.12.2 用烯烃、炔烃、醇制备 … 506
  - 10.12.3 用羧酸衍生物制备 …… 506
- 10.13 几个常用醛、酮的工业生产 … 509
- 章末习题 …………………………… 512
- 复习本章的指导提纲 ……………… 515
- 英汉对照词汇 ……………………… 516

## 第11章 羧酸 / 518

- 11.1 羧酸的分类 …………………… 519
- 11.2 羧酸的命名 …………………… 519
  - 11.2.1 羧酸的系统命名法 ……… 519
  - 11.2.2 羧酸的其他命名法 ……… 519
- 11.3 羧酸及羧酸盐的结构 ………… 521
  - 11.3.1 羧酸的结构 ……………… 521
  - 11.3.2 羧酸盐的结构 …………… 521
- 11.4 羧酸的物理性质 ……………… 522
- **羧酸的反应** ……………………… 524
- 11.5 酸性 …………………………… 525
- 11.6 羧酸 α-H 的反应——Hell-Volhard-Zelinsky 反应 ……………… 528
- 11.7 酯化反应 ……………………… 530
  - 11.7.1 概述 ……………………… 530
  - 11.7.2 酯化反应的机理 ………… 530
  - 11.7.3 羟基酸的分子内酯化和分子间酯化 ……………… 532
- 11.8 羧酸与氨或胺反应 …………… 534
- 11.9 羧羟基被卤原子取代的反应 … 535
- 11.10 羧酸与有机金属化合物反应 … 536

| | | | |
|---|---|---|---|
| 11.11 | 羧酸的还原 537 | 11.13.2 | 羧酸衍生物、腈的水解制备 543 |
| 11.12 | 脱羧反应 538 | 11.13.3 | 用羧酸的锂盐制备 544 |
| 11.12.1 | 脱羧反应的机理 538 | 11.13.4 | 由有机金属化合物制备 545 |
| 11.12.2 | 二元羧酸的脱水、脱羧反应 541 | 11.14 | 几个常用羧酸的工业生产 545 |

**羧酸的制备** 543
- 11.13 羧酸的一般制备法 543
  - 11.13.1 氧化法制备 543

章末习题 547
复习本章的指导提纲 549
英汉对照词汇 550

## 第 12 章　羧酸衍生物　酰基碳上的亲核取代反应　/ 551

| | | | |
|---|---|---|---|
| 12.1 | 羧酸衍生物的分类 551 | 12.10.1 | 酯缩合反应概述 582 |
| 12.2 | 羧酸衍生物的命名 552 | 12.10.2 | 混合酯缩合反应 584 |
| 12.2.1 | 酰卤的命名 552 | 12.10.3 | 分子内的酯缩合反应 586 |
| 12.2.2 | 酸酐的命名 552 | 12.10.4 | 酮与酯的缩合反应 588 |
| 12.2.3 | 烯酮的命名 553 | 12.11 | 酯的热裂 589 |
| 12.2.4 | 酯的命名 553 | 12.11.1 | 羧酸酯的热裂 589 |
| 12.2.5 | 酰胺的命名 554 | 12.11.2 | 黄原酸酯的热裂 591 |
| 12.2.6 | 腈的命名 555 | 12.12 | 酰亚胺的酸性 592 |
| 12.3 | 羧酸衍生物的结构 556 | | |
| 12.4 | 羧酸衍生物的物理性质 557 | | |

**羧酸衍生物的反应** 559

**羧酸衍生物的制备** 593

| | | | |
|---|---|---|---|
| 12.5 | 酰基碳上的亲核取代反应 559 | 12.13 | 酰卤的制备 593 |
| 12.5.1 | 酰基碳上亲核取代反应的概述 559 | 12.14 | 酸酐和烯酮的制备 593 |
| 12.5.2 | 羧酸衍生物的水解——形成羧酸 560 | 12.14.1 | 酸酐的制备 593 |
| 12.5.3 | 羧酸衍生物和腈的醇解——形成酯 566 | 12.14.2 | 烯酮的制备 595 |
| | | 12.15 | 酯的制备 595 |
| 12.5.4 | 羧酸衍生物的氨(胺)解——形成酰胺 568 | 12.16 | 酰胺和腈的制备 596 |
| | | 12.16.1 | 酰胺的制备 596 |
| 12.6 | 羧酸衍生物与有机金属化合物的反应 571 | 12.16.2 | 腈的制备 596 |

**油脂　蜡　碳酸的衍生物** 597

| | | | |
|---|---|---|---|
| 12.7 | 羧酸衍生物和腈的还原 573 | 12.17 | 油脂 597 |
| 12.7.1 | 用催化氢化法还原 573 | 12.17.1 | 脂肪酸 598 |
| 12.7.2 | 用金属氢化物还原 575 | 12.17.2 | 脂肪酸和脂肪醇的来源 599 |
| 12.7.3 | 酯的单分子还原和双分子还原 576 | 12.17.3 | 油脂硬化　干性油 599 |
| | | 12.17.4 | 肥皂和合成洗涤剂 600 |
| 12.8 | 酰卤 α-H 的卤代 579 | 12.17.5 | 磷脂和生物膜(细胞膜) 602 |
| 12.9 | 烯酮的反应 580 | 12.18 | 蜡 603 |
| 12.10 | 酯缩合反应 582 | 12.19 | 碳酸的衍生物 603 |
| | | 12.19.1 | 光气 604 |
| | | 12.19.2 | 尿素(脲) 604 |

章末习题 …………………………… 606
  复习本章的指导提纲 ………………… 608
  英汉对照词汇 ………………………… 609

# 第 13 章 缩合反应 / 611

13.1 氢碳酸的概念和 α 氢的酸性 ……… 612
  13.1.1 氢碳酸的概念 …………… 612
  13.1.2 α 氢的酸性 ……………… 612
  13.1.3 羰基化合物 α 氢的活性分析 ………………… 613
13.2 酮式和烯醇式的互变异构 ……… 616
  13.2.1 酮式和烯醇式的存在 …… 616
  13.2.2 烯醇化的反应机理 ……… 618
  13.2.3 不对称酮的烯醇化反应 … 619
  13.2.4 烯醇负离子的两位反应性能 ………………… 620
13.3 缩合反应概述 ………………… 621
  13.3.1 缩合反应的定义 ………… 621
  13.3.2 缩合反应的关键 ………… 621
  13.3.3 羟醛缩合反应的分析 …… 621
  13.3.4 酯缩合反应的分析 ……… 622
13.4 烯醇负离子的烃基化、酰基化反应 …………………… 623
  13.4.1 酯的烃基化、酰基化反应 ………………… 623
  13.4.2 酮的烃基化、酰基化反应 ………………… 625
  13.4.3 醛的烃基化反应 ………… 626
13.5 烯胺的结构和反应 ……………… 627
  13.5.1 烯胺的结构 ……………… 627
  13.5.2 烯胺的制备 ……………… 628
  13.5.3 烯胺的两位反应性能 …… 628
  13.5.4 不对称酮经烯胺烃基化和酰基化 ………………… 629
13.6 β-二羰基化合物的制备、性质及其在有机合成中的应用 ……… 630
  13.6.1 乙酰乙酸乙酯和丙二酸二乙酯的合成 ………… 630
  13.6.2 β-二羰基化合物的烃基化、酰基化反应 ………… 631
  13.6.3 β-二羰基化合物的酮式分解、酸式分解和酯缩合的逆反应 ………………………… 633
  13.6.4 β-二羰基化合物在有机合成中的应用 ………… 636
13.7 Mannich 反应 ………………… 639
13.8 Robinson 增环反应 …………… 642
13.9 叶立德的反应 ………………… 644
  13.9.1 叶立德的定义 …………… 644
  13.9.2 Wittig 反应 …………… 644
  13.9.3 Wittig-Horner 反应 …… 646
  13.9.4 硫叶立德的反应 ………… 647
13.10 安息香缩合反应 ……………… 648
13.11 Perkin 反应 ………………… 649
13.12 Knoevenagel 反应 …………… 651
13.13 Reformatsky 反应 …………… 653
13.14 Darzen 反应 ………………… 654
  章末习题 …………………………… 656
  复习本章的指导提纲 ………………… 659
  英汉对照词汇 ………………………… 659

# 第 1 章 绪 论

尿素又称脲或碳酰胺,无色四方晶系晶体。相对密度 $d_4^{20}$ 1.323,mp 132.7℃,高于熔点时即分解。可溶于水、乙醇,几乎不溶于乙醚和氯仿。在人体内,氨基酸分解代谢产生的氨和二氧化碳在肝脏内合成尿素,然后排出体外。肝功能不良会使尿素在体内合成受阻,并导致高血氨症,引起氨中毒。尿素能与许多中性分子通过氢键形成超分子化合物。

1824 年,德国化学家 F. Wöhler(魏勒)在研究氰酸铵的同分异构体时,意外发现氰酸铵受热分解形成的一种白色晶体是尿素。1828 年,Wöhler 发表了他的著名论文"论尿素的人工合成"。这篇论文宣告了"生命力"学说的破产,开创了有机化学人工合成的新纪元。Wöhler 的这一贡献被载入了化学史册。氰酸铵受热分解形成尿素的反应机理如下:

$$NH_4OC\equiv N \xrightleftharpoons{\text{分解}} NH_3 + HOC\equiv N$$

$$HOC\equiv N \xrightleftharpoons{\text{互变异构}} O=C=NH \xrightarrow{H_2N-H} H_2N-\underset{\underset{\text{OH}}{|}}{C}=NH \xrightleftharpoons{\text{互变异构}} H_2N-\overset{\overset{O}{\|}}{C}-NH_2$$

有机化学(organic chemistry)是研究碳化合物(carbon compound)的化学。

## 1.1 有机化学和有机化合物的特性

有机化学是一门非常重要的科学,它和人类生活有着极为密切的关系。人体本身的变化就是一连串非常复杂、彼此制约、彼此协调的有机物质的变化过程,人们对有机物(organic matter)的认识逐渐由浅入深,把它变成一门重要的科学。最初,有机物是指由动植物有机体得到的物质,例如糖(sugar)、染料(dye)、酒(alcoholic drink)和醋(vinegar)等。据我国《周礼》记载,当时已设专司管理染色、制酒和制醋工作;周王时代已知用胶;汉朝发明造纸,在《神农本草经》中载有几百种重要药物(medicine),其中大部分是植物,这是世界上最早的一部药典。人类使用有机物质虽已有很长的历史,但这些物质都是不纯的,对纯物质的认识和取得是比较近代的事。

拉瓦锡（Antoine Laurent Lavoisier），法国科学家。1743年8月26日生于巴黎，1794年5月8日在巴黎逝世。他发现了氧元素，建立了以氧化为中心的燃烧理论，确定了化学反应的质量守恒原理。在化学史上，他是一位伟大的里程碑式的人物。

在1769—1785年间，取得了许多有机酸(organic acid)，如从葡萄汁内取得酒石酸(tartaric acid)，从柠檬汁内取得柠檬酸(citric acid)，由尿内取得尿酸(uric acid)，从酸牛奶内取得乳酸(lactic acid)。1773年由尿内析离了尿素(urea)，1805年由鸦片中取得第一个生物碱(alkaloid)——吗啡(morphine)。

虽然人们制得了不少纯的有机物质，但关于它们的内部组成及结构分析问题，却长期没有得到解决。这是由于一种错误的燃素学说统治了当时化学界的思想，认为燃烧的起因是由于物质中含有一种不可捉摸的燃素引起的。A. Lavoisier（拉瓦锡）首次弄清了燃烧的概念(1772—1777)，认识到燃烧时物质和空气中的一种物质——氧结合。他继而研究了分析有机物的方法，将有机物放在一个用水银密封的装有氧或空气的玻璃钟罩内进行燃烧，发现所有的有机物质燃烧后都给出二氧化碳(carbon dioxide)和水(water)，它们必然都含有碳(carbon)及氢(hydrogen)；有些有机物在没有空气的情况下，也可进行燃烧，而产物也是水和二氧化碳，因此这些有机物含有碳、氢、氧(oxygen)；有些有机物燃烧时还产生氮(nitrogen)，所以那时认为大部分有机物的组分是碳、氢、氧、氮等。

有机物和无机物除在组成上有区别外，在性质上也有很大差别。例如，有机物比较不稳定，加热后即行分解，这与矿物和动植物的区别相像。因此，化学家把有机物与无机物决然地划分开。享有盛名的化学家 J. Berzelius（贝采里乌斯）首先引用了有机化学这个名字(1806年)，以区别于其他矿物质的化学——无机化学(inorganic chemistry)。当时把这两门化学分开的另一原因是，那时已知的有机物都是从生物体内分离出来的，尚未能在实验室内合成。因此 Berzelius 认为，有机物只能在生物的细胞中受一种特殊力量——生命力——的作用才会产生出来，人工合成是不可能的。这称为"生命力"学说。这种思想曾一度牢固地统治着有机化学界，阻碍了有机化学的发展。1828年 F. Wöhler（魏勒）发现无机物氰酸铵很容易转变为尿素，他把这个重要的发现告诉了 Berzelius："我应当告诉您，我制造出尿素并不求助于肾或动物——无论是人或犬。"这个重要发现，并未马上得到 Berzelius 及其他化学家的承认，甚至包括 Wöhler 本人，因为氰酸铵尚未能从无机物制备。直到更多的有机物被合成，如1845年 H. Kolbe（柯尔柏）合成了醋酸，1854年 M. Berthelot（柏赛罗）合成了油脂等，"生命力"学说才彻底被否定了。从此有机化学进入了合成的时代，1850—1900年期间，成千上万的药品、染料是以煤焦油(coal tar)中得到的化合物为原料进行合成的。有机合成(organic synthesis)的迅速发展使人们清楚知道，在有机物与无机物之间，并没有一个明确的界线，但在组成及性质上确实存在着某些不同之处。从组成上讲，元素周期表(periodic table of chemical element)中所有元素都能互相结合，形成无机物；而在有机物中，只发现为数有限的几种元素，所有的有机物都含碳，多数含氢，其次含氧、氮、卤素(halogen)、硫(sulfur)、磷(phosphorus)等。因此，L. Gmelin（葛美林）于1848年对有机化学的定义是研究碳的化学，即有机化学仅是化学中的一章。那么，为什么有机化学要与无机化学分为两个学科来研究呢？一个原因是有机物数目非常庞大，据目前统计可有几千万种以上，这个数目还在不断增长，而其他100多种元素形成的无机物只有几万种，把这样庞大的一章作为一个独立的学科来研究是完全必要的。另

魏勒（Friedrich Wöhler），德国科学家。1800年7月31日生于德国梅因河畔法兰克福附近的埃希海姆村，1882年9月23日病故。1828年，他用氰酸铵合成了尿素，第一次冲击了当时在有机化学界流行很广的"生命力"学说。

一个原因是碳原子的结构特征使有机物具有与无机物不同的性能:如① 分子组成复杂;② 容易燃烧;③ 熔点低,一般在400℃以下;④ 难溶于水;⑤ 反应速率比较慢;⑥ 副反应较多,等等。由于以上理由,有机化学就独立成为一门学科。

## 1.2 结构概念和结构理论

F. Wöhler(1822年)和J. von Liebig(李比息,1831)先后分别发现了异氰酸银和雷酸银,分析证明这两种化合物均由Ag,N,C,O各一个原子组成,但物理、化学性质完全不同。后来Berzelius经过仔细研究,证明这种现象在有机化学中是普遍存在的。他把这种分子式相同而结构不同的现象,称为同分异构现象(isomerism)(简称异构现象)。把两个或两个以上具有相同组成的物质,互称为同分异构体(isomer)。他还解释,异构体的不同是因分子中各个原子结合的方式不同而产生的,这种不同的结合称为结构(structure)。自从发现这个现象后,有机化学面临一个问题,就是如何测定这些结构。经过不断的探索与思考,逐渐建立了正确的结构概念。

### 1.2.1 A. Kekulé(凯库勒)及 A. Couper(古柏尔)的两个重要基本规则(1857)

**1. 碳原子是四价的**

无论在简单的或复杂的化合物里,碳原子和其他原子的数目总保持着一定的比例,例如 $CH_4$,$CHCl_3$,$CO_2$。Kekulé认为每一种原子都有一定的化合力,并把这种力叫做 atomicity,按意译应为"原子化合力"或"原子力",后来人们称为价(valence)。碳是四价的,氢、氯是一价的,氧是二价的。若用一条短线代表一价,则 $CH_3Cl$ 可用下面四个式子表示:

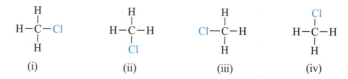

(i)　　　　(ii)　　　　(iii)　　　　(iv)

贝采里乌斯(Jöns Jacob Berzelius),瑞典科学家。1779年8月20日生于瑞典哥特兰德省东部的韦斐松答村,1848年9月7日逝世。
他对化学科学贡献卓越。如发现了三种元素:硒、铈、钍;创造了一套用拉丁文字母表示的元素符号;确立了许多化合物的分子式和测定了它们的化合量;发表了三张原子量表;创立了电化二元论的学说等。他是第一个提出催化剂概念和同分异构现象的化学家。

事实上 $CH_3Cl$ 只有一种结构,因此他们还注意到碳原子的四个价键是相等的。

**2. 碳原子自相结合成键**

在有机化学发展史上,类型学说占有重要地位。它的创始人 C. Gerhardt(热拉尔,1853)认为,有机化合物(organic compound)是按照四种类型——氢型、盐酸型、水型和氨型——中一个氢被一个有机基团取代衍生出来的,例如它们被乙基取代:

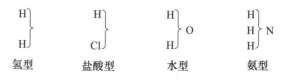

氢型　　盐酸型　　水型　　氨型

凯库勒（Friedrich August Kekulé），德国科学家（他的祖先是捷克的贵族，14世纪30年代移居德国，后代在德国定居）。1829年9月7日生于德国，1896年7月13日逝世。建立了碳原子是四价的理论，提出了苯环结构学说等。

$$\left.\begin{array}{c}C_2H_5\\H\end{array}\right\} \quad \left.\begin{array}{c}C_2H_5\\Cl\end{array}\right\} \quad \left.\begin{array}{c}C_2H_5\\H\end{array}\right\}O \quad \left.\begin{array}{c}C_2H_5\\H\\H\end{array}\right\}N$$

乙烷　　氯乙烷　　乙醇　　乙胺

这个学说在建立有机化合物体系过程中，起了很大的推动作用，把当时杂乱无章的各种化合物归纳到一个体系之内。按照这个学说预言了很多新化合物，后来一一被发现。Kekulé 在此基础上提出了新的类型即甲烷类型，他把其他的碳氢化合物也放在这一类型之内，如乙烷就是甲基甲烷：

$$\left.\begin{array}{c}H\\H\\H\\H\end{array}\right\}C \quad \left.\begin{array}{c}H\\H\\H\\CH_3\end{array}\right\}C$$

甲烷　　乙烷（甲基甲烷）

这一类型说明，碳与碳之间也可以用一价自相结合成键，例如两个或三个碳原子自相结合成键后，还剩下没有用去的价键均与氢结合，就得到 $C_2H_6$，$C_3H_8$。

$$H-\overset{H}{\underset{H}{C}}-\overset{H}{\underset{H}{C}}-H \qquad H-\overset{H}{\underset{H}{C}}-\overset{H}{\underset{H}{C}}-\overset{H}{\underset{H}{C}}-H$$

上面两个式子，代表着分子中原子的种类、数目和排列的次序，称为构造式（constitutional formula）。构造式中每一条线代表一个价键，称为键。如果两个原子各用一个价键结合，这种键称为单键（single bond）；在有些化合物中，还可用两个价键或三个价键彼此自相结合，这种键称为双键（double bond）或叁键（triple bond）；碳原子还可以结合成为环：

$$\overset{H}{\underset{H}{C}}=\overset{H}{\underset{H}{C}} \qquad H-C\equiv C-H \qquad \text{（环戊烷结构）}$$

双键　　　叁键　　　　环

不难看出，Kekulé 和 Couper 所推导出来的两个基本规则，具有特殊的重要意义，不但解决了多年来认为不可能解决的分子中各原子结合的问题，也阐明了异构现象问题，从而为数目众多的有机化合物设立了一个合理的体系。例如，$C_4H_{10}$ 按上面两个基本规则，只能有两种排列方式：

$$H-\overset{H}{\underset{H}{C}}-\overset{H}{\underset{H}{C}}-\overset{H}{\underset{H}{C}}-\overset{H}{\underset{H}{C}}-H \qquad H-\overset{H}{\underset{H}{C}}-\overset{H}{\underset{|}{C}}-\overset{H}{\underset{H}{C}}-H$$
$$\phantom{xxxxxxxxxxxxxxxxxxxxxxxxxxxxxxxx} H-\overset{H}{\underset{H}{C}}-H$$

左式四个碳原子连成一条线,称为直链;右式三个碳原子连成一条线,线中间的碳原子还与另一个碳原子相连,形成有分支的链,称为叉链(branched chain)(或支链),这是两个异构体,是碳架异构体(carbon skeleton isomer)。$C_4H_{10}$写不出第三个式子,实验也证明没有第三个异构体存在。经过千百个化合物的考验,这两个基本规则在绝大多数场合下使用均无错误。因此,Kekulé 和 Couper 在有机化学上的功绩是不可磨灭的。

**习题 1-1** 写出符合下列分子式的链形化合物的同分异构体。
(i) $C_4H_{10}$　　(ii) $C_5H_{10}$

Gerhardt 和 Kekulé 当时对结构的看法认为,分子是由各个原子结合起来的一个"建筑物",原子好像木架和砖石等,不仅它们彼此连接有一定的次序,而且"建筑物"有一定的式样和形象。这是一种建筑观点的分子结构,虽然这种观点是正确的,但在当时这样的结构是难以测定的,因此,他们认为的这种"建筑物"的结构,是反应时的一种工具,无法用化学反应测定。一直到百年以后,X 射线衍射技术取得了高度的发展,才达到了间接为分子照相的阶段,这个观点才得到证实。

### 1.2.2　A. Butlerov(布特列洛夫)的化学结构理论(1861)

19 世纪中期,结构不可知论在化学界还十分流行。但在原子价的概念提出以后,Butlerov 意识到,既然每一种原子都有一定的原子价,而原子又是以原子价彼此连接的,那么化合物分子的结构就应该是有序的。1861 年,Butlerov 首次提出了化学结构(chemical structure)的概念。他指出,分子不是原子的简单堆积,而是通过复杂的化学结合力按一定的顺序排列起来的,这种原子之间的相互关系及结合方式,就是该化合物的化学结构。化学结构不仅是分子中各原子的机械位置的一个图案,而且还反映了分子中各原子的一定的化学关系。因此从分子的化学性质(chemical property)可以确定化学结构;反过来,从化学结构也可以了解和预测分子的化学性质。在很长一段时间里,人们运用化学性能去测定分子的化学结构。由于新技术的不断发展,对结构的认识日益加深,现在无论是化学结构,还是分子建筑形象,都逐渐为人们所掌握。

布特列洛夫(Alexander Mihaĭlovich Butlerov),俄国有机化学家。1828 年 8 月 25 日生于喀山附近的齐斯托波尔镇,1886 年 8 月 5 日逝世。他是有机结构理论的创建人之一。

Kekulé 等原始的经典结构理论仅仅提出了分子中各种原子的原子价、数目、种类和关系等问题,因为当时的科学水平未涉及整个分子的立体形象。随着资料的积累,无法用原始的结构理论解释的事实逐渐增多。例如,按照原始结构理论,分子是在一个平面上,二氯甲烷中两个氢原子和两个氯原子排列关系不同,可以有两个异构体(i)与(ii),但实践证明二氯甲烷只有一个,并无异构体:

$$\underset{(i)}{\overset{Cl}{\underset{H}{H-C-Cl}}} \qquad \underset{(ii)}{\overset{Cl}{\underset{Cl}{H-C-H}}}$$

范霍夫（Jacobus Henricus van't Hoff），荷兰化学家。1852 年 8 月 30 日生于荷兰鹿特丹，1911 年 3 月 11 日逝世。1874 年发表碳四价正四面体结构和不对称碳原子新概念。由于他在化学动力学和溶液渗透压有关定律等研究领域的卓越贡献，1901 年 12 月 10 日，在瑞典斯德哥尔摩瑞典皇家科学院的礼堂里接受了第一个诺贝尔化学奖。

\* 比他大 5 岁的勒贝尔（Joseph Achill Lebel，1847—1930）与他分别独立提出了不对称碳原子的概念。

为解释这个问题，J. H. van't Hoff（范霍夫）及 J. A. Lebel（勒贝尔）总结了前人所得到的一些事实，首次提出了碳原子的立体概念。特别是前者，很具体地为碳原子制作了一个正四面体（tetrahedron）的模型，他把碳原子用一个正四面体表示，碳原子在四面体的中心，它的四个价键伸向四面体的各个顶点，如图 1-1 所示。

因此，研究一个有机分子，就不应仅仅局限在阐明分子中各原子的数目和彼此的关系上，还要进一步了解分子的空间几何形象。这就为研究所有的分子开辟了一个新的领域，即**立体化学**（stereochemistry）。

为了易于了解分子的立体形象，现在已制作出各种模型，以适应不同的要求。其中最普遍使用的一种就是球棍模型（ball-stick model），即用不同颜色的小球代表不同的原子，如黑色球代表碳原子，红色球代表氢原子等等；在球上以一定的角度打孔，碳原子就按正四面体 109.5°的角度打四个孔，氢、氯等原子就打一个孔，然后再在碳原子上插入四根等长的棍，棍的另一端与其他原子相连。按照这种方法制作模型，二氯甲烷的模型就如图 1-2 所示。

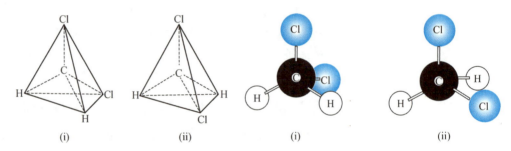

图 1-1　二氯甲烷的四面体模型　　　　图 1-2　二氯甲烷的球棍模型

不难看出，二氯甲烷只能有一种空间排列的形式，只要把式(ii)转一转，就变为与式(i)完全相同的模型了。立体模型的概念，不仅说明有机分子必须具有一定的立体形象，还预言了许多新型异构体。van't Hoff 本人根据自己制作的模型就提出了一类特殊的异构现象，几十年以后有的异构体在实验室内被发现。从这个模型不难看出，当一个碳上连接四个不同的基团，分子就可以有两种不同的排列方式：

它们的关系是实物与镜像的关系，是左手与右手的关系，它们不能重合，是一对异构体。这是由于碳原子和四个不同基团相连，产生在空间的不同排列而引起的立体异构现象（stereo-isomerism），这种异构体是立体异构体（stereomer），将在第 3 章立体化学一章中进一步讨论。

上式中实线表示的键在纸面上，虚楔形线表示的键在纸面后，实楔形线表示的键在纸面前，这样绘出的伞形立体投影式，简称伞形式（umbrella formula）。

碳原子的四面体模型完全是由有机化学的实践及推理而得出来的结论，它成功地解释了许多以前不理解的现象。在这个模型提出多年以后,由于 X 射线衍射分析方法的进步,准确地测定了碳原子的立体结构,完全证实了这个模型的正确性。正四面体是碳原子结构的一个间接照片。碳原子是有机化合物的基础,由于这个原因,现在有一份世界上知名的有机化学杂志,就叫做《四面体》(*Tetrahedron*)。

**习题 1-2** 用伞形式表达下列化合物的两个立体异构体。

$$
\text{(i)} \quad \underset{\underset{Br}{|}}{\overset{\overset{H}{|}}{D-C-CH_3}} \qquad \text{(ii)} \quad \underset{\underset{CH_2OCH_3}{|}}{\overset{\overset{CH_3}{|}}{HO-C-COOH}} \qquad \text{(iii)} \quad \underset{\underset{H}{|}}{\overset{\overset{Cl}{|}}{Br-C}} \underset{\underset{CH_3}{|}}{\overset{\overset{CH_3}{|}}{-C-CH_2OH}}
$$

## 1.3 化 学 键

在学习化学键以前,首先简单地介绍一下原子轨道(atomic orbital)和原子的电子构型(electronic configuration of atom)。

### 1.3.1 原子轨道

卢瑟福(Ernest Rutherford),新西兰科学家。1871 年 8 月 30 日生于新西兰的奈尔生附近的朗溪和泉林移民区,1937 年 10 月 19 日在剑桥逝世。他有很多建树,最伟大的发现是于 1911 年正式提出了"行星系式"原子模型,第一次打开了原子的神秘大门。

电子具有波粒二象性,故原子中电子的运动服从量子力学的规律。量子力学的一个重要原则——不确定性原理(uncertainty principle)指出,不可能把一个电子的位置和能量同时准确地测定出来,这是由电子同时具有微粒性及波性双重性质所决定的。人们只能描述电子在某一位置出现的概率,即高概率区域内找到电子的机会,总比在低概率区域内找到电子的机会要多。

可以把电子的概率分布看做一团带负电荷的"云",称为电子云(electron atmosphere)。那么,在高概率的区域内,云层较厚;在低概率的区域内,云层较薄。云的形状反映了电子的运动状态。

量子力学认为,原子中每个稳态电子的运动状态都可以用一个单电子的波函数 $\phi(x,y,z)$ 来描述,$\phi$ 称为原子轨道,因此电子云的形状也可以表达为轨道的形状。波函数 $\phi^2$ 的物理意义是在原子核周围的小体积之内电子出现的概率。$\phi^2$ 越大,在小体积之内出现的概率也就越大。假如计算很多很多这种距离不同的小体积之内电子出现的概率,用密度不同的点来表示计算数值的大小,并把这些点放在与之相对应的这些小体积之内,就得到了电子云的图案。例如能量最低的 1s 轨道,是以原子核为中心的球体,其方便的表示方法是界面法,即在界面内电子出现的概率最大,如占总概率的

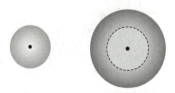

图 1-3 s 轨道(界面图)

90%或95%等。图1-3所示为s轨道。

2s轨道与1s轨道一样,是球形对称的,但比1s轨道大,能量较1s轨道高。2s轨道有一个球面节,在图1-3中用虚线表示。节的两侧波函数符号不同,分别用深灰色与浅灰色(或用"+"与"-"号,这"+""-"并不表示正电荷或负电荷)表示,是表示波函数$\psi$的符号。任何轨道被节分为两部分时,在节的两侧波函数符号都是相反的。

2p轨道有三个能量相同的$p_x$,$p_y$,$p_z$轨道,彼此互相垂直,分别在$x$,$y$,$z$轴上,呈哑铃形的立体形状,由两瓣组成,原子核在两瓣中间,能量较2s轨道高,图1-4为这三个2p轨道的示意图。哑铃形轨道的坐标为零处,是原子核所在地。每个轨道有一个节面,如$2p_y$轨道围绕$y$轴呈轴对称,$xz$平面为节面,用虚线表示;在节面上面的一瓣用深灰色表示,节面下面的一瓣用浅灰色表示。

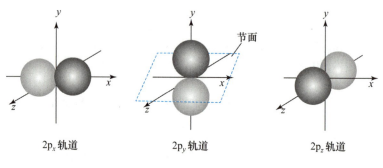

图 1-4　2p 轨道

### 1.3.2　原子的电子构型

原子核外电子的排布有一定规律,可总结如下:

(1) 每个轨道最多只能容纳两个电子,且自旋相反配对,这是 Pauli(泡利)不相容原理(exclusion principle)。

(2) 电子尽可能占据能量最低的轨道,即能量最低原理(principle of lowest energy)。原子轨道离核愈近,受核的静电吸引力愈大,能量也愈低,故轨道能级顺序是 1s<2s<2p<3s<3p<4s。

(3) 有几个简并轨道(能量相等的轨道)而又无足够的电子填充时,必须在几个简并轨道逐一地填充一个自旋平行的电子后,才能容纳第二个电子,这称为 Hund(洪特)规则(Hund rule)。

表1-1列出周期表中第一、二周期前10种元素的电子排布及电子构型,其中C,H,O,N是有机物中最常见的元素。此外,第三周期的硅(silicon)、磷、硫、氯(chlorine)以及溴(bromine)、碘(iodine)等也是有机物中常见的元素。各电子层的轨道内完全充满电子后,原子的电子构型才是稳定的,例如He,Ne为惰性气体;具有电子不充满的构型是不稳定的。因此,原子必须进行反应使电子充满轨道,使电子配对成键,以达到稳定的电子构型,即使原子结合成为稳定的分子。

泡利(Wolfgang Pauli),奥地利物理学家。1900年4月25日生于维也纳,1958年12月15日在瑞士的苏黎世逝世。提出著名的"不相容原理",并获得1945年诺贝尔物理学奖。

表 1-1　第一、第二周期元素基态(能量最低态)的电子排布及电子构型

| 元素 | 电子排布 | 电子构型(圆括弧右上角为电子数) |
|---|---|---|
| H | 1s: ↑ | $(1s)^1$ |
| He | 1s: ↑↓ | $(1s)^2$ |
| Li | 1s: ↑↓  2s: ↑ | $(1s)^2(2s)^1$ |
| Be | 1s: ↑↓  2s: ↑↓ | $(1s)^2(2s)^2$ |
| B | 1s: ↑↓  2s: ↑↓  2p: ↑ | $(1s)^2(2s)^2(2p)^1$ |
| C | 1s: ↑↓  2s: ↑↓  2p: ↑ ↑ | $(1s)^2(2s)^2(2p)^2$ |
| N | 1s: ↑↓  2s: ↑↓  2p: ↑ ↑ ↑ | $(1s)^2(2s)^2(2p)^3$ |
| O | 1s: ↑↓  2s: ↑↓  2p: ↑↓ ↑ ↑ | $(1s)^2(2s)^2(2p)^4$ |
| F | 1s: ↑↓  2s: ↑↓  2p: ↑↓ ↑↓ ↑ | $(1s)^2(2s)^2(2p)^5$ |
| Ne | 1s: ↑↓  2s: ↑↓  2p: ↑↓ ↑↓ ↑↓ | $(1s)^2(2s)^2(2p)^6$ |

碳原子位于周期表的第二周期ⅣA族,有两个特点:① 它有四个价电子,必须失去或接受四个电子才能达到惰性气体 He 或 Ne 的构型;② 它是ⅣA族中最小的原子,外层电子少,带正电的原子核对这些电子的控制较强一些。这两个特点使碳原子在所有化学元素中表现出十分特殊的性质,能够形成一个庞大的碳化合物体系。

### 1.3.3　典型的化学键

将分子中的原子结合在一起的作用力称为化学键(chemical bond)。典型的化学键有三种:离子键、共价键和金属键。

1. 离子键

带电状态的原子或原子团称为离子(ion)。由原子或分子失去电子而形成的离子称为正离子或阳离子(cation,positive ion)。由原子或分子得到电子而形成的离子称为负离子或阴离子(anion,negative ion)。依靠正、负离子间的静电引力而形成的化学键称为离子键(ion bond),又称为电价键(electrovalent bond)。例如,在氯化钠晶体中,$Na^+$ 和 $Cl^-$ 之间的化学键即为离子键。离子键无方向性和饱和性。其强度与正、负离子的电价的乘积成正比,与正、负离子间的距离成反比。

2. 金属键

金属原子最外层的价电子很容易脱离原子核的束缚,然后自由地在由正离子产生的势场中运动,这些自由电子与正离子互相吸引,使原子紧密堆积起来,形成金属晶体。这种使金属原子结合成金属晶体的化学键称为金属键(metallic bond)。金属键无方向性和饱和性。

### 3. 共价键和 Lewis 电子结构式

两个或多个原子通过共用电子对而产生的一种化学键称为共价键(covalent bond)。共价键的概念是 G. N. Lewis(路易斯)于 1916 年首先提出的。他指出,原子的电子可以配对成键(共价键),以使原子能够形成一种稳定的惰性气体的电子构型。例如

$$H\cdot + \cdot\ddot{\underset{\cdot\cdot}{F}}: \longrightarrow H:\ddot{\underset{\cdot\cdot}{F}}: \quad 即 \quad H—F$$

$$4H\cdot + \cdot\dot{\underset{\cdot}{C}}\cdot \longrightarrow H:\underset{H}{\overset{H}{C}}:H \quad 即 \quad H—\underset{H}{\overset{H}{\underset{|}{\overset{|}{C}}}}—H$$

在上述式子中,氢外层具有两电子的惰性气体氦(helium)的构型,氟(fluorine)、碳外层具有八电子氖(neon)的构型,这通称为"八隅规则"(octet rule)。这种用共价键结合的外层电子(即价电子)表示的电子结构式称为 Lewis 结构式(Lewis structure formula)。通常两个原子间的一对电子表示共价单键,两对电子表示双键,三对电子表示叁键。孤对电子也用黑点表示。为了方便,Lewis 结构式也可以用一短线表示一对成键电子(bonding electron)。

共价键可以分为双原子共价键和多原子共价键。由两个原子共用若干电子对形成的共价键称为双原子共价键。大多数共价键属于这一类。但也有共有一个电子或三个电子的双原子共价键,例如氢分子离子($H\cdot H^+$)是单电子共价键,氧气分子为三电子共价键。由多个原子共用若干电子的共价键称为多原子共价键,例如 1,3-丁二烯的 π 键即为四个原子共用四个 π 电子的多原子共价键。

大多数双原子共价键的共用电子对是由两个原子共同提供的,但也有共用电子对由一个原子提供的情况,这样的共价键称为配价键或配位键(coordinate bond)。用 A→B 表示,A 是电子提供者(给体),B 是电子接受者(受体)。

共价键具有方向性和饱和性。

路易斯(Gilbert Newton Lewis),1875 年 10 月 25 日生于美国马萨诸塞州的西牛顿市,1946 年 3 月 23 日在伯克利逝世。1916 年全面提出共价键概念,1923 年提出 Lewis 酸碱理论。

---

**习题 1-3** 写出下列分子或离子的一个可能的 Lewis 结构式,若有孤对电子,请用黑点标明。

(i) $H_2SO_4$ (ii) $CH_3CH_3$ (iii) $^+CH_3$ (iv) $CH_2=\bar{C}H$ (v) $NH_3$ (vi) $HC(=O)NH_2$ (vii) $H_2NCH_2COOH$

**习题 1-4** 根据八隅规则,在下列结构式上用黑点标明所有的孤对电子。

(i) $HOC(=O)CH_3$ (ii) 四氢呋喃 (iii) $[C_6H_5-N\overset{+}{\equiv}N]Cl^-$

---

## 1.3.4 价键理论

现代化学键理论是建立在量子力学基础上的,处理分子中的化学键的理论主要

有三种。价键理论是最早发展起来的一种。原子的电子构型虽然解释了原子价的饱和性,但是并没有解释是什么力量使原子结合在一起的。以氢分子为例。为什么两个氢原子共用一对电子比两个各带着一个电子的孤立的氢原子要稳定得多? W. Heitler(海特勒)及 F. London(伦敦)首次成功地解决了这个问题。他们认为,在两个氢原子各带着一个电子从无穷远的距离彼此趋近达到一定距离以后,每一个氢原子核开始吸引另一氢原子核的电子,就发生所谓的交换作用。这种交换作用并不是由原来的一个原子核和另一个原子核完全交换一个电子,而仅仅是量子力学在运算时所采用的一种假设,这种关系可表示如下:

$$(\text{i})\ H_A \cdot 1 \quad 2 \cdot H_B \qquad (\text{ii})\ H_A \cdot 2 \quad 1 \cdot H_B$$

一个极端如式(i)所示,电子 1 完全属于 $H_A$,电子 2 完全属于 $H_B$;交换后的另一极端如式(ii)所示,电子 2 完全属于 $H_A$,而电子 1 完全属于 $H_B$。这两个极端情况实际上都是不存在的,真正的情况是这两个极端的叠加。通过这一模型计算的结果说明,当两个氢原子核达到一定的距离时,由于电子的交换,总的能量要比两个分开的氢原子的能量低,从而形成一个稳定的共价键。这个键具有一定的距离[键长(bond length)]和一定的能量[解离能,键能(bond energy)],其计算结果和实验结果非常接近,因此这成为处理共价键第一个成功的方法,这种方法称为价键法(valence-bond method)。由于这种方法认为两个原子是各出一个电子成键的,所以又称为电子配对法。

当两个氢原子互相趋近时,如果它们所带的两个电子是自旋反平行的,那么两个原子接近的过程中互相吸引,而且能量较低,此时,吸引力总是大于排斥力;直到两个氢原子核间的距离缩小到一定距离即吸引力等于排斥力时,电子在两个核中间的区域内受核的吸引,体系的能量降低到最低值。上述吸引力使两个原子结合起来形成共价键,这就是共价键的一种近似的处理方法。

将量子力学对氢分子共价键的讨论定性地推广到其他双原子或多原子分子的共价键,通过近似方法的计算,也可以得到与实验很接近的结果。近似法中的一种,即价键理论(valence-bond theory),其主要内容如下:

(1) 如果两个原子各有一个未成对电子且自旋反平行,就可耦合配对,成为一个共价键,即单键;如果原子各有两个或三个未成对电子,可以形成双键或叁键。因此,原子的未成对电子数就是它的原子的价数。

(2) 如果一个原子的未成对电子已经配对,就不能再与其他原子的未成对电子配对,这就是共价键的饱和性。所以,一个具有 $n$ 个未成对电子的原子 A 可以和 $n$ 个只具有一个未成对电子的原子 B 结合形成 $AB_n$ 分子。

(3) 电子云重叠愈多,形成的键愈强,即共价键的键能与原子轨道重叠程度成正比。因此要尽可能在电子云密度最大的地方重叠,这就是共价键的方向性。例如,1s 轨道与 $2p_x$ 轨道在 $x$ 轴方向有最大的重叠,可以成键。如图 1-5(i)轨道有最大的重叠,(ii)不是最大的重叠;这种沿键轴方向电子云重叠而形成的轨道,称 σ 轨道,其电子云分布沿键轴呈圆柱形对称,生成的键称 σ 键(σ bond),例如 s-s,s-$p_x$,$p_x$-$p_x$ 沿键轴方向重叠,均形成 σ 键。两个原子的 p 轨道平行,侧面电子云有最大的重叠,形成的轨道称 π 轨道,生成的键称 π 键(π bond),如图 1-5(iii)所示。π 键电子云密度在两个原子键轴平面的上方和下方较高,键轴周围较低,π 键的键能小于 σ 键。

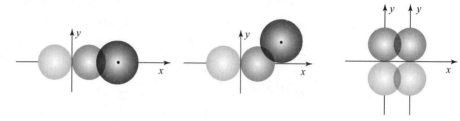

(i) 1s 轨道与 2p$_x$ 轨道最大重叠　　(ii) 不是最大重叠　　(iii) p 轨道在侧面有最大的重叠

**图 1-5　2p 轨道与 1s 轨道及 2p 轨道之间的重叠**

(4) 能量相近的原子轨道可进行杂化,组成能量相等的杂化轨道(hybridized orbital),这样可使成键能力更强,体系能量降低,成键后可达到最稳定的分子状态。例如碳原子外层 $(2s)^2(2p_x)^1(2p_y)^1$ 四个电子,其中 $(2s)$ 中一个电子跃迁到 $(2p_z)$ 轨道中,然后四个轨道杂化:

$$(2s)^2(2p_x)^1(2p_y)^1 \xrightarrow{\text{跃迁}} (2s)^1(2p_x)^1(2p_y)^1(2p_z)^1 \xrightarrow{\text{杂化}} 4(sp^3)^1$$

杂化后形成四个能量相等的杂化轨道,称 $sp^3$ 杂化轨道,其立体形状如图 1-6 所示。2p 轨道有两瓣,波函数符号不同,与 2s 轨道杂化后,波函数符号相同的一瓣增大了,相反的一瓣缩小了,因此每一个杂化轨道绝大部分电子云集中在轨道的一个方向,在杂化轨道的另一个方向电子云较少,这样,一个轨道的方向性就加强了,可以与另一个轨道形成一个更强的键。为了使杂化轨道彼此达到最大的距离及最小的干扰,碳原子的四个 $sp^3$ 杂化轨道在空间采取一定的排列方式,就是以碳原子为中心,四个轨道分别指向正四面体的每一个顶点,有一定方向性,轨道彼此间保持着一定的角度,按计算应该是 109.5°。这与 van't Hoff 的计算是一致的,具体化合物可以稍有出入。

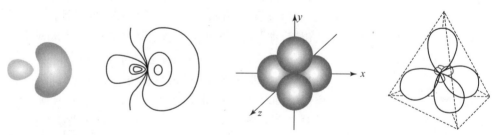

一个 $sp^3$ 杂化轨道　　$sp^3$ 杂化轨道电子等密度线　　四个 $sp^3$ 杂化轨道

**图 1-6　一个 s 轨道与三个 p 轨道杂化形成四个 $sp^3$ 杂化轨道**

除了 $sp^3$ 杂化外,还可以有 $sp^2$ 杂化及 sp 杂化。例如,铍(beryllium,Be)的电子构型为 $(1s)^2(2s)^2$,没有未成对电子,但铍可以与两个氯形成二氯化铍($BeCl_2$),这说明铍是二价的。这是因为一个 2s 电子激发到 2p 轨道上,杂化形成两个能量相当的 sp 杂化轨道,每个 sp 杂化轨道具有(1/2)s 成分和(1/2)p 成分。为了使两个轨道具有最大的距离和最小的干扰,两个轨道处在同一条直线上,但其方向相反,如图 1-7 所示。因此,铍在 sp 轨道对称轴方向与两个氯形成 Cl—Be—Cl,是个直线形的化合物。

又如,硼(B)的电子构型为$(1s)^2(2s)^2(2p)^1$,只有一个未成对电子,但它能与三个氟原子结合形成三氟化硼,说明硼是三价的。这是因为有一个 2s 电子激发到 2p 轨道上,然后由一个 2s 轨道与两个 2p 轨道杂化,形成三个能量相当的 $sp^2$ 杂化轨道,每个 $sp^2$ 杂化轨道具有(1/3)s 成分与(2/3)p 成分。为了使三个 $sp^2$ 杂化轨道具有最大的距离和最小的干扰,三个 $sp^2$ 杂化轨道具有平面三角形的结构,如图 1-8 所示。硼的三个 $sp^2$ 杂化轨道与三个氟原子成键,形成三氟化硼分子,三个 B—F 键在同一平面上,键角为 120°。

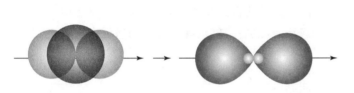
图 1-7 一个 s 轨道和一个 p 轨道杂化形成两个 sp 杂化轨道

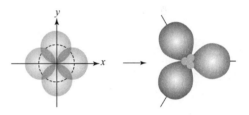
图 1-8 一个 s 轨道与两个 p 轨道杂化形成三个 $sp^2$ 杂化轨道

价键理论是在总结了很多化合物的性质、反应,同时又运用了量子力学对原子及分子的研究成果上发展起来的,在认识化合物的结构与性能关系上起了指导作用,对问题的说明比较形象,容易明了并易于接受,因此价键理论虽发展较早,现在仍在使用。但此理论的局限性在于,它只能用来表示两个原子相互作用而形成的共价键,即分子中的价电子是被定域在一定的化学键的两个原子核区域内运动(电子定域,localization),因此对单键、双键交替出现的多原子分子形成的共价键(如:共轭双键)就无法形象地表示,出现的现象也无法解释。后来发展起来的分子轨道理论,则对这些问题有比较满意的解释。

## 1.3.5 分子轨道理论

量子力学处理氢分子共价键的方法,推广到比较复杂分子的另一种理论是分子轨道理论(molecular orbital theory),其主要内容如下:

分子中电子的各种运动状态,即分子轨道,用波函数(状态函数)$\psi$ 表示。分子轨道理论中目前最广泛应用的是原子轨道线性组合法。这种方法假定分子轨道也有不同能级,每一轨道也只能容纳两个自旋相反的电子,电子也是首先占据能量最低的轨道,按能量的增高依次排上去。按照分子轨道理论,原子轨道的数目与形成的分子轨道数目是相等的,例如两个原子轨道组成两个分子轨道,其中一个分子轨道

是由两个原子轨道的波函数相加组成,另一个分子轨道是由两个原子轨道的波函数相减组成:

$$\psi_1 = \phi_1 + \phi_2 \qquad \psi_2 = \phi_1 - \phi_2$$

$\psi_1$ 与 $\psi_2$ 分别表示两个分子轨道的波函数,$\phi_1$ 与 $\phi_2$ 分别表示两个原子轨道的波函数。

在分子轨道 $\psi_1$ 中,两个原子轨道的波函数的符号相同,亦即波相相同,它们之间的作用犹如波峰与波峰相遇相互加强一样,见图1-9。

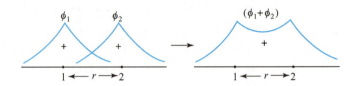

图1-9 波相相同的波(或波函数)之间的相互作用

在分子轨道 $\psi_2$ 中,两个原子轨道的波函数符号不同,亦即波相不同,它们之间的作用犹如波峰与波谷相遇相互减弱一样,波峰与波谷相遇处出现节点(图1-10)。

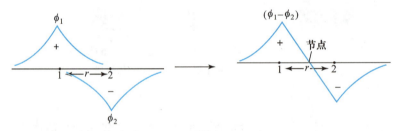

图1-10 波相不同的波(或波函数)之间的相互作用

两个分子轨道波函数的平方,即为分子轨道电子云密度分布,如图1-11所示。

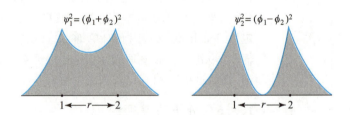

图1-11 分子轨道的电子云密度分布图(对键轴的)

从图1-11可以看出,分子轨道 $\psi_1$ 在核间的电子云密度很大,这种轨道称为成键轨道(bonding orbital);分子轨道 $\psi_2$ 在核间的电子云密度很小,这种轨道称为反键轨道(antibonding orbital)。成键轨道和反键轨道的电子云密度分布亦可用等密度线表示,如图1-12所示。

图1-12为截面图,沿键轴旋转一周,即得立体图。图中数字是 $\psi^2$ 数值,由外往里,数字逐渐增大,电子云密度亦逐渐增大。反键轨道在中间有一节面,节面两侧波

函数符号相反,在节面上电子云密度为零。

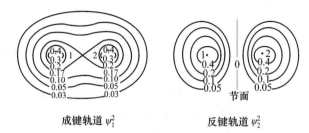

图 1-12 分子轨道的电子云密度分布图(用等密度线表示)

成键轨道与反键轨道对于键轴均呈圆柱形对称,因此它们所形成的键是 σ 键,成键轨道用 σ 表示,反键轨道用 σ* 表示。例如,氢分子是由两个氢原子的 1s 轨道组成一个成键轨道(用 $\sigma_{1s}$ 表示)和一个反键轨道(用 $\sigma_{1s}^*$ 表示),见图 1-13。

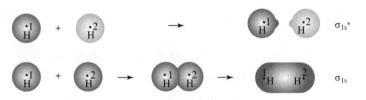

图 1-13 氢分子轨道示意图

根据理论计算,成键轨道的能量较两个原子轨道的能量低,反键轨道的能量较两个原子轨道的能量高。可以这样来理解:成键轨道电子云在核与核的中间密度较大,对核有吸引力,使两个核接近而降低了能量;而反键轨道的电子云在核与核的中间很少,主要在核的外侧对核吸引,使两核远离,同时两个核又有排斥作用,因而能量增加。分子中的电子排布时,根据 Pauli 原理及能量最低原理,应占据能量较低的分子轨道,例如氢分子中两个 1s 电子,占据成键轨道且自旋反平行,而反键轨道是空的,图 1-14 所示是氢分子基态的电子排布。

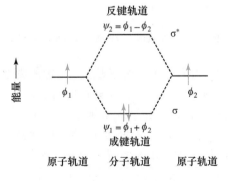

图 1-14 氢分子基态的电子排布

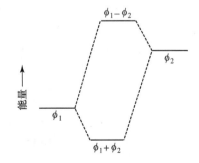

图 1-15 两个能量相差较大的原子轨道组成分子轨道

因此，分子轨道理论认为：电子从原子轨道进入成键的分子轨道，形成化学键，从而使体系的能量降低，形成了稳定的分子；能量降低愈多，形成的分子愈稳定。

原子轨道组成分子轨道，还必须具备能量相近、电子云最大重叠以及对称性相同三个条件。

(1) 所谓能量相近，就是指组成分子轨道的两个原子轨道的能量比较接近，这样，才能有效地成键，如图 1-14 所示。如氢原子与氟原子组成氟化氢分子，氢原子的 1s 轨道与氟原子的哪一个轨道能量相近？氟原子的电子构型为 $(1s)^2(2s)^2(2p)^5$。由于氟的核电荷比氢的核电荷多，氟原子的核对 1s 电子和 2s 电子的吸引力比氢原子核对 1s 电子的吸引力大得多，因此氟原子的 1s 电子和 2s 电子的能量很低，氟原子的 2p 电子与氢原子的 1s 电子能量相近，可以成键。为什么两个原子轨道必须能量相近才能成键？因为根据量子力学计算，两个能量相差很大的原子轨道组成分子轨道时，将得到如图 1-15 所示的轨道，成键轨道 $\phi_1+\phi_2$ 的能量与原子轨道 $\phi_1$ 的能量很接近，也就是在成键过程中能量降低很少，故不能形成稳定的分子轨道。

(2) 两个原子轨道在重叠时还必须有一定的方向，以便使重叠最大、最有效，组成的键最强。例如，一个原子的 1s 轨道与另一个原子的 $2p_x$ 轨道如果能量相近，可以在 $x$ 键轴方向有最大的重叠而成键，而在其他方向就不能有效地成键。

(3) 要有效地成键，还有一个条件就是对称性相同。原子轨道在不同的区域，波函数有不同的符号，符号相同的重叠，能有效地成键，符号不同的不能有效地成键，如图 1-16 所示。$p_y$ 与 $p_y$ 轨道符号相同，能有效地成键组成分子轨道；而 s 轨道与 $p_y$ 轨道虽有部分重叠，但因其中一部分符号相同，一部分符号相反，两部分正好互相抵消，不能有效地成键。

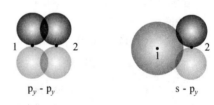

图 1-16　2p 轨道与 2p 轨道及 2p 轨道与 1s 轨道的重叠情况

图 1-17 列举了几种典型的分子轨道。σ 键的成键轨道用 σ 表示，反键轨道用 $\sigma^*$ 表示。π 键的成键轨道用 π 表示，反键轨道用 $\pi^*$ 表示。

与价键理论不同的是，分子轨道理论认为在有些多原子分子中，共价键的电子不局限在两个原子核区域内运动，即电子可以离域(delocalization)。这样有些用价键理论难以解释的问题，用分子轨道理论就可以解释。但在解释定位效应等方面，价键理论又比分子轨道理论方便。因此这两种理论目前都在使用，并互为补充。

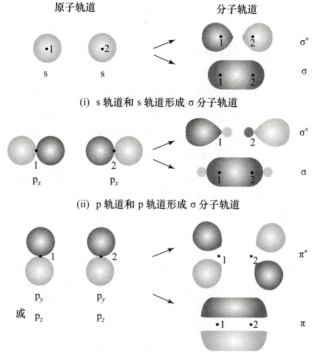

(i) s 轨道和 s 轨道形成 σ 分子轨道

(ii) p 轨道和 p 轨道形成 σ 分子轨道

(iii) p 轨道和 p 轨道形成 π 分子轨道

图 1-17　原子轨道形成分子轨道示意图

### 1.3.6　共价键的极性　分子的偶极矩

**1. 电负性和共价键的极性**

原子核与非价电子(即内层电子)组成的一个实体称为原子实(atomic kernel)。原子实是带正电性的,它对外层的价电子具有吸引力。这种原子实对价电子的吸引能力就是一个原子的**电负性**(electronegativity)。吸引力越大,电负性越强。一般地讲,原子实越小,或具有的正电荷越多,对价电子吸引的力量越强,其电负性值越大。在周期表同一周期中,越往右边的原子吸引电子的能力越强;同一族中,越往下的原子吸引电子的能力越弱。表 1-2 是一些常见原子的电负性值。

表 1-2　某些常见原子的电负性值

| | | | | | | | | |
|---|---|---|---|---|---|---|---|---|
| H 2.2 | | | | | | | | |
| Li 1.0 | Be 1.5 | | | B 2.0 | C 2.5 | N 3.1 | O 3.5 | F 4.0 |
| Na 0.9 | Mg 1.2 | | | Al 1.5 | Si 1.7 | P 2.1 | S 2.4 | Cl 3.2 |
| K 0.8 | Ca 1.0 | Cu 1.9 | Zn 1.6 | | Ge 2.0 | As 2.2 | Se 2.5 | Br 3.0 |
| | | Ag 1.9 | Cd 1.7 | | Sn 1.7 | Sb 1.8 | | I 2.7 |
| | | | Hg 1.9 | | Pb 1.6 | Bi 1.7 | | |

氟原子是周期表中ⅦA族里最小的原子,因此它是电负性最强的,当它和氢结合成氟化氢时,形成一个很强的共价键(键能 564.8 kJ·mol$^{-1}$,电负性是与键能相联系的)。由于氟的电负性强,电子云集中在氟的一边,所以这个共价键带有很强的极性,是个极性共价键,因此氟化氢是个极性分子。

当两个相同的原子形成分子时,由于两个原子的原子实对价电子的吸引力是相同的,键内电量平均地分布在两个原子实之间,这个共价键是没有极性的,即形成非极性共价键,例如氢分子、氯分子等。当两个不同的原子形成分子时,由于两种原子的原子实对价电子的吸引力不等,电子不再平均分布,结果分子内产生一个正电中心(**呈正电性或正性**)和一个负电中心(**呈负电性或负性**);虽然整个分子是中性的,但形成的共价键是有极性的。例如氢与氯形成的分子,氢的核电荷是+1,原子实具有 1 个正电荷,而氯的核电荷是+17,原子实具有 7 个(17-10=7)正电荷,所以氯的原子实比氢的原子实对价电子有较大的吸引力。因此,分子中氯的一端呈负电性,氢的一端呈正电性,形成一个极性共价键(polar covalent bond)。键的极性用 δ+或 δ-标在有关原子上来表示,δ+表示具有部分正电荷,δ-表示具有部分负电荷,例如

$$\overset{\delta+}{H}-\overset{\delta-}{Cl}$$

一般说来,两种原子电负性相差在 1.7 个单位以上,形成离子键;电负性相差在 0~0.6 个单位之间,形成非极性共价键;介于这二者之间的,即电负性相差在 0.6~1.7 个单位之间的,则形成极性共价键。但是,由共价键到离子键是一个过渡,不能严格地划分。

2. 偶极矩和分子的极性

在分子中,由于原子电负性不同,电荷分布不很均匀,某部分正电荷多些,另一部分负电荷多些,正电中心与负电中心不能重合。例如在二氯甲烷分子中,正电中心与负电中心各在空间某一点处:

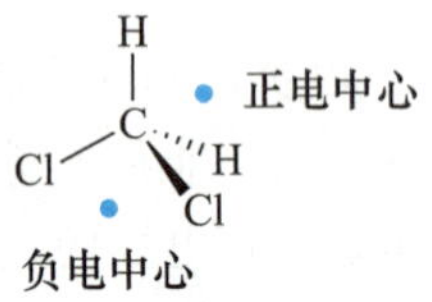

这种在空间具有两个大小相等、符号相反的电荷的分子,构成了一个偶极。正电中心或负电中心上的电荷值 $q$ 与两个电荷中心之间的距离 $d$ 的乘积,称为偶极矩(dipole moment),用 $\mu$ 表示:

$$\mu = qd$$

偶极矩的单位为 C·m(库仑·米),以前曾用 D 表示[英文 Debye(德拜)的第一个字母],1 D=3.3336×10$^{-30}$ C·m。偶极矩是有方向性的,用 +⟶ 表示,箭头所示方向是从正电中心到负电中心的方向。偶极矩的大小大体上可以表示有机分子极性强弱。偶极矩的数值,可以容易地通过一些方法测定。

下面列举卤代甲烷在气相的偶极矩,其方向为 $\overset{+\longrightarrow}{CH_3-X}$:

|  | CH$_3$F | CH$_3$Cl | CH$_3$Br | CH$_3$I |
|---|---|---|---|---|
| $\mu/(10^{-30}$ C·m) | 6.07 | 6.47 | 5.79 | 5.47 |

氟原子比氯原子的电负性大,但正、负电荷中心之间的距离 $CH_3F$ 比 $CH_3Cl$ 短,因此 $CH_3F$ 的偶极矩反而比 $CH_3Cl$ 的偶极矩小。

**习题 1-5** 下列化合物中,哪些是离子化合物?哪些是极性化合物?哪些是非极性化合物?

$KBr, I_2, CH_3CH_3, CH_3Br, CH_3OH$

### 1.3.7 共价键的键长　键角　键能

**1. 键长**

形成共价键的两原子核间的平衡距离称为共价键的键长(length of covalent bond)。同核双原子分子的键长即是两个原子的共价半径之和。X 射线衍射法、电子衍射法、光谱法等都可以用于测定键长。表 1-3 列出了有机化合物中一些常见的共价键的键长。

表 1-3　一些共价键的键长(单位:pm)

| 化合物 | 键 | 键长 | 化合物 | 键 | 键长 | 化合物 | 键 | 键长 | 化合物 | 键 | 键长 |
|---|---|---|---|---|---|---|---|---|---|---|---|
| 甲烷 | C—H | 109 | 烷烃 | C—C | 154 | 三甲胺 | C—N | 147 | 氟甲烷 | C—F | 142 |
| 乙烯 | C—H | 107 | 烯烃 | C=C | 134 | 尿素 | C—N | 137 | 氯甲烷 | C—Cl | 177 |
| 乙炔 | C—H | 105 | 炔烃 | C≡C | 120 | 乙腈 | C≡N | 115 | 溴甲烷 | C—Br | 194 |
| 苯 | C—H | 108 | 乙腈 | C—C | 149 | 甲醚 | C—O | 144 | 碘甲烷 | C—I | 213 |
| 硫脲 | C=S | 164 | 丙烯 | C—C | 150 | 甲醛 | C=O | 121 | 氯乙烷 | C—Cl | 169 |

表中的数据表明,键型和成键的杂化轨道发生变化时,共价键的键长也会随之变化。

**习题 1-6** 结合表 1-3 中的数据回答下列问题:

(i) 下列化合物中,编号所指三根 C—H 键的键长是否相等?为什么?

$$\overset{H}{\underset{H}{C}}=CH-\underset{\underset{①}{H}}{\overset{}{C}}H-\underset{②}{C}\equiv \underset{③}{C}-H$$

(ii) 下列化合物中,编号所指碳碳键的键长是否相等?为什么?

$$CH_2\overset{①}{=}CH\overset{②}{-}\underset{\underset{CH_3}{|}}{\overset{}{C}}H-CH_2\overset{④}{-}C\overset{⑤}{\equiv}C-CH_3$$
$$\phantom{CH_2=CH-}③$$

(iii) 卤甲烷中,碳氟键与碳碘键的键长为什么不同?

(iv) 氯甲烷和氯乙烷中,碳氯键的键长是否相等?为什么?

### 2. 键角

分子内同一原子形成的两个化学键之间的夹角称为键角(bond angle)。键角常以度数表示。例如,水分子呈弯曲形,它的键角为 104.5°;氨分子呈三角锥形,其键角为 107.3°;甲烷分子呈正四面体形,其键角为 109.5°。因为化学键之间有键角,所以共价键具有方向性。表 1-4 列出了一些烃类化合物的键角。

**表 1-4　一些烃类化合物的键角**

| 化合物 | 角 | 键角 | 化合物 | 角 | 键角 |
| --- | --- | --- | --- | --- | --- |
| 甲烷 | ∠HCH | 109°28′ | 丙二烯 | ∠CCC | 180° |
| 乙烯 | ∠HCC | 122°±2° | 苯 | ∠CCH | 120° |
|  | ∠HCH | 116°±2° | 环己烷 | ∠CCC | 109°28′ |
| 乙炔 | ∠HCC | 180° |  |  |  |

**习题 1-7**　在下列化合物中,有几个 $sp^3$ 杂化的碳原子?有几个 $sp^2$ 杂化的碳原子?有几个 sp 杂化的碳原子?最多有几个碳原子共平面?最多有几个碳原子共直线?哪些原子肯定处在两个互相垂直的平面中?

$$CH_2=C=CH-\underset{\underset{CH_2CH_3}{|}}{CH}-CH_2-C\equiv C-CH_3$$

### 3. 键解离能和平均键能

断裂或形成分子中某一个键所消耗或放出的能量称为键解离能(bond dissociation energy)。标准状态下,双原子分子的键解离能就是它的键能,它是该化学键强度的一种量度。对于多原子分子,由于每一根键的键解离能并不总是相等的,因此平时所说的键能实际上是指这类键的平均键能。例如,甲烷分子中四个 C—H 键的键解离能是不同的。第一个 C—H 键解离能为 439.3 kJ·mol$^{-1}$,第二个、第三个 C—H 键解离能均为 442 kJ·mol$^{-1}$,第四个 C—H 键解离能为 338.6 kJ·mol$^{-1}$。而 C—H 键的平均键能为 (439.3+442×2+338.6) kJ·mol$^{-1}$/4=415.5 kJ·mol$^{-1}$。显然,用键解离能比用平均键能更精确一些。

表 1-5 列出了一些常见键的键解离能。表 1-6 列出了一些常见共价键的平均键能。

表 1-5  一些常见键的键解离能(单位:kJ·mol⁻¹)

|      | H | F | Cl | Br | I | OH | NH₂ | Me | CN |
|------|---|---|----|----|---|----|-----|-----|-----|
| 甲基 | 439.3 | 460.2 | 355.6 | 297.1 | 238.5 | 389.1 | 355.6 | 376.6 | 510.5 |
| 乙基 | 410.0 | 451.9 | 334.7 | 284.5 | 221.8 | 382.8 | 343.1 | 359.8 | 493.7 |
| 正丙基 | 410.0 | 447.7 | 338.9 | 284.5 | 221.8 | 384.9 | 343.1 | 361.9 | 489.5 |
| 异丙基 | 397.5 | 445.6 | 338.9 | 284.5 | 223.8 | 389.1 | 343.1 | 359.8 | 485.3 |
| 二级丁基 | 389.1 | 460.2 | 338.9 | 280.3 | 217.6 | 389.1 | 343.1 | 354.5 | |
| 苯基 | 464.4 | 527.2 | 401.7 | 336.8 | 272.0 | 464.4 | 426.8 | 426.8 | 548.1 |
| 苯甲基 | 368.2 | | 301.2 | 242.7 | 200.8 | 338.9 | 297.1 | 318.0 | |
| 烯丙基 | 359.8 | | 284.5 | 225.9 | 171.5 | 326.4 | | 309.6 | |
| 乙酰基 | 359.8 | 497.9 | 338.9 | 276.1 | 205.0 | 447.7 | | 338.9 | |
| 乙氧基 | 435.1 | | | | | 184.1 | | 347.3 | |
| 乙烯基 | 460.2 | | 376.6 | 326.4 | | | | 418.4 | 543.9 |
| 氢 | 436.0 | 568.2 | 431.8 | 366.1 | 298.3 | 498.0 | 447.7 | 419.3 | 523.0 |

表 1-6  常见共价键的平均键能(单位:kJ·mol⁻¹)

|    | H | C | N | O | F | Si | S | Cl | Br | I |
|----|---|---|---|---|---|----|---|----|----|---|
| H  | 435.1 | 414.2 | 389.1 | 464.4 | 564.8 | 318.0 | 347.3 | 431.0 | 364.0 | 297.1 |
| C  | | 347.3 | 305.4 | 359.8 | 485.3 | 301.2 | 372.0 | 339.0 | 284.5 | 217.6 |
| N  | | | 163.2 | 221.8 | 272.0 | | | 192.5 | | |
| O  | | | | 196.6 | 188.3 | 451.9 | | 217.6 | 200.8 | 234.3 |
| F  | | | | | 154.8 | 564.8 | | | | |
| Si | | | | | | 221.8 | | 380.7 | 309.6 | 234.3 |
| S  | | | | | | | 251.0 | 225.2 | 217.6 | |
| Cl | | | | | | | | 242.7 | | |
| Br | | | | | | | | | 192.5 | |
| I  | | | | | | | | | | 150.6 |

**习题 1-8** 将下列各组化合物中有下划线的键按键解离能由大到小排列成序。

(i) CH₃CH₂—H    CH₃CH₂CH—H  (苯基)—H    CH₃C(=O)—H
           |
          CH₃

(ii) (苯基)—F    (苯基)CH₂—I    (苯基)CH₂—OH    (苯基)CH₂—NH₂    (苯基)—CN

(iii) CH₃—H    CH₃CH₂—F    (CH₃)₂CH—Cl    CH₂=CHCH₂—OH    CH₃C(=O)—I    CH₂=CH—CN

## 1.4 酸碱的概念

近代的酸碱理论是从 19 世纪后期开始的,先后提出了酸碱电离理论、酸碱溶剂理论、酸碱质子理论、酸碱电子理论和软硬酸碱理论。现简单介绍如下。

### 1.4.1 酸碱电离理论

酸碱电离理论(ionization theory of acid and base)是由 S. Arrhenius(阿仑尼乌斯)于 1889 年提出的。该理论的要点是:"凡在水溶液中能电离并释放出 $H^+$ 的物质叫酸,能电离并释放 $HO^-$ 的物质叫碱。"该理论的缺点是,将酸碱局限在能在水溶液中分别生成 $H^+$ 和 $HO^-$ 的物质;对于非水体系中物质的酸碱性及对不含 $H^+$ 和 $HO^-$ 成分的物质的酸碱性,则无能为力了。

阿仑尼乌斯(Svante Arrhenius),瑞典化学家。1859 年 2 月 19 日生于瑞典乌普萨拉附近的维克城堡,1927 年 10 月 2 日逝世。他有很多贡献,最重要的是创立了电离理论,并于 1903 年获诺贝尔化学奖。

### 1.4.2 酸碱溶剂理论

酸碱溶剂理论(solvent theory of acid and base)是由 Franklin(富兰克林)于 1905 年提出的。该理论的要点是:"能生成和溶剂相同的正离子者为酸,能生成与溶剂相同的负离子者为碱。"该理论比酸碱电离理论的适用范围宽广了,但它的缺点是只能应用于能电离的溶剂中,无法解释在不电离的溶剂中的酸碱或无溶剂的酸碱体系。

### 1.4.3 酸碱质子理论

酸碱质子理论(proton theory of acid and base)是分别由丹麦化学家 Brönsted(布朗斯特)和英国化学家 Lowry(劳里)同时于 1923 年提出的,又称为 Brönsted-Lowry 质子理论。该理论的基本要点是,酸是质子的给予体(给体),碱是质子的接受体(受体):

$$HCl \rightleftharpoons H^+ + Cl^- \qquad NH_3 + H^+ \rightleftharpoons NH_4^+$$
$$\text{酸} \qquad\qquad \text{共轭碱} \qquad \text{碱} \qquad\qquad \text{共轭酸}$$

一个酸释放质子后产生的酸根,即为该酸的共轭碱(conjugate base);一个碱与质子结合后形成的质子化物,即为该碱的共轭酸(conjugate acid),如

$$\text{酸} \qquad\quad \text{碱} \qquad\quad \text{碱的共轭酸} \quad \text{酸的共轭碱}$$
$$CH_3COOH + H_2O \rightleftharpoons H_3O^+ + CH_3COO^-$$
$$H_2O + CH_3NH_2 \rightleftharpoons CH_3\overset{+}{N}H_3 + HO^-$$
$$H_2SO_4 + CH_3OH \rightleftharpoons CH_3\overset{+}{O}H_2 + HSO_4^-$$

酸的强度,可以在很多溶剂中测定,但最常用的是在水溶液中,通过酸的解离常

数 $K_a$ 来测定：

$$HA + H_2O \rightleftharpoons A^- + H_3O^+$$

$$K_a = \frac{[A^-][H_3O^+]}{[HA]}$$

酸性强度可用 $pK_a$ 表示，$pK_a$ 定义为 $-\lg K_a$，即 $pK_a = -\lg K_a$。$K_a > 1$，则 $pK_a < 0$，为强酸；$K_a < 10^{-4}$，则 $pK_a > 4$，为弱酸。

碱的强度可以类似地由碱的解离常数 $K_b$ 来测定：

$$B^- + H_2O \rightleftharpoons BH + HO^-$$

$$K_b = \frac{[BH][HO^-]}{[B^-]}$$

碱的强度可用 $pK_b$ 表示，$pK_b$ 定义为 $-\lg K_b$，即 $pK_b = -\lg K_b$。也可将上述平衡写成该碱的共轭酸 BH 的解离平衡：

$$BH + H_2O \rightleftharpoons B^- + H_3O^+$$

$$K_a = \frac{[B^-][H_3O^+]}{[BH]} \qquad pK_a = -\lg K_a$$

若已知 $K_a$，则 $K_b$ 可由水的解离常数及 $K_a$ 求得。因为上述 $K_a$ 与 $K_b$ 的乘积为水的解离常数 $K_w$：

$$K_a \cdot K_b = K_w = 1.0 \times 10^{-14}$$

故

$$pK_a + pK_b = 14$$

下列反应式平衡很大程度向右偏移：

$$HCl + CH_3COO^- \rightleftharpoons CH_3COOH + Cl^-$$

因为 HCl 是强酸，$CH_3COO^-$ 是弱酸 $CH_3COOH$ 的共轭碱，强酸将质子转移形成弱酸。若用氯负离子处理乙酸，基本上不发生反应。这样，通过平衡位置的测量，可以确定酸和碱的相对强度。如表 1-7、表 1-8 所列出的是常见的无机酸及有机酸的 $pK_a$，其中有机酸是按酸性强度递降次序排列的。碳原子上的氢，酸性很弱，称氢碳酸，如 $CH_4$，$pK_a \approx 49$，是极弱的酸。

表 1-7　常见无机酸的酸性（25℃）

| 分子式 | $pK_a$ | 分子式 | $pK_a$ | 分子式 | $pK_a$ |
| --- | --- | --- | --- | --- | --- |
| HI | −5.2 | $HONO_2$ | −1.3 | $H_2O$ | 15.74 |
| HBr | −4.7 | HONO | 3.23 | HCN | 9.22 |
| HCl | −2.2 | $(HO)_3PO$ | 2.15（$pK_{a_2}=7.2$，$pK_{a_3}=12.38$） | $NH_3$（液） | 34 |
| HF | 3.18 | | | $NH_4^+$ | 9.24 |
| HOBr | 8.6 | $(HO)_2SO_2$ | ≈−5.2（$pK_{a_2}=1.99$） | $CO_2(H_2O)$ | 6.35（$pK_{a_2}=10.4$） |
| HOCl | 7.53 | $(HO)_2SO$ | 1.8（$pK_{a_2}=7.2$） | | |

表 1-8　常见有机酸的酸性(25℃)

| 分子式 | p$K_a$ | 分子式 | p$K_a$ | 分子式 | p$K_a$ |
|---|---|---|---|---|---|
| $CH_3SO_3H$ | ≈-1.2 | $(CH_3CO)_2CH_2$ | 9 | $CH_3COCH_3$ | 20 |
| $CF_3COOH$ | 0.2 | $(CH_3)_3\overset{+}{N}H$ | 9.79 | 茚 | 20 |
| 2,4,6-三硝基苯酚 | 0.25 | $C_6H_5OH$ | 10.00 | | |
| | | $CH_3NO_2$ | 10.21 | 芴 | 23 |
| | | $CH_3CH_2SH$ | 10.60 | | |
| $(C_6H_5)_2\overset{+}{N}H_2$ | 0.8 | $CH_3\overset{+}{N}H_3$ | 10.62 | $CH_3SO_2CH_3$ | 23 |
| | | $(CH_3)_2\overset{+}{N}H_2$ | 10.73 | | |
| $O_2N$-$C_6H_4$-$\overset{+}{N}H_3$ | 1.00 | $CH_3COCH_2COOC_2H_5$ | 11 | $CH_3COOC_2H_5$ | 24.5 |
| | | $CH_2(CN)_2$ | 11.2 | $HC\equiv CH$ | ≈25 |
| $O_2N$-$C_6H_4$-$COOH$ | 3.42 | $CF_3CH_2OH$ | 12.4 | $CH_3CN$ | ≈25 |
| $CH_2(NO_2)_2$ | 3.57 | $CH_2(COOC_2H_5)_2$ | 13.3 | $(C_6H_5)_3CH$ | 31.5 |
| | | $(CH_3SO_2)_2CH_2$ | 14 | $(C_6H_5)_2CH_2$ | 34 |
| 2-硝基-4-硝基苯酚 | 4.09 | $CH_3OH$ | 15.5 | $C_2H_5NH_2$ | ≈35 |
| | | $(CH_3)_2CHCHO$ | 15.5 | $C_6H_5CH_3$ | 41 |
| $C_6H_5\overset{+}{N}H_3$ | 4.60 | $C_2H_5OH$ | 15.9 | 苯 | 43 |
| $CH_3COOH$ | 4.74 | 环戊二烯 | 16.0 | $H_2C=CH_2$ | 44 |
| $(CH_3CO)_3CH$ | 5.85 | $C_6H_5COCH_3$ | 16 | $CH_4$ | ≈49 |
| $O_2N$-$C_6H_4$-$OH$ | 7.15 | $(CH_3)_3COH$ | 18 | 环己烷 | ≈52 |
| $C_6H_5SH$ | 7.8 | | | | |

酸碱质子理论扩大了酸碱的范围,它把所有显示碱性的物质都包含在内,应用十分方便。它的缺点是,那些不交换 $H^+$ 而又具有酸性的物质不能包含在内。

### 1.4.4　酸碱电子理论

酸碱电子理论(electron theory of acid and base)是美国化学家 G. N. Lewis(路易斯)于 1923 年提出的。它的基本要点是:酸是电子的接受体,碱是电子的给予体。酸碱反应是酸从碱接受一对电子,形成配位键,得到一个加合物。例如,下式中三氟化硼中硼的外层电子只有六个,可以接受电子,作受体,即三氟化硼为酸;氨的氮上有一对孤对电子,作给体,即氨为碱:

$$NH_3 + BF_3 \longrightarrow H_3\overset{+}{N}-\overset{-}{B}F_3$$
　　碱　　　酸　　　　酸碱加合物

实际上,Lewis 酸是亲电试剂(electrophilic agent),Lewis 碱是亲核试剂(nucleophilic agent)。

Lewis 酸具有下列几种类型:① 可以接受电子的分子,如 $BF_3$,$AlCl_3$,$SnCl_4$,$ZnCl_2$,$FeCl_3$ 等;② 金属离子,如 $Li^+$,$Ag^+$,$Cu^{2+}$ 等;③ 正离子,如 $R^+$,$R-\overset{+}{C}=O$,$Br^+$,$\overset{+}{N}O_2$,$H^+$ 等。

Lewis 碱主要有下列几种类型：① 具有未共享电子对原子的化合物，如 $\ddot{N}H_3$，$R\ddot{N}H_2$，$R\ddot{O}H$，$R\ddot{O}R$，$RCH=\ddot{O}:$，$R_2C=\ddot{O}:$，$R\ddot{S}H$ 等；② 负离子，如 $X^-$，$HO^-$，$RO^-$，$HS^-$，$R^-$ 等；③ 烯或芳香化合物等。

Lewis 碱与 Brönsted 碱没有多大区别，但 Lewis 酸却比 Brönsted 酸范围广泛，并把质子也作为酸。按 Brönsted 定义，把产生质子的分子或离子（如 $HCl$，$NH_4^+$）称为酸；而按 Lewis 定义，却把它们作为酸碱加合物。

### 1.4.5 软硬酸碱理论

1963 年，R. G. Pearson（皮尔逊）在前人工作的基础上提出了软硬酸碱理论 (theory of hard and soft acid and base)。它将体积小、正电荷数高、可极化性低的中心原子称为硬酸，体积大、正电荷数低、可极化性高的中心原子称为软酸；将电负性高、可极化性低、难被氧化的配位原子称为硬碱，反之称为软碱。并提出"硬亲硬、软亲软"的经验规则。软硬酸碱理论只是一个定性的概念，但能说明许多化学现象。

**习题 1-9** 按酸碱的质子论，下列化合物哪些为酸？哪些为碱？哪些既能为酸，又能为碱？

$H_2S$　$NH_3$　$SO_3^{2-}$　$H_3^+O$　$HClO$　$^-NH_2$　$HSO_4^-$　$F^-$　$HCN$

**习题 1-10** 按酸碱的电子论，在下列反应的化学方程式中，哪个反应物是酸？哪个反应物是碱？

(i) $^-NH_2 + H_2O \longrightarrow NH_3 + HO^-$

(ii) $HS^- + H^+ \longrightarrow H_2S$

(iii) ⟨NH⟩ + HCl ⟶ ⟨NH$_2^+$⟩ Cl$^-$

(iv) $CH_3\overset{O}{\overset{\|}{C}}Cl + AlCl_3 \longrightarrow CH_3\overset{O}{\overset{\|}{C}}{}^+ + AlCl_4^-$

(v) $CH_3OC_6H_5 + BH_3 \longrightarrow \underset{C_6H_5}{\overset{H_3C}{O}} \rightarrow BH_3$

(vi) $CuO + SO_2 \longrightarrow CuSO_3$

---

**章末习题**

**习题 1-11** 完成下表：

| 年份 | 诺贝尔化学奖获奖者 | | | 年份 | 诺贝尔化学奖获奖者 | | | 年份 | 诺贝尔化学奖获奖者 | | |
|---|---|---|---|---|---|---|---|---|---|---|---|
| | 姓名 | 国家 | 获奖原因 | | 姓名 | 国家 | 获奖原因 | | 姓名 | 国家 | 获奖原因 |
| 2000 | | | | 2006 | | | | 2012 | | | |
| 2001 | | | | 2007 | | | | 2013 | | | |
| 2002 | | | | 2008 | | | | 2014 | | | |
| 2003 | | | | 2009 | | | | 2015 | | | |
| 2004 | | | | 2010 | | | | | | | |
| 2005 | | | | 2011 | | | | | | | |

**习题 1-12** 写出所有分子式为 $C_4H_8O$ 且含碳碳双键的同分异构体。

**习题 1-13** 对下列化合物，(i) 根据表 1-3，推测分子中各碳氢键和各碳碳键的键长数据（近似值）；(ii) 根据表 1-4，推测分子中各键角的数据（从左至右排列）（近似值）；(iii) 根据表 1-5 和表 1-6，推测分子中各碳氢键和各碳碳键的键解离能数据（近似值）。

$$H_2C=CH-\underset{\underset{CH_3}{|}}{CH}-C\equiv CH$$

**习题 1-14** 回答下列问题：

(i) 在下列反应中，$H_2SO_4$ 是酸还是碱？为什么？

$$HONO_2 + 2H_2SO_4 \rightleftharpoons H_3O^+ + 2HSO_4^- + {}^+NO_2$$

(ii) 为什么 $CH_3NH_2$ 的碱性比 $CH_3\overset{\overset{O}{\|}}{C}NH_2$ 强？

(iii) 下列常用溶剂中，哪些可以看做 Lewis 碱性溶剂？为什么？

$C(CH_3)_4$　环己烷　$CH_3OH$　$CH_3CH_2OCH_2CH_3$　$CH_3\overset{\overset{O}{\|}}{C}CH_3$　$CH_3\overset{\overset{O}{\|}}{S}CH_3$　$H\overset{\overset{O}{\|}}{C}N(CH_3)_2$　吡啶

新戊烷　环己烷　甲醇　乙醚　丙酮　二甲亚砜(DMSO)　二甲基甲酰胺(DMF)　吡啶(Py)

(iv) 在下列反应中，哪个反应物是 Lewis 酸？哪个反应物是 Lewis 碱？

$$C_6H_6 + 2Br_2 \longrightarrow [C_6H_6-Br]^+ + Br_3^-$$

## 复习本章的指导提纲

**基本概念**

同分异构体，同分异构现象；原子轨道，电子云，原子的电子构型，分子轨道；Pauli 不相容原理，能量最低原理，Hund 规则；化学键，离子键，金属键，共价键，配价键（配位键）；Lewis 结构式，八隅规则；键长，键角，键解离能，平均键能；价键理论，分子轨道理论；定域，离域；成键轨道，反键轨道；原子实，电负性，偶极矩；酸碱电离理论，酸碱溶剂理论，酸碱质子理论，酸碱电子理论，软硬酸碱理论。

**基本知识点**

有机化学发展简史；有机化合物的结构特征和特性；结构理论的要点；原子核外电子的排布规律；化学键的分类及依据；价键理论的要点；分子轨道理论的要点；键的极性和分子的极性；共价键的性质；近代酸碱理论的发展。

## 英汉对照词汇

alcoholic drink 酒
alkaloid 生物碱
anion(or negative ion) 阴离子,负离子
antibonding orbital 反键轨道
Arrhenius,S. 阿仑尼乌斯
atomicity 原子价
atomic kernel 原子实
atomic orbital 原子轨道
ball-stick model 球棍模型
Berthelot,M. 柏赛罗
beryllium 铍
Berzelius,J. 贝采里乌斯
σ bond σ键
π bond π键
bond angle 键角
bond dissociation energy 键解离能
bond energy 键能
bonding electron 成键电子
bonding orbital 成键轨道
bond length 键长
branched chain 支链
bromine 溴
Brönsted-Lowry proton theory (Brönsted acid-base theory) 布朗斯特-劳里质子理论（布朗斯特酸碱理论）
Butlerov,A. 布特列洛夫
carbon 碳
carbon dioxide 二氧化碳
carbon compound 碳化合物
carbon skeleton isomer 碳架异构体
cation(or positive ion) 阳离子,正离子
chemical bond 化学键
chemical valence 化合价
chemical property 化学性质
chemical structure 化学结构
chlorine 氯
citric acid 柠檬酸
coal tar 煤焦油
conjugate acid 共轭酸

conjugate base 共轭碱
constitutional formula 构造式
coordinate bond 配价键,配位键
Couper,A. 古柏尔
covalent bond 共价键
Debye 德拜
delocalization 离域
dipole moment 偶极矩
double bond 双键
dye 染料
electronegativity 电负性
electron atmosphere 电子云
electronic configuration of atom 原子的电子构型
electron theory of acid and base 酸碱电子理论
electrophilic agent 亲电试剂
electrovalent bond 电价键
fluorine 氟
Franklin 富兰克林
Gerhardt,C. 热拉尔
Gmelin,L. 葛美林
halogen 卤素
Heitler,W. 海特勒
helium 氦
Hund rule 洪特规则
hybridized orbital 杂化轨道
hydrogen 氢
inorganic chemistry 无机化学
iodine 碘
ion 离子
ion bond 离子键
ionization theory of acid and base 酸碱电离理论
isomer 同分异构体
isomerism 同分异构现象
Kekulé,A. 凯库勒
Kolbe,H. 柯尔伯
lactic acid 乳酸
Lavoisier,A. 拉瓦锡

Lebel, J. A. 勒贝尔
length of covalent bond 共价键的键长
Lewis acid-base theory 路易斯酸碱理论
Lewis, G. N. 路易斯
Lewis structure formula 路易斯结构式
localization 定域
London, F. 伦敦
medicine 药物
metallic bond 金属键
molecular orbital theory 分子轨道理论
morphine 吗啡
neon 氖
nitrogen 氮
nonpolar covalent bond 非极性共价键
nucleophilic agent 亲核试剂
octet rule 八隅规则
organic acid 有机酸
organic chemistry 有机化学
organic compound 有机化合物
organic matter 有机物
organic synthesis 有机合成
oxygen 氧
Pauli exclusion principle 泡利不相容原理
Pearson, R. G. 皮尔逊
periodic table of chemical element 元素周期表
phosphorus 磷
polar covalent bond 极性共价键
principle of lowest energy 能量最低原理
proton theory of acid and base 酸碱质子理论
silicon 硅
single bond 单键
solvent theory of acid and base 酸碱溶剂理论
stereochemistry 立体化学
stereo-isomerism 立体异构现象
stereomer 立体异构体
structure 结构
sugar 糖
sulfur 硫
tartaric acid 酒石酸
tetrahedron 正四面体
theory of hard and soft acid and base 软硬酸碱理论
triple bond 叁键
umbrella formula 伞形式
uncertainty principle 不确定性原理
urea 尿素
uric acid 尿酸
valence 价
valence-bond method 价键法
valence-bond theory 价键理论
van't Hoff, J. H. 范霍夫
vinegar 醋
von Liebig, J. 李比息
water 水
Wöhler, F. 魏勒

# 第 2 章 有机化合物的分类 表示方式 命名

*C₄H₈O 的同分异构体*

有机化合物是指除一氧化碳、二氧化碳、碳酸盐等少数简单含碳化合物以外的含碳化合物。目前数目已达几千万种以上。

## 2.1 有机化合物的分类

有机化合物的分类方法主要有两种：一种是按碳架分类，另一种是按官能团（functional group）分类。

按碳架分类，各类化合物的关系如下：

$$
\text{有机化合物}\begin{cases}\text{开链化合物（脂肪族化合物）}\\ \text{环状化合物}\begin{cases}\text{碳环化合物}\begin{cases}\text{脂环族化合物}\\ \text{芳香族化合物}\end{cases}\\ \text{杂环化合物}\begin{cases}\text{脂杂环化合物}\\ \text{芳杂环化合物}\end{cases}\end{cases}\end{cases}
$$

碳原子互相连接成链状的化合物称为开链化合物。因这类化合物最初是从动物脂肪中获取的,所以也称为脂肪族化合物(aliphatic compound)。例如

$$\underset{\underset{CH_3}{|}}{CH_3CH_2CHCH_3} \qquad CH_2=CH-CH=CH_2 \qquad \underset{\underset{OH}{|}}{CH_2}-\underset{\underset{OH}{|}}{CH}-\underset{\underset{OH}{|}}{CH_2} \qquad CH_3(CH_2)_{14}COOH$$

2-甲基丁烷　　　　　1,3-丁二烯　　　　　1,2,3-丙三醇(甘油)　　十六碳酸(软脂酸)

碳原子互相连接成环的化合物称为碳环化合物(carbocyclic compound)。它又分成两类:与脂肪族化合物性质类似的一类碳环化合物称为脂环族化合物(alicyclic compound);另一类碳环化合物大都含有一个或几个单双键交替出现的六元环——苯环,这种特殊的结构决定了它们具有一种特殊的性质——芳香性(aromaticity),因此这类碳环化合物称为芳香族化合物(aromatic compound)。环内有杂原子(非碳原子)的环状化合物称为杂环化合物(heterocyclic compound)。它也分为两类:具有脂肪族性质特征的称为脂杂环化合物(aliphatic heterocyclic compound);具有芳香特性的称为芳杂环化合物(aromatic heterocyclic compound)。因为前者常常与脂肪族化合物合在一起学习,所以平时说的杂环化合物实际指的是芳杂环化合物。碳环化合物和杂环化合物合称环状化合物。例如

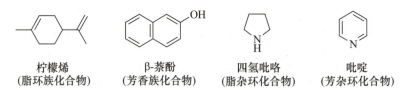

柠檬烯　　　　　β-萘酚　　　　　四氢吡咯　　　　　吡啶
(脂环族化合物)　(芳香族化合物)　(脂杂环化合物)　(芳杂环化合物)

仅由碳和氢两种原子组成的有机化合物称为烃(hydrocarbon)。烃分子中的一个或几个氢原子被其他元素的原子或原子团取代后的生成物称为烃的衍生物(derivative)。各类烃的衍生物都具有自己特有的化学性质,这些特有的化学性质主要是由取代氢原子的原子或原子团所决定的。在化学上将这种决定有机化合物化学特性的原子或原子团称为官能团。有机化合物按官能团分类的情况见表2-1。

表 2-1 一些常见的有机化合物及其官能团

| 化合物类名 | 官能团结构 | 官能团名称 | 化合物类名 | 官能团结构 | 官能团名称 |
| --- | --- | --- | --- | --- | --- |
| 烯烃 alkene | $\diagdown_{C=C}\diagup$ | 碳碳双键 double bond | 酚 phenol | —OH [*2] | 羟基 |
| 炔烃 alkyne | —C≡C— | 碳碳叁键 triple bond | 硫醇 thio-alcohol | —SH [*1] | 巯基 mercapto |
| 卤代烃 halohydrocarbon | —X(F,Cl,Br,I) | 卤原子 halogen atom | 硫酚 thio-phenol | —SH [*2] | 巯基 |
| 醇 alcohol | —OH [*1] | 羟基 hydroxy | 醚 ether | $\diagdown_{C-O-C}\diagup$ | 醚基 ether group |

续表

| 化合物类名 | 官能团结构 | 官能团名称 | 化合物类名 | 官能团结构 | 官能团名称 |
| --- | --- | --- | --- | --- | --- |
| 过氧化物<br>peroxide | —O—O— | 过氧基<br>peroxy group | 酯<br>ester | $-\overset{\text{O}}{\underset{\|}{C}}-OR$ | 酯基<br>ester group |
| 醛<br>aldehyde | $-\overset{\text{O}}{\underset{\|}{C}}-H$ | 醛基<br>aldehyde group | 酰胺<br>amide | $-\overset{\text{O}}{\underset{\|}{C}}-N\overset{R_1}{\underset{R_2}{}}$ [3] | 酰氨基<br>amide group |
| 酮<br>ketone | $-\overset{\text{O}}{\underset{\|}{C}}-$ | 羰基<br>carbonyl | 胺<br>amine | $-N\overset{R_1}{\underset{R_2}{}}$ [3] | 氨基<br>amino |
| 磺酸<br>sulfonic acid | —SO$_3$H | 磺(酸)基<br>sulfo | 亚胺<br>imine | $>C=N-R_3$ [3] | 亚氨基<br>imino |
| 羧酸<br>carboxylic acid | —COOH | 羧基<br>carboxy | 硝基化合物<br>nitro compound | —NO$_2$ | 硝基<br>nitro |
| 酰卤<br>acyl halide | $-\overset{\text{O}}{\underset{\|}{C}}-X$ | 酰卤基<br>acyl halide group | 亚硝基化合物<br>nitroso compound | —NO | 亚硝基<br>nitroso |
| 酸酐<br>acid anhydride | $-\overset{\text{O}}{\underset{\|}{C}}-O-\overset{\text{O}}{\underset{\|}{C}}-$ | 酸酐基<br>acid anhydride group | 腈<br>nitrile | —C≡N | 氰基<br>cyano |

[1] —OH 或—SH 与烃基直接相连。

[2] —OH 或—SH 与芳环直接相连。

[3] $R_1$,$R_2$,$R_3$ 可以是氢也可以是烃基,$R_1$ 与 $R_2$ 可以相同也可以不同。

## 2.2 有机化合物的表示方式

### 2.2.1 有机化合物构造式的表示方式

分子中原子的连接次序和键合性质叫做构造。表示分子构造的化学式叫做构造式(constitution formula)。表示构造式的方法有四种,现结合表 2-2 中两个化合物作具体说明。

表 2-2 有机化合物构造式的表示方式

| 化合物名称 | Lewis 结构式 | 蛛网式 | 结构简式 | 键线式 |
|---|---|---|---|---|
| 1-戊烯-4-炔 | H:C::C:C:C:::C:H (含H) | H—C=C—C—C≡C—H (含H) | $H_2C=CH-CH_2-C≡CH$ 或 $H_2C=CHCH_2C≡CH$ | |
| 2-戊醇 | H:C:C:C:C:C:H (含H, O:H) | H—C—C—C—C—C—H (含H, OH) | $CH_3-CH_2-CH_2-CH-CH_3$ 与 $OH$ 或 $CH_3CH_2CH_2CHCH_3$ 与 $OH$ | |

用价电子(即共价结合的外层电子)表示的电子结构式称为 Lewis 结构式(Lewis structure formula)。在 Lewis 结构式中,用黑点表示电子,两个原子之间的一对电子表示共价单键,两个原子之间的两对或三对电子表示共价双键或共价叁键。只属于一个原子的一对电子称为孤对电子。将 Lewis 结构式中一对共价电子改成一条短线,就得到了蛛网式(cobweb formula),因其形似蛛网而得名。为了简化构造式的书写,常常将碳与氢之间的键线省略,或者将碳氢单键和横向的碳碳单键的键线均省略,这两种表达方式统称为结构简式(skeleton symbol)。还有一种表达方式是只用键线来表示碳架,两根单键之间或一根双键和一根单键之间的夹角为120°,一根单键和一根叁键之间的夹角为180°,而分子中的碳氢键、碳原子及与碳原子相连的氢原子均省略,但杂原子及与杂原子相连的氢原子须保留。用这种方式表示的构造式为键线式(bond-line formula)。在上述四种表示式中,结构简式和键线式应用较广泛,键线式最为简便。

**习题 2-1** 用键线式和结构简式写出 $C_5H_{12}$,$C_6H_{14}$ 的所有构造异构体。

**习题 2-2** 将下列化合物改写成键线式。

(i) $CH_3CHCH_2CH_2CHCH_2CH_3$ (含两个 $CH_3$ 支链)

(ii) $H_3CCH=CHCH_2CHCH_3$ (含 $CH_3$ 支链)

(iii) $H_3C\overset{H_3C}{\underset{}{C}}HCH_2CH_2OCH_2CH_2CHCH_3$ (含 $CH_3$ 支链)

(iv) $CH_3\overset{CH_3}{\underset{CH_3}{C}}CH_2CHCH_2OH$ (含 $CH_3$ 支链)

(v) $H_2C\overset{CH_3}{\underset{CH_2}{\overset{|}{C}H}}CHCH_2CH_3$

(vi) $\begin{matrix}HC=CH\\|\quad\;\;|\\HC\quad\;\;C-NO_2\\\quad\;\;\backslash\;/\\\quad\;N\\\quad\;H\end{matrix}$

(vii) $\begin{matrix}HC-CH\\\|\quad\;\;\|\\HC\quad\;CH\\\quad\backslash\;/\\\quad N\end{matrix}$

(viii) $\begin{matrix}H_2C-CH_2\\|\quad\;\;|\\H_2C\quad\;O\\\quad\backslash\;/\\HC=CH\end{matrix}$

### 2.2.2 有机化合物立体结构的表示方式

分子的结构除了指分子的构造外,还包括原子在空间的排列方式,即它们的立体结构。有机化合物的立体结构常用伞形式表示,其规定如下:处于纸面上的键用实线表示,伸向纸面里面的键用虚楔形线表示,伸向纸面外面的键用实楔形线表示。

例如(S)-(＋)-乳酸的立体结构可表示如下：

$$\text{H}_3\text{C}-\overset{\text{COOH}}{\underset{\text{OH}}{\text{C}}}-\text{H}$$

此结构式表示：碳氢键伸向纸面里面，碳氧键伸向纸面外面。

此外，表示立体结构式的方法还有锯架式、Newman 投影式、Fischer 投影式等好几种，将在有关章节再一一介绍(参见 3.2.1/1，3.3.5/1,2 和 3.6.2/2)。

## 2.3 有机化合物的同分异构体

在有机化学中，将具有相同分子式而具有不同结构的现象称为同分异构现象(isomerism)。而将分子式相同、结构不同的化合物互称为同分异构体(isomer)，也称为结构异构体(structural isomer)。

有机化合物都是含碳的化合物。碳位于周期表第二周期ⅣA族，它的基态原子的外层电子是 $2s^2 2p^2$，由于失去四个电子或接受四个电子成为惰性气体电子结构很难实现，因此碳在形成有机物时，基本上是以四个共价键的形式和其他原子成键的。碳不仅能与其他原子形成共价键，碳碳之间也能形成共价单键、共价双键和共价叁键。它们不仅能形成直链，还能形成叉链和环链，纵横交叉。另外，一些非碳原子如卤素、氧、硫、氮、磷及金属原子等也能在有机分子中占据不同的位置，形成性质各异的化合物。因此，有机化合物的数目极其繁多，有机化学中的同分异构现象极为普遍。

有机化学中的同分异构体，可以划分成各种类别，它们之间的关系如下：

$$\text{结构异构体(同分异构体)} \begin{cases} \text{构造异构体} \begin{cases} \text{碳架异构体} \\ \text{位置异构体} \\ \text{官能团异构体} \\ \text{互变异构体} \\ \text{价键异构体} \end{cases} \\ \text{立体异构体} \begin{cases} \text{构型异构体} \begin{cases} \text{顺反异构体} \\ \text{旋光异构体} \end{cases} \\ \text{构象异构体} \begin{cases} \text{交叉型构象(极限构象)} \\ \text{重叠型构象(极限构象)} \\ \text{扭曲型构象(无数个)} \end{cases} \end{cases} \\ \text{电子互变异构体(electronic tautomeric isomer)} \end{cases}$$

同分异构体是所有异构体的总称，它主要有构造异构体和立体异构体两大类。构造异构体是指因分子中原子的连接次序不同或者键合性质不同引起的异构体，又可分为五种类型。因碳架不同产生的异构体称为碳架异构体(carbon skeleton isomer)。例如，可以写出两种不同碳架的丁烷，它们互为碳架异构体；可以写出三种

---

1822 年 Wöhler 发现了一结构式为 AgNCO、化学性质比较稳定的化合物，叫异氰酸银(silver isocyanate)。1823 年 Liebig 发现了一种组成与异氰酸银相同的化合物，但其化学性质非常不稳定，遇热或受撞击就会发生爆炸。当时化学界围绕"分析结果是否有误"、"定组成定律是否有问题"展开了激烈的争论。后来证明，Liebig 发现的化合物与异氰酸银虽然具有相同的组分，但它们分子中各原子的连接次序不同。后者的结构式为 AgONC，它是不同于异氰酸银的另一种化合物，命名为雷酸银(silver fulminate 或 fulminating silver)。

不同碳架的戊烷，它们也互为碳架异构体。

$$C_4H_{10} \quad CH_3CH_2CH_2CH_3 \quad \underset{\text{异丁烷}}{CH_3\overset{\overset{CH_3}{|}}{C}HCH_3}$$

（正）丁烷　　　异丁烷

$$C_5H_{12} \quad CH_3CH_2CH_2CH_2CH_3 \quad CH_3\overset{\overset{CH_3}{|}}{C}HCH_2CH_3 \quad CH_3\overset{\overset{CH_3}{|}}{\underset{\underset{CH_3}{|}}{C}}CH_3$$

（正）戊烷　　　异戊烷　　　新戊烷

官能团在碳链或碳环上的位置不同而产生的异构体称为位置异构体。例如含三个碳的链形醇，羟基可以连在端基碳上，也可以连在中间碳上，这两种化合物互为位置异构体（position isomer）。

$$C_3H_8O \quad CH_3CH_2CH_2OH \quad CH_3\underset{\underset{OH}{|}}{C}HCH_3$$

正丙醇　　　异丙醇

因分子中所含官能团的种类不同所产生的异构体称为官能团异构体（functional group isomer）。例如，满足分子式 $C_2H_6O$ 的化合物可以含有醚键（醚的官能团），也可以含有羟基（醇的官能团），这两种化合物互为官能团异构体。

$$C_2H_6O \quad CH_3CH_2OH \quad CH_3OCH_3$$

乙醇　　　甲醚

因分子中某一原子在两个位置迅速移动而产生的官能团异构体称为互变异构体（tautomeric isomer）。例如，丙酮和1-丙烯-2-醇可以通过氢原子在氧上和α碳上的迅速移动而互相转变，所以它们是一对互变异构体。

因分子中某些价键的分布发生了改变，与此同时也改变了分子的几何形状，从而引起的异构体称为价键异构体（valence bond isomer）。例如，苯在某波长光波的照射下可以转变为棱晶烷，在另一波长光波的照射下可以转变为杜瓦苯。它们的价键分布和几何形状都不同，所以棱晶烷和杜瓦苯都是苯的价键异构体。

$$C_3H_6O \quad H_3C-\overset{\overset{O}{\|}}{C}-CH_2-H \rightleftharpoons H_3C-\overset{\overset{O-H}{|}}{C}=CH_2$$

丙酮　　　1-丙烯-2-醇

一对互变异构体虽然可以互相转换，但常常以较稳定的一种异构体为其主要的存在形式。互变异构体是一种特殊的官能团异构体。

价键异构体不要求。

同分异构体中的另一大类是立体异构体（stereo-isomer）。分子中原子或原子团互相连接次序及键合物质均相同，但空间排列不同而引起的异构体称为立体异构体，有两类立体异构体。因键长、键角、分子内有双键或有环等原因引起的立体异构体称为构型异构体（configuration stereo-isomer）。一般来讲，构型异构体之间不能或很难互相转换。仅由于单键的旋转而引起的立体异构体称为构象异构体（conformational stereo-isomer），有时也称为旋转异构体（rotamer）。由于旋转的角度可以是任意的，单键旋转360°可以产生无数个构象异构体，通常以有限的几种极限构象

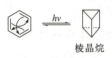

来代表它们，参见 3.2，3.3。**在书写同分异构体时，不必写构象异构体。**

构型异构体又分为两类。其中因双键或成环碳原子的单键不能自由旋转而引起的异构体称为几何异构体(geometric isomer)，也称为顺反异构体(*cis-trans* isomer)。例如，顺-2-丁烯和反-2-丁烯是一对几何异构体；顺-1,4-二甲基环己烷和反-1,4-二甲基环己烷也是一对几何异构体。

顺-2-丁烯　　反-2-丁烯　　顺-1,4-二甲基环己烷　　反-1,4-二甲基环己烷

将因分子中没有反轴对称性而引起的具有不同旋光性能的立体异构体称为旋光异构体(optical isomer)，也叫光活性异构体(参见 3.4～3.8)。

电子互变异构体不要求。

**习题 2-3** 写出分子式为 $C_3H_6O$ 的所有的构造异构体。

**习题 2-4** 写出分子式为 $C_3H_9N$ 的所有的构造异构体。

近年，全国科技名词委和中国化学会组建的第二届化学名词审定委员会有机化学小组正在进行《有机化学命名原则》(1980)的更新修订工作，在网上可查到该组织公布的《有机化合物命名原则》(2010 推荐版)。

要查阅检索工具书如《化学文摘》(Chemical Abstract，简称 CA)的化学物质索引、手册等，采用 CA 的系统命名法。现在电子计算机在信息科学中应用日趋广泛，因此对命名要求更加系统，在系统名称下又给这些化合物编了注册号，以便于输入电子计算机进行检索。

# 有机化合物的命名

有机化合物种类繁多，数目庞大，即使同一分子式，也有不同的异构体，若没有一个完整的命名(nomenclature)方法来区分各个化合物，在文献中会造成极大的混乱，因此认真学习每一类化合物的命名是有机化学的一项重要内容。现在书籍、期刊中经常使用普通命名法和国际纯粹与应用化学联合会(International Union of Pure and Applied Chemistry)命名法，后者简称 IUPAC 命名法。IUPAC 是由世界各国化学会或科学院为会员单位组成的学术机构，成立于 1919 年。对于有些名称很长的复杂化合物，命名时常用俗名。中文系统命名法是中国化学会(CCS)结合 IUPAC 的命名原则和我国文字特点而制定的。1960 年修订了《有机化学物质的系统命名原则》，1980 年又加以补充，出版了《有机化学命名原则》增订本。

本章根据 1980 年版的《有机化学命名原则》介绍烃的各种命名法和烃衍生物的系统命名法，烃衍生物的普通命名法、杂环化合物和天然产物的命名见相关各章。

## 2.4 烷烃的命名

碳碳间、碳氢间均以单键相连的烃称为烷烃(alkane)，无环的烷烃称为链烷烃，

有环的烷烃称为环烷烃(cyclic alkane)。烷烃是有机化合物的母体化合物,所以首先学习烷烃的命名。

### 2.4.1 链烷烃的命名

**1. 系统命名法**

(1) 直链烷烃的命名　直链烷烃($n$-alkane)的名称用"碳原子数+烷"来表示。当碳原子数为1~10时,依次用天干——甲、乙、丙、丁、戊、己、庚、辛、壬、癸——表示;当碳原子数超过10时,用数字表示。例如,六个碳的直链烷烃称为己烷;十四个碳的直链烷烃称为十四烷。表2-3列出了一些正烷烃的中英文名称。

烷烃的英文名称是 alkane,词尾用 ane。

**表2-3　一些正烷烃的名称**

| 构造式 | 中文名 | 英文名 | 构造式 | 中文名 | 英文名 |
|---|---|---|---|---|---|
| $CH_4$ | 甲烷 | methane | $CH_3(CH_2)_{16}CH_3$ | (正)十八烷 | $n$-octadecane |
| $CH_3CH_3$ | 乙烷 | ethane | $CH_3(CH_2)_{17}CH_3$ | (正)十九烷 | $n$-nonadecane |
| $CH_3CH_2CH_3$ | 丙烷 | propane | $CH_3(CH_2)_{18}CH_3$ | (正)二十烷 | $n$-icosane |
| $CH_3(CH_2)_2CH_3$ | (正)丁烷 | $n$-butane | $CH_3(CH_2)_{19}CH_3$ | (正)二十一烷 | $n$-henicosane |
| $CH_3(CH_2)_3CH_3$ | (正)戊烷 | $n$-pentane | $CH_3(CH_2)_{20}CH_3$ | (正)二十二烷 | $n$-docosane |
| $CH_3(CH_2)_4CH_3$ | (正)己烷 | $n$-hexane | $CH_3(CH_2)_{28}CH_3$ | (正)三十烷 | $n$-triacontane |
| $CH_3(CH_2)_5CH_3$ | (正)庚烷 | $n$-heptane | $CH_3(CH_2)_{29}CH_3$ | (正)三十一烷 | $n$-hentriacontane |
| $CH_3(CH_2)_6CH_3$ | (正)辛烷 | $n$-octane | $CH_3(CH_2)_{30}CH_3$ | (正)三十二烷 | $n$-dotriacontane |
| $CH_3(CH_2)_7CH_3$ | (正)壬烷 | $n$-nonane | $CH_3(CH_2)_{38}CH_3$ | (正)四十烷 | $n$-tetracontane |
| $CH_3(CH_2)_8CH_3$ | (正)癸烷 | $n$-decane | $CH_3(CH_2)_{48}CH_3$ | (正)五十烷 | $n$-pentacontane |
| $CH_3(CH_2)_9CH_3$ | (正)十一烷 | $n$-undecane | $CH_3(CH_2)_{58}CH_3$ | (正)六十烷 | $n$-hexacontane |
| $CH_3(CH_2)_{10}CH_3$ | (正)十二烷 | $n$-dodecane | $CH_3(CH_2)_{68}CH_3$ | (正)七十烷 | $n$-heptacontane |
| $CH_3(CH_2)_{11}CH_3$ | (正)十三烷 | $n$-tridecane | $CH_3(CH_2)_{78}CH_3$ | (正)八十烷 | $n$-octacontane |
| $CH_3(CH_2)_{12}CH_3$ | (正)十四烷 | $n$-tetradecane | $CH_3(CH_2)_{88}CH_3$ | (正)九十烷 | $n$-nonacontane |
| $CH_3(CH_2)_{13}CH_3$ | (正)十五烷 | $n$-pentadecane | $CH_3(CH_2)_{98}CH_3$ | (正)一百烷 | $n$-hectane |
| $CH_3(CH_2)_{14}CH_3$ | (正)十六烷 | $n$-hexadecane | $CH_3(CH_2)_{132}CH_3$ | (正)一百三十四烷 | $n$-tetratriacontane hectane |
| $CH_3(CH_2)_{15}CH_3$ | (正)十七烷 | $n$-heptadecane | | | |

20个碳以内的烷烃要比较熟悉,以后经常要用到。烷烃的英文名称变化是有规律的。表中的正($n$-)表示直链烷烃,正($n$-)可以省略。

(2) 支链烷烃的命名　有分支的烷烃称为支链烷烃(branched-chain alkane)。

(i) 碳原子的级　下面化合物中含有四种不同级的碳原子:

$$\begin{array}{c} \overset{①}{CH_3} \ \overset{①}{CH_3} \\ | \quad\ \ | \\ \overset{①}{CH_3} - \overset{④}{C} - \overset{③}{C} - \overset{②}{C} - \overset{①}{CH_3} \\ | \quad\ \ | \quad\ \ | \\ \underset{①}{CH_3} \ H \ \ H \end{array}$$

① 与一个碳相连的碳,是一级碳原子,用 1°C 表示(或称伯碳,primary carbon)。1°C 上的氢称为一级氢,用 1°H 表示。

② 与两个碳相连的碳,是二级碳原子,用 2°C 表示(或称仲碳,secondary carbon)。2°C 上的氢称为二级氢,用 2°H 表示。

③ 与三个碳相连的碳,是三级碳原子,用 3°C 表示(或称叔碳,tertiary carbon)。3°C 上的氢称为三级氢,用 3°H 表示。

④ 与四个碳相连的碳,是四级碳原子,用 4°C 表示(或称季碳,quaternary carbon)。

**习题 2-5** 在下列构造式中,指出有几个一级碳原子、二级碳原子、三级碳原子和四级碳原子,并用虚线圈出一级烷基、二级烷基和三级烷基各一个。

$$\begin{array}{c} \ \ \ \ \ \ \ \ \ \ CH_3\ \ CH_3\ CH_3 \\ CH_3CCH_2C-CHCH_2CH_3 \\ \ \ \ \ \ \ \ \ \ \ CH_3\ \ CHCH_3 \\ \ \ \ \ \ \ \ \ \ \ \ \ \ \ \ \ \ \ \ \ CH_3 \end{array}$$

烷基的英文名称为 alkyl,即将烷烃的词尾 -ane 改为 -yl。

(ii) **烷基的名称** 烷烃去掉一个氢原子后剩下的部分称为烷基。烷基可以用普通命名法命名,也可以用系统命名法命名。表 2-4 列出了一些常见烷基的名称。

表 2-4 一些常见烷基的名称

| 烷烃 | 相应的烷基 | 普通命名法 中文名称(英文名称) | 系统命名法 中文名称(英文名称) |
|---|---|---|---|
| 甲烷 $CH_4$ | $CH_3-$ | 甲基(methyl,缩写 Me) | 甲基(methyl,缩写 Me) |
| 乙烷 $CH_3CH_3$ | $CH_3CH_2-$ | 乙基(ethyl,缩写 Et) | 乙基(ethyl,缩写 Et) |
| 丙烷 $CH_3CH_2CH_3$ | $CH_3CH_2CH_2-$ | (正)丙基*¹($n$-propyl,缩写 $n$-Pr)*² | 丙基(propyl,缩写 Pr) |
|  | $\overset{1}{C}H_3\overset{2}{C}HCH_3$ | 异丙基(isopropyl,缩写 $i$-Pr) | 1-甲基乙基(1-methylethyl) |
| (正)丁烷 $CH_3(CH_2)_2CH_3$ | $CH_3CH_2CH_2CH_2-$ | (正)丁基($n$-butyl,缩写 $n$-Bu) | 丁基(butyl,缩写 Bu) |
|  | $\overset{3}{C}H_3\overset{2}{C}H_2\overset{1}{C}HCH_3$ | 二级丁基或仲丁基 ($sec$-butyl,缩写 $s$-Bu) | 1-甲(基)丙基 (1-methylpropyl) |
| 异丁烷 $CH_3CHCH_3$ \| $CH_3$ | $\overset{3}{C}H_3\overset{2}{C}H\overset{1}{C}H_2-$ \| $CH_3$ | 异丁基(isobutyl,缩写 $i$-Bu) | 2-甲基丙基 (2-methylpropyl) |
|  | $\overset{2}{C}H_3\overset{1}{C}CH_3$ \| $CH_3$ | 三级丁基或叔丁基 ($tert$-butyl,缩写 $t$-Bu) | 1,1-二甲基乙基 (1,1-dimethylethyl) |
| (正)戊烷 $CH_3(CH_2)_3CH_3$ | $CH_3CH_2CH_2CH_2CH_2-$ | (正)戊基($n$-pentyl 或 $n$-amyl) | 戊基($n$-pentyl) |
|  | $\overset{4}{C}H_3\overset{3}{C}H_2\overset{2}{C}H_2\overset{1}{C}HCH_3$ | — | 1-甲基丁基(1-methylbutyl) |
|  | $\overset{3}{C}H_3\overset{2}{C}H_2\overset{1}{C}HCH_2CH_3$ | — | 1-乙基丙基(1-ethylpropyl) |

续表

| 烷烃 | 相应的烷基 | 普通命名法<br>中文名称（英文名称） | 系统命名法<br>中文名称（英文名称） |
|---|---|---|---|
| 异戊烷<br>CH₃CHCH₂CH₃<br>　　│<br>　　CH₃ | $\overset{4}{C}H_3\overset{3}{C}H\overset{2}{C}H_2\overset{1}{C}H_2-$<br>　　│<br>　　CH₃ | 异戊基（*iso*-pentyl） | 3-甲基丁基<br>（3-methylbutyl） |
| | $\overset{3}{C}H_3\overset{2}{C}H\overset{1}{C}HCH_3$<br>　　│<br>　　CH₃ | — | 1,2-二甲基丙基<br>（1,2-dimethylpropyl） |
| | $\overset{1}{C}H_3\overset{2}{C}\overset{3}{C}H_2CH_3$<br>　　│<br>　　CH₃ | 三级戊基或叔戊基（*tert*-pentyl） | 1,1-二甲基丙基<br>（1,1-dimethylpropyl） |
| | $-\overset{1}{C}H_2\overset{2}{C}H\overset{3}{C}H_2\overset{4}{C}H_3$<br>　　　│<br>　　　CH₃ | — | 2-甲基丁基<br>（2-methylbutyl） |
| 新戊烷<br>　　CH₃<br>　　│<br>CH₃CCH₃<br>　　│<br>　　CH₃ | 　　CH₃<br>　　│<br>$\overset{3}{C}H_3\overset{2}{C}\overset{1}{C}H_2-$<br>　　│<br>　　CH₃ | 新戊基（neopentyl） | 2,2-二甲基丙基<br>（2,2-dimethylpropyl） |

*1　括号中的正字可以省略。
*2　在英文命名时,正用 *n*-,异用 *iso* 或 *i*-,新用 *neo*,二级用词头 *sec*-（或 *s*-）,三级用词头 *tert*-（或 *t*-）表示,后面有一短横线。

烷基的普通命名法允许在系统命名法中使用。

　　从表 2-4 中可以看出：甲烷、乙烷分子中只有一种氢,只能产生一种甲基和一种乙基；丙烷分子中有两种不同的氢,可以产生两种丙基；丁烷有两种异构体,每种异构体分子中都有两种不同的氢原子,所以能产生四种丁基；戊烷有三种异构体,一共可产生八种戊基。命名时,用什么方法来区分碳原子数相同但结构不同的烷基？普通命名法通过词头来区分它们。词头正(*n*)表示该烷基是一条直链；异(*iso*)表示链的端基有 $\overset{H_3C}{\underset{H_3C}{>}}CH-$ 结构,而链的其他部位无支链；新表示链的端基有 $CH_3\underset{\underset{CH_3}{|}}{\overset{\overset{CH_3}{|}}{C}}CH_2-$ 结构,而链的其他部位无支链。此外,还可以用二级、三级等词头来表明失去氢原子的碳为二级碳和三级碳。显然,烷基的普通命名法只适用于简单的烷基。

　　烷基的系统命名法适用于各种情况。它的命名方法是：将失去氢原子的碳称为基碳原子,定位为 1,从它出发,选一个最长的链为烷基的主链,从 1 位碳开始依次编号,不在烷基主链上的基团均作为烷基主链的取代基处理。写名称时,将主链上的取代基的编号和名称写在主链名称前面。例如,下面的烷基从 1 号碳出发,有三个编号的方向,选碳原子数最多的方向编号,即该碳链为烷基的主链,称为丁基（butyl）,在该主链的 1 位碳上有两个取代基：甲基、乙基。所以,下面烷基的名称为 1-甲基-1-乙基丁基：

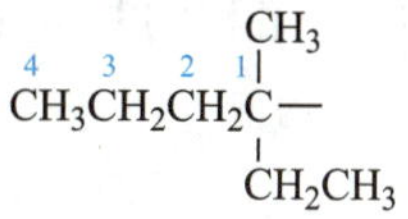

$$\overset{4}{C}H_3\overset{3}{C}H_2\overset{2}{C}H_2\overset{1}{C}\begin{matrix}CH_3\\|\\—\\|\\CH_2CH_3\end{matrix}$$

(iii) 顺序规则  有机化合物中的各种基团可以按一定的规则来排列先后次序，这个规则称为顺序规则(Cahn-Ingold-Prelog sequence)。其主要内容如下：

① 将单原子取代基按原子序数(atomic number)大小排列，原子序数大的顺序在前，原子序数小的顺序在后。有机化合物中常见的元素顺序如下：

$$I > Br > Cl > S > P > F > O > N > C > D > H$$

在同位素(isotope)中质量高的顺序在前。

② 如果两个多原子基团的第一个原子相同，则比较与它相连的其他原子。比较时，按原子序数排列，先比较最大的，若仍相同，再顺序比较居中的、最小的。例如，—$CH_2Cl$ 与 —$CHF_2$，第一个均为碳原子，再按顺序比较与碳相连的其他原子，在 —$CH_2Cl$ 中为—C(Cl, H, H)，在 —$CHF_2$ 中为—C(F, F, H)，Cl 比 F 在前，故 —$CH_2Cl$ 在前。如果有些基团仍相同，则沿取代链逐次相比。

③ 含有双键或叁键的基团，可以认为连有两个或三个相同的原子，该原子首次出现时按正常情况处理；重复出现时，要加括号，括号后面加点线，不能再连其他原子。表达式列出后，比较排序的原则与第二条规则相同。例如，下面三个基团的表达方式和排序如下：

$$—C\equiv CH \quad > \quad —CH=CH_2 \quad > \quad —CH(CH_3)_2$$

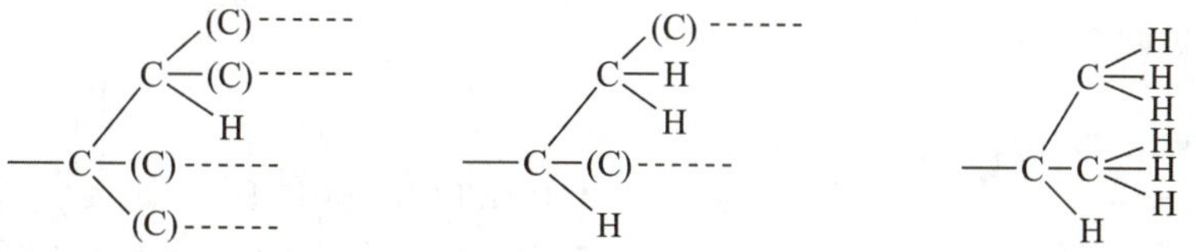

④ 若参与比较顺序的原子的键不到四个，则可以补充适量的原子序数为零的假想原子，假想原子的排序放在最后。例如，$CH_3CH_2NHCH_3$ 中，N 上只有三个基团，则它的第四个基团为一个原子序数为 0 的假想原子，四个基团的排序为：$CH_3CH_2—>CH_3—>H—>$假想原子。

**习题 2-6**  将下列基团按顺序规则由大到小排列：

—$CH_2CH_3$　—$CH(CH_3)_2$　—$C(CH_3)_3$　—$CH_2NH_2$　—$\overset{O}{\overset{\|}{C}}OCH_3$　—C$_6$H$_5$　—$CH=CH_2$

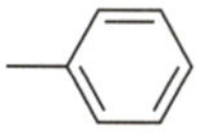

—$CCl_3$　—$CH_2Br$　—$SCH_3$　—$C\equiv C—CH_3$　—$CH_2CHDCH_3$　—CHO　—$C\equiv N$

（iv）名称的基本格式　有机化合物系统命名的基本格式如下：

| 构型 | + | 取代基 | + | 母体 |
|---|---|---|---|---|
| | | 取代基位置号＋个数＋名称 | | 官能团位置号＋名称 |
| $R$、$S$、$D$、$L$，$Z$、$E$、顺、反 | | （有多个取代基时，中文名按顺序规则确定次序，小的在前；英文名按英文字母顺序排列） | | （没有官能团时不涉及位置号） |

例如，下面化合物的系统名称：

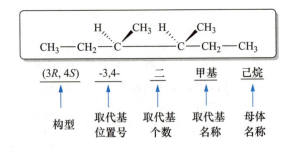

| (3$R$, 4$S$) | -3,4- | 二 | 甲基 | 己烷 |
|---|---|---|---|---|
| ↑ | ↑ | ↑ | ↑ | ↑ |
| 构型 | 取代基位置号 | 取代基个数 | 取代基名称 | 母体名称 |

（v）命名原则和命名步骤　命名时，首先要确定主链。命名烷烃时，确定主链的原则是：首先考虑链的长短，长的优先；若有两条或多条等长的最长链时，则根据侧链的数目来确定主链，多的优先；若仍无法分出哪条链为主链，则依次考虑下面的原则，侧链位号小的优先，各侧链碳原子数多的优先，侧分支少的优先。主链确定后，要根据最低系列原则（lowest series principle）对主链进行编号。最低系列原则的内容是：使取代基的位号尽可能小，若有多个取代基，逐个比较，直至比出高低为止。最后，根据有机化合物名称的基本格式写出全名。下面是几个实例。

> 位号用阿拉伯数字 1，2，3，……表示。
> 在中文名称中，取代基个数用中文数字一、二、三……表示。在英文名称中，一、二、三、四、五、六数字相应用词头 mono、di、tri、tetra、penta、hexa 表示。

**实例一**

$$\begin{array}{cccccc}1&2&3&4&5&6\\6&5&4&3&2&1\end{array}$$
$$\text{CH}_3\text{CHCH}_2\text{CHCH}_3$$
$$\quad\;|\qquad\quad|$$
$$\text{CH}_3\;\;\text{H}_3\text{C}\;\;\text{CH}_3$$

2,4,5
2,3,5*
中文名称：2,3,5-三甲基己烷
英文名称：2,3,5-trimethylhexane

此化合物选最长的六碳链为主链。主链有两种编号方向，第一行编号，取代基的位号为 2,4,5；第二行编号，取代基的位号为 2,3,5。根据最低系列原则，用第二行编号。

**实例二**

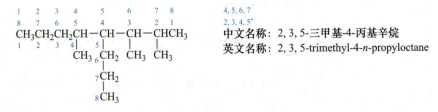

4,5,6,7
2,3,4,5*
中文名称：2,3,5-三甲基-4-丙基辛烷
英文名称：2,3,5-trimethyl-4-$n$-propyloctane

此化合物有两根八碳的最长链，因此通过比较侧链数来确定主链。横向长链有四个

注意：在比较英文字母顺序时，iso(异)、neo(新)要参与比较，而 *i*-(异)、*n*-(正)、*sec*(二级)、*tert*(三级)、*cis*(顺)、*trans*(反)、di(两个)、tri(三个)、tetra(四个)等不参与比较。

侧链，弯曲的长链只有两个侧链，多的优先，所以选横向长链为主链。主链有两种编号方向，第一行取代基的位号是 4,5,6,7，第二行取代基的位号是 2,3,4,5，根据最低系列原则，选第二行编号。注意本化合物中有两种取代基。当一个化合物中有两种或两种以上的取代基时，中文命名按顺序规则确定次序，顺序规则中小的基团放在前面，所以甲基放在丙基的前面。英文命名按英文字母的顺序排列，methyl 中的 m 在英文字母顺序中比 propyl 中的 p 靠前，所以 methyl 放在 propyl 的前面。

**实例三**

$$\begin{array}{c}
\overset{1}{C}H_3\overset{2}{C}H_2\overset{3}{C}H-\overset{4}{C}H-\overset{5}{C}H_2-\overset{6}{C}H-\overset{7}{C}H_3 \\
\overset{7}{\phantom{C}}\phantom{CH_3CH_2}\overset{6}{\phantom{C}}\phantom{CH}\overset{5}{\phantom{C}}\phantom{CH}\overset{4}{\phantom{C}}\phantom{CH_2}\overset{3}{\phantom{C}}\phantom{CH}\overset{2}{\phantom{C}}\phantom{CH_3}\overset{1}{\phantom{C}} \\
\phantom{CH_3CH_2CH-}\overset{3}{C}H_3\phantom{-}\overset{4}{C}H_2\phantom{-CH_2-}\overset{6}{C}H_3 \\
\phantom{CH_3CH_2CH-CH_3-}\overset{2}{C}H-CH_3 \\
\phantom{CH_3CH_2CH-CH_3-CH}\overset{1}{C}H_3
\end{array}$$

3,4,6
2,4,5*

中文名称：2,5-二甲基-4-异丁基庚烷
或 2,5-二甲基-4-(2-甲丙基)庚烷
英文名称：4-isobutyl-2,5-dimethylheptane
或 2,5-dimethyl-4-(2-methylpropyl)heptane

此化合物有两根七碳的最长链，侧链数均为三个，所以根据侧链的位号来决定主链。横向长链的侧链位号为 2,4,5，弯曲长链的侧链位号为 2,4,6，小的优先，所以横向长链为主链。根据最低系列原则，取主链的第二行编号。

**实例四**

$$\begin{array}{c}
\phantom{CH_3CH_2CH_2CH_2CH}CH_3\phantom{CH_2}CH_3\phantom{CH_2CH_2}CH_3\phantom{CH_2}CH_2CH_3 \\
\overset{13}{\phantom{C}}\overset{12}{\phantom{C}}\overset{11}{\phantom{C}}\overset{10}{\phantom{C}}\overset{9}{\phantom{C}}\overset{8}{|}\overset{7}{\phantom{C}}\overset{6}{\phantom{C}}\overset{5}{|}\overset{4}{\phantom{C}}\overset{3}{|}\overset{2}{\phantom{C}}\overset{1}{\phantom{C}} \\
CH_3CH_2CHCH_2CHCH_2CHCH_2CHCHCH_2CH_3 \\
\overset{1}{\phantom{C}}\overset{2}{\phantom{C}}\overset{3}{\phantom{C}}\overset{4}{\phantom{C}}\overset{5}{\phantom{C}}\overset{6}{\phantom{C}}\overset{7}{|}\overset{8}{\phantom{C}}\overset{9}{\phantom{C}}\overset{10}{\phantom{C}}\overset{11}{\phantom{C}}\overset{12}{\phantom{C}}\overset{13}{\phantom{C}} \\
\phantom{CH_3CH_2CHCH_2CHCH_2}CH_2CHCH_2CHCH_2CH_3 \\
\phantom{CH_3CH_2CHCH_2CHCH_2CH_2}\overset{8}{\phantom{C}}\overset{9}{\phantom{C}}\overset{10}{\phantom{C}}\overset{11}{|}\overset{12}{\phantom{C}}\overset{13}{\phantom{C}} \\
\phantom{CH_3CH_2CHCH_2CHCH_2CH_2CHCH_2}CH_3\phantom{CH_2}CH_3
\end{array}$$

中文名称：3,5,9-三甲基-11-乙基-7-(2,4-二甲基)己基十三烷
英文名称：7-(2,4-dimethyl)hexyl-3-ethyl-5,9,11-trimethyltridecane

此化合物有两个等长的最长链，侧链数均为 5，侧链位号均为 3,5,7,9,11。而侧链的碳原子数由少到多排列时，一个主链为 1,1,1,2,8，另一个主链为 1,1,1,1,9。逐项比较，根据多者优先的原则确定主链。

**实例五**

$$\begin{array}{c}
\phantom{CH_3CH_2CH_2CH}CH_3 \\
\phantom{CH_3CH_2CH_2CH}CH_2 \\
\phantom{CH_3CH_2CH_2CH}CH_2 \\
\overset{11}{\phantom{C}}\overset{10}{\phantom{C}}\overset{9}{\phantom{C}}\overset{8}{|}\overset{7}{\phantom{C}}\overset{6}{\phantom{C}}\overset{5}{\phantom{C}}\overset{4}{\phantom{C}}\overset{3}{\phantom{C}}\overset{2}{\phantom{C}}\overset{1}{\phantom{C}} \\
CH_3CH_2CH_2CH-CHCH_2CH_2CH_2CH_2CH_3 \\
\phantom{CH_3CH_2CH_2CH-}CH_3CH_2CH_2CHCHCH_3 \\
\phantom{CH_3CH_2CH_2CH-}\overset{1}{\phantom{C}}\overset{2}{\phantom{C}}\overset{3}{\phantom{C}}\overset{4}{\phantom{C}}\overset{}{|} \\
\phantom{CH_3CH_2CH_2CH-CH_3CH_2CH_2CHCH}CH_3
\end{array}$$

中文名称：4-丙基-5-(1-异丙基丁基)十一烷
英文名称：5-(1-isopropyl butyl)-4-propylundecane

此化合物有两根等长的最长链,两根长链均有两个侧链,侧链位号均为 4,5,侧链的碳原子数均为 3,7。最后根据侧分支少的优先的原则来确定主链。

2. 普通命名法

用正、异、新可以区别烷烃中具有五个碳原子以下的同分异构体,但命名多于五个碳原子的烷烃时就有困难了。例如,六个碳原子的化合物有五个同分异构体,除用正、异、新表示其中的三个化合物外,尚有两个无法加以区别,故此命名法只适用于简单的化合物。

直链烷烃的普通命名与系统命名相同。命名有支链的烷烃时,用正表示无分支(正可省),用异表示端基有 $H_3C-CH(CH_3)-$ 结构,用新表示端基有 $H_3C-C(CH_3)_2-CH_2-$ 结构,这与烷基的普通命名法相同。例如戊烷的三个同分异构体的普通命名如下:

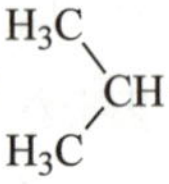

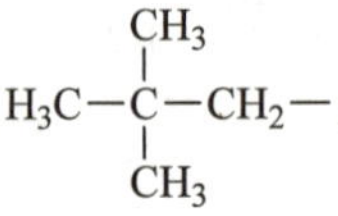

(正)戊烷 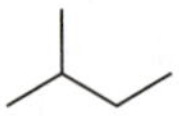     异戊烷      新戊烷

普通命名法中,工业上常用的异辛烷是一个特例,不符合上述规定。

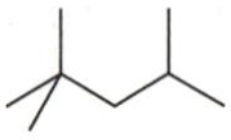

系统命名:2,2,4-三甲基戊烷
普通命名:异辛烷

3. 衍生物命名法

链烷烃的衍生物命名法(derivative nomenclature method)以甲烷为母体,其他部分作为甲烷的取代基。例如

在衍生物命名法中,为了方便,一般总是选连有烷基最多的碳原子作为甲烷的碳原子。

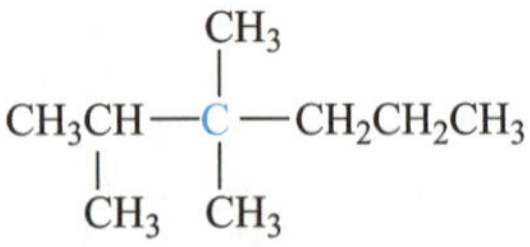

二甲基正丙基异丙基甲烷

4. 俗名

通常是根据来源来命名。例如,甲烷产生于池沼里腐烂的植物,所以称为沼气(marsh gas)。

**习题 2-7** 请写出下列化合物的中、英文系统名称。

(i) 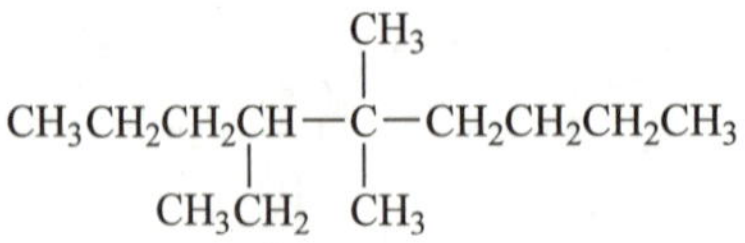 CH₃CH₂CH₂CH—C—CH₂CH₂CH₃
                |   |
             CH₃CH₂ CH₃

(ii) 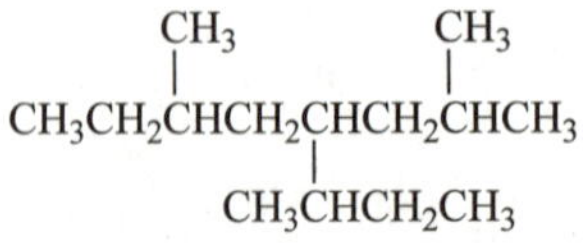 CH₃CH₂CHCH₂CHCH₃ with CH₃ substituents

(iii) 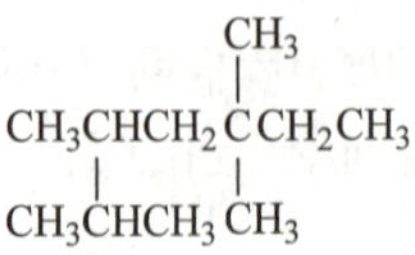 CH₃CH₂CHCH₂CH₃
       CH₃CHCH₂CH₃

(iv) 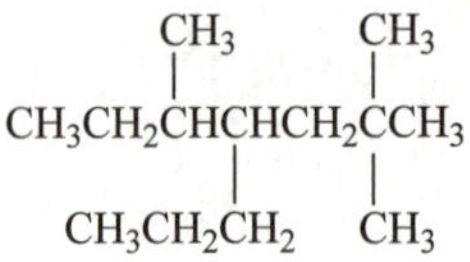 CH₃CHCHCH₂CCH₃
     CH₃CH₂  CH₃

(v), 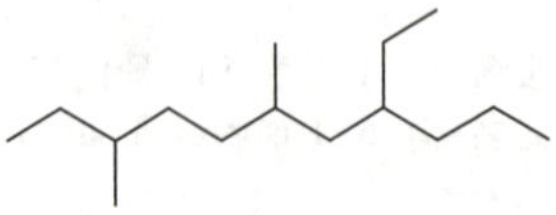 (vi) 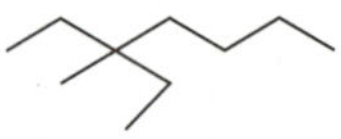 结构式

**习题 2-8** 写出庚烷的各种构造异构体,用中英文系统命名法命名,并指出在这些化合物中,1°,2°,3°,4°碳原子各有几个。若有丙基、异丙基、正丁基、二级丁基、异丁基、三级丁基,请各圈出一个。

### 2.4.2 单环烷烃的命名

**1. R-S 构型的确定**

人的左、右手互为镜像但不能重叠,手的这种性质称为手性(chirality)。当一个碳原子与四个不同的基团相连时,可以产生两种不同的立体结构,这两种不同的立体结构互为镜像但不能重叠,即具有手性,因此与四个不同基团相连的碳原子称为手性碳原子(chiral carbon atom)。为了区别因手性碳而引起的两种不同的立体结构,称其中一种立体结构的手性碳为 $R$ 构型,而另一种立体结构的手性碳为 $S$ 构型。并规定用如下方法来确定手性碳的构型:将与手性碳原子相连的四个基团按顺序规则排列大小,最小的基团放在离眼睛最远的地方,其他三个基团按由大到小的方向旋转,若旋转方向是顺时针的,手性碳为 $R$ 构型(拉丁文 rectus 的字首);若旋转方向是逆时针的,手性碳为 $S$ 构型(拉丁文 sinister 的字首)。

(+)表示该化合物使偏振光右旋;(−)表示该化合物使偏振光左旋。

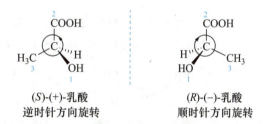

**图 2-1 R-S 构型的确定**

**2. 环状化合物顺反构型的确定**

由于成环碳原子的单键不能自由旋转,因此当环上带有两个或多个基团时,就会产生两种或多种立体异构体。一种异构体的两个取代基在环的同侧,称为顺式构型(*cis* configuration);另一种异构体的两个取代基在环的异侧,称为反式构型(*trans* configuration)。例如

顺-1,4-二甲基环己烷    反-1,4-二甲基环己烷

### 3. 单环烷烃的命名原则

只有一个环的环烷烃称为单环烷烃(monocyclic alkane)。环上没有取代基的环烷烃命名时,中文名称只需在相应的烷烃前加环,英文名称只需在相应的英文名前加 cyclo。例如

环丙烷  环丁烷  环戊烷  环己烷
cyclopropane  cyclobutane  cyclopentane  cyclohexane

环上有取代基的单环烷烃命名时,若环上的取代基比较简单,通常将环作为母体来命名。例如

乙基环己烷
ethylcyclohexane

环上有两个或多个取代基且以环为母体命名时,要对母体环进行编号。母体环编号时,由于环没有端基,首先要确定 1 号碳的位置,然后要确定编号按顺时针方向进行还是按逆时针方向进行。确定 1 号碳位置及编号方向仍要遵守最低系列原则。例如

1,4-二甲基-2-乙基环己烷
2-ethyl-1,4-dimethylcyclohexane

环上的取代基比较复杂时,应将链作为母体,将环作为取代基,按链烷烃的命名原则和命名方法来命名。例如

2-甲基-4-环己基己烷
4-cyclohexyl-2-methylhexane

有时会出现有几种编号方式都符合最低系列原则的情况。例如

(i)
(ii)
(iii)

在这种情况下,中文命名时,应让顺序规则中较小的基团位号尽可能小。所以应取(i)的编号,化合物的名称是 1,3-二甲基-5-乙基环己烷。英文命名时,按英文字母顺序,让字母排在前面的基团位号尽可能小。所以应取(iii)的编号,化合物的名称是 1-ethyl-3,5-dimethylcyclohexane。

当环上带有两个或两个以上取代基时,若分子有反轴对称性(参见 3.5.2),构型用顺、反表示;若分子没有反轴对称性,构型用 $R$-$S$ 表示。例如

顺-1,2-二甲基环丙烷    (1$S$,2$S$)-1,2-二甲基环丙烷    (1$R$,2$R$)-1,2-二甲基环丙烷
cis-1,2-dimethylcyclopropane    (1$S$,2$S$)-1,2-dimethylcyclopropane    (1$R$,2$R$)-1,2-dimethylcyclopropane

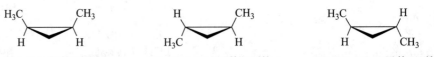

(1$S$,3$S$)-1-甲基-1-乙基-3-氯-3-溴环己烷

(1$S$,3$S$)-1-bromo-1-chloro-3-ethyl-3-methylcyclohexane

当环上带有三个或更多基团时,若用顺、反表示构型,要选用一个参照基团,通常选用 1 位号的基团为参照基团,用 $r$-1 表示,放在名称的最前面。其他位置上的取代基,需在其位号前写上与 1 位号取代基的顺(或反)位关系。顺(或反)与位置号之间要用一短线分开。例如

"r-1"表示1位上的取代基是参照基团。在中文名称中,1位上的甲基是参照基团。"顺-3-甲基"表示3位上的甲基与1位上的甲基处于环的同侧(即顺位)。"反-5-乙基"表示5位上的乙基与1位上的甲基处于环的两侧(即反位)。

思考:在英文命名中,哪一个基团是参照基团?

r-1,1,顺-3-二甲基-反-5-乙基环己烷

r-1, 1-ethyl, trans-3, trans-5-dimethylcyclohexane

**习题 2-9** 写出下列化合物的中英文名称。

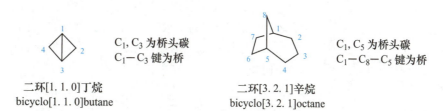

### 2.4.3 桥环烷烃的命名

桥环烷烃(bridged alkane)是指环与环之间共用两个或多个碳原子的多环烷烃。共用碳原子中的端碳原子为桥头碳(bridgehead carbon),两个桥头碳之间可以是一根键或碳链,称之为桥。例如,下面两个化合物均为桥环烷烃:二环[1.1.0]丁烷中,两个环共用两个碳原子;二环[3.2.1]辛烷中,两个环共用三个碳原子。

$C_1$, $C_3$ 为桥头碳
$C_1$—$C_3$ 键为桥

二环[1.1.0]丁烷
bicyclo[1.1.0]butane

$C_1$, $C_5$ 为桥头碳
$C_1$—$C_8$—$C_5$ 键为桥

二环[3.2.1]辛烷
bicyclo[3.2.1]octane

若桥环烷烃上有取代基,在不违反桥环烷烃编号原则的基础上,如果编号可以选择,要使取代基的位号尽可能小。例如

2,7,7-三甲基二环[2.2.1]庚烷
2,7,7-trimethylbicyclo[2.2.1]heptane

桥环烷烃的命名格式为:环数+带数字的方括号+母体烃的名称。命名步骤如下:

(1) 确定母体烃的名称:根据成环的碳原子数确定母体烃的名称。

(2) 确定环数:环数等于把化合物切开成开链烃的最少切割次数(每切割一次断一根键)。

(3) 确定主环、主桥和次桥:将碳原子数最多的环确定为主环,主环以外的碳链均为桥,最长的桥为主桥,其他的桥为次桥。若最长的桥有两个或多个,要选较对称地分割主环的桥为主桥。

对于一些结构复杂的桥环烷烃,常用俗名。例如

系统命名:
五环[4.2.0.0$^{2,5}$.
0$^{3,8}$.0$^{4,7}$]辛烷
pentacyclo[4.2.0.0$^{2,5}$.
0$^{3,8}$.0$^{4,7}$] octane

俗名: 立方烷(cubane)

系统命名:
三环[3.3.1.1$^{3,7}$]癸烷
tricyclo[3.3.1.1$^{3,7}$]
decane

俗名: 金刚烷(adamantane)

(4) 编号:编号时,选主桥的一个桥头碳为1位号,沿主环碳多的一边依次编号到主桥的另一个桥头碳,再编主环的另一边到起点。主环编完后,接着编主桥上的碳原子,再编次桥上的碳原子,先长后短。

(5) 确定方括号内的数字,标明结构:在方括号内,依次写上主桥两侧的碳原子数(不包括桥头碳,先多后少)、主桥的碳原子数、各次桥的碳原子数(以上各数字之间在右下角用圆点隔开),次桥碳原子数的右上方要写上环与次桥相连碳原子的位号(位号之间要用逗号隔开)。

(6) 按命名格式写出名称。

例如

三环[2.2.1.0$^{2,6}$]庚烷
tricyclo[2.2.1.0$^{2,6}$]heptane

在 C$_2$—C$_6$ 桥上无碳原子,所以次桥的碳原子用 0 表示。

### 2.4.4 螺环烷烃的命名

螺环烷烃(spirocyclic alkane)是指环与环之间共用一个碳原子的多环烷烃,共用的碳原子称为螺原子(spiro atom)。

螺环烷烃的命名格式为:螺数+带数字的方括号+母体烃的名称。命名步骤如下:

(1) 确定母体烃的名称:根据成环碳原子的数目确定母体烃的名称。

(2) 确定螺数:根据螺原子的个数分为单螺、二螺、三螺等。

(3) 编号:编号从与端螺原子相连的小环上的邻碳开始,沿多环的边使所有的螺原子位号都尽可能小的路径编号。

(4) 确定方括号内的数字,标明结构:顺着环的编号顺序,用数字依次写出螺原子之间的碳原子数目,放在方括号内,数字之间用圆点隔开。

螺[5.5]十一烷分子对称,可合并命名,称为螺[二环己烷](spirobicyclohexane)。

若螺环烷烃上有取代基,在不违反螺环烷烃编号原则的基础上,如果编号可以选择,要使取代基的位号尽可能小。

(5) 按螺环烷烃的命名格式写出化合物的名称。

例如

螺[4.5]癸烷
spiro[4.5]decane

螺[5.5]十一烷
spiro[5.5]undecane

4-甲基螺[2.4]庚烷
4-methylspiro[2.4]heptane

**习题 2-10** 用中英文命名下列化合物[(iii)至(ix)不要求写构型]。

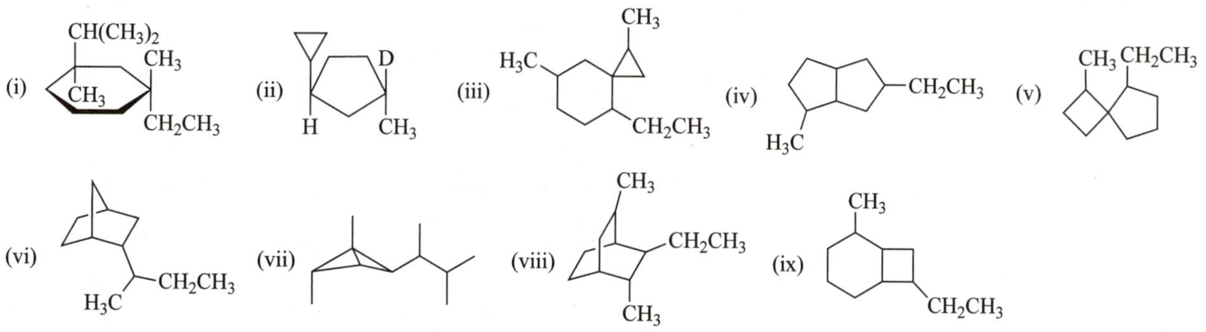

## 2.5 烯烃和炔烃的命名

### 2.5.1 烯基、炔基和亚基的命名

**1. 烯基**

烯基的英文名称用词尾 enyl 代替烷基的词尾 yl。

烯烃去掉一个氢原子,称为某烯基(-enyl)。烯基的系统命名方法是将失去氢原子的碳称为基碳原子,定位为 1 位号。从它出发,选一个含双键的最长链为烯基的主链,从 1 位碳开始,依次编号。不在烯基主链上的基团均作为烯基主链的取代基处理。写名称时,根据烯基主链的碳原子数称为某烯基;双键的位号写在某烯基之前,用一短线分开;取代基的编号和名称写在其前面。例如

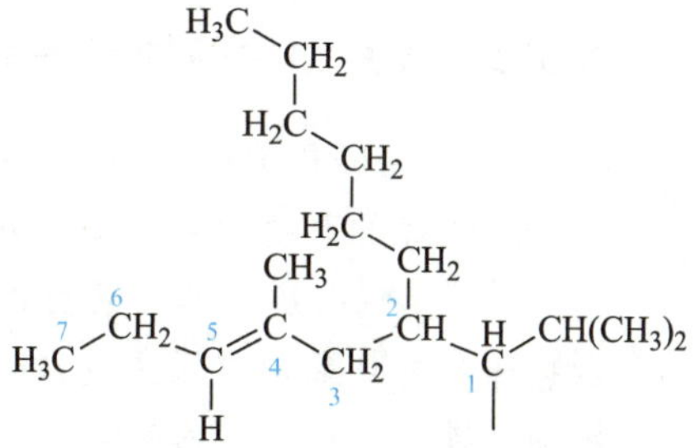

(4E)-4-甲基-2-己基-1-异丙基-4-庚烯基

下面四种简单烯基的普通命名法和系统命名法均可用于烯烃的系统命名中。

|  | $CH_2=CH-$ | $CH_3CH=CH-$ | $CH_2=CHCH_2-$ | $H_2C=\overset{CH_3}{\underset{|}{C}}-$ |
|---|---|---|---|---|
| 普通命名法: | 乙烯基(vinyl) | 丙烯基(propenyl) | 烯丙基(allyl) | 异丙烯基(isopropenyl) |
| 系统命名法: | 乙烯基(ethenyl) | 1-丙烯基(1-propenyl) | 2-丙烯基(2-propenyl) | 1-甲基乙烯基(1-methylethenyl) |

**2. 炔基**

炔基的英文名称用词尾 ynyl 代替烷基的词尾 yl。

炔烃去掉一个氢原子即得炔基,称为某炔基(-ynyl)。炔基的系统命名原则与烯基一致。例如

$$\underset{7\phantom{xx}8\phantom{xx}9}{\underset{|}{\underset{CH_2CH_2CH_3}{}}}\underset{6\phantom{xx}5\phantom{xx}4\phantom{xx}3\phantom{xx}2\phantom{xx}1}{CH_3CHCHCH_2C\equiv CCH_2-}\overset{\overset{CH_3}{|}}{}$$ 

5,6-二甲基-2-壬炔基

下面三种简单炔基的普通命名法和系统命名法均可用于炔烃的系统命名中。

|  | $HC\equiv C-$ | $H_3CC\equiv C-$ | $HC\equiv CCH_2-$ |
|---|---|---|---|
| 普通命名法: | 乙炔基 | 丙炔基 | 炔丙基 |
| 系统命名法: | 乙炔基(ethynyl) | 1-丙炔基(1-propynyl) | 2-丙炔基(2-propynyl) |

> $R_2C=$型亚基英文命名用词尾 ylidene 代替烷基的词尾 yl。
> $-(CH_2)_n-(n=1,2,3,\cdots)$型亚基,英文命名用词尾 ylene 代替烷基的词尾 yl。
> 两种亚基的名称在普通命名法和系统命名法中均适用。

**3. 亚基**

有两个自由价(free valence)的基称为亚基(-ylidene 或 -ylene)。有 $R_2C=$型亚基和$-(CH_2)_n-(n=1,2,3,\cdots)$型亚基两种类型。中文命名 $R_2C=$型亚基时,只需在某基前加亚。例如

| $H_2C=$ | $CH_3CH=$ | $(CH_3)_2C=$ |
|---|---|---|
| 亚甲基 | 亚乙基 | 亚异丙基 |
| methylidene | ethylidene | isopropylidene |

中文命名$-(CH_2)_n-$型亚基时,要在名称前标上两个自由价原子的相对位置。例如

| $-CH_2-$ | $-CH_2CH_2-$ | $-CH_2CH_2CH_2-$ |
|---|---|---|
| 亚甲基 | 1,2-亚乙基 | 1,3-亚丙基 |
| methylene | ethylene | trimethylene |

## 2.5.2 烯烃和炔烃的系统命名

**1. 单烯烃和单炔烃的系统命名**

单烯烃的系统命名可按下列步骤进行:

(1) 先找出含双键的最长碳链,把它作为主链,并按主链中所含碳原子数把该化合物命名为某烯。如果主链含有四个碳原子,即叫做丁烯;十个碳以上用汉字数字,再加上碳字,如十二碳烯。

(2) 从主链靠近双键的一端开始,依次将主链的碳原子编号,使双键的碳原子位号较小。

(3) 把双键碳原子的最小位号写在烯的名称的前面。取代基所在碳原子的位号写在取代基之前,取代基也写在某烯之前。

> 在采用 Z-E 标示双键构型以前,曾采用顺、反来标示双键的构型,规定连在两个双键碳原子上的相同或相似的基团处于双键同侧称为顺,处在双键异侧称为反。由于该法在判断相似基团时会出现一些混淆,现在大都采用 Z-E 构型标示。

(4) 若分子中两个双键碳原子均与不同的基团相连,这时会产生两个立体异构体,可以采用 Z-E 构型来标示这两个立体异构体。确定 Z、E 的原则是按顺序规则,两个双键碳原子上的两个顺序在前的原子(或基团)同在双键一侧的为 Z 构型(Z configuration)(德文 Zusammen,在一起的意思),在两侧的为 E 构型(E configuration)(德文 Entgegen,相反的意思)。例如

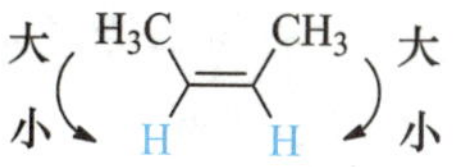


(Z)-2-丁烯

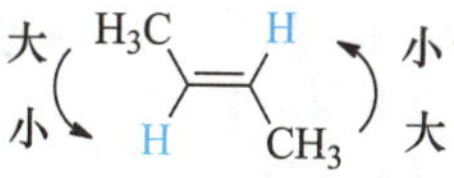


(E)-2-丁烯

(5) 按名称格式写出全名。

分析两个实例。

烯烃的英文命名是将烷烃的词尾 ane 改为 ene。

**实例一**

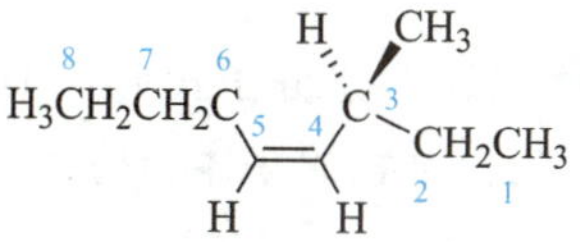

(3S, 4Z)-3-甲基-4-辛烯
(3S, 4Z)-3-methyl-4-octene

分子中只有一个官能团：碳碳双键。选含碳碳双键的最长链为主链。由于双键处于链的中间，因此无论从左向右编号还是从右向左编号，双键的位号均为 4。在无法根据官能团的位号来确定编号方向时，应让取代基的位号尽可能小，所以采用自右向左的编号方式。本化合物的 C-3 是手性碳，其构型为 *S*；分子中的碳碳双键为 *Z* 构型。

**实例二**

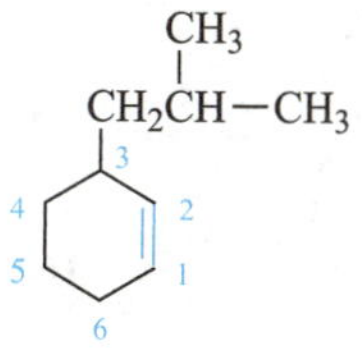

3-(2-甲基丙基)环己烯
或 3-异丁基环己烯
3-(2-methylpropyl)cyclohexene
或 3-isobutyl cyclohexene

此化合物的双键在环中，所以母体是环己烯。编号时，首先要使官能团的位号尽可能小，所以环中，主官能团的位号为 1。其次，要使取代基的位号也尽可能小，因此按逆时针方向编号。分子中的 C-3 为手性碳，但因结构式中未明确标明构型，所以命名时不涉及。

下面再看几个命名的实例：

$CH_3CH_2CH{=}CH_2$

1-丁烯
1-butene

$CH_3CH{=}CHCH_3$

2-丁烯
2-butene

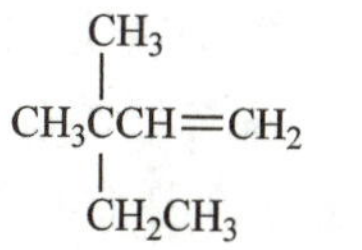

3, 3-二甲基-1-戊烯
3, 3-dimethyl-1-pentene

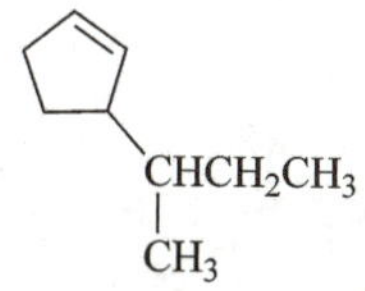

3-(二级丁基)环戊烯
3-(sec-butyl)cyclopentene

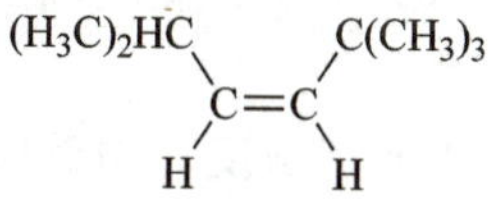

(Z)-或顺-2, 2, 5-三甲基-3-己烯
(Z)-或*cis*-2, 2, 5-trimethyl-3-hexene

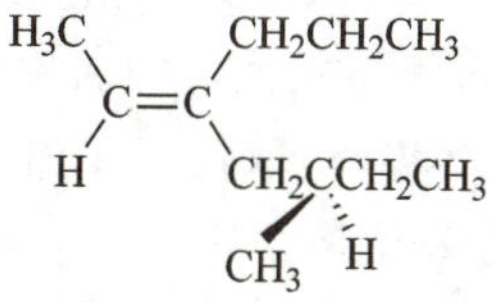

(5R, 2E)-5-甲基-3-丙基-2-庚烯
(5R, 2E)-5-methyl-3-propyl-2-heptene

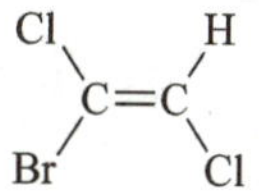

(Z)-或反-1, 2-二氯-1-溴乙烯
(Z)-或*trans*-1-bromo-1, 2-dichloroethylene

从命名中可以看到，顺、反与 Z-E 在命名时并不完全一致，即顺式不一定是 Z 构型，反式也不一定是 E 构型。

炔的英文名称是将相应烷烃的词尾 ane 改为 yne。

单炔烃的系统命名方法与单烯烃相同，但不存在确定 Z-E 构型的问题。例如

HC≡CH  　　CH₃CH₂C≡CCH₃  　　CH₃CHCHCH₂C≡CCH₃（含 Cl、CH₃ 取代基）
乙炔　　　　2-戊炔　　　　　5-甲基-6-氯-2-庚炔
ethyne　　　2-pentyne　　　　6-chloro-5-methyl-2-heptyne

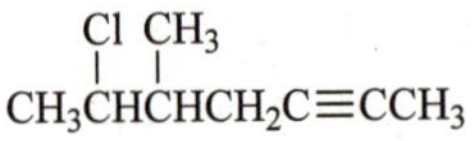

**习题 2-11** (i) 写出分子式为 $C_4H_8$ 的所有同分异构体；
(ii) 写出下列化合物的立体异构体：

(a) ClCH=CHCH₃　　(b)  ICH=CHCH₂CH₃（H、Cl 标注）　　(c) ClCH=CH—CH=CHF

(iii) 用中英文系统命名法命名 (i)、(ii) 中的所有化合物。

**习题 2-12** 用中英文系统命名法命名下列化合物。

(i) 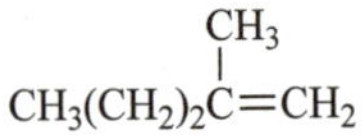 CH₃(CH₂)₂C(CH₃)=CH₂
(ii) 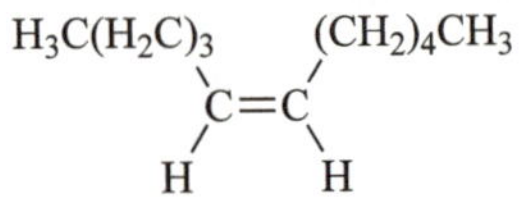 H₃C(CH₂)₃C(H)=C(H)(CH₂)₄CH₃
(iii) 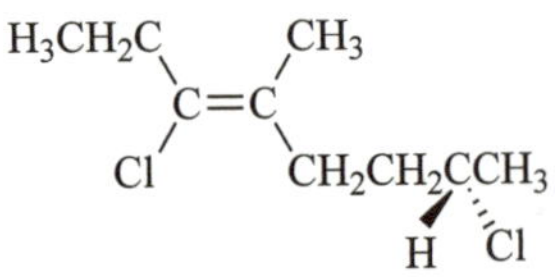 H₃CH₂C—C(Cl)=C(CH₃)—CH(Cl)(H)CH₂CH₂CH₃
(iv) ClH₂CH₂C—C(H₃CClHC)=C(CH₂Cl)(CH₃)
(v) CH₂=CHCH₂Br
(vi) 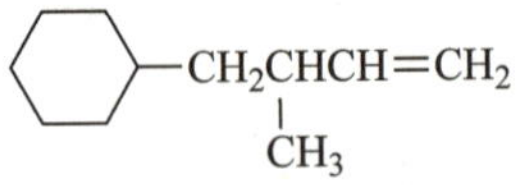 环己基—CH₂CH(CH₃)CH=CH₂

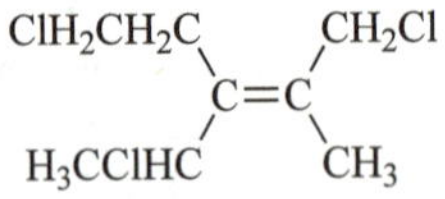

**习题 2-13** 写出下列化合物或基的构造式。
(i) 2-氯-3-溴-2-丁烯　　(ii) 4-甲基-4-氯-2-戊烯
(iii) 亚乙基环己烷　　　(iv) 异丙烯基
(v) 2-丁烯基　　　　　(vi) 2-己基-3-丁烯基

**2. 多烯烃或多炔烃的系统命名**

多烯烃的系统命名按下列步骤进行：

(1) 取含双键最多的最长碳链作为主链，称为某几烯，这是该化合物的母体名称。主链碳原子的编号，从离双键较近的一端开始，双键的位号由小到大排列，写在母体名称前，并用一短线相连。

(2) 取代基的位号由与它相连的主链上的碳原子的位号确定，写在取代基的名称前，用一短线与取代基的名称相连。

(3) 写名称时，取代基在前，母体在后。如果是顺反异构体，则要在整个名称前标明双键的 Z-E 构型。

例如

二烯烃的英文名称以 adiene 为词尾,代替相应烷烃的词尾 ane。

$CH_2=C=CHCH_3$　　1,2-丁二烯(1,2-butadiene)

$CH_2=CH-CH=CH_2$　　1,3-丁二烯(1,3-butadiene)

$H_2C=C-CH=CH_2$
　　　　|
　　　　$CH_3$
2-甲基-1,3-丁二烯(2-methyl-1,3-butadiene)

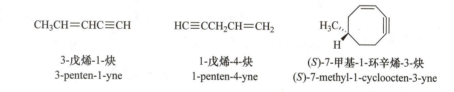

(2Z,4E)-3-甲基-2,4-庚二烯
(2Z,4E)-3-methyl-2,4-heptadiene

二炔烃的英文名称以 adiyne 为词尾,代替相应烷烃的词尾 ane。

多炔烃的系统命名方法与多烯烃相同。例如

$CH\equiv C-CH-C\equiv CH$
　　　　　|
　　　　　$CH_3$
3-甲基-1,4-戊二炔
3-methyl-1,4-pentadiyne

一烯一炔(enyne)、二烯一炔(dienyne)、三烯一炔(trienyne)、一烯二炔(enediyne)、二烯二炔(diene)、二炔(diyne)的英文名称则用括号中的词尾代替相应烷烃的词尾 ane,但烷烃名称很多是由词头与词尾 ane 组合而成,如 buta(四),penta(五),hexa(六),hepta(七),octa(八),nona(九),deca(十)等与 ane 加在一起,就有两个 a 连在一起,故删去一个 a。在下列名称中,nona 的 a 仍保留,其他化合物的命名也类似。

$CH\equiv CCH_2CH=CHCH_2CH_2CH=CH_2$
4,8-壬二烯-1-炔
4,8-nonadien-1-yne

3. 烯炔的系统命名

若分子中同时含有双键与叁键,可用烯炔做词尾,给双键、叁键以尽可能低的位号;如果位号有选择时,使双键位号比叁键小,书写时先烯后炔:

$CH_3CH=CHC\equiv CH$　　　　$HC\equiv CCH_2CH=CH_2$

3-戊烯-1-炔　　　　　　　　1-戊烯-4-炔
3-penten-1-yne　　　　　　　1-penten-4-yne

(S)-7-甲基-1-环辛烯-3-炔
(S)-7-methyl-1-cycloocten-3-yne

---

**习题 2-14**　写出分子式符合 $C_5H_8$ 的所有链形构造异构体,及这些同分异构体的中英文系统名称。

**习题 2-15**　用中英文命名下列化合物或基。

(i) $(CH_3)_2CHC\equiv CH$

(ii) $CH_3CC\equiv CCCH_3$ (with Cl, H, Br, H substituents)

(iii) $HC\equiv C-C\equiv CH$

(iv) $CH_2=CHCH_2CH=CHC\equiv CH$

(v) $CH_2=CHC\equiv CCH=CH_2$

(vi) $CH_3C\equiv CCH_2-$

(vii) $HC\equiv CCH=CHCH_2-$

(viii) 环己烯基—C≡C—环己烯基

**习题 2-16**　写出分子式符合 $C_6H_{10}$ 的所有共轭二烯烃的同分异构体及其中英文系统名称。

## 习题 2-17
写出下列二烯烃的构造式，并指出它们分别是哪种类型的二烯烃。
(i) 2-甲基-1,4-戊二烯
(ii) (2E,4E)-2,4-己二烯
(iii) 1,2-丁二烯
(iv) 3,5-辛二烯

## 习题 2-18
写出下列化合物的中英文系统名称。[(i)(ii)标出 s-顺和 s-反]

(i) H₃CHC=CH—CH=CH₂（带H标记）

(ii) H₃CHC=CH—CH=C(CH₃)₂（带H标记）

(iii) H₃C、H—CH=CH—CH₃（带H标记）

(iv) H₃C、H—CH=CH—CH₃（带CH₃和H标记）

注：根据顺序规则，在同样条件下，基团列出顺序，R 与 S，R 优先；Z 与 E，Z 优先；顺与反，顺优先。

---

## 2.6 芳香烃的命名

具有芳香性的烃称为芳香烃(arene)，一般是指分子中含有苯环的化合物。广义的芳烃，应包括非苯芳烃(non-benzenoid arene)。

### 2.6.1 含苯基的单环芳烃的命名

最简单的此类单环芳烃是苯(benzene)。其他的这类单环芳烃可以看做苯的一元或多元烃基的取代物。苯的一元烃基取代物只有一种。其命名的方法有两种：一种是将苯作为母体，烃基作为取代基，称为××苯；另一种是将苯作为取代基，称为苯基(phenyl)，它是苯分子减去一个氢原子后剩下的基团，可简写成 Ph—，苯环以外的部分作为母体，称为苯(基)××。例如

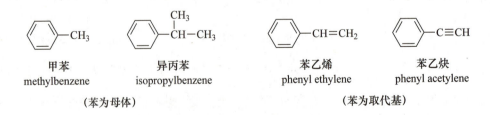

甲苯　　　　异丙苯　　　　苯乙烯　　　　苯乙炔
methylbenzene　isopropylbenzene　phenyl ethylene　phenyl acetylene
（苯为母体）　　　　　　　　　　　　（苯为取代基）

苯的二元烃基取代物有三种异构体。它们是由于取代基在苯环上的相对位置的不同而引起的，命名时用邻或 o(ortho)表示两个取代基处于邻位，用间或 m(meta)表示两个取代基处于中间相隔一个碳原子的两个碳上，用对或 p(para)表示两个取代基处于对角位置，邻、间、对也可用 1,2-、1,3-、1,4-表示。例如

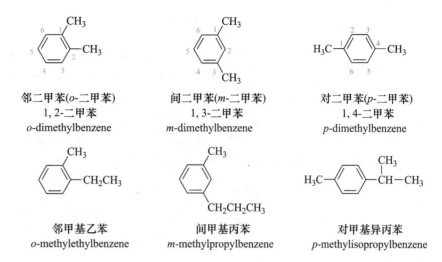

邻二甲苯(*o*-二甲苯)　　　间二甲苯(*m*-二甲苯)　　　对二甲苯(*p*-二甲苯)
1,2-二甲苯　　　　　　　1,3-二甲苯　　　　　　　1,4-二甲苯
*o*-dimethylbenzene　　　 *m*-dimethylbenzene　　　 *p*-dimethylbenzene

邻甲基乙苯　　　　　　　间甲基丙苯　　　　　　　对甲基异丙苯
*o*-methylethylbenzene　　 *m*-methylpropylbenzene　  *p*-methylisopropylbenzene

若苯环上有三个相同的取代基,常用"连"(英文用 vicinal,简写 vic)为词头,表示三个基团处在 1,2,3 位;用"偏"(英文用 unsymmetrical,简写 unsym)为词头,表示三个基团处在 1,2,4 位;用"均"(英文用 symmetrical,简写 sym)为词头,表示三个基团处在 1,3,5 位。例如

除苯外,下面六个芳香烃的俗名也可作为母体化合物的名称。

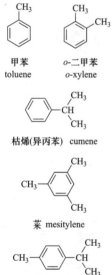

甲苯　　　　*o*-二甲苯
toluene　　　*o*-xylene

枯烯(异丙苯) cumene

莱 mesitylene

繖花烃 cymene

苯乙烯 styrene

而其他芳烃化合物可看做它们的衍生物。例如

对三级丁基甲苯
*p*-*tert*-butyltoluene

1,2,3-三甲苯　　　　　1,2,4-三甲苯　　　　　1,3,5-三甲苯
（连三甲苯）　　　　　（偏三甲苯）　　　　　（均三甲苯）

1,2,3-或vic }trimethylbenzene　1,2,4-或unsym }trimethylbenzene　1,3,5-或sym }trimethylbenzene

当苯环上有两个或多个取代基时,苯环上的编号应符合最低系列原则。而当应用最低系列原则无法确定哪一种编号优先时,与单环烷烃的情况一样,中文命名时应让顺序规则中较小的基团位号尽可能小;英文命名时,应按英文字母顺序,让字母排在前面的基团位号尽可能小。例如

4-甲基-2-乙基-1-丙基苯　　　　　1-甲基-3,5-二乙基苯
2-ethyl-4-methyl-1-propylbenzene　　1,3-diethyl-5-methylbenzene

### 2.6.2 多环芳烃的命名

分子中含有多个苯环的烃称为多环芳烃(polycyclic arene)。主要有多苯代脂烃(multiphenyl acyclic hydrocarbon)、联苯(biphenyl)和稠合多环芳烃(fused polycyclic arene)三类。

**1. 多苯代脂烃的命名**

链烃分子中的氢被两个或多个苯基取代的化合物称为多苯代脂烃。命名时，一般是将苯基作为取代基，链烃作为母体。例如

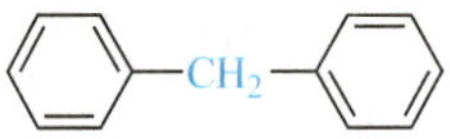

二苯甲烷  
diphenylmethane

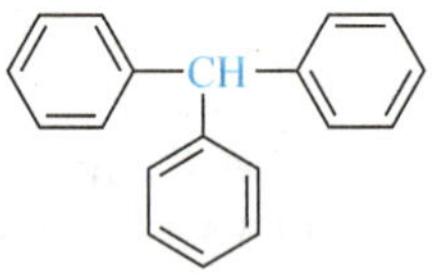

三苯甲烷  
triphenylmethane

1,2-二苯基乙烷  
1,2-diphenylethane

**2. 联苯型化合物的命名**

两个或多个苯环以单键直接相连的化合物称为联苯型化合物。例如

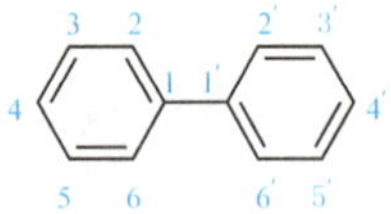

二联苯(简称联苯)  
biphenyl

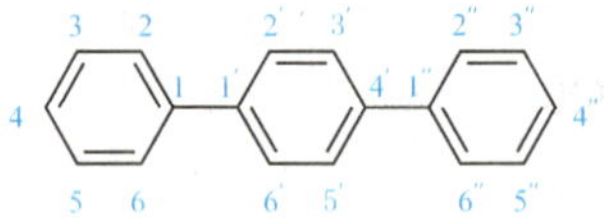

三联苯  
*p*-terphenyl

联苯型化合物的编号总是从苯环和单键的直接连接处开始，第二个苯环上的号码分别加上一撇"'"，第三个苯环上的号码分别加上两撇"″"，其他以此类推。苯环上若有取代基，编号的方向应使取代基位号尽可能小，命名时以联苯为母体。例如

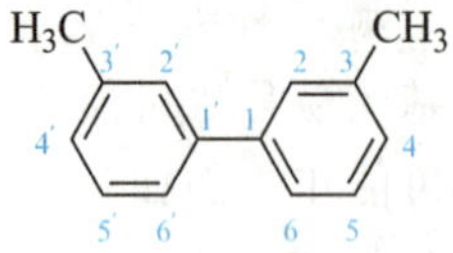

3,3'-二甲基联苯  
3,3'-dimethylbiphenyl

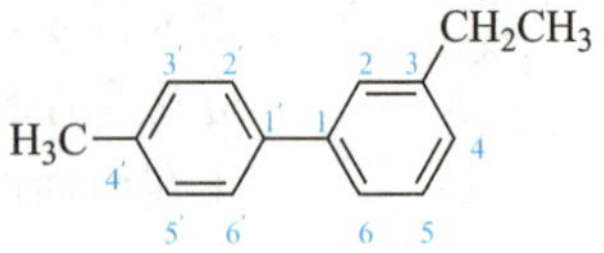

4'-甲基-3-乙基联苯  
3-ethyl-4'-methylbiphenyl

**3. 稠环芳烃的命名**

两个或多个苯环共用两个邻位碳原子的化合物称为稠环芳烃。最简单最重要的稠环芳烃是萘、蒽、菲。萘、蒽、菲的编号都是固定的，如下所示：

## 2.6 芳香烃的命名

萘 naphthalene　　蒽 anthracene　　菲 phenanthrene

萘分子的1,4,5,8位是等同的位置，称为α位；2,3,6,7位也是等同的位置，称为β位。蒽分子的1,4,5,8位等同，也称为α位；2,3,6,7位等同，也称为β位；9,10位等同，称为γ位。菲有五对等同的位置，它们分别是：1,8；2,7；3,6；4,5和9,10。取代稠环芳烃的名称格式与有机化合物名称的基本格式一致。例如

2-甲基萘(或β-甲基萘) 2-methylnaphthalene　　9-乙基蒽 9-ethylanthracene　　9-甲基菲 9-methylphenanthrene

IUPAC系统命名法中有35个国际通用的稠环烃可作为命名中的母体，它们的结构、英文名称及固定编号列于表2-5中。

表 2-5　35个国际通用的稠环烃

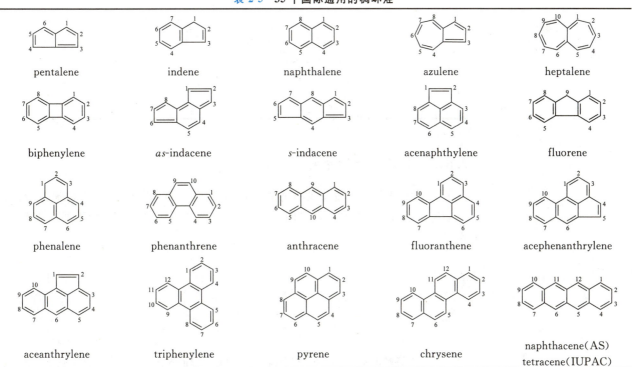

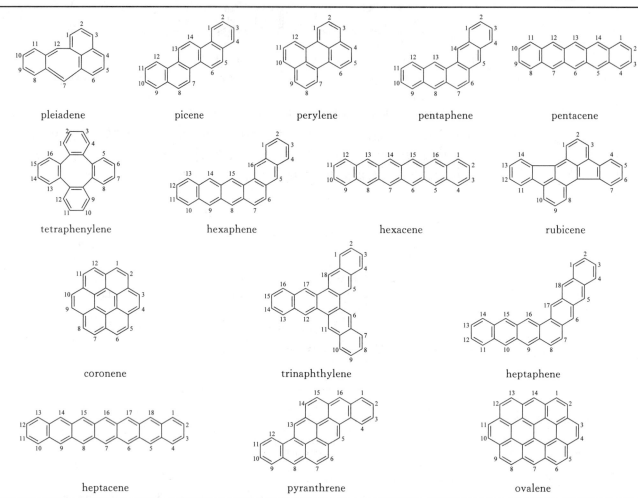

### 2.6.3 非苯芳烃的命名

分子中没有苯环而又具有芳香性的环烃称为非苯芳烃。单环非苯芳烃的结构一般符合 Hückel 规则，即它们都是含有 $4n+2$ 个 $\pi$ 电子的单环平面共轭多烯。例如

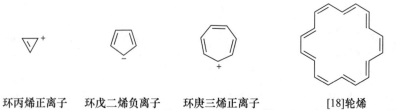

环丙烯正离子　环戊二烯负离子　环庚三烯正离子　　[18]轮烯

常见的单环非苯芳烃化合物可按前面讲过的一般原则来命名。轮烯(annulene)是一类单双键交替出现的环状烃类化合物。命名时将成环的碳原子数放在方括号内,括号后面写上轮烯即可;也可以不写括号,用一短线将数字和轮烯相连。例如上面第四个化合物可称为[18]轮烯或 18-轮烯。另外,轮烯也可以根据碳氢的数目来命名。18-轮烯含有十八个碳、九个双键,所以也可以称为环十八碳九烯。

**习题 2-19** 写出下列化合物的中英文名称。

(i) C₆H₅—CH₂CH₃    (ii) C₆H₅—C(CHCH₃)=CH₃    (iii) H₃C—C₆H₄—CH₂CH₃

(iv) 邻-CH₂CH₃, CH(CH₃)₂ 苯    (v) 间-CH₂CH₃, CH₂CH₃ 苯    (vi) 3,5-(H₃C)₂C₆H₃—CH=CH₂

**习题 2-20** 写出下列化合物的构造式和中文名称。

(i) 1-phenylheptane      (ii) 3-propyl-*O*-xylene

(iii) 2-ethylmesitylene      (iv) 2-methyl-3-phenylpentane

(v) 2,3-dimethyl-1-phenyl-1-hexene      (vi) 3-phenyl-1-propyne

**习题 2-21** 写出下列化合物的构造式。

(i) 邻硝基苯甲醛      (ii) 3-羟基-5-碘苯乙酸

(iii) 对亚硝基溴苯      (iv) 间甲苯酚

## 2.7 烃衍生物的系统命名

烃分子中的氢被官能团取代后的化合物称为烃的衍生物(derivative of hydrocarbon)。下面介绍烃衍生物的系统命名。

### 2.7.1 常见官能团的词头、词尾名称

在有机化合物的命名中,官能团有时作为取代基,有时作为母体主官能团。前者要用词头名称表示,后者要用词尾名称表示。表 2-6 列出了一些常见官能团的词头、词尾名称。

表 2-6 常见官能团的词头、词尾名称

| 基 团 | 词头名称 | | 词尾名称 | |
|---|---|---|---|---|
| | 中 文 | 英 文 | 中 文 | 英 文 |
| —COOH | 羧基 | carboxy | 酸 | -carboxylic acid(或-oic acid) |
| —SO₃H | 磺酸基 | sulfo | 磺酸 | -sulfonic acid |
| —COOR | 烃氧羰基 | R-oxycarbonyl | 酯 | R-carboxylate(或 R-oate) |
| —COX | 卤甲酰基 | halo carbonyl | 酰卤 | -carbonyl halide(或-oyl halide) |
| —CONH₂ | 氨基甲酰基 | carbamoyl | 酰胺 | -carboxamide(或-amide) |
| —C(O)—O—C(O)— | — | — | 酸酐 | -anhydride |
| —CN | 氰基 | cyano | 腈 | -carbonitrile(或-nitrile) |
| —CHO | 甲酰基 | formyl | 醛 | -carbaldehyde(或-al) |
| \C=O | 氧代 | oxo(不包括碳) | — | — |
| \C=O | 氧代 | oxo(不包括碳) | 酮 | -one |
| —OH | 羟基 | hydroxy | 醇 | -ol |
| —OH | 羟基 | hydroxy | 酚 | -ol |
| —NH₂ | 氨基 | amino | 胺 | -amine |
| —OR | 烃氧基 | R-oxy | 醚 | -ether |
| —R | 烃基 | alkyl | — | — |
| —X(X=F,Cl,Br,I) | 卤代 | halo(fluoro,chloro,bromo,iodo) | — | — |
| —NO₂ | 硝基 | nitro | — | — |
| —NO | 亚硝基 | nitroso | — | — |

## 2.7.2 单官能团化合物的系统命名

只含有一个官能团的化合物称为单官能团化合物。单官能团化合物的系统命名有两种情况。一种情况是将官能团作为取代基,仍以烷烃为母体,按烷烃的命名原则来命名。当官能团是卤素(halogen)、硝基(nitro)、亚硝基(nitroso)时,采用这种方法来命名。例如

Br—CH₂CH₂C(CH₃)(H)CH₂CH₃
(S)-3-甲基-1-溴戊烷
(S)-1-bromo-3-methylpentane

CH₃CH₂C(Br)(H)—CH₂—C(CH₃)(H)CH₂CH₃
(3S, 5R)-3-甲基-5-溴庚烷
(3R, 5S)-3-bromo-5-methylheptane

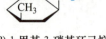

(1S, 3R)-1-甲基-3-硝基环己烷
(1S, 3R)-1-methyl-3-nitrocyclohexane

反-1-氯甲基-4-亚硝基环己烷
trans-1-chloromethyl-4-nitrosocyclohexane

烷氧基的英文名称在相应烷基名称后面加词尾"氧基"即"oxy",低于五个碳的烷氧基的英文名称将烷基中英文词尾"yl"省略。

各类有机物的英文名称均有特征词尾,命名时,须将烷烃词尾 ane 中的 e 转换成相应类别的特征词尾。胺的英文名称为相应基的名称加上 amine。醚的英文名称为相应基的名称加上 ether。各类化合物的特征词尾如下:

| | |
|---|---|
| 丙烷 | propane |
| 丙醇 | propanol |
| 丙醛 | propanal |
| 丙酮 | propanone |
| 丙腈 | propanonitrile |
| 丙酸 | propanoic acid |
| 丙酰氯 | propanoyl chloride |
| 丙酸酐 | propanoic anhydride |
| 丙酰胺 | propanamide |
| 丙酸酯 | propanate |
| 丙胺 | propylamine |
| 丙醚 | dipropyl ether |

若官能团是醚键,也可以采用这种方式来命名:取较长的烃基作为母体,把余下的碳数较少的烷氧基(RO—)作取代基;若有不饱和烃基存在时,选不饱和程度较大的烃基作为母体。例如

$(CH_3)_2CHOCH_2CH_2CH_3$         $CH_3OCH_2CH_2OCH_3$

1-(1-甲基乙氧基)丙烷　　　1,2-二甲氧基乙烷　　　环戊氧基苯
1-(1-methylethoxy)propane　1,2-dimethoxyethane　cyclopentyloxybenzene

另一种情况是将含官能团的最长链作为母体化合物。其命名步骤如下:① 选主链:选含母体官能团的最长链为主链。② 编号:按最低系列原则(即让官能团的位置号尽可能小)依次给主链碳原子编号。③ 确定构型:若分子中有构型,须按确定构型的原则一一确定。④ 按名称基本格式写出全名:写全名时根据主链的碳原子数称为某 A(A=醇、醛、酮、酸、酰卤、酰胺、腈等);把官能团所在的碳原子的位号写在某之前,并在某 A 与数字之间画一短线;支链的位号和名称写在某 A 的前面,并分别用短线隔开。

分析一个实例:

(4S)-4-甲基-2-己酮
(4S)-4-methyl-2-hexanone
(hexanone中的one是酮的特征词尾)

此化合物的分子中只有一个官能团:酮羰基,所以选含羰基的最长链为主链。主链编号时,要让羰基的位号尽可能小,所以从右向左编。C-4 为手性碳,按顺序规则确定其构型为 S。最后按有机化合物名称的基本格式:"(构型)-取代基的位置号-取代基名称-官能团的位置号-母体名称"写出全名。

下面再列出若干单官能团化合物的命名实例:

(R)-5,5-二甲基-2-己醇　　(2S,3S)-3-甲基-2-乙基戊醛　　环己酮　　1-环己基-2-丁酮
(R)-5,5-dimethyl-2-hexanol　(2S,3S)-2-ethyl-3-methylpentanal　cyclohexanone　1-cyclohexyl-2-butanone

3-乙基戊腈　　　　　　　　N,2-二甲基丙酰胺　　　　　3-苯基丙酸　3-phenylpropanoic acid
3-ethylpentanenitrile　　　　N,2-dimethylpropanamide　　(也可用连接命名法,称为:苯丙酸,
(CN中的碳原子要计算在某腈之内)　(酰胺氮上的取代基,用词头命名)　benzenepropanoic acid)

酸酐可以看做两分子羧酸失去一分子水后的生成物,若两分子羧酸是相同的,

酸酐的英文名称是在羧酸的基本名称（去掉 acid）后面隔开加 anhydride，混酐中羧酸名称按英文字母顺序先后列出。

为单酐，命名时在羧酸名称后加"酐"字，羧酸的"酸"字去掉或保留均可；若两分子羧酸是不同的，为混酐，命名时把简单的酸放在前面，复杂的酸放在后面，再加"酐"字，通常把"酸"字去掉；二元酸分子内失水形成环状酸酐，命名时在二元酸的名称后加"酐"字。例如

乙酸酐　　　　乙丙酐　　　　丁二酸酐
acetic anhydride　　acetic propanoic anhydride　　butanedioic anhydride

酯的英文名称是将羧酸的词尾"ic acid"改为"ate"，然后将烃基名称放在它前面，并隔开。内酯的 IUPAC 命名是将碳数相同的烷烃名称去掉字尾"e"，加上"olide"。

酯可看做羧酸的羧基氢原子被烃基取代的产物，命名时把羧酸名称放在前面，烃基名称放在后面，再加一个"酯"字。分子内的羟基和羧基失水，形成内酯（lactone），用"内酯"两字代替"酸"字，并标明羟基的位号。例如

乙酸苯甲酯　　　　3-甲基-4-丁内酯
benzyl acetate　　　3-methyl-4-butanolide

**习题 2-22** 用中英文系统命名法命名下列化合物。

(i) 　(ii)　(iii)　(iv)

(v)　(vi) 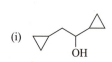　(vii) 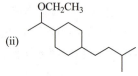　(viii)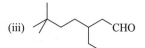

(ix)　(x)　(xi)　(xii)

(xiii)　(xiv)

**习题 2-23** 写出下列化合物的键线式和英文名称。
(i) 2-甲基-2-戊醇　　　(ii) 4,4-二甲基-3-异丙基己醛

(iii) 5-甲基-3-辛酮　　　　　　(iv) 2-环丙基丙酸

(v) 4-甲基-2-乙基戊酸　　　　(vi) 丙酸-2-甲基环己酯

(vii) 二乙胺　　　　　　　　　(viii) 戊酰碘

(ix) 乙丁酐　　　　　　　　　(x) $N$,2-二甲基己酰胺

### 2.7.3 含多个相同官能团化合物的系统命名

英文命名时，用 di 表示二，tri 表示三，di、tri 插在特征词尾前。例如二醇(-diol)、三醇(-triol)、二醛(-dial)、二酮(-dione)、三酮(-trione)、二酸(-dioic acid)、二酰(dioyl)、二酰胺(diamide)、二腈(dinitrile)等。

分子中含有两个或多个相同官能团时，应选含官能团最多的最长链作为母体。命名步骤如下：① 选主链：选含官能团最多的最长链为主链。② 编号：按最低系列原则编号，即让主链上所有官能团的位号尽可能小，有时须逐项比较决定编号方向。③ 确定构型：若分子中有构型，须按确定构型的原则一一确定。④ 按名称基本格式写出全名：写母体时，根据主链的碳原子数和主链上的官能团数目称为某 $n$ 醇（或某 $n$ 醛、某 $n$ 酮、某 $n$ 酸等），$n$ 是主链上官能团的数目，用中文数字表达，并把官能团所在碳原子的位号写在"某"之前，数字与"某"之间画一短线；取代基的位号和名称写在母体名称前，并分别用短线隔开；构型写在最前面。

分析两个例子。

**实例一**

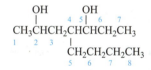

4-丁基-2,5-庚二醇
4-butyl-2,5-heptanediol

此化合物的八碳链上有一个羟基，七碳链上有两个羟基，应选含羟基多的七碳链为主链。若主链从左往右编号，官能团的位号是 2,5；若从右往左编号，官能团的位号是 3,6。为了使主链上官能团的位号尽可能小，编号应从左至右。主链的 4 位上有一个取代基——正丁基。此化合物分子中有三个手性碳，但由于化合物的构造式未表明手性碳所连基团的空间指向，无法确定构型，所以，化合物的名称中未标明构型。

写英文名称时，为了便于发音，保留烷烃名称词尾中的 e。

**实例二**

$(R)$-3-羟甲基-1,7-庚二醇
$(R)$-3-hydroxymethyl-1,7-heptanediol

此化合物分子中共有三个羟基，但任一个碳链上最多只有两个羟基，所以只能选含两个羟基的最长链（七碳链）为主链，羟甲基作为取代基。由于从左至右和从右至左两种编号中，主官能团的位号相同，所以要让取代基——羟甲基(hydroxymethyl)位号尽可能小。此化合物分子中有一个手性碳，其构型为 $R$。

下面再举几个实例：

如果羧基直接连在脂环和芳环上，或一个碳链上有三个以上的羧基，也可以用连接命名法，即在烃的名称后直接加上羧酸（carboxylic acid）、二羧酸（dicarboxylic acid）、三羧酸（tricarboxylic acid）。醛有时也这样命名。例如

反-1,4-环己烷二羧酸
*trans*-1,4-cyclohexanedicarboxylic acid

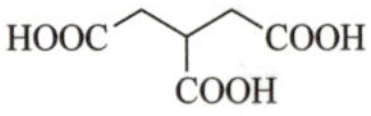

丙烷-1,2,3-三羧酸
propane-1,2,3-tricarboxylic acid

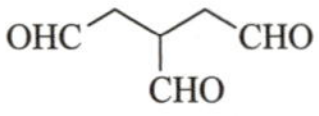

丙烷-1,2,3-三醛
propane-1,2,3-tricarboxaldehyde

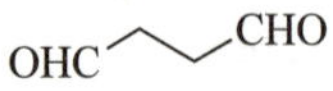

丁二醛
butanedial

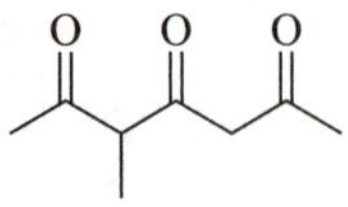

3-甲基-2,4,6-庚三酮
3-methyl-2,4,6-heptanetrione

戊二酸
pentanedioic acid

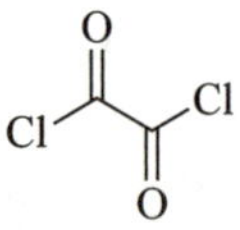

乙二酰二氯
ethanedioyl dichloride

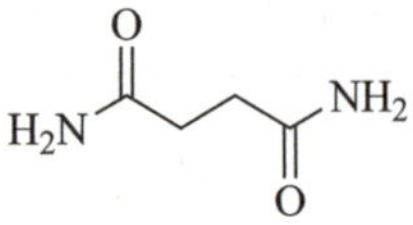

丁二酰胺
butanediamide

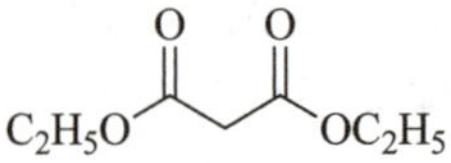

丙二酸二乙酯
diethyl propanedioate

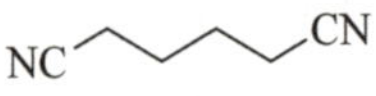

己二腈
hexanedinitrile

**习题 2-24** 用中英文命名法命名下列化合物。（注：可用系统命名法命名，也可参照各章的普通命名法命名）

(i)  (ii) 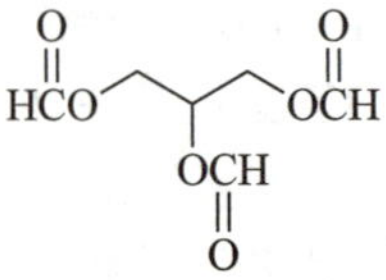 (iii)

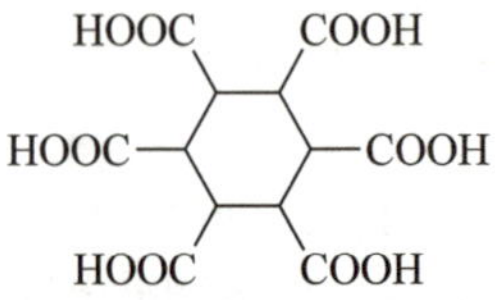

(iv) 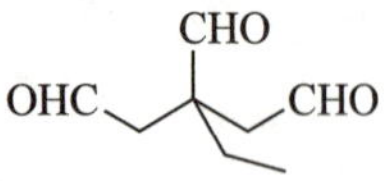 (v) 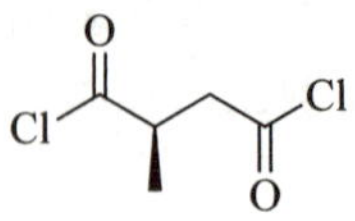 (vi)

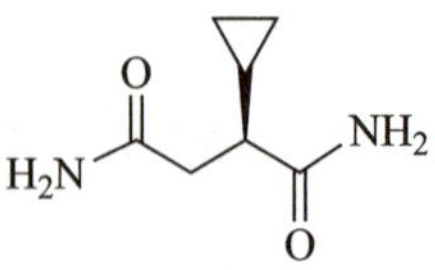

(vii) 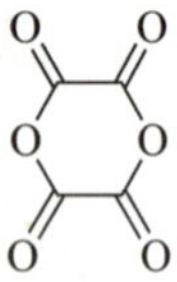 (viii) 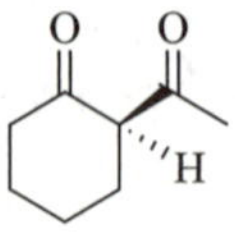 (ix)  (x)

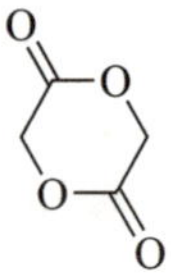

## 2.7.4 含多种官能团化合物的系统命名

当分子中含有多种官能团时，首先要确定一个主官能团，确定主官能团的方法

是查看表 2-6，表中排在前面的官能团总是主官能团。然后，选含有主官能团及尽可能含较多官能团的最长碳链为主链。主链编号的原则是要让主官能团的位号尽可能小。命名时，根据主官能团确定母体的名称，其他官能团作为取代基用词头表示；分子中若涉及立体结构，要在名称最前面标明其构型。然后根据命名的基本格式写出名称。

分析几个实例。

**实例一**

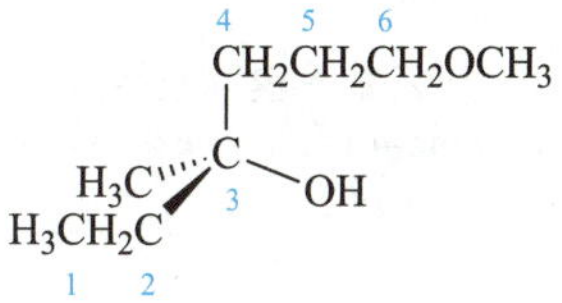

(S)-3-甲基-6-甲氧基-3-己醇
(S)-6-methoxy-3-methyl-3-hexanol

上述分子中含有羟基和醚基两种官能团。在表 2-6 中，羟基排在醚基的前面，所以羟基是主官能团，应选含羟基的最长链为主链。该主链有两个编号的方向，从左向右编，与羟基相连的碳位号较小，所以编号由左至右。此化合物的 3 号碳为手性碳，其构型为 $S$。

**实例二**

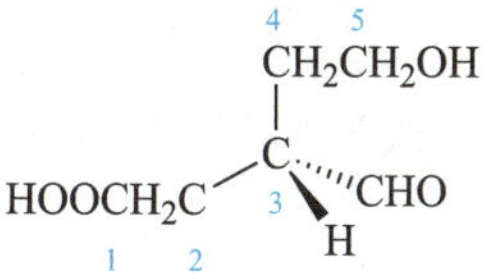

(S)-3-甲酰基-5-羟基戊酸
(S)-3-formyl-5-hydroxypentanoic acid

上述分子中有三个官能团：羧基、醛基和羟基。羧基(—COOH)排在表 2-6 的最前面，所以羧基是主官能团，羟基(—OH)、醛基(CHO)为取代基。含有羧基的最长链是五碳链，为主链。羧基的位号为 1。主链中的 3 号碳是手性碳，其构型是 $S$。

**实例三**

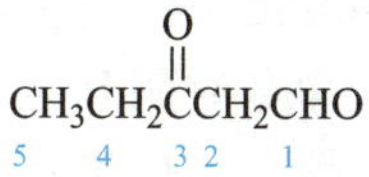

3-氧代戊醛
3-oxopentanal

上述分子中有两个官能团，醛基是主官能团。醛的编号总是从醛基开始。酮羰基的氧与链中的 3 号碳相连，用 3-氧代表示，英文的氧代用 oxo 表示。

**实例四**

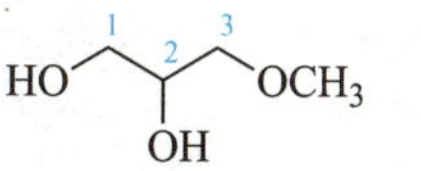

3-甲氧基-1,2-丙二醇 (3-methoxy-1,2-propanediol)
或 1-O-甲基丙三醇 (1-O-methyl-1,2,3-propanetriol)

上述分子中有两个羟基、一个醚键，羟基是主官能团，母体化合物应为醇。醚的甲氧基作为取代基。编号应让主官能团羟基所连碳的位号尽可能小。

下面再举几个实例：

此化合物也可看做母体丙三醇 1 位羟基氧上的氢被甲基取代了，所以此化合物也可称为 1-O-甲基丙三醇 (1-O-methyl-1,2,3-propanetriol)。

OHC—C≡C—CHO

丁炔二醛
butynedial

3-烯丙基-2,4-戊二酮
3-allyl-2,4-pentanedione

2-氧代环己烷甲醛
2-oxocyclohexanecarboxaldehyde

3-(3,3-二甲基环己基)丙醛
3-(3,3-dimethylcyclohexyl)propanal

5-羟基-3-氯戊酸
3-chloro-5-hydroxypentanoic acid

4-乙基-6-溴-4-己烯酸
6-bromo-4-ethyl-4-hexenoic acid

4-(氯甲酰)苯甲酸
4-(chlorocarbonyl)benzoic acid

4-乙酰氨基-1-萘羧酸
4-(acetamino)-1-naphthalene carboxylic acid

N,N,3-三甲基戊酰胺
N,N,3-trimethylpentamide

2-氰基丁酸
2-cyanobutanoic acid

**习题 2-25** 写出分子式为 $C_4H_8O_2$ 且含有羰基的所有同分异构体的结构式,并用中英文命名法命名之。

## 2.7.5 环氧化合物和冠醚的命名

### 1. 环氧化合物的命名

一个氧原子和碳链上两个相邻的或非相邻的碳原子相连接而形成的环形体系,称为环氧化合物。命名时用环氧(epoxy)作词头,写在母体烃名之前。最简单的环氧化合物是环氧乙烷。除环氧乙烷外,其他环氧化合物命名时还需用数字标明环氧的位号,并用一短线与环氧相连。例如

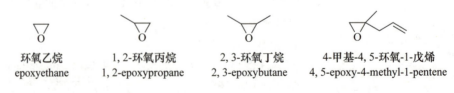

环氧乙烷　　1,2-环氧丙烷　　2,3-环氧丁烷　　4-甲基-4,5-环氧-1-戊烯
epoxyethane　1,2-epoxypropane　2,3-epoxybutane　4,5-epoxy-4-methyl-1-pentene

### 2. 冠醚的命名

含有多个氧的大环醚,因其结构很像王冠,称为冠醚(crown ether)。命名时用"冠"表示冠醚,在"冠"字前面写出环中的总原子数(碳和氧),并用一短线隔开;在

"冠"字后写出环中的氧原子数,也用一短线隔开,就得全名:

18-冠-6
18-crown-6

或

12-冠-4
12-crown-4

15-冠-5
15-crown-5

**习题 2-26** 将下列化合物改写成键线式,并写出其中英文系统名称。

(i) 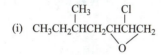  (ii) 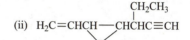  (iii)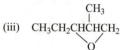

**习题 2-27** 写出下列化合物的中英文系统名称。

(i) 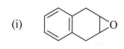  (ii)   (iii) 

## 章末习题

**习题 2-28** 用结构简式写出分子式为 $C_3H_8O$ 的所有同分异构体,并用中英文系统命名法命名这些化合物。

**习题 2-29** 用键线式写出分子式为 $C_3H_7Br$ 的所有同分异构体,并用中英文系统命名法命名这些化合物。

**习题 2-30** 用键线式写出分子式为 $C_3H_4O$ 的所有同分异构体,并用中英文系统命名法命名这些化合物。

**习题 2-31** 写出符合下列条件的结构式及它们的中文系统名称。
(i) 分子式为 $C_8H_{12}$  (ii) 无侧链的链形化合物  (iii) $C_4$ 与 $C_5$ 用叁键相连

**习题 2-32** 写出分子式为 $C_{10}H_{14}$ 的含苯芳香烃的结构式及它们的中文系统名称。

**习题 2-33** 写出 1-甲基-2-溴环戊烯所有含最小螺环结构的构造异构体及其中文系统名称。

**习题 2-34** 写出所有含二取代苯环和羰基的下列化合物的构造异构体。

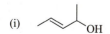

**习题 2-35** 分别写出下列化合物的无环状结构、无 C=C=O 结构且含羰基的构造异构体的个数。

(i) (ii)

## 复习本章的指导提纲

**基本概念**

一级、二级、三级、四级碳原子,一级、二级、三级氢原子,最低系列原则,顺序规则,手性,手性碳原子,$R$-$S$ 构型,顺、反构型,$Z$-$E$ 构型。

**基本知识点**

有机化合物的类名,各类有机物的定义和特征官能团;同分异构体的分类关系,各类异构体的定义;构造式的四种表达方式,立体结构的基本表达方式;IUPAC、CCS 命名法的基本要点,烷烃普通命名法的基本内容;有机化合物名称的基本格式;各类有机物、基、亚基、烯基、炔基英文名称的特征词尾;常见官能团的词头、词尾名称,在烃的普通命名中各种词头的含义;顺序规则的基本内容;确定 $R$-$S$ 构型、$Z$-$E$ 构型、顺反构型的原则。

## 英汉对照词汇

acetylene　乙炔
acid anhydride　酸酐
acid anhydride group　酸酐基
acyclic hydrocarbon　开链烃,链烃
acyl halide　酰卤
acyl halide group　酰卤基
adamantane　金刚烷
alcohol　醇
aldehyde　醛
aldehyde group　醛基
alicyclic hydrocarbon of polybenzene　多苯代脂环烃
alicyclic compound　脂环化合物
aliphatic heterocyclic compound　脂杂环化合物
aliphatic compound　开链化合物,脂肪族化合物
alkane　烷烃
alkene　烯烃
alkyl　烷基
alkyne　炔烃
allyl　烯丙基
amide　酰胺
amide group　酰氨基
amine　胺
amino　氨基

annulene　轮烯
anthracene　蒽
atomic number　原子序数
arene　芳烃
aromaticity　芳香性
aromatic compound　芳香族化合物
aromatic heterocyclic compound　芳杂环化合物
azo　氮杂,吖
benzene　苯
bicyclo　二环
biphenyl　联苯
bond-line formula　键线式
branched-chain alkane　支链烷烃
bridged alkane　桥环烷烃
bridgehead carbon　桥头碳
buta　四
cubane　立方烷
carbon skeleton isomer　碳架异构体
Cahn-Ingold-Prelog sequence　顺序规则
carbocyclic compound　碳环化合物
carbonyl　羰基
carboxy　羧基
carboxylic acid　羧酸
Chemical Abstract(CA)　《化学文摘》
chiral carbon atom　手性碳原子

chirality　手性
*cis* configuration　顺式构型
*cis-trans* isomer　顺反异构体
cobweb formula　蛛网式
conformational stereo-isomer　构象异构体
configuration stereo-isomer　构型异构体
conjugated double bond　共轭双键
constitution formula　构造式
crown ether　冠醚
cumene　枯烯
cyano　氰基
cyclic alkane　环烷烃
cymene　繖花烃
deca　十
derivative　衍生物
derivative nomenclature method　衍生物命名法
derivative of hydrocarbon　烃的衍生物
di　二
dial　二醛
diamide　二酰胺
dicarboxylic acid　二羧酸
dinitrile　二腈
dioic acid　二酸
diol　二醇
dioxane　二噁烷
dione　二酮
dioyl　二酰
*E* configuration　*E* 构型
electronic tautomeric isomer　电子互变异构体
-enyl　烯基
epoxy compound　环氧化合物
ester group　酯基
ester　酯
ether group　醚基
ether　醚
formyl　甲酰基
free valence　自由价
fulminating silver　雷酸银
functional group　官能团
functional group isomer　官能团异构体
fused polycyclic arene　稠合多环芳烃，稠环芳烃

geometric isomer　几何异构体
halo carbonyl　卤甲酰基
halogen　卤素
halogen atom　卤原子
halohydrocarbon　卤代烃
hepta　七
heterocyclic compound　杂环化合物
hexa　六
hydrocarbon　烃
hydroxy　羟基
hydroxymethyl　羟甲基
imine　亚胺
imino　亚氨基
International Union of Pure and Applied Chemistry(IUPAC)　国际纯粹与应用化学联合会
iso(简写 *i-*)　异
isomerism　同分异构现象
isomer　同分异构体
isotope　同位素
ketone　酮
lactone　内酯
Lewis structure formula　路易斯构造式
lowest series principle　最低系列原则
marsh gas　沼气
mercapto　巯基
mesitylene　莱
meta(简写 *m-*)　间
mono　一
monocyclic alkane　单环烷烃
multiphenyl alicyclic hydrocarbon　多苯代脂烃
*n*-alkane　直链烷烃
naphthalene　萘
neo(简写 *n-*)　新
nitrile　腈
nitro　硝基
nitro compound　硝基化合物
nitroso　亚硝基
nitroso compound　亚硝基化合物
nomenclature　命名
nona　九
non-benzenoid arene　非苯芳烃
octa　八

oleic acid　油酸
optical isomer　旋光异构体
ortho(简写 *o*-)　邻
oxa　氧杂,噁
oxo　氧代
para(简写 *p*-)　对
penta　五
peroxide　过氧化合物
peroxy group　过氧基
phenanthrene　菲
phenol　酚
phenyl　苯基
polycyclic arene　多环芳烃
position isomer　位置异构体
primary carbon　一级碳原子,伯碳原子
quaternary carbon　四级碳原子,季碳原子
rotamer　旋转异构体
sec(简写 *s*-)　二级
secondary carbon　二级碳原子,仲碳原子
silver isocyanate　异氰酸银
silver fulminate　雷酸银
skeleton symbol　结构简式
spirocyclic alkane　螺环烷烃
spiro atom　螺原子
stereo-isomer　立体异构体
structural isomer　结构异构体
styrene　苯乙烯

sulfo　磺酸基
sulfonic acid　磺酸
symmetrical(简写 sym)　均
tautomeric isomer　互变异构体
tert(简写 *t*-)　三级
tertiary carbon　三级碳原子,叔碳原子
tetra　四
tetrahydrofuran(THF)　四氢呋喃
thia　硫杂,噻
thio-alcohol　硫醇
thio-phenol　硫酚
toluene　甲苯
*trans* configuration　反式构型
tri　三
tricarboxylic acid　三羧酸
tricyclo　三环
triol　三醇
trione　三酮
unsymmetrical(简写 unsym)　偏
valence bond isomer　价键异构体
vicinal(简写 vic)　连
vinyl　乙烯基
xylene　二甲苯
-ylidene,-ylene　亚基
-ylidyne,-ynyl　炔基
*Z* configuration　*Z* 构型

# 第 3 章
# 立体化学

多巴胺能治疗帕金森综合征。但多巴胺不能跨越"血脑屏障"进入作用部位，需服用多巴胺的作用前药 L-多巴（L-DOPA）。L-多巴在体内的多巴脱羧酶作用下催化脱羧，释放出药物的活性形态多巴胺，达到治疗帕金森综合征的作用。然而，多巴脱羧酶是专一性的，只能使 L-多巴脱羧，不能使它的对映体 D-多巴脱羧，因此，只能服用纯的 L-多巴，否则，D-多巴会积聚在体内，对身体造成伤害。现在，工业上通过一系列不对称合成已能制备 L-多巴。

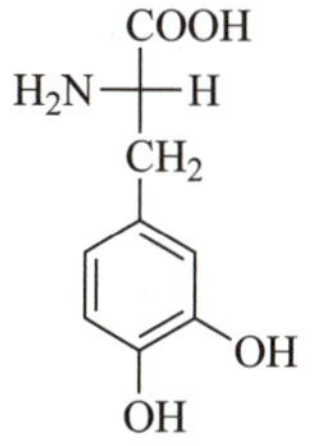

L-多巴的Fischer投影式

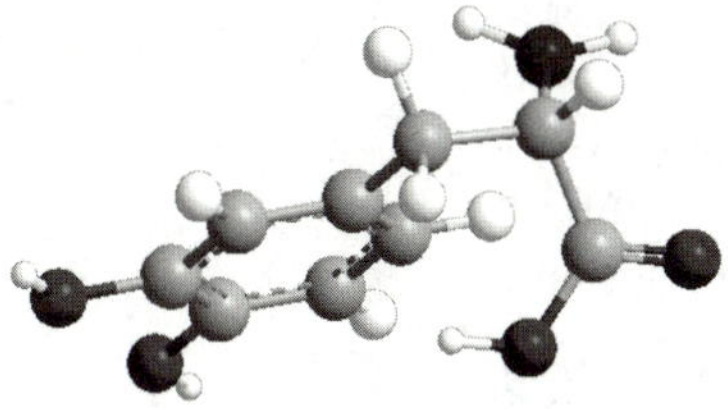

L-多巴的球棍模型

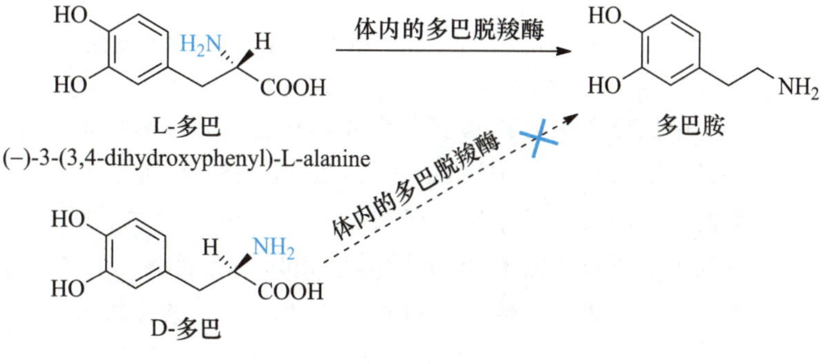

L-多巴
(−)-3-(3,4-dihydroxyphenyl)-L-alanine

体内的多巴脱羧酶 → 多巴胺

D-多巴

体内的多巴脱羧酶 ✗

立体化学（stereochemistry）是研究分子的立体结构、反应的立体性及其相关规律和应用的科学。分子的立体结构是指分子内原子所处的空间位置及这种结构的立体形象，研究分子的立体结构及这种结构和分子物理性质之间的关系属于静态立体化学的范畴。反应的立体性是指分子的立体形象对化学反应的方向、难易程度和产物立体结构的影响等，它们属于动态立体化学的范畴。动态立体化学在有机合成中占有十分重要的地位。本章主要学习静态立体化学的内容。动态立体化学将分散在各章的反应中讲述。

## 3.1 轨道的杂化和碳原子价键的方向性

碳原子位于周期表第二周期ⅣA族。基态时，它的电子层结构为 $1s^2 2s^2 2p_x^1 2p_y^1 2p_z^0$，即只有两个未成对的 p 电子。按共价键理论(covalent bond theory)来看，碳只能形成两个共价单键。但在有机化合物中，碳总是四价，并且有三种不同类型的价键取向。下面结合三个典型的分子来阐明轨道的杂化(hybridization of orbital)和碳原子价键取向的关系。

### 3.1.1 甲烷 sp³ 杂化 σ 键

甲烷的球棍模型

甲烷的 Stuart 模型

Stuart(斯陶特)模型是按照各种原子半径和键与键之间的长度及角度比例设计出来的。

甲烷是最简单的烷烃，分子式为 $CH_4$。甲烷分子的立体形象是正四面体构型(tetrahedral configuration)。碳原子位于正四面体的中心，四个氢原子位于正四面体的四个顶点，四个 C—H 键的键长均相等，为 109.1 pm。任意两个 C—H 键之间的夹角均为 109°28′。图 3-1(i)是甲烷的正四面体构型，(ii)是甲烷的伞形式表达。

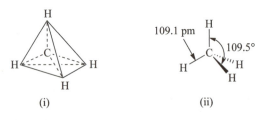

图 3-1 甲烷分子的示意图

甲烷分子中的碳原子为什么具有性质完全相同的四个共价键？杂化轨道理论(hybridized orbital theory)认为：当碳原子与其他原子结合时，核外电子的排布及轨道的形状均发生了变化。首先是一个 2s 电子激发后跃迁到 2p 轨道上，使碳原子具有四个未成对的电子(即 $2s^1 2p_x^1 2p_y^1 2p_z^1$)。然后由一个 2s 轨道和三个 2p 轨道混合起来重新组合成四个性质相同的轨道，称为 sp³ 杂化轨道，它们分别指向四面体的四个顶角。每个 sp³ 杂化轨道上具有一个未成对的电子，与氢原子 1s 轨道上未成对的电子沿轨道对称轴方向互相重叠成键，形成四个等同的 C—H 共价键，这就是甲烷分子。

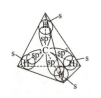

碳的 sp³ 杂化轨道与四个氢原子的 1s 轨道形成甲烷。

在化学上，将两个轨道沿着对称轴方向重叠形成的键叫 σ 键(σ bond)。所以甲烷的四个碳氢键都是 σ 键。σ 键的特点是：① 比较牢固。这是因为形成 σ 键时电子云达到了最大的重叠，而且通过轴向重叠形成的键，电子云集中在两个原子核之间，核对它们的吸引力较大，因此键牢固。② σ 键能围绕对称轴自由旋转。这是因为旋转不会影响电子云的重叠程度，因而不会影响轴间夹角和键的强度。形成烷烃的碳原子都是 sp³ 杂化的碳原子，它们都具有四面体的结构特征。碳的正四面体结构在有机化学中起着十分重要的作用。

### 3.1.2 乙烯 sp² 杂化 π 键

乙烯是最简单的烯烃，分子式为 $C_2H_4$。乙烯分子是平面型的，两个碳原子和四个氢原子在同一平面上。其键角为 121.6°和 116.7°(图 3-2)。碳碳键的键长为 134 pm，碳氢键的键长为 110 pm。

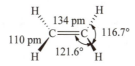

**图 3-2 乙烯的几何结构**

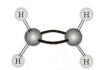

乙烯的球棍模型

乙烯的 Stuart 模型

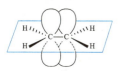

乙烯两个双键碳的 p 轨道侧面平行重叠

乙烯两个双键碳 p 轨道重叠形成 π 键

杂化轨道理论认为：在乙烯分子中，碳原子的一个 2s 电子激发跃迁到 2p 轨道上后，两个碳原子都只用一个 2s 轨道和两个 2p 轨道进行杂化，形成三个 sp² 杂化轨道。这三个 sp² 杂化轨道位于同一平面。每个碳原子各用两个 sp² 杂化轨道和两个氢原子的 1s 轨道形成碳氢 σ 键，各用一个 sp² 杂化轨道彼此重叠形成碳碳 σ 键，五个 σ 键处在同一平面上，这就是乙烯分子呈平面结构的原因。由于碳碳 σ 键和碳氢 σ 键的不等同性，碳氢 σ 键之间的键角与碳碳、碳氢 σ 键之间的键角略有差别，但都接近 120°。两个碳原子各剩下一个 p 轨道，这两个 p 轨道垂直于 σ 键所在的平面，且互相平行，因此这两个 p 轨道可以通过侧面重叠成键，这样就产生了含有碳碳双键的乙烯分子。侧面重叠形成的键称为 π 键(π bond)。乙烯分子的碳碳双键是由一个 σ 键和一个 π 键形成的。π 键的特点是：① 容易断裂。这是因为 π 键是通过侧面重叠形成的，重叠程度小于 σ 键，所以较易断裂。② 不能绕轴自由旋转。这是因为旋转会使两个 p 轨道离开平行状态，从而破坏 p 轨道电子云的重叠。

### 3.1.3 乙炔 sp 杂化 正交的 π 键

乙炔是最简单的炔烃，分子式为 $C_2H_2$。乙炔是一个线形分子，即两个碳和两个氢均在同一直线上。碳碳叁键的键长比双键还短，为 120 pm；碳氢键的键长为 106 pm，如图 3-3 所示。

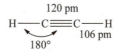

**图 3-3 乙炔的几何结构**

乙炔的球棍模型

乙炔的 Stuart 模型

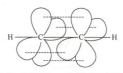

乙炔叁键碳 p 轨道的重叠

乙炔叁键碳 p 轨道形成两个互相垂直的 π 键

杂化轨道理论认为：为了形成乙炔分子，碳原子的一个 2s 电子激发并跃迁到 2p 轨道上后，两个碳原子都只用一个 2s 轨道和一个 2p 轨道杂化，形成两个能量相等的 sp 杂化轨道。由于两个 sp 杂化轨道的对称轴在同一直线上，而每个碳原子都用一个 sp 杂化轨道和一个氢原子的 1s 轨道形成碳氢 σ 键,再各用一个 sp 杂化轨道彼此重叠形成碳碳 σ 键,因此乙炔分子中的四个原子都处在同一直线上。同一个碳原子的两个 p 轨道上的电子云互相垂直,也与碳碳 σ 键的对称轴垂直。两个相邻碳原子的 p 轨道两两平行,侧面重叠形成两个互相垂直的 π 键。乙炔分子中的叁键就是由一个 σ 键和两个互相垂直的 π 键所组成的。

碳碳 σ 键的电子云集中于两个碳原子间的中心处,但中心处 π 电子云密度最低,π 电子云位于 σ 键轴的上下和前后部位;当 π 轨道重叠后,其电子云形成一个以 σ 键为对称轴的圆柱体形状。

有机化合物的碳架就是以碳碳单键、碳碳双键、碳碳叁键为基本结构单元构建而成的。

**习题 3-1** 请用球棍模型画出下列化合物的立体结构。

$$CH_3C\equiv C-\underset{\underset{CH=C=CH_2}{|}}{\overset{\overset{CH_2CH_2CH_3}{|}}{C}}-CH=CHCH_3$$

构象、构象异构体

## 3.2 链烷烃的构象

由于单键可以"自由"旋转,使分子中的原子或基团在空间产生不同的排列,这种特定的排列形式称为构象(conformation)。由单键旋转而产生的异构体称为构象异构体(conformation isomer)或旋转异构体(rotamer)。

### 3.2.1 乙烷的构象

1. 乙烷的各种构象

当乙烷分子以碳碳 σ 键为轴进行旋转时,两个相邻碳上的其他键(在乙烷中是 C—H 键)会交叉成一定的角度($\phi$),这个角度称为二面角。

单键旋转一周,可以产生无数个构象异构体。将二面角为 0° 的构象称为重叠型(eclipsed)构象。二面角为 60° 的构象称为交叉型(staggered)构象。二面角在 0°~60°

之间的构象称为扭曲型(skewed)构象。重叠型构象和交叉型构象是构象异构体的两种极端情况,也称为极限(limit)构象。乙烷的极限构象,可用下列三种透视图来表示:

重叠型
(i) 伞形式 ≡ (i)' 锯架式 ≡ (i)″ Newman式

交叉型
(ii) 伞形式 ≡ (ii)' 锯架式 ≡ (ii)″ Newman式

乙烷分子重叠型构象的球棍模型和Stuart模型

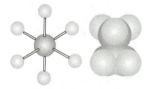

乙烷分子交叉型构象的球棍模型和Stuart模型

构象的表示方法经常要用,要能熟练地从一种表示方法转为另一种表示方法,也需要熟练地在重叠型与交叉型之间互相转换。

伞形式(umbrella frame)是眼睛垂直于C—C键轴方向看,实线表示键在纸面上,虚楔形线表示键伸向纸面后方,实楔形线表示键伸向纸面前方。锯架式(saw frame)是从C—C键轴斜45°方向看,每个碳原子上的其他三根键夹角均为120°。Newman(纽曼)投影式(简称Newman式)是从C—C键的轴线上看,在Newman式中,如(ii)″,前面的碳原子(C-1)用 人 表示,后面的碳原子(C-2)用 Y 表示;在重叠型中,(i)″中C-2上的氢与C-1上的氢是重叠着的,应该看不到,但为了表示出来,稍偏一个角度。

乙烷分子中,C—C键长为154 pm,C—H键长为110.7 pm,C—C—H键角为109.3°。在乙烷的重叠型构象中,两个碳原子上的氢原子彼此是重叠着的,根据计算,它们之间的距离为229 pm,而氢原子的van der Waals(范德华)半径为120 pm(参见表3-1),两个氢核之间的距离小于两个氢原子van der Waals半径之和,因此有排斥力(图3-4)。这种排斥力是不直接相连的原子间的作用力,因此称为非键连的相互作用。分子处于这种构象,从能量上考虑是最不稳定的。

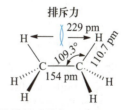

图3-4 乙烷分子中的非键连的相互作用——氢与氢之间的排斥力

表3-1 一些原子或基团的van der Waals半径

| 原子或基团 | van der Waals 半径/pm | 原子或基团 | van der Waals 半径/pm | 原子或基团 | van der Waals 半径/pm |
| --- | --- | --- | --- | --- | --- |
| H | 120 | P | 190 | Cl | 180 |
| $CH_2$ | 200 | O | 140 | Br | 195 |
| $CH_3$ | 200 | S | 185 | I | 215 |
| N | 150 | F | 135 | | |

在乙烷的交叉型构象中,两个碳原子上的氢离得最远,根据计算,两个氢核之间的距离约为 250 pm,从能量上看,分子处于这种构象是最稳定的。乙烷分子其他构象的能量介于重叠型与交叉型之间。分子在可能的条件下,总是倾向于以能量最低的稳定形式存在。一旦偏离稳定形式,非稳定构象就具有恢复成稳定构象的力量,称之为扭转张力(torsion strain)。这种张力来源于 van der Waals 斥力。

乙烷的重叠型构象与交叉型构象虽存在势能差,但能差并不大。只需 12.1 kJ·$mol^{-1}$ 能量,就由一个稳定的交叉型构象变成不稳定的重叠型构象,这种分子旋转时所必需的最低能量,称为转动能垒(barriers to rotation)。因为转动能垒不大,而在室温,分子间的碰撞就可产生能量 ≈ 84 kJ·$mol^{-1}$,足以使分子"自由"旋转,因此不能分离这些构象异构体。

2. 乙烷各种构象的势能关系图

以单键的旋转角度为横坐标,以各种构象的势能为纵坐标,如果将单键旋转 360°,就可以画出一条构象的势能(potential energy)曲线。由势能曲线与坐标共同组成的图为构象的势能关系图(a graph of potential energy)。图 3-5 是乙烷分子各种构象的势能关系图。

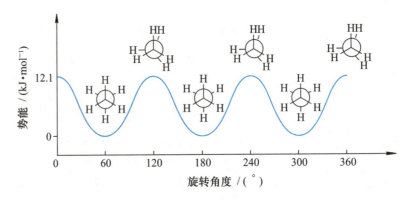

**图 3-5 乙烷各种构象的势能关系图**

如果将温度逐步降低,分子"自由"旋转逐渐困难,最后不能"自由"旋转。用 X 射线衍射分析方法及核磁共振方法测定表明,乙烷分子在低温时是以最稳定的交叉型构象存在。

图 3-5 中,曲线上的任何一点代表一种构象及其势能。曲线中最低的一点,即谷底的势能最低,它所代表的构象最稳定,因此将与势能曲线谷底相对应的构象称为稳定构象(stable conformation)。显然,交叉型构象都是稳定构象。任何分子在稳定构象中呆的时间最长,只要稍微离开谷底一点,就意味着势能的升高,分子就变得不稳定一些。曲线中最高的一点,即峰顶的势能最高,它所代表的构象最不稳定。显然,重叠型构象是最不稳定的构象。

## 3.2.2 丙烷的构象

丙烷只有两种极限构象(参见 3.2.1),一种是重叠型构象,另一种是交叉型构象。两种构象的势能差为 13.3 kJ·$mol^{-1}$。

交叉型　　　重叠型

习题 3-2　请用伞形式、锯架式和 Newman 式画出 1,3-二氯丙烷的优势构象。

### 3.2.3　正丁烷的构象　构象分布

如果将正丁烷分子中的 C(2)—C(3) 键旋转 360°，同样可以得到无数个构象异构体。按照前面画势能关系图的方法，同样也可以得到一张正丁烷的构象势能关系图，如图 3-6 所示。

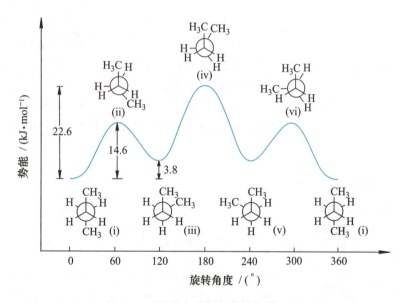

**图 3-6　正丁烷各种构象的势能关系图**

从图 3-6 可以看出，正丁烷沿 C(2)—C(3) 键轴旋转时，有四种极限构象。两种是重叠型：其中两个大基团重叠在一起的称为全重叠型构象(iv)，能量最高；一个大基团与一个小基团重叠的称为部分重叠型构象(ii 或 vi)，能量比全重叠型低。两种是交叉型：其中两个大基团处于对位的称为对交叉型构象(i)，能量最低；两个大基团处于邻位的称为邻交叉型构象(gauche conformation)(iii 或 v)，能量高于对交叉型构象。能量最低的稳定构象称为优势构象。正丁烷的对交叉型构象即是它的优势构象。在极限构象中，(ii)和(vi)、(iii)和(v)具有实物和镜像的关系，称它们为构象对映体(conformation enantiomer,参见 3.6.2)。正丁烷的构象异构体的转动能垒为 22.6 kJ·mol$^{-1}$,在室温下,分子间的碰撞足以提供这些能量,因此这些构象异构体可以互相转化而不能分离。构象的转换可以达到一种动态平衡。在平衡状态,各种构象在整个构象体系中所占的比例是不同的,将平衡状态时各构象所占的比例称为构象分布。如正丁烷的构象分布为

约15%　　　　约70%　　　　约15%

上述数据说明,分子总是倾向于以稳定的构象形式存在。

如果正丁烷中每两个相邻碳原子的其他键都取交叉型构象,则正丁烷的整体构象如下:

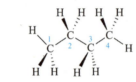

这是最稳定的正丁烷的构象:四个碳原子在一个平面上,相邻碳原子上的氢原子都处于最远的交叉型位置。

分子的构象对于分子的物理性质、化学性质有很大的影响。例如,直链分子间彼此的排列和叉链分子间彼此的排列就有所不同:

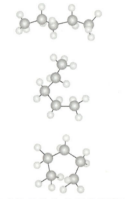

正戊烷几种构象的球棍模型

正已烷交叉构象的 Stuart 模型

正庚烷交叉构象的 Stuart 模型

显然,前者两条链可以排列得紧一些;而后者由于一个甲基伸出链外,这两条链不能排列得很紧,分子之间松一些。因此,相同碳原子数的直链烷烃比有支链的烷烃分子间作用力大,沸点和熔点也相对高一点。

在学习了乙烷、丙烷及丁烷的构象后,可以对其他链烷烃的构象用类似的方法进行分析,并研究构象对分子物理性质和化学性质的影响。

### 3.2.4　乙烷衍生物的构象分布

在构象分布中,大多数有机分子都以对交叉型构象为主要的存在形式。例如,1,2-二氯乙烷,对交叉型构象约占 70%;1,2-二溴乙烷,对交叉型构象约占 85%;1,2-二苯乙烷,对交叉型构象约占 90%以上。但在乙二醇和 2-氯乙醇分子中,由于邻交叉型构象可以形成分子内氢键,而氢键的形成会降低构象的能量,所以主要以

邻交叉型构象形式存在。

乙二醇　　　　　2-氯乙醇

**习题 3-3** 画出下列分子的优势构象，用伞形式、锯架式、Newman 式分别表示。

(i)　　　(ii)　　　(iii)

**习题 3-4** 画出下面化合物最稳定的构象，并用 Newman 式表示它的三种重叠型构象。

**习题 3-5** 画出以新戊烷分子中某根 C—C 键为轴旋转 360°时各种构象的势能关系图。

## 3.3 环烷烃的构象

### 3.3.1 Baeyer 张力学说

现在已经清楚：除三元环和芳香型环系具有平面型结构外，其他环系都不具有真正的平面型结构。因此，Baeyer 张力学说的正确性是存在问题的。但 Baeyer 提出的当分子内的键角由于某种原因偏离正常键角时会产生张力的现象，却是经常存在的。现在仍将这种张力称为角张力。

自 1883 年合成三元和四元碳环化合物后，人们发现，小环化合物比较容易开环，而五元、六元环系则是稳定的。为了解释各种环的稳定性，1885 年，德国化学家 A. Baeyer(拜耳)提出了张力学说(strain theory)。该学说认为，所有环状化合物都具有平面型结构(plane structure)。因此，可以用公式"偏转角＝(109°28′－正多边形的内角)/2"来计算不同碳环化合物中 C—C—C 键角与 sp$^3$ 杂化轨道的正常键角 109°28′的偏离程度。三元至八元的环烷烃的 C—C—C 键角及每根 C—C 键的偏转程度如下：

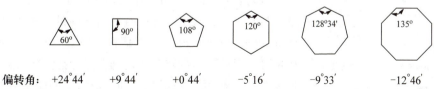

偏转角：　+24°44′　　+9°44′　　+0°44′　　-5°16′　　-9°33′　　-12°46′

燃烧热数据表明,从环丙烷至环戊烷,每个 $CH_2$ 的燃烧热逐渐降低,说明环越小,越不稳定。但从环戊烷起,各种环烷烃的每个 $CH_2$ 的燃烧热几乎是一个常数。这些事实说明,大环化合物是稳定的。

上面的数值为每根键屈挠的角度,"正"表示键向内屈挠,"负"表示键向外屈挠。键的屈挠,意味着化合物的内部产生了张力,因为这种张力是由于键角的屈挠引起的,故叫做角张力(angle strain),又称为"Baeyer 张力"。Baeyer 认为,偏转角越大,角张力就越大。按照 Baeyer 张力学说,五元环最稳定,从六元环起,随着环的逐渐增大,化合物的稳定性应逐渐降低,但事实与 Baeyer 张力学说不符。

### 3.3.2 环丙烷的构象

环丙烷的三个碳原子必须在同一平面上,所以碳原子核连线之间的夹角应为 60°。若环碳原子以 $sp^3$ 的形式杂化,则分子轨道之间的正常角度应为 109°28′。因此在形成环丙烷时,可以有两种选择:一种是保持正常轨道 109°,轨道彼此间电子的排斥力最小(正四面体),但这样就会使两个轨道重叠得非常不好;另一种是不管轨道间的电子排斥,而使轨道的轴和碳原子之间的轴在同一条线上,以达到最大的重叠。而实际上,测得环丙烷分子的 C—C—C 键角为 105°30′,H—C—H 的键角为 115°,C—C 键长和 C—H 键长分别是 151.0 pm 和 108.9 pm。这说明,为了使分子的能量达到最适合的程度,实际上,环丙烷中的价键是这两种成键方式协调的结果,也就是说,既大略地保持原来轨道间的角度,又达到一定程度重叠而形成一个弯曲的键,或称为香蕉键(banana bond,图 3-7)。因此,环丙烷的碳碳单键比一般碳碳单键的键长(154 pm)要短。由于三个碳原子形成了环,所以六个氢原子都形成重叠型,并且是均等的。图 3-8 是环丙烷的几何结构。

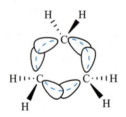

图 3-7　具有张力的环丙烷的轨道结构　　　图 3-8　环丙烷的几何结构

**习题 3-6**　请分析:环丙烷为什么特别容易发生开环反应?

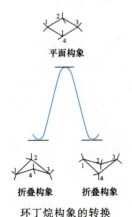

环丁烷构象的转换

### 3.3.3 环丁烷的构象

研究表明,环丁烷分子中的四个碳原子不在同一平面内,C(1)C(2)C(4)所在的平面与 C(2)C(3)C(4)所在的平面之间的夹角约为 35°,形成环丁烷的折叠型构象(puckered conformation),在此构象中 C—H 键之间的扭转角约为 25°。两个折叠型构象可以通过环的翻转互变,它们之间的能垒约为 6.3 kJ·mol$^{-1}$。势能曲线图的峰顶为平面构象,由于折叠构象和平面构象的能量差较小,所以在构象分布中,平面构象也占一定的份额。

### 3.3.4 环戊烷的构象

环戊烷的碳原子若在同一平面上,所有的氢都成重叠型,扭转张力很大。为了减少这种张力,也形成一微微折叠的环。有信封型和半椅型两种折叠的环系。在信封型构象(envelope conformation)中,四个碳原子处在同一平面中,另一个碳原子在该平面上方约 50 pm 处。在半椅型构象(half-chair conformation)中,三个碳原子在同一平面内,另外两个碳原子一个在平面的上方,另一个则在平面的下方。两种构象不断地互相转换,碳原子在平面内外的相互关系也在不断地轮换。下面的图示分别表示平面的和折叠的环戊烷体系:

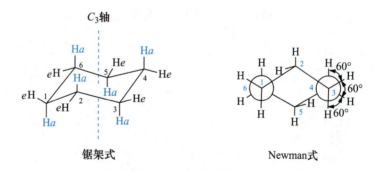

平面型　　　　　信封型　　　　　半椅型

### 3.3.5 环己烷的构象

早在 1890 年,H. Sachse(沙赫斯)通过研究认为,根据正四面体的模型,六个碳原子的环可以不在同一平面上,同时还保持着正四面体的正常角度。但由于叙述得不清楚,图又画得不好,所以没有引起当时化学家们的注意。1918 年 E. Mohr(莫尔)重新研究了这个问题,正式提出了非平面无张力环的学说。

1918 年,Mohr(莫尔)提出:环己烷的六个碳原子不在同一平面上,而是形成了椅型(chair form)和船型(boat form)两种折叠的环系。在这两个环系中,碳原子可以保持 $sp^3$ 的正常键角。

**1. 椅型构象**

环己烷的椅型构象可以用锯架式和 Newman 式表达如下:

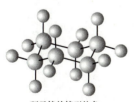

环己烷的椅型构象

锯架式　　　　　　Newman 式

这是一个非常对称的结构,因为形似一把椅子而得名。环中的碳原子处在一上一下的位置。向下的三个碳原子 C(1)C(3)C(5) 组成的平面和向上的三个碳原子 C(2)C(4)C(6) 组成的平面互相平行,两个平面的间距为 50 pm。分子中存在一个 $C_3$ 对称轴,$C_3$ 轴通过分子的中心并垂直于上述的两个平面。

椅型环己烷的氢原子可以分为两组:一组是六个 C—H 键与分子的对称轴大致

是垂直的,都伸出环外,这叫做平键(或称平伏键)或 e 键(e 是 equatorial 的字首,赤道的意思),三个 e 键略往上伸,三个 e 键略向下伸;另一组是六个 C—H 键都与对称轴平行,这叫做直键(或称直立键)或 a 键(a 是 axial 的字首,轴的意思),三个 a 键伸在环的下面,三个 a 键伸在环的上面。由于成环的碳链是封闭的,以致虽然成环的碳碳键仍然可以旋转,但旋转的程度会受到其他碳碳键的制约,以致在环平面上方的 C—H 键不可能转到环平面的下方来,同样在环下方的 C—H 键也不可能转到环平面的上方去。但一个椅型构象可以通过碳碳键的旋转变成另一个椅型构象,这时原来构象中向上的直键将转为向上的平键,向下的直键也转为向下的平键;原来向上的平键则转为向上的直键,向下的平键则转为向下的直键。这一对椅型构象互称为构象转换体。

它们的转换速率常数为 $k = 10^4 \sim 10^5 \text{ s}^{-1}$。按一级动力学方程 $-\mathrm{d}c/\mathrm{d}t = kc$ 计算,$t_{1/2} = (1/k) \times 0.69$,$t_{1/10} = (1/k) \times 2.3$,即反应物种的寿命与 $k$ 成倒数关系。这两种构象,其中一种构象滞留的时间在 $10^{-4} \sim 10^{-5}$ s 量级(微秒级)。

**锯架式环己烷椅型构象的一对构象转换体**

在环己烷的椅型构象中,碳碳单键的键长和碳碳单键之间的键角都与正常的碳碳单键的键长及碳的 sp³ 杂化的键角相符,因此这种构象既无键长变形引起的内能升高,也无角张力。由于构象中两个向上(或向下)直键氢之间的距离为 251 pm,两个相邻碳上平键氢之间的距离为 249 pm,而相邻碳上一个直键氢和一个平键氢之间的距离为 250 pm,均大于两个氢原子的半径之和,所以氢原子之间没有排斥力,不会使体系的内能升高。但环中任意两个相邻碳原子的构象都是邻交叉型构象,整个分子有六个邻交叉型构象。以对交叉型构象为比较对象,每个邻交叉型构象约使体系的内能升高 3.8 kJ·mol⁻¹,则环己烷椅型构象的内能大约是 22.8 kJ·mol⁻¹。椅型构象是环己烷的优势构象。

环己烷有两个稳定构象,一个是椅型构象,另一个是扭船型构象(skew boat conformation)。假如把船型构象船底的两对碳原子稍微转一转,使 C(3),C(6)转下去,C(2),C(5)重新转上来,这时我们可以看到,C(1),C(4)上的氢原子离得远一点了,而 C(3),C(6)上的氢原子离得近一点了。当这两对氢原子的距离相等时停止转动,原来成重叠型的 2,3 及 5,6 两对碳原子就变为不是完全重叠型了。在整个分子中,每对碳原子的构象既不是全重叠,也不是全交叉,相当于一个低能量的构象,这叫做扭船型或扭曲型(twist form):

**2. 船型构象**

环己烷船型构象的锯架式和 Newman 式如下:

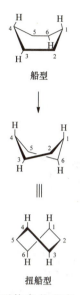

船型

扭船型

扭船型构象的所有二面角都是30°,所有的对边都是交叉的。扭船型比椅型不稳定 23.5 kJ·mol$^{-1}$。由稳定的椅型构象转变为扭船型、船型构象,要经过一个势能最高的不稳定的半椅型构象。把椅型构象中的 C(3) 转上去,C(2) 转下来,使 C(1)C(2)C(3)C(4) 在一个平面上,即得半椅型:

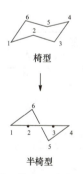

椅型

半椅型

半椅型比椅型不稳定 46 kJ·mol$^{-1}$,比扭船型不稳定 22.5 kJ·mol$^{-1}$。由于由一个椅型构象变为另一个椅型构象只需 46 kJ·mol$^{-1}$,在室温就可以越过这个能垒。

船型构象中的 C(2)C(3)C(5)C(6) 处在同一平面,好像是一个船底。C(1) 和 C(4) 都处在平面的上方,一个可看做船头,另一个则看做船尾。船头、船尾向内的 C—H 键的氢原子之间的距离为 183 pm,小于氢原子 van der Waals 半径之和 240 pm,故这两个氢原子间有排斥力。环己烷船型构象可视为有四个正丁烷的邻交叉构象即 C(5)C(6)C(1)C(2),C(6)C(1)C(2)C(3),C(2)C(3)C(4)C(5),C(3)C(4)C(5)C(6),与两个重叠型构象即 C(1)C(2)C(3)C(4),C(4)C(5)C(6)C(1),正丁烷全重叠型比对交叉型不稳定 22.6 kJ·mol$^{-1}$,因此船型构象不稳定共 (4×3.8 kJ·mol$^{-1}$)+(2×22.6 kJ·mol$^{-1}$)=60.4 kJ·mol$^{-1}$。如果忽略"船头""船尾"两个氢的相互作用,则可以估算椅型比船型稳定 60.4 kJ·mol$^{-1}$−22.8 kJ·mol$^{-1}$=37.6 kJ·mol$^{-1}$。而根据计算,椅型与船型的能量差为 28.9 kJ·mol$^{-1}$,与估计的值有些误差。

3. 环己烷各种构象的势能关系图

椅型构象和船型构象只是环己烷的两个典型构象,实际上随着碳碳单键的旋转,环己烷也可以产生无数个构象异构体。图 3-9 是环己烷各种构象的势能关系图。

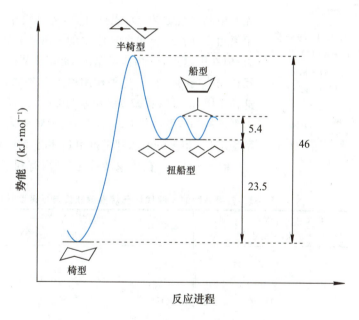

图 3-9 环己烷各种构象的势能关系图

### 3.3.6 取代环己烷的构象

**1. 一取代环己烷的构象**

一取代环己烷可以有两种椅型构象:一种椅型构象取代基占据直键,另一种椅型构象取代基占据平键。以 1-甲基环己烷为例来予以说明:

这两种构象的构象分布可用 Boltzmann 平衡分布公式 $n_h/n_l = e^{-\Delta E/RT}$ 来估算。式中 $\Delta E$ 是两种构象的势能差（见表 3-2），$R$ 是摩尔气体常数，为 $8.31\times10^{-3}$ kJ·mol$^{-1}$·K$^{-1}$，$T$ 为热力学温度，$n_h$ 是能量高的构象的浓度，$n_l$ 是能量低的构象的浓度。平衡常数 $K = [n_h]/[n_l]$。

应用表 3-2 中数据和 Boltzmann 平衡分布公式可求乙基环己烷的构象分布。

从表知，—CH$_2$CH$_3$ 的势能差 = −7.5 kJ·mol$^{-1}$。
−$\Delta E/RT$ = 7.5 kJ·mol$^{-1}$/($8.31\times10^{-3}$ kJ·mol$^{-1}$·K$^{-1}\times$ 298 K) = 3.03，
$n_h/n_l = e^{-\Delta E/RT}$ = 0.048，则平键构象浓度为 95.4%，直键构象浓度为 4.6%。

(i) 5%　　　　　　(ii) 95%

(i)′ CH$_3$C$^1$C$^6$C$^5$ 邻交叉型　　(ii)′ CH$_3$C$^1$C$^6$C$^5$ 对交叉型

(i)″ CH$_3$C$^1$C$^2$C$^3$ 邻交叉型　　(ii)″ CH$_3$C$^1$C$^2$C$^3$ 对交叉型

先看甲基取直键的(i)，根据计算，环己烷中 1,3 位两直键的氢原子与氢原子的核间距离为 250 pm，与两个氢原子的 van der Waals 半径相当，因此不存在相互的排斥力；但在甲基占直键时，甲基的 van der Waals 半径较大，甲基与 C(3)，C(5) 的氢有相互作用力（排斥力）。这种作用称为 1,3-二直键的相互作用，也是非键连的相互作用。这种作用，也可以看做直键甲基与 C(3)，C(5) 有两个邻交叉型的相互作用。再看甲基占平键的(ii)，甲基与 C(3)，C(5) 均为对交叉型。按正丁烷的构象，对交叉型比邻交叉型稳定 3.8 kJ·mol$^{-1}$，则平键甲基环己烷比直键甲基环己烷稳定 2×3.8 kJ·mol$^{-1}$ = 7.6 kJ·mol$^{-1}$。在构象转换时，平衡有利于平键甲基环己烷，为优势构象。

**表 3-2　常见基团的一取代环己烷直键取代与平键取代构象的势能差（25℃）**

| 取代基 | 势能差（直键⇌平键）/(kJ·mol$^{-1}$) | 取代基 | 势能差（直键⇌平键）/(kJ·mol$^{-1}$) | 取代基 | 势能差（直键⇌平键）/(kJ·mol$^{-1}$) |
|---|---|---|---|---|---|
| —CH$_3$ | 7.1 | —Cl | 1.7 | —C$_6$H$_5$ | 13.0 |
| —CH$_2$CH$_3$ | 7.5 | —Br | 1.7 | —CN | 0.8 |
| —CH(CH$_3$)$_2$ | 8.8 | —I | 1.7 | —COOH | 5.0 |
| —C(CH$_3$)$_3$ | >18.4 | —OH* | ≈3.3 | —NH$_2$* | ≈6.3 |
| —F | 0.8 | —OCH$_3$ | 2.9 | | |

*其值可受溶剂的影响，特别是氢键。

**习题 3-7**　画出下列化合物的构象转换体，并计算(i)中直键取代与平键取代的平衡常数 $K$ 及百分含量(25℃)。

(i) 乙基环己烷　　(ii) 环己甲醇　　(iii) 环己甲腈

#### 2. 二取代环己烷的构象

用构象来分析一个化合物的物理性质及化学性质，称为构象分析。下面用构象分析的方法，分析二取代环己烷的稳定性。

(1) 顺-1,2-二甲基环己烷　(i)和(ii)是顺-1,2-二甲基的一对构象转换体。它们都有一个直键取代甲基和一个平键取代甲基。将(ii)向左旋转120°可以看出，(i)和(ii)实际上是一对对映体，因此能量相等，稳定性也相同。与环己烷相比，一个直立甲基高 7.6 kJ·mol$^{-1}$，而两个取代甲基为邻交叉关系，所以(i)和(ii)均比环己烷的能量高 (7.6+3.8) kJ·mol$^{-1}$ = 11.4 kJ·mol$^{-1}$。

> (1)与(2)中的计算，以正丁烷的构象中对交叉型比邻交叉型稳定 3.8 kJ·mol$^{-1}$ 为依据。

(2) 反-1,2-二甲基环己烷　(iii)和(iv)是反-1,2-二甲基的一对构象转换体。(iii)有两个直键取代甲基，而(iv)有两个平键取代甲基，因为一个直键取代甲基比一个平键取代甲基能量高 7.6 kJ·mol$^{-1}$，所以两个直键取代甲基应比两个平键取代甲基高 (7.6×2) kJ·mol$^{-1}$ = 15.2 kJ·mol$^{-1}$ 能量。又由于两个直键取代甲基本身为对交叉关系，而两个平键取代甲基本身为邻交叉关系，所以(iii)比(iv)能量高 (15.2−3.8) kJ·mol$^{-1}$ = 11.4 kJ·mol$^{-1}$。而(iv)比环己烷能量高 3.8 kJ·mol$^{-1}$，(iii)和(iv)比，(iv)为优势构象。

比较顺-和反-1,2-二甲基环己烷构象的势能：(iii)＞(ii)≈(i)＞(iv)，与环己烷的势能差为：15.2 kJ·mol$^{-1}$＞11.4 kJ·mol$^{-1}$≈11.4 kJ·mol$^{-1}$＞3.8 kJ·mol$^{-1}$，
　　　　　　　　　　(iii)　　　　　　　(ii)　　　　　　　(i)　　　　　(iv)
因此稳定性为：(iv)＞(ii)≈(i)＞(iii)。

(3) 反-1-甲基-4-异丙基环己烷　(v)和(vi)是反-1-甲基-4-异丙基环己烷的一对构象转换体。在(v)中，甲基、异丙基均为直立键；在(vi)中，甲基、异丙基均为平伏键。表 3-2 数据表明，直键甲基比平键甲基能量高 7.1 kJ·mol$^{-1}$，直键异丙基比平键异丙基高 8.8 kJ·mol$^{-1}$，所以(v)比(vi)高 (7.1+8.8) kJ·mol$^{-1}$ = 15.9 kJ·mol$^{-1}$ 能量，(vi)为优势构象。

> (3)中的计算，以表 3-2 中的数据为依据。

(4) 顺-1-甲基-4-氯环己烷 （vii）和（viii）是顺-1-甲基-4-氯环己烷的一对构象转换体。(vii)中甲基比(viii)中甲基能量高 7.1 kJ·mol$^{-1}$，而(vii)中氯比(viii)中氯能量低 1.7 kJ·mol$^{-1}$，所以(viii)比(vii)稳定(7.1－1.7)kJ·mol$^{-1}$＝5.4 kJ·mol$^{-1}$，平衡有利于(viii)，(viii)是优势构象。

**习题 3-8** 画出下列化合物椅型构象的一对构象转换体，指出其中哪一个是优势构象，并计算它们的势能差。

### 3.3.7 十氢化萘的构象

两个环己烷通过共用两个相邻的碳原子并合起来的化合物，称为十氢化萘。十氢化萘属于桥环化合物，其系统命名为二环[4.4.0]癸烷。

十氢化萘有一对顺反异构体。顺、反十氢化萘平面式的表示方法，用实楔形键或黑点表示氢在纸面前面，虚楔形键或未标黑点表示氢在纸面后面。

其他取代基也可用实楔形键与虚楔形键表示其空间位置。

十氢化萘的碳原子的位号是由萘的位号引用过来的。萘的中间两个碳上没有氢，故没有位号；十氢化萘中间两个碳有氢，定为 C-9,C-10。根据 Baeyer 张力学说的概念，十氢化萘应为平面型结构，没有异构体；Mohr 推测由非平面组成的十氢化萘，应该有顺反异构体。1925 年 W. Hückel（休克尔）首次将十氢化萘的顺反异构体分离出来，并测出它们的物理常数是不同的，反式：bp 187℃，燃烧热 6277.3 kJ·mol$^{-1}$；顺式：bp 196℃，燃烧热 6286 kJ·mol$^{-1}$。Mohr 进一步推测反式异构体是由两个椅型环己烷并合而成，而顺式异构体是由两个船型环己烷并合而成，如下所示：

顺式

顺、反十氢化萘的构象表示式如下：

1946年，O. Hassel（哈赛尔）用X射线衍射方法研究证明，顺十氢化萘不是由两个不稳定的船型环并合而成，而是由两个椅型环并合起来的：

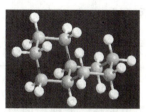

顺十氢化萘的球棍模型

反十氢化萘的球棍模型

顺十氢化萘的构象转换体　　　　　反十氢化萘的构象

顺十氢化萘中的 C-9，C-10 可以旋转，能产生一对构象转换体(i)和(ii)，如上式所示。(i)和(ii)有实物与镜像的关系，它们又是一对构象对映体，能量相等。反十氢化萘中的 C-9，C-10 的键已被固定，不能自由旋转，所以没有构象转换体。

顺和反十氢化萘的稳定性也可以估计得到：把十氢化萘看做两个环，A 环与 B 环，C-1，C-4 看做 B 环取代基，C-5，C-8 看做 A 环取代基。在反十氢化萘中，这些取代基均占平键。在顺十氢化萘(i)中，C-4 对 B 环是平键，但 C-1 对 B 环是直键，也即 C(1)C(9)C(10)C(5)，C(1)C(9)C(8)C(7)是邻交叉型；C-8 对 A 环是平键，但 C-5 对 A 环是直键，即 C(5)C(10)C(9)C(1)，C(5)C(10)C(4)C(3)是邻交叉型；其中 C(1)C(9)C(10)C(5)是重复的，故只存在三个邻交叉型的相互作用。根据计算，反十氢化萘比顺十氢化萘稳定 $3 \times 3.8 \text{ kJ} \cdot \text{mol}^{-1} = 11.4 \text{ kJ} \cdot \text{mol}^{-1}$，而实验所测反式比顺式稳定 $6286 \text{ kJ} \cdot \text{mol}^{-1} - 6277.3 \text{ kJ} \cdot \text{mol}^{-1} = 8.7 \text{ kJ} \cdot \text{mol}^{-1}$。估计值与实验值还是比较接近的。

**习题 3-9** 画出下列化合物的优势构象。

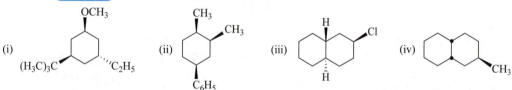

**习题 3-10** 比较下列两个化合物的稳定性（提示：计算甲基对两个环的作用，再考虑顺和反十氢化萘的稳定性）。

### 3.3.8 中环化合物的构象

中环与小环、普通环有一个主要的区别，就是当环增大时，距离远的（往往是环系对面的）碳原子上的氢彼此接近，发生 van der Waals 斥力的干扰。例如，环癸烷的三种不同张力协调的结果可以形成一个或几个能量最适宜的构象,比如增加角张力而减少 van der Waals 斥力。图 3-10 是一个可能的构象,其中虚线表示这种远程氢原子的干扰排斥。

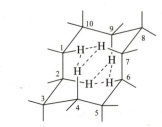

图 3-10　环癸烷分子中远距离氢的排斥

从图 3-10 可以看出,中环化合物的构象问题是非常复杂的。由于 van der Waals 力的排斥,给合成这类化合物造成了很大的困难。目前已知最难合成的环系就是 9 元到 11 元环系。

当环再增大时,分子就变得松动了,基本上形成没有张力的环。最理想的构象是形成两条两头被封起来的平行的长链。

# 旋光异构体

## 3.4　旋　光　性

### 3.4.1　平面偏振光

将两块电气石制成的棱镜放在眼睛和一个光源之间,若两个棱镜的轴彼此平行,则通过第一个棱镜的射线也可通过第二个棱镜,我们看到的是透明的[(i)];若两个棱镜的轴互相垂直,通过第一个棱镜的射线就不能通过第二个棱镜,此时看到两镜相交处是不透明的[(ii)]。电气石制的棱镜对于光的作用可以用一本书和一把刀作一个粗浅的比喻。一本合上的书,只有刀口和书页平行时,才能够插进书内。

普通的光线含有各种波长的光,并且是在各个不同的平面上振动的。图 3-11(i) 代表一束光线朝着我们的眼睛直射过来,它包含有在各个平面(如 A,B,C,D,…)上振动的光线。假若使光线通过一个电气石制的棱镜,又叫 Nicol(尼可尔)棱镜,一部分射线就被阻挡不能通过,这是因为这种棱镜具有一种特殊的性质,只有和棱镜的晶轴平行振动的射线才能全部通过。假若这个棱镜的晶轴是直立的,那么只有在这个垂直平面上振动的射线才可通过,这种通过棱镜后产生的只能在一个平面振动的光叫做平面偏振光(plane polarized light)。图3-11(ii)表示凡在虚线平面上振动的光线都将被全部地或者部分地阻挡。图3-11(iii)表示通过棱镜的光线是仅含有在箭头所示平面上振动的偏振光。

两个棱镜轴平行或垂直的情况

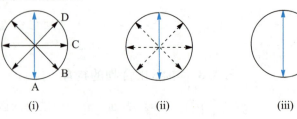

图 3-11　普通光与平面偏振光示意图

### 3.4.2 旋光仪 旋光物质 旋光度

检查旋光性的仪器叫做旋光仪(图 3-12)。普通的旋光仪主要部分是一个两端装有电气石棱镜的长管子,一端的棱镜轴是固定的,这个棱镜叫起偏器;另一端是一个可以旋转的棱镜,叫检偏器。检偏器和一个刻有 180°的圆盘相连,普通零点是在圆盘的右面中部。固定棱镜的外端放一个光源,通常是用一个钠光灯。若两个棱镜的轴是平行的,即圆盘的刻度正指零度,光可通过两个棱镜。长管中间可放入一根装满要测定旋光物质溶液的玻璃管。管中若装入水或乙醇,光仍照旧通过,这表示水和乙醇对平面偏振光不起作用;若放入乳酸的某旋光异构体溶液,则偏振光不能通过。这表示,该乳酸溶液可将通过第一棱镜出来的平面偏振光向左或向右旋转若干度。这种能使平面偏振光旋转一定角度的物质称为旋光物质。因为通过乳酸溶液的偏振光的振动平面和第二棱镜的轴不再平行,所以不能通过第二棱镜。为使光线通过,需将第二棱镜旋转一个角度,该角度和方向就代表该乳酸溶液的旋光度,从观察者的方向看,第二棱镜向左旋的叫左旋光性,向右旋的叫右旋光性。旋光度用符号 $\alpha_\lambda^t$ 表示,$t$ 为测定时的温度,$\lambda$ 为光的波长。

**发现旋光异构体的小史**

学习到这一阶段,让我们回顾一下旋光异构体的发现,不是没有益处的。

偏振光是在 1808 年由 E. Malus(马露)首次发现的。随后 I. B. Biot(拜奥特)发现,有些石英的结晶能将偏振光右旋,有些能将偏振光左旋。他进一步又发现,某些有机化合物(液体或溶液)也具有旋转偏振光的作用。当时就推想这和物质组成的不对称性有关。由于有机物质在溶液中也有旋转偏振光作用,L. Pasteur(巴斯德)在 1848 年提出光活性是由于分子的不对称结构所引起的。Pasteur 进一步研究酒石酸盐,并首次将消旋酒石酸盐拆分为左旋体和右旋体。

到 1870 年,Butlerov 也注意到,不是所有异构现象都可用结构理论来解释。他说:"异构体的数目比真正所期望的数目要多。"例如乳酸,除左旋、右旋两种,还有用化学合成方法得到的第三种乳酸,它没有旋光性,换言之,不是光活性的,所以称为消旋乳酸。用化学方法,无论用降解还是合成,都证明这三种乳酸是同一结构的物质。

直到 1874 年,van't Hoff 和 Lebel 这两个青年物理化学家才提出碳的四价是指向正四面体的顶点,从而得出不对称碳原子的概念。van't Hoff 更进一步作出预言,某些分子如丙二烯衍生物即使没有不对称碳原子,也应有旋光异构体存在。

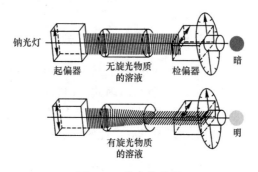

图 3-12 旋光仪装置

### 3.4.3 比旋光度 分子比旋光度

影响旋光度的因素是很多的,除分子本身的结构外,旋光度的大小还和管内所放物质的浓度、温度、旋光管的长度、光波的长短及溶剂的性质(若为溶液)等有关。如果能把结构以外的影响因素都固定,则此时测出的旋光度就可以成为一个旋光物质所特有的常数。为此提出了比旋光度(specific rotation)这一物理量。比旋光度用 $[\alpha]_\lambda^t$ 表示,是指某纯净液态物质在管长 $l$ 为 1 dm(=10 cm)、密度 $\rho$ 为 1 g·cm$^{-3}$、温度为 $t$、波长为 $\lambda$ 时的旋光度 $\alpha_\lambda^t$。

$$[\alpha]_\lambda^t = \frac{\alpha_\lambda^t}{l \times \rho}$$

因为多数情况下,比旋光度是用一个物质的溶液来测定的,所以比旋光度也可以用下式求得:

$$[\alpha]_\lambda^t = \frac{\alpha_\lambda^t}{l \times \rho_B}$$

这个预言，在 60 年以后才为实验所证实。尽管他们两人建立了立体化学的基础，但在他们提出这个理论以后的初期，遭到了当时德国权威化学家 Kolbe 的极强烈反对。他对这两个青年化学家极尽诬蔑之能事，但是无情的事实终于把 Kolbe 驳斥得体无完肤。四面体的碳原子结构已不再是一个推想，今天完全可以通过 X 射线衍射法拿到它的"真实照片"，这就等于可以间接地看到它的图像！

$\rho_B$ 代表溶液的质量浓度，即在 100 mL 溶液里所含溶质的质量。在一定条件下，某一具有旋光性的物质，其比旋光度是一个常数。普通的钠光灯（D 线波长为 586 900 pm 与 589 000 pm）是常用的光源。标准的光源是汞绿线（波长为 546 100 pm）。所测的旋光度，向右旋用"+"号来表示，向左旋用"−"号来表示。由于溶剂会和旋光物质发生溶剂化，这时偏振光是和被溶剂包围起来的分子作用，而溶剂化又对外界的影响和分子的结构非常敏感，因此当被测物质用不同溶剂配制溶液时，$\alpha$ 的读数也不同。所以在表示比旋光度时，要标明所用的溶剂。例如，若在 20℃用钠光源的旋光仪测得葡萄糖水溶液的比旋光度为右旋 52.5°，则可表示为 $[\alpha]_D^{20} = +52.5°$（水）。

有的文献采用分子比旋光度 $[\alpha_m]_\lambda^t$ 来表示物质的旋光性质。分子比旋光度与比旋光度的换算公式如下：

$$[\alpha_m]_\lambda^t = \frac{[\alpha]_\lambda^t \times 相对分子质量}{100}$$

## 3.5　手性和分子结构的对称因素

### 3.5.1　手性　手性分子

人的左、右手互为实物与镜像关系，彼此不能重合。手的这种特征在其他物质中也广泛存在，因此人们将一种物质不能与其镜像重合的特征称为手性（chirality）或手征性。具有这种特征的分子称为手性分子（chiral molecule），手性分子都具有旋光性。不具有手性的分子称为非手性分子，无旋光性。

### 3.5.2　判别手性分子的依据

根据实物与其镜像能否重合来判断一个复杂分子是否具有手性是极其不方便的。由于分子的手性是分子内缺少对称因素（symmetry factor）引起的，因此方便的方法是通过判断分子的对称因素来确定其是否具有手性。分子的手性与对称因素之间的关系阐明如下：

能把分子切成实物和镜像两部分的平面称为分子的对称面（symmetric plane），用希腊字母 $\sigma$ 表示。反映是对称面的对称操作。有对称面的分子都是非手性分子。例如，三氯甲烷有三个对称面，分子无手性。

如果分子中有一个点，所有通过这个点画的直线都以等距离达到相同的基团，此点称为对称中心（symmetric center），用 $i$ 来表示。一个分子只可能有一个对称中心。倒反是对称中心的对称操作。有对称中心的分子也是非手性分子。例如，反-1,3-二氯环丁烷具有对称中心，分子无手性。

许多物体或分子还有一种叫做对称轴（symmetric axle）的对称因素。这种轴是通过物体或分子的一条直线，以这条线为旋转轴旋转一定的角度，得到的物体或分子的形象和原来物体或分子的形象无法区别。一般用 $C_n$ 代表这种对称轴，$n$ 表示轴的级,称 $n$ 重对称轴。旋转是对称轴的对称操作。例如,氨分子有一个三重对称轴,即绕 $C_3$ 轴转 120°,分子的形象与未转动前的形象完全重合。对称轴不能作为判别分子手性的依据。

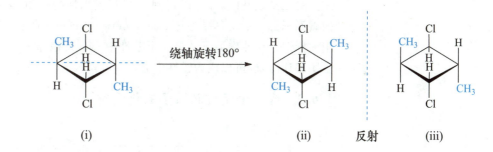

三氯甲烷
(有三个对称面)

反-1,3-二氯环丁烷
(有对称中心)

氨
(有三重对称轴)

反轴与旋转、反射两个对称操作相关。分子先围绕一个轴旋转一定角度($2\pi/n$)后,再用垂直于此轴的平面作为镜面,进行一次反映,若所得镜像与原来的分子重合,则此轴称为倒反轴或简称反轴,用 $S_n$ 表示。$n$ 表示它的级,称为 $n$ 重反轴。例如,下面式子中,化合物(i)就有一个反轴 $S_2$。将(i)旋转 180°($2\pi/2$),即得(ii),然后用垂直于旋转轴的镜面反映得(iii),镜像(iii)和(i)是可重合的相同的分子。具有反轴的分子也是非手性分子。

具有对称面的分子必然有 1 阶反轴,即 $S_1$ = 镜面对称。有对称中心的分子必然有 2 阶反轴,即 $S_2$ = 中心对称。在有机化合物中,绝大多数情况下,没有对称面、对称中心和 $S_4$ 反轴的分子都具有旋光性。因此,若一个分子既无对称面、对称中心,又无 $S_4$ 反轴,基本上就可以断定它是手性分子。

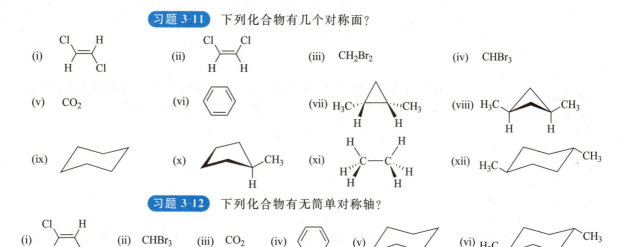

**习题 3-11** 下列化合物有几个对称面?

**习题 3-12** 下列化合物有无简单对称轴?

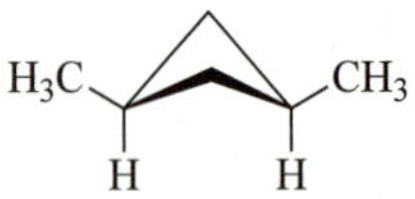

习题 3-13　指出下列化合物的中心对称位置。

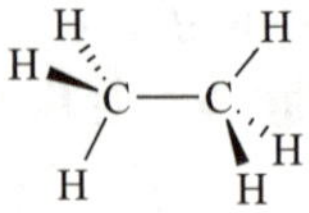

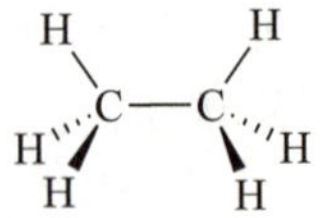

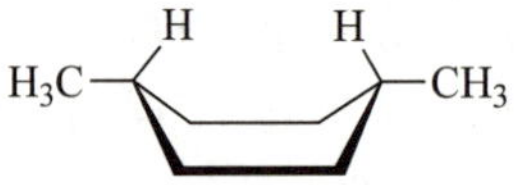

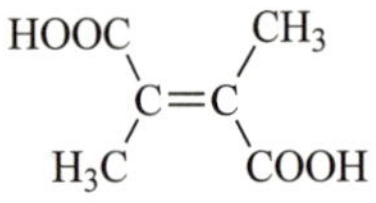

## 3.6　含手性中心的手性分子

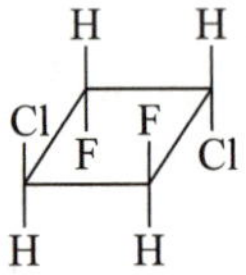

### 3.6.1　手性中心和手性碳原子

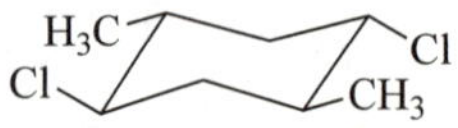

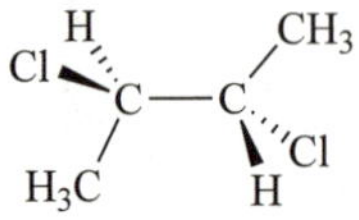

如果分子中的手性是由于原子和基团围绕某一点的非对称(dissymmetric)排列而产生的,这个点就是手性中心(chiral center)。将甲烷中的四个氢原子换成四个不相同的原子或基团,即可以得到一个有旋光性的物质,因此将与四个不同基团相连的碳原子称为不对称碳原子(asymmetric carbon)或手性碳原子(chiral carbon),常用 * 标记。手性碳原子就是一个手性中心。其他原子,当它与四个不相同的原子或基团相连时,也可以成为手性中心。

### 3.6.2　含一个手性碳原子的化合物

1. 对映体和外消旋体

含有一个手性碳原子的物质都可以写出两种也只能写出两种构型,它们代表两种不同的分子,互为实物和镜像,但不能重合。这种互为实物和镜像,又不能重合的分子互称为对映异构体,简称对映体(enantiomer)。例如,乳酸是含有一个手性碳原子的手性分子的经典代表,它的结构简式如下:

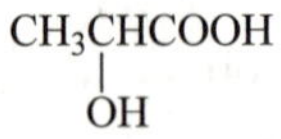

$$CH_3CHCOOH$$
$$|$$
$$OH$$

若将与乳酸手性碳原子相连的四个不同基团的空间位置明确表示出来,可以写出两种不同的构型。它们的伞形式、名称和部分物理性质如下:

与手性碳原子相连的四个基团在空间具有两种并且只有两种不同的排列次序,与手性碳原子相连的四个不同基团,不能随意改变位置。因为任何两个基团对调了位置,分子构型就变得和原来相反,即由 S 构型变为 R 构型,或由 R 构型变为 S 构型了。

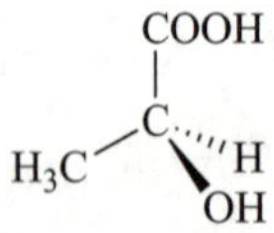

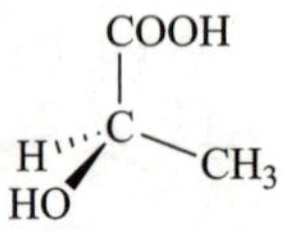

(S)-(+)-乳酸　　　(R)-(−)-乳酸　　　外消旋乳酸
mp 53 °C　　　　　mp 53 °C　　　　　(±)-乳酸
$[\alpha]_D^{15} = +3.82°$　　$[\alpha]_D^{15} = -3.82°$　　mp 18 °C
$pK_a = 3.79$ (25 °C)　$pK_a = 3.83$ (25 °C)　$[\alpha]_D^{15} = 0$
　　　　　　　　　　　　　　　　　　$pK_a = 3.86$ (25 °C)

(S)-(＋)-乳酸和(R)-(－)-乳酸就是一对对映体。对映体的内能是相同的。它们在非手性环境中的物理性质和化学性质基本上也是相同的。例如，熔点、沸点相同，在非手性溶剂中的溶解度及与非手性试剂反应的速率都相同等。但在手性环境中，它们的性质是不相同的。例如，与手性试剂的反应或在手性催化剂、手性溶剂中的反应速率则不相同。生物体内的酶和各种底物都是有手性的，所以对映体的生理活性往往有很大的差异。左旋尼古丁的毒性比右旋尼古丁的毒性大很多；左旋氯霉素有疗效，而右旋氯霉素就没有疗效；左旋香芹酮的香气与其对映体的香气也不相同。对映体在生物体内的代谢速率也是不相同的，将青霉素放在含有外消旋酒石酸的培养液中生长，溶液慢慢由旋光度为 0 变成了左旋光的，这说明右旋酒石酸被慢慢消耗掉了。一对对映体的旋光能力相等，但旋光方向相反，即若一个能使平面偏振光向左旋转 $A$ 度，则另一个可使之向右旋转 $A$ 度。

将一对对映体等量混合，可以得到一个旋光度为零的组成物，称之为外消旋体(racemate)。外消旋体可以用符号(±)或($dl$)来表示。由于左旋体和右旋体分子之间亲和关系不同，所以外消旋体的物理性质(如熔点、溶解度等)与纯净的左旋体和纯净的右旋体之间是不相同的。外消旋体还可以进一步细分为：

(1) 外消旋化合物　当左旋体分子和右旋体分子互相之间有较大亲和力时，两种分子将有可能在晶胞中配对，而形成计量学上的化合物晶体，这样的外消旋体称为"外消旋化合物"(racemic compound)。它们的熔点多数高于纯旋光体，而溶解度多数低于纯旋光体。

(2) 外消旋混合物　当纯旋光体分子本身之间的亲和力大于对映体的亲和力时，左旋体和右旋体将有可能分别地形成晶体，这样的外消旋体称为外消旋混合物(racemic mixture)。它们的熔点常常低于纯旋光体，而溶解度则高于纯旋光体。

(3) 外消旋固体溶液　当一个纯旋光体分子对与其构型相同的分子和对构型相反的分子的亲和力比较接近时，则两种构型分子的排列是混乱的，这样的外消旋体称为外消旋固体溶液(racemic solid solution)。它们的熔点、溶解度和纯旋光体比较接近。

2. Fischer 投影式

> Fischer 投影式是表达立体构型最常用的一种方法。

为了方便地表示分子中手性碳的构型，Fischer 最早提出用一种投影式来表示链形化合物的立体结构，称之为 Fischer 投影式。画 Fischer 投影式要符合如下规定：① 碳链要尽量放在垂直方向上，氧化态高的在上面，氧化态低的在下面。其他基团放在水平方向上。② 垂直方向碳链应伸向纸面后方，水平方向基团应伸向纸面前方。③ 将分子结构投影到纸面上，用横线与竖线的交叉点表示碳原子。例如，$R$-(－)-乳酸可以按下面的过程画出 Fischer 投影式：

球棍式　　楔形式　　立体透视式　　一般投影式　　Fischer投影式

Fischer 投影式不能在平面上旋转 90°，也不能离开纸面翻转 180°。Fischer 投影式中的基团两两交换的次数不能为奇数次。

**3. 相对构型和绝对构型**

在有机化学发展早期,就知道有左旋、右旋两种甘油醛,但这两种甘油醛分别与甘油醛的哪一种空间排列相对应是不清楚的。于是,人们指定右旋甘油醛为 D 构型(D configuration)(D 是拉丁文 Dexcro 的首字母),左旋甘油醛为 L 构型(L 是拉丁文 Leavo 的首字母)。它们的 Fischer 投影式任意性地指定如下:

$$
\begin{array}{cc}
\text{CHO} & \text{CHO} \\
\text{H}\!-\!\!\!-\!\text{OH} & \text{HO}\!-\!\!\!-\!\text{H} \\
\text{CH}_2\text{OH} & \text{CH}_2\text{OH} \\
\text{D-(+)-甘油醛} & \text{L-(−)-甘油醛}
\end{array}
$$

其他化合物的构型是以甘油醛的构型为参照,通过化学反应的关联来确定的。若某化合物是由 D-甘油醛通过反应转变来的,而在整个转变过程中手性碳原子的四个键没有变化,则生成的化合物也是 D 构型的。例如

$$
\begin{array}{ccccc}
\text{CHO} & & \text{COOH} & & \text{COOH} \\
\text{H}\!-\!\!\!-\!\text{OH} & \xrightarrow{[O]\ 选择性氧化} & \text{H}\!-\!\!\!-\!\text{OH} & \xrightarrow{[H]\ 选择性还原} & \text{H}\!-\!\!\!-\!\text{OH} \\
\text{CH}_2\text{OH} & & \text{CH}_2\text{OH} & & \text{CH}_3 \\
\text{D-(+)-甘油醛} & & \text{D-(−)-甘油酸} & & \text{D-(−)-乳酸}
\end{array}
$$

这种以甘油醛的构型为参照标准而确定的构型称为相对构型(relative configuration)。相对构型以 D-L 构型标记法标记。

能真实反映空间排列情况的构型称为绝对构型(absolute configuration)。绝对构型是根据手性碳原子上四个不同的原子或基团在"顺序规则"中的先后次序来确定的,用 R-S 构型标记法标记(确定 R、S 构型的方法请参见 2.4.2/1)。例如甘油醛绝对构型的标记如下:

$$
\begin{array}{cc}
\text{CHO} & \text{CHO} \\
\text{H}\!-\!\!\!-\!\text{OH} & \text{HO}\!-\!\!\!-\!\text{H} \\
\text{CH}_2\text{OH} & \text{CH}_2\text{OH} \\
(R)\text{-(+)-甘油醛} & (S)\text{-(−)-甘油醛}
\end{array}
$$

**4. 潜非对称性和潜不对称碳原子**

丙酸是一个对称的分子。若将丙酸 α 碳上的一个氢原子用羟基取代,则丙酸分子就转变成了不对称分子乳酸。在下面丙酸的 Fischer 投影式中,左边的氢被羟基取代得 (S)-(+)-乳酸,而右边的氢被羟基取代得 (R)-(−)-乳酸。

$$
\begin{array}{ccccc}
\text{COOH} & & \text{COOH} & & \text{COOH} \\
\text{H}\!-\!\!\!-\!\text{H} & \xrightarrow{\text{H 被 OH 取代}} & \text{HO}\!-\!\!\!-\!\text{H} & \text{或} & \text{H}\!-\!\!\!-\!\text{OH} \\
\text{CH}_3 & & \text{CH}_3 & & \text{CH}_3 \\
\text{丙酸} & & (S)\text{-(+)-乳酸} & & (R)\text{-(−)-乳酸} \\
\text{(潜非对称分子)} & & & &
\end{array}
$$

(↑ 潜不对称碳原子)

3.6 含手性中心的手性分子

一个对称的分子(例如丙酸)经一个原子或基团被取代后失去了其对称性,而变成了一个非对称的分子,那么原来的对称分子称为"潜非对称分子",或称为"原手性分子"。分子所具有的这种性质称为"潜非对称性"或"原手性"(prochirality)。发生变化的碳原子称为"潜不对称碳原子"或"原手性碳原子"。

### 3.6.3 含两个或多个手性碳原子的化合物

**1. 旋光异构体的数目**

一般地讲,分子中的不对称碳原子越多,旋光异构体的数目就越多。若分子中只有一个手性碳原子,则会有 $R$ 构型和 $S$ 构型两种旋光异构体;若分子中有两个不相同的手性碳原子,则可以产生 $RR,RS,SR,SS$ 四种旋光异构体。按照同样的思路进行推理,旋光异构体的数目可按下式计算:

$$\text{旋光异构体数目}=2^n \quad (n=\text{不相同的不对称碳原子数})$$

**2. 非对映体**

现在,结合下面的实例来说明旋光异构体之间的关系。2,3-二氯戊烷没有平面对称及中心对称因素,也没有 $S_4$ 反轴,因此它是一个手性分子。2,3-二氯戊烷有两个不相同的不对称碳原子,可以写出四个旋光异构体,它们的 Fischer 投影式表示如下:

Fischer 投影式都代表能量高的不稳定重叠构象式。若把 2,3-二氯戊烷(i)和(iii)分别写成锯架式和 Newman 式,则得(v)及(vi):

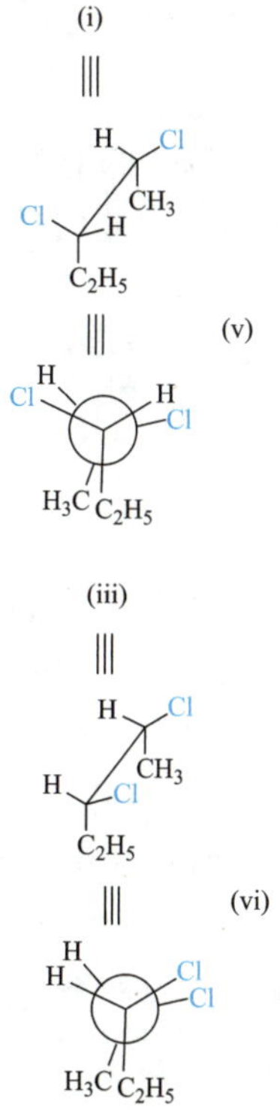

(i)

(v)

(iii)

(vi)

显然这代表两个劣势构象,若将(v)的 C-2 旋转 60°和(vi)的 C-2 旋转 180°,则得两个稳定的交叉构象(vii)和(viii)。构象异构体(viii)从能量上讲是最有利的,因为分子中两个最大的基团成对交叉型。在室温下,各种可能的构象都在不停地变换着,到目前为止,还没有分离出来各种构象异构体,但可以肯定,在晶体的状态下,分子是以稳定的构象式存在的。

上面的(i)和(ii)互为实物和镜像,是一对彼此不能重合的对映体;(iii)和(iv)是另一对对映体。(i)与(iii)、(iv)之间和(ii)与(iii)、(iv)之间不存在对映体的关系,将这种不呈镜像关系的旋光异构体称为非对映体(diastereomer)。它们不仅**旋光能力不同**,**许多物理、化学性质也不相同**。从上例可以看出,两个旋光异构体彼此不能同时既是对映体又是非对映体的关系。一个旋光化合物若条件许可,除一个对映体外,它可能有多个非对映体。

**3. 差向异构体**

两个含多个不对称碳原子的异构体,如果只有一个不对称碳原子的构型不同,则这两个旋光异构体称为差向异构体(epimer)。如果构型不同的不对称碳原子在链端,称为端基差向异构体(anomer)。其他情况,分别根据碳原子的位置编号称为 $C_n$ 差向异构体。例如,分子中有三个不相同的不对称碳原子,即有 8 个旋光异构体,成为四对对映体,它们的 Fischer 投影式如下:

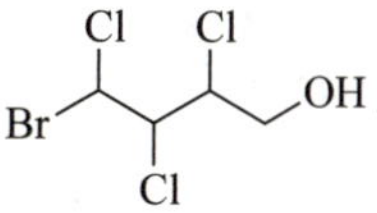

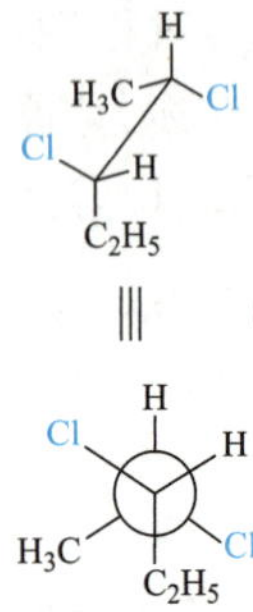

(vii), (viii) structures shown on left.

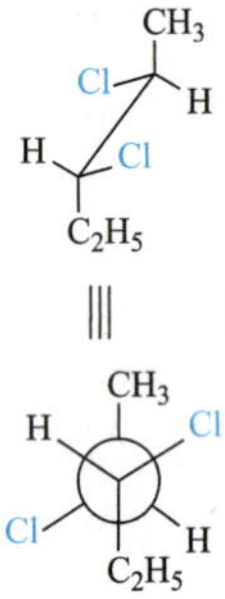

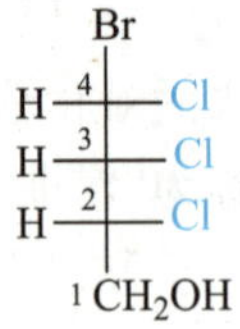

(i) 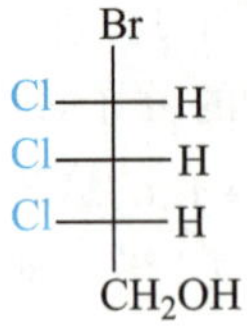 (ii) 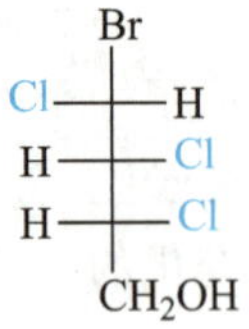 (iii) 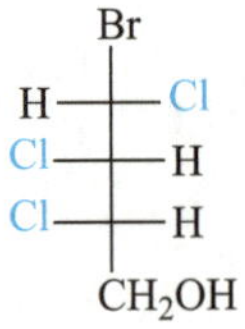 (iv)

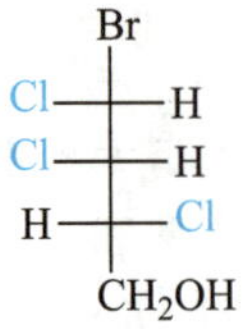

(v) 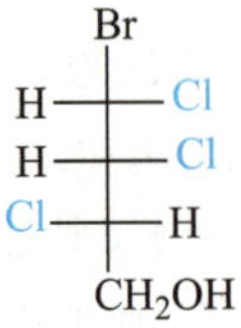 (vi) 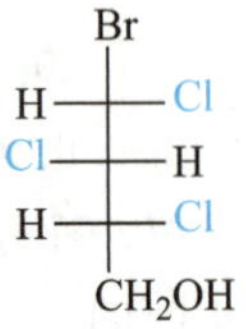 (vii) 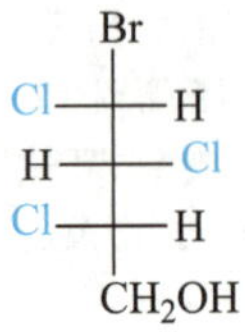 (viii)

在上面 8 个式子中，(i)和(ii)、(iii)和(iv)、(v)和(vi)、(vii)和(viii)是四对对映体。(i)和(iii)、(ii)和(iv)是端基差向异构体。(i)和(vii)、(ii)和(viii)是 $C_3$ 差向异构体。(i)和(vi)、(ii)和(v)是 $C_2$ 差向异构体。

**习题 3-14** 写出下列四式的关系，并标明分子中不对称碳原子的构型。

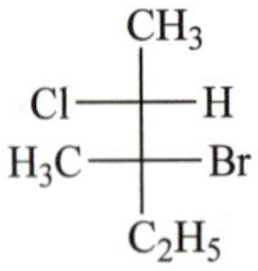

(A) 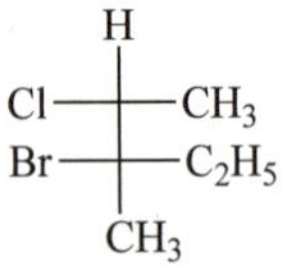    (B) 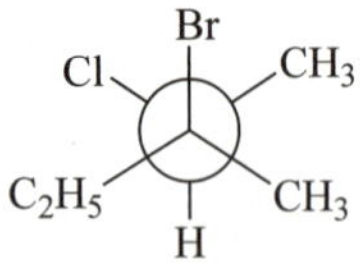    (C) 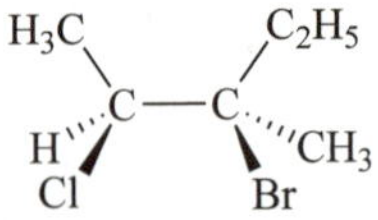    (D)

**习题 3-15** 写出(2R,3S)-3-溴-2-碘戊烷的 Fischer 投影式，并写出其优势构象的锯架式、伞形式、Newman 式。

**习题 3-16** 计算下列分子的旋光异构体的数目。有几对对映体？每一个化合物有几个非对映体？

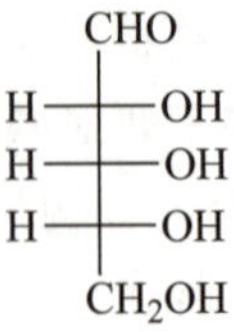

**习题 3-17** 判断下列化合物的关系[指(B)、(C)、(D)、(E)与(A)的关系是相同化合物、对映体、非对映体还是差向异构体]，并指出分子中不对称碳原子的构型。

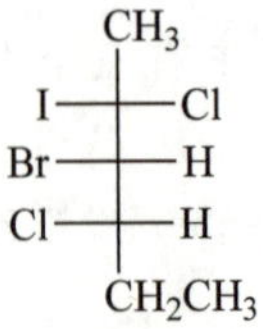

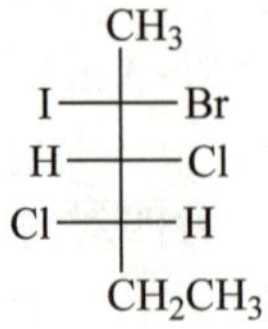

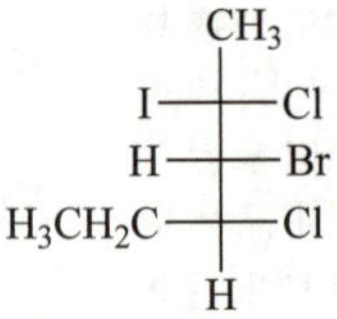

(A)　　　　(B)　　　　(C)

习题 3-18　指出(a)与(b),(c),(d),(e)的关系[即等同、对映体、非对映体、不同化合物的关系],并用 R,S 标明不对称碳原子的构型。它们是否是手性分子? 若不是手性分子,请指出对称因素。

## 3.6.4　含两个或多个相同(相像)手性碳原子的化合物

### 1. 内消旋体

当一个分子含有取代相同的不对称碳原子时,旋光异构体的数目及性质就和上面的情形不同了。酒石酸是这一类型分子最典型的代表。Pasteur(巴斯德)就是因研究这个化合物而开创了这门科学。

酒石酸的分子里含有两个相同的不对称碳原子,它们都连有相同的四个彼此不同的基团。这样的分子可有三种构型组合:第一种是两个不对称碳原子均为 R 构型;第二种是两个不对称碳原子均为 S 构型;第三种是一个不对称碳原子为 R 构型,另一个不对称碳原子为 S 构型。这三种结构,第一种和第二种是一对对映异构体,它们是下面的式(i)和式(ii);第三种结构内的两个不对称碳原子的旋光性恰好相反,所以整个分子没有旋光性,把它叫做内消旋体(mesomer),如式(iii)所示。

右旋酒石酸　　　　左旋酒石酸　　　　内消旋酒石酸
(2R, 3R)-(+)-酒石酸　(2S, 3S)-(-)-酒石酸　(2R, 3S)-酒石酸

表 3-3 列出了左旋体、右旋体、外消旋体及内消旋体酒石酸的物理性质。

内消旋这一名词不太确切,因为它本来就没有光活性,但沿用已久,因此不作更改。内消旋化合物的 Fischer 投影式中有一个平面对称因素,如内消旋酒石酸(meso-tartaric acid)(iii)可用一对称平面把它分为 A、B 两部分,A、B 两部分的关系就恰如实物和镜像一样。A 表示实物,B 就是镜像。

从理论上讲,凡含有两个相同取代的不对称碳原子的化合物,都有三种立体异构体,即一对对映体和一个内消旋体。所以,当分子中含有相同的不对称碳原子时,其旋光异构体的数目小于 $2^n$ 个。

表 3-3 酒石酸的物理性质

| 酒石酸 | mp/℃ | $[\alpha]_D^{25}$(20%水溶液) | 溶解度/[g·(120 g 水)$^{-1}$] | p$K_{a_1}$ | p$K_{a_2}$ |
|---|---|---|---|---|---|
| (+)- | 170 | +12° | 139 | 2.93 | 4.23 |
| (−)- | 170 | −12° | 139 | 2.93 | 4.23 |
| (±)- | 206 | 无光活性 | 20.6 | 2.96 | 4.24 |
| meso- | 140 | 无光活性 | 125 | 3.11 | 4.80 |

从构象的角度分析,内消旋酒石酸是由一个有对称面的重叠型构象(内消旋构象)、一个有对称中心的交叉型构象(内消旋构象),以及无数对等量的互为实物和镜像的对映体(外消旋构象)组成的,所以旋光度为0。

内消旋体和外消旋体虽都无旋光性,但消旋的原因是不同的。内消旋体是一种分子,不能分离成具有旋光性的化合物[如式(iii)内消旋酒石酸]。外消旋体是一对对映异构体的等量混合物,如(i)右旋酒石酸和等量(ii)左旋酒石酸混在一起的外消旋体,可以将其分离成两种旋光性相反的化合物。

**习题 3-19** 将下列各式改为 Fischer 投影式,并用中英文写出其系统名称。判别哪个分子是非手性的,并阐明原因。

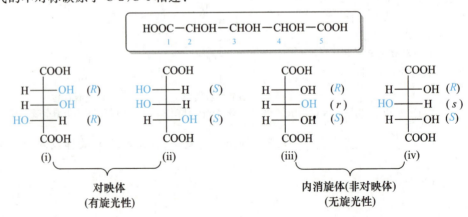

**习题 3-20** 将下列两组中各化合物改写成 Fischer 投影式,判断它们的关系,并分别写出每一个化合物的一个差向异构体。

### 2. 假不对称碳原子和含假不对称碳原子的分子

2,3,4-三羟基戊二酸含有奇数碳原子,但分子中 C-3 这个碳原子和两个相同取代的不对称碳原子 C-2,C-4 相连:

HOOC—CHOH—CHOH—CHOH—COOH
   1      2       3       4     5

由这个例子看出,对于不对称碳原子是使分子具备手性的必要条件这一问题应有进一步的了解。当与碳原子相连的四个基团中有两个结构及构型相同的基团($R,R$或$S,S$)时,分子是手性的,实物和镜像不能重合;若这两个基团结构相同但构型相反,则分子具有平面对称性(内消旋),因而是非手性分子,实物和镜像可以重合。

当C-2及C-4具有相同构型时,如(i)(ii),按定义C-3是对称的;而当C-2及C-4构型不同时,如(iii)(iv),按定义C-3是不对称的。但有意思的是,分子(i)和(ii)彼此不能重合,它们是一对对映体;而分子(iii)及(iv)含不对称取代的C-3,它们却是有对称面的非光活性内消旋体,(iii)、(iv)中的C-3这种碳原子称为假不对称碳原子(pseudoasymmetric carbon)。假不对称碳原子构型可用$r,s$表示,根据顺序规则中$R$比$S$优先的原则,(iii)中的C-3为$r$构型,而(iv)中的C-3为$s$构型。C-3虽和四个不同的基团(H,OH,$R$-及$S$-CHOHCOOH)相连,但有两种不同的空间排列方式,即两种构型,所以有两个不同的内消旋体。含有奇数碳原子的这类分子,共有$2^{(n-1)}$个旋光异构体,在本例中,$n=3$。

**习题 3-21** 判断下列化合物是否有旋光性。请标明不对称碳原子的构型并写出它们的中英文系统名称。

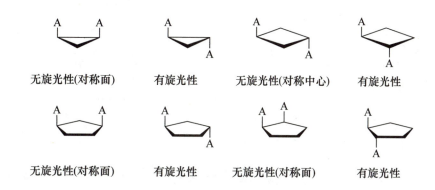

## 3.6.5 含手性碳原子的单环化合物

单环化合物有否旋光性可以通过其平面式(成环碳原子画在同一平面上)的对称性来判别。凡是其平面式有对称中心、对称面或$S_4$反轴的单环化合物均无旋光性,反之则有旋光性。例如

| 无旋光性(对称面) | 有旋光性 | 无旋光性(对称中心) | 有旋光性 |
| 无旋光性(对称面) | 有旋光性 | 无旋光性(对称面) | 有旋光性 |

三元环是平面型的;从四元环开始,环状化合物是非平面型的。那么,仅根据单环化合物的平面式结构来判断它们的旋光性是否合理?下面通过对1,2-二甲基环己烷旋光性的分析来阐明这个问题。先来看顺-1,2-二甲基环己烷。从它的平面式(i)看,分子有一个对称面,所以(i)是一个无旋光的化合物。

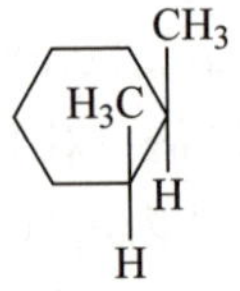

顺-1,2-二甲基环己烷

但从构象式(仅讨论稳定构象)考虑,顺-1,2-二甲基环己烷有一对彼此不能重合的对映体(i)′和(i)″。

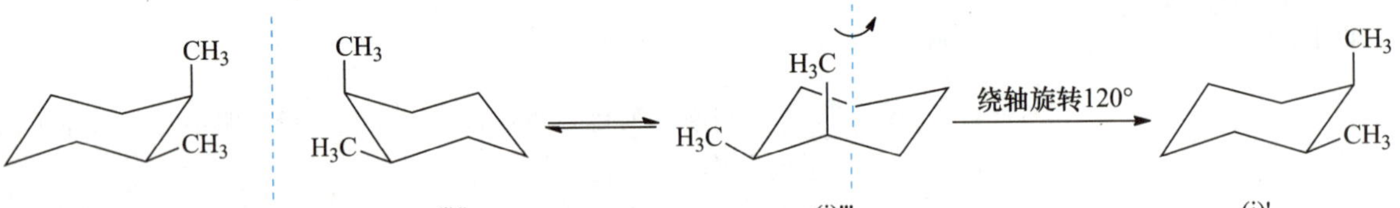

(i)′　　　(i)″　　　(i)‴　　绕轴旋转120°　　(i)′

构象对映体　　构象转换体

就旋光性而言,用平面式分析和用构象式分析是一致的。但追究旋光性为 0 的原因而言,两者是不同的。

将(i)″的构象转换体(i)‴通过绕垂直于环己烷平面中心的轴转 120°,即得(i)′。由此可知,(i)′和(i)″既是构象对映体,又是构象转换体。不难看出(i)′和(i)″能量相等,故在构象分布中,两者的百分含量相等。所以从构象分析考虑,顺-1,2-二甲基环己烷是一外消旋体,旋光度为 0。

现在来分析(1R,2R)-1,2-二甲基环己烷。从其平面式(ii)分析,分子无对称面、对称中心、$S_4$ 轴,有旋光性。从构象式分析(仅分析稳定构象),分子有两个稳定构象,(ii)ee 和(ii)aa,其中(ii)ee 为优势构象。由于(ii)ee 和(ii)aa 均无对称面、对称中心和 $S_4$ 轴,所以均有旋光性。(ii)的旋光性是(ii)ee 和(ii)aa 的旋光性之和。

思考:(1S,2S)-1,2-二甲基环己烷的分析方法与此处分析相同。请同学自己完成。

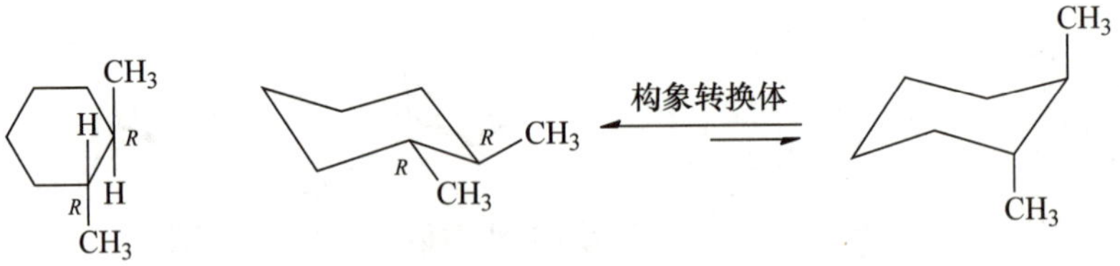

(ii)　　　(ii) ee　　构象转换体　　(ii) aa

**习题 3-22**　写出下列化合物的立体异构体,标明不对称碳原子的构型,并用中英文命名。

(i)　　　(ii)

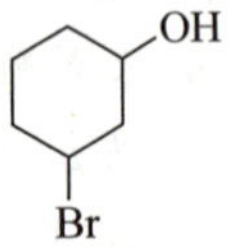

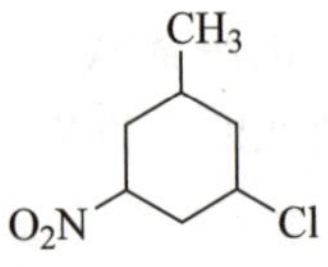

**习题 3-23** 指出下列化合物有否旋光性。

(i) 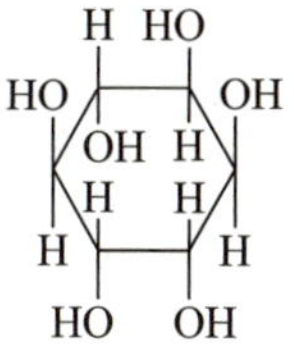 (环己烷六醇构象式，HO/H 交替)
(ii) 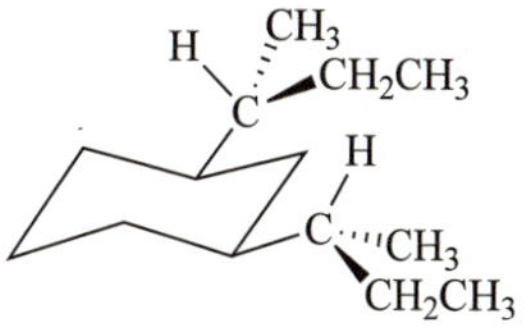 (1,4-二异丙基环己烷，H 和 CH₃CH₃ 取代)
(iii) 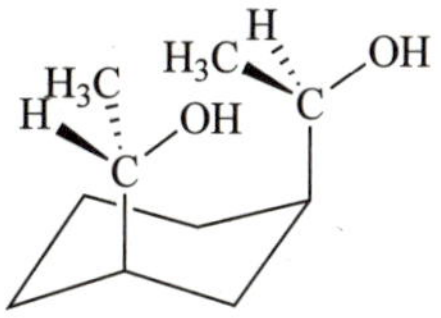 (含 H₃C, HO 取代的双环结构)
(iv) 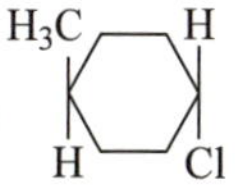 (1-甲基-2-氯环己烷)
(v) 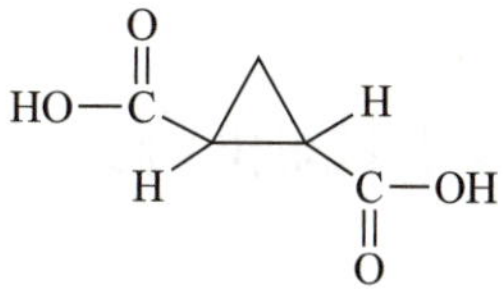 (环丙烷-1,2-二甲酸)

**习题 3-24** 判断下列化合物是否有旋光性，并分别用平面式及构象式对判断作出分析。

(i) 顺-1,3-二甲基环己烷  (ii) (1R,3R)-1,3-二甲基环己烷
(iii) 反-1,3-二甲基环己烷  (iv) 顺-1,4-二甲基环己烷
(v) 反-1,4-二甲基环己烷

## 3.6.6 含有其他不对称原子的光活性分子

其他原子如 S, P, N, As 等，当它们和四个不同的基团相连时，也应有旋光异构体存在。许多这类光活性体已经合成出来，如下列的铵盐及鏻盐都是稳定的光活性分子：

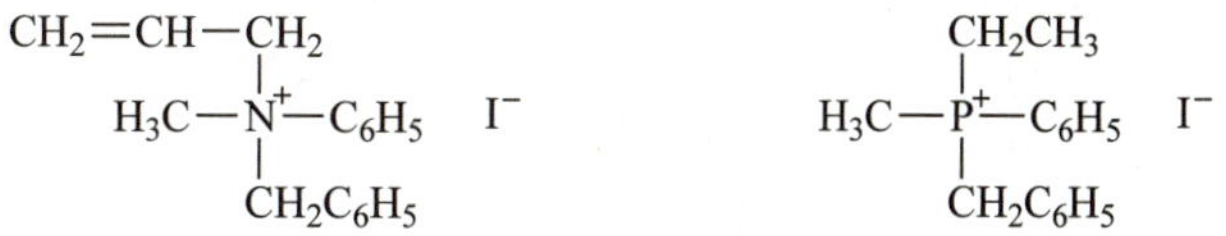

$$CH_2=CH-CH_2-\overset{+}{N}(CH_3)(C_6H_5)(CH_2C_6H_5) \quad I^-  \qquad CH_3-\overset{+}{P}(CH_2CH_3)(C_6H_5)(CH_2C_6H_5) \quad I^-$$

当把与 N 相连的三个不同的基团固定在环上，使它不能来回翻转，这样就可能拆分出旋光异构体。Tröger（特勒格）碱就是这样的一个分子，它具有下列结构：

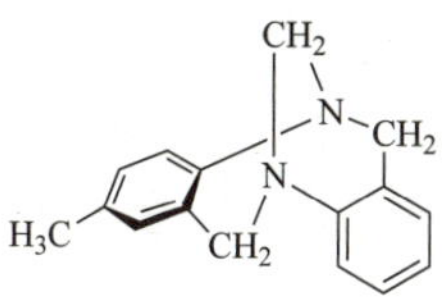

(Tröger 碱结构式)

分子中的两个氮原子为一个亚甲基桥固定，因此不能来回翻转。

当氮、磷、硫等和三个不同的基团结合时，另外各有一对未分享的孤对电子，形成一个锥形体，是不对称的，应有旋光异构体存在。但迄今为止，还没有得到这类含氮原子的化合物。这是由于 N 上的三个基团以很快的速度($10^2 \sim 10^5$ 次/秒)来回翻转，因此目前还没有方法拆分互变这样快的旋光异构体。异构体翻转时，如图 3-13 所示，可能经过一平面的结构(ii)。(i)和(iii)是一对对映体。

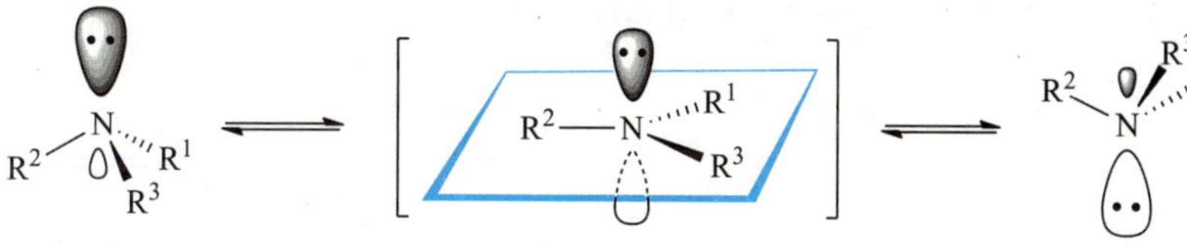

(图示：(i) ⇌ [(ii)] ⇌ (iii) 氮原子构型翻转)

**图 3-13** 被三个不同基团取代的氮原子的构型

和氮原子不同,含磷、硫的这类化合物则较为稳定,可以得到光活性的化合物:

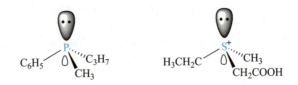

## 3.7 含手性轴的旋光异构体

决定一个分子是否有手性,主要是看分子实物和其镜像是否重合。有些分子虽然不含不对称原子,但在分子中存在一根轴,通过轴的两个平面在轴的两侧有不同的基团时,也会产生实物与镜像不能重合的对映体。称这类旋光异构体为含手性轴(chiral axle)的旋光异构体。

### 3.7.1 丙二烯型的旋光异构体

W. H. Mills(密尔斯)于 1935 年首次合成了此丙二烯型化合物,证实了 60 年前 van't Hoff 的预言。

显然,丙二烯的 C-1 和 C-3 原子上所连的每两个基团,只要其一是相同的话,分子中就有一个平面的对称因素,旋光异构体就不存在了。

van't Hoff 早在他提出正四面体碳原子的模型时就预言,具有图 3-14(i)所示的不对称取代的丙二烯衍生物,应当可以形成一对对映体。

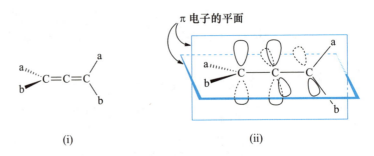

图 3-14 丙二烯衍生物的结构

图 3-14(ii)表示中心碳原子两个 π 键的平面是正交的,两个不同的 a,b 基团所处的平面和它们相邻的 π 键平面成直角,这个分子的实物和镜像不能重合,因此它具有手性分子的性质,可以形成一对对映体(**可能具有光活性**)。例如 1,3-二苯基-1,3-二(α-萘基)丙二烯:

$$\begin{array}{c} \text{C}_6\text{H}_5 \\ (\alpha)\text{-H}_7\text{C}_{10} \end{array} \text{C=C=C} \begin{array}{c} \text{C}_6\text{H}_5 \\ \text{C}_{10}\text{H}_7\text{-}(\alpha) \end{array}$$

如果将双键看做二元环,就可以推想,当其中一个双键转变为一个三元或三元以上的环时,只要在环碳原子上带有不同取代基,分子中就没有 $S_p$ 轴对称元素,就会产生旋光异构体。

在发现光活性丙二烯衍生物以前，与此结构类似的 4-甲基亚环己基醋酸已经成功地于 1909 年拆分为两个旋光异构体：

这是首次得到的不含不对称碳原子的旋光异构体。该分子双键上所连的基团和六元环 4 位上的基团，其情形与丙二烯的旋光异构体相似。

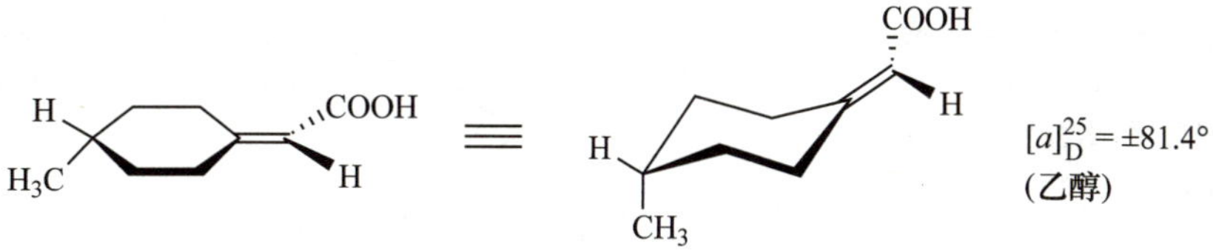

$[\alpha]_D^{25} = \pm 81.4°$ （乙醇）

4-甲基亚环己基醋酸

螺环化合物也可以看做丙二烯型的分子，当两个环上都带有不同的取代基时，分子中也没有 $S_p$ 轴对称元素，即成为手性分子。例如，6-甲基螺[3.3]庚烷-2-羧酸就可以产生一对对映体：

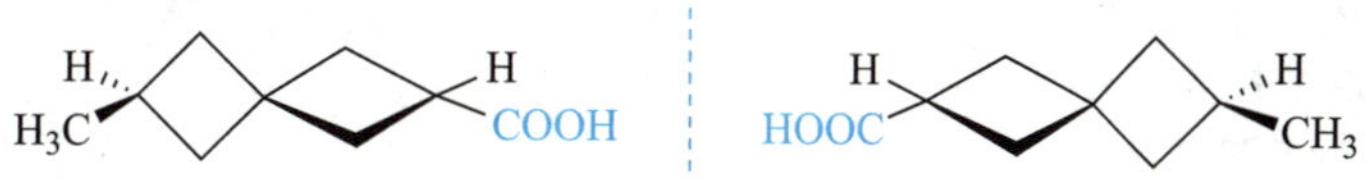

**习题 3-25** 指出下列化合物有无旋光性。

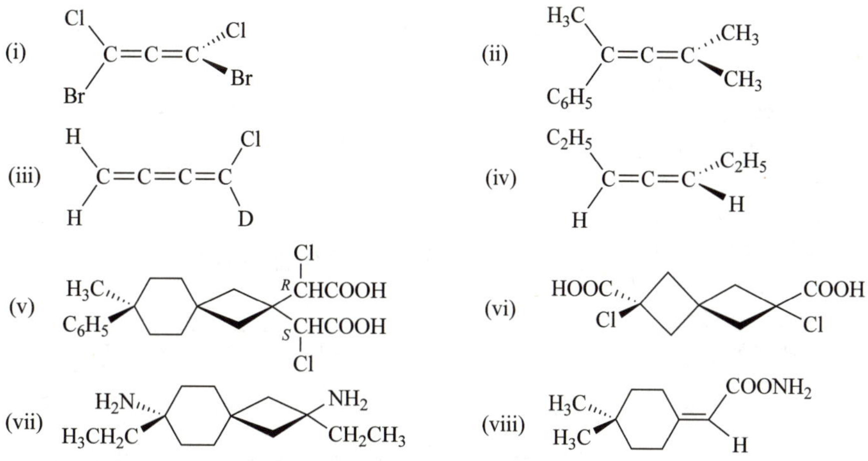

(i), (ii), (iii), (iv), (v), (vi), (vii), (viii)

### 3.7.2 联苯型的旋光异构体

联苯型旋光异构体是在 1920 年发现的，是到目前为止少有的由于单键旋转受阻而产生的稳定旋光异构体的几种例子之一。也可以称为阻转异构体。

当某些分子单键之间的自由旋转受到阻碍时，也可以产生旋光异构体，这样的异构体称为阻转异构体（atropisomer），这种现象叫做阻转异构现象（atropisomerism）。最早发现的这类化合物是四个邻位都有相当大的取代基的联苯衍生物。例如下列化合物，由于邻位的四个取代基体积足够大，阻碍了苯环之间的单键自由旋转，而且两个苯环不能共平面，因此当每一个苯环上的两个邻位取代基不同时，就产生

这类分子有两种优势构象：一种为两个苯的夹角≈45°，另一种为两个苯的夹角≈135°，这要根据两对相关基团间的吸引力和排斥力而定。

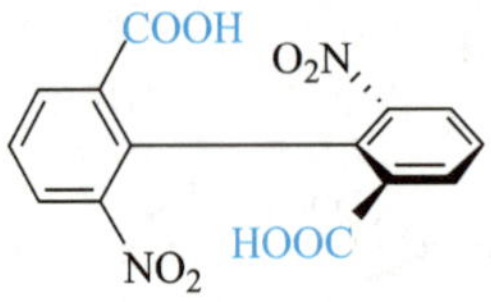

确定这类分子构型的方法是：将每个环上的基团按顺序规则确定其大小，将其中一个环上的大基团编号为1，小基团编号为2，将另一个环上的小基团放在最远处，其大基团编号为3，则 $1→2→3$ 按顺时针方向旋转为 $R$ 构型，按逆时针方向旋转为 $S$ 构型。按顺序规则确定这类对映体的构型，首先要求两个苯环不能共平面，但也不一定要彼此垂直。

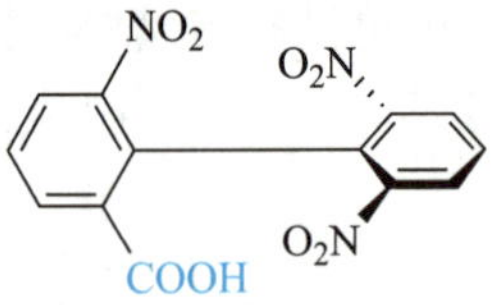

基团的排列顺序与碳和基团之间的中心距离以及基团的 van der Waals 半径的排列顺序基本相符，但并不完全一致。这是因为基团不仅有大小的区别，还有形状的区别。当碳到基团的中心距离相差不多的情况下，球形基团的阻转能力往往比曲折基团的阻转能力大。

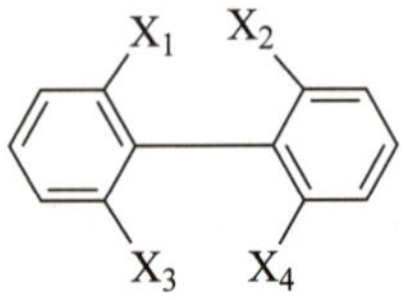

出两种构型不同的对映体，彼此不能重合，成为手性分子而具有旋光性。

(i)　　　　　　　　　(ii)

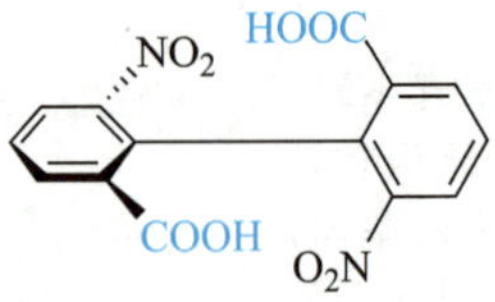

上述化合物中，若其中一个苯环是对称取代的，就不可能有旋光异构体存在。例如下列分子(iii)无旋光异构体：

(iii)

一般讲，当碳原子和 $X_1$（或 $X_3$）的中心距离与碳原子和 $X_2$（或 $X_4$）的中心距离之和超过 290 pm 时，在室温(25℃)以下，这个化合物就有可能拆分出旋光异构体。芳环碳和一些原子或基团的中心距离如下：C—H(104 pm)，C—F(139 pm)，C—OH (145 pm)，C—$CH_3$ (150 pm)，C—COOH (156 pm)，C—$NH_2$ (156 pm)，C—Cl (163 pm)，C—Br(183 pm)，C—$NO_2$(192 pm)，C—I(200 pm)。

典型的基团大小顺序排列如下：

基团的阻转能力下降 →
I > Br > $CH_3$ > Cl > $NO_2$ > $NH_2$ ≈ COOH > OH > F > H

**习题 3-26** 下列化合物是否有旋光性？

(i) 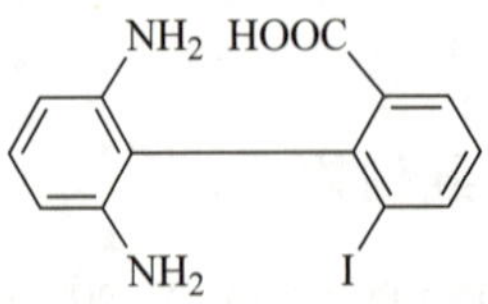　　　　　　　　　(ii)

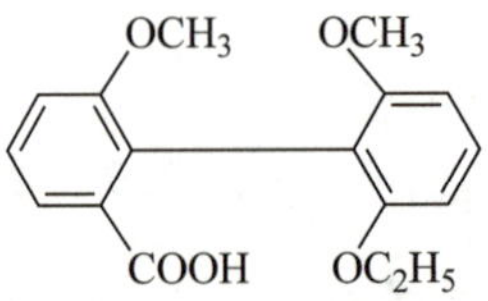

(iii) 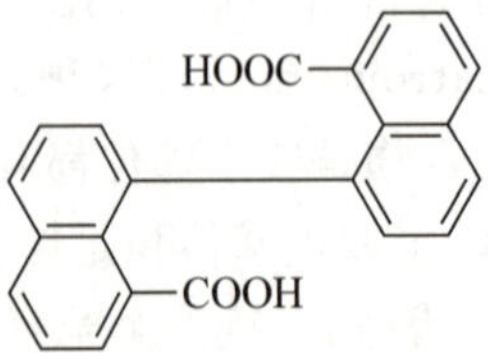　　　　　　　　(iv)

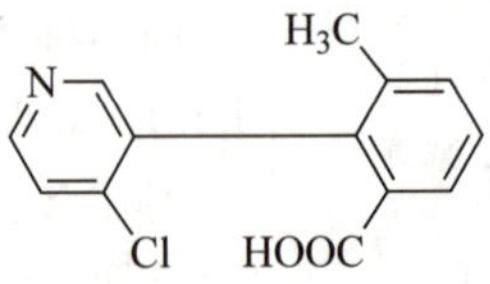

**习题 3-27** 三个把手型化合物的结构简式如下:

(i) 当 $n=2, m=3$ 时,上述化合物均有一对旋光异构体,请画出它们的立体结构。
(ii) 分析随着 $n, m$ 由小变大,化合物的旋光性会发生什么变化,并阐明理由。

## 3.8 含手性面的旋光异构体

有些分子虽然不含有手性原子,但分子内存在一个扭曲的面,从而使分子呈现一种螺旋状的结构,由于螺旋有左手螺旋和右手螺旋,互为对映体,所以该类分子也会表现出旋光性。这种因分子内存在扭曲的面而产生的旋光异构体称为含手性面(chiral plane)的旋光异构体。

螺旋烃(helicene)即是这样一类有意思的不具有不对称碳原子的手性分子,它可以看做由苯环彼此以两个邻位并合的类似螺旋的结构。这类化合物最简单的代表是由六个苯环并合而成的,因此叫做六螺苯。六螺苯分子的末端的两个苯环不在同一平面上,即这两个苯环上的四个碳原子及其相连的四个氢原子不能同时保持在同一平面上,它不呈环形而呈螺旋形,这种分子没有对称面,没有对称中心,也没有 $S_4$ 反轴。因此,形成一对左手和右手螺旋的对映体:

这类旋光异构体的旋光能力是惊人的。六螺苯的 $[\alpha]$ 值在氯仿中为 3700°,充分说明旋光性和分子结构的密切关系。

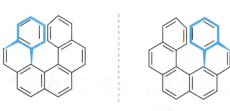

左手螺旋,左旋　　右手螺旋,右旋
六螺苯的一对对映体

现在通过光化学不对称合成法,已经合成了一系列螺旋烃。例如

两个右手螺旋
呈右旋性

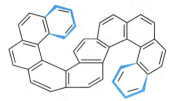
两个左手螺旋
呈左旋性

一个左手螺旋，一个右手螺旋
内消旋体

双螺旋[10]螺苯(1971年合成)

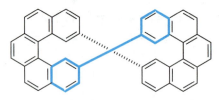

双[5]螺苯(1976年合成)

**习题 3-28** 画出下列旋光化合物的对映体。

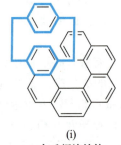
(i)
左手螺旋结构

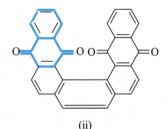
(ii)
左手螺旋结构

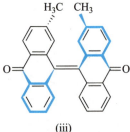
(iii)
右手螺旋结构

三个特殊的螺苯(1972年合成)

## 3.9 消旋、拆分和不对称合成

### 3.9.1 外消旋化

一个纯的旋光物质，如果体系中的一半量发生构型转化，就变成了外消旋体。这种由纯的旋光物质转变为外消旋体的过程称为外消旋化（racemization）。外消旋化的难易，视不同的分子而异。含一个手性碳原子的化合物，若手性碳原子很容易形成碳正离子、碳负离子或自由基等活性中间体，该化合物极易外消旋化。例如，

（＋）或（－）-肾上腺素在 $H^+$ 作用下，会产生碳正离子，在 60～70℃，4 h 就可以使体系外消旋化。外消旋的过程如下：

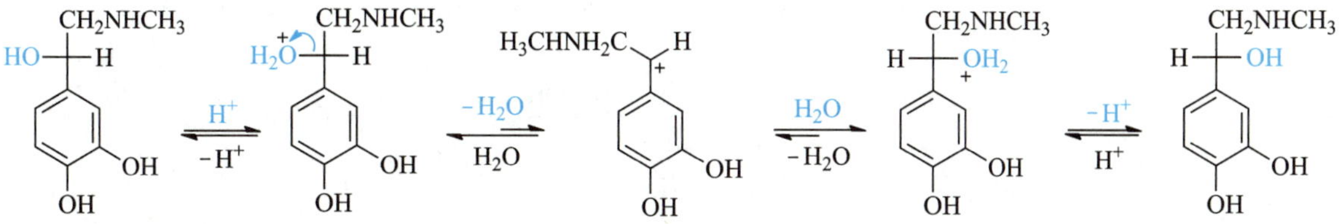

(i) (+)-肾上腺素 $[\alpha]_D = 50.72°$（无药效）

(ii)

(iii)

(iv)

(v) (−)-肾上腺素 $[\alpha]_D = -50.72°$（有药效）

（＋）、（－）-肾上腺素的转换过程是可逆的。由于碳正离子是平面型结构，水可以从平面两侧与其结合，且概率相等，所以达平衡时得外消旋体。

若不对称碳原子的氢是与 C=O 相邻的 α 碳上的氢，则在酸或碱的催化作用下，经烯醇而导致外消旋化。

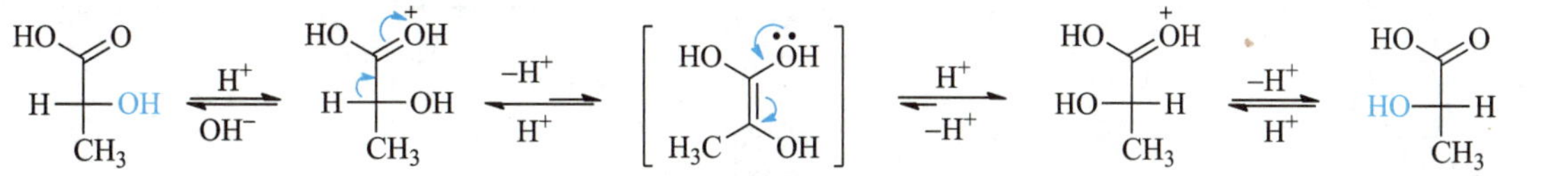

D-(−)-乳酸 或 (R)-(−)-乳酸

烯醇

L-(+)-乳酸 或 (S)-(+)-乳酸

外消旋化的条件除上述化学因素（酸、碱催化）外，也可以是某些物理因素的作用，如光、热、加压、溶解等均可导致外消旋化。

烯醇化反应是一个可逆反应，但由于烯醇是不稳定的，只要有一点烯醇存在，烯醇 OH 中的质子，就又会回到 α 碳上。由于烯醇是平面结构，碳碳双键及双键碳上的取代基均在同一平面上，当质子回去时，就有两种可能，即从烯醇平面的两侧返回，机会是均等的。若原来化合物是 D 构型，返回时，得到一半是 D 构型、另一半是 L 构型的产物，即外消旋体；若原来化合物为 L 构型，亦然。

**习题 3-29** 写出(i)在酸作用下的消旋化过程；(ii)在碱作用下的消旋化过程。

(i) 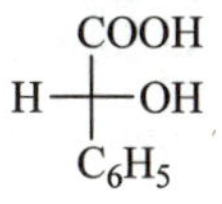 H—OH, COOH, $C_6H_5$

(ii) 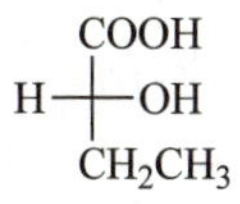 H—OH, COOH, $CH_2CH_3$

## 3.9.2 差向异构化

如果一个光活性的化合物存在两个或多个不对称碳原子，其中一个不对称碳原子易消旋，而其他不对称碳原子不易消旋，这样就会产生非对映体的混合物。由于这两个非对映体中只有一个手性碳原子的构型不同,所以它们也是差向异构体。如下列化合物,C-2 易消旋,而 C-4 不易。C-2 消旋后,体系就成了(i)和(iii)两个非对映异构体的混合物。这两个非对映体实际上是 $C_2$ 差向异构体。

$$\text{(i)} \xrightleftharpoons{OH^-} \text{(ii)} \xrightleftharpoons{} \text{(iii)}$$

因此,将在含有两个或多个手性中心的体系中,仅一个手性中心发生构型转化的过程,称为差向异构化。

**习题 3-30** L-(＋)-假麻黄素的 Fischer 投影式如下:

$$\begin{array}{c} CH_3 \\ H \longrightarrow NHCH_3 \\ HO \longrightarrow H \\ C_6H_5 \end{array}$$
(A)

(i) 写出(A)的系统名称。
(ii) 将(A)在 25% HCl 中加热微沸 60 h,得到部分(A)的 $C_1$ 差向异构体(B)。写出此转化过程。
(iii) 查阅文献,列举(B)在医学上的作用。

### 3.9.3 外消旋体的拆分

将外消旋体分离出纯左旋体或纯右旋体的过程称为外消旋体的拆分(resolution)。下面介绍几种常用的拆分方法。

**1. 化学法**

先设法将一对对映体变成非对映体,然后借用二者物理、化学性质的区别,将它们分开,制纯,再分别将非对映体分解,得回两个纯的对映体。例如一对 D-和 L-酸的外消旋体,可使它们和等物质的量的自然界取得的纯的光活性 D-碱反应,转变为一对非对映体,再经分级结晶分离、用酸分解得到纯的 D-酸和纯的 L-酸。

按照这一方法,理论上只要分子中有一个容易发生反应的基团,都可进行拆分,但最普遍使用的是光活性酸碱基团。经常使用的光活性碱有奎宁、马钱子碱等;光活性酸有酒石酸、樟脑磺酸等。这些自然界的光活性酸碱称为拆分剂。

$$\begin{array}{c} 50\% \begin{cases} \text{D-酸} \\ \text{L-酸} \end{cases} \xrightarrow{+1\text{ mol D-碱}} \begin{cases} \text{D-酸-D-碱盐 (i)} \\ \text{L-酸-D-碱盐 (ii)} \end{cases} \xrightarrow{\text{分级结晶}} \begin{array}{l} \text{D-D} \xrightarrow{\text{HCl}}_{\text{分解}} \text{D-酸} \\ \text{L-D} \xrightarrow{\text{HCl}}_{\text{分解}} \text{L-酸} \end{array} \\ \text{一对对映体} \qquad\qquad \text{非对映体} \end{array}$$

若外消旋化合物既不是酸也不是碱,可以将化合物接上一个羧基然后再进行拆分。例如,一个外消旋醇与邻苯二甲酸酐反应,得到外消旋酸酯,再用光活性的拆分剂——碱处理,形成非对映体再进行分离。

$$\text{(±)-2-辛醇} + \text{邻苯二甲酸酐} \longrightarrow \text{(±)-酸酯}$$

$$\text{(±)-酸酯} + \text{(−)-马钱子碱} \longrightarrow \begin{Bmatrix} \text{(+)-酸酯-(−)-碱} \\ \text{(−)-酸酯-(−)-碱} \end{Bmatrix} \xrightarrow{\text{结晶分离}} \begin{array}{l} \text{(+)-酸酯-(−)-碱} \xrightarrow{\text{HCl}} \text{(+)-酸酯} \\ \text{(−)-酸酯-(−)-碱} \xrightarrow{\text{HCl}} \text{(−)-酸酯} \end{array}$$

### 2. 酶解法

有时用酶解的方法可以将外消旋体分开,酶对底物具有非常严格的立体选择性(stereoselectivity),也可以说它的性能非常专一。例如合成的丙氨酸经乙酰化后,通过由猪肾内取得的一种酶,该酶水解 L 型丙氨酸的乙酰化物的速率要比 D 型的快得多。因此,就可以把乙酰化物变为 L-(+)-丙氨酸和 D-(−)-乙酰丙氨酸,由于这二者在乙醇中的溶解度区别很大,可以很容易地分开。这一系列的关系可用下式表示:

这种方法是借用酶和底物反应速率的差别,达到拆分的目的。

消旋丙氨酸 $\xrightarrow{\text{乙酰化试剂}}$ 消旋乙酰丙氨酸 $\xrightarrow{\text{酶}}$ L-(+)-丙氨酸(溶于乙醇) + D-(−)-乙酰丙氨酸(不溶于乙醇)

### 3. 晶种结晶法

在一个热的外消旋体饱和溶液中,加入其中一种纯旋光异构体的晶体,冷却到某一温度,因为其中一种旋光异构体有晶种,会首先结晶出来,滤去晶体后,在剩下的母液中再加入一定量的水和一定量的消旋体制成热的饱和溶液,然后再冷却到一定温度,此时另一个过剩的对映体会先结晶出来。因此理论上讲,将上述过程反复进行,就可以将一对对映体转变为纯的旋光异构体。上述拆分方法就称为晶种结晶法。

### 4. 柱色谱法

利用具有光活性的吸附剂,有时用柱色谱的方法,也可以把一对对映体拆分开。一对对映体和一个光活性吸附剂形成两个非对映的吸附物,它们的稳定性不同,也就是说,它们被吸附剂吸附的强弱不同,从而就可以分别把它们洗脱(elute)出来。Tröger 碱就是用纯光活性的 D-乳糖作为吸附剂把它拆分开的。

一个分子在对称的条件或环境下,不可能在反应中产生不等量的外消旋体。因此,要使反应有立体选择性,必须在分子中引入一个不对称的基团,先形成一个手性分子,然后再进行反应。这时分子中失去了原有的对称面,试剂进攻分子时,就有了选择性。反应结果是一种旋光异构体的量超过了另一种旋光异构体,因此产物不是外消旋混合物。

在此反应中,薄荷醇的主要作用是把不对称性引入到一个对称分子中,然后使进入试剂在反应的取向上产生选择性,从而使产物成为不等量的非对映体。薄荷醇在这里的作用和助催化剂类似,它通过其手性使试剂向某一方向进攻底物分子的空阻小些,而反应速率大些,从而增加了某一对映体的产量,等反应完毕后,又可将它收回。

空间选择是至关重要的问题,和生命现象的关系十分密切。例如,众所周知的镇痛药吗啡,有多个手性中心,应有多种(思考:有几种?)旋光异构体,但只有其中的一种具有镇痛作用。

生物体内的绝大多数反应是以酶做催化剂来进行的。酶的选择性是惊人的,它们几乎毫无例外地是含有多个手性中心的巨大分子,整个分子再以一定的方式盘旋扭转成为一个特殊的构象和底物分子某一部分"嵌合",使反应专朝某一个键、某一个方向进行,因此它的选择性往往是100%的。

### 3.9.4 不对称合成法

取得光活性化合物的另一方法是进行不对称合成(asymmetric synthesis),即在某一反应中,设法使新产生的非对称基团形成非等量的对映体。现举一个最早的例子来加以说明:丙酮酸(i)是个对称分子(即分子中有一个对称面),若将它直接催化氢化还原,产生一个不对称碳原子,得到的是外消旋乳酸。

$$CH_3CCOOH + H_2 \xrightarrow[\text{一定条件}]{Ni} (\pm)\text{-}CH_3CHCOOH$$

但是若先将它和天然的(−)-薄荷醇(ii)形成有光活性的丙酮酸薄荷酯(iii),再进行还原,由于薄荷醇的手性对产生新的手性中心具有诱导作用,使反应朝空间有利的一侧优先进行。在本例中,氢优先从羰基平面的某一面接近分子,结果产生不等量的两个非对映体(iv)和(v)。因此将它们水解后,得到的乳酸不是外消旋体,而是有光活性的,在本例中,左旋乳酸超过右旋乳酸。有时二者的差别很大,几乎接近一个纯的(+)或(−)的化合物。一个对映体超过另一对映体的百分数称为对映体过量百分数(enantiomeric excess),用 $ee$ 表示。

$$CH_3-CO-COOH + \text{(ii)}\ (-)\text{-薄荷醇}(C_{10}H_{20}O)$$

$$\downarrow$$

$$CH_3-CO-COOC_{10}H_{19}$$

(iii) 丙酮酸-(−)-薄荷酯

↓ 醇铝还原

(iv) (−)-乳酸-(−)-薄荷酯 + (v) (+)-乳酸-(−)-薄荷酯

↓ 分离

纯(−)-乳酸-(−)-薄荷酯    纯(+)-乳酸-(−)-薄荷酯

↓ ①KOH溶液 ②H$^+$    ↓ ①KOH溶液 ②H$^+$

(−)-乳酸 (−)-薄荷醇    (+)-乳酸 (−)-薄荷醇

↓ 分离    ↓ 分离

纯(−)-乳酸 纯(−)-薄荷醇    纯(+)-乳酸 纯(−)-薄荷醇

上述反应若产生100%的($R$)-(−)-乳酸[或称 D-(−)-乳酸],该反应是100%的立体选择性。有人建议,将这种具有高度立体选择性的反应称为立体专一性(stereospecificity)反应。按照这种理解,立体专一性反应显然是立体选择性反应,而立体选择性反应不一定是立体专一性反应。

通过本章的学习,可以看到分子中各原子在空间的彼此关系和次序对于其物理、化学性能的影响。有机化学的重要任务之一就是要深入地理解这些关系,从而设计合成出在空间上合乎某一要求的分子。

**习题 3-31** 画出(—)-乳酸-(—)-薄荷酯的结构式和优势构象式。该化合物有几个手性碳?有几个旋光异构体?画出其对映体的平面式及优势构象式。

**习题 3-32** 通过构象分析说明,丙酮酸-(—)-薄荷酯还原时,为什么主要得到(—)-乳酸-(—)-薄荷酯?

**习题 3-33** 下列实验事实说明了什么?

(i) 在富马酸酶的作用下,反丁烯二酸(即富马酸)可以发生加水反应,而顺丁烯二酸(即马来酸)不能发生加水反应。

(ii) 富马酸是体内新陈代谢的一个重要中间体,在富马酸酶作用下发生加水反应,产物只是一对旋光异构体中的一个,即 $S$ 构型的苹果酸。

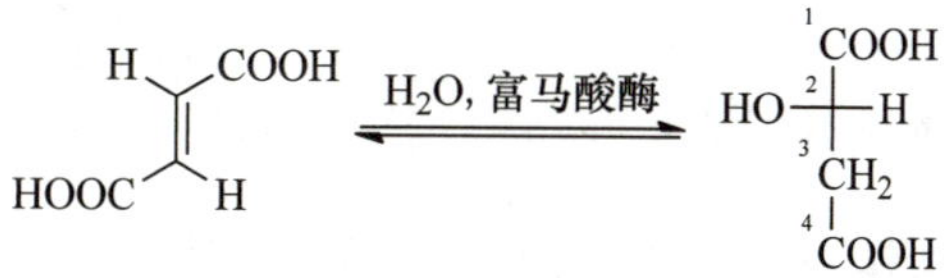

(iii) 富马酸用重水进行水合时,应产生两个不对称碳原子,但产物只是四个旋光异构体中的一个。

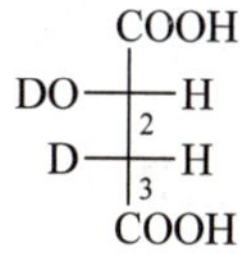

(iv) 上述反应是可逆的,在逆向反应时,是 D 和 OD 消去。

## 章末习题

**习题 3-34** 下列化合物有无立体异构体?用投影式表示它们的数目和彼此间的关系,并用 $R, S$ 表示手性碳原子的构型。

(i) $CH_3CHBrCHBrCOOH$

(ii) $HOOC-CHBr-CHBr-COOH$

(iii) $C_6H_5-CHOH-\overset{O}{\underset{\|}{C}}-C_6H_5$

(iv)  HOOC—⬠—CH₃

**习题 3-35** 下列各对非对映异构体中,哪一对是差向异构体?哪一对差向异构体容易彼此转变?

(i), 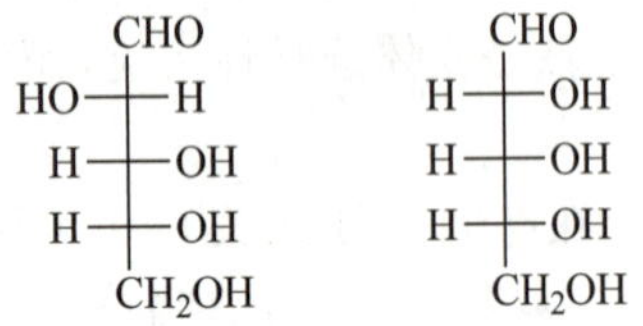 (ii), 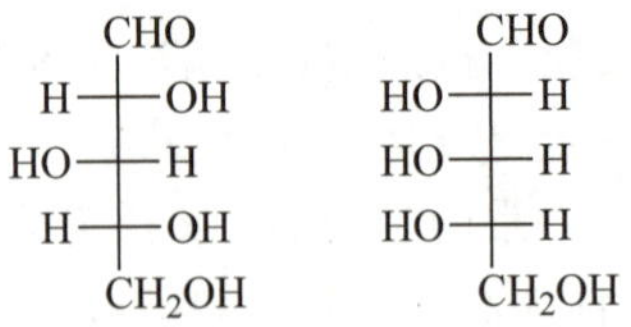 (iii), 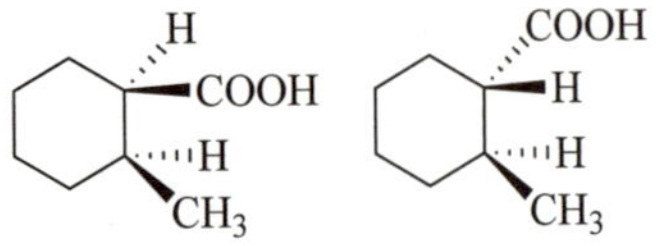 (iv) 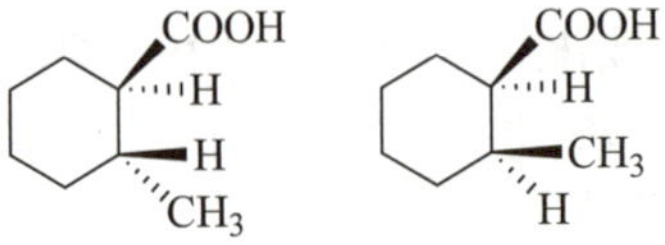 结构式图

**习题 3-36** 下列联苯衍生物中，哪一个有可能拆分为旋光异构体？

(i), 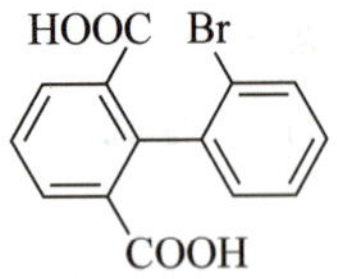 (ii), 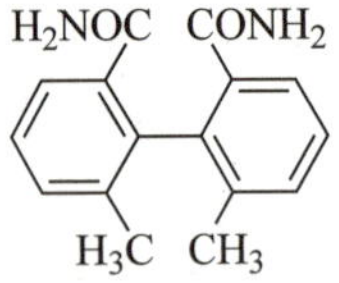 (iii), 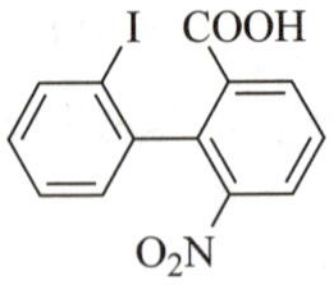 (iv) 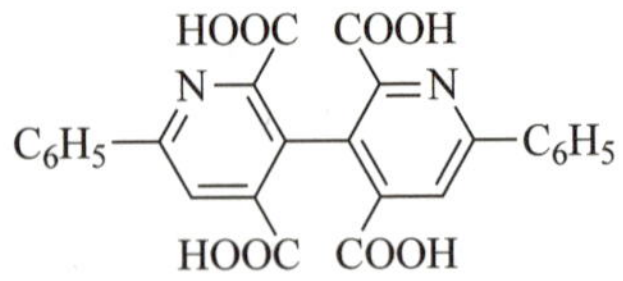 联苯衍生物结构式

**习题 3-37** 樟脑具有下列结构，其分子中有几个不对称碳原子？有几个旋光异构体存在？

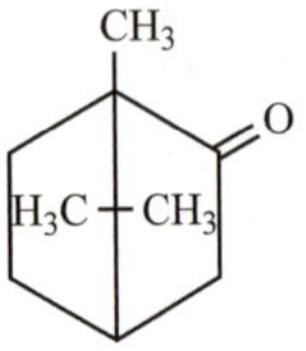

**习题 3-38** 麻黄碱的构造式为：$C_6H_5$—CH(OH)—CH(NHCH$_3$)—CH$_3$，画出它所有的旋光异构体的构型。

**习题 3-39** 4-羟基-2-溴环己烷羧酸有多少个可能的立体异构体？画出一个最稳定的构象式。

**习题 3-40** 下列化合物能否拆分出对映体？

(i), 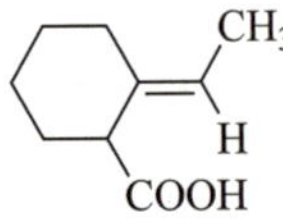 (ii), 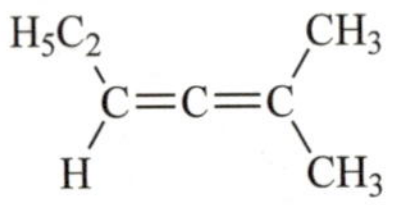 (iii) 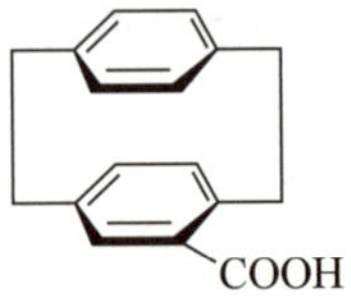 化合物结构式

**习题 3-41** 说明下列几对投影式是否是相同化合物。

(i), 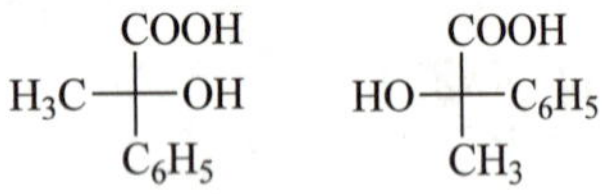 (ii), 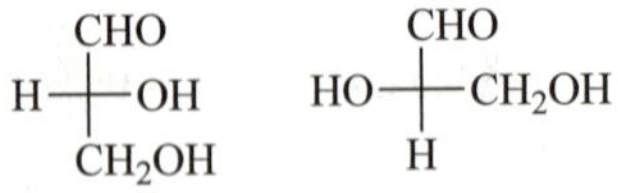 (iii), 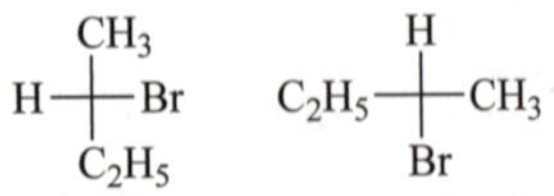 (iv) 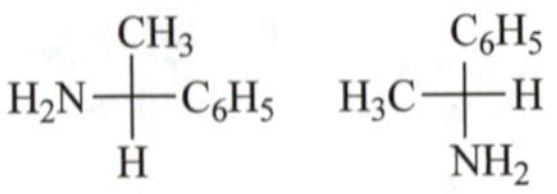 投影式

**习题 3-42** 分析下列化合物的各种可能的异构体的结构及彼此间的关系。

(i),  (ii)  结构式

**习题 3-43** 将下列两个化合物写成立体式或构象式。

(i) (ii)

## 复习本章的指导提纲

### 基本概念

$sp^3$ 杂化, $sp^2$ 杂化, $sp$ 杂化; σ 键, π 键; 构象, 构象异构体, 极限构象, 重叠型构象, 交叉型构象, 稳定构象, 优势构象, 构象势能关系图, 构象分布, 构象分析, 环己烷的椅型构象和船型构象, 构象转换体, 十氢化萘的顺式构象和反式构象; 平面偏振光, 旋光度, 比旋光度, 分子比旋光度; 手性, 手性分子, 手性中心, 手性碳原子, 手性轴, 手性面; Fischer 投影式, 伞形式, 锯架式, Newman 式; 相对构型、D-L 构型标记法, 绝对构型、R-S 构型标记法; 旋光异构体, 对映体, 非对映体, 差向异构体, 内消旋体, 外消旋体, 外消旋化合物, 外消旋混合物, 外消旋固体溶液; 原手性, 原手性碳原子, 原手性分子, 假不对称碳原子; 外消旋化, 差向异构化; 外消旋体的拆分; 不对称合成, 立体选择性反应, 立体专一性反应, ee 值。

### 基本知识点

立体化学的定义, 静态立体化学和动态立体化学的任务; 轨道杂化与碳原子价键的方向性、有机分子立体形象的关系; σ 键和 π 键的定义和特点; 有关构象、构象异构体、构象分析的系列知识; 手性分子的结构特点、判别、表达方式、光学特点及与旋光异构体相关的系列知识和相关概念。

## 英汉对照词汇

absolute configuration  绝对构型
a graph of potential energy  势能图
angle strain  角张力
anomer  端基差向异构体
asymmetric carbon  不对称碳原子
asymmetric synthesis  不对称合成
atropisomer  阻转异构体
atropisomerism  阻转异构现象
axial bond  直立键, 直键
Baeyer strain theory  拜耳张力学说
banana bond  香蕉键
barriers to rotation  转动能垒
Biot, I. B.  拜奥特
boat conformation  船型构象

boat form  船型
bond  键
chair conformation  椅型构象
chair form  椅型
chiral axle  手性轴
chiral carbon  手性碳原子
chiral center  手性中心
chirality  手性
chiral molecule  手性分子
chiral plane  手性面
conformation  构象
conformational analysis  构象分析
conformation enantisomer  构象对映体
conformation inversion  构象翻转

conformation isomer　构象异构体
covalent bond theory　共价键理论
D configuration　D 构型
diastereomer　非对映异构体，非对映体
dissymmetric　非对称
eclipsed conformation　重叠型构象
elute　洗脱
enantiomer　对映异构体，对映体
enantiomeric excess(*ee*)　对映体过量
envelope conformation　信封型构象
epimer　差向异构体
equatorial bond　平伏键，平键
Fischer projection　费歇尔投影式
gauche conformation　邻交叉型构象
half-chair conformation　半椅型构象
Hassel, O.　哈赛尔
helicene　螺旋烃
hybridized orbital theory　杂化轨道理论
Hückel, W.　休克尔
hybridization of orbital　轨道的杂化
limit conformation　极限构象
Malus, E.　马露
mesomer　内消旋体
meso-tartaric acid　内消旋酒石酸
Mills, W. H.　密尔斯
Mohr　莫尔
Newman　纽曼
Newman projection　纽曼（投影）式
Nicol　尼可尔
Pasteur, L.　巴斯德
plane polarized light　平面偏振光
plane structure　平面型结构
potential energy　势能
prochirality　原手性

pseudoasymmetric carbon　假不对称碳原子
puckered conformation　折叠型构象
racemate　外消旋体
racemic compound　外消旋化合物
racemic mixture　外消旋混合物
racemic solid solution　外消旋固体溶液
racemization　外消旋化
racemate　外消旋体
racemize　外消旋
relative configuration　相对构型
resolution　拆分
rotamer　旋转异构体
Sachse, H.　沙赫斯
saw frame　锯架式
skew boat conformation　扭船型构象
skewed conformation (twist conformation)　扭曲型构象
specific rotation　比旋光度
stable conformation　稳定构象
staggered conformation　对交叉型构象
stereochemistry　立体化学
stereoselectivity　立体选择性
stereospecificity　立体专一性
Stuart　斯陶特
symmetric axle　对称轴
symmetric center　对称中心
symmetric plane　对称面
symmetry factor　对称因素
tetrahedral configuration　四面体构型
torsion strain　扭转张力
Tröger　特勒格
twist form　扭曲型
umbrella frame　伞形式
van der Waals　范德华

# 第 4 章 烷烃 自由基取代反应

※ ※ ※ ※ ※

三苯甲基自由基是人类最先拿到的自由基。它是美国化学家 M.Gomberg(1866—1947)于 1900 年发现的。这个发现开辟了有机化学的新领域。三苯甲基自由基在苯溶液中的含量与浓度有关,1 mol·L$^{-1}$ 含三苯甲基自由基 2%,0.01 mol·L$^{-1}$ 含三苯甲基自由基 10%,极稀溶液中含三苯甲基自由基 100%。

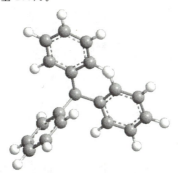

三苯甲基自由基的球棍模型图

1900 年,Gomberg 试图用氯代三苯甲烷通过 Wurtz(武兹)反应合成六苯乙烷。在有氧存在下反应,得到的是无色的三苯甲过氧化物。在无氧条件下反应,得到三苯甲基的二聚物,将此二聚物溶于苯得一黄色溶液,此黄色溶液含有三苯甲基自由基。黄色溶液在氧气存在下振荡,也得到三苯甲过氧化物。

$$2 \text{Ph}_3\text{CCl} \xrightarrow[\text{O}_2]{\text{Zn}} \text{Ph}_3\text{C}-\text{O}-\text{O}-\text{CPh}_3$$

$$2 \text{Ph}_3\text{CCl} \xrightarrow[\text{CO}_2]{\text{Zn}} \text{二聚体(油状物)} \underset{\text{蒸发}}{\overset{\text{苯}}{\rightleftharpoons}} \underset{\text{黄色}}{\text{Ph}_3\text{C·苯溶液}} \xrightarrow[\text{振荡}]{<\text{O}>} \text{Ph}_3\text{C}-\text{O}-\text{O}-\text{CPh}_3$$

长期以来,认为在无氧条件下反应得到的三苯甲基二聚物,就是六苯乙烷。1968 年测出了在 $CO_2$ 气流保护下得到的二聚体不是六苯乙烷,它的结构如下:

※ ※ ※ ※ ※

烷烃是由碳和氢两种元素组成、碳与碳均以单键相连的一大类化合物。

## 4.1 烷烃的分类

分子中没有环的烷烃称为链烷烃(acyclic alkane),其通式为$C_nH_{2n+2}$,$n$为碳原子数。分子中含有环状结构的烷烃叫环烷烃(cycloalkane),又称为脂环化合物(alicyclic compound)。只含有一个环的环烷烃称为单环烷烃,单环烷烃的通式为$C_nH_{2n}$,与单烯烃互为同分异构体。环烷烃按环的大小,分为① 小环：三、四元环；② 普通环：五、六、七元环；③ 中环：八至十一元环；④ 大环：十二元环及以上。含有两个或多个环的环烷烃称为多环烷烃。环系各以环上一个碳原子用单键直接相连而成的多环烷烃称为集合环烷烃(cycloalkane ring assembly)。两个环共用两个或多个碳原子的多环烷烃称为桥环烷烃(bridged cycloalkane)。单环之间共用一个碳原子的多环烷烃称为螺环烷烃(spirocyclic alkane)。如

集合环烷烃　　桥环烷烃　　螺环烷烃

## 4.2 烷烃的物理性质

烷烃为非极性分子(nonpolar molecule),偶极矩(dipole moment)为零,但分子中电荷的分配不是很均匀,在运动中可以产生瞬时偶极矩,瞬时偶极矩间有相互作用力(色散力)。

非偶极分子中
瞬时偶极矩的相互作用

此外,分子间还有 van der Waals 引力。这些分子间的作用力比化学键小一二个数量级,克服这些作用力所需能量也较低,因此一般有机化合物的熔点、沸点很少超过 300℃。

在室温下,含有 1~4 个碳原子的烷烃为气体；含有 5~16 个碳原子的烷烃为液体,低沸点(boiling point,bp)的烷烃为无色液体,有特殊气味,高沸点烷烃为黏稠油状液体,无味；含有 17 个碳原子以上的正烷烃为固体,但直至含有 60 个碳原子的正烷烃(熔点 99℃),其熔点(melting point,mp)都不超过 100℃。

正烷烃的沸点随相对分子质量的增加而升高。低级烷烃每增加一个 $CH_2$,沸点相差较大；高级烷烃每增加一个 $CH_2$,沸点相差较小,故低级烷烃较易分离,高级烷烃分离困难得多。

在同分异构体中,直链烷烃的沸点通常比叉链烷烃的高,叉链越多,沸点越低。

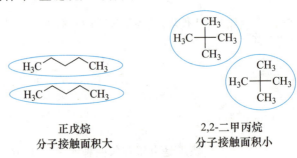

正戊烷　　　　　2,2-二甲丙烷
分子接触面积大　分子接触面积小

图 4-1　分子接触面积示意图

沸点随分子间作用力增大而增高。分子的相对分子质量增加，分子运动所需的能量增大，分子间的接触面（即相互作用力）也增大，所以沸点增高。

叉链分子由于叉链的空阻作用，其分子不能像正烷烃那样接近，分子间作用力小，沸点较低。

熔点也随分子间作用力增大而增高。分子的相对分子质量越大，分子对称性越高，排列越整齐，分子间作用力就越大，熔点越高。

通过 X 射线衍射方法分析，固体正烷烃晶体为锯齿形，在单数碳原子齿状链中两端甲基同处在一边，如正戊烷 ∧∧ ；双数碳链中两端甲基不在同一边，如正己烷 ∧∧∧ 。双数碳链彼此更为靠近，相互作用力更大，故熔点升高值较单数碳链升高值大一些。

与碳原子数相同的环烷烃相比，链烷烃可以比较自由地摇动，分子间"拉"得不紧，容易挥发，所以沸点低一些。由于这种摇动，比较难以在晶格内作有次序的排列，所以熔点也低一些。由于没有环的牵制，链形化合物的排列也较环形化合物松散些，所以密度也低一些。

例如正戊烷沸点 36.1℃，2-甲丁烷沸点 25℃，2,2-二甲丙烷沸点只有 9℃。图 4-1 为正戊烷分子间和 2,2-二甲丙烷分子间接触面积的示意图。

固体烷烃分子的熔点既随相对分子质量的增加而增高，也随分子在晶格中排列紧密度增高而增高。在正烷烃中，含单数碳原子的烷烃其熔点升高较含双数碳原子的少，如图 4-2 所示。

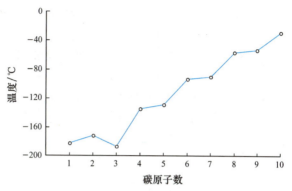

**图 4-2　正烷烃的熔点**

烷烃的密度（density）随相对分子质量增大而增大，这也是分子间相互作用力的结果，密度增加到一定数值后，相对分子质量增加而密度变化很小。

与碳原子数相等的链烷烃相比，环烷烃的沸点、熔点和密度均要高一些。同分异构体也具有不同的物理性质。表 4-1 是若干烷烃的物理常数。

**表 4-1　一些链烷烃和环烷烃的物理常数**

| 名　称 | 分子式 | 沸点/℃ | 熔点/℃ | 相对密度 $d_4^{20}$ |
|---|---|---|---|---|
| 甲　烷 | $CH_4$ | $-161.7$ | $-182.6$ | |
| 乙　烷 | $C_2H_6$ | $-88.6$ | $-172.0$ | |
| 丙烷（环丙烷） | $C_3H_8(C_3H_6)$ | $-42.2(-32.7)$ | $-187.1(-127.6)$ | 0.5005 |
| 丁烷（环丁烷） | $C_4H_{10}(C_4H_8)$ | $-0.5(12.5)$ | $-135.0(-80)$ | 0.5788 |
| 戊烷（环戊烷） | $C_5H_{12}(C_5H_{10})$ | 36.1(49.3) | $-129.3(-93.9)$ | 0.6264(0.7457) |
| 己烷（环己烷） | $C_6H_{14}(C_6H_{12})$ | 68.7(80.7) | $-94.0(6.6)$ | 0.6594(0.7786) |
| 庚烷（环庚烷） | $C_7H_{16}(C_7H_{14})$ | 98.4(118.5) | $-90.5(-12.0)$ | 0.6837(0.8098) |
| 辛烷（环辛烷） | $C_8H_{18}(C_8H_{16})$ | 125.6(150) | $-56.8(14.3)$ | 0.7028(0.8349) |
| 壬　烷 | $C_9H_{20}$ | 150.7 | $-53.7$ | 0.7179 |
| 癸　烷 | $C_{10}H_{22}$ | 174.0 | $-29.7$ | 0.7298 |
| 十一烷 | $C_{11}H_{24}$ | 195.8 | $-25.6$ | 0.7404 |
| 十二烷 | $C_{12}H_{26}$ | 216.3 | $-9.6$ | 0.7493 |
| 十三烷 | $C_{13}H_{28}$ | (230) | $-6$ | 0.7568 |
| 十四烷 | $C_{14}H_{30}$ | 251 | 5.5 | 0.7636 |
| 十五烷 | $C_{15}H_{32}$ | 268 | 10 | 0.7688 |
| 十六烷 | $C_{16}H_{34}$ | 280 | 18.1 | 0.7749 |
| 十七烷 | $C_{17}H_{36}$ | 303 | 22.0 | 0.7767 |
| 十八烷 | $C_{18}H_{38}$ | 308 | 28.0 | 0.7767 |
| 十九烷 | $C_{19}H_{40}$ | 330 | 32.0 | 0.7776 |
| 二十烷 | $C_{20}H_{42}$ | — | 36.4 | 0.7777 |
| 三十烷 | $C_{30}H_{62}$ | — | 66 | — |
| 四十烷 | $C_{40}H_{82}$ | — | 81 | — |

所有烷烃,由于σ键极性很小以及分子偶极矩为零,都是非极性分子。根据相似相溶原理,烷烃可溶于非极性溶剂如四氯化碳、烃类化合物中,不溶于极性溶剂如水中。

> **习题 4-1** 解释下列化合物的熔点或沸点顺序。
>
> (i)　　　　戊烷　　异戊烷　　新戊烷
> 沸点/℃　36.1　　28　　　　9
>
> (ii)　　　己烷　2-甲基戊烷　3-甲基戊烷　2,3-二甲基丁烷　2,2-二甲基丁烷
> 沸点/℃　68.7　　60.3　　　63.3　　　　58.0　　　　　　49.7
>
> (iii)　　异丁烷　异戊烷　　2-甲基戊烷　2,2-二甲基丁烷
> 熔点/℃　−145.0　−159.9　　−153.6　　　−100.0

## 烷烃的反应

## 4.3 预备知识

### 4.3.1 有机反应及其分类

在一定条件下,有机化合物分子中的成键电子发生重新分布,原有的键断裂,新的键形成,从而使原分子中原子间的组合发生了变化,新的分子产生。这种变化过程称为有机反应(organic reaction)。

按反应时化学键断裂和生成的方式,有机反应分为自由基(型)反应(free radical reaction)、离子型反应(ionic reaction)和协同反应(synergistic reaction)。

1. 自由基反应

化学键断裂时成键的一对电子平均分给两个原子或基团,如

$$A\!:\!B \longrightarrow A\cdot + B\cdot$$

$$2Cl\cdot + H_3C\!:\!H \longrightarrow H_3CCl + HCl$$

这种断裂方式称均裂(homolysis)。均裂时生成的带有孤电子的原子或基团称为自由基(free radical,或称游离基),它是电中性的。孤电子用黑点表示,如 $H_3C\cdot$,$H\cdot$。自由基多数只有瞬间寿命,是活性中间体的一种。

由于分子经过均裂产生自由基而引发的反应称为自由基反应。

2. 离子型反应

化学键断裂时原来的一对成键电子为某一原子或基团所占有,如

$$A\!:\!B \longrightarrow A^+ + :B^-$$
$$(CH_3)_3C\!:\!Cl \longrightarrow (CH_3)_3C^+ + :Cl^-$$

这种断裂方式称为异裂(heterolysis)。异裂产生正离子和负离子(anion)。有机反应中的碳正离子和碳负离子只有瞬间寿命，也是活性中间体的一种。经过异裂生成离子而引发的反应称为离子型反应。

离子型反应根据反应试剂的类型不同，又可分为亲电反应(electrophilic reaction)与亲核反应(nucleophilic reaction)两类。对电子有显著亲和力而起反应的试剂称为亲电试剂(electrophile 或 electrophilic agent)。决速步(决定整个反应速率的一步反应)由亲电试剂进攻底物而发生的反应称为亲电反应。如

$$HBr + RHC\overset{\delta+}{=}\overset{\delta-}{CH_2} \xrightarrow{\text{慢}} RHC\overset{+}{-}CH_3 + Br^- \xrightarrow{\text{快}} \underset{Br}{RCHCH_3} \quad (亲电反应)$$
(亲电试剂)

对原子核有显著亲和力而起反应的试剂叫做亲核试剂(nucleophile 或 nucleophilic agent)。决速步由亲核试剂进攻底物而发生的反应称为亲核反应，如

$$^-CN + RH_2\overset{\delta+}{C}\overset{\delta-}{-}Cl \longrightarrow RCH_2CN + Cl^- \quad (亲核反应)$$
(亲核试剂)

**3. 协同反应**

在反应过程中，旧键的断裂和新键的形成都相互协调地在同一步骤中完成的反应称为协同反应。它是一种基元反应(elementary reaction)。很多协同反应是通过一个环状过渡态(cyclic transition state)完成的，如 Diels-Alder 反应(简称 D-A 反应);有的协同反应的过渡态不是环状的，例如 $S_N2$ 反应(参见 6.6.2)。

环状过渡态

有时还需要将两种分类方法结合起来对有机反应进行更细的分类。如有机化合物分子中的某个原子或基团被其他原子或基团所置换的反应称为取代反应。若取代反应是按共价键均裂的方式进行的，则称其为自由基取代反应。若取代反应是按共价键异裂的方式进行的，则称其为离子型取代反应。然后，再根据反应试剂的类型进一步分为亲电取代反应和亲核取代反应。

按反应物和生成物的结构关系，有机反应可分为酸碱反应(acid-base reaction)、取代反应(substitution reaction)、加成反应(addition reaction)、消除反应(elimination reaction)、重排反应(rearrangement reaction)、氧化还原反应(oxidation and reduction reaction)、缩合反应(condensation reaction)等。

### 4.3.2 有机反应机理

反应机理(reaction mechanism)是对一个反应过程的详细描述，这种描述是根据很多实验事实总结后提出来的，它有一定的适用范围，能解释很多实验事实，并能预测反应的发生。反应机理已成为有机结构理论的一部分。

如果发现新的实验事实无法用原有的反应机理来解释，就要提出新的反应机理。

在表述反应机理时，必须指出电子的流向，并规定用箭头(⌒)表示一对电子的转移，用鱼钩箭头(⌒)表示单电子的转移。

### 4.3.3 有机反应中的热力学与动力学

#### 1. 热力学与化学平衡

热力学(thermodynamics)研究：① 化学过程（及与化学过程密切相关的物理过程）中的能量关系；② 化学平衡问题，即在某一条件下，一个反应能否进行及进行的程度（反应物有多少转化成生成物）。

一个可逆反应在一定温度下达到平衡时，它的平衡常数(equilibrium constant) $K$ 就是生成物浓度乘积与反应物浓度乘积之比。例如

$$A + B \rightleftharpoons C + D \qquad K = \frac{[C][D]}{[A][B]}$$

> 化学平衡与反应物及生成物的性质、外界反应条件，如温度、压力有关，而与反应速率没有关系。

根据热力学定律，平衡常数与势能（除动能以外的全部能量）变化的关系为

$$\Delta G^{\ominus} = -RT\ln K$$

> 当 $\Delta G^{\ominus} < 0$ 时，平衡常数 $K > 1$，平衡对生成物有利；当 $\Delta G^{\ominus} > 0$ 时，$K < 1$，平衡对反应物有利。

$\Delta G^{\ominus}$ 是势能的变化，是在标准状态下生成物与反应物势能之差；$R$ 为摩尔气体常数 $(8.314 \times 10^{-3} \text{ kJ} \cdot \text{mol}^{-1} \cdot \text{K}^{-1})$；$T$ 为反应时的热力学温度 $[T = (t + 273) \text{ K}]$。

而 $\Delta G^{\ominus}$ 又与下列两个热力学数据有关：

$$\Delta G^{\ominus} = \Delta H^{\ominus} - T\Delta S^{\ominus}$$

> 放热反应，$\Delta H^{\ominus}$ 为负值；吸热反应，$\Delta H^{\ominus}$ 为正值。

$\Delta H^{\ominus}$ 是焓变，是在标准状态下生成物与反应物的焓之差，基本上是反应物与生成物之间的键能差，即所有断裂键的键能之和减去所有新形成键的键能之和。$\Delta S^{\ominus}$ 是熵变，是在标准状态下生成物与反应物的熵之差。熵可以看做体系内的混乱度，因此熵变也就是在反应过程中体系内混乱度的变化。

> 混乱度增加，$\Delta S^{\ominus}$ 为正值，对反应有利；混乱度减少，$\Delta S^{\ominus}$ 为负值，对反应不利。

$\Delta G^{\ominus}$ 是 $\Delta H^{\ominus}$ 与 $T\Delta S^{\ominus}$ 两项综合的结果，而平衡常数又与 $\Delta G^{\ominus}$ 有关，因此平衡常数可表示为

$$\Delta H^{\ominus} - T\Delta S^{\ominus} = -RT\ln K$$

$\Delta S^{\ominus}$ 常忽略不计，故常以 $\Delta H^{\ominus}$ 表示反应前后体系的势能变化。

---

**习题 4-2** 化合物 A 转变为化合物 B 时的焓变为 $-7 \text{ kJ} \cdot \text{mol}^{-1}(25℃)$，若 $\Delta S^{\ominus}$ 可忽略不计，请计算平衡常数 $K$，并指出 A 与 B 的百分含量。

---

#### 2. 动力学与反应速率

化学动力学(dynamics)主要研究化学反应的速率以及影响速率的各种因素，如分子结构、浓度、温度、压力、介质和催化剂等。反应速率(reaction rate)是在单位时间内反应物浓度（或生成物浓度）的变化。

$$A \longrightarrow B + C \qquad 速率 = -\frac{d[A]}{dt} = \frac{d[B]}{dt} = \frac{d[C]}{dt} = k_1[A]$$

> 热力学只能说明反应能否进行及进行的程度。即使热力学上倾向于发生的反应（平衡常数为大的正值），但若反应速率常数很小，以至于很难达到平衡，反应依然相当难进行。因此，还必须了解反应过程中各步的反应速率常数及反应所需条件，即进行化学动力学方面的研究。

在速率方程中，因为反应物 A 的浓度随时间减少，故出现负号。方括弧表示反应物

或生成物的浓度。在化学反应的速率方程中，物质 A 的浓度项方次称为反应对 A 的级数，所有浓度项方次的代数和称为该反应的总级数，简称反应级数。通常所说的反应级数是指反应的总级数。所以上面的反应是一级反应，$k_1$ 是一级反应速率常数，单位为 $s^{-1}$。而下面的两个反应分别是二级反应和三级反应：

$$A + B \longrightarrow C + D \qquad 速率 = k_2[A][B] \qquad 二级反应$$
$$2A + B \longrightarrow C + D \qquad 速率 = k_3[A]^2[B] \qquad 三级反应$$

**习题 4-3** 下列反应在某温度的反应速率常数 $k = 6.0 \times 10^{-6}$ L·mol$^{-1}$·s$^{-1}$，请根据已给的浓度计算反应速率：

$$CH_3Cl + OH^- \longrightarrow CH_3OH + Cl^-$$

(i) 0.1 mol·L$^{-1}$ CH$_3$Cl 和 1.0 mol·L$^{-1}$ OH$^-$；
(ii) 0.01 mol·L$^{-1}$ CH$_3$Cl 和 1.0 mol·L$^{-1}$ OH$^-$；
(iii) 0.01 mol·L$^{-1}$ CH$_3$Cl 和 0.01 mol·L$^{-1}$ OH$^-$。

用波谱分析可以快速而有效地连续监测浓度的改变，测定旋光度可以跟踪溶液中旋光物质的反应情况，连续 pH 测定可以监测质子的生成或消耗等等。只要有测定反应物或生成物浓度的方法，就可以用来测定反应速率常数和反应的级数。

化学动力学主要是观察反应物或生成物的浓度随时间变化而改变，用各种方法跟踪反应物的消失或生成物的出现，就可以测定某一反应的反应速率常数。对于某一特定反应，$k$ 仅是反应温度的函数，与反应物浓度无关。

那么动力学的理论根据是什么呢？

(1) 碰撞理论 根据 Arrhenius 速率公式：

$$速率 = PZe^{-E_a/RT}$$

$Z$ 为碰撞频率，它与反应物浓度有关，浓度愈大，碰撞机会愈多；$P$ 为取向概率，并不是所有碰撞均有效，只有在一定取向时才有效；$e^{-E_a/RT}$ 为能量概率（e 为自然对数的底数，$E_a$ 为活化能，$R$ 为摩尔气体常数，$T$ 为热力学温度）。分子必须吸收足够的能量，才能使分子活化，因此能量概率是指具有最低活化能的碰撞分数。能量概率与温度关系很大，温度每升高 10℃，反应速率将提高一倍左右。

分子间要相互接近、碰撞，才能发生反应，但当分子间接近到一定程度，就有排斥力，因此存在一个能垒。必须提供能量，克服这个能垒，迫使分子进一步接近至碰撞才能发生反应，克服这个能垒所必需的最低能量，称为活化能（activation energy），用 $E_a$ 表示。

碰撞理论中存在很多不足，如 $P$ 值计算很困难，活化能又与一些因素相联系等等，因此后来发展了过渡态理论。

(2) 过渡态理论 过渡态理论强调分子相互作用的状态，并将活化能与过渡态联系起来。在反应物相互接近的反应进程中，出现一个能量比反应物与生成物均高的势能最高点，与此势能最高点相对应的结构称为过渡态（transition state），用 "‡" 表示。过渡态极不稳定，只是反应进程中一个中间阶段的结构，不能分离得到：

$$A + BC \longrightarrow [A\text{---}B\text{---}C]^\ddagger \longrightarrow AB + C$$

反应物　　　过渡态　　　生成物

如反应物 A 接近 BC，要与 BC 成键而未完全形成，BC 之间的键开始伸长而未断裂，这种反应物到过渡态之间的键的变化，迫使势能上升；当势能到达活化能这个数值时，反应物到达过渡态；这时 A 与 B 之间进一步结合成键，B 与 C 之间的键进一步削弱、断键，势能下降，释放能量，得到生成物。$\Delta H^{\ominus}$ 为反应前后体系势能的变化，如图 4-3 所示。

图 4-3 以反应进程（自左向右，左边为反应物，右边为生成物）为横坐标，以反应体系在反应过程中的势能为纵坐标来作图，这种图称为反应势能图。

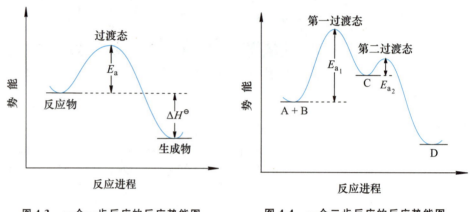

图 4-3　一个一步反应的反应势能图　　　　图 4-4　一个二步反应的反应势能图

图 4-4 为一个二步反应的反应势能图。

$$A + B \longrightarrow C \longrightarrow D$$
反应物　　中间体　生成物

上述 A 和 B 反应，在反应进程中首先经过第一过渡态，形成活性中间体（reactive intermediate）C，中间体处在势能谷底中，为稳态物种，所以中间体 C 有一定的寿命，可以通过一些方法测出它的存在。从中间体 C 形成生成物 D 时，又需经过第二过渡态。这两个过渡态相应的活化能为 $E_{a_1}$ 和 $E_{a_2}$，其中到达第一过渡态的活化能较高，即第一步反应速率常数小，反应比第二步进行得慢，而慢的一步是决速步。

（3）Hammond（哈蒙特）假说　上面讨论了过渡态在决定反应速率方面起着很重要的作用，因此很需要了解有关过渡态结构的信息，但过渡态只能短暂存在，不能通过实验来测定。G. S. Hammond 把过渡态与反应物、中间体、生成物关联起来，提出了 Hammond 假说："在简单的一步反应（基元反应）中，该步过渡态的结构、能量与更接近的那边类似"，如图 4-5 所示。

图 4-5(i)是放热反应，过渡态的能量接近于反应物，其结构也与反应物近似；图 4-5(ii)是吸热反应，过渡态的能量与生成物比较接近，其结构也近似生成物。在吸热反应中，需要对反应物的结构进行较大的改组，使其接近于具有较高能量的过渡态，这就需要较高的活化能，因此反应速率较慢；而放热反应只需要较低的活化能，反应速率较快。

Hammond 假说的意义是，可以根据多步反应中的反应物、中间体和生成物来讨论过渡态的结构。

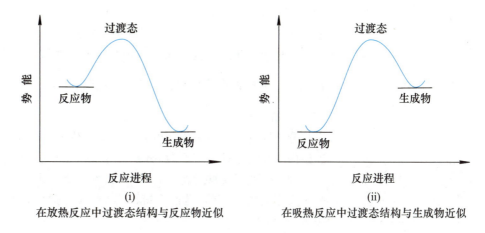

图 4-5 Hammond 假说示意图

## 4.4 烷烃的结构和反应性分析

烷烃分子中只有碳碳 σ 键和碳氢 σ 键,断裂 C—C 键需能量约 347 kJ·mol$^{-1}$;断裂 C—H 键约需 308～435 kJ·mol$^{-1}$ 能量,即需要较高的能量才能使烷烃中的键断裂。因此在一般情况下,烷烃具有极大的化学稳定性,与强酸、强碱及常用的氧化剂、还原剂都不发生反应。另外,碳和氢的电负性差别很小,因而烷烃的 σ 键电子不易偏向某一原子,整个分子中电子分布较均匀,没有电子云密度很大或很小的部位,故对亲核试剂或亲电试剂都没有特殊的亲和力。但另一方面,烷烃在光、热或引发剂作用下,则可发生键的均裂产生自由基。因此,烷烃易发生自由基反应,而不易发生离子型反应。

## 4.5 自由基反应

### 4.5.1 碳自由基的定义和结构

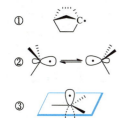

自由基有三种可能的结构:① 刚性角锥体;② 迅速翻转的角锥体;③ 平面型。

某一键均裂时会产生带有孤电子的原子或基团,称为自由基。孤电子在氢原子上的自由基称为氢自由基。孤电子在碳原子上的自由基称为碳自由基。烷烃中的碳氢键均裂时会产生一个氢自由基和一个烷基自由基(即碳自由基)。例如,甲烷的碳氢键断裂产生一个氢自由基和一个甲基自由基:

$$CH_4 \xrightarrow{h\nu} H\cdot + \cdot CH_3$$

甲基自由基碳呈 $sp^2$ 杂化，三个 $sp^2$ 杂化轨道具有平面三角形的结构，每个 $sp^2$ 杂化轨道与氢原子的 s 轨道通过轴向重叠形成 σ 键，成键轨道上有一对自旋相反的电子。一个 p 轨道垂直于此平面，p 轨道被一个孤电子占据。

### 4.5.2 键解离能和碳自由基的稳定性

**1. 键解离能**

分子中的原子总是围绕着它们的平衡位置作微小的振动，分子振动类似于弹簧连接的小球的运动。室温时，分子处于基态，这时振幅很小；分子吸收能量，振幅增大。如果吸收了足够的能量，振幅增大到一定程度，键就断了，这时吸收的热量是键解离反应的焓（$\Delta H^{\ominus}$），是这个键的键能，或称键解离能（bond-dissociation energy），用 $E_d^{\ominus}$ 表示。

$$CH_3-H \longrightarrow CH_3\cdot + \cdot H \qquad \Delta H^{\ominus} = E_d^{\ominus} = +439.3 \text{ kJ}\cdot\text{mol}^{-1}$$
$$CH_3CH_2-H \longrightarrow CH_3CH_2\cdot + \cdot H \qquad = +410.0 \text{ kJ}\cdot\text{mol}^{-1}$$
$$CH_3CH_2CH_2-H \longrightarrow CH_3CH_2CH_2\cdot + \cdot H \qquad = +410.0 \text{ kJ}\cdot\text{mol}^{-1}$$
$$(CH_3)_2CH-H \longrightarrow (CH_3)_2CH\cdot + \cdot H \qquad = +397.5 \text{ kJ}\cdot\text{mol}^{-1}$$
$$(CH_3)_3C-H \longrightarrow (CH_3)_3C\cdot + \cdot H \qquad = +389.1 \text{ kJ}\cdot\text{mol}^{-1}$$

一些常见键的键解离能数据见表 1-5（参见 1.3.7/3）。

**2. 碳自由基的稳定性**

自由基的稳定性，是指与它的母体化合物的稳定性相比较，比母体化合物能量高得多的较不稳定，高得少的相对较稳定。从上面 C—H 键的键解离能数据可以看出：$CH_4$ 中 C—H 键的键解离能最大，在同系列中第一个化合物往往是比较特殊的；$CH_3CH_3$ 与 $CH_3CH_2CH_3$ 中断裂一级碳原子上的碳氢键，其键解离能较 $CH_4$ 的稍低，形成的均为一级碳自由基；$CH_3CH_2CH_3$ 中断裂二级碳原子上的碳氢键，其键解离能又低一些，形成二级碳自由基；$(CH_3)_3CH$ 中三级碳原子上的碳氢键断裂，其键解离能最低，形成三级碳自由基。这些键解离反应中，产物之一是 H·，均是相同的，因此键解离能的不同反映了碳自由基的稳定性不同。键解离能越低，形成的碳自由基越稳定。因此碳自由基的稳定性顺序为

$$3°C\cdot > 2°C\cdot > 1°C\cdot > H_3C\cdot$$

在烷烃分子中，C—C 键也可解离，下面是一些 C—C 键的键解离能数据：

数据表明，断裂 C—C 键所需能量比 C—H 键小，因此 C—C 键较易断裂。从 $\Delta H^{\ominus}$ 看，碳自由基的稳定性与 C—H 键断裂的结果是一致的。同时还可以看到，断裂 $CH_3CH_2CH_2CH_3$ 中间的 C—C 键，形成两个 $CH_3CH_2\cdot$ 时 $\Delta H^{\ominus}$ 最小，说明大分子在中间断裂的机会是比较多的。

$$CH_3-CH_3 \longrightarrow 2CH_3\cdot \qquad \Delta H^{\ominus} = E_d^{\ominus} = +376.6 \text{ kJ}\cdot\text{mol}^{-1}$$
$$CH_3CH_2-CH_3 \longrightarrow CH_3CH_2\cdot + \cdot CH_3 \qquad = +359.8 \text{ kJ}\cdot\text{mol}^{-1}$$
$$CH_3CH_2CH_2-CH_3 \longrightarrow CH_3CH_2CH_2\cdot + \cdot CH_3 \qquad = +361.9 \text{ kJ}\cdot\text{mol}^{-1}$$
$$CH_3CH_2-CH_2CH_3 \longrightarrow 2CH_3CH_2\cdot \qquad = +343.1 \text{ kJ}\cdot\text{mol}^{-1}$$
$$(CH_3)_2CH-CH_3 \longrightarrow (CH_3)_2CH\cdot + \cdot CH_3 \qquad = +359.8 \text{ kJ}\cdot\text{mol}^{-1}$$
$$(CH_3)_3C-CH_3 \longrightarrow (CH_3)_3C\cdot + \cdot CH_3 \qquad = +351.5 \text{ kJ}\cdot\text{mol}^{-1}$$

**习题 4-4** 将下列自由基按稳定性顺序由大到小排列。

$$CH_3CH_2\dot{C}H_2 \qquad CH_3CH_2\dot{C}HCH_3 \qquad (CH_3CH_2)_3\dot{C} \qquad \cdot CH_3$$

$$H_3\dot{C}HC=CH\dot{C}H_2 \qquad C_6H_5\text{-}\dot{C}H_2 \qquad C_6H_5\cdot$$

**习题 4-5** 计算下列自由基的 $\Delta H_f^{\ominus}$。

(i) $CH_3\dot{C}H_2$    (ii) $CH_3\dot{C}HCH_3$    (iii) $(CH_3)_3C\cdot$

### 4.5.3 自由基反应的共性

化学键均裂产生自由基。由自由基引发的反应称为自由基反应,或称自由基型的链反应(chain reaction)。自由基反应一般都经过链引发(chain initiation)、链转移(chain propagation,或称链生长)、链终止(chain termination)三个阶段。链引发阶段是产生自由基的阶段。由于键的均裂需要能量,所以链引发阶段需要加热或光照。如

$$Br_2 \xrightarrow{\triangle \text{ 或 } h\nu} 2Br\cdot$$

有些化合物十分活泼,极易产生活性质点自由基,这些化合物称为引发剂(initiator)。常见的引发剂如

$$H_3CC(O)\text{-}O\text{-}O\text{-}CCH_3(O) \xrightarrow[\text{苯}]{55\sim85\ ^\circ C} 2CH_3C(O)\cdot$$

链转移阶段是由一个自由基转变成另一个自由基的阶段,犹如接力赛一样,自由基不断地传递下去,像一环接一环的链,所以称之为链反应(参见 4.6.1)。链终止阶段是自由基消失的阶段。自由基两两结合成键,所有的自由基都消失了,自由基反应也就终止了。

有时也可以通过单电子转移的氧化还原反应来产生自由基。如

$$H_2O_2 + Fe^{2+} \longrightarrow HO\cdot + HO^- + Fe^{3+}$$

$$RCOO^- \xrightarrow[\text{电解}]{-e^-} RCOO\cdot$$

自由基反应的特点是:没有明显的溶剂效应;酸、碱等催化剂对反应也没有明显影响;当反应体系中有氧气(或有一些能捕捉自由基的杂质存在)时,反应往往有一个诱导期(induction period)。这是因为氧气(或捕捉自由基的杂质)可以与自由基结合,形成稳定的自由基,如

$$O_2 + \cdot CH_3 \longrightarrow CH_3OO\cdot$$

$CH_3OO\cdot$ 活泼性远不如 $CH_3\cdot$,几乎使反应停止,待氧消耗完后,自由基链反应立即开始,这就是自由基反应出现一个诱导期的原因。一种物质,即使有少量存在,就能使反应减慢或停止,这种物质称为抑制剂(inhibitor)。上述氧与杂质就起这种阻抑的作用。在自由基反应中加一些抑制剂,反应可被停止。

**习题 4-6** 下列两种物质,哪种可作为自由基反应的引发剂?哪种是自由基反应的抑制剂?为什么?

(i) $C_6H_5C(O)\text{-}O\text{-}O\text{-}CC_6H_5(O)$    (ii) $O_2$

## 4.6 烷烃的卤化

烷烃中的氢原子被卤原子取代的反应称为卤化反应(halogenating reaction)。卤化反应包括氟化(fluorinate)、氯化(chlorizate)、溴化(brominate)和碘化(iodizate)。但有实用意义的卤化反应是氯化和溴化。

### 4.6.1 甲烷的氯化

甲烷在紫外光或热(250~400℃)作用下,与氯反应得各种氯代甲烷:

$$CH_4 \xrightarrow[-HCl]{Cl_2,\ 300\sim400\ ℃} CH_3Cl \xrightarrow[-HCl]{Cl_2,\ \Delta} CH_2Cl_2 \xrightarrow[-HCl]{Cl_2,\ \Delta} CHCl_3 \xrightarrow[-HCl]{Cl_2,\ \Delta} CCl_4$$

　　　　　　　　　　　氯甲烷　　　　二氯甲烷　　　三氯甲烷(氯仿)　　四氯化碳

> 如果控制氯的用量,用大量甲烷,主要得到氯甲烷;若用大量氯气,主要得到四氯化碳。工业上通过精馏,使混合物一一分开。以上几个氯化产物,均是重要的溶剂与试剂。

甲烷氯化反应的事实是:① 在室温暗处不发生反应;② 高于250℃发生反应;③ 在室温有光作用下能发生反应;④ 用光引发反应,吸收一个光子就能产生几千个氯甲烷分子;⑤ 若有氧或有一些能捕捉自由基的杂质存在,反应有一个诱导期,诱导期时间长短与这些杂质的多少有关。根据上述事实的特点可以判断,甲烷的氯化是一个自由基型的取代反应。反应机理如下:

链引发　　步(1)　$Cl_2 \xrightarrow{热或光} 2Cl\cdot$　　　产生高能量的自由基$Cl\cdot$,引发反应

链转移　　步(2)　$Cl\cdot + CH_4 \longrightarrow CH_3\cdot + HCl$ ⎫ 一个自由基消失,产生另一个自由
　　　　　步(3)　$CH_3\cdot + Cl_2 \longrightarrow CH_3Cl + Cl\cdot$ ⎭ 基,反复循环

链终止　　步(4)　$Cl\cdot + Cl\cdot \longrightarrow Cl_2$ ⎫
　　　　　步(5)　$CH_3\cdot + CH_3\cdot \longrightarrow CH_3CH_3$ ⎬ 反应物浓度降低,自由基碰撞机会增加,自由基消失,反应结束
　　　　　步(6)　$CH_3\cdot + Cl\cdot \longrightarrow CH_3Cl$ ⎭

上述反应中,步(1)、步(2)、步(3)的反应热和活化能数据如下:

步(1)　$Cl-Cl \longrightarrow 2Cl\cdot$　　　　　　　　　　　$\Delta H^{\ominus} = +242.7\ \text{kJ}\cdot\text{mol}^{-1}$

步(2)　$Cl\cdot + CH_3-H \longrightarrow CH_3\cdot + H-Cl$　　$\Delta H^{\ominus} = +7.5\ \text{kJ}\cdot\text{mol}^{-1}$
　　　　　　　　　　　　　　　　　　　　　　　　$E_{a_1} = +16.7\ \text{kJ}\cdot\text{mol}^{-1}$

步(3)　$CH_3\cdot + Cl-Cl \longrightarrow CH_3-Cl + Cl\cdot$　$\Delta H^{\ominus} = -112.9\ \text{kJ}\cdot\text{mol}^{-1}$
　　　　　　　　　　　　　　　　　　　　　　　　$E_{a_2} = +8.3\ \text{kJ}\cdot\text{mol}^{-1}$

从反应热分析:步(1)需要 242.7 kJ·mol$^{-1}$ 能量,将 $Cl_2$ 均裂(homolysis)形成 $Cl\cdot$,引发 $CH_4$ 分子发生反应。步(2)是吸热反应(endothermic reaction),需 7.5 kJ·mol$^{-1}$ 能量使 $CH_4$ 与 $Cl\cdot$ 反应产生 $CH_3\cdot$ 与 HCl。而步(3)是放热反应(exothermic reaction),当 $CH_3\cdot$ 与 $Cl_2$ 反应生成 $CH_3Cl$ 和 $Cl\cdot$ 时,放热 112.9 kJ·mol$^{-1}$。(2)+(3)两步反应共放热105.4 kJ·mol$^{-1}$,因此从反应热看,反应是可以进行的。

在链转移的两步反应中,步(2)虽然只需反应热+7.5 kJ·mol$^{-1}$,但分子需要+16.7 kJ·mol$^{-1}$活化能($E_{a_1}$)才能越过势能最高点,形成$CH_3·$和HCl(图 4-6),这个势能最高点的结构$[\overset{\delta·}{Cl}\text{---}H\text{---}\overset{\delta·}{C}H_3]^{\ddagger}$称为第一过渡态,$\delta·$表示带有部分自由基。步(3)是放热反应,但也需要活化能($E_{a_2}$)+8.3 kJ·mol$^{-1}$才能越过第二个势能最高点,形成$CH_3Cl$和$Cl·$,第二个势能最高点的结构$[H_3\overset{\delta·}{C}\text{---}Cl\text{---}\overset{\delta·}{Cl}]^{\ddagger}$称为第二过渡态。由于形成第一过渡态时所需的活化能比形成第二过渡态的活化能高,因此步(2)是慢的一步,是甲烷氯化反应中的决速步。图 4-6 是甲烷氯化链转移反应过程中的反应势能图。

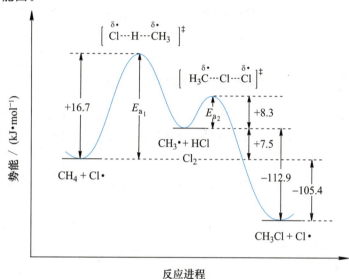

**图 4-6 氯自由基与甲烷反应生成氯甲烷的反应势能图**

**习题 4-7** 写出环己烷在光作用下溴化产生溴代环己烷的反应机理。

**习题 4-8** 写出分子式为$C_5H_{11}Cl$的所有可能的构造异构体和每个异构体的中英文系统名称。指出与氯原子相连的碳原子的级数。

### 4.6.2 甲烷的卤化

在同类型反应中,可以通过比较决速步的活化能(activation energy)大小,了解反应进行的难易。

氯化反应的速度比溴化反应的速度快。

| X· + CH$_3$—H | ⟶ | CH$_3$· + H—X | $\Delta H^{\ominus}$/(kJ·mol$^{-1}$) | $E_a$/(kJ·mol$^{-1}$) |
|---|---|---|---|---|
| F | 439.3 | 568.2 | −128.9 | +4.2 |
| Cl | | 431.8 | +7.5 | +16.7 |
| Br | | 366.1 | +73.2 | +75.3 |
| I | | 298.3 | +141 | >+141 |

碘不易与甲烷发生取代反应生成碘甲烷,但其逆反应很容易进行:

$$CH_3I + HI \longrightarrow CH_4 + I_2$$

自由基链反应中加入碘,可以使反应中止:

$$-\overset{|}{\underset{|}{C}}\cdot + I_2 \longrightarrow -\overset{|}{\underset{|}{C}}-I + \cdot I$$

氟与甲烷反应是大量放热的,但仍需+4.2 kJ·mol⁻¹活化能;一旦发生反应,大量的热难以移走,会破坏生成的氟甲烷,而得到碳与氟化氢,因此直接氟化的反应很难实现。碘与甲烷反应,需要大于 141 kJ·mol⁻¹ 的活化能,反应难以进行。氯化只需活化能 +16.7 kJ·mol⁻¹,溴化只需活化能 +75.3 kJ·mol⁻¹,故卤化反应主要是氯化、溴化。

**习题 4-9** 参照相关数据,定性画出溴与甲基环戊烷反应生成 1-甲基-1-溴代环戊烷链转移反应阶段的反应势能图。在图中标明反应物、中间体、生成物、过渡态的结构及其相应位置,并指出反应的决速步是哪一步。

### 4.6.3 高级烷烃的卤化

在紫外光或热(250~400℃)作用下,氯、溴能与高级烷烃发生反应,氟可在惰性气体稀释下进行烷烃的氟化,而碘不能。下面是丙烷与 2-甲基丙烷的氯化、溴化:

氯化:
$$2CH_3CH_2CH_3 + 2Cl_2 \xrightarrow{\text{光, 25 °C}} \underset{45\%}{CH_3CH_2CH_2Cl} + \underset{55\%}{CH_3\overset{Cl}{\underset{|}{C}}HCH_3} + 2HCl$$

$$2CH_3\overset{CH_3}{\underset{|}{C}}HCH_3 + 2Cl_2 \xrightarrow{\text{光, 25 °C}} \underset{64\%}{CH_3\overset{CH_3}{\underset{|}{C}}HCH_2Cl} + \underset{36\%}{(CH_3)_3CCl} + 2HCl$$

溴化:
$$2CH_3CH_2CH_3 + 2Br_2 \xrightarrow{\text{光, 127 °C}} \underset{3\%}{CH_3CH_2CH_2Br} + \underset{97\%}{CH_3\overset{Br}{\underset{|}{C}}HCH_3} + 2HBr$$

$$2CH_3\overset{CH_3}{\underset{|}{C}}HCH_3 + 2Br_2 \xrightarrow{\text{光, 127 °C}} \underset{\text{少量}}{CH_3\overset{CH_3}{\underset{|}{C}}HCH_2Br} + \underset{>99\%}{(CH_3)_3CBr} + 2HBr$$

丙烷中有六个 1°H、两个 2°H,氯化时夺取每个 1°H 与 2°H 的概率分别为 45/6 与 55/2;2-甲基丙烷中有九个 1°H、一个 3°H,夺取每个 1°H 与 3°H 的概率分别为 64/9 与 36/1。因此,三种氢的大致反应性为 3°H∶2°H∶1°H=5∶3∶1。以此类推,溴化时三种氢的大致反应性为 3°H∶2°H∶1°H=1600∶82∶1。可见,在氯化或溴化反应中,三种氢的反应性均为 3°H>2°H>1°H。这三种氢不同的反应性,实际上是反应速率问题,反应速率的快慢与活化能大小有关,而活化能的大小可以通过过渡态的势能、结构来判断。如果一个反应可以形成几种生成物,则每一种生成物是通过不同的过渡态形成的,最主要的生成物是通过势能最低的过渡态形成的。而过渡态势能与形成的活性中间体稳定性有关,活性中间体越稳定,过渡态势能越低;而过渡态势能越低,则活化能就越小,反应速率越快。因为活性中间体自由基的稳定性是三级＞二级＞一级，所以在氯化、溴化反应中，这三种氢的反应性为 3°H＞2°H＞1°H。

现在进一步要问：为什么在氯化反应中，三种氢的反应性差别不是很大，而在溴化反应中却相差很悬殊？要解决这个问题，先看一下丙烷溴化的决速步（基元反应）的反应势能图（图 4-7）。

溴化反应的选择性比氯化反应好。

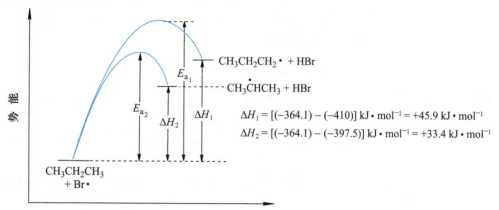

图 4-7　丙烷溴化决速步的反应势能图

在溴化反应中，溴化试剂不活泼，过渡态来得晚，过渡态的势能与活性中间体接近，故过渡态的结构近似于活性中间体的结构。活性中间体稳定，过渡态结构也稳定，过渡态势能也低；而过渡态势能低，则活化能小，反应速率快。$CH_3\dot{C}HCH_3$ 能量比 $CH_3CH_2CH_2\cdot$ 低 12.5 kJ·mol$^{-1}$，相应过渡态的势能差 $\Delta E_a = E_{a_1} - E_{a_2} \approx 12.5$ kJ·mol$^{-1}$（稍小一些），根据 Arrhenius 速率公式，溴化时形成 $CH_3\dot{C}HCH_3$ 比形成 $CH_3CH_2CH_2\cdot$ 的反应速率高 $\approx e^{-E_a/RT}$ 倍（在同类型反应中 $P$、$Z$ 两项假定相同），$\Delta E_a \approx 12.5$ kJ·mol$^{-1}$ 这个数值是比较大的，因此 2°H 比 1°H 溴化反应速率大得多。同理，3°H 反应速率也比 2°H、1°H 大得多，故反应时这三种氢的选择性很大。

再看丙烷氯化中决速步（基元反应）的反应势能图（图 4-8）。

氯化、溴化反应对氢的选择性，往往在温度不太高时有用；如果温度超过 450℃，因为有足够高的能量，反应就没有选择性，反应结果往往是与氢原子的多少有关。

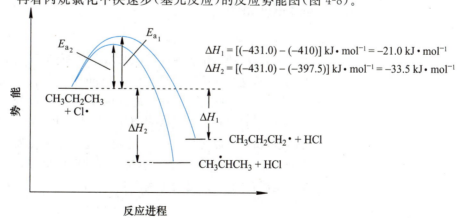

图 4-8　丙烷氯化决速步的反应势能图

在氯化反应中,氯化试剂活泼,过渡态来得早,过渡态的势能与反应物比较接近,故过渡态结构近似于反应物,受活性中间体稳定性的影响小。CH₃ĊHCH₃ 比 CH₃CH₃CH₂· 能量低 12.5 kJ·mol⁻¹,反映在两者的过渡态中的势能差却只有 4.2 kJ·mol⁻¹ 左右,活化能差也小,因此 2°H 与 1°H 的反应速率较溴化时的差别也就小。同理,3°H 与 2°H、1°H 反应速率的差也较溴化小得多。因此,氯化反应三种氢的选择性小。

**习题 4-10** 由下列指定化合物合成相应的卤化物,用 Cl₂ 还是 Br₂?为什么?

(i) C₆H₁₁—CH₃ ⟶ C₆H₁₀(CH₃)(X)   (ii) C₆H₁₂ ⟶ C₆H₁₁—X

**习题 4-11** 解释下列反应主要得此两种产物的原因,并估计哪一种产物较多。

$$CH_3CH_2CH_2CH_2CH_3 \xrightarrow[\triangle]{Br_2,\text{光}} CH_3\overset{Br}{\underset{|}{C}}HCH_2CH_2CH_3 + CH_3CH_2\overset{Br}{\underset{|}{C}}HCH_2CH_3$$

**习题 4-12** 2-甲基丁烷氯化时产生四种可能的构造异构体,其相对含量如下:

$$CH_3\underset{\underset{CH_3}{|}}{C}HCH_2CH_3 \xrightarrow{Cl_2,\ 300\ °C} ClCH_2\underset{\underset{CH_3}{|}}{C}HCH_2CH_3 + CH_3\underset{\underset{CH_3}{|}}{\overset{\overset{Cl}{|}}{C}}CH_2CH_3 + CH_3\underset{\underset{CH_3}{|}}{C}H\overset{\overset{Cl}{|}}{C}HCH_3 + CH_3\underset{\underset{CH_3}{|}}{C}HCH_2Cl$$

34%　　　　　　22%　　　　　　28%　　　　　　16%

上述反应结果与碳自由基的稳定性 3°>2°>1° 是否矛盾?请解释。并计算 1°H、2°H、3°H 反应活性之比(两种 1°H 合并计算)。

## 4.7　烷烃的热裂

无氧存在时,烷烃在高温(800 ℃ 左右)发生碳碳键断裂,大分子化合物变为小分子化合物,这个反应称为热裂(pyrolysis)。石油加工后除得汽油外,还有煤油、柴油等相对分子质量较大的烷烃;通过热裂反应,可以变成汽油、甲烷、乙烷、乙烯及丙烯等小分子的化合物,其过程很复杂,产物也很复杂。热裂过程中,碳碳键、碳氢键均可断裂,断裂可以在分子中间,也可以在分子一侧发生;分子愈大,愈易断裂,热裂后的分子还可以再进行热裂。热裂反应的反应机理是热作用下的自由基反应,所用的原料是混合物,现用己烷为例说明如下:

$$CH_3CH_2CH_2CH_2CH_2CH_3 \begin{cases} \longrightarrow CH_3\cdot + CH_3CH_2CH_2CH_2CH_2\cdot \\ \longrightarrow CH_3CH_2\cdot + CH_3CH_2CH_2CH_2\cdot \\ \longrightarrow 2CH_3CH_2CH_2\cdot \end{cases}$$

热裂后产生的自由基可以互相结合,如

$$CH_3\cdot + CH_3CH_2\cdot \longrightarrow CH_3CH_2CH_3$$
$$CH_3CH_2\cdot + CH_3CH_2CH_2\cdot \longrightarrow CH_3CH_2CH_2CH_2CH_3$$

热裂产生的自由基也可以通过碳氢键断裂,产生烯烃:

$$CH_3CH_2\cdot + CH_3CH\text{—}CH_2\cdot \longrightarrow CH_3CH_3 + CH_3CH\text{=}CH_2$$
（H）

总的结果是大分子烷烃热裂成分子更小的烷烃、烯烃。

工业上用热裂反应生产乙烯。以石脑油中典型化合物壬烷为例说明:

$$CH_3(CH_2)_7CH_3 \xrightarrow{800\ ℃} CH_3CH_2CH_2CH_2\cdot + CH_3CH_2CH_2\cdot$$

一般在碳链中间较易断裂,然后再发生一系列的 β-断裂:

$$CH_3CH_2CH_2\underset{\beta}{-}CH_2\underset{\alpha}{-}CH_2\cdot \longrightarrow CH_3-CH_2-CH_2\cdot + H_2C\text{=}CH_2$$
$$\downarrow$$
$$CH_3\cdot + H_2C\text{=}CH_2$$

$$CH_3CH_2\underset{\beta}{-}CH_2\underset{\alpha}{-}CH_2\cdot \longrightarrow \overset{H}{CH_2}-CH_2\cdot + H_2C\text{=}CH_2$$
$$\downarrow$$
$$H\cdot + H_2C\text{=}CH_2$$

$CH_3\cdot$ 与 $H\cdot$ 均可与自由基发生链终止反应;也可与烷烃作用,如 $CH_3\cdot$ 与壬烷作用夺取 $H\cdot$ ,壬烷中二级氢较多,且二级碳上的 C—H 键比一级碳上的易断裂,因此常在二级碳上发生反应:

$$CH_3\cdot + CH_3(CH_2)_7CH_3 \longrightarrow CH_4 + CH_3CH_2CH_2CH_2CH_2-CH_2-\dot{C}HCH_2CH_3$$
$$\downarrow$$
$$CH_3CH_2CH_2CH_2\cdot + CH_2\text{=}CHCH_2CH_3$$
$$\downarrow \text{两步β-断裂}$$
$$CH_3\cdot + 2H_2C\text{=}CH_2$$

这个反应在实验室内较难进行,在工业上却非常重要。工业上热裂时用烷烃混以水蒸气在管中通过 800℃ 左右的加热装置,然后冷却到 300~400℃,这些都是在不到一秒钟时间内完成的,然后将热裂产物用冷冻法加以一一分离。塑料、橡胶、纤维等的原料均可通过此反应得到。

各国所用烷烃原料不同,产物也有差别,如用石脑油为原料,热裂后可得甲烷 15%、乙烯 31.3%、乙烷 3.4%、丙烯 13.1%、丁二烯 4.2%、丁烯和丁烷 2.8%、汽油 22%、燃料油 6%,尚有少量其他产品。

石脑油中还有支链烷烃、环烷烃、芳香烃,如环烷烃热裂可得乙烯与丁二烯。芳香烃仅在侧链上发生反应,因芳环稳定,保持不变。因此,生产乙烯最好采用含直链烷烃最多的石油馏分。

用催化剂进行热裂反应,可降低反应温度,但反应机理就不是自由基反应而是离子型反应。

**习题 4-13** 2-甲基丁烷中有三种 C—C 键,在热裂反应中可形成哪些自由基(一次断裂)? 根据键解离能,推算哪一种断裂优先。

**习题 4-14** 用反应式写出环己烷热裂产生乙烯和丁二烯的过程。

## 4.8 烷烃的氧化

### 4.8.1 自动氧化

在生活中经常碰到这样的现象:人老了皮肤有皱纹,橡胶制品用久了变硬变黏,塑料制品用久了变硬易裂,食用油放久了变质,这些现象称为老化。老化过程很慢,老化的原因首先是空气中的氧与物质中具有活泼氢的各种分子发生自动氧化反应(autoxidation reaction),继而再发生其他反应。烷烃中的三级氢($R_3C\underline{H}$)、醛中醛基上的氢($C\underline{H}O$)、醚中 α 位上的氢($-O-C\underline{H}$)、烯丙位的氢($-C=C-C\underline{H}$),都可与氧发生下列自由基反应。例如

$$R_3CH + O_2 \longrightarrow R_3C\cdot + \cdot OOH$$
$$R_3C\cdot + O_2 \longrightarrow R_3COO\cdot$$
$$R_3COO\cdot + R_3CH \longrightarrow R_3COOH + R_3C\cdot$$

> 使用过氧化物时一定要注意安全,事先须阅读有关的操作手册。

烃基过氧化氢(ROOH)或其他过氧化物在适当温度下很易分解,产生自由基,自由基引发链反应,并放出大量的热,这就是过氧化物易产生爆炸的原因。

### 4.8.2 燃烧

所有的烷烃都能燃烧,燃烧时反应物全被破坏,生成二氧化碳和水,同时放出大量热。在标准状态(298 K,0.1 MPa)下,1 mol 纯烷烃完全燃烧成二氧化碳和水时放出的热称为燃烧热(heat of combustion),用 $\Delta H_c^{\ominus}$ 表示,燃烧热是负值。

$$C_nH_{2n+2} + \left(\frac{3n+1}{2}\right)O_2 \longrightarrow nCO_2 + (n+1)H_2O \qquad \Delta H_c^{\ominus} = H_{生成物}^{\ominus} - H_{反应物}^{\ominus}$$

## 4.9 烷烃的硝化

> 硝基烷烃可以发生多种反应,可以转变成多种其他类型的化合物,如胺、羟胺、腈、醇、醛、酮及羧酸等,故在近代文献中有关硝基烷烃的应用的报道日益增多。

烷烃与硝酸或四氧化二氮($N_2O_4$)进行气相(400~450℃)反应,生成硝基化合物($RNO_2$)。这种直接生成硝基化合物的反应叫做硝化(nitration),它在工业上是一个很重要的反应。在实验室中采用气相硝化法有很大的局限性,所以实验室内主要通过间接方法制备硝基烷烃。

气相硝化法制备硝基烷烃,常得到多种硝基化合物的混合物,反应如下:

$$CH_3CH_2CH_3 \xrightarrow[420\,°C]{HNO_3} \begin{cases} CH_3CH_2CH_2NO_2 & 25\% \\ CH_3CHCH_3 \\ \quad | & 40\% \\ \quad NO_2 \\ CH_3CH_2NO_2 & 10\% \\ CH_3NO_2 & 25\% \end{cases}$$

这种气相硝化反应的机理与上述卤化反应的机理大体相同,也是通过自由基进行反应的。即烷烃在气相发生热裂解,生成自由基,它再和硝酸进行链反应:

$$R—H \xrightarrow{\triangle} R· + H· \quad 及 \quad R''—R' \xrightarrow{\triangle} R''· + R'·$$
$$R· + HO—NO_2 \longrightarrow R—NO_2 + HO·$$
$$R—H + ·OH \longrightarrow R· + H_2O$$
$$R'· + HO—NO_2 \longrightarrow R'—NO_2 + HO·$$
$$R''· + HO—NO_2 \longrightarrow R''—NO_2 + HO·$$

与卤化反应不同的是,在此反应中发生碳碳键的断裂,因而生成小分子的硝基化合物。这种小分子的硝基烷烃在工业上是很有用的溶剂,例如用来溶解醋酸纤维、假漆、合成橡胶以及其他有机化合物。低级硝基烷烃都是可燃的,而且毒性很大。

## 4.10 烷烃的磺化及氯磺化

烷烃在高温下与硫酸反应(和与硝酸反应相似),生成烷基磺酸,这种反应叫做磺化(sulfonation)。例如

$$CH_3CH_3 + H_2SO_4 \xrightarrow{400\,°C} CH_3CH_2SO_3H + H_2O$$
$$\qquad\qquad\qquad\qquad\qquad\qquad 乙磺酸$$

长链烷基磺酸的钠盐是一种洗涤剂,称为合成洗涤剂,例如常用的十二烷基磺酸钠($C_{12}H_{25}SO_3Na$)即为其中的一种。

高级烷烃与硫酰氯(或二氧化硫和氯气的混合物)在光的照射下,生成烷基磺酰氯的反应称为氯磺化(chloro-sulfonation)。磺酰氯这个名称是由硫酸推衍出来的:硫酸去掉一个羟基后剩下的基团称为磺(酸)基,磺(酸)基和烷基或其他烃基相连而成的化合物统称为磺酸。磺酸中的羟基去掉后,就得磺酰基,它与氯结合,就得磺酰氯。这些关系如下:

| HO—SO$_2$—OH | HO—SO$_2$— | R—SO$_2$—OH | R—SO$_2$— | R—SO$_2$Cl |
|:---:|:---:|:---:|:---:|:---:|
| 硫酸 | 磺(酸)基 | 磺酸 | 磺酰基 | 磺酰氯 |

磺酰氯经水解,形成烷基磺酸,其钠盐或钾盐即上述的洗涤剂,反应如下:

$$C_{12}H_{26} + SO_2Cl_2 \longrightarrow C_{12}H_{25}SO_2Cl + HCl$$
硫酰氯　　　十二烷基磺酰氯
$$\xrightarrow{H_2O} C_{12}H_{25}SO_2OH + HCl$$
十二烷基磺酸

其反应机理与烷烃的氯化很相似:

$$SO_2Cl_2 \xrightarrow{光} SO_2 + 2Cl\cdot$$
$$C_{12}H_{26} + Cl\cdot \longrightarrow C_{12}H_{25}\cdot + HCl$$
$$C_{12}H_{25}\cdot + SO_2Cl_2 \longrightarrow C_{12}H_{25}SO_2Cl + Cl\cdot$$

## 4.11　小环烷烃的开环反应

五元或五元以上的环烷烃和链烷烃的化学性质很相像,对一般试剂表现得不活泼,也不易发生开环(opening of ring)反应,但能发生自由基取代反应。三元、四元的小环烷烃分子不稳定,比较容易发生开环反应。如

### 1. 与氢反应

思考:乙基环丙烷催化氢化时断哪根碳碳键? 为什么?

$$\triangle + H_2 \xrightarrow[\text{或Ni, 80 °C}]{\text{Pt/C, 50 °C}} CH_3CH_2CH_3$$

$$\triangleright\text{—}CH_2CH_3 + H_2 \xrightarrow[\text{或Ni, 80 °C}]{\text{Pt/C, 50 °C}} CH_3CH_2\underset{\underset{CH_3}{|}}{C}HCH_3 \quad (\text{叉链化合物比较稳定})$$

$$\square + H_2 \xrightarrow[\text{或Ni, 200 °C}]{\text{Pt/C, 125 °C}} CH_3CH_2CH_2CH_3$$

五元、六元、七元环在上述条件下很难发生反应。

### 2. 与卤素反应

思考:根据反应式判断环丙烷与 $Br_2$ 或 $Cl_2$ 反应是离子型反应还是自由基型反应,并给出判断的依据。

$$\triangle + Br_2 \xrightarrow{\text{室温}} BrCH_2CH_2CH_2Br$$

$$\triangle + Cl_2 \xrightarrow{FeCl_3} ClCH_2CH_2CH_2Cl$$

四元环和更大的环很难与卤素发生开环反应。

### 3. 与氢碘酸反应

思考:甲基环丙烷与 HI 发生开环反应时断哪根碳碳键? 为什么? HI 中的 $H^+$ 与哪个碳结合? $I^-$ 与哪个碳结合? 为什么?

$$\triangle + HI \longrightarrow CH_3CH_2CH_2I$$

$$\triangleright\text{—}CH_3 + HI \longrightarrow CH_3\underset{\underset{I}{|}}{C}HCH_2CH_3$$

$$\square + HI \longrightarrow CH_3CH_2CH_2CH_2I$$

其他环烷烃不发生这类反应。

从上述例子可以看到,开环反应的活性为:三元环＞四元环＞五、六、七元环。此外,小环化合物在合适的条件下也能发生自由基取代反应。如

△ + $Cl_2$ $\xrightarrow{h\nu}$ ▷—Cl

□ + $Br_2$ $\xrightarrow{h\nu}$ ⬜—Br

**习题 4-15** 写出 ▷—$C(CH_3)_3$ 在下列条件下反应的化学方程式,并指出哪些是自由基型反应,哪些是离子型反应。

(i) 燃烧　　　　(ii) HI　　　　(iii) $Br_2$,室温
(iv) $Cl_2$,$FeCl_3$　(v) $Cl_2$,$h\nu$

## 烷烃的制备

## 4.12 烷烃的来源

碳氢化合物的主要来源是天然气(natural gas)和石油(petroleum)。尽管各地的天然气组分不同,但几乎都含有75%的甲烷、15%的乙烷及5%的丙烷,其余的为较高级的烷烃。而含烷烃种类最多的是石油,目前的分析结果表明,石油中含有1~50个碳原子的链形烷烃及一些环状烷烃,且以环戊烷、环己烷及其衍生物为主,个别产地的石油中还含有芳香烃。我国各地产的石油,成分也不相同,但可根据需要,把它们分馏成不同的馏分加以应用。烷烃不仅是燃料的重要来源,而且也是现代化学工业的原料。另外,烷烃还可以作为某些细菌的食物,细菌食用烷烃后,分泌出许多很有用的化合物,也就是说,烷烃经过细菌的"加工"后,可成为更有用的化合物。

上述情况表明,石油工业的发展对于国民经济以及有机化学的发展都非常重要。

石油虽含有丰富的各种烷烃,但这是个复杂混合物,除了 $C_1$~$C_6$ 烷烃外,由于其中各组分的相对分子质量差别小,沸点相近,要完全分离成极纯的烷烃较为困难。采用气相色谱法,虽可有效地予以分离,但这只适用于研究,而不能用于大量生产。因此在工业上,只把石油分离成几种馏分(表 4-2)来应用。石油分析中有时需要纯的烷烃作基准物,可以通过合成的方法制备。

汽油(petrol)在内燃机中燃烧而发生爆燃或爆震,这会降低发动机的功率并会损伤发动机。燃料引起爆震的倾向,用辛烷值(octane value)表示,在汽油燃烧范围

过去在汽油中加入添加剂四乙基铅[$(C_2H_5)_4Pb$]以提高辛烷值。由于铅有毒性，现改用甲基三级丁基醚[$CH_3OC(CH_3)_3$]作为添加剂，也可以提高辛烷值。

内，将 2,2,4-三甲基戊烷的辛烷值定为 100。辛烷值越高，防止发生爆震的能力越强。六个碳以上的直链烷烃辛烷值很低；带支链的、不饱和的脂环，特别是芳环最为理想，有的超过 100。大部分现代化的设备要求辛烷值在 90～100 之间。可将石脑油、常压渣油，有时也用瓦斯油经过加工，将辛烷值提高到 95 左右，再掺入汽油中使用。加工方法之一是催化重整（catalytic reforming），主要将石脑油中 $C_6$ 以上成分芳构化（aromatization），即变成芳香烃。此法除用于使石脑油提高辛烷值外，在化工中主要用来生产芳香烃。加工方法之二为催化裂化，此法除用于提高辛烷值外，在化工中主要用于生产丙烯、丁烯。

表 4-2 石油馏分

| 馏 分 | 分馏区间 | 主要成分 | 燃料的应用 |
| --- | --- | --- | --- |
| 气体 | bp<20℃ | $C_1$～$C_4$ | 炼油厂燃料，液化石油气 |
| 汽油 | bp 30～75℃ | $C_4$～$C_8$ | 辛烷值较低，用做车用汽油的掺和组分 |
| 石脑油 | bp 75～190℃ | $C_8$～$C_{12}$ | 辛烷值太低，不直接用做车用汽油 |
| 煤油 | bp 190～250℃ | $C_{10}$～$C_{16}$ | 家用燃料，喷气燃料，拖拉机燃料 |
| 瓦斯油 | bp 250～350℃ | $C_{15}$～$C_{20}$ | 柴油，集中取暖用燃料 |
| 常压渣油 | bp>350℃ | $C_{20}$ 以上 | 发电厂、船舶和大型加热设备用的燃料 |

关于烷烃的合成将在 6.10.4(3)中介绍。

## 章末习题

**习题 4-16** 写出所有五碳烷烃的结构式及中英文系统命名。

**习题 4-17** 画出 $C_1$～$C_{20}$ 的直链烷烃的熔点曲线图，并对图中熔点变化的规律作出分析。

**习题 4-18** 标准状态下，22.4 L 甲烷、乙烷的等物质的量的混合气体完全燃烧后得多少升二氧化碳和多少克 $H_2O$？（列式计算）

**习题 4-19** 请填充下列空白或选择括号中正确的回答：一个能量可变的体系，能量越_____越稳定；在放热反应过程中，体系（获得、失去）的能量越多，最后达到的状态越_____。

**习题 4-20** 化合物 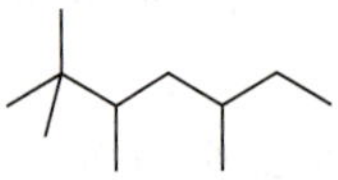 可以生成哪几种类型的自由基？写出它们的结构简式，并按稳定性由大到小的顺序排列。

**习题 4-21** 写出分子式为 $C_7H_{16}$ 的所有构造异构体的键线式。指出其中含一级碳原子最多的化合物是_____（写系统名称），该化合物含二级碳原子____个，含三级碳原子____个，含四级碳原子____个。该异构体有几种一氯取代产物？

**习题 4-22** 写出所有符合下列要求的化合物的结构式并命名：
(i) 分子式为 $C_7H_{14}$； (ii) 只含一个一级碳； (iii) 饱和烃。

**习题 4-23** 写出由新戊烷生成一氯代产物的反应机理，并绘制链增长阶段的反应势能图。

**习题 4-24** 在温度不太高时，1,1′-联环丙烷可生成几种一氯代产物？写出反应的化学方程式，并估算产物的百分含量。若反应温度超过 450℃，产物的百分含量会发生什么变化？为什么？

**习题 4-25** 在温度不太高时，异辛烷可生成哪几种一溴代产物？写出它们的结构式。其中哪种产物含量最多，哪种产物含量最少？简述理由。

## 复习本章的指导提纲

**基本概念**

烷烃：链烷烃，环烷烃，集合环烷烃，螺环烷烃，桥环烷烃。物理性质：沸点，熔点，偶极矩，相对密度，溶解度，相似相溶原理。化学性质：有机反应，自由基反应，均裂，键解离能，自由基；离子型反应，异裂，正离子，负离子，亲电反应，亲核反应，取代反应，亲电试剂，亲核试剂；协同反应，环状过渡态，基元反应；反应机理，反应势能图，活化能，过渡态，活性中间体，热力学与化学平衡，动力学与反应速率；热裂；自动氧化。辛烷值。

**基本知识点**

烷烃的分类，各类烷烃的类名、定义及结构特征，烷烃的物理性质及其变化规律，烷烃的结构和反应性分析；有机反应的分类方式及各类反应的名称；有机反应机理的含义及表达，反应势能图的绘制、分析及应用；碳自由基的定义和结构，键解离能和自由基稳定性的关系，碳自由基稳定性的排列顺序；自由基反应及相关的系列知识；烷烃的卤化及相关的系列知识；石油工业和烷烃来源的关系。

**基本理论**

碰撞理论，过渡态理论，Hammond假设。

**基本反应和重要反应机理**

自由基反应的共性，自由基反应的机理，自由基反应三个阶段的特征（重点是烷烃卤化的反应机理）；烷烃卤化反应的定义、反应机理及表达，卤化反应的类别及活性比较，反应体系的能量变化，反应选择性的分析；烷烃的热裂、烷烃的自动氧化、烷烃的硝化、烷烃的磺化和氯磺化反应的定义及反应特征；环烷烃的自由基取代反应及小环化合物的开环反应，两种反应与环烷烃结构及反应条件的关系。

## 英汉对照词汇

acid-base reaction　酸碱反应
acyclic alkane　链烷烃
activation energy　活化能
addition reaction　加成反应
alicyclic compound　脂环化合物
anion　负离子
aromatization　芳构化
autoxidation reaction　自动氧化反应
boiling point(bp)　沸点
bond-dissociation energy　键解离能
brominate　溴化
bridged cycloalkane　桥环烷烃
catalytic reforming　催化重整

chain initiation　链引发
chain propagation　链增长
chain reaction　链反应
chain termination　链终止
chain transfer(propagation)　链转移，链传递，链生长
chlorizate　氯化
chloro-sulfonation　氯磺化
condensation reaction　缩合反应
cycloalkane　环烷烃
cycloalkane ring assembly　集合环烷烃
cyclic transition state　环状过渡态
density　密度

dipole moment　偶极矩
dynamics　动力学
electrophilic reaction　亲电反应
electrophilic agent(electrophile)　亲电试剂
elementary reaction　基元反应
elimination reaction　消除反应
endothermic reaction　吸热反应
equilibrium constant　平衡常数
exothermic reaction　放热反应
fluorinate　氟化
free radical　自由基
free radical reaction　自由基(型)反应
halogenating reaction　卤化反应
Hammond hypothesis　哈蒙特假设
heat of combustion　燃烧热
heterolysis　异裂
homolysis　均裂
induction period　诱导期
inhibitor　阻抑剂
initiator　引发剂
iodizate　碘化
ionic reaction　离子型反应
melting point(mp)　熔点

natural gas　天然气
nitration　硝化
non-polar molecule　非极性分子
nucleophilic reaction　亲核反应
nucleophilic agent(nucleophile)　亲核试剂
octane value　辛烷值
opening of ring　开环
organic reaction　有机反应
oxidation and reduction reaction　氧化和还原反应
petrol　汽油
petroleum　石油
pyrolysis　热裂
reaction mechanism　反应机理
reaction rate　反应速率
reactive intermediate　活泼中间体
rearrangement reaction　重排反应
spirocycloic alkane　螺环烷烃
substitution reaction　取代反应
sulfonation　磺化
synergistic reaction　协同反应
thermodynamics　热力学
transition state　过渡态

# 第 5 章
# 紫外光谱 红外光谱 核磁共振和质谱

※ ※ ※ ※ ※

测定有机化合物的结构是有机化学的重要任务之一。经典的测定结构的程序有：① 定性分析分子的元素组成；② 定量测定各元素的含量；③ 测定相对分子质量；④ 综合上述数据，计算求出分子式；⑤ 定性鉴定分子所含的官能团；⑥ 通过化学反应提出分子的结构片段；⑦ 综合所有的信息，拼凑完整的分子结构，并用化学方法加以鉴别；⑧ 用标准样品进行对照，最后证明所推断结构的正确性。这种经典的测定方法不仅需要的试样多、工作量大、耗时长，而且需要化学家具有极高的智慧、周密的分析和高超的技术。例如，1806 年，Sertuner(斯图奈尔)首次从鸦片中分离得到吗啡。但吗啡的结构测定耗尽了许多化学家毕生的精力，历经 147 年，于 1952 年才完全阐明吗啡的结构。

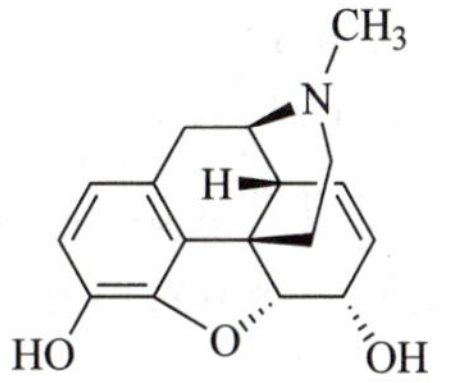

吗啡(morphine)具有优异的镇痛作用，是人类最早使用的镇静剂，也具有强麻醉剂的作用。但连续使用有明显的成瘾性，用量过大可中毒直至死亡。

测定有机化合物结构的近代方法是借助有机化合物的物理性质，主要是化合物的质谱、红外光谱、紫外光谱和核磁共振谱等提供的各种结构信息来推断化合物的结构。现代测定方法需要的试样少、快速而方便。通过分析图谱，有些简单的化合物几分钟就可以确定结构。

※ ※ ※ ※ ※

准确测定有机化合物的分子结构，对从分子水平去认识物质世界，推动近代有机化学的发展是十分重要的。采用现代仪器分析方法，可以快速、准确地测定有机化合物的分子结构。在有机化学中应用最广泛的测定分子结构的方法是四大光谱法：紫外光谱、红外光谱、核磁共振和质谱。本章对此作简单介绍。

## （一）紫外光谱

紫外和可见光谱(ultraviolet and visible spectrum)简写为 UV。

## 5.1 紫外光谱的基本原理

### 5.1.1 紫外光谱的产生

在紫外光谱中,波长单位用 nm(纳米)表示。紫外光的波长范围是 100～400 nm,它分为两个区段。波长在 100～200 nm 的区段称为远紫外区,这种波长能够被空气中的氮、氧、二氧化碳和水所吸收,因此只能在真空中进行研究工作,故这个区域的吸收光谱称为真空紫外,由于技术要求很高,目前在有机化学中用途不大。波长在 200～400 nm 的区段称为近紫外区,一般的紫外光谱都是指这一区域的吸收光谱。波长在 400～800 nm 范围的称为可见光谱。常用的分光光度计一般包括紫外及可见两部分,波长在 200～800 nm(或 200～1000 nm)。

分子内部的运动有转动、振动和电子运动,相应状态的能量(状态的本征值)是量子化的,因此分子具有转动能级、振动能级和电子能级。通常,分子处于低能量的基态,从外界吸收能量后,能引起分子能级的跃迁。电子能级的跃迁所需能量最大,大致在 1～20 eV(电子伏特)之间。根据量子理论,相邻能级间的能量差 $\Delta E$、电磁辐射的频率 $\nu$、波长 $\lambda$ 符合下面的关系式:

$$\Delta E = h\nu = hc/\lambda \tag{5-1}$$

式中 $h$ 是 Planck(普朗克)常量,为 $6.624 \times 10^{-34}$ J·s$=4.136 \times 10^{-15}$ eV·s;$c$ 是光速,为 $2.998 \times 10^{10}$ cm·s$^{-1}$。应用该公式可以计算出电子跃迁时吸收光的波长。例如,某电子跃迁需要 3 eV 的能量,它需要吸收波长多少纳米的光呢?

$$\lambda = hc/\Delta E = (4.136 \times 10^{-15} \text{ eV·s} \times 2.998 \times 10^{10} \text{ cm·s}^{-1})/3 \text{ eV}$$
$$= 4.133 \times 10^{-5} \text{ cm} = 413 \text{ nm}$$

计算结果说明,该电子跃迁需要吸收波长 413 nm 的光。许多有机分子中的价电子跃迁,须吸收波长在 200～1000 nm 范围内的光,恰好落在紫外-可见光区域。因此,紫外吸收光谱是由于分子中价电子的跃迁而产生的,也可以称它为电子光谱。

**习题 5-1** 某电子跃迁需要吸收 4 eV 的能量,它跃迁时应该吸收波长多少纳米的光?

### 5.1.2 电子跃迁的类型

有机化合物分子中主要有三种电子:形成单键的 $\sigma$ 电子;形成双键的 $\pi$ 电子;未成键的孤对电子,也称 n 电子。基态时,$\sigma$ 电子和 $\pi$ 电子分别处在 $\sigma$ 成键轨道和 $\pi$ 成键轨道上,n 电子处于非键轨道上。仅从能量的角度看,处于低能态的电子吸收合适的能量后,都可以跃迁到任一个较高能级的反键轨道上。跃迁的情况如图 5-1 所示。

虚线下的数字是跃迁时吸收能量的大小顺序,该顺序也可以表示为

n→π* ＜π→π* ＜n→σ* ＜π→σ* ＜σ→π* ＜σ→σ*

即 n→π* 的跃迁吸收能量最小。实际上,对于一个非共轭体系来讲,所有这些可能的跃迁中,只有 n→π* 的跃迁的能量足够小,相应的吸收光波长在 200～800 nm 范围内,即落在近紫外-可见光区;其他的跃迁能量都太大,它们的吸收光波长均在 200 nm 以下,无法观察到紫外光谱。但对于共轭体系的 π→π* 跃迁,它们的吸收光可以落在近紫外区。

一个允许的跃迁不仅要考虑能量的因素,还要符合动量守恒(跃迁过程中光量子的能量不转变成振动的动能)、自旋动量守恒(电子在跃迁过程中不发生自旋翻转),此外,还要受轨道对称性的制约。即使是允许的跃迁,它们的跃迁概率也是不相等的。

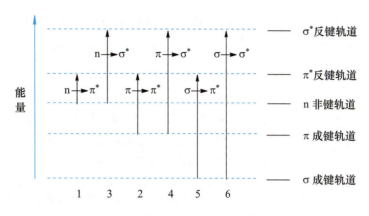

图 5-1　各种电子跃迁的相对能量

烷烃只有 σ 键,只能发生 σ→σ* 的跃迁;含有重键如 C=C,C≡C,C=O,C=N 等的化合物有 σ 键和 π 键,有可能发生 σ→σ*,σ→π*,π→π*,π→σ* 的跃迁;分子中含有氧、卤素等原子时,因为它们含有 n 电子,还可能发生 n→π*,n→σ* 的跃迁。有机分子最常见的跃迁是 σ→σ*,π→π*,n→σ*,n→π* 的跃迁。

电子的跃迁可以分成三种类型:基态成键轨道上的电子跃迁到激发态的反键轨道,称为 N→V 跃迁,如 σ→σ*,π→π* 的跃迁;杂原子的孤对电子向反键轨道的跃迁,称为 N→Q 跃迁,如 n→σ*,n→π* 的跃迁;还有一种 N→R 跃迁,这是 σ 键电子逐步激发到各个高能级轨道上,最后变成分子离子的跃迁,发生在高真空紫外的远端。

**习题 5-2**　乙烯能发生哪些电子跃迁?哪一种跃迁最易发生?

**习题 5-3**　甲醇能发生什么电子跃迁?为什么?

**习题 5-4**　丙酮可以发生什么电子跃迁?在丙酮的紫外光谱图中,只在 279 nm 处有一个弱吸收带,这是什么跃迁的吸收带?

## 5.2　紫外光谱图

图 5-2 是乙酸苯酯的紫外光谱图。

紫外光谱图提供两个重要的数据:吸收峰的位置和吸收光谱的吸收强度。从图 5-2 可以看出,化合物对电磁辐射的吸收性质是通过一条吸收曲线来描述的。图中以波长(单位 nm)为横坐标,它指示了吸收峰的位置在 260 nm 处;纵坐标指示了该吸收峰的吸收强度,即吸光度为 0.8。

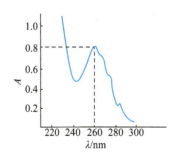

图 5-2　乙酸苯酯的紫外光谱图

吸收光谱的吸收强度是用 Lambert(朗伯)-Beer(比尔)定律来描述的,可表示为

$$A = \lg \frac{I_0}{I} = \varepsilon c l = \lg \frac{1}{T} \tag{5-2}$$

式中 $A$ 称为吸光度(absorbance)。$I_0$ 是入射光的强度,$I$ 是透过光的强度,$T=I/I_0$ 为透射比(transmittance),又称为透光率或透过率,用百分数表示。$l$ 是光在溶液中经过的距离(一般为吸收池的长度)。$c$ 是吸收溶液的浓度。$\varepsilon = A/(cl)$,称为吸收系数(absorptivity),也可用 $\kappa$ 表示。若 $c$ 以 $mol·L^{-1}$ 为单位,$l$ 以 cm 为单位,则 $\varepsilon$ 称为摩尔消光系数或摩尔吸光系数,单位为 $cm^2·mol^{-1}$(通常可省略)。

$A, T, (1-T)$(吸收率),$\varepsilon, \lg\varepsilon, E_{1\,cm}^{1\%}$ 都能作为紫外光谱图的纵坐标,但最常用的是 $\varepsilon, \lg\varepsilon$。图 5-2 是以吸光度 $A$ 为纵坐标的紫外光谱图;图 5-3 是以 $T, 1-T, \varepsilon, \lg\varepsilon$ 为纵坐标的紫外光谱图。由图 5-3 可知,透过率与吸收率正好相反,若吸收率为 20%,透过率恰好为 80%。

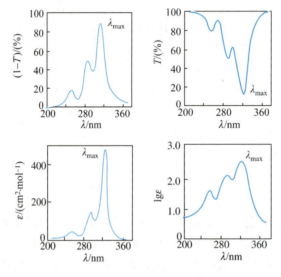

若紫外光谱在惰性溶剂的稀溶液或气态中测定,则图谱的吸收峰上因振动吸收而会表现出锯齿状精细结构。降低温度可以减少振动和转动对吸收带的贡献,因此有时降温可以使吸收带呈现某种单峰式的电子跃迁。溶剂的极性对吸收带的形状也有影响,通常的规律是溶剂从非极性变到极性时,精细结构逐渐消失,图谱趋向平滑。

最大吸收时的波长($\lambda_{max}$)为紫外的吸收峰,在以吸光度、$\varepsilon$、$\lg\varepsilon$、吸收率为纵坐标的谱图中,$\lambda_{max}$ 处于吸收曲线的最高峰顶;而在以透过率为纵坐标的谱图中,$\lambda_{max}$ 处于曲线的最低点。紫外吸收的强度通常都用最大吸收峰的 $\varepsilon$ 值即 $\varepsilon_{max}$ 来衡量。在多数文献报告中,并不绘制出紫外光谱图,只是报道化合物最大吸收峰的波长及与之相应的摩尔吸光系数。例如 $CH_3I$ 的紫外吸收数据为 $\lambda_{max}$ 258 nm(365),表示吸收峰的波长为 258 nm,相应的摩尔吸光系数为 365。

**图 5-3 各种方法表示的紫外吸收曲线图**

紫外光谱的测定大都是在溶液中进行的,绘制出的吸收带大都是宽带。这是因为分子振动能级的能级差为 0.05~1 eV,转动能级的能差小于 0.05 eV,都远远低于电子能级的能差,因此当电子能级改变时,振动能级和转动能级也不可避免地会有变化,即电子光谱中不但包括电子跃迁产生的谱线,也有振动谱线和转动谱线,分辨率不高的仪器测出的谱图,由于各种谱线密集在一起,往往只看到一个较宽的吸收带。

---

**习题 5-5** 将 9.73 mg 2,4-二甲基-1,3-戊二烯溶于 10 mL 乙醇中,然后将其稀释到 1000 mL,用 1 cm 长的样品池测定该溶液的紫外吸收,吸光度 $A$ 为 1.02,求该化合物的摩尔吸光系数 $\varepsilon$。

## 5.3 各类化合物的电子跃迁

### 5.3.1 饱和有机化合物的电子跃迁

饱和烃分子是只有 C—C σ 键与 C—H σ 键的分子,只能发生 σ→σ* 跃迁。由于 σ 电子不易激发,故跃迁需要的能量较大,即必须在波长较短的辐射照射下才能发生。如 $CH_4$ 的 σ→σ* 跃迁在 125 nm,乙烷的 σ→σ* 跃迁在 135 nm,其他饱和烃的吸收一般波长在 150 nm 左右,均在远紫外区。

如果饱和烃中的氢被氧、氮、卤素等原子或基团取代,这些原子中的 n 轨道的电子可以发生 n→σ* 跃迁,见图 5-4。

表 5-1 列举了一些能进行 n→σ* 跃迁的化合物。

从表 5-1 可以看出,C—O(醇、醚)、C—Cl 等基团的 n→σ* 跃迁,吸收光的波长小于 200 nm,在真空紫外;而 C—Br,C—I,C—$NH_2$ 等基团的 n→σ* 跃迁,吸收光的波长大于 200 nm,可以在近紫外区看到不强的吸收。这些化合物在吸收光谱上的差别,主要是由于原子的电负性不同引起的。原子的电负性强,对电子控制牢,激发电子需要的能量大,吸收光的波长短;反之,原子的电负性较弱,对电子控制不牢,激发电子需要的能量较小,可以在近紫外区出现吸收。此外,分子的可极化性对其吸收光的波长也有一定的影响。可极化性大的,吸收光的波长也较长,n→σ* 跃迁的 ε 值一般在几百以下。

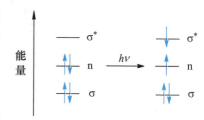

图 5-4 n→σ* 跃迁

由于饱和烃、醇、醚等在近紫外区不产生吸收,一般用紫外-可见分光光度计无法测出,因此在紫外光谱中常用做溶剂。

表 5-1 一些化合物发生 n→σ* 跃迁时的吸收光

| 化合物 | $CH_3Cl$ | $CH_3OH$ | $CH_3OCH_3$ | $CH_3Br$ | $CH_3NH_2$ | $CH_3I$ |
|---|---|---|---|---|---|---|
| $\lambda_{max}$/nm(ε) | 172(弱) | 183(150) | 185(2520) | 204(200) | 215(600) | 258(365) |

**习题 5-6** 乙烷能发生什么电子跃迁?它的跃迁吸收带处在什么区域?为什么在测定紫外光谱时可以用烷烃做溶剂?

**习题 5-7** 下面四种化合物,哪几种可用做测定紫外光谱的溶剂?为什么?
(i) 环己烷　(ii) 乙醇　(iii) 丙酮　(iv) 碘甲烷

### 5.3.2 不饱和脂肪族化合物的电子跃迁

**1. π→π* 跃迁**

C=C 双键可以发生 π→π* 跃迁,由于原子核对 π 电子的控制不如对 σ 电子牢,

跃迁所需的能量较 σ 电子小。所以 π→π* 跃迁 ε 值较大,在 5000～100 000 左右,但是只有一个 C=C 双键的 π→π* 跃迁出现在 170～200 nm 处,在真空紫外吸收,一般的分光光度计不能观察到。例如,乙烯的 π→π* 跃迁,$\lambda_{max}=185$ nm($\varepsilon=10\ 000$),在近紫外区不能检出;同样,C≡C 与 C≡N 等 π→π* 跃迁的吸收亦小于 200 nm。

如果分子中存在两个或两个以上的双键(包括叁键)形成的共轭体系,π 电子处在离域的分子轨道上,与定域轨道相比,占有电子的成键轨道的最高能级与未占有电子的反键轨道的最低能级的能差减小,使 π→π* 跃迁所需的能量减少,因此吸收向长波方向位移,吸光系数也随之增大。例如,1,3-丁二烯分子中两对 π 电子填满 $\pi_1$ 与 $\pi_2$ 成键轨道,$\pi_3$ 与 $\pi_4$ 反键轨道是空的,当电子吸收了所需的光能后便会发生从 $\pi_2$ 到 $\pi_3$ 的跃迁,见图 5-5。由图 5-5 可知,在这种分子中,电子可以有多种跃迁,但是在有机分子中比较重要的是能量最低的跃迁。因为这种跃迁在近紫外区吸收,1,3-丁二烯的能量最低跃迁是 $\pi_2$→$\pi_3$ 跃迁,其 $\lambda_{max}=217$ nm($\varepsilon=21\ 000$);而其他

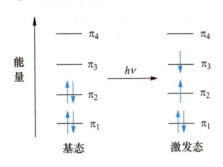

图 5-5　1,3-丁二烯的基态与激发态

跃迁能级相差较大,需要能量较大,在真空紫外吸收。随着共轭体系逐渐增长,跃迁能级的能差逐渐变小,吸收愈向长波方向位移,由近紫外可以转向可见光吸收(见表 5-2)。

因为共轭体系吸收带的波长在近紫外,因此在紫外光谱的应用上占有重要地位,对于判断分子的结构非常有用。

表 5-2　多烯化合物的吸收带

| 化合物 | 双键 | $\lambda_{max}$/nm($\varepsilon$) | 颜色 |
| --- | --- | --- | --- |
| 乙烯 | 1 | 185(10 000) | 无色 |
| 丁二烯 | 2 | 217(21 000) | 无色 |
| 1,3,5-己三烯 | 3 | 285(35 000) | 无色 |
| 癸五烯 | 5 | 335(118 000) | 淡黄 |
| 二氢-β-胡萝卜素 | 8 | 415(210 000) | 橙黄 |
| 番茄红素 | 11 | 470(185 000) | 红 |

2. n→π* 跃迁

有些基团存在双键和孤对电子,如 C=O,N=O,C=S,N=N 等,这些基团除了可以进行 π→π* 跃迁,有较强的吸收外,还可进行 n→π* 跃迁,这种跃迁所需能量较少,可以在近紫外或可见光区有不太强的吸收,ε 值一般在十到几百。例如,脂肪醛中 C=O 的 π→π* 跃迁吸收约 210 nm,n→π* 跃迁吸收约 290 nm,见图 5-6。

如果这些基团与 C=C 共轭,形成含有杂原子的共轭体系,与 C=C—C=C 共轭类似,可以形成新的成键轨道与反键轨道,使 π→π* 与 n→π* 的跃迁能级的能差减小,吸收向长波方向位移。例如,2-丁烯醛的 $\pi_2$→$\pi_3$ 和 n→$\pi_3$ 跃迁与脂肪醛相应的跃迁比较,吸收均向长波位移,图 5-7。

## 5.3 各类化合物的电子跃迁

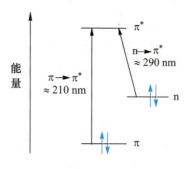

图 5-6　脂肪醛的 $\pi \to \pi^*$ 和 $n \to \pi^*$ 跃迁

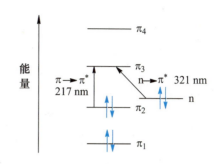

图 5-7　2-丁烯醛的 $\pi_2 \to \pi_3$ 和 $n \to \pi_3$ 跃迁

表 5-3 列举了常见的 $n \to \pi^*$ 跃迁化合物的吸收带以及不同类型共轭分子的吸收带。

表 5-3　一些化合物的 $n \to \pi^*$，$\pi \to \pi^*$ 跃迁的吸收带

| 化合物 | 基团 | $\pi \to \pi^*$ $\lambda_{max}/nm(\varepsilon)$ | $n \to \pi^*$ $\lambda_{max}/nm(\varepsilon)$ |
| --- | --- | --- | --- |
| 醛 | —CHO | ≈210(强) | 285～295(10～30) |
| 酮 | \C=O | ≈195(1000) | 270～285(10～30) |
| 硫酮 | \C=S | ≈200(强) | ≈400(弱) |
| 硝基化合物 | —NO$_2$ | ≈210(强) | ≈270(10～20) |
| 亚硝酸酯 | —ONO | ≈220(2000) | ≈350(0～80) |
| 硝酸酯 | —ONO$_2$ | — | ≈270(10～20) |
| 2-丁烯醛 | CH$_3$CH=CHCH=O | ≈217(16 000) | 321(20) |
| 联乙酰 | O=CH—CH=O | — | 435(18) |
| 2,4-己二烯醛 | CH$_3$CH=CHCH=CHCH=O | ≈263(27 000) | — |

从表 5-3 可以看出，$n \to \pi^*$ 跃迁的 $\varepsilon$ 值很小，一般是由十到几百。$\varepsilon$ 值小的原因，可以从羰基的轨道结构得到解释，见图 5-8。从图 5-8 羰基的轨道图中看到，n 轨道的电子与 $\pi$ 电子集中在不同的空间区域，因此，尽管 $n \to \pi^*$ 跃迁需要的能量较低，由于在不同的空间，故 n 轨道的电子跃迁到 $\pi$ 轨道的可能性是比较小的，产生跃迁的概率不大。由于 $\varepsilon$ 值是由电子跃迁的概率决定的，所以 $n \to \pi^*$ 跃迁的 $\varepsilon$ 值很小，这种跃迁称为禁忌跃迁，与 $\pi \to \pi^*$ 跃迁比较，$\varepsilon$ 值要小 2～3 个数量级。根据 $n \to \pi^*$ 跃迁显示弱的吸收带，同时根据吸收位置，可以预示某些基团的存在，在结构测定中相当有用。例如，3-甲基-3-戊烯-2-酮具有 C=C—C=O 的共轭结构，$\pi \to \pi^*$ 跃迁 $\lambda_{max}=229.5$ nm($\varepsilon=11\,090$，$\lg\varepsilon=4.04$)，$n \to \pi^*$ 跃迁 $\lambda_{max}=310$ nm($\varepsilon=42$，$\lg\varepsilon=1.62$)。这两种跃迁 $\varepsilon$ 值相差很大，因此很容易区分，同时根据吸收峰的位置可以估量羰基的存在，见图 5-9。图 5-10 中，(i)的 $\lambda_{max}=279$ nm($\varepsilon=15$)，这是丙酮的 $n \to \pi^*$ 跃迁的吸收带，它的 $\pi \to \pi^*$ 跃迁需要较高的能量，其吸收带在 $\lambda_{max} \approx 150$ nm(图中未标出)；(ii)的吸收带，$\lambda_{max}=310$ nm，这是甲乙烯酮的 $n \to \pi^*$ 跃迁的吸收峰，在短波处还有 $\pi \to \pi^*$ 跃迁的吸收带。

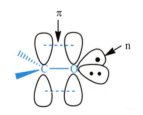

图 5-8　羰基的 $\pi$ 轨道与 n 轨道

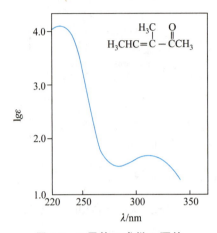

图 5-9　3-甲基-3-戊烯-2-酮的紫外吸收光谱(在乙醇中)

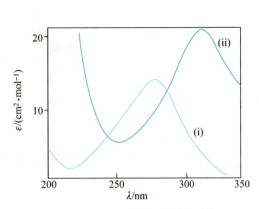

图 5-10　丙酮(i)和甲乙烯酮(ii)的紫外吸收光谱

**习题 5-8**　乙醛有两个吸收带:$\lambda_{max}^1 = 190$ nm($\varepsilon_1 = 10\,000$),$\lambda_{max}^2 = 289$ nm($\varepsilon_2 = 12.5$)。试问这两个吸收带各相应于乙醛的什么跃迁?

**习题 5-9**　$\lambda_{max}^1 = 295$ nm($\varepsilon_1 = 27\,000$),$\lambda_{max}^2 = 171$ nm($\varepsilon_2 = 15\,530$),$\lambda_{max}^3 = 334$ nm($\varepsilon_3 = 40\,000$),$\lambda_{max}^4 = 258$ nm($\varepsilon_4 = 35\,000$),这四组数据各对应于下面哪个化合物?

(i)　$CH_2=CH_2$
(ii)　$CH_2=CH-CH=CH-CH=CH_2$
(iii)　$C_6H_5-CH=CH-C_6H_5$
(iv)　$C_6H_5-CH=CH-CH=CH-C_6H_5$

**习题 5-10**　写出乙酰乙酸乙酯的酮式及其烯醇式的互变异构体。今有两张紫外光谱图,一张在204 nm处有弱吸收,另一张在245 nm处有强的吸收带($\varepsilon = 18\,000$),试问这两张图谱各对应于什么异构体? 并阐明作出判断的依据。

### 5.3.3　芳香族化合物的电子跃迁

芳香族化合物都具有环状的共轭体系,一般来讲,它们都有三个吸收带。芳香族化合物中最重要的是苯,苯的带 Ⅰ $\lambda_{max} = 184$ nm($\varepsilon = 47\,000$),在真空紫外;带 Ⅱ $\lambda_{max} = 204$ nm($\varepsilon = 6900$);带 Ⅲ $\lambda_{max} = 255$ nm($\varepsilon = 230$)。图5-11 为苯的带 Ⅲ 在 255 nm 处的吸收。因为电子跃迁时伴随着振动能级的跃迁,因此将带 Ⅲ 弱的吸收分裂成一系列的小峰,吸收最高处为一系列尖峰的中心,波长为 255 nm,$\varepsilon$ 值为 230,中间间隔为振动吸收,这种特征可用于鉴别芳香化合物。

苯衍生物的带 Ⅱ、带 Ⅲ 亦均在近紫外吸收,表 5-4

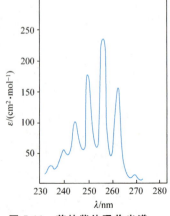

图 5-11　苯的紫外吸收光谱

> 有些基团的紫外吸收光谱与 pH 关系很大。例如,苯胺在酸性条件下由于氮上孤对电子与质子结合,它的吸收光谱与苯环类似;酚在酸性与中性条件下的吸收光谱与碱性时不一样。

是苯衍生物的吸收带。

表 5-4 苯衍生物的吸收带

| 取代基 | 带Ⅱ $\lambda_{max}$/nm($\varepsilon$) | 带Ⅲ $\lambda_{max}$/nm($\varepsilon$) | 取代基 | 带Ⅱ $\lambda_{max}$/nm($\varepsilon$) | 带Ⅲ $\lambda_{max}$/nm($\varepsilon$) |
|---|---|---|---|---|---|
| H | 204(6900) | 255(230) | —$CO_2^-$ | 224(8700) | 268(560) |
| —$NH_3^+$ | 203(7500) | 254(160) | —COOH | 230(11 600) | 273(970) |
| —$CH_3$ | 206(7000) | 261(225) | —$NH_2$ | 230(8600) | 287(1430) |
| —I | 207(7000) | 257(700) | —$O^-$ | 235(9400) | 287(2600) |
| —Cl | 209(7400) | 263(190) | —CHO | 244(15 000) | 280(1500) |
| —Br | 210(7900) | 261(192) | —CH=$CH_2$ | 244(12 000) | 282(450) |
| —OH | 210(6200) | 270(1450) | —$NO_2$ | 252(10 000) | 280(1000) |
| —$OCH_3$ | 217(6400) | 269(1480) | | | |

注：以上用水、甲醇或乙醇为溶剂。

稠环化合物的共轭体系比苯大，故带Ⅰ亦在近紫外区吸收。

**习题 5-11** 芳香族化合物的紫外吸收光谱的共同特点是什么？

## 5.4 影响紫外光谱的因素

### 5.4.1 生色团和助色团

分子中凡是能吸收某一段光波内的光子而产生跃迁的基团，就称为这一段波长的生色团（chromophore）。紫外光谱的生色团是：碳碳共轭结构、含有杂原子的共轭结构、能进行 n→π* 跃迁的基团、能进行 n→σ* 跃迁并在近紫外区能吸收的原子或基团。常见的生色团列于表 5-5。

表 5-5 常见生色团的吸收峰

| 生色团 | 化合物 | 溶剂 | $\lambda_{max}$/nm | $\varepsilon_{max}$ |
|---|---|---|---|---|
| $H_2C=CH_2$* | 乙烯（或 1-己烯） | 气态（庚烷） | 171(180) | 15 530(12 500) |
| HC≡CH* | 乙炔 | 气态 | 173 | 6000 |
| $H_2C=O$ | 乙醛 | 蒸气 | 289,182 | 12.5,10 000 |
| $(CH_3)_2C=O$ | 丙酮 | 环己烷 | 190,279 | 1000,22 |
| —COOH | 乙酸 | 水 | 204 | 40 |
| —COCl | 乙酰氯 | 庚烷 | 240 | 34 |
| —$COOC_2H_5$ | 乙酸乙酯 | 水 | 204 | 60 |
| —$CONH_2$ | 乙酰胺 | 甲醇 | 295 | 160 |
| —$NO_2$ | 硝基甲烷 | 水 | 270 | 14 |
| $(CH_3)_2C=N$—OH | 丙酮肟 | 气态 | 190,300 | 5000,— |

续表

| 生色团 | 化合物 | 溶剂 | $\lambda_{max}$/nm | $\varepsilon_{max}$ |
|---|---|---|---|---|
| $CH_2=N^+=N^-$ | 重氮甲烷 | 乙醚 | 417 | 7 |
| $C_6H_6$ | 苯 | 水 | 254,203.5 | 205,7400 |
| $CH_3-C_6H_5$ | 甲苯 | 水 | 261,206.5 | 225,7000 |
| $H_2C=CH-CH=CH_2$ | 1,3-丁二烯 | 正己烷 | 217 | 21 000 |

\* 孤立的 $C=C$,$C\equiv C$ 的 $\pi \rightarrow \pi^*$ 跃迁的吸收峰都在远紫外区,但当分子中再引入一个与之共轭的不饱和键时,吸收就进入到紫外区,所以此表将 $C=C$,$C\equiv C$ 也算做生色团。

有吸电子助色团,如 $-NO_2$,$-CN$,$-\overset{O}{\overset{\|}{C}}R$ 等;还有给电子助色团,如 $-OH$,$-OR$,$-NH_2$,$-NR_2$,$-SR$,卤素等。给电子助色团通常含带有孤对电子的氧原子、氮原子和卤原子等。

分子中能使生色团吸收峰向长波方向位移并增强其强度的基团称为助色团(auxochrome)。当这些具有非键电子的原子连在双键或共轭体系上,形成非键电子与 π 电子的共轭,即 p-π 共轭时,会使电子活动范围增大,吸收向长波方向位移,并使颜色加深。这种效应,称助色效应。表 5-6 为乙烯体系、α,β-不饱和羰基体系及苯环体系被给电子助色团取代后波长的增值。

表 5-6 $\lambda_{max}$/nm 的增值

| 体系 | $NR_2$ | OR | SR | Cl | Br |
|---|---|---|---|---|---|
| X—C=C | 40 | 30 | 45 | 5 | — |
| X—C=C—C=O | 95 | 50 | 85 | 20 | 30 |
| X—$C_6H_5$ 带 II | 51 | 20 | 55 | 10 | 10 |
| 带 III | 45 | 17 | 23 | 2 | 6 |

表中 X 为助色团。

### 5.4.2 红移现象和蓝(紫)移现象

由于取代基或溶剂的影响,使最大吸收峰向长波方向移动的现象称为红移(red shift)现象。由于取代基或溶剂的影响,使最大吸收峰向短波方向移动的现象称为蓝(紫)移(blue shift)现象。波长与电子跃迁前后所占据轨道的能量差成反比,因此,能引起能量差变化的因素如共轭效应、超共轭效应、空间位阻(空阻)效应及溶剂效应等都可以产生红移现象或蓝移现象。

将烷基引入共轭体系时,烷基中的 C—H 键的电子可以与共轭体系的 π 电子重叠,产生超共轭效应,其结果使电子的活动范围增大,吸收向长波方向位移。超共轭效应增长波长的作用不是很大,但对化合物结构的鉴定还是有用的。表 5-7 列举的数据表明了在共轭体系上的烷基对吸收波长的影响。

表 5-7 烷基对共轭体系吸收波长的影响

| 化合物 | $\lambda_{max}$/nm | 化合物 | $\lambda_{max}$/nm |
|---|---|---|---|
| $CH_2=CH-CH=CH_2$ | 217 | $CH_3-CH=CH-C(CH_3)=O$ | 224 |
| $CH_3-CH=CH-CH=CH_2$ | 222 | $(CH_3)_2C=CH-C(CH_3)=O$ | 235 |
| $CH_3-CH=CH-CH=CH-CH_3$ | 227 | $C_6H_6$ | 255 |
| $CH_2=C(CH_3)-C(CH_3)=CH_2$ | 227 | $CH_3-C_6H_5$ | 261 |
| $CH_2=CH-C(CH_3)=O$ | 219 | | |

溶剂对基态、激发态与 n 态的作用是不同的，对吸收波长的影响亦不同，极性溶剂比非极性溶剂的影响大。因此在记录吸收波长时，需要写明所用的溶剂。紫外中常用的溶剂为水、甲醇、乙醇、己烷或环己烷、醚等。溶剂本身也有一定的吸收带，虽然其 ε 值小，但浓度一般比待测物的浓度大好几个数量级，因此，如果与溶质的吸收带相同或相近，将会有干扰，选择溶剂时要予以注意。

由于溶剂与溶质分子间形成氢键、偶极极化等的影响，也可以使溶质吸收波长发生位移。例如 π→π* 跃迁，激发态比基态的极性强，因此极性溶剂对激发态的作用比基态强，可使激发态的能量降低较多，以使基态与激发态之间的能级的能差减小，吸收向长波位移，即发生红移现象。又如 n→π* 跃迁，在质子溶剂中，溶质氮或氧上的 n 轨道中的电子可以被质子溶剂质子化，质子化后的杂原子增加了吸电子的作用，吸引 n 轨道的电子更靠近核而能量降低，故基态分子的 n 轨道能量降低，n→π* 跃迁时吸收的能量较前为大，这使吸收向短波位移，即发生蓝移现象，见图 5-12。

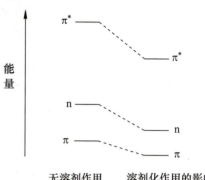

图 5-12　溶剂对溶质 n→π* 跃迁能量的影响

### 5.4.3　增色效应和减色效应

使 ε 值增加的效应称为增色效应 (hyperchromic effect)。使 ε 值减弱的效应称为减色效应 (hypochromic effect)。ε 值与电子跃迁前后所占据轨道的能差及它们相互的位置有关，轨道间能差小，处于共平面时，电子的跃迁概率较大，ε 值也就较大。在分子中，相邻的生色团由于空间位阻效应而不能很好地共平面，对化合物的吸收波长及 ε 值均有影响。例如，二苯乙烯由于存在双键，具有顺反异构体，反式异构体的两个苯环可以与烯的 π 键共平面，形成一个大的共轭体系，它的紫外吸收峰 $\lambda_{max}$ = 290 nm(ε = 27 000)；而顺式异构体两个苯

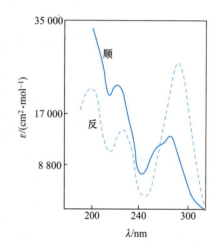

图 5-13　顺、反二苯乙烯的紫外吸收光谱

这种由于空间位阻使共轭体系不能很好共平面而引起的吸收波长与 ε 值的变化，在紫外吸收光谱中是一种普遍现象，在结构测定中十分有用。

环在双键的一边，由于空间位阻不能很好地共平面，共轭作用不如反式的有效，它的紫外吸收峰 $\lambda_{max}$ = 280 nm(ε = 14 000)。图 5-13 是顺、反二苯乙烯的紫外吸收光谱。

---

**习题 5-12**　$CH_3I$ 的最低能量跃迁是什么跃迁？相应的最大吸收波长是多少？请判断 $CH_3I$ 是否有生色团。

**习题 5-13**　下列化合物哪些有生色团？它们的生色团各是什么？

$$CH_4,\ CH_3\overset{O}{\overset{\|}{C}}CH_3,\ \bigcirc\!\!=\!\!,\ CH_3Cl,\ \bigcirc\!\!-\!\!CH_2CH_3,\ CH_3COR,\ CH_3OH,$$

$$C_3H_7\overset{O}{\overset{\|}{C}}-C\!\equiv\!CH,\ CH_3\overset{S}{\overset{\|}{C}}CH_3,\ CH_3NO_2$$

**习题 5-14** 用碘逐个替代甲烷中的氢,紫外光谱图将发生什么变化?为什么?

**习题 5-15** 举例说明:共轭双键越多,红移现象越显著,吸收强度也明显增强。并阐明发生上述变化的原因。

**习题 5-16** 苯与硝基苯的 $\lambda^{II}(\varepsilon)$ 和 $\lambda^{III}(\varepsilon)$ 是否相同?为什么?

**习题 5-17** 若分别在己烷或水中测定三氯乙醛的紫外吸收光谱,这两张紫外光谱图有什么不同?为什么会产生这种不同?

## 5.5 $\lambda_{max}$ 与化学结构的关系

紫外光谱提供了分子中生色团和助色团的信息。目前虽不能精确计算紫外特征吸收峰的位置,但已总结出各种经验规则,可用来估算化合物紫外吸收 $\lambda_{max}$ 的位置。最早提出的 Woodward(伍德沃德)-Fieser(费塞尔)规则可用来估算二烯烃、多烯烃及共轭烯酮类化合物的紫外吸收 $\lambda_{max}$ 的位置,一般计算值与实验值之间的误差约为 ±5 nm。表 5-8 列出了 Woodward-Fieser 规则中使用的一些数据。

**表 5-8 多烯类与 α,β-不饱和酮类紫外吸收的经验规则**

| 母 体 | C=C—C=C(在己烷中)* <br> (1) 无环二烯烃或异环二烯烃 217 nm <br> (2) 同环二烯烃 253 nm*** | C=C—C=O 215 nm <br> (在乙醇中)** |
|---|---|---|
| 环内双键加 | 36 | 39 |
| 环外双键加**** | 5 | 5 |
| 延伸双键加 | 30 | 30 |
| 共轭体系上取代烷基加 | 5 | α,10;β,12;γ,δ,18 |
| 助色团 RCOO 加 | 0 | α,β,γ,δ,6 |
| RO 加 | 6 | (OCH₃)α,35;β,30;γ,17;δ,31 |
| RS 加 | 30 | β,85 |
| Cl 加 | 5 | α,15;β,12 |
| Br 加 | 5 | α,25;β,30 |
| NR₂ 加 | 60 | β,95 |

\* 若用其他溶剂,数值基本相同。
\*\* 若用其他溶剂,需加校正值:己烷、环己烷+11 nm,乙醚+7 nm,二氧六环+5 nm,氯仿+1 nm。
\*\*\* 若两种情况的二烯烃体系同时存在,选用 253 nm 为基数。
\*\*\*\* 环外双键指 C=C,若是 C=O 在环外,则不用加。

下面举例说明:

**实例一**

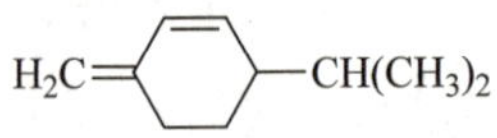

$H_2C$=〈环己烯〉—$CH(CH_3)_2$

计算值:$\lambda_{max}$ = 217 nm + 5 nm + 2×5 nm = 232 nm(实验值 231 nm)

**实例二**

计算值：$\lambda_{max} = 253 \text{ nm} + 5 \times 5 \text{ nm} + 3 \times 5 \text{ nm} + 30 \text{ nm} = 323 \text{ nm}$（实验值 320 nm）

**实例三**

计算值：$\lambda_{max} = 215 \text{ nm} + 30 \text{ nm} + 3 \times 18 \text{ nm} = 299 \text{ nm}$（实验值 296 nm）

**实例四**

计算值：$\lambda_{max} = 215 \text{ nm} + 12 \text{ nm} = 227 \text{ nm}$（实验值 228 nm）

上面两个异构体，可通过紫外光谱加以判别。

**习题 5-18** 估算下列化合物紫外吸收的 $\lambda_{max}$ 值（乙醇溶剂）。

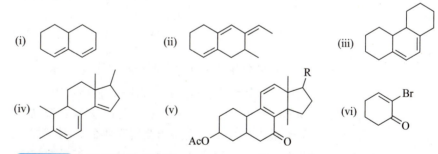

**习题 5-19** 测得某化合物的 $\lambda_{max}$ 为 357 nm（乙醇溶剂）。试问该化合物符合下面哪一个构造式？

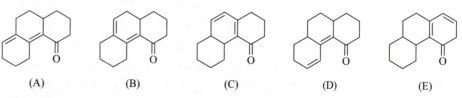

**习题 5-20** 你能否用紫外光谱来鉴别下列两组异构体？

(i) (A)　(B)　　(ii) (A)　(B)

## （二）红外光谱

红外光谱(infrared spectroscopy)简称为 IR。

## 5.6 红外光谱的基本原理

### 5.6.1 红外光谱的产生

红外光是一种电磁波，波长在 0.78～500 μm(微米)范围，可分为三个区段，见表 5-9。

表 5-9　红外光谱的分类

| 名　称 | $\lambda/\mu m$ | $\tilde{\nu}/cm^{-1}$ |
| --- | --- | --- |
| 近红外区(泛频区) | 0.78～2.5 | 12 820～4000 |
| 中红外区(基本转动-振动区) | 2.5～25 | 4000～400 |
| 远红外区(骨架振动区) | 25～500 | 400～20 |

表 5-9 中的波数是指每厘米所含波的数目，以 $\tilde{\nu}$ 表示。波长 $\lambda$ 和波数的关系是 $\tilde{\nu}=1/\lambda=\nu/c$，$\nu$ 表示频率，$c$ 为光速。例如波长为 2.5 μm，则波数为

$$\tilde{\nu}=\frac{1}{2.5\times10^{-4}\ cm}=4000\ cm^{-1}$$

原子和分子所具有的能量是量子化的，称之为原子或分子的能级，有平动能级、转动能级、振动能级和电子能级(图5-14)。基团从基态振动能级跃迁到上一个振动能级所吸收的辐射正好落在红外区，所以红外光谱是由于分子振动能级的跃迁而产生的。由于转动能级的激发只需要较低的能量即较长的光波，因此发生振动能级跃迁时，也伴随有转动能级的跃迁。转动能级的能差不是太大，所以观察到的红外光谱是由很多距离很近的线组成的一个吸收谱带，而不是一条条尖锐的谱线。一般来讲，红外光谱主要是指中红外光谱。

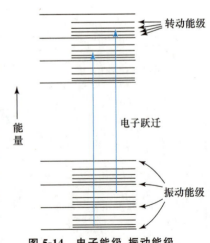

图 5-14　电子能级、振动能级、转动能级示意图

### 5.6.2 分子的振动形式和红外吸收频率

分子的振动分为伸缩振动($\nu_{伸}$ 或 $\nu$)和弯曲振动($\nu_{弯}$ 或 $\delta$)两大类。伸缩振动是键长改变的振动,分为对称伸缩振动($\nu_s$)和不对称伸缩振动($\nu_{as}$)两种。弯曲振动是键角改变的振动,也称为变形振动,分为面内变形振动和面外变形振动两种。前者又可分为剪式振动和面内摇摆振动,后者则可分为扭曲振动和面外摇摆振动。

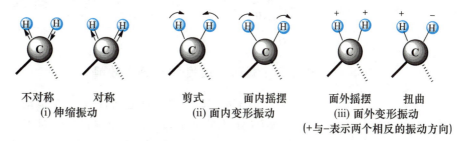

不对称　　对称　　　剪式　　面内摇摆　　面外摇摆　　扭曲
(i) 伸缩振动　　(ii) 面内变形振动　　(iii) 面外变形振动
(+与−表示两个相反的振动方向)

两个原子之间的伸缩振动可以看做一种简谐振动,根据 Hooke(虎克)定律,振动频率可以用下面的公式近似估算:

$$\nu = \frac{1}{2\pi}\sqrt{k\bigg/\frac{m_1 m_2}{m_1 + m_2}} \tag{5-3}$$

将频率($\nu$)、波数($\tilde{\nu}$)与光速($c$)的关系 $\tilde{\nu} = \dfrac{\nu}{c}$ 代入上式,得

$$\tilde{\nu} = \frac{1}{2\pi c}\sqrt{k\bigg/\frac{m_1 m_2}{m_1 + m_2}} = \frac{1}{2\pi c}\sqrt{\frac{k(m_1 + m_2)}{m_1 m_2}} \tag{5-4}$$

$m_1$ 与 $m_2$ 分别代表两个原子的质量,$m_1 m_2/(m_1 + m_2)$ 为折合质量,单位用 g(克)。原子质量愈轻,振动愈快,频率愈高,故原子的质量和振动频率或波数成反比。$k$ 为力常数,单位为 $N \cdot cm^{-1}$ 或 $g \cdot s^{-2}$(牛[顿]·厘米$^{-1}$或克·秒$^{-2}$)。力常数的大小与键能、键长有关,键能愈大,键长愈短,$k$ 值就愈大。因此,$k$ 和振动频率或波数成正比。如果知道两个原子的质量和它们之间的力常数 $k$,就可以计算出这两个原子间振动的吸收位置。例如,已知饱和烃 C—H 键的力常数为 $5.07\ N \cdot cm^{-1}$($5.07 \times 10^5\ g \cdot s^{-2}$),根据公式计算,C—H 键的伸缩振动基频为

$$\tilde{\nu} = \frac{1}{2\pi \times 3 \times 10^{10}\ cm \cdot s^{-1}} \sqrt{\frac{5.07 \times 10^5\ g \cdot s^{-2}\left(\frac{12}{6.02 \times 10^{23}}\ g + \frac{1}{6.02 \times 10^{23}}\ g\right)}{\left(\frac{12}{6.02 \times 10^{23}}\ g\right)\left(\frac{1}{6.02 \times 10^{23}}\ g\right)}} = 3052\ cm^{-1}$$

由于实际分子并不是谐振子,因此计算值和实验值之间会有一些偏差。表 5-10 列出了一些常见原子对的力常数。

表 5-10　常见原子对的力常数

| 原子对 | 力常数 $k/(N \cdot cm^{-1})$ | 原子对 | 力常数 $k/(N \cdot cm^{-1})$ | 原子对 | 力常数 $k/(N \cdot cm^{-1})$ |
|---|---|---|---|---|---|
| C—C | 4.5 | C—H | 5.07 | C≡C | 12.2 |
| C—O | 5.77 | C=C | 9.77 | O—H | 7.6 |
| C—N | 4.8 | C=O | 12.06 | | |

不同有机物的结构不同,它们的原子质量和化学键的力常数也不相同,因此会出现不同的吸收频率,从而产生特征的红外吸收光谱。

**习题 5-21** 已知乙烷中 C—C 单键的力常数为 $5\times10^5$ g·s$^{-2}$,乙烯中 C═C 双键的力常数为 $10.8\times10^5$ g·s$^{-2}$,丙炔中 C≡C 叁键的力常数为 $14.7\times10^5$ g·s$^{-2}$,计算三个化合物中 C—C,C═C,C≡C 的红外吸收的基频位置。

### 5.6.3 振动自由度和红外吸收峰

一个原子可以在三维空间运动,即有三个运动数,每一运动数称为一个自由度,由 $n$ 个原子组成的分子,就有 $3n$ 个自由度。对于非线形分子来讲,在 $3n$ 个自由度中,包括整个分子向三维空间的三个方向的平移运动和三个整个分子绕 $x,y,z$ 轴的转动运动,这六种运动都不是分子的振动,因此只有 $3n-6$ 个振动自由度。对于线形分子,由于围绕分子价键的轴转动时,原子的位置没有变化,只有两个转动自由度,因此线形分子有 $3n-5$ 个振动自由度。图 5-15 是 HCl 分子的平移运动和转动运动。

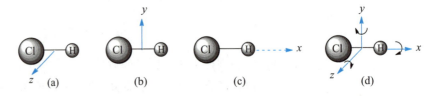

**图 5-15 HCl 分子的平移运动和转动运动**
(a),(b),(c)分子的平移运动 (d)分子的转动运动

从原则上讲,每一个振动自由度都相当于红外区的一个吸收峰,但实际红外吸收峰的数目常少于振动自由度的数目。这是因为:① 不伴随偶极变化的振动没有红外吸收峰;② 振动频率相同的不同振动形式会发生简并;③ 分辨率不高的仪器很难将频率接近的吸收峰分开,灵敏度不够的仪器检测不出弱的红外吸收峰。

在红外光谱中,基团从基态跃迁到第二激发态、第三激发态等产生的吸收峰称为倍频峰;$\nu_1+\nu_2$,$2\nu_1+\nu_2$···吸收峰称为合频峰,$\nu_1-\nu_2$,$2\nu_1-\nu_2$···吸收峰称为差频峰,合频峰与差频峰统称为泛频峰。由于倍频峰与泛频峰的存在,有时红外吸收带也会多于振动自由度的数目。

### 5.6.4 红外光谱仪及测定方法

红外光谱仪(spectrometer)是由光源、单色器、检测器、放大器和记录器五部分组成的。常用的红外光源有 Nernst(能斯特)灯和碳硅棒两种,它的作用是发射高强度、连续的红外波长光。单色器是由棱镜(或光栅)、狭缝单元及用做聚焦和反射光现在,傅里叶变换光谱仪(Fourier transform spectrometer,简称FTS)应用十分广泛,它是由迈克逊干涉仪和数据处理系统组成的。数据处理系统包括电子计算机、绘图仪、电传打字机等。干涉仪将信号以干涉图的形式送往计算机进行Fourier变换,再经绘图仪、电传打字机就送出了红外光谱图,使用十分方便。FTS具有信号可多路传输,能量输出大,光谱范围宽,分辨率、精确度高等优点。

固体样品测定也可用石蜡油法:先将样品在玛瑙研钵中磨碎,再转移到滴有石蜡油的两块氯化钠盐块间压匀压紧进行测量。此法的缺点是石蜡油本身的C—H键在2918 cm$^{-1}$、1458 cm$^{-1}$、1378 cm$^{-1}$和720 cm$^{-1}$处均有吸收带,因此对样品的C—H吸收带会产生干扰。

束的反射镜组成的。它的功能是将通过样品池和参比池而进入入射缝的"复色光"分成"单色光"射到检测器上。常用的红外检测仪有热电偶、电阻测辐射热计和高莱池(Golay cell)三种。它们的作用是测量红外线的强度。放大器将检测产生的微弱电信号放大,记录器记下透射率(透过率)的变化。双光束红外分光光度计的原理图如图5-16所示。

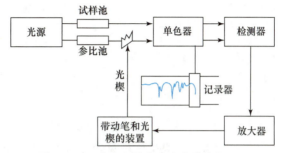

图5-16 双光束红外分光光度计的原理图

用于测定红外光谱的样品可以是气体、液体、固体。气体样品装在气体池中测定;液体样品常用的测定方法是将样品直接滴在一块氯化钠盐块上,然后用另一块氯化钠盐块压匀后用于测定;固体样品最常用的测定方法是溴化钾压片法,将1~2 mg样品和200~300 mg的溴化钾粉末在玛瑙研钵中研磨混匀,然后在压片机上压成透明薄片进行测量,此法适用于任何固体样品,图谱中在3430 cm$^{-1}$、1640 cm$^{-1}$附近会有少量水的吸收峰。

## 5.7 红外光谱图

### 5.7.1 红外光谱图的组成

图5-17是2-辛醇的红外光谱图。

在此图谱中,吸光度由上至下逐渐增大,吸收峰朝下。

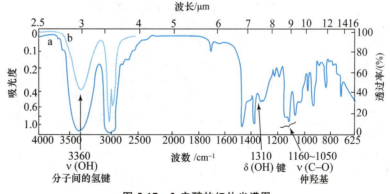

图5-17 2-辛醇的红外光谱图

由图5-17可知,红外光谱图的横坐标是红外光的波长(μm)或波数(cm$^{-1}$),纵坐

标是透过率 $T$ 或吸光度 $A$。$A$ 与 $T$ 的关系是 $A=\lg(1/T)$。吸收强度越大,吸光度 $A$ 就越大(透过率 $T$ 就越小)。吸收强度的强弱还常定性地用 vs(很强)、s(强)、m(中)、w(弱)、v(可变)等符号表示。图谱中吸收峰的形状也各不相同,一般分为宽峰、尖峰、肩峰、双峰等类型,如图 5-18 所示。

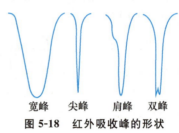

图 5-18 红外吸收峰的形状

图 5-19 是对苯二甲酸的红外光谱图。该红外光谱图的横坐标是红外光的波数($cm^{-1}$),纵坐标是吸光度 $A$。这是目前常见的红外光谱图。同样,吸收强度越大,吸光度 $A$ 就越大。

在此图谱中,吸光度由下至上逐渐增大,吸收峰朝上。

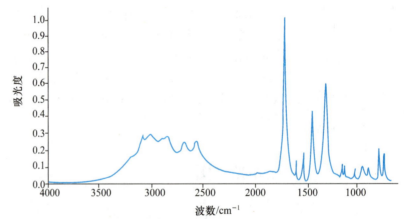

图 5-19 对苯二甲酸的红外光谱图

### 5.7.2 官能团区和指纹区

从 IR 谱的整个范围来看,可分为 4000~1350 $cm^{-1}$ 与 1350~650 $cm^{-1}$ 两个区域。4000~1350 $cm^{-1}$ 区域是由伸缩振动产生的吸收带,光谱比较简单但具有很强的特征性,称为官能团区(functional group region)。在这个区域,4000~2500 $cm^{-1}$ 高波数一端有与折合质量小的氢原子相结合的官能团 O—H,N—H,C—H,S—H 键的伸缩振动吸收带;在 2500~1900 $cm^{-1}$ 波数范围出现力常数大的叁键、累积双键,如 —C≡C—,—C≡N,\>C=C=C\<,\>C=C=O,—N=C=O 等的伸缩振动吸收带;在 1900~1350 $cm^{-1}$ 的低波数端有碳碳双键、碳氧双键、碳氮双键及硝基等的伸缩振动和芳环的骨架振动吸收峰。

官能团区的吸收带对于基团的鉴定十分有用,是红外光谱分析的主要依据。

在 1350~650 $cm^{-1}$ 区域,有 C—O,C—X 的伸缩振动和 C—C 的骨架振动吸收峰,还有力常数较小的弯曲振动产生的吸收峰,因此光谱非常复杂。此区域中各峰

## 5.8 重要官能团的红外特征吸收

### 5.8.1 烷烃红外光谱的特征

烷烃只有 C—C 键和 C—H 键。C—C 键在 1200～700 cm$^{-1}$ 区域有一个很弱的吸收峰,在结构分析中用处不大。

烷烃的 CH$_3$,CH$_2$,CH 的 C—H 伸缩振动在 2960～2850 cm$^{-1}$ 处有一强的吸收峰,可用于区别饱和烃和不饱和烃。C—H 弯曲振动对分子结构测定十分有用。亚甲基和次甲基的不对称 $\delta_{C-H}$(即面内摇摆振动)在 1460 cm$^{-1}$ 附近有吸收峰,甲基的对称 $\delta_{C-H}$(即剪式振动)在 1380 cm$^{-1}$ 附近有吸收峰,孤立甲基只在 1380 cm$^{-1}$ 附近出现单峰。若分子中存在异丙基或三级丁基,单峰分裂成双峰,异丙基的双峰强度相等,三级丁基的双峰强度不等,低波数的吸收峰强度大(图 5-20)。这些吸收峰可用于判断分子中结构分支的情况。如果分子中存在四个或四个以上 CH$_2$ 成直链时,在 724～722 cm$^{-1}$(中)出现面内摇摆振动吸收;少于四个 CH$_2$ 时吸收移向高波数方向,如 —CH$_2$CH$_2$— 在 743～734 cm$^{-1}$(中)出现。这些吸收位置可以表明分子中是否存在直链以及链的长短情况。

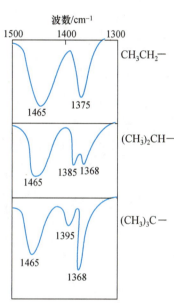

图 5-20 异丙基和叔丁基在 1375 cm$^{-1}$ 处吸收峰的裂分情况

环烷烃中环上 C—H 伸缩振动吸收位置与链状烷烃类似,但若环的形状使链发生歪扭,C—H 的吸收位置就要受到影响。如环丙烷由于键角变小,C—H 的伸缩振动吸收移向 3050 cm$^{-1}$ 区域。

**习题 5-22** 说明下列红外光谱中用阿拉伯数所标的吸收峰是什么键或什么基团的吸收峰。

(i) 2,4-二甲基戊烷

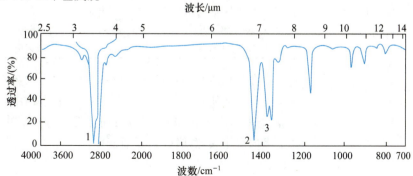

(ii) 2,3-二甲基-1,3-丁二烯

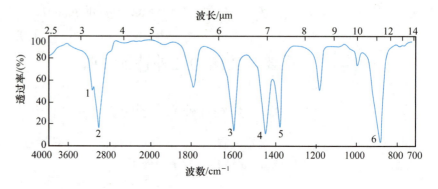

## 5.8.2 烯烃红外光谱的特征

烯烃有 C=C 伸缩振动、=C—H 伸缩振动和 =C—H 面外摇摆振动三种特征吸收。C=C 双键伸缩振动吸收位置在 1680～1620 cm$^{-1}$,其强度和位置取决于双键碳原子上取代基的数目及其性质,分子对称性越高,吸收峰越弱,如果有四个取代烷基时,常常不能看到它的吸收峰,因为对称的烯振动时不能改变偶极矩,因此没有 C=C 相应的吸收。=C—H 伸缩振动吸收在 3100～3010 cm$^{-1}$(中),可用于鉴定双键以及双键碳上至少有一个氢原子存在的烯烃。=C—H 的面外摇摆振动(=C—H 振动垂直于烯烃分子的平面)吸收在 1000～800 cm$^{-1}$,对于鉴定各种类型的烯烃非常有用,因此当已经确定存在 C=C 及 C—H 的伸缩振动并需进一步确定结构时, 1000～800 cm$^{-1}$ 区域的面外摇摆振动吸收可提供有用的信息。表 5-11 列出了各类烯烃的特征吸收位置。

表 5-11  各类烯烃的特征吸收位置

| 烯烃类型 | =C—H 伸缩振动 /cm$^{-1}$ | C=C 伸缩振动 /cm$^{-1}$ | =C—H 面外摇摆振动 /cm$^{-1}$ |
|---|---|---|---|
| RCH=CH$_2$ | >3000(中) | 1645(中) | 910～905(强),995～985(强) |
| R$_1$R$_2$C=CH$_2$ | >3000(中) | 1653(中) | 895～885(强) |
| R$_1$CH=CHR$_2$(Z 型) | >3000(中) | 1650(中) | 730～650(弱且宽) |
| R$_1$CH=CHR$_2$(E 型) | >3000(中) | 1675(中) | 980～965(强) |
| R$_1$R$_2$C=CHR$_3$ | >3000(中) | 1680(中～弱) | 840～790(强) |
| R$_1$R$_2$C=CR$_3$R$_4$ | 无 | 1670(弱或无) | |

在共轭体系中,由于共轭使 C=C 的力常数降低,C=C 的伸缩振动向低波数方向位移。例如 C=C—C=C 中,C=C 吸收峰在 ≈1600 cm$^{-1}$ 区域;由于两个 C=C 的振动耦合,在 ≈1650 cm$^{-1}$ 有时还能看到另一个峰(若分子对称性强,则没有)。若有更多的双键共轭,吸收峰逐渐变宽。

**习题 5-23** 指出下面两张图谱哪一张代表顺-4-辛烯,哪一张代表反-4-辛烯。为什么?说明图中标有数字的峰的归属。

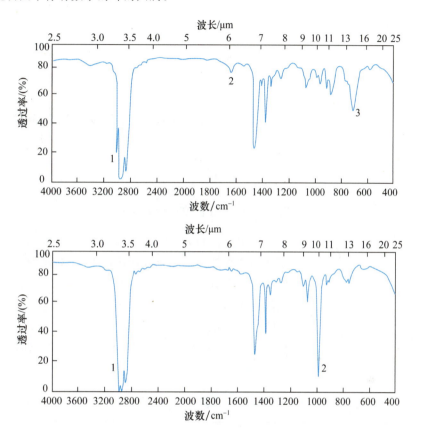

**习题 5-24** 指出下面两张图谱哪一张代表 2-甲基-2-戊烯,哪一张代表 2,3,4-三甲基-2-戊烯,并简单阐明理由。

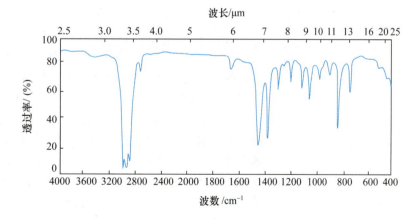

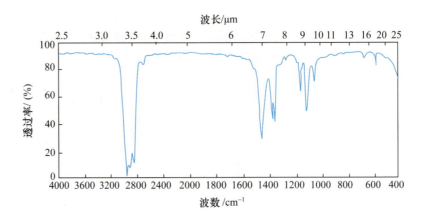

### 5.8.3 炔烃红外光谱的特征

碳碳叁键的力常数比碳碳双键高得多,所以叁键比双键难以伸长,伸缩振动出现在高波数部位。一元取代炔烃 RC≡CH 的 $\bar{\nu}_{C≡C}$ 在 2140～2100 cm$^{-1}$(弱);二元取代炔烃 RC≡CR′ 的 $\bar{\nu}_{C≡C}$ 在 2260～2190 cm$^{-1}$;乙炔与对称二取代乙炔,因分子对称,在红外光谱中没有吸收峰,因此有时即使有 C≡C 存在,在光谱中不一定能看到。≡C—H 伸缩振动吸收在 3310～3300 cm$^{-1}$(较强),与 $\bar{\nu}_{N-H}$ 值很相近,但 $\bar{\nu}_{N-H}$ 为宽峰,易于识别。在 700～600 cm$^{-1}$ 区域有 ≡C—H 弯曲振动吸收,对于结构鉴定非常有用。

**习题 5-25** 1-己炔在 3305 cm$^{-1}$,2110 cm$^{-1}$,620 cm$^{-1}$ 处有吸收峰。指出这三个吸收峰的归属。

**习题 5-26** 为什么 2-辛炔的 C≡C 键的伸缩振动吸收以及 ≡C—H 的弯曲振动吸收强度都比 1-辛炔大为降低?

### 5.8.4 芳烃红外光谱的特征

芳烃的红外光谱主要看苯环上的 C—H 键和 C═C 键的振动吸收。单核芳烃的 C═C 伸缩振动吸收在 1600 cm$^{-1}$,1580 cm$^{-1}$,1500 cm$^{-1}$,1450 cm$^{-1}$ 附近有四条吸收带。1450 cm$^{-1}$ 处的吸收带常常观察不到,其余三个吸收带中,1500 cm$^{-1}$ 附近的最强,1600 cm$^{-1}$ 附近的居中,这两个吸收带对于确定芳核结构十分有用。

苯环上的 C—H 伸缩振动在 3110～3010 cm$^{-1}$(中),与烯氢的 $\bar{\nu}_{C-H}$ 相近。C—H 的面外弯曲振动在 900～690 cm$^{-1}$ 区域,它的倍频区在 2000～1650 cm$^{-1}$ 区域,这两个区域的图谱对分析苯环上的取代情况十分有用。表 5-12 列出了取代苯环上的 C—H 面外弯曲振动吸收情况。图 5-21 表示了一取代、二取代苯在 2000～1650 cm$^{-1}$ 倍频区的吸收情况。

## 5.8 重要官能团的红外特征吸收

表 5-12 取代苯环上的 C—H 面外弯曲振动吸收

| 化合物 | 苯 | 一取代苯 | 1,2-二取代苯 | 1,3-二取代苯 | 1,4-二取代苯 |
|---|---|---|---|---|---|
| 吸收频率/$cm^{-1}$ | 670(强) | 770~730(强) | 770~735(强) | 810~750(强) | 833~810(强) |
| | | 710~690(强) | | 710~690(强) | |

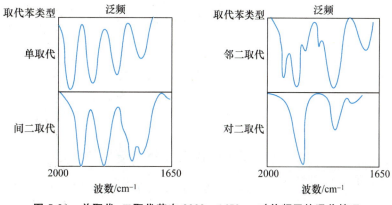

图 5-21 单取代、二取代苯在 2000~1650 $cm^{-1}$ 倍频区的吸收情况

**习题 5-27** 判别下面三张图哪张代表邻二甲苯,哪张代表间二甲苯,哪张代表对二甲苯。简单阐明理由并指出标有数字的峰的归属。

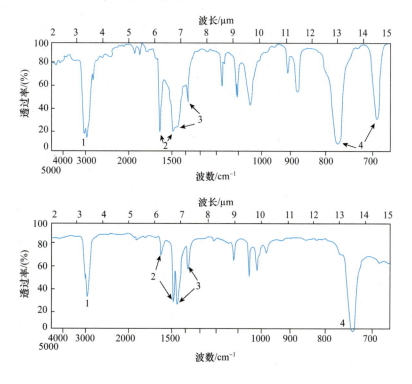

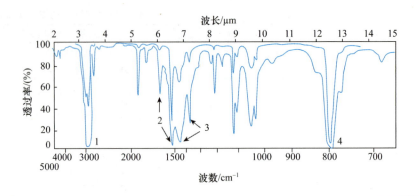

## 5.8.5 卤代烃红外光谱的特征

C—X 键的伸缩振动吸收峰的吸收位置分别在：C—F 1350~1100 cm$^{-1}$（强），C—Cl 750~700 cm$^{-1}$（中），C—Br 700~500 cm$^{-1}$（中），C—I 610~485 cm$^{-1}$（中）。如果同一碳上卤素增多，吸收位置向高波数位移，如 〉CF$_2$ 在 1280~1120 cm$^{-1}$，—CF$_3$ 在 1350~1120 cm$^{-1}$，CCl$_4$ 在 797 cm$^{-1}$ 区域。

## 5.8.6 醇、酚、醚红外光谱的特征

醇游离羟基的吸收峰出现在 3650~3610 cm$^{-1}$（峰尖、强度不定）部位；分子内的缔合羟基约位于 3500~3000 cm$^{-1}$ 之间；分子间缔合，二聚在 3600~3500 cm$^{-1}$；多聚在 3400~3200 cm$^{-1}$ 之间，缔合体峰形较宽。溶液的浓度对羟基吸收峰的强度和形状均有影响。例如，图 5-22 是不同浓度的正丁醇在氯苯溶液中羟基的吸收光谱。

分析卤代烃的红外光谱时，须注意下述情况：① 卤化物，尤其是氯化物与氟化物的伸缩振动吸收易受邻近基团的影响，变化较大；② $\tilde{\nu}_{C-Cl}$ 与芳环 $\tilde{\nu}_{C-H}$（面外）的值较接近；③ Br 与 I 的相对原子质量很大，以致 C—Br，C—I 键的伸缩振动出现在 700~500 cm$^{-1}$ 区域，而很多红外光谱仪在 700 cm$^{-1}$ 以下没有作用，因此 C—Br，C—I 键在一般的红外光谱中不能检出。

一般羟基吸收峰出现在比碳氢(C—H)吸收峰所在频率高的部位，即大于 3300 cm$^{-1}$，故在大于该频率处出现吸收峰，通常表明分子中含有羟基（或 N—H）。

氢键对吸收位置的影响很大，缔合的 O—H，N—H 键均向低波数方向位移，这也是由于氢键使分子中的 O—H，N—H 键减弱的缘故。但氧与氮电负性不同，因此吸收位置的变化亦有差别，由于氧的电负性较强，O—H 键变化大些，N—H 键变化小些。

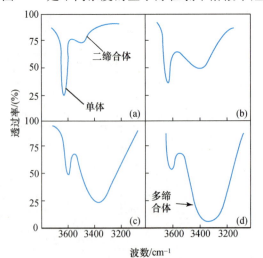

图 5-22 正丁醇在氯苯中的红外光谱

羟基的伸缩振动吸收位置：(a) 1.4%  (b) 3.4%  (c) 7.1%  (d) 14.3% 正丁醇(质量分数)

没有缔合的羟基在 3650～3500 cm$^{-1}$ 区域有一个吸收峰,当溶液稀薄时,缔合机会很少,主要是单体羟基出现;当浓度增加时,缔合体增加,并在较低波数方向吸收。缔合体并不是单一的,有不同的形状与不同的大小,是一个混合物,所以形成一个较宽的带,实质上是由不同的氢键的吸收峰组合而成的。

图(a)的一个强吸收峰在 3630 cm$^{-1}$,是单体正丁醇的羟基吸收峰;在 3500 cm$^{-1}$ 区域是与单体成平衡的少量二缔合体的吸收峰。在浓度增加时,(c)及(d)中三缔合体及多缔合体增加,吸收峰越来越宽。

除了羟基的伸缩振动吸收峰外,在 1200～(1100±5) cm$^{-1}$ 处还有一个醇的羟基碳氧(C—O)伸缩振动吸收峰,这也是分子中含有羟基的一个特征吸收峰,有时可根据该吸收峰确定一级、二级或三级醇。各种类型醇的 C—O 伸缩振动吸收范围如下:三级醇在 1200～1125 cm$^{-1}$ 处,二级醇、烯丙基型三级醇、环三级醇在 1125～1085 cm$^{-1}$ 处,一级醇、烯丙基型二级醇、环二级醇在 1085～1050 cm$^{-1}$ 处。

酚的红外光谱有羟基的特征吸收峰。在极稀溶液中测定时,在 3611～3603 cm$^{-1}$ 处出现游离羟基 O—H 的伸缩振动吸收峰,峰形尖锐;在浓溶液中测定时,酚羟基之间因形成氢键而呈缔合态,O—H 的伸缩振动移向 3500～3200 cm$^{-1}$,峰形较宽,多数情况下两个吸收峰并存。酚的 C—O 伸缩振动吸收峰在 1300～1200 cm$^{-1}$ 处。

醚的红外光谱在 1275～1020 cm$^{-1}$ 之间有 C—O 的伸缩振动吸收峰。

**习题 5-28** 在丙烯醇、2-丙醇、正丁醇和乙醚的红外图谱中,分别会出现哪些特征吸收峰?

### 5.8.7 醛、酮红外光谱的特征

分子被激发后,分子中各个原子或基团(化学键)都会产生特征的振动,从而在特定的位置出现吸收峰。相同类型化学键的振动是非常接近的,总是在某一范围内出现,例如羰基(C═O)伸缩振动的频率范围在 1850～1600 cm$^{-1}$,因此认为这一频率范围是羰基的特征频率。当然,同一类型的基团在不同物质中所处的化学环境并不完全相同,所以它们的吸收峰频率在特征频率范围内也会有些差别。

这是因为共轭效应使共轭体系中电子云密度平均化,结果原来双键处的电子云密度降低,力常数减少,所以振动频率降低。

羰基的红外光谱在 1750～1680 cm$^{-1}$ 之间有一个非常强的伸缩振动吸收峰,这是鉴别羰基最迅速的一个方法。下面为各类醛、酮中羰基的吸收位置:RCHO 1740～1720 cm$^{-1}$(强),C═C—CHO 1705～1680 cm$^{-1}$(强),ArCHO 1717～1695 cm$^{-1}$(强),R$_2$C═O 1725～1705 cm$^{-1}$(强),C═C—C(R)═O 1685～1665 cm$^{-1}$(强),ArRC═O 1700～1680 cm$^{-1}$(强)。酮羰基的力常数较醛的小,故吸收位置较醛低,差别不大,一般不易区别。但—CHO 中 C—H 键在 ≈2720 cm$^{-1}$ 区域的伸缩振动吸收峰比较特征,可以用来区别是否有—CHO 存在。

当羰基与双键共轭时,吸收向低波数位移。如 CH$_3$CH$_2$CH═CH$_2$ 分子中 C═C 的伸缩振动吸收峰在 1647 cm$^{-1}$,丙酮分子中 C═O 伸缩振动吸收峰在 1720 cm$^{-1}$,而在 3-丁烯-2-酮分子中,C═C 吸收在 1623 cm$^{-1}$,C═O 吸收在 1685 cm$^{-1}$,均比单独存在时低。

与苯环共轭时,芳环在 1600 cm$^{-1}$ 区域的吸收峰分裂为两个峰,即在 ≈1580 cm$^{-1}$ 位置又出现一个新的吸收峰,称环振动吸收峰。

空间效应也会影响吸收谱峰,例如 5,5-二甲基-1,3-环己二酮存在酮式和烯醇式的平衡,当 C-2 位上的 H 被 R 基取代时,会影响上述平衡,从而影响吸收谱带的强度和位置。如当 C-2 位的 H 被 C$_2$H$_5$ 取代时,酮式的吸收位置由 1735 cm$^{-1}$,1708 cm$^{-1}$ 变为 1745 cm$^{-1}$,1716 cm$^{-1}$,而烯醇式的吸收位置由 1607 cm$^{-1}$ 变为 1628 cm$^{-1}$。C-2 位上的取代基越大,烯醇式的谱带越弱。

分子内部结构对吸收频率会产生影响。诱导效应、共轭效应和偶极场效应等电效应会引起分子中电子分布的变化,从而引起化学键力常数的变化而改变基团的特征频率。例如脂肪醛(RCHO)中 C=O 吸收峰在 $\approx 1720 \text{ cm}^{-1}$,而脂肪酰氯(RCOCl)中 C=O 吸收峰在 $\approx 1800 \text{ cm}^{-1}$。这是因为氯有强的吸电子诱导效应,使电子云由氧原子转向双键中间,增加了 C=O 键中间的电子云密度而使 C=O 的力常数增加,吸收向高波数方向位移。

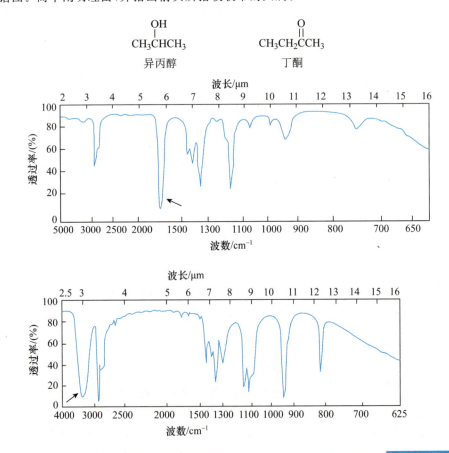

**习题 5-29** 下面两张图谱,请判断哪一张是异丙醇的红外谱图,哪一张是丁酮的红外谱图。简单阐明理由,并指出箭头所指吸收带的归属。

只有在气态能看到游离羧酸 O—H 的伸缩振动吸收峰,在 $\approx 3550 \text{ cm}^{-1}$ 区域。一般液体及固体羧酸均以二缔合体状态存在,在 3000~2500 $\text{cm}^{-1}$ 区域有宽而散的伸缩振动吸收峰。

### 5.8.8 羧酸红外光谱的特征

羧酸中 C=O 的伸缩振动吸收位置为:RCOOH(单体:$\approx 1770 \sim 1750 \text{ cm}^{-1}$,二缔合体:$\approx 1710 \text{ cm}^{-1}$),$CH_2$=CH—COOH(单体:$\approx 1720 \text{ cm}^{-1}$,二缔合体:$\approx 1690 \text{ cm}^{-1}$),ArCOOH(二缔合体:$1700 \sim 1680 \text{ cm}^{-1}$)。二缔合体 C=O 的吸收,由于氢键的影响,吸收位置向低波数位移。芳香羧酸,由于形成氢键及与芳环共轭两种影响,更使 C=O 吸收向低波数方向位移。羧酸的 O—H 在 $\approx 1400 \text{ cm}^{-1}$ 和

≈920 cm⁻¹ 区域有两个比较强而宽的弯曲振动吸收峰,这可以作为进一步确定存在羧酸结构的证据。

### 5.8.9 羧酸衍生物、腈红外光谱的特征

酯:酯中伸缩振动吸收接近 1735 cm⁻¹(强)区域; $\diagdown$C=C—COOR 或 ArCOOR 的 C=O 吸收因与 C=C 共轭移向低波数方向,在 ≈1720 cm⁻¹ 区域;而 —COOC=C$\diagup$ 或 RCOOAr 结构的 C=O 吸收则向高波数方向位移,在 ≈1760 cm⁻¹ 区域吸收。在 1300～1050 cm⁻¹ 区域有两个 C—O 伸缩振动吸收,其中波数较高的吸收峰比较特征,可用于酯的鉴定。芳香酯在 1605～1585 cm⁻¹ 区域还有一个特征的环振动吸收峰。

酰卤:脂肪酰卤 C=O 的伸缩振动吸收在 1800 cm⁻¹(强)区域,如 C=O 与不饱和基共轭,吸收在 1800～1750 cm⁻¹ 区域。芳香酰卤在 1785～1765 cm⁻¹ 区域有两个强的吸收峰,波数较高的是 C=O 伸缩振动吸收,在 1785～1765 cm⁻¹(强);较低的是芳环与 C=O 之间的 C—C 伸缩振动吸收(≈875 cm⁻¹)的弱倍频峰,由于在强峰附近而被强化,吸收强度升高,在 1750～1735 cm⁻¹ 区域。

酸酐:酸酐在 1860～1800 cm⁻¹(强)和 1800～1750 cm⁻¹(强)区域有不对称、对称的两个 C=O 伸缩振动吸收峰,这两个峰往往相隔 60 cm⁻¹ 左右。对于线形酸酐,高频峰较强于低频峰,而环状酸酐则反之。图 5-23 为线形酸酐和环状酸酐中一对 C=O 振动吸收强度的关系。酸酐 C—O 的伸缩振动吸收在 1310～1045 cm⁻¹(强)。

分子中符合某种条件的基团间的相互作用也会引起频率位移。例如,两个振动频率很接近的邻近基团会产生相互作用而使谱线一分为二:一个高于正常频率,一个低于正常频率。这种基团间的相互作用称为振动耦合。酸酐的 C=O 因振动耦合总是出现两个吸收峰。

一个基团振动的倍频与另一个基团振动的基频接近时,也会发生相互作用而产生很强的吸收峰或发生峰的裂分,这种现象称为 Fermi(费米)共振。

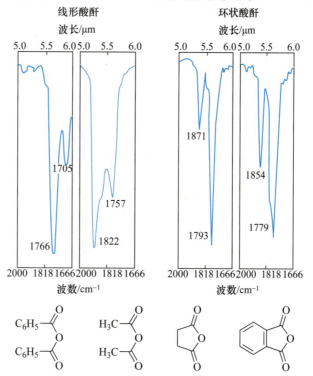

图 5-23 线形酸酐和环状酸酐中一对 C=O 振动吸收强度的关系

酰胺：一级酰胺 $RCONH_2$ 的 C=O 伸缩振动吸收在 ≈1690 $cm^{-1}$（强）区域，缔合体在 ≈1650 $cm^{-1}$ 区域。在无极性的稀溶液中，N—H 伸缩振动有两个吸收峰，在 ≈3520 $cm^{-1}$ 和 ≈3400 $cm^{-1}$ 区域；在浓溶液或固态时，因有氢键存在，吸收在 ≈3350 $cm^{-1}$ 和 ≈3180 $cm^{-1}$ 区域。N—H 的弯曲振动吸收在 1640 $cm^{-1}$ 和 1600 $cm^{-1}$，是一级酰胺的两个特征吸收峰。C—N 伸缩振动吸收在 ≈1400 $cm^{-1}$（中）区域。

二级酰胺 $RCONHR'$ 中游离 C=O 的伸缩振动在 ≈1680 $cm^{-1}$（强）区域吸收，缔合体在 ≈1650 $cm^{-1}$（强）区域。游离的 N—H 伸缩振动吸收在 ≈3440 $cm^{-1}$ 区域，缔合体（固态）在 ≈3300 $cm^{-1}$ 区域。N—H 弯曲振动吸收在 1550~1530 $cm^{-1}$ 区域。

三级酰胺 $RCONR'R''$ 的 C=O 伸缩振动吸收在 ≈1650 $cm^{-1}$（强）区域。

腈：腈的 C≡N 伸缩振动在 2260~2210 $cm^{-1}$ 处有特征吸收峰。

**习题 5-30** 游离羧酸 C=O 的吸收频率为 1760 $cm^{-1}$ 左右，而羧酸二聚体的 C=O 吸收频率为 1700 $cm^{-1}$ 左右，试阐明理由。

**习题 5-31** 为什么丙二酸和丁二酸的羰基都有两个吸收峰？

$HOOCCH_2COOH$     $\tilde{\nu}_{C=O}$ 1740 $cm^{-1}$   1710 $cm^{-1}$

$HOOCCH_2CH_2COOH$  $\tilde{\nu}_{C=O}$ 1780 $cm^{-1}$   1700 $cm^{-1}$

**习题 5-32** 已知苯甲酰卤羰基的基频是 1774 $cm^{-1}$，碳碳弯曲振动的频率是 880~860 $cm^{-1}$，为什么在图谱上却出现了 1773 $cm^{-1}$ 和 1736 $cm^{-1}$ 两个羰基的吸收峰？

**习题 5-33** 查阅甲酸乙酯、3-溴丙酰氯、戊内酰胺、苯丙腈的红外光谱图，分别指出各图谱中主要吸收峰的归属。

### 5.8.10 胺红外光谱的特征

游离一级胺的 N—H 伸缩振动在 3490~3400 $cm^{-1}$（中）处有两个吸收峰；缔合胺的 N—H 伸缩振动向低波数方向位移，但位移一般不大于 100 $cm^{-1}$。二级胺的稀溶液在 3500~3300 $cm^{-1}$ 区域有一个吸收峰。

一级胺的 N—H 弯曲（面内变形振动，剪式）振动吸收在 1650~1590 $cm^{-1}$（强、中）区域，可用于鉴定；一级胺 N—H 弯曲（面外变形振动，摇摆）振动吸收在 900~650 $cm^{-1}$（宽）区域，非常特征。二级胺的 N—H 弯曲（面内变形振动，剪式）振动吸收很弱，不能用于鉴定；而二级胺的 N—H 弯曲（面外变形振动，摇摆）振动在 750~700 $cm^{-1}$ 区域有强的吸收。

C—N 伸缩振动吸收位置与 α 碳上所连接的基团有关，脂肪胺在 1230~1030 $cm^{-1}$ 区域，芳香胺在 1340~1250 $cm^{-1}$ 区域，氮上取代基亦能影响吸收位置，因此不易区别。

---

一个基团的吸收峰位置，会因试样状态、测试条件、溶剂极性等外部因素的影响而发生位移。状态不同，吸收位置就不同，气态较高，液态和固态较低，溶液与液态相差不多。例如，丙酮气态 C=O 吸收峰在 1738 $cm^{-1}$，溶液在 1724~1703 $cm^{-1}$，液态为 1715 $cm^{-1}$。溶剂对吸收峰位置亦有影响，极性强的溶剂常与极性强的溶质相互作用，使吸收峰位置与强度发生变化。因此，在查阅文献和标准图谱时对上述因素也要予以注意。

**习题 5-34** 查阅苯甲胺、三乙胺的红外光谱图,并指出各图主要吸收峰的归属。

## (三) 核 磁 共 振

核磁共振(nuclear magnetic resonance)简称为 NMR。

## 5.9 核磁共振的基本原理

### 5.9.1 原子核的自旋

核磁共振主要是由原子核的自旋运动引起的。不同的原子核,自旋运动的情况不同,它们可以用核的自旋量子数 $I$ 来表示。自旋量子数与原子的质量数和原子序数之间存在一定的关系,大致分为三种情况,见表 5-13。

表 5-13 原子核的自旋量子数

| 分类 | 质量数 | 原子序数 | 自旋量子数 $I$ | NMR 信号 |
|---|---|---|---|---|
| Ⅰ | 偶数 | 偶数 | 0 | 无 |
| Ⅱ | 偶数 | 奇数 | $1,2,3,\cdots$($I$ 为整数) | 有 |
| Ⅲ | 奇数 | 奇数或偶数 | $\frac{1}{2},\frac{3}{2},\frac{5}{2},\cdots$($I$ 为半整数) | 有 |

$I$ 值为零的原子核可以看做一种非自旋的球体;$I$ 为 1/2 的原子核可以看做一种电荷分布均匀的自旋球体,$^1H$、$^{13}C$、$^{15}N$、$^{19}F$、$^{31}P$ 的 $I$ 均为 1/2,它们的原子核皆为电荷分布均匀的自旋球体;$I$ 大于 1/2 的原子核可以看做一种电荷分布不均匀的自旋椭圆体。

**习题 5-35** 下列原子核,哪些是非自旋球体?哪些是自旋球体?哪些是自旋椭圆体?
$^1H$、$^2H$、$^{12}C$、$^{13}C$、$^{35}Cl$、$^{37}Cl$、$^{79}Br$、$^{81}Br$、$^{127}I$、$^{19}F$、$^{14}N$、$^{15}N$、$^{16}O$、$^{17}O$、$^{32}S$、$^{33}S$、$^{31}P$

### 5.9.2 核磁共振现象

原子核是带正电荷的粒子,不能自旋的核没有磁矩,能自旋的核有循环的电流,会产生磁场,形成磁矩($\mu$)。

$$\mu = \gamma P \tag{5-5}$$

式中，$P$ 是角动量矩；$\gamma$ 是磁旋比，它是自旋核的磁矩和角动量矩之间的比值，因此是各种核的特征常数。

当自旋核(spin nuclear)处于磁感应强度为 $B_0$ 的外磁场中时，除自旋外，还会绕 $B_0$ 运动，这种运动情况与陀螺的运动情况十分相像，称为拉莫尔进动(Larmor process)。自旋核进动的角速度 $\omega_0$ 与外磁场感应强度 $B_0$ 成正比，比例常数即为磁旋比(magnetogyric ratio)$\gamma$。

$$\omega_0 = 2\pi\nu_0 = \gamma B_0 \tag{5-6}$$

式中 $\nu_0$ 是进动频率。

原子核在无外磁场时的运动情况如图 5-24，微观磁矩在外磁场中的取向是量子化的(方向量子化)，自旋量子数为 $I$ 的原子核在外磁场作用下只可能有 $2I+1$ 个取向，每一个取向都可以用一个自旋磁量子数 $m$ 来表示，$m$ 与 $I$ 之间的关系是

$$m = I, I-1, I-2, \cdots, -I$$

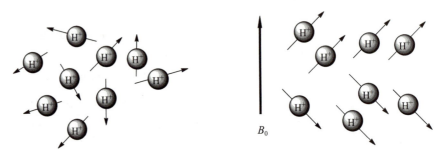

图 5-24　原子核在无外磁场时的运动情况　　图 5-25　$^1$H 自旋核在外磁场中的两种取向示意图

原子核的每一种取向都代表了核在该磁场中的一种能量状态，$I$ 值为 $1/2$ 的核在外磁场作用下只有两种取向(图 5-25)，各相当于 $m=1/2$ 和 $m=-1/2$，这两种状态之间的能量差 $\Delta E$ 值为

$$\Delta E_{\text{Zeeman}} = \gamma h B_0 / 2\pi \tag{5-7}$$

一个核要从低能态跃迁到高能态，必须吸收 $\Delta E$ 的能量。让处于外磁场中的自旋核接受一定频率的电磁波辐射，当辐射的能量恰好等于自旋核两种不同取向的能量差时，处于低能态的自旋核吸收电磁辐射能跃迁到高能态。这种现象称为核磁共振。当频率为 $\nu_{射}$ 的射频照射自旋体系时，由于该射频的能量 $E_{射}=h\nu_{射}$，因此核磁共振要求的条件为

$$h\nu_{射} = \Delta E_{\text{Zeeman}} \quad (\text{即 } 2\pi\nu_{射} = \omega_{射} = \omega_0 = \gamma B_0) \tag{5-8}$$

目前研究得最多的是 $^1$H 的核磁共振和 $^{13}$C 的核磁共振。$^1$H 的核磁共振称为质子磁共振(proton magnetic resonance)，简称 PMR，也表示为 $^1$H NMR。$^{13}$C 核磁共振(carbon-13 nuclear magnetic resonance)简称 CMR，也表示为 $^{13}$C NMR。

### 5.9.3　$^1$H 的核磁共振　饱和与弛豫

$^1$H 的自旋量子数是 $I=1/2$，所以自旋磁量子数 $m=\pm 1/2$，即氢原子核在外磁场中应有两种取向，见图 5-25。$^1$H 的两种取向代表了两种不同的能级，在磁场中，

$m=1/2$ 时，$E=-\mu B_0$，能量较低；$m=-1/2$ 时，$E=\mu B_0$，能量较高，两者的能量差为 $\Delta E=2\mu B_0$，见图 5-26。

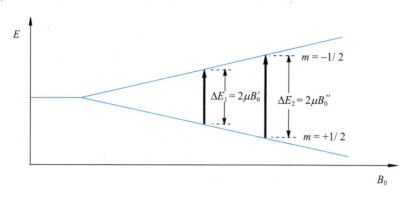

**图 5-26　在外磁场作用下，$^1$H 自旋能级的裂分示意图**

式(5-8)，式(5-9)说明：处于低能级的 $^1$H 核吸收 $E_{射}$ 的能量时就能跃迁到高能级。也即只有当电磁波的辐射能等于 $^1$H 的能级差时，才能发生 $^1$H 的核磁共振。

$$E_{射} = h\nu_{射} = \Delta E_{\text{Zeeman}} = h\nu_0 \tag{5-9}$$

因此，$^1$H 发生核磁共振的条件是必须使电磁波的辐射频率等于 $^1$H 的进动频率，即符合下式：

$$\nu_{射} = \nu_0 = \frac{\gamma B_0}{2\pi} \tag{5-10}$$

弛豫的方式有两种。处于高能态的核通过交替磁场将能量转移给周围的分子，即体系往环境释放能量，本身返回低能态，这个过程称为自旋-晶格弛豫。其速率用 $1/T_1$ 表示，$T_1$ 称为自旋-晶格弛豫时间。自旋-晶格弛豫降低了磁性核的总体能量，又称为纵向弛豫。两个处在一定距离内，进动频率相同、进动取向不同的核互相作用，交换能量，改变进动方向的过程称为自旋-自旋弛豫。其速率用 $1/T_2$ 表示，$T_2$ 称为自旋-自旋弛豫时间。自旋-自旋弛豫未降低磁性核的总体能量，又称为横向弛豫。

由式(5-10)可知，要使 $\nu_{射}=\nu_0$，可以采用两种方法。一种方法是固定磁感应强度 $B_0$，逐渐改变电磁波的辐射频率 $\nu_{射}$，进行扫描，当 $\nu_{射}$ 与 $B_0$ 匹配时，发生核磁共振。这种方法称为扫频。另一种方法是固定辐射波的辐射频率 $\nu_{射}$，然后从低场到高场逐渐改变 $B_0$，当 $B_0$ 与 $\nu_{射}$ 匹配时，也会发生核磁共振（图5-27）。这种方法称为扫场。一般仪器都采用扫场的方法。

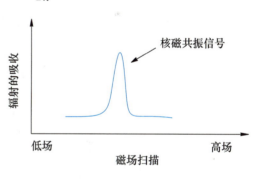

**图 5-27　核磁共振谱**

在外磁场的作用下，有较多 $^1$H 倾向于与外磁场取顺向的排列，即处于低能态的核数目比处于高能态的核数目多，但由于两个能级之间能差很小，前者比后者只占微弱的优势。$^1$H NMR 的信号正是依靠这些微弱过剩的低能态核吸收射频电磁波的辐射能跃迁到高能级而产生的。若高能态核无法返回到低能态，那么随着跃迁的不断进行，这种微弱的优势将进一步减弱直到消失，此时处于低能态的 $^1$H 核数目与处于高能态的 $^1$H 核数目逐渐趋于相等，与此同步，PMR 的信号也会逐渐减弱直到最后消失。上述这种现象称为饱和。$^1$H 核可以通过非辐射的方式从高能态转变为低能态，这种过程称为弛豫(relaxation)。正是因为各种机制的弛豫，使得在正常测试情况下不会出现饱和现象。

### 5.9.4 $^{13}$C 的核磁共振　丰度和灵敏度

天然丰富的$^{12}$C 的 $I$ 为零,没有核磁共振信号;$^{13}$C 的 $I$ 为 1/2,有核磁共振信号。通常说的碳谱就是$^{13}$C 核磁共振谱。由于$^{13}$C 与$^1$H 的自旋量子数相同,所以$^{13}$C 的核磁共振原理与$^1$H 相同。但$^{13}$C 核的 $\gamma$ 值仅约为$^1$H 核的 1/4,而检出灵敏度正比于 $\gamma^3$,因此即使是丰度 100% 的$^{13}$C 核,其检出灵敏度也仅为$^1$H 核的 1/64,再加上$^{13}$C 的丰度仅为 1.1%,所以,其检出灵敏度仅约为$^1$H 核的 1/6000。这说明,不同原子核在同一磁场中被检出的灵敏度差别很大。$^{13}$C 的天然丰度只有$^{12}$C 的 1.108%。由于被检灵敏度小,丰度又低,因此检测$^{13}$C 比检测$^1$H 在技术上有更多的困难。表 5-14 是几个自旋量子数 $I$ 为 1/2 的原子核的天然丰度。

表 5-14　几个自旋核的天然丰度

| 元素核 | 天然丰度/(%) |
|---|---|
| $^1$H | 99.9844 |
| $^{13}$C | 1.108 |
| $^{15}$N | 0.365 |
| $^{19}$F | 100 |
| $^{31}$P | 100 |

### 5.9.5　核磁共振仪

目前使用的核磁共振仪有连续波(CN)及脉冲傅里叶(PFT)变换两种形式。连续波核磁共振仪主要由磁铁、射频发射器、检测器、放大器及记录仪等组成(图5-28)。磁铁用来产生磁场,主要有三种:永久磁铁、电磁铁[磁感应强度可高达 24 000 Gs(2.4 T)]、超导磁铁[磁感应强度可高达 190 000 Gs(19 T)]。频率高的仪器,分辨率好,灵敏度高,图谱简单易于分析。磁铁上备有扫描线圈,用它来保证磁

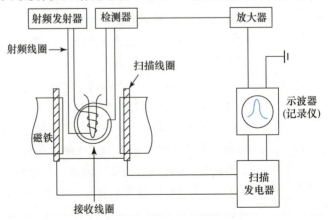

图 5-28　核磁共振仪示意图

铁产生的磁场均匀,并能在一个较窄的范围内连续精确变化。射频发射器用来产生固定频率的电磁辐射波。检测器和放大器用来检测和放大共振信号。记录仪将共振信号绘制成共振图谱。

20 世纪 70 年代中期出现了脉冲傅里叶核磁共振仪,它的出现使 $^{13}$C 核磁共振的研究得以迅速开展。

氢 谱

氢的核磁共振谱提供了三类极其有用的信息:化学位移、耦合常数、积分曲线。应用这些信息,可以推测质子在碳架上的位置,下面予以讨论。

## 5.10 化学位移

### 5.10.1 化学位移的定义

根据前面讨论的基本原理,$^1$H 在某一照射频率下,只能在某一磁感应强度下发生核磁共振。例如,照射频率为 60 MHz,磁感应强度是 14.092 Gs(14.092×10$^{-4}$ T),100 MHz—23.486 Gs(23.486×10$^{-4}$ T),200 MHz—46.973 Gs(46.973×10$^{-4}$ T),600 MHz—140.920 Gs(140.920×10$^{-4}$ T)。但实验证明:当 $^1$H 在分子中所处化学环境(化学环境是指 $^1$H 的核外电子以及与 $^1$H 邻近的其他原子核的核外电子的运动情况)不同时,即使在相同照射频率下,也将在不同的共振磁场下显示吸收峰。图 5-29 是乙酸乙酯的核磁共振氢谱,图谱表明:乙酸乙酯中的 8 个氢,由于分别处在 a,b,c 三种不同的化学环境中,因此在三个不同的共振磁场下显示吸收峰。同种核由于在分子中的化学环境不同而在不同共振磁感应强度下显示吸收峰,这称为化学位移(chemical shift),用 $\delta$ 表示。

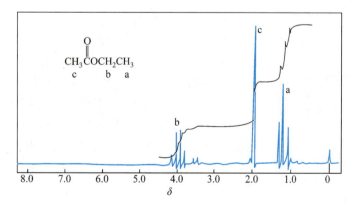

图 5-29 乙酸乙酯的核磁共振氢谱

### 5.10.2 屏蔽效应和化学位移的起因

化学位移是怎样产生的？分子中磁性核不是完全裸露的，质子被价电子包围着。这些电子在外界磁场的作用下发生循环的流动，会产生一个感应的磁场，感应磁场应与外界磁场相反（楞次定律），所以，质子实际上感受到的有效磁感应强度应是外磁场感应强度减去感应磁场强度。即

$$B_{有效} = B_0(1-\sigma) = B_0 - B_0\sigma = B_0 - B_{感应} \tag{5-11}$$

核外电子对核产生的这种作用称为屏蔽效应(shielding effect)，也叫抗磁效应(diamagnetic effect)。$\sigma$ 称为屏蔽常数(shielding constant)。与屏蔽较少的质子比较，屏蔽多的质子对外磁场感受较少，将在较高的外磁场 $B_0$ 作用下才能发生共振吸收。由于磁力线是闭合的，因此感应磁场在某些区域与外磁场的方向一致，处于这些区域的质子实际上感受到的有效磁场应是外磁场 $B_0$ 加上感应磁场 $B_{感应}$。这种作用称为去屏蔽效应(deshielding effect)，也称为顺磁效应(paramagnetic effect)。受去屏蔽效应影响的质子在较低外磁场 $B_0$ 作用下就能发生共振吸收。综上所述，质子发生核磁共振实际上应满足：

$$\nu_{射} = \frac{\gamma B_{有效}}{2\pi} \tag{5-12}$$

因在相同频率电磁辐射波的照射下，不同化学环境的质子受的屏蔽效应各不相同，因此它们发生核磁共振所需的外磁场 $B_0$ 也各不相同，即发生了化学位移。

对 $^1H$ 化学位移产生主要影响的是局部屏蔽效应和远程屏蔽效应。核外成键电子的电子云密度对该核产生的屏蔽作用称为局部屏蔽效应。分子中其他原子和基团的核外电子对所研究的原子核产生的屏蔽作用称为远程屏蔽效应。远程屏蔽效应是各向异性的。

### 5.10.3 化学位移的表示

> 选 TMS 为标准物是因为：TMS 中的四个甲基对称分布，因此所有氢都处在相同的化学环境中，它们只有一个锐利的吸收峰。另外，TMS 的屏蔽效应很高，共振吸收在高场出现，而且吸收峰的位置处在一般有机物中的质子不易发生吸收的区域内。
>
> 测定时，可把标准物与样品放在一起配成溶液，这称为内标准法。也可将标准物用毛细管密封后放入样品溶液中进行测定，这称为外标准法。

化学位移的差别约为百万分之十，要精确测定其数值十分困难。现采用相对数值表示法，即选用一个标准物质，以该标准物的共振吸收峰所处位置为零点，其他吸收峰的化学位移值根据这些吸收峰的位置与零点的距离来确定。最常用的标准物质是四甲基硅$(CH_3)_4Si$(tetramethylsilicon，简称 TMS)。现规定，化学位移用 $\delta$ 来表示，四甲基硅吸收峰的化学位移 $\delta$ 为零，其峰右边的 $\delta$ 为负，左边的 $\delta$ 为正。

由于感应磁场与外磁场的 $B_0$ 成正比，所以屏蔽作用引起的化学位移也与外加磁场 $B_0$ 成正比。在实际测定工作中，为了避免因采用不同磁感应强度的核磁共振仪而引起化学位移的变化，$\delta$ 一般都应用相对值来表示，其定义为

$$\delta = \frac{\nu_{样} - \nu_{标}}{\nu_{仪}} \times 10^6 \tag{5-13}$$

式中，$\nu_{样}$ 和 $\nu_{标}$ 分别代表样品和标准物的共振频率，$\nu_{仪}$ 为操作仪器选用的频率。多数有机物的质子信号发生在 $\delta$ 0~10 处，零是高场，10 是低场。

## 5.10.4 影响化学位移的因素

化学位移取决于核外电子云密度,因此影响电子云密度的各种因素都对化学位移有影响,影响最大的是电负性和各向异性效应。

(1) **电负性** 电负性对化学位移的影响可概述为:电负性大的原子(或基团)吸电子能力强,$^1$H 核附近的吸电子基团使质子峰向低场位移(左移),给电子基团使质子峰向高场位移(右移)。下面是一些实例。

**实例一**

| 电负性 | C  2.6 | N  3.0 | O  3.5 |
|---|---|---|---|
| $\delta$ | C—CH$_3$(0.77~1.88) | N—CH$_3$(2.12~3.10) | O—CH$_3$(3.24~4.02) |

> 吸电子基团降低了氢核周围的电子云密度,屏蔽效应也就随之降低,所以质子的化学位移向低场移动。给电子基团增加了氢核周围的电子云密度,屏蔽效应也就随之增加,所以质子的化学位移向高场移动。

**实例二**

| 电负性 | Cl  3.1 | Br  2.9 | I  2.6 |
|---|---|---|---|
| $\delta$ | CH$_3$—Cl(3.05) | CH$_3$—Br(2.68) | CH$_3$—I(2.16) |
|  | CH$_2$—Cl$_2$(5.30) |  |  |
|  | CH—Cl$_3$(7.27) |  |  |

> 除电负性和各向异性效应的影响外,氢键、溶剂效应、van der Waals 效应也对化学位移有影响。

电负性对 $^1$H 化学位移的影响是通过化学键起作用的,它产生的屏蔽效应属于局部屏蔽效应。

> 氢键对羟基质子化学位移的影响与氢键的强弱及氢键的电子给体的性质有关,在大多数情况下,氢键产生去屏蔽效应,使 $^1$H 的 $\delta$ 值移向低场。

**习题 5-36** 用草图表示 CH$_3$CH$_2$CH$_2$I 的三类质子在核磁共振图谱中的相对位置,并简单阐明理由。

(2) **各向异性效应** 当分子中某些基团的电子云排布不呈球形对称时,它对邻近的 $^1$H 核产生一个各向异性的磁场,从而使某些空间位置上的核受屏蔽,而另一些空间位置上的核去屏蔽,这一现象称为各向异性效应(anisotropic effect)。下面是各向异性效应的几个典型例子。

> 有时同一种样品使用不同的溶剂,也会使化学位移发生变化,这称为溶剂效应。活泼氢的溶剂效应比较明显。能引起溶剂效应的因素很多,例如 $N,N$-二甲基甲酰胺在 CDCl$_3$ 中测定时,$\delta_{\alpha H} > \delta_{\beta H}$,而在被测物中加入适量苯溶剂后可使 $\delta_{\beta H} > \delta_{\alpha H}$,这是因为苯能与之形成复合物,而使两种氢处于不同的屏蔽区所致。

当乙烯受到与双键平面垂直的外磁场的作用时,乙烯双键上的 π 电子环电流产生一个与外加磁场对抗的感应磁场,该感应磁场在双键及双键平面上、下方与外磁场方向相反,所以将该区域称为屏蔽区,在图 5-30 中用"+"表示。处于屏蔽区的质子必须增大外加磁场的感应强度才能发生核磁共振,所以质子峰移向高场,$\delta$ 较小。由于磁力线的闭合性,在双键的周围侧面,感应磁场的方向与外加磁场方向一致,所以将该区域称为去屏蔽区,在图中用"−"表示。处于去屏蔽区的质子,其共振信号出现在低场,$\delta$ 较大。连在双键碳上的氢处在去屏蔽区,所以它们的 $\delta$ 较烷烃中 CH$_2$ 的质子的 $\delta$ 大。

当取代基与共振核之间的距离小于 van der Waals 半径时,取代基周围的电子云与共振核周围的电子云就互相排斥,结果使共振核周围的电子云密度降低,使质子受到的屏蔽效应明显下降,质子峰向低场移动,这称为 van der Waals 效应。

氢键的影响、溶剂效应、van der Waals 效应在剖析 NMR 图谱时很有用。

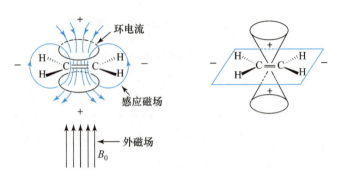

图 5-30 乙烯的各向异性效应

当乙炔受到与乙炔分子平行的外磁场作用时(图 5-31),乙炔圆筒形 π 电子环电流产生一个与外磁场对抗的感应磁场,与乙烯类似,由于磁力线的闭合性,它也在分子中形成屏蔽区和去屏蔽区。炔氢正好处于屏蔽区,所以化学位移在较高场,$\delta$ 较低,为 2.8。

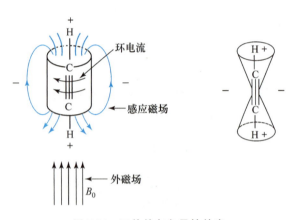

图 5-31 乙炔的各向异性效应

同理,苯在受到与苯环平面垂直的外磁场作用时(图 5-32),苯环 π 电子环电流产生的感应磁场也使苯分子的整个空间划分为屏蔽区和去屏蔽区。苯环上的六个氢恰好都处于去屏蔽区,所以化学位移在较低场,$\delta$ 较大,为 7.26。

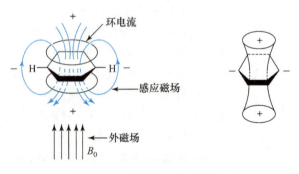

图 5-32 苯的各向异性效应

许多分子,例如,醛、酮、酯、羧酸、肟等都会产生各向异性效应,碳碳单键和碳氢单键亦有各向异性效应。各向异性效应是远程屏蔽效应。

除电负性和各向异性效应的影响外,氢键、溶剂效应、van der Waals 效应也对化学位移有影响。

**习题 5-37** 用羰基的磁各向异性效应解释:为什么醛基上质子的化学位移处于低场($\delta$ 为 8~10)?

**习题 5-38** 为什么下面化合物环内氢的 $\delta$ 为 -2.99,而环外氢的 $\delta$ 为 9.28?

## 5.11 特征质子的化学位移

由于不同类型的质子化学位移不同,因此化学位移对于分辨各类质子是重要的,而确定质子类型对于阐明分子结构是十分有意义的。表 5-15 列出了一些特征质子的化学位移,表中黑体字的 H 是要研究的质子。

**表 5-15 特征质子的化学位移**

| 质子的类型 | 化学位移 $\delta$ | 质子的类型 | 化学位移 $\delta$ |
| --- | --- | --- | --- |
| RC**H**$_3$ | 0.9 | ArCR$_2$—**H** | 2.2~3 |
| R$_2$C**H**$_2$ | 1.3 | Ar—**H** | 6~8.5 |
| R$_3$C**H** | 1.5 | RC**H**$_2$F | 4~4.5 |
| $\begin{array}{c}\text{H}_2\\\text{C}\\\text{H}_2\text{C—C}\text{H}_2\end{array}$ | 0.22 | RC**H**$_2$Cl | 3~4 |
|  |  | RC**H**$_2$Br | 3.5~4 |
| R$_2$C=C**H**$_2$ | 4.5~5.9 | RC**H**$_2$I | 3.2~4 |
| R$_2$C=CR**H** | 5.3 | RO**H** | 0.5~5.5(温度、溶剂、浓度改变时影响很大) |
| R$_2$C=CR—C**H**$_3$ | 1.7 | | |
| RC≡C**H** | 1.7~3.5 | | |

| 质子的类型 | 化学位移 δ | 质子的类型 | 化学位移 δ |
|---|---|---|---|
| ArOH | 4.5～7.7(分子内缔合,10.5～16) | R₂CHCOOH | 10～12 |
| | | R₂CHCOOR | 2～2.2 |
| R₂C=CR—OH | 15～19（分子内缔合） | RCOOCH₃ | 3.7～4 |
| | | RC≡CCOCH₃ | 2～3 |
| RCH₂OH | 3.4～4 | | 0.5～5 |
| ROCH₃ | 3.5～4 | RNH₂，R₂NH | （峰不尖锐，常呈馒头形） |
| RCHO | 9～10 | | |
| RCOCHR₂ | 2～2.7 | RCONRH，ArCONRH | 5～9.4 |
| R₂CHCOOH | 2～2.6 | | |

**习题 5-39** 根据表 5-15 提供的数据，估算下列化合物中各质子的化学位移。

(i) $CH_3CH_2Br$  (ii) $H_2C=CH—CH_2—C≡CH$  (iii) $(H_3C)_3C—\underset{}{\underset{}{C_6H_4}}—\overset{O}{\underset{}{C}}CH_3$

(iv) $HO—C_6H_4—CH_2OH$  (v) $\overset{O}{\underset{}{HC}}OCH_3$  (vi) $H_3C—\underset{NH_2}{\overset{}{CH}}—COOH$

下面再来讨论各类有机物分子中的质子的化学位移。

### 5.11.1 烷烃

甲烷氢的化学位移值为 0.23，其他开链烷烃中，一级质子在高场 δ≈0.9 处出现，二级质子移向低场在 δ≈1.33 处出现，三级质子移向更低场在 δ≈1.5 处出现。例如

|  | $CH_4$ | $CH_3—CH_3$ | $CH_3—CH_2—CH_3$ | $(CH_3)_3CH$ |
|---|---|---|---|---|
| δ | 0.23 | 0.86  0.86 | 0.91  1.33  0.91 | 0.86  1.50 |

环烷烃能以不同构象形式存在，未被取代的环烷烃处在一确定的构象中时，由于碳碳单键的各向异性屏蔽作用，不同氢的 δ 值略有差异。例如，在环己烷的椅型构象中，由于 C-1 上的平伏键氢处于 C(2)—C(3) 键及 C(5)—C(6) 键的去屏蔽区，而 C-1 上的直立键氢不处在去屏蔽区，见图 5-33，所以，平伏键氢比直立键氢的化学位移略高 0.2～0.5。在低温（-100℃）构象固定时，NMR 谱图上可以清晰地看到两个吸收峰，一个代表直立键氢，一个代表平伏键氢。但在常温下，由于构象的迅速转换（图 5-34），一般只看到一个吸收峰（图 5-35）。

甲基峰一般具有比较明显的特征；亚甲基峰和次甲基峰没有明显的特征，而且常呈很复杂的峰形，不易辨认。当分子中引入其他官能团后，甲基、次甲基及亚甲基的化学位移会发生变化，但其 δ 极少超出 0.7～4.5 这一范围。

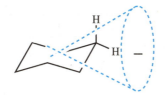

图 5-33　环己烷的各向异性效应

当一个椅型构象通过碳碳键旋转转变为它的构象转换体时，原直立键氢转为平伏键氢，原平伏键氢转为直立键氢。

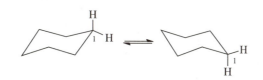

图 5-34　环己烷构象的转换

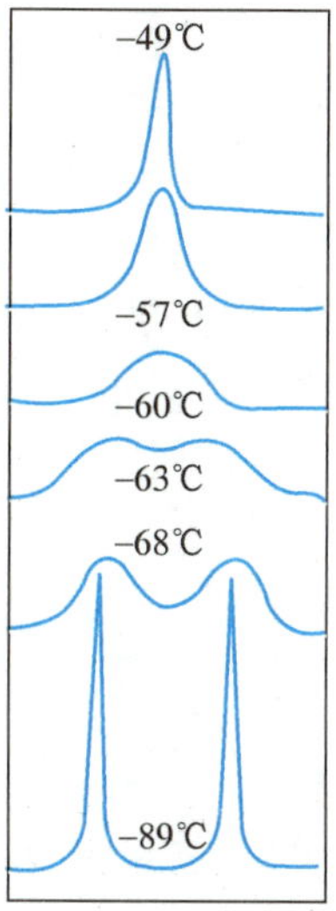

图 5-35　$C_6D_{11}H$ 在不同温度下的 $^1H$ NMR 谱

取代环烷烃中，环上不同的氢有不同的化学位移，它们的图谱有时呈比较复杂的峰形，不易辨认。

其他未取代的环烷烃在常温下也只有一个吸收峰：环丙烷的 $\delta$ 为 0.22，环丁烷的 $\delta$ 为 1.96，别的环烷烃的 $\delta$ 在 1.5 左右。

### 5.11.2　烯烃

烯氢是与双键碳相连的氢，由于碳碳双键的各向异性效应，烯氢与简单烷烃的氢相比，$\delta$ 均向低场移动 3~4。乙烯氢的化学位移约为 5.25，不与芳基共轭的取代烯氢的化学位移约在 4.5~6.5 范围内变化，与芳基共轭时 $\delta$ 将增大。乙烯基对甲基、亚甲基、次甲基的化学位移也有影响。例如

同碳上有乙烯基的氢，$\delta$ 约在 1.59~2.14 之间，变化较大；邻碳上有乙烯基的氢，$\delta$ 变化较小。

|  | $CH_4$ | $CH_3-CH=CH_2$ | $CH_3-CH_3$ | $CH_3-CH_2-CH=CH_2$ | $(CH_3)_2CH_2$ | $(CH_3)_2CH-CH=CH_2$ |
|---|---|---|---|---|---|---|
| $\delta$ | 0.23 | 1.71 | 0.86　0.86 | 1.00　2.00 | 1.33 | 1.73 |

> **习题 5-40**　烯氢的化学位移也可以用下面的公式来近似估算：
> $$\delta_{C=C-H} = 5.25 + Z_{同} + Z_{顺} + Z_{反}$$
> 下表列出了一些取代基对烯氢化学位移影响的 $Z$ 值：
>
> | 取代基（A—） | $Z_{同}$ | $Z_{顺}$ | $Z_{反}$ | 取代基（A—） | $Z_{同}$ | $Z_{顺}$ | $Z_{反}$ |
> |---|---|---|---|---|---|---|---|
> | R— | 0.44 | −0.26 | −0.29 | Ar— | 1.35 | 0.37 | −0.10 |
> | —C=C— | 0.98 | −0.04 | −0.21 | ArCH₂— | 1.05 | −0.29 | −0.32 |
> | —C≡C— | 0.50 | 0.35 | 0.10 | F— | 1.03 | −0.89 | −1.19 |

| 取代基(A—) | $Z_{同}$ | $Z_{顺}$ | $Z_{反}$ | 取代基(A—) | $Z_{同}$ | $Z_{顺}$ | $Z_{反}$ |
|---|---|---|---|---|---|---|---|
| Cl— | 1.00 | 0.19 | 0.03 | HOOC— | 1.00 | 1.35 | 0.74 |
| Br— | 1.04 | 0.40 | 0.55 | ROOC— | 0.84 | 1.15 | 0.56 |
| I— | 1.14 | 0.81 | 0.88 | ClCO— | 1.10 | 1.41 | 0.19 |
| RO— | 1.38 | −1.06 | −1.28 | —NCO— | 1.37 | 0.93 | 0.35 |
| RCOO— | 2.09 | −0.40 | −0.67 | $R_2N$— | 0.69 | −1.19 | −1.31 |
| OHC— | 1.03 | 0.97 | 1.21 | —$NCH_2$— | 0.66 | −0.05 | −0.23 |
| RCO— | 1.10 | 1.13 | 0.81 | NC— | 0.23 | 0.78 | 0.58 |

请应用以上公式和表中的数据计算下列化合物中烯氢的化学位移。

(i) $CH_3CH_2O$—CH=CH—$OCH_2CH_3$ (H,H)

(ii) $Cl_2C$=CH($CH_2I$)

(iii) $C_6H_5$—CH($H_a$)=CH($H_b$)—COOH

(iv) BrC(I)=CH(CHO)

(v) $H_3C$—C(OCOCH$_3$)=CH—($H_a$, $H_b$)

(vi) NC—C(OCH$_3$)=CH—$CH_2NH_2$

## 5.11.3 炔烃

炔基氢是与叁键碳相连的氢,由于炔键的屏蔽作用,炔氢的化学位移移向高场,一般 $\delta=1.7\sim3.5$ 处有一吸收峰。例如,HC≡CH(1.80),RC≡CH(1.73~1.88),ArC≡CH(2.71~3.37),—CH=CH—C≡CH(2.60~3.10),—C≡C—C≡CH(1.75~2.42),$CH_3$—C≡C—C≡C—C≡CH(1.87)。HC≡C—若连在一个没有氢的原子上,则炔氢显示一个尖锐的单峰。炔基对甲基、亚甲基氢的化学位移有影响,与炔基直接相连碳上的氢化学位移影响最大,其 $\delta$ 约为 1.8~2.8。

**习题 5-41** 指出下列化合物有几组 $^1$H NMR 峰。请按化学位移由大到小的次序排列,并阐明理由。

$$CH_2=CH-\underset{\underset{CH_3}{|}}{\overset{\overset{CH_3}{|}}{C}}-CH_2-C\equiv CH$$

### 5.11.4 芳烃

由于受 π 电子环电流的去屏蔽效应,芳氢的化学位移移向低场,苯上氢的 $\delta=7.27$。萘上的质子受两个芳环的影响,$\delta$ 更大,α 质子的 $\delta$ 为 7.81,β 质子的 $\delta$ 为 7.46。一般芳环上质子的 $\delta$ 在 6.3~8.5 范围内,杂环芳香质子的 $\delta$ 在 6.0~9.0 范围内。

**习题 5-42** 芳环氢的化学位移也可用经验公式 $\delta=7.27-\sum S$ 来估算。$\sum S$ 表示所有取代基对芳氢化学位移的影响。下表列出了取代基对苯基芳氢影响的 $S$ 值:

| 取代基 | $S_邻$ | $S_间$ | $S_对$ | 取代基 | $S_邻$ | $S_间$ | $S_对$ |
|---|---|---|---|---|---|---|---|
| $CH_3-$ | 0.17 | 0.09 | 0.18 | $CH_3O-$ | 0.43 | 0.09 | 0.37 |
| $CH_3CH_2-$ | 0.15 | 0.06 | 0.18 | $OHC-$ | −0.58 | −0.21 | −0.27 |
| $(CH_3)_2CH-$ | 0.14 | 0.09 | 0.18 | $CH_3CO-$ | −0.64 | −0.09 | −0.30 |
| $(CH_3)_3C-$ | −0.01 | −0.10 | 0.24 | $HOOC-$ | −0.8 | −0.14 | −0.2 |
| $RCH=CH-$ | −0.13 | −0.03 | −0.13 | $ClCO-$ | −0.83 | −0.16 | −0.3 |
| $HOCH_2-$ | 0.1 | 0.1 | 0.1 | $CH_3OOC-$ | −0.74 | −0.07 | −0.20 |
| $Cl_3C-$ | −0.8 | −0.2 | −0.2 | $CH_3COO-$ | 0.21 | 0.02 | — |
| $F-$ | 0.30 | 0.02 | 0.22 | $NC-$ | −0.27 | −0.11 | −0.3 |
| $Cl-$ | −0.02 | −0.06 | 0.04 | $O_2N-$ | −0.95 | −0.17 | −0.33 |
| $Br-$ | −0.22 | −0.13 | 0.03 | $H_2N-$ | 0.75 | 0.24 | 0.63 |
| $I-$ | −0.40 | −0.26 | 0.03 | $(CH_3)_2N-$ | 0.60 | 0.10 | 0.62 |
| $HO-$ | 0.50 | 0.14 | 0.4 | $CH_3CONH-$ | −0.31 | −0.06 | — |

请应用以上公式和表中的数据计算下列化合物芳环氢的化学位移:

### 5.11.5 卤代烃

由于卤素电负性较强,因此使与之直接相连的碳和邻近碳上质子所受屏蔽降低,质子的化学位移向低场移动,并按 F,Cl,Br,I 的次序依次下降。与卤素直接相连的碳原子上的质子化学位移一般在 $\delta=2.16\sim4.4$;相邻碳上质子所受影响减小,$\delta=$

1.25~1.55；相隔一个碳原子时，影响更小，$\delta$=1.03~1.08。

### 5.11.6 醇 酚 醚 羧酸 胺

醇的核磁共振谱的特点参见 5.13。醚 $\alpha$-H 的化学位移 $\delta$ 约在 3.54 附近。

酚羟基氢的核磁共振的 $\delta$ 很不固定，受温度、浓度、溶剂的影响很大，只能列出它的大致范围。一般酚羟基氢的 $\delta$ 在 4~8 范围内，发生分子内缔合的酚羟基氢的 $\delta$ 在 10.5~16 范围内。

羧酸 $\alpha$-H 的化学位移在 2~2.6 之间。羧酸中羧基的质子由于受两个氧的吸电子效应，屏蔽大大降低，化学位移移向低场，$R_2CHCOOH$ $\delta_H$=10~12。

胺中氮上的质子一般不容易鉴定，由于氢键程度不同而改变很大，有时 N—H 和 C—H 质子的化学位移非常接近，所以不容易辨认。一般情况：$\alpha$-H $\delta$=2.7~3.1，$\beta$-H $\delta$=1.1~1.71。N—H $\delta$=0.5~5；$RNH_2$，$R_2NH$ 的 $\delta$ 的大致范围在 0.4~3.5；$ArNH_2$，$Ar_2NH$，$ArNHR$ 的 $\delta$ 的大致范围在 2.9~4.8。

### 5.11.7 羧酸衍生物

酯中烷基上的质子 $RCOOCH_2R$ 的化学位移 $\delta_H$=3.7~4。酰胺中氮上的质子 $RCONHR$ 的化学位移一般在 $\delta_H$=5~9.4，往往不能给出一个尖锐的峰。

羰基或氰基附近 $\alpha$ 碳上的质子具有类似的化学位移，$\delta_H$=2~3。例如，$CH_3COCl$ $\delta_H$=2.67，$CH_3COOCH_3$ $\delta_H$=2.03，$RCH_2COOCH_3$ $\delta_H$=2.13，$CH_3CONH_2$ $\delta_H$=2.08，$RCH_2CONH_2$ $\delta_H$=2.23，$CH_3CN$ $\delta_H$=1.98，$RCH_2CN$ $\delta_H$=2.3。

---

**习题 5-43** 分别将下列各化合物的质子按化学位移由大到小排列成序。（初步判断）

(i) $(CH_3)_2CHCHO$    (ii) $H_2NCH_2COOH$    (iii) $F_2CHCH_2Br$    (iv) $CH_3\overset{O}{\overset{\|}{C}}NH_2$    (v) $(CH_3)_2CHCH_2I$

(vi) $CH_3CH_2OCH_2CH_2OH$    (vii) 2,6-二甲基苯甲酸乙酯 (—COOCH$_2$CH$_3$，2,6-位为 CH$_3$)    (viii) $HO$—C$_6$H$_4$—$CH_2CN$

---

## 5.12 耦合常数

### 5.12.1 自旋耦合和自旋裂分

图 5-36、图 5-37 分别是低分辨核磁共振仪和高分辨核磁共振仪所作的乙醛（$CH_3CHO$）的 PMR 图谱。对比这两张图谱可以发现：用低分辨核磁共振仪作的图

谱,乙醛只有两个单峰;在高分辨图谱中,得到的是两组峰,它们分别是二重峰、四重峰。乙醛在低分辨图谱和高分辨图谱中峰的裂分不同,是因为在分子中不仅核外的电子会对质子的共振吸收产生影响,邻近质子之间也会因互相之间的作用影响对方的核磁共振吸收,并引起谱线增多。这种原子核之间的相互作用称为自旋-自旋耦合(spin-spin coupling),简称自旋耦合(spin coupling)。因自旋耦合而引起的谱线增多的现象称为自旋-自旋裂分,简称自旋裂分。

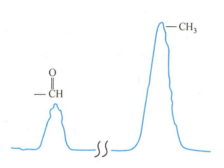

图 5-36 乙醛的低分辨核磁共振谱图

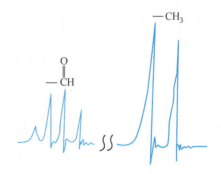

图 5-37 乙醛的高分辨核磁共振谱图

### 5.12.2 自旋耦合的起因

谱线裂分是怎样产生的?在外磁场的作用下,质子是会自旋的,自旋的质子会产生一个小的磁矩,并通过成键价电子的传递,对邻近的质子产生影响。质子的自旋有两种取向:假如外界磁场感应强度为 $B_0$,自旋时与外磁场取顺向排列的质子,使受它作用的邻近质子感受到的总磁感应强度为 $B_0+B'$;自旋时与外磁场取逆向排列的质子,使邻近的质子感受到的总磁感应强度为 $B_0-B'$。因此当发生核磁共振时,一个质子发出的信号就分裂成了两个,这就是自旋裂分。

一般只有相隔三个化学键之内的不等价的质子间才会发生自旋裂分的现象。

### 5.12.3 耦合常数的定义和表达

自旋耦合的量度称为自旋的耦合常数(coupling constant),用符号 $J$ 表示,$J$ 值的大小表示了耦合作用的强弱。耦合常数的单位是 Hz(赫兹),也可以用周/秒、CPS 表示。$J$ 的左上方常标以数字,表示两个耦合核之间相隔键的数目;$J$ 的右下方则标以其他信息。例如,$^3J_{H-C-C-H}$ 表示两个相邻碳上的质子发生耦合,它们中间相隔有三个化学键。$J_{ab}$ 表示质子 a 被质子 b 裂分。处于同一个碳上的两个氢的耦合称为同碳耦合,耦合常数用 $J_{同}$ 或 $^2J_{H-C-H}$ 表示。$^3J_{反}$ 表示双键上反式质子间的耦合。超过三个键的耦合称为远程耦合。就其本质来看,耦合常数是质子自旋裂分时的两个核磁共振能之差,它可以通过共振吸收的位置差别来体现,这在图谱上就是裂分峰之间的距离。

耦合常数的大小还与核上的电荷密度有关,因此取代基的电负性及碳价键上 s 成分的多少均对 $J$ 值有影响。

耦合常数的大小与两个作用核之间的相对位置有关,随着相隔键数目的增加会很快减弱,一般来讲,两个质子相隔少于或等于三个单键时可以发生耦合裂分,相隔三个以上单键时耦合常数趋于零。例如在丁酮中,$H_a$ 与 $H_b$ 之间相隔三个单键,因

化学位移随外磁场的改变而改变。耦合常数与化学位移不同,它不随外磁场的改变而改变。因为自旋耦合产生于磁核之间的相互作用,是通过成键电子来传递的,并不涉及外磁场。因此,当由化学位移形成的峰与耦合裂分峰不易区别时,可通过改变外磁场的方法来予以区别。

此它们之间可以发生耦合裂分;而 $H_a$ 与 $H_c$ 或 $H_b$ 与 $H_c$ 之间相隔三个以上的单键,它们之间的耦合作用极弱,也即耦合常数趋于零。

$$\underset{a\ \ \ b\ \ \ c}{CH_3CH_2\overset{O}{\underset{\|}{C}}CH_3}$$

但中间插入双键或叁键的两个质子,可发生远程耦合。例如在 $\underset{a}{CH_2}=CH-\underset{b}{CH_3}$ 中,$H_a$ 与 $H_b$ 之间相隔四个键,但因其中一个是双键,所以 $H_a$ 与 $H_b$ 之间可以发生远程耦合。互相耦合的两组质子,因为彼此间作用相同,耦合常数也相等。例如,在 $\underset{a}{CH_3}\underset{b}{CH_2}Br$ 中,质子 a 被质子 b 裂分,质子 b 也被质子 a 裂分,由于质子 a 与质子 b 互相之间的作用是相同的,所以 $J_{ab}=J_{ba}$。

**习题 5-44** 下列化合物中,哪些质子可以互相耦合?

(i) $\underset{a}{CH_3}-\underset{b}{CH_2}-\underset{c}{CH_3}$  (ii) $\underset{a}{CH_3}-CCl_2-\underset{b}{CH_3}$  (iii) $\underset{a}{CH_3}-\overset{\overset{b}{CH_3}}{\underset{\underset{CH_3}{|}}{C}}-\underset{d}{CH_2}-\underset{e}{CH_3}$

(iv) $\underset{a}{CH_3}-\overset{\overset{b}{CH_3}}{\underset{c}{CH}}-\underset{d}{CH_2}-\underset{e}{CH_3}$  (v) $\underset{H_3C}{\overset{H_3C}{>}}C=C\underset{Cl}{\overset{H}{<}}$  (vi) $\underset{Br}{\underset{|}{CH_2}}-\underset{Br}{\underset{|}{CH}}-\underset{c}{CH_3}$

**习题 5-45** 下列化合物中,哪些质子间的耦合常数相等?

(i) $\underset{a\ \ b}{CH_3CH_2Cl}$  (ii) $\underset{a\ \ \ b\ \ \ \ c}{CH_3CH_2COCH_3}$  (iii) $\underset{a}{H}-\overset{O}{\underset{\|}{C}}-N\overset{\overset{b}{H}}{\underset{\underset{H}{|}}{|}}$  (iv) 三元环结构 $H_3C$, $Cl$, $H$, $OH$ (a, b, c标注)

### 5.12.4 化学等价 磁等价 磁不等价

在分子中,具有相同化学位移的核称为化学位移等价的核。分子中两相同原子处于相同的化学环境时称为化学等价(chemical equivalence),化学等价的质子必然具有相同的化学位移。例如 $CH_2Cl_2$ 中的两个 H 是化学等价的,它们的化学位移也是相同的。但具有相同化学位移的质子未必都是化学等价的。判别分子中的质子是否化学等价,对于识谱是十分重要的,通常判别的依据是:分子中的质子,如果可通过对称操作或快速机制互换,则它们是化学等价的。通过对称轴旋转而能互换的质子叫等位质子(homotopic proton)。例如,下列化合物(i),(ii),(iii)中的 $H_a$ 和 $H_b$ 都可以通过 $C_2$ 轴的旋转对称操作互换,因此每个分子中的 $H_a$、$H_b$ 互为等位质子。等位质子在任何环境中都是化学等价的。

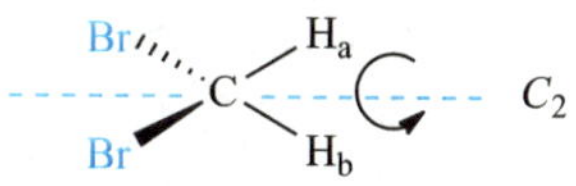

(i) 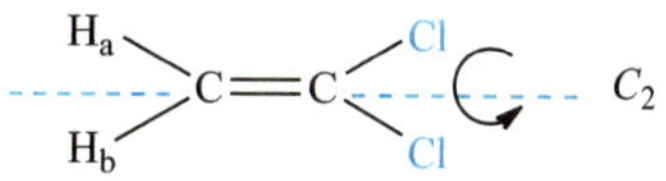　　　　　　　　(ii) 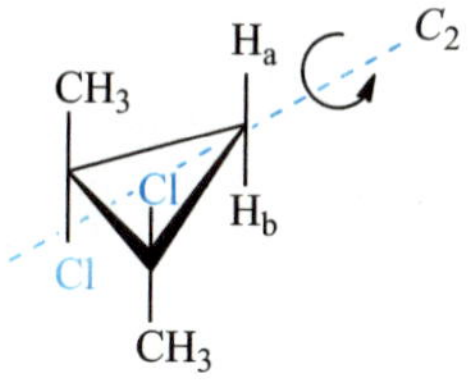　　　　　　　　(iii)

通过镜面对称操作能互换的质子叫对映异位质子(enantiotopic proton)。例如化合物(iv),(v)分子中的 $H_a$ 和 $H_b$ 可以通过镜面 $m$ 的对映操作互换,因此它们的 $H_a$、$H_b$ 是两个对映异位质子。对映异位质子在非手性溶剂中是化学等价的,在手性环境中是非化学等价的。

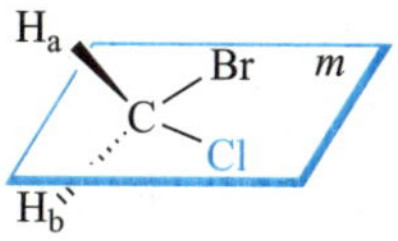

(iv) 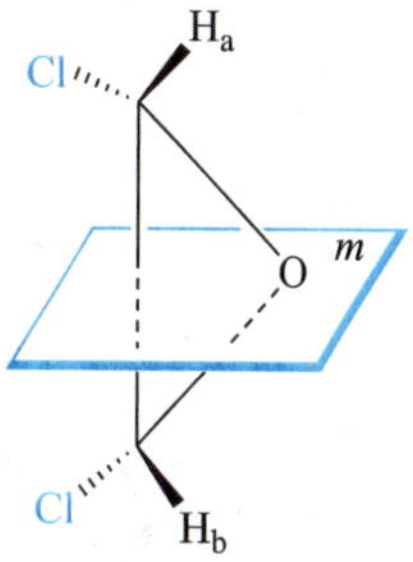　　　　　　　　(v)

不能通过对称操作或快速运动进行互换的质子叫做非对映异位质子(diastereotopic proton),例如化合物(vi)分子中的 $H_a$、$H_b$ 是两个非对映异位质子。非对映异位质子在任何环境中都是化学不等价的。

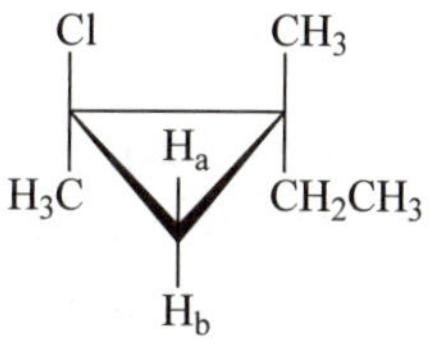

(vi)

一组化学位移等价(chemical shift equivalence)的核,若对组外任何其他核的耦合常数彼此之间也都相同,那么这组核就称为磁等价(magnetic equivalence)核或磁全同核。例如,化合物(vii)分子中的 $H_a$、$H_b$ 是磁等价的。因为 $H_a$、$H_b$ 有相同的化学位移,而且它们与 $H_c$ 的耦合常数也彼此相同,即 $J_{H_aH_c}=J_{H_bH_c}$。

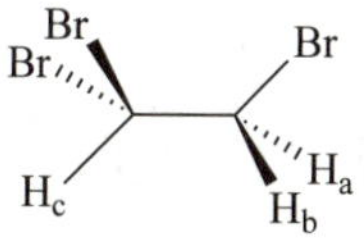

(vii)

显然,磁等价的核一定是化学等价的,而化学等价的核不一定是磁等价的。例如,化合物(viii)中的 $H_a$、$H_b$ 是化学等价的,但磁不等价,因为 $J_{H_aF_1} \neq J_{H_bF_1}$,$J_{H_aF_2} \neq J_{H_bF_2}$。

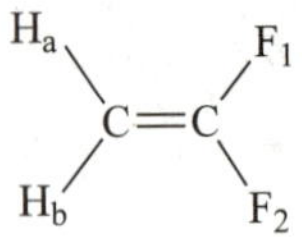
H_a
F_1
C=C
H_b
F_2
(viii)

在判别分子中的质子是否化学等价时,下面几种情况要予以注意:

(1) 与不对称碳原子相连的 $CH_2$ 上的两个质子是化学不等价的。例如,化合物(ix)中的 $H_a$、$H_b$ 受不对称碳原子 C-1 的影响,是化学不等价的。不对称碳原子的这种影响可以延伸到更远的质子上。

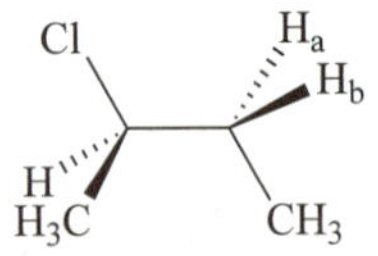
Cl
H_a
H_b
H
H_3C
CH_3
(ix)

与带有某些双键性质的单键相连的两个质子,在单键旋转受阻的情况下,也能用同样的方法来判别它们的化学等价性。例如化合物(xii)中的 $H_a$、$H_b$,因 C—N 键具有某些双键的性质,R、O 又不同,因此在低温旋转受阻时,$H_a$、$H_b$ 是化学不等价的。

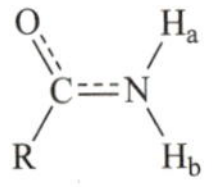
O
H_a
C=N
R
H_b
(xii)

(2) 在烯烃中,若双键上的一个碳连有两个相同的基团,另一个双键碳连有两个氢,则这两个氢是化学等价的,如(x)中的 $H_a$、$H_b$;若双键上的一个碳连有两个不同的基团,另一个碳连有两个氢,则这两个氢是化学不等价的,如(xi)中的 $H_a$、$H_b$。

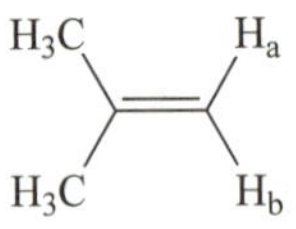
H_3C
H_a
H_3C
H_b
(x)

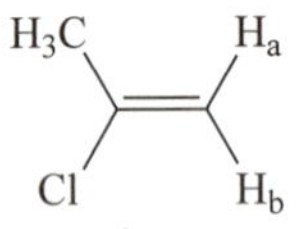
H_3C
H_a
Cl
H_b
(xi)

(3) 有些质子在某些条件下是化学不等价的,在另一些条件下是化学等价的。例如环己烷上的 $CH_2$,当分子的构象固定时,两个质子是化学不等价的;当构象迅速转换时,两个质子是化学等价的。

只有化学不等价的质子才能显示出自旋耦合。

**习题 5-46** 下列化合物中的 $H_a$ 与 $H_b$ 哪些是磁不等价的?

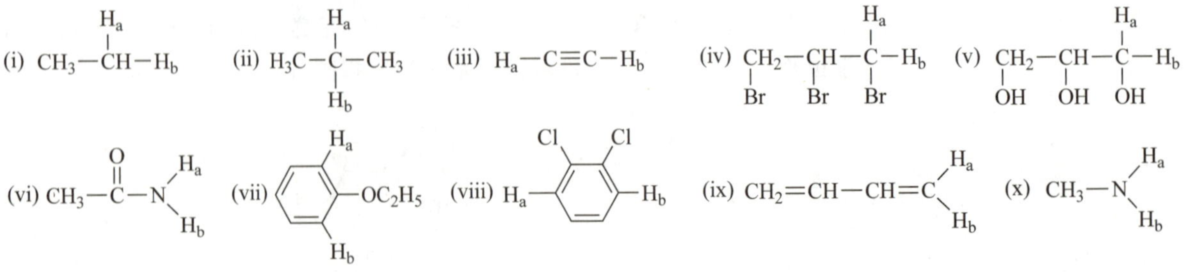
(i) CH_3—CH—H_b
H_a
(ii) H_3C—C—CH_3
H_a
H_b
(iii) H_a—C≡C—H_b
(iv) CH_2—CH—C—H_b
H_a
Br Br Br
(v) CH_2—CH—C—H_b
H_a
OH OH OH
(vi) CH_3—C—N
O
H_a
H_b
(vii)
H_a
OC_2H_5
H_b
(viii) H_a
Cl Cl
H_b
(ix) CH_2=CH—CH=C
H_a
H_b
(x) CH_3—N
H_a
H_b

### 5.12.5 耦合裂分的规律

有些 $^1$H 谱的自旋裂分的峰数目符合 $n+1$ 规律，即一组化学等价的质子，其共振吸收峰的个数由邻接质子的数目来决定，若它只有一组数目为 $n$ 的邻接质子，那么它的吸收峰数目为 $n+1$。例如，在下面化合物（Ⅰ）的 $^1$H 谱中，$H_b$ 呈四重峰，$H_a$ 呈三重峰。如果它有两组数目分别为 $n$、$n'$ 的邻接质子，那么它的吸收峰数目为 $(n+1)(n'+1)$。例如，在下面化合物（Ⅱ）的 $^1$H 谱中，$H_a$ 有 $(3+1)(1+1)=8$ 重峰，$H_b$ 有 $(3+1)(1+1)=8$ 重峰，$H_c$ 有 $(1+1)(1+1)=4$ 重峰。其余情况类推。

$$\underset{a\quad b}{CH_3-CH_2-Br} \qquad \underset{\underset{b}{H}}{\overset{\underset{a}{H}}{}}C=C\overset{CH_3\,c}{\underset{CN}{}}$$

(Ⅰ)                          (Ⅱ)

> $n+1$ 规律是一个近似的规律，只有在两组质子的化学位移差 $\Delta\delta$ 和耦合常数 $J$ 满足 $\Delta\delta/J\geqslant 6$ 时才能成立，因此上式也是一级图谱必须满足的条件之一。产生一级图谱的另一条件是，同一核组（其化学位移相同）的核均为磁等价的。

符合 $n+1$ 规律的图谱称为一级图谱。

一级图谱中，一组裂分峰的各峰的高度比与二项式 $(a+b)^n$（$n$ 为参与裂分的质子的数目）的展开式的各项系数比一致。例如，在 $CH_3CH-$ 中，质子 a 被一个质子 b 裂分，裂分的结果产生了二重峰，峰的高度比为 $1:1$，因为 $(a+b)^1=a+b$，即展开式的系数比为 $1:1$；而质子 b 被三个质子 a 裂分，裂分的结果产生四重峰，峰的高度比为 $1:3:3:1$，因为 $(a+b)^3=a^3+3a^2b+3ab^2+b^3$，即展开式的系数比为 $1:3:3:1$。若一个质子被两组峰裂分，则每一组裂分峰的高度比与二项式展开式的各项系数比一致。例如在 $\underset{a}{CH_3}-\underset{b}{CH_2}-\underset{c}{CHCl_2}$ 中，b 既被一个质子 c 裂分，又被三个质子 a 裂分。被质子 c 裂分时，产生高度比为 $1:1$ 的二重峰，该二重峰再被质子 a 裂分时，每个峰均产生高度比为 $1:3:3:1$ 的四重峰。总的结果是产生八条线双四重峰的信号，每组峰的高度比为 $1:3:3:1$（图 5-38）。

> 化学等价质子彼此之间也有耦合，但不发生裂分，如果不受到邻近质子的作用，在一级图谱中只出现尖锐的单峰。苯环不仅邻位上的质子可以彼此耦合，对位上的质子也可以彼此耦合，这是一种远程耦合。但在有些化合物中，如一元取代的烷基苯衍生物，邻位质子耦合常数碰巧与间位、对位质子的耦合常数是相等的，所以只给出一个单峰信号。

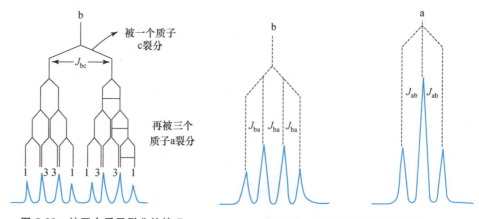

图 5-38 被四个质子裂分的情况        图 5-39 裂分峰的化学位移位置

在一级图谱中，每组峰的中心可以作为每组化学位移的位置。各组峰的峰形，从理论上讲，似乎应是对称的（图 5-39）。但实际观察到的谱线并不是完全对称的，

不满足一级图谱条件的 $^1$H 谱称为高级谱。高级谱的谱形一般比较复杂,而且裂分峰的数目不服从 $n+1$ 规律,同一裂分峰中各峰的强度比也无简单的规律性。各裂分峰的间距不一定相同,不能代表耦合常数。化学位移不一定在裂分峰的中心。因此,必须通过复杂的计算才能求出 $J$ 和 $\delta$ 值。

图 5-40 是两组彼此耦合的质子峰。从图中可以看出:不对称的谱线是彼此靠着的,高的靠着高的,也就是说里面的高一点。这个特点对于在图谱上寻找两组彼此耦合的质子是很有帮助的。若发现两组的峰线不是彼此靠着的,而是彼此对着的,那么很可能这两组的质子没有发生耦合。

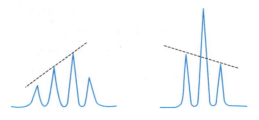

图 5-40　两组耦合的质子峰

**习题 5-47**　下面是氯乙烷的低分辨及高分辨的核磁共振图谱,这两张图谱有什么区别?为什么会产生这种区别?高分辨图谱中三重峰和四重峰是怎样产生的?

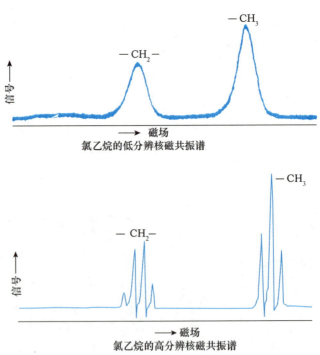

**习题 5-48**　下列化合物的高分辨核磁共振图谱中,各组氢分别呈几重峰?

(i) $\underset{a}{CH_2Cl}\underset{b}{CHCl_2}$　　(ii) $\underset{a}{CH_3}\underset{b}{CH_3}$　　(iii) $\underset{a}{CH_3}CCl_3$　　(iv) $\underset{a}{CH_3}\underset{b}{CHBr_2}$

**习题 5-49**　请指出下面图谱是 1-氯丙烷的核磁共振谱,还是 2-氯丙烷的核磁共振谱。判别图谱中各组峰的归属并提出判别的依据。

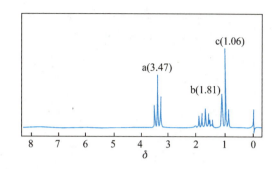

**习题 5·50** 请指出下面图谱是 3,3-二甲基-1-丁烯的核磁共振谱,还是 3,3-二甲基-1-丁炔的核磁共振谱。判别图谱中各组峰的归属并提出判别的依据。

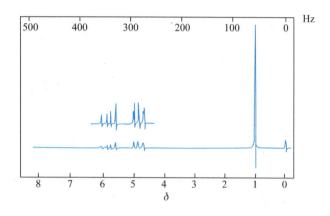

## 5.13 醇的核磁共振

醇分子中的氢分为两类,一类是连在碳架上的氢,另一类是羟基上的氢。与相应的烷烃比较,碳架上氢的化学位移受羟基的影响向低场移动,氢与羟基的距离越近,化学位移向低场移动越多。例如,乙醇中,—$CH_2$ 上的质子与羟基相距较近,化学位移为 3.7,而 —$CH_3$ 上的质子与羟基相距较远,化学位移为 1.72。通常,醇 α-H 的 $\delta_H$ 为 3.3~4.0,羟基在分子中的位置可以根据邻近氢的化学位移推测出来。

羟基氢的核磁共振信号有以下一些特点:

(1) 羟基氢的化学位移随结构而变。一般醇的羟基氢在 δ=0.5~5.5 的范围内都可能出现它的核磁共振吸收信号,这是由于它们的缔合和解离情况不同,因为实际所处的化学环境不同所致。例如,$RCH_2OH$ 的羟基氢的 δ 在 3.4~4 之间。烯醇的羟基氢的 δ 大约在 15~19 处。

(2) 羟基氢的化学位移随浓度、温度和溶剂的性质而变。例如,图 5-41 是一组不同浓度的乙醇($CH_3CH_2OH$)的核磁共振谱。从图谱可知,乙醇的浓度对甲基、亚

这是因为乙醇的分子间能形成氢键,氢键的形成导致羟基氢周围电子云密度的降低,因此也降低了电子的屏蔽效应,结果使化学位移向低场移动。醇的浓度越大,形成氢键的机会越多,因此羟基氢的化学位移也随醇的浓度而变。温度和溶剂对氢键的形成也有影响,因此也影响羟基氢的化学位移。

N上的氢也能形成氢键，所以，温度、浓度、溶剂等对氢键有影响的因素也影响其 $\delta$ 值。

甲基的化学位移影响不大，而对羟基氢的化学位移影响很大，随着乙醇浓度的升高，羟基氢的共振信号向低场移动。

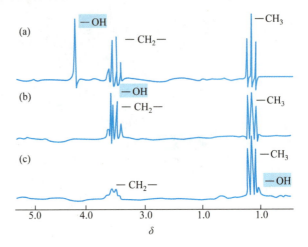

**图 5-41　60 MHz 下不同浓度的乙醇氯仿溶液的 NMR 谱图**

(a) $\rho_B = 10\%$　(b) $\rho_B = 5\%$　(c) $\rho_B = 0.5\%$

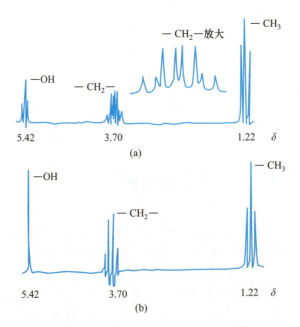

**图 5-42　100 MHz 下乙醇的 NMR 谱图**

(a) 高浓度乙醇　(b) 含有微量酸的乙醇

(3) 有时羟基氢能被邻近的质子裂分，它也能裂分邻近的质子；有时它既不能被邻近的质子裂分，也不能裂分邻近的质子，这取决于该羟基质子处于某一环境中停留的时间量级。例如，图 5-42 是乙醇的核磁共振图谱。在(a)中，羟基氢被邻近的—$CH_2$—上的氢裂分成三重峰，而亚甲基上的氢由于既被—$CH_3$ 上的氢裂分，又被

—OH 上的氢裂分,得到一个不太易于分辨的双四重峰。在(b)中,羟基氢不被 —CH$_2$— 上的氢裂分,因此得到一个尖锐的单峰,它也不裂分—CH$_2$— 上的氢,所以 —CH$_2$—上的氢只被—CH$_3$上的氢裂分,得到一个四重峰。同一种醇出现两种不同裂分情况是因为乙醇分子之间可以发生羟基氢的交换作用:

$$R'-O-H' + R''-O-H'' \rightleftharpoons R'-O-H'' + R''-O-H'$$

交换速度快到一定程度时,羟基上的氢就无法感受到邻近质子有不同的自旋组合,而仅能感受到单个平均组合中的质子,从而使裂分不能发生。

(4) 羟基氢的共振峰有时为一尖锐的单峰,有时为一宽峰,这取决于分子的结构和实验的条件。一般认为,醇分子内或分子间的缔合及活泼质子之间不能迅速发生交换是引起宽峰的原因。N 上的氢也有类似的情况。

> 活泼氢的交换速度与醇的纯度有关,高纯度的乙醇中,活泼氢的交换速度较慢,所以羟基氢呈现出裂分情况。含少量酸的乙醇中,活泼氢的交换速度很快,因此看不到羟基氢的裂分现象。这种情况在其他醇分子中也同样存在。羟基上的氢如与重水中的 D 发生交换,则它的共振信号消失。N 上的氢与重水中的 D 发生交换时,共振信号也会消失。

## 5.14 积分曲线和峰面积

核磁共振谱中,共振峰下面的面积与产生峰的质子数成正比,因此峰面积比即为不同类型质子数目的相对比值。若知道整个分子中的质子数,即可从峰面积的比例关系算出各组磁等价质子的具体数目。核磁共振仪用电子积分仪来测量峰的面积,在谱图上从低场到高场用连续阶梯积分曲线来表示。积分曲线的总高度与分子中的总质子数目成正比,各个峰的阶梯曲线高度与该峰面积成正比,即与产生该吸收峰的质子数成正比(参见 5.10.1 图 5-29)。各个峰面积的相对积分值也可以在谱图上直接用数字显示出来,如果将含一个质子的峰的面积指定为 1,则图谱上的数字与质子的数目相符。图 5-43 是苯丙酮的核磁共振谱图。

> 在苯丙酮的核磁共振谱图中,将甲基中的三个质子的峰的面积指定为 3.00。

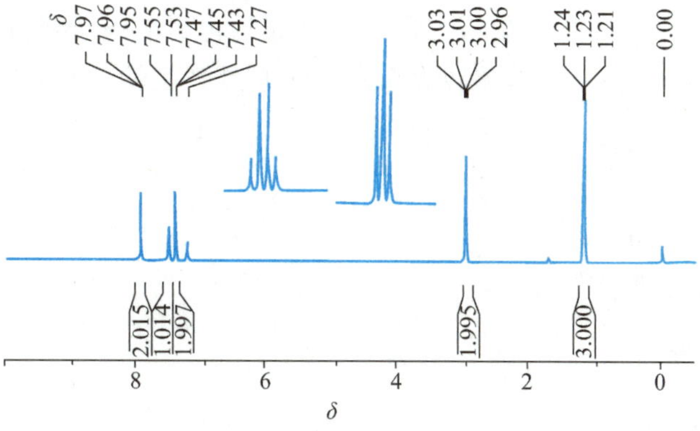

**图 5-43 苯丙酮的核磁共振谱图**

图 5-43 中,δ 为 1.21~1.24 的三个氢是甲基氢,δ 为 2.96~3.03 的两个氢是次甲基氢,δ 为 7.27~7.97 的五个氢是苯环上的氢。现在的图谱,大多采用这种方法来显示质子的数目。

## 5.15 $^1$H NMR 图谱的剖析

$^1$H 核磁共振图谱提供了积分曲线、化学位移、峰形及耦合常数等信息。图谱的剖析就是合理地分析这些信息,正确地推导出与图谱相对应的化合物的结构。通常采用如下步骤:

(1) 标识杂质峰。在 $^1$H NMR 谱中,经常会出现与化合物无关的杂质峰,在剖析图谱前,应先将它们标出。最常见的杂质峰是溶剂峰,样品中未除尽的溶剂及测定用的氘代溶剂中夹杂的非氘代溶剂都会产生溶剂峰。为了便于识别它们,表 5-16 列出了常用溶剂的化学位移。

表 5-16 常用溶剂的化学位移

| 常用溶剂 | 化学位移 δ | 常用溶剂 | 化学位移 δ |
| --- | --- | --- | --- |
| 环己烷 | 1.40 | 丙酮 | 2.05 |
| 苯 | 7.20 | 乙酸 | 2.05, 8.50(COOH)* |
| 氯仿 | 7.27 | 四氢呋喃 | (α)3.60, (β)1.75 |
| 乙腈 | 1.95 | 二氧六环 | 3.55 |
| 1,2-二氯乙烷 | 3.69 | 二甲亚砜 | 2.50 |
| 水 | 4.7 | N,N-二甲基甲酰胺 | 2.77, 2.95, 7.5(CHO)* |
| 甲醇 | 3.35, 4.8* | 硅胶杂质 | 1.27 |
| 乙醚 | 1.16, 3.36 | 吡啶 | (α)8.50, (β)6.98, (γ)7.35 |

* 数值随测定条件而有变化。

另外两个需要标识的峰是旋转边峰和 $^{13}$C 同位素边峰。在 $^1$H NMR 测定时,旋转的样品管会产生不均匀的磁场,导致在主峰两侧产生对称的小峰,这一对小峰称为旋转边峰。$^{13}$C 与 $^1$H 能发生耦合并产生裂分峰,这对裂分峰称为 $^{13}$C 同位素边峰。见图 5-44。

> 旋转边峰与主峰的距离随样品管旋转速度的改变而改变。在调节合适的仪器中旋转边峰可消除。
>
> 由于 $^{13}$C 的天然丰度仅为 1.1%,只有在浓度很大或图谱放大时才会发现 $^{13}$C 同位素边峰。

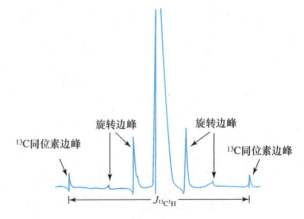

图 5-44 CHCl$_3$ 的旋转边峰及 $^{13}$C 同位素边峰

一级图谱比较简单,可以直接根据上面所述几个方面来进行剖析,但剖析的顺序可以根据实际情况灵活掌握。高级图谱的谱线一般都很复杂,难以直接剖析,为了便于解剖,最好在剖析前,先采用合理的方法简化图谱。简化图谱常用的方法请参阅有关专著。

(2) 根据积分曲线计算各组峰的相应质子数。若图谱中已直接标出质子数,则此步骤可省(参见 5.14)。

(3) 根据峰的化学位移确定它们的归属(参见 5.11)。

(4) 根据峰的形状和耦合常数确定基团之间的相互关系(参见 5.12)。

(5) 采用重水交换的方法识别活泼氢。由于 —OH,—NH$_2$,—COOH 上的活泼氢能与 D$_2$O 发生交换,而使活泼氢的信号消失,因此对比重水交换前后的图谱,可以基本判别分子中是否含有活泼氢。

(6) 综合各种分析,推断分子结构并对结论进行核对。

习题 5-51  下面依次是芳香化合物 A(C$_9$H$_{12}$O)、芳香化合物 B(C$_8$H$_8$O$_2$)、C(C$_4$H$_8$O$_2$)和 D(C$_3$H$_5$Br)的 $^1$H NMR 图谱。指出每个化合物所对应的图谱及图中各峰的归属,并写出 A、B、C 和 D 的系统名称。

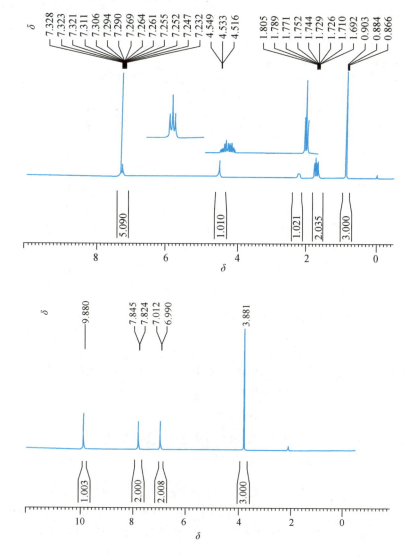

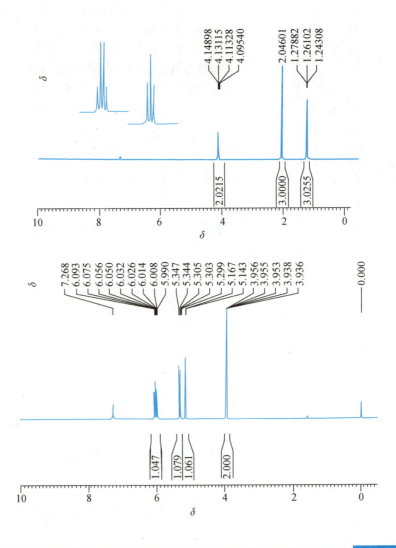

## 碳　　谱

$^{12}$C 核的 $I$ 值为零，没有核磁共振信号。$^{13}$C 核的 $I$ 值为 1/2，有核磁共振信号，碳谱实际是指 $^{13}$C 核的核磁共振谱。

## 5.16　$^{13}$C NMR 谱的去耦处理

$^{13}$C 的核磁共振原理与 $^1$H 的核磁共振原理相同，因此 $^{13}$C 与直接相连的氢核也会发生耦合作用。由于有机分子大都存在碳氢键，从而使裂分谱线彼此交叠，谱图变得复杂而难以辨认，只有通过去耦处理，才能使谱图变得清晰可辨。最常用的去耦法是质子（噪声）去耦法。该法采用双照射

法,照射场($H_2$)的功率包括所有处于各种化学环境中氢的共振频率,因此能将$^{13}$C与所有氢核的耦合作用消除,使只含 C、H、O、N 的普通有机化合物的$^{13}$C NMR 谱图中,$^{13}$C 的信号都变成单峰,即所有不等性的$^{13}$C 核都有自己的独立信号。因此,该法能识别分子中不等性的碳核。图 5-45 是丙酮的$^{13}$C 谱。(a)是耦合谱,(b)是质子去耦谱。在耦合谱中,羰基碳($\delta$=206.7)与六个氢发生二键耦合,裂分成七重峰;α碳($\delta$=30.7)与三个氢发生一键耦合,裂分成四重峰。在质子去耦谱中,羰基碳和α碳的裂分峰均变成了单峰。丙酮有两个相同的α碳和一个羰基碳,α碳的峰强度较羰基碳的峰强度大。

质子(噪声)去耦碳谱就是通常说的碳谱,又称为宽带去耦碳谱,用$^{13}$C{$^1$H}表示。其他去耦的方式还很多,有兴趣的读者请参阅有关专著。

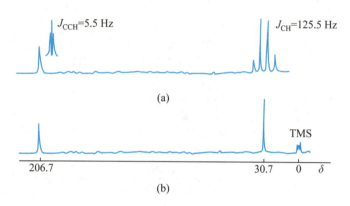

**图 5-45** 丙酮的$^{13}$C 谱图
(a)耦合谱 (b)质子去耦谱

## 5.17 $^{13}$C 的化学位移

$^{13}$C 的化学位移亦以四甲基硅为内标,规定$\delta_{TMS}=0$,其左边值大于 0,右边值小于 0。与$^1$H 的化学位移相比,影响$^{13}$C 的化学位移的因素更多,但自旋核周围的电子屏蔽是重要因素之一,因此对碳核周围的电子云密度有影响的任何因素都会影响它的化学位移。碳原子是有机分子的骨架,氢原子处于它的外围,因此分子间碳核的相互作用对$\delta_C$的影响较小,而分子本身的结构及分子内碳核间的相互作用对$\delta_C$影响较大。碳的杂化方式、分子内及分子间的氢键、各种电子效应、构象、构型及测定时溶剂的种类、溶液的浓度、体系的酸碱性等都会对$\delta_C$产生影响。现在已经有了一些计算$\delta_C$的近似方法,可以对一些化合物的$\delta_C$作出定性的或半定量的估算,但更加完善的理论还有待于进一步的探讨研究。表 5-17 是根据大量实验数据归纳出来的某些基团中 C 的化学位移,表中黑体字的 C 及碳是要研究的对象。

**表 5-17** 一些特征碳的化学位移

| 碳的类型 | 化学位移 $\delta$ | 碳的类型 | 化学位移 $\delta$ |
|---|---|---|---|
| **CH**$_4$ | −2.68 | **CH**$_2$=**CH**$_2$ | 123.3 |
| 直链烷烃 | 0~70 | 烯碳 | 100~150 |
| 四级 **C** | 35~70 | **CH**≡**CH** | 71.9 |
| 三级 **C** | 30~60 | 炔碳 | 65~90 |
| 二级 **C** | 25~45 | 环丙烷的环碳 | −2.8 |
| 一级 **C** | 0~30 | (**CH**$_2$)$_n$  $n$=4~7 | 22~27 |

| 碳的类型 | 化学位移 δ | 碳的类型 | 化学位移 δ |
| --- | --- | --- | --- |
| 苯环上的碳 | 128.5 | 酰亚胺的羰基碳 | 165～180 |
| 芳烃,取代芳烃中的芳碳 | 120～160 | 酸酐的羰基碳 | 150～175 |
| 芳香杂环上的碳 | 115～140 | 取代尿素的羰基碳 | 150～175 |
| —CHO | 175～205 | 胺的 α 碳(三级) | 65～75 |
| C=C—CHO | 175～195 | 胺的 α 碳(二级) | 50～70 |
| α-卤代醛的羰基碳 | 170～190 | 胺的 α 碳(一级) | 40～60 |
| $R_2$C=O(包括环酮)的羰基碳 | 200～220 | 胺的 α 碳(甲基碳) | 20～45 |
| 不饱和酮和芳酮的羰基碳 | 180～210 | 氰基上的碳 | 110～126 |
| α-卤代酮的羰基碳 | 160～200 | 异氰基上的碳 | 155～165 |
| 醚的 α 碳(三级) | 70～85 | $R_2$C=N—OH | 145～165 |
| 醚的 α 碳(二级) | 60～75 | RNCO | 118～132 |
| 醚的 α 碳(一级) | 40～70 | 硫醚的 α 碳(三级) | 55～70 |
| 醚的 α 碳(甲基碳) | 40～60 | 硫醚的 α 碳(二级) | 40～55 |
| RCOOH  RCOOR | 160～185 | 硫醚的 α 碳(一级) | 25～45 |
| RCOCl  RCONH$_2$ | 160～180 | 硫醚的 α 碳(甲基碳) | 10～30 |

**习题 5-52** 糠醛的 $^{13}C\{^1H\}$ 谱及 3 位氢、4 位氢、5 位氢、醛基氢的选择去耦谱图如下,请标识各碳核在谱图上的位置(受醛基的影响,C-2 峰会发生一些小裂分)。

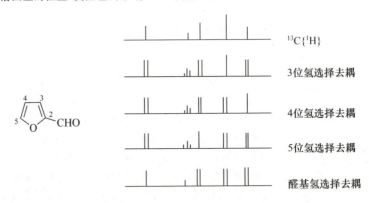

**习题 5-53** 下图是辛烷的某一个同分异构体的 $^{13}C\{^1H\}$ 谱。请写出与该谱图相符的结构式并阐明判断理由。谱图中强度较大的峰是 c 峰还是 b 峰?它们分别代表分子中哪类碳?为什么?

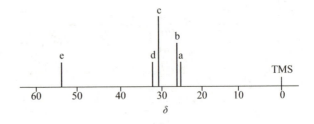

## 5.18 $^{13}$C NMR 谱的耦合常数

$^{13}$C 与 $^1$H 的耦合常数一般都比较大，$^1J_{CH}$ 约为 120～300 Hz，$^2J_{CH}$ 约为 5～60 Hz，$^3J_{CH}$ 约为 0～30 Hz。$^4J_{CH}$ 是远程耦合常数，一般小于 2 Hz。若使用氘代试剂进行$^{13}$C 的 NMR 测试，会出现$^1J_{CD}$，它的数值约为$^1J_{CH}$ 的 1/6.5。

质子去耦的$^{13}$C NMR 谱，若分子中不存在其他自旋核，得到$^{13}$C NMR 谱是各种碳的尖锐单峰；若分子中有其他自旋核，$^{13}$C 将与这些核发生耦合裂分，裂分数目也符合 $2nI+1$，裂距是它们的耦合常数。$^1J_{CF}$ 约为 150～350 Hz，$^2J_{CF}$ 约为 20～60 Hz，$^3J_{CF}$ 约为 4～20 Hz，$^4J_{CF}$ 约为 0～5 Hz，$^1J_{CP(五价)}$ 约为 50～80 Hz，$^1J_{CP(三价)}$ 小于 50 Hz。在$^{13}$C 富集的化合物中，会发生$^{13}$C 的一键裂分，$^1J_{CC}$ 约为 30～180 Hz。

**习题 5-54** 下面两张图谱，哪一张是 1-苯基-1-丙醇的$^{13}$C NMR 图谱？指出图中各峰的归属并阐述作出判断的理由（其中 $\delta$ 77 附近的峰为溶剂峰）。

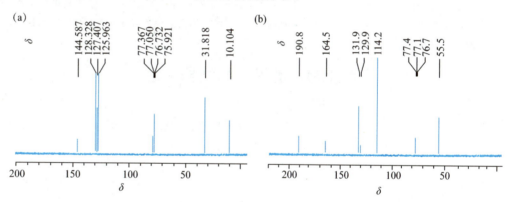

**习题 5-55** 下面两张图谱，哪一张是烯丙基溴的$^{13}$C NMR 图谱？指出图中各峰的归属并阐述作出判断的理由（其中 $\delta$ 77 附近的峰为溶剂峰）。

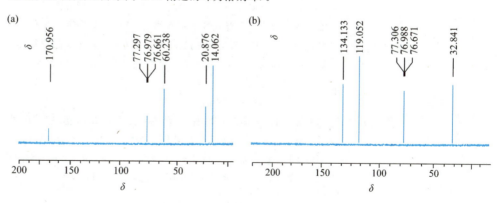

## 5.19 $^{13}$C NMR 谱的特点

与 $^1$H NMR 图谱相比,$^{13}$C NMR 谱有如下特点:

(1) $^1$H NMR 谱提供了化学位移、耦合常数、积分曲线三个重要信息,积分曲线与氢原子的数目之间有定量关系。在 $^{13}$C NMR 谱中,由于峰面积与碳原子数目之间没有定量关系,因此谱图中没有积分曲线。

(2) $^{13}$C 的化学位移比 $^1$H 的化学位移大得多,以 $\delta_{TMS}=0$ 为标准,一般来讲,$\delta_H$ 在 0~10 之间,少数扩大范围 ±5;而 $\delta_C$ 在 0~250 之间,少数扩大范围 ±100。由于 $\delta_C$ 的范围十分宽,碳核所处的化学环境稍有差别,在谱图上都会有所区别,所以碳谱比氢谱能给出更多的有关结构的信息。

(3) 在氢谱中,必须考虑 $^1$H-$^1$H 之间的耦合裂分。在碳谱中,由于 $^{13}$C 的天然丰度只有 1.1%,一般情况下,$^{13}$C-$^{13}$C 之间的耦合机会极少,可以不必考虑,但在 $^{13}$C 富集的化合物中,此项耦合要予以考虑。常规碳谱是去耦碳谱,在质子去耦的碳谱中,若分子中不存在 C、H 以外的自旋核,$^{13}$C 的谱线都是分离的单峰。

(4) 弛豫时间对氢谱的解析用处不大,但在碳谱的解析中用处很大。因为弛豫时间与谱线强度存在下列关系:弛豫时间长,谱线强度弱。处于不同化学环境的碳核弛豫时间又相差很大,只要测定了弛豫时间,就可以根据碳谱中各谱线的相对强度将碳核识别出来。

不去耦的碳谱,存在 $^{13}$C-$^1$H 之间的耦合裂分,图谱相当复杂。若有其他自旋核,碳还能与这些核发生耦合裂分。在质子偏共振去耦的图谱中,存在 $^{13}$C 与直接相连的 $^1$H 的耦合,这种一键耦合的耦合常数都比较大。碳谱中的耦合常数没有氢谱的耦合常数用处大。

$^{13}$C 的弛豫时间比 $^1$H 慢,测定比较容易,因此 $^{13}$C 的弛豫时间在识别谱线、了解分子结构、解释分子动态等方面的应用越来越广泛(进一步学习可看专著)。

## 5.20 NMR 谱提供的结构信息

NMR 谱提供了大量的结构信息,在结构测定中十分有用。下面以对氨基苯甲酸乙酯为例予以说明。

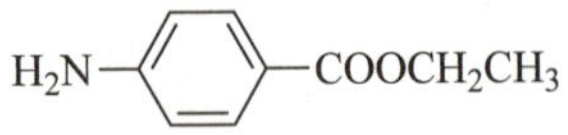

$$H_2N-\langle\bigcirc\rangle-COOCH_2CH_3$$

1. $^1$H NMR 谱

图 5-46 是对氨基苯甲酸乙酯的 $^1$H NMR 谱。

氢谱提供化合物分子中有无活泼氢、各种氢的分配及相互位置关系等。该谱图表明,对氨基苯甲酸乙酯分子中有五种不等性的氢(没有考虑芳环上氢的区别)。根据 $^1$H 的化学位移可初步确定:$\delta$ 为 1.3401~1.3758 的三重峰是甲基峰;4.0779 的宽峰是氮上的两个氢,峰形表明这两个氢是活泼氢;4.2865~4.3399 的四重峰是亚甲基峰;6.6162~6.6505 及 7.8384~7.8727 的多重峰是苯环上四个氢的峰。

2. $^{13}$C{$^1$H} NMR 谱

图 5-47 是对氨基苯甲酸乙酯的 $^{13}$C{$^1$H} NMR 谱(碳的质子去耦谱)。

碳谱能敏感地反映碳核所处化学环境的细微差别。该谱图表明,对氨基苯甲酸乙酯分子中有七种不等性的碳核。根据 $^{13}$C 的化学位移可以初步确定:$\delta$ 为 14.371 的峰是甲基碳的峰;60.250 的峰是亚甲基碳的峰;166.680 的峰是酯羰基碳的峰,而 113.712,119.973,131.488,150.754 的峰为四种不同芳碳的峰。

3. DEPT(135°)谱

图 5-48 是对氨基苯甲酸乙酯的 DEPT(135°)谱。

## 5.20 NMR谱提供的结构信息

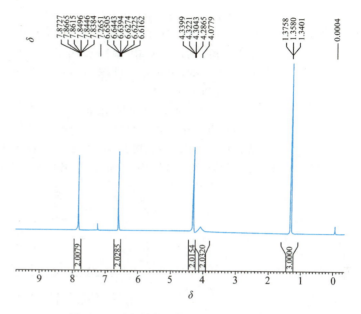

图 5-46　对氨基苯甲酸乙酯的 $^1$H NMR 谱图

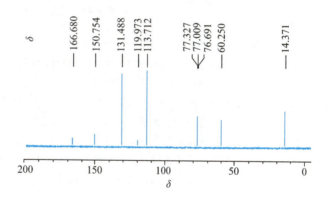

图 5-47　对氨基苯甲酸乙酯的 $^{13}$C{$^1$H} NMR 谱图

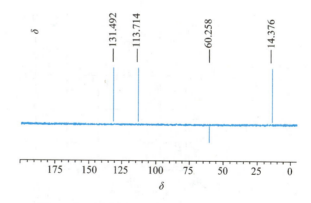

图 5-48　对氨基苯甲酸乙酯的 DEPT(135°) 谱图

DEPT(135°)谱主要用来识别一级、二级、三级、四级碳原子。在DEPT(135°)谱中,一级碳原子(CH$_3$)、三级碳原子(CH)为向上的峰,二级碳原子(CH$_2$)为向下的峰,没有四级碳原子(C)的峰。因此,该谱图表明,对氨基苯甲酸乙酯的分子中,一级、三级碳原子的总数为三;只有一个二级碳原子。将$^{13}$C{$^1$H} NMR谱中的七个峰减去DEPT(135°)谱中的四个峰,可知化合物有三种四级碳原子。

4. DEPT(90°)谱

图 5-49 是对氨基苯甲酸乙酯的 DEPT(90°)谱。

DEPT(90°)谱主要用来识别三级碳原子(CH)。在DEPT(90°)谱中,每个峰代表一种三级碳原子(CH)。因此,该谱图表明,对氨基苯甲酸乙酯有两种三级碳原子。将图 5-47、图 5-48、图 5-49 提供的信息结合起来,$^{13}$C NMR谱中,各吸收峰与碳核的对应关系基本确定。

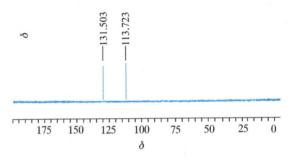

图 5-49 对氨基苯甲酸乙酯的 DEPT(90°)谱图

5. $^1$H-$^1$H 相关的二维 NMR 谱

图 5-50 是对氨基苯甲酸乙酯的 $^1$H-$^1$H 相关的二维 NMR 谱。

该谱图显示了$^1$H-$^1$H的耦合关系。谱图中的二维坐标都是$^1$H的化学位移。处于对角线上的信号和一维氢谱提供的化学位移是一致的。处于对角线外的信号称为交叉峰,它指示了有哪些氢核之间存在耦合关系。从交叉峰出发,分别画水平线和垂直线,它们与对角线产生两个交点,两个交点所对应的两个质子之间存在耦合关系。在该图谱中有两个交叉峰,它们分别指示了甲基和亚甲基的耦合关系以及苯环上次甲基与次甲基的耦合关系。由于图谱是对称的,因此,在对角线左上方和右下方区域提供的信息是相同的。

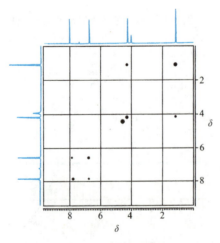

图 5-50 对氨基苯甲酸乙酯的 $^1$H-$^1$H
相关的二维 NMR 谱图

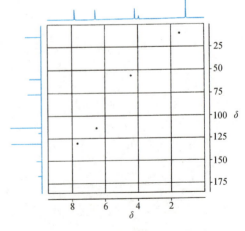

图 5-51 对氨基苯甲酸乙酯的 $^{13}$C-$^1$H
相关的二维 NMR 谱图

碳谱不仅在有机化合物的结构测定中十分有用，它在生物大分子的合成研究、合成高分子的结构与组成研究、金属配合物结构特点的研究、反应机理的研究、分子动态过程（如构型和构象的转换、互变异构体的转变、化学变换）及反应速率的研究等方面的应用也都十分广泛。

6. $^{13}$C-$^1$H 相关的二维 NMR 谱

图 5-51 是对氨基苯甲酸乙酯的$^{13}$C-$^1$H 相关的二维 NMR 谱。

该谱图显示了$^{13}$C-$^1$H 的耦合关系。谱图中的二维坐标分别是$^1$H 的化学位移和$^{13}$C 的化学位移。图中的点指示了哪些氢核和碳核之间存在耦合关系。从点出发，分别画水平线和垂直线，即可找出存在耦合关系的质子和碳。在该图谱中有四个点，它们清楚地指示了处于 1.3580 的三个氢与处于 14.371 的碳相连，处于 4.3043 的两个氢与处于 60.250 的碳相连，处于 6.6394 的两个氢与处于 113.712 的碳相连，处于 7.8496 的两个氢与处于 131.488 的碳相连。

$^1$H-$^1$H 的耦合关系和$^{13}$C-$^1$H 的耦合关系对于鉴定复杂分子的结构是十分有用的。

**习题 5-56** 下面是 5-甲基-2-异丙基苯酚的各种 NMR 谱。请分析这些图谱给出了哪些结构信息。

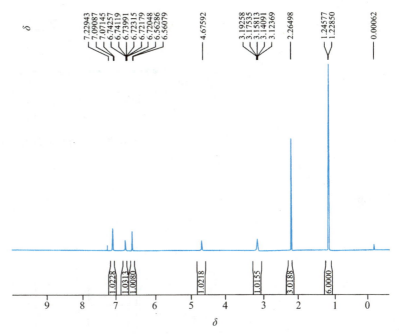

5-甲基-2-异丙基苯酚的$^1$H NMR 谱图

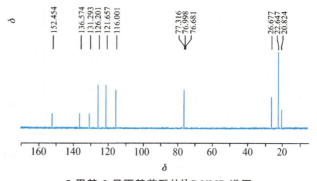

5-甲基-2-异丙基苯酚的$^{13}$C NMR 谱图

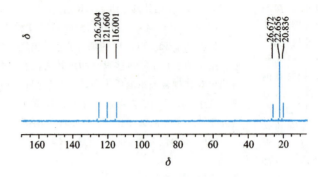

5-甲基-2-异丙基苯酚的 DEPT(135°)谱图

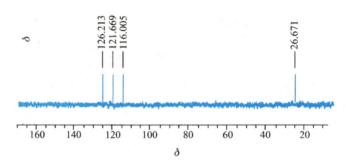

5-甲基-2-异丙基苯酚的 DEPT(90°)谱图

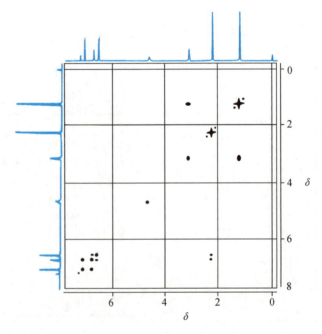

5-甲基-2-异丙基苯酚的 $^1$H-$^1$H 二维谱图

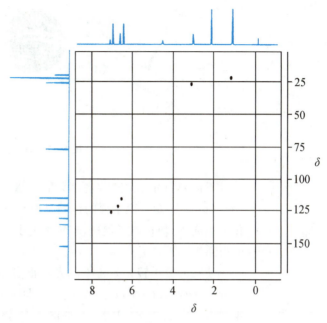

5-甲基-2-异丙基苯酚的 $^{13}C$-$^1H$ 二维谱图

# (四) 质 谱

质谱(mass spectrum)简称为 MS。

## 5.21 质谱分析的基本原理和质谱仪

### 1. 质谱分析的基本原理

质谱分析的基本原理是很简单的,下面结合 EI 源来说明:使待测的样品分子气化,用具有一定能量的电子束轰击气态分子,使其失去一个电子而成为带正电的分子离子,分子离子还可能断裂成各种碎片离子;所有的正离子在电场和磁场的综合作用下按质荷比($m/z$)大小依次排列而得到谱图。

### 2. 质谱仪

质谱仪按分析器类型可以分成五大类:四极杆质谱仪、磁质谱仪、飞行时间质谱仪、傅里叶变换离子回旋共振质谱仪及离子阱质谱仪。磁质谱仪有三个主要的组成部分:① 离子源(离子化室),这是仪器的心脏部分;② 分析系统;③ 离子收集及检定系统。图 5-52 是单聚焦质谱仪的示意图。

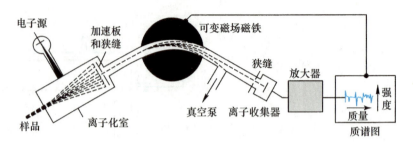

图 5-52 单聚焦质谱仪的示意图

下面简单介绍质谱仪各部分的功能。

(1) 离子源　离子源的作用是使待测物分子在离子源气化,并使气化的分子转化为正离子,使正离子加速,聚焦为离子束,然后使之通过一个孔径可变的狭缝进入分析系统。

使气态分子转化为离子的方法很多,最常用的是电子轰击法,该法采用电子轰击源(electron impact),简称 EI 源。即将极细的钨或铼丝电加热至 2000 ℃,使之产生含有一定能量(8~100 eV)的电子束,该电子束轰击待测物的气体分子,产生正离子及少量负离子,另外,还有自由基和中性分子。所产生的正离子经电位差为几百至几千伏(800~8000 V)的电场加速,进入分析系统。离子在电场中,经加速后其动能与位能相等,即

$$\frac{1}{2}mv^2 = zeU \tag{5-14}$$

式中,$z$ 为电荷数(当 $z$ 为单位正电荷时,可用 $e^-$ 表示),$U$ 为离子的加速电压,$m$ 为离子的质量,$v$ 为离子速度。而负离子、自由基和中性分子不被加速,不能进入分析系统,由真空抽走。

EI 源操作方便,得到的碎片离子多,可以提供较多的结构信息,但不适用于热不稳定和难挥发的化合物。

快原子轰击法采用一种新型的离子源——快原子轰击源(fast atom bombardment source,简称 FAB 源)。具体方法是,让放电源产生氩离子($Ar^+$),通过加速,使其成为快速氩离子,它与氩原子(Ar)通过碰撞交换电荷,形成快速氩原子,由快速氩原子轰击待测物分子,使其产生正离子。该法可适用于热不稳定、难挥发和强极性的化合物。

(2) 分析系统　加速的正离子进入该系统中,在该处的可变磁场[最大值 80 000 Gs (8 T)]作用下,使每个离子按照一定的弯曲轨道继续前进,其行进轨道的曲率半径取决于各离子的质量和所带电荷的比($m/z$)。所有 $m/z$ 值相同的离子结合在一起,形成离子流,各种离子流沿着不同的曲率半径轨道先后通过另一狭缝进入离子收集及检定系统。具有一定动能的离子在磁场中受到 Lorentz(洛伦兹)力而发生偏转,稳态时,Lorentz 力与离心力平衡,即

$$Bzev = \frac{mv^2}{r} \tag{5-15}$$

式中，$B$ 是磁感应强度；$r$ 是行进轨迹的曲率半径；$z,v,m$ 分别是电荷、离子速度及离子质量。将式(5-14)与(5-15)合并，得

$$\frac{m}{z} = \frac{r^2 B^2 e}{2U} \tag{5-16}$$

式(5-16)表明，正离子在分析系统中的行进轨迹的曲率半径取决于 $B,U,m/z$。在质谱仪中，$r$ 是固定的，可以通过改变加速电压或者改变磁场感应强度 $B$，使某一质荷比的离子通过狭缝进入检测系统。为了使所有的正离子能按质荷比大小顺序陆续到达收集器，只要采用电压扫描或磁场扫描即可。

（3）离子收集及检定系统　各种不同质荷比的离子流到达该系统时会产生信号，其强度和离子数成正比，用照相或电子方法记录所产生的信号，即得待测样的质谱。

在整个测试过程中，仪器保持高真空 $1.33\times10^{-6}\sim1.33\times10^{-4}$ Pa。

## 5.22　质谱图的表示

图 5-53 是甲烷的质谱图。

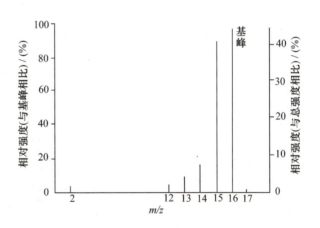

图 5-53　甲烷的质谱图

有时也用纵坐标表示某峰与所有峰总强度比的相对强度。

质谱图都用棒图表示，每一条线表示一个峰。图 5-53 中高低不同的峰各代表一种离子，横坐标是离子质荷比($m/z$)的数值。图中最高的峰称为基峰(base peak)，并人为地把它的高度定为100，其他峰的高度为该峰的相对百分比，称为相对强度，以纵坐标表示之。文献报道时常用质谱表来代替质谱图，质谱表有两项数据，一项是离子的质荷比 $m/z$，另一项是离子的相对强度。例如，甲烷的质谱列于表 5-18。

表 5-18　甲烷的质谱表

| m/z | 2 | 12 | 13 | 14 | 15 | 16 | 17 |
|---|---|---|---|---|---|---|---|
| 相对强度/(%) | 1.36 | 3.65 | 9.71 | 18.82 | 90.35 | 100.00 | 1.14 |

**习题 5-57**　正十八烷的质谱图如下,写出它的质谱表并指出它的基峰的质荷比是多少。

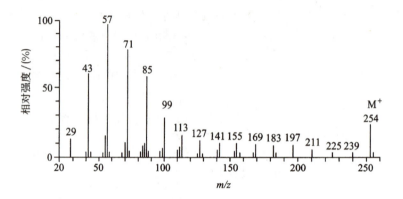

**习题 5-58**　2-甲基-2-丁醇的质谱图如下,写出它的质谱表并指出它的基峰的质荷比是多少。

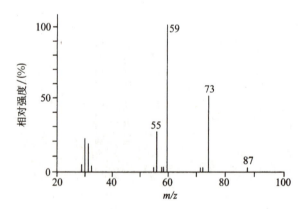

## 5.23　离子的主要类型、形成及其应用

在质谱中出现的离子有:分子离子、同位素离子、碎片(裂片)离子、重排离子、亚稳离子、多电荷离子等。

### 5.23.1 分子离子

分子被电子束轰击失去一个电子形成的离子称为分子离子(molecular ion)，一般式是 $M^{+\cdot}$ 或 $M^{+\cdot}$。

$$M + e^- \longrightarrow M^{+\cdot} + 2e^-$$

有机物的 n 电子最易失去，π 电子其次，σ 电子最难失去，因此有些有机物的分子离子的正电荷位置很易确定。例如，含杂原子的分子离子的正电荷在杂原子上，不含杂原子但含双键的分子离子的正电荷在双键的一个碳原子上，它们可以分别表示为

难以确定正电荷位置的分子离子可表示为"结构式$^{+\cdot}$"，例如

$$CH_3CH_2CH_3 + e^- \longrightarrow CH_3CH_2CH_3^{+\cdot} + 2e^-$$

在质谱图上，与分子离子相对应的峰称为分子离子峰(molecular ion peak)。大多数有机物的质谱中都有分子离子峰，它们在质谱中的相对强度取决于其本身的稳定性和分子结构。

分子离子实际上是一个自由基型正离子，因该类离子只带一个电荷，故 $m/z$ 就是它的质量 $m$，所以这种离子的质荷比也就是化合物的相对分子质量。

判断分子离子峰时要注意：分子离子峰的质量数要符合氮规则(nitrogen rule)，即不含氮或含偶数氮的有机物的相对分子质量为偶数，含奇数氮的有机物的相对分子质量为奇数。分子离子一定是奇电子离子，这也是分子离子的主要判据。另外，分子离子峰与邻近峰的质量差应该是合理的。

> 芳香族化合物，因它含有 π 电子，很容易失去一个电子形成稳定的正离子，在质谱中其分子离子峰的强度较大。但有些化合物的分子离子极不稳定，因而表现为分子离子峰强度极小或不存在，叉链烷烃或醇类化合物就是如此。降低轰击电子束的能量，可以提高分子离子峰的强度。

> 若能正确辨认质谱图上的分子离子峰，就可以直接从谱图上读出被测物的相对分子质量。用质谱法测相对分子质量，样品用量少，测定快，精确度高。

**习题 5-59** 写出环戊烯、丙酮、苯、丁烷的分子离子峰。

**习题 5-60** 下列化合物的分子离子峰的质荷比是偶数还是奇数？

(i) $CH_3I$  (ii) $CH_3—C\equiv N$  (iii) $CH_3CH_2NH_2$  (iv) 吡咯  (v) $H_2NCH_2CH_2NH_2$

### 5.23.2 同位素离子

含有同位素的离子称为同位素离子(isotopic ion)。二氯甲烷的分子离子及与之相对应的同位素离子如表 5-19 所示。

表 5-19 二氯甲烷的分子离子及与之相对应的同位素离子

| 组成 | 分子离子 | 同位素离子 | | | | |
|---|---|---|---|---|---|---|
| | $^{12}CH_2^{35}Cl_2^{+\cdot}$ | $^{13}CH_2^{35}Cl_2^{+\cdot}$ | $^{12}CH_2^{35}Cl^{37}Cl^{+\cdot}$ | $^{12}CH_2^{37}Cl_2^{+\cdot}$ | $^{13}CH_2^{35}Cl^{37}Cl^{+\cdot}$ | $^{13}CH_2^{37}Cl_2^{+\cdot}$ |
| $m/z$ | 84 | 85 | 86 | 88 | 87 | 89 |

同位素一般比常见元素重，其峰都出现在相应一般峰的右侧附近。

在质谱中，与同位素离子相对应的峰称为同位素离子峰(isotopic ion peak)。

同位素峰的强度与同位素的丰度是相当的。有机化合物中常见同位素的天然丰度如表 5-20 所示。

表 5-20 同位素的天然丰度

| 轻的同位素天然丰度/(%) | | 重的同位素天然丰度/(%) | | | |
|---|---|---|---|---|---|
| $^1H$ | 99.985 | | | $D(^2H)$ | 0.015 |
| $^{12}C$ | 98.891 | | | $^{13}C$ | 1.107 |
| $^{14}N$ | 99.64 | | | $^{15}N$ | 0.36 |
| $^{16}O$ | 99.759 | $^{17}O$ | 0.037 | $^{18}O$ | 0.204 |
| $^{32}S$ | 95.0 | $^{33}S$ | 0.76 | $^{34}S$ | 4.24 |
| $^{19}F$ | 100.0 | | | | |
| $^{35}Cl$ | 75.8 | | | $^{37}Cl$ | 24.2 |
| $^{79}Br$ | 50.537 | | | $^{81}Br$ | 49.463 |
| $^{127}I$ | 100.0 | | | | |

从表 5-20 可知，D，$^{15}N$，$^{17}O$，$^{33}S$ 等的天然丰度很小，相应的同位素离子峰也很小，可忽略不计。例如，苯的分子离子是 $C_6H_6^{+\cdot}$，在 $m/z=78$ 处有一个峰，$^{13}C^{12}C_5H_6^{+\cdot}$ 是它的一个同位素离子，在 $m/z=79$ 处有一个峰，$^{13}C$ 的丰度是 $^{12}C$ 的 1.1%，苯有六个碳，所以 79 峰的强度是 78 峰强度的 $1.1\% \times 6 = 6.6\%$。严格地讲，$^{12}C_6DH_5^{+\cdot}$ 相对应的峰也在 $m/z$ 79 处出现，因 D 的天然丰度太小，忽略不计。

同位素离子峰对鉴定分子中含有的氯、溴、硫原子很有用，因这些元素含有较丰富的高两个质量单位的同位素，并在 $M$，$M+2$，$M+4$ 处出现特征性强度的离子峰。如溴乙烷分子中，$^{79}Br$ 占全溴的 50.537%，$^{81}Br$ 占全溴的 49.463%，所以溴乙烷的

根据实验测得的质谱中的同位素离子峰的相对强度和 Beynon（贝诺）表（可查陈耀祖编的《有机分析》附表 16-1），经过合理的分析可以确定化合物的分子式。例如，从质谱中得知：某未知物的相对分子质量为 181，$M+1$ 峰和 $M+2$ 峰与分子离子峰的相对强度分别为 14.68% 和 0.97%，查

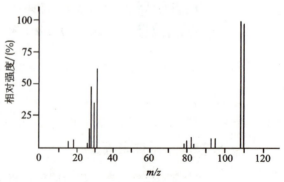

图 5-54 溴乙烷的质谱图

Beynon 表知相对分子质量为 181,而 $M+1$, $M+2$ 的强度接近 14.68% 和 0.97% 的式子有:

| 式子 | $M+1$ 丰度/(%) | $M+2$ 丰度/(%) |
|---|---|---|
| (1) $C_{13}H_9O$ | 14.23 | 1.14 |
| (2) $C_{13}H_{11}N$ | 14.61 | 0.99 |
| (3) $C_{13}H_{25}$ | 14.45 | 0.97 |
| (4) $C_{14}H_{13}$ | 15.34 | 1.09 |

但因上述(1),(3),(4)式均不符合氮规则,所以该化合物的分子式为(2)$C_{13}H_{11}N$(若结合碎片离子的分析,还可推出该化合物的结构为 $C_6H_5CH=NC_6H_5$)。

$M:(M+2)=51:49$,峰的强度接近相等。当质谱中出现两个强度接近相等的 $M$, $M+2$ 峰时,可判断分子中含有溴原子。

分子离子峰与相应的同位素离子峰的强度比可用二项式 $(A+B)^n$ 的展开式来推算。式中 $A$ 是常见元素的天然丰度,$B$ 是它的同位素的天然丰度,$n$ 是该元素在分子中的个数,展开后的各项的数值比为各峰的强度比。例如,$^{35}Cl$ 的天然丰度为 75.8,$^{37}Cl$ 的天然丰度为 24.2,在 $CH_3Cl$ 中,$n=1$,$(A+B)^n=(A+B)^1=A+B$,展开后的两项比值为:$75.8:24.2=3:1$,所以 $M:(M+2)=3:1$。在 $CH_2Cl_2$ 中,$n=2$,$(A+B)^n=(A+B)^2=A^2+2AB+B^2$,展开后的三项比值为:$75.8^2:(2\times75.8\times24.2):24.2^2=5745.6:3668.7:585.6$,所以 $M:(M+2):(M+4)=5745.6:3668.7:585.6\approx100:64:10$。

**习题 5-61** 写出 $CH_3I$ 的分子离子峰及与之相对应的同位素离子峰。

**习题 5-62** $CHCl_3$ 的质谱中出现了 $M,M+2,M+4,M+6$ 的峰,计算这些峰的强度比(只考虑氯的同位素)。

**习题 5-63** $CCl_4$ 的质谱中会出现哪些特征的同位素离子峰?它们的强度比是多少?

### 5.23.3 碎片离子　重排离子

分子离子在电离室中进一步发生键断裂生成的离子称为碎片离子(fragment ion)。经重排裂解产生的离子称为重排离子(rearrangement ion)。分子离子为什么能进一步裂解呢?因为有机质谱仪通常采用 70 eV 的电子轰击能量,并把这时得到的质谱作为标准有机化合物的质谱图,而有机分子转变成分子离子只需要十几电子伏特的能量,剩余的能量足够使分子离子的其他化学键发生裂解,裂解产生的碎片离子还能进一步裂解成新的碎片离子。裂解时会发生电子转移,单电子转移用鱼钩箭头"⇀"表示,双电子转移用箭头"→"表示。裂解是按一定的规律进行的,中间过渡态活化能低、产物稳定的裂解反应较易进行。裂解的方式很多,下面仅介绍几种常见的裂解。

1. 产生氮正离子、氧正离子、卤正离子的裂解

氮、氧、卤素等杂原子上都有 n 电子,含有该类原子的有机物受电子束轰击时首先失去 n 电子,生成杂原子上带正电荷的分子离子,这些分子离子可通过 α-裂解(α-cleavage)或 β-裂解(β-cleavage)生成氮正离子、氧正离子和卤正离子。什么是 α-裂解、β-裂解呢?有机官能团与 α 碳原子或 α 位的其他原子之间的裂解称为 α-裂解,与官能团相连的 α 碳原子与 β 碳原子之间的裂解称为 β-裂解。

醛、酮等含羰基的化合物易发生 α-裂解。例如

## 第5章 紫外光谱 红外光谱 核磁共振和质谱

$$CH_3-\overset{O}{\overset{\|}{C}}-H \xrightarrow[-e^-]{\text{离子化}} CH_3-\overset{\overset{+}{\overset{..}{O}}}{\overset{\|}{C}}-H \xrightarrow{\alpha\text{-裂解}} CH_3-C\equiv O^+ + H\cdot$$
$$\text{分子离子} \qquad\qquad \text{碎片离子}$$

$$CH_3-\overset{\overset{+}{\overset{..}{O}}}{\overset{\|}{C}}-H \xrightarrow{\alpha\text{-裂解}} H-C\equiv O^+ + \cdot CH_3$$
$$\text{分子离子} \qquad\qquad \text{碎片离子}$$

$$CH_3-\overset{O}{\overset{\|}{C}}-CH_3 \xrightarrow[-e^-]{\text{离子化}} CH_3-\overset{\overset{+}{\overset{..}{O}}}{\overset{\|}{C}}-CH_3 \xrightarrow{\alpha\text{-裂解}} CH_3-C\equiv O^+ + \cdot CH_3$$
$$\text{分子离子} \qquad\qquad \text{碎片离子}$$

胺、醇、醚、卤代烷等化合物可通过 β-裂解生成杂原子正离子。例如

$$R-\underset{\beta}{CH_2}-\underset{\alpha}{CH_2}-NH-CH_3 \xrightarrow[-e^-]{\text{离子化}} R-CH_2-CH_2-\overset{\cdot+}{NH}-CH_3 \xrightarrow{\beta\text{-裂解}} R\dot{C}H_2 + H_2C=\overset{+}{N}CH_3$$
$$\text{分子离子} \qquad\qquad \text{碎片离子}$$

$$R-\underset{\beta}{CH_2}-\underset{\alpha}{CH_2}-O-H \xrightarrow[-e^-]{\text{离子化}} R-CH_2-CH_2-\overset{\cdot+}{O}-H \xrightarrow{\beta\text{-裂解}} R\dot{C}H_2 + H_2C=\overset{+}{O}H$$
$$\text{分子离子} \qquad\qquad \text{碎片离子}$$

$$CH_3-\underset{\beta}{CH_2}-\underset{\alpha}{-}X \xrightarrow[-e^-]{\text{离子化}} CH_3-CH_2-\overset{\cdot+}{X} \xrightarrow{\beta\text{-裂解}} \cdot CH_3 + H_2C=\overset{+}{X}$$
$$\text{分子离子} \qquad\qquad \text{碎片离子}$$

> 碳正离子的稳定性顺序是三级＞二级＞一级＞甲基碳正离子，所以叉链多的烃，其分子离子峰极易裂解，这类烃的分子离子峰强度很弱甚至消失。

### 2. 产生碳正离子的裂解

苄基型碳正离子、烯丙型碳正离子、三级碳正离子是质谱中常见的碎片离子，它们分别是通过苄基型裂解、烯丙基型裂解、碳碳键一般裂解形成的。例如

$$Ph-CH_2-R \xrightarrow[-e^-]{\text{离子化}} [Ph-CH_2-R]^{\cdot+} \xrightarrow[-R\cdot]{\text{苄基型裂解}} Ph-\overset{+}{C}H_2 \longleftrightarrow \text{苄基碳正离子} \xrightarrow{\text{重排}} \text{环庚三烯正离子}$$
$$\text{分子离子}$$

$$CH_2=CH-CH_2R \xrightarrow[-e^-]{\text{离子化}} H_2\overset{\cdot}{C}-\overset{+}{C}H-CH_2-R \xrightarrow{\text{烯丙基型裂解}} {}^+CH_2-CH=CH_2 + R\cdot$$
$$\text{分子离子} \qquad\qquad \text{烯丙基碳正离子}$$

$$(CH_3)_3C-CH_2CH_3 \xrightarrow[-e^-]{\text{离子化}} (CH_3)_3C\cdot^+CH_2CH_3 \xrightarrow{\text{碳碳键一般裂解}} (CH_3)_3C^+ + \cdot CH_2CH_3$$
$$\text{分子离子} \qquad\qquad \text{三级碳正离子}$$

卤代烷、醚、硫醚、胺等可通过 $i$-裂解（$i$-cleavage）生成碳正离子，裂解的一般式如下：

$$-\overset{|}{\underset{|}{C}}-A \xrightarrow[-e^-]{\text{离子化}} -\overset{|}{\underset{|}{C}}-\overset{\cdot+}{A} \xrightarrow{i\text{-裂解}} -\overset{|}{\underset{|}{C}}{}^+ + A\cdot \qquad \boxed{A = X, OR, SR, NR_2}$$
$$\text{分子离子}$$

### 3. 脱去中性分子的裂解

有些分子离子裂解时会失去一些稳定的中性分子，如 CO, NH$_3$, HCN, H$_2$S, 烯烃和小分子的醇等。例如

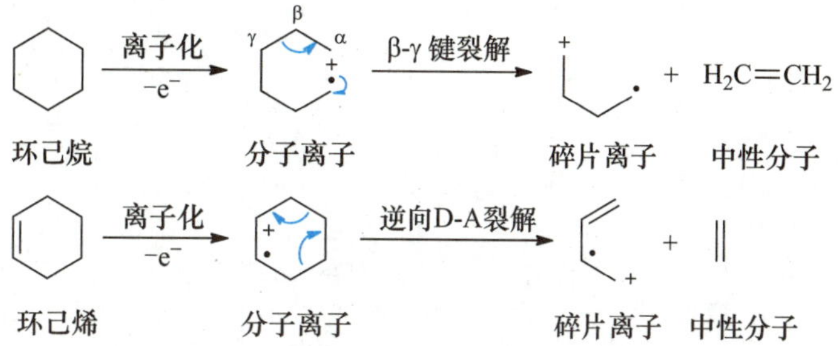

环己烷 $\xrightarrow{\text{离子化} \atop -e^-}$ 分子离子 $\xrightarrow{\beta\text{-}\gamma \text{ 键裂解}}$ 碎片离子 + H$_2$C=CH$_2$ 中性分子

环己烯 $\xrightarrow{\text{离子化} \atop -e^-}$ 分子离子 $\xrightarrow{\text{逆向D-A裂解}}$ 碎片离子 + (烯烃) 中性分子

脱去中性分子的裂解常伴随有重排发生，其中最常见的重排是经过六元环状过渡态的重排。例如

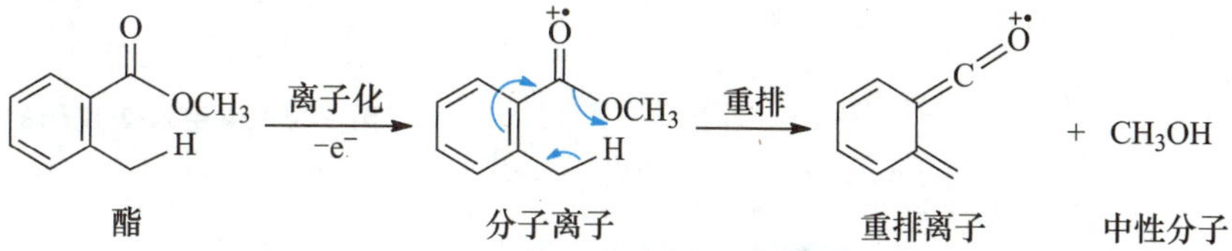

酯 $\xrightarrow{\text{离子化} \atop -e^-}$ 分子离子 $\xrightarrow{\text{重排}}$ 重排离子 + CH$_3$OH 中性分子

式中的 CH$_2$ 可被 O, S, NH 等代替，酯也能被酰胺、酸等代替。这类重排中最重要的是：具有 γ 氢原子的侧链苯、烯烃、环氧化合物、醛、酮等化合物经过六元环状过渡态使 γ 氢转移到带有正电荷的原子上，同时在 α, β 原子间发生裂解，这种重排裂解称为 Mclafferty(麦克拉夫悌)重排裂解(rearrangement cleavage)。例如

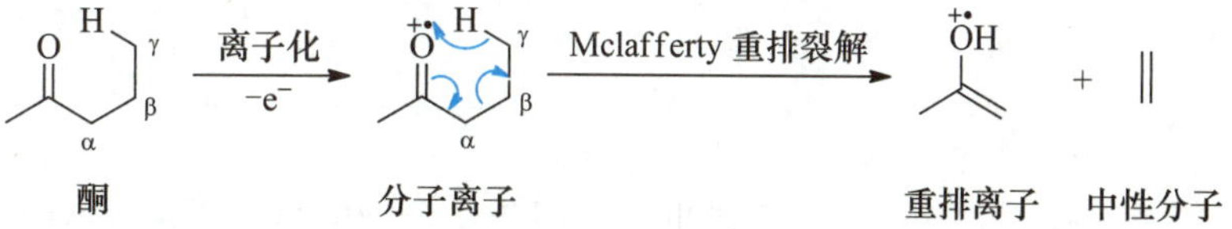

酮 $\xrightarrow{\text{离子化} \atop -e^-}$ 分子离子 $\xrightarrow{\text{Mclafferty 重排裂解}}$ 重排离子 + 中性分子

> 碎片离子可以提供化合物裂解过程的线索，这对化合物的鉴定十分有用。

图 5-55 是 4-甲基-2-戊酮的质谱图，可以应用上面介绍的裂解方式来阐明图中主要峰各代表什么碎片离子。

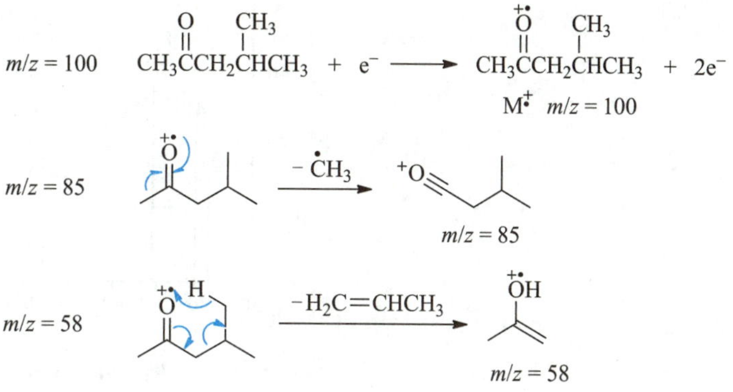

$m/z = 100$   CH$_3$CCH$_2$CHCH$_3$ + e$^-$ $\longrightarrow$ CH$_3$ĊCH$_2$CHCH$_3$ + 2e$^-$
M$^{\ddot{+}}$  $m/z = 100$

$m/z = 85$ $\xrightarrow{-\dot{C}H_3}$ $m/z = 85$

$m/z = 58$ $\xrightarrow{-H_2C=CHCH_3}$ $m/z = 58$

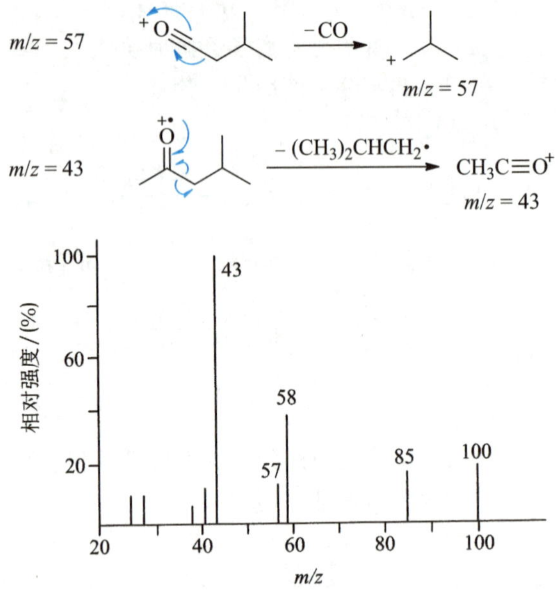

$m/z = 57$  →(−CO)→  $m/z = 57$

$m/z = 43$  →$-(CH_3)_2CHCH_2\cdot$→  $CH_3C\equiv O^+$  $m/z = 43$

图 5-55　4-甲基-2-戊酮的质谱图

**习题 5-64**　样品甲和样品乙分别给出下列质谱数据，现请根据分子裂解过程判别哪个样品是正丁醇？哪个样品是乙醚？

| 样品 | $M^{\ddagger}$ | 最强离子峰 |
| --- | --- | --- |
| 甲 | 74 | $m/z$　73, 59, 45, 31, 29, 27 |
| 乙 | 74 | $m/z$　56, 43, 41, 31, 29, 27 |

质谱也广泛用于化合物的结构测定，例如，某化合物的质谱图如图 5-56 所示。

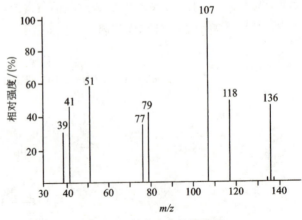

图 5-56　某化合物的质谱图

用质谱法推出的可能结构常需要用其他方法如红外、紫外、核磁共振方法进一步验证。同时,在测定前应对化合物的来源、熔点、沸点等物理性质和化学性质有所了解,甚至还需进一步制成衍生物加以验证。

通过分析谱图可提供该化合物可能的构造式。该谱图的分析如下:$M^{\ddot{+}}$ 的 $m/z$ 是 136,说明化合物的相对分子质量是 136。按氮规则判断,分子中不含氮或含偶数氮。同位素分布表明,分子中不含 Cl,Br,I,S 等元素。从碎片峰看,因为有 $m/z$ 77,51,39 等芳环系列峰,说明化合物有苯环;有 $m/z$ 107($M-29$)峰,说明化合物有 $C_2H_5$ 取代基;有 $m/z$ 118($M-18$)峰,说明化合物有醇羟基。因为 $C_6H_5$,CHOH,$C_2H_5$ 加合起来与相对分子质量相当,所以知化合物的分子式为 $C_9H_{12}O$,其可能的构造式为 $C_6H_5CH(OH)CH_2CH_3$。

**习题 5-65** 2,2-二甲基丁烷的质谱数据如下:

| $m/z$ | 14 | 28 | 40 | 44 | 57 | 72 |
|---|---|---|---|---|---|---|
| 相对强度/(%) | 1.00 | 5.00 | 3.00 | 3.00 | 100.00 | 5.00 |

问:(i) 它的分子离子峰的相对强度是多少?为什么?
(ii) 基准峰的质荷比是多少?该离子峰是怎样产生的?写出裂解过程。

**习题 5-66** 脂肪羧酸及其酯的最特征峰是 $m/z=60$,该峰是 Mclafferty 重排裂解产生的碎片离子峰。写出 $RCH_2CH_2CH_2COOH$ 产生 $m/z=60$ 峰的裂解过程。

### 5.23.4 亚稳离子

离子在离子源中停留的时间约为 $10^{-6}$ s,由离子源到达检测器的时间约为 $10^{-5}$ s。在离子源中产生的 $m_1^+$,若其分解反应速率常数 $k$ 大于 $10^6$ s,则会在离子源中产生新的碎片离子 $m_2^+$,那么在质谱的 $m_2$ 处能记录到碎片离子 $m_2^+$ 的峰。若离子 $m_1^+$ 的分解反应速率常数 $k$ 介于 $10^5 \sim 10^6$/s 之间,则 $m_1^+$ 不会在离子源中分解,而是在分析器中分解,在分析器中裂解产生的离子($m_3^+$)称为亚稳离子(metastable ion)。原始碎片离子裂解生成亚稳离子的同时常会失去一个中性分子,裂解情况可用下式表示:

质谱上的亚稳离子峰不能反映它的质荷比,因为离开加速器时的碎片离子是 $m_1^+$,而进入磁偏转器的碎片离子是 $m_3^+$,加速质量与偏转质量的不一致使 $m_3^+$ 不按真正的质荷比被记录下来,亚稳离子峰的峰形较宽。

$$m_1^+ \xrightarrow{\text{在分析器中裂解}} m_3^+ + (m_1 - m_3)$$
原始碎片离子　　　　　亚稳离子　中性分子

亚稳离子峰用 $m^*$ 表示,$m^*$ 的质荷比有可能不是整数,它的表观质量可从下式求出:

$$m^* = m_3^2/m_1 \tag{5-17}$$

### 5.23.5 多电荷离子

多电荷离子峰的出现表明,化合物是一个非一般性的稳定化合物。

在正常情况下,气态分子在一定能量的电子轰击下,只失去一个电子形成正离子,当其仍具有较高能量时,进而断裂成仍带一个电荷而质量较小的离子。但有些特别稳定的分子,例如,芳香族和含共轭体系的化合物,因其有 π 电子可以稳定所带的正电荷,故可连续失去两个或多个电子,生成带两个或多个电荷的稳定离子,这些离子称为多电荷离子(multiply-charged ion)。因为质谱是按质荷比记录的,因此这时出现的是 $m/z$ 中的 $z=n$ 的离子峰。

## 5.24 影响离子形成的因素

各种离子的形成虽可通过不同的途径,但影响其形成的因素可归纳为下列三种:
(1) 键的相对强度。
(2) 所产生的正离子的稳定性(影响键断裂的最重要因素)。键断裂除了形成正离子外,还有中性分子和自由基,它们的稳定性对键断裂也有一定影响。
(3) 原子或官能团的空间相对位置。

> 各种因素都和分子结构有关,在键断裂过程中,很难说哪一种是决定性的。

虽然断裂产物的稳定性经常是主要的,但也可能因不同因素的影响产生平行的两种或多种断裂。例如

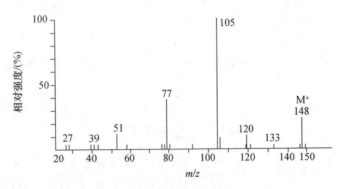

亚稳离子 $m^* = 77^2/105 = 56.4$。该化合物的质谱图如图 5-57 所示。

图 5-57 苯丁酮的质谱图

## 章末习题

**习题 5-67** 指出下列化合物能量最低的跃迁是什么。

(i) $CH_3CH=CHCH_3$  (ii) $CH_3CH(NH_2)CH_3$  (iii) 环氧乙烷  (iv) $CH_3CH_2CH=CHNH_2$  (v) $CH_3C(=S)CH_3$

(vi) $CH_3CH_2CH_2Br$  (vii) $CH_3CH_2C\equiv CH$  (viii) $CH_3CH_2SCH_2CH_3$  (ix) $CH_3CH_2CH_2CH_2OH$  (x) $CH_3CH_2CHO$

**习题 5-68** 指出下列哪些化合物的紫外吸收波长最长，并按顺序排列。

(i) $CH_2=CHCH_2CH=CHNH_2$ (A)    $CH_2=CHCH=CHNH_2$ (B)    $CH_3CH_2CH_2CH_2NH_2$ (C)

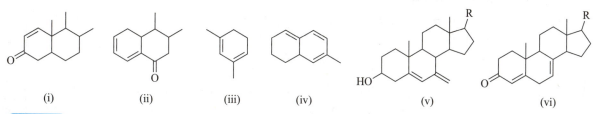

**习题 5-69** 应用 Woodward-Fieser 规则，计算下列化合物大致在什么波长吸收。

(i)  (ii)  (iii)  (iv)  (v)  (vi)

**习题 5-70** 用紫外光谱鉴别下列化合物。

(i)    (ii)

**习题 5-71** 下面为香芹酮在乙醇中的紫外吸收光谱，请指出图中的两个吸收峰各属于什么类型，并根据经验规则计算一下是否符合。

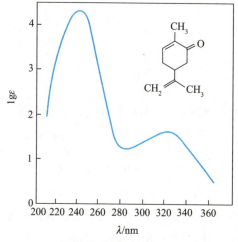

香芹酮的紫外吸收光谱

**习题 5-72** 查阅十二个单官能团的三碳有机物的红外光谱（化合物的官能团均不相同），并对这些谱图作出分析。

**习题 5-73** 在下列各化合物中，有多少组不等同的质子？

(i) $CH_3CH_2OCH_2CH_3$ (ii) $CH_3-\underset{CH_3}{\underset{|}{CH}}CH_2OH$ (iii) $\underset{H}{\overset{Cl}{\phantom{|}}}C=C\underset{Cl}{\overset{H}{\phantom{|}}}$ (iv) $\underset{H}{\overset{Cl}{\phantom{|}}}C=C\underset{H}{\overset{Cl}{\phantom{|}}}$ (v) $\underset{Br}{\overset{H}{\phantom{|}}}C=C\underset{H}{\overset{H}{\phantom{|}}}$

(vi) $ClCH_2CH_2Br$ (vii) $CH_3\underset{OH}{\underset{|}{CH}}CH_2CH_3$ (viii) $CH_3CH_2Cl$

**习题 5-74** 粗略绘出下列各化合物的 $^1H$ NMR 图谱，并指出每组峰的耦合情形和 $\delta$ 的大致位置。

(i) $Cl_2CHCH_2Cl$ (ii) $CH_3CHO$ (iii) $CH_3COOH$ (iv) $ClCH_2CH_2CH_2Br$

(v) $CH_3\overset{O}{\overset{\|}{C}}OCH_2CH_3$ (vi) $C_6H_5CH_2CH_3$ (vii) $C_6H_5CH(CH_3)_2$

**习题 5-75** 芳香化合物 A,B,C 的分子式均为 $C_{10}H_{14}$，它们的 $^1H$ NMR 图谱如下所示，确定它们的结构并指出各化合物分子中的氢在 $^1H$ NMR 图谱上的归属。

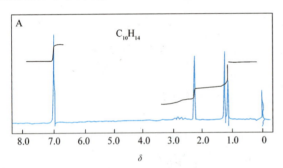
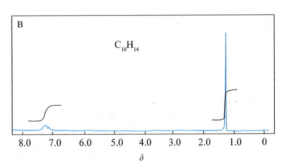
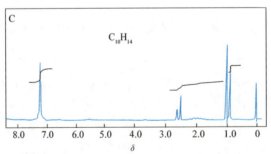

**习题 5-76** 苯环上间位氢的耦合常数约为 2.5 Hz，下列三个卤代苯中哪一个的耦合常数应为 2.5 Hz？

(i) 1-Br-2-Cl-3-Cl-苯 (ii) 1-Br-2-Cl-4-Cl-苯 (iii) 1,3-二Cl-5-Cl-苯

**习题 5-77** 有一无色液体化合物，分子式为 $C_6H_{12}$，它与溴的四氯化碳溶液反应，溴的棕黄色消失。该化合物的核磁共振谱中，只在 $\delta=1.6$ 处有一个单峰，写出该化合物的构造式。

**习题 5-78** 一个无色的固体 $C_{10}H_{13}NO$，它的核磁共振谱如下，试推测它的结构。

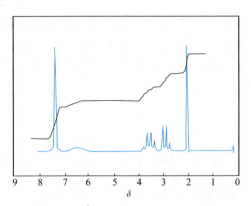

**习题 5-79** 一个硝基化合物,其分子式为 $C_3H_6ClNO_2$,推测它的结构。试解释 $\delta=2.3$ 处多重峰的产生。

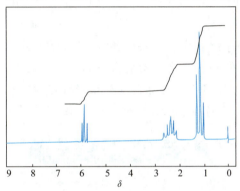

**习题 5-80** 1,2-二溴-1-苯乙烷有几组不等同的质子?它的核磁共振谱如下:

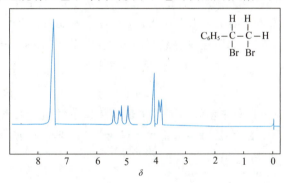

图中有三组峰,指明每组峰信号的质子。你能否解释 $\delta=4$ 处的三重峰是怎样产生的?(提示:考虑各种可能的不同的耦合常数。)

**习题 5-81** 化合物 A 的分子式为 $C_8H_9Br$。在它的核磁共振图谱中,在 $\delta=2.0$ 处有一个二重峰(3H);$\delta=5.15$ 处有一个四重峰(1H);$\delta=7.35$ 处有一个多重峰(5H)。写出 A 的构造式。

**习题 5-82** 你能否作图比较 $\diagdown C=C \diagup$ 和 $\diagdown C=O$ 在外界磁场作用下对和它们相连的质子所产生的影响?两者的质子的共振吸收都向低场位移,但后者要强得多,为什么?

**习题 5-83** 有一未知物经元素分析：C 68.13%，H 13.72%，O 18.15%，测得相对分子质量为 88.15；与金属钠反应可放出氢气，与碘和氢氧化钠溶液反应可产生碘仿（反应可参看 10.7.4）；该未知物的核磁共振谱在 $\delta=0.9$ 处有一个二重峰(6H)，$\delta=1.1$ 处有一个二重峰(3H)，$\delta=1.6$ 处有一个多重峰(1H)，$\delta=2.6$ 处有一个单峰(1H)，$\delta=3.5$ 处有一个多重峰(1H)。推测该未知物的结构。

**习题 5-84** 写出下列分子离子的断裂方式：

(i) $CH_3CH_2\overset{\overset{CH_3}{|}}{\underset{}{C}}HCH_3]^{\ddot{+}}$  (ii) $R-\overset{\overset{\ddot{O}H}{|}}{\underset{}{C}}H-R'$  (iii) $RCH_2-\overset{\overset{+\cdot}{\ddot{O}}}{\underset{}{}}-CH_2R'$  (iv) $R-\overset{\overset{\ddot{N}H_2}{|}}{\underset{}{C}}H-R'$  (v) $CH_3-\overset{\overset{\ddot{O}}{\|}}{\underset{}{C}}-CH_3$  (vi) 

**习题 5-85** 写出下列各化合物的分子离子断裂时，生成的最稳定离子。

(i) $HOCH_2CH_2OH$  (ii) $CH_3\overset{}{\underset{\underset{OH}{|}}{C}}H-CH_2OH$  (iii) $CH_3-O-CH_2CH_2OH$  (iv) $CH_3\overset{}{\underset{\underset{H_3CO}{|}}{C}}H-\overset{}{\underset{\underset{OH}{|}}{C}}HCH_3$

**习题 5-86** 一个戊酮的异构体，分子离子峰为 $m/z$ 86，并在 $m/z$ 71 和 $m/z$ 43 处各有一个强峰，但在 $m/z$ 58 处没有峰，写出该酮的构造式；另一个戊酮在 $m/z$ 86 及 57 处各有一个强峰，它的构造式是什么？

**习题 5-87** 一个化合物的分子式为 $C_7H_7ON$，计算它的环和双键的总数，并由所得数值推测一个适合该化合物的构造式。该化合物的质谱在 $m/z$ 121，105，77，51 处有较强的峰，写出产生这些离子的断裂方式。

## 复习本章的指导提纲

### 基本概念

紫外光谱，红外光谱，吸光度，吸光系数，透射比，生色团，助色团，增色效应，减色效应，蓝（紫）移，红移，核磁共振，质子核磁共振，$^{13}$C 核磁共振，各种屏蔽效应，各向异性效应，化学位移，耦合，耦合常数，非对映异位质子，对映异位质子，等位质子，化学等价，磁等价，质谱，快原子轰击，分子离子，分子离子峰，同位素离子，多电荷离子，碎片离子，亚稳离子，Mclafferty 重排，相对丰度。

### 基本知识点

紫外光谱、红外光谱、核磁共振和质谱的基本原理；$\lambda_{max}$ 与化学结构的关系（Woodward-Fieser 规则）；重要官能团的红外特征吸收峰的位置；在核磁共振谱中，$^1$H 和 $^{13}$C 的化学位移，耦合裂分规律，各种谱图的解析方法；质谱的裂解规律。

## 英汉对照词汇

absorbance 吸光度
absorptivity 吸光系数
anisotropic effect 各向异性效应
auxochrome 助色团
base peak 基峰
Beynon table 贝诺表
blue shift 蓝（紫）移

carbon-13 nuclear magnetic resonance(CMR,$^{13}$C NMR) $^{13}$C 核磁共振
chemical equivalence 化学等价
chemical shift 化学位移
chemical shift equivalence 化学位移等价
chromophore 生色团
cleavage (α-cleavage, β-cleavage, i-cleavage)

裂解（α-裂解，β-裂解，i-裂解）
coupling　耦合
coupling constant　耦合常数
deshielding effect　去屏蔽效应
diamagnetic effect　抗磁效应
diastereotopic proton　非对映异位质子
electron impact（EI）　电子轰击
enantiotopic proton　对映异位质子
fast atom bombardment（FAB）　快原子轰击
finger-print region　指纹区
Fourier transform spectrometer（FTS）　傅里叶变换光谱仪
fragment ion　碎片离子
functional group region　官能团区
Golay cell　高莱池
homotopic proton　等位质子
Hooke law　虎克定律
hyperchromic effect　增色效应
hypochromic effect　减色效应
infrared spectroscopy（IR）　红外光谱
isotopic ion　同位素离子
isotopic ion peak　同位素离子峰
Lambert-Beer law　朗伯-比尔定律
Larmor process　拉莫尔进动
Lorentz　洛伦兹
magnetic equivalence　磁等价
magnetogyric ratio　磁旋比
mass spectrum（MS）　质谱

Mclafferty rearrangement　麦克拉夫悌重排
metastable ion　亚稳离子
molecular ion　分子离子
molecular ion peak　分子离子峰
multiply-charged ion　多电荷离子
Nernst　能斯特
nitrogen rule　氮规则
nuclear magnetic resonance（NMR）　核磁共振
paramagnetic effect　顺磁效应
proton magnetic resonance（PMR,$^1$H NMR）　质子核磁共振
rearrangement cleavage　重排裂解
rearrangement ion　重排离子
red shift　红移
relaxation　弛豫
shielding constant　屏蔽常数
shielding effect　屏蔽效应
spectrometer　光谱仪
spectroscopy　谱学
spin coupling　自旋耦合
spin nuclear　自旋核
spin-spin coupling　自旋-自旋耦合
tetramethylsilicon（TMS）　四甲基硅
transmittance　透射比
ultraviolet and visible spectrum（UV）　紫外和可见光谱
Woodward-Fieser rule　伍德沃德-费塞尔规则

# 第 6 章

## 卤代烃　饱和碳原子上的亲核取代反应　β-消除反应

\* \* \* \* \*

$S_N1$ 反应和 E1 反应的并存与竞争：离去基团的离去能力影响反应速度。试剂亲核性强弱影响产物比例。碱性强、升温对 E1 机理有利；中性、极性溶剂对 $S_N1$ 机理有利。

$S_N1$ 反应机理

$$CH_3-\underset{\underset{CH_3}{|}}{\overset{\overset{CH_3}{|}}{C}}-Br \rightleftharpoons\;\underset{-Br^-}{} CH_3-\underset{\underset{CH_3}{|}}{\overset{\overset{CH_3}{|}}{C^+}} \xrightarrow{C_2H_5OH} CH_3-\underset{\underset{H_3C}{|}}{\overset{\overset{CH_3}{|}}{C}}-\overset{+}{O}\underset{H}{C_2H_5} \xrightarrow{-H^+} CH_3-\underset{\underset{CH_3}{|}}{\overset{\overset{CH_3}{|}}{C}}-OC_2H_5$$

进攻 $C^+$

E1 反应机理

进攻 β-H

$$CH_3-\underset{\underset{CH_3}{|}}{\overset{\overset{CH_3}{|}}{C}}-Br \rightleftharpoons\;\underset{-Br^-}{} CH_3-\underset{\underset{CH_3}{|}}{\overset{\overset{H_2C-H}{|}}{C^+}} \xrightarrow{C_2H_5\ddot{O}H} (CH_3)_2C=CH_2 + C_2H_5\overset{+}{O}H_2 \xrightarrow{-H^+} C_2H_5OH$$

$S_N2$ 反应和 E2 反应的并存与竞争：试剂亲核性强，碱性弱，体积小，利于 $S_N2$ 机理；试剂碱性强，浓度大，体积大，升温利于 E2 机理。

$S_N2$ 反应机理

$$HO^- + CH_3Br \longrightarrow \left[HO\overset{\delta-}{\cdots}\underset{H}{\overset{H\;\;H}{C}}\overset{\delta-}{\cdots}Br\right]^{\ddagger} \longrightarrow CH_3OH + Br^-$$

进攻 α-C

E2 反应机理

进攻 β-H

$$C_2H_5O^- + CH_3-\underset{\underset{Br}{|}}{\overset{\overset{CH_3}{|}}{C}}-CH_3 \longrightarrow \left[\underset{H_2C\!=\!\underset{Br\,\delta-}{C}-CH_3}{\overset{C_2H_5O\overset{\delta-}{\cdots}H\;\;CH_3}{\;}}\right]^{\ddagger} \longrightarrow CH_2=C(CH_3)_2 + C_2H_5OH + Br^-$$

\* \* \* \* \*

烃分子中的氢被卤原子取代后的化合物称为卤代烃(halohydrocarbon)。一般用 RX 表示,X 表示卤原子(F,Cl,Br,I)。

## 6.1 卤代烃的分类

卤代烃可以按下面三种方法分类：

(1) 按卤原子所连接的烃基的结构,可分为饱和卤代烃(卤代烷)、不饱和卤代烃和芳香卤代烃(aryl halide)。在不饱和卤代烃中,卤原子与双键碳直接相连的称为乙烯型卤代烃(vinylic halide),卤原子与双键邻位碳相连的称为烯丙型卤代烃(allylic halide)。在芳香卤代烃中,卤原子与苯环直接相连的称为苯型卤代烃(phenyl halide),与苯甲位碳相连的称为苯甲型(或称苄型)卤代烃(benzyl halide)。

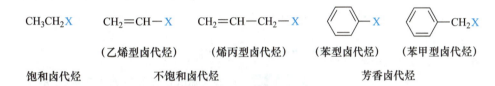

(2) 按分子中卤原子的数目,可分为一卤代烃、二卤代烃及三卤代烃,其余以此类推。在二卤代烃中,两个卤原子连在同一个碳原子上的称为偕二卤代烃。两个卤原子连在相邻碳原子上的称为邻二卤代烃或连二卤代烃。在三卤代烃中,三卤甲烷俗称卤仿(haloform)。

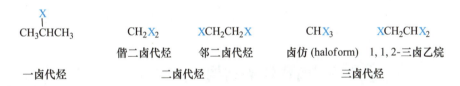

(3) 按与卤原子相连的碳原子的级数,可分为一级卤代烃、二级卤代烃和三级卤代烃。

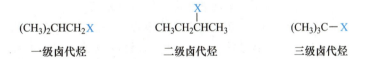

## 6.2 卤代烃的命名

### 6.2.1 卤代烷的系统命名法(参见 2.7.1 和 2.7.2)

### 6.2.2 卤代烷的普通命名法

卤代烷的普通命名法用相应的烷为母体,称为卤(代)某烷,或看做烷基的卤化物。例如

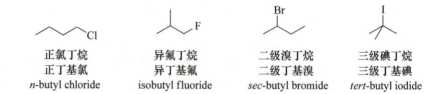

| 正氯丁烷 | 异氟丁烷 | 二级溴丁烷 | 三级碘丁烷 |
| 正丁基氯 | 异丁基氟 | 二级丁基溴 | 三级丁基碘 |
| *n*-butyl chloride | isobutyl fluoride | *sec*-butyl bromide | *tert*-butyl iodide |

英文名称是在基团名称之后,加上氟化物(fluoride)、氯化物(chloride)、溴化物(bromide)或碘化物(iodide)。

有些多卤代烷给以特别的名称,如 $CHCl_3$ 称氯仿(chloroform),$CHI_3$ 称碘仿(iodoform)。

---

**习题 6-1** 用普通命名法命名下列化合物(中英文)。

(i) $(CH_3)_2CHCH_2CH_2Cl$       (ii)

**习题 6-2** 写出下列化合物的构造式。
(i) 三级戊基氟       (ii) 异己基氟       (iii) 环戊基氯

---

## 6.3 卤代烃的结构

### 6.3.1 碳卤键的特点和反应性分析

不同的碳卤键结构有差别。

在饱和卤代烃中,由于卤原子的电负性比 sp³ 杂化的碳原子的电负性大,碳卤键是极性共价键。C—X 键的电子云主要分布在卤原子一方,因此卤原子带部分负电荷(δ−),碳原子带部分正电荷(δ+),带 δ+ 的碳原子易受亲核试剂的进攻。

> 碳卤键可极化性的次序与极性大小次序相反。

不同碳卤键的极性大小次序为

$$C-Cl > C-Br > C-I$$

卤代烯烃、卤代炔烃和卤代芳烃有三种类型的结构特征。

(1) 卤原子与烯烃、炔烃或芳烃的 α 碳以外的饱和碳原子相连。

$$CH_2=CH \!-\!\!\left[CH_2\right]_n\!\!-\!\!\underset{|}{\overset{|}{C}}\!-\!X \qquad HC\equiv C\!-\!\!\left[CH_2\right]_n\!\!-\!\!\underset{|}{\overset{|}{C}}\!-\!X \qquad \text{Ph}\!-\!\!\left[CH_2\right]_n\!\!-\!\!\underset{|}{\overset{|}{C}}\!-\!X$$

这类卤代烃的碳卤键结构特征与饱和卤代烃中的碳卤键结构特征相似。

(2) 卤原子与烯烃、炔烃或芳烃的 α 碳原子相连。

$$CH_2=CH\!-\!\underset{|}{\overset{|}{C}}\!-\!X \qquad CH\equiv C\!-\!\underset{|}{\overset{|}{C}}\!-\!X \qquad \text{Ph}\!-\!\underset{|}{\overset{|}{C}}\!-\!X$$

　　烯丙型卤代烃　　　　炔丙型卤代烃　　　　苯甲型卤代烃

这类卤代烃的碳卤键异裂后，卤原子带着一对电子离去，α 碳正离子与碳碳双键、碳碳叁键或芳环共轭，使 α 碳上的正电荷分散，体系相对稳定。因此，这类卤代烃较饱和卤代烃活泼。

(3) 卤原子和不饱和碳直接相连：

$$CH_2=CH\!-\!X \qquad CH\equiv C\!-\!X \qquad \text{Ph}\!-\!X$$

　　乙烯型卤代烃　　　　炔型卤代烃　　　　苯型卤代烃

在这类卤代烃中，卤原子上未成键的电子对可以与双键、叁键和苯环上的 π 键共轭，使 C—X 键具有一定程度的双键的特点，因此这类卤代烃的活性最差。

**习题 6-3** 请根据下列键长数据判断能否形成长链的碳氟化合物和长链的碳氯化合物。

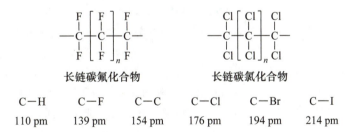

| C—H | C—F | C—C | C—Cl | C—Br | C—I |
| 110 pm | 139 pm | 154 pm | 176 pm | 194 pm | 214 pm |

## 6.3.2 卤代烷的构象

卤代烷带卤原子的 C—C 键转动能垒如表 6-1 所示。

表 6-1　带卤原子的 C—C 键的转动能垒

| 化合物 | 转动能垒/(kJ·mol$^{-1}$) | 化合物 | 转动能垒/(kJ·mol$^{-1}$) |
| --- | --- | --- | --- |
| CH$_3$—CH$_2$F | 13.8 | CH$_2$Cl—CH$_2$Cl | 13.4 |
| CH$_3$—CH$_2$Cl | 15.5 | CF$_3$—CF$_3$ | 13.6 |
| CH$_3$—CH$_2$Br | 15.5 | CH$_3$—CF$_3$ | 16.3 |
| CH$_3$—CH$_2$I | 13.4 | CCl$_3$—CCl$_3$ | 45.2 |

可以看出,转动能垒大小与卤原子体积大小关系不大。因为卤原子体积增大,C—X 键也增长,因此在一定的二面角内,即使体积增大很多,也可以降低卤原子与氢之间的拥挤程度。

在 1,2-二氯乙烷分子中,C—C 键转动能垒为 13.4 kJ·mol$^{-1}$。1,2-二氯乙烷有两种稳定的构象,即邻交叉构象与对交叉构象:

邻交叉构象　　　　　　对交叉构象

在气相中,邻交叉构象比对交叉构象不稳定 5 kJ·mol$^{-1}$,而在液相中两种构象稳定性接近相等。这是因为在分子中有两种作用力,一种是偶极-偶极的排斥力,一种是 van der Waals 吸引力。在邻交叉构象中,有两个 C—Cl 键的偶极键之间的排斥力,但两个氯原子之间距离又稍大于两个氯原子的 van der Waals 半径之和,因此有吸引力;而对交叉构象没有上述的排斥力,也没有上述的吸引力。在气相中,偶极间的排斥力占主导地位,故对交叉构象较稳定;而在液相中,由于其他分子的接近而降低了分子内偶极间的排斥力,这时两种构象稳定性接近相等。

**习题 6-4**　1,1,2-三氯乙烷有 A,B,C 三种较稳定的构象异构体,A 与 B 稳定性相等,与 C 在气相中的势能差为 10.9 kJ·mol$^{-1}$。

(i) 画出 A,B,C 的构象。哪种构象更稳定?

(ii) C 在液相中势能差降低到 0.8 kJ·mol$^{-1}$,请解释原因。

(iii) A,B 两种构象互相转化约需转动能垒 8.4 kJ·mol$^{-1}$,A 或 B 转为 C 约需 20.9 kJ·mol$^{-1}$。请解释为什么转动能垒不同。

## 6.4　卤代烷的物理性质

四个碳以下的氟代烷、两个碳以下的氯代烷以及溴甲烷是气体,一般卤代烷为

氟代烷的沸点比较特殊,甲烷沸点-161℃,依次代入一个、两个、三个和四个氟原子后,沸点先升高而后又降低,四氟甲烷沸点-128℃,与甲烷相对分子质量相差很大,而沸点却较相近。六氟乙烷沸点-79℃,而乙烷沸点-88.6℃,两者沸点更接近。

液体,高级的为固体。卤代烷分子间有偶极-偶极的相互作用,即一个分子的偶极正端与另一分子的偶极负端之间有相互吸引作用,例如

$$H_3C-Cl \quad Cl-CH_3 \qquad Cl-CH_2-CH_2-Cl \quad Cl-CH_2-CH_2-Cl \quad Cl-CH_2-CH_2-Cl$$

**偶极-偶极的相互吸引**

其大小与分子极性有关,极性越大,偶极-偶极作用也越大,沸点升高。如果分子内极性相同,则相对分子质量越大,van der Waals 引力也越大,沸点也升高。烷基相同而卤原子不同时,沸点随卤原子的原子序数增加而升高。在同分异构体中,直链分子沸点较高,叉链越多,沸点越低。

可极化性强的分子,在外界条件影响下,分子容易改变形状,以适应反应的需要,因而 RI,RBr,RCl 都易于进行反应而转变成其他化合物。

所有卤代烷均不溶于水,但能溶于大多数有机溶剂。一氟代烃、一氯代烃比水轻,溴代烃、碘代烃比水重。分子中卤原子增多,密度增大。

卤代烷的可极化性顺序为:RI>RBr>RCl>RF(参见 6.6.7/3)。某些卤代烷的物理性质见表 6-2。

**表 6-2 某些卤代烷的物理性质**

|  | 氟化物 | | 氯化物 | | 溴化物 | | 碘化物 | |
|---|---|---|---|---|---|---|---|---|
|  | 沸点/℃ | 相对密度 ($d_4^{20}$) | 沸点/℃ | 相对密度 ($d_4^{20}$) | 沸点/℃ | 相对密度 ($d_4^{20}$) | 沸点/℃ | 相对密度 ($d_4^{20}$) |
| $CH_3-X$ | -78.4 |  | -24.2 |  | 3.6 |  | 42.4 | 2.279 |
| $CH_3CH_2-X$ | -37.7 |  | 12.3 |  | 38.4 | 1.440 | 72.3 | 1.933 |
| $CH_3CH_2CH_2-X$ | -2.5 |  | 46.6 | 0.890 | 71.0 | 1.335 | 102.5 | 1.747 |
| $(CH_3)_2CH-X$ | -9.4 |  | 34.8 | 0.859 | 59.4 | 1.310 | 89.5 | 1.705 |
| $CH_3CH_2CH_2CH_2-X$ | 32.5 | 0.779 | 78.4 | 0.884 | 101.6 | 1.276 | 130.5 | 1.617 |
| $CH_3CH_2CH(CH_3)-X$ | 25.3 | 0.766 | 68.3 | 0.871 | 91.2 | 1.258 | 120 | 1.595 |
| $(CH_3)_2CHCH_2-X$ | 25.1 |  | 68.8 | 0.875 | 91.4 | 1.261 | 121 | 1.605 |
| $(CH_3)_3C-X$ | 12.1 |  | 50.7 | 0.840 | 73.1 | 1.222 | 100分解 |  |
| $CH_3CH_2CH_2CH_2CH_2-X$ |  |  | 108 | 0.883 | 130 | 1.223 | 157 | 1.517 |
| ⬡-X |  |  | 142.5 | 1.000 | 165 |  |  |  |
| $CH_2X_2$ | -52 |  | 40 | 1.336 | 99 | 2.49 | 180分解 | 3.325 |
| $CHX_3$ | -83 |  | 61 | 1.489 | 151 | 2.89 | 升华 | 4.008 |
| $CX_4$ | -128 |  | 77 | 1.595 | 189.5 | 3.42 | 升华 | 4.32 |

**习题 6-5** 根据一般规律,推测下列化合物的沸点排序,简述按此排列的理由,并查阅手册进行核对(结构式中的 X=Cl、Br、I)。

(i) CH₃(CH₂)₄X  (ii) CH₃(CH₂)₅X  (iii) CH₃CH₂CH(CH₃)CH₂X  (iv) CH₃CH(CH₃)CH₂CH₂X  (v) CH₃CH₂C(CH₃)₂X

## 卤代烃的反应

卤原子是卤代烃的官能团，也是这类化合物的反应中心。由于卤原子的电负性大于碳原子的电负性，碳卤键是极性共价键(polar covalent bond)，所以卤代烃易发生饱和碳原子上的亲核取代反应，易与金属反应生成有机金属化合物。由于卤原子的吸电子诱导效应，卤代烃 α 碳上的氢有一定的活性，所以在碱的作用下，卤代烃易发生 β-消除反应。卤代烃还能被还原剂还原成烃。

## 6.5 与有机反应相关的若干预备知识

### 6.5.1 有机化学中的电子效应

有静态诱导效应和动态诱导效应。由极性不同而引起的诱导效应为静态诱导效应；在化学反应过程中，由于外电场的影响而产生的诱导效应为动态诱导效应。这里讨论的主要是静态诱导效应。

有机化学中的电子效应有诱导效应(inductive effect)、共轭效应(conjugation)、超共轭效应(hyperconjugation)和场效应(field effect)。

**1. 诱导效应**

因分子中原子或基团的极性(电负性)不同而引起成键电子云沿着原子链向某一方向移动的效应称为诱导效应，用 $I$ 表示。例如氟代乙酸中的电子云沿着 $\sigma$ 键向氟原子移动，这是由于氟的电负性比碳强引起的。

$$F \leftarrow CH_2 \leftarrow C(=O) \leftarrow O - H$$

诱导效应是以静电诱导的方式沿原子链传递的，只引起电子云密度分布的改变和键极性的改变，不会引起价态的变化。

诱导效应的特点是：① 电子云是沿着原子链(atomic chain)传递的；② 其作用随着距离的增长迅速下降，一般只考虑三根键的影响。

$$\overset{\delta-}{Cl} \leftarrow \overset{\delta+}{CH_2} \leftarrow \overset{\delta\delta+}{CH_2} \leftarrow \overset{\delta\delta\delta+}{CH_3}$$

三个原子以后，诱导效应已极其微弱，可以不计。

诱导效应一般以乙酸的 α 氢为比较标准。如果取代基的吸电子能力比 α 氢强，则称其具有吸电子诱导效应(electron-withdrawing inductive effect)，用 $-I$ 表示。如果取代基的给电子能力比 α 氢强，则称其具有给电子诱导效应(electron-donating inductive effect)，用 $+I$ 表示。

$X \leftarrow CR_3$      $H-CH_2COOH$      $Y \rightarrow CR_3$

吸电子诱导效应 ($-I$)      标准      给电子诱导效应 ($+I$)

一个原子或基团取代了羧酸中的氢原子,可以改变该羧酸的解离常数,根据这些解离常数可以估量这些基团诱导效应的强弱次序。

诱导效应的强弱可以通过测量偶极矩得知;也可以通过测量酸或碱的解离常数,来估量这些基团诱导效应的大小。判断诱导效应大小的一般规律如下:

(1) 与碳原子直接相连的原子,若为同一族的,随原子序数增加而吸电子诱导效应降低;若为同一周期的,则自左向右吸电子诱导效应增加。

吸电子诱导效应:

$$—F > —Cl > —Br > —I$$
$$—OR > —SR$$
$$—F > —OR > —NR_2 > —CR_3$$

(2) 与碳原子直接相连的基团,不饱和程度愈大,吸电子诱导效应愈强。这是由于不同的杂化状态如 sp,$sp^2$,$sp^3$ 杂化轨道中 s 成分不同引起的,s 成分多,吸电子能力强。

吸电子诱导效应:

$$—C≡CR > —CH=CR_2 > —CH_2—CR_3$$

(3) 带正电荷的基团具有吸电子诱导效应,带负电荷的基团具有给电子诱导效应。与碳直接相连的原子上具有配位键,亦有强的吸电子诱导效应。

一些常见吸电子基团(electron-withdrawing group)的吸电子诱导效应的强弱排序如下:

各原子或原子团的诱导效应大小,常常因为所连母体化合物的不同以及取代后原子间的相互影响等一些复杂因素的存在而有所不同,因此在不同的母体化合物中,它们的诱导效应的顺序是不完全一样的。

$$—\overset{+}{N}R_3 > —NO_2 > —CN > —COOH > —COOR > —\overset{O}{\overset{\|}{C}}R\,(或 —\overset{O}{\overset{\|}{C}}H)$$
$$> —F > —Cl > —Br > —I > —C≡CH > —OCH_3\,(或 —OH)$$
$$> —C_6H_5 > —CH=CH_2 > H$$

**习题 6-6** 根据下列实验数据判断:与羧基相连的基团的诱导效应是吸电子的还是给电子的?并将它们按吸电子诱导效应(或给电子诱导效应)由大到小的顺序排列。

| 化合物 | $CH_3COOH$ | $ClCH_2COOH$ | $CH_3OCH_2COOH$ | $HC≡CCH_2COOH$ | $C_6H_5CH_2COOH$ |
|---|---|---|---|---|---|
| $pK_a$ | 4.74 | 2.86 | 3.53 | 3.82 | 4.31 |
| 化合物 | $CH_3COCH_2COOH$ | $CH_3SO_2CH_2COOH$ | $O_2NCH_2COOH$ | $(CH_3)_3\overset{+}{N}CH_2COOH$ | |
| $pK_a$ | 3.58 | 2.36 | 1.68 | 1.83 | |

**2. 共轭效应**

单双键交替出现的体系或双键碳的相邻原子上有 p 轨道的体系均为共轭体系

π-π共轭体还可以有

C=C—C≡C    C≡C—C≡C
C=C—C=O    C=C—C≡N
C=C—C=C—C=C    等

在 p-π 共轭体系中，p 轨道可以是空的，也可以有一个电子或两个电子。

有静态共轭效应和动态共轭效应。基态时共轭体系所固有的共轭效应为静态共轭效应；在反应过程中，受外界电场影响而出现的短暂的共轭效应为动态共轭效应。动态共轭效应总是对反应有利的。

取代基的共轭效应和诱导效应方向有的一致，有的不一致。例如

CH₂=CH—CH=CH—CH=O

醛基的共轭效应和诱导效应都是吸电子的。

CH₂=CH—CH=CH—NH₂

氨基的共轭效应是给电子的，其诱导效应是吸电子的。其共轭效应大于诱导效应，总的电子效应是给电子的。

CH₂=CH—CH=CH—Cl̈:

氯原子的共轭效应是给电子的，其诱导效应是吸电子的。其共轭效应小于诱导效应，总的电子效应是吸电子的。

苯环可以看做一个连续不断的共轭体系，因此苯环任一位置上的取代基，其共轭效应都可以通过苯环交替传递到其他任何位置。

(conjugated system)。前者为 π-π 共轭，后者为 p-π 共轭。

π-π 共轭                    p-π 共轭

在共轭体系中，π 电子（或 p 电子）的运动范围已扩展到整个共轭体系，这种现象称为电子离域。π 电子的离域会降低体系的能量，降低的能量称为离域能。共轭体系越大，离域能越大。

在共轭体系中，由于原子间的相互影响而使体系内的 π 电子（或 p 电子）分布发生变化的一种电子效应称为共轭效应。例如下面的不饱和腈，由于氮原子的吸电子作用，使 π 电子的分布发生变化，体系中出现了正、负电荷交替分布的情况。

$$\overset{\delta+}{CH_2}=\overset{\delta-}{CH}-\overset{\delta+}{CH}=\overset{\delta-}{CH}-\overset{\delta+}{CH}=\overset{\delta-}{CH}-\overset{\delta+}{C}\equiv\overset{\delta-}{N}$$

共轭体系上能降低体系 π 电子云密度的基团有吸电子的共轭效应（electron-withdrawing conjugation），用 −C 表示。与 C=C 相连的基团如 —NO₂，—C≡N，—COOH，—CHO，—COR 等均有吸电子共轭效应。共轭体系上能增高共轭体系 π 电子云密度的基团有给电子的共轭效应（electron-donating conjugation），用 +C 表示。与 C=C 相连的基团如 —NH₂(R)，—NHCR(=O)，—OH，—OR，—OCR(=O) 等均有给电子的共轭效应。

共轭效应的特点是：① 只能在共轭体系中传递；② 无论共轭体系有多大，共轭效应能贯穿于整个共轭体系中。

3. 超共轭效应

当 C—H 的 σ 轨道与 C=C 的 π 轨道（或其旁边碳的 p 轨道）接近平行时的体系称为超共轭体系。前者称为 σ-π 超共轭，后者称为 σ-p 超共轭，见图 6-1。

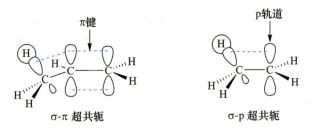

图 6-1 超共轭效应

在超共轭体系中，C—H σ 键与 π 键（或 p 轨道）也会产生电子的离域现象，这种 C—H 键 σ 电子的离域现象叫做超共轭效应。

产生超共轭效应的原因是，烷基的碳原子与极小的氢原子相结合，对电子云的屏蔽效应很小，烷基上 C—H 键的一对电子受核的作用互相吸引，到一定距离时，烷

基上几个 C—H 键电子之间又互相排斥。如果邻近有 π 轨道或 p 轨道(碳正离子或自由基的)可以容纳电子,这时 σ 电子就偏离原来的轨道,而趋向于 π 轨道或 p 轨道,使 σ 轨道与 π 轨道呈现部分的重叠,其结果是使共轭的范围扩大(或电荷分散),体系稳定。

在超共轭体系中,电子转移(electron transfer)的趋向可用弧形箭头(arc arrow)表示:

超共轭效应的特点是:① 在超共轭效应中,C—H σ 键是给电子的;② 超共轭效应比共轭效应小得多。p 轨道或 π 轨道相邻基团超共轭效应的大小次序为

$$CH_3- \ > \ RCH_2- \ > \ R_2CH-$$

> 超共轭效应的大小,与 p 轨道或 π 轨道相邻碳上的 C—H 键多少有关,C—H 键愈多,超共轭效应愈大。

**习题 6-7** 请分析下列画线基团的电子效应,并用箭头表示。

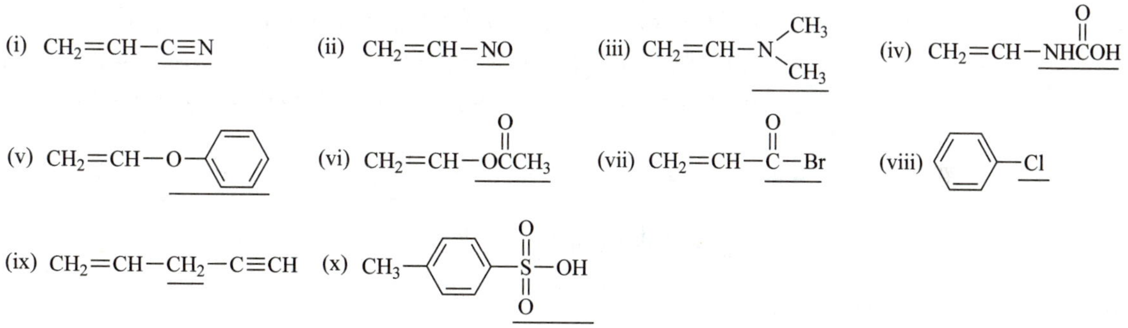

(i) $CH_2=CH-\underline{C\equiv N}$  (ii) $CH_2=CH-\underline{NO}$  (iii) $CH_2=CH-\underline{N(CH_3)_2}$  (iv) $CH_2=CH-\underline{NHCOH}$

(v) $CH_2=CH-\underline{O-C_6H_5}$  (vi) $CH_2=CH-\underline{OCCH_3}$ (含 O=)  (vii) $CH_2=CH-\underline{C(=O)Br}$  (viii) $C_6H_5-\underline{Cl}$

(ix) $CH_2=CH-\underline{CH_2-C\equiv CH}$  (x) $CH_3-C_6H_4-\underline{SO_3H}$

**4. 场效应**

诱导效应是通过原子链的静电作用。还有一种空间的静电作用称为场效应,就是取代基在空间可以产生一个电场,对另一头的反应中心有影响。例如,丙二酸的羧酸负离子除对另一头羧基有诱导效应外,还有场效应:

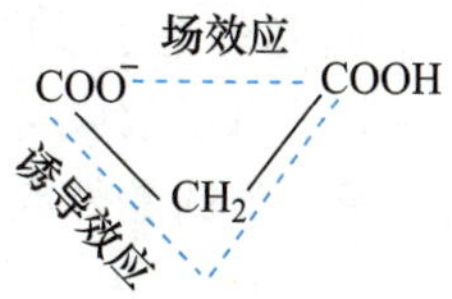

$$\text{COO}^- \cdots \cdots \text{COOH} \quad (\text{场效应})$$
$$\diagdown \text{CH}_2 \diagup \quad (\text{诱导效应})$$

两种效应均使质子不易离去,使酸性减弱。场效应与距离的平方成反比,距离愈远,作用愈小。通常要区别诱导效应与场效应是比较困难的,因为这两种效应往往同时存在且在同一方向,但是当取代基在合适位置的时候,场效应与诱导效应的方向也

可能是相反的。例如

当 X 是卤素时,诱导效应使酸性增强,而 C—X 偶极的场效应,将使酸性减弱,上述邻卤代酸的酸性比间位及对位酸的酸性弱,就是由于场效应所致。又如下列情况也可以区分:

G = H    p$K_a$ = 6.04
G = Cl   p$K_a$ = 6.25

(i)

当 G=H 时酸性比 G=Cl 时强,氯原子取代后酸性下降,可用场效应来说明。由于 C—Cl 键有极性,电负性较大的氯原子与羧基中的质子距离较近,如上(i)所示,而正电性的碳原子与羧基中的质子距离较远,负电性的氯原子通过空间对质子的静电作用而降低了酸性,如果只考虑氯原子的诱导效应,酸性应该增强。

**习题 6-8** 请用电子效应解释下列实验事实:
(i) 顺丁烯二酸的 p$K_{a_1}$ 为 1.90,p$K_{a_2}$ 为 6.50;反丁烯二酸的 p$K_{a_1}$ 为 3.00,p$K_{a_2}$ 为 4.20。

(ii)

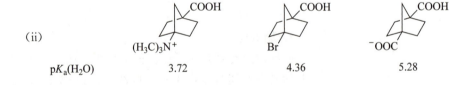

| | | | |
|---|---|---|---|
| | $(H_3C)_3N^+$ | $Br$ | $^-OOC$ |
| p$K_a(H_2O)$ | 3.72 | 4.36 | 5.28 |

### 5. 烷基的电子效应

烷基的电子效应与其所处的状态、环境(如溶剂、温度等)有关。例如,在气相下研究一系列醇的酸性次序,其排列情况如下:

$(CH_3)_3CCH_2OH$ > $(CH_3)_3COH$ > $(CH_3)_2CHOH$ > $CH_3CH_2OH$ > $CH_3OH$ > $H_2O$

由于上述化合物分子中只存在诱导效应,所以根据酸性的顺序可以判断:烷基是吸电子基团,气态醇的分子处于隔离状态,因此烷基吸电子反映了分子内在的本质。

但在液相中测定醇的酸性次序正好相反：

$$CH_3OH \quad > \quad RCH_2OH \quad > \quad R_2CHOH \quad > \quad R_3COH$$

这是因为在液相中有溶剂化作用，$R_3CO^-$ 由于 $R_3C$ 体积大，溶剂化作用小，负电荷不易被分散，稳定性差，因此 $R_3COH$ 中的质子不易解离，酸性小。而 $RCH_2O^-$ 体积小，溶剂化作用大，负电荷较前者易分散，因此 $RCH_2OH$ 中的质子易于解离，酸性大。一般 $pK_a$ 值是在液相测定的，很多反应也是在液相中进行的，因此，根据液相中各类醇酸性的大小顺序，认为烷基是给电子的。

烷基的电子效应还与其相连的原子（或基团）有关。当烷基与电负性比碳小的原子如 Na、Li、Mg、Zn、Al 等相连时，它具有吸电子诱导效应；当烷基与电负性比碳大的原子如 F、Cl 等相连时，它具有给电子诱导效应。

烷基的电子效应还与所连原子的杂化状态有关。尽管从前面气相醇的测定结构可知，从本质上看烷基的诱导效应是吸电子的，但当烷基与双键碳、叁键碳相连时，它的电子效应是给电子的。这是因为不同杂化轨道碳的电负性是有差别的，碳的杂化轨道中 s 成分含量越高，电负性越大。因此，双键碳（$sp^2$ 杂化）和叁键碳（sp 杂化）的电负性比饱和碳（$sp^3$ 杂化）的电负性略大。此外，烷基与双键碳和叁键碳相连时，还具有给电子超共轭效应。所以，与双键碳、叁键碳相连的烷基的电子效应是给电子的。

烷基的电负性：
CH$_3$—　　　2.21
(CH$_3$)$_2$CH—　　2.24
(CH$_3$)$_3$C—　　2.26

**习题 6-9** 请按要求排序并简单阐明作出排序的理由。
(i) 酸性大小：　HCOOH　　CH$_3$COOH　　ClCH$_2$COOH　　FCH$_2$COOH
(ii) 亲核性大小：CH$_3$CH=CH$_2$　　(CH$_3$)$_2$C=CH$_2$　　(CH$_3$)$_2$C=C(CH$_3$)$_2$

## 6.5.2　碳正离子

**1. 碳正离子的定义和结构**

含有一个只带六个电子的带正电荷的碳氢基团称为碳正离子（carbocation）。根据带正电荷的碳原子与其他碳原子连接的数目，可分为一级碳正离子（primary carbocation）、二级碳正离子（secondary carbocation）和三级碳正离子（tertiary carbocation）：

碳正离子最早发现于 20 世纪初。

自 20 世纪初至 50 年代末，科学家围绕碳正离子的结构及其在反应中的作用进行了广泛的研究。由于碳正离子在一般的反应条件下只能存在 $10^{-10} \sim 10^{-6}$ s，因此一直无法用实验手段直接观察。1962 年，Olah 在超强酸介质中，用 $^1$H NMR 检测到叔丁基正离子只有一个单峰，化学位移值为 4.3；用 $^{13}$C NMR 测得其叔碳原子的化学位移为 335.2。由于对碳正离子研究的杰出贡献，Olah 于 1994 年荣获诺贝尔化学奖。

|  |  |  |  |
|---|---|---|---|
| H:C$^+$ 以 H 三面连接 | H$_3$C:C$^+$ 以 H 两面一 H 连接 | H$_3$C:C$^+$ 以 CH$_3$ 两面一 H 连接 | H$_3$C:C$^+$ 以 CH$_3$ 三面连接 |
| 甲基碳正离子 | 乙基碳正离子 | 异丙基碳正离子 | 三级丁基碳正离子 |
|  | 1°碳正离子 | 2°碳正离子 | 3°碳正离子 |
|  | 或伯碳正离子 | 或仲碳正离子 | 或叔碳正离子 |

碳正离子和自由基一样,是反应过程中短暂存在的活性中间体(reactive intermediate),一般不能分离得到,但可通过物理方法观察到它的存在。例如,用比碳正离子更强的路易斯酸(Lewis acid, LA)$SbF_5$ 与卤代烷作用:

$$(CH_3)_3CF + SbF_5 \longrightarrow (CH_3)_3\overset{+}{C}SbF_6^-$$

在核磁共振谱中可观察到碳正离子的存在。

碳正离子中带正电荷的碳原子是 $sp^2$ 杂化,三个 $sp^2$ 杂化轨道呈一平面与其他原子或基团成键,键角≈120°,有一个垂直于此平面上下的空 p 轨道,这个空的 p 轨道与化学性质密切相关(图 6-2)。

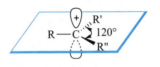

图 6-2 碳正离子

#### 2. 碳正离子的稳定性

碳正离子的相对稳定性已经测定,从烷烃形成自由基所需的能量称为键的解离能或离解能(bond dissociation energy)(参看 1.3.7/3),从自由基形成碳正离子所需的能量称为电离能(ionization energy)。

$$CH_3\cdot \longrightarrow CH_3^+ + e^- \qquad \Delta H = 958.1 \text{ kJ}\cdot\text{mol}^{-1}$$

$$CH_3CH_2\cdot \longrightarrow CH_3CH_2^+ + e^- \qquad 845.5 \text{ kJ}\cdot\text{mol}^{-1}$$

$$CH_3\overset{\cdot}{C}HCH_3 \longrightarrow CH_3\overset{+}{C}HCH_3 + e^- \qquad 761.5 \text{ kJ}\cdot\text{mol}^{-1}$$

$$CH_3\underset{\cdot}{\overset{CH_3}{C}}CH_3 \longrightarrow CH_3\underset{+}{\overset{CH_3}{C}}CH_3 + e^- \qquad 715.5 \text{ kJ}\cdot\text{mol}^{-1}$$

由上可见,自由基的电离能 $CH_3\cdot > 1° > 2° > 3°$,而烷烃 C—H 键的解离能也是 $CH_3—H > 1° > 2° > 3°$,结合两组数据,可以推出碳正离子稳定性次序为 $3°C^+ > 2°C^+ > 1°C^+ > {}^+CH_3$。

碳正离子很不稳定,需要电子来完成八隅体构型,因此任何给电子因素均能使正电荷分散而稳定,任何吸电子因素均能使正电荷更加集中而更不稳定:

$$G\rightarrow \overset{|}{\underset{|}{C}}{}^+ \qquad\qquad G\leftarrow \overset{|}{\underset{|}{C}}{}^+$$

给电子基团使碳正离子稳定　　吸电子基团使碳正离子更不稳定

对碳正离子的相对稳定性可以通过电子效应来了解。烷基的碳原子用 $sp^3$ 杂化轨道与带正电荷碳的 $sp^2$ 杂化轨道重叠成键,$sp^2$ 轨道中 s 成分较多且 $sp^2$ 轨道比较靠近核,与 $sp^3$ 轨道重叠时,一对成键电子靠近带正电荷的碳,因此,烷基实际上起了给电子的作用。也就是说,烷基与不饱和基团如带正电荷的碳、烯碳、炔碳、羰基碳等相连时,有给电子的诱导效应,带正电荷的碳上烷基越多,给电子诱导效应越大,使正电荷分散而越稳定(图 6-3)。这也是三级碳正离子较二级、一级碳正离子稳定的一个原因。

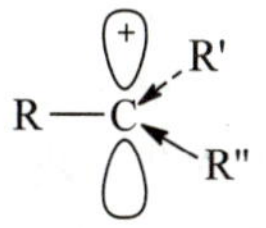

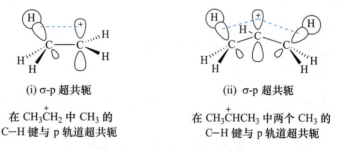

**图 6-3 烷基的给电子诱导效应**

另一个原因是超共轭效应。1°碳正离子和 2°碳正离子的超共轭效应可用图 6-4 表示。

(i) σ-p 超共轭

在 $CH_3\overset{+}{C}H_2$ 中 $CH_3$ 的
C—H 键与 p 轨道超共轭

(ii) σ-p 超共轭

在 $CH_3\overset{+}{C}HCH_3$ 中两个 $CH_3$ 的
C—H 键与 p 轨道超共轭

**图 6-4 1°碳正离子和 2°碳正离子的超共轭效应(烷基的 σ 轨道与 p 轨道重叠)**

在 1°碳正离子中,最多有三个 C—H 键与碳正离子的 p 轨道超共轭;在 2°碳正离子中,最多有六个 C—H 键与碳正离子的 p 轨道超共轭;在 3°碳正离子中,最多有九个 C—H 键与碳正离子的 p 轨道超共轭。由于超共轭效应是给电子的,超共轭效应越多,碳正离子的正电荷越分散、越稳定。这是碳正离子的稳定性顺序为 $3°C^+ > 2°C^+ > 1°C^+ > {}^+CH_3$ 的另一个原因。

空间位阻和几何形状也对碳正离子的稳定性有影响。当碳与三个大基团相连时有利于碳正离子的形成,因为形成碳正离子可缓解三个大基团的拥挤程度。桥头碳原子由于桥的刚性结构(rigid structure),不易形成具有平面三角形 $sp^2$ 轨道的碳正离子,即使能形成碳正离子,也非常不稳定。

> 思考:下列碳正离子按稳定性由大至小的排序是什么? 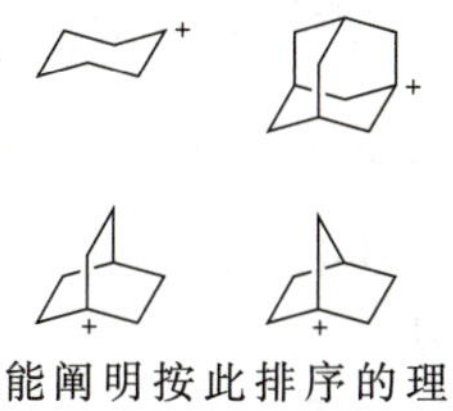
>
>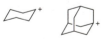
>
>
>
> 你能阐明按此排序的理由吗?

**习题 6-10** 下列化合物通过 C—C 键异裂及碳负离子接受质子后可形成哪几种碳正离子(不考虑重排)?将它们按稳定性由大到小的顺序排列,并阐明按此排列的理由。

(i) 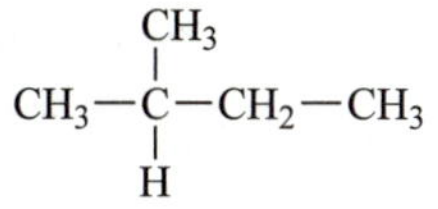 $CH_3-\underset{\underset{H}{|}}{\overset{\overset{CH_3}{|}}{C}}-CH_2-CH_3$

(ii) 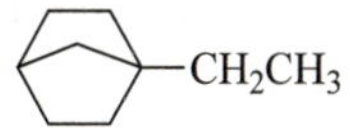 [环己基]—$CH_2CH_3$

### 3. 碳正离子重排

分子中原子之间的成键次序发生变化的一大类反应称为重排反应(rearrangement reaction)。有亲核重排反应、亲电重排反应、自由基重排反应和迁移重排反应。亲核重排反应是指发生重排的基团(或原子)带着一对成键电子迁移到另一个缺电子的原子上，从而导致化合物的骨架或官能团的位置发生改变的反应。碳正离子的一个比较特征的现象是常常会通过负氢迁移或烷基迁移来实现亲核重排，从而使一个相对不稳定的碳正离子转变为一个相对稳定的碳正离子。这类重排称为 Wagner-Meerwein(瓦格奈尔-麦尔外因)重排，也称为碳正离子重排。例如

$$CH_3-\underset{\underset{H}{|}}{\overset{\overset{CH_3}{|}}{C}}-\overset{+}{C}H-CH_3 \longrightarrow \left[ CH_3-\underset{\underset{H}{|}}{\overset{\overset{CH_3}{|}}{C}}\cdots CH-CH_3 \right] \longrightarrow CH_3-\overset{\overset{CH_3}{|}}{\underset{\underset{+}{|}}{C}}-CH_2-CH_3$$

通过负 H 迁移，由 2°C$^+$ 转变为 3°C$^+$。

$$CH_3-\underset{\underset{CH_3}{|}}{\overset{\overset{CH_3}{|}}{C}}-\overset{+}{C}H_2 \longrightarrow \left[ CH_3-\overset{\overset{CH_3}{|}}{\underset{\underset{+}{|}}{C}}\cdots CH_2 \right] \longrightarrow CH_3-\overset{\overset{CH_3}{|}}{\underset{\underset{+}{|}}{C}}-CH_2-CH_3$$

通过甲基迁移，由 1°C$^+$ 转变为 3°C$^+$。

**习题 6-11** 画出由 $(CH_3)_3CCH_2\overset{+}{C}H_2$ 转变为 $(CH_3)_2\overset{+}{C}CH(CH_3)_2$ 的反应机理。

## 6.5.3 手性碳原子的构型保持和构型翻转(Walden 转换)

如果一个反应涉及一个不对称碳原子上的一根键的变化，则将新键在旧键断裂方向形成的情况称为构型保持(retention of configuration)，而将新键在旧键断裂的相反方向形成的情况称为构型翻转(inversion of configuration)。这种构型的翻转也称为 Walden 转换。

$$\underset{\underset{n\text{-}C_6H_{13}}{}}{\overset{H_3C}{\underset{H}{C}}-Br} \xrightarrow{HO^-} \underset{\underset{n\text{-}C_6H_{13}}{}}{\overset{CH_3}{\underset{H}{HO-C}}} + \underset{\underset{n\text{-}C_6H_{13}}{}}{\overset{H_3C}{\underset{H}{C-OH}}}$$

(R)-2-溴辛烷　　　　(S)-2-辛醇　　　(R)-2-辛醇
$[\alpha]_D = -34.6°$　　$[\alpha]_D = +9.9°$　$[\alpha]_D = -9.9°$
　　　　　　　　　　构型翻转　　　　构型保持

**习题 6-12** 请判断，在下列反应中哪些反应发生了构型翻转？

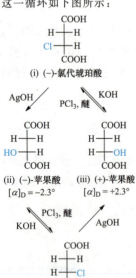

构型翻转的现象是在 1896 年由德国科学家 Paul Walden(瓦尔登)首先发现的。在当时，这是一个十分重大的发现。Walden 将(−)-苹果酸[(−)-malic acid]在醚溶液中用 PCl$_3$ 处理得到了(＋)-氯代琥珀酸[(＋)-chlorosuccinic acid]，后者用 AgOH 处理得到了(＋)-苹果酸。同样，用 PCl$_3$ 处理(＋)-苹果酸可以得到(−)-氯代琥珀酸，而用 AgOH 处理(−)-氯代琥珀酸，可以得到(−)-苹果酸。也即 Walden 发现了使苹果酸构型发生翻转的实验方法。这一循环如下图所示：

(i) $(CH_3)_2CH-Br + NaOH \xrightarrow{H_2O} (CH_3)_2CH-OH$

(ii) [结构式：4-甲基环己基溴 + HS⁻ → 4-甲基环己基硫醇]

(iii) $CH_2=CH-\underset{C_2H_5}{\overset{H}{\underset{|}{\overset{|}{C}}}}-Cl \xrightarrow{NaCN} CH_2=CH-\underset{CN}{\overset{H}{\underset{|}{\overset{|}{C}}}}-C_2H_5$

(iv) [对甲苯基-C(CH₃)(H)-OSO₂Ph + CH₃COO⁻ → 对甲苯基-C(CH₃)(H)-OC(O)CH₃]

(v) $\underset{C_2H_5}{\overset{H}{\underset{H_3C}{\overset{|}{C}}}}-OH + HI \longrightarrow \underset{C_2H_5}{\overset{H}{\underset{H_3C}{\overset{|}{C}}}}-I \quad (\pm)$

## 6.5.4 一级反应和二级反应

反应物的浓度(concentration of reactant)与反应速率(reaction rate)之间有十分密切的关系。在动力学上,将反应速率与反应物浓度的一次方成正比的反应称为一级反应(primary-order reaction),表示为

$$\text{反应速率} = \frac{-d[A]}{dt} = k_1[A]$$

将反应速率与反应物浓度的二次方成正比的反应称为二级反应(second-order reaction),表示为

$$\text{反应速率} = \frac{-d[A]}{dt} = k_2[A][B]$$

式中的[A]、[B]分别表示反应物 A 的浓度和反应物 B 的浓度,$k$ 为在边界条件 $c_{t=0}=c_0$ 时的速率常数,$k_1$、$k_2$ 在这里分别代表一级反应及二级反应的速率常数。一个化合物在一定温度、一定溶剂中进行某一反应时,$k$ 值是相同的。

下面以卤代烷水解为例来进一步说明:

$$RX + H_2O \xrightarrow{C_2H_5OH} ROH + HX$$

溴甲烷、溴乙烷在 80% 乙醇的水溶液中进行水解(hydrolysis)时,速率很慢;如果在 80% 乙醇的水溶液中加入 OH⁻,溴甲烷、溴乙烷的水解速率随溴代烷及 OH⁻ 浓度增加而加快。这些实验观察到的事实,说明溴甲烷、溴乙烷的水解速率取决于溴代烷及 OH⁻ 的浓度,即溴甲烷、溴乙烷的水解反应是二级反应。表示为

$$\text{反应速率} = \frac{-d[RX]}{dt} = k_2[RX][OH^-]$$

三级溴丁烷在80%乙醇的水溶液中进行水解时速率很快,在此溶液中加入$OH^-$对反应速率没有影响。这些实验事实说明,三级溴丁烷的水解速率只取决于三级溴丁烷的浓度,是一级反应。表示为

$$\text{反应速率} = \frac{-d[RX]}{dt} = k_1[RX]$$

**习题 6-13** 根据下表中数据判断四个溴代烷的水解反应各为几级反应:

**溴代烷水解的反应速率常数**(在体积分数80%乙醇的水溶液中,55℃)

| 溴代烷 | 一级反应速率常数 $k_1$ /($10^{-5}$ $s^{-1}$) | 二级反应速率常数 $k_2$ /($10^{-5}$ L·$mol^{-1}$·$s^{-1}$) |
| --- | --- | --- |
| $CH_3Br$ | 0.35 | 2140 |
| $CH_3CH_2Br$ | 0.14 | 171 |
| $(CH_3)_2CHBr$ | 0.24 | 4.75 |
| $(CH_3)_3CBr$ | 1010 | |

### 6.5.5 反应的分子数

在化学反应中,将决定整个反应速率的某一步反应称为速控步或决速步。只有一种分子参与了决速步的反应称为单分子反应,有两种分子参与了决速步的反应称为双分子反应,其余类推。由此可知,参与反应决速步的反应物种类即为反应的分子数。

## 6.6 饱和碳原子上的亲核取代反应

亲核取代反应是一类重要的有机反应。它还可以细分为"饱和碳上的亲核取代反应"、"酰基碳上的亲核取代反应"、"芳环上的亲核取代反应"等。

(1) 在有机反应中,通常将研究的对象称为底物,将进攻底物的化合物称为试剂。
(2) 亲核试剂可以是带有未共用电子对的中性分子(中性亲核体),也可以是带负电荷的离子(负离子亲核体)。
(3) A:越稳定,越易离去。
(4) 中心碳原子带部分正电荷。

### 6.6.1 定义、一般表达式和反应机理分类

有机化合物分子中的原子(或基团)被亲核试剂取代的反应称为亲核取代反应(nucleophilic substitution),用 $S_N$ 表示。在 $S_N$ 反应中,若受试剂进攻的原子是饱和碳原子,取代反应是在饱和碳原子上发生的,这类取代反应称为饱和碳原子上的亲核取代反应。

饱和碳原子上的亲核取代反应的一般表达式如下:

$$\underset{\text{底物}}{C-A} + \underset{\text{亲核试剂}}{Nu:} \longrightarrow \underset{\text{产物}}{C-Nu} + \underset{\text{离去基团}}{A:}$$

中心碳原子

在上式中，$\overset{\text{\\}}{\underset{\text{/}}{C}}$—A 为受试剂进攻的对象，称为底物(substrate)。Nu:是进攻者，又带有一对未共用的电子，是亲核的，所以称为亲核试剂(nucleophilic agent)。A 是反应后离开的基团，称为离去基团(leaving group)。与离去基团相连的碳原子称为中心碳原子(central carbon)。生成物为产物(product)。

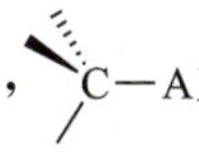

卤代烃的亲核取代反应可以按 $S_N1$(monomolecular nucleophilic substitution)机理、$S_N2$(bimolecular nucleophilic substitution)机理、$S_Ni$ 机理或紧密离子对机理进行。$S_N1$ 和 $S_N2$ 中的 S 表示取代，取自 substitution 中的字首；N 表示亲核，取自 nucleophilic 的字首；1 和 2 分别代表单分子和双分子。

> $S_Ni$ 机理参见醇与亚硫酰氯的反应(7.7.3)。

### 6.6.2 $S_N2$ 反应的定义、机理、反应势能图和特点

有两种分子参与了决速步的亲核取代反应称为双分子亲核取代反应，用 $S_N2$ 表示。$S_N2$ 反应是一步完成的协同反应，其反应机理的一般表达式为

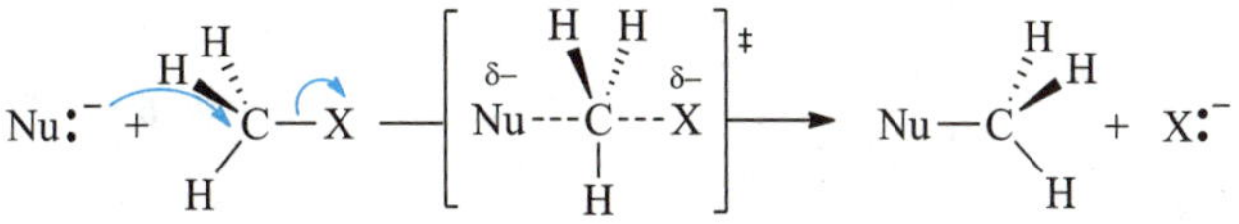

$$\text{Nu:}^- + \overset{H}{\underset{H}{C}}{-}X \longrightarrow \left[\text{Nu}\overset{\delta-}{\cdots}\overset{H}{\underset{H}{C}}\overset{\delta-}{\cdots}X\right]^{\ddagger} \longrightarrow \text{Nu}{-}\overset{H}{\underset{H}{C}} + X{:}^-$$

即亲核试剂从反应物离去基团的背面向与它连接的碳原子进攻，先与碳原子形成比较弱的键，同时离去基团与碳原子的键有一定程度的减弱，两者与碳原子成一直线，碳原子上另外三个键逐渐由伞形转变成平面，这需要消耗能量，即活化能。当反应进行和达到能量最高状态即过渡态后，亲核试剂与碳原子之间的键开始形成，碳原子与离去基团之间的键断裂，碳原子上三个键由平面向另一边偏转，整个过程犹如大风将雨伞由里向外翻转一样，这时就要释放能量，形成产物。例如，溴甲烷在 NaOH 溶液中水解：

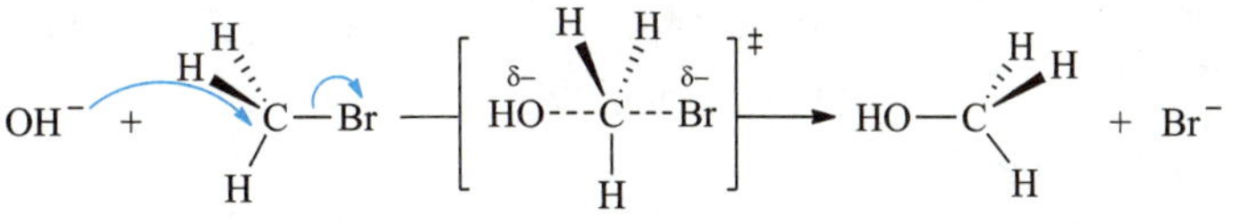

$$\text{OH}^- + \overset{H}{\underset{H}{C}}{-}Br \longrightarrow \left[\text{HO}\overset{\delta-}{\cdots}\overset{H}{\underset{H}{C}}\overset{\delta-}{\cdots}Br\right]^{\ddagger} \longrightarrow \text{HO}{-}\overset{H}{\underset{H}{C}} + Br^-$$

过渡态

> 过渡态时亲核试剂与碳原子的键尚未完全形成，但亲核试剂上的一对电子已与碳原子共享；离去基团与碳原子之间的键尚未完全断裂，但碳原子上部分负电荷已转移给离去基团。

从结构上来看，卤代烷转变为过渡态时，中心碳原子将由原来 $sp^3$ 的四面体结构转为 $sp^2$ 的三角形的平面结构，碳上还有一个垂直于该平面的 p 轨道，该 p 轨道的一侧与亲核试剂(Nu)的轨道重叠，另一侧与离去基团(X)的轨道重叠(图 6-5)。

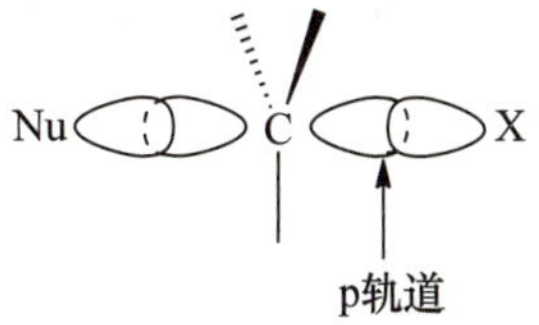

$$\text{Nu}\bigcirc\!\!\!\bigcirc\,C\,\bigcirc\!\!\!\bigcirc\,X$$
↑<br/>p 轨道

**图 6-5 中心碳的 p 轨道与亲核试剂及离去基团的轨道重叠**

在 $S_N2$ 反应中,由于亲核试剂是从离去基团的背侧去进攻中心碳原子的,因此,若中心碳原子为手性碳,在生成产物时,中心碳原子的构型完全翻转,这是 $S_N2$ 反应在立体化学上的重要特征。$S_N2$ 反应中势能变化如图 6-6 所示。

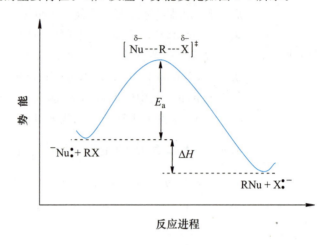

图 6-6　$S_N2$ 反应的势能图

当反应物形成过渡态时,需要吸收活化能 $E_a$,过渡态为势能最高点,即最难达到的最高能量状态。一旦形成过渡态,即释放能量,形成生成物(也可以从过渡态返回初态)。反应物与生成物之间的能量差为 $\Delta H$。因为决速步是双分子的,需要两种分子的碰撞,故这个反应是双分子的亲核取代反应。

### 6.6.3　成环的 $S_N2$ 反应

如果可以进行 $S_N2$ 反应的两个原子或基团在同一分子内,这两个原子或基团又在比较合适的位置,那么也可以发生分子内的 $S_N2$ 反应(internal $S_N2$ reaction),形成环状化合物。所谓合适的位置是指形成环的难易,如 $ClCH_2CH_2CH_2CH_2OH$ 在碱的作用下可形成五元环:

五元环键角≈108°,与正常键角 109.5°比较接近,成环时张力小,过渡态势能低,活化能也低,反应快。因此形成五元环最容易,其次是形成六元环。三元环成环时虽有张力,但两个反应基团处在相邻位置,比较接近,因此也容易进行反应,如 $BrCH_2CH_2OH$ 在碱性条件下反应生成三元环:

其反应性小于五元、六元环。四元环键角≈88°,偏离正常键角较多,张力大,很难进

环上卤原子的 $S_N2$ 反应性也与形成过渡态的势能有关。如亲核试剂进攻带卤原子的环碳原子,此环碳原子要 $sp^2$ 杂化,键角≈120°,这对于卤代环丙烷、卤代环丁烷很困难,而卤代环戊烷键角≈108°,卤代环己烷键角≈109.5°,比较容易进行反应。卤代环戊烷的反应性又大于卤代环己烷,因为卤代环己烷在进行 $S_N2$ 反应时,还有另外一种张力,即亲核试剂或离去基团与环上 3,5 位的直立键氢有非键连的相互作用力,因此降低了反应速率:

卤代环己烷$S_N2$反应时的过渡态

行成环反应。形成七元、八元环的反应稍慢一些,大环化合物虽然没有张力,但往往更易进行分子间的 $S_N2$ 反应。若欲成环,常用的方法是使反应物在高稀溶液中进行,也就是降低反应物的浓度,避免分子间的接触,以增加分子内反应的机会。

**习题 6-14** 根据下列反应式答题:

$$H_2N\text{-}(CH_2)_n\text{-}I \xrightarrow{\text{一定反应条件}} \text{吡咯烷} + HI$$

(i) 指出上述反应中的底物、亲核试剂、中心碳原子、离去基团和产物。
(ii) 写出此反应的反应机理,并判断此反应的反应类别。

**习题 6-15** 写出下列离子发生分子内 $S_N2$ 反应的反应式,并判断哪个反应最易发生。

(i) Br–CH₂CH₂–O⁻　　(ii) Br–CH₂CH₂CH₂–O⁻　　(iii) Br–(CH₂)₄–O⁻

**习题 6-16** 写出下列离子发生分子内 $S_N2$ 反应的反应产物。

(i) 含 D、H、Br、COO⁻ 的手性化合物
(ii) 含 CH₃、H、Br、COO⁻ 的手性化合物
(iii) 含 CH₃、C₂H₅、Br、COO⁻ 的手性化合物

**习题 6-17** 完成下列反应式。

(i) 反-1,4-二溴环己烷 + $H_2O$ $\xrightarrow{OH^-}$

(ii) 1,1-双(溴甲基)-环戊烷衍生物 + $C_2H_5NH_2$ ⟶

**习题 6-18** 选择合适的卤代烃为原料,并用合适的反应条件合成。

(i) 奎宁环　　(ii) N-甲基哌啶衍生物

**习题 6-19** 选用合适的原料合成下列化合物。

(i) δ-戊内酯　　(ii) 双环内酯　　(iii) 环己烷并β-内酯

## 6.6.4 $S_N1$ 反应的定义、机理、反应势能图和特点

只有一种分子参与了决速步的亲核取代反应称为单分子亲核取代反应(unimolecular nucleophilic substitution),用 $S_N1$ 表示。$S_N1$ 是分步完成的,其反应机理的一般表示式为

$$R_3C-X \xrightleftharpoons{\text{慢}} R_3C^+ + X^-$$

$$R_3C^+ + Nu^- \xrightarrow{\text{快}} R_3CNu$$

反应物首先解离为碳正离子与带负电荷的离去基团,这个过程需要能量,是控制反应速率的一步,即慢的一步。当分子解离后,碳正离子马上与亲核试剂结合,速率极快,是快的一步。$S_N1$ 反应中势能变化如图 6-7 所示。

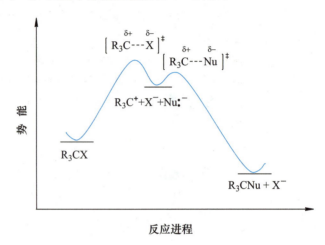

图 6-7 $S_N1$ 反应的势能图

图 6-7 中,C—X 键解离需要能量,当能量达到最高点时,这时相应的结构为第一过渡态$[R_3\overset{\delta+}{C}\cdots\overset{\delta-}{X}]^{\ddagger}$,然后能量降低,C—X 键解离形成活性中间体碳正离子:

$$R_3CX \longrightarrow [R_3\overset{\delta+}{C}\cdots\overset{\delta-}{X}]^{\ddagger} \longrightarrow R_3C^+ + X^-$$

过渡态

当碳正离子与亲核试剂接触形成新的键时,又需要一些能量,这时相应的结构为第二过渡态$[R_3\overset{\delta+}{C}\cdots\overset{\delta-}{Nu}]^{\ddagger}$,然后释放能量,得到生成物。在图 6-7 中,决速步是过渡态势能最高点的一步,是 C—X 键解离这一步,这步反应只涉及一种分子,因此这个反应是单分子的亲核取代反应。

从结构上看,当三级卤代烷解离为碳正离子时,碳原子由 $sp^3$ 四面体结构转变为 $sp^2$ 三角形的平面结构,三个基团在一个平面上,键角为 $120°$,这样可以尽可能减少拥挤,有利于碳正离子的形成,在碳上还有一个空的 p 轨道,用于成键。一旦成键,碳的结构又从三角形的平面结构转为四面体的结构。$S_N1$ 反应在立体化学上的一个特征是,若中心碳原子是手性碳,产物往往是外消旋体。这是因为碳正离子是一个三角形的平面结构,带正电荷的碳原子上有一个空的 p 轨道,如果该碳原子上连接三个不同的基团,保持在同一平面上,亲核试剂与碳正离子反应时,由于平面的两侧均可

进入而且机会相等,因此可以得到"构型保持"和"构型翻转"两种产物,如下式所示:

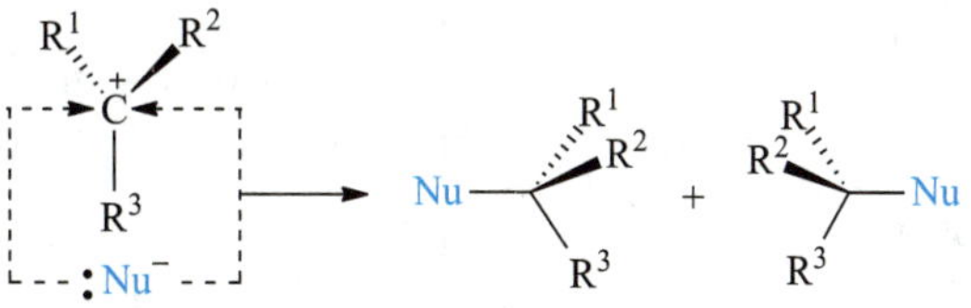

最终得到的是消旋的混合物。许多反应已经证明了这一点。

$S_N1$ 的另一个特征是常常会生成重排产物,有时重排产物还可能是主要产物。如

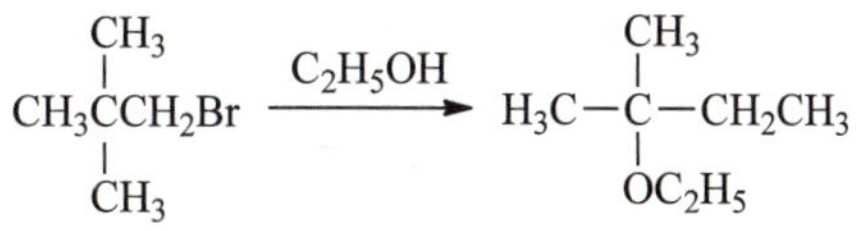

上述反应的机理如下:

由 1°碳正离子转变为 3°碳正离子是碳正离子重排反应。

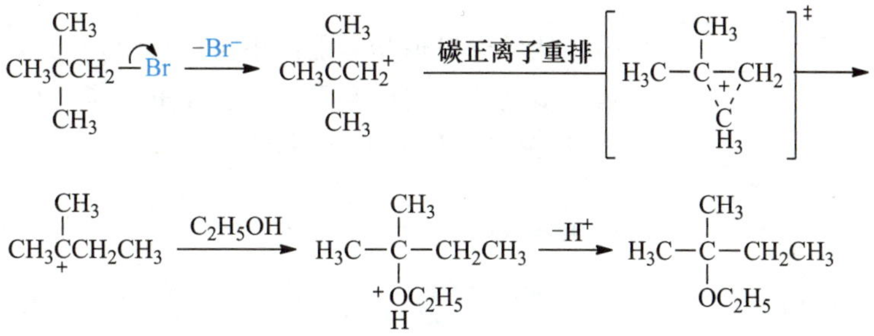

### 6.6.5 溶剂解反应

如果在反应体系中只有底物和溶剂,没有另加试剂,那么底物就将与溶剂发生反应,溶剂就成了试剂,这样的反应称为溶剂解反应(solvolysis reaction)。$S_N1$ 反应也可以是溶剂解反应。例如,三级溴丁烷在乙醇中溶剂解的反应机理如下:

卤代烷在水中进行反应得醇,在醇中进行反应得醚,在醇和水的混合溶剂中进行混合溶剂解得醇和醚的混合物,它们均为溶剂解反应。

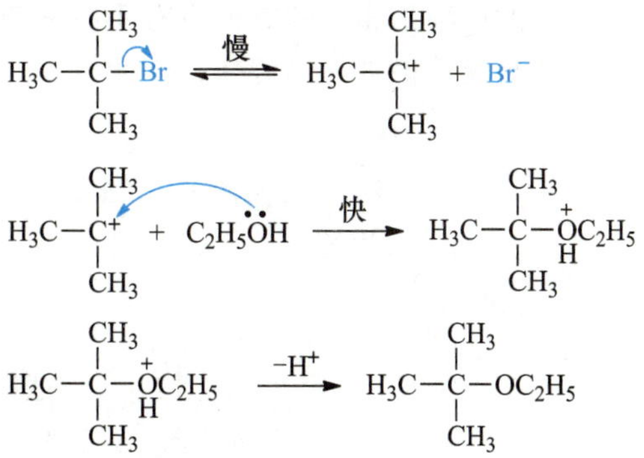

溶剂解反应一般速率较慢,用于研究反应机理非常重要,而用于合成生产上则很少。

三级溴丁烷乙醇解的反应势能图如图 6-8 所示。

思考：溴乙烷在乙醇钠/乙醇中反应生成醚比在乙醇中反应生成醚快一万倍。为什么？

思考：下面三个反应属于溶剂解反应的是_____。

(A) $C_2H_5Br \xrightarrow{H_2O} C_2H_5OH$

(B) $C_2H_5Br \xrightarrow{C_2H_5OH} C_2H_5OC_2H_5$

(C) $C_2H_5Br \xrightarrow[H_2O]{NaOH} C_2H_5OH$

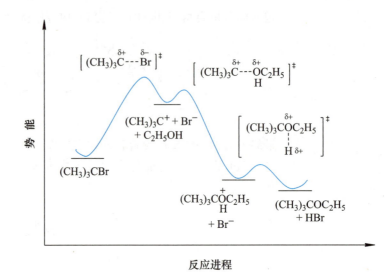

图 6-8　三级溴丁烷乙醇解的反应势能图

从反应机理和势能图中可以看出，$S_N1$ 反应以溶剂解的方式进行时反应分三步：第一步是碳卤键的异裂，产生碳正离子，这是决速步；第二步是溶剂与碳正离子结合；第三步是氢氧键断裂，生成产物。

苯甲基也称为苄基。

**习题 6-20**　写出 (R)-α-甲基苄溴在氢氧化钠水溶液中水解的反应机理，并画出相应的反应势能变化示意图。

### 6.6.6　Winstein 离子对机理

前面已经提到，在 $S_N1$ 反应中，若中心碳原子是手性碳，则构型翻转和构型保持的产物是相等的。但也有不少实例表明，构型翻转的产物多于构型保持的产物，最后没有得到外消旋体。例如

Winstein(温斯坦)用离子对(ion-pair)机理对这些实验现象进行了解释。Winstein 认为，反应物 α-甲基苄氯在溶剂作用下是经过(i) 紧密离子对(close ion-pair)、(ii) 溶剂分离子对、(iii) 自由离子(free ion)的过程逐渐解离的。

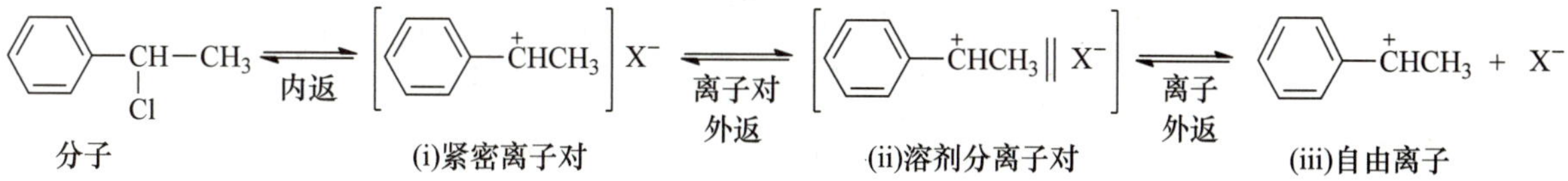

$$\text{Ph-CH(Cl)CH}_3 \underset{\text{内返}}{\rightleftharpoons} [\text{Ph-}\overset{+}{\text{C}}\text{HCH}_3]\text{X}^- \underset{\text{外返}}{\overset{\text{离子对}}{\rightleftharpoons}} [\text{Ph-}\overset{+}{\text{C}}\text{HCH}_3 \| \text{X}^-] \underset{\text{外返}}{\overset{\text{离子}}{\rightleftharpoons}} \text{Ph-}\overset{+}{\text{C}}\text{HCH}_3 + \text{X}^-$$

分子　　　　　(i)紧密离子对　　　　(ii)溶剂分离子对　　　　(iii)自由离子

解离的方式既与底物有关，也与溶剂有关。在非极性溶剂中，倾向于形成(i)与(ii)；在强极性溶剂中，倾向于形成(iii)。

这个过程是可逆的，反向过程称为返回。式(i)称紧密离子对，它的反向过程即重新结合成原来的物质称内返；式(ii)称溶剂分离子对，中间有溶剂分子渗入，扩大了正、负离子间的距离，它的反向过程称离子对外返；式(iii)称自由离子，离子周围被溶剂分子所包围，它的反向过程称离子外返。离子对外返及离子外返统称为外返。在 $S_N1$ 反应中，亲核试剂可以在其中任何一个阶段进攻而发生亲核取代反应。如亲核试剂进攻紧密离子对，由于 $R^+$ 与 $X^-$ 结合比较紧密，亲核试剂必须从 $R^+$ 与 $X^-$ 结合的相反一面进攻，即 Nu:⁻ → $R^+X^-$，而得到构型翻转的产物；溶剂分离子对间的结合不如紧密离子对密切，消旋的产物占多数；自由离子则因为碳正离子是一个平面结构，亲核试剂在平面两侧进攻机会均等，得到完全消旋的产物。

从离子对的概念，可以成功地解释为什么 $S_N1$ 机理得到部分构型翻转的产物或完全消旋的产物。

**习题 6-21** 以(R)-2-氯丁烷为底物，在水中进行溶剂解反应得到产物 2-丁醇。用图示的方法阐明各在什么反应阶段可得到：(i) 构型翻转的产物；(ii) 构型翻转的产物多于构型保持的产物；(iii) 消旋产物。

### 6.6.7 影响卤代烃亲核取代反应的因素

影响卤代烃亲核取代反应的主要因素有烃基的结构、离去基团的离去能力、试剂的亲核性及溶剂在反应中的作用，下面分别予以讨论。

1. **烃基结构的影响**

烃基的结构对取代反应的速率有明显的影响。一般来说，影响反应速率的因素有两个，一个是电子效应，一个是空间效应。

烃基结构对 $S_N2$ 反应的影响主要是空间效应，现以卤代烷为例来说明。在卤代烷的 $S_N2$ 反应中，溴甲烷反应速率最快，当甲基上的氢(α位上的氢)逐步被甲基取代，反应速率明显下降，显然空间效应起主要作用。因为这是个双分子反应，两个分子需要碰撞接触，才能反应。如果离去基团所连接的碳原子背后空间位阻很大，进入基团与碳原子碰撞接触很少，或根本不能接触，那反应就进行得很慢或根本不能进行。下面是溴甲烷及其 α 位上的氢被甲基或乙基取代的空间示意图，以及这些溴代烷在 80% 乙醇的水溶液中(55℃)用 $OH^-$ 水解，按 $S_N2$ 机理进行反应的相对速率：

$$RBr + OH^- \longrightarrow ROH + Br^-$$

相对速率：　　　100　　　　　　7.9　　　　　　0.22　　　　　　≈0

当一级卤代烷的β位上有侧链时，反应速率亦明显下降。下面是溴乙烷及其β位上的氢逐个被甲基取代的空间示意图，以及这些溴代烷在无水乙醇中(55℃)用 $C_2H_5O^-$ 按 $S_N2$ 机理反应成醚的相对反应速率：

$$RBr + C_2H_5O^- \longrightarrow ROC_2H_5 + Br^-$$

相对速率：　　　100　　　　　　28　　　　　　3　　　　　　0.000 42

从列举的 $S_N2$ 反应可以看出，烃基结构影响 $S_N2$ 反应速率的主要因素是空间效应，空间位阻愈大，反应速率愈低。

可以看出：当溴乙烷的β位上有一个甲基时，由于碳碳链可以转动，因此甲基可以部分地避免空间位阻而进行反应；当β位上有两个甲基时，两个甲基与碳上的溴均有相当大的体积，自由转动受到影响，反应速率明显下降；当β位上有三个甲基取代时，就相当拥挤，进入基团很难与碳原子接触，反应速率很小。除了正丙基比乙基使反应速率明显下降外，正丁基、正戊基比正丙基稍有下降，但差别不大。

这种有助于卤代烷解离的空间效应，称为空助效应(steric help effect)[不是空间阻碍（steric hindrance effect），而是空间帮助]。

烃基的电子效应和空间效应都将对 $S_N1$ 反应速率产生影响。同样以卤代烷为例来予以说明。

在 $S_N1$ 反应中，决速步是碳卤键异裂形成碳正离子。显然，三级卤代烷最容易形成碳正离子发生 $S_N1$ 反应。从电子效应看，三级碳正离子超共轭效应最大，正电荷最易分散，因此最稳定，也最易形成。二级碳正离子次之，一级碳正离子稳定性最差，最难形成。从空间效应看，因为三级卤代烷碳上有三个烷基，比较拥挤，彼此互相排斥，如果形成碳正离子，是一个三角形的平面结构，三个取代基成120°，互相距离最远，可以减少拥挤，故有助于解离。

将烃基结构对 $S_N2$、$S_N1$ 反应的影响综合起来分析，可以得出如下结论：一级卤代烷容易按 $S_N2$ 机理进行反应；三级卤代烷容易按 $S_N1$ 机理进行反应；二级卤代烷介于二者之间，既可按 $S_N2$ 机理反应，亦可按 $S_N1$ 机理反应，或者二者兼而有之，这取决于具体反应条件。

由于电子效应与空间效应的双重影响，使三级卤代烷最易于解离。例如，溴代烷在80%乙醇水溶液中(55℃)按 $S_N1$ 机理进行水解反应的相对速率如下：

$$RX \longrightarrow R^+ + X^- \qquad R^+ + H_2O \longrightarrow R\overset{+}{O}H_2 \qquad R\overset{+}{O}H_2 \longrightarrow ROH + H^+$$

R　　　　　$(CH_3)_3C$　　　$(CH_3)_2CH$　　　$CH_3CH_2$　　　$CH_3$
相对速率：　　100　　　　　0.023　　　　　0.013　　　　　0.0034

此外，还有下列几种情况需要关注：苯甲型卤化物($PhCH_2X$)与烯丙型卤化物

($H_2C=CHCH_2X$),在卤素的 α 碳上带有苯环或双键,因此苯环与双键上活动的 π 电子可以与碳正离子的空轨道发生共轭效应(图 6-9),体系由于共轭而比较稳定,卤素易带着一对电子离去。故苯甲型及烯丙型化合物表现得特别活泼,它们既可进行 $S_N1$ 反应,又可进行 $S_N2$ 反应;而二苯卤代烷与三苯卤代烷则以 $S_N1$ 机理进行反应。

二苯卤代烷和三苯卤代烷的空间位阻较大。

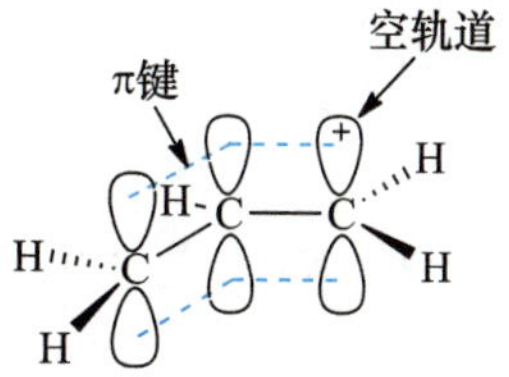

**图 6-9 烯丙基碳正离子的 p-π 共轭**

---

**习题 6-22** 下列各组中,哪一种化合物更易进行 $S_N1$ 反应?

(i) $CH_3CH_2Br$  $(CH_3)_2CHBr$  $(CH_3)_3CBr$

(ii) 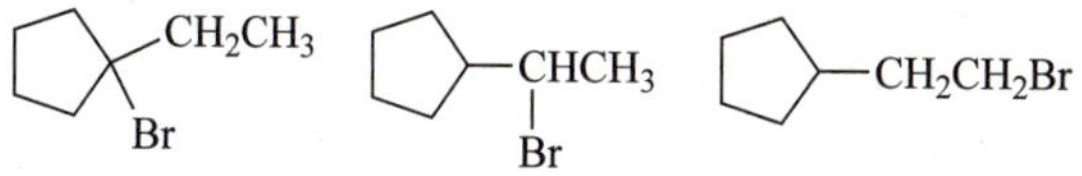 环戊基-C(CH₂CH₃)(Br)-  环戊基-CH(CH₃)(Br)  环戊基-CH₂CH₂Br

(iii) 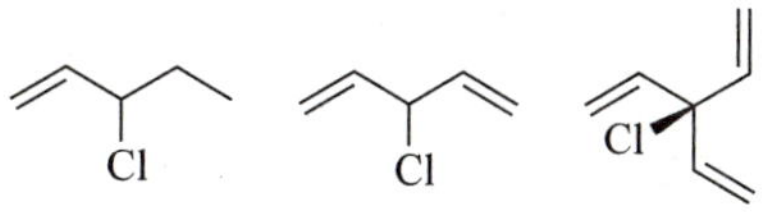 略

(iv) 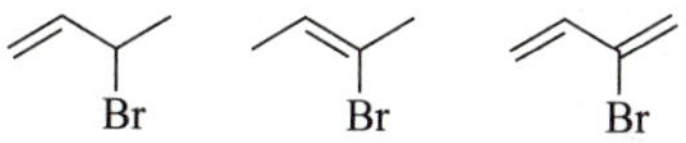 略

---

### 2. 离去基团的影响

离去基团的离去能力强,无论对 $S_N1$ 反应还是对 $S_N2$ 反应都是有利的。而且不同的离去基团对这两类反应的速率影响,基本上是相同的。下面列出了一些离去基团在亲核取代反应中的相对速率:

| 离去基团 | $F^-$ | $Cl^-$ | $Br^-$ | $OH_2$ | $I^-$ | $^-OSO_2C_6H_4CH_3$ | $^-OSO_2C_6H_5$ | $^-OSO_2C_6H_4NO_2$ |
|---|---|---|---|---|---|---|---|---|
| 相对速率 | $10^{-2}$ | 1 | 50 | 50 | 150 | 190 | 300 | 2800 |

那么,根据什么来判断离去基团的离去能力呢?可以根据断裂键的键能和离去基团的电负性即碱性来判断。断裂键的键能越小,键就越易断裂。离去基团的碱性愈弱,形成的负离子愈稳定,就容易被进入基团排挤而离去。这样的基团就是一个好的离去基团。如 C—X 键的键能数据为

| | C—F | C—Cl | C—Br | C—I |
|---|---|---|---|---|
| 键能/(kJ·mol$^{-1}$) | 485.3 | 339.0 | 284.5 | 217.6 |

所以 C—I 键最易断裂,C—F 键最难断裂。HX 酸的酸性顺序为 HI>HBr>HCl>HF,所以它们的共轭碱的碱性顺序为 $F^->Cl^->Br^->I^-$,也即 $I^-$ 的碱性最弱。无

论从键能数据分析还是从离去基团的碱性分析,卤素负离子的离去能力都是 I⁻＞Br⁻＞Cl⁻＞F⁻。所以,卤代烷中卤素负离子作为离去基团的反应性为:碘代烷＞溴代烷＞氯代烷。

除卤代烷中的卤素外,硫酸酯(sulfate,即硫酸中两个氢被 R 所置换,例如硫酸二甲酯或二乙酯)、磺酸酯(sulfonate,烃基直接与磺酸基—SO₃H 连接为磺酸,磺酸中质子被烷基取代称磺酸酯,例如甲磺酸酯、苯磺酸酯、对甲苯磺酸酯等)中的酸根均是好的离去基团:

> 因为这些酸根的负电荷可以离域在整个酸根上,形成比较稳定的负离子。
>
> CH₃OSO₃⁻
>
> CH₃—C₆H₄—SO₃⁻

| (CH₃OSO₂OCH₃) | (CH₃SO₂OCH₃) | (PhSO₂OCH₃) | (CH₃—C₆H₄—SO₂OCH₂CH₃) |
| 硫酸二甲酯 | 甲磺酸甲酯 | 苯磺酸甲酯 | 对甲苯磺酸乙酯 |

> 一个好的离去基团总是可以被一个不好的离去基团所取代,所以常常利用离去基团的能力差异来进行合成。
>
> 为了合成的需要,有时需要设法将一个不好的离去基团转变成一个好的离去基团。

例如,硫酸二甲酯与烷氧负离子反应成醚,对甲苯磺酸酯与氰基反应成腈,均是因为 ⁻OSO₂OCH₃ 和 ⁻OSO₂—C₆H₄—CH₃ 是一个好的离去基团的缘故。

$$RO^- + CH_3{-}OSO_2OCH_3 \longrightarrow ROCH_3 + {}^-OSO_2OCH_3$$

$$CN^- + R{-}OSO_2{-}C_6H_4{-}CH_3 \longrightarrow RCN + {}^-OSO_2{-}C_6H_4{-}CH_3$$

HO⁻、RO⁻、H₂N⁻、RNH⁻、CN⁻ 等碱性较强,是不好的离去基团。

---

**习题 6-23** 乙酸钠与下列哪些化合物能发生饱和碳原子上的亲核取代反应?写出相应反应的化学方程式。

(i) CH₃CH₂OH    (ii) CH₃CH₂Br    (iii) CH₃CH₂CN    (iv) CH₃CH₂N⁺(CH₃)₃

(v) CH₃CH₂OSO₂—C₆H₅    (vi) CH₃CH₂OCH₂CH₃

---

**3. 试剂亲核性的影响**

(1) 试剂亲核性对 $S_N1$、$S_N2$ 的影响　碱性(alkalinity)是指一个试剂对质子的亲和能力,试剂的亲核性(nucleophilicity)是指一个试剂在形成过渡态时对碳原子的亲和能力。在 $S_N1$ 反应中,试剂的亲核性并不重要,因为亲核试剂与底物的反应不是决速步,对反应速率影响不大。同时碳正离子的反应性很高,不管试剂的亲核能力是大还是小,均能发生反应。比较起来,电子云密度高的试剂,$S_N1$ 的产物产率高。$S_N2$ 反应是一步反应。在 $S_N2$ 反应中,亲核试剂提供一对电子,与底物的碳原子成键,试剂的亲核性越强,成键越快。因此,试剂亲核性的强弱对 $S_N2$ 反应的影响很大。

(2) 试剂亲核性的分析　在分析试剂亲核性强弱以前,首先来学习可极化性(polarizability)的概念。一个极性化合物,在外界电场影响下,分子中的电荷分布可产生相应的变化,这种变化能力称为可极化性。

同一周期的元素,由左至右,原子核对外层电子的吸引力增大,可极化性减少。同一族的元素,由上至下,随着相对原子质量增大,原子核对外层电子的约束力降低,外层电子在外界电场作用下,所占轨道容易变形,可极化性增大。未成键的电子对只受一个原子核的控制,它的分布比受两个原子核控制的成键电子对的分布更易变形,所以可极化性也大。弱键的电子结合松散,比强键电子的可极化性大。处于离域状态的电子运动范围大,比处于定域状态的电子更易极化。

试剂的亲核能力是由两个因素决定的:一个是给电子能力即碱性,另一个是可极化性。比较两个或多个试剂的亲核性大小时,如果它们的碱性大小和可极化性大小的顺序是一致的,则亲核性大小的顺序也与它们一致。如同一周期的元素,由左至右碱性和可极化性都逐渐减弱,所以亲核性也逐渐减弱。

$$R_3C^- \quad R_2N^- \quad RO^- \quad F^-$$

碱性减弱,可极化性减弱,亲核性减弱

若两个或多个试剂的碱性大小和可极化性大小的顺序是相反的,亲核性大小主要取决于哪一个因素,要作具体分析。如同一族的元素,由上至下碱性减弱,可极化性增强;而试剂的亲核性在偶极溶剂(dipole solvent)中与碱性一致,逐渐减弱,在质子溶剂(proton solvent)中,与可极化性一致,逐渐增强。

$$F^- \quad Cl^- \quad Br^- \quad I^- \qquad\qquad F^- \quad Cl^- \quad Br^- \quad I^-$$

碱性减弱,可极化性增强,亲核性减弱　　　碱性减弱,可极化性增强,亲核性增强
　　　　在偶极溶剂中　　　　　　　　　　　　　　在质子溶剂中

在 $S_N2$ 反应中,亲核试剂参与决速步,对反应速率有影响,因此溶剂的选择非常重要。尽管偶极溶剂对 $S_N2$ 反应比质子溶剂更为有利,但由于质子溶剂(如甲醇、乙醇)便宜,方便易得,稳定,能溶解很多有机物及无机盐,因此仍是目前大量使用的溶剂。

出现这些现象的原因是可极化性受溶剂的影响不大,但碱性与溶剂的关系很大。一些可极化性很高而碱性很弱的试剂如 $I^-$,$HS^-$,$SCN^-$,它们在质子溶剂中,因为碱性较弱,被质子溶剂化少,在偶极溶剂中也很少溶剂化,因此,这些试剂在质子溶剂与偶极溶剂中亲核性均很高。另一些碱性很强而可极化性较低的试剂如 $F^-$,$Cl^-$,$Br^-$,它们在质子溶剂中与质子形成氢键的力量强(形成氢键的能力随负电荷密度增加而增加,如 $F^->Cl^->Br^->I^-$,$RO^->SH^-$),也就是溶剂化作用大,在反应时需要去溶剂化的能量,故使反应性降低;但在偶极溶剂中,这些试剂不被溶剂分子所包围,而以"裸露"状态存在,所以反应性就高。以上分析说明,试剂的亲核性顺序不是固定不变的,例如卤离子的反应速率:在水或醇中,$I^->Br^->Cl^-$;在丙酮中,三者比较接近;而在二甲基甲酰胺中,$Cl^->Br^->I^-$,反应顺序倒过来。现在已知,在质子溶剂中,一些常见亲核试剂的亲核性的大概顺序是

$$RS^- \approx ArS^- > CN^- > I^- > NH_3(RNH_2) > RO^- \approx OH^- > Br^- > PhO^- > Cl^- \gg H_2O > F^-$$

除碱性和可极化性外,有时试剂的空间因素也会影响它们的亲核性。例如,下列试剂的亲核性顺序与它们的碱性顺序正好相反:

$$CH_3O^- \quad CH_3CH_2O^- \quad (CH_3)_2CHO^- \quad (CH_3)_3CO^-$$

碱性增强，亲核性降低

这是因为与氧相邻的碳上烷基愈多，由于烷基的给电子诱导效应，使氧上负电荷更集中，碱性更强；但由于基团的体积也增大，影响试剂与底物的碳原子接近，因此亲核性反而下降。

**习题 6-24** 将下列试剂按亲核性由大到小的顺序排列，并简单阐明理由。

(i) $F^- \quad Cl^- \quad Br^- \quad I^-$

(ii) $CH_3CH_2O^- \quad CH_3CH_2\overset{-}{N}H \quad CH_3CH_2\overset{-}{C}H_2$

**习题 6-25** 请比较下列亲核试剂在质子溶剂中与 $CH_3CH_2Cl$ 反应的速率。

$$H_2O \quad HO^- \quad CH_3CH_2CH_2CH_2OH \quad CH_3CH_2CH_2CH_2O^- \quad CH_3CH_2\underset{\underset{CH_3}{|}}{C}HO^-$$

$$(CH_3)_3CO^- \quad CH_3COOH \quad CH_3COO^-$$

(3) **碘离子** 碘离子是一个好的离去基团，因为 C—I 的键能低，$I^-$ 的碱性弱；而碘离子又是一个好的亲核试剂，因为其电负性低，外层电子离核较远，可极化性高，以及溶剂化作用较少。因此，碘代烷既易于形成，又易被其他亲核试剂所取代。在未形成碘代烷时，碘离子作为好的亲核试剂进攻底物，一旦形成碘代烷后，碘离子作为好的离去基团被其他亲核试剂进攻而离去。

(4) **两位负离子** 一个负离子有两个位置可以发生反应，称其具有双位反应性能(two-fanged reactivity)。具有双位反应性能的负离子称为两位负离子(ambident anion)。由于负离子是亲核的，因此两位负离子具有双位亲核性能(two-fanged nucleophile)。根据反应条件不同，两位负离子可以在这个位置或那个位置反应，或者两个位置以不同的程度进行反应。而且，它们既可作为碱进行反应，又可作为亲核试剂进行反应。例如亚硝酸根负离子：

$\overset{-}{O}-\overset{\overset{\displaystyle \ddot{N}}{\|}}{}-O$

↑      ↑
负电荷集中点   亲核点

氧的电负性比氮大，而且氧上负电荷比较集中，遇酸就生成 HO—N=O；但若亚硝酸银与一级溴代烷反应，**氮亲核性强**，发生 $S_N2$ 反应，主要产物为硝基烷(nitroalkane)：

$$R-CH_2-Br + :\overset{..}{N}\overset{O}{\underset{O}{\diagup\diagdown}}{}^- \xrightarrow[S_N2]{乙醚} RCH_2\overset{O}{\underset{O}{N\diagup\diagdown}} + Br^-$$

硝基烷

在卤代烷中，碘代烷较溴代烷及氯代烷贵，但是溴离子、氯离子作为离去基团又不如碘离子好。故在反应时常考虑用较便宜的溴代烷或氯代烷为原料，在反应混合物中加入少量碘化钠（约为氯代烷或溴代烷物质的量的 1%）。这是利用碘离子亲核性高，很快与溴代烷或氯代烷发生交换反应产生碘代烷，再利用 C—I 的键能低、$I^-$ 易于离去的特点，与其他亲核试剂反应，以提高反应速率。反应中少量碘离子可反复使用，直到反应完成，这在有机合成中非常有用。反应如下：

所以,亚硝酸根负离子具有双位反应的性能。又如在同样条件下,如果用二级溴代烷进行反应,二级溴代烷上的溴比较活泼可以被 $Ag^+$ 拉下来,二级溴代烷可以形成二级碳正离子,反应可以按 $S_N1$ 机理进行,因为静电吸引,碳正离子与亚硝酸根中负电荷较集中的氧原子发生反应,主要产物为亚硝酸酯(nitrite):

$$R_2CHBr + {}^-O-N=O \xrightarrow[S_N1]{乙醚} R_2CHO-N=O + Br^-$$
亚硝酸酯

这种双位反应性的试剂,可以按不同的反应条件在一个或两个部位发生反应,得到不同的产物,或得到两种产物的混合物。$—CN^-$,$—SCN^-$ 等离子也均具有双位反应性。

卤代烷与 NaCN 或 KCN 反应,大多数的产物为腈:

$$RCH_2X + NaCN \xrightarrow{S_N2} RCH_2CN + NaX$$
腈

> 氰基可以与一级、二级卤代烷发生亲核取代反应,但由于氰基是弱酸的共轭碱,是强碱,因此与三级卤代烷主要发生消除反应。

但当卤代烷与 AgCN 反应时,由于 $Ag^+$ 对卤原子的作用,使 $RCH_2$ 具有某些碳正离子的性质。由于静电吸引,促使在负电荷比较集中的氮上发生反应,故反应中增加了 $RCH_2NC$ 的产量:

$$RCH_2X + AgCN \longrightarrow RCH_2N{\equiv}C + AgX\downarrow$$
异腈

> 异腈是具有恶臭的化合物,但极纯的腈具有香味。普通的腈总夹杂有少量的异腈,所以也有臭味。

因此氰基可以按两种方式与烷基相连,一种产物是腈(nitrile),另一种产物是异腈(isonitrile),这是由于氰基具有双位反应性的缘故。

$$[:C{\equiv}N:]^-$$
亲核点　负电荷集中点

**习题 6-26**　$SO_3^{2-}$ 是不是两位负离子?作出判断并提出合理的解释。

4. 溶剂的影响

溶剂可根据极性大小分为极性溶剂(polar solvent)和非极性溶剂(non-polar solvent)。介电常数 $\varepsilon$ 大于 15、偶极矩 $\mu$ 大于 $6.67\times10^{-30}$ C·m(或以吡啶的介电常数和偶极矩为界)的溶剂为极性溶剂;反之,为非极性溶剂。表 6-3 列出了一些常见溶剂的介电常数及偶极矩。

表 6-3　常见溶剂的介电常数及偶极矩

| 质子溶剂 | $\varepsilon$ | $\mu/(10^{-30} \text{ C}\cdot\text{m})$ | 偶极溶剂 | $\varepsilon$ | $\mu/(10^{-30} \text{ C}\cdot\text{m})$ | 非极性溶剂 | $\varepsilon$ | $\mu/(10^{-30} \text{ C}\cdot\text{m})$ |
|---|---|---|---|---|---|---|---|---|
| 水 | 78.5 | 6.17 | 六甲基磷酰三胺 | 30 | 14.37 | 二氯甲烷 | 9.1 | 5.17 |
| 液氨 | 22.4 | 4.33 | 二甲亚砜 | 49 | 11.57 | 四氢呋喃 | 7.6 | 5.77 |
| 甲醇 | 32.7 | 5.67 | 乙腈 | 38 | 13.07 | 乙酸乙酯 | 6.0 | 6.03 |
| 乙醇 | 24.6 | 5.63 | 二甲基甲酰胺 | 37 | 12.73 | 三氯甲烷 | 5 | 3.83 |
| 叔丁醇 | 12.5 | 5.53 | 硝基甲烷 | 36 | 18.54 | 乙醚 | 4.3 | 3.83 |
| 苯甲醇 | 13.1 | 5.53 | 丙酮 | 21 | 9.07 | 苯 | 2.3 | 0 |
| 甲酸 | 58.5 | 6.07 | 吡啶 | 12.4 | 7.40 | 四氯化碳 | 2.2 | 0 |
| 乙酸 | 6.2 | 5.60 | | | | 二氧六环 | 2.2 | 1.50 |
| | | | | | | 环己烷 | 2.0 | 0 |

溶剂也可以按给出质子的难易程度分类：能与负离子形成强的氢键的溶剂称为质子溶剂；分子中的氢与分子内原子结合牢固、不易给出质子的溶剂称为偶极溶剂。

偶极溶剂的结构特征是偶极负端露于分子外部，偶极正端藏于分子内部，例如二甲亚砜的结构如下：

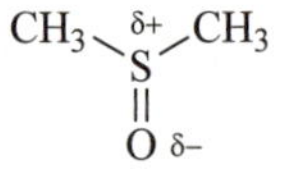

$$\underset{O\ \delta-}{\overset{CH_3\diagdown\ \diagup CH_3}{\underset{\|}{S}^{\delta+}}}$$

溶剂对反应也会产生影响，这种影响称为溶剂效应(solvent effect)。不同类型的溶剂在反应中的作用是不同的。质子溶剂对 $S_N1$ 反应肯定是有利的。因为质子溶剂中的质子，可以与反应中产生的负离子特别是由氧与氮形成的负离子通过氢键溶剂化，这样使负电荷分散，使负离子稳定，因此有利于解离反应，有利于 $S_N1$ 反应的进行。增加溶剂的酸性，即增加质子形成氢键的能力，有利于反应按 $S_N1$ 的机理进行。例如，用甲酸做溶剂时，有利于反应按 $S_N1$ 机理进行。

但是在质子溶剂中进行 $S_N2$ 反应时，一方面，由于溶剂化作用，有利于离去基团的离去，而另一方面，由于亲核试剂可以被溶剂分子所包围，因此必须付出能量，先在亲核试剂周围除掉一部分溶剂分子，才能使试剂接触底物而进行反应。最后的影响是两种作用的综合结果。

相对于质子溶剂而言，偶极溶剂对 $S_N2$ 反应是有利的。因为偶极溶剂对于负离子很少溶剂化，亲核试剂一般可以不受偶极溶剂分子包围，因此 $S_N2$ 反应在偶极溶剂中进行比在质子溶剂中进行的反应速率常数快 $10^3 \sim 10^6$ 倍，如

$$I^- + CH_3Br \xrightarrow{CH_3OH} CH_3I + Br^-$$

反应如在丙酮中进行，比在甲醇中快 500 倍。

增加溶剂的极性能够加速卤代烷的解离，对 $S_N1$ 反应有利。因为 $S_N1$ 反应在形成过渡态时，由原来极性较小的底物变为极性较大的过渡态，即在反应过程中极性增大：

溶剂与过渡态有偶极-偶极相互作用。底物在形成过渡态时需要能量，此能量可以由偶极-偶极相互作用时所释放的能量提供，因此溶剂的极性大，溶剂化的力量也大，提供的能量也大，解离就很快地进行。从这里可以看到，极性溶剂对形成过渡态时极性增大的反应是有利的，而对形成过渡态时极性减少的反应是不利的。

$$RX \longrightarrow \left[ \overset{\delta+}{R} \text{---} \overset{\delta-}{X} \right]^{\ddagger} \longrightarrow R^+ + X^-$$

在 $S_N2$ 反应中，若亲核试剂带负电荷，增加溶剂的极性，对 $S_N2$ 反应不利。因为 $S_N2$ 机理在形成过渡态时，由原来电荷比较集中的亲核试剂变成电荷比较分散的过渡态：

$$Nu{:}^- + RX \longrightarrow \left[ \overset{\delta-}{Nu} \text{---} R \text{---} \overset{\delta-}{X} \right]^{\ddagger} \longrightarrow NuR + X^-$$

$Nu{:}^-$ 的一部分负电荷通过 R 传给了 X，过渡态的负电荷比较分散，不如亲核试剂集中，因而过渡态的极性不如亲核试剂大，而增加溶剂的极性，使极性大的亲核试剂溶剂化，是不利于 $S_N2$ 过渡态形成的。

极性分子在非极性溶剂中，由于不易溶解，使分子以缔合状态存在，不能均匀分散。如果要进行反应，必须先付出能量，克服这种吸引力，因此极性分子在非极性溶剂中进行反应时反应性能降低。

**习题 6-27** 下列反应在水和乙醇的混合溶剂中进行，如果增加水的比例，对反应有利还是不利？

(i) $CH_3CH_2CH_2CH_2I + N(CH_3)_3 \longrightarrow CH_3CH_2CH_2CH_2\overset{+}{N}(CH_3)_3I^-$

(ii) $\underset{\underset{Br}{|}}{CH_3CH_2CHCH_3} + H_2O \longrightarrow \underset{\underset{OH}{|}}{CH_3CH_2CHCH_3} + HBr$

(iii) $(CH_3)_3CBr + C_2H_5OH \longrightarrow (CH_3)_3COC_2H_5 + HBr$

**习题 6-28** 三级氯丁烷在甲醇中比在乙醇中反应快 8 倍 (25℃)，指出是何类反应 ($S_N1$ 或 $S_N2$)，并解释其原因。

### 6.6.8 卤代烃亲核取代反应的应用

1. 合成

通过卤代烃与各种亲核试剂的反应，可以制备许多类型的化合物。例如，卤代烃与氢氧化钠的水溶液共热，卤原子被羟基取代生成醇，称为卤代烃的水解 (hydrolysis)。工业上就是利用这个反应来制备戊醇的。杂醇油是各种戊醇的混合物，可以用做溶剂。

$$C_5H_{11}Cl + NaOH \xrightarrow[H_2O]{\Delta} C_5H_{11}OH + NaCl$$

卤代烃与醇钠的醇溶液共热，卤原子被烷氧基取代生成醚，称为卤代烃的醇解 (alcoholysis)。这是制备不对称醚最常用的一种方法 (参见 7.22)。

在这三种亲核取代反应中，试剂 $OH^-$，$RO^-$ 和 $^-CN$ 既具有亲核性，又具有碱性。它们与一级卤代烷的亲核取代比较易于进行；当它们与三级卤代烷反应时，主要产物常常是烯烃。

$$CH_3CH_2CH_2Br + (CH_3)_3CONa \xrightarrow[(CH_3)_3COH]{\Delta} CH_3CH_2CH_2OC(CH_3)_3 + NaBr$$

卤代烃与氰化钠反应，卤原子被氰基取代，生成比原料卤代烃多一个碳原子的腈。这是制备腈的主要方法，也是有机合成中增长碳链的重要手段之一。

$$CH_3CH_2I + NaCN \longrightarrow CH_3CH_2CN + NaI$$

表 6-4 列出了一些常见的亲核试剂以及溴甲烷与它们反应时的产物，从中可以看出卤代烃是有机合成十分重要的中间体。

表 6-4　一些常见的卤代烷的亲核取代反应

| 底物 | 亲核试剂 | 生成物 |
| --- | --- | --- |
| $CH_3Br$ | $:I^-$（碘负离子） | $CH_3I$（碘甲烷） |
| | $:OH_2$（水） | $CH_3OH$（甲醇） |
| | $:\overset{-}{O}H$（羟基负离子） | $CH_3OH$（甲醇） |
| | $:\overset{-}{O}CH_3$（甲氧基负离子） | $CH_3OCH_3$（二甲醚） |
| | $:\overset{-}{O}\overset{O}{\overset{\|}{C}}CH_3$（乙酰氧基负离子） | $CH_3O\overset{O}{\overset{\|}{C}}CH_3$（乙酸甲酯） |
| | $:NH_3$（氨） | $CH_3\overset{+}{N}H_3Br^-$（溴化甲铵） |
| | $:N(CH_3)_3$（三甲胺） | $(CH_3)_4\overset{+}{N}Br^-$（溴化四甲铵） |
| | $:\overset{-}{O}NO_2$（硝酸根负离子） | $CH_3ONO_2$（硝酸甲酯） |
| | $:\overset{-}{N}O_2$（亚硝酸根负离子） | $CH_3NO_2$（硝基甲烷） |
| | $:\overset{-}{N}_3$（叠氮基负离子） | $CH_3N_3$（叠氮甲烷） |
| | $:\overset{-}{C}N$（氰基负离子） | $CH_3CN$（乙腈） |
| | $:\overset{-}{C}\equiv CCH_3$（1-丙炔基负离子） | $CH_3-C\equiv C-CH_3$（2-丁炔） |
| | $:\overset{-}{C}H(COOCH_3)_2$（丙二酸二甲酯负离子） | $CH_3CH(COOCH_3)_2$（甲基丙二酸二甲酯） |
| | $:\overset{-}{S}H$（巯基负离子） | $CH_3SH$（甲硫醇） |
| | $:\overset{-}{S}CH_3$（甲硫基负离子） | $CH_3SCH_3$（甲硫醚） |
| | $:\overset{-}{S}CN$（硫氰基负离子） | $CH_3SCN$（硫氰酸甲酯） |
| | $:S(CH_3)_2$（二甲硫醚） | $(CH_3)_3\overset{+}{S}Br^-$（溴化三甲基锍） |
| | $:P(CH_3)_3$（三甲膦） | $(CH_3)_4\overset{+}{P}Br^-$（溴化四甲基鏻） |

**2. 卤代烃的鉴别**（identification）

卤代烃与硝酸银的乙醇溶液反应，生成硝酸酯和卤化银沉淀。

$$R-X + AgNO_3 \xrightarrow{C_2H_5OH} RONO_2 + AgX\downarrow$$

由于不同卤代烃在该反应中的速率不同，因此可以根据卤化银沉淀生成的快慢来推测卤代烃可能的结构。一般来讲，具有相同烃基结构的卤代烃，反应活性次序是 $RI > RBr > RCl$。而卤原子相同，烃基结构不同时，反应活性次序是 3°>2°>1°。综合考虑：碘代烷或三级卤代烷在室温即可与硝酸银的乙醇溶液反应生成卤化银沉淀，而一级、二级氯代烷和溴代烷则需要温热几分钟才能产生卤化银沉淀；苯甲型及烯丙型卤化物的卤原子非常活泼，与硝酸银的醇溶液能迅速地进行反应，而卤原子直接连接于双键及苯环上的卤化物则不易发生此反应；两个或多个卤原子连在同一个碳原子上的多卤代烷，也不起反应。

碘化钠可溶于丙酮，而氯化钠和溴化钠都不溶于丙酮，因此可通过氯代烃或溴代烃与碘化钠的丙酮溶液的反应来鉴别氯代烃和溴代烃。

$$RCl + NaI \xrightarrow{\text{丙酮}} RI + NaCl \downarrow$$

$$RBr + NaI \xrightarrow{\text{丙酮}} RI + NaBr \downarrow$$

通常，活泼卤代烷在几分钟内即生成沉淀；中等活性的卤代烷需温热后才生成沉淀；苯型卤代烃和乙烯型卤代烃即使加热，也无沉淀产生。

**习题 6-29** 写出 $CH_3CH_2Br$ 与表 6-4 中各亲核试剂反应的化学方程式，并写出各产物的名称。

**习题 6-30** 完成下列反应。

(i) [结构式：带三个Br的支链化合物] + $NH_3 \longrightarrow$

(ii) $BrCH_2CH_2CH_2CH_2Br + NH_3 \longrightarrow$ ? $\xrightarrow{Br(CH_2)_4Br}$

**习题 6-31** 如何将 1,5-二溴化合物合成环醚(A)？用什么原料可合成环醚(B)？合成环醚(B)时需要什么特殊条件？

环醚(A)　　　环醚(B)

**习题 6-32** 下列化合物(A)与(B)进行 $S_N1$ 反应，哪一个化合物反应快？

(A) $(CH_3)_2CH-$[环己基]$-Cl$ （顺式）　　(B) $(CH_3)_2CH-$[环己基]$-Cl$ （反式）

**习题 6-33** 化合物(A)进行 $S_N2$ 反应比化合物(B)快，请解释。

(A) [环己烷带两个CH₃和Cl]　　(B) [环己烷带两个CH₃和Cl]

**习题 6-34** 用简单方法鉴别下列各组化合物。
(i) 1-溴丙烷　　1-碘丙烷　　(ii) 1-溴丁烷　　1,1-二溴丁烷
(iii) 1-氯丁烷　　三级氯丁烷　　(iv) 烯丙基溴　　1-溴丙烷

## 6.7　β-消除反应

### 6.7.1　定义、一般表达式和反应机理分类

在一个有机分子中消去两个原子或基团的反应称为消除反应(elimination reaction)。可以根据两个消去基团的相对位置将其分类。若两个消去基团连在同一个碳原子上，称为 1,1-消除或 α-消除。例如

$$R_2C\underset{X}{\overset{H}{|}} \xrightarrow[-HX]{\text{强碱}} R_2C: \qquad 1,1\text{-消除或}\alpha\text{-消除}$$

1,3-消除形成三元环状化合物，1,4-消除形成四元环状化合物。

有些消除反应也能看做分子内的取代反应。例如

若两个消去基团连在两个相邻的碳原子上，则称为 1,2-消除或 β-消除。例如

$$CH_3CH\underset{OH}{-}\underset{H}{CHCH_3} \xrightarrow[-H_2O]{\triangle,\ H^+} CH_3CH=CHCH_3 \qquad 1,2\text{-消除或}\beta\text{-消除}$$

此反应既可以看做 1,5-消除，也可以看做饱和碳原子上的亲核取代反应。

羧酸酯热裂、黄原酸酯热裂、Cope 消除也属于 β-消除，它们是按环状过渡态机理完成的，将在后面的相关章节讲解。

若两个消去基团连在 1,3 位碳原子上，则称为 1,3-消除或 γ-消除。其余类推，如

$$CH_3CH\underset{H}{-}CH_2\underset{X}{-}CHCH_3 \xrightarrow[-HX]{\text{碱}} \underset{H_3C}{\triangle} CH_3$$

大多数消除反应如醇失水、卤代烃失卤化氢、邻二卤代烃失卤素都是 β-消除反应，它们是制备烯烃的重要反应。根据 β-消除所涉及的机理，可将其细分为单分子消除反应(unimolecular elimination，E1 反应)、双分子消除反应(bimolecular elimination，E2 反应)和单分子共轭碱消除反应(unimolecular elimination through conjugate base，E1cb 反应)。下面分别予以讨论。

### 6.7.2　卤代烃失卤化氢　E2 反应

在卤代烃分子中，由于卤原子的吸电子作用可以通过碳链传递，因此，不仅 α-C 上具有部分正电荷，β-C 上也会带有更少量的正电荷，从而使 β-C 上的氢具有一定的酸性。因此，卤代烃在强碱的作用下会失去一分子卤化氢，生成烯烃，这就是卤代烃的消除反应。

$$B:^- + H-\underset{|}{C}-\underset{|}{C}-X \xrightarrow{\text{溶剂}} BH + \diagup\!\!\!\!C=C\diagdown + X^-$$

大多数卤代烃在碱如氢氧化钾或氢氧化钠的醇溶液、醇钠、氨基钠等的作用下失去卤化氢的反应，是按双分子消除反应机理进行的。双分子消除反应用 E2 表示。E 代表消除反应，2 代表双分子过程。下面结合卤代烃失卤化氢来叙述 E2 反应的机理及相关特点。

1. 反应机理

碳架相同、卤原子不同的卤代烃在碱作用下发生消除反应的速率是不相同的。一般来讲是 RI＞RBr＞RCl。这表明，卤原子离去快慢对反应速率有影响，即在形成过渡态时 C—X 键已有部分断裂。用 β 氘代卤代烃和结构相同的未氘代卤代烃在碱作用下发生消除反应，由于 C—D 键断裂的活化能比 C—H 键的活化能高，结果前者反应速率低，后者反应速率高。这说明，C—H 键的断裂对反应速率也有影响，即在形成过渡态时 C—H 键也有部分断裂。从反应物和产物的结构对比分析还可以得知，离去基团和 β 氢原子必须处于反式共平面状态。由此提出 E2 反应的机理如下：

E2 反应的过渡态

上述反应机理表明：碱进攻卤代烷中 β 氢，在形成过渡态时，C—H，C—X 键已开始变弱，碳由 $sp^3$ 杂化逐渐转变为 $sp^2$ 杂化，每个碳上逐渐形成一个 p 轨道，在过渡态时已具有此中间状态的性质。在生成物中两个碳及其四个取代基必须在一个平面上，这样两个垂直于此平面的 p 轨道才能平行重叠形成 π 键。因此要求卤代烷中 H—C—C—X 四个原子也必须在一个平面上，C—H 键的 H 与 C—X 键的 X 原子离去后新形成的 p 轨道才能平行重叠形成 π 键。而要使 H—C—C—X 四个原子在同一个平面上，只有两种可能的情况：一种是分子取对交叉构象，进行反式消除；另一种是分子取重叠构象，进行顺式消除。

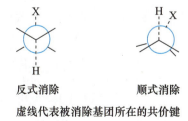

反式消除　　　顺式消除

虚线代表被消除基团所在的共价键

由于对交叉构象比较稳定，故卤代烷的 E2 消除是反式消除（anti-elimination）。

从反应机理可以看出，E2 反应是一步反应。有两个分子参与了这步反应，所以是双分子过程。反应速率取决于两种分子的浓度，所以在动力学上是二级反应。

如果增加碱的强度及体积，会改变消除产物的比例，即遵守 Zaitsev 规则的产物逐步降低，而反 Zaitsev 规则(anti-Zaitsev rule)的产物逐渐增加。例如，2-甲基-2-溴丁烷在 $CH_3CH_2OK/CH_3CH_2OH$ 中消除，Zaitsev 产物为 71%，反 Zaitsev 产物为 29%；在 $(CH_3)_3COK/(CH_3)_3COH$ 中消除，Zaitsev 产物为 28%，反 Zaitsev 产物为 72%；在 $(C_2H_5)_3COK/(C_2H_5)_3COH$ 中消除，Zaitsev 产物为 11%，反 Zaitsev 产物为 89%。这是因为碱的体积和强度增大后，空间位阻大的 β-H 不易受到进攻，而空阻小、酸性强的 β-H 更易反应。

## 2. 区域选择性——Zaitsev(札依采夫)规则

当卤代烃分子中含有两种不同的 β-H 时，由哪一个 β 碳原子上脱去氢原子是有选择性的。这种选择性称为区域选择性。俄国化学家 A. M. Zaitsev 于 1875 年根据当时的实验事实首先提出：在 β-消除反应中，主要产物是由含氢较少的 β 碳提供氢原子，生成取代较多的稳定烯烃。这称为 Zaitsev 规则，生成的稳定烯烃称为 Zaitsev 产物。而由含氢较多的 β 碳提供氢原子生成的烯烃称为反 Zaitsev 产物。如

$$CH_3CH_2CHCH_3 \xrightarrow{KOH-C_2H_5OH} CH_3CH=CHCH_3 + CH_3CH_2CH=CH_2$$
$$\phantom{CH_3CH_2C}|\phantom{H_3}\phantom{XXXXXXXXXX}\text{81\%, Zaitsev 产物}\quad\text{19\%, 反 Zaitsev 产物}$$
$$\phantom{CH_3CH_2C}Br$$

$$CH_3CH_2C(CH_3)CH_3 \xrightarrow{KOH-C_2H_5OH} CH_3CH=C(CH_3)_2 + CH_3CH_2C(CH_3)=CH_2$$
$$\text{(Br)}\quad\quad\quad\quad\quad\quad\quad\quad\quad\text{71\%, Zaitsev 产物}\quad\text{29\%, 反 Zaitsev 产物}$$

## 3. 立体选择性

卤代烷按 Zaitsev 规则进行消除反应可以得到不止一个立体异构体时，反应具有立体选择性(stereoselectivity)，主要得到大基团处于反位的 E 型烯烃，如 2-溴丁烷进行消除反应，几乎只得到(E)-2-丁烯，(Z)-2-丁烯很少。

2-溴丁烷的两个甲基处于对交叉的构象(i)比较稳定，为优势构象，由这种构象消除得到的(E)-2-丁烯是主要产物。

(i) 两个甲基处于对交叉　　虚线代表消除基团所在的键　　　　(E)-2-丁烯

(ii) 两个甲基处于邻交叉　　虚线代表消除基团所在的键　　　　(Z)-2-丁烯

## 4. 卤代环烷烃的 E2 消除

卤代环烷烃的消除反应也遵守上述规则，即被消除的基团必须处于反式共平面的位置，反应遵守 Zaitsev 规则。如

主要产物　　　　次要产物
符合Zaitsev规则　　反Zaitsev规则

有的卤代环烷烃虽然有两种 β-H，但由于成环后，C—C 单键的旋转受到环的制约，使其中的 β-H 不可能与 X 处于反式共平面的位置，这时只有与 X 处于反式共平

思考：请解释下列实验现象。
(1) 顺-1,2-二溴环己烷发生消除反应，得1-溴环己烯；
(2) 反-1,2-二溴环己烷发生消除反应，得到1,3-环己二烯。

面的 β-H 才能发生消除，而得到反 Zaitsev 规则的产物。如

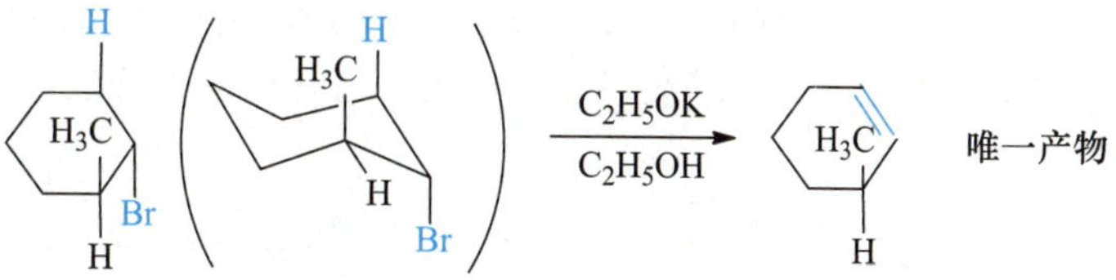

**习题 6-35** 写出下列化合物在 KOH-C$_2$H$_5$OH 中消除一分子卤化氢后的产物。（提示：反应构象是优势构象）

(i) (1R,2S)-1,2-二苯基-1,2-二溴丙烷  (ii) (1S,2S)-1,2-二苯基-1,2-二溴丙烷
(iii) 顺-1-苯基-2-氯环己烷  (iv) 反-1-苯基-2-氯环己烷
(v) (1R,2S)-1-乙基-2-溴反十氢化萘  (vi) (1S,2S)-1-乙基-2-溴反十氢化萘

### 6.7.3 卤代烃 E2 反应和 S$_N$2 反应的并存与竞争

将卤代烃放在碱性体系中加热，常常会得到亲核取代和消除两种产物。如

$$n\text{-}C_{18}H_{37}Br \xrightarrow[(CH_3)_3COH, 40\ ^\circ C]{(CH_3)_3COK} n\text{-}C_{16}H_{33}CH=CH_2 + n\text{-}C_{18}H_{37}OC(CH_3)_3$$
$$\qquad\qquad\qquad\qquad\qquad\qquad\qquad\text{(i)}\qquad\qquad\qquad\text{(ii)}$$
$$\qquad\qquad\qquad\qquad\qquad\qquad\qquad 88\%\qquad\qquad\qquad 12\%$$

由于碱性试剂也是亲核试剂，因此卤代烃在碱性试剂中会得到亲核取代和 β-消除两种产物。

产物(i)是通过 E2 机理生成的：

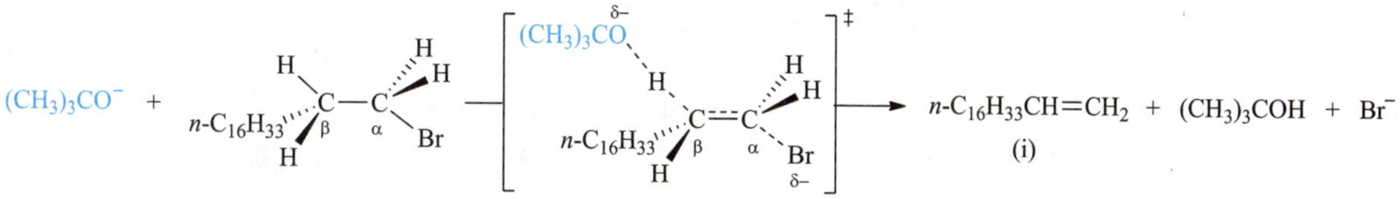

当亲核取代和 β-消除反应共存时，试剂亲核性强、碱性弱、体积小时，有利于 S$_N$2 反应；而试剂碱性强、浓度大、体积大、反应温度高时，有利于 E2 反应。

产物(ii)是通过 S$_N$2 机理生成的：

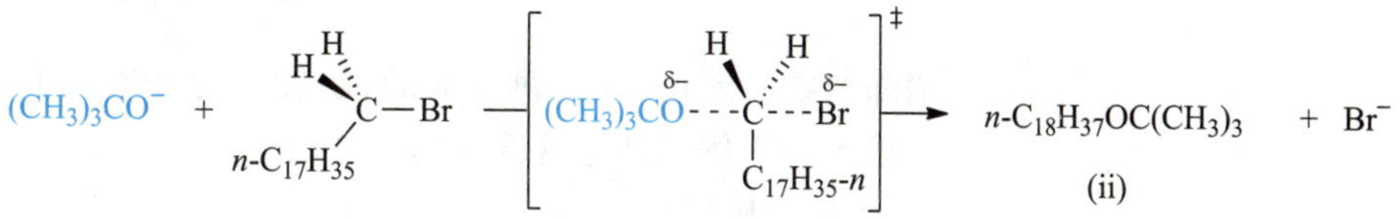

对比这两种机理可以看出，它们的区别在于：在 E2 反应中，试剂进攻的是 β-H，并把 β-H 夺走；而在 S$_N$2 反应中，试剂进攻的是 α-C，然后与 α-C 结合。

### 6.7.4 卤代烃失卤化氢  E1 反应

尽管大多数卤代烃在碱作用下的消除反应都是按 E2 机理进行的，但三级卤代烃在无碱存在时的消除反应却是按单分子消除反应机理进行的。单分子消除反应

用 E1 表示。E 表示消除反应,1 代表单分子过程。下面结合三级溴丁烷在无水乙醇中的消除反应来叙述 E1 反应的机理和相关特点。

三级溴丁烷在无水乙醇中的消除反应机理如下:

$$CH_3-\underset{\underset{CH_3}{|}}{\overset{\overset{CH_3}{|}}{C}}-Br \xrightleftharpoons{慢} CH_3-\underset{\underset{CH_3}{|}}{\overset{\overset{CH_3}{|}}{C^+}} + Br^-$$

$$CH_3-\underset{\underset{CH_3}{|}}{\overset{\overset{CH_2-H}{|}}{C^+}} + H\ddot{O}C_2H_5 \xrightarrow{快} \underset{CH_3}{\overset{CH_3}{>}}C=CH_2 + C_2H_5\overset{+}{O}H_2 \xrightarrow{-H^+} C_2H_5OH$$

(E1)

卤代烃既能发生 E1 反应,又能发生 E2 反应,以哪种反应机理为主呢?这取决于 C—X 键与 C—H 键断裂的相对速率:如果 C—X 键的断裂速率远大于 C—H 键的断裂速率,则以 E1 反应为主;若两者的速率差别不大,则以 E2 反应为主。实际上,在有碱存在时,多数卤代烃都是以 E2 反应的机理发生 β-消除的,这也是由卤代烃制备烯烃的主要途径。只有三级卤代烃在极性溶剂中溶剂解时,才发生 E1 反应。

反应分两步进行。第一步是碳溴键异裂,产生活性中间体三级丁基碳正离子。第二步是溶剂乙醇中的氧原子,作为碱提供一对孤对电子,与三级丁基碳正离子中甲基上的氢结合,三级丁基碳正离子消除一个质子,形成异丁烯。这个反应的决速步是三级溴丁烷的解离,第二步消除质子是快的一步,反应速率只与三级溴丁烷的浓度有关,是单分子过程,反应动力学上是一级反应。

E1 反应的区域选择性(regioselectivity)与 E2 反应相同。当卤代烃有两种不同的 β-H 时,产物遵循 Zaitsev 规则,主要生成稳定的烯烃。当生成的烯烃有顺反异构体时,以 E 型烯烃为主要产物。在 E1 反应中,还常伴随着重排产物生成(参见 7.8 醇的 β-消除 E1 反应)。

### 6.7.5 卤代烃 E1 反应和 $S_N1$ 反应的并存与竞争

三级溴丁烷在水或乙醇中溶剂解,均得到两种产物:

$$(CH_3)_3CBr \xrightarrow{H_2O} (CH_3)_3COH + (H_3C)_2C=CH_2$$
三级丁醇, 93%    异丁烯, 7%

$$(CH_3)_3CBr \xrightarrow{C_2H_5OH} (CH_3)_3COC_2H_5 + (H_3C)_2C=CH_2$$
乙基三级丁基醚, 81%    异丁烯, 19%

消除产物是通过 E1 机理生成的,取代产物是通过 $S_N1$ 机理生成的。现以它在水中的溶剂解为例来讨论这两者的关系。

E1 反应机理:

$$CH_3-\underset{\underset{CH_3}{|}}{\overset{\overset{CH_3}{|}}{C}}-Br \underset{Br^-}{\overset{慢\ -Br^-}{\rightleftharpoons}} CH_3-\underset{\underset{CH_3}{|}}{\overset{\overset{CH_2-H}{|}}{C^+}} \xrightarrow{H\ddot{O}H\ 快} \underset{CH_3}{\overset{CH_3}{>}}C=CH_2 + H_3O^+ \xrightarrow{-H^+} H_2O$$

在 E1 反应和 $S_N1$ 反应中,离去基团不参与这种竞争。离去基团的离去能力只影响反应的速率而不影响产物的比例。

$S_N1$ 反应机理:

在 E1 反应和 $S_N1$ 反应的竞争中，试剂的亲核性强、空阻小，对 $S_N1$ 有利；试剂的碱性强、空阻大，对 E1 反应有利。所以在极性溶剂及没有强碱存在时，主要产物是取代产物。

$$CH_3-\underset{\underset{CH_3}{|}}{\overset{\overset{CH_3}{|}}{C}}-Br \xrightleftharpoons[Br^-]{慢\ -Br^-} CH_3-\underset{\underset{CH_3}{|}}{\overset{\overset{CH_3}{|}}{C^+}} \xrightarrow{HOH\ 快} CH_3-\underset{\underset{CH_3}{|}}{\overset{\overset{CH_3}{|}}{C}}-\overset{+}{O}H_2 \xrightarrow{-H^+} CH_3-\underset{\underset{CH_3}{|}}{\overset{\overset{CH_3}{|}}{C}}-OH$$

对比这两种反应机理可以看出：它们的第一步（决速步）是相同的，均为碳溴键断裂；但它们的第二步是不同的。在 E1 反应中，水中的氧原子提供一对电子与 β-H 结合，并将质子夺走，最后形成烯烃。在 $S_N1$ 反应中，水包围在三级丁基碳正离子的周围，水中的氧原子提供一对孤对电子与三级丁基碳正离子结合形成𨦡盐（oxonium salt），然后消除质子，得三级丁醇。这两种反应并存且互相竞争。

### 6.7.6 亲核取代反应和消除反应的并存与竞争

卤代烃可以发生亲核取代反应，亦可以发生 β-消除反应；这些反应可以是单分子的，亦可以是双分子的。因此有四种反应机理：$S_N2, S_N1, E2, E1$ 以竞争的方式同时发生。

一级卤代烃与亲核试剂发生 $S_N2$ 反应的速率很快，因此 β-消除反应很少；只有存在强碱和反应条件比较强烈时，才以 β-消除产物为主。但 β 位上有活泼氢的一级卤代烃则会提高 E2 反应的速率，见表 6-5。

表 6-5　一级卤代烷在乙醇钠的乙醇溶液中取代产物与消除产物的质量分数

| 溴代烷 | 温度/℃ | $S_N2$ 产物/(%) | E2 产物/(%) |
| --- | --- | --- | --- |
| $CH_3CH_2Br$ | 55 | 99 | 1 |
| $CH_3CH_2CH_2Br$ | 55 | 91 | 9 |
| $CH_3(CH_2)_2CH_2Br$ | 55 | 90 | 10 |
| $C_6H_5CH_2CH_2Br$ | 55 | 5 | 95(β-H 活泼) |

二级卤代烃及 β 位上有侧链的一级卤代烃，由于空间位阻增大和 β 氢增多，$S_N2$ 反应速率变慢而 E2 反应的竞争力增大，此时试剂和溶剂对反应方向影响很大。低极性溶剂、强亲核试剂有利于 $S_N2$ 反应；低极性溶剂、强碱性试剂有利于 E2 反应，见表 6-6。

表 6-6　2-溴代丙烷在有乙醇钠和无乙醇钠时取代产物与消除产物的质量分数

| 卤代烷 | $C_2H_5ONa$ 浓度 | 取代产物/(%) | 消除产物/(%) |
| --- | --- | --- | --- |
| $(CH_3)_2CHBr$ | 0 | 97 | 3 |
| $(CH_3)_2CHBr$ | 0.05 mol·L$^{-1}$ | 29 | 71 |
| $(CH_3)_2CHBr$ | 0.20 mol·L$^{-1}$ | 21 | 79 |

三级卤代烃在无强碱存在时，进行单分子反应，一般得到 $S_N1$ 和 E1 的混合产物。例如，三级溴代丁烷在乙醇中溶剂解，得到 81% 的 $S_N1$ 产物乙基三级丁基醚和 19% 的 E1 产物异丁烯；在水和乙醇的混合溶剂中，则得到两个取代产物和少量 β-消除产物的混合物。

$$(CH_3)_3CBr \xrightarrow[H_2O, 25\ ^\circ C]{C_2H_5OH, 慢} (CH_3)_3C^+ \xrightarrow{快} (CH_3)_3COCH_2CH_3 + (CH_3)_3COH + (CH_3)_2C=CH_2$$

                        29%     58%    13%

  在单分子反应中，$S_N1$ 产物和 E1 产物的比例主要取决于烷基的结构。因为反应过程中首先是中心碳原子由四面体结构变成碳正离子的平面结构，如果取代基很大，倾向于形成碳正离子，以减少空间张力。形成的碳正离子若发生 $S_N1$ 反应，键角又将从 120° 回到 109.5°，张力又增加；如果发生 E1 反应，由于烯烃也是一个平面结构，空间张力比四面体张力小。因此取代基的空间体积大，有助于进行消除反应。例如，下列氯代烷进行溶剂解时所得取代产物与消除产物的比例如下：

| | $C_2H_5$-C(CH_3)(CH_3)-Cl | $(CH_3)_3C$-$CH_2$-$C(CH_3)_2$-Cl | $(CH_3)_3C$-$CH_2$-$C(Cl)(CH_3)$-$CH_2$-$C(CH_3)_3$ |
|---|---|---|---|
| 消除产物 | 34% | 65% | 100% |
| 取代产物 | 66% | 35% | 0 |

但如有强碱甚至弱碱存在时，三级卤代烷主要发生 E2 反应，见表 6-7。

**表 6-7　三级溴代烷在有乙醇钠和无乙醇钠时取代产物与 β-消除产物的质量分数**

| 卤代烷 | $C_2H_5ONa$ 浓度 | 取代产物/(%) | 消除产物/(%) |
|---|---|---|---|
| $(CH_3)_3CBr$ | 0 | 81 | 19 |
| $(CH_3)_3CBr$ | 0.05 mol·$L^{-1}$ | 34 | 66 |
| $(CH_3)_3CBr$ | 0.20 mol·$L^{-1}$ | 7 | 93 |

**习题 6-36**　下列试剂在质子溶剂中与 $CH_3CH_2I$ 反应，请问它们主要发生什么反应？并请比较它们的反应速率。

(i)　$CH_3CH_2CH_2O^-$　$(CH_3CH_2CH_2)_3C^-$　$(CH_3CH_2CH_2)_2N^-$　(ii)　$CH_3CH_2COO^-$　$CH_3O^-$　$CH_3CH_2S^-$

(iii)　$CH_3CH_2O^-$　$C_6H_5S^-$　$(CH_3)_3CO^-$　(iv)　$C_6H_5O^-$　$CH_3CH_2O^-$　$HO^-$

(v)　$CH_3CH_2CH_2CH_2O^-$　$(CH_3)_3CO^-$　$CH_3CH(CH_3)CHO^-$

**习题 6-37**　括号中哪一个试剂给出消除/取代的比值大？

(i)　($Me_3CO^-$ 或 $CH_3O^-$) + 环己基-Br　　(ii)　$CN^-$ + ($CH_3CH_2CHBrCH_2CH_3$ 或 $(CH_3CH_2)_3CBr$)

(iii)　$RS^-$ + ($CH_3CH_2CH_2CH_2Br$ 或 $CH_3CH(CH_3)CHBr$)　　(iv)　$^-NH_2$ + ($CH_3CH_2CHBrCH_3$ 或 $CH_3CH_2CH_2CH_2Br$)

(v)　$C_2H_5O^-$ + ($CH_2=CHCH_2CH_2Br$ 或 $CH_3CH_2CH_2CH_2Br$)

### 6.7.7 邻二卤代烷失卤原子　E1cb 反应

邻二卤代烷在金属锌或镁作用下,可失去卤原子生成烯烃:

$$\underset{X\quad X}{CH_2-CH_2} \xrightarrow{Zn(或Mg)} CH_2=CH_2 + ZnX_2$$

此类反应是按单分子共轭碱消除反应机理进行的。单分子共轭碱消除反应用 E1cb 表示。E 表示消除反应,1 代表单分子过程,cb 代表反应物分子的共轭碱。

E1cb 反应分两步进行:首先 Zn(或 Mg)给出一对电子给卤原子 X,使碳卤键断开,由此形成碳负离子中间体(carbanion intermediate),即反应物分子的共轭碱;然后该反应物共轭碱再失去一个卤负离子,生成烯。故此反应称为 E1cb 反应。上述反应过程可用反应式表示如下:

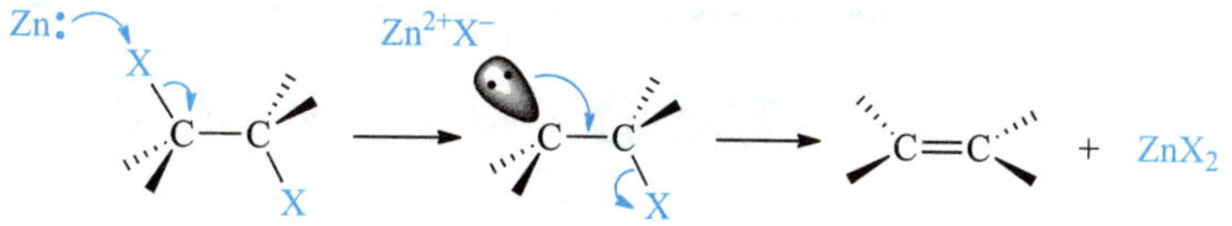

*邻二卤代烷不易制格氏试剂。*

金属镁以同样方式进行反应,其中间产物是一个 β 位上带有卤原子的格氏试剂:

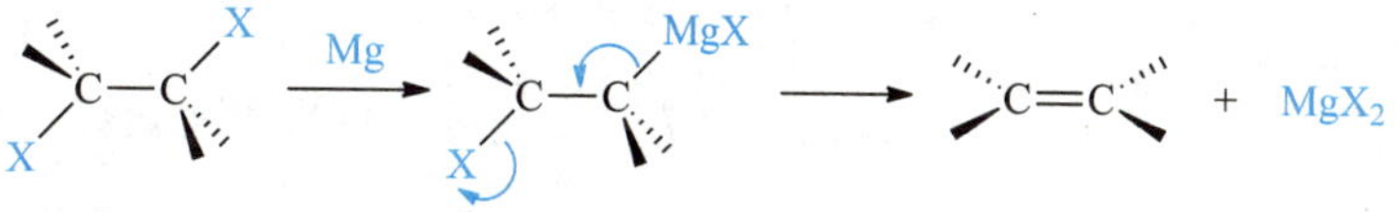

这种格氏试剂很不稳定,很快就分解成烯烃。

碘化物和邻二卤代烷反应,也可以使邻二卤代烷失去卤原子,生成烯。在该反应中,碘负离子起提供电子的作用,例如

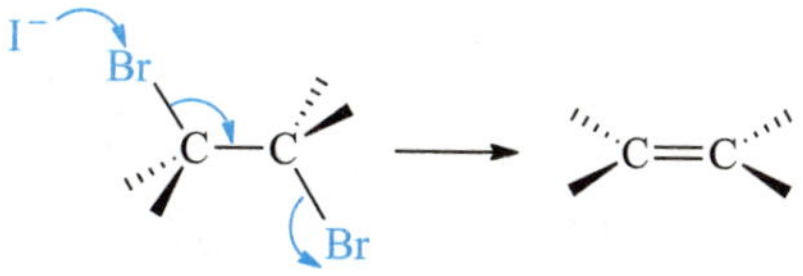

若用反-1,2-二溴环己烷进行上述反应,可以顺利地得到环己烯;但用顺-1,2-二溴环己烷,则不发生反应:

*用碘化物和邻二卤代烷反应,可较容易地消除卤原子而生成烯。如果需要保护碳碳双键或提纯烯烃,可先用溴加成,生成邻二溴化物,待反应后再将产物与碘化物反应,使碳碳双键重新出现。这种对某些官能团进行保护的反应,在有机合成中是很重要的。因此,对一个反应如何灵活应用是学习中常需考虑的问题。*

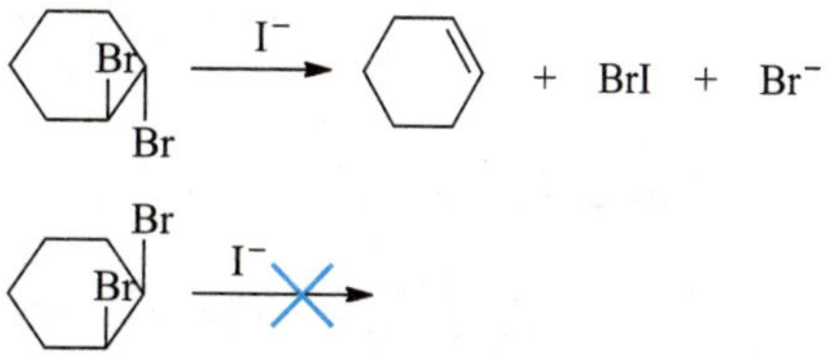

顺-1,2-二溴环己烷

这表明,邻二卤代烷的消除反应肯定是反式消除,因而也是立体选择的。例如,由下列化合物(i)、(ii)只能分别制得($E$)-2-丁烯和($Z$)-2-丁烯,其反应如下:

化合物(i)和(ii)的反应是不相同的,化合物(i)的反应速度比化合物(ii)快。这是因为当两个溴原子处于反式共平面时,化合物(ii)的两个甲基是邻交叉式,而化合物(i)的两个甲基是对交叉式,(i)比(ii)稳定,因此其过渡态的势能也低,(i)也就比(ii)反应快。

meso-2,3-二溴丁烷 赤型 (i) → (E)-2-丁烯

(2R,3R)-2,3-二溴丁烷 苏型 (ii) → (Z)-2-丁烯

**习题 6-38** 请设计一个实验方案,证明 E1cb 是反式共平面消除。

## 6.7.8 卤代烃消除反应的应用

卤代烃的消除反应可以用来制备烯烃、炔烃和共轭烯烃。例如

$$CH_3-CHBr-CH_3 \xrightarrow[C_2H_5OH]{NaOH} CH_3-CH=CH_2$$

$$Cl-CH_2-CH_2-Cl \xrightarrow[C_2H_5OH]{NaOH} Cl-CH=CH_2$$

$$CH_3-CHBr-CH_2Br \xrightarrow[C_4H_9OH]{KOH(足量)} CH_3-C\equiv CH$$

$$C_6H_5-CHBr-CH_2Br \xrightarrow[C_6H_5NH_2]{NaNH_2} C_6H_5-C\equiv CH$$

1,2-二氯环己烷 $\xrightarrow[C_2H_5OH]{C_2H_5ONa}$ 苯

**习题 6-39** 选择合适的卤代烃为原料,制备下列化合物。

(i) $CH_3CH_2CH=CH_2$  (ii) $CH_3CH_2C\equiv CH$  (iii) $CH_3CH=CHCH_3$

(iv) $CH_3C\equiv CCH_3$  (v) $CH_2=CH-CH=CH_2$  (vi) $HC\equiv C-CH=CH_2$

## 6.8 卤代烃的还原

1. 氧化、还原的概念

在有机化学中,将使碳原子氧化数增大的反应称为氧化反应,碳原子氧化数降低的反应称为还原反应。例如

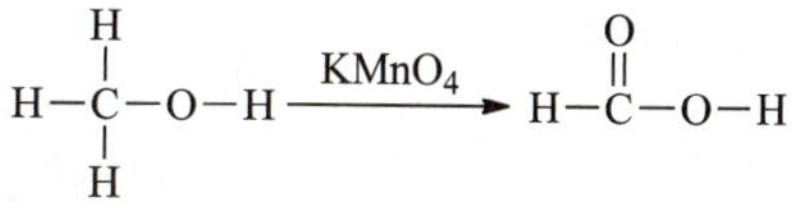

$$H_3C-OH \xrightarrow{KMnO_4} HCOOH$$

碳的氧化数为-2　　　　碳的氧化数为+2

许多氧化反应表现为氧原子的增加和氢原子的减少,许多还原反应表现为氧原子的减少和氢原子的增加。所以为了方便,有时将氧原子增加和氢原子减少的反应称为氧化反应,将氧原子减少和氢原子增加的反应称为还原反应。

碳的氧化数升高了,所以甲醇转变为甲酸的反应为氧化反应。

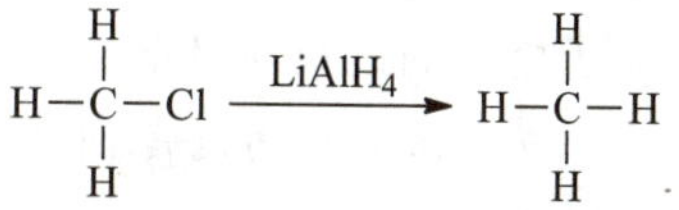

$$CH_3Cl \xrightarrow{LiAlH_4} CH_4$$

碳的氧化数为-2　　　　碳的氧化数为-4

碳的氧化数降低了,所以氯甲烷转变为甲烷的反应为还原反应。

2. 卤代烃的还原反应

卤代烃被还原剂还原成烃的反应称为卤代烃的还原(reduction)。还原试剂很多,目前使用较为普遍的是氢化铝锂(lithium aluminium hydride,LiAlH$_4$),它是个很强的还原剂,所有类型的卤代烃包括乙烯型卤代烃均可被它还原,还原反应一般在乙醚或四氢呋喃(THF)等溶剂中进行:

$$RX \xrightarrow{LiAlH_4} RH$$

氢化铝锂中的氢负离子(hydrogen anion,H$^-$)以游离或不完全游离的方式作为亲核试剂进攻卤代烃中的烃基,卤离子作为离去基团离去。一级卤代烷反应性能较好,所得产物构型翻转,因此认为反应按 S$_N$2 机理进行;二级卤代烷也可用此法还原;三级卤代烷易发生消除反应,不适合用此法还原。

例如

$$CH_3(CH_2)_8CH_2Br \xrightarrow{LiAlH_4} CH_3(CH_2)_8CH_3$$
72%

氢化铝锂是一白色的类似盐类的化合物,可以由氢化锂(LiH)和三氯化铝反应制得:

$$4LiH + AlCl_3 \longrightarrow LiAlH_4 + 3LiCl$$

氢化铝锂遇水立即反应,放出氢气:

$$LiAlH_4 + 4H_2O \longrightarrow LiOH + Al(OH)_3 + 4H_2$$

因此,氢化铝锂只能在无水介质,如乙醚、四氢呋喃、1,2-二甲氧基乙烷(CH$_3$OCH$_2$CH$_2$OCH$_3$)等溶剂中使用。

硼氢化钠可溶于水,呈碱性,比较稳定,不被分解;在酸性溶液中,则很易分解为氢和硼酸钠。硼氢化钠可溶于甲醇与乙醇,因此常用醇做溶剂进行还原,但会慢慢分解;几乎不溶于四氢呋喃或 1,2-二甲氧基乙烷。

硼氢化钠(sodium boron hydride,$NaBH_4$)是比较温和的试剂,适用于二级、三级卤代烷的还原,而一级卤代烷不易用此试剂还原。硼氢化钠是白色粉末,是 $Na^+$ 与 $BH_4^-$ 形成的盐,$BH_4^-$ 可以看成 $BH_3$ 与 $H^-$ 结合而来。硼氢化钠还原反应,通常在碱性水溶液或醇溶液中进行。

其他化学试剂如锌和盐酸、氢碘酸,以及催化氢解(hydrogenolysis)等方法均可将卤代烷还原。例如

$$CH_3(CH_2)_{14}CH_2I \xrightarrow{Zn + HCl} CH_3(CH_2)_{14}CH_3 \quad 85\%$$

$$\text{ClH}_2\text{C-}\underset{}{\bigcirc}\text{(indane)} \xrightarrow{H_2/Pd} \text{CH}_3\text{-}\underset{}{\bigcirc}\text{(indane)} \quad 90\%$$

用催化氢化法使碳与杂原子(O,N,X 等)之间的键断裂,称为氢解。苯甲位的碳与杂原子之间的键很易氢解。

钠与液氨也可还原卤代烃,对于双键碳上的卤原子,还原时双键的构型不变。如

$$\underset{H}{\overset{R}{>}}C=C\underset{R'}{\overset{Cl}{<}} \xrightarrow{Na + NH_3(\text{液})} \underset{H}{\overset{R}{>}}C=C\underset{R'}{\overset{H}{<}}$$

**习题 6-40** 完成下表(填写结构式):

| 类型 | 具体化合物 | 适用的还原剂 | 产物 |
|---|---|---|---|
| 一级卤代烷 | | | |
| 二级卤代烷 | | | |
| 三级卤代烷 | | | |
| 乙烯型卤代烷 | | | |
| 苯甲型卤代烷 | | | |

## 6.9 卤仿的分解反应

氯仿遇空气或日光分解成剧毒光气的反应,称为卤仿的分解(decomposition)反应。反应如下:

$$CHCl_3 + O_2 \longrightarrow Cl-\underset{Cl}{\overset{Cl}{\underset{|}{C}}}-O-O-H \xrightarrow{-HOCl} Cl-\overset{O}{\overset{\|}{C}}-Cl$$

所以通常要将氯仿储存在棕色瓶子中,储存时要加1%的乙醇以破坏已生成的光气。

$$Cl-\underset{\underset{O}{\parallel}}{C}-Cl + 2C_2H_5OH \longrightarrow C_2H_5O\underset{\underset{O}{\parallel}}{C}OC_2H_5 + 2HCl$$

## 6.10 卤代烃与金属的反应

### 6.10.1 有机金属化合物的定义和命名

卤代烃可以与许多金属反应,生成有机金属化合物。

金属和碳直接相连的一类有机化合物称为有机金属化合物(organometallic compound)。用 RM 表示,M 为金属。

有机金属化合物可以按下面三种模式命名。

(1) 在金属名称前加相应的有机基团。如

| $CH_3Li$ | $CH_3Cu$ | $(CH_3CH_2)_2Hg$ | $(CH_3CH_2)_4Pb$ |
|---|---|---|---|
| 甲基锂(有机锂试剂) | 甲基铜 | 二乙基汞 | 四乙基铅 |
| methyllithium | methylcopper | diethylmercury | tetraethyllead |

(2) 看做硼烷(borane)、硅烷(silane)或锡烷(stannane)等的衍生物。如

| $(CH_3)_4Si$ | $(CH_3)_3SnCH_2CH_3$ |
|---|---|
| 四甲基硅烷 | 三甲基乙基锡烷 |
| tetramethylsilane | ethyltrimethylstannane |

(3) 金属除与有机基团相连外,还有无机原子,可看做含有机基团的无机盐:

| $CH_3MgI$ | $CH_3CH_2HgCl$ | $CH_3CH_2AlCl_2$ |
|---|---|---|
| 碘化甲基镁(格氏试剂) | 氯化乙基汞 | 二氯化乙基铝 |
| methylmagnesium iodide | ethylmercuric chloride | ethylalumium dichloride |

---

**习题 6-41** 将下列化合物用中英文命名。

(i) $CH_3CH_2CH_2CH_2Na$  (ii) $CH_3CH_2CH_2K$  (iii) $(CH_3CH_2CH_2)_3B$  (iv) $(CH_3)_2Mg$
(v) $(CH_3CH_2CH_2CH_2)_2Zn$  (vi) $(CH_3)_2CHMgBr$

**习题 6-42** 写出下列化合物的中文名称及相应的构造式。

(i) cyclohexylmagnesium bromide  (ii) dipentylcadmium
(iii) ethyltrimethylsilate  (iv) 2-methylbutylmercuric chloride
(v) trimethylalumium  (vi) dipropylzinc

### 6.10.2 有机金属化合物的结构

有机金属化合物的分子中存在着碳金属键。由于金属元素的电负性小于碳元素,所以碳金属键中的碳原子带有负电荷,金属带有正电荷。金属与碳的键合性质及分子结构与金属在周期表中的位置有关,也与金属原子和碳原子的电负性差别有关。大致分成下列情况:

(1) 碳与碱金属形成具有离子性的键　碱金属 K,Na,Li 与碳的电负性差值在 1.5 个单位以上,同时碱金属用于成键的轨道高度扩散,与碳原子的成键轨道不能有效重叠,因此形成的键是离子性的,具有类盐的性质。

(2) 碳与ⅡA、ⅢA 族原子 Mg,B,Al 等形成具有极性的共价键——三中心两电子键(three-center two-electron bond)　这些金属按正常方法成键后,金属周围不是 8 电子构型,因此常采用三个原子共用一对电子的方式成键,称为三中心两电子键,用 ⊥ 表示。这样金属周围可以满足惰性气体构型,而碳仍是 $sp^3$ 杂化。如三甲基铝及二甲基氯化铝的二聚体形式,是含甲基桥(碳桥,carbon bridge)或氯桥的双核铝化合物:

三甲基铝的二聚体　　　　　　　　　　二甲基氯化铝的二聚体

有的化合物以多聚体的形式存在。在有机合成上,一个非常重要的试剂称格林雅(V. Grignard)试剂,其结构式为 RMgX,简称格氏试剂。它在醚的稀溶液中以单体存在,并与二分子醚络合(配位);若在浓溶液(0.5~1 mol·L$^{-1}$)中,则以二聚体存在:

格氏试剂与醚配位　　　　　　　　　　格氏试剂在醚中形成二聚体

(3) 碳与ⅣA、ⅤA 族原子 Si,Sn,Pb,Sb,Bi 等形成正常的共价键　碳用 $sp^3$ 杂化轨道成键,ⅣA 族元素具有四面体构型,ⅤA 族元素具有棱锥形或四方锥形构型:

四甲基硅烷　　　　　三甲基䏲　　　　　五苯基䏲

## 习题 6-43 写出下列化合物的结构式。

(i) $(CH_3CH_2)_2Mg$ 单体在四氢呋喃中
(ii) $(CH_3CH_2CH_2)_3B$ 的二聚体
(iii) $(C_2H_5)_4Pb$
(iv) $(CH_3)_3Bi$
(v) $CH_3(CH_2)_3MgCl$ 在四氢呋喃(0.8 mol·L$^{-1}$)中

### 6.10.3 有机金属化合物的物理性质

一些有机金属化合物的熔点、沸点列于表 6-8 中。

表 6-8 一些有机金属化合物的物理常数

| 化合物 | 熔点(或分解点)/℃ | 沸点/℃ |
| --- | --- | --- |
| $C_2H_5Li$ | 95 | |
| $C_2H_5Na$ | 分解 | |
| $(C_2H_5)_2Mg$(聚合物) | 176(分解) | |
| $(C_2H_5)_2Zn$ | −28 | 118 |
| $(C_2H_5)_2Hg$ | | 159 |
| $(C_2H_5)_3B$ | −92.5 | 95 |
| $(C_2H_5)_3Al$(二聚体) | −46(−52.5) | 194 |

有机金属化合物常溶于非极性溶剂如醚、烃中,同时在这些溶剂中有很高的反应性,一般在这些溶剂中合成后直接使用,不需要进一步提纯。

### 6.10.4 格氏试剂和有机锂试剂的制备及性质

有机金属化合物的种类很多,有 Li,Na,K,Cu,Mg,Zn,Cd,Hg,Al,Pb 等各种有机金属化合物。本节简单介绍格氏试剂(Grignard reagent)和有机锂试剂(organolithium reagent)的制备和性质。

1. 格氏试剂和有机锂试剂与活泼氢化合物、氧气和二氧化碳的反应

(1) 与活泼氢化合物的反应 格氏试剂、烷基锂等有机金属化合物,与 HO<u>H</u>,RO<u>H</u>,RS<u>H</u>,RCOO<u>H</u>,RN<u>H</u>$_2$,RCON<u>H</u>$_2$,R—C≡C<u>H</u>,RSO$_3$<u>H</u> 等氧上或氮上以及炔碳上的酸性氢均可发生反应。如

$$CH_3MgI + H_2O \longrightarrow CH_4 + Mg\begin{matrix}I\\OH\end{matrix}$$

$$CH_3Li + H_2O \longrightarrow CH_4 + LiOH$$

常利用此反应来定量分析体系中水的含量。因为只要体系中有微量水存在,就可与 $CH_3MgI$ 反应放出 $CH_4$ 气体,根据 $CH_4$ 的体积,就可测知水的含量。

这是一个酸碱反应。水的 p$K_a$=15.74,$CH_4$ 的 p$K_a$≈49,所以水比甲烷的酸性强,反应时,水提供质子,格氏试剂提供 $H_3C^-$,形成甲烷。

格氏试剂与重水(heavy water,$D_2O$)反应,使 C—Mg 键变成 C—D 键,这是在化合物中引入同位素(isotope)的一种方法。

此处命名中的 $d$, $^2H$ 均代表氘代。此化合物中若将氘换成氚,就形成氚代化合物,命名时,在氚代的相应位置换上 $t$, $^3H$ 或氚即可。

$$(CH_3)_3CMgCl + D_2O \longrightarrow (CH_3)_3CD + Mg(Cl)(OD)$$

2-甲基丙烷-2-$d$
2-甲基丙烷-2-$^2H$
2-氘-2-甲基丙烷

**习题 6-44** 如何从相应的烷烃、环烷烃或环烯烃来制备下列化合物?

(i) $(CH_3)_3CD$  (ii) $(CH_3CH_2)_3CCHCH_3$ (D下标)  (iii) 环己烷-1-甲基-1-D  (iv) 环戊二烯-1-甲基-1-D

其他含活泼氢的化合物同样可发生此反应。如

$$CH_3Li + CH_3OH \longrightarrow CH_4 + CH_3O^-Li^+$$
$$CH_3CH_2CH_2MgBr + CH_3C\equiv CH \longrightarrow CH_3CH_2CH_3 + CH_3C\equiv CMgBr$$
$$CH_3CH_2CH_2MgBr + (CH_3)_2NH \longrightarrow CH_3CH_2CH_3 + (CH_3)_2NMgBr$$

利用卤代烷制成格氏试剂,然后格氏试剂再与水反应,可以将卤代烷还原成烷烃。

在合成格氏试剂时,体系内必须绝对无水,也无其他含活泼氢的化合物。

$$RBr + Mg \xrightarrow{\text{无水醚}} RMgBr \xrightarrow{H_2O} RH + HOMgBr$$

(2) 与氧、二氧化碳反应  格氏试剂、烷基锂可以与氧、二氧化碳发生下列反应:

$$RMgX + O_2 \longrightarrow ROOMgX \xrightarrow{RMgX} 2ROMgX$$

$$RMgX + CO_2 \longrightarrow RCOOMgX \xrightarrow{H_2O} RCOOH + HOMgX$$

在制备格氏试剂、烷基锂及使用这些试剂时应避免与空气接触,如可使反应在纯氮或氩气流中进行。

从反应式还可以看出:利用格氏试剂或有机锂试剂与二氧化碳的反应,可用来制备比烃基多一个碳的羧酸。

**2. 有机金属化合物的制备**

(1) 格氏试剂的制备  格氏试剂是用卤代烃与镁直接反应来制备的。

$$RX + Mg \xrightarrow[0\sim 5\,^\circ\!C]{\text{醚}} RMgX$$

所用的溶剂如乙醚、四氢呋喃或其他惰性溶剂均需严格处理,必须保证绝对无水,否则将影响产率,甚至使反应不能进行。

为了防止生成的试剂与水、氧气、二氧化碳反应以及与未反应的卤代烃偶联,反应需在惰性气体保护下于低温进行。卤代烃与镁的反应是在金属表面上发生的。首先,RX 在 Mg 的表面上产生 R· 和 X·,X· 和 Mg 结合,然后进一步反应得到 RMgX。

反应所用的镁条用前要将表面擦亮,以除去氧化物;为了增加反应物的接触面积,镁条需要剪成细丝。

氟代烷活性太差,碘代烷太活泼,所以一般采用 RBr 和 RCl 来制备格氏试剂。但由于溴甲烷和氯甲烷是气体,制甲基卤代镁时仍用碘甲烷。

烷基镉试剂是合成酮的重要试剂,但由于镉的毒性,该试剂已很少应用。

烷基铝试剂是烯烃加成聚合时的重要催化剂。如三乙基铝与四氯化钛组成的 Ziegler-Natta(齐格勒-纳塔)催化剂(catalyst),就是一种优良的定向聚合(stereospecific polymerization)催化剂。

$$R-X \xrightarrow{Mg} R\cdot + X\cdot \quad (在金属表面发生)$$

$$X\cdot + Mg \longrightarrow XMg\cdot \xrightarrow{RX} RMgX + X\cdot$$

脂肪和芳香的一卤代烃,一般均可形成格氏试剂。卤代烃与镁的反应活性为 RI＞RBr＞RCl＞RF,三级＞二级＞一级。苯甲型、烯丙型卤代烃特别容易与格氏试剂偶联,因此通常用氯化物为原料,反应必须于低温下进行。

位于双键或苯环上的原子,特别是氯原子,在乙醚中不易形成格氏试剂,但可以在四氢呋喃中顺利进行。在制备格氏试剂时,若反应迟迟不开始,可以加一小粒碘来引发反应。在醚溶液中形成格氏试剂,一般是放热反应,在反应开始后,常需加以适当冷却。对于简单的卤代烷,一般产率在 90% 左右。

对于其他电负性比镁大的金属原子,利用格氏试剂和该金属的盐类化合物发生交换反应,可以得到另一种有机金属化合物。例如

$$2RMgCl + CdCl_2 \xrightarrow{醚} R_2Cd + 2MgCl_2$$
$$\phantom{2RMgCl + CdCl_2 \xrightarrow{醚}} 有机镉试剂$$

$$AlCl_3 + RMgCl \xrightarrow{-MgCl_2} RAlCl_2 \xrightarrow[-MgCl_2]{RMgCl} R_2AlCl \xrightarrow[-MgCl_2]{RMgCl} R_3Al$$
$$\phantom{AlCl_3 + RMgCl \xrightarrow{-MgCl_2} RAlCl_2 \xrightarrow[-MgCl_2]{RMgCl} R_2AlCl \xrightarrow[-MgCl_2]{RMgCl}} 有机铝试剂$$

> **习题 6-45** 根据下列每一个反应中元素的电负性来确定反应能否进行,并推测平衡常数 $K>1$ 还是 $K<1$。
>
> (i) $2(C_2H_5)_3Al + 3CdCl_2 \rightleftharpoons 3(C_2H_5)_2Cd + 2AlCl_3$
>
> (ii) $(C_2H_5)_2Hg + ZnCl_2 \rightleftharpoons (C_2H_5)_2Zn + HgCl_2$
>
> (iii) $2(C_2H_5)_2Mg + SiCl_4 \rightleftharpoons (C_2H_5)_4Si + 2MgCl_2$
>
> (iv) $C_2H_5Li + HCl \rightleftharpoons C_2H_6 + LiCl$
>
> (v) $(C_2H_5)_2Zn + 2LiCl \rightleftharpoons 2C_2H_5Li + ZnCl_2$

(2) 有机锂试剂的制备 　有机锂试剂也可以用卤代烃与锂直接反应来制备。例如

$$CH_3CH_2CH_2CH_2Br + 2Li \xrightarrow[-10\ ℃]{无水乙醚} CH_3CH_2CH_2CH_2Li + LiBr$$
$$\phantom{CH_3CH_2CH_2CH_2Br + 2Li \xrightarrow[-10\ ℃]{无水乙醚} CH_3CH_2CH_2CH_2Li\ } 80\%\sim 90\%$$

$$(CH_3)_3CCl + 2Li \xrightarrow[-30\ ℃]{无水乙醚} (CH_3)_3CLi + LiCl$$

其反应机理与制备格氏试剂是相似的:

$$R-X \longrightarrow R\cdot + X\cdot \xrightarrow{2Li} RLi + Li^+X^-$$

由于锂和产物烃基锂的反应活性分别高于镁和格氏试剂,所以制备时的条件控制与制格氏试剂时相似,但更为严格。苯型和苄型的锂试剂常常采用一种活泼的有机锂试剂与卤苯或苄卤进行置换反应来进行制备。例如

$$CH_3CH_2CH_2CH_2Br + Li \xrightarrow{醚} CH_3CH_2CH_2CH_2Li$$

$$CH_3CH_2CH_2CH_2Li + \text{C}_6\text{H}_5\text{-I} \xrightarrow{醚} CH_3CH_2CH_2CH_2I + \text{C}_6\text{H}_5\text{-Li}$$

$$CH_3CH_2CH_2CH_2Li + \text{C}_6\text{H}_5\text{-CH}_2\text{Cl} \xrightarrow{醚} CH_3CH_2CH_2CH_2Cl + \text{C}_6\text{H}_5\text{-CH}_2\text{Li}$$

二分子烃基锂与一分子卤化亚铜在醚中、低温下于氮气流和氩气流中进行反应,可以形成二烃基铜锂。二烃基铜锂也是一个反应适用范围很广的试剂。

$$RLi + CuX \longrightarrow RCu + LiX$$
$$RCu + RLi \longrightarrow R_2CuLi$$
二烃基铜锂

3. 卤代烃的偶联反应

(1) 有机金属化合物的亲核性 有机金属化合物中的烃基带有负电性,具有很强的亲核性和碱性。它作为一个碱性试剂,能与含活泼氢的化合物发生酸碱反应,也可以使三级卤代烃发生消除反应;作为一个亲核性试剂,可以参与亲核取代反应,如

$$RMgBr + \underset{O}{\triangle} \longrightarrow RCH_2CH_2OMgBr \xrightarrow{H_2O} RCH_2CH_2OH$$

$$RMgBr + R'-X \longrightarrow R-R' + MgBrX$$

也可以参与亲核加成反应,如

$$R'MgBr + R-\underset{H}{\overset{}{C}}=O \longrightarrow \underset{R}{\overset{R'}{C}}H-OMgBr \xrightarrow{H_2O} \underset{R}{\overset{R'}{C}}H-OH + HOMgBr$$

$$R'MgBr + R-C\equiv N \longrightarrow \underset{R}{\overset{R'}{C}}=NMgBr \xrightarrow{H_2O} \underset{R}{\overset{R'}{C}}=NH + HOMgBr$$

反应时,格氏试剂的烃基部分进攻不饱和键中略带正电性的原子,不饱和键打开,格氏试剂的正电性部分与不饱和键中带负电性的原子结合。(这类加成反应的详细讨论参见 10.5.2。)

(2) 卤代烃与有机金属化合物的偶联反应 通过 $S_N$ 反应,卤代烃中的烃基与有

机金属化合物的烃基用碳碳键连接起来，形成了一个新的分子，称这类反应为卤代烃与有机金属化合物的偶联反应(coupling reaction)。这是制备高级烃类化合物的重要方法。

格氏试剂、烷基锂试剂都很容易与三级卤代烃、烯丙型和苯甲型卤代烃发生偶联反应。如

$$RCH=CHCH_2Br + RCH=CHCH_2MgBr \longrightarrow RCH=CHCH_2CH_2CH=CHR + MgBr_2$$

所以制备这类格氏试剂需要严格控制低温条件。格氏试剂与一级、二级卤代烃的偶联反应需要在零价钯的催化作用下才能发生。

二烃基铜锂与卤代烃发生偶联反应，反应如下：

$$RX + R'_2CuLi \longrightarrow R-R' + R'Cu + LiX$$

卤代烃中的烃基可以是一级、二级烷基，也可以是乙烯基、芳基、烯丙基和芳甲基；二烃基铜锂中的烃基可以是一级烷基，也可以是其他烃基，如乙烯基、芳基和烯丙基等，因此这个偶联反应适用范围很广。

$$\text{Ph-I} + (CH_3)_2CuLi \longrightarrow \underset{90\%}{\text{Ph-CH}_3} + CH_3Cu + LiI$$

$$CH_3\text{-C}_6H_4\text{-Br} + (CH_2=\underset{CH_3}{C})_2CuLi \longrightarrow \underset{80\%}{CH_3\text{-C}_6H_4\text{-}\underset{CH_3}{C}=CH_2} + CH_2=\underset{CH_3}{CCu} + LiBr$$

$$CH_3(CH_2)_4Cl + (CH_3CH_2CH_2CH_2)_2CuLi \longrightarrow \underset{80\%}{CH_3(CH_2)_7CH_3} + CH_3(CH_2)_3Cu + LiCl$$

$$\underset{H}{\overset{Ph}{>}}C=C\underset{H}{\overset{Br}{<}} + (n\text{-}C_4H_9)_2CuLi \longrightarrow \underset{\text{构型不变, 71\%}}{\underset{H}{\overset{Ph}{>}}C=C\underset{H}{\overset{C_4H_9\text{-}n}{<}}} + n\text{-}C_4H_9Cu + LiBr$$

---

**习题 6-46** 用六个碳或六个碳以下的卤代烃合成下列化合物。

(i) $CH_3(CH_2)_8CH_3$    (ii) $CH_3(CH_2)_5CH=CH_2$    (iii) Ph-$CH_2(CH_2)_4CH_3$    (iv) 环戊基-$\underset{H_3C}{C}=\underset{CH_3}{C}$-环戊基

---

（3）**其他偶联反应** 其他有机金属化合物也可以发生偶联反应。例如，炔基钠与一级卤代烃的偶联、炔基铜本身的氧化偶联都可以用来制备高级炔烃。

$$RC\equiv CNa + C_2H_5Br \longrightarrow R-C\equiv C-C_2H_5$$

$$2RC\equiv CCu \xrightarrow[\text{空气}]{[O]} RC\equiv C-C\equiv CR$$

卤代烃在金属钠作用下的偶联称为武兹反应（Wurtz reaction），可用来制备对称的烷烃。

$$2RX + 2Na \longrightarrow R-R + 2NaX$$

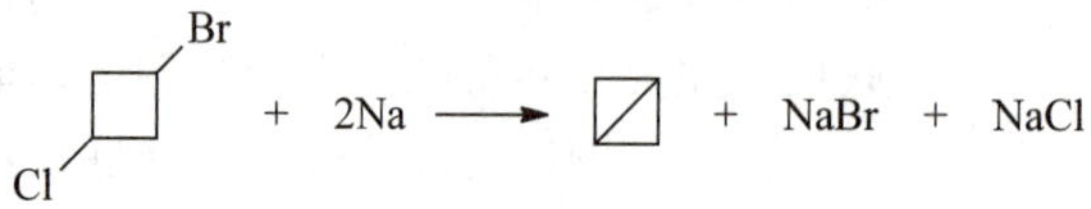

$$\text{[环丁烷-Br,Cl]} + 2Na \longrightarrow \text{[双环]} + NaBr + NaCl$$

二卤代烃在锌的作用下偶联可以生成环烃，例如

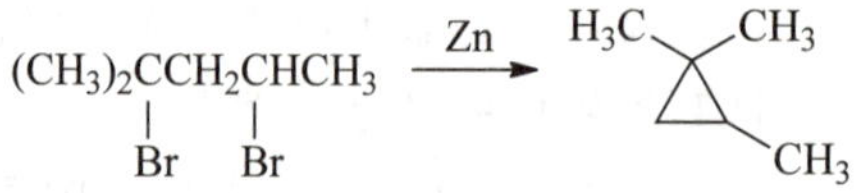

$$(CH_3)_2CCH_2CHCH_3 \text{（Br,Br）} \xrightarrow{Zn} \text{1,1,2-三甲基环丙烷}$$

## 有机卤化物的制备

### 6.11 一般制备方法

> 一氯甲烷可用做冷冻剂；二氯甲烷是非常好的溶剂；纯净的氯仿，以往做麻醉剂使用，但有毒性，现已不用。
>
> 四氯化碳可用做干洗剂，亦可用做灭火剂。这是因为四氯化碳上没有氢，不会燃烧，同时沸点低，遇热很易成为气体，这种气体密度比空气大，能沉下来把火焰包围住，使燃烧物与空气隔绝，从而将火熄灭。
>
> 卤代烃对肝脏有毒，并可能有致癌作用，使用时需要注意。

在工业上，很多卤代烃是用烃在高温下卤化得到的。

高温卤化是按自由基机理进行的，反应不易停止在一元阶段，亦不易控制在某一碳上，因此得到的是一卤、二卤、多卤的复杂混合物，这些混合物可以通过分馏加以分离。例如，甲烷氯化得到一氯甲烷、二氯甲烷、三氯甲烷、四氯化碳的混合物；如果控制适当的条件及氯的用量，可以使得到的主要产物是一氯甲烷或四氯化碳。

在实验室，卤代烃通常可用下列方法制备。

1. 由醇制备

由醇与氢卤酸（或用溴化钠和硫酸的混合物）反应生成卤代烃和水，是卤代烃尤其是一元卤代烷最重要、最普通的合成方法：

$$ROH + HX \longrightarrow RX + H_2O$$

亦可以用三卤化磷（或磷和卤素）、五氯化磷、亚硫酰氯（或称氯化亚砜）等作为卤化试剂，与醇反应来制备卤代烃（参见 7.7）。

2. 由烯烃和炔烃制备

烯烃和炔烃与 HX 经加成反应可制一卤代烃，与 $X_2$ 加成可制备邻二卤代烃或多卤代烃。例如

$$\begin{aligned} &>\!C\!=\!C\!<\ +\ HX\ \longrightarrow\ >\!\overset{H}{C}\!-\!\underset{X}{C}\!< \\ &-C\!\equiv\!C\!-\ +\ HX\ \longrightarrow\ -CH\!=\!\underset{X}{C}\!- \end{aligned}\Bigg\}\text{一卤代烃}$$

$$\begin{aligned} &>\!C\!=\!C\!<\ +\ X_2\ \longrightarrow\ >\!\underset{X}{C}\!-\!\underset{X}{C}\!< \\ &-C\!\equiv\!C\!-\ +\ X_2\ \longrightarrow\ -\underset{X}{C}\!=\!\underset{X}{C}\!- \end{aligned}\Bigg\}\text{邻二卤代烃}$$

$$\downarrow X_2$$

$$-\underset{X}{\overset{X}{C}}\!-\!\underset{X}{\overset{X}{C}}\!-\quad\text{多卤代烃}$$

### 3. 由醛、酮制备

在酸的催化作用下，醛、酮与卤素反应可制备 α-卤代醛、α-卤代酮（参见10.7.3）。例如

醛卤化前须先保护醛基。

$$CH_3\overset{O}{\underset{\|}{C}}CH_3\ +\ X_2\ \xrightarrow{CH_3\overset{O}{\underset{\|}{C}}OH}\ CH_3\overset{O}{\underset{\|}{C}}CH_2X$$

酮与五卤化磷反应可制备偕二卤代烃。例如

$$CH_3\overset{O}{\underset{\|}{C}}CH_3\ +\ PCl_5\ \longrightarrow\ CH_3CCl_2CH_3\ +\ POCl_3$$

反应温度一般在 0~5℃，羰基氧作为亲核试剂进行反应：

$$>\!C\!=\!\ddot{\mathrm{O}}\!:\ +\ \overset{Cl}{\underset{|}{P}}\!-\!Cl_4\longrightarrow Cl^-\ +\ >\!C\!=\!\overset{+}{O}\!-\!PCl_4\longrightarrow Cl\!-\!\overset{|}{\underset{|}{C}}\!-\!O\!-\!PCl_3\!-\!Cl\longrightarrow Cl\!-\!\overset{+}{\underset{|}{C}}\ +\ Cl^-\ +\ POCl_3$$

$$\downarrow$$

$$Cl\!-\!\overset{|}{\underset{|}{C}}\!-\!Cl$$

在碱的催化作用下，醛、酮与卤素反应可制得卤代醛、酮或卤仿（参见 10.7.3，10.7.4）。例如

$$R\!-\!\overset{O}{\underset{\|}{C}}\!-\!CH_3\xrightarrow[OH^-]{X_2}R\!-\!\overset{O}{\underset{\|}{C}}\!-\!CH_2X\xrightarrow[OH^-]{X_2}R\!-\!\overset{O}{\underset{\|}{C}}\!-\!CHX_2\xrightarrow[OH^-]{X_2}R\!-\!\overset{O}{\underset{\|}{C}}\!-\!CX_3\xrightarrow{OH^-}R\!-\!\overset{O}{\underset{\|}{C}}\!O^-\ +\ HCX_3$$

一卤代酮　　　二卤代酮　　　三卤代酮　　　卤仿

重要的卤仿是氯仿和碘仿，可以用乙醇或丙酮为原料，与次卤酸钠反应制备（参见10.7.4）。

4. 用卤代烷与卤原子置换

卤代烷中的卤原子,可以被另一种卤原子置换:

$$RCl(Br) + NaI \xrightarrow{\text{丙酮溶液}} RI + NaCl(Br)$$

碘化钠在丙酮(或其他酮,如甲乙酮)中的溶解度比氯化钠、溴化钠大得多,因此反应如果在丙酮中进行,氯化钠或溴化钠就可沉淀出来,使反应向右进行。

> 这是一个可逆反应,要使反应进行完全,必须将其中一个产物除掉。这是从比较便宜的氯代烷制备碘代烷的一个方便的方法,产率很好。卤代烷的反应速率:一级>二级>三级。

## 6.12 氟代烷的制法

若用烷烃直接氟化制备氟代烷,反应时会放出大量的热,常使碳碳键断裂,得到大量碳和氟化氢;但可采用活性较低的氟化试剂如三氟化钴($CoF_3$)来制备。三氟化钴的制备及反应如下:

$$2CoF_2 + F_2 \longrightarrow 2CoF_3$$

$$CH_4 + 8CoF_3 \longrightarrow CF_4 + 8CoF_2 + 4HF$$

氟代烷与多氟代烷常用卤代烷与无机氟化物制备,例如

$$2CH_3Br + Hg_2F_2 \longrightarrow 2CH_3F + Hg_2Br_2$$

$$CHBr_3 + SbF_3 \longrightarrow CHF_3 + SbBr_3$$

商业上重要的氟化物氟里昂-12(freon-12),即二氟二氯甲烷 $CCl_2F_2$,曾在冰箱压缩机中用做制冷剂,在工业上是用下法合成的:

$$SbCl_3 + Cl_2 \longrightarrow SbCl_5$$

$$SbCl_5 + 3HF \longrightarrow SbCl_2F_3 + 3HCl$$

$$CCl_4 + SbCl_2F_3 \xrightarrow[3\ \text{MPa}]{100\ ℃} CCl_2F_2 + SbCl_4F$$

$$\text{氟里昂-12}$$

> 但这种传统使用的制冷剂对大气臭氧层有严重的破坏作用,广泛使用氟里昂,使大气臭氧层变得日渐稀薄,太阳对地球紫外线辐射增强。在南美洲,大片牧场牧草枯萎;在欧洲,皮肤癌的发病率数年中增加了4倍;在澳大利亚,大批的羊患上无法治愈的眼病……这是一件国际性的大事,为此1987年国际《蒙特利尔议定书》规定,在20世纪末在全球范围内限制并最终禁止使用这种制冷剂。现在冰箱已改用无氟的制冷剂或采用新的循环制冷技术。

用二氟一氯甲烷热裂可以制备四氟乙烯:

$$CHCl_3 + 2HF \xrightarrow[20\sim30\ ℃]{SbCl_5} HCClF_2 + 2HCl$$

$$2HCClF_2 \xrightarrow{700\ ℃} F_2C=CF_2 + 2HCl$$

四氟乙烯是单体,可以聚合成为聚四氟乙烯:

$$nF_2C=CF_2 \xrightarrow[\text{过氧化物}]{\text{加压聚合}} \mathord{\text{---}}(F_2C-CF_2\mathord{\text{---}})_n$$

聚四氟乙烯是一个非常稳定的塑料,能够耐高温且不易老化,并能耐强酸强碱,有极好

的绝缘性能及良好的不黏附性,无毒性,有自润滑作用,是非常有用的工程和医用塑料。

## 章 末 习 题

**习题 6-47** 用中英文系统命名法命名下列化合物。

(i) CH₃CH₂CH(CH₂Cl)CH₂CH(CH₃)CH₃  (ii) CH₃CH(CH₃)CH₂CH(CH₃)CH(Br)CH₃,含CH₃支链  (iii) 3-氯-1-乙基环己烷  (iv) 反-1-碘-2-溴环己烷

(v) Cl—C(CH₃)(CH₂CH₃)—CH(CH₃)₂  (vi) CH₃—C(H)(Cl)—(Br)(CH₂CH₃)  (vii) 1-甲基-2-氯-3-氟环己烷  (viii) CH₃—CHCl—C(Cl)(Br)—CH₂CH₃

**习题 6-48** 写出下列化合物的结构式。

(i) (R)-2-甲基-4-氯辛烷           (ii) (2S,3S)-2-氯-3-溴丁烷
(iii) (S)-4-甲基-5-乙基-1-溴庚烷   (iv) (1R,3R)-1,3-二溴环己烷

**习题 6-49** 解释下列问题。

(i) (S)-3-甲基-3-溴己烷在水-丙酮中反应得外消旋体 3-甲基-3-己醇。
(ii) (R)-2,4-二甲基-2-溴己烷在水-丙酮中反应得旋光的 2,4-二甲基-2-己醇。
(iii) 顺-1-甲基-4-碘环己烷在 NaI 的丙酮溶液中发生取代反应,产物是什么?在达到平衡时,求混合物中各成分的质量分数。(提示:参看表 3-2,计算平衡常数 K。)

**习题 6-50** 溴代环己烷与下列试剂反应,请写出反应的主要产物。

(i) NaHS            (ii) C₂H₅ONa,C₂H₅OH        (iii) NaI(在丙酮中)
(iv) NaSCH₃         (v) CH₃COONa(在丙酮中)      (vi) CH₃NH₂

**习题 6-51** 请比较下列各组化合物进行 S_N2 反应时的反应速率。

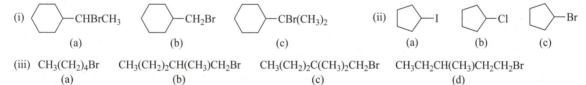

(iii) CH₃(CH₂)₄Br    CH₃(CH₂)₂CH(CH₃)CH₂Br    CH₃(CH₂)₂C(CH₃)₂CH₂Br    CH₃CH₂CH(CH₃)CH₂Br
     (a)              (b)                      (c)                      (d)

**习题 6-52** 请比较下列各组化合物进行 S_N1 反应时的反应速率。

(i) 苄基溴(苯甲基溴)    α-苯基溴乙烷    β-苯基溴乙烷
(ii) 3-甲基-1-溴戊烷    2-甲基-2-溴戊烷    2-甲基-3-溴戊烷

**习题 6-53** 下面所列的每对亲核取代反应中,哪一个反应更快?请解释原因。

(i) (a) $(CH_3)_3CBr + H_2O \xrightarrow{\Delta} (CH_3)_3COH + HBr$

(b) $CH_3CH_2CH(CH_3)Br + H_2O \xrightarrow{\Delta} CH_3CH_2CH(CH_3)OH + HBr$

(ii) (a) $CH_3CH_2CH_2Br + NaOH \xrightarrow{H_2O} CH_3CH_2CH_2OH + NaBr$

(b) $CH_3CH_2CH(CH_3)Br + NaOH \xrightarrow{H_2O} CH_3CH_2CH(CH_3)OH + NaBr$

(iii) (a) $CH_3CH_2Cl + NaI \xrightarrow{丙酮} CH_3CH_2I + NaCl$

(b) $(CH_3)_2CHCl + NaI \xrightarrow{丙酮} (CH_3)_2CHI + NaCl$

(iv) (a) $CH_3CH_2CH_2I + NaCN \longrightarrow CH_3CH_2CH_2CN + NaI$

(b) $(CH_3)_2CHI + NaCN \longrightarrow (CH_3)_2CHCN + NaI$

(v) (a) $CH_3CH_2CH_2Cl + CH_3NH_2 \longrightarrow CH_3CH_2CH_2\overset{+}{N}H_2CH_3\ Cl^-$

(b) $CH_3CH_2CH(CH_3)Cl + CH_3NH_2 \longrightarrow CH_3CH_2CH(CH_3)\overset{+}{N}H_2CH_3\ Cl^-$

(vi) (a) $CH_3CH_2CH_2Br + NaSH \xrightarrow{H_2O} CH_3CH_2CH_2SH + NaBr$

(b) $CH_3CH_2CH_2Br + NaOH \xrightarrow{H_2O} CH_3CH_2CH_2OH + NaBr$

(vii) (a) $CH_3CH_2Br + SCN^- \xrightarrow{C_2H_5OH-H_2O} CH_3CH_2SCN$

(b) $CH_3CH_2Br + SCN^- \xrightarrow{C_2H_5OH-H_2O} CH_3CH_2NCS$

(viii) (a) $CH_3CH_2CH_2Br + \text{C}_6\text{H}_5\text{ONa} \longrightarrow CH_3CH_2CH_2O\text{C}_6\text{H}_5 + NaBr$

(b) $CH_3CH_2CH_2Br + CH_3ONa \longrightarrow CH_3CH_2CH_2OCH_3 + NaBr$

(ix) (a) $CH_3CH_2OSO_2OCH_2CH_3 + Cl^- \longrightarrow CH_3CH_2Cl + {}^-OSO_2OCH_2CH_3$

(b) $CH_3CH_2F + Cl^- \longrightarrow CH_3CH_2Cl + F^-$

(x) (a) $CH_3CH_2Br + SH^- \xrightarrow{CH_3OH} CH_3CH_2SH + Br^-$

(b) $CH_3CH_2Br + SH^- \xrightarrow{\overset{O}{\underset{\|}{HCN(CH_3)_2}}} CH_3CH_2SH + Br^-$

(xi) (a) $CH_3Br + (CH_3)_3N \longrightarrow (CH_3)_4\overset{+}{N}Br^-$

(b) $CH_3Br + (CH_3)_3P \longrightarrow (CH_3)_4\overset{+}{P}Br^-$

**习题 6-54** 卤代烷与 NaOH 在水与乙醇混合物中进行反应，请指出哪些属于 $S_N2$ 机理，哪些属于 $S_N1$ 机理。

(i) 产物的绝对构型完全转化　　(ii) 有重排反应

(iii) 碱的浓度增加，反应速率加快　　(iv) 三级卤代烷速率大于二级卤代烷

(v) 增加溶剂含水量，反应速率明显加快　　(vi) 反应过程中只有一种过渡态

(vii) 进攻试剂亲核性越强，反应速率愈快　　(viii) 反应过程中有两种过渡态

(ix) 产物是一对外消旋体　　(x) 构型翻转的产物多于构型保持的产物

(xi) 随着碱浓度的增大和反应温度的升高，产率增加

**习题 6-55** 试比较下列化合物在浓 KOH 醇溶液中脱卤化氢的反应速率，并阐明判断的依据。

(i) $CH_3CH_2CH_2CH_2Br \quad CH_3CH_2CHBrCH_3 \quad CH_3CH_2CBr(CH_3)_2$

(ii) 环戊烯-CH₂CHCH₃(Br)　　环戊烯-CH₂CH₂CHCH₃(Br)

**习题 6-56** 完成下列反应，写出主要产物。

(i) CH₃-⬡=O + PCl₅ ⟶

(ii) CH₃-⌬-OH + C₂H₅OSO₂OC₂H₅ $\xrightarrow{NaOH}$

(iii) CH₃(CH₂)₃Br + SbF₃ ⟶

(iv) CH₃CH₂CHBrCH₃ + AgONO ⟶

(v) ⬡-Cl + P(C₂H₅)₃ ⟶

(vi) ⬡(CH₃)(Br) + NaCN ⟶

(vii) ⬡-CH₂Br + NaCN ⟶

(viii) CH₃-⬡-I + HI ⟶

(ix) ⬡=-Br + (CH₃)₂CuLi ⟶

(x) (CH₃CH₂)(CH₃)C=C(Br)(CH₂CH₂CH₃) $\xrightarrow{Na+NH_3(l)}$

(xi) 4CH₃MgCl + SiCl₄ ⟶

(xii) 2CH₃CH₂CH(CH₃)MgCl + HgCl₂ ⟶

(xiii) (CH₃CH₂)₃CLi + H₂O ⟶

(xiv) Br(CH₂)₄Br $\xrightarrow{NaHS(1\ mol)}$ $\xrightarrow{NaOH}$

(xv) (CH₃)₂CHCH(CH₃)₃ $\xrightarrow[\text{光}]{Br_2(1\ mol)}$ $\xrightarrow[\text{无水乙醚}]{Mg}$ $\xrightarrow{D_2O}$

**习题 6-57** 完成下列反应，注意立体构型。

(i) CH₃-⌬-SO₂O-C(C₂H₅)(CH₃)(H) + NaSH ⟶

(ii) (H)(H₃C)C(Br)-C(H)(CH(CH₃)₂) + CH₃NH₂ ⟶

(iii) 环戊烷(1-Br, 1-CH₃, 3-CH₃, 顺反构型) $\xrightarrow{CH_3OH}$

**习题 6-58** 下列试剂以醇为溶剂与三级溴代烷进行反应，请按消除/取代比率大小，排列成序。

(i) CH₃CH₂ONa　　(ii) ⌬-SNa　　(iii) (CH₃)₃COK

**习题 6-59** 预测下列反应哪些可以进行。若能进行，请完成。

(i) (CH₃)₃Al + CdCl₂ ⟶

(ii) (CH₃)₂Hg + AlCl₃ ⟶

(iii) CH₃CH₂MgBr + CH₃COOH ⟶

(iv) CH₃CH₂CH₂CH₂Cl + (CH₂=C(CH₃))₂CuLi ⟶

(v) ⌬-Cl $\xrightarrow[\text{无水乙醚}]{Mg}$

**习题 6-60** 化合物 CH₃CH(Br)CH(Br)CH₂CH₃ 和 环己烷-1,2-二溴（反式） 均为邻二卤代烃。为什么前者消去二分子溴化氢生成炔，而后者消去二分子溴化氢得共轭双烯？

**习题 6-61** 写出(i)、(ii)的反应式及其相应的反应机理。

(i) 1,2-二苯基-1,2-二溴乙烷在 I⁻ 的作用下发生消除反应。

(ii) (1$R$,2$R$)-1,2-二甲基-1,2-二溴环己烷在 Zn 作用下发生消除反应。

**习题 6.62** 用六个碳或六个碳以下的卤代烷合成下列化合物。

(i) C$_6$H$_5$CH(CH$_3$)CH=CH$_2$　(ii) C$_6$H$_5$CH$_2$C(CH$_3$)=CHCH$_3$　(iii) CH$_2$=CHCH$_2$CH$_2$CH(CH$_3$)$_2$　(iv) (环戊基)(CH$_3$)C=CH(CH$_3$)

## 复习本章的指导提纲

**基本史实**
Walden 转换的发现。

**基本概念和基本知识点**
卤代烃，1°、2°、3°卤代烃，乙烯型卤代烃，苯型卤代烃，烯丙型卤代烃，苯甲型卤代烃，偕二卤代烃，邻二卤代烃，卤仿，饱和卤代烃，不饱和卤代烃，脂肪族卤代烃，芳香卤代烃；碳卤键的结构特征；卤代烃的构象；van der Waals 吸引力，偶极-偶极排斥力，偶极-偶极吸引力；卤代烃物理性质的一般规律，卤代烃的结构对其物理性质的影响；诱导效应，共轭效应，离域体系，超共轭效应，吸电子基团，给电子基团，场效应，碳正离子，一级碳正离子，二级碳正离子，三级碳正离子；解离能，电离能；桥头碳原子，刚性结构；手性碳原子，构型保持，构型翻转；亲核取代反应：S$_N$1 反应，S$_N$2 反应，底物，中心碳原子，亲核试剂，离去基团，碱性，可极化性的概念及影响可极化性的因素；亲核性，两位负离子；溶剂，质子溶剂，偶极溶剂，极性溶剂，非极性溶剂；消除反应，E1 反应，E2 反应，E1cb 反应；区域选择性，立体选择性，重排反应，Zaitsev 规则，Zaitsev 产物，顺式消除，反式消除；卤代烃的水解和醇解；有机金属化合物，有机金属化合物的命名，硅烷，硼烷；三中心两电子键；格氏试剂，有机锂试剂；光气；催化氢解；偶联反应。

**基本反应和重要反应机理**
饱和碳原子上的亲核取代反应：S$_N$1 反应的定义、机理、立体化学、特点及应用；溶剂解反应；Winstein 离子对机理；S$_N$2 反应的定义、机理、立体化学、特点及应用；分子内的 S$_N$2 反应；β-消除反应：E1 反应的定义、机理、立体化学、特点及应用；E2 反应的定义、机理、立体化学、特点及应用；E1cb 反应的定义、机理、立体化学、特点及应用；Wagner-Meerwein 重排的机理。

卤代烃的亲核取代反应和消除反应，S$_N$1，S$_N$2，E1，E2 四种反应机理的共存和竞争；1°RX，2°RX 和 3°RX 在这几种竞争反应中的情况分析；卤代烷的还原，各种还原剂的适用范围和特点；卤仿的分解反应；卤代烷与金属的反应，卤代烃与有机金属化合物的偶联反应。

**重要合成方法**
卤代烃经亲核取代反应制备各类官能团化合物，如新的卤代烃、炔、醇、醚、腈、酯、胺或铵盐、硝基化合物、叠氮化合物等；卤代烃经消除反应制备烯、炔；卤代烃经与有机金属化合物的偶联反应制备高级烃类化合物。

**重要鉴别方法**

用 $AgNO_3$ 溶液鉴别 $1°,2°,3°RX$,鉴别 $RI,RBr,RCl$;用碘化钠的丙酮溶液鉴别 $RCl,RBr$。

**基本分析**

反应物结构与反应机理关系的分析;溶剂对反应机理影响的分析;离去基团离去能力的分析;试剂亲核性大小的分析;$S_N1,S_N2,E1,E2$ 四种反应机理并存和竞争的分析。

## 英汉对照词汇

alcoholysis of halohydrocarbon　卤代烃的醇解
alkalinity　碱性
allylic halide　烯丙型卤代烃
ambident anion　两位负离子
anti-elimination　反式消除
anti-Zaitsev rule　反札依采夫规则
arc arrow　弧形箭头
aryl halide　芳香卤代烃
atomic chain　原子链
benzyl halide　苯甲型(苄型)卤代烃
bimolecular elimination(E2)　双分子消除反应
bimolecular nucleophilic substitution($S_N2$)　双分子亲核取代反应
bond dissociation energy　键的解离能
borane　硼烷
bromide　溴化物
carbanion intermediate　碳负离子中间体
carbocation　碳正离子
carbon bridge　碳桥
central carbon　中心碳原子
chloride　氯化物
chloroform　氯仿
chlorosuccinic acid　氯代琥珀酸
close ion-pair　紧密离子对
concentration of reactant　反应物的浓度
conjugated system　共轭体系
conjugation　共轭效应
coupling reaction　偶联反应
decomposition of haloform　卤仿的分解
dipole solvent　偶极溶剂
distinguish of halohydrocarbon　卤代烃的鉴别
electron-donating conjugation　给电子共轭效应
electron-donating group　给电子基团
electron-donating inductive effect　给电子诱导效应
electron-transfer　电子转移
electron-withdrawing conjugation　吸电子共轭效应
electron-withdrawing group　吸电子基团
electron-withdrawing inductive effect　吸电子诱导效应
elimination reaction　消除反应
elimination of halohydrocarbon　卤代烃的消除
field effect　场效应
fluoride　氟化物
free ion　自由离子
freon-12　氟里昂-12
Grignard reagent　格氏试剂
halohydrocarbon　卤代烃
haloform　卤仿
heavy water　重水
hydrogen anion　氢负离子
hydrogenolysis　氢解
hydrolysis of halohydrocarbon　卤代烃的水解
hydrolysis　水解
hydrophilic property　亲水性
hyperconjugation　超共轭效应
identification　鉴别
inductive effect　诱导效应
internal $S_N2$ reaction　分子内 $S_N2$ 反应

internal nucleophilic substitution 分子内亲核取代
inversion of configuration 构型翻转
iodide 碘化物
iodoform 碘仿
ionization energy 电离能
isonitrile 异腈
isotope 同位素
leaving group 离去基团
Lewis acid 路易斯酸
lithium aluminium hydride 氢化铝锂
malic acid 苹果酸
monomolecular nucleophilic substitution($S_N1$) 单分子亲核取代反应
nitrile 腈
nitrite 亚硝酸酯
nitroalkane 硝基烷
non-aqueous solvent 非水溶剂
non-polar solvent 非极性溶剂
nucleophilic agent 亲核试剂
nucleophilicity 亲核性
nucleophilic substitution 亲核取代反应
organolithium reagent 有机锂试剂
organometallic compound 有机金属化合物
oxonium salt 𨦡盐
phenyl halide 苯型卤代烃
polar covalent bond 极性共价键
polarizability 可极化性
primary carbocation 一级碳正离子
primary-order reaction 一级反应
product 产物
proton solvent 质子溶剂
reactive intermediate 活性中间体
reaction mechanism 反应机理
reaction rate 反应速率
rearrangement reaction 重排反应
reduction of halohydrocarbon 卤代烃的还原
regioselectivity 区域选择性
retention of configuration 构型保持
rigid structure 刚性结构
second-order reaction 二级反应
secondary carbocation 二级碳正离子
silane 硅烷
sodium boron hydride 硼氢化钠
solvent effect 溶剂效应
solvolysis reaction 溶剂解反应
stannane 锡烷
steric help effect 空助效应
stereoselectivity 立体选择性
stereospecific polymerization 定向聚合
steric hindrance effect 空阻效应
substitution reaction 取代反应
substrate 底物
sulfate 硫酸酯
sulfonate 磺酸酯
tertiary carbocation 三级碳正离子
three-center two-electron bond 三中心两电子键
two-fanged nucleophile 双位亲核性能
two-fanged reactivity 双位反应性能
unimolecular elimination(E1) 单分子消除反应
unimolecular elimination through conjugate base (E1cb) 单分子共轭碱消除反应
vinylic halide 乙烯型卤代烃
Wagner-Meerwein rearrangement 瓦格奈尔-麦尔外因重排
Walden inversion 瓦尔登转换
Winstein ion-pair mechanism 温斯坦离子对机理
Wurtz reaction 武兹反应
Zaitsev rule 札依采夫规则
Ziegler-Natta catalyst 齐格勒-纳塔催化剂

CHAPTER

# 第 7 章 醇 和 醚

* * * * *

紫杉醇最早是从太平洋紫杉树皮提取物中分离得到的。Bristol-Myers Squibb 公司将它用做抗癌药并将它的商标名定为"Taxol"。临床试验表明,紫杉醇具有良好的抗白血病的作用和优异的抗癌活性。

紫杉醇的结构十分复杂。其母核部分含有一个八元环、一个环丁氧烷和两个六元环,其中一个六元环上还有一个侧链。整个分子中含有 11 个手性碳原子。早期,该药的唯一来源是濒危的紫杉树的树皮。因此,全合成紫杉醇对有机化学家来说是一个很大的挑战。1994 年 2 月,以 Scripps 研究所的 K. C. Nicolaou 和佛罗里达州立大学的 Robert Holton 领导的两个小组同时宣布完成了紫杉醇的全合成。现在从紫杉树的针叶的提取物中可以获得紫杉醇的母核前体。通过不对称合成可大规模制备其侧链,然后用一般的有机反应将母核和侧链连接即可得到紫杉醇。

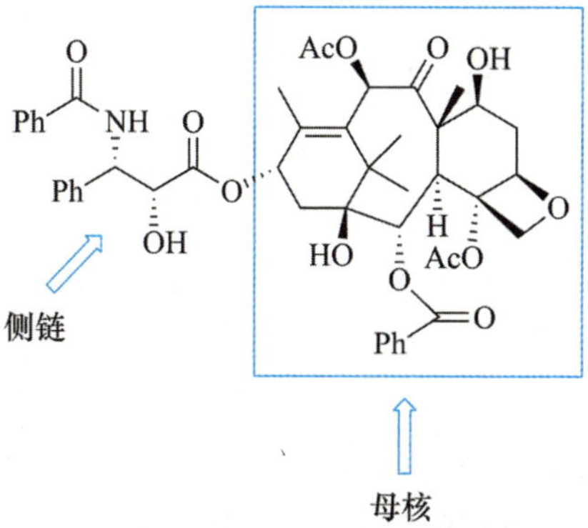

紫杉醇的结构式

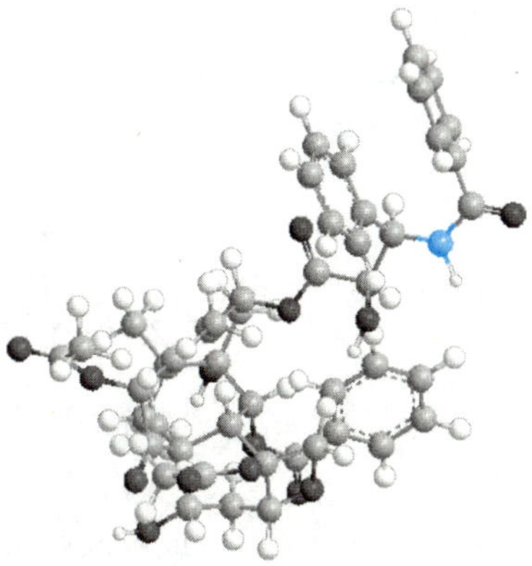

紫杉醇的球棍模型

* * * * *

## (一) 醇

脂肪烃分子中的氢原子或芳香烃侧链上的氢原子被羟基取代后的化合物称为醇(alcohol)。羟基是醇的官能团。

## 7.1 醇的分类

醇可以根据分子中所含羟基的数目来分类,含一个羟基的称为一元醇(monohydric alcohol),含两个羟基的称为二元醇(dihydric alcohol),其余类推。二元以上的醇统称为多元醇(polyhydric alcohol)。醇也可以根据羟基所连接的碳原子的级来分类,羟基连在一级碳原子上的醇称为一级醇(primary alcohol),也称为伯醇;羟基连在二级碳原子上的醇称为二级醇(secondary alcohol)或仲醇;羟基连在三级碳原子上的醇称为三级醇(tertiary alcohol)或叔醇。

$$R-CH_2-OH \qquad R-CH(OH)-R' \qquad R-C(R')(R'')-OH$$
一级醇　　　　　二级醇　　　　　三级醇

$CH_3CH=CHOH \rightleftharpoons CH_3CH_2CHO$

$CH_3CH=C(OH)CH_3 \rightleftharpoons CH_3CH_2COCH_3$

$CH_3C\equiv COH \rightleftharpoons CH_3CH=C=O$

羟基与双键碳原子相连,如 $RCH=CHOH$,称为烯醇(enol),烯醇多数很不稳定,容易异构化为醛、酮。羟基与叁键碳原子相连,如 $RC\equiv COH$,称为炔醇(ynol),炔醇可异构化为烯酮。

本章主要讨论一元饱和醇。链状一元饱和醇通式为 $C_nH_{2n+1}OH$。多元醇的性质与一元醇类似,也作简单介绍。

## 7.2 醇的命名

### 7.2.1 醇的系统命名(参见 2.7.1~2.7.4)

### 7.2.2 醇的其他命名法

**1. 普通命名法**

由烃基加醇组成醇的名称,基字可省。烃基用一级(或伯)、二级(或仲)、三级(或叔)、四级(或季)、正、异、新等习惯名称来区别结构。例如

$CH_3CH_2CH_2CH_2CH_2OH$　　$CH_3-CH(CH_3)CH_2CH_2OH$　　$CH_3-C(CH_3)_2-CH_2OH$

正戊醇　　　　　　　异戊醇　　　　　　　新戊醇
n-pentyl alcohol　　isopentyl alcohol　　neopentyl alcohol

> 普通命名法只适用于简单有机醇的命名。

$CH_3CH_2CH(CH_3)OH$　　$CH_3-C(CH_3)_2-OH$　　$HOCH_2-C(CH_2OH)_2-CH_2OH$

二级丁醇(或仲丁醇)　三级丁醇(或叔丁醇)　新戊四醇(或季戊四醇)
sec-butyl alcohol　　tert-butyl alcohol　　pentaerythritol

## 2. 甲醇衍生物命名法

以甲醇为母体，其他醇看做甲醇的烃基衍生物。例如

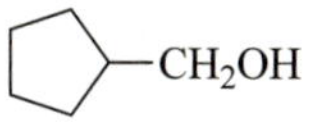

环戊基甲醇
cyclopentyl methanol

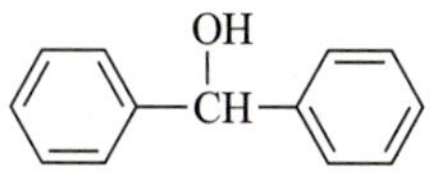

二苯基甲醇
diphenyl methanol

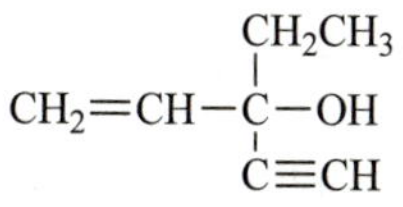

乙基乙烯基乙炔基甲醇
ethyl ethenyl ethynyl methanol

**习题 7-1** 用普通命名法命名下列化合物（用中、英文）。

(i) $H_2C=CHCH_2OH$  (ii) $(CH_3)_3CCH_2OH$  (iii) $(CH_3)_2CHCH_2OH$

**习题 7-2** 用系统命名法命名下列化合物（用中、英文）。

(i) $(CH_3)_3CCH_2OH$  (ii) 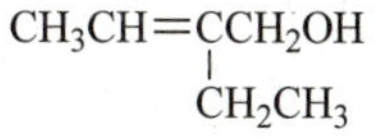 $CH_3CH=CCH_2OH$ | $CH_2CH_3$  (iii) $HC≡CCH_2OH$

(iv) 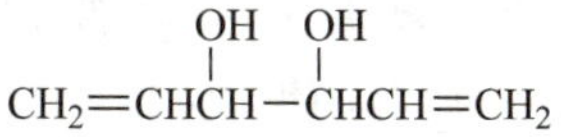 $CH_2=CHCH(OH)CH(OH)CH=CH_2$  (v) $HOCH_2C≡C-C≡CCH_2OH$  (vi) 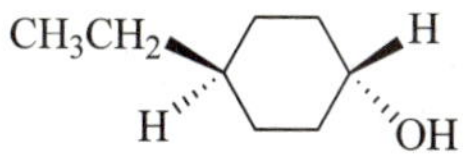 （反式环己基结构）

## 7.3 醇 的 结 构

### 7.3.1 醇的结构特点

饱和醇羟基中的氧是 sp³ 杂化，两对孤对电子分占两个 sp³ 杂化轨道，另外两个 sp³ 杂化轨道一个与氢的 1s 轨道形成 σ 键，另一个与碳的 sp³ 杂化轨道形成 σ 键。甲醇的键长、键角以及甲醇和乙醇的球棍模型如下：

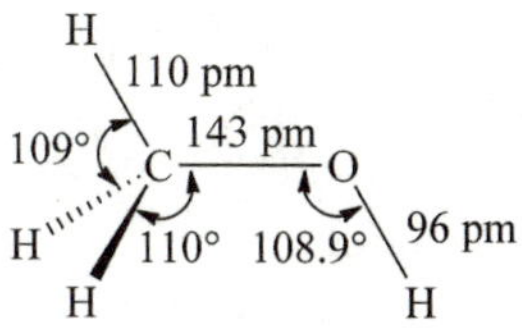

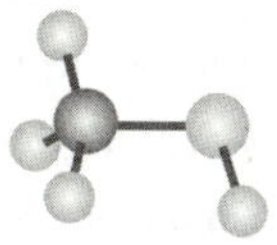

但当羟基与双键或叁键碳相连时，氧的 sp³ 杂化轨道则与碳的 sp² 杂化轨道或碳的 sp 杂化轨道形成 σ 键。醇的化学活性也会有相应的变化。

一般情况下，醇的偶极矩在 $6.667×10^{-30}$ C·m 左右。甲醇的偶极矩为 $5.70×10^{-30}$ C·m。

甲醇 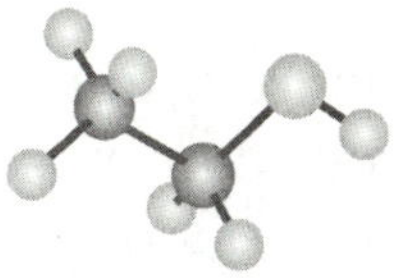    乙醇

碳和氧的电负性不同，碳氧键（carbon-oxygen bond）是极性键，醇是一个极性分子。

### 7.3.2 醇的构象

一般条件下，相邻两个碳原子上最大的两个基团处于对交叉构象最为稳定，是优势构象；但当这两个基团可能以氢键缔合时，由于形成氢键可以增加分子的稳定

在乙二醇中,两个羟基处于邻交叉的构象比处于对交叉的构象更稳定。

性(氢键的键能大约为 21~30 kJ·mol$^{-1}$),两个基团处于邻交叉构象成为优势构象,如

在 β-氯乙醇中,氯原子与羟基处于邻交叉的构象比处于对交叉的构象更稳定。

乙二醇　　　　β-氯乙醇

## 7.4 醇的物理性质

低级的一元饱和醇为无色中性液体,具有特殊的气味和辛辣味道。水与醇均具有羟基,彼此可以形成氢键,根据相似者相溶的规则,甲醇、乙醇和丙醇可与水以任意比例相溶;4~11 个碳的醇为油状液体,仅可部分地溶于水;高级醇为无臭、无味的固体,不溶于水。随着相对分子质量的增大,烷基对整个分子的影响越来越大,从而使高级醇的物理性质与烷烃近似。一元饱和醇的密度虽比相应的烷烃密度大,但仍比水轻。醇的沸点随相对分子质量的增大而升高,在同系列中,少于 10 个碳原子的相邻两个醇的沸点差为 18~20℃;高于 10 个碳原子者,沸点差较小。叉链醇的沸点总比相同碳原子数的直链醇的沸点低。一些常见醇的物理常数如表 7-1 所示。

表 7-1　一些常见醇的名称及物理常数

| 化合物 | 普通命名法 | IUPAC 命名法 | 熔点/℃ | 沸点/℃ | 相对密度 |
|---|---|---|---|---|---|
| 甲醇 CH$_3$OH | methyl alcohol | methanol | −97 | 64.7 | 0.792 |
| 乙醇 CH$_3$CH$_2$OH | ethyl alcohol | ethanol | −115 | 78.4 | 0.789 |
| 正丙醇 CH$_3$(CH$_2$)$_2$OH | *n*-propyl alcohol | 1-propanol | −126 | 97.2 | 0.804 |
| 正丁醇 CH$_3$(CH$_2$)$_3$OH | *n*-butyl alcohol | 1-butanol | −90 | 117.8 | 0.810 |
| 正戊醇 CH$_3$(CH$_2$)$_4$OH | *n*-pentyl alcohol (*n*-amyl alcohol) | 1-pentanol | −79 | 138.0 | 0.817 |
| 正己醇 CH$_3$(CH$_2$)$_5$OH | *n*-hexyl alcohol | 1-hexanol | −52 | 155.8 | 0.820 |
| 正庚醇 CH$_3$(CH$_2$)$_6$OH | *n*-heptyl alcohol | 1-heptanol | −34 | 176 | |
| 异丙醇 (CH$_3$)$_2$CHOH | isopropyl alcohol | 2-propanol | −88.5 | 82.3 | 0.786 |
| 异丁醇 (CH$_3$)$_2$CHCH$_2$OH | isobutyl alcohol | 2-methyl-1-propanol | −108 | 107.9 | 0.802 |
| 异戊醇 (CH$_3$)$_2$CH(CH$_2$)$_2$OH | isopentyl alcohol | 3-methyl-1-butanol | −117 | 131.5 | 0.812 |
| 二级丁醇 CH$_3$CH$_2$CH(CH$_3$)OH | sec-butyl alcohol | 2-butanol | −114 | 99.5 | 0.808 |
| 三级丁醇 (CH$_3$)$_3$COH | tert-butyl alcohol | 2-methyl-2-propanol | 26 | 82.5 | 0.789 |
| 环戊醇 环-C$_5$H$_9$OH | cyclopentyl alcohol | cyclopentanol | | 140 | 0.949 |
| 环己醇 环-C$_6$H$_{11}$OH | cyclohexyl alcohol | cyclohexanol | 24 | 161.5 | 0.962 |
| 烯丙醇 H$_2$C=CHCH$_2$OH | allyl alcohol | 2-propen-1-ol | −129 | 97 | 0.855 |

续表

| 化合物 | 普通命名法 | IUPAC 命名法 | 熔点/℃ | 沸点/℃ | 相对密度 |
|---|---|---|---|---|---|
| 苯甲醇（苄醇）$C_6H_5CH_2OH$ | benzyl alcohol | phenylmethanol<br>benzenemethanol(CA) | −15 | 205 | 1.046 |
| 二苯甲醇 $(C_6H_5)_2CHOH$ | diphenyl carbinol* | diphenylmethanol<br>$\alpha$-phenylbenzenemethanol(CA) | 69 | 298 | |
| 三苯甲醇 $(C_6H_5)_3COH$ | triphenyl carbinol | triphenylmethanol<br>$\alpha,\alpha$-diphenylbenzenemethanol(CA) | 162.5 | 380 | |
| 乙二醇（甘醇）$CH_2-CH_2$<br>　　　　　　　$\vert$　　$\vert$<br>　　　　　　　OH　OH | glycol | 1,2-ethanediol | −16 | 197 | 1.113 |
| 1,3-丙二醇 $CH_2CH_2CH_2$<br>　　　　　　$\vert$　　　　$\vert$<br>　　　　　　OH　　OH | trimethylene glycol | 1,3-propanediol | | 215 | 1.060 |
| 1,2,3-丙三醇（甘油）<br>$CH_2-CH-CH_2$<br>$\vert$　　$\vert$　　$\vert$<br>OH　OH　OH | glycerol | 1,2,3-propanetriol | 18 | 290 | 1.261 |

\* carbinol 称为甲醇，现在逐渐不用。

低级醇的熔点和沸点比碳原子数相同的烃的熔点和沸点高得多，这是由于醇分子间有氢键缔合作用（association）的结果。实验结果显示，氢键的断裂约需要能量 21~30 kJ·mol⁻¹，这表明它比原子键（105~418 kJ·mol⁻¹）弱得多。醇在固态时，缔合较为牢固；液态时，氢键断开后，还会再形成；但在气相或非极性溶剂的稀溶液中，醇分子彼此相距甚远，各个醇分子可以单独存在。多元醇分子中有两个以上位置可以形成氢键，因此沸点更高，如乙二醇沸点 197℃。分子间的氢键（intermolecular hydrogen bond）随着浓度增高而增加，分子内氢键（intramolecular hydrogen bond）却不受浓度的影响。

醇的红外光谱和核磁共振谱参见第 5 章。

**习题 7-3** 比较正戊烷、正丙基氯、正丁醇的沸点，并加以解释。

**习题 7-4** 1,2-环戊二醇有顺、反异构体，一个异构体的红外吸收在 3633 cm⁻¹，3572 cm⁻¹ 处有两个吸收峰，另一个异构体在 3620 cm⁻¹ 处有一个吸收峰。如果将它们高度稀释，这些吸收峰仍不消失。请解释这些现象，并分别指出异构体的名称。

**习题 7-5** 某化合物的化学式为 $C_8H_{10}O$，IR，波数/cm⁻¹：3350（宽峰），3090，3040，3030，2900，2880，1600，1500，1050，750，700 有吸收峰；NMR，$\delta_H$：2.7（三重峰，2H），3.15（单峰，1H），3.7（三重峰，2H），7.2（单峰，5H）有吸收峰，若用 $D_2O$ 处理，$\delta_H$ 3.15 处吸收峰消失。试推测该化合物的构造式。

## 醇 的 反 应

羟基是醇的官能团,也是这类化合物的反应中心。在醇羟基中,氧的电负性比氢大,氧和氢共用的电子对偏向氧,氢表现出一定的活性,所以醇具有酸性;醇羟基的氧上有两对孤对电子,氧可利用孤对电子与氢结合形成𬭩盐,所以醇具有碱性;羟基氧还可以利用孤对电子进攻带正电性的原子,例如带正电荷的碳,所以羟基还具有亲核性。在醇中,由于氧的电负性比碳的电负性大,碳和氧共用的电子对偏向氧,因此醇的 α 碳上可以发生饱和碳原子上的亲核取代反应;通过羟基的吸电子诱导效应,醇的 β-H 也会增加一点活性,因此醇还可以发生 β-消除反应。此外,醇的 α-C 上有氢时,还易发生氧化反应。

## 7.5 醇羟基上氢的反应

在工业上制甲醇钠或乙醇钠是用醇与氢氧化钠反应,然后设法把水除去,使平衡有利于醇钠一方。常用的除水方法是利用形成共沸混合物(azeotropic mixture)将水带走转移平衡。

由于醇羟基上的氢具有一定的活性,因此醇可以和金属钠反应,氢氧键断裂,形成醇钠并放出氢气。

$$2RCH_2OH + 2Na \longrightarrow 2RCH_2ONa + H_2\uparrow$$
醇钠

由于在液相中,水的酸性比醇强,所以醇与金属钠的反应没有水和金属钠的反应强烈。若将醇钠放入水中,醇钠会全部水解,生成醇和氢氧化钠。醇钠及其类似物在有机合成中是一类重要的试剂,并常作为碱使用。

醇也可以和其他活泼金属发生反应。例如

三级丁醇钾是强碱性试剂。
乙醇和镁的反应可用于制备无水乙醇。
异丙醇铝是氧化还原反应的催化剂。

$$2(CH_3)_3COH + 2K \longrightarrow 2(CH_3)_3COK + H_2\uparrow$$

$$2C_2H_5OH + Mg \longrightarrow (C_2H_5O)_2Mg + H_2\uparrow$$

$$6(CH_3)_2CHOH + 2Al \xrightarrow{HgCl_2 \text{ 或 } AlCl_3} 2[(CH_3)_2CHO]_3Al + 3H_2\uparrow$$

醇羟基氢的活性与和氧相连的烃基的电子效应相关:烃基的吸电子能力越强,醇的酸性越强;烃基的给电子能力越强,醇的酸性越弱。烃基的空阻对醇的酸性也有影响。

所谓共沸混合物,是指几种沸点不同而又完全互溶的液体混合物。由于分子间的作用力,它们在蒸馏过程中因气相和液相组成相同而不能分开,得到具有最低沸点(比所有组分沸点都低)或最高沸点(比所有组分沸点都高)的馏出物。这些馏出物的组成与溶液的相同,直到蒸完沸点一直恒定。

**习题 7-6** 工业上是通过乙醇和氢氧化钠在苯中加热反应来制备乙醇钠的醇溶液的。请对此制备方法的合理性作出分析。

提示:乙醇-苯-水组成三元共沸混合物,共沸点为 64.9℃(乙醇 18.5%、苯 74%、水 7.5%);

苯-乙醇组成二元共沸混合物,共沸点为 68.3℃(乙醇 32.4%、苯 67.6%);

乙醇-水组成二元共沸混合物,共沸点为 78.2℃(乙醇 95.6%、水 4.4%)。

## 7.6 醇羟基上氧的反应

### 7.6.1 碱性

1. 锌盐的概念

氧提供未共用电子对与其他原子或基团结合而成的物质称为锌盐。氧与一个烃基相连的锌盐为一级锌盐,与两个烃基相连的锌盐为二级锌盐,与三个烃基相连的锌盐为三级锌盐。

$$R\overset{+}{O}H_2 \qquad R_2\overset{+}{O}H \qquad R_3\overset{+}{O}$$

一级锌盐　　　二级锌盐　　　三级锌盐

2. 醇的碱性

醇羟基的氧利用未共用电子对可与 $H^+$ 结合形成一级锌盐,因此醇具有碱性。例如

$$CH_3CH_2OH + H^+ \longrightarrow CH_3CH_2\overset{+}{O}H_2$$

醇的碱性强弱与和氧相连的烃基的电子效应有关:烃基的给电子能力越强,醇的碱性越强;烃基的吸电子能力越强,醇的碱性越弱。烃基的空阻对醇的碱性也有影响。

醇的碱性强弱也可以由它的共轭酸的酸性强弱来判断,其共轭酸的酸性越弱,醇的碱性就越强。

各类醇的共轭酸(conjugate acid,$RO^+H_2$)在水中酸性的强弱,由共轭酸在水中的稳定性决定。共轭酸的空间位阻越小,与水形成氢键而溶剂化(solvation)的程度越大,这个共轭酸就越稳定,质子不易离去,酸性就较弱;若空间位阻大,溶剂化作用小,质子易离去,酸性就强。

**习题 7-7**　(i) 若将下列各类醇的共轭酸放在水中,请判别它们的酸性大小,并阐明理由(从空间位阻角度分析):

$(CH_3)_2CH\overset{+}{O}H_2 \quad C_2H_5\overset{+}{O}H_2 \quad (CH_3)_3C\overset{+}{O}H_2 \quad CH_3\overset{+}{O}H_2$

(ii) 将下列化合物按酸性由大到小排列成序:

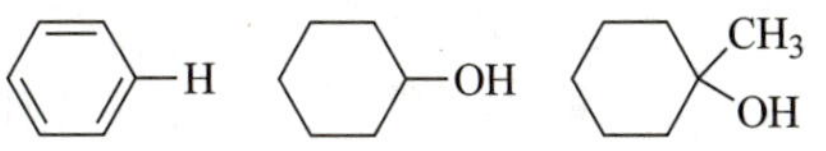

C₆H₅—H　　C₆H₁₁—OH　　1-甲基环己醇　　$F_3CCH_2OH$　　$ClCH_2CH_2OH$

$CH_3CH_2CH_2CH_2OH$　　$CH_3CH_2C\equiv CH$　　$CH_3CH_2CH_2CH_3$

**习题 7-8**　将下列化合物按碱性由大到小排列成序。

$(CH_3CH_2)_2CHO^-$　　$(CH_3)_3CO^-$　　$O_2N$—C₆H₄—$O^-$　　C₆H₅—$O^-$　　$Cl$—C₆H₄—$O^-$

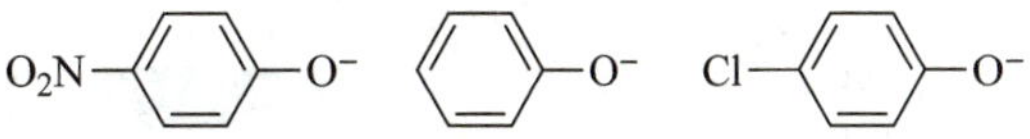

$CH_3CH_2CH_2O^-$

## 7.6.2 醇的亲核性　醇与含氧无机酸及其酰卤、酸酐的反应

醇羟基氧有未共用电子对,可进攻带正电荷的原子或基团,所以醇有亲核性。醇与含氧无机酸及其酰卤、酸酐的反应即利用了氧的亲核性。

醇与含氧无机酸(oxo inorganic acid)反应,失去一分子水,生成无机酸酯。例如

$$CH_3OH + HONO_2 \xrightarrow{H^+} CH_3ONO_2 + H_2O$$
硝酸甲酯

$$CH_3OH + HONO \xrightarrow{H^+} CH_3ONO + H_2O$$
亚硝酸甲酯

$$CH_3OH + HOSO_2OH \xrightarrow{H^+} CH_3OSO_2OH \xrightarrow{减压蒸馏} CH_3OSO_2OCH_3$$
硫酸氢甲酯　　　　硫酸二甲酯

此类反应主要用于无机酸一级醇酯的制备。无机酸三级醇酯的制备不宜用此法,因为三级醇与无机酸反应时易发生消除反应。

含氧无机酸酯有许多用途。乙二醇二硝酸酯和甘油三硝酸酯(俗称硝化甘油)都是烈性炸药。硝化甘油还能用于血管舒张、治疗心绞痛和胆绞痛。科学家发现,硝化甘油能治疗心脏病的原因是它能释放出信使分子"NO",并阐明了"NO"在生命活动中的作用机理。为此荣获了1998年诺贝尔生理学或医学奖。

醇与硝酸的反应过程如下:醇分子作为亲核试剂进攻酸或其衍生物的带正电荷部分,氮氧双键打开,然后醇分子的氢氧键断裂,硝酸部分失去一分子水重新形成氮氧双键。例如

[反应机理示意图]

生命体的核苷酸中有磷酸酯,例如甘油磷酸酯,与钙离子反应可用来控制体内钙离子的浓度。如果这个反应失调,会导致佝偻病。

醇与含氧无机酸的酰氯和酸酐反应,也能生成无机酸酯。例如

$$CH_3OH + HOSO_2Cl \longrightarrow CH_3OSO_2OH + HCl$$

$$CH_3OH + SO_3 \longrightarrow CH_3OSO_2OH$$

$$3CH_3OH + POCl_3 \longrightarrow (CH_3O)_3PO + 3HCl$$
磷酸三甲酯

$$CH_3OH + CH_3\text{-}C_6H_4\text{-}SO_2Cl \xrightarrow{吡啶} CH_3\text{-}C_6H_4\text{-}SO_2OCH_3 + HCl$$
对甲苯磺酰氯　　　　对甲苯磺酸甲酯

有机酸酯的制备参见 11.7。

[甘油磷酸酯结构图]
甘油磷酸酯
↓ Ca²⁺
甘油磷酸钙

**习题 7-9** 请为下列反应提出一个合理的反应机理。

$$CH_3CH_2OH + HOSO_2Cl \longrightarrow CH_3CH_2OSO_2OH$$

## 7.7 醇羟基转换为卤原子的反应

醇中,碳氧键是极性共价键,由于氧的电负性大于碳,其共用电子对偏向氧,当亲核试剂进攻正电性碳时,碳氧键异裂,羟基被亲核试剂取代。其中最重要的一个亲核取代反应是羟基被卤原子取代,常采用的方法如下。

### 7.7.1 与氢卤酸的反应

**1. 一般情况**

氢卤酸 HX 与醇反应生成卤代烷,反应中醇羟基被卤原子取代。

$$ROH + HX \longrightarrow RX + H_2O$$

氢卤酸与大多数一级醇按 $S_N2$ 机理进行反应:

$$RCH_2OH + HX \rightleftharpoons RCH_2\overset{+}{O}H_2 + X^-$$

$$X^- + RCH_2{-}\overset{+}{O}H_2 \longrightarrow RCH_2X + H_2O$$

醇羟基不是一个好的离去基团。醇与 HX 反应时,醇首先形成一级𨦡盐,使羟基转变成好的离去基团,然后卤素负离子(亲核试剂)从背面进攻中心碳原子,质子化的羟基以水的形式离去。

氢卤酸与大多数二级、三级醇和空阻特别大的一级醇按 $S_N1$ 机理进行反应:

$$ROH + HX \rightleftharpoons R\overset{+}{O}H_2 + X^-$$

$$R\overset{+}{O}H_2 \rightleftharpoons R^+ + H_2O$$

$$R^+ + X^- \longrightarrow RX$$

首先醇形成𨦡盐,然后碳氧键异裂产生碳正离子和水,最后碳正离子和卤素负离子结合形成产物卤代烃。反应按 $S_N1$ 机理进行,就有可能产生重排产物。例如

$$\text{CH}_3\text{CH}_2\text{CH}_2\underset{\underset{\text{OH}}{|}}{\text{CH}}\text{CH}_3 + \text{HBr} \longrightarrow \text{CH}_3\text{CH}_2\text{CH}_2\underset{\underset{\text{Br}}{|}}{\text{CH}}\text{CH}_3 + \text{CH}_3\text{CH}_2\underset{\underset{\text{Br}}{|}}{\text{CH}}\text{CH}_2\text{CH}_3$$
$$\qquad\qquad\qquad\qquad\qquad\qquad\qquad 86\% \qquad\qquad 14\%(重排产物)$$

$$(\text{CH}_3)_2\text{CHCH}_2\text{OH} + \text{HBr} \xrightarrow{\text{H}_2\text{SO}_4} (\text{CH}_3)_2\text{CHCH}_2\text{Br} + (\text{CH}_3)_3\text{CBr}$$
$$\qquad\qquad\qquad\qquad\qquad\qquad\qquad 80\% \qquad 20\%(重排产物)$$

$$(\text{CH}_3)_3\text{CCH}_2\text{OH} + \text{HBr} \longrightarrow (\text{CH}_3)_2\underset{\underset{\text{Br}}{|}}{\text{C}}\text{CH}_2\text{CH}_3$$
$$\qquad\qquad\qquad\qquad\qquad\qquad 100\%(重排产物)$$

三级醇与氢卤酸反应一般不会发生重排,但三级醇易发生消除反应,所以取代

反应需在低温下进行。

各种醇与氢卤酸反应的反应性为 3°>2°>1°。三级醇易反应：只需浓盐酸在室温振荡即可反应；氢溴酸在低温也能与三级醇进行反应；若用氯化氢、溴化氢气体在 0℃通过三级醇，反应在几分钟内就可完成，这是制三级卤代烷的常用方法。

$$(CH_3)_3COH + HCl(36\%) \xrightarrow{\text{室温}} (CH_3)_3CCl + H_2O$$

在氢卤酸中，氢碘酸酸性最强，氢溴酸其次，浓盐酸相对最弱，而卤离子的亲核能力又是 $I^- > Br^- > Cl^-$，故氢卤酸的反应性为 $HI > HBr > HCl$。例如，若用一级醇分别与这三种氢卤酸反应，氢碘酸可直接反应，氢溴酸需用硫酸来增强酸性，而浓盐酸需与无水氯化锌混合使用，才能发生反应。

$$CH_3(CH_2)_3OH + HI(57\%) \longrightarrow CH_3(CH_2)_3I + H_2O$$

$$CH_3(CH_2)_3OH + HBr(48\%) \xrightarrow[\triangle]{H_2SO_4} CH_3(CH_2)_3Br + H_2O$$

$$CH_3(CH_2)_3OH + HCl(36\%) \xrightarrow[\triangle]{ZnCl_2} CH_3(CH_2)_3Cl + H_2O$$

> 氯化锌是强的 Lewis 酸，在反应中的作用与质子酸类似。

### 用 Lucas 试剂鉴别一级醇、二级醇、三级醇

浓盐酸和无水氯化锌的混合物称为 Lucas（卢卡斯）试剂。它可用来鉴别六碳和六碳以下的一级、二级、三级醇：将三种醇分别加入盛有 Lucas 试剂的试管中，经振荡后可发现，三级醇立刻反应，生成油状氯代烷，它不溶于酸中，溶液呈混浊后分两层，反应放热；二级醇 2～5 min 反应，放热不明显，溶液分两层；一级醇经室温放置 1 h 仍无反应，必须加热才能反应。根据上述实验现象，可鉴别一级醇、二级醇、三级醇。

> 在使用 Lucas 试剂时须注意：有些一级醇如烯丙型醇（allylic alcohol）及苯甲型醇（benzyl alcohol），也可以很快地发生反应。这是因为 p-π 共轭，很容易形成碳正离子进行 $S_N1$ 反应：
>
> $CH_2=CHCH_2OH + ZnCl_2$
> ↓
> $CH_2=CHCH_2O\text{---}ZnCl_2$
>      $|$
>      $H$
> ↓
> $CH_2=CH\overset{+}{C}H_2 + [HOZnCl_2]^-$
> ↓ $Cl^-$
> $CH_2=CHCH_2Cl$
>
> 各类醇与 Lucas 试剂的反应速率为：烯丙型醇，苯甲型醇，三级醇＞二级醇＞一级醇。

**习题 7-10** 请提出一个用 $HCl$-$ZnCl_2$ 与一级醇（$S_N2$）、三级醇（$S_N1$）反应的机理。

#### 2. 邻基参与效应

(2S,3S)-3-溴-2-丁醇用浓氢溴酸处理，得外消旋体二溴化物(i)和(ii)：

```
     CH₃              CH₃            CH₃
  H ─┼─ Br          H ─┼─ Br      Br ─┼─ H
     │       HBr      │        +     │
  HO ─┼─ H   ──→   Br ─┼─ H       H ─┼─ Br
     CH₃              CH₃            CH₃
    苏型              (i)            (ii)
(2S,3S)-3-溴-2-丁醇          外消旋体
```

在产物(i)中，两个手性碳的构型均保持不变；在产物(ii)中，两个手性碳的构型均发生了翻转。为了解释这一实验事实，提出了如下反应机理：

从上述反应机理可以看出，反应经历了羟基质子化，相邻基团作为一个内部的亲核试剂向这个反应的中心碳进攻，经 $S_N2$ 反应使离去基团离去，形成环正离子中间体，然后外部的亲核试剂 $Br^-$ 进攻，形成产物。由于环正离子中间体有两个可被亲核试剂进攻的碳，经途径①反应可得产物(i)，经途径②可得产物(ii)。显然，产物的构型与反应过程中相邻基团参与反应有关。这种在反应中，相邻基团在排除离去基团时所作的帮助称为邻基参与效应（neighboring group effect）。

邻基参与效应，不仅可以从上述立体化学中表现出来，也可以从反应速率（特别快）表现出来。因为相邻基团的空间位置合适，反应是分子内反应（intramolecular reaction），因此比分子间的反应速率快。

**习题 7-11** 请为下述反应提出合理的反应机理。

(i) 赤型
(2R, 3S)-3-溴-2-丁醇

(ii) 内消旋

**习题 7-12** 完成下列反应，并提出合理的反应机理。

(i) $(CH_3CH_2)_3CCH_2OH \xrightarrow[H_2SO_4, \triangle]{HBr}$

(ii) 环己基-CH₃/OH $\xrightarrow[0\ ℃]{HBr(气体)}$

(iii) 环丁基-CH₂OH $\xrightarrow[H_2O]{H_2SO_4}$

(iv) 环己基-OH/CH₃ $\xrightarrow{HBr, \triangle}$

(v) 环己基-Br/OH $\xrightarrow{HBr}$

**习题 7-13** 预测下列两组醇与氢溴酸进行 $S_N1$ 反应的相对速率。

(i) (a) $CH_2=CH-CH_2OH$ (b) $O_2N-CH=CH-CH_2OH$ (c) $CH_3O-CH=CH-CH_2OH$

(ii) (a) $CH_2=CHCH_2CH_2OH$ (b) $CH_2=CHCH_2OH$ (c) $CH_2=CHCHCH_3$
 　　　　　　　　　　　　　　　　　　　　　　　　　　　　　　　$\quad\quad\quad\quad\quad\quad\quad\quad\quad\quad\quad |$
 　　　　　　　　　　　　　　　　　　　　　　　　　　　　　　　$\quad\quad\quad\quad\quad\quad\quad\quad\quad\quad OH$

**习题 7-14** 2-环丁基-2-丙醇与 HCl 反应得 1,1-二甲基-2-氯环戊烷；2-环丙基-2-丙醇与 HCl 反应得 2-环丙基-2-氯丙烷，而不是 1,1-二甲基-2-氯环丁烷。请提出一个合理的解释。

## 7.7.2 与卤化磷反应

主要应用于 1° ROH、2° ROH 转化为卤代烷，3° ROH 很少使用。

醇与卤化磷反应也能生成卤代烷。

$$3ROH + PX_3 \longrightarrow 3RX + H_3PO_3$$

$$ROH + PX_5 \longrightarrow RX + POX_3 + HX$$

大多数 1°ROH 按 $S_N2$ 机理进行反应。例如

$$CH_3CH_2\text{—}\overset{..}{O}H + \underset{Br}{\overset{Br}{P}}\text{—}Br \longrightarrow Br^- + \underset{CH_3}{\overset{H}{C}}\text{—}\overset{+}{O}\text{—}PBr_2 \xrightarrow{S_N2} CH_3CH_2Br + HOPBr_2$$

离去基团 $HOPBr_2$ 中还有两个溴原子，可继续与醇发生反应。

醇羟基是不好的离去基团，三溴化磷首先将羟基转变成一个好的离去基团，并提供亲核试剂 $Br^-$，然后经 $S_N2$ 反应生成卤代烷。

2°ROH 和 3°ROH 主要按 $S_N1$ 机理进行反应。例如

$$(CH_3)_3C\text{—}\overset{..}{O}H + \underset{Br}{\overset{Br}{P}}\text{—}Br \xrightarrow{-Br^-} \underset{CH_3}{\overset{CH_3}{C}}\text{—}\overset{+}{O}\text{—}PBr_2 \xrightarrow{S_N1} (CH_3)_3C^+ + HOPBr_2$$

$$\downarrow Br^-$$

$$(CH_3)_3CBr$$

碘代烷可由三碘化磷与醇制备，但通常三碘化磷是用红磷与碘代替。将醇、红磷和碘放在一起加热，先生成三碘化磷，再与醇进行反应：

$$CH_3CH_2OH \xrightarrow{P+I_2} CH_3CH_2I$$

首先，醇羟基转变为好的离去基团，然后异裂产生碳正离子，再与亲核试剂 $Br^-$ 结合生成卤代烷。

常用的卤化试剂有 $PCl_3$，$PCl_5$，$PBr_3$，$P+I_2$。

上述方法中，最常用的是三溴化磷与一级醇、β 位有支链的一级醇、二级醇生成相应溴代烷；在用二级醇及有些易发生重排反应的一级醇时温度须低于 0℃，以避免重排。

**习题 7-15** 请写出下列醇转化为相应卤代烷所需的试剂及反应条件。

(i) $CH_3CH_2CH_2OH \longrightarrow CH_3CH_2CH_2I$

(ii) $CH_3CH_2\underset{CH_3}{\overset{|}{C}H}CH_2OH \longrightarrow (CH_3)_2\underset{Br}{\overset{|}{C}}CH_2CH_3$

(iii) $CH_3CH_2\underset{OH}{\overset{|}{C}H}CH_3 \longrightarrow CH_3CH_2\underset{Br}{\overset{|}{C}H}CH_3$

(iv) 环戊基-CH₂OH → 环戊基-CH₂Br

## 7.7.3 与亚硫酰氯反应

若用亚硫酰氯(thionyl chloride)和醇反应，可直接得到氯代烷，同时生成的二氧

此反应条件温和，速率快，产率高。由于 $SO_2$、HCl 直接逸出反应体系，产物易于提纯。但气体的逸出会污染环境，应注意吸收。

在低温时，可以分离出氯代亚硫酸酯，经加热分解成氯代烷和二氧化硫。证明此机理与实际相符。

化硫和氯化氢两种气体可直接离开反应体系。

$$ROH + SOCl_2 \xrightarrow{\Delta} RCl + SO_2 \uparrow + HCl \uparrow$$

亚硫酰氯
bp 79 °C

反应机理如下：

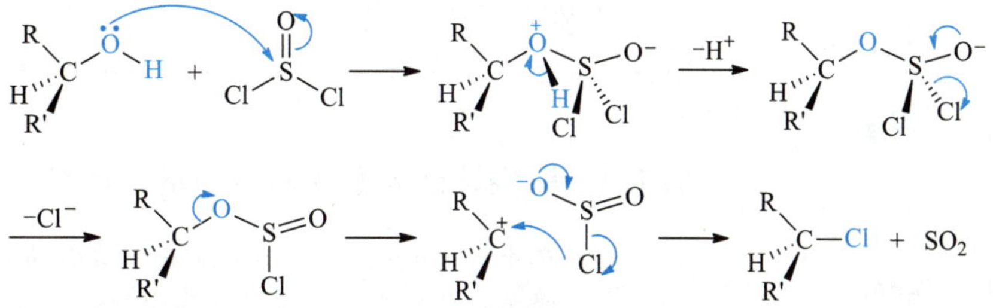

（氯代亚硫酸酯）　　（紧密离子对）

上述反应机理表明，反应过程中先生成氯代亚硫酸酯，然后分解为紧密离子对，$Cl^-$ 作为离去基团（$^-OSOCl$）中的一部分向碳正离子正面进攻，即"内返"，得到构型保持的产物氯代烷。由于取代犹如在分子内进行，所以叫它分子内亲核取代（intramolecular nucleophilic substitution），以 $S_Ni$ 表示。

若在醇和亚硫酰氯的混合液中加入弱亲核试剂吡啶，最终得到构型翻转的产物。这是因为中间产物氯代亚硫酸酯以及反应中生成的氯化氢均可与吡啶反应，生成下列产物：

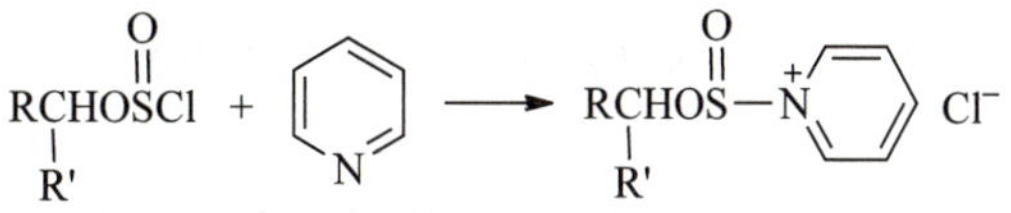

吡啶

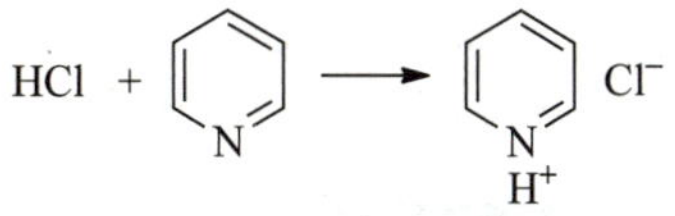

三级胺（$R_3N$）和 HCl 反应也有利于氯离子的形成，因此三级胺和吡啶一样，可对此反应起催化作用：

$$R_3N + HCl \rightleftharpoons R_3\overset{+}{N}H + Cl^-$$

上述二产物都含有"自由"的氯负离子，它可从碳氧键的背面向碳原子进攻，从而使该中心原子的构型发生翻转：

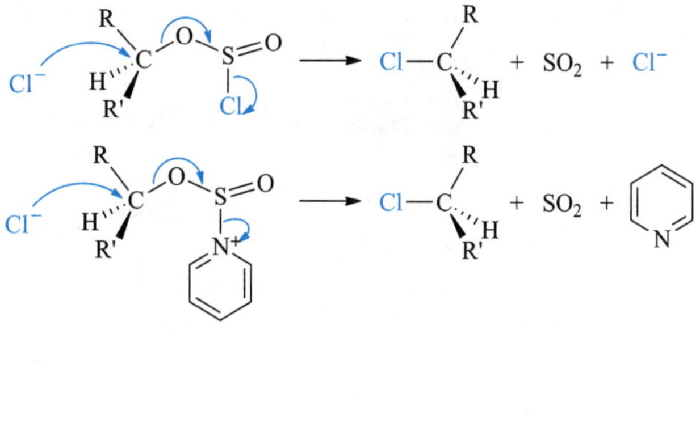

亚硫酰氯和吡啶,常用于一级醇及二级醇制备相应的氯代烷。亚硫酰溴由于不稳定而很难得到,故不用它制溴代烷。

> **习题 7-16** 完成下列反应,写出主要产物。
>
> (i) (R)-CH₃CH₂CH(OH)CH₃ + SOCl₂ —吡啶→   (ii) (S)-CH₃CH₂CH(OH)CH₃ + SOCl₂ ——→

### 7.7.4 醇经苯磺酸酯中间体制备卤代烃

醇羟基不是好的离去基团,苯磺酸根负电荷利于分散,是很好的离去基团,因此醇也可以经苯磺酸酯中间体再转化为卤代烃。例如

CH₃CH₂CH₂—*C*(H)(D)—OH  —C₆H₅SO₂Cl/吡啶→  CH₃CH₂CH₂—*C*(H)(D)—OSO₂C₆H₅  —NaI/丙酮→  I—*C*(H)(D)—CH₂CH₂CH₃ + C₆H₅SO₃⁻Na⁺

(R)-1-丁醇-1-*d*　　　　构型不变　　　　(S)-1-碘丁烷-1-*d*　　苯磺酸根负离子
不好的离去基团　　　　好的离去基团　　　　构型翻转

上述反应中的醇羟基与手性碳原子相连时,苯磺酰氯醇解一步中手性碳的构型不变,与卤离子反应一步中手性碳的构型翻转,二步反应最终得到构型翻转的产物。1-丁醇-1-*d* 中由于 H 与 D 的差别很小,所以比旋光度也很小,$[\alpha]_D = 0.5°$。

磺酰氯可以由相应的磺酸与五氯化磷反应来制备,例如

CH₃—C₆H₄—SO₂OH + PCl₅ —Δ→ CH₃—C₆H₄—SO₂Cl + POCl₃ + HCl

对甲苯磺酸(TsOH)　　　　　　　　　　对甲苯磺酰氯(TsCl)

将一级或二级醇通过与苯磺酰氯反应形成磺酸酯,再转为卤代烷,纯度很好。

> **习题 7-17** 选择合适的反应条件和合适的醇与苯磺酰氯反应,制备下列化合物。
>
> (i) C₆H₅—SO₂OCH₃　　(ii) C₆H₅—SO₂OCH(CH₃)CH₂CH₃　　(iii) C₆H₅—SO₂O—*C*(H)(CH₃)(CH₂CH₃)

> **习题 7-18** 设计合适的路线完成下列转换,写出相应的反应机理。
>
> CH₃—*C*(H)(D)—OH　⟶　CH₃—*C*(D)(H)—I

## 7.8 醇的 β-消除　E1 反应

将醇和酸（硫酸、磷酸等）一起加热，可使醇分子失去一分子水转变成烯。这是实验室制备烯常用的方法。例如

$$CH_3CH_2OH \xrightarrow[170\ ^\circ C]{98\%\ H_2SO_4} CH_2=CH_2 + H_2O$$
$$80\%$$

$$CH_3CH_2CH_2CHCH_3 \atop \phantom{CH_3CH_2CH_2}OH \xrightarrow[95\ ^\circ C]{62\%\ H_2SO_4} CH_3CH_2CH=CHCH_3 + CH_3CH_2CH_2CH=CH_2 + H_2O$$
$$Z/E 混合物，65\%\sim80\% \qquad 少量$$

醇的失水反应属于 β-消除反应，反应按 E1 机理进行：

$$\underset{H\ \ OH}{-\overset{|}{C}-\overset{|}{C}-} \underset{-H^+}{\overset{H^+}{\rightleftharpoons}} \underset{H\ \ \overset{+}{OH_2}}{-\overset{|}{C}-\overset{|}{C}-} \underset{H_2O}{\overset{-H_2O(慢)}{\rightleftharpoons}} \underset{H}{-\overset{|}{C}-\overset{+}{C}-} \underset{H^+}{\overset{-H^+}{\rightleftharpoons}} \overset{}{C}=\overset{}{C}$$

在酸的作用下，不好的离去基团羟基转变成好的离去基团水；然后碳氧键异裂，水离去，形成碳正离子；与带正电荷的碳原子相邻的碳上失去一个质子，一对电子转移过来，中和正电荷形成双键。

从反应机理看，生成碳正离子的一步是整个反应的决速步。由于过渡态的势能与形成碳正离子的稳定性有关，而碳正离子的稳定性为 3°＞2°＞1°，所以各类醇的反应性也是 3°＞2°＞1°。又由于一个不稳定的碳正离子会转变成一个更稳定的碳正离子，因此在醇的失水反应中会伴随有重排产物生成。

当连有醇羟基的碳原子与三级碳原子或二级碳原子相连时，在酸催化的脱水反应中，常常会发生重排反应。例如

显然，重排的推动力是一个较稳定的 3°碳正离子代替了一个较不稳定的 2°碳正离子。此重排反应在萜类化合物中普遍存在。

反应机理还表明，醇的失水反应是一个可逆反应。因此可以通过控制反应条件，使反应向某一方向进行。由于醇的酸催化失水是一个平衡反应，因此形成的双键在反应中可发生双键的移位，最后倾向于形成较稳定的烯烃。如正丁醇失水主要生成 (E)-2-丁烯。

若用较浓的酸,并将易挥发的烯烃从反应体系中移走,平衡有利于生成烯烃;若反应体系中有大量的水,则平衡有利于烯烃加水生成醇。

为避免这种双键移位产生,可用蒸馏或分馏方法把生成的烯烃随时从反应液中蒸走。也可以采取其他方法,如先将醇制成羧酸酯,在高温热解得烯及酸,就是使醇间接失水,能得到高纯度及高产率的烯烃,而双键不发生移位(参看 12.11.1)。

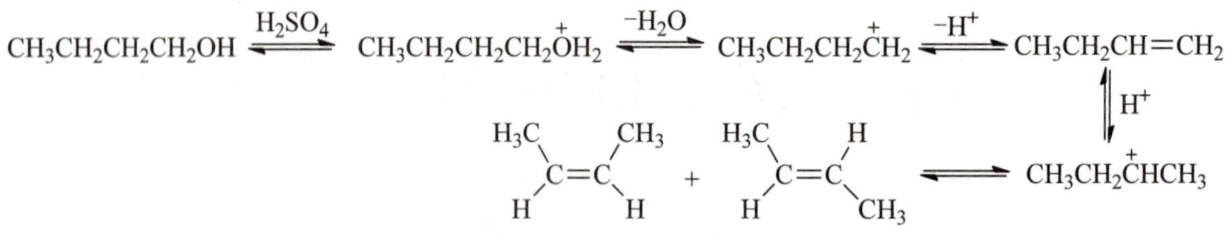

$$CH_3CH_2CH_2CH_2OH \xrightarrow{H_2SO_4} CH_3CH_2CH_2CH_2\overset{+}{O}H_2 \xrightarrow{-H_2O} CH_3CH_2CH_2\overset{+}{C}H_2 \xrightarrow{-H^+} CH_3CH_2CH=CH_2$$

(Z)-2-丁烯(少量)　(E)-2-丁烯(主要产物)

在醇失水形成烯烃时,如果醇羟基有两个不同的 β 碳原子,那么消除哪一个 β 碳上的氢呢? 根据 Zaitsev 规则,含氢较少的 β 碳将提供氢原子。因为这样可以形成双键碳上取代基较多的稳定的烯烃。例如下面反应的主要产物是(i),不是(ii):

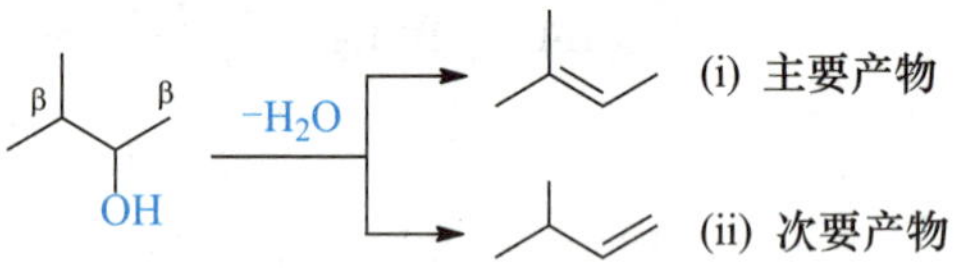

(i) 主要产物
(ii) 次要产物

如果醇失水生成的烯烃有顺反异构体,那么 E 型是主要产物,反应机理如下:

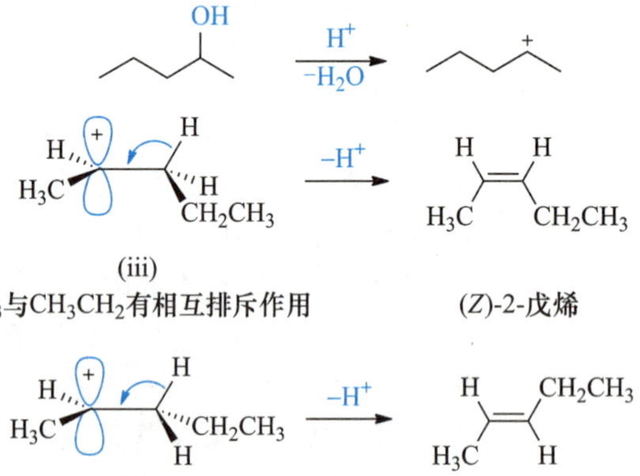

(iii) CH₃ 与 CH₃CH₂ 有相互排斥作用　　(Z)-2-戊烯

(iv) CH₃ 与 CH₃CH₂ 不存在相互排斥作用
构象较稳定　　(E)-2-戊烯(主要产物)

被消除 β-H 的 C—H 键必须与 α 碳上的 p 轨道平行,才能形成 π 键。(iv)的构象较(iii)稳定,在构象平衡体中这种构象含量较多,因此由这种构象生成的产物也多,产物也较稳定。

在工业上,常用醇于 350~400 ℃ 在氧化铝或硅酸盐表面上脱水,此反应不发生重排。如

$$C_2H_5OH \xrightarrow[400\ ℃]{Al_2O_3} CH_2=CH_2 + H_2O$$

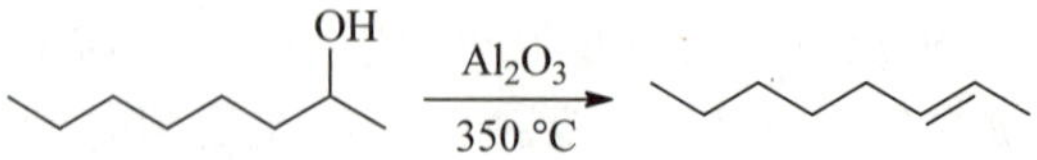

遵守Zaitsev规则

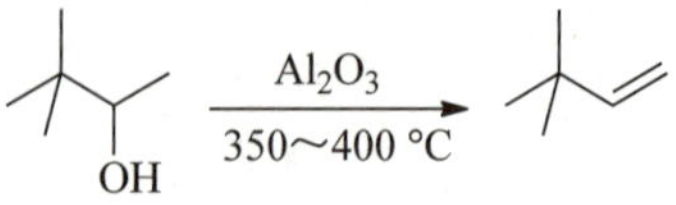

不发生重排

**习题 7-19** 完成下列消除反应,写出主要产物。

(i) $(CH_3)_2CHCH(CH_3)CH_2OH \xrightarrow{H_2SO_4, \Delta}$

(ii) $(CH_3)_2CHCH(CH_3)CH_2OH \xrightarrow{Al_2O_3, \Delta}$

(iii) (1,1-二甲基环丁基)-CH$_2$OH $\xrightarrow{H_2SO_4, \Delta}$

(iv) (1,1-二甲基环丁基)-CH$_2$OH $\xrightarrow{Al_2O_3, \Delta}$

(v) 1-甲基-1-(1-羟乙基)环戊烷 $\xrightarrow{H_2SO_4, \Delta}$

(vi) 1-甲基-1-(1-羟乙基)环戊烷 $\xrightarrow{Al_2O_3, \Delta}$

## 7.9 醇的氧化

一级醇及二级醇与醇羟基相连的碳原子上有氢,可以被氧化成醛、酮或酸;三级醇与醇羟基相连的碳原子上没有氢,不易被氧化,如在酸性条件下,易脱水成烯,然后碳碳双键氧化断裂,形成小分子化合物。

### 7.9.1 用高锰酸钾或二氧化锰氧化

醇不为冷、稀、中性的高锰酸钾的水溶液所氧化,一级醇、二级醇在比较强烈的条件下(如加热)可被氧化。一级醇生成羧酸钾盐,溶于水,并有二氧化锰沉淀析出。羧酸盐中和后可得羧酸:

$$CH_3(CH_2)_3CH(CH_2CH_3)CH_2OH + KMnO_4 \xrightarrow{H_2O, OH^-} CH_3(CH_2)_3CH(CH_2CH_3)COOK + MnO_2\downarrow (褐色) + KOH$$

$$\xrightarrow{H^+} CH_3(CH_2)_3CH(CH_2CH_3)COOH \quad 74\%$$

但由于二级醇用高锰酸钾氧化为酮时,易进一步氧化使碳碳键断裂,故很少用于合成酮。

二级醇可氧化为酮:

$$R_2CHOH \xrightarrow{[O]} R_2C=O$$

三级醇在中性、碱性条件下不易为高锰酸钾氧化;在酸性条件下,则能脱水成烯,再发生碳碳双键的氧化断裂,生成小分子化合物,如

$$(CH_3)_3COH \xrightarrow{KMnO_4, H^+} [(CH_3)_2C=CH_2] + H_2O$$

$$\xrightarrow{[O]} (CH_3)_2C=O + CO_2 + H_2O$$

高锰酸钾与硫酸锰在碱性条件下可制得二氧化锰。新制的二氧化锰可将 β 碳上为不饱和碳碳键的一级醇、二级醇氧化为相应的醛和酮,不饱和键可不受影响:

$$2KMnO_4 + 3MnSO_4 + 4NaOH \longrightarrow 5MnO_2\downarrow + K_2SO_4 + 2Na_2SO_4 + 2H_2O$$

$$CH_2=CHCH_2OH \xrightarrow[25\ ℃]{MnO_2} CH_2=CHCHO$$
丙烯醛

$$HOCH_2CH_2CH=CHCH_2OH \xrightarrow{MnO_2} HOCH_2CH_2CH=CHCHO$$

### 7.9.2 用铬酸氧化

铬酸可作为氧化剂的形式有:$Na_2Cr_2O_7$ 与 40%~50%硫酸混合液、$CrO_3$ 的冰醋酸溶液、$CrO_3$ 与吡啶的配合物(络合物)等。

一级醇常用 $Na_2Cr_2O_7$ 与 40%~50%硫酸混合液氧化,先得醛,醛进一步氧化为酸,如

$$CH_3CH_2CH_2OH \xrightarrow[H_2SO_4]{Na_2Cr_2O_7} CH_3CH_2COOH$$
$$65\%$$

二级醇常用上述几种铬酸氧化剂氧化,酮在此条件下比较稳定,因此是比较有用的方法。

$$\underset{R'}{\overset{R}{>}}CHOH \xrightarrow{K_2Cr_2O_7 \text{ 或 } CrO_3} \underset{R'}{\overset{R}{>}}C=O$$

用铬酐($CrO_3$)与吡啶反应形成的铬酐-双吡啶配合物是吸潮性红色结晶,称为 Sarrett(沙瑞特)试剂,可使一级醇氧化为醛,二级醇氧化为酮,产率很高。因为吡啶是碱性的,对在酸中不稳定的醇是一种很好的氧化剂。反应一般在二氯甲烷中于 25 ℃左右进行。如

$$CrO_3 + 2\ \text{Py} \xrightarrow[CH_2Cl_2]{25\ ℃} CrO_3 \cdot (\text{Py})_2 \text{ 或写成 } (C_5H_5N)_2 \cdot CrO_3$$
Sarrett 试剂

$$CH_3(CH_2)_5CH_2OH \xrightarrow[CH_2Cl_2,\ 25\ ℃]{(C_5H_5N)_2\cdot CrO_3} CH_3(CH_2)_5CHO$$

$$CH_3(CH_2)_4C\equiv CCH_2OH \xrightarrow[CH_2Cl_2,\ 25\ ℃]{(C_5H_5N)_2\cdot CrO_3} CH_3(CH_2)_4C\equiv CCHO$$
$$84\%$$

---

若控制合适的氧化条件,在氧化成醛后立即将其从反应体系中蒸出,可避免醛进一步被氧化为酸。反应需在低于醇的沸点、高于醛的沸点温度下进行,如

$$CH_3CH_2CH_2OH$$
bp 97 ℃
$$75\ ℃ \Big| \begin{array}{c} Na_2Cr_2O_7, \\ H_2SO_4,\ H_2O \end{array}$$
$$CH_3CH_2CHO$$
bp 49 ℃,50%

将丙醇滴加到温度约为 75 ℃ 的 $Na_2Cr_2O_7$,$H_2SO_4$,$H_2O$ 的溶液中,一旦生成丙醛,就被蒸馏出来。这种反应产率不高,因为总有一部分醛被氧化为酸。醛的沸点低于 100 ℃时才能用此法,因此它的用途是非常有限的。

分子中若有双键、叁键，氧化时不受影响。

二级醇还可以被 Jones(琼斯)试剂氧化成相应的酮。若反应物是不饱和的二级醇，用 Jones 试剂氧化时生成相应的酮而双键不受影响。该试剂是把铬酐溶于稀硫酸中，然后滴加到要被氧化的醇的丙酮溶液中，反应在 15～20 ℃进行，可得较高产率的酮，如

$$\text{HO-十氢萘烯} \xrightarrow[\text{丙酮, 15～20 °C}]{CrO_3, \text{稀} H_2SO_4} \text{酮-十氢萘烯}$$

醇与铬酸的反应机理如下：

$$R\text{-}\underset{H}{\overset{R}{C}}\text{-}OH + {}^-O\text{-}\underset{\parallel O}{\overset{\parallel O}{Cr}}\text{-}OH + H^+ \rightleftharpoons R\text{-}\underset{H}{\overset{R}{C}}\text{-}O\text{-}\underset{\parallel O}{\overset{\parallel O}{Cr}}\text{-}OH + H_2O$$

Cr(VI)        铬酸酯

$$R\text{-}\underset{H}{\overset{R}{C}}\text{-}O\text{-}\underset{\parallel O}{\overset{\parallel O}{Cr}}\text{-}OH \longrightarrow R_2C=O + HCrO_3^- + H_3O^+$$

   $H_2\ddot{O}$       Cr(IV)

*若用过量铬酸且反应条件强烈，双键也被氧化成酮或酸。*

上述的水作为碱。也可以不是外来的碱，而是通过环状机制，把一个 $H^+$ 传给氧，最终将 Cr(VI)还原为 Cr(IV)。

$$R\text{-}\underset{H}{\overset{R}{C}}\text{-}\underset{O}{\overset{O}{Cr}}\text{-}OH \longrightarrow R_2C=O + H_2CrO_3$$

          Cr(IV)

**用铬酐的硫酸水溶液鉴别一级醇、二级醇**

*烯烃、炔烃在此条件下不发生氧化反应。*

一级醇、二级醇能使清澈的铬酐的硫酸水溶液由橙色变为不透明的蓝绿色，三级醇则不能。这是因为在铬酸的硫酸水溶液中一级醇与二级醇发生了氧化反应，三级醇无此反应。

### 7.9.3 用硝酸氧化

一级醇能在稀硝酸中氧化为酸；二级醇、三级醇需在较浓的硝酸中才能被氧化，同时碳碳键断裂，生成小分子的酸；环醇氧化，碳碳键断裂生成二元酸。

$$\underset{CH_2OH}{\overset{CHO}{H\text{-}OH}} \xrightarrow{\text{稀}HNO_3} \underset{COOH}{\overset{COOH}{H\text{-}OH}}$$

$$ClCH_2CH_2CH_2OH \xrightarrow{\text{稀}HNO_3} ClCH_2CH_2COOH$$

$$\text{环己醇} \xrightarrow[55～60\ °C]{50\%\ HNO_3,\ V_2O_5} \underset{COOH}{\overset{COOH}{\diagup}} \quad \text{己二酸}$$

### 7.9.4 Oppenauer 氧化法

另一种有选择性的氧化醇的方法叫做 Oppenauer（欧芬脑尔）氧化法（oxidation method），即在碱如三级丁醇铝或异丙醇铝的存在下，二级醇和丙酮（或甲乙酮、环己酮）一起反应（有时需加入苯或甲苯做溶剂），醇把两个氢原子转移给丙酮，醇变成酮，丙酮被还原成异丙醇。此反应的特点是，只在醇和酮之间发生氢原子的转移，而不涉及分子的其他部分。所以，在分子中含有碳碳双键或其他对酸不稳定的基团时，利用此法较为适宜。此法也是由一个不饱和二级醇制备不饱和酮的有效方法。

醇铝可用下法制备：

$$6(CH_3)_3COH + 2Al \xrightarrow{HgCl_2} 2[(CH_3)_3CO]_3Al + 3H_2$$

反应举例如下：

$$R_2CHOH + CH_3COCH_3 \underset{}{\overset{Al[OC(CH_3)_3]_3}{\rightleftharpoons}} R_2C=O + CH_3CHOHCH_3$$

$$CH_3CHOHCH=CHCH=C(CH_3)CH=CH_2 \underset{丙酮-苯}{\overset{Al[OC(CH_3)_3]_3}{\rightleftharpoons}} CH_3COCH=CHCH=C(CH_3)CH=CH_2$$

$$CH_3CH_2CH(OH)CH=CHCH_3 + CH_3COCH_3 \underset{}{\overset{Al[OC(CH_3)_3]_3}{\rightleftharpoons}} CH_3CH_2COCH=CHCH_3 + CH_3CHOHCH_3$$

上述反应是通过一个环状中间体进行的：

$$R_2CHOH + Al[OC(CH_3)_3]_3 \rightleftharpoons R_2CHOAl[OC(CH_3)_3]_2 + (CH_3)_2CHOH$$
$$\qquad\qquad\qquad\qquad\qquad\qquad\qquad (i) \qquad\qquad\qquad (ii)$$

(i) + $CH_3COCH_3$ ⇌ [环状中间体] ⇌ [中间体] + $R_2C=O$

⇅ (ii)

$Al[OC(CH_3)_3]_3 + CH_3CHOHCH_3$

使用此氧化法，一级醇虽然也可氧化成相应的醛，但效果并不太好。因为在碱存在下，生成的醛常易进行羟醛缩合反应。

这是一个可逆反应，故也可由酮制醇（参看 10.11.2/4）。为使上一反应向生成酮的方向进行，须加入大量的丙酮，使(i)尽可能与丙酮配位，将丙酮还原为异丙醇；而其逆反应则须加入大量异丙醇，同时将产生的丙酮从反应体系中移走。

### 7.9.5 用 Pfitzner-Moffatt 试剂氧化

一级醇在 Pfitzner（费兹纳）-Moffatt（莫发特）试剂的作用下，可以得到产率非常高的醛。这个试剂由二甲亚砜和二环己基碳二亚胺组成。二环己基碳二亚胺(dicyclohexyl carbodiimide,简称 DCC),是二取代脲的失水产物,是一个非常重要的失水剂(dehydrating agent)。

$$C_6H_{11}NHCONHC_6H_{11} \xrightarrow[(C_2H_5)_3N]{C_6H_5SO_2Cl} C_6H_{11}N=C=NC_6H_{11} + H_2O$$

如对硝基苯甲醇在磷酸和这个试剂的作用下,得到 92% 产率的对硝基苯甲醛:

$$O_2N\text{-}C_6H_4\text{-}CH_2OH + (CH_3)_2S^+\text{-}O^- + C_6H_{11}\text{-}N=C=N\text{-}C_6H_{11}$$

$$\xrightarrow{H_3PO_4} O_2N\text{-}C_6H_4\text{-}CHO + C_6H_{11}\text{-}NHCONH\text{-}C_6H_{11} + CH_3SCH_3$$

反应过程如下:

[反应机理图]

在这个反应中,二环己基碳二亚胺接受一分子水,变为脲的衍生物,而二甲亚砜变为二甲硫醚。这个氧化剂也可用于氧化二级醇。

> 在进行氧化反应时必须注意:许多有机物与强氧化剂接触,会发生强烈的爆炸,因此在使用高锰酸钾、高氯酸以及类似氧化剂时,一定要在溶剂中进行反应。因为溶剂可使放出的大量热消散,减缓反应速率。

**习题 7-20** 完成下列反应,写出主要产物。

(i) $n\text{-}C_6H_{13}CH_2OH \xrightarrow[H^+]{KMnO_4}$

(ii) $C_6H_5\text{-}CH_2OH \xrightarrow[\Delta]{KMnO_4, H_2O}$

(iii) $CH_3CH=CHC(CH_3)=CHCH_2OH \xrightarrow[\text{戊烷, 25 °C}]{MnO_2}$

(iv) $H_3CHC=C(OH)(CH_3)\text{-}CHCH_3 \xrightarrow[\text{戊烷, 25 °C}]{MnO_2}$

(v) 2-甲基环己醇 $\xrightarrow[H_2O, C_6H_6, CH_3COOH, 10\ °C]{Na_2Cr_2O_7, H_2SO_4}$

(vi) 4-环戊烯-1,3-二醇 $\xrightarrow[H_2O, CH_2Cl_2, -5\sim0\ °C]{CrO_3, H_2SO_4}$

(vii) $HC\equiv CCH_2OH \xrightarrow[H_2O,\ 25\ °C]{CrO_3, H_2SO_4}$

(viii) $C_6H_5\text{-}CH_2OH \xrightarrow[CH_2Cl_2,\ 25\ °C]{(C_5H_5N)_2\cdot CrO_3}$

(ix) 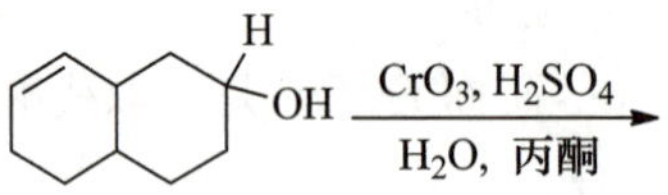 [十氢萘烯醇结构] $\xrightarrow{\text{CrO}_3, \text{H}_2\text{SO}_4}{\text{H}_2\text{O, 丙酮}}$

(x) 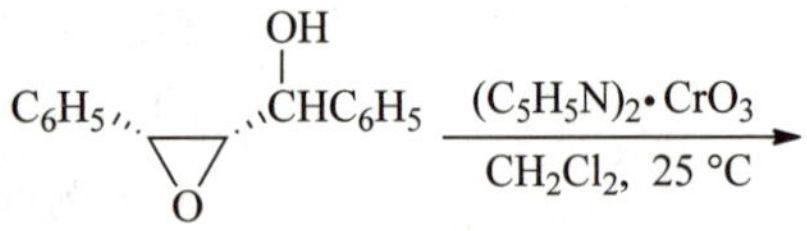 $C_6H_5\text{-环氧-CH(OH)C}_6H_5$ $\xrightarrow{(C_5H_5N)_2 \cdot \text{CrO}_3}{\text{CH}_2\text{Cl}_2, 25\ °C}$

(xi) $CH_2=CHCH(OH)CH_3 + CH_3COCH_3$ (过量) $\xrightarrow{[(CH_3)_3CO]_3Al}$

(xii) 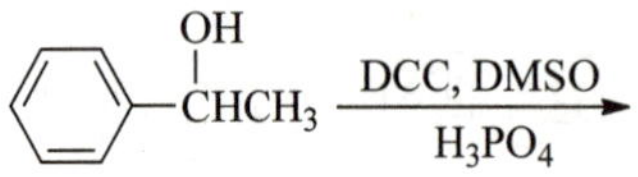 $C_6H_5CH(OH)CH_3$ $\xrightarrow{\text{DCC, DMSO}}{\text{H}_3\text{PO}_4}$

## 7.10 醇的脱氢

一级醇、二级醇可以在脱氢试剂(dehydrogenating agent)的作用下，失去氢形成羰基化合物。醇的脱氢一般用于工业生产，常用铜或铜铬氧化物等做脱氢剂，在300℃下使醇蒸气通过催化剂即可生成醛或酮。

$$CH_3CH_2CH_2CH_2OH \xrightarrow[300\sim345\ °C]{\text{CuCrO}_4} CH_3CH_2CH_2CHO$$

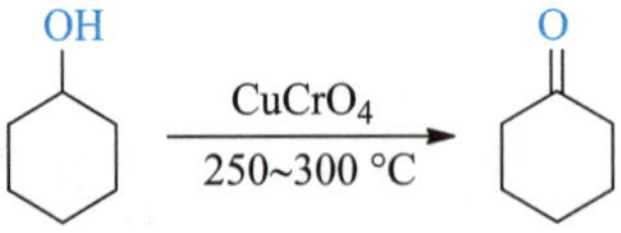

$$\text{环己醇} \xrightarrow[250\sim300\ °C]{\text{CuCrO}_4} \text{环己酮}$$

此外，Pd等也可做脱氢试剂，如

$$CH_3CH_2OH \xrightarrow{\text{Pd}} CH_3CHO$$

## 7.11 多元醇的特殊反应

多元醇除具有一般醇所有的共性外，还有下列特性。

### 7.11.1 邻二醇用高碘酸或四醋酸铅氧化

1. 邻二醇用高碘酸氧化

高碘酸($H_5IO_6$)、偏高碘酸钾($KIO_4$)、偏高碘酸钠($NaIO_4$)的水溶液可以使1,2-二醇的碳碳键断裂，醇羟基转化为相应的醛、酮。反应是定量的，因此，根据高碘酸的消耗量可推知多元醇中所含相邻醇羟基的数目，根据产物可推知原化合物的结构。如

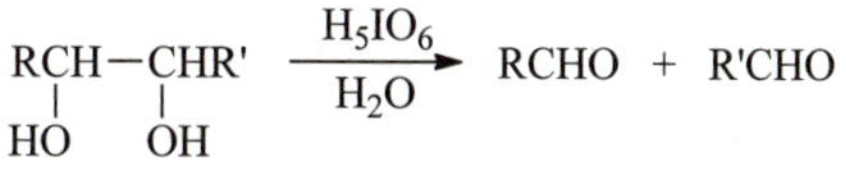

## 7.11 多元醇的特殊反应

$$\underset{\underset{HO}{|}}{RCH}-\underset{\underset{OH}{|}}{CHR'} \xrightarrow[H_2O]{H_5IO_6} RCHO + R'CHO$$

反应过程通过环状酯的中间体：

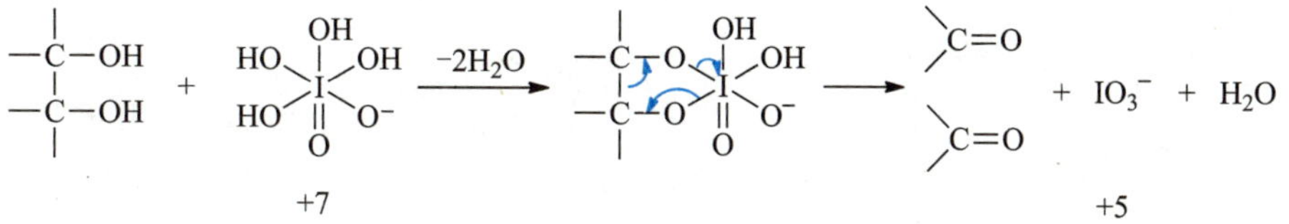

对于多羟基化合物的氧化产物，可以简单地看做醇羟基所连接的碳原子之间的键断裂，断裂部分各与一个羟基结合，然后失水。这样可方便地推测最终的氧化产物，如

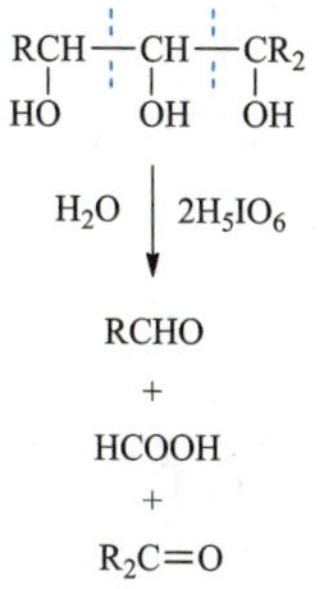

$$\underset{\underset{HO}{|}}{RCH}\underset{\underset{OH}{|}}{\vdots}\underset{\underset{OH}{|}}{CH}\underset{\underset{OH}{|}}{\vdots}CR_2$$

$$\downarrow \begin{array}{c} 2H_5IO_6 \\ H_2O \end{array}$$

RCHO
+
HCOOH
+
$R_2C=O$

另一方面，也可根据 $H_5IO_6$ 消耗数量及氧化产物来推测原化合物的结构。

多元醇若其羟基均处于相邻位置，在与一分子高碘酸反应后得到的 α-羟基醛或酮可进一步与高碘酸反应。其过程也与 1,2-二醇类似，形成环状酯中间体：

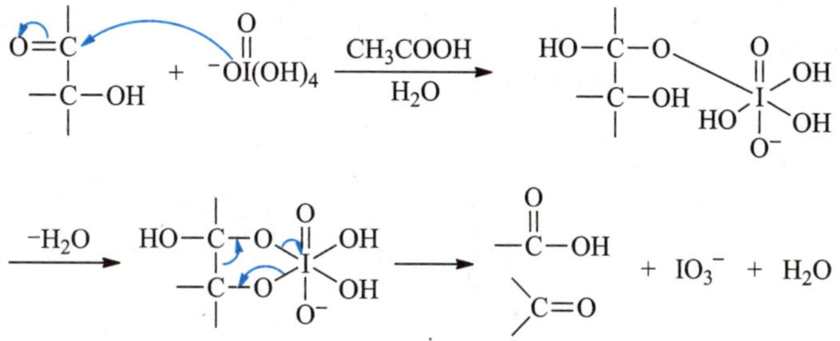

α-羟基酸、1,2-二酮（α-二酮）、α-氨基酮、1-氨基-2-羟基化合物也能进行类似的反应。

**习题 7-21** 用高碘酸的水溶液与下列化合物反应，请写出试剂消耗量及氧化产物的结构。

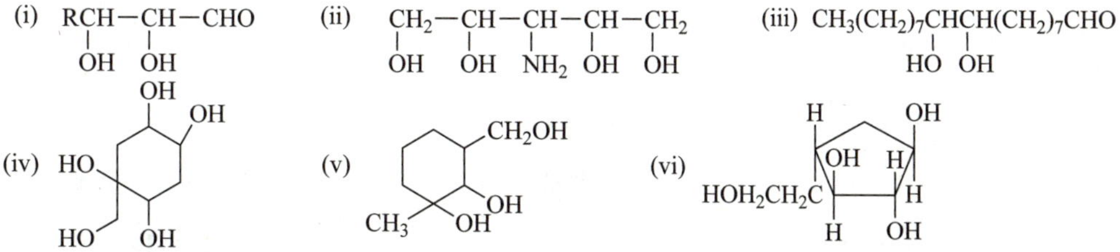

(i) $\underset{\underset{OH}{|}}{RCH}-\underset{\underset{OH}{|}}{CH}-CHO$ 

(ii) $\underset{\underset{OH}{|}}{CH_2}-\underset{\underset{OH}{|}}{CH}-\underset{\underset{NH_2}{|}}{CH}-\underset{\underset{OH}{|}}{CH}-CH_2$

(iii) $CH_3(CH_2)_7\underset{\underset{HO}{|}}{CH}\underset{\underset{OH}{|}}{CH}(CH_2)_7CHO$

(iv), (v), (vi) [环状结构图]

**习题 7-22** 顺-1,2-环己二醇与高碘酸的氧化反应比反式异构体快，请解释原因。

### 2. 邻二醇用四醋酸铅氧化

1,2-二醇也可以被四醋酸铅[$Pb(OAc)_4$]氧化，通常在醋酸或苯溶液中进行，反应是定量的，因此也用于 1,2-二醇的定量分析。但此试剂能与其他含羟基的分子反应，因此不能用水或醇做溶剂，但少量水，特别是醋酸，对氧化反应并无妨碍。

此方法与在高碘酸水溶液中氧化的方法可以互相补充。

1,2-二醇和四醋酸铅的反应结果与高碘酸、偏碘酸钾、偏碘酸钠是一样的，其氧化过程也是经过环状酯中间体，例如

$$C_6H_5OCH_2CHOH\text{-}CH_2OH \xrightarrow[C_6H_6]{Pb(OAc)_4} [C_6H_5OCH_2CH(O)\text{-}CH_2(O)Pb(OAc)_2] \longrightarrow C_6H_5OCH_2CHO + HCHO + Pb(OAc)_2$$

顺式的 1,2-二醇比反式的相对速率大得多,这与形成环状酯中间体有关,反式的环状酯因五元环的扭曲不易形成:

顺式环戊烷-1,2-二醇 $\xrightarrow[HOAc, 20\sim25\ °C]{Pb(OAc)_4}$ $OHC(CH_2)_3CHO$  相对速率 > 3000

反式环戊烷-1,2-二醇 $\xrightarrow[HOAc, 20\sim25\ °C]{Pb(OAc)_4}$ $OHC(CH_2)_3CHO$  相对速率 = 1

但若用吡啶做反应溶剂,会加快反-1,2-二醇的反应速率,可能在吡啶中不需经过环状酯中间体:

$$\text{反-1,2-环戊二醇} \xrightarrow[\text{吡啶}]{Pb(OAc)_4} [\text{中间体}] \xrightarrow{\ ^{-}OAc\ \text{或吡啶}} OHC(CH_2)_3CHO + Pb(OAc)_2 + HOAc$$

α-羟基醛或酮、1,2-二酮以及 α-羟基酸需要有少量水或醇存在时,才能发生氧化断裂反应,即四醋酸铅与之反应的是羰基与水或醇的加成物。如

$$\underset{|}{\overset{|}{C}}=O,\ \underset{|}{\overset{|}{C}}\text{-}OH \xrightarrow[\text{少量}H_2O\ (\text{或}ROH)]{HOAc} (R)HO\text{-}\underset{|}{\overset{|}{C}}\text{-}OH,\ \underset{|}{\overset{|}{C}}\text{-}OH \xrightarrow{Pb(OAc)_4} [\text{中间体}] \longrightarrow \underset{|}{\overset{|}{C}}\text{-}OH(R),\ \underset{|}{\overset{|}{C}}=O + Pb(OAc)_2$$

---

**习题 7-23** 写出下列化合物与四醋酸铅在醋酸或苯中反应的主要产物。

(i) $CH_2=CH(CH_2)_8\underset{OH}{\overset{|}{C}}HCHCH_2OH$

(ii) 顺式十氢萘-4a,8a-二醇

(iii) $C_6H_5COCH_2OH$(少量$C_2H_5OH$)

(iv) $CH_3O\text{-}C_6H_4\text{-}\underset{O}{\overset{||}{C}}\text{-}\underset{OH}{\overset{|}{C}}H\text{-}C_6H_4\text{-}OCH_3$(少量$H_2O$)

---

### 7.11.2 邻二醇的重排反应——频哪醇重排

邻二醇在酸作用下发生重排,生成酮的反应称为频哪醇重排。如

## 7.11 多元醇的特殊反应

这类反应最初是从频哪醇重排为频哪酮发现的，因此这类邻二醇的重排反应被称为频哪醇重排反应（pinacol rearrangement）。α-双二级醇、α-二级醇三级醇、α-双三级醇均能发生此反应。

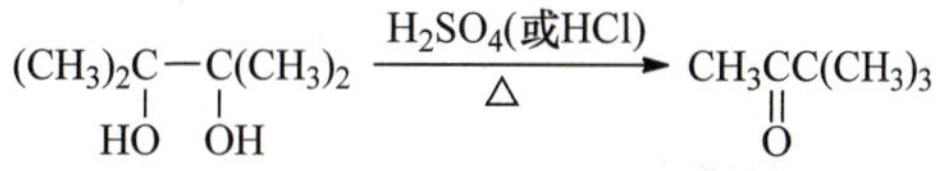

$$(CH_3)_2C-C(CH_3)_2 \xrightarrow[\Delta]{H_2SO_4(\text{或}HCl)} CH_3CC(CH_3)_3$$
$$\phantom{(CH_3)_2C}|\phantom{C}|\phantom{(CH_3)_2} \phantom{xxxxxxxxxxxxxxxxxx} \|$$
$$\phantom{(CH_3)_2C}HO\phantom{x}OH \phantom{xxxxxxxxxxxxxxxxxxxx} O$$

频哪醇(pinacol)　　　　　　　频哪酮(pinacolone)
2,3-二甲基-2,3-丁二醇　　　　甲基三级丁基酮

首先羟基质子化形成(i)；(i)失水成碳正离子(ii)；相继发生基团的迁移，缺电子中心转移到羟基的氧原子上成(iii)，(ii)中带正电荷的碳为六电子，(iii)中𬭩盐的氧为八电子，(iii)比(ii)稳定，这是促使发生重排反应的原因；(iii)失去质子生成频哪酮。

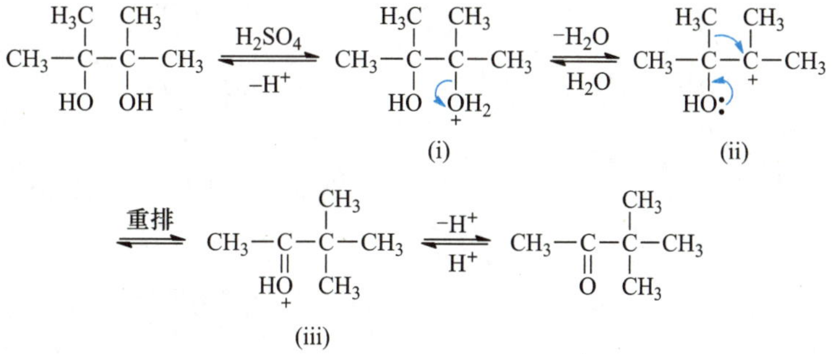

Wagner-Meerwein 重排是从一个碳正离子重排为另一个更稳定的碳正离子，而频哪醇重排是从一个碳正离子重排为另一个更加稳定的𬭩盐离子。

讨论频哪醇重排反应中的几个问题：

（1）在不对称取代的乙二醇中，哪一个羟基先被质子化后离去？这与羟基离去后形成碳正离子的稳定性有关，一般能形成比较稳定的碳正离子的碳上的羟基易被质子化，如下式中苯环与碳正离子共轭比较稳定，因此 C-1 易形成碳正离子，由 C-2 上的氢重排，生成主要产物：

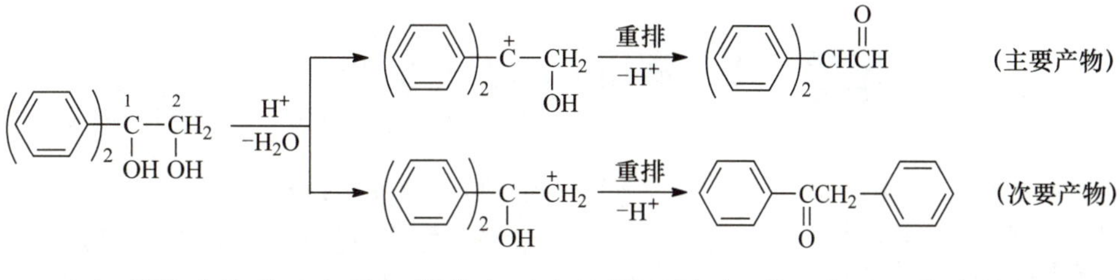

（2）当形成的碳正离子相邻碳上两个基团不同时，哪一个基团优先转移？通常是能提供电子、稳定正电荷较多的基团优先迁移（precedent migration），但经常得到两种重排产物，因此最好相邻碳上两个基团是相同的。

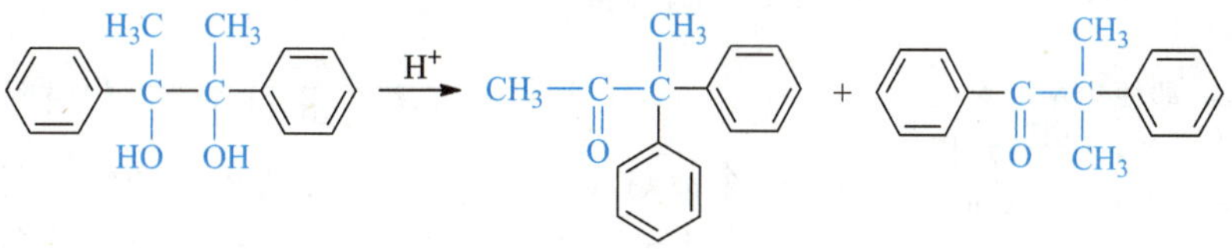

当碳正离子的相邻碳上有两个不同芳基时，在重排时迁移的相对速率为

| CH₃O–⟨⟩–  | CH₃–⟨⟩–  | Ph–⟨⟩–  | ⟨⟩–  | Cl–⟨⟩– |
|---|---|---|---|---|
| 相对速率： 500 | 16 | 12 | 1 | 0.7 |

(3) 迁移基团与离去基团处于反式位置时重排速率快。如顺-1,2-二甲基-1,2-环己二醇在稀硫酸作用下能迅速重排，甲基迁移得到 2,2-二甲基环己酮；而反-1,2-二甲基-1,2-环己二醇在相同条件下，由于迁移基团与离去基团不处于反式位置，反应很慢，并导致环缩小。

思考：请写出反-1,2-二甲基-1,2-环己二醇发生频哪醇重排的反应机理。

顺-1,2-二甲基-1,2-环己二醇 $\xrightarrow[\text{快}]{H^+}$ 2,2-二甲基环己酮

反-1,2-二甲基-1,2-环己二醇 $\xrightarrow[\text{慢}]{H^+}$ 1-甲基-1-乙酰基环戊烷

## 醇 的 制 备

## 7.12 几个常用醇的工业生产

甲醇有多种用途。在合成中，甲醇主要用于制备甲醛及做甲基化试剂；甲醇可与有机溶剂完全混溶，是常用的有机溶剂；甲醇是可燃的无色液体，可混入汽油中或单独用做汽车或喷气式飞机的燃料。

甲醇有毒，即便少量对有机体也是有害的，甚至会造成严重的永久性损伤，例如失明。

在工业生产中，除甲醇外，多数常用的简单一元饱和醇是由烯烃做原料生产的，但在石油工业尚未兴起之前，有些醇是靠发酵的方法生产的。

1. 甲醇

早期工业上用木材干馏法生产甲醇，故甲醇也叫木醇，1920 年以后逐渐停止使用这种方法。现在工业上采用合成气(synthesis gas)——一氧化碳和氢气——催化转化生产法制备。即

$$CO + 2H_2 \xrightarrow[400\,℃,\ 20\sim 30\ \text{MPa}]{ZnO/Cr_2O_3} CH_3OH \quad \Delta H = -92\ \text{kJ}\cdot\text{mol}^{-1}$$

这是一个放热反应，几乎可以得到定量的纯甲醇。采用活化的氧化铜做催化剂，可在 250 ℃，5～10 MPa 条件下进行反应，比上述条件更经济。

从水中分馏甲醇，纯度可以达到 99% 左右。要除去其中近 1% 的水制备无水甲醇，可加入适量的镁，甲醇和镁反应，生成甲醇镁；甲醇镁再和水反应生成不溶的氧化镁和甲醇，最后经蒸馏得无水甲醇(99.9% 以上)。反应如下：

$$2CH_3OH + Mg \xrightarrow{-H_2} (CH_3O)_2Mg \xrightarrow{H_2O} 2CH_3OH + MgO$$

乙醇为无色液体，具有特殊气味，易燃，火焰呈淡蓝色。乙醇在染料、香料、医药等工业中都很有用，实验室中常用它做试剂，是目前最重要的溶剂之一。

小量乙醇对人体的作用是先兴奋、后麻醉；大量的乙醇对人体有毒。

工业乙醇含乙醇 95.5%；无水乙醇含乙醇 99.5%；绝对乙醇含乙醇 99.95%。

含有甲醇的乙醇称为变性乙醇，饮用这种乙醇有致盲的危险。

### 2. 乙醇

工业上大量生产乙醇是用石油裂解气(petroleum pyrolysis gas)中的乙烯做原料。第一种方法是把乙烯在 100℃ 吸收于浓硫酸中，然后水解。反应如下：

$$CH_2{=}CH_2 + HOSO_3H \longrightarrow \underset{\text{硫酸氢乙酯}}{CH_3CH_2OSO_3H} \xrightarrow{CH_2=CH_2} \underset{\text{硫酸二乙酯}}{(CH_3CH_2O)_2SO_2}$$

$$CH_3CH_2OSO_3H + H_2O \longrightarrow CH_3CH_2OH + H_2SO_4$$

$$(CH_3CH_2O)_2SO_2 + 2H_2O \longrightarrow 2CH_3CH_2OH + H_2SO_4$$

此法优点是乙醇产率高，但要用大量硫酸，对设备有强烈的腐蚀作用，还存在废酸的回收利用问题。

另一种方法是用磷酸做催化剂，在 300℃ 和 7 MPa 压力下，把水蒸气通入乙烯中。反应如下：

$$CH_2{=}CH_2 + H_2O \xrightarrow{H_3PO_4} CH_3CH_2OH$$

此法步骤简单，没有硫酸腐蚀及废酸的回收利用问题，但需用高浓度的乙烯且在高压下操作，生产设备要求很高，此外一次转化成乙醇的量很少，要反复循环，消耗能量较大。

上述两法，成本差别不是很大，由于乙烯可大量地从石油加工得到，受到各国重视。

---

**习题 7-24** 写出下列化合物在酸作用下的重排产物。

(i) $(C_6H_5)_2\underset{HO}{C}{-}\underset{OH}{C}(C_6H_5)_2$

(ii) $(C_6H_5)_2\underset{HO}{C}{-}\underset{OH}{C}HC_6H_5$

(iii) 环戊基–环戊基，均带OH

(iv) $CH_3O{-}C_6H_4{-}\underset{\underset{Ph}{|}}{\overset{\overset{HO}{|}}{C}}{-}\underset{\underset{Ph}{|}}{\overset{\overset{OH}{|}}{C}}{-}C_6H_4{-}OCH_3$

**习题 7-25** 下列两个化合物在酸作用下发生重排反应，哪一个反应快？为什么？

二氧化碳是发酵法制乙醇的副产品，产率约为 95%，可将 $CO_2$ 降温，压缩装入钢瓶中，并成为固体，叫做干冰，在常压下即成为二氧化碳气体。

目前，从酵母复合酶中已分离出 12 种酶。酶是一种专一而又活性极高的有机催化剂。

还有一种生产乙醇的方法叫做发酵法(fermentation method)，是通过微生物进行的一种生物化学方法。饮用的酒就是用这种方法生产的。我国的乙醇发酵是用干薯、马铃薯及其他含淀粉的物质做主要原料，这些原料先和黑曲霉作用进行糖化，即把淀粉转变成单糖，然后加入培养的酵母发酵，把糖变为酒和二氧化碳。在酵母的作用下把糖变为酒是一个很复杂的过程，现在对这个过程已经有了很清楚的了解，它是许多专一反应共同作用的结果，不过各专一反应都是由特殊作用的酶进行的。在制酒的发酵过程中，还产生少量戊醇的两个异构体及少量丁二酸（$HOOCCH_2CH_2COOH$），这些产物不是来自淀粉，而是由原料中所含蛋白质的发酵产生的。戊醇的两个异构体结构如下：

$$\underset{CH_3}{CH_3CHCH_2CH_2OH} \qquad \underset{CH_3}{CH_3CH_2CHCH_2OH}$$

3-甲基-1-丁醇（异戊醇）　　　　　2-甲基-1-丁醇

乙醇和水可形成共沸混合物，不能用蒸馏的方法把它们完全分开。因此，工业上制无水乙醇是在普通乙醇中加入一定量的苯，先通过蒸出乙醇-苯-水三元共沸混合物除去水，再通过蒸出乙醇-苯二元共沸混合物除去多余的苯，剩下的即为无水乙醇。

为了去掉乙醇中的少量水（如 1%），也可以用金属镁处理。

### 3. 正丙醇

工业上生产正丙醇是用乙烯、一氧化碳和氢在高压及加热下，用钴为催化剂进行反应得到醛，此反应称为羰基合成（或氧化合成，oxo synthesis）；醛进一步在催化剂作用下还原为醇。这是在工业上生产醛和醇的极为重要的方法。

$$CH_2=CH_2 + CO + H_2 \xrightarrow[15\ MPa,\ 100\sim115\ ℃]{钴催化剂} \underset{72\%}{CH_3CH_2CHO} \xrightarrow{H_2} CH_3CH_2CH_2OH$$

含 $C_{12}\sim C_{18}$ 的高级醇是制洗涤剂（detergent）$[CH_3(CH_2)_nCH_2OSO_3^-Na^+]$ 的一种原料。

上法也可用于生产高级醛，不过常生成两种异构体，醛可进一步还原为醇：

$$RCH=CH_2 + CO + H_2 \xrightarrow[15\ MPa,\ 130\ ℃]{钴催化剂} \xrightarrow{H_2} \underset{(主要产物)}{RCH_2CH_2CH_2OH} + \underset{\underset{CH_3}{|}}{RCHCH_2OH}$$
　　　　　　　　　　　　　　　　　　　　　　　　　　　　　　　　　（次要产物）

乙二醇是无色、具有甜味的黏稠液体。由于分子中有两个羟基的氢键缔合作用，其熔点与沸点比一般碳原子数相同的烃的高得多，如乙二醇熔点为 $-16\ ℃$，沸点 $197\ ℃$。

### 4. 1,2-乙二醇（简称乙二醇，俗称甘醇）

乙二醇的工业生产方法是由环氧乙烷加压水合或酸催化下水合制得：

$$\underset{O}{\triangle} + H_2O \xrightarrow[或\ 0.5\%\ H_2SO_4,\ 50\sim70\ ℃]{2.2\ MPa,\ 190\sim220\ ℃} \underset{OH\ \ \ OH}{CH_2-CH_2}$$

加压水合要求用加压设备及高温，但后处理方便，因此使用很广泛；而酸催化水合虽然不需要压力设备，反应温度也较低，但从产品中除去硫酸是相当麻烦的。用上述二法制取乙二醇，总产率均超过 90%（按环氧乙烷计），同时都有副产品一缩二乙二

在合成中,乙二醇是合成树脂(synthetic resin)、合成纤维(synthetic fiber)的重要原料,如制聚对苯二酸乙二醇酯。

醇和二缩三乙二醇。

$$HOCH_2CH_2OH + \underset{O}{\triangle} \longrightarrow HOCH_2CH_2OCH_2CH_2OH \xrightarrow{\underset{O}{\triangle}} HOCH_2CH_2OCH_2CH_2OCH_2CH_2OH$$

一缩二乙二醇(二甘醇)　　　　　二缩三乙二醇(三甘醇)

乙二醇在乙醚中几乎不溶,但能与水混溶,是良好的溶剂。乙二醇的一甲醚、二甲醚,乙二醇的一乙醚、二乙醚等均是很有用的溶剂。

**5. 1,2,3-丙三醇(简称丙三醇,俗称甘油)和硝酸甘油酯(俗称硝化甘油)**

乙二醇能降低水的冰点,如40%(体积分数)的乙二醇水溶液冰点为 $-25℃$,60%的乙二醇水溶液冰点为 $-49℃$,因此可用于制备抗冻剂。例如用做汽车发动机的防冻剂,使之在低温下工作而不结冰。此外,乙二醇的吸水性能好,可用于染色等。

甘油的工业生产方法是用丙烯在高温下氯化,得 3-氯丙烯;然后与次氯酸反应,得 1,3-二氯-2-丙醇及 2,3-二氯-1-丙醇的混合物;在碱性条件下,经环化得 3-氯-1,2-环氧丙烷;再水解得甘油:

$$CH_3CH=CH_2 \xrightarrow[500\,℃]{Cl_2} ClCH_2CH=CH_2 \xrightarrow{HOCl} CH_2ClCHOHCH_2Cl + CH_2ClCHClCH_2OH$$

$$\xrightarrow[-HCl]{Ca(OH)_2} \underset{\text{3-氯-1,2-环氧丙烷}}{ClCH_2\underset{O}{\triangle}} \xrightarrow{NaOH, H_2O} \underset{OH\ OH\ OH}{CH_2-CH-CH_2}$$

甘油是无色、具有甜味的黏稠液体,分子中有三个羟基的缔合作用,沸点为290℃。能与水混溶,在纺织、医药、化妆品工业及日常生活中用途很广。

甘油与浓硝酸、浓硫酸作用,形成硝酸甘油酯,俗称硝化甘油,是无烟火药中的主要成分。产物是在严格冷却条件下,将甘油滴入浓硝酸与浓硫酸的混合酸中反应形成的。

$$\begin{array}{c} CH_2OH \\ | \\ CHOH \\ | \\ CH_2OH \end{array} + 3HONO_2 \xrightarrow{H_2SO_4} \begin{array}{c} CH_2ONO_2 \\ | \\ CHONO_2 \\ | \\ CH_2ONO_2 \end{array}$$

硝酸甘油酯

将硝酸甘油酯吸入硅藻土中,即可避免因撞击而爆炸,只有用引爆剂才能使之爆炸。硝酸甘油酯中溶入10%的硝化纤维,可形成爆炸力更强的炸药,称爆炸胶;20%~30%的硝酸甘油酯与70%~80%的硝化纤维混合物,称为硝酸甘油火药,能做枪炮的弹药。

硝酸甘油酯为无色、有毒的油状液体,经加热或撞击立即发生强烈爆炸反应,顷刻间产生大量气体。

$$4\begin{array}{c} CH_2ONO_2 \\ | \\ CHONO_2 \\ | \\ CH_2ONO_2 \end{array} \xrightarrow{\triangle} 6N_2 + 12CO_2 + 10H_2O + O_2$$

由于大量气体迅速膨胀,而产生极大的爆炸力。

## 7.13　醇的实验室制备法

在实验室,醇通常可用下列方法制备。

### 7.13.1　卤代烃的水解

卤代烃和稀氢氧化钠水溶液进行亲核取代反应,可以得到相应的醇。例如

卤代烃在 NaOH 碱性溶液中易发生消除反应。为避免发生消除反应，可用氢氧化银代替氢氧化钠。如

$$RX \xrightarrow{Ag_2O, H_2O} ROH + AgX \downarrow$$

$$CH_2=CHCH_2Cl + NaOH \xrightarrow{\Delta} CH_2=CHCH_2OH + NaCl$$

$$C_6H_5CH_2Cl + NaOH \xrightarrow{\Delta} C_6H_5CH_2OH + NaCl$$

$$C_5H_{11}Cl + NaOH \xrightarrow{\Delta} C_5H_{11}OH + NaCl$$

### 7.13.2　烯烃的水合、硼氢化-氧化和羟汞化-还原

这三种合成方法的最终结果都是打开烯烃的 π 键，在两个相邻碳上加一分子水。

1. 烯烃的水合(hydration)(参见 8.6.2)

若原料是不对称烯烃，主要生成符合马氏规则的产物。

直接水合法　　$CH_2=CH_2 + H_2O \xrightarrow{H^+} CH_3CH_2OH$

间接水合法　　$CH_2=CH_2 \xrightarrow{80\% H_2SO_4} CH_3CH_2OSO_2OH \xrightarrow[\Delta]{H_2O} CH_3CH_2OH$

2. 烯烃的硼氢化-氧化(参见 8.10.1，8.10.2，8.10.3)

若原料是不对称烯烃，主要生成反马氏规则的产物。

$$CH_3CH=CH_2 + BH_3 \xrightarrow{硼氢化} \underset{(i)}{CH_3CH_2CH_2BH_2} \xrightarrow[氧化]{H_2O_2, HO^-} \underset{(ii)}{CH_3CH_2CH_2OH}$$

烯烃和 $BH_3$ 经四元环状过渡态生成烷基硼烷(i)，(i)再被氧化成醇。

3. 烯烃的羟汞化-还原(参见 7.24)

若原料是不对称烯烃，主要生成符合马氏规则的产物。

$$CH_3CH_2\underset{CH_3}{\overset{|}{C}}=CH_2 + (CH_3CO)_2Hg + H_2O \longrightarrow \underset{(i)}{CH_3CH_2\underset{OH}{\overset{CH_3}{\underset{|}{\overset{|}{C}}}}-CH_2HgOCCH_3} \xrightarrow{NaBH_4} CH_3CH_2\underset{OH}{\overset{CH_3}{\underset{|}{\overset{|}{C}}}}-CH_3$$

烯烃和醋酸汞溶液反应，经环汞化反应(hydroxy-mercury reaction)、反式开环反应生成有机金属化合物(i)；(i)和硼氢化钠反应，金属化合物中的碳汞键(C—Hg)被还原成碳氢键(C—H)。该反应条件温和，产率高。

### 7.13.3　羰基化合物的还原

醛、酮经催化氢化，或在氢化铝锂、硼氢化钠、乙硼烷、异丙醇铝和活泼金属等还原剂的作用下可生成醇，详细内容将在 10.11 中介绍。羧酸衍生物经催化氢化或用氢化铝锂、硼氢化钠、乙硼烷、活泼金属等还原剂还原，也能生成醇，将在 12.7 中详细讨论。

### 7.13.4　用格氏试剂与环氧化合物或羰基化合物反应制备

1. 格氏试剂与环氧乙烷及其衍生物的反应

格氏试剂与环氧乙烷反应时，格氏试剂中的烃基作为亲核试剂进攻环氧乙烷的带部分正电性的碳原子，环打开，生成比格氏试剂的烃基多两个碳的一级醇的盐，酸

## 7.13 醇的实验室制备法

化后生成醇。

$$RMgX + \underset{\text{环氧乙烷}}{\overset{\delta^+\;\;\delta^+}{\underset{\delta^-}{\triangle\!O}}} \longrightarrow RCH_2CH_2O^-Mg^{2+}X^- \xrightarrow{H^+} \underset{\text{一级醇}}{RCH_2CH_2OH}$$

如果格氏试剂与取代的环氧乙烷反应，具有亲核性的烃基首先进攻空阻小的环碳原子，最终生成二级醇或三级醇。

$$RMgX + \overset{R'}{\underset{O}{\triangle}} \longrightarrow \underset{OMgX}{RCH_2CHR'} \xrightarrow{H^+} \underset{\underset{\text{二级醇}}{OH}}{RCH_2CHR'}$$

$$RMgX + \overset{R'}{\underset{O}{\overset{R''}{\triangle}}} \longrightarrow \underset{OMgX}{RCH_2\overset{R'}{\underset{}{C}}R''} \xrightarrow{H^+} \underset{\underset{\text{三级醇}}{OH}}{RCH_2\overset{R'}{\underset{}{C}}R''}$$

有时切断的位置不是唯一的。例如

$$\underset{切断①\quad\quad 切断②}{\overset{\gamma\;\;\;\beta\;\;\;\;\;\;\;\;\;\;\;\beta'\;\;\gamma'}{C_6H_5\text{-}CH_2\text{-}\underset{OH}{CH}\text{-}CH_2\text{-}CH_3}}$$

按照①切断，原料应该是

C₆H₅—MgBr + $\overset{CH_2CH_3}{\underset{O}{\triangle}}$ ；

按照②切断，原料应该是

CH₃CH₂MgBr + C₆H₅—CH₂—$\overset{}{\underset{O}{\triangle}}$

选用哪一种组合，可以根据原料是否易得和具体情况来定。

若要逆向分析某种醇化合物是用哪种格氏试剂和哪种环氧乙烷衍生物来制备的，只需将产物醇的 β 碳和 γ 碳之间的键切断，不含氧的一部分来自格氏试剂，含氧的一部分来自环氧乙烷或环氧乙烷的衍生物。例如

$$(CH_3)_2CH\overset{}{\underset{\gamma}{|}}\text{-}\underset{\beta}{CH_2}\text{-}\underset{\alpha}{CH_2}\text{-}OH \quad\quad C_6H_5\overset{\gamma}{\underset{}{|}}\text{-}\underset{\beta}{CH_2}\text{-}\underset{\alpha}{CH_2}\text{-}OH$$

来自格氏试剂　来自环氧乙烷　　来自格氏试剂　来自环氧乙烷

### 2. 格氏试剂与醛、酮的反应

格氏试剂与醛、酮反应时，格氏试剂的烃基进攻羰基碳，羰基上的一对 π 电子向氧原子偏移，最后异裂，生成卤化烃氧基镁，酸化后得到醇。

$$\underset{\text{格氏试剂}}{\overset{\delta^-\;\;\;\delta^+}{RMgX}} + \underset{\text{醛或酮}}{C=O} \longrightarrow \underset{\text{卤化烃氧基镁}}{RCO^-Mg^{2+}X^-} \xrightarrow{H^+} \underset{\text{醇}}{R\text{-}\overset{|}{\underset{|}{C}}\text{-}OH}$$

有时合成同一种醇，有两种或多种原料组合可供选择。例如要合成 4-甲基-2-戊醇：

$$(CH_3)_2CHCH_2\overset{OH}{\underset{}{C}}HCH_3$$

有以下两种原料组合可供选择：

CH₃MgI + (CH₃)₂CHCH₂CHO

或

(CH₃)₂CHCH₂MgBr + CH₃CHO

选用哪一种组合，视原料来源、成本、产率等因素而定。

格氏试剂与甲醛反应，最终得到比格氏试剂的烃基多一个碳的一级醇；与多于一个碳的醛反应，生成二级醇；与酮反应，生成三级醇。例如

C₆H₅—MgBr + HCHO $\xrightarrow{H_3O^+}$ C₆H₅—CH₂OH

C₆H₅—MgBr + CH₃CHO $\xrightarrow{H_3O^+}$ C₆H₅—$\overset{OH}{\underset{}{C}}$HCH₃

C₆H₅—MgBr + CH₃$\overset{O}{\overset{\|}{C}}$CH₃ $\xrightarrow[H_2O]{NH_4Cl}$ C₆H₅—$\overset{CH_3}{\underset{CH_3}{\overset{|}{C}}}$—OH

三级醇在酸催化下很容易脱水生成烯,所以常用 $NH_4Cl$ 的水溶液来酸化。因为它既具有足够的酸性将卤化烃氧基镁转化为相应的醇,又不造成醇的脱水。

若要逆向分析某种醇化合物是用哪种格氏试剂和哪种醛、酮来制备的,只需将产物醇的 α 碳和 β 碳之间的键切断,不含氧的一部分来自格氏试剂,含氧的一部分来自醛或酮。例如

$$\underset{\text{来自格氏试剂}}{\text{C}_6\text{H}_{11}}\overset{\beta}{-}\underset{\text{来自甲醛}}{\overset{\alpha}{\text{CH}_2-\text{OH}}}$$

### 3. 格氏试剂与羧酸衍生物的反应

格氏试剂与酯反应制备醇的过程如下:

$$RMgX + HCOOC_2H_5 \xrightarrow{\text{醚}} \left[\underset{(i)}{R-\overset{O-MgX}{\underset{H}{C}}-OC_2H_5}\right] \xrightarrow{-C_2H_5OMgX} RCHO \xrightarrow{RMgX} \underset{RCHR}{\overset{OMgX}{|}} \xrightarrow{H^+,H_2O} \underset{RCHR}{\overset{OH}{|}}$$

一个化合物中,若在同一个碳上含有两个羟基或羟基的衍生物,一般不稳定,如(i),会马上脱去 $C_2H_5OMgX$ 形成醛。醛羰基比酯羰基活泼,更易与格氏试剂反应,形成带有两个烃基的对称的二级醇。所以,用格氏试剂和酯反应来制备醇,原料的投料比应为 2 mol 格氏试剂 : 1 mol 酯。若只用 1 mol 格氏试剂,则反应不完全,得到混合物。

格氏试剂与甲酸酯反应,最终得到一个对称的二级醇;格氏试剂与其他羧酸酯反应,最终生成具有两个相同烃基的三级醇。例如,苯甲酸酯与碘化甲基镁反应,最终得到二甲基苯基甲醇:

$$\text{Ph}-\overset{O}{\underset{}{C}}-OCH_3 + 2CH_3MgI \longrightarrow \text{Ph}-\underset{CH_3}{\overset{OMgX}{\underset{|}{C}}}-CH_3 \xrightarrow{H^+,H_2O} \text{Ph}-\underset{CH_3}{\overset{OH}{\underset{|}{C}}}-CH_3$$

显然,产物中两个甲基都来自格氏试剂。

用格氏试剂和酰卤反应来制备醇,反应过程与格氏试剂和酯反应的情况类似:

$$RMgX + R'\overset{O}{\underset{}{C}}Cl \xrightarrow{\text{醚}} \left[\underset{(i)}{R'-\overset{O-MgX}{\underset{R}{C}}-Cl}\right] \xrightarrow{-MgXCl} R'-\overset{O}{\underset{}{C}}-R \xrightarrow{RMgX} R'-\underset{R}{\overset{O-MgX}{\underset{|}{C}}}-R \xrightarrow{H^+,H_2O} R'-\underset{R}{\overset{OH}{\underset{|}{C}}}-R$$

由于酰卤的羰基比醛、酮的羰基更活泼,因此,当生成的酮空阻很大时,通过控制反应的投料比和反应条件,可以将反应控制在生成酮的阶段。

同样,最初生成的加成物(i)是不稳定的,会马上脱去二卤化镁生成酮;酮再与格氏试剂反应,得到三级醇。

格氏试剂可以从卤代烷制备,而卤代烷可以从醇得到,醛、酮、酸等化合物也可由醇得到。因此,从格氏试剂合成醇,实际上是由简单醇合成较为复杂的醇,再由醇转化为其他化合物的良好途径。

**习题 7-26** 完成下列反应。

(i) $HOCH_2CH_2CH_2CH_2\overset{O}{\overset{\|}{C}}CH_3$ + $CH_3CH_2MgBr$ ⟶

(ii) $HC\equiv CCH_2CH_2CHO$ + ⌬—MgBr ⟶

(iii) $CH_3\overset{O}{\overset{\|}{C}}CH_2CH_2CH_2COOH$ + $CH_3MgBr$ ⟶

**习题 7-27** 用格氏试剂制备 3°ROH 有哪几种组合方式?列表总结。

**习题 7-28** 欲用格氏试剂与含氧有机化合物为原料通过一步亲核反应,然后水解来制备 4-甲基-3-庚醇。请问,共有多少种组合方式?哪种组合最好?为什么?

**习题 7-29** 欲用格氏试剂来制备 2-苯基-2-丁醇,共有几种方法可供选择?哪种方法最好?为什么?

**习题 7-30** 用不超过四个碳原子的有机物为原料,设计四条不同的合成路线合成 3-甲基-2-已烯,并对这些路线的优劣作出分析和评价。

**习题 7-31** 用不超过三个碳原子的醇及必要的试剂合成下列化合物。

(i) $(CH_3)_2CHCH_2CH_2OH$

(ii) $CH_3CH_2CH_2\overset{OH}{\overset{|}{C}H}CH_2CH_3$

(iii) $(CH_3CH_2)_2\overset{OH}{\overset{|}{C}}CH_2CH_3$

(iv) $(CH_3)_2CH\overset{Cl}{\overset{|}{C}H}CH_3$

(v) $(CH_3)_2C=CHCH_3$

(vi) $CH_2=CH-CH=CH-CH_3$

(vii) $CH_3\overset{OH}{\underset{CH_2CH_3}{\overset{|}{\underset{|}{C}}}}CH_2CH_3$

(viii) $CH_3CH=CHCH_2-\overset{CH_3}{\underset{OH}{\overset{|}{\underset{|}{C}}}}-CH(CH_3)_2$

## (二)醚

水分子中的两个氢原子均被烃基取代的化合物称为醚。醚类化合物都含有醚键(ether bond)(C—O—C)。

## 7.14 醚的分类

两个烃基相同的醚称为对称醚,也叫简单醚(simple ether)。两个烃基不相同的醚称为不对称醚,也叫混合醚(complex ether)。

$CH_3OCH_3$　　　　$CH_3OCH_2CH_3$
　对称醚　　　　　　不对称醚

根据两个烃基的类别，醚还可以分为脂肪醚(aliphatic ether)和芳香醚(aromatic ether)。

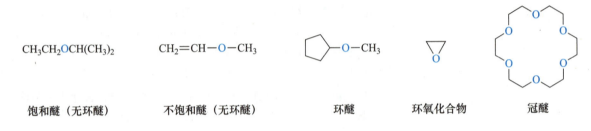

在脂肪醚中，分子中没有环的醚称为无环醚(acyclic ether)。还可细分为饱和醚(saturated ether)及不饱和醚(unsaturated ether)。烃基成环的醚称为环醚(cyclic ether)。环上含氧的醚称为内醚(inner ether)或环氧化合物(epoxy compound)。含有多个氧的大环醚因形如皇冠，称之为冠醚(crown ether)。例如

## 7.15 醚的命名

### 7.15.1 一般醚的命名

1. 系统命名法（参见 2.7.1～2.7.4）
2. 普通命名法

简单醚的普通命名法是在相同的烃基名称前写上"二"字，然后写上醚，习惯上"二"字也可以省略不写；混合醚的普通命名法是按顺序规则由小到大将两个烃基分别列出，然后写上醚字（英文命名时，烃基的排列次序与字母顺序一致）。下列名称中括号内的基字可以省略：

$CH_3OCH_3$     $CH_3OCH_2CH_3$     $CH_2=CHCH_2OC≡CH$

二甲(基)醚或甲醚     甲(基)乙(基)醚     烯丙(基)乙炔(基)醚
dimethyl ether     ethyl methyl ether     allyl ethynyl ether

### 7.15.2 环氧化合物（或内醚）的命名

环氧化合物（或内醚）常用的命名方式是：把氧作为取代基，称为环氧（英文 epoxy），然后按系统命名的原则命名（参见 2.7.5/1）。例如

4-甲基-4,6-环氧-1-己炔
4,6-epoxy-4-methyl-1-hexyne

在有机化合物的命名中,氧杂也称噁(英文 oxa),氮杂称吖(英文 azo),硫杂称噻(英文 thia)。

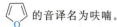 的音译名为呋喃。

加四个氢得 ,故后者称为四氢呋喃。

环氧化合物也可按杂环的系统命名法命名。把环作为母体,根据成环的原子数称为环某烃。在母体前面写上杂原子的位置号、杂原子的个数和名称再加上杂字。例如

1,4-二氧杂环己烷(或二噁烷)

因为是六元环,所以母体称环己烷。环上 1,4 位的碳被氧代替了,所以环己烷名称前加上 1,4-二氧杂。

环氧化合物还可按杂环的音译名为标准命名。五元和六元的环氧化合物习惯上按此命名。例如

呋喃　　　四氢呋喃
furan　　tetrahydrofuran(THF)

### 7.15.3　冠醚的命名

冠醚的系统命名法参见 2.7.5/2。冠醚也可按杂环的系统命名法命名。例如

冠醚的编号从环上的杂原子 O 为 1 位开始。

按杂环的系统命名法命名上述化合物,称为 1,4,7,10,13,16-六氧杂环十八烷,英文名称为 1,4,7,10,13,16-sixoxacyclooctadecane。

---

**习题 7-32** 用系统命名法命名下列化合物(用中、英文)。

(i) C₆H₅—OCH₃　(ii) 环丙基—CH₂CH₂O—C₆H₅　(iii) CH₃CH₂OCH₂CH₂Br

(iv) CH₃CH₂OCHClCH₂OH　(v) CH₂ClCHCH₂CHCH₃ 带环氧与 CH₃　(vi) CH₃CH₂OCH₂—CH(OH)—CH(OH)—CH₂OH

**习题 7-33** 写出下列化合物的构造式。

(i) 甘油-2-甲醚　(ii) 苯并-15-冠-5　(iii) 1,2,3-triethoxypropane
(iv) 1-methoxy-4-(1-propenyl)benzene
(v) 1-ethoxymethyl-4-methoxynaphthalene
(vi) 1,2-epoxy-1,2,3,4-tetrahydronaphthalene
(vii) 1,3-epoxy-2-methylpentane

## 7.16 醚的结构

脂肪醚的醚键中的氧原子取 sp³ 杂化状态,两对孤对电子分占两个 sp³ 杂化轨道,另外两个 sp³ 杂化轨道分别与两个烃基碳的 sp³ 杂化轨道形成 σ 键。其∠COC 的键角接近 111°。例如,甲醚的∠COC 为 111.7°。

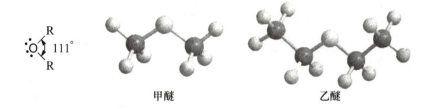

甲醚　　　　　　乙醚

## 7.17 醚的物理性质

多数醚是易挥发、易燃的液体。与醇不同,醚分子间不能形成氢键,所以沸点比同组分醇的沸点低得多。如乙醇的沸点为 78.4℃,甲醚的沸点为 −24.9℃;正丁醇的沸点为 117.8℃,乙醚的沸点为 34.6℃。常用醚的物理常数如表 7-2 所示。

乙醚极易挥发、着火,乙醚气体和空气可形成爆炸性混合气体,一个电火花即会引起剧烈爆炸。

表 7-2 一些常见醚的名称及物理性质

| 化合物 | 普通命名法 | IUPAC命名法 | 沸点/℃ | 相对密度 |
|---|---|---|---|---|
| 甲醚 CH₃OCH₃ | dimethyl ether | methoxymethane | −24.9 | 0.661 |
| | | 1,1′-oxybismethane(CA) | | |
| 甲乙醚 CH₃OCH₂CH₃ | ethyl methyl ether | methoxyethane | 7.9 | 0.697 |
| 乙醚 (CH₃CH₂)₂O | diethyl ether | ethoxyethane | 34.6 | 0.714 |
| | | 1,1′-oxybisethane(CA) | | |
| 正丙醚 (CH₃CH₂CH₂)₂O | dipropyl ether | propoxypropane | 90.5 | 0.736 |
| | | 1,1′-oxybispropane(CA) | | |
| 正丁醚 [CH₃(CH₂)₃]₂O | dibutyl ether | butoxybutane | 143 | 0.769 |
| | | 1,1′-oxybisbutane(CA) | | |
| 甲丁醚 CH₃O(CH₂)₃CH₃ | butyl methyl ether | 1-methoxybutane | 70.3 | 0.744 |
| 乙丁醚 CH₃CH₂O(CH₂)₃CH₃ | butyl ethyl ether | 1-ethoxybutane | 92 | 0.752 |
| 乙二醇二甲醚 CH₃OCH₂CH₂OCH₃ | glycol dimethyl ether | 1,2-dimethoxyethane | 83 | 0.862 |
| 四氢呋喃 | tetrahydrofuran | tetrahydrofuran | 65.4 | 0.888 |
| 1,4-二氧六环 | 1,4-dioxane | 1,4-dioxane | 101.3 | |

续表

| 化合物 | 普通命名法 | IUPAC 命名法 | 沸点/℃ | 相对密度 |
|---|---|---|---|---|
| 环氧乙烷 | ethylene oxide | opoxyethane<br>oxirane(CA) | 11 | |
| 1,2-环氧丙烷 | propylene oxide | 1,2-epoxypropane<br>methyloxirane(CA) | 34 | |
| 1,2-环氧丁烷 | 1,2-butylene oxide | 1,2-epoxybutane<br>ethyloxirane(CA) | 63 | |
| 顺-2,3-环氧丁烷 | cis-1,2-dimethylethyene oxide | cis-2,3-epoxybutane<br>cis-2,3-dimethyloxirane(CA) | 59 | |
| 反-2,3-环氧丁烷 | trans-1,2-dimethylethylene oxide | trans-2,3-epoxybutane<br>trans-2,3-dimethyloxirane(CA) | 54 | |

乙醚中的氧原子"被包围"在分子中,难以和水形成氢键,所以稍溶于水。

四氢呋喃和1,4-二氧六环中,氧和碳架共同成环,氧原子突出在外,易和水形成氢键,故能与水互溶。

在室温下,乙醚中可溶有1%～1.5%的水;水中可溶解7.5%的乙醚。

多数醚不溶于水,乙醚稍溶于水,四氢呋喃和1,4-二氧六环能和水完全互溶。多数有机物易溶于乙醚,因此乙醚的主要用途是做溶剂和萃取剂。用乙醚从水溶液中提取易溶于乙醚的有机物时,由于乙醚和水有少量互溶,在醚提取液中会有少量水,在蒸除乙醚之前,需经过干燥去水,同时,在提取过程中也会损失一部分乙醚。离子型化合物如盐类化合物在乙醚中不溶,故于盐类化合物的乙醇溶液中加入乙醚,可从中析出沉淀物。

乙醚是在外科手术中常用的麻醉剂,其作用不是化学性质的,而是溶于神经组织脂肪中引起的生理变化。这种麻醉作用取决于醚在脂肪相和水相中的分配系数。乙烯基醚也是一种麻醉剂,其麻醉性能比乙醚约强7倍,而且作用极快,但有迅速达到麻醉程度过深的危险,因而限制了它在这方面的实际应用。

## 醚 的 反 应

醚基是醚的官能团,也是醚的反应中心。醚基中的氧含有两对孤对电子,具有碱性和亲核性;氧的电负性比碳大,碳氧键在适当条件下可异裂,发生饱和碳原子上的亲核取代反应。受电子效应的影响,醚 α 碳上有氢时易被氧化。

## 7.18 醚的自动氧化

乙醚及其他的醚如果常与空气接触或经光照,可生成不易挥发的过氧化物(peroxide)。例如

$$CH_3CH_2OCH_2CH_3 \xrightarrow{O_2} \underset{\underset{OOH}{|}}{CH_3CHOCH_2CH_3}$$

氢过氧化乙醚

氧化反应主要发生在醚的 α 碳氢键之间。多数自动氧化是通过自由基机理进行的。

引发：　　$R\cdot + O_2 \longrightarrow ROO\cdot$

$ROO\cdot + (CH_3)_2CHOCH_3 \longrightarrow ROOH + (CH_3)_2\dot{C}OCH_3$

链增长：$(CH_3)_2\dot{C}OCH_3 + O_2 \longrightarrow \underset{\underset{OO\cdot}{|}}{(CH_3)_2COCH_3}$

$\underset{\underset{OO\cdot}{|}}{(CH_3)_2COCH_3} + (CH_3)_2CHOCH_3 \longrightarrow \underset{\underset{OOH}{|}}{(CH_3)_2COCH_3} + (CH_3)_2\dot{C}OCH_3$

> 为了避免意外，在使用存放时间较长的乙醚或其他醚如四氢呋喃等之前应进行检查，如果含有过氧化物，加入等体积的 2% 碘化钾醋酸溶液，会游离出碘，使淀粉溶液（starch solution）变紫色或蓝色。

过氧化醚是爆炸性极强的高聚物，蒸馏含有该化合物的醚时，过氧化醚残留在容器中，继续加热即会爆炸。若在体系中加入约 1/5 体积的三价硫酸钛和 50% 硫酸配制的溶液或新配制的硫酸亚铁溶液，并剧烈振荡，可破坏过氧化物。也可用氢化铝锂等还原过氧化物。即使乙醚中不含过氧化物，由于乙醚高度挥发及其蒸气易燃，也常有爆炸和着火的危险，使用时一定要注意并要有预防措施。

> 为了防止过氧化物的形成，市售无水乙醚中加有 0.05 μg · g$^{-1}$ 二乙基氨基二硫代甲酸钠 $[(CH_3CH_2)_2N\overset{S}{\underset{\|}{C}}S^-Na^+]$ 做抗氧剂（antioxidant）。

## 7.19　形成锌盐

醚由于氧原子上带有孤对电子，作为一个碱和浓硫酸、氯化氢或 Lewis 酸（如三氟化硼）等反应，可形成二级锌盐（oxonium salt）：

$$R\ddot{\overset{..}{O}}R + H_2SO_4 \rightleftharpoons R_2\overset{+}{O}H + HSO_4^-$$

$$R\ddot{\overset{..}{O}}R + HCl \rightleftharpoons R_2\overset{+}{O}H + Cl^-$$

$$R\ddot{\overset{..}{O}}R + BF_3 \longrightarrow R_2\overset{+}{O}-\overset{-}{B}F_3$$

乙醚能吸收相当量的盐酸气，形成锌盐。如果把形成的锌盐与有机碱如胺的乙醚溶液放在一起，即可析出胺的盐酸盐，这是制备铵盐的一种方法。

$$CH_3CH_2OCH_2CH_3 + HCl \longrightarrow \underset{\underset{H}{|}}{CH_3CH_2\overset{+}{O}CH_2CH_3}\ Cl^- \xrightarrow{RNH_2} R\overset{+}{N}H_3Cl^- + CH_3CH_2OCH_2CH_3$$

若将醚与三氟化硼形成的二级锌盐和氟代烷反应，还可以形成三级锌盐：

$$\underset{R}{\overset{R}{|}}\overset{+}{O}-\overset{-}{B}F_3 + R'F \longrightarrow \left[\underset{R}{\overset{R}{|}}\overset{+}{O}-R'\right]BF_4^-$$

二级锌盐　　　　三级锌盐

这种三级锌盐极易分解出烷基正离子,并与亲核试剂反应,所以是一种很有用的烷基化试剂(alkylating agent)。例如

$$ROH + (CH_3CH_2)_3O^+BF_4^- \longrightarrow ROCH_2CH_3 + CH_3CH_2OCH_2CH_3 + HBF_4$$

这种三级锌盐也可以用下述反应制成:

$$CH_3CH_2I + AgBF_4 + CH_3CH_2OCH_2CH_3 \longrightarrow (CH_3CH_2)_3O^+BF_4^- + AgI\downarrow$$

## 7.20 醚的碳氧键断裂反应

醚与氢碘酸一起加热,酸与醚先形成锌盐,然后发生 $S_N1$ 或 $S_N2$ 反应,经碳氧键的断裂生成碘代烷和醇。在过量酸存在下,所产生的醇也转变成碘代烷,例如

一级烷基醚易发生 $S_N2$ 反应,三级烷基醚容易发生 $S_N1$ 反应。

$$CH_3-O-CH_3 + HI \longrightarrow CH_3-\underset{H}{\overset{+}{O}}-CH_3 + I^- \xrightarrow{S_N2} CH_3I + CH_3OH$$

$$\xrightarrow{\text{过量}HI} CH_3I + H_2O$$

$$(CH_3)_3C-O-CH_3 + HI \xrightarrow{-I^-} (CH_3)_3C-\underset{H}{\overset{+}{O}}-CH_3 \xrightarrow{S_N1} (CH_3)_3C^+ + CH_3OH$$

$$\downarrow I^- \qquad \downarrow \text{过量}HI$$

$$(CH_3)_3CI \quad CH_3I + H_2O$$

S. Zeisel(蔡塞尔)的甲氧基(—OCH₃)定量测量法,就是以此反应为基础而进行的。天然的复杂有机物的分子内,常含有甲氧基。取一定量的含有甲氧基的化合物和过量的氢碘酸同热,把生成的碘甲烷蒸馏到硝酸银的酒精溶液里,按照所生成的碘化银的含量,就可计算出原来分子中的甲氧基含量。

盐酸与四氢呋喃反应时,需加入无水氯化锌,在过量酸存在下,生成 1,4-二氯丁烷,该化合物是制尼龙的重要中间体原料。

氢溴酸和盐酸也可以进行上述反应,但因两者没有氢碘酸活泼,需用浓酸和较高的反应温度。

对于混合醚,碳氧键断裂的顺序是:三级烷基＞二级烷基＞一级烷基＞芳基。如

$$C_6H_5-OCH_3 + HI \longrightarrow C_6H_5-OH + CH_3I$$

芳基与氧的孤对电子共轭,具有某些双键性质,因此难于断裂。

环醚与酸反应,使醚环打开,生成卤代醇;酸过量时,生成二卤代烷,如

$$\underset{O}{\bigcirc} + HBr \longrightarrow BrCH_2CH_2CH_2CH_2OH \xrightarrow{HBr} BrCH_2CH_2CH_2CH_2Br$$

不对称的环醚开环,生成两种产物的混合物,例如

$$RCH-CH_2 \xrightarrow{HBr} R\underset{Br}{\overset{}{C}}HCH_2OH + RCH\underset{OH}{\overset{}{C}}H_2Br$$
$$\underset{O}{\diagdown\diagup}$$

**习题 7-34** 写出下列反应的主要产物，并指出各反应所属的反应机理的类别。

(i) $CH_3CH_2OCH(CH_3)_2$ + HBr(48%) ⟶

(ii) $CH_3CH_2OCH_2CH_2CH_3$ + HBr(过量, 48%) ⟶

(iii) $(CH_3CH_2)_3COCH_2CH_2CH_3$ + HBr(48%) ⟶

(iv) C₆H₅—OCH₂—C₆H₅ + HBr(48%) ⟶

(v) $CH_3$—C₆H₄—$OCH_2CH_3$ + HBr(48%) ⟶

(vi) $(CH_3)_3COC(CH_3)_3$ $\xrightarrow[\triangle]{H_2SO_4}$

## 7.21 1,2-环氧化合物的开环反应

多数醚是较稳定的化合物，故常用做溶剂。一般醚对酸不稳定，但对碱很稳定。例如，醚与氢氧化钠水溶液、醇钠的醇溶液以及氨基钠的液氨溶液都无反应。但 1,2-环氧化合物在酸和碱溶液中都不稳定，因为它们的三元环结构使成环原子的轨道不能正面充分重叠，而是以弯曲键相互连接，因此，分子中存在一种张力，极易与多种试剂反应，把环打开。这在有机合成中非常有用，通过此法可以合成多种化合物。

1,2-环氧化合物可与酸发生开环反应，反应条件温和，速率快；1,2-环氧化合物还能与不同的碱发生开环反应。

### 7.21.1 酸性开环反应

例如

$CH_3CH\text{—}CH_2$ (环氧乙烷，O) +

- $H_2O \xrightarrow{H^+} CH_3CH\text{—}CH_2$ (OH, OH)
- $CH_3OH \xrightarrow{H^+} CH_3OCH\text{—}CH_2$ (CH₃, OH)
- C₆H₅—OH $\xrightarrow{H^+}$ C₆H₅—OCH—CH₂ (CH₃, OH)
- HX ⟶ $CH_3CH\text{—}CH_2$ (X, OH)   (X = 卤素)
- HCN ⟶ $CH_3CH\text{—}CH_2$ (CN, OH)
- $B_2H_6$ ⟶ $(CH_3CH_2CH_2O)_3B \xrightarrow{H_2O} CH_3CH_2CH_2OH$

此外，羧酸等也能进行这种反应。

当所用的试剂亲核能力较弱时，需要用酸性催化剂来帮助开环。酸的作用是使环氧化合物的氧原子质子化并带上正电荷，从而使氧向相邻的环碳原子吸引电子，这样削弱了 C—O 键，并使环碳原子带有部分正电荷，增加了与亲核试剂结合的能力，亲核试剂就向 C—O 键的碳原子的背后进攻，发生 $S_N2$ 反应。那么，亲核试剂进攻哪一个环碳原子？哪一个 C—O 键容易断裂？在酸性条件下，亲核试剂进攻取代

基较多的环碳原子,这个环碳原子的 C—O 键断裂,因为取代多的环碳能分配到更多的正电荷(取代烷基多的环碳由于取代基的给电子效应,应具有更好的分散正电荷的能力而使体系稳定),从而更易受亲核试剂的进攻。例如环氧丙烷与亲核试剂反应:

(i) 二级碳原子带部分正电荷
$CH_3$ 能分散正电荷而稳定

(ii) 一级碳原子带部分正电荷
较不稳定

(i)比(ii)稳定,(i)易形成,亲核试剂进攻(i)的二级碳原子。在这个反应中,C—O 键的断裂超过亲核试剂与环氧原子之间的键的形成,这是一个 $S_N2$ 反应,但具有 $S_N1$ 的性质,电子效应控制了产物,空间因素不重要。用同位素方法也可以证明:

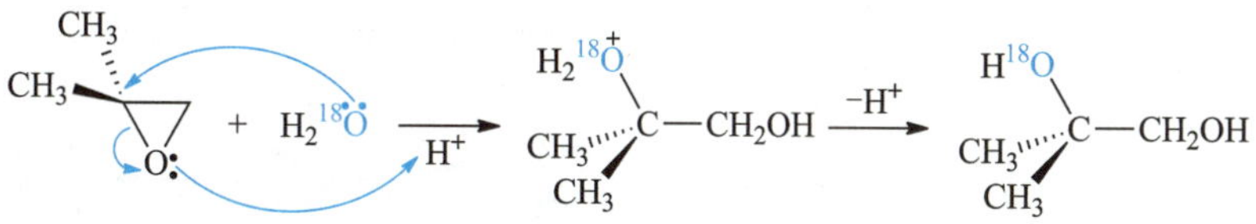

如果受进攻的环碳原子是手性碳,反应中,手性碳的构型翻转。

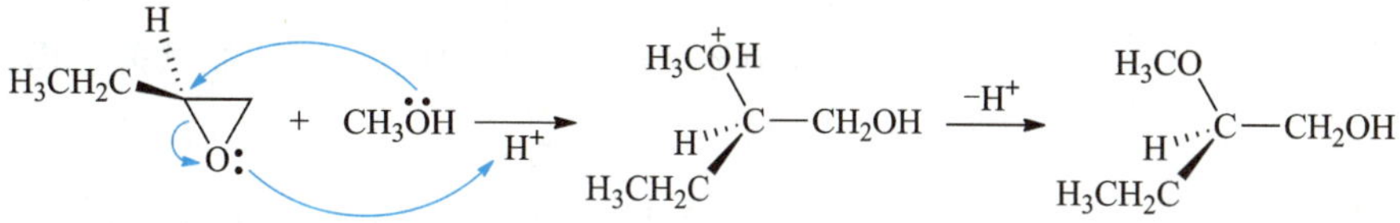

($S$)-1,2-环氧丁烷　　　　　　　　　　　　　　　　　　　　($R$)-2-甲氧基-1-丁醇

1,2-环氧丙烷与乙硼烷的反应过程如下:

在与乙硼烷的反应中,若反应中受进攻的环碳原子是手性碳,反应中,手性碳的构型保持。

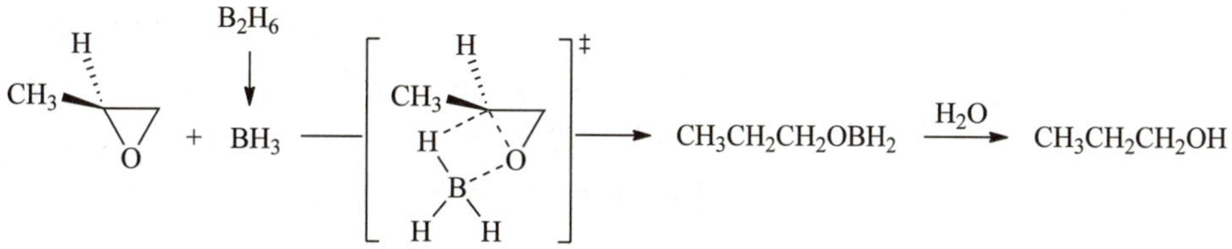

甲硼烷中有三根 B—H 键,一分子甲硼烷可以和三分子 1,2-环氧化合物反应。

乙硼烷可以看做甲硼烷的二聚体,反应时,乙硼烷解聚为甲硼烷,甲硼烷的硼外层为六电子构型,可以与环氧化合物中的氧配位,其作用与质子酸类似,因此甲硼烷中的负氢转移到取代基较多的环碳原子上。

### 7.21.2　碱性开环反应

例如

$$CH_3CH-CH_2 + \begin{cases} OH^- \longrightarrow CH_3CH-CH_2 \\ \quad\quad\quad\quad\quad\quad |\quad\quad | \\ \quad\quad\quad\quad\quad\quad OH\quad OH \\ RO^- \longrightarrow CH_3CH-CH_2 \\ \quad\quad\quad\quad\quad\quad |\quad\quad | \\ \quad\quad\quad\quad\quad\quad OH\quad OR \\ ArO^- \longrightarrow CH_3CH-CH_2 \\ \quad\quad\quad\quad\quad\quad |\quad\quad | \\ \quad\quad\quad\quad\quad\quad OH\quad OAr \\ RMgX \longrightarrow CH_3CH-CH_2 \xrightarrow{H_2O} CH_3CH-CH_2 \\ \quad\quad\quad\quad\quad\quad\quad |\quad\quad |\quad\quad\quad\quad\quad |\quad\quad | \\ \quad\quad\quad\quad\quad\quad\quad XMgO\ R\quad\quad\quad\quad HO\ R \\ :NH_3(R) \longrightarrow CH_3CH-CH_2 \\ \quad\quad\quad\quad\quad\quad\quad |\quad\quad | \\ \quad\quad\quad\quad\quad\quad\quad OH\quad NH_2(R) \\ LiAlH_4 \longrightarrow [(CH_3)_2CHO]_4AlLi \xrightarrow{H_2O} 4(CH_3)_2CHOH + LiAlO_2 \end{cases}$$

碱性开环时,所用试剂活泼,亲核能力强,环氧化合物没有带正电荷或负电荷,这是一个 $S_N2$ 反应,C—O 键的断裂与亲核试剂和环碳原子之间键的形成几乎同时进行。

断键与成键同时进行($S_N2$反应)

若两个环碳原子的空间位阻不同,则试剂选择进攻空阻较小的环碳原子。例如

(S)-2-甲基-1,2-环氧丁烷 → (S)-2-甲基-1-甲氧基-2-丁醇

若受进攻的环碳原子是手性碳,则反应后,手性碳的构型翻转。

1,2-环氧丙烷与氢化铝锂反应时,$LiAlH_4$ 提供负氢进攻空阻小的环碳原子,其作用与碱的作用类似,反应是通过四元环状过渡态完成的。若反应中受进攻的环碳原子是手性碳,反应后手性碳的构型保持。

**习题 7-35** 完成下列反应,写出主要产物。

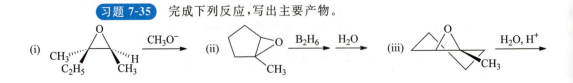

(iv) $(CH_3)_3C$-[环己烷-环氧化物] $\xrightarrow{\text{LiAlH}_4}$ $\xrightarrow{\text{H}_2\text{O}}$ 

(v) $(CH_3)_2C\text{—}CH_2$(环氧) $\xrightarrow[\text{醚}]{\text{RMgBr}}$ $\xrightarrow{\text{H}_2\text{O, H}^+}$

(vi) $C_6H_5CH\text{—}CH_2$(环氧) $\xrightarrow{\text{CH}_3\text{NH}_2}$

(vii) $C_6H_5CH\text{—}CH_2$(环氧) $\xrightarrow{\text{HCN}}$

(viii) [双环酮，带 CH₂OH 取代基] $\xrightarrow{\text{H}_2\text{O, OH}^-}$

**习题 7-36** 用不超过三个碳原子的化合物及必要的试剂合成下列化合物。

(i) $(ClCH_2CH_2)_2O$  (ii) $CH_3O(CH_2CH_2O)_2CH_3$  (iii) $CH_3OCH_2\overset{CH_3}{\underset{|}{C}}HOCH_2\overset{CH_3}{\underset{|}{C}}HOH$  (iv) $CH_3CH_2OCH_2OCH_2CH_2OCH_3$

**习题 7-37** 用合适原料合成下列化合物。

(i) $N(CH_2CH_2OH)_3$  (ii) $C_{18}H_{37}O\text{-}(CH_2CH_2O)_n\text{-}H$  (iii) $S(CH_2CH_2OH)_2$

(iv) 间苯二甲酸双(缩水甘油酯): COOCH₂CH—CH₂(环氧) 两个取代在苯环间位

(v) $H_2C\text{—}CHCH_2O$-[四溴苯]-$C(CH_3)_2$-[四溴苯]-$OCH_2CH\text{—}CH_2$ (两端为环氧乙烷)

## 醚 的 制 备

### 7.22 Williamson 合成法

> Williamson 合成法属于 $S_N$ 反应。在反应中，$RO^-$ 是亲核试剂，$RX$ 是反应底物，$X^-$ 是离去基团。

醇钠和卤代烷在无水条件下生成醚的反应称为 Williamson（威廉森）合成法 (synthesis)。

$$RONa + R'X \longrightarrow ROR' + NaX$$

除用卤代烷外，醇钠与磺酸酯 (sulfonate)、硫酸酯 (sulfate) 反应也可用于合成醚：

$$(CH_3)_3CCH_2ONa + CH_3OSO_2C_6H_5 \longrightarrow (CH_3)_3CCH_2OCH_3 + NaOSO_2C_6H_5$$

> 苯酚在氢氧化钠水溶液中可生成 $C_6H_5O^-$。

芳香醚可用苯酚与卤代烷或硫酸酯在氢氧化钠的水溶液中制备：

$$C_6H_5\text{—}OH + CH_3OSO_2OCH_3 \xrightarrow{\text{NaOH, H}_2\text{O}} C_6H_5\text{—}OCH_3$$

苯甲醚（茴香醚）

Williamson 合成法既可合成对称醚，也可合成不对称醚。例如

$$\text{CH}_3\text{ONa} + \text{CH}_3\text{I} \xrightarrow{S_N2} \text{CH}_3\text{OCH}_3 + \text{NaI}$$
对称醚

$$\text{CH}_3\text{CH}_2\text{ONa} + \text{CH}_3\text{I} \xrightarrow{S_N2} \text{CH}_3\text{CH}_2\text{OCH}_3 + \text{NaI}$$
不对称醚

合成不对称醚时,反应物可以有两种搭配,要选择有利于生成醚的搭配。例如,合成甲基三级丁基醚,可以用三级丁醇钠和碘甲烷反应。反应式如下:

$$(\text{CH}_3)_3\text{CO}^-\text{Na}^+ + \text{CH}_3\text{I} \xrightarrow{S_N2} (\text{CH}_3)_3\text{COCH}_3 + \text{NaI}$$

在此反应中,三级丁氧负离子虽然空阻很大,但碘甲烷中碳原子空阻又极小,故能顺利进行 $S_N2$ 反应得到醚。也可以用甲醇钠和三级溴丁烷反应,在此搭配中,由于三级溴丁烷空阻很大,不利于进行 $S_N$ 反应,有利于 E2 消除反应,因此主要产物是烯而不是醚。反应式如下:

> 由于醇钠既是亲核试剂又是碱性试剂,卤代烷在此条件下既能发生 $S_N$ 反应,又能发生 E 反应,因此若欲得醚,最好用一级卤代烷。

$$(\text{CH}_3)_3\text{CBr} + \text{CH}_3\text{ONa} \xrightarrow{E2} (\text{CH}_3)_2\text{C}=\text{CH}_2 + \text{CH}_3\text{OH} + \text{NaBr}$$

若一个分子内同时存在卤原子和烷氧负离子,且又处于相邻两个碳上的反式位置,即符合分子内 $S_N2$ 反应的立体化学要求时,可通过 Williamson 合成法经分子内的 $S_N2$ 反应生成环氧化合物。例如

反-2,3-环氧丁烷

顺-2,3-环氧丁烷

> 这是分子内的 $S_N2$ 反应,由于空间位置合适,分子内的 $S_N2$ 反应的反应速率快,反应更易进行。醇只需在氢氧化钠存在下就可以进行反应,不必做成醇钠(分子间反应时必须做成醇钠)。

由于负离子必须从溴原子的背面进攻,所以第一式得到反式产物,第二式得到顺式产物。又如环己烯与次氯酸加成,产物中 —Cl 与 —OH 处于反式,此时在氢氧化钠的作用下,环己烯和次氯酸的加成产物可形成 $\text{RO}^-$,$\text{RO}^-$ 从背后进攻 C—Cl 键的碳原子,得到环氧化物,反应符合 $S_N2$ 的立体化学要求:

若 —OH 与 —Cl 处于顺式，由于不符合发生 $S_N2$ 反应的立体化学要求，则不能生成环氧化合物，只能发生 E2 消除反应得烯醇，然后互变异构，得到羰基化合物：

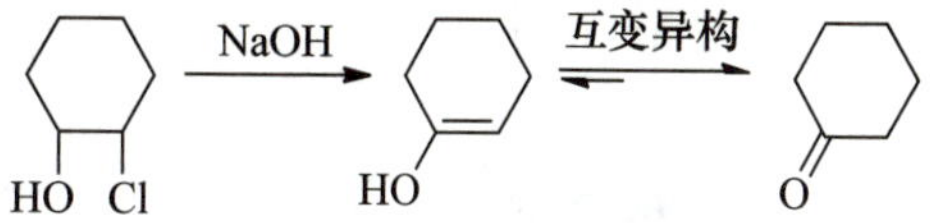

又如(2R,3S)-3-溴-2-戊醇在碱的作用下发生反应得(2R,3R)-2,3-环氧戊烷，说明 $RO^-$ 从背后进攻 C—Br 键的碳原子：

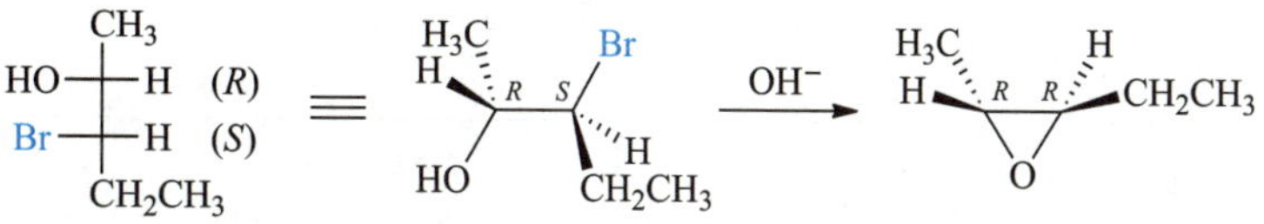

(2R,3S)-3-溴-2-戊醇        (2R,3R)-2,3-环氧戊烷

冠醚的一个常用制备方法，也是通过 Williamson 合成法，如

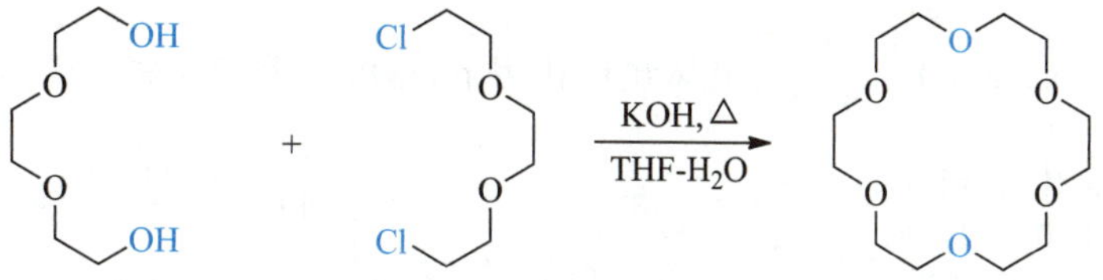

二缩三乙二醇        1,2-二(2-氯乙氧基)乙烷        18-冠-6(mp 36.5~38 ℃)

1,2-二(2-氯乙氧基)乙烷可由二缩三乙二醇与亚硫酰氯反应得到。18-冠-6 是一个在合成上很有用的冠醚，反应中钾离子起模板作用，即两个反应物首先发生 $S_N2$ 反应，失去氯化氢，生成含有六个氧原子的化合物(i)，这六个氧原子与钾离子配位，使 —$O^-$ 与氯原子互相接近，再发生 $S_N2$ 反应生成 18-冠-6，如下所示：

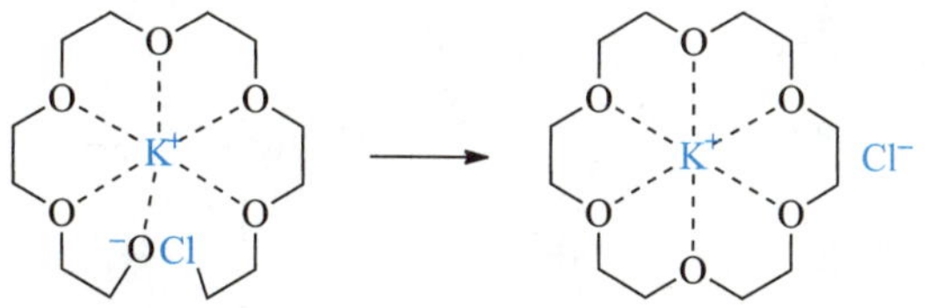

(i)

$K^+$ 直径为 266 pm，18-冠-6 空穴大小为 260~320 pm，正好容纳钾离子，因此可以配位，并在合成时起模板作用。$Na^+$ 直径为 180 pm，15-冠-5 空穴大小为 170~220 pm，可容纳钠离子；$Li^+$ 直径为 120 pm，12-冠-4 空穴大小为 120~150 pm，可以容纳锂离子。它们均可起类似模板的作用。

**习题 7-38** 下列化合物发生分子内的 Williamson 合成，请写出反应过程及产物，并标明构型。

(i) 结构式：中心碳，上 CH₃，右 OH，左 H，下 C₆H₅；另一碳上 H, Br

(ii) 结构式：中心碳，上 CH₃，左 HO，右 H，下 CH₂CH₃；另一碳上 H, Cl

**习题 7-39** 为什么用 Williamson 合成法合成脂肪醚须在醇钠及无水条件下进行，而合成芳醚则可以在氢氧化钠的水溶液中进行？

**习题 7-40** 用不超过六个碳原子的有机物合成下列化合物。

(i) $CH_3CH_2OC(CH_3)_3$  (ii) $CH_3OCH(CH_3)_2$  (iii) 环己基，环上连 $OCH_2CH_3$ 和 $CH_3$

---

## 7.23 醇分子间失水

使醇失去水的酸性催化剂，除硫酸外，还有磷酸、对甲（基）苯磺酸、固体的硅胶及氧化铝，也可以使用 Lewis 酸，如氯化锌、三氟化硼等。

工业上制乙醚是用氧化铝做催化剂，在 300℃ 下，使醇分子间失水，如

$$2CH_3CH_2OH \xrightarrow[-H_2O]{Al_2O_3} CH_3CH_2OCH_2CH_3$$

这个方法也可以用于制备难以制得的高级醚。但 2,3-二甲基-2,3-丁二醇（频哪醇）在氧化铝作用下，于 450℃ 催化失水，却得到 2,3-二甲基-1,3-丁二烯。

在浓硫酸作用下，由醇经分子间失水（intermolecular dehydration）可制醚，如

$$2ROH \xrightarrow{浓H_2SO_4} ROR + H_2O$$

一级醇的分子间失水是通过 $S_N2$ 反应机理进行的：首先醇羟基质子化，形成𬭩盐(i)，使烷基中的碳原子带有部分正电荷，与另一分子醇中的氧结合；同时质子化的羟基以水的形式离去，生成二烷基𬭩盐(ii)；然后再失去质子得醚。反应如下：

$$CH_3CH_2\ddot{O}H \underset{-H^+}{\overset{H^+}{\rightleftharpoons}} CH_3CH_2\overset{+}{\ddot{O}}H_2 \underset{-CH_3CH_2OH}{\overset{CH_3CH_2-\ddot{O}H \ S_N2}{\rightleftharpoons}}$$

(i)

$$CH_3CH_2-\overset{+}{\underset{H}{O}}-CH_2CH_3 \underset{H^+}{\overset{-H^+}{\rightleftharpoons}} CH_3CH_2OCH_2CH_3$$

(ii)

二级醇分子间失水按 $S_N1$ 反应机理进行，即醇在质子作用下，先失去一分子水，形成稳定的碳正离子，然后与另一分子醇迅速反应，再失去质子得醚。如

$$(CH_3)_2CHOH \rightleftharpoons (CH_3)_2\overset{+}{C}HOH_2 \rightleftharpoons (CH_3)_2\overset{+}{C}H + H_2O$$

$$(CH_3)_2\overset{+}{C}H + HOCH(CH_3)_2 \rightleftharpoons (CH_3)_2CH\overset{+}{\underset{H}{O}}CH(CH_3)_2 \rightleftharpoons (CH_3)_2CHOCH(CH_3)_2 + H^+$$

在酸作用下，三级醇比二级醇更易失水生成三级碳正离子。但当三级碳正离子和三级醇作用时，由于三级醇氧周围烷基的空阻较大，不宜和三级碳正离子接近，而体积小的水分子却很容易和碳正离子反应，重新生成三级醇（即产物返回）。

这是一个平衡反应,因为醚在酸性条件下 C—O 键也可断裂,为使反应向右进行,最好的办法是在反应过程中蒸出醚。在此反应过程中也会有烯烃生成,这和反应温度很有关系,如制乙醚宜在 130℃反应,且在反应过程中不断加入乙醇,使其保持过量。若反应控制在 170℃,多数产物为乙烯,因为 β 碳上的碳氢键的断裂需要更高的能量。

$$(CH_3)_3COH + H^+ \rightleftharpoons (CH_3)_3C\overset{+}{O}H_2 \rightleftharpoons (CH_3)_3C^+ + H_2O$$

三级丁醇和三级丁基碳正离子虽然也可以形成醚,但在质子存在下很不稳定,因而平衡向左移动,不能分离出醚。如

$$(CH_3)_3C^+ + HOC(CH_3)_3 \rightleftharpoons (CH_3)_3C\overset{+}{\underset{H}{O}}C(CH_3)_3 \underset{+H^+}{\overset{-H^+}{\rightleftharpoons}} (CH_3)_3COC(CH_3)_3$$

三级碳正离子将采取另一途径,即失去一个质子生成烯:

$$(CH_3)_3C^+ \overset{-H^+}{\rightleftharpoons} \underset{CH_3}{\overset{CH_3}{C}}=CH_2$$

综上所述,三级醇在浓硫酸作用下,不能制得醚而得烯。但可利用三级丁醇在酸作用下形成三级碳正离子的速率比一级醇形成一级碳正离子快得多的事实,让三级醇与一级醇混合,可制得产率较好的混合醚。例如

$$(CH_3)_3COH \underset{-H^+}{\overset{H^+}{\rightleftharpoons}} \underset{H_2O}{\overset{-H_2O}{\rightleftharpoons}} (CH_3)_3C^+ \underset{-CH_3CH_2OH}{\overset{CH_3CH_2OH}{\rightleftharpoons}} (CH_3)_3C\overset{+}{\underset{H}{O}}CH_2CH_3 \underset{+H^+}{\overset{-H^+}{\rightleftharpoons}} (CH_3)_3COCH_2CH_3$$

两种不同的一级醇、不同的二级醇或一级醇与二级醇的混合物在酸作用下,生成的也是醚的混合物。

1,5-、1,4-二醇在酸作用下,通过控制醇的浓度,可以在分子内失水成环,形成六元或五元环醚。如

1,3-二醇不易在分子内失水形成四元氧环,因四元环张力大。

1,4-二氧六环也可用环氧乙烷在酸作用下制得:

$$2\triangle\!\!\!\!O \xrightarrow{40\% H_2SO_4} \underset{O}{\overset{O}{\bigcirc}}$$

其过程如下:

$$\overset{O}{\triangle} \downarrow H_2O \mid H_2SO_4$$

$$HOCH_2CH_2OH$$

$$\downarrow \overset{O}{\triangle}, H^+$$

$$HOCH_2CH_2OCH_2CH_2OH$$

$$\downarrow H^+$$

$$\underset{OH\ \overset{+}{O}H_2}{\bigcirc}$$

$$\downarrow -H_2O$$

$$\underset{\overset{+}{O}H}{\bigcirc}$$

$$\downarrow -H^+$$

$$\underset{O}{\overset{O}{\bigcirc}}$$

工业上用乙二醇与磷酸一起加热得到 1,4-二氧六环:

$$2HOCH_2CH_2OH \xrightarrow{H_3PO_4} \underset{O}{\overset{O}{\bigcirc}}$$

1,4-二氧六环

---

**习题 7-41** 写出下列有机物的立体异构体以及它们的优势构象,并指出哪一个立体异构体可以经分子内失水成醚,用反应式表达成醚反应(须写出失水过程涉及的构象式)。

**习题 7-42** 写出下列化合物在浓硫酸作用下脱水成醚的可能产物。

(i) $CH_3CH_2OH$ + $CH_3CH_2CH_2OH$　　(ii) $(CH_3)_2CHOH$ + $CH_3CH_2CH_2OH$

(iii) $(CH_3)_3COH$ + $CH_3CH_2OH$　　(iv) $(CH_3)_3COH$ + $(CH_3)_2CHOH$

## 7.24 烯烃的烷氧汞化-去汞法

这和烯烃羟汞化制醇法类似，但比羟汞化更容易进行，是一个有用的制醚方法。

这是一个相当于烯烃加醇的制醚方法。反应遵循马氏规则，但中间要经过加汞盐（三氟乙酸汞）、再还原去汞的步骤。如

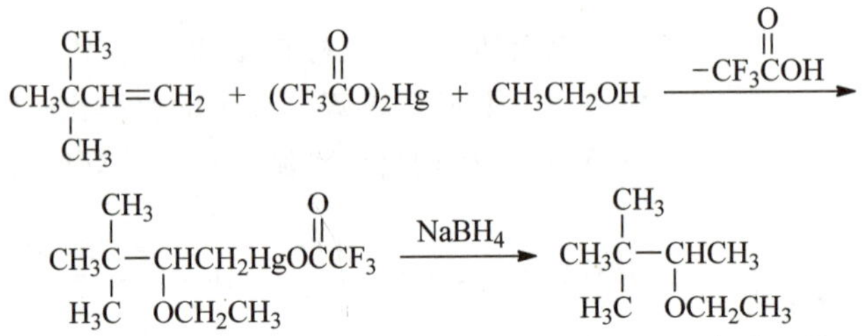

$$CH_3\underset{CH_3}{\underset{|}{C}}HCH=CH_2 + (CF_3CO)_2Hg + CH_3CH_2OH \xrightarrow{-CF_3COOH}$$

$$CH_3\underset{H_3C}{\underset{|}{C}}-\underset{OCH_2CH_3}{\underset{|}{C}}HCH_2HgOCCF_3 \xrightarrow{NaBH_4} CH_3\underset{H_3C}{\underset{|}{C}}-\underset{OCH_2CH_3}{\underset{|}{C}}HCH_3$$

2,2-二甲基-3-乙氧基丁烷

由于空间位阻的原因，这个方法不能用于制备三级丁醚。

## 7.25 醚类化合物的应用

**1. 环氧乙烷的应用**

环氧乙烷为无色、有毒的气体，沸点 11 ℃；可与水混溶，可与空气形成爆炸混合物，爆炸范围 3%～8%；它本身也可用做杀虫剂。在工业上，它是用乙烯在银催化下用空气氧化得到的：

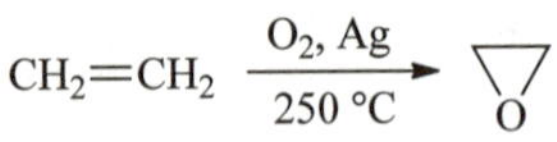

$$CH_2=CH_2 \xrightarrow[250\ ℃]{O_2,\ Ag} \triangle_O$$

环氧乙烷的用途是：

(1) 环氧乙烷绝大多数（≈70%）用做生产乙二醇的原料。其方法是在加压或酸催化下与水一起加热：

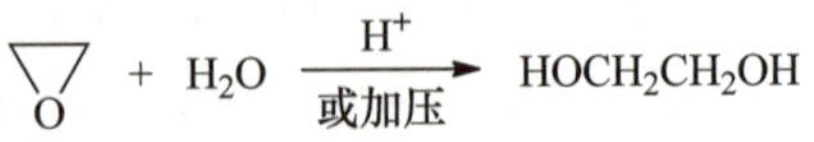

$$\triangle_O + H_2O \xrightarrow[\text{或加压}]{H^+} HOCH_2CH_2OH$$

乙二醇是制涤纶——聚对苯二甲酸乙二醇酯的原料。

(2) 环氧乙烷在催化剂如四氯化锡及少量水存在下，聚合成聚乙二醇（或称聚环氧乙烷），聚乙二醇是水溶性的。

$$n \underset{O}{\triangle} \xrightarrow{SnCl_4} \xrightarrow{少量H_2O} HO(CH_2CH_2O)_nH$$
聚乙二醇

聚乙二醇可用做聚氨酯的原料。聚氨酯可制人造革、泡沫塑料、医用高分子材料等。

(3) 如果用油溶的 R—C$_6$H$_4$—OH，ROH，RCOOH，RCONH$_2$ 等将环氧乙烷引发开环聚合，如

$$R\text{—}C_6H_4\text{—}ONa + n\underset{O}{\triangle} \longrightarrow R\text{—}C_6H_4\text{—}O(CH_2CH_2O)_nH \quad R = C_9 \sim C_{12}$$

这样得到的是非离子性的表面活性剂，可用做洗涤剂、乳化剂、分散剂、溶剂，以及纺织工业的润湿剂、匀染剂等。

(4) 环氧乙烷可用做有机合成试剂，或用它合成多种溶剂，如一缩二乙二醇二甲醚等。

2. 环氧丙烷的应用

环氧丙烷是无色、具有醚味的液体，沸点 34℃，在空气中的爆炸极限的体积分数为 2.1%～21.5%，在水中溶解度为 40.5%(20℃)。环氧丙烷的生产方法主要用丙烯与次氯酸加成再失 HCl 成环：

$$CH_3CH\!=\!CH_2 + HOCl \longrightarrow CH_3\underset{OH}{\overset{}{C}}H\text{—}\underset{Cl}{\overset{}{C}}H_2 \xrightarrow{Ca(OH)_2} \underset{O}{\overset{CH_3}{\triangle}}$$

也可以用下法生产：

$$C_6H_5\text{—}CH_2CH_3 \xrightarrow{O_2} C_6H_5\text{—}\underset{CH_3}{\overset{OOH}{C}}H \xrightarrow{CH_3CH=CH_2} C_6H_5\text{—}\underset{CH_3}{\overset{OH}{C}}H + \underset{O}{\overset{CH_3}{\triangle}}$$
乙苯过氧化氢

$$\downarrow -H_2O$$
$$C_6H_5\text{—}CH\!=\!CH_2$$

用此法生产，可同时得到两个有用的产品，即环氧丙烷与苯乙烯。

环氧丙烷的性质与环氧乙烷类似，但反应性稍低，在很多情况下可代替环氧乙烷使用。其主要用途如下：

(1) 生产 1,2-丙二醇：

$$\underset{O}{\overset{CH_3}{\triangle}} + H_2O \longrightarrow CH_3\underset{OH}{\overset{}{C}}H\text{—}\underset{OH}{\overset{}{C}}H_2$$

(2) 与顺丁烯二酸酐反应生成不饱和聚酯：

$$n \overset{CH_3}{\underset{}{\triangle}} + n \underset{}{\text{(马来酸酐)}} \longrightarrow -\!\!\!\!-(OCH_2\overset{CH_3}{\underset{}{CH}}O\overset{O}{\underset{}{C}}CH=\overset{O}{\underset{}{CH}}C)_n\!\!\!-\!\!\!-$$
不饱和聚酯

不饱和聚酯可用苯乙烯固化，用于制塑料（如玻璃钢）、涂料等。

（3）用于合成聚-1,2-丙二醇（或称聚环氧丙烷）。聚-1,2-丙二醇与聚乙二醇类似，也可用做聚氨酯的原料，但其硬度较用聚乙二醇的大。

#### 3. 环氧氯丙烷的应用

3-氯-1,2-环氧丙烷也称为环氧氯丙烷，是无色液体，沸点 116.5℃，其合成方法可参看甘油的合成（7.12/5）。3-氯-1,2-环氧丙烷用于制造环氧树脂：

$$HO\!-\!\!\bigcirc\!\!-\!\overset{CH_3}{\underset{CH_3}{C}}\!-\!\!\bigcirc\!\!-\!OH + 2\ ClCH_2\!-\!\!\triangle \xrightarrow{NaOH} \triangle\!-\!CH_2O\!-\!\!\bigcirc\!\!-\!\overset{CH_3}{\underset{CH_3}{C}}\!-\!\!\bigcirc\!\!-\!OCH_2\!-\!\!\triangle$$

双酚A           双酚A双失水甘油醚

其中间过程是，酚氧负离子使环氧化合物开环，然后再关环：

$$HO\!-\!\!\bigcirc\!\!-\!\overset{CH_3}{\underset{CH_3}{C}}\!-\!\!\bigcirc\!\!-\!O^- + \overset{CH_2Cl}{\underset{O}{\triangle}} \longrightarrow HO\!-\!\!\bigcirc\!\!-\!\overset{CH_3}{\underset{CH_3}{C}}\!-\!\!\bigcirc\!\!-\!OCH_2CHCH_2\!-\!Cl$$

双酚 A 的名称为 4,4′-(亚异丙基)双苯酚，$\overset{CH_2OH}{\underset{O}{\triangle}}$ 也称失水甘油。环氧树脂可用做黏合剂、塑料与涂料。

## 7.26 相转移催化作用及其原理

> 相转移催化（作用）是 C. M. Starks（施达克）于 1966 年首次提出的，并于 1971 年正式使用这个名词。

#### 1. 相转移催化原理

许多无机盐易溶于水，不溶或难溶于有机溶剂；相反，大多数有机物可溶于有机溶剂而难溶于水。因此，如果想使无机盐（例如，$KMnO_4$、KCN 等）与有机物发生均相反应，就得求助于一些特别的能溶解两种反应物的溶剂，如二甲亚砜（DMSO）、二甲基甲酰胺（DMF）或六甲基磷酸三酰胺（HMPT）。这些溶剂的缺点是价格高，不易回收，而且一旦混入一点水，对反应很不利。

如果有一种催化剂可穿过两相之间的界面并能把反应实体（如 $CN^-$）从水相转移到有机相中，使它与底物迅速反应，并把反应中的另一种负离子带入水相中，而在转移反应实体时催化剂没有损耗，只是重复地起"转送"负离子的作用，这种催化剂即称为相转移催化剂（phase-transfer catalyst）。描述这种现象和过程的名词即相转移催化作用（phase-transfer catalysis，PTC）。

采用 PTC 最典型的实例是固体盐或其水溶液与溶于非极性溶剂中的有机物的反应,例如

$$RX + NaCN \xrightarrow{Q^+X^-} RCN + NaX$$
有机相　水相　　催化剂　有机相　水相

PTC 的反应过程如下:

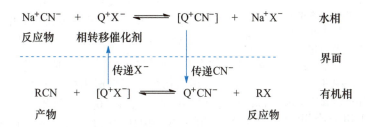

在有机相和水相中都能溶解的相转移催化剂,于水中与氰化钠交换负离子,而后该交换了负离子的催化剂以离子对的形式(用方括号表示)转移到有机相中,即油溶性的催化剂正离子 $Q^+$ 把负离子 $CN^-$ 带入有机相中,此负离子在有机相中溶剂化程度大为减小,因而反应活性很高,能迅速地和底物发生反应。随后,催化剂正离子带着负离子 $X^-$ 返回水相,如此连续不断地来回穿过界面转送负离子。不过也有些研究者,如 D. Landini(兰德尼)等认为,一般所用催化剂亲油性很高,它的正离子在水相中的浓度甚低,绝大多数是停留在有机相中,只是在界面处交换负离子。如

$$Na^+CN^-　　　　　　　　　水相$$
————————————————— 界面
$$[Q^+CN^-] + RX \longrightarrow [Q^+X^-] + RCN　有机相$$

这两种情况只表明,负离子的交换地点有所不同,而实际进行的取代反应的机理是一致的。
负离子的溶剂化以及离子对在有机相中正、负离子间的作用等因素对反应速率也有影响。

一些具体实例的动力学测定显示:在非极性或极性很低的溶剂如二氯甲烷、氯仿、苯等中,上述取代反应主要是通过离子对进行的;只有在介电常数较高的溶剂中,才有一部分离子对解离成负离子参与反应。PTC 反应的反应速率与催化剂正离子把所需负离子带入有机相中的能力有关,但并不成比例。

2. 相转移催化剂

多数 PTC 反应要求催化剂把负离子转移到有机相中。除此之外,还有些催化剂是把正离子或中性分子从一相中转移到另一相中。常用的相转移催化剂有下列几种:

(1) 鎓盐　这是一类使用范围广、价格也便宜的催化剂,其中最常用的是四级铵盐。和该盐同属于一种类型的还有:膦盐、锍盐和砷盐,不过后几种盐使用得少些。

冠醚的价格比四级铵盐等其他催化剂昂贵,并且毒性较大,因而未能得到广泛应用,在工业中就更不宜使用。

(2) 冠醚　冠醚因其可与碱金属离子配位形成伪有机正离子,它与四级铵盐的正离子很相像,因此也能使有机的和无机的碱金属盐溶于非极性有机溶剂中。除已介绍过的 18-冠-6(i)、15-冠-5(ii)、二苯并-18-冠-6(iii)外,可使用的冠醚还有:

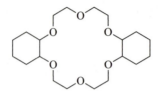
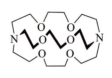

(iv) 二环己烷并-18-冠-6　　(v) 隐烷[2.2.2](或叫穴醚)

(i),(iii),(iv),(v)都与钾离子形成稳定的配合物;(ii)与钠离子形成稳定的配合物。冠醚和隐烷在强碱溶液中极为稳定,因此是在强碱溶液中进行 PTC 反应时的重要催化剂。(v)是含有氮原子的双环大环醚,由于它不仅和环醚一样能和碱金属离子配位,而且分子形状犹如有一个洞穴可把反应物藏在里面,故称隐烷(或穴醚)。

隐烷用做相转移催化剂时与冠醚很相似,但目前隐烷和冠醚的共同特点是价格昂贵,限制了它们的应用。因此,近些年来也采用非环的即开链聚乙二醇或聚乙二醇醚[或称聚环氧乙烷二甲醚 $CH_3O\!\!-\!\!(CH_2CH_2O)_n\!\!-\!\!CH_3$]与碱金属离子、碱土金属离子以及有机正离子配位的方法。实验结果显示,开链聚醚和冠醚相似,可以和上述离子配位,只是效果不如冠醚好。它的配位能力大小与所配位的正离子的性质有关,聚醚链的长短也有一定的限度。

(3) 三相催化剂　　三相催化剂是用于近期发展起来的三相催化(作用)(triphase catalysis,TC)中的催化剂。这是一种不溶的固体催化剂,用于加速水-有机两相体系的反应,而其本身为固体,所以形成一个三相体系,称为三相催化剂。使用这种催化剂的优点是:操作简便,反应后容易分离,催化剂可定量地回收。

三相催化剂是前述四级铵盐、磷盐、冠醚或开链多聚醚连接于高聚物(例如聚苯乙烯)上的固体不溶物。例如

此催化剂的高分子部分是苯乙烯与 20% 的二乙烯基苯交联的聚苯乙烯聚合物,大约分子中 10% 的苯环被四级铵基取代。高分子载体和四级铵基之间也可以用一长链连接,这样的催化剂可明显地提高产率。

这种方法在化学工业界引起了极大的兴趣。因采用这种方法,所需能源和成本都低,并适于自动化连续生产,所以此方法的发展潜力很大。

3. 冠醚在有机合成中的应用

冠醚的一个重要特点是和金属正离子形成配合物,并且随环的大小不同而与不同的金属正离子配位,如 12-冠-4 与锂离子配位,15-冠-5 与钠离子配位,18-冠-6 与钾离子配位。这种配合物都有一定的熔点,因此可以利用它分离金属正离子混合物。但更重要的用途是在有机合成中使难以进行的反应迅速进行。

(1) 亲核取代反应　　脂肪族的亲核取代反应是研究得最多的一类反应,最有代表性的是卤代烷与氰化物发生亲核取代反应。例如,固体氰化钾和卤代烷在有机溶剂中很难反应,若加入 18-冠-6,反应即可迅速进行。因为该醚可以和 K⁺ 离子配位,也可以说从晶格中把 K⁺ "拉"出来,而 CN⁻ 也随之形成。这种配合物通常以 $K^+ CN^-$ 表示,结构如下:

$K^+$ 称为亲油阳离子,可溶入有机溶剂中,与它成离子对的阴离子 $CN^-$ 也随之溶入有机溶剂中。由于 $CN^-$ 是游离的自由阴离子,没有溶剂化的影响,可直接作为亲核试剂进攻底物,因此很容易和溴代烷反应。反应是在固液两相中进行的。通常把这种反应称为裸阴离子反应,冠醚是相转移催化剂。

$$RBr + K^+CN^- \xrightarrow{\text{有机溶剂}} RCN + K^+Br^-$$

> 固-液两相反应一般只用于憎水的试剂,通常多采用液-液两相的方法,即相转移催化法,或叫催化两相法。

在液-液两相中,冠醚也有同样的作用。例如,溴代烷和氰化钾水溶液不相溶,成为两相,因此难以反应;若加入冠醚,氰化钾即可由水相进入有机相中,与溴代烷相遇而迅速反应。进行上述反应多数只需摩尔分数 $1\%\sim5\%$ 的亲油阳离子即可。亲油阳离子除了用冠醚外,还常用四级铵盐、鳞盐($R_4P^+X^-$)及隐烷等。

利用这些化合物作为相转移催化剂,可使许多反应比在惯用条件下容易进行,且反应选择性强,产品纯度高,在降低温度及缩短反应时间等方面比传统方法有明显的优越性,因而在有机合成中很有用。在工业上这种催化两相法容易自动化,而且产生的工业废物也少。如

$$\text{PhCH}_2\text{Cl} + \text{KCN} \xrightarrow[25\ ^\circ\text{C},\ 72\ \text{h}]{\text{CH}_3\text{CN}} \text{PhCH}_2\text{CN} \quad 20\%$$

$$\text{PhCH}_2\text{Cl} + \text{KCN} \xrightarrow[25\ ^\circ\text{C},\ 0.4\ \text{h}]{\text{18-冠-6, CH}_3\text{CN}} \text{PhCH}_2\text{CN} \quad 100\%$$

芳香亲核取代反应也有同样效果:

$$\text{2,4-}(O_2N)(NO_2)C_6H_3\text{Cl} + \text{KF} \xrightarrow[25\ ^\circ\text{C},\ 5\ \text{h}]{\text{CH}_3\text{CN}} \text{2,4-}(O_2N)(NO_2)C_6H_3\text{F} \quad <5\%$$

$$\text{2,4-}(O_2N)(NO_2)C_6H_3\text{Cl} + \text{KF} \xrightarrow[25\ ^\circ\text{C},\ 5\ \text{h}]{\text{18-冠-6, CH}_3\text{CN}} \text{2,4-}(O_2N)(NO_2)C_6H_3\text{F} \quad 100\%$$

脂肪族亲核取代反应在固-液两相体系进行反应时,现在较多地使用聚乙二醇醚代替冠醚。虽然这种链形的多元醚催化能力不如冠醚,而且用量一般比冠醚多,但价格便宜,容易得到,同时具有一定平均相对分子质量的工业产品即可使用,这在应用上是很有利的。例如,在聚乙二醇醚催化下,溴化苄与不同钾盐能顺利地发生取代反应:

$$\text{PhCH}_2\text{Br} + K^+Y^- \xrightarrow[\text{聚乙二醇醚}]{C_6H_6 \text{或} CH_3CN} \text{PhCH}_2Y + \text{KBr} \quad 90\%\sim100\%$$

Y 所代表的不同阴离子的反应活性如下：

$$HS^- > SCN^- > N_3^- > CH_3COO^- > CN^- > F^-$$

实验表明，平均相对分子质量分别为 400，1000，2000 的聚乙二醇二甲醚做催化剂，效果均很好。

（2）氧化反应　冠醚可做催化剂，使烯、醇、醛被氧化为相应的酮、酸，如

α-蒎烯 $\xrightarrow[\text{二环己烷并-18-冠-6}]{KMnO_4, C_6H_6}$ 顺蒎酮酸

甲苯或二甲苯可分别被氧化为苯甲酸或甲基苯甲酸，产率各为 100%，78%。冠醚在这里的作用是使水溶性的高锰酸钾溶于苯内。

## 章 末 习 题

**习题 7-43**　用中英文命名下列化合物。

(i) 〔结构式〕  (ii) 〔结构式〕  (iii) 〔结构式〕  (iv) 〔结构式〕

**习题 7-44**　按指定性质从大到小排列成序。

(i) 沸点：(a) 甘油　(b) 1-$O$-甲基甘油　(c) 丙醇　(d) 甲丙醚

(ii) 在水中的溶解度：(e) 4-甲氧基-1-丁醇　(f) 1,4-二甲氧基丁烷　(g) 1,2,3,4-丁四醇　(h) 1,4-丁二醇

**习题 7-45**　根据下列所给分子式的 IR、NMR，推测相应化合物的结构式。

(i) $C_3H_6O$　IR，波数/$cm^{-1}$：3300(宽)，2960，1645，1430，1030，995，920。

(ii) $C_4H_8O$　IR，波数/$cm^{-1}$：3010，2950，1612(强)，1312，1200，1030，962，806；NMR：有乙基吸收峰［提示：乙烯醚类面外变形振动已移至正常范围(990，910 $cm^{-1}$)之外］。

(iii) $C_3H_8O$　IR，波数/$cm^{-1}$：3600～3200(宽)；NMR $\delta_H$：1.1(二重峰，6H)，3.8(多重峰，1H)，4.4(二重峰，1H)。

**习题 7-46**　写出正戊醇与下列试剂反应的主要产物。

(i) Na　(ii) $PBr_3$　(iii) $H_2SO_4$(冷)　(iv) $H_2SO_4$, 170 ℃　(v) $H_3C$-〔苯环〕-$SO_2Cl$

(vi) $CH_3COOH, H^+, \triangle$　(vii) $CrO_3$, HOAc　(viii) $KMnO_4, \triangle$　(ix) $CH_3CH_2MgBr$　(x) $HCl-ZnCl_2, \triangle$

**习题 7-47**　完成下列反应，写出主要产物。

(i) $(CH_3)_3CBr + CH_3CH_2CH_2ONa \longrightarrow$　(ii) 〔四氢呋喃〕 + $O_2 \longrightarrow$　(iii) 〔环己基〕-$CH_2OH \xrightarrow[\triangle]{H^+}$

(iv) $C_6H_5COCH_3 \xrightarrow{I_2, NaOH}$　(v) $C_6H_5CH_2CH(OH)CH_3 \xrightarrow[\triangle]{H^+}$　(vi) 〔四氢呋喃〕 $\xrightarrow[\triangle]{HI(过量)}$

(vii) ClCH$_2$CH$_2$CH$_2$CH$_2$OH $\xrightarrow{\text{NaOH}}$  (viii) CH$_2$=CHCH$_2$OH $\xrightarrow{\text{HI(过量)}}$  (ix) CH$_3$CH=CHCH$_2$OH $\xrightarrow{\text{H}^+}$

(x) CH$_2$=CHCH$_2$CH=CH$_2$ $\xrightarrow[\text{H}_2\text{O}]{\text{2Hg(OAc)}_2}$ $\xrightarrow{\text{NaBH}_4}$  (xi) (CH$_3$)$_2$C=CHCH(OH)CH$_3$ $\xrightarrow[\text{CH}_3\text{COCH}_3, \Delta]{\text{[(CH}_3\text{)}_3\text{CO]}_3\text{Al}}$

(xii) CH$_3$CH$_2$C(OH)(H)(D) $\xrightarrow[\text{吡啶}]{\text{CH}_3\text{-C}_6\text{H}_4\text{-SO}_2\text{Cl}}$ $\xrightarrow[\text{丙酮}]{\text{NaI}}$  (xiii) (CH$_3$)$_3$CCH$_2$OH $\xrightarrow[\Delta]{\text{HCl-ZnCl}_2}$

**习题 7-48** 选择适当试剂，完成下列反应。

(i) CH$_3$CH$_2$CH=CHCH$_2$OH ⟶ CH$_3$CH$_2$CH=CHCHO

(ii) 环己烯醇 ⟶ 环己烯酮

(iii) 2,3-环氧-2-甲基戊烷 ⟶ CH$_3$C(CH$_3$)(OH)CH(C$_2$H$_5$)

(iv) 2,3-环氧-2-甲基丁烷 ⟶ (CH$_3$)$_2$CHCH(OH)CH$_3$

**习题 7-49** 从环戊烷、不超过三个碳原子的化合物及其他必要试剂合成下列化合物。

(i) 双环戊基  (ii) C$_6$H$_5$CH(OC$_2$H$_5$)CH$_2$CH$_3$  (iii) CH$_2$=CHOCH=CH$_2$  (iv) (CH$_3$)$_2$C—CH$_2$ (环氧)

(v) CH$_3$CH—CHCH$_3$ (环氧)  (vi) CH$_3$CH$_2$CH—CH$_2$ (环氧)  (vii) 2-甲基四氢呋喃  (viii) (CH$_3$)$_2$CHOCH$_2$CH(OH)CH$_2$OH

**习题 7-50** 用乙烯为原料合成下列化合物。

(i) CH$_3$CH$_2$CH$_2$CH$_2$OH  (ii) CH$_3$CH$_2$CH(OH)CH$_3$  (iii) CH$_3$(CH$_2$)$_3$CH(CH$_3$)OCH$_2$CH$_3$

**习题 7-51** 下列化合物在氢溴酸的作用下发生反应，写出反应过程及产物的立体构型，并指出产物有无旋光性。

(i) (R)-2-甲基-1-己醇   (ii) (R)-2-庚醇   (iii) (R)-3-甲基-3-己醇

**习题 7-52** 用反应机理来说明为何得到所列的产物。

(i) CH$_3$CH$_2$CH(CH$_3$)CH$_2$OH $\xrightarrow[\text{HCl}]{\text{ZnCl}_2}$ CH$_3$CH$_2$CCl(CH$_3$)CH$_2$CH$_3$ + CH$_3$CH$_2$C(CH$_3$)=CHCH$_3$

(ii) (CH$_3$)$_2$C(I)—C(OH)(CH$_3$)$_2$ $\xrightarrow{\text{Ag}^+}$ (CH$_3$)$_3$CC(O)CH$_3$

(iii) (R)-CH$_3$CH$_2$CH$_2$CHDOH $\xrightarrow[\text{吡啶}]{\text{SOCl}_2}$ (S)-CH$_3$CH$_2$CH$_2$CHDCl

(iv) (CH$_3$)$_2$C(OH)CH$_2$OH $\xrightarrow{\text{H}^+}$ (CH$_3$)$_2$CHCHO

**习题 7-53** 写出分子式为 C$_5$H$_{12}$O 的醚的所有异构体并命名。同时指出哪些有旋光性，并绘出上述醚异构体的 $^1$H NMR 大致可能的图谱。

**习题 7-54** 化合物(A)偶极矩为 0.4 D,经加热处理后得化合物(B),偶极矩为 0。(B)在酸作用下和水反应生成(C),(C)与氯的氢氧化钠溶液反应生成 $CH_3CH_2COONa$ 和 $CHCl_3$。请写出化合物(A)的构造式及上述各步反应的反应式。

**习题 7-55** 汽油中混有乙醇,设计一个测定其中乙醇含量的方法。

**习题 7-56** 请设计一个合成 15-冠-5 的可行路线。

**习题 7-57** 化合物(A)的化学式为 $C_5H_{10}O$,不溶于水,与溴的四氯化碳溶液或金属钠都没有反应,和稀盐酸或稀氢氧化钠溶液反应,得化合物(B) $C_5H_{12}O_2$。(B)与等物质的量的高碘酸的水溶液反应得甲醛和化合物(C) $C_4H_8O$,(C)可进行碘仿反应。请写出化合物(A)的构造式及各步反应。

**习题 7-58** 有旋光性的(2R,3S)-3-氯-2-丁醇,在氢氧化钠的乙醇溶液中反应得有旋光性的环氧化合物。此环氧化合物用氢氧化钾的水溶液处理得 2,3-丁二醇。请用反应式写出此二反应的立体化学过程,并指出此二醇的构型及是否有旋光性。

**习题 7-59** 有旋光性的 5-氯-2-己醇,在氢氧化钾的乙醇溶液中反应,产物为 $C_6H_{12}O$,$[\alpha]_D=0$。请指出具有什么构型的 5-氯-2-己醇能发生此反应,并写出此反应的立体化学过程。

**习题 7-60** 如下式所示,(S)-2-甲基-1-溴-2-丁醇用稀氢氧化钠溶液转为有旋光性的环氧化合物,此环氧化合物可用碱或酸开环得到两个取代的邻二醇。请分别写出这两个反应的反应机理,并命名此二反应的产物。

**习题 7-61** 用化学方法鉴别下列化合物:环己烯,三级丁醇,氯化苄,苯,1-戊炔,环己基氯,环己醇。

**习题 7-62** 正己醇用 48% 氢溴酸、浓硫酸一起回流 2.5 h,反应完后,反应混合物中有正己基溴、正己醇、氢溴酸、硫酸、水。试提出分离纯化所得到的正己基溴的方法(正己基溴沸点 157 ℃,正己醇沸点 156 ℃)。

## 复习本章的指导提纲

**基本概念和基本知识点**

醇,一元醇,二元醇,三元醇,多元醇,一级醇,二级醇,三级醇,烯醇,烯丙型醇,苯甲型(苄型)醇;醇物理性质的特点;氢键;醇的结构特征;醇的酸性和碱性,影响醇的酸、碱性强弱的因素;烃基的电子效应;共沸混合物;乙二醇,甘油;邻基参与效应;紧密离子对;醚,对称醚(单醚),不对称醚(混合醚),脂肪醚,芳香醚,无环醚,饱和醚,不饱和醚,环醚,内醚,环氧化合物,冠醚;醚物理性质的特点;醚的结构特征;过氧化物;𬭩盐,一级𬭩盐,二级𬭩盐,三级𬭩盐;相转移催化(PTC)作用的原理,相转移催化剂。

**基本反应和重要反应机理**

醇与金属的反应;醇与含氧无机酸及其酰氯和酸酐的反应;醇羟基被卤原子取代的各种反应及相应的反应机理和规则;$S_Ni$ 反应;一级醇、二级醇、三级醇氧化的特点,各种氧化剂氧化醇的反应及异同点;高碘酸和四醋酸铅氧化邻二醇的反应;醇的脱氢反应;频哪醇的重排反应及其机理;醚的碳氧键断裂反应,1,2-环氧化合物的酸性或碱性开环反应,相关的规律和反应机理;醚的自动氧化及其机理。

**重要合成方法**

甲醇、乙醇、正丙醇、乙二醇和甘油的工业制备方法；烯烃直接水合和间接水合制醇；卤代烷水解制醇；用格氏试剂制备醇及各种逆向切断途径的比较；烯烃的羟汞化制醇；1,2-环氧化合物制二醇；Williamson 合成法制醚、制环氧化合物、制冠醚，分子间失水制醚，烯烃烷氧汞化-去汞法制醚。

**重要鉴别方法**

用 Lucas 试剂鉴别一级醇、二级醇、三级醇；用铬酐的硫酸水溶液鉴别一级醇、二级醇。

## 英汉对照词汇

acyclic ether　无环醚
aliphatic ether　脂肪醚
alkylating agent　烷基化试剂
allylic alcohol　烯丙型醇
antioxidant　抗氧剂
aromatic ether　芳香醚
association　缔合作用
azeotropic mixture　共沸混合物
azo　氮杂，吖
benzyl alcohol　苯甲型(苄型)醇
carbon-oxygen bond　碳氧键
complex ether　混合醚，不对称醚
conjugate acid　共轭酸
crown ether　冠醚
cyclic ether　环醚
dehydrating agent　失水剂
dehydrogenating agent　脱氢试剂
detergent　洗涤剂
dicyclohexyl carbodiimide（DCC）　二环己基碳二亚胺
dihydric alcohol　二元醇
enol　烯醇
ether bond　醚键
epoxy compound　环氧化合物
fermentation method　发酵法
hydration　水合
hydroxy-mercury reaction　羟汞化反应
inner ether　内醚
intermolecular dehydration　分子间失水
intermolecular hydrogen bond　分子间氢键
intramolecular hydrogen bond　分子内氢键
intramolecular nucleophilic substitution　分子内亲核取代
intramolecular reaction　分子内反应
Jones reagent　琼斯试剂
Landini, D.　兰德尼
Lucas reagent　卢卡斯试剂
monohydric alcohol　一元醇
neighboring group effect　邻基参与效应
Oppenauer oxidation method　欧芬脑尔氧化法
oxa　氧杂，噁
oxo inorganic acid　含氧无机酸
oxo synthesis　羰基合成，氧化合成
oxonium ion　锌盐离子
oxonium salt　锌盐
petroleum pyrolysis gas　石油裂解气
peroxide　过氧化物
Pfitzner-Moffatt reagent　费兹纳-莫发特试剂
phase-transfer catalysis（PTC）　相转移催化作用
phase-transfer catalyst　相转移催化剂
pinacol　频哪醇
pinacolone　频哪酮
pinacol rearrangement　频哪醇重排反应
polyhydric alcohol　多元醇
precedence migration　优先迁移
primary alcohol　一级醇
saturated ether　饱和醚

Sarrett reagent 沙瑞特试剂
secondary alcohol 二级醇
simple ether 简单醚，对称醚
solvation 溶剂化
solvent effect 溶剂效应
starch solution 淀粉溶液
Starks, C. M. 施达克
sulfate 硫酸酯
sulfonate 磺酸酯

synthesis gas 合成气
synthetic fiber 合成纤维
synthetic resin 合成树脂
tertiary alcohol 三级醇
thia 硫杂，噻
triphase catalysis(TC) 三相催化作用
unsaturated ether 不饱和醚
Williamson synthesis 威廉森合成法
Zeisel, S. 蔡塞尔

CHAPTER 8

第 8 章

# 烯烃　炔烃
# 加成反应（一）

*　*　*　*　*

沙海葵毒素存在于海洋腔肠动物沙群海葵中。1971 年首次由海洋腔肠动物毒集沙群海葵中分离得到，1982 年阐明结构。下面是沙海葵毒素的结构式：

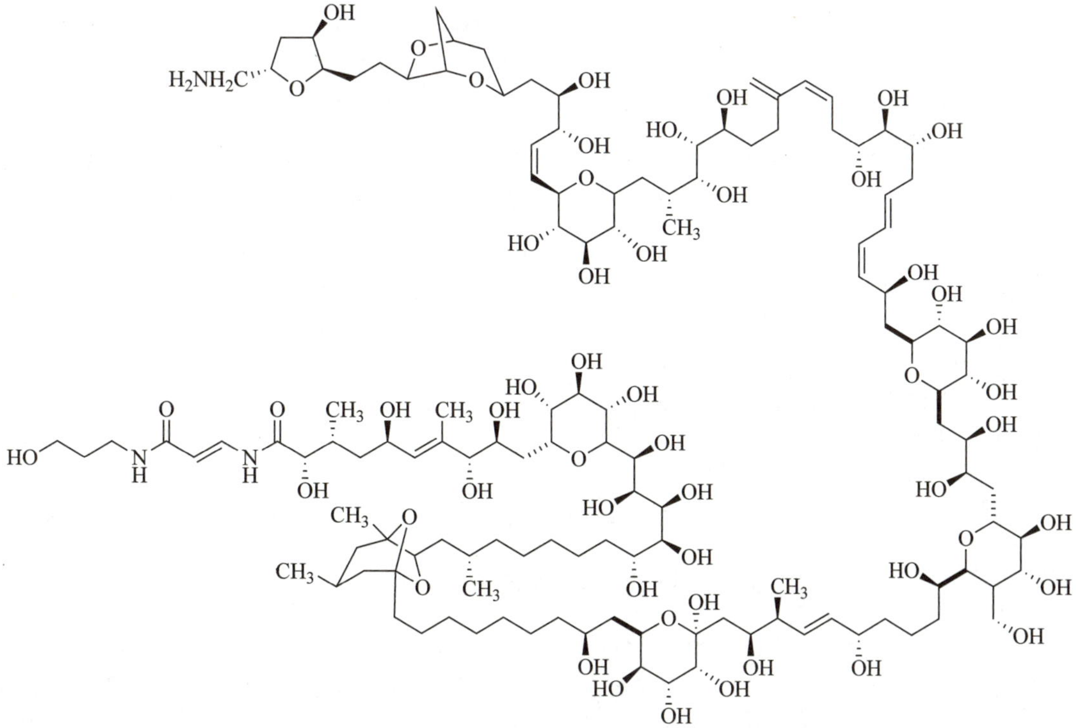

沙海葵毒素的化学式 $C_{129}H_{223}N_3O_{54}$。相对分子质量 2678.5。白色粉末，无固定熔点，加热至 300℃炭化。该化合物分子中含 64 个不对称碳原子，含有碳碳双键、羟基、醚键、氨基和酰氨基等多种官能团，且数目很多，是迄今为止发现的结构最复杂的有机化合物之一。

沙海葵毒素是一种天然毒素。除少数细菌和植物中发现的多肽毒素和蛋白质毒素外，它是迄今最毒的物质。沙海葵毒素具有使血管强烈收缩并使冠状动脉痉挛的作用，但它有抗癌活性。

*　*　*　*　*

## （一）烯　　烃

烯烃(alkene)是一类含有碳碳双键的碳氢化合物。碳碳双键是烯烃的官能团。

### 8.1 烯烃的分类

含有一个碳碳双键的烯烃称为单烯烃。链状单烯烃的通式为 $C_nH_{2n}$。含有多于一个碳碳双键的烯烃称为多烯烃。碳碳双键数目最少的多烯烃是二烯烃或称双烯烃，又可分为三类：两个双键连在同一个碳原子上的二烯烃称为累积二烯烃(cumulative diene)或称联烯，这类化合物为数不多，但其立体化学很有意义(参见 3.7.1)；两个双键被两个或两个以上单键隔开的二烯烃称为孤立二烯烃(isolated diene)，它们的性质与单烯烃相似；两个双键被一个单键隔开的二烯烃称为共轭二烯烃(conjugated diene)，它们有一些独特的物理性质和化学性质。

$$CH_2=C=CH_2 \qquad CH_2=CHCH_2CH=CH_2 \qquad CH_2=CH-CH=CH_2$$

丙二烯　　　　　　1,5-己二烯　　　　　　1,3-丁二烯
（累积二烯烃）　　（孤立二烯烃）　　（共轭二烯烃）

共轭烯烃的特性在第 9 章讨论。

分子中单双键交替出现的体系称为共轭体系，含共轭体系的多烯烃称为共轭烯烃(conjugated alkene)。共轭烯烃是最重要的多烯烃。例如

$$CH_2=CH-CH=CH-CH=CH-CH=CH_2$$

1,3,5,7-辛四烯(共轭烯烃)

### 8.2 烯烃的命名

#### 8.2.1 烯烃的系统命名(参见 2.5)

#### 8.2.2 烯烃的其他命名法

1. 烯烃的普通命名法

烯烃的普通命名法和烷烃的普通命名法类似，用正、异等词头来区别不同的碳架。此法只适用于简单烯烃。例如

$$CH_2=CH_2 \qquad CH_3CH=CH_2 \qquad CH_3\underset{\underset{CH_3}{|}}{C}=CH_2$$

乙烯　　　　　丙烯　　　　　异丁烯
ethylene　　　propylene　　　isobutylene

英文命名时将烷中的词尾 ane 改成 ylene 就可。

## 2. 烯烃的俗名

某些复杂的天然产物,含有多个共轭双键(conjugated double bond),如胡萝卜素及维生素 A 等,这些化合物一般都用俗名命名。如

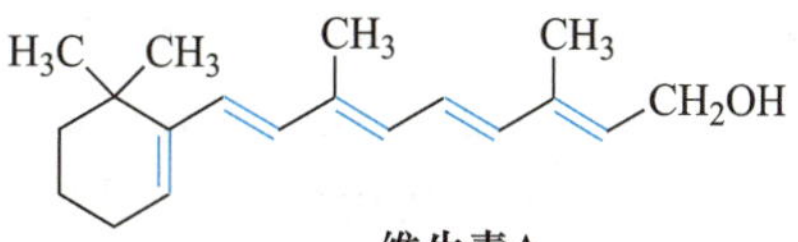

维生素A

## 3. 烯烃的衍生物命名法

烯烃的衍生物命名法是将乙烯作为母体,其他部分作为乙烯的取代基。例如

两个双键碳上各有一取代基,为对称;一个双键碳上有两个取代基,另一个双键碳上没有取代基,为不对称。

(CH₃CH₂)₂C=CH₂     CH₃CH₂CH₂CH=CHCH₃     (CH₃)₃CCH=CH₂

不对称二乙基乙烯     对称甲基丙基乙烯     三级丁基乙烯
as-diethylethylene     s-methyl propylethylene     tributylethylene

## 8.3 烯烃的结构

在单烯烃中,双键碳取 sp² 杂化,三个 sp² 杂化轨道处于同一平面。未参与杂化的 p 轨道与该平面垂直。两个双键碳原子各用一个 sp² 杂化轨道通过轴向重叠形成 σ 键,各用一个 p 轨道通过侧面重叠形成 π 键。碳碳双键是由一根 σ 键和一根 π 键共同组成的(图 8-1)。

由于 π 键是通过侧面重叠形成的,双键碳原子不能再以碳碳 σ 键为轴"自由"旋转,否则将会导致 π 键的断裂。因此,当两个双键碳都与不同的基团相连时,单烯烃会产生一对几何异构体。它们的构型分别用 Z、E 表示。例如

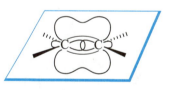

图 8-1 烯烃的碳碳双键

确定 Z、E 构型的原则参见 2.5.2/1.14。

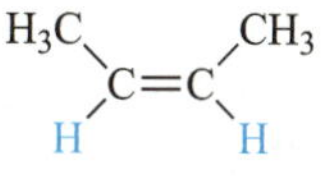

(Z)-2-丁烯 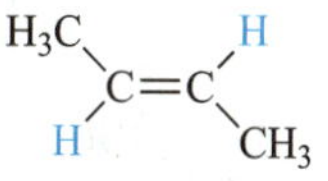     (E)-2-丁烯

Z、E 异构体均可以稳定存在。但在一定条件下,这两种异构体也可以互相转化。

如果让这种异构体吸收一定的能量,克服了 p 轨道的结合力,即可围绕碳碳 σ 键旋转,通过半扭曲型的过渡态,由 Z 型转变为 E 型异构体,或者由 E 型转为 Z 型,如图 8-2 所示。

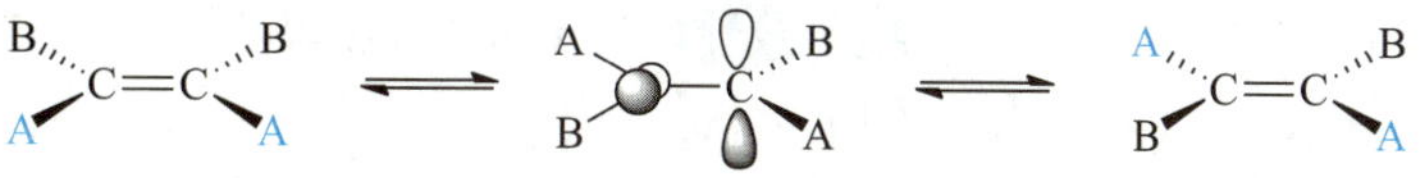

C=C 键的平均键能为 610.9 kJ·mol⁻¹,C—C σ 键的平均键能为 347.3 kJ·mol⁻¹,因此 π 键的键能大约为 263.6 kJ·mol⁻¹。Z、E 异构体互相转化,大约需在 500℃高温,需>263.6 kJ·mol⁻¹活化能。

Z型     半扭曲型的过渡态     E型

图 8-2 Z、E 异构体之间互相转化

在(Z)-2-丁烯中,两个邻接甲基核间距离为 300 pm,而甲基的 van der Waals 半径(radius)为 200 pm,因此在 Z 型中两个甲基有 van der Waals 排斥力,在(E)-2-丁烯中不存在这种排斥力:

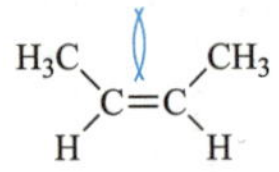

烯烃异构体的相对稳定性,在某些合成方法中是很重要的。

在孤立二烯烃中,双键的结构特征与单烯烃双键的结构特征类似。在累积二烯烃 ($>$C=C=C$<$) 中,中间碳为 sp 杂化,两端碳为 $sp^2$ 杂化,两个 π 键呈正交状态。

在一对 $Z$、$E$ 异构体中,一般 $E$ 型异构体较 $Z$ 型稳定。如($E$)-2-丁烯比($Z$)-2-丁烯稳定 4.6 kJ·mol$^{-1}$:

$$\Delta H^{\ominus} = -4.6 \text{ kJ·mol}^{-1}$$

$\Delta H_f^{\ominus} = -7.9$ kJ·mol$^{-1}$    $-12.5$ kJ·mol$^{-1}$

二元取代烯烃比一元取代烯烃稳定 8.3~12.5 kJ·mol$^{-1}$。如 1-丁烯 $\Delta H_f^{\ominus} = -0.84$ kJ·mol$^{-1}$,比($Z$)-2-丁烯及($E$)-2-丁烯稳定性小。

含有碳碳双键的烯烃,其键角与碳原子的 $sp^2$ 杂化理论所预示的键角并不完全相等。以乙烯为例,其键角为 121.6°和 116.7°(图 8-3)。键角之间的这种差别是由于键的不等同性而引起的。

**图 8-3 乙烷、乙烯的结构对比**

碳碳双键是以 σ 键和 π 键相连的,故其两个碳原子核比只以一个 σ 键相连的更为靠近,而且结合得也牢固,因此,其键长比乙烷中的碳碳 σ 键 154 pm 要短,为 134 pm。

**习题 8-1** (i) 写出 $C_4H_8$ 的所有同分异构体。
(ii) 写出下列化合物的立体异构体。
(a) ClCH=CHCl　　(b) 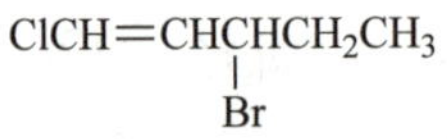 ClCH=CHCHCH$_3$ (含 Br 取代)　　(c) ClCH=CH—CH=CHCl

**习题 8-2** 用中英文系统命名法命名下列化合物。

(i) 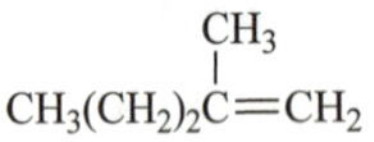 $CH_3(CH_2)_2C(CH_3)=CH_2$　　(ii) 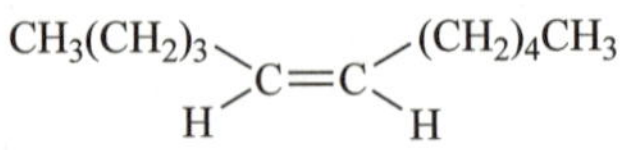 结构式　　(iii) 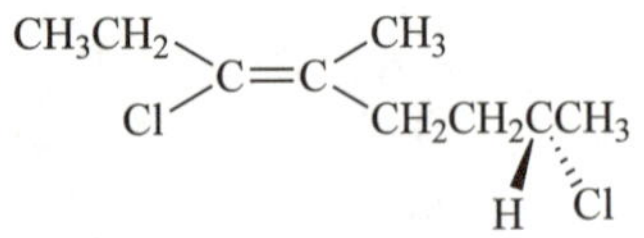 结构式

(iv) $CH_2=CHCH_2Br$　　(v) 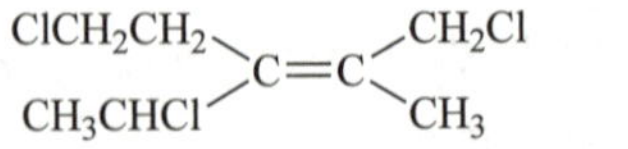 结构式　　(vi) 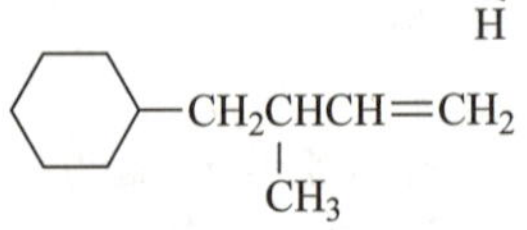 结构式

**习题 8-3** 写出分子式为 $C_4H_6Cl_2$ 的所有链形化合物的同分异构体及其中英文系统命名。

**习题 8-4** 用图示的方法表示 1,3-戊二烯、1,4-戊二烯和 2,3-戊二烯在结构上有什么不同。

## 8.4 烯烃的物理性质

单烯烃的物理性质与烷烃很相似，含 2~4 个碳原子的烯烃为气体，含 5~15 个碳原子的烯烃为液体，高级烯烃为固体。所有的烯烃都不溶于水。燃烧时，火焰明亮。一些常见烯烃的物理常数如表 8-1 所示。

表 8-1 一些常见烯烃及其衍生物的名称及物理性质

| 化合物 | 普通命名法 | IUPAC 命名法 | 沸点/℃ | 相对密度 |
|---|---|---|---|---|
| 乙烯 $CH_2=CH_2$ | ethylene | ethene | −103.7 | |
| 丙烯 $CH_3CH=CH_2$ | propylene | propene | −47.7 | |
| 1-丁烯 $CH_3CH_2CH=CH_2$ | 1-butylene | 1-butene | −6.5 | |
| 1-戊烯 $CH_3(CH_2)_2CH=CH_2$ | amylene | 1-pentene | 30 | 0.643 |
| 1-癸烯 $CH_3(CH_2)_7CH=CH_2$ | | 1-decene | 171 | 0.743 |
| (Z)-2-丁烯 | (Z)-2-butylene | (Z)-2-butene | 4 | |
| (E)-2-丁烯 | (E)-2-butylene | (E)-2-butene | 1 | |
| 异丁烯 $CH_3C(CH_3)=CH_2$ | isobutylene | 2-methylpropene | −7 | |
| (Z)-2-戊烯 | (Z)-2-amylene | (Z)-2-pentene | 37 | 0.655 |
| (E)-2-戊烯 | (E)-2-amylene | (E)-2-pentene | 36 | 0.647 |
| 3-甲基-1-丁烯 $(CH_3)_2CHCH=CH_2$ | | 3-methyl-1-butene | 25 | 0.648 |
| 2-甲基-2-丁烯 $(CH_3)_2C=CHCH_3$ | | 2-methyl-2-butene | 39 | 0.660 |
| 2,3-二甲基-2-丁烯 $(CH_3)_2C=C(CH_3)_2$ | | 2,3-dimethyl-2-butene | 73 | 0.705 |
| 环戊烯 | | cyclopentene | 44 | 0.772 |
| 环己烯 | | cyclohexene | 83 | 0.810 |
| 氯乙烯 $CH_2=CHCl$ | vinyl chloride | chloroethene | −14 | |
| 四氟乙烯 $F_2C=CF_2$ | tetrafluoroethylene | tetrafluoroethene | −78 | |
| 四氯乙烯 $Cl_2C=CCl_2$ | tetrachloroethylene | tetrachloroethene | 121 | 1.623 |
| 三氯乙烯 $Cl_2C=CHCl$ | trichloroethylene | trichloroethene | 87 | 1.464 |
| 2-氯丙烯 $CH_3CCl=CH_2$ | | 2-chloro-1-propene | 23 | 0.918 |

根据碳原子的杂化理论,在 $sp^n$ 杂化轨道中,$n$ 的数值越小,s 的性质越强。由于 s 电子靠近原子核,它比 p 电子与原子核结合得更紧,$n$ 越小,轨道的电负性越大,电负性大小次序如下:

$$s > sp > sp^2 > sp^3 > p$$

即碳原子的电负性随杂化时 s 成分的增加而增大。

烯烃比烷烃容易极化,成为有偶极矩的分子。以丙烯为例,甲基与双键碳原子相连的键易于极化,键电子偏向于 $sp^2$ 碳原子,形成偶极,负极指向双键,正极位于甲基一边。因此,当烷基和不饱和碳原子相连时,由于诱导效应与超共轭效应成为给电子基团。如果分子中没有相反的作用将其完全抵消,分子就会成为一个有偶极矩的分子,如丙烯,其偶极矩 $\mu = 1.167 \times 10^{-30}$ C·m。而且与它类似的所有 $RCH=CH_2$ 型的化合物,当 R 为无张力的烷基时,其偶极矩 $\mu = (1.167 \sim 1.333) \times 10^{-30}$ C·m,如下式所示:

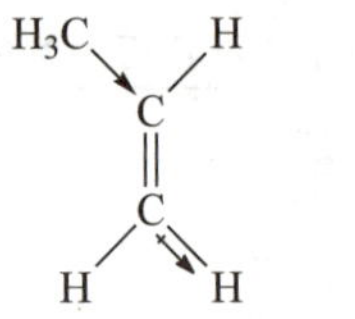

$\mu = 1.167 \times 10^{-30}$ C·m 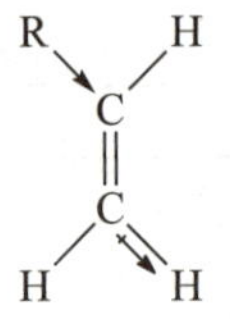          $\mu = (1.167 \sim 1.333) \times 10^{-30}$ C·m

但对称的反式烯烃分子的偶极矩等于零,这是由于偶极的向量和为零。例如 2-丁烯,有 $Z$、$E$ 两个异构体,它们的偶极矩如下:

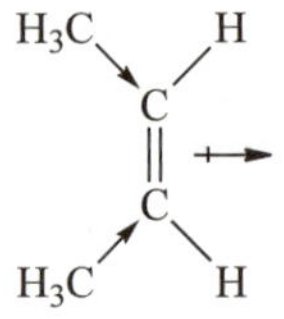

(Z)-2-丁烯
沸点 4 ℃,熔点 -138.9 ℃
$\mu = 1.100 \times 10^{-30}$ C·m

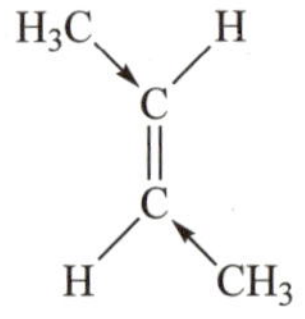

(E)-2-丁烯
沸点 1 ℃,熔点 -105.6 ℃
$\mu = 0$ C·m

(Z)-2-丁烯是一偶极分子(dipole molecular),由于分子间的偶极-偶极相互作用,它的沸点比(E)-2-丁烯的沸点高。

在 $abC=Cab$ 类型的烯烃(a,b 为任何取代基)中,$Z$ 型异构体总是偶极分子,而且沸点较高。$Z$、$E$ 异构体的偶极矩和沸点之间的差别对于识别二者是很有用的,尤其是有电负性强的基团直接与双键碳相连的烯烃,可以通过比较 $Z$、$E$ 异构体的偶极矩和沸点,确定其中哪一个是 $Z$ 型,哪一个是 $E$ 型。例如,1,2-二氯乙烯的两个异构体的偶极矩和沸点如下:

也可以通过 X 射线衍射的方法测定结构式中氯原子之间的距离,以确定 $Z$、$E$ 异构体。核磁共振也是测定 $Z$、$E$ 异构体的有效方法。

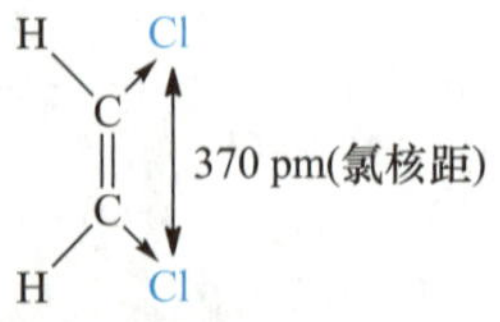

(Z)-1,2-二氯乙烯    370 pm(氯核距)
沸点 60.3 ℃
$\mu = 6.167 \times 10^{-30}$ C·m

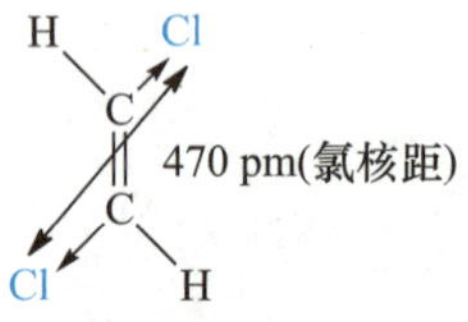

(E)-1,2-二氯乙烯    470 pm(氯核距)
沸点 48.4 ℃
$\mu = 0$ C·m

> **习题 8-5** 环己烷(bp 81℃)、环己烯(bp 83℃)很难用蒸馏方法分离,请设计一种方法将它们分离提纯。
>
> **习题 8-6** 将下列化合物按指定性能从大到小排列成序。
>
> (i) 沸点：
> 
> (a) $CH_3CH_2CH_2CH_2CH=CH_2$
> 
> (b) $CH_3CH_2$ 与 $CH_2CH_3$ 顺式 (C=C, H 在同侧)
> 
> (c) $CH_3CH_2$ 与 $CH_2CH_3$ 反式
>
> (ii) 偶极矩：
> 
> (a) $CH_3CH_2CH_2CH_2CH=CH_2$
> 
> (b) $CH_3CH_2CH_2CH_2CH_2CH_3$
> 
> (c) $CH_3CH_2CH_2\underset{Cl}{C}HCH=CH_2$

## 烯烃的反应

> 孤立二烯烃的化学性质与单烯烃类似。
> 累积二烯烃的化学性质比单烯烃活泼。
> 共轭二烯烃除与孤立二烯烃具有类似化学性质外,还有一些特征反应(参见 9.3)。

碳碳双键是烯烃的官能团,也是这类化合物的反应中心。烯烃的 π 键的平均键能比碳碳 σ 键的平均键能低,即 π 键比 σ 键易于打开；π 电子弥散在外,易受亲电试剂进攻,故烯烃易发生亲电加成反应、自由基加成反应、氧化反应、催化加氢反应和聚合反应。在烯烃中,$sp^2$ 杂化的碳比 $sp^3$ 杂化的碳电负性大,α 碳氢键与碳碳双键又有超共轭效应,诱导效应和超共轭效应均使 α 碳上的氢具有一定的活性,可以发生 α 碳上的取代反应。

### 8.5 加成反应的定义和分类

两个或多个分子相互作用,生成一个加成产物的反应称为加成反应(addition reaction)。加成反应可以是离子型的、自由基型的和协同的。离子型加成反应是化学键异裂引起的,又分为亲电加成(electrophilic addition)和亲核加成(nucleophilic addition)。

### 8.6 烯烃的亲电加成反应

通过化学键异裂产生的带正电的原子或基团进攻不饱和键而引起的加成反应称为亲电加成反应。亲电加成反应可以按照"碳正离子中间体机理"、"环正离子(cyclic cation)中间体机理"、"离子对(ion pair)中间体机理"和"三中心过渡态(three-center transition state)机理"四种途径进行。

### 8.6.1 烯烃与氢卤酸的加成 碳正离子中间体机理

烯烃与氢卤酸的加成反应如下：

$$CH_2=CH_2 + HI \longrightarrow CH_3CH_2I$$
$$CH_2=CH_2 + HBr \longrightarrow CH_3CH_2Br$$
$$CH_2=CH_2 + HCl \longrightarrow CH_3CH_2Cl$$

此加成反应是按碳正离子中间体机理进行的。具体可表述如下：

$$HX \longrightarrow H^+ + X^-$$

$$CH_2=CH_2 + H^+ \xrightarrow{慢} CH_3\overset{+}{C}H_2 \xrightarrow[快]{X^-} CH_3CH_2X$$

碳正离子中间体

首先，质子与烯烃的 π 电子结合，生成碳正离子，这是决速步；然后，卤负离子与碳正离子结合形成产物。反应机理表明，烯烃双键上的电子云密度越高，氢卤酸的酸性越强，反应越易进行。所以，氢卤酸的反应性为 HI＞HBr＞HCl。

不对称烯烃与氢卤酸加成时，由于 $H^+$ 和 $X^-$ 与双键碳结合时有两种不同的取向，因此可能产生两种产物。例如

$$CH_3CH=CH_2 + HX \longrightarrow \underset{(i)}{CH_3\overset{\overset{X}{|}}{C}HCH_3} + \underset{(ii)}{CH_3CH_2CH_2X}$$

> 当一个反应可以有不同的取向从而产生不同的异构体时，若反应后只生成或主要生成其中一种产物，则称此反应具有区域选择性（regioselectivity）。

实验结果表明，反应具有区域选择性。主要产物是(i)，符合 Markovnikov(马尔可夫尼可夫，1868)规则，简称马氏规则。马氏规则的含义是，卤化氢等极性试剂与不对称烯烃发生亲电加成反应时，酸中的氢原子加在含氢较多的双键碳原子上，其他原子(此处为卤原子)及基团加在含氢较少的双键碳原子上。

> 马氏规则是总结了很多实验事实后提出的经验规则。

现在可以用电子效应来解释马氏规则。当酸与不对称烯烃加成时，由于甲基的给电子诱导效应和给电子超共轭效应，一对 π 电子在两个双键碳上的分布是不均匀的，$H^+$ 总是倾向于与 π 电荷密度高的双键碳结合。

$$\underset{H}{\overset{H}{\underset{|}{\overset{|}{C}}}}\!\!\underset{sp^3}{-}\underset{sp^2}{CH=CH_2} \xrightarrow{H^+} CH_3-\overset{+}{C}H-CH_3$$

也可以用反应中间体碳正离子的稳定性来解释马氏规则，即第一步反应的取向总是倾向于形成稳定的碳正离子。若按(i)式加成，活性中间体为二级碳正离子(iii)，(iii)上有两个甲基的给电子诱导效应与超共轭效应；若按(ii)式反应，活性中间体为一级碳正离子(iv)，只有一个乙基的给电子诱导效应与两个 C—H 键的超共轭效应：

(iii)　　　　　　　(iv)

由于(iii)比(iv)稳定,因此相应过渡态的势能低,活化能低,反应速率快,故主要按(i)进行反应。

马氏规则的适用范围是双键碳上有给电子基团的烯烃。如果双键碳上有吸电子基团,如 $CF_3$,CN,COOH,$NO_2$ 等,在很多情况下,加成反应的方向是反马氏规则的;但若用电子效应来解释,则可以发现实验事实是符合电性规律的。如

$$F_3C-CH=CH_2 + HX \longrightarrow F_3C-CH_2-\overset{+}{C}H_2 + X^- \longrightarrow F_3CCH_2CH_2X$$

由于 $F_3C$ 吸电子,使电子向 $CF_3$ 基方向移动,双键上的 π 电子也向 C-2 方向移动,使 C-2 带部分负电荷,C-1 带部分正电荷。故在进行亲电加成时,$H^+$ 与 C-2 结合,然后 $X^-$ 与 C-1 结合,得到反马氏规则的产物。

若烯烃双键碳上含有 X,O,N 等具有孤对电子的原子或基团,即使该原子或基团的总电子效应是吸电子的,加成产物仍符合马氏规则。如

$$ClHC=CH_2 + HCl \longrightarrow Cl_2CHCH_3$$

这同样可以用电子效应或碳正离子的稳定性来解释。因为这些原子上的孤对电子所占的轨道,可以与碳的带正电荷的 p 轨道共轭:

(v)　　　　　　(vi)　　　　　　(vii)

(v)表示卤原子的吸电子诱导效应与给电子共轭效应。若 $H^+$ 加在 C-1 上,则 C-2 带正电荷,卤原子的孤对电子轨道与带正电荷碳的 p 轨道共轭,这样,电子均匀化使正电荷分散,体系稳定,如(vi)所示;若 $H^+$ 加在 C-2 上,则 C-1 带正电荷,卤原子的孤对电子轨道不能与带正电荷的 p 轨道共轭,如(vii)所示。(vi)较(vii)稳定,(vi)进一步与负离子结合生成的加成产物符合马氏规则,即共轭效应决定了加成反应的方向。但由于卤原子的吸电子效应大于给电子共轭效应,使双键碳上电子云密度降低,因此卤乙烯的加成反应比乙烯慢,即综合的电子效应决定了加成反应的速率。

氢卤酸与烯烃的加成反应,常伴随有重排产物产生。如

当双键碳与吸电子基团相连时,由于双键上电子云密度降低,亲电加成反应速率降低。

若双键碳上带有含氧、氮原子的基团,如 ÖH, ÖR, ÖCOR, ṄR$_2$, ṄHR, ṄR$_2$, NHCOR 等,它们的孤对电子可以与碳正离子共轭,加成反应的产物符合马氏规则。但由于氧、氮原子的电负性比卤原子小,吸电子诱导效应小于卤原子,而给电子共轭效应又大于卤原子,总的结果是吸电子诱导效应小于给电子共轭效应,起了给电子作用,使双键碳上电子云密度增加,故具有这些基团的烯烃的加成反应速率与乙烯比较,会大大提高。一般含氮基团比含氧基团对加快反应速率的影响更大。

此式中只标出了发生重排的 H，其他 H 均未标出。

重排的原因是，反应要经过一个碳正离子中间体，而一个较不稳定的碳正离子总是倾向于转变为一个较稳定的碳正离子。例如，上面实例中的二级碳正离子重排为三级碳正离子。

链形烯烃与氢卤酸的加成，可以得到顺式加成和反式加成两种产物。例如

(i) 顺式加成产物　　(ii) 反式加成产物

这是因为生成的碳正离子中间体呈平面型结构，卤负离子可以从平面两侧进攻，因此得到了顺式加成和反式加成两种产物。环状烯烃（cyclene）与氢卤酸加成时，还要考虑构象的稳定性。例如，环己烯与氢溴酸加成，以反式加成产物为主。

第一步加 H⁺ 时，H 取直立键、CH₃ 取平伏键时构象的能量较低。
第二步加 Br⁻ 时，Br 取直立键、CH₃ 取平伏键时构象的能量较低。

**习题 8-7**　写出 HI 与下列各化合物反应的主要产物。

(i) $CH_3CH_2CH=CH_2$   (ii) $(CH_3)_2C=CHCH_3$   (iii) $CH_3CH=CHCH_2Cl$   (iv) $(CH_3)_3\overset{+}{N}CH=CH_2$
(v) $CH_3OCH=CH_2$   (vi) $CF_3CH=CHCl$   (vii) $(CH_3CH_2)_3CCH=CH_2$

**习题 8-8** 氯化氢与 3-甲基环戊烯加成得 1-甲基-2-氯环戊烷及 1-甲基-1-氯环戊烷混合物，写出此转换的反应机理及其中间体，并加以解释。

## 8.6.2 烯烃与硫酸、水、有机酸、醇和酚的加成

烯烃与硫酸、水、有机酸、醇和酚的加成也都是通过碳正离子中间体机理进行的。反应遵守马氏规则，但常有重排产物产生，立体选择性很差。

烯烃与硫酸的加成在 0 ℃ 时就能发生，加成产物硫酸氢酯在有水存在时加热，水解生成醇。此反应称为烯烃的间接水合法（indirect hydration），是制备醇的一种方法。

乙醇、异丙醇及三级丁醇在工业上是用相应的烯在不同浓度的硫酸中反应（如液态的烯烃与酸一起搅拌），即得硫酸氢酯的澄清溶液，然后用水稀释、加热制备的。

$$H_2C=CH_2 \xrightarrow{98\% \ H_2SO_4} CH_3CH_2OSO_2OH \xrightarrow[90\ ℃]{H_2O} CH_3CH_2OH + H_2SO_4$$
硫酸氢乙酯　　　　　　乙醇

$$CH_3CH=CH_2 \xrightarrow{80\% \ H_2SO_4} \underset{OSO_2OH}{CH_3CHCH_3} \xrightarrow[\triangle]{H_2O} \underset{OH}{CH_3CHCH_3} + H_2SO_4$$
硫酸氢异丙酯　　　　异丙醇

$$(CH_3)_2C=CH_2 \xrightarrow{63\% \ H_2SO_4} (CH_3)_3COSO_2OH \longrightarrow (CH_3)_3COH + H_2SO_4$$
硫酸氢三级丁酯　　　　三级丁醇

由于石油工业的发展，乙烯、丙烯等来源充足，此法又比较简单，乙醇及异丙醇可用此法大规模生产。

烯烃与水的加成通常要用酸催化，先生成碳正离子，然后与水结合生成𬭩盐，再失去质子生成醇。这种制醇的方法称为烯烃的直接水合法（direct hydration）。例如乙烯、水在磷酸催化下，在 300 ℃，7 MPa 水合生成乙醇。

$$H_2C=CH_2 \xrightarrow{H_3PO_4} CH_3\overset{+}{C}H_2 \xrightarrow{H_2O} CH_3CH_2\overset{+}{O}H_2 \xrightarrow{-H^+} CH_3CH_2OH$$

烯烃与有机酸加成生成酯，与醇或酚加成生成醚。由于有机酸、醇、酚的酸性都比较弱，所以加成反应通常在强酸如硫酸、对甲苯磺酸、氟硼酸（$HBF_4$）等催化下才能发生。

$$H_2C=CH_2 + CH_3COOH \xrightarrow{H^+} CH_3CH_2OCOCH_3$$
乙酸（弱酸）　　　　乙酸乙酯

$$(CH_3)_2C=CH_2 + CH_3OH \xrightarrow[100\ ℃]{HBF_4\ (3\%\ BF_3 + 3\%\ HF)} (CH_3)_3COCH_3$$
甲基三级丁基醚，80%

$$\text{HO}\diagup\diagup\diagup\diagup\diagdown \xrightarrow{\text{H}_2\text{SO}_4} \text{2-甲基四氢呋喃, 88\%}$$

4-戊烯-1-醇         2-甲基四氢呋喃, 88%

$$\text{C}_6\text{H}_{13}\text{CH}=\text{CH}_2 + \text{HO}\!\!-\!\!\!\bigcirc\!\!\!-\!\text{C}_4\text{H}_9\text{-}t \xrightarrow{\text{HBF}_4} \text{C}_6\text{H}_{13}\underset{\underset{\text{CH}_3}{|}}{\text{CH}}\text{O}\!\!-\!\!\!\bigcirc\!\!\!-\!\text{C}_4\text{H}_9\text{-}t$$

1-辛烯             对三级丁基苯酚              对三级丁基苯基(1-甲庚基)醚

---

**习题 8-9** 写出下列试剂与 1-甲基环己烯反应的产物。
(i) $H_2SO_4$ (0 °C)  (ii) $CF_3COOH$  (iii) $CH_3COOH$, $H^+$  (iv) $C_2H_5OH$, $H^+$

---

### 8.6.3 烯烃与卤素的加成

氟与烯烃的加成反应非常激烈，反应放出的大量热会使烯烃分解，所以反应需在特殊的条件下才能进行。碘与烯烃一般不发生离子型反应，但氯化碘(ICl)或溴化碘(IBr)比较活泼，可以定量地与碳碳双键发生离子型亲电加成反应。最常见的烯烃与卤素的加成反应是烯烃与溴或氯的加成。

**1. 烯烃与溴的加成　环正离子中间体机理**

烯烃与溴的加成是亲电加成。这可以从溴与一些典型烯烃的加成反应的相对反应速率中得到证明：

| 烯烃 | $H_2C=CH_2$ | $CH_3CH=CH_2$ | $(CH_3)_2C=CH_2$ | $(CH_3)_2C=C(CH_3)_2$ | $\bigcirc\!\!-\!\text{CH}=CH_2$ | $BrCH=CH_2$ |
|---|---|---|---|---|---|---|
| 相对速率： | 1 | 2 | 10.4 | 14 | 3.4 | <0.04 |

从上面的数据可以看到，双键碳上烷基增加，反应速率加快，因此反应速率与电子效应有关。烷基有给电子诱导效应与超共轭效应，使双键电子云密度增大，烷基取代越多，反应速率越快，因此这个反应是亲电加成反应。当双键与苯环相连时，苯环通过共轭体系起了较弱的给电子作用，因此加成速率比乙烯略快。当双键与溴相连时，溴的吸电子诱导效应超过给电子共轭效应，总的结果是起了吸电子的作用，因此加成速率大大降低。

烯烃与溴的亲电加成是按环正离子中间体机理进行的。反应机理可表述如下：

$$\underset{\text{环正离子}}{\underset{\text{(环溴鎓离子, cyclic bromonium ion)}}{\overset{\delta^+\;\;\;\delta^-}{\text{C}=\text{C}} + \text{Br}\!-\!\text{Br} \underset{\text{慢}}{\rightleftharpoons} \overset{+}{\underset{\text{Br}}{\text{C}\!-\!\text{C}}}\;\;\;\text{Br}^-}} \xrightarrow{\text{快}} \underset{\text{Br}}{\overset{\text{Br}}{\text{C}\!-\!\text{C}}}\;\;\;\text{反式加成产物}$$

反应机理表明，此亲电加成反应是分两步完成的反式加成：首先是试剂带正电荷或

---

利用氯化碘或溴化碘与烯烃的加成反应可以测定石油和脂肪中不饱和化合物的含量。不饱和程度一般用碘值(iodine value)来表示。碘值的定义是：100 g 汽油或脂肪所吸收的碘量。

带部分正电荷的部位与烯烃的 π 电子接近,并与带 π 电荷密度高的双键碳结合,与烯碳结合的 Br 的孤对电子所占的轨道与略带正电荷的双键碳结合,形成环正离子,同时产生溴负离子,这一步是决速步;然后,溴负离子从环正离子背面进攻碳,生成反式加成(anti-addition)产物。

烯烃与溴的亲电加成反应是分两步完成的,这可通过烯烃与溴在不同介质中进行反应来证明:

$$CH_2=CH_2 + Br_2 \xrightarrow{H_2O} BrCH_2CH_2Br + BrCH_2CH_2OH$$

$$CH_2=CH_2 + Br_2 \xrightarrow{H_2O,\ Cl^-} BrCH_2CH_2Br + BrCH_2CH_2Cl + BrCH_2CH_2OH$$

$$CH_2=CH_2 + Br_2 \xrightarrow{CH_3OH} BrCH_2CH_2Br + BrCH_2CH_2OCH_3$$

> 这三个反应,若溴的浓度较稀,主要产物为溴乙醇和醚。

上述三个反应,反应速率相同,但产物的比例不同,而且每一个反应中均有 $BrCH_2CH_2Br$ 产生。这说明,反应的第一步均为 $Br^+$ 与 $CH_2=CH_2$ 的加成,而且这是决速步;第二步是反应体系中各种负离子进攻环正离子,得到最终的加成产物,这是快的一步。

反式加成是通过很多实验事实总结得到的。例如溴与(Z)-2-丁烯加成,得到>99% 的一对苏型外消旋体:

> 当一个有机反应可能产生几个立体异构体,而其中一个或一对对映的立体异构体优先获得时,这种反应被称为立体选择性反应(stereoselective reaction)。溴与烯烃的加成,就是立体选择的反式加成反应。

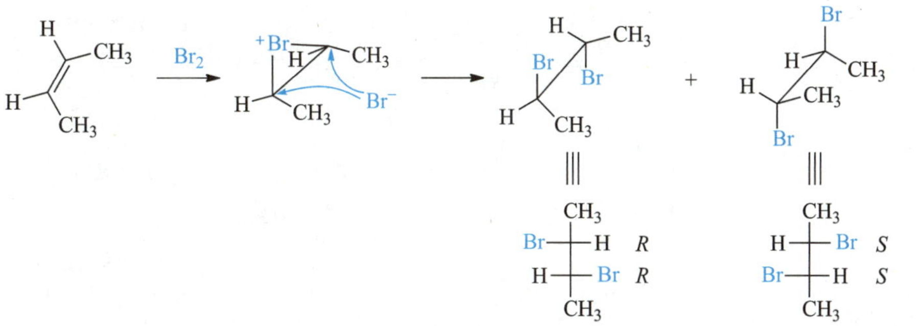

(2R, 3R)-2,3-二溴丁烷    (2S, 3S)-2,3-二溴丁烷

苏型 >99%

假如反应是顺式加成,则应得到以下产物:

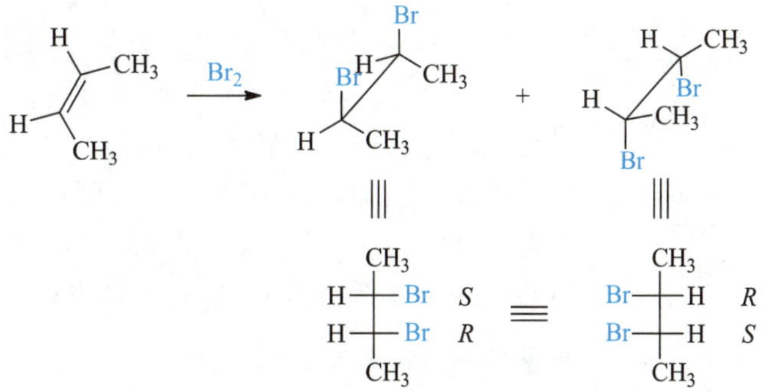

(2R, 3S)-2,3-二溴丁烷(内消旋体)
赤型

但实验结果是赤型产物<1%。因此,溴与(Z)-2-丁烯的加成主要是通过环正离子中间体的反式加成反应。

**习题 8-10** 写出溴与(E)-2-丁烯加成的反应机理、主要产物,并用 Fischer 投影式表示。主要产物是苏型的还是赤型的?

**习题 8-11** 写出下列化合物与溴加成的产物。

(i) 1-甲基环己烯  (ii) t-Bu—CH=CH—CH₃  (iii) 十氢萘衍生物

当溴与环己烯加成时,为了易于表达,常常把环己烯画成半椅型构象,如下面的(iii)式和(vii)式。(iii)和(vii)是环己烯半椅型的一对构象转换体。首先,溴与环己烯形成环正离子(iv)或(viii),然后 Br⁻ 从离去基团背后进攻 C-1(iv)或 C-2(viii),得反式加成产物,即具有双直键(diaxial)的二溴化物(v)或(ix)(Br-C-C-Br 四个原子排列是反式共平面)。

(i) 环己烯  (ii)  (iii) 半椅型构象  (iv) 环正离子  (v) (1S, 2S)-1,2-二溴环己烷  (vi)

构象转换 ⇌

(vii) 半椅型构象  (viii) 环正离子  (ix) (1R, 2R)-1,2-二溴环己烷  (x)

一般化合物双平键构象稳定,占优势,但(v)与(vi)两种构象的能量几乎相等。因为双直键的二溴化物有1,3-双直键的相互作用,但在双平键的二溴化物中Br-C-C-Br 为邻交叉型,有偶极-偶极排斥作用,以上两种作用力能量几乎相等,互相抵消。

Br⁻ 进攻环中的 C-1 还是 C-2,遵循构象最小改变原理,即发生加成反应时,要使碳架的构象改变最小。因为这样反应需要的能量最小。例如 Br⁻ 与(iv)中的 C-1 结合,C-3,C-4,C-5,C-6 的碳架改变最小,基本维持原来的椅型,符合构象最小改变原理。若与 C-2 结合,要转变成另一椅型构象,这时需要能量较大。加成的最初产物是双直键的二溴化物(v),一旦生成后,很快转换成它的构象转换体,形成双平键的二溴化物(vi),(v)与(vi)达成平衡。(vii)同样也能发生加成反应得(ix),且(ix)与(x)达成平衡。(iii)与(vii)能量是相等的,反应机会也是均等的,因此(v)与(ix)是等量的,(v)与(ix)均有旋光性,总的结果是得到一对外消旋体。

**习题 8-12** 溴与1-甲基环己烯的亲电加成,得到一对外消旋体。请写出反应机理,并用电子效应加以解释(注意溴与不对称烯烃加成时的电子效应及构象)。

**烯烃的鉴别**

在实验室中常用溴与烯烃的加成反应对烯烃进行定性和定量分析。如用5%溴的四氯化碳溶液和烯烃反应,当在烯烃中滴入溴溶液后,红棕色马上消失,表明发生了加成反应。据此,可鉴别烯烃。

$$\diagup C=C\diagdown + Br_2 \xrightarrow{CCl_4} Br-\overset{|}{\underset{|}{C}}-\overset{|}{\underset{|}{C}}-Br$$

**2. 氯与1-苯基丙烯的加成　离子对中间体机理　碳正离子中间体机理**

大多数情况下,氯与烯烃的加成反应和溴与烯烃的加成反应一样,是亲电的、二步的,通过环正离子中间体机理的反式加成完成。但氯与1-苯基丙烯的加成反应是一个例外。下面是溴和氯分别与1-苯基丙烯发生加成反应的实验结果:

|  | 反式加成产物 | 顺式加成产物 |
|---|---|---|
| Br$_2$-CCl$_4$ | 83% | 17% |
| Cl$_2$-CCl$_4$ | 32% | 68% |

(Z)-1-苯基丙烯

实验数据表明:溴与1-苯基丙烯的加成,主要得反式加成产物(与8.6.3的讨论结果相符);而氯与1-苯基丙烯的加成,主要得顺式加成(cis-addition)产物。产生这种差异的原因是反应是按不同的机理进行的:溴与1-苯基丙烯的加成,主要是按环正离子中间体机理进行的;而氯与1-苯基丙烯的加成,主要是通过离子对中间体机理和碳正离子中间体机理进行的。按离子对中间体机理进行的过程表述如下:

$$\diagup C=C\diagdown \xrightarrow{Cl-Cl} \xrightleftharpoons{\text{慢}} \overset{Cl}{\underset{}{C}}-\overset{Cl^-}{\underset{}{C^+}} \xrightarrow{\text{快}} \overset{Cl}{\underset{}{C}}-\overset{Cl}{\underset{}{C}}$$

离子对　　　顺式加成产物

试剂与烯烃加成时,一个双键碳带着π电子与Cl结合,另一个双键碳形成碳正离子,试剂Cl—Cl与π电子结合后异裂,产生氯负离子,碳正离子和氯负离子形成离子对,这是决速步;π键断裂后,带正电荷的C—C键来不及绕轴旋转,与带负电荷的试剂同面结合,得到顺式加成产物。

按碳正离子中间体机理进行的过程可表述如下:

$$Cl_2 \longrightarrow Cl^+ + Cl^-$$

$$Cl^+ + \diagup C=C\diagdown \xrightleftharpoons{\text{慢}} \overset{Cl}{\underset{}{C}}-\overset{}{\underset{}{C^+}} + Cl^- \xrightarrow{\text{快}} \overset{Cl}{\underset{}{C}}-\overset{Cl}{\underset{}{C}} + \overset{Cl}{\underset{}{C}}-\overset{}{\underset{Cl}{C}}$$

碳正离子　　　顺式加成产物　　反式加成产物

---

在正文的实例中,为什么溴与烯烃的加成主要按环正离子中间体机理进行,而氯与烯烃的加成不按环正离子中间体机理进行呢?那是因为溴原子比氯原子电负性小,体积大,溴原子的孤对电子轨道容易与碳正离子的p轨道重叠形成环正离子,因此反应主要按环正离子中间体机理进行;而氯原子电负性较大,体积小,提供孤对电子与碳正离子成键不如溴原子容易,且在1-苯基丙烯类化合物中,碳正离子的p轨道正好与苯环相邻,可以共轭,使正电荷分散而稳定,所以反应可按离子对中间体机理或按碳正离子中间体机理进行。除试剂和底物的结构外,溶剂的极性、过渡态的稳定性等也都会对反应按哪一种机理进行产生影响。

试剂首先解离成离子，正离子与烯烃反应形成碳正离子，这是决速步；π 键断裂后，C—C 键可以自由旋转，然后与带负电荷的氯离子结合，这时结合就有两种可能，即生成顺式加成与反式加成两种产物。

综合考虑以上两种反应机理，总的结果是得到以顺式加成为主的产物。

### 8.6.4 烯烃与次卤酸的加成

氯或溴在稀水溶液中或在碱性稀水溶液中可与烯烃发生加成反应，得到 β-卤代醇：

类似次卤酸与烯烃反应的试剂还有

$$\overset{\delta+}{I}-\overset{\delta-}{Cl}$$

$$\overset{\delta+}{N}O\overset{\delta-}{Cl}\text{（亚硝酰氯）}$$

$$\overset{\delta+}{ClHg}-\overset{\delta-}{Cl}$$

反应过程可能首先形成环卤鎓离子，然后 $OH^-$ 或 $H_2O$ 再与环卤鎓离子反应，得反式加成产物。反应遵守马氏规则。

**习题 8-13** 苯乙烯 C₆H₅—CH=CH₂ 在甲醇溶液中溴化，得到 1-苯基-1,2-二溴乙烷及 1-苯基-1-甲氧基-2-溴乙烷。写出反应机理。

**习题 8-14** (R)-4-三级丁基环己烯在甲醇中溴化，得两种化合物的混合物，分子式都是 $C_{11}H_{21}BrO$。预言这两个产物的立体结构，并阐明理由。

**习题 8-15** 写出溴在碱性稀水溶液中与下列化合物反应的反应机理（经过环正离子中间体），用构象式表示。有几个产物？指出它们的关系。

(i) 环己烯　　(ii) 1-甲基环己烯　　(iii) (R)-4-乙基环己烯

## 8.7 烯烃的自由基加成反应

溴化氢在光照或过氧化物的作用下与丙烯反应，生成正溴丙烷：

## 8.7 烯烃的自由基加成反应

$$CH_3CH=CH_2 \xrightarrow[\text{过氧化物}]{HBr} CH_3CH_2CH_2Br$$

产物与按马氏规则所预见的结果恰好相反，这是一个反马氏加成。1933 年 M. S. Kharasch（卡拉施）等发现，这种"不正常"的加成是因为过氧化物在光照下发生均裂产生自由基，烯烃受自由基进攻而引起的，因此称这种反应为自由基加成反应（free radical addition），这种现象为过氧化效应（peroxide effect），或者叫 Kharasch 效应。溴化氢在过氧化苯甲酰作用下与丙烯的自由基加成反应机理如下：

链引发：
$$PhC(O)O-OC(O)Ph \longrightarrow 2\,PhC(O)O\cdot$$
$$PhC(O)O\cdot + HBr \longrightarrow PhC(O)OH + Br\cdot$$

链转移：
$$CH_3CH=CH_2 + Br\cdot \longrightarrow CH_3\dot{C}HCH_2Br$$
$$CH_3\dot{C}HCH_2Br + HBr \longrightarrow CH_3CH_2CH_2Br + Br\cdot$$

链终止：
$$2Br\cdot \longrightarrow Br_2$$
$$2CH_3\dot{C}HCH_2Br \longrightarrow BrCH_2CH(CH_3)CH(CH_3)CH_2Br$$
$$CH_3\dot{C}HCH_2Br + Br\cdot \longrightarrow CH_3CHBrCH_2Br$$

上述反应机理表明，溴原子和 π 键反应时，只有溴原子加到丙烯的双键末端碳原子上，才能生成最稳定的自由基，然后氢原子加到带自由基的碳原子上。亲电加成是 $H^+$ 先加到丙烯双键末端的碳上，形成比较稳定的碳正离子，然后溴负离子加到带正电荷的碳原子上。因此，自由基加成与亲电加成的加成位置恰巧相反。

氯化氢不能进行自由基加成反应，因为氢氯键比氢溴键强得多，需要较高的活化能才能使氯化氢均裂成自由基，这就阻碍了链反应。碘化氢也不能发生自由基加成反应，虽然碘化氢均裂的解离能不大，但碘原子与双键加成要求提供较高的活化能，而碘原子又较易自相结合成键，所以也不能发生自由基加成反应。

多卤代烷如 $BrCCl_3$，$CCl_4$，$ICF_3$ 等在过氧化物或光的作用下，也可以形成多卤代烷基的自由基，因此能够与烯烃发生自由基加成反应。例如

链引发：
$$ROOR \longrightarrow 2RO\cdot$$
$$RO\cdot + Cl_3CBr \longrightarrow ROBr + \cdot CCl_3$$

链转移：
$$CH_2=CH-CH_3 + \cdot CCl_3 \longrightarrow \cdot CH(CH_3)CH_2CCl_3$$
$$\cdot CH(CH_3)CH_2CCl_3 + Cl_3CBr \longrightarrow CHBr(CH_3)CH_2CCl_3 + \cdot CCl_3$$

链终止：略

多卤代烷在形成自由基时若有多种选择，一般总是最弱的键较易断裂，最稳定的自由基较易形成。

---

**习题 8-16** 预测下列反应的主要产物，写出相应的反应机理。

(i) 1-甲基环己烯 + HBr ⟶

(ii) 1-甲基环己烯 + HBr $\xrightarrow{ROOR}$

(iii) $CF_2=CH_2 + CHCl_3 \xrightarrow{ROOR}$

(iv) $CH_3CH=CH_2 + ICF_3 \xrightarrow{ROOR}$

## 8.8 烯烃与卡宾的反应

### 8.8.1 卡宾的定义和结构

含二价碳的电中性化合物称为卡宾(carbene)。卡宾是由一个碳和两个基团以共价键结合形成的,碳上还有两个电子。最简单的卡宾是亚甲基卡宾,它很不稳定,从未分离出来,是比碳正离子、自由基更不稳定的活性中间体。其他卡宾可以看做取代亚甲基卡宾,取代基可以是烷基、芳基、酰基、卤原子等。这些卡宾的稳定性顺序排列如下:

$$H_2C\colon < ROOC\ddot{C}H < Ph\ddot{C}H < Br\ddot{C}H < Cl\ddot{C}H < Br_2C\colon < Cl_2C\colon$$

卡宾有两种结构。一种结构在光谱学上称为单线态(singlet state)。单线态的中心碳原子是 $sp^2$ 杂化,两个 $sp^2$ 杂化轨道与两个基团成键,还有一个 $sp^2$ 杂化轨道容纳碳上一对自旋反平行的孤对电子,有一个垂直于三个 $sp^2$ 杂化轨道平面的空 p 轨道,R—C—R 键角约 100°～110°。另一种结构在光谱学上称为三线态(triplet state)。三线态的中心碳原子是 sp 杂化,两个 sp 杂化轨道与两个基团成键,碳上还有两个互相垂直的 p 轨道,每个 p 轨道容纳一个电子,并且这两个电子自旋平行,R—C—R 键角约 136°～180°。

> 单线态卡宾形成后,与其他分子碰撞或与反应器壁碰撞,能慢慢衰变为三线态卡宾。

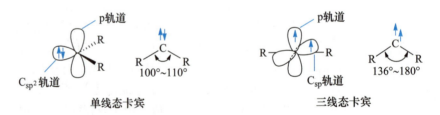

单线态卡宾　　　　　三线态卡宾

最简单的亚甲基卡宾,根据理论计算及光谱数据,单线态键角为 103°,三线态键角为 136°:

单线态亚甲基卡宾　　三线态亚甲基卡宾
能量高　　　　　　　能量低

根据分子轨道计算,单线态能量较高,三线态能量较低,它们之间的能量差约为 35～38 kJ·mol$^{-1}$。

### 8.8.2 卡宾的制备

多卤代烷如 $CHCl_3$,$CHBr_3$,$CHCl_2Br$,$CHF_2I$ 等在碱的作用下发生 α-消除,失

去一分子卤化氢即得卡宾。反应式如下：

$$CHCl_3 + (CH_3)_3COK \xrightarrow{(CH_3)_3COH} :CCl_2 + (CH_3)_3COH + KCl$$

具体的过程为，碱夺去多卤代烷中的 α-H，形成多卤代烷基负离子；负离子在弱酸性溶剂中不易得到质子，而易失去一个卤离子形成卡宾。

$$HCCl_3 \xrightarrow[-H^+]{t\text{-BuOK}} Cl_3C^- \xrightarrow[t\text{-BuOH}]{\text{弱酸性溶剂}} Cl_2C: + Cl^-$$

三氯乙酸也能通过 α-消除制取卡宾。

$$Cl_3CCOOH \xrightarrow{-H^+} Cl_3CCOO^- \xrightarrow{\Delta} Cl_2C: + CO_2\uparrow + Cl^-$$

某些双键化合物在光照下发生裂分，也能制得卡宾。

$$H_2C=C=O \xrightarrow{h\nu} :CH_2 + CO$$

$$H_2C=\overset{+}{N}=N^- \xrightarrow{h\nu} :CH_2 + N_2$$

### 8.8.3 卡宾与碳碳双键的反应

由于卡宾碳周围只有六个电子，是个缺电子的碳原子，因此卡宾具有高度的反应性能。此处只简单介绍卡宾与碳碳双键的加成反应。

1. 亚甲基卡宾与烯烃的反应

亚甲基卡宾的一个重要反应是可以与双键加成得环丙烷类化合物。一般反应式为

$$:CH_2 + \underset{C}{\overset{C}{\underset{\|}{C}}} \longrightarrow \triangle$$

但单线态和三线态亚甲基卡宾与双键加成时产物有所不同。若重氮甲烷在液态用光分解，产生有空 p 轨道的单线态亚甲基卡宾，单线态卡宾的碳提供一对孤对电子，烯烃提供两个 π 电子通过三元环状过渡态，形成两个 σ 键。顺-2-丁烯与单线态亚甲基卡宾的加成反应如下：

三元环状过渡态　　顺-1,2-二甲基环丙烷

上述反应是**立体专一**的顺式加成。如果重氮甲烷在光敏剂二苯酮存在下光照，产生

三线态亚甲基卡宾,与顺-2-丁烯反应则形成顺-1,2-二甲基环丙烷和反-1,2-二甲基环丙烷的混合物。这是因为三线态卡宾的两个孤电子自旋平行,在与双键加成时只能用一个电子和双键上一个与它自旋相反的电子成键,剩下两个电子不能立刻形成一个新键,必须等到由于碰撞而使其中一个电子改变自旋方向时,两个电子才能成键;与此同时,碳碳单键亦可以自由转动。因此三线态亚甲基卡宾与双键加成时,得到的是顺式和反式加成物。反应过程示意如下:

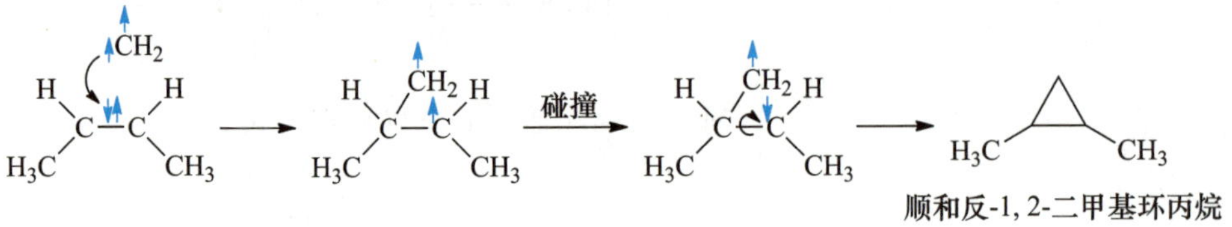

顺和反-1,2-二甲基环丙烷

上述反应是**非立体专一的加成反应**。

亚甲基卡宾是最活泼的卡宾,除了与双键发生加成反应外,还能发生 C—H 键的插入反应。单线态亚甲基卡宾对碳氢化合物的插入反应无选择性,基本上是按统计比例进行的,如

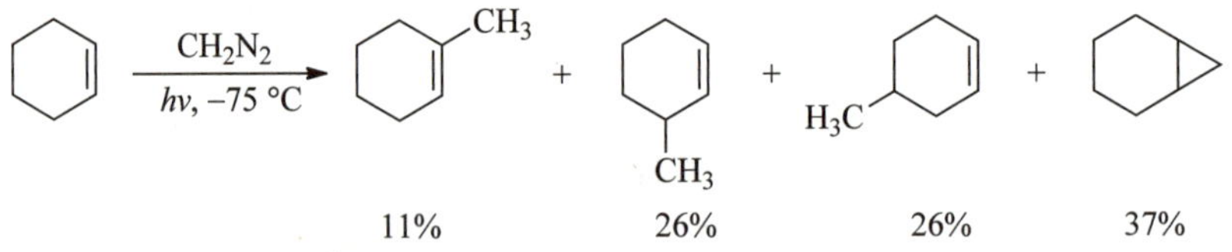

11%　　26%　　26%　　37%

反应是通过三元环状过渡态进行的:

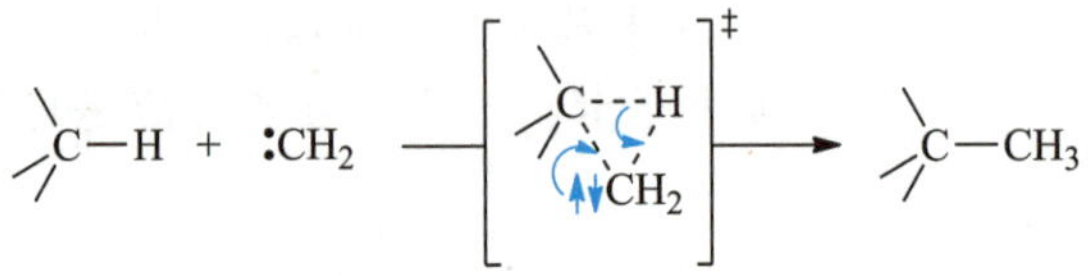

三线态亚甲基卡宾的插入反应有选择性,C—H 键反应性 3°>2°>1°,反应活性之比 3°:2°:1°=7:2:1。其过程可认为是,三线态亚甲基卡宾首先夺取一个氢原子,成为两个自由基;两个自由基经自旋转化,然后偶联:

由于插入反应的干扰,亚甲基卡宾对烯烃的加成反应产率不高。若能设法不让插入反应发生,该反应有使用价值。例如,单线态亚甲基卡宾与苯也能起加成反应,环扩大得到环庚三烯:

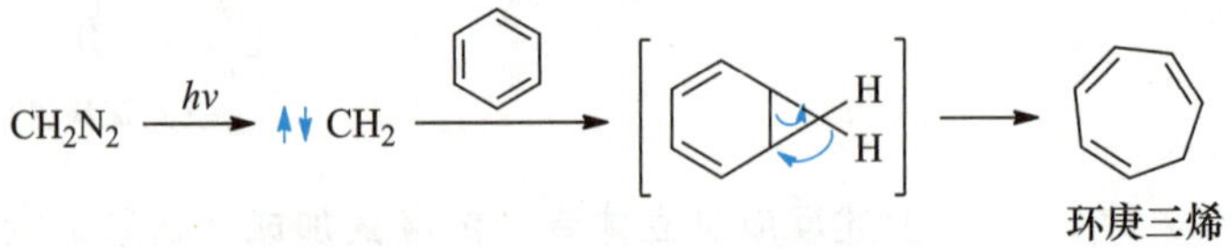

环庚三烯

但在反应中因插入反应也有甲苯形成。若使用氯化亚铜或溴化亚铜催化,可使重氮甲烷分解,与苯发生加成反应时不出现游离的亚甲基卡宾,故没有插入反应,环庚三烯产率可达85%。

2. 二卤卡宾与烯烃的反应

二卤卡宾具有单线态结构,与烯烃很容易发生立体专一的顺式加成。这是制备三元环的一种方法。三元环上的卤原子可以还原,得到环丙烷的衍生物;若三元环碳为偕二卤代碳,可水解为环丙酮的衍生物。如

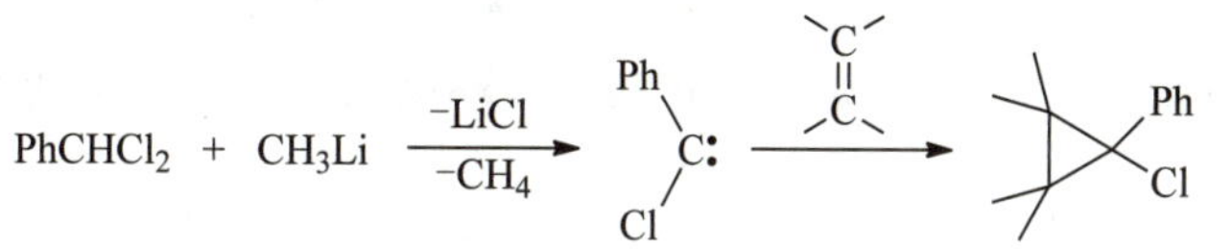

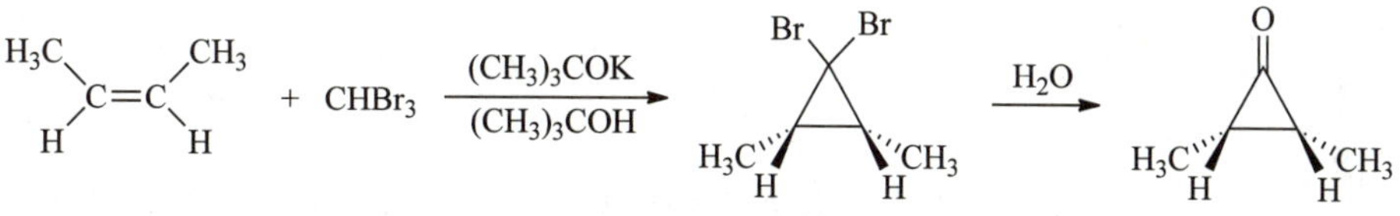

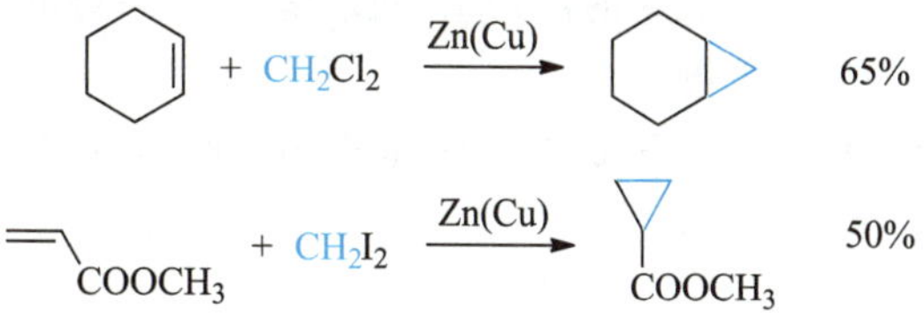

ICH₂ZnI 与烯烃的反应过程如下:

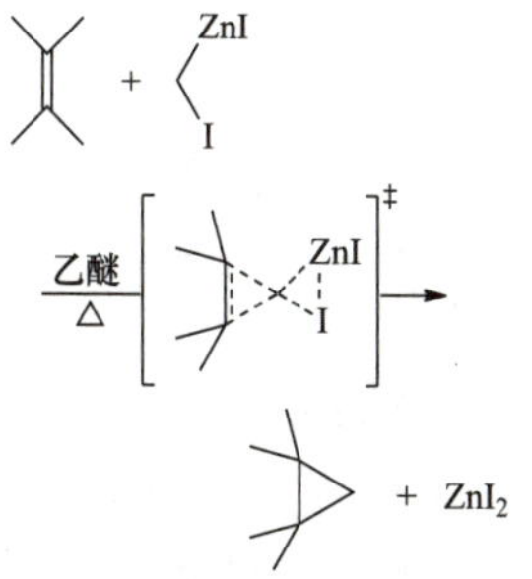

总的结果是将一个 CH₂ 加到双键上,形成三元环。虽然在反应过程中没有产生亚甲基卡宾活性中间体,但它与烯烃反应时,能起类似卡宾的作用,将一个卡宾单元接到双键上,因此将有机锌化合物 ICH₂ZnI 称为类卡宾(carbenoid)。

meso-1,2-二甲基-3,3-二溴环丙烷

二卤甲烷与 Zn(Cu) 反应可生成有机锌化合物 ICH₂ZnI,它与烯烃反应时也能生成环丙烷衍生物,反应也是立体专一的顺式加成。

**习题 8-17** 完成下列反应,写出主要产物。

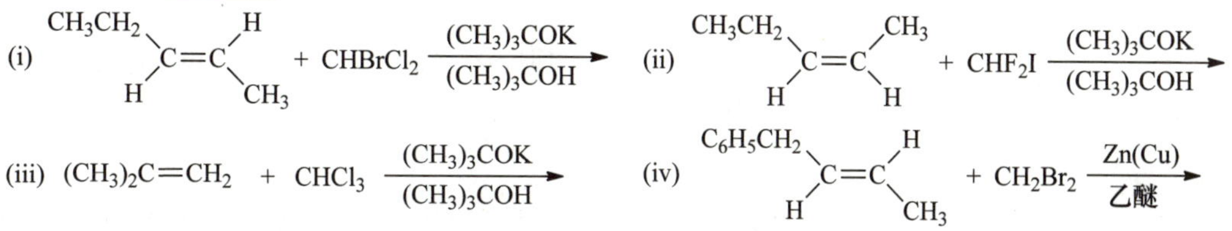

(i) 顺-2-戊烯 + CHBrCl₂ —(CH₃)₃COK/(CH₃)₃COH→

(ii) 反-2-戊烯 + CHF₂I —(CH₃)₃COK/(CH₃)₃COH→

(iii) (CH₃)₂C=CH₂ + CHCl₃ —(CH₃)₃COK/(CH₃)₃COH→

(iv) 顺-PhCH₂CH=CHCH₃ + CH₂Br₂ —Zn(Cu)/乙醚→

## 8.9 烯烃的氧化

### 8.9.1 烯烃的环氧化反应

烯烃与试剂反应生成环氧化合物,称为烯烃的环氧化反应(epoxidation)。如

各种过酸有不同的制备方法。例如,过乙酸常用乙酸或乙酸酐与过氧化氢在酸(如硫酸)催化下放置若干小时制得,体系是一平衡混合物。若用乙酸酐与 30% $H_2O_2$ 反应,约得 20% 过乙酸;乙酸酐与 70% $H_2O_2$ 反应,约得 40% 过乙酸。在平衡体系中还有乙酸、过氧化氢、水、硫酸等混合物。

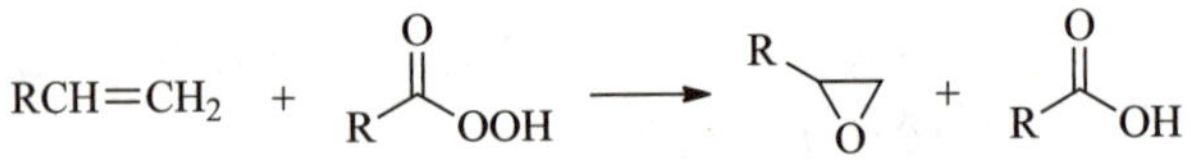

$$RCH=CH_2 + R-C(=O)OOH \longrightarrow \underset{\text{环氧化合物}}{R-\overset{O}{\underset{}{\triangle}}} + R-C(=O)OH$$

实验室中常用有机过酸做环氧化试剂,如过乙酸($CH_3CO_3H$)、过苯甲酸(C$_6$H$_5$—$CO_3H$)、间氯过苯甲酸(间-Cl-C$_6$H$_4$—$CO_3H$)、三氟过乙酸($F_3CCO_3H$)等。

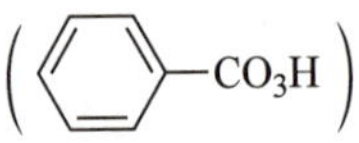

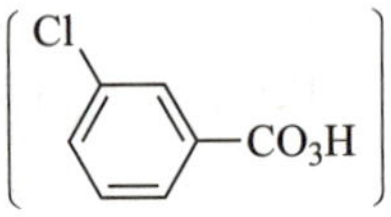

烯烃与过酸形成环氧化合物的反应机理如下:

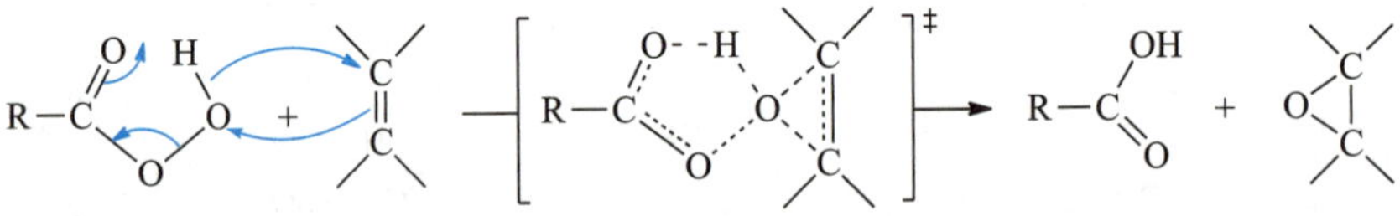

从反应机理看:过酸碳上的正电性越高,反应越易进行,因此有吸电子基团的过酸反应快,例如 $F_3CCO_3H$ 比 $CH_3CO_3H$ 的反应快;双键上的电子云密度越高,环氧化反应越易进行,因此有给电子基团的烯烃反应快,给电子基团越多,反应越快。

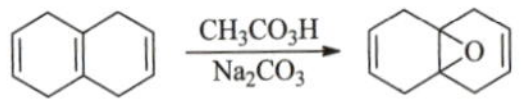

（控制过酸用量,给电子基团多的烯烃反应快）

此环氧化反应是通过一个双环状过渡态协同完成的。受过酸中略带正电性的羰基碳的吸引及受烯烃 π 电子的进攻,过酸的过氧键(O—O 键)和氧氢键(O—H 键)同时异裂。过氧键中的一个氧与烯烃的一个双键碳结合,过氧键中的另一个氧带着过氧键的一对电子转移至碳氧之间,形成新的羰基,原羰基的 π 电子转移至氧氢之间,形成新的羧羟基;而氧氢键的一对电子转移至氧和烯烃的一个双键碳之间,形成碳氧键。

环氧化反应是顺式加成,所以环氧化合物的构型与原料烯烃的构型保持一致。

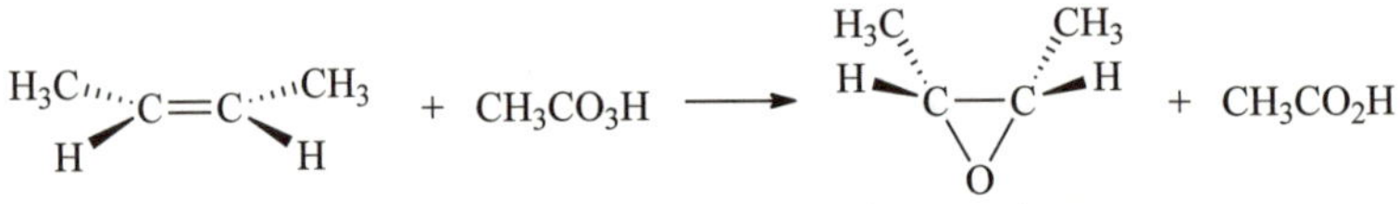

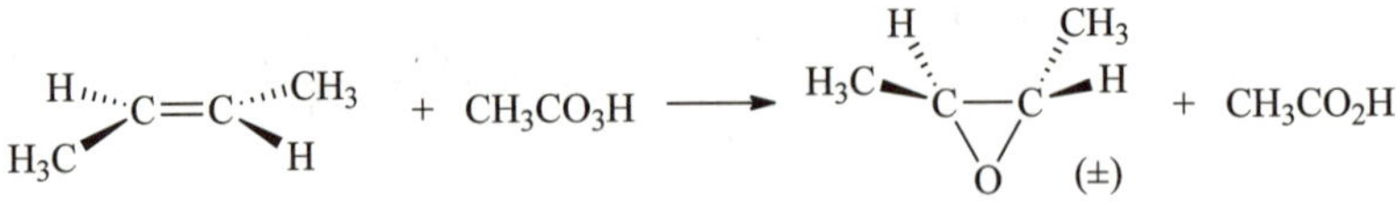

因为环氧化反应可以在双键平面的任一侧进行,所以当平面两侧空阻相同,而产物的环碳原子为手性碳原子时,产物是一对外消旋体。如

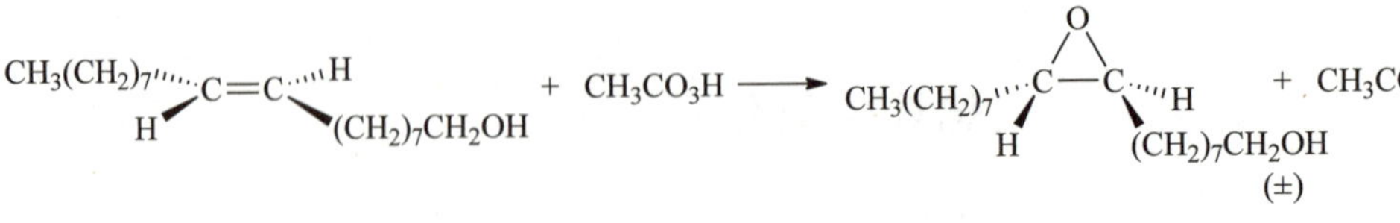

当平面两侧的空阻不同时,位阻小的一侧反应快。如

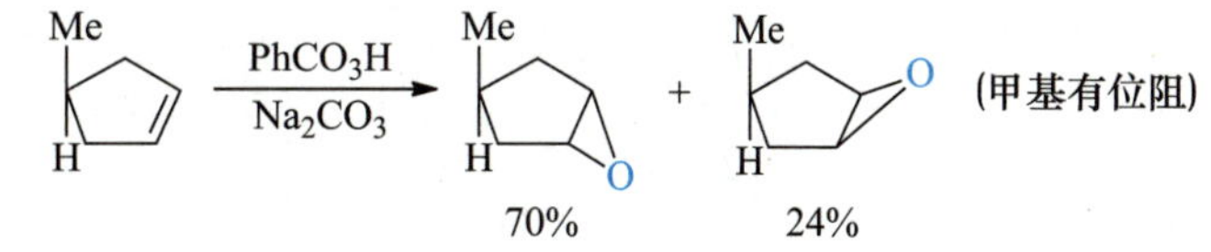

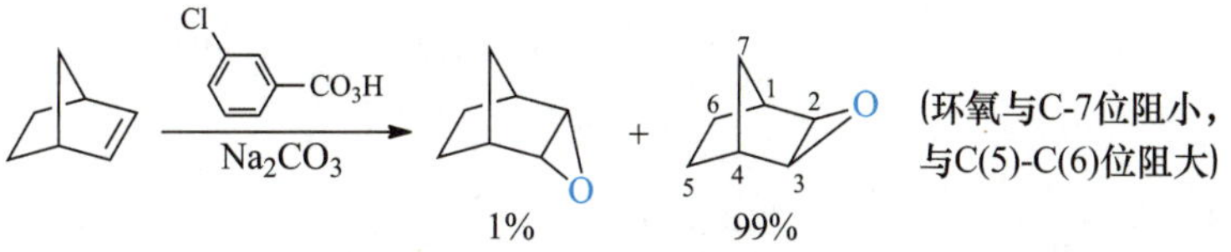

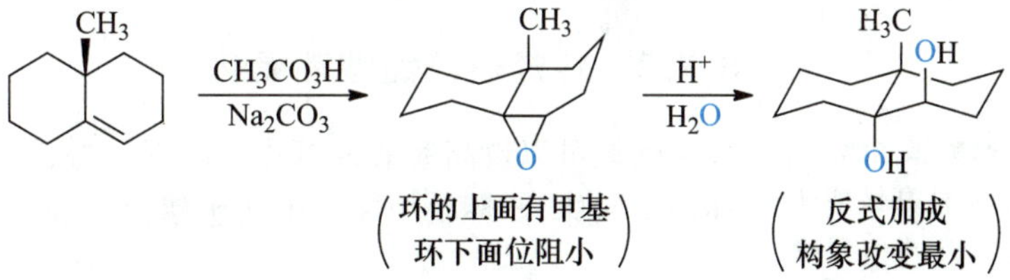

环氧化合物很活泼,遇酸或碱均会发生开环反应(参见 7.21)。

若环氧化反应体系中有大量醋酸与水,环氧化合物可进一步发生开环反应,得羟基酯,羟基酯可以水解得羟基处于反式的邻二醇。这是由烯烃制邻二醇的一种方法。如

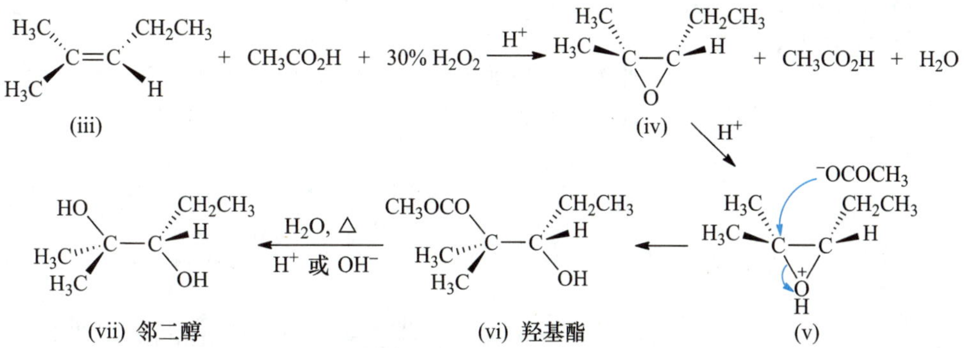

如果在反应体系中加入不溶解的弱碱如 $Na_2CO_3$,中和产生的有机酸,则可得环氧化合物:

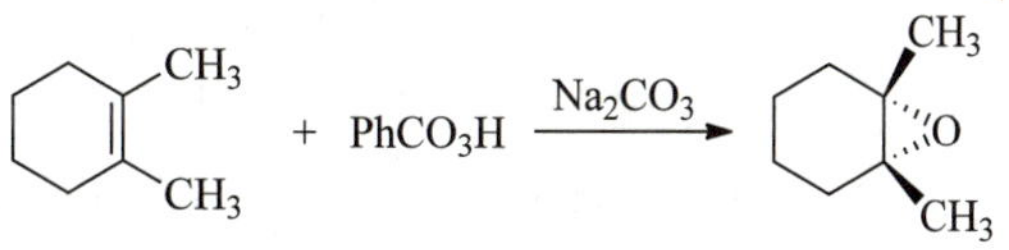

---

**习题 8-18** 写出 1-甲基环己烯与过乙酸反应及其水解的立体化学过程(用构象式描述)。

**习题 8-19** 完成下列反应,写出主要产物(反应物摩尔比为 1∶1)。

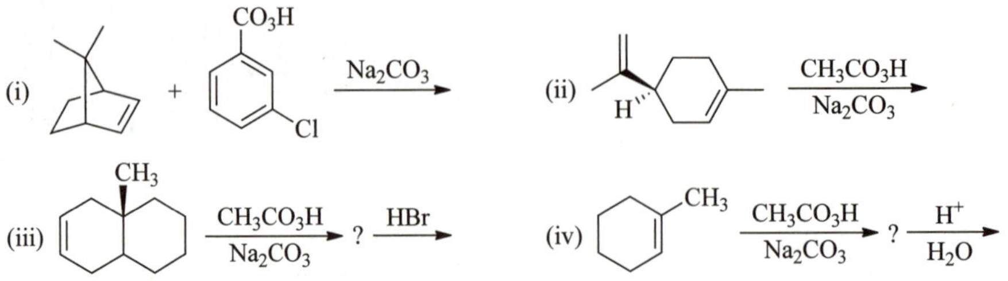

(i) [降冰片烯衍生物] + [3-氯苯甲酸] $\xrightarrow{\text{Na}_2\text{CO}_3}$

(ii) [异丙烯基甲基环己烯] $\xrightarrow[\text{Na}_2\text{CO}_3]{\text{CH}_3\text{CO}_3\text{H}}$

(iii) [甲基十氢萘烯] $\xrightarrow[\text{Na}_2\text{CO}_3]{\text{CH}_3\text{CO}_3\text{H}}$ ? $\xrightarrow{\text{HBr}}$

(iv) [1-甲基环己烯] $\xrightarrow[\text{Na}_2\text{CO}_3]{\text{CH}_3\text{CO}_3\text{H}}$ ? $\xrightarrow[\text{H}_2\text{O}]{\text{H}^+}$

### 8.9.2 烯烃被高锰酸钾氧化

> 如果希望得到顺邻二醇,一般用冷、稀的中性高锰酸钾溶液为氧化剂;如果希望得到氧化裂解产物,可用较强烈的反应条件,在酸性、碱性条件或加热均可。高锰酸钾在酸性条件下氧化能力最强,除烯烃外,很多化合物也能被氧化,因此要根据原料化合物的结构,选择合适的氧化条件。

烯烃可以被高锰酸钾氧化成顺邻二醇。在反应中,高锰酸钾先与烯烃形成一个环状中间体,此环状中间体很快水解得顺邻二醇。例如环己烯的氧化:

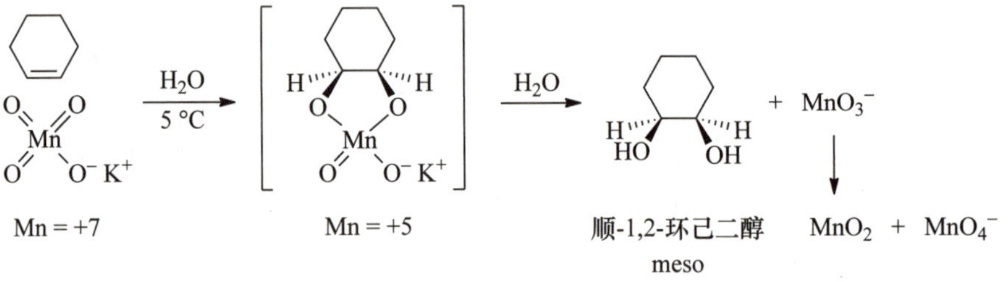

[环己烯] $\xrightarrow[5\ ^\circ\text{C}]{\text{H}_2\text{O}}$ [环状锰酸酯中间体] $\xrightarrow{\text{H}_2\text{O}}$ [顺-1,2-环己二醇] + $\text{MnO}_3^-$

Mn = +7      Mn = +5      顺-1,2-环己二醇    $\text{MnO}_2$ + $\text{MnO}_4^-$
                                                          meso

此氧化反应的产率一般不高,因为生成的邻二醇会进一步氧化裂解为酮、酸或酮和酸的混合物。例如

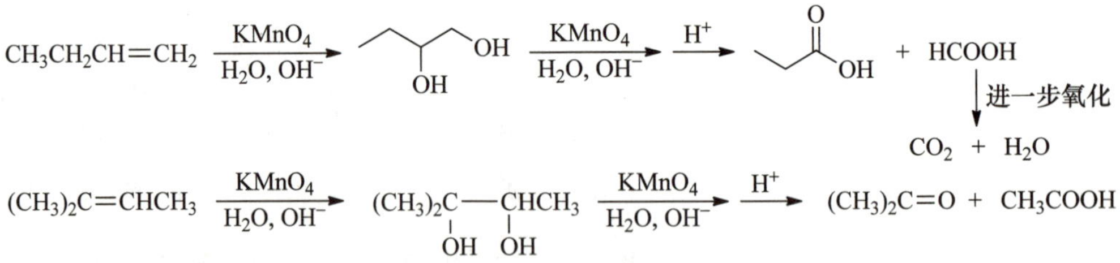

$\text{CH}_3\text{CH}_2\text{CH}=\text{CH}_2 \xrightarrow[\text{H}_2\text{O, OH}^-]{\text{KMnO}_4}$ [CH₃CH₂CH(OH)CH₂OH] $\xrightarrow[\text{H}_2\text{O, OH}^-]{\text{KMnO}_4} \xrightarrow{\text{H}^+}$ $\text{CH}_3\text{CH}_2\text{COOH}$ + HCOOH

$\downarrow$ 进一步氧化

$\text{CO}_2$ + $\text{H}_2\text{O}$

$(\text{CH}_3)_2\text{C}=\text{CHCH}_3 \xrightarrow[\text{H}_2\text{O, OH}^-]{\text{KMnO}_4}$ $(\text{CH}_3)_2\overset{|}{\underset{\text{OH}}{\text{C}}}\overset{|}{\underset{\text{OH}}{\text{CHCH}_3}}$ $\xrightarrow[\text{H}_2\text{O, OH}^-]{\text{KMnO}_4} \xrightarrow{\text{H}^+}$ $(\text{CH}_3)_2\text{C}=\text{O}$ + $\text{CH}_3\text{COOH}$

#### 烯烃的鉴别

将高锰酸钾的稀水溶液滴加到烯烃中,高锰酸钾溶液的紫色会褪去;由于 $\text{Mn}^{7+}$ 被还原成 $\text{MnO}_3^-$,$\text{MnO}_3^-$ 很不稳定,歧化为 $\text{MnO}_4^-$ 和 $\text{MnO}_2$,因此在反应时能见到 $\text{MnO}_2$ 沉淀生成。可以根据上述实验现象来鉴定烯烃(有干扰反应时慎用)。

### 8.9.3 烯烃被四氧化锇氧化

用四氧化锇($\text{OsO}_4$)在非水溶剂如乙醚、四氢呋喃中,也能将烯烃氧化成顺式加成的邻二醇:

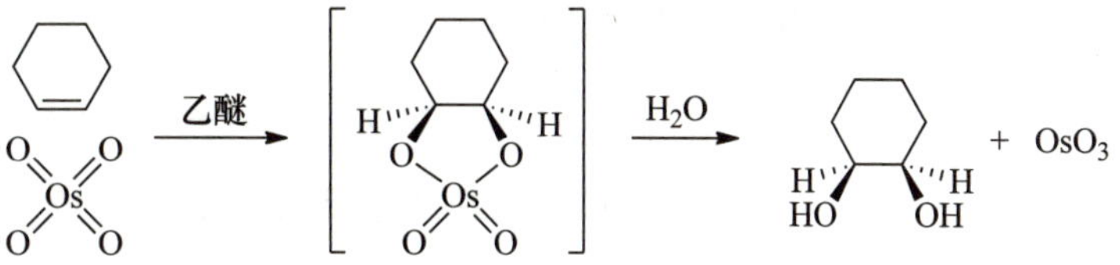

OsO₄ 与烯烃反应,产率几乎是定量的,但它毒性很大,一般用于很难得到的烯烃的氧化,并仅进行小量操作。所得的邻二醇可用适当试剂如 NaIO₄ 再氧化,得到相应的酮、酸等。

四氧化锇是一个很贵的试剂,较经济的方法是用 $H_2O_2$ 及催化量的 $OsO_4$。先是 $OsO_4$ 与烯烃反应,$OsO_4$ 被还原为 $OsO_3$,$OsO_3$ 与 $H_2O_2$ 反应再产生 $OsO_4$,如此反复进行,直到反应完成:

环内若有反式双键,顺式加成后得反邻二醇。

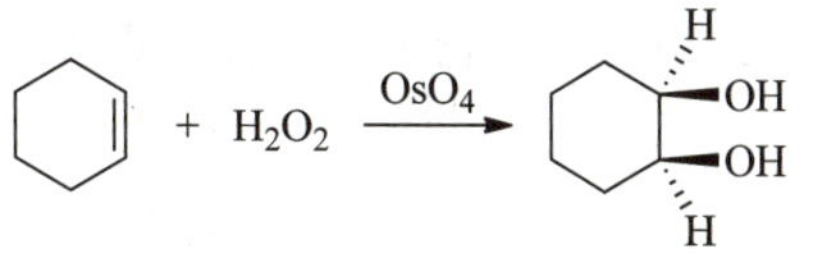

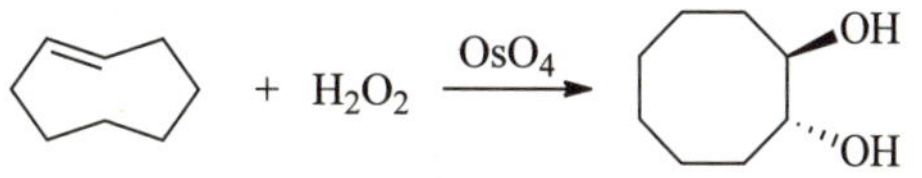

---

**习题 8-20**  A,B 两个化合物,分子式均为 $C_7H_{14}$。A 与 $KMnO_4$ 溶液加热生成 4-甲基戊酸,并有一种气体逸出;B 与 $KMnO_4$ 溶液或 $Br_2$-$CCl_4$ 溶液都不发生反应,B 分子中有二级碳原子五个,三级和一级碳原子各一个。请写出 A 和 B 所有可能的构造式。

**习题 8-21**  完成下列反应,写出主要产物。

(i) 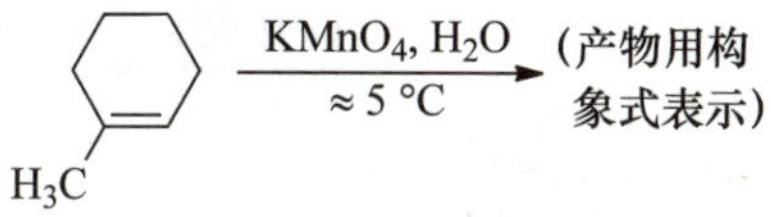 甲基环己烯 $\xrightarrow[\approx 5\ °C]{KMnO_4,\ H_2O}$ (产物用构象式表示)

(ii) 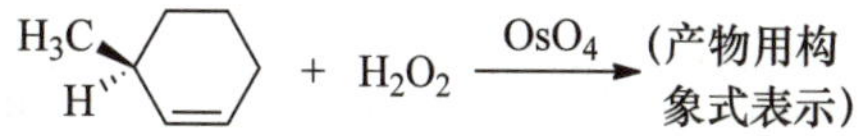 甲基环己烯 $+ H_2O_2 \xrightarrow{OsO_4}$ (产物用构象式表示)

(iii) $(C_2H_5)_2C=C(CH_3)_2 \xrightarrow[OH^-,\ \triangle]{KMnO_4,\ H_2O}$

(iv) 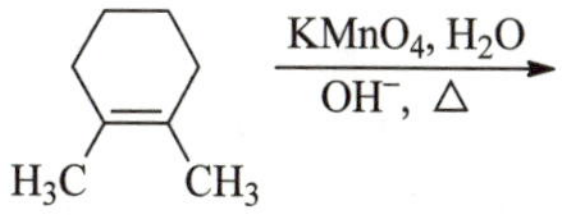 1,2-二甲基环己烯 $\xrightarrow[OH^-,\ \triangle]{KMnO_4,\ H_2O}$

(v) 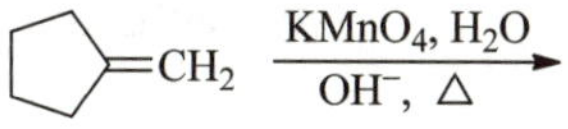 亚甲基环戊烷 $\xrightarrow[OH^-,\ \triangle]{KMnO_4,\ H_2O}$

(vi) 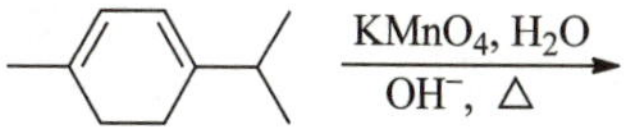 对异丙基甲苯 $\xrightarrow[OH^-,\ \triangle]{KMnO_4,\ H_2O}$

---

### 8.9.4 烯烃的臭氧化-分解反应

烯烃在低温和惰性溶剂如 $CCl_4$ 中与臭氧发生加成生成臭氧化物的反应,称为烯烃的臭氧化反应(ozonization reaction)。

臭氧分子的电子分布如下:

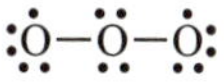

其共振表达式如下：

$$O=\overset{+}{O}-\overset{-}{O} \longleftrightarrow \overset{-}{O}-O-\overset{-}{O} \longleftrightarrow \overset{-}{O}-O-\overset{+}{O}$$

臭氧与烯烃加成的过程如下：

**烯烃与臭氧生成一级臭氧化物的反应属于 1,3-偶极环加成反应。**

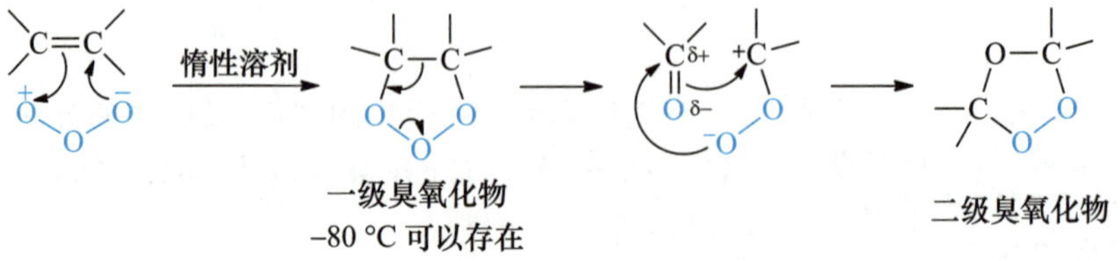

一级臭氧化物 −80 ℃ 可以存在 → 二级臭氧化物

二级臭氧化物被水分解成醛和酮的反应称为臭氧化物的分解反应（ozonolysis）。

**在分解反应中，除得到两个羰基化合物外，还得到一分子 $H_2O_2$。若羰基化合物是醛，则会被 $H_2O_2$ 氧化成酸。**

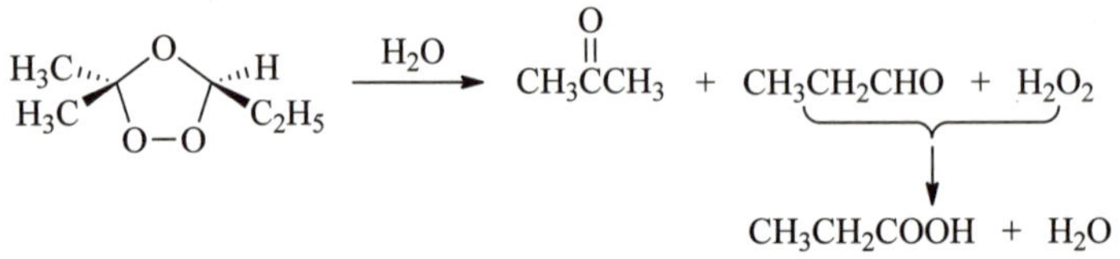

$$\underset{H_3C}{\overset{H_3C}{>}}\!\!\!\!\!\overset{\cdot\cdot\cdot}{C}\!\!-\!\!\overset{\cdot\cdot\cdot}{C}\!\!\!\!\!\underset{C_2H_5}{\overset{H}{<}} \xrightarrow{H_2O} CH_3\overset{O}{\overset{\|}{C}}CH_3 + CH_3CH_2CHO + H_2O_2$$

$$\underbrace{CH_3CH_2CHO + H_2O_2} \rightarrow CH_3CH_2COOH + H_2O$$

为避免醛被 $H_2O_2$ 氧化，在用水（或酸）分解二级臭氧化物时常加入 Zn，使 $H_2O_2$ 与 Zn 结合成 $Zn(OH)_2$；也可加入二甲硫醚（$CH_3SCH_3$），使 $H_2O_2$ 与二甲硫醚反应形成二甲亚砜[$(CH_3)_2S=O$]。若用 Pd/C，$H_2$ 处理，将使 $H_2$ 与 $H_2O_2$ 中的氧结合成 $H_2O$；此外，用 $LiAlH_4$（或 $NaBH_4$）处理，也将羰基还原为 CHOH。

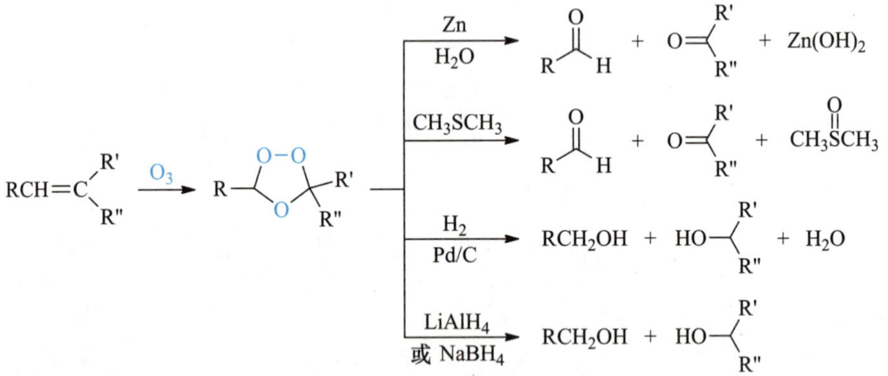

$$RCH=\underset{R''}{\overset{R'}{C}} \xrightarrow{O_3} R\!\!-\!\!\overset{O-O}{\underset{}{\bigtriangleup}}\!\!-\!\!\underset{R''}{\overset{R'}{<}}$$

- $\xrightarrow[H_2O]{Zn}$ $R\overset{O}{\overset{\|}{C}}H + O=\underset{R''}{\overset{R'}{C}} + Zn(OH)_2$
- $\xrightarrow{CH_3SCH_3}$ $R\overset{O}{\overset{\|}{C}}H + O=\underset{R''}{\overset{R'}{C}} + CH_3\overset{O}{\overset{\|}{S}}CH_3$
- $\xrightarrow[Pd/C]{H_2}$ $RCH_2OH + HO\!-\!\underset{R''}{\overset{R'}{C}}H + H_2O$
- $\xrightarrow[\text{或} NaBH_4]{LiAlH_4}$ $RCH_2OH + HO\!-\!\underset{R''}{\overset{R'}{C}}H$

**烯烃结构的推测**

将臭氧化物分解后得到的醛、酮分子中的氧去掉，剩余部分用双键连接起来，即得到原来烯烃的结构。例如

**烯烃的臭氧化反应和臭氧化物的分解反应简称为臭氧化-分解反应。利用此反应组合，可推测原烯烃的结构。**

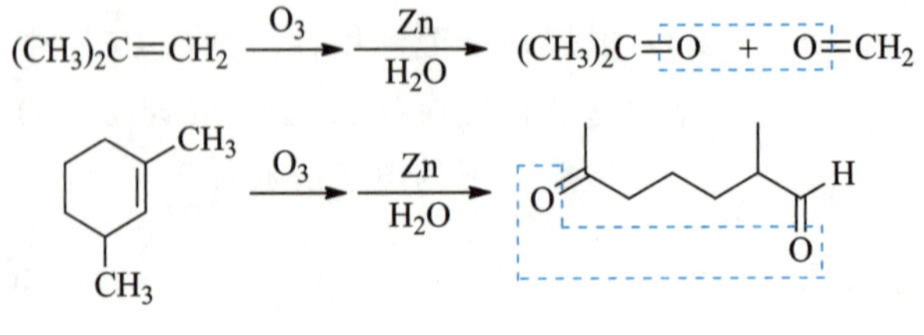

$$(CH_3)_2C=CH_2 \xrightarrow[H_2O]{O_3} \xrightarrow{Zn} (CH_3)_2C\boxed{=O\ +\ O=}CH_2$$

环己烯衍生物 $\xrightarrow[H_2O]{O_3} \xrightarrow{Zn}$ 对应的酮醛产物

**习题 8-22** 完成下列反应，写出主要产物。

(i) $CH_3CH_2CH=CH_2 \xrightarrow{O_3} \xrightarrow{Zn, H_2O}$

(ii) $CH_3CH_2\underset{\underset{CH_3}{|}}{C}=CHCH_2CH_3 \xrightarrow{O_3} \xrightarrow{CH_3SCH_3}$

(iii) 环戊烯 $\xrightarrow{O_3} \xrightarrow{H_2, Pd/C}$

(iv) 1-甲基环己烯 $\xrightarrow{O_3} \xrightarrow{LiAlH_4}$

**习题 8-23** 有 A，B 两个化合物，其化学式都是 $C_6H_{12}$。A 经臭氧化，并经锌和酸处理得乙醛和甲乙酮；B 经高锰酸钾氧化后只得丙酸。请写出 A，B 的构造式。

## 8.10 烯烃的硼氢化-氧化反应和硼氢化-还原反应

### 8.10.1 乙硼烷的介绍

乙硼烷为气体，无色，有毒，在空气中能自燃。通常在乙醚、四氢呋喃溶液中保存及使用。乙硼烷共有 12 个电子，其中 8 个电子形成四个 B—H 键，在一个平面上，平面上下有两个三中心两电子键，其结构如下：

> 这里的三中心两电子键用 B⋯H⋯B 表示，其含义是两个 B 原子和一个 H 原子共用两个电子。

乙硼烷的结构

乙硼烷由三氟化硼和硼氢化钠反应制得。

$$4BF_3 + 3NaBH_4 \longrightarrow 2B_2H_6 + 3NaBF_4$$
乙硼烷

### 8.10.2 烯烃的硼氢化反应

烯烃与甲硼烷作用生成烷基硼烷的反应称为烯烃的硼氢化反应（hydroboration）。烯烃与甲硼烷生成一烷基硼烷的反应的化学方程式如下：

$$2RCH=CH_2 \xrightarrow[2BH_3]{B_2H_6} 2RCH_2CH_2BH_2$$
一烷基硼烷

> 由于甲硼烷极不稳定，目前尚未分离得到，实际使用的是乙硼烷的醚溶液。与烯烃反应时，乙硼烷迅速解离为甲硼烷，甲硼烷与溶剂醚形成甲硼烷-醚配合物，与烯烃定量地进行反应。

其反应机理如下：

甲硼烷 $\text{H}_2\text{B-H}$ 有三根硼氢键,均能与烯烃发生硼氢化反应,最终可生成三烷基硼烷。由于硼氢化反应非常迅速,一般情况下只能分出最终产物三烷基硼烷;但若烯烃的取代基空间位阻很大,则可以分离出一烷基硼烷、二烷基硼烷。

$$1/2\ B_2H_6 \longrightarrow BH_3 \xrightarrow{RHC=CH_2} RCH_2CH_2BH_2 \xrightarrow{RHC=CH_2} (RCH_2CH_2)_2BH \xrightarrow{RHC=CH_2} (RCH_2CH_2)_3B$$

三烷基硼烷

（i） （ii） （iii）四中心过渡态 （iv）

首先,甲硼烷中硼原子(6电子)缺少电子,与烯烃(i)中电子云密度较大的C-1接近,形成(ii);(ii)中硼原子得到部分负电荷,C-2上具有部分正电荷,此时得到部分电子的硼原子释放氢的倾向增加,形成环状四中心过渡态(cyclic four-membered transition state)(iii);然后进一步反应生成(iv)。反应机理表明,对于不对称烯烃,加成的区域选择性是反马氏规则的,即氢加到含氢较少的双键碳原子上。从立体化学看,这是一个立体专一的顺式加成,中间不经过碳正离子中间体,因此各碳原子的取代基仍保持原来的相对位置。上述硼的加成具有亲电性质,对于空阻较大的烯烃,位阻因素也起作用,即硼加到空阻较小的双键碳上。

9-硼二环[3.3.1]壬烷（缩写9-BBN）是用1,5-环辛二烯与 $B_2H_6$ 反应得到的:

9-borabicyclo[3.3.1]nonane
(9-BBN)

9-BBN在空气中比较稳定,该分子空阻较大,在分子中只有一根 B—H 键与烯烃反应,有较高的选择性;若烯烃分子中有两个双键,可进攻空阻较小的双键。例如,在1-戊烯与2-戊烯的混合物中可除去空阻较小的1-戊烯,在顺、反异构体中可选择性地与顺式异构体进行反应。

### 8.10.3 烷基硼的氧化反应

烷基硼在碱性条件下与过氧化氢作用生成醇的反应称为烷基硼的氧化反应。此反应和烯烃的硼氢化反应合在一起,总称为硼氢化-氧化反应,可将烯烃转化为醇。它与烯烃水合不同的是:前者加成位置是反马氏规则的,而后者是遵守马氏规则的。若用末端烯烃(又称为 α-烯烃)硼氢化-氧化,可以得到一级醇:

$$6\ CH_3CH=CH_2 \xrightarrow[\text{硼氢化}]{B_2H_6} 2\ (CH_3CH_2CH_2)_3B \xrightarrow[\text{氧化}]{6H_2O_2,\ OH^-,\ 25\sim30\ ^\circ C} 6\ CH_3CH_2CH_2OH + 2\ B(OH)_3$$

氧化一步的反应机理如下:

上述过程再重复两次,就得硼酸酯,再经水解得醇和硼酸:

$$B(OR)_3 \xrightarrow{3H_2O} 3ROH + B(OH)_3$$
硼酸酯

用此法合成一级醇,产率高。对于双键两个碳上均有烷基取代的烯,加成位置无选择性,可以得到大约等量的两个异构体;对于有空阻的分子,加成反应有立体选择性:

$$\text{（无区域选择性）}$$

$$\text{（有立体选择性）}$$

### 8.10.4 烷基硼的还原反应

烷基硼和羧酸作用生成烷烃的反应称为烷基硼的还原反应。

$$(CH_3CH_2CH_2)_3B + 3RCOOH \longrightarrow 3CH_3CH_2CH_3 + B(OCOR)_3$$

反应机理如下:

$$(CH_3CH_2CH_2)_2B-CH_2CH_2CH_3 + RCOOH \longrightarrow \left[\begin{array}{c}\text{六元环过渡态}\end{array}\right]^{\ddagger} \longrightarrow (CH_3CH_2CH_2)_2BOCR + CH_3CH_2CH_3$$

反应通过六元环状过渡态,电子重新分配,使氢取代硼。在这个过程中,与碳相连的原子或基团位置没有发生变化,即所得化合物保持了原来的构型。此反应与烯烃的硼氢化反应合在一起,总称为硼氢化-还原反应,是将烯烃还原成烷烃的一种方法。如

> **习题 8-24** 完成下列反应,写出主要产物。
>
> (i) 1-甲基环戊烯 $\xrightarrow{B_2H_6}$ $\xrightarrow{H_2O_2, OH^-}$
>
> (ii) $C_6H_{11}-CH_2CH=CH_2$ $\xrightarrow{B_2H_6}$ $\xrightarrow{H_2O_2, OH^-}$

(iii) [structure: decalin with CH₃ groups and double bond] $\xrightarrow{B_2H_6}$ $\xrightarrow{H_2O_2, OH^-}$  (iv) [cyclopentene with CH₂CH₃] $\xrightarrow{B_2H_6}$ $\xrightarrow{CH_3COOD}$

(v) [structure: decalin derivative with isopropenyl and methylene groups] $\xrightarrow{B_2H_6}$ $\xrightarrow{H_2O_2, OH^-}$

**习题 8-25** 写出习题 8-24 中(i)、(iii)的反应机理,并加以解释。

## 8.11 烯烃的催化氢化反应

烯烃与氢的加成反应需要很高的活化能,较难进行;但使用催化剂可以降低活化能,使反应易于进行。在催化剂的作用下,烯烃与氢加成生成烷烃,称之为催化氢化(catalytic hydrogenation)。催化氢化反应会放出一定的热量,每一个双键约放出 125.5 kJ·mol$^{-1}$,称为氢化热。可以通过测定不同烯烃的氢化热,比较烯烃的稳定性。例如,下面两个反应的氢化热数据表明,($E$)-2-丁烯比($Z$)-2-丁烯更稳定。

$$\text{H}_3\text{C-CH=CH-CH}_3 \text{ (E)} + \text{H}_2 \xrightarrow{\text{催化剂}} \text{CH}_3\text{CH}_2\text{CH}_2\text{CH}_3 \quad \Delta H^\ominus = -119.6 \text{ kJ·mol}^{-1}$$

$$\text{H}_3\text{C-CH=CH-CH}_3 \text{ (Z)} + \text{H}_2 \xrightarrow{\text{催化剂}} \text{CH}_3\text{CH}_2\text{CH}_2\text{CH}_3 \quad \Delta H^\ominus = -115.6 \text{ kJ·mol}^{-1}$$

### 8.11.1 异相催化氢化

适用于烯烃氢化的催化剂有铂、钯、铑、钌、镍等,这些分散的金属态的催化剂均不溶于有机溶剂,一般称之为异相催化剂(heterogeneous catalyst)。在异相催化剂作用下发生的加氢反应称为异相催化氢化(heterogeneous catalytic hydrogenation)。

实验室内常用的异相催化剂有:氧化铂、氧化钯、兰尼(Raney)镍,反应性 Pt>Pd>Ni。

还原过程:可认为氢被吸附在催化剂表面上,烯烃与催化剂配位;氢分子在催化剂上发生键的断裂,形成活泼的氢原子;氢原子与双键的碳原子结合,还原成烷烃,脱离催化剂表面。其过程示意如下:

[示意图:催化剂表面上 C=C 与 H-H 的吸附、断键及加氢过程]

工业上常用的异相催化剂除镍外,还有铁、铬、钴、铜,这些金属活性较低,需要在高温、高压的强烈条件下使用。其中铜铬催化剂[CuO·CuCrO$_4$]是一个较便宜的氢化催化剂,但需在 30 MPa 条件下使用。

氧化铂、氧化钯在反应器中经氢还原成为极细的铂、钯粉,可在常压至 0.4 MPa,0~100℃的条件下直接使用。在制备时可加入活性炭或 CaCO$_3$、BaSO$_4$、Al$_2$O$_3$ 等作为载体,有不同用途。

兰尼镍的制法是,用镍铝合金与 NaOH 一起加热处理:

$$\text{Ni-Al 合金} \xrightarrow[\Delta]{\text{NaOH}} \text{Ni} + \text{NaAlO}_2 + \text{H}_2$$

反应后,将 NaAlO$_2$ 用水洗去,然后泡在无水乙醇中保存待用。此时镍表面上吸附氢,很活泼,可在室温或加热、在常压或加压下,用镍上吸附的氢,或在通氢气情况下,进行反应。

在工业上,植物油经催化氢化,可制成油脂,成为奶油的代用品。这是因为植物油分子中含有许多双键,熔点很低,在室温下呈液体状态,经催化氢化后,双键还原,熔点升高,即成为固态黄油状物质。

氢的加成多数是顺式加成。例如

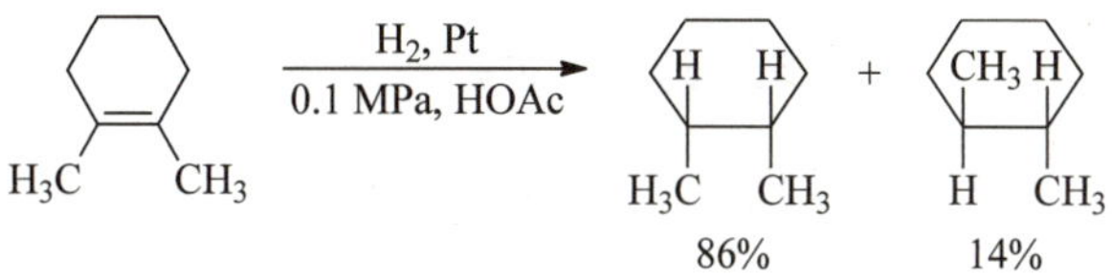

烯烃的双键碳上取代基越少,烯烃越容易吸附于催化剂表面上,它的氢化反应也越快。因此,烯烃的相对氢化速率为:乙烯>一元取代乙烯>二元取代乙烯>三元取代乙烯>四元取代乙烯。这样,就能够在含有不同取代基的烯烃混合物中进行有选择的氢化。

烯烃的加氢反应是定量进行的,因此,可以通过测量氢体积的办法确定烯烃中的双键数目。在适当条件下或一定的催化剂作用下,可以使含有其他官能团的不饱和化合物转变成饱和的。例如

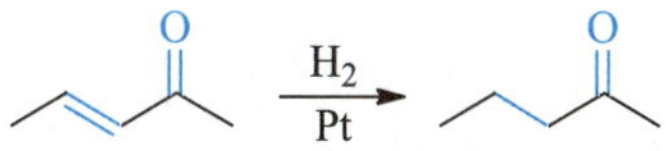

氢化反应是可逆的,一般在高温下能发生脱氢反应,故须控制温度。二价硫化物易使催化剂中毒,须特别注意。

### 8.11.2 均相催化氢化

均相催化剂的发现,在有机合成中是一较大的进展。

现在发展了一些可溶于有机溶剂的催化剂,称为均相催化剂(homogeneous catalyst)。这种催化剂除能溶于有机溶剂外,还可避免前者使烯烃重排分解的缺点。这种催化剂很多,如氯化铑与三苯基膦的配合物,[(C$_6$H$_5$)$_3$P]$_3$RhCl,称 Wilkinson(魏尔金生)催化剂。其中 Rh 的构型=[Kr]4d$^8$5s$^1$。其催化氢化过程示意如下:

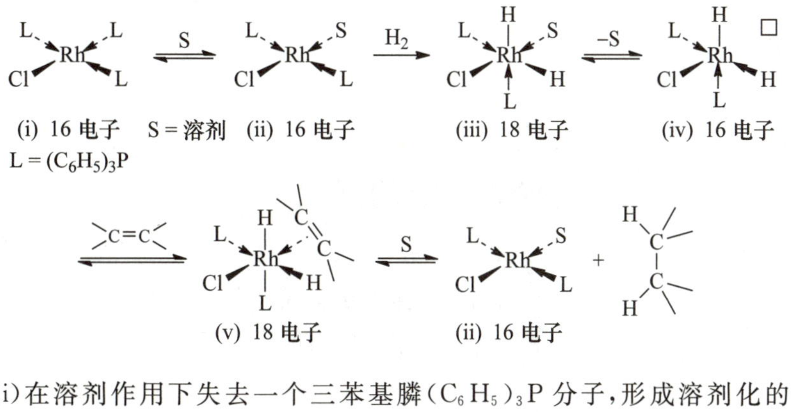

(i) 16 电子    S = 溶剂    (ii) 16 电子    (iii) 18 电子    (iv) 16 电子
L = (C$_6$H$_5$)$_3$P

(v) 18 电子    (ii) 16 电子

催化剂(i)在溶剂作用下失去一个三苯基膦(C$_6$H$_5$)$_3$P 分子,形成溶剂化的配合物(ii);(ii)与一分子氢加成,生成氢化铑配合物(iii);然后溶剂分子离开得(iv);烯烃取代配合物中的溶剂分子,生成新配合物(v);(v)中的氢转移给烯烃生成烷烃,又得溶剂化的配合物(ii);(ii)再重复上述过程。上述结构式中由配体所提供的电子用箭头表示。

这种催化剂用于常温、常压下进行的反应，多元取代的烯烃比含取代基少的烯烃较难反应，所以可对含不同取代基的烯烃混合物有选择地进行加氢。这种催化剂催化下的加氢也是顺式加成。

### 8.11.3 二亚胺还原

有些不适于催化加氢的烯烃，可用二亚胺(diimide)(HN═NH)还原。此化合物是在铜盐存在下，用过氧化氢氧化肼制得的，反应如下：

二亚胺很不稳定，在没有烯烃存在时，很快分解成氢和氮。

$$\underset{\text{肼}}{H_2N-NH_2} + H_2O_2 \xrightarrow{Cu^{2+}} \underset{\text{二亚胺}}{HN{=}NH} + H_2O$$

二亚胺和烯烃的反应是通过一个环状配合物中间体进行的，所以是顺式加成。例如

由肼制得的二亚胺有顺式和反式两种异构体，但反式的不与烯烃发生反应。

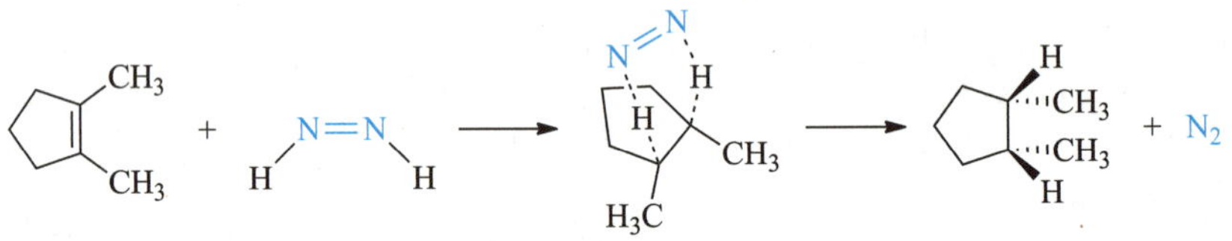

CH3
CH3
+
N=N
H
H
N=N
H
H
CH3
H3C
H
CH3
CH3
H
+ N2


**习题 8-26** 完成下列反应，写出主要产物及其构型(用楔形键及虚线表示)。

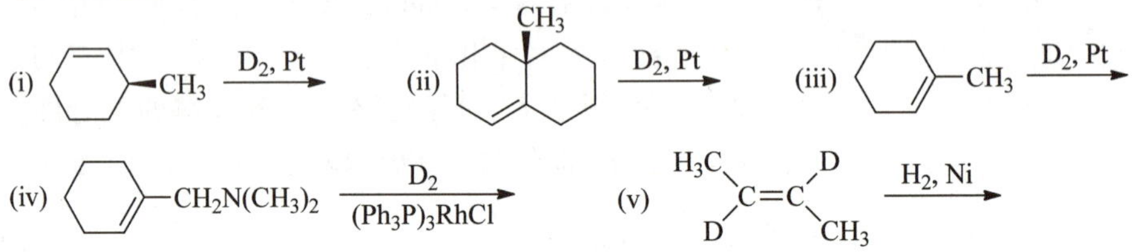

(i)
CH3
D2, Pt
(ii)
CH3
D2, Pt
(iii)
CH3
D2, Pt
(iv)
CH2N(CH3)2
D2
(Ph3P)3RhCl
(v)
H3C
D
C=C
D
CH3
H2, Ni


## 8.12 烯烃 α 氢的卤化

烯烃与卤素在室温可发生双键的亲电加成反应，但在高温(500～600℃)则在双键的 α 位发生自由基取代反应：

$$CH_3CH{=}CH_2 \xrightarrow[\text{室温}]{Cl_2\text{-}CCl_4} CH_3\overset{\overset{\large Cl}{|}}{C}HCH_2Cl \quad \text{亲电加成}$$

$$CH_3CH{=}CH_2 \xrightarrow[Cl_2,\ \text{气相}]{500\sim600\ ^\circ C} ClCH_2CH{=}CH_2 \quad \text{自由基取代}$$

## 8.12 烯烃α氢的卤化

自由基取代反应的机理如下：

链引发： $Cl_2 \xrightarrow{\text{高温}} 2Cl\cdot$

链转移： $Cl\cdot + CH_3CH=CH_2 \longrightarrow \cdot CH_2CH=CH_2 + HCl$

$\cdot CH_2CH=CH_2 + Cl_2 \longrightarrow ClCH_2CH=CH_2 + Cl\cdot$

链终止： 略

一个适于在实验室条件下进行烯烃的α氢卤化的常用方法是：用 N-溴代丁二酰亚胺（N-bromosuccinimide，简称 NBS）为溴化试剂，在光或引发剂如过氧化苯甲酰作用下，在惰性溶剂如 $CCl_4$ 中与烯烃作用生成α-溴代烯烃：

> NBS 在 $CCl_4$ 中不溶，真正的反应是在 NBS 固体表面上发生的，反应中生成的溴化氢不断地与 NBS 反应产生溴，使反应能继续进行，直到 NBS 用完，反应完成。实际上，NBS 犹如一个溴的储存库，只要反应中生成一点溴化氢，它即可与 NBS 反应产生一点溴，所以在反应体系中始终使溴保持在低浓度。这和上述在高温下丙烯的卤化一样，有利于α氢的取代。

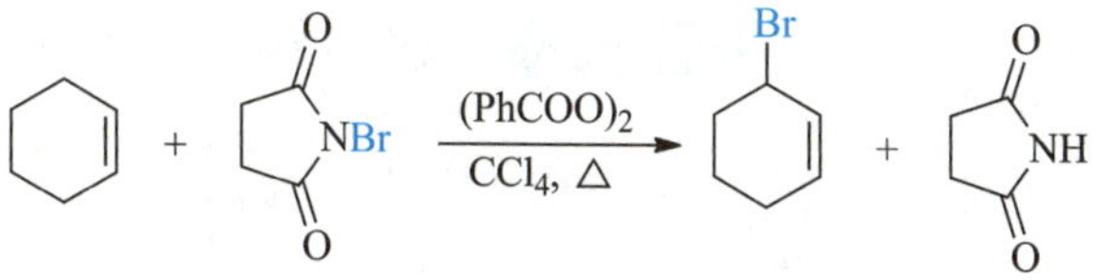

这个反应首先是 NBS 与反应体系中存在的极少量的酸或水汽作用，产生少量的溴：

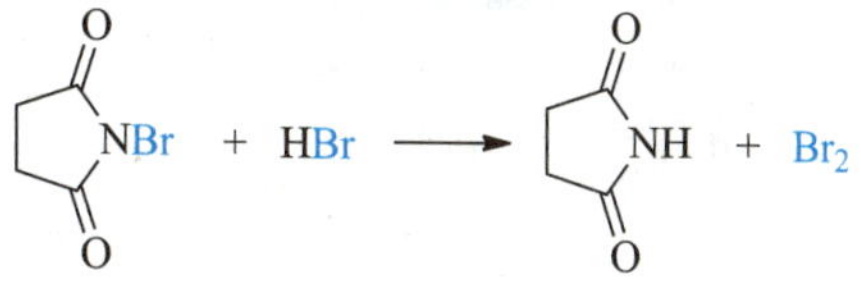

再按如下过程发生反应：

链引发： $(PhCOO)_2 \xrightarrow{\Delta} 2PhCOO\cdot$

$PhCOO\cdot \xrightarrow{\text{自发分解}} Ph\cdot + CO_2$

$Ph\cdot + Br_2 \longrightarrow PhBr + Br\cdot$

链转移：

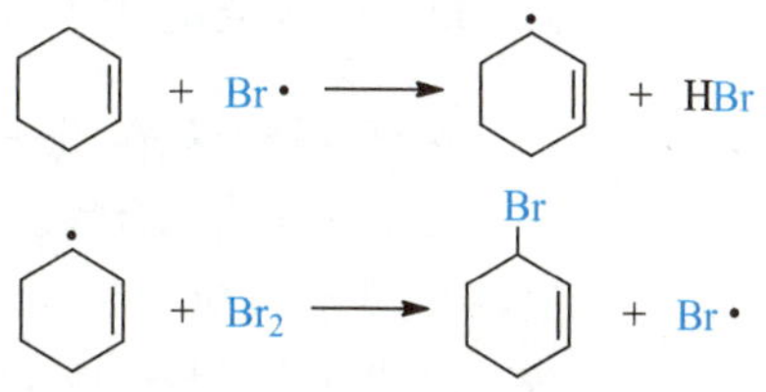

链终止： 略

有些不对称烯烃，经常得到混合物，如

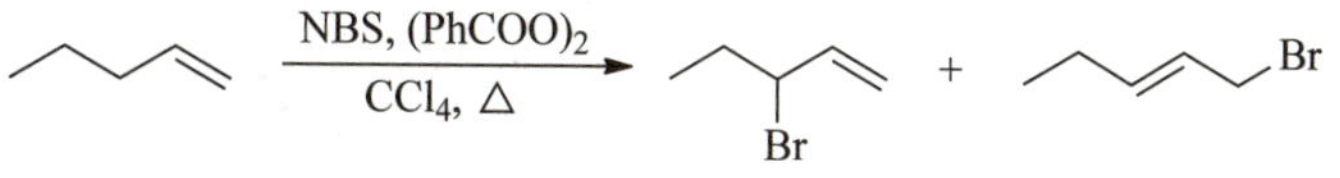

其原因是，在反应过程中首先形成 $CH_3CH_2\overset{\cdot}{C}HCH=CH_2$，经 p-π 共轭，形成一个离域体系，自由基的孤电子分散在 p-π 共轭体系中的两头碳上，使两头碳上均具部分自由

基,因此具有两位反应的性质。

苯甲型化合物也可发生类似的 α-卤化反应:

$$\text{PhCH}_2\text{CH}_3 \xrightarrow[\text{CCl}_4, \Delta]{\text{NBS, (PhCOO)}_2} \text{PhCHBrCH}_3$$

若用过量的卤化试剂,可得二卤代物,如

$$\text{环己烯} \xrightarrow[\text{CCl}_4, \Delta]{\text{NBS, (PhCOO)}_2} \text{3-溴环己烯} \xrightarrow[\text{CCl}_4, \Delta]{\text{NBS, (PhCOO)}_2} \text{3,6-二溴环己烯}$$

**习题 8-27** 完成下列反应,写出主要产物(反应物物质的量之比为 1∶1)。

(i) $\text{CH}_3\text{CH}=\text{CHCH}_3 \xrightarrow[500 \sim 600\ ^\circ\text{C}]{\text{Cl}_2}$

(ii) $\text{CH}_3\text{CH}=\text{CHCH}_3 \xrightarrow[\text{室温}]{\text{Cl}_2}$

(iii) 甲基环己烯 $\xrightarrow[\text{CCl}_4, \Delta]{\text{NBS, (PhCOO)}_2}$

(iv) 1,2-二甲基环己烯 $\xrightarrow{\text{Br}_2, \text{CCl}_4}$

**习题 8-28** 1-辛烯用 NBS 在过氧化苯甲酰引发下于 $CCl_4$ 中反应,产物为:17% 3-溴-1-辛烯,44% 反-1-溴-2-辛烯和 39% 顺-1-溴-2-辛烯。解释得到这三种产物的原因,并写出反应机理。

## 8.13 烯烃的聚合 橡胶

### 8.13.1 烯烃的聚合

含有双键或叁键的某些化合物,以及含有双官能团或多官能团的化合物在适当条件下发生加成或缩合等反应,使两个分子、三个分子或多个分子结合成为一个分子的反应,称为聚合反应(polymerization)。化合物在催化剂或引发剂的作用下,打开不饱和键按一定的方式自身加成生成长链大分子的反应,称为加成聚合反应(addition polymerization),简称加聚反应。加成聚合是烯烃的一种重要反应性能,其反应如下:

$$n\text{CH}_2=\text{CH}-\text{R} \xrightarrow[\text{催化剂}]{\text{聚合}} \left[\text{CH}_2-\underset{R}{\text{CH}}\right]_n$$

单体            聚合物

参与反应的烯烃分子称为单体(monomer),聚合后生成的产物称为聚合物(polymer)。聚合物中不断重复出现的结构称为聚合物的结构单元。反应机理属于链式聚合。链式聚合可分为自由基聚合(radical polymerization)、正(阳)离子聚合(cationic polymerization)、负(阴)离子聚合(anionic polymerization)和配位聚合四大类。它们都包括链引发、链增长、链终止三个阶段的反应。关于这些反应的详细情况请读者参阅有关书籍，本书不作介绍。

### 8.13.2 橡胶

**1. 天然橡胶**

橡胶(rubber)是具有高弹性的高分子化合物。20 世纪初，世界上只有天然橡胶，它主要来源于野生的或人工栽培的含橡胶的植物。

印第安人最早发现，野生橡胶树的树皮割破后，会有一种乳状液体流出来，他们称这种液体为"caoutchout"，其意是"树流的泪"，这种橡胶乳液内含 35%～40%的橡胶和 65%～60%的水。在乳液中，橡胶微粒表面吸附一层蛋白质，起到稳定乳液的作用。在这个乳状液内加入少量醋酸，橡胶即行凝固，凝固体经压制后，就成生橡胶。生橡胶性软，遇热后即变黏，机械强度很低，遇有机溶剂后即溶解成一种黏性胶状的溶液，所以生橡胶必须经过处理后，才有实用价值。后来发现，若在生橡胶内加入少量硫，然后在 140℃加热几小时，即进行硫化处理，便可使橡胶由线形结构转化为网状结构，此时，橡胶的物理性质会发生许多基本的变化。处理后的天然橡胶具有良好的弹性、机械性能、抗曲挠性、气密性和绝缘性，用途十分广泛。

1900—1910 年，天然橡胶的结构被测定，它的化学成分是顺式或反式的 1,4-聚异戊二烯。人们通常说的天然橡胶主要是指顺-1,4-聚异戊二烯，反-1,4-聚异戊二烯则是天然产的另一种硬橡胶——固塔波胶。这为人工合成橡胶奠定了基础。

顺-1,4-聚异戊二烯    反-1,4-聚异戊二烯

**2. 1,3-丁二烯的聚合、丁钠橡胶、顺丁橡胶**

第二次世界大战期间，橡胶成为重要的战略物资，欧洲、北美等没有天然资源的国家一直在千方百计发展合成橡胶。

1910 年，以金属钠为引发剂使 1,3-丁二烯聚合的丁钠橡胶研制成功，并于 1932 年首次大批生产。制备丁钠橡胶的反应过程是钠和 1,3-丁二烯先发生电荷转移，然后再偶联成双负离子的丁二烯二聚体，接着进行丁二烯的负离子聚合。

*能产生橡胶的植物有 2000 余种，其中巴西橡胶树是世界上种植面积最广、产量最高的含橡胶植物。巴西橡胶树原是生长在南美洲亚马逊河谷的野生植物树，后来，有人将巴西橡胶树的种子送到英国，育出幼苗后，又转送到马来西亚等地。现在这种天然橡胶树主要分布在亚、非、拉美热带地区。我国海南、广东、广西、云南等地亦有大量种植。*

*在这个反应中，钠从实质上讲，不是一个催化剂，因为生成物含有它。但因钠在分子中只占极少的部分，所以一般仍把钠当做一个催化剂看待。*

制备丁钠橡胶的原料1,3-丁二烯现已有多种类型的聚合产物,它们的结构随聚合条件、聚合方法及所用催化剂的不同而异。聚合方式有两种:一是1,2-加成聚合,可以得到全同和间同1,2-聚丁二烯,这类聚合物主要用做密封剂和黏胶剂;二是1,4-加成聚合,生成顺式或反式1,4-聚合物,顺式聚合物可做合成橡胶,称顺丁橡胶。但丁二烯聚合时,常常1,2-与1,4-聚合同时存在,这样在聚合物链中可同时存在1,2-与1,4-聚合的结构。所谓顺丁橡胶,只不过是聚合物链中顺-1,4-聚合物结构占90%以上而已。顺丁橡胶是1,3-丁二烯在Ziegler-Natta(齐格勒-纳塔)催化剂($TiCl_4$-$AlR_3$)作用下通过定向聚合得到的。它的主要用途是做轮胎。

### 3. 1,3-丁二烯与苯乙烯共聚、丁苯橡胶

1,3-丁二烯与苯乙烯共聚,可制备丁苯橡胶。

丁苯橡胶是1933年研究成功的,1937年大量投入生产,目前产量约占合成橡胶产量的50%,是合成橡胶中最大的一个品种。它有较好的综合性能,在耐腐蚀、耐老化等方面均优于天然橡胶,但总体性能仍比不上天然橡胶。丁苯橡胶比较适合于做轮胎的外胎,制造运输皮带、设备防腐衬里、胶管等。

### 4. 氯丁二烯的聚合、氯丁橡胶

氯丁橡胶是由单体氯丁二烯用乳液聚合方法制成的,1937年大量投入生产。

氯丁橡胶不仅具有良好的综合物理-机械性能,而且具有良好的耐油性能,因此它既是通用合成橡胶,也是特种合成橡胶。在工业上,用做电线包皮材料、海底电缆的绝缘层、耐油胶管、垫圈、耐热运输带等。

### 5. 丁二烯与丙烯腈共聚、丁腈橡胶

丁腈橡胶是丁二烯与丙烯腈在乳液中共聚制得的,共聚反应式如下:

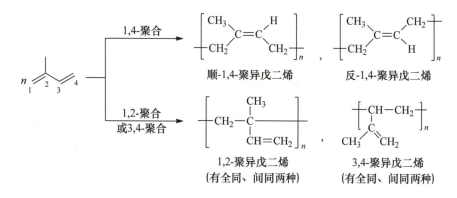

丁腈橡胶,1933 年研究成功,1937 年大批投入生产。它与丁苯橡胶、氯丁橡胶一起被称为合成橡胶的先驱。

6. 异戊二烯的聚合

异戊二烯聚合按理可有 1,2-、3,4- 与 1,4-聚合:

> 顺-1,4-聚异戊二烯被称为人工合成的天然橡胶。给予它这样一个奇特的名称,是因为它具有和天然橡胶相同的结构特征。从性能上看,虽然许多合成橡胶各有特色,但从通用橡胶所要求的全面性能来看,还没有超过天然橡胶的。而顺-1,4-聚异戊二烯与天然橡胶的性能十分接近,几乎适用于一切天然橡胶能使用的场合。

但目前还未发现 1,2-聚合,只有 1,4- 与 3,4-聚合。

国际上用于制备顺-1,4-聚异戊二烯的催化剂有 Ziegler-Natta 催化剂和丁基锂。我国发展了稀土催化体系,可以制备纯度高达 96% 的顺-1,4-聚异戊二烯。顺-1,4-聚异戊二烯广泛用于工业制品、医疗器械、体育器材、日常生活用品,它的主要用途是制造轮胎。

现在,合成橡胶的品种越来越多,产量也远远超过天然橡胶。若按用途可分为两类:用来制备一般橡胶制品的为通用合成橡胶,丁苯橡胶、顺丁橡胶、乙丙橡胶、异戊橡胶属于这一类;另一类是特种合成橡胶,主要用于某种特殊条件,如耐油的各种密封环、输油管,在宇航中使用的耐高温和耐超低温的制件等,丁腈橡胶就是一种耐油的特种橡胶。

**习题 8-29** 指出下列哪些单体可以聚合。用什么方法聚合?

(i) $CH_2=C(CH_3)C_6H_5$

(ii) $CH_3CH=CHCH_3$

(iii) $ClCH=CHCl$

(iv) $CH_2=C(COOCH_3)_2$

(v) $CH_2=C(CN)_2$

(vi) $HOOCCH=CHCOOH$

# 烯烃的制备

## 8.14 烯烃制备方法的归纳

表 8-2 列出了烯烃的主要制备方法以及相关的区域选择性和立体选择性。详细内容请参见有关章节。

表 8-2 烯烃制备方法的归纳

| 制备方法 | 反应机理 | 反应的立体化学 | 反应的区域选择性 | 参见章节 |
| --- | --- | --- | --- | --- |
| 醇失水 | E1 | 重排 | 符合 Zaitsev 规则 | 7.8 |
| 卤代烃失卤化氢 | E2 | 反式共平面消除 | 符合 Zaitsev 规则 | 6.7.2 |
| 二卤代烃失卤素 | E1cb | 反式共平面消除 |  | 6.7.7 |
| Hofmann 消除 | E2 | 反式共平面消除 | 符合 Hofmann 规则 |  |
| Cope 消除 | 环状过渡态 | 顺式消除 | 以 Hofmann 产物为主 |  |
| 酯热裂 | 环状过渡态 | 顺式消除 | 空阻小、酸性大的 β 氢易被消除 | 12.11.1 |
| 黄原酸酯热裂 | 环状过渡态 | 顺式消除 | 空阻小、酸性大的 β 氢易被消除 | 12.11.2 |
| Wittig 反应和 Wittig-Horner 反应 | 四元环状过渡态 | 稳定叶立德反应时，$E$ 型产物为主 |  | 13.9.2，13.9.3 |

**习题 8-30** 完成下列反应，请写出主要产物。

(i) $CH_3CH_2CH_2CH_2CH_2OH \xrightarrow{H_2SO_4, \Delta}$

(ii) 1-甲基环己醇 $\xrightarrow{H_2SO_4, \Delta}$

(iii) (1R,2R)-1,2-二甲基环己醇 $\xrightarrow{H_2SO_4, \Delta}$

(iv) $C_6H_5CH(OH)CH_3 \xrightarrow{H_2SO_4, \Delta}$

(v) meso-1,2-二甲基环己醇 $\xrightarrow{H_2SO_4, \Delta}$

(vi) 环己基$CH_2OH \xrightarrow{Al_2O_3, 150\ ℃}$

(vii) 1-甲基环己醇衍生物 $\xrightarrow{H_2SO_4, \Delta}$

(viii) $(CH_3)_3CCH_2OH \xrightarrow{H_2SO_4, \Delta}$

(ix) 1,2-二甲基环己醇 $\xrightarrow{H^+, \Delta}$

(x) $(CH_3)_3CCH(OH)CH_3 \xrightarrow{H^+, \Delta}$

**习题 8-31** 写出下列化合物在 $KOH$-$C_2H_5OH$ 中消除一分子卤化氢后的产物。

(i) (1R,2R)-1,2-二苯基-1,2-二溴乙烷  
(ii) meso-1,2-二苯基-1,2-二溴乙烷  
(iii) 顺-1-三级丁基-4-氯环己烷  
(iv) 反-1-三级丁基-4-氯环己烷

(v) (1R,2S)-1-甲基-2-氯-反十氢化萘

(vi) 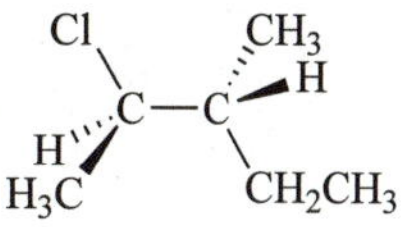 [结构式：中心C-C键，左碳连Cl、H、CH₃；右碳连CH₃、H、CH₂CH₃]

(vii) 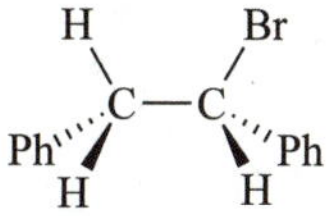 [结构式：Ph-CH(H)-C(Br)(H)-Ph，楔形键]

(viii) [环己烷环上连有Br和CH₂CH₃]

**习题 8-32** 写出下列化合物在 $t$-BuOK, $t$-BuOH 作用下的主要产物。

(i) $CH_3(CH_2)_{15}Br$  (ii) $CH_3CH_2CH_2\underset{|}{\underset{Br}{C}}HCH_3$  (iii) $CH_3CH_2CH_2CH_2\underset{|}{\underset{Br}{C}}(CH_3)_2$

## （二）炔　烃

炔烃（alkyne）是一类含有碳碳叁键的碳氢化合物。碳碳叁键是炔烃的官能团。

## 8.15　炔烃的分类

含一个碳碳叁键的炔烃为单炔烃，链状单炔烃的通式为 $C_nH_{2n-2}$。含有多于一个碳碳叁键的炔烃为多炔烃。碳碳叁键数目最少的多炔烃是二炔烃，可分为两类：两个叁键被两个或两个以上单键隔开的二炔烃为孤立二炔烃（isolated diyne），它们的性质与单炔烃相似；两个叁键被一个单键隔开的二炔烃称为共轭二炔烃（conjugated diyne），它们有独特的物理性质和化学性质。

$$HC \equiv C-CH_2-CH_2-C \equiv CH \qquad HC \equiv C-C \equiv CH$$
$$\text{孤立二炔烃} \qquad\qquad \text{共轭二炔烃}$$

## 8.16　炔烃的命名

### 8.16.1　炔烃的系统命名（参见 2.5.2）

### 8.16.2　炔烃的其他命名法

1. 炔烃的普通命名法

炔烃的普通命名法用正、异、新来区别不同的碳架。此法只适用于少数简单炔烃。例如

$$\underset{\underset{\text{isopentyne}}{\text{异戊炔}}}{\underset{CH_3}{\overset{H_3C}{>}}CH-C\equiv CH} \qquad \underset{\underset{\text{neohexyne}}{\text{新己炔}}}{\underset{CH_3}{\overset{CH_3}{H_3C-\overset{|}{\underset{|}{C}}-C\equiv CH}}}$$

英文命名时将烷中 ane 改为 yne 即可。

### 2. 炔烃的俗名

某些炔烃可用俗名命名。例如,乙炔俗称电石气,因为电石($CaC_2$)遇水可产生乙炔。

$$CaC_2 + 2H_2O \longrightarrow \underset{\text{电石气}}{C_2H_2\uparrow} + Ca(OH)_2$$

### 3. 炔烃的衍生物命名法

简单的炔烃可作为乙炔(acetylene)的衍生物来命名。例如

| $HC\equiv CH$ | $CH_3CH_2C\equiv CH$ | $CH_3C\equiv CCH_3$ |
|---|---|---|
| 乙炔 | 乙基乙炔 | 二甲基乙炔 |
| acetylene | ethylacetylene | dimethylacetylene |

**习题 8-33** 写出分子式为 $C_5H_8$ 的链形有机物的构造异构体。

**习题 8-34** 用中、英文命名下列化合物或基。

(i) $(CH_3)_2CHC\equiv CH$  (ii) $HC\equiv C-C\equiv CH$  (iii) $CH_2=CHC\equiv CCH=CH_2$  (iv) $CH_2=CHCH_2CH=CHC\equiv CH$

(v) $CH_3C\equiv CCH_2-$  (vi) $HC\equiv CCH=CHCH_2-$  (vii) $CH_3\overset{Cl}{\underset{}{\overset{|}{C}}}-C\equiv C-\overset{Br}{\underset{}{\overset{|}{C}}}CH_3$  (viii) ⌬$-C\equiv C-$⌬

## 8.17 炔烃的结构

最简单的炔烃是乙炔,分子式为 $C_2H_2$。炔烃的结构特点是:两个叁键碳均为 sp 杂化,每个碳还各剩两个互相垂直的 p 轨道,每个轨道上都有一个电子;两个叁键碳原子各用一个 sp 杂化轨道经轴向重叠形成一个碳碳 σ 键,再各用两个 p 轨道经侧面重叠形成两个碳碳 π 键;碳碳叁键是由一个 σ 键和两个 π 键共同构成的。由于 π 键是经侧面重叠形成的,不能重叠得很充分,所以 π 键的键能比 σ 键的键能低,较易打开。

乙烷、乙烯和乙炔中的碳碳键长和碳氢键长如下:

有机分子中的键长可用电子衍射、微波、红外或 Raman 光谱予以测定。

$$\underset{sp^3\text{-}s}{H_3C\text{—}CH_3}\quad 153.4\ \text{pm},\ 110.2\ \text{pm}$$

$$\underset{sp^2\text{-}s}{H_2C\text{=}CH_2}\quad 133.7\ \text{pm},\ 108.6\ \text{pm}$$

$$\underset{sp\text{-}s}{H\text{—}C\!\equiv\!C\text{—}H}\quad 120.7\ \text{pm},\ 105.9\ \text{pm}$$

碳原子杂化轨道中的 s 成分不同,对键长也有影响。丙烷、丙烯、丙炔中的碳碳单键的键长是不等长的,参与成键的杂化轨道中的 s 成分越多,碳碳单键的键长越短,随着键长的缩短,原子间的键能将增大。

CH₃—CH₂—CH₃
152.6 pm(sp³-sp³)

CH₃—CH=CH₂
150.1 pm(sp³-sp²)

CH₃—C≡CH
145.9 pm(sp³-sp)

成键原子的不饱和度和杂化方式对碳原子和杂原子(卤素、氧或氮)之间的单键和双键,也有同样的影响。

上列数据显示,由于 π 键的出现,使碳碳间的距离缩短,而且叁键比双键更短。这是因为随着不饱和度的增大,两个碳原子之间的电子云密度也增大,所以碳原子越来越靠近。上列数据还表明,碳氢化合物中的碳氢键的键长也并不是一个常数。这说明:键长除了与成键原子的不饱和度有关外,还和参与成键的碳原子的杂化方式有关,即随着杂化轨道中 s 成分的增大,碳碳键的键长缩短。乙烷、乙烯和乙炔中的碳原子杂化轨道中的 s 成分分别为 25%、33% 和 50%,从 sp³ 到 sp,碳原子杂化轨道中的 s 成分增大了一倍,所以碳碳键的键长越来越短。

下面是甲基负离子(methyl anion)、乙烯基负离子(vinyl anion)、乙炔基负离子(acetylenyl anion)的孤对电子所占轨道大小的示意图,轨道愈长,所形成的键也愈长:

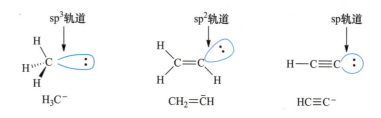

**习题 8-35** 对于下列分子:

$$\underset{1}{CH_2}\!=\!\underset{2}{C}\!=\!\underset{3}{\overset{\overset{7\ CH_3}{|}}{C}}\!-\!\underset{4}{CH_2}\!-\!\underset{5}{C}\!\equiv\!\underset{6}{CH}$$

(i) 请将分子中的碳碳键按键长由长到短的次序排列,并阐明理由。
(ii) 请将分子中的碳氢键按键长由长到短的次序排列,并阐明理由。

## 8.18 炔烃的物理性质

简单炔烃的沸点、熔点以及密度,一般比碳原子数相同的烷烃和烯烃高一些。这是由于炔烃分子较短小、细长,在液态和固态中分子可以彼此很靠近,分子间的 van der Waals 作用力很强。炔烃分子极性略比烯烃强,如 $CH_3CH_2C\!\equiv\!CH$,$\mu=$

$2.67×10^{-30}$ C·m；$CH_3CH_2CH=CH_2$，$\mu=1.00×10^{-30}$ C·m。炔烃不易溶于水，而易溶于石油醚、乙醚、苯和四氯化碳中。一些炔烃的名称及物理性质列入表 8-3。

表 8-3　一些常见炔烃的名称及物理性质

| 化合物 | 普通命名法 | IUPAC命名法 | 熔点/℃ | 沸点/℃ | 相对密度 |
| --- | --- | --- | --- | --- | --- |
| 乙炔 $HC\equiv CH$ | acetylene | ethyne | −82(在压力下) | −82(升华) | |
| 丙炔 $HC\equiv CCH_3$ | methylacetylene | propyne | −102.5 | −23 | |
| 1-丁炔 $HC\equiv CCH_2CH_3$ | ethylacetylene | 1-butyne | −122 | 8 | |
| 1-戊炔 $HC\equiv C(CH_2)_2CH_3$ | propylacetylene | 1-pentyne | −98 | 40 | 0.695 |
| 1-己炔 $HC\equiv C(CH_2)_3CH_3$ | butylacetylene | 1-hexyne | −124 | 71 | 0.719 |
| 1-庚炔 $HC\equiv C(CH_2)_4CH_3$ | amylacetylene | 1-heptyne | −80 | 100 | 0.733 |
| 1-辛炔 $HC\equiv C(CH_2)_5CH_3$ | hexylacetylene | 1-octyne | −70 | 126 | 0.747 |
| 2-丁炔 $CH_3C\equiv CCH_3$ | dimethylacetylene | 2-butyne | −24 | 27 | 0.694 |
| 2-戊炔 $CH_3C\equiv CCH_2CH_3$ | ethylmethylacetylene | 2-pentyne | −101 | 56 | 0.714 |
| 2-己炔 $CH_3C\equiv C(CH_2)_2CH_3$ | methylpropylacetylene | 2-hexyne | −88 | 84 | 0.730 |
| 3-己炔 $CH_3CH_2C\equiv CCH_2CH_3$ | diethylacetylene | 3-hexyne | −105 | 81 | 0.725 |

## 炔烃的反应

烯烃和炔烃都有 π 键，因此它们的化学性质有相似之处。但由于烯碳和炔碳的不饱和度和杂化方式不同，所以它们的化学性质又有不同之处。

碳碳叁键是炔烃的官能团，也是炔烃的反应中心。炔烃与烯烃一样，有碳碳 π 键，因此，炔烃与烯烃的性质也十分相似，能发生亲电加成反应、自由基加成反应、氧化反应、催化加氢反应和聚合反应。但炔烃有两个 π 键，叁键碳为 sp 杂化，烯烃中的双键碳为 $sp^2$ 杂化。由于杂化轨道中 s 成分越高，碳的电负性越大，即叁键碳的电负性比双键碳的电负性大，炔碳比烯碳对电子控制得更牢，所以炔烃的亲电加成比烯烃的难，末端炔氢比末端烯氢的活性也强一些。两个炔碳把 π 电子控制的范围更集中于中间，致使叁键碳略有裸露，所以，炔烃还能发生亲核加成，而烯烃不能。

### 8.19　末端炔烃的特性

#### 8.19.1　酸性

碳氢键的异裂也可以看做一种酸性电离(ionization)，所以将烃称为含碳酸(carbonaceous acid)。含碳酸的酸性强弱可以用 $pK_a$ 来判断，$pK_a$ 越小，酸性越强。末端炔烃(terminal alkyne)与其他可以产生质子的化合物的酸性比较如下：

| 化合物 | 构造式 | p$K_a$（近似值） |
|---|---|---|
| 甲烷（烷烃） | $CH_4$ | ≈ 49 |
| 乙烯（烯烃） | $CH_2{=}CH_2$ | ≈ 40 |
| 氨 | $NH_3$ | 34 |
| 丙炔（末端炔烃） | $CH_3C{\equiv}CH$ | ≈ 25 |
| 乙醇 | $CH_3CH_2OH$ | 15.9 |
| 水 | $H_2O$ | 15.74 |

（酸性增加 ↓）

上面的数据表明，末端炔烃的酸性大于末端烯烃（terminal alkene），两者又大于烷烃。这是因为轨道的杂化方式会影响碳原子的电负性。一般来讲，杂化轨道中 s 成分越大，碳原子的电负性就越大，所以在 ≡C—H 中，形成 C—H 键的电子对比末端烯烃中 C—H 键和烷烃的 C—H 键中的电子对更靠近碳原子，导致末端炔烃中的 C—H 键更易于异裂，释放出质子，因而末端炔烃的酸性比末端烯烃和烷烃强。所以，它们可与强碱反应形成金属化合物，称为炔化物（alkynyl compound）。例如

$$2Na + 2NH_3 \xrightarrow[\text{液氨}]{Fe^{3+}} 2NaNH_2 + H_2$$

$$HC{\equiv}CH \xrightarrow[\text{液氨}]{NaNH_2} HC{\equiv}C^-Na^+ + NH_3$$
乙炔一钠

$$RC{\equiv}CH \xrightarrow[\text{液氨}]{NaNH_2} RC{\equiv}C^-Na^+ + NH_3$$
炔化钠

乙炔一钠中的氢还可以和碱继续反应，生成乙炔二钠。二者皆为弱酸盐，与水作用很快即水解成乙炔和氢氧化钠，但乙炔二钠比乙炔一钠与水反应更为激烈，几乎是爆炸性的。乙炔一钠是制备一元取代乙炔（也叫做末端炔烃）的重要原料。

### 末端炔烃的鉴别

将乙炔通入银氨溶液或亚铜氨溶液中，则分别析出白色和红棕色炔化物沉淀，反应如下：

$$HC{\equiv}CH + 2[Ag(NH_3)_2]^+ \longrightarrow AgC{\equiv}CAg\downarrow + 2NH_4^+ + 2NH_3$$
乙炔银，白色

$$HC{\equiv}CH + 2[Cu(NH_3)_2]^+ \longrightarrow CuC{\equiv}CCu\downarrow + 2NH_4^+ + 2NH_3$$
乙炔亚铜，红棕色

$$RC{\equiv}CH + [Ag(NH_3)_2]^+ \longrightarrow RC{\equiv}CAg\downarrow + NH_4^+ + NH_3$$

其他末端炔烃也会发生上述反应。因此，通过以上反应，可以鉴别出分子中含有的 —C≡CH 基团。

### 末端炔烃的提纯

上述炔化物干燥后，经撞击会发生强烈爆炸，生成金属和碳。故在反应完了时，应加入稀硝酸使之分解。另外，由于氰负离子和银可形成极稳定的配合物，在炔化

银中加入氰化钠水溶液,可得回炔烃。如

$$RC\equiv CAg + 2CN^- + H_2O \longrightarrow RC\equiv CH + Ag(CN)_2^- + OH^-$$

也可以通过这个反应提纯末端炔烃。

**习题 8-36** 根据下列化合物的酸碱性,判断反应能否发生。

(i) $NaNH_2 + RC\equiv CH \longrightarrow RC\equiv CNa + NH_3$
(ii) $RONa + RC\equiv CH \longrightarrow RC\equiv CNa + ROH$
(iii) $CH_3C\equiv CNa + H_2O \longrightarrow CH_3C\equiv CH + NaOH$
(iv) $C_2H_5OH + NaOH \longrightarrow C_2H_5ONa + H_2O$

**习题 8-37** 化合物(A)和(B),相对分子质量均为54,含碳88.8%,含氢11.1%,都能使溴的四氯化碳溶液褪色。(A)与 $Ag(NH_3)_2^+$ 溶液反应产生沉淀,(A)经 $KMnO_4$ 热溶液氧化得 $CO_2$ 和 $CH_3CH_2COOH$;(B)不与银氨溶液反应,用 $KMnO_4$ 热溶液氧化得 $CO_2$ 和 $HOOCCOOH$。写出(A)和(B)的构造式及有关反应的化学方程式。

**习题 8-38** 用化学方法鉴别下列化合物。

$CH_3CH_2CH_2CH_3$, $CH_3CH_2CH\equiv CH_2$, $CH_3CH_2C\equiv CH$, $CH_3CH_2CH_2CH_2I$, $CH_3CH_2CH_2CH_2Cl$

### 8.19.2 末端炔烃的卤化

末端炔烃与次卤酸反应,可以得到炔基卤化物。

$$RC\equiv CH + HOBr \longrightarrow RC\equiv CBr + H_2O$$

### 8.19.3 末端炔烃与醛、酮的反应

乙炔及末端炔烃在碱的催化下,可形成炔碳负离子(alkynyl carbanion),其可作为亲核试剂与羰基进行亲核加成(参看10.5.2/3),生成炔醇(alkynol)。例如

$$HC\equiv CH + CH_2O \xrightarrow[压力]{KOH} HC\equiv CCH_2OH + HOCH_2C\equiv CCH_2OH$$
炔丙醇　　　2-丁炔-1,4-二醇

$$HC\equiv CH + (CH_3)_2C=O \xrightarrow{KOH} \text{2-甲基-3-丁炔-2-醇} + \text{2,5-二甲基-3-己炔-2,5-二醇}$$

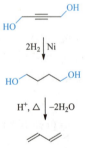

2-丁炔-1,4-二醇经加氢和失水可生成1,3-丁二烯。

2-甲基-3-丁炔-2-醇经加氢和失水可生成异戊二烯,异戊二烯是橡胶解聚后取得的单体。

**习题 8-39** 由乙炔或丙炔为起始原料合成下列化合物。

(i) $CH_3CH_2C\equiv CCH_2CH_3$
(ii) $(CH_3)_2C=CHC\equiv C-\bigcirc$
(iii) $CH_2=CH-C\equiv CH$
(iv) cyclopentenyl$-C\equiv C-CH_3$

## 8.20 炔烃的亲电加成

乙炔及其取代物与烯烃相似,也可以发生亲电加成反应。但由于 sp 碳原子的电负性比 $sp^2$ 碳原子的电负性强,使电子与 sp 碳原子结合得更为紧密,尽管叁键比双键多一对电子,也不容易给出电子与亲电试剂结合,因而使叁键的亲电加成反应比双键的亲电加成反应慢。

乙炔及其衍生物可以与两分子亲电试剂反应。先是与一分子试剂反应,生成烯烃的衍生物,然后再与另一分子试剂反应,生成饱和的化合物。不对称试剂与炔烃加成时也遵循马氏规则,多数加成是反式加成。

### 8.20.1 炔烃与氢卤酸的加成

> 炔烃和氢卤酸加成的反应机理与烯烃和氢卤酸加成的反应机理一致。

炔烃有两个 π 键,可以和两分子氢卤酸加成。选择合适的反应条件,反应可控制在加一分子卤代烃的阶段。这也是制卤代烯的一种方法。

$$HC \equiv CH \xrightarrow{HI} CH_2=CHI \xrightarrow{HI} CH_3CHI_2$$
碘乙烯　　1,1-二碘乙烷

一元取代乙炔与氢卤酸的加成反应遵循马氏规则。如

$$H_3CC \equiv CH \xrightarrow{HCl} H_3C\overset{Cl}{C}=CH_2 \xrightarrow{HCl} CH_3CCl_2CH_3$$

$$n\text{-}C_4H_9C \equiv CH \xrightarrow{HBr} n\text{-}C_4H_9\overset{Br}{C}=CH_2 + n\text{-}C_4H_9CBr_2CH_3$$

> 当炔键的两侧都有取代基时,需要比较两者的共轭效应和诱导效应,来决定反应的区域选择性,但一般得到的是两种异构体的混合物。

**习题 8-40** 写出下列化合物与 2 mol HBr 反应的化学方程式。

(i) ⬠—C≡CH　　(ii) ⬡—C≡CC(CH₃)₃

### 8.20.2 炔烃与水的加成

炔烃和水的加成常用汞盐做催化剂。例如,乙炔和水的加成是在 10% 硫酸和 5% 硫酸汞水溶液中发生的。

$$HC \equiv CH \xrightarrow[Hg^{2+}]{H_2O,\ H^+} \left[ \begin{matrix} H \\ C=C \\ H \end{matrix} \begin{matrix} H \\ OH \end{matrix} \right] \xrightleftharpoons{互变异构} \begin{matrix} H & O \\ H-C-C \\ H & H \end{matrix}$$

(i)　　　　　　　　　　(ii)
乙烯醇(烯醇式)　　　乙醛(酮式)

所有的取代乙炔和水的加成产物都是酮,但一元取代乙炔与水的加成产物为甲基酮(methyl ketone)($RCOCH_3$),二元取代乙炔($RC≡CR'$)的加水产物通常是两种酮的混合物。

思考:为何此处 $Hg^{2+}$ 离去仅需弱酸条件,而羟汞化-还原反应中,需用 $NaBH_4$ 切断 C—Hg 键?

水先与叁键加成,生成一个很不稳定的加成物——乙烯醇(i)[羟基直接和双键碳原子相连的化合物称为烯醇(alkenol)];(i)很快发生异构化,形成稳定的羰基化合物(ii)。实验证据显示,炔烃和水加成的中间产物都有汞,因此一种可能的反应机理如下:

$$H-C≡C-H \xrightarrow[H^+]{Hg^{2+}} H-C\underset{Hg}{\overset{+}{=}}C-H \xrightarrow[-H^+]{H_2\ddot{O}} \underset{+Hg}{\overset{H}{\underset{}{C}}}=\overset{OH}{\underset{H}{C}}$$

(i)        (ii)

$$\xrightarrow[互变异构]{H_3O^+} \underset{+Hg}{\overset{H}{\underset{H}{C}}}-\overset{O}{\underset{H}{\overset{\|}{C}}} \xrightarrow[-Hg^{2+}]{H_3O^+} \underset{H}{\overset{H}{\underset{}{C}}}-\overset{O}{\underset{H}{\overset{\|}{C}}}$$

(iii)

在反应中,催化剂汞离子先和叁键形成环状 π 配合物(i);然后,水分子进攻碳原子,并失去一个质子,生成烯醇式金属化合物(ii);(ii)进一步反应,形成 α 碳原子上带有汞的酮式化合物(iii);(iii)经酸水解,得最终产物。

炔烃与水的加成遵循马氏规则。

**习题 8-41** 下列化合物在 10% $H_2SO_4$,5% $HgSO_4$ 水溶液中反应,写出主要产物。

(i) $CH_3CH_2C≡CH$    (ii) $CH_3CH_2C≡CCH_3$    (iii) $(CH_3)_3CC≡CCH_3$

**习题 8-42** 从指定原料合成指定化合物。

(i) $CH_3\underset{Br}{\overset{CH_3}{\underset{|}{\overset{|}{C}H}}}CH_2\underset{Br}{\overset{}{\underset{|}{C}}}CH_3$ 合成 $CH_3\overset{CH_3}{\underset{|}{C}H}\underset{O}{\overset{}{\underset{\|}{C}}}CH_2CH_3$

(ii) $CH_3CH_2\overset{Br}{\underset{|}{C}H}CH_3$ 合成 $CH_3CH_2\overset{O}{\underset{\|}{C}}CH_3$

## 8.20.3 炔烃与卤素的加成

卤素和炔烃的加成为反式加成。反应机理与卤素和烯烃的加成相似,但反应一般较烯烃难。例如,烯烃可使溴的四氯化碳溶液立刻褪色,炔烃却需要几分钟才能使之褪色。故当反应物分子中同时存在非共轭的双键和叁键,在它与溴反应时,首先进行的是双键的加成。如

$$CH_2=CHCH_2C≡CH + Br_2 \longrightarrow BrCH_2\overset{Br}{\underset{|}{C}H}CH_2C≡CH \quad 90\%$$

又如,乙炔与氯的加成反应须在光或三氯化铁($FeCl_3$)或氯化亚锡($SnCl_2$)的催化作用下进行。

1,1,2,2-四氯乙烷是一个相当毒的化合物,因此常把它转变成毒性较小的三氯乙烯,如

$$2\ Cl_2HC-CHCl_2 + Ca(OH)_2 \downarrow$$

$$2\ \underset{Cl}{\overset{Cl}{C}}=\underset{H}{\overset{Cl}{C}} + CaCl_2 + 2H_2O$$

三氯乙烯
沸点 87 ℃

三氯乙烯在工业上是一种很有用的溶剂,用于溶解脂肪、油、树脂以及油漆等。

$$HC\equiv CH \xrightarrow[FeCl_3]{Cl_2} \underset{Cl}{\overset{H}{C}}=\underset{H}{\overset{Cl}{C}} \xrightarrow[FeCl_3]{Cl_2} Cl_2HC-CHCl_2$$

反二氯乙烯　　1,1,2,2-四氯乙烷

**习题 8-43** 选用合适的试剂鉴别下列化合物。

$CH_3CH_2CH_2CH_2I$,　$CH_3CH_2CH_2CH_3$,　$CH_3CH=CHCH_3$,　$CH_3CH_2C\equiv CH$,　$CH_3C\equiv CCH_3$

**习题 8-44** 碳碳双键和碳碳叁键共轭时加 1 mol 溴与非共轭时加 1 mol 溴有什么区别?为什么?

## 8.21 炔烃的自由基加成

有过氧化物存在时,炔烃和一分子溴化氢发生自由基加成反应,得反马氏规则的产物。

$$n\text{-}C_4H_9C\equiv CH + HBr \xrightarrow{\text{过氧化物}} n\text{-}C_4H_9CH=CHBr \xrightarrow[\text{过氧化物}]{HBr} \text{CH}_3\text{CH}_2\text{CH}_2\text{CH}_2\text{CHBrCH}_2\text{Br}$$

1-己炔　　　　　　　　　　　1-溴-1-己烯　　　　　　　　　　1,2-二溴己烷

在 $n\text{-}C_4H_9CH=CHBr$ 进一步与 HBr 进行自由基加成时,由于 $n\text{-}C_4H_9CHBr\dot{C}HBr$ 较 $n\text{-}C_4H_9\dot{C}HCHBr_2$ 稳定,故得 1,2-二溴己烷。

**习题 8-45** 完成下列反应式并写出相应的反应机理。

(i) 环丁基=CHBr $\xrightarrow{HBr}$ 

(ii) 1-溴环己烯 $\xrightarrow[\text{过氧化物}]{HBr}$

## 8.22 炔烃的亲核加成

炔烃和烯烃的明显区别表现在炔烃能发生亲核加成,而烯烃不能。

### 8.22.1 炔烃与氢氰酸的加成

氢氰酸可与乙炔发生亲核加成反应：

$$HC\equiv CH + HCN \xrightarrow[70\ ^\circ C]{CuCl_2\ (aq)} CH_2=CH-CN$$
丙烯腈

反应中 $CN^-$ 首先与叁键进行亲核加成形成碳负离子，再与质子作用，生成丙烯腈。上法因乙炔成本较高，现世界上几乎都采用丙烯的氨氧化反应制丙烯腈。反应过程是丙烯与氨的混合物在 400～500 ℃，在催化剂的作用下用空气氧化：

$$2CH_2=CHCH_3 + 3O_2 + 2NH_3 \xrightarrow[400\sim 500\ ^\circ C]{催化剂} 2CH_2=CH-CN + 6H_2O$$

> 聚丙烯腈可用于合成纤维（腈纶）、塑料、丁腈橡胶。此外，丙烯腈电解加氢二聚，是一个新的成功合成己二腈的方法。
>
> $$2CH_2=CH-CN + 2H^+ + 2e^- \downarrow$$
> $$NC-(CH_2)_4-CN$$
>
> 己二腈加氢得己二胺，己二腈水解得己二酸，是制造尼龙-66 的原料。

### 8.22.2 炔烃与含活泼氢的有机物反应

乙炔或其一元取代物可与带有"活泼氢"的有机物，如—OH，—SH，—NH₂，=NH，—CONH₂ 或—COOH 发生加成反应，生成含有双键（乙烯基）的产物。例如，乙醇在碱催化下于 150～180 ℃，0.1～1.5 MPa 与乙炔反应，生成乙烯基乙基醚：

$$HC\equiv CH + HOC_2H_5 \xrightarrow[\substack{150\sim 180\ ^\circ C \\ 0.1\sim 1.5\ MPa}]{碱} CH_2=CH-OC_2H_5$$
乙烯基乙基醚

根据原料的不同，反应条件（即温度、压力、催化剂等）也可以不同。这类反应的反应机理是，烷氧负离子（alkoxyl anion）与叁键进行亲核加成，产生一个碳负离子中间体 (i)；(i) 从醇分子中得到质子，得产物 (ii)。用反应式表示如下：

$$HC\equiv CH \xrightarrow{RO^-} \underset{(i)}{\overset{-}{H}C=CH-OR} \xrightarrow[-RO^-]{ROH} \underset{(ii)}{CH_2=CH-OR}$$

乙烯基乙基醚聚合后得聚乙烯基乙基醚，常用做黏合剂。

又如，醋酸与乙炔按下式反应得醋酸乙烯酯：

$$HC\equiv CH + CH_3COOH \xrightarrow[170\sim 210\ ^\circ C]{Zn(OAc)_2/活性炭} CH_3COOCH=CH_2$$
醋酸乙烯酯

醋酸乙烯酯是制备聚乙烯醇的原料，这种聚合物主要以胶乳形式用于乳胶漆、其他表面涂料、黏合剂等。

> 工业上现已用乙烯代替乙炔，与醋酸、氧在钯催化下制备醋酸乙烯酯：
>
> $$CH_2=CH_2 + CH_3COOH + 1/2\ O_2$$
> $$\downarrow \substack{Pd,\ 175\sim 200\ ^\circ C \\ 0.5\sim 1\ MPa}$$
> $$CH_3COOCH=CH_2$$

**习题 8-46**  请用乙炔为起始原料制备下列工业产品。

(i) $\mathrm{-[CH_2-CH]_n-}$
　　　　|
　　　　CN
（人造羊毛）

(ii) $\mathrm{-[CH_2-CH]_n-}$
　　　　|
　　　　$\mathrm{OC_2H_5}$
（黏合剂）

(iii) $\mathrm{-[CH_2-CH]_n-}$
　　　　|
　　　　OH
（现代胶水）

## 8.23　炔烃的氧化

### 8.23.1　炔烃被高锰酸钾氧化

炔烃经高锰酸钾氧化，大多数情况下，都发生碳碳叁键的断裂，生成两个羧酸。例如

$$\mathrm{CH_3CH_2CH_2C\equiv CCH_2CH_3} \xrightarrow[\mathrm{OH^-,\ 25\ °C}]{\mathrm{KMnO_4}} \xrightarrow{\mathrm{H^+}} \mathrm{CH_3CH_2CH_2COOH + CH_3CH_2COOH}$$

若反应在冷、稀和中性的高锰酸钾水溶液中进行，有时可得 α-二酮类化合物。

$$\mathrm{RC\equiv CR'} \xrightarrow[\text{冷，稀，pH}\approx 7]{\mathrm{KMnO_4/H_2O}} \mathrm{R-\underset{\underset{O}{\|}}{C}-\underset{\underset{O}{\|}}{C}-R'}$$

### 8.23.2　炔烃的臭氧化-分解反应

炔烃经臭氧化-分解反应，最终也发生碳碳叁键的断裂，也能生成两个羧酸。

$$\mathrm{CH_3CH_2CH_2C\equiv CCH_2CH_3} \xrightarrow[\mathrm{CCl_4}]{\mathrm{O_3}} \xrightarrow{\mathrm{H_2O}} \mathrm{CH_3CH_2CH_2COOH + CH_3CH_2COOH}$$

**炔烃的鉴别和结构测定**

和烯烃的氧化一样，根据高锰酸钾溶液的颜色变化可以鉴别炔烃，根据炔烃经高锰酸钾氧化或臭氧化-分解所得产物的结构可推知原炔烃的结构。

**习题 8-47**　完成下列反应式。

(i) 环戊二烯 $\xrightarrow[\mathrm{H^+,\ \Delta}]{\mathrm{KMnO_4}}$

(ii) 环己烯-C≡CH $\xrightarrow[\mathrm{H^+,\ \Delta}]{\mathrm{KMnO_4}}$

**习题 8-48**　试写出 2-丁炔与臭氧反应的反应机理及水解反应的产物。

## 8.24 炔烃的硼氢化-氧化和硼氢化-还原反应

### 8.24.1 炔烃的硼氢化-氧化反应

一元取代乙炔通过硼氢化反应得到烯基硼烷。此反应的反应机理与烯烃的硼氢化反应相似,反应的区域选择性是反马氏规则的。烯基硼烷在碱性过氧化氢中氧化,得烯醇,异构化后生成醛。反应过程如下:

$$6\ RC\equiv CH \xrightarrow{B_2H_6} 2\left(\underset{H}{\overset{R}{C}}=\underset{3}{\overset{H}{C}}\right)_3 B \xrightarrow[OH^-]{H_2O_2} 6\left[\underset{H}{\overset{R}{C}}=\underset{OH}{\overset{H}{C}}\right] \xrightleftharpoons{\text{互变异构}} 6\ RCH_2CHO$$

二元取代乙炔,通常得到两种酮的混合物:

$$RC\equiv CR' \xrightarrow{B_2H_6} \xrightarrow[OH^-]{H_2O_2} RCH_2\overset{O}{\underset{\|}{C}}R' + R\overset{O}{\underset{\|}{C}}CH_2R'$$

### 8.24.2 炔烃的硼氢化-还原反应

炔烃与乙硼烷反应生成烯基硼烷,烯基硼烷与醋酸反应生成 Z 型烯烃。第一步反应是炔烃的硼氢化反应,第二步反应是烯基硼的还原反应,总称为硼氢化-还原反应。

$$6\ H_3CC\equiv CCH_3 \xrightarrow{B_2H_6} 2\left(\underset{H}{\overset{CH_3}{C}}=\underset{3}{\overset{CH_3}{C}}\right)_3 B \xrightarrow[0\ ℃]{CH_3COOH} 6\ \underset{H}{\overset{CH_3}{C}}=\underset{H}{\overset{CH_3}{C}}$$

**习题 8-49** 完成下列反应,写出主要产物。

(i) $CH_3C\equiv CH \xrightarrow{B_2H_6} \xrightarrow[OH^-]{H_2O_2}$

(ii) $CH_3C\equiv CCH_3 \xrightarrow{B_2H_6} \xrightarrow[OH^-]{H_2O_2}$

(iii) $CH_3CH_2C\equiv CCH_3 \xrightarrow{B_2H_6} \xrightarrow[OH^-]{H_2O_2}$

(iv) $CH_3CH_2C\equiv CCH_3 \xrightarrow{B_2H_6} \xrightarrow[0\ ℃]{CH_3COOH}$

(v) $C_6H_{11}-C\equiv CCH_3 \xrightarrow{B_2H_6} \xrightarrow[0\ ℃]{CH_3COOH}$

(vi) $(CH_3)_2CHC\equiv CCH_2CH_3 \xrightarrow{B_2H_6} \xrightarrow[0\ ℃]{CH_3COOH}$

## 8.25 炔烃的还原

### 8.25.1 催化氢化

在常用催化剂钯、铂或镍的作用下,炔烃与 2 mol $H_2$ 加成,生成烷烃。中间产物烯烃难以分离得到。

$$CH_3C\equiv CCH_3 + 2H_2 \xrightarrow{\text{Pt, Pd 或 Ni}} CH_3CH_2CH_2CH_3$$

若用 Lindlar(林德拉)催化剂(钯附着于碳酸钙及小量氧化铅上,使催化剂活性降低)进行炔烃的催化氢化反应,则炔烃只加 1 mol $H_2$ 得 Z 型烯烃。例如,一个天然的含叁键的硬脂炔酸,在该催化剂作用下,生成与天然的顺式油酸完全相同的产物:

$$CH_3(CH_2)_7C\equiv C(CH_2)_7COOH \xrightarrow[\text{Pd/PbO, CaCO}_3]{H_2} \begin{matrix} CH_3(CH_2)_7 \quad (CH_2)_7COOH \\ C=C \\ H \quad\quad\quad H \end{matrix}$$

硬脂炔酸               油酸(顺式)

用硫酸钡做载体的钯催化剂在吡啶中也可以使含碳碳叁键的化合物只加 1 mol $H_2$,生成顺式的烯烃衍生物。这表明,催化剂的活性对催化加氢的产物有决定性的影响。炔烃的催化氢化是制备 Z 型烯烃的重要方法,在合成中有广泛的用途。

### 8.25.2 用碱金属和液氨还原

炔类化合物在液氨中用金属钠还原,主要生成 E 型烯烃衍生物。例如

$$H_3CC\equiv CCH_3 + 2Na + 2NH_3(l) \longrightarrow \begin{matrix} CH_3 \quad H \\ C=C \\ H \quad CH_3 \end{matrix} + 2NaNH_2$$

> 若有 $Fe^{3+}$ 存在,形成 $NaNH_2$,得不到溶剂化电子。

反应过程为,首先金属钠与液氨在无 $Fe^{3+}$ 存在下,形成 $Na^+$ 与溶剂化电子 $e^-(NH_3)$ 的蓝色溶液:

$$Na + NH_3(\text{液}) \longrightarrow Na^+ + e^-(NH_3)$$
$$\text{蓝色溶液}$$

> 自由基负离子或自由基正离子(radical cation)统称离子基。

然后在此溶液中加入炔烃(i),(i)得到电子形成 E 型的自由基负离子(radical anion)(ii);(ii)从 $NH_3$ 处得到质子生成自由基(iii);(iii)再从溶液中得到一个电子形成负离子(iv);(iv)又从 $NH_3$ 处得到一个质子生成 E 型烯烃(v)。

$$RC\equiv CR \xrightarrow{e^-} \underset{(ii)}{\begin{matrix}R\\C=C\\R\end{matrix}} \xrightarrow[-H_2N^-]{NH_3} \underset{(iii)}{\begin{matrix}R\\C=C\\H\quad R\end{matrix}} \xrightarrow{e^-} \underset{(iv)}{\begin{matrix}R\\C=C\\H\quad R\end{matrix}} \xrightarrow[-H_2N^-]{NH_3} \underset{(v)}{\begin{matrix}R\quad H\\C=C\\H\quad R\end{matrix}}$$

### 8.25.3 用氢化铝锂还原

炔烃用氢化铝锂还原,也能得 E 型烯烃。

$$RC\equiv CR \xrightarrow[\text{THF}]{LiAlH_4} \xrightarrow{H_2O} \begin{matrix} R \quad H \\ C=C \\ H \quad R \end{matrix}$$

**习题 8-50** 完成下列转换。

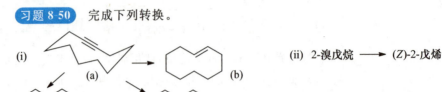

(ii) 2-溴戊烷 ⟶ (Z)-2-戊烯

(iii) (Z)-2-戊烯 ⟶ (E)-2-戊烯

## 8.26 乙炔的聚合

乙炔在不同的催化剂作用下,可有选择地聚合成链形或环状化合物。例如,在氯化亚铜和氯化铵的作用下,可以发生二聚或三聚作用。这种聚合反应可以看做乙炔的自身加成反应:

$$HC\equiv CH + HC\equiv CH \xrightarrow{CuCl, NH_4Cl} CH_2=CH-C\equiv CH \xrightarrow[CuCl, NH_4Cl]{HC\equiv CH} \text{二乙烯基乙炔}$$

乙烯基乙炔

乙炔在高温(400~500℃)下可以发生环形三聚合作用,生成苯:

$$3\,HC\equiv CH \xrightarrow{500\,°C} \text{苯}$$

> 这个反应苯的产量很低,同时还产生许多其他的芳香族副产物,没有制备价值。但此反应为研究苯的结构提供了有力的线索。

除了三聚环状物外,乙炔在四氢呋喃中经氰化镍催化,于 1.5~2 MPa、50℃ 时聚合,可生成环辛四烯:

$$4\,HC\equiv CH \xrightarrow[50\,°C,\ 1.5\sim 2.0\,MPa]{Ni(CN)_2} \text{环辛四烯(80\%)}$$

> 目前尚未发现环辛四烯的重大工业用途,但它在认识芳香族化合物的过程中起着很大的作用。以往认为,乙炔不能在加压下进行反应,因为它受压后很容易爆炸。后来发现,将乙炔用氮气稀释,可以安全地在加压下进行反应。从而开辟了乙炔的许多新型反应,制备出许多重要的化合物,环辛四烯就是其中的一个。

**习题 8-51** (i) 用乙炔为起始原料制备 2-氯-1,3-丁二烯。
(ii) 用丙炔为唯一原料制备 1,3,5-三甲基苯。

# 炔烃的制备

## 8.27 乙炔的工业生产

生产乙炔的重要方法有下列几种。

**1. 碳化钙（电石）法**

以前这是工业生产乙炔的唯一方法，即用焦炭和氧化钙经电弧加热至2200℃，制成碳化钙；它再与水反应，生成乙炔和氢氧化钙。反应如下：

> 此法成本较高，现在除少数国家外，均不用此法。

$$CaO + 3C \xrightleftharpoons{2200\ ℃} CaC_2 + CO \qquad \Delta H = 460 \text{ kJ} \cdot \text{mol}^{-1}$$

$$CaC_2 + 2H_2O \longrightarrow HC \equiv CH + Ca(OH)_2$$

**2. 甲烷法（电弧法）**

甲烷在1500℃电弧中经极短时间（0.1～0.01 s）加热，裂解成乙炔：

> 此法的特点是原料非常便宜，在天然气丰富的地区采用这个方法是比较经济的。石脑油（naphtha）也可用此法生产乙炔。

$$2CH_4 \longrightarrow HC \equiv CH + 3H_2 \qquad \Delta H = 397.4 \text{ kJ} \cdot \text{mol}^{-1}$$

由于乙炔在高温很快分解成碳，故反应气须用水很快地冷却，乙炔产率约15％。改用气流冷却反应气，可提高乙炔产率达25％～30％。裂解气（pyrolysis gas）中还含有乙烯、氢和炭尘。

**3. 等离子（plasma）法**

> 工业乙炔的不好闻气味是由于含有硫化氢、磷化氢以及有机硫、磷化合物等杂质引起的。

用石油和极热的氢气一起热裂制备乙炔。即把氢气在3500～4000℃的电弧中加热，然后部分离子化的等离子体氢（正负离子相等）于电弧加热器出口的分离反应室中与气体的或气化了的石油气反应。生成的产物有：乙炔、乙烯（二者的总产率在70％以上），以及甲烷和氢气。

> 液化乙炔经碰撞、加热可发生剧烈爆炸；乙炔与空气混合，当它的体积分数达到3％～70％时，会剧烈爆炸。在商业上为了安全地处理乙炔，把它装入钢瓶（1.2～2 MPa）中，瓶内装有多孔材料，如硅藻土、浮石或木炭，再装入丙酮。

乙炔过去是非常重要的有机合成原料，但由于乙炔生产成本相当高，最近几十年来，以乙炔为原料生产化学品的路线逐渐被其他化合物（特别是乙烯、丙烯）为原料的路线所取代。

纯的乙炔是带有乙醚气味的无色气体。具有麻醉作用，燃烧时火焰明亮，可用以照明。乙炔在水中有一定的溶解度，但易溶于丙酮。丙酮在常压下、25℃时，约可溶解相当于其体积25倍的乙炔，而在1.2 MPa时可溶解相当于其体积300倍的乙炔。乙炔和氧气混合燃烧，可产生2800℃的高温，用以焊接或切割钢铁及其他金属。

## 8.28 炔烃的实验室制备

### 8.28.1 由二元卤代烷制备

邻二卤代烷和偕二卤代烷在碱性试剂的作用下失去两分子卤化氢生成炔烃。常用的碱性试剂有氢氧化钠或氢氧化钾的醇溶液和氨基钠的矿物油，反应需要加热。

> 二卤代烷失去第一分子卤化氢较容易；失去第二分子卤化氢时，由于卤素与碳碳双键共轭，碳卤键增强，卤原子以负离子形式离去是困难的。

$$Ph\text{-}CHBr\text{-}CHBr\text{-}Ph \xrightarrow[\Delta]{KOH, C_2H_5OH} Ph\text{—}\!\!\equiv\!\!\text{—}Ph$$

$$(CH_3)_2CBr\text{-}CH_2Br \xrightarrow[\Delta]{KOH, C_2H_5OH} CH_3C\!\equiv\!CH$$

$$(CH_3)_2CH\text{-}CHBr_2 \xrightarrow[150\ ^\circ C]{NaNH_2,\ 矿物油} CH_3C\!\equiv\!CH$$

> 思考：为什么氢氧化钾（或氢氧化钠）的醇溶液常使末端炔键向链中迁移，而氨基钠使叁键移向末端？

对于相对分子质量较大的炔烃，在碱性试剂的作用下，叁键会发生迁移。氢氧化钾（或氢氧化钠）的醇溶液常使末端炔键向链中迁移，而氨基钠使叁键移向末端：

$$CH_3CH_2C\!\equiv\!CH \xrightarrow[\Delta]{KOH,\ C_2H_5OH} CH_3C\!\equiv\!CCH_3$$

$$n\text{-}C_5H_{11}C\!\equiv\!CCH_3 \xrightarrow[150\ ^\circ C]{NaNH_2,\ 矿物油} n\text{-}C_6H_{13}C\!\equiv\!C^-Na^+\!\downarrow + NH_3$$

$$\downarrow H_2O$$

$$n\text{-}C_6H_{13}C\!\equiv\!CH$$

### 8.28.2 用末端炔烃制备

乙炔与 $NaNH_2$（$KNH_2$，$LiNH_2$ 均可）在液氨中形成乙炔化钠，然后与卤代烷发生 $S_N2$ 反应，形成一元取代乙炔：

> 卤代烷以一级最好；β 位有侧链的一级卤代烷及二级、三级卤代烷易发生消除反应，不能用于合成。

$$HC\!\equiv\!CH + NaNH_2 \xrightarrow[-33\ ^\circ C]{NH_3(液)} HC\!\equiv\!C^-Na^+ + NH_3$$

$$\downarrow RX\ (一级卤代烷)$$

$$HC\!\equiv\!CR + NaX$$

一元取代乙炔可进一步用于合成二元取代乙炔：

$$RC\!\equiv\!CH + NaNH_2 \xrightarrow[-33\ ^\circ C]{NH_3(液)} RC\!\equiv\!C^-Na^+ + NH_3$$

$$\downarrow R'Br\ (一级卤代烷)$$

$$RC\!\equiv\!CR' + NaBr$$

炔烃与格氏试剂或有机锂化合物反应，可得含叁键的格氏试剂、锂化合物：

格氏试剂和锂化合物与炔化钠一样,是较强的碱,与二级、三级卤代烷易发生消除反应。

$$HC≡CH + 2RMgX \xrightarrow{醚} XMgC≡CMgX + 2RH$$

$$RC≡CH + RMgX \xrightarrow{醚} RC≡CMgX + RH$$

$$RC≡CH + RLi \xrightarrow{醚} RC≡CLi + RH$$

这些具有叁键的格氏试剂或锂化合物,与一级卤代烷在醚溶液中发生 $S_N2$ 反应,形成二元取代的乙炔:

$$\underset{(Li)}{RC≡CMgX} + R'Br \xrightarrow{醚} RC≡CR' + \underset{(LiBr)}{MgXBr}$$

末端炔烃直接氧化偶联,可用来制备高级炔烃。

$$2RC≡CH \xrightarrow[空气]{CuCl, NH_3, CH_3OH} R—≡≡—R$$

炔化亚铜用空气或 $K_3Fe(CN)_6$ 等氧化剂氧化,可以偶联成具有两个炔基的长链化合物。例如

$$2\ \text{HO}{-}{\equiv}{-}Cu + 1/2\ O_2 \longrightarrow \text{HO}{-}{\equiv}{\equiv}{-}\text{OH} + Cu_2O$$

一般认为,这个反应是通过自由基机理进行的:

$$\text{HO}{-}{\equiv}{-}Cu + O_2 \longrightarrow \text{HO}{-}{\equiv}{-}Cu^+ \longrightarrow \text{HO}{-}{\equiv}{-}· + Cu^+$$

$$2\ \text{HO}{-}{\equiv}{-}· \longrightarrow \text{HO}{-}{\equiv}{\equiv}{-}\text{OH}$$

> **习题 8-52** 由乙炔及卤代烷为有机原料合成下列化合物。
> (i) $CH_3CH_2CH_2\overset{O}{\overset{\|}{C}}CH_2CH_2CH_3$  (ii) $CH_3CH_2CH_2CH_2CHO$
>
> **习题 8-53** 由相应碳原子数的一卤代烷为原料合成下列化合物。
> (i) 1-辛炔  (ii) 2-辛炔
>
> **习题 8-54** 由相应碳原子数的烯烃为原料合成下列化合物。
> (i) $CH_3C≡CCH_2CH_3$  (ii) $HC≡CCH_2CH_2CH_3$
>
> **习题 8-55** 反-1,2-二溴环己烷在 $KOH\text{-}C_2H_5OH$ 中进行消除反应得 1,3-环己二烯,而未得到环己炔。为什么?
>
> **习题 8-56** 从指定原料出发合成。
> (i) 从 1-戊烯合成 4,6-癸二炔
> (ii) 从 2,2-二甲基-3-溴丁烷合成 2,2,7,7-四甲基-3,5-辛二炔

## 章末习题

**习题 8-57** 从已给原料出发合成指定化合物。

(i) $CH_3CH_2\overset{Br}{\underset{}{C}}HCH_2CH_3$ 合成 $CH_3(CH_2)_3CHO$

(ii) $CH_3(CH_2)_3\overset{Br}{\underset{}{C}}HCH_3$ 合成 $\underset{H}{\overset{CH_3(CH_2)_2}{C}}=\underset{H}{\overset{CH_3}{C}}$

**习题 8-58** 试预料只加 1 mol 溴时有选择地与下列化合物中的一个碳碳双键发生加成所得的主要产物。

(i) $CH_3CH_2CH=CHCH_2CH=CHCl$

(ii) $(CH_3)_2C=CHCH_2CH_2CH=CH_2$

(iii) $CH_2=CHCOOCH=CH_2$

(iv) $CH_3CH=CHCH_2CH=CHCF_3$

(v) $CH_3CH=CHCH_2\underset{}{\overset{CH_3}{C}}=C(CH_3)_2$

(vi) $CH_2=CHCH_2CH_2\underset{}{\overset{CH_3}{C}}=CHCH_3$

**习题 8-59** 完成下列反应，注意立体构型。

(i) $CH_3\overset{CH_3}{\underset{}{C}}HCH_2OH \xrightarrow{H^+}$

(ii) $CH_2=CHCH_2CH_3 + H_2O \xrightarrow{H^+}$

(iii) $CH_3\overset{CH_3}{\underset{}{C}}=CH_2 \xrightarrow[\text{冷}]{\text{稀}KMnO_4}$

(iv) $CH_3\overset{CH_3}{\underset{}{C}}=CH_2 + ICl \longrightarrow$

(v) ⬡=CH_2 + HBr ⟶

(vi) ⬡=CH_2 + HBr $\xrightarrow{ROOR}$

(vii) $n\text{-}C_6H_5CH=CH_2 \xrightarrow{ROOR}$

(viii) $\underset{H}{\overset{CH_3}{C}}=\underset{C_6H_5}{\overset{H}{C}} + CH_3CO_3H \xrightarrow{Na_2CO_3}$

(ix) ⬡—CH_3 + NOCl ⟶

(x) $(CH_3)_2C=CHCH_3 \xrightarrow[CH_3OH]{Br_2(稀浓度)} ? \xrightarrow[C_2H_5OH]{C_2H_5ONa}$

(xi) $(CH_3)_2C=C(CH_3)_2 + CCl_4 \xrightarrow{h\nu} ? \xrightarrow[(CH_3)_3COH]{(CH_3)_3COK}$

(xii) $(CH_3)_3CCH_2CH_3 \xrightarrow[h\nu]{1\ mol\ Br_2} ? \xrightarrow[C_2H_5OH]{KOH} ? \xrightarrow{HCl}$

**习题 8-60** 于 1 g 化合物(A)中加入 1.9 g 溴，恰好使溴完全褪色；(A)与高锰酸钾溶液一起回流后，在反应液中的产物只有甲丙酮 $CH_3\overset{O}{\underset{\|}{C}}CH_2CH_2CH_3$。请写出化合物(A)的构造式。

**习题 8-61** 2-丁烯通过不同反应生成下列各化合物，请写出产生各化合物的 2-丁烯的几何构型及所进行的反应。

(i) 2,3-二溴丁烷构型

(ii) 2,3-丁二醇 (±)

(iii) 2,3-环氧丁烷 (±)

(iv) 3-氯-2-丁醇 (±)

**习题 8-62** 解释下列反应中为何主要得到(i)，其次是(ii)，而仅得少量(iii)。

$(CH_3)_2C(CH_3)CH=CH_2 \xrightarrow{H^+, H_2O}$ (i) + (ii) + (iii)

**习题 8-63** 写出下列反应中(A)，(B)，(C)，(D)，(E)，(F)的构造式。

(i) $\begin{cases} (A) + Zn \longrightarrow (B) + ZnCl_2 \\ (B) + 热KMnO_4\ 溶液 \longrightarrow CH_3CH_2COOH + CO_2 + H_2O \end{cases}$

(ii) $\begin{cases} (B) + HBr \xrightarrow{ROOR} (C) \\ (C) + Li \xrightarrow{醚} (D) \\ 2(D) + CuI \longrightarrow (E) \\ (C) + (E) \longrightarrow (F) \end{cases}$

**习题 8-64** 一化合物(A)的分子式为 $C_8H_{12}$,(A)在催化剂作用下可与 2 mol 氢加成;(A)经臭氧化后,用 Zn 和 $H_2O$ 分解,得一个二醛 $\overset{O}{\underset{\|}{H}C}CH_2CH_2\overset{O}{\underset{\|}{C}}H$。请推测其构造式。

**习题 8-65** 一化合物(A)的分子式为 $C_{15}H_{24}$,催化氢化可以吸收 4 mol $H_2$,得到 $CH_3CH(CH_2)_3\overset{CH_3}{\underset{|}{C}H}(CH_2)_3\overset{CH_3}{\underset{|}{C}H}CH_2CH_3$。(A)先用臭氧处理,然后用 Zn 和 $H_2O$ 处理,得两分子 $H\overset{O}{\underset{\|}{C}}H$,一分子 $CH_3\overset{O}{\underset{\|}{C}}CH_3$,一分子 $CH_3\overset{O}{\underset{\|}{C}}CH_2CH_3$,一分子 $H\overset{O}{\underset{\|}{C}}CH_2CH_2\overset{O}{\underset{\|}{C}}H$。不管其顺反异构,试写出该化合物的构造式。

**习题 8-66** 用溴处理(Z)-3-己烯,然后再在 $KOH-C_2H_5OH$ 中反应,可得(Z)-3-溴-3-己烯;但用相同试剂及顺序处理环己烯,却不能得到1-溴环己烯,而得到其他产物。请用立体化学表示这两种烯烃的反应过程及其反应产物。

**习题 8-67** 化合物(A)的分子式为 $C_7H_{12}$,在 $KMnO_4-H_2O$ 中加热回流,在反应液中只有环己酮;(A)与 HCl 作用得(B),(B)在 $C_2H_5ONa-C_2H_5OH$ 溶液中反应得(C),(C)使 $Br_2$ 褪色生成(D),(D)用 $C_2H_5ONa-C_2H_5OH$ 处理,生成(E),(E)在 $KMnO_4-H_2O$ 中加热回流得 $HO\overset{O}{\underset{\|}{C}}CH_2\overset{O}{\underset{\|}{C}}OH$ 和 $CH_3\overset{O}{\underset{\|}{C}}COOH$;(C)用 $O_3$ 反应后再用 $H_2O$、Zn 处理得 $CH_3\overset{O}{\underset{\|}{C}}CH_2CH_2CH_2\overset{O}{\underset{\|}{C}}H$。请写出化合物(A)的构造式,并用反应式说明所推测的结构是正确的。

**习题 8-68** 用 1-甲基环己烷为原料,合成下列化合物。

(i) 1-甲基-2-溴环己烷  (ii) 1-甲基-2-羟基环己烷(±)  (iii) 1-甲基-1-羟基环己烷  (iv) 1-甲基-1,2-二羟基环己烷(±)  (v) 1-甲基-1,2-二羟基环己烷(另一异构体)(±)

**习题 8-69** 从指定原料合成指定化合物,写出各步反应所用的试剂及反应条件。

(i) $CH_3CH_2CH_2OH \longrightarrow CH_3\overset{Br}{\underset{|}{C}H}CH_3$

(ii) $CH_3\overset{OH}{\underset{|}{C}H}CH_3 \longrightarrow CH_3CH_2CH_2Br$

(iii) 环戊烷 $\longrightarrow$ 反-1,2-环戊二醇

(iv) 环戊烷 $\longrightarrow$ 顺-1,2-环戊二醇(±)

(v) 甲基环戊烷 $\longrightarrow$ 2-甲基环戊醇(±)

(vi) 甲基环戊烷 $\longrightarrow CH_3\overset{O}{\underset{\|}{C}}CH_2CH_2CH_2COOH$

**习题 8-70** $CH_2=CHCH_2I$ 在 $Cl_2$ 的水溶液中发生反应,主要产物为 $ClCH_2CHOHCH_2I$,同时还产生少量 $HOCH_2CHClCH_2I$ 和 $ClCH_2CHICH_2OH$。请予以解释。

**习题 8-71** 完成下列反应,并写出相应的反应机理。

1-羟甲基二环戊烷 $\xrightarrow[170\ ^\circ C]{H^+}$

**习题 8-72** 将乙醇用硫酸脱水成烯，然后与溴加成得1,2-二溴乙烷。
(i) 在制备乙烯过程中有什么副产物，是如何除去的？用反应式表示。
(ii) 乙烯加溴得1,2-二溴乙烷，产物是如何提纯的？

**习题 8-73** 写出下式中(A),(B),(C),(D)各化合物的构造式。

$$(A) + Br_2 \longrightarrow (B), \quad (B) + 2KOH \xrightarrow{CH_3CH_2OH} (C) + 2KBr + 2H_2O$$

$$(C) + H_2 \xrightarrow{Pd/CaCO_3, PbO} (D), \quad (D) + H_2O \xrightarrow{H^+} CH_3CH-CHCH_3$$
$$\qquad\qquad\qquad\qquad\qquad\qquad\qquad\qquad\qquad | \quad |$$
$$\qquad\qquad\qquad\qquad\qquad\qquad\qquad\qquad\qquad CH_3\ OH$$

**习题 8-74** 用乙炔、丙炔以及其他必要的有机及无机试剂，合成下列化合物。

(i) $CH_3CClBrCH_3$  
(ii) $CH_2=\underset{\underset{CH_3}{|}}{C}-CH=CH_2$  
(iii) $CH_2=CH\overset{O}{\overset{\|}{C}}CH_3$  
(iv) $CH_2=CHOCH_2CH_2CH_3$  

(v) $\underset{H}{\overset{CH_3CH_2}{\phantom{X}}}C=C\underset{H}{\overset{CH_2CH_3}{\phantom{X}}}$  
(vi) $CH_3CH_2CH_2CHO$  
(vii) $CH_2=CCl_2$

**习题 8-75** 完成下列反应。

(i) $2CH_3C\equiv CNa + BrCH_2CH_2CH_2Br \xrightarrow{NH_3(液)}$

(ii) $HC\equiv CNa + Cl(CH_2)_6I \xrightarrow{NH_3(液)}$

(iii) $CH_3CH=CHCH\underset{|}{\overset{OH}{\phantom{X}}}C\equiv CH + H_2 \xrightarrow{Pd/PbO, CaCO_3}$

(iv) $CH_3O\overset{O}{\overset{\|}{C}}(CH_2)_3C\equiv C(CH_2)_3\overset{O}{\overset{\|}{C}}OCH_3 + H_2 \xrightarrow{Pd/BaSO_4}{\text{喹啉}}$

(v) $CH_3C\equiv CCH_2CH_2C\equiv CCH_3 \xrightarrow{Na+NH_3(液)}$

**习题 8-76** 一个碳氢化合物 $C_5H_8$，能使高锰酸钾水溶液和溴的四氯化碳溶液褪色；与银氨溶液反应，生成白色沉淀；与硫酸汞的稀硫酸溶液反应，生成一个含氧的化合物。请写出该碳氢化合物所有可能的构造式。

**习题 8-77** 从指定原料合成指定化合物。

(i) 从 2-丁炔合成 (A) 
$H_3C\overset{H}{\underset{\underset{O}{\diagdown\diagup}}{C}}\overset{CH_3}{\underset{\phantom{X}}{C}}H$ 和 (B) $H_3C\overset{H}{\underset{\underset{O}{\diagdown\diagup}}{C}}\overset{H}{\underset{\phantom{X}}{C}}CH_3$；

(ii) 从环十二烷合成顺-和反-1,2-二溴环十二烷。

环十二烷

**习题 8-78** 化合物(A)$C_9H_{14}$具有旋光性。将(A)用铂进行催化氢化生成(B)$C_9H_{20}$，不旋光；将(A)用 Lindlar 催化剂小心催化氢化生成(C)$C_9H_{16}$，也不旋光；但若将(A)置液氨中与金属钠反应，生成(D)$C_9H_{16}$却有旋光性。试推测(A),(B),(C),(D)的结构。

**习题 8-79** 写出 $CH_2=CH-CH=\underset{\underset{CH_3}{|}}{C}-CH_2-CH_3$ 的中、英文名称和与该化合物化学式相同、碳架相同的其他共轭烯烃的构造式。

## 复习本章的指导提纲

**基本概念和基本知识点**

烯烃，单烯烃，多烯烃，共轭烯烃，孤立二烯烃，累积二烯烃，共轭二烯烃；烯烃的官能团；烯烃的结构特征；顺、反异构体，$Z$ 构型，$E$ 构型；单烯烃物理性质的一般规律，氢化热；加成反应，自由基型加成反应，离子型加成反应，亲电加成，亲核加成；反式加成，顺式加成；立体专一性反应，立体选择性反应；构象最小改变原理，区域选择性，Markovnikov 规则（简称马氏规则），反马氏规则；过氧化效应（或 Kharasch 效应）；烯烃的直接水合，烯烃的间接水合；催化氢化，异相催化氢化，均相催化氢化；卡宾，卡宾的结构，单线态、三线态，类卡宾；烯丙基正离子；动力学控制，热力学控制；聚合，单体，聚合物，加成聚合反应；橡胶，天然橡胶，人工合成橡胶，丁钠橡胶，顺丁橡胶，氯丁橡胶，丁腈橡胶。

炔烃，单炔烃，多炔烃，共轭炔烃，孤立二炔烃，共轭二炔烃，炔烃的官能团，炔烃的结构特征；轨道杂化对电负性、键长的影响；甲基负离子，乙烯基负离子，乙炔基负离子；炔烃物理性质的一般规律；含碳酸及酸性强弱的判断；Lindlar 催化剂；自由基负离子，自由基正离子，离子基；烯醇式，乙烯醇；甲基酮；烷氧负离子。

**基本反应和重要反应机理**

烯烃的亲电加成：与氢卤酸的加成，与硫酸、水、有机酸、醇、酚的加成，与卤素的加成，与次卤酸的加成；亲电加成的反应机理：碳正离子中间体机理，环正离子中间体机理，离子对中间体机理，三中心过渡态机理；烯烃的自由基加成反应；卡宾、类卡宾与烯烃的反应；烯烃的环氧化反应，烯烃被高锰酸钾或四氧化锇氧化，烯烃的臭氧化-分解反应，烯烃的硼氢化-氧化反应，烯烃的硼氢化-还原反应；四中心过渡态机理；烯烃的催化氢化，烯烃的 α-卤代；烯烃的聚合，1,2-加成聚合，1,4-加成聚合。

末端炔烃的酸碱反应，末端炔烃的卤化反应，末端炔烃作为亲核试剂与醛、酮的亲核加成反应；炔烃的亲电加成：与氢卤酸的加成，与水的加成，与卤素的加成；炔烃的自由基加成；炔烃的亲核加成：与氢氰酸的加成，与含活泼氢有机物的反应；炔烃被高锰酸钾氧化，炔烃被臭氧氧化，炔烃的硼氢化-氧化反应；炔烃的硼氢化-还原，炔烃的催化氢化，炔烃用碱金属和液氨还原，炔烃用氢化铝锂还原；乙炔的聚合。

**重要制备方法**

制备烯烃：醇失水，卤代烃失卤化氢，二卤代烃失卤素，Hofmann 消除，氧化胺热裂，酯热裂，黄原酸酯热裂，Wittig 反应，Wittig-Horner 反应。

乙炔的工业生产：碳化钙法，甲烷法，等离子法；用二元卤代烃制炔烃；用末端炔烃制更高级的炔烃；重要单体丙烯腈、醋酸乙烯酯、乙烯基乙醚的制备；合成尼龙的单体之一——己二胺的制备。

**结构鉴别和结构测定方法**

用溴的四氯化碳溶液鉴别烯烃，用高锰酸钾溶液鉴别烯烃，用臭氧化-分解反应测定烯烃的结构。

用银氨溶液鉴别及提纯末端炔烃，用铜氨溶液鉴别及提纯末端炔烃，用高锰酸钾溶液鉴别炔烃，用臭氧氧化-分解反应测定炔烃的结构。

## 英汉对照词汇

acetylene 乙炔
acetylenyl anion 乙炔基负离子
addition polymerization 加成聚合反应,加聚反应
addition reaction 加成反应
alkene 烯烃
alkenol 烯醇
alkoxyl anion 烷氧负离子
alkyne 炔烃
alkynol 炔醇
alkynyl carbanion 炔碳负离子
alkynyl compound 炔化物
anionic polymerization 负(阴)离子聚合
*anti*-addition 反式加成
carbene 卡宾
carbenoid 类卡宾
carbonaceous acid 含碳酸
catalytic hydrogenation 催化氢化
cationic polymerization 正(阳)离子聚合
*cis*-addition 顺式加成
conjugated alkene 共轭烯烃
conjugated diene 共轭二烯烃
conjugated diyne 共轭二炔烃
conjugated double bond 共轭双键
cumulative diene 累积二烯烃
cyclene 环状烯烃
cyclic bromonium ion 环溴鎓离子
cyclic cation 环正离子
cyclic four-membered transition state 环状四中心过渡态
cyclic halonium ion 环卤鎓离子
diaxial 双直键
diimide reduction 二亚胺还原
dipole molecular 偶极分子
direct hydration 直接水合法
electrophilic addition 亲电加成反应
epoxidation 环氧化反应
free radical addition 自由基加成反应
heterogeneous catalytic hydrogenation 异相催化氧化
heterogeneous catalyst 异相催化剂
homogeneous catalyst 均相催化剂
hydroboration 硼氢化反应
indirect hydration 间接水合法
iodine value 碘值
ionization 电离
ion pair 离子对
isolated diene 孤立二烯烃
isolated diyne 孤立二炔烃
Kharasch, M. S. 卡拉施
Lindlar catalyst 林德拉催化剂
Markovnikov rule 马尔可夫尼可夫规则(简称马氏规则)
methyl anion 甲基负离子
methyl ketone 甲基酮
monomer 单体
NBS (*N*-bromosuccinimide) *N*-溴代丁二酰亚胺
naphtha 石脑油
nucleophilic addition 亲核加成反应
ozonization reaction 臭氧化反应
ozonolysis 臭氧化物的分解反应
peroxide effect 过氧化效应,Kharasch 效应
polymer 聚合物
polymerization 聚合反应
radical anion 自由基负离子
radical cation 自由基正离子
radical polymerization 自由基聚合
radius 半径
regioselectivity 区域选择性
regiospecific 区域专一性
rubber 橡胶
singlet state 单线态
stereoselective reaction 立体选择性反应
terminal alkene 末端烯烃
terminal alkyne 末端炔烃
three-center transition state 三中心过渡态
triplet state 三线态
van der Waals radius 范德华半径
vinyl anion 乙烯基负离子
Wilkinson, G. 魏尔金生
Wittig reaction 魏悌息反应
Wittig-Horner reaction 魏悌息-霍纳尔反应
Ziegler-Natta catalyst 齐格勒-纳塔催化剂

# 第 9 章
# 共轭烯烃　周环反应

传统化学工业应用化学反应创造了大量对人类有用的产品。这些产品极大地丰富了人类的物质生活和提高了人们的生活质量,在控制疾病和延长寿命方面也起了十分重要的作用。但在生产和使用化学产品的过程中,也产生了大量污染环境的废物。绿色化学提倡化学反应和过程以"原子经济性"为基本原则,即在获取新物质的化学反应中充分利用参与反应的每个原料原子,实现"零排放"。即不仅要充分利用资源,而且不产生污染。周环反应具有极大的原子利用率,符合绿色化学的思想。此外,它还能合成结构各异且具有很好立体选择性的各种化学物质。在合成化学方面应用很广。以下是几个[2+2]环加成反应的实例:

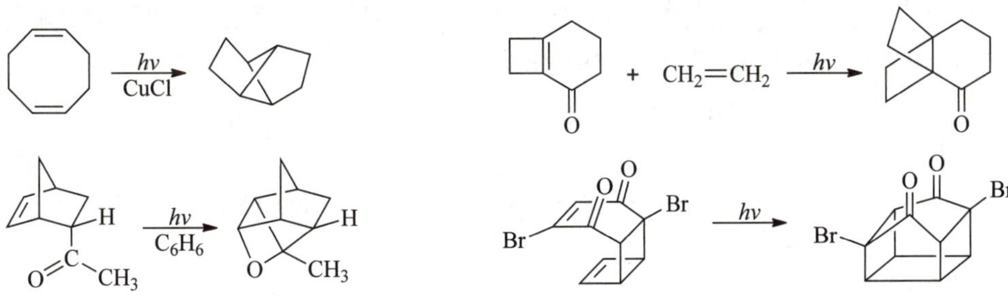

## （一）共 轭 双 烯

两个双键被一个单键隔开的二烯烃称为共轭二烯烃或共轭双烯。

## 9.1　共轭双烯的结构

最简单的共轭双烯是1,3-丁二烯。1,3-丁二烯的结构特征可以反映出共轭双烯的结构共性。

在1,3-丁二烯分子中,四个碳原子都是 $sp^2$ 杂化,相邻碳原子之间均以 $sp^2$ 杂化轨道沿轴向重叠形成 C—C σ 键,其余的 $sp^2$ 杂化轨道分别与氢原子的 1s 轨道形成

C—H σ 键。由于每个碳的三个 sp² 杂化轨道都处在同一平面上，所以，1,3-丁二烯是一个平面型分子。每个碳原子还有一个 p 轨道，这些 p 轨道均垂直于分子平面且彼此间互相平行重叠，形成一个离域的（delocalized）大 π 键，见图 9-1。离域 π 键的形成对键长、键角都会产生影响。图 9-2 列出了 1,3-丁二烯的键长和键角。

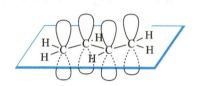

图 9-1  1,3-丁二烯的大 π 键

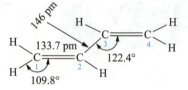

图 9-2  1,3-丁二烯的键长、键角

从图中数据可知，1,3-丁二烯分子中 C(1)—C(2)，C(3)—C(4) 之间的键长与单烯烃的双键键长近似，而 C(2)—C(3) 间的键长明显小于烷烃中碳碳单键的键长，这种现象称为键长的平均化。键长平均化是共轭烯烃的共性。

**习题 9-1** 下列分子中各存在哪些类型的共轭？画出这些共轭体系的 π 轨道示意图，并简述共轭对结构产生的影响。

(i) $CH_3-CH=CH-\overset{+}{\underset{|}{C}}-CH_3$  (ii) $CH_2=CH-CH=CH-\overset{\cdot}{C}H_2$
       $\quad\quad\quad\quad\quad\quad CH_3$

(iii) $CH_2=CH-\overset{\cdot}{C}H-CH=CH_2$  (iv) $CH_3-\overset{-}{C}H-CH=CH_2$

## 9.2 共轭烯烃的物理性质

（1）紫外（电子）吸收光谱——向长波方向移动  下面是乙烯、1,3-丁二烯、1,3,5-己三烯的紫外吸收光谱数据。

$CH_2=CH_2$        $CH_2=CH-CH=CH_2$        $CH_2=CH-CH=CH-CH=CH_2$
 185 nm                    217 nm                             258 nm

数据表明：分子中增加了共轭双键，分子的紫外（电子）吸收光谱将向长波方向移动，共轭双键的数目越多，吸收光谱向长波方向移动得也越多。

（2）易极化——折射率增高  折射率（index of refraction）是和分子的可极化性直接相联系的。一般来讲，一个化合物的分子折射率等于分子中各原子折射率的总和。对于饱和化合物，由各原子折射率加和计算的分子折射率符合实验值。烯烃分子由于存在 π 键，比较容易极化，其分子折射率的实验值比计算值高一些，一般高戊烯的分子折射率,计算值是 23.09,实验值是 24.83,差数是 1.74;己烯的分子折射率,计算值是 27.70,实验值是 29.65,差数是 1.95。

共轭双烯分子折射率的增量比隔离双烯高一些。例如,甲基-1,3-丁二烯,若只按两个双键而不考虑增量时计算值应为 20.89;若考虑双键的增量,计算值是 24.35;但实际测得的结果是 25.22。这说明,共轭烯烃的电子体系是很容易极化的。

1.70~1.95 之间。共轭烯烃因 π 电子的离域,比隔离烯烃更易极化,因此共轭烯烃的实测值比计算值更高。实测值与计算值的差数叫做双键的增量。这种增量也是分子可极化性大小的一种表现。由此可见,分子的折射率与碳原子彼此间的结合方式有关。从分子折射率的增高可以推断出分子中是否含有双键或其他的不饱和键。

(3) 趋于稳定——氢化热(hydrogenated heat)降低　烯烃催化加氢生成烷烃时放出的热称为氢化热。烯烃的稳定性可以从它们的氢化热数据反映出来,分子中每个双键的平均氢化热越小,分子就越稳定。表 9-1 列出几个烯烃的氢化热数据。

表 9-1　一些烯烃的氢化热数据

| 化合物 | 分子的氢化热 /(kJ·mol$^{-1}$) | 平均每个双键的氢化热 /(kJ·mol$^{-1}$) |
| --- | --- | --- |
| $CH_3CH=CH_2$ | 125.2 | 125.2 |
| $CH_3CH_2CH=CH_2$ | 126.8 | 126.8 |
| $CH_2=CH-CH=CH_2$ | 238.9 | 119.5 |
| $CH_3CH_2CH_2CH=CH_2$ | 125.9 | 125.9 |
| $CH_2=CHCH_2CH=CH_2$ | 254.4 | 127.2 |
| $CH_2=CH-CH=CHCH_3$ | 226.4 | 113.2 |

由表 9-1 中的数据可以看出:孤立二烯烃的氢化热约为单烯烃氢化热的两倍,因此孤立二烯烃中的两个双键可以看做各自独立地起作用;共轭二烯烃的氢化热比孤立二烯烃的氢化热低,这说明共轭二烯烃比孤立二烯烃稳定,共轭体系越大,稳定性越好。

> **习题 9-2**　下列各组化合物中哪个化合物更稳定?为什么?
> (i) 2-甲基-1,3-丁二烯,1,4-戊二烯　(ii) 2-乙基-1,3-己二烯,2-甲基-1,4-庚二烯

## 9.3　共轭双烯的特征反应——1,4-加成反应

在化学反应中,共轭双烯表现出和隔离双烯不同的一些特点。例如,1,4-戊二烯和亲电试剂溴加成时,如预料中的那样,先和一分子溴加成,生成 4,5-二溴-1-戊烯;若再加过量的溴,就得到饱和的四溴化合物。但在同样条件下,用 1,3-丁二烯分别

和溴或氯化氢加成时,不仅得到预料中的 3,4-二溴-1-丁烯或 3-氯-1-丁烯,同时也得到没有预料到的 1,4-二溴-2-丁烯或 1-氯-2-丁烯。这些反应可用下式表示:

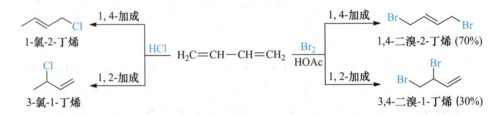

这说明,当共轭双烯和亲电试剂加成时,有两种加成方式。一种是试剂只和一个单独的双键反应,反应的结果是试剂的两部分加在两个相邻的碳原子上,这称为 1,2-加成,得到的产物为 1,2-加成产物。另一种是试剂加在共轭双烯两端的碳原子上,同时在中间两个碳上形成一个新的双键,这称为 1,4-加成,产物为 1,4-加成产物。发生 1,4-加成的原因是,当共轭体系的一端受到试剂进攻时,这种作用可以通过共轭体系传递到体系的另一端,这种电子效应称为共轭效应。

$$A^+ \dashrightarrow \underset{\delta-}{CH_2}=\underset{\delta+}{CH}-\underset{\delta-}{CH}=\underset{\delta+}{CH_2}$$

不管共轭体系有多大,共轭作用贯穿于整个体系中。由于共轭效应的存在,在共轭体系中,会出现电子云密度疏密交替分布的状况。1,4-加成时,共轭体系是作为整体参与反应的,这种共轭体系以整体形式参与的加成反应也称为共轭加成(conjugated addition)。研究证明,共轭双烯发生共轭加成是一种普遍现象。1,2-加成产物和 1,4-加成产物的比例由这个体系的结构本质所决定,也随反应条件如温度、溶剂等的改变而改变。多数情况下,总可以得到两种不同的产物,并且 1,4-加成的产物通常是主要的。1,3-丁二烯所具有的这种特性在其他共轭烯烃中也存在。

**习题 9-3** 下列化合物与等物质的量的 $Br_2$ 发生加成反应时,可能得到哪些产物?

(i) $CH_2=CH-CH_2-CH=CH_2$  (ii) $\begin{array}{c}CH_2=CH\\ \phantom{xx}\diagdown\\ \phantom{xxxx}C=C\\ \phantom{xxxxxx}\diagup\phantom{xx}\diagdown\\ \phantom{xxxxxxxx}H\phantom{xx}CH_3\end{array}$  (iii) ⬡  (iv) ⬡

**习题 9-4** 下列反应可能生成什么产物?为什么?

(i) $CH_2=\underset{\underset{CH_3}{|}}{C}-CH=CH_2$ + (1 mol) HBr $\xrightarrow{\text{无过氧化物}}$

(ii) $\begin{array}{c}H\phantom{xx}H\\\phantom{xx}\diagdown\phantom{xx}\diagup\\C=C\\\diagup\phantom{xxxx}\diagdown\\H_3C\phantom{xxxx}\phantom{xx}CH_3\\\phantom{xxxxxxxx}C=C\\\phantom{xxxxxxxx}\diagup\phantom{xxxx}\diagdown\\\phantom{xxxxxxxxxx}H\phantom{xxxx}H\end{array}$ + (1 mol) HCl ⟶

(iii) $\begin{array}{c}CH_2=CHCH_2\phantom{xxx}CH_3\\\phantom{xxxxxxxxxx}\diagdown\phantom{xx}\diagup\\\phantom{xxxxxxxxxx}C=C\\\phantom{xxxxxxxx}\diagup\phantom{xxxx}\diagdown\\\phantom{xxxxxxxx}H\phantom{xxxx}H\end{array}$ + (1 mol) $Cl_2$ ⟶

(iv) $\begin{array}{c}CH_2=CH\phantom{xxx}CH=CH_2\\\phantom{xxxxxx}\diagdown\phantom{xx}\diagup\\\phantom{xxxxxx}C=C\\\phantom{xxxx}\diagup\phantom{xxxx}\diagdown\\\phantom{xxxx}H\phantom{xxxx}H\end{array}$ + (1 mol) HBr ⟶

## （二）共 振 论

## 9.4 共振论简介

### 9.4.1 共振论的产生

价键理论强调电子运动的局部性,它认为:成对自旋相反的电子运动在两个原子核之间而使两个原子结合在一起的作用力称为共价键,电子的运动只与两个原子有关。因此价键理论又称为电子配对理论。它的基本要点参见 1.3.4。

应用价键理论可以为许多分子写出一个单一的价键结构式。例如甲烷、乙烯、乙炔的价键结构式如下:

$$\text{H}-\overset{\overset{\text{H}}{|}}{\underset{\underset{\text{H}}{|}}{\text{C}}}-\text{H} \qquad \overset{\text{H}}{\underset{\text{H}}{>}}\text{C}=\text{C}\overset{\text{H}}{\underset{\text{H}}{<}} \qquad \text{H}-\text{C}\equiv\text{C}-\text{H}$$

鲍林(L. Pauling),美国化学家。1901 年 2 月生于美国俄勒冈州波特兰市。1931 年创立了杂化轨道理论,1932 年提出电负性标度,1931—1933 年提出了共振论。1951 年与美国化学家柯瑞(Corey)合作研究氨基酸和多肽键,成为分子生物化学的奠基人之一。著有《化学键的本质》、《分子结构与晶体结构》、《量子力学导论》、《普通化学》等书。1954 年获诺贝尔化学奖,1962 年获诺贝尔和平奖。

这些结构式以直线代表价键(电子配对),一条直线为单键,二条直线为双键,三条直线为叁键,称之为经典结构式。它们能令人满意地说明它们所代表的分子的性质。

当用价键理论来写具有共轭体系的化合物的结构式时,发现经典结构式不能圆满地表示它们的结构。例如,1,3-丁二烯的经典结构式为 $\underset{1}{\text{H}_2\text{C}}=\underset{2}{\text{CH}}-\underset{3}{\text{CH}}=\underset{4}{\text{CH}_2}$,但实验测得的键长数据及其物理性质和化学性质表明,该化合物 C(1)—C(2) 之间和 C(3)—C(4) 之间的双键特性以及 C(2)—C(3) 之间的单键特性与通常的情况不完全相同。因此,化学家们开始寻找解决问题的方法。一个有代表性的电子结构理论——共振论(resonance theory)——就在这种情况下产生了。

### 9.4.2 共振论的基本思想

共振论的基本思想是,当一个分子、离子或自由基无法用价键理论以一个经典结构式圆满表达时,可以用若干经典结构式的共振来表达该分子的结构。也即共轭分子的真实结构式就是由这些可能的经典结构式叠加而成的。这样的经典结构式称为共振式(resonance formula)或极限式,相应的结构可看做共振结构(resonance structure)或极限结构。因此这样的分子、离子或自由基可认为是极限结构"杂化"而产生的杂化体(hybrid)。这个杂化体既不是极限结构的混合物,也不是它们的平衡体系,而是一个具有确定结构的单一体,它不能用任何一个极限结构来代替。例如,1,3-丁二烯可看做下面 7 个极限结构的杂化体,但这 7 个极限结构并不真实存在。

$$H_2C=CH-CH=CH_2 \leftrightarrow H_2\overset{-}{C}-CH=CH-\overset{+}{C}H_2 \leftrightarrow H_2\overset{+}{C}-CH=CH-\overset{-}{C}H_2 \leftrightarrow$$
(i) (ii) (iii)

$$H_2\overset{+}{C}-\overset{-}{C}H-CH=CH_2 \leftrightarrow H_2\overset{-}{C}-\overset{+}{C}H-CH=CH_2 \leftrightarrow H_2C=CH-\overset{-}{C}H-\overset{+}{C}H_2 \leftrightarrow H_2C=CH-\overset{+}{C}H-\overset{-}{C}H_2$$
(iv) (v) (vi) (vii)

实际上,极限结构是不存在的。只是目前尚未找到一个合适的结构式来表达这种杂化体,所以用一些极限式来表达它。

请注意:共振杂化与互变异构是两种完全不同的概念。

共振杂化体的表示方法是:在这些可能写出的极限式之间,用一个双向箭头把它们联系起来,表示它们彼此间的共振,就如上面式子中表示的那样。既然极限式不能真正代表杂化体,为什么还要应用它来表示杂化体?这是因为化学家应用经典结构式已多年,熟悉经典结构式与化合物性质之间的关系,他们根据这些极限式可以轻而易举地想象出杂化体所具有的性质。例如,从上面的极限式中可以想象出 C(1)—C(2),C(2)—C(3),C(3)—C(4)都是介于单双键之间的一种键,但 C(1)—C(2),C(3)—C(4)很接近双键,而 C(2)—C(3)具有较少双键的性质。

### 9.4.3 写共振极限式的原则

写共振极限式必须符合下列原则:所有的极限式都必须符合 Lewis 结构式;代表同一分子的极限式还必须有相同的原子排列顺序且具有相等的未成对的电子数。例如,上面 1,3-丁二烯的 7 个极限式都符合 Lewis 结构式,7 个式子的碳、氢排列是相同的,所有的式子都没有未成对的电子。下面三个式子不能作为 1,3-丁二烯的极限式:

思考:试写出五碳共轭体系"戊二烯基自由基"的共振极限式。

$$H_2C=CH=CH-CH_2 \qquad H_2C=CH-\overset{\cdot}{C}H-\overset{\cdot}{C}H_2 \qquad H_2C=C\begin{smallmatrix}\overset{\cdot\cdot}{C}H_2\\\overset{\cdot\cdot}{C}H_2\end{smallmatrix}$$
(A)  (B)  (C)

因为(A)式的 C-2 为 5 价、C-4 为 3 价,不符合 Lewis 结构式;(B)式有两个未成对的电子,与上面 7 个式子的未成对电子的数目不一致;(C)式与上面 7 个式子的原子排列顺序不相同。极限式之间的差别仅限于电子的排布。

### 9.4.4 共振极限结构稳定性的差别

不同的极限结构稳定性是不相同的。共振论认为:极限结构的电荷越分散,越稳定;原子具有完整价电子层的极限结构比原子不具有完整价电子层的极限结构稳定。所以,所有的原子都具有完整价电子层且不带电荷的极限结构是十分稳定的。对于所有原子都具有完整价电子层但带电荷的极限结构来讲,负电荷处在电负性较强原子上的极限结构比负电荷处在电负性较弱原子上的极限结构稳定;正电荷处在电负性较弱原子上的极限结构比正电荷处在电负性较强原子上的极限结构稳定。例如下面两个极限式,右式代表的结构比左式代表的结构稳定,因为在右式中,负电荷处在电负性较大的氧原子上:

$$:\overset{-}{C}H_2-CH=\overset{\cdot\cdot}{O}: \leftrightarrow CH_2=CH-\overset{\cdot\cdot}{\underset{\cdot\cdot}{O}}:^-$$

原子不具有完整的价电子层且带电荷的极限结构,稳定性较差。例如下面两个带正电荷的极限式,左式代表的结构比右式代表的结构稳定,因为右式中带正电荷的碳没有完整的价电子层:

$$CH_2=\ddot{O}-H \longleftrightarrow {}^+CH_2-\ddot{\ddot{O}}-H$$

表达同一分子的各极限式中,共价键数目越多的极限结构越稳定。例如在 7 个 1,3-丁二烯的极限式中,(i)式有 11 个共价键,其他各式只有 10 个共价键,所以(i)最稳定。电荷分离的极限结构稳定性较差。两个异号电荷相隔越远的极限结构稳定性越差,这是因为正负电荷之间有吸引力,要让它们分离必须提供一定的能量,分离越远,需要提供的能量越多。两个同号电荷相隔越近的极限结构稳定性越差,因为两个同号电荷之间有斥力,要让它们靠近也需要提供能量。因此,1,3-丁二烯的极限结构(iv),(v),(vi),(vii)比(ii),(iii)稳定。另外,键长、键角有改变的极限结构一般是不稳定的。虽然不同极限结构具有不同的能量,但任何一个极限结构的能量都高于杂化体。

### 9.4.5 共振极限结构对杂化体的贡献

不等价的极限结构对杂化体的贡献是不同的,越稳定的极限结构对杂化体的贡献越大。在 1,3-丁二烯中,(i)能量最低,贡献最大;(ii)→(vii)能量较高,贡献较少。等价的极限结构对杂化体有相同的贡献。因此,1,3-丁二烯的(ii)与(iii),(iv)与(vi),(v)与(vii)对杂化体的贡献分别是相等的。真实分子的性质在很大程度上依赖于贡献大的结构,因此(i)对 1,3-丁二烯的性质具有较大的影响。

共振论认为,由等价极限结构构成的体系具有巨大的共振稳定作用。因此,在一系列的极限结构中,当有两个或两个以上能量最低、结构相同或接近相同的极限结构时,它们参与共振最多,共振出来的杂化体也越稳定。例如,烯丙基正离子的两个极限式代表两个完全相同的结构,因此它们的共振杂化体是十分稳定的。

$$CH_2=CH-\overset{+}{C}H_2 \longleftrightarrow \overset{+}{C}H_2-CH=CH_2$$

共振论还规定:参加共振的极限结构数目越多,杂化体也就越稳定。

### 9.4.6 共振论的应用及缺陷

共振论使用化学家熟悉的语言、结构要素和物理模型,较简单地说明了一系列有机化合物的物理性质和化学性质,在有机化学中得到了一定程度的应用。例如,共振论对 1,3-丁二烯键长平均化的解释如下:1,3-丁二烯的 7 个极限结构中,(i)最稳定,贡献最大,因此共振杂化体的结构主要类似于(i)。(iv),(v),(vi),(vii)的贡献其次,这 4 个极限结构中,两个使 C(1)—C(2)呈双键,两个使 C(3)—C(4)呈双键。(ii),(iii)的贡献最小,它使 C(1)—C(2),C(3)—C(4)呈单键,而使 C(2)—C(3)呈双键。将这些极限结构对杂化体的贡献综合起来,结果 C(1)—C(2),C(3)—C(4)基本接近于双键,而 C(2)—C(3)之间有部分双键性质,但仍以单键为主。这就是 1,3-丁二烯键长平均化的原因。

共振论指出:1,3-丁二烯与溴化氢加成时,首先是 H⁺ 进攻 1,3-丁二烯。H⁺ 进攻中间碳原子产生的碳正离子不能发生共振,进攻端基碳原子产生的碳正离子可以发生共振,因极限结构越多越稳定,所以反应时 H⁺ 主要进攻端基碳原子。

思考:1,3,5-己三烯与溴化氢加成时可以得到哪些产物?为什么?

路线(1)产生的极限式(i)中 C-2 显正电性,极限式(ii)中 C-4 显正电性,它们都可以与 Br⁻ 结合,所以 1,3-丁二烯与溴化氢加成时,既可以得到 1,2-加成产物,又可以得到 1,4-加成产物。

对共振论的批评最突出的有下列几点:
(1) 共振论在芳香性征上失去了预见性,而且得出了与事实相反的结论。
(2) 参与共振的结构不是真实存在的。
(3) 共振论假定"分子是非激发态结构的共振杂化体",这一点肯定是不对的。
(4) "分子参加共振的数目越多,分子就越稳定"这条规则具有很大的任意性。

虽然在许多场合,共振论对实验事实作出了令人满意的解释,但对立体化学、反应过程中的激发态等问题的解释却显得无能为力。在有些方面,共振论得出的结论甚至是错误的。例如下面两个化合物,都有完全相同的极限式,但左边的化合物苯十分稳定,右边的化合物环丁二烯却十分活泼,以致在普通情况下无法将它制备出来。

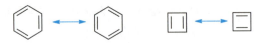

共振论的不足是由于它引入了一些任意的规定,例如,在选择极限结构时,许多激发态的结构常因不符合极限结构的要求而被忽略掉,在某些情况下,这是错误的。共振论将极限结构的数目与共振稳定作用的大小联系起来,极限结构越多,共振稳定作用越大,但极限结构的选择又有很大的任意性,这也会导致与事实不符的结论。

**习题 9-5** 下列各对极限式中,哪一个极限式代表的极限结构贡献较大?

(i) $CH_3-\overset{CH_3}{\underset{+}{C}}-CH=CH_2 \longleftrightarrow CH_3-\overset{CH_3}{C}=CH-\overset{+}{C}H_2$

(ii) $CH_3-\overset{·}{C}H-CH=CH_2 \longleftrightarrow CH_3-CH=CH-\overset{·}{C}H_2$

(iii) $^-CH_2-\overset{O}{\underset{\|}{C}}-CH_3 \longleftrightarrow CH_2=\overset{O^-}{\underset{|}{C}}-CH_3$

(iv) $^+CH_2-\overset{..}{\underset{..}{O}}-CH_3 \longleftrightarrow CH_2=\overset{+}{\underset{..}{O}}-CH_3$

(v) $CH_2=CH-CH=CH-\overset{+}{C}H-\bar{C}H_2 \longleftrightarrow {}^+CH_2-CH=CH-CH=CH-\bar{C}H_2$

(vi) $CH_2=CH-\overset{..}{\underset{..}{Br}}: \longleftrightarrow :\bar{C}H_2-CH=\overset{..}{\underset{..}{Br}}:^+$

**习题 9-6** 下列极限式中,哪个式子是错误的?为什么?

(i) $CH_2=CH-\dot{C}H_2 \longleftrightarrow \dot{C}H_2-\dot{C}H-\dot{C}H_2 \longleftrightarrow \dot{C}H_2-CH=CH_2$

(ii) $CH_2=CH-\overset{+}{C}H_2 \longleftrightarrow CH_2-\overset{+}{C}H \atop \underset{CH_2}{|} \longleftrightarrow \overset{+}{C}H_2-CH=CH_2$

(iii) $CH_2=CH-\overset{O}{\underset{\|}{C}}-CH_3 \longleftrightarrow CH_2=CH-\overset{OH}{\underset{|}{C}}=CH_2 \longleftrightarrow \overset{+}{C}H_2-CH=\overset{O^-}{\underset{|}{C}}-CH_3$

(iv) $^-\underset{..}{C}H_2-\overset{+}{N}\equiv N: \longleftrightarrow ^-\underset{..}{C}H_2-\underset{..}{N}=\overset{+}{N}: \longleftrightarrow CH_2=N=N:$

**习题 9-7** 碳酸根能写出几个等同的极限式？用共振的方式表示之。

**习题 9-8** 用共振论解释：为什么丙烯氯比乙烯氯易发生取代反应？

## （三）分子轨道理论对共轭多烯的处理

### 9.5 分子轨道理论的基本思想

分子轨道理论在处理分子时，并不引进明显的价键结构的概念。它强调分子的整体性，认为分子中的原子是按一定的空间配置排列起来的，然后电子逐个加到由原子实和其余电子组成的"有效"势场中，构成了分子。并将分子中单个电子的状态函数称为分子轨道，用波函数 $\psi(x,y,z)$ 来描述。每个分子轨道 $\psi_i$ 都有一个确定的能值 $E_i$ 与之相对应，$E_i$ 近似地等于处在这个轨道上的电子的电离能的负值，当有一个电子进占 $\psi_i$ 分子轨道时，分子就获得 $E_i$ 的能量。分子轨道是按能量高低依次排列的。参与组合的原子轨道上的电子则将按能量最低原理、Pauli 不相容原理和 Hund 规则进占分子轨道。根据电子在分子轨道上的分布情况，可以计算分子的总能量。π 键实际上是持有电子的围绕参与组合的原子实的 π 分子轨道。

### 9.6 1,3-丁二烯的 π 分子轨道及相关知识

1931 年，Hückel（休克尔）提出了一种计算 π 分子轨道及其能值的简单方法，称为 Hückel 分子轨道法（Hückel molecular orbital method）。用该法求出的 1,3-丁二烯的 π 分子轨道的能值数据如表 9-2 所示。

表 9-2 乙烯和 1,3-丁二烯的 π 分子轨道能值

| 化 合 物 | π 分子轨道能值 | |
| --- | --- | --- |
| 乙烯 | $E_1=\alpha+\beta$ | $E_2=\alpha-\beta$ |
| 1,3-丁二烯 | $E_1=\alpha+1.618\beta$ | $E_2=\alpha+0.618\beta$ |
|  | $E_3=\alpha-0.618\beta$ | $E_4=\alpha-1.618\beta$ |

规定：$\beta$ 为负值。

图 9-3 是 1,3-丁二烯的 π 分子轨道图和 π 分子轨道能级图。

从图中可知：$\psi_1$ 分子轨道是由四个原子轨道同相重叠形成的，当有电子进占时，同相重叠的结果使原子核之间的电子云密度加大，由于正负电荷相互吸引，所以同相重叠倾向于把原子拉在一起，形成稳定的化学键，从而使体系能量降低，这样的分子轨道称为成键轨道。$\psi_4$ 分子轨道是由四个原子轨道的异相重叠形成的，当有电子进占时，异相重叠使两个原子轨道产生减弱性的干涉作用而相互排斥，使电子处于离核较远的地方，因此在两原子之间形成一个电子云密度为零的截面，这个截面称为节面（node）。节面的存在说明两个原子核之间缺少足够的电子云屏障，因此使两个原子核相互排斥，起了削弱和破坏化学键的作用，它使体系能量升高，所以称它为反键轨道。在 $\psi_2$ 分子轨道中，C(1)—C(2)、C(3)—C(4) 之间原子轨道是同相重叠的，C(2)—C(3) 之间原子轨道是异相重叠的，因为同相重叠的数目大于异相重叠的数目，所以它也是成键轨道。但与 $\psi_1$ 相比，$\psi_2$ 是一个弱的成键轨道。$\psi_3$ 与 $\psi_2$ 的情况相反，所以 $\psi_3$ 是一个弱的反键轨道。总体来看，1,3-丁二烯的四个碳原子的 p 原子轨道形成了四个分子轨道，两个是成键分子轨道，两个是反键分子轨道。

思考：请分析 1,3-丁二烯的四个 π 分子轨道各有几个节面？

思考：为什么 $\psi_3$ 和 $\psi_4$ 是反键轨道？为什么 $\psi_4$ 的能级比 $\psi_3$ 的能级高？

思考：激发态时，1,3-丁二烯的 π 电子应该如何分配？

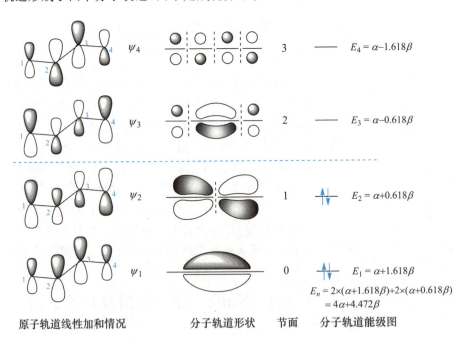

原子轨道线性加和情况　　分子轨道形状　　节面　　分子轨道能级图

图 9-3　1,3-丁二烯的 π 分子轨道和分子轨道能级示意图

基态时，1,3-丁二烯处于能量最低的状态，四个 π 电子中两个占有 $\psi_1$，两个占有 $\psi_2$，它们分布在围绕四个碳原子的两个分子轨道中。这种围绕三个或三个以上原子的分子轨道称为离域分子轨道（delocalization molecular orbital），由它们形成的化学键称为离域键（delocalized bond）。由于 $\psi_1$ 和 $\psi_2$ 对 C(1)—C(2)、C(3)—C(4) 都起成键作用，因此它们具有很强的 π 键性质。$\psi_1$ 对 C(2)—C(3) 起成键作用，$\psi_2$ 对 C(2)—C(3) 起反键作用，从电子云的分布来看，成键作用大于反键作用，所以 C(2)—

C(3)之间也有一些 π 键的性质,但比 C(1)—C(2),C(3)—C(4) 弱。

每个 π 电子所具有的能量是由它所占有的分子轨道决定的,一个进占 $\psi_1$ 的 π 电子具有 $E_1$ 即 $\alpha+1.618\beta$ 的能量,一个进占 $\psi_2$ 的 π 电子具有 $E_2$ 即 $\alpha+0.618\beta$ 的能量。分子中所有 π 电子能量之和称为 π 电子总能量,用 $E_\pi$ 表示。乙烯分子中的 π 电子处在只围绕两个原子的分子轨道上,这种围绕两个原子的分子轨道称为定域轨道(localized orbital)。由它们形成的化学键称为定域键(localized bond)。乙烯有两个定域的 π 分子轨道:$\psi_1$ 是成键的 π 分子轨道,能量为 $\alpha+\beta$;$\psi_2$ 是反键的 π 分子轨道,能量为 $\alpha-\beta$。乙烯的两个 π 电子占有 $\psi_1$,所以它的 $E_\pi=2\alpha+2\beta$。电子的离域会使体系的能量降低,降低的能量称为离域能(delocalized energy),离域能可以用下面的公式进行计算:

$$离域能 = 离域的 E_\pi - 定域的 E_\pi$$

1,3-丁二烯的四个 π 电子处在离域的分子轨道上,离域的 $E_\pi=4\alpha+4.472\beta$(见图 9-3)。如果它不发生离域,四个 π 电子应处在两个定域的 π 键中,这相当于两个乙烯 $E_\pi$ 的能量,即 $4\alpha+4\beta$。所以 1,3-丁二烯的离域能为

$$(4\alpha+4.472\beta)-(4\alpha+4\beta)=0.472\beta$$

$\beta$ 是负值,$\beta$ 前面的系数越大,表示该体系降低的能量越多,即离域能大,体系稳定。

## 9.7 直链共轭多烯 π 分子轨道的特征

同样可以画出乙烯、烯丙基正离子、戊二烯基负离子、1,3,5-己三烯的 π 分子轨道示意图(图 9-4,图中没有考虑系数和键角)。

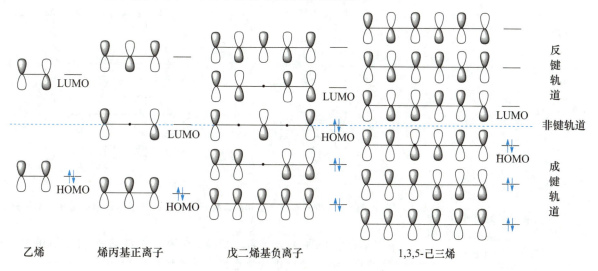

图 9-4 直链共轭多烯的 π 分子轨道示意图

在 π 分子轨道中，若碳原子的位置上电子云密度等于 0，仍需要用黑点"·"将碳原子的位置表示出来。

图 9-4 中，虚线以下的为成键轨道，其能量低于碳的 p 原子轨道的能量；虚线以上的为反键轨道，其能量高于碳的 p 原子轨道的能量；处于虚线位置的轨道为非键轨道(nonbonding orbital)，在非键轨道上，两个相邻碳原子之间既无同相重叠，又无异相重叠，其能量与碳的 p 原子轨道能量相同。同一分子中，在占有电子的各个分子轨道中，能量最高的分子轨道称为最高占有轨道，用 HOMO(highest occupied molecular orbital)表示。在未被电子占有或占满的各个分子轨道中，能量最低的分子轨道称为最低未占轨道，用 LUMO(lowest unoccupied molecular orbital)表示。

从图 9-4 中，我们可以得出直链共轭多烯 π 分子轨道的一些规律：

(1) 分子轨道都具有对称性。直链共轭多烯的 π 分子轨道，对镜面($m$)的对称性，从能量最低的轨道 $\psi_1$ 算起，按对称、反对称、对称、反对称的规律依次交替变化；而对二重旋转轴($C_2$)的对称性，则按反对称、对称、反对称、对称的规律依次交替变化。

(2) 分子轨道的节面数由 $\psi_1$ 到 $\psi_n$ 按 0，1，2，…的顺序依次增加，同一分子中，分子轨道的能量值随节面数增多而增高。

(3) 对于含有 $n$ 个碳原子的直链共轭多烯体系，当 $n$ 为偶数时，有 $n/2$ 个成键轨道和 $n/2$ 个反键轨道；当 $n$ 为奇数时，则有 $(n-1)/2$ 个成键轨道，$(n-1)/2$ 个反键轨道和 1 个非键轨道。

在奇数碳自由基如烯丙基自由基、戊二烯基自由基的体系中，π 电子的分布如图 9-5 所示。

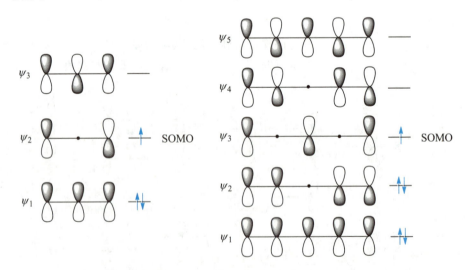

**图 9-5** 烯丙基自由基和戊二烯基自由基的分子轨道示意图及 π 电子分布

在所有占有电子的轨道中，SOMO 是能量最高的，所以 SOMO 是 HOMO；在所有未占或未占满电子的轨道中，SOMO 是能量最低的，所以 SOMO 又是 LUMO。

烯丙基自由基的 $\psi_2$ 分子轨道和戊二烯基自由基的 $\psi_3$ 分子轨道中都只有一个 π 电子，这种只有一个电子的轨道称为单占轨道，用 SOMO(single occupied molecular orbital)表示。SOMO 既是 HOMO，又是 LUMO。

## 9.8 用分子轨道理论解释1,3-丁二烯的特性

(1) 对键长平均化的解释 1,3-丁二烯的 4 个 π 电子中两个占据 $\psi_1$,两个占据 $\psi_2$,$\psi_1$、$\psi_2$ 叠加的结果则为 1,3-丁二烯 π 电子云的分布。从图 9-3 可知,1,3-丁二烯的两端碳碳键的 π 电子云密度较大,所以 C(1)—C(2)、C(3)—C(4) 的键长接近于双键;中间碳碳键也有 π 电子云,但密度较小,所以 C(2)—C(3) 的键长介于双键与单键之间,这就是 1,3-丁二烯键长平均化的原因。

(2) 对吸收光谱向长波方向移动的解释 当受紫外线照射时,乙烯分子和 1,3-丁二烯分子成键轨道上的电子都会吸收能量跃迁到反键轨道上去。图 9-6 表明:激发乙烯分子的一个 π 电子所需能量为 $-2\beta$;激发 1,3-丁二烯分子的一个 π 电子所需能量为 $-1.236\beta$,比前者少。跃迁能量与波长的关系式是 $\Delta E = h/\lambda$,所以与乙烯相比,1,3-丁二烯的电子跃迁吸收光谱向长波方向移动。共轭体系越大,电子最高占有轨道和最低未占轨道之间的能差越小,吸收光谱向长波方向移动得也越多。

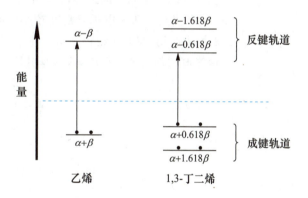

**图 9-6 乙烯、1,3-丁二烯的电子跃迁**

(3) 对共轭体系折射率增高的解释 乙烯分子中的 π 电子是围绕两个碳原子运动的;1,3-丁二烯的 4 个 π 电子是围绕 4 个碳原子运动的,由于 π 电子的运动范围扩大,所以核对电子的束缚能力减弱,π 电子就较易极化。这就是 1,3-丁二烯的折射率较乙烯高的原因。共轭体系越大,π 电子的运动范围越大,折射率增高越多。

(4) 对共轭体系稳定性的解释 化合物的稳定性与体系能量有关,体系能量越低,化合物越稳定。前面已经讲过,乙烯分子的 $E_\pi$ 为 $2\alpha+2\beta$,而 1,3-丁二烯的 $E_\pi$ 为 $4\alpha+4.472\beta$,比孤立双烯的 $E_\pi$ 多 $0.472\beta$(参见 9.6),因为 $\beta$ 是负值,所以双键共轭后,体系的能量降低了。这就是共轭体系趋于稳定的原因。

(5) 对 1,3-丁二烯可以发生 1,4-加成反应的解释 1,3-丁二烯与溴化氢的加成是亲电加成,总是正电性的氢先和 1,3-丁二烯分子反应。$H^+$ 是进攻端基碳原子还是进攻中间碳原子?最高占有轨道上的电子是最活泼的,因此该轨道上的 π 电子云的分布对亲电试剂进攻的位置起主要作用。图 9-3 表明,在 1,3-丁二烯的最高占有

轨道上，C-1，C-4 上的 π 电子云的密度较 C-2，C-3 上的高，所以 H⁺ 首先进攻端基碳原子，从 π 键中取得一对电子。此时与 H⁺ 结合的端基碳原子由原来的 sp² 杂化转变为 sp³ 杂化，4 个 sp³ 杂化轨道形成 4 个 σ 键，分子中剩下的一对 p 电子分布在 C-2，C-3，C-4 之间，同时还带有一个正电荷，因此 C-2，C-3，C-4 的关系相当于一个烯丙基碳正离子。离域的烯丙基碳正离子显然要比一级碳正离子稳定，这也是 H⁺ 首先进攻端基碳原子的一个原因。

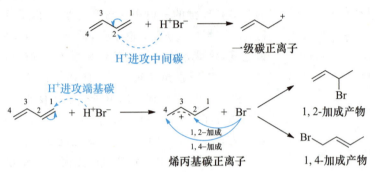

烯丙基碳正离子的最高占有轨道是它的 $\psi_1$，$\psi_1$ 上的电子云分布如图 9-7 所示。Br⁻ 离子当然应和 π 电子云密度较小（即正性较大）的 C-2，C-4 结合，与 C-2 结合得 1,2-加成产物，与 C-4 结合则得 1,4-加成产物。上述分析同样适用于 1,3-丁二烯与其他亲电试剂的加成反应，这就是共轭双烯能发生 1,4-加成的原因。

图 9-7　烯丙基碳正离子 $\psi_1$ 的电子云分布

1,2-加成产物与 1,4-加成产物的比例及反应温度有关。下面是两组实验数据：

(i) ⟶ + HBr ─无过氧化物→ 1,2-加成产物 + 1,4-加成产物

|  | 1,2-加成产物 | 1,4-加成产物 |
|---|---|---|
| −80 ℃ | 80% | 20% |
| 40 ℃ | 20% | 80% |

(ii) ⟶ + Br₂ ⟶ 1,2-加成产物 + 1,4-加成产物

|  | 1,2-加成产物 | 1,4-加成产物 |
|---|---|---|
| −15 ℃ | 54% | 46% |
| 60 ℃ | 20% | 80% |

实验数据表明，低温以 1,2-加成产物为主，升高反应温度则有利于 1,4-加成产物的生成。1,3-丁二烯与 HBr 的亲电加成反应分两步进行。1,2-加成和 1,4-加成的第

一步是相同的,都是 $H^+$ 进攻 1,3-丁二烯的端基碳原子生成碳正离子和 $Br^-$。第二步是不相同的,$Br^-$ 与 C-2 结合的过渡态势能比 $Br^-$ 与 C-4 结合的过渡态势能低,因此 1,2-加成的反应速率快,所以在低温反应时 1,2-加成产物比例大,称 1,2-加成产物是动力学(速率)控制(kinetic control)的产物;1,4-加成产物比 1,2-加成产物内能低,比较稳定,因此达到平衡时 1,4-加成产物比率高,称 1,4-加成产物是热力学控制(thermodynamic control)的产物。1,2-加成产物和 1,4-加成产物可以通过碳正离子互相转变:

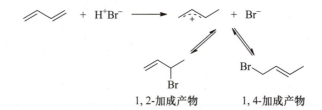

伍德沃德(R. B. Woodward, 1917—1979),美国化学家。1941 年合成了奎宁,1946 年确定了马钱子碱的结构,1954 年合成了马钱子碱、羊毛甾醇、麦角醇等,1960 年合成了叶绿素,1962 年合成了四环素,1964 年合成了河豚毒素,1965 年获诺贝尔化学奖,1972 年合成了维生素 $B_{12}$。

从能量分析可以看出,1,4-加成产物内能较低,必须跨越较高的能垒才能转变为 1,2-加成产物;而 1,2-加成产物转变成 1,4-加成产物要容易得多。所以,升高反应温度、延长反应时间都对 1,4-加成产物的生成有利。

**习题 9-9** 画出戊二烯基正离子的 π 分子轨道示意图及 π 电子的排布,并指出哪一个轨道是 HOMO,哪一个轨道是 LUMO。

## (四) 周 环 反 应

在 20 世纪 60 年代,化学家总结并研究了一类无法用离子型机理和自由基型机理解释的反应——周环反应(pericyclic reaction)。下面我们来学习有关这类反应的一些理论和实验事实。

## 9.9 周环反应和分子轨道对称守恒原理

### 9.9.1 周环反应及其特点

在化学反应过程中,能形成环状过渡态(cyclic transition state)的协同反应(synergistic reaction)统称为周环反应。协同反应是一种基元反应(elementary reaction)。协同反应的含义是:在反应过程中,若有两个或两个以上的化学键断裂和形成,都必须相互协调地在同一步骤中完成。例如在下面的反应中,1,3-丁二烯的两根

许多重要的化学反应，如：Claisen（克莱森）重排、Cope（柯普）重排、Diels-Alder（狄尔斯-阿尔德）反应、1,3-偶极环加成（1,3-dipole cycloaddition）反应以及 1960 年前后发现的电环化反应（electrocyclic reaction）等都具有所述的特点。

π 键和乙烯的 π 键将断裂，而产物环己烯的 π 键和两根 σ 键将形成，三根旧键的断裂和三根新键的形成是经过一个六元环状过渡态，互相协调地在同一步骤中完成的。周环反应遵循微观可逆性原理。

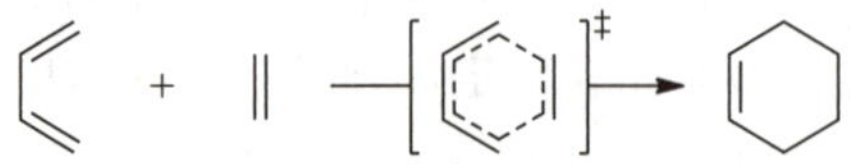

环状过渡态

周环反应具有如下特点：
（1）反应过程中没有自由基或离子这一类活性中间体产生。
（2）反应速率极少受溶剂极性和酸、碱催化剂的影响，也不受自由基引发剂和抑制剂的影响。
（3）反应条件一般只需要加热或光照，而且在加热条件下得到的产物和在光照条件下得到的产物具有不同的立体选择性（stereoselectivity），是高度空间定向反应。

例如，1961 年荷兰莱登（Leiden）大学的学者 Havinga（哈文加）等在研究维生素 D 时发现，预钙化甾醇的光照关环产物和加热关环产物的立体选择性不同，这从下面的反应式可以看出：

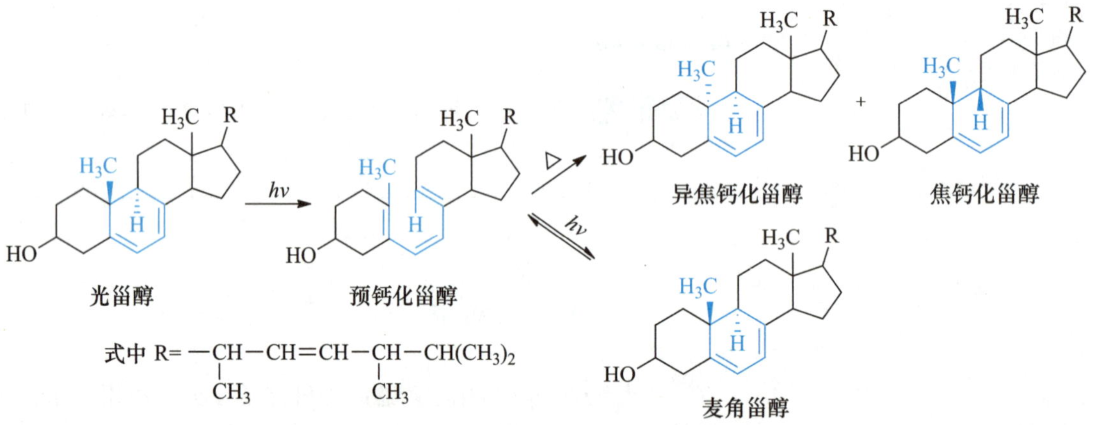

光甾醇　　　预钙化甾醇　　　异焦钙化甾醇　　焦钙化甾醇

式中 R= —CH—CH=CH—CH—CH(CH$_3$)$_2$
　　　　　　|　　　　　　|
　　　　　 CH$_3$　　　　CH$_3$

麦角甾醇

### 9.9.2　分子轨道对称守恒原理

美国著名的有机化学家 R. B. Woodward（伍德沃德）在进行 VB$_{12}$ 的合成研究中，也意外地发现了电环化反应（参见 9.11.1）在加热和光照条件下具有不同的立体选向性。这引起了他极大的兴趣和关注，他和量子化学家 R. Hoffmann（霍夫曼）一起，携手合作，以大量的实验事实为依据，从实践和理论两个方面去探索这些反应的规律，终于发现：分子轨道对称性是控制这类反应进程的关键因素。

分子轨道对称守恒原理认为：化学反应是分子轨道进行重新组合的过程，在一个协同反应中，分子轨道的对称性是守恒的，即由原料到产物，轨道的对称性始终不变，因为只有这样，才能用最低的能量形成反应中的过渡态。因此分子轨道的对称性控制着整个反应的进程。

分子轨道对称守恒原理运用前线轨道理论（frontier orbital theory）和能量相关理论（energy correlation theory）来分析周环反应，总结出了周环反应的立体选择规则，并应用这些规则来判别周环反应能否进行，以及反应的立体化学进程，这是近代有机化学的最大成果之一。芳香过渡态理论（aromatic transition state theory）从另一个角度来分析协同反应的进程，最后在判断反应进行的方式及立体化学选择规则方面也基本上得到了一致的结论。本章主要学习前线轨道理论的应用，对能量相关理论和芳香过渡态理论只作简单的介绍。

## 9.10 前线轨道理论的概念和中心思想

前线轨道理论最早是由日本的福井谦一提出的。1952 年，他以量子力学为理论基础，从化学键理论的发展出发，首先提出了前线分子轨道（frontier molecular orbital，用 FOMO 表示）和前线电子（frontier electron）的概念。他将已占有电子的能级最高的轨道称为最高占有轨道，用 HOMO 表示；未占有电子的能级最低的轨道称为最低未占有轨道，用 LUMO 表示（参见 9.7）。有的共轭体系中含有奇数个电子，它的已占有电子的能级最高的轨道中只有一个电子，这样的轨道称为单占轨道（single occupied molecular orbital），用 SOMO 表示。单占轨道既是 HOMO，又是 LUMO。HOMO 和 LUMO 统称为前线轨道，处在前线轨道上的电子称为前线电子。

原子之间发生化学反应，起关键作用的电子是价电子，这一点已是人们的共识。前线轨道理论认为，分子中也有类似于单个原子的"价电子"的电子存在，分子的价电子就是前线电子。这是因为，分子的 HOMO 对其电子的束缚较为松弛，具有电子给予体的性质，而 LUMO 则对电子的亲和力较强，具有电子接受体的性质，这两种轨道最易互相作用。因此，在分子间的化学反应过程中，最先作用的分子轨道是前线轨道，起关键作用的电子是前线电子。

周环反应主要包括电环化反应（electrocyclic reaction）、环加成反应（cycloaddition reaction）和 σ 迁移反应（σ migrate reaction）。下面将依次学习这三类反应及前线轨道理论在这三类反应中的应用。

## 9.11 电环化反应及前线轨道理论对电环化反应的处理

### 9.11.1 电环化反应的定义和描述立体化学的方法

在光或热的作用下，共轭烯烃末端两个碳原子的 π 电子环合成一个 σ 键，从而形成比原来分子少一个双键的环烯烃，或它的逆反应——环烯烃开环——变为共轭烯烃，这类反应统称为电环化反应。例如，反-3,4-二甲基环丁烯在加热条件下（基态）开环成为 $(E,E)$-2,4-己二烯，后者在光的作用下（激发态）又关环为顺-3,4-二甲基环丁烯。

有时，也将由链烯烃形成环烯烃的电环化反应称为电环合反应。而将由环烯烃转变为链烯烃的电环化反应称为电开环反应。

反-3,4-二甲基环丁烯　　(E,E)-2,4-己二烯　　顺-3,4-二甲基环丁烯

思考：请画出在电环化反应中，共轭体系两端的碳原子是如何将 π 键转变成 σ 键的。

π 键是由轨道经侧面重叠形成的，而 σ 键是轨道经轴向重叠形成的，因此在发生电环化反应时，末端碳原子的键必须旋转。电环化反应常用顺旋（conrotatory）和对旋（disrotatory）来描述不同的立体化学过程。顺旋是指两个键朝同一方向旋转，可分为顺时针顺旋和逆时针顺旋两种。对旋是指两个键朝相反的方向旋转，可分为内向对旋和外向对旋两种。

顺时针顺旋　　逆时针顺旋　　内向对旋　　外向对旋

霍夫曼（Hoffmann Roald），1937 年 7 月 18 日生于波兰兹洛佐夫。1955 年成为美国公民。自 1969 年以后，先后获各种奖项十余次，其中有国际量子分子科学会奖（1970 年）、美国化学会有机化学奖（1973 年，与 Woodward 共享）、诺贝尔化学奖（1981 年，与福井谦一共享）、国家科学奖章（1983 年）等。他先后接受过 11 所大学的名誉博士学位，还当选为美国国家科学院院士（1972 年）、印度国家科学院外籍院士（1983 年）、瑞典皇家科学院外籍院士（1985 年）、前苏联科学院外籍院士。

1965 年，Woodward 和 Hoffmann 在《美国化学会志》(J. Am. Chem. Soc.)上发表了题为"分子轨道对称守恒定理（Conservation Principle of the Molecular Orbital Symmetry）"的文章，1970 年又出版了《分子轨道对称守恒》一书。

## 9.11.2　前线轨道理论处理电环化反应的原则和分析

前线轨道理论认为，一个共轭多烯分子在发生电环化反应时，起决定作用的分子轨道是共轭多烯的 HOMO。为了使共轭多烯两端的碳原子的 p 轨道旋转关环生成 σ 键时经过一个能量最低的过渡态，这两个 p 轨道必须发生同位相的重叠（即重叠轨道的波相相同），因此，电环化反应的立体选择性主要取决于 HOMO 的对称性。

现在应用前线轨道理论来分析 (2Z,4E)-2,4-己二烯的关环反应，其实验结果如下：

(2Z,4E)-2,4-己二烯

(3R,4S)-3,4-二甲基环丁烯

(3S,4S)-3,4-二甲基环丁烯　　(3R,4R)-3,4-二甲基环丁烯

从上面的反应式可以看出，在加热条件下得到的产物与在光照条件下得到的产物有不同的立体选择性。前线轨道理论对该关环反应结果的分析如图 9-8、图 9-9 所示。

图 9-8 和图 9-9 表明：(2Z,4E)-2,4-己二烯有 4 个 π 分子轨道和 4 个 π 电子，基态（ground state）时，4 个 π 电子占据 $\psi_1$、$\psi_2$，所以 $\psi_2$ 是 HOMO；从 $\psi_2$ 的对称性可知，要使关环时发生同位相重叠，必须采取顺旋关环的方式，结果只得到一种关环产物 (3R,4S)-3,4-二甲基环丁烯，与实验结果相符。光照时，$\psi_2$ 上的一个电子跃迁到 $\psi_3$

此时 $\psi_3$ 是 HOMO；从 $\psi_3$ 的对称性可知，为了使关环时发生同位相重叠，必须采取内向对旋或外向对旋关环，结果得到两个产物：(3S,4S)-3,4-二甲基环丁烯和(3R,4R)-3,4-二甲基环丁烯，这也与实验结果相符。

$C_2$ 表示二重旋转轴；$m$ 表示镜面；S 表示对称；A 表示反对称；$\psi$ 表示分子轨道。

福井谦一（Fukui Kenichi），日本化学家。1918 年 10 月 4 日生于日本奈良县南部井户野町。1952 年他发表了关于前线分子轨道理论的第一篇论文"芳香碳氢化合物中反应性的分子轨道理论"，奠定了福井学说的基础。1964 年他在 D-A 反应中首次发现了轨道对称性对于控制化学反应性的决定作用［比 Woodward 和 Hoffmann 在《美国化学会志》（J. Am. Chem. Soc.）上发表的"分子轨道对称性守恒定理"早一年］。1970 年他在论文中首次提出"在反应势能面上确定反应坐标"的严格方案，为定量研讨反应途径奠定了数学基础。1981 年 4 月被美国科学院评为外籍院士。1981 年 12 月他与 Hoffmann 教授一起获 1981 年诺贝尔化学奖；当月还被选为欧洲艺术、科学、文学科学院院士。

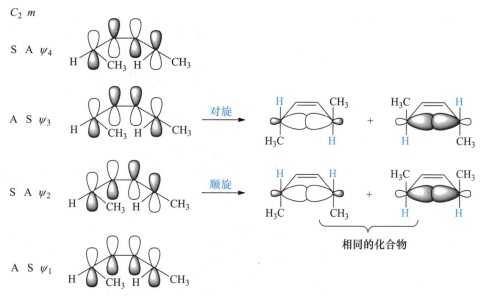

**图 9-8** (2Z,4E)-2,4-己二烯的分子轨道对称性及其与旋转关环方式的关系

**图 9-9** (2Z,4E)-2,4-己二烯基态和激发态的电子分布

再应用前线轨道理论来分析(2Z,4Z,6Z)-2,4,6-辛三烯的关环反应，其实验结果如下：

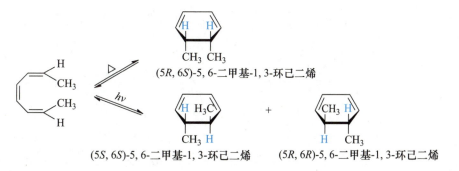

从上面的反应式同样可以看出，在加热条件下得到的产物与光照条件下得到的产物有不同的立体选择性。前线轨道理论对该关环反应结果的分析如图 9-10、图 9-11 所示。

思考：请用前线轨道理论分析，下列化合物在加热条件下和光照条件下各得到什么产物？
(1) (2Z,4Z)-2,4-己二烯；
(2) (2E,4E,6E)-2,4,6-辛三烯。

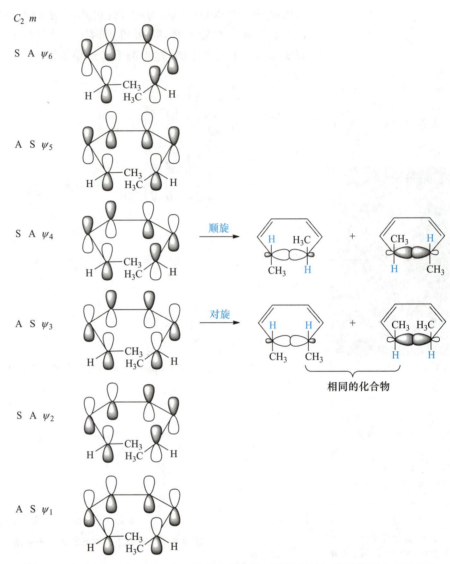

图 9-10　(2Z,4Z,6Z)-2,4,6-辛三烯的分子轨道对称性及其与旋转关环方式的关系

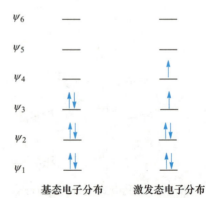

图 9-11　(2Z,4Z,6Z)-2,4,6-辛三烯基态和激发态的电子分布

图9-10和图9-11表明：(2Z,4Z,6Z)-2,4,6-辛三烯有6个π分子轨道和6个π电子，基态时，6个π电子占据$\psi_1,\psi_2,\psi_3$，所以$\psi_3$是HOMO；从$\psi_3$的对称性可知，要使关环时发生同位相重叠，必须采取对旋关环的方式，结果得到内消旋(5R,6S)-5,6-二甲基-1,3-环己二烯，与实验结果相符。光照时，$\psi_3$上的一个电子跃迁到$\psi_4$，此时$\psi_4$是HOMO；从$\psi_4$的对称性可知，为了使关环时发生同位相重叠，必须采取顺旋关环，结果得到(5S,6S)-5,6-二甲基-1,3-环己二烯和(5R,6R)-5,6-二甲基-1,3-环己二烯两种产物，这也与实验结果相符。

### 9.11.3 电环化反应的立体选择规则和应用实例

共轭多烯烃的π分子轨道对$C_2$旋转轴的对称性是按反对称、对称交替变化的，而对镜面$m$的对称性是按对称、反对称交替变化的(参见9.7)。因此，所有属于$4n$体系的共轭多烯在基态时的HOMO都有相同的对称性，加热时都必须采取顺旋关环的方式；它们在激发态时的HOMO也都有相同的对称性，所以光照时都必须采取对旋关环的方式。所有属于$4n+2$体系的共轭多烯在基态时的HOMO也都有相同的对称性，加热时必须采取对旋关环的方式；同样，它们在激发态时的HOMO也都有相同的对称性，所以光照时必须采取顺旋关环的方式。

将电环化反应的立体选择性进行归纳总结，可以得到如表9-3所示的规则。

表中的禁阻是指对称性禁阻(symmetry forbidden)，这种禁阻仅指反应按协同机理进行时活化能很高，但并不排除反应按其他机理进行的可能性。允许是指对称性允许(symmetry allowed)，其含义是反应按协同机理进行时活化能较低。

**表9-3　电环化反应的选择规则**

| π电子数 | $4n+2$ | | $4n$ | |
|---|---|---|---|---|
| 顺旋 | △(基态) | $h\nu$(激发态) | △(基态) | $h\nu$(激发态) |
| | 禁阻 | 允许 | 允许 | 禁阻 |
| 对旋 | △(基态) | $h\nu$(激发态) | △(基态) | $h\nu$(激发态) |
| | 允许 | 禁阻 | 禁阻 | 允许 |

应用此表需要注意的是：无论是链形共轭烯烃转变为环烯烃，还是环烯烃转变为链形共轭烯烃，表中的π电子数均指链形共轭烯烃的π电子数。

电环化反应是可逆反应，正反应和逆反应经过的途径是一致的，关环时采取的旋转方式在开环时也适用。因此，在基态时处理电环化反应须注意平衡反应朝哪一个方向进行更为有利。下面结合几个实例来说明这个问题。

化合物(ii)是桥环化合物，其系统命名首先要满足桥环化合物的系统命名的原则要求。

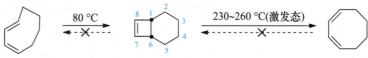

(i) (Z,E)-1,3-环辛二烯　　(ii) (1R,6S)-二环[4.2.0]-7-辛烯　　(iii) (Z,Z)-1,3-环辛二烯

十元以下的非扩张环能量较高，不稳定。

上面实例中的化合物都属于$4n$π电子体系，在基态时应发生顺旋关环或顺旋开环，但实验证明(i)能顺旋关环生成(ii)，但(iii)不能顺旋关环生成(ii)。这是因为(i)是一个八元非扩张环，能量比环丁烯还高，平衡有利于正向反应。高温加热处在激发态时，$4n$π电子体系应发生对旋开环或对旋关环，但实验证明，(ii)能对旋开环生成

(iii)，而(iii)不能对旋关环生成(ii)。这是因为环丁烯的张力很大，体系能量很高，而(Z,Z)-1,3-环辛二烯是扩张环，能量相对较低，所以反应朝生成(iii)的方向进行。

但在激发态时，可以通过选择适当的波长来控制反应的方向。例如

> (ii)是桥环化合物，按桥环化合物的编号原则编号。

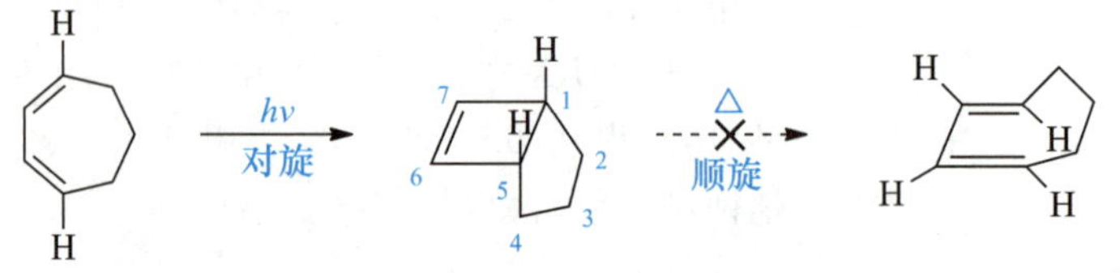

(i) (Z,Z)-1,3-环庚二烯　　(ii) (1R,5S)-二环[3.2.0]-6-庚烯　　(iii) (Z,E)-1,3-环庚二烯

上面实例中的化合物也属于 $4n\pi$ 电子体系，在基态时(ii)不能经顺旋开环生成(iii)，因为(iii)有一个 $E$ 型双键，张力太大。在激发态时，似乎(ii)应该经对旋开环生成较为稳定的(i)，而实际是由于共轭双烯比环烯能更有效地吸收光能，若选择适当波长的光辐射，可以使(i)在光照下转变为(ii)。许多表面上看张力很强的化合物，在光照条件下，由于受分子轨道对称性的控制实际上是稳定的。例如，1,2,4-三(三级丁基)苯经光照射后，可制成杜瓦苯的衍生物：

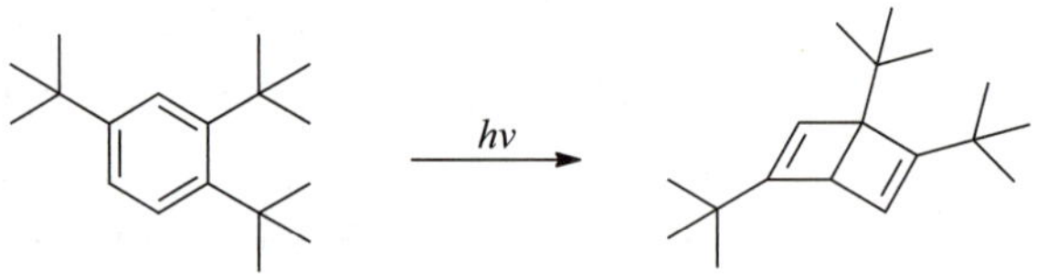

用下列化合物进行光激发反应，还可以得到非取代的杜瓦苯：

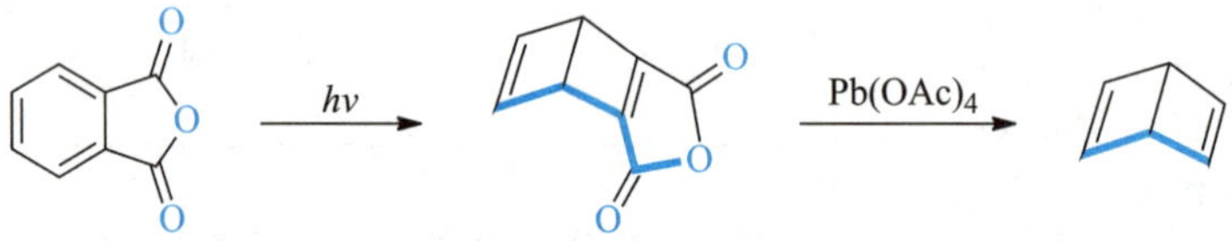

带正电荷或带负电荷的共轭烯烃也能发生电环化反应，例如

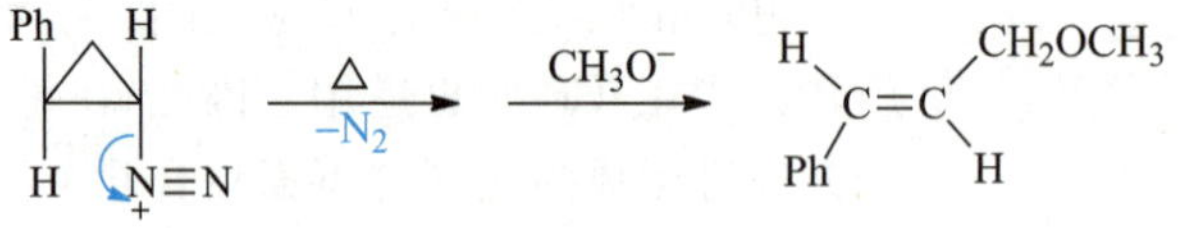

这一反应事实可以用下面的反应机理来说明：

> 甲氧基负离子与端碳原子结合，产物中的碳碳双键与苯环共轭，产物相对稳定。

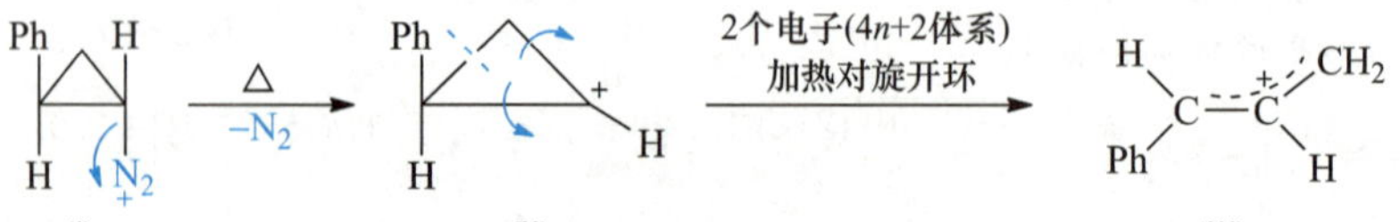

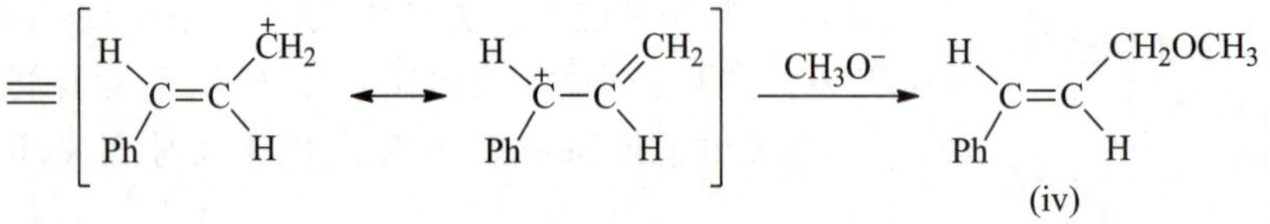

首先化合物(i)失去氮气生成苯基环丙基正离子(ii);从广义上看,(ii)的三元环属于$(4n+2)\pi$电子体系,可以对旋开环生成苯丙基正离子(iii);(iii)再和甲氧基负离子结合生成(iv)。

**习题 9-10** 完成下列反应。

**习题 9-11** 写出下列反应的条件及产物的名称。

(说明:小于八元碳环的反式环烯烃一般都不稳定,大于十元碳环的反式环烯烃较稳定)

**习题 9-12** (甲)和(乙)是一对差向异构体,实验证明,溶剂解时总是和六元环成内侧的离去基团离去。请解释此实验事实。

**习题 9-13** 写出下列转换的反应机理。

**习题 9-14** 写出下列反应的产物,用前线轨道理论解释为什么得此产物。

## 9.12 环加成反应及前线轨道理论对环加成反应的处理

### 9.12.1 环加成反应的定义、分类和表示方法

在光或热的作用下,两个或多个带有双键、共轭双键或孤对电子的分子相互作用,形成一个稳定的环状化合物的反应称为环加成反应(cycloaddition)。环加成反应的逆反应称为环消除反应。例如,下面反应(1)、(2)正反应是环加成反应,其逆反应是环消除反应:

环加成反应可以根据每一个反应物分子所提供的反应电子数来分类,上面提到的反应(1)是[2+2]环加成反应,反应(2)是[4+2]环加成反应。环加成反应用同面(synfacial)、异面(antarafacial)来表示它的立体选择性。加成时,π 键以同一侧的两个轨道瓣发生加成称为同面加成,常用字母 s 表示;以异侧的两个轨道瓣发生加成,称为异面加成,常用字母 a 表示。

同面(s)　　　异面(a)

参与环加成反应的电子是 π 电子,全面表示环加成反应应把参与反应的电子类别、数目、立体选择性均明确表达出来。例如,上面的反应(1)可表示为 $_\pi 2_s + _\pi 2_s$,该式表示反应有两个反应物,一个反应物出两个 π 电子,另一个反应物也出两个 π 电子,它们发生的是同面-同面加成;上面的反应(2)可表示为 $_\pi 4_s + _\pi 2_s$,该式表示 Diels-Alder 反应有两个反应物,一个反应物出四个 π 电子,另一个反应物出两个 π 电子,它们发生的是同面-同面加成。

### 9.12.2 前线轨道理论处理环加成反应的原则和分析

大多数环加成反应是双分子的,但也可以是多分子的。前线轨道理论认为,两个分子之间的环加成反应符合下面几点:

（1）两个分子发生环加成反应时，起决定作用的轨道是一个分子的 HOMO 和另一个分子的 LUMO，反应过程中电子从一个分子的 HOMO 进入另一个分子的 LUMO。

这里要特别强调一个反应物分子出 HOMO，另一个反应物分子出 LUMO。因为两个分子轨道相互作用，将产生两个新的分子轨道，新形成的成键分子轨道的能量比作用前能量低的分子轨道的能量还要低 $\Delta E$，新形成的反键分子轨道的能量比作用前能量高的分子轨道的能量还要高 $\Delta E^*$，由于反键效应，$\Delta E^*$ 稍大于 $\Delta E$。如果是两个充满电子的 HOMO 相互作用，则新形成的成键和反键分子轨道上都将被电子占满，总的结果是使体系的能量升高，所以两个充满电子的 HOMO 之间的作用是排斥作用。如果是一个反应物分子充满电子的 HOMO 与另一个反应物分子空的 LUMO 相互作用，由于体系只有两个电子，相互作用后两个电子必然占据新形成的能量低的成键轨道，总的结果是使体系的能量降低，即体系趋于稳定，所以一个分子的充满电子的 HOMO 与另一分子的未占电子的 LUMO 的相互作用是吸引作用。如图 9-12 所示。

> 思考：一个分子的 HOMO 与另一个分子的 SOMO 相互作用的反应在能量上也是有利的，为什么？

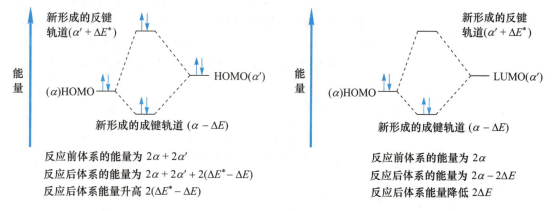

图 9-12　两个分子轨道相互作用后的能量变化

（2）当两个分子相互作用形成 σ 键时，两个起决定作用的轨道必须发生同位相重叠。因为同位相重叠使体系能量降低，所以互相吸引；而异位相重叠（即重叠轨道的位相相反）使体系能量升高，产生排斥作用。

（3）相互作用的两个轨道，能量必须接近，能量越接近，反应就越容易进行。因为互相作用的分子轨道能差越小，新形成的成键轨道的能级就越低，$\Delta E$ 就越大，即互相作用后体系能量降低得越多，体系越趋于稳定。

现在应用前线轨道理论来分析乙烯的二聚反应：

乙烯分子有两个 π 分子轨道，一个是成键轨道，另一个是反键轨道。当分子处于基态时，两个电子均占据成键轨道；当分子受光的作用后，有一个电子被激发到反键轨道上，分子处于激发态，此时两个轨道各有一个电子，如图 9-13 所示。

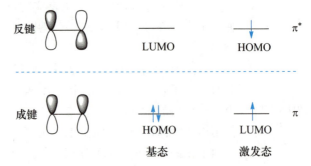

图 9-13　乙烯的 π 分子轨道及在基态和激发态时 π 电子的分布

按照前线轨道理论的要求,欲使两分子的乙烯发生环加成反应,必须由一个乙烯分子的 HOMO 和另一个乙烯分子的 LUMO 重叠,这样在能量上才是有利的。但在热的作用下,一个乙烯分子的 HOMO 与另一个乙烯分子的 LUMO 发生同面-同面重叠时,一端是同位相重叠,另一端是异位相重叠,异位相重叠代表一个反键,彼此是排斥的,这个关系可用图 9-14(i) 表示。发生同面-异面重叠时,虽然对称性合适,但由于重叠时轨道要扭转 180°,张力太大,实际上无法实现,这个关系可用图 9-14(ii) 表示。因此这一反应在热作用下是对称禁阻的。也即,从分子轨道的对称性考虑,不能通过协同反应使这一反应在基态时发生。

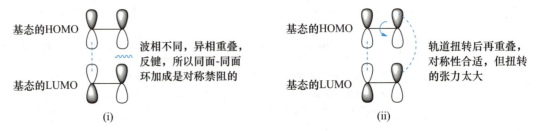

图 9-14　乙烯在基态时的环加成

现在考虑激发态的情形,带有"价电子"的激发态的 HOMO 和另一个基态的 LUMO 发生协同反应,从图 9-15 中可以看出同面-同面重叠时,两端均为同位相重叠,即波相是符合的,可以成键。因此光激发的乙烯环加成是对称允许的。

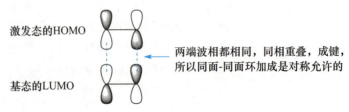

图 9-15　乙烯在光照条件下的环加成

再应用前线轨道理论来分析 1,3-丁二烯和乙烯的环加成反应:

$$\text{CH}_2=\text{CH-CH}=\text{CH}_2 + \text{CH}_2=\text{CH}_2 \longrightarrow \text{环己烯}$$

在1,3-丁二烯和乙烯加热条件下的环加成反应中,分子轨道的重叠有两种可能:一种是丁二烯基态的 HOMO 和乙烯基态的 LUMO 重叠;另一种是丁二烯基态的 LUMO 和乙烯基态的 HOMO 重叠。从图9-16可以看出,无论采取哪一种方式,基态时同面-同面加成波相都是相同的,都是对称允许的。

在基态发生环加成反应时,两个反应物分子均给出基态时的前线轨道。

图9-16 丁二烯和乙烯加热条件下(基态)的环加成

显然从分子轨道的对称性考虑,对光激发的丁二烯和乙烯的环加成反应,同面-同面加成是对称禁阻的(图9-17)。

注意:在激发态发生环加成反应时,若一个反应物分子出激发态的 HOMO,则另一个与之反应的分子必须出基态的 LUMO;反之,若一个反应物分子出基态的 HOMO,则另一个与之反应的分子必须出激发态的 LUMO。

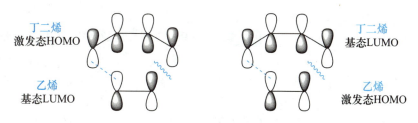

图9-17 丁二烯和乙烯光照条件下(激发态)的环加成

### 9.12.3 环加成反应的立体选择规则和应用实例

乙烯的二聚属于 $4n$ 体系,1,3-丁二烯和乙烯的环加成属于 $4n+2$ 体系。由于直链共轭多烯 π 分子轨道对 $C_2$ 旋转轴或镜面的对称性是交替变化的,所以前线轨道理论对其他 $4n$ 体系分析后得出的结论应与乙烯二聚的结论一致;而对其他 $4n+2$ 体系分析后得出的结论应与1,3-丁二烯和乙烯环加成反应的结论一致。将环加成反应的立体选择性进行归纳总结,可以得到如表9-4所示的规则。

与电环化反应的选择规则一样,表中的允许是指对称性允许;表中的禁阻是指对称性禁阻,即反应按协同机理进行,活化能很高,但并不排除反应按其他机理进行。

表9-4 环加成反应的选择规则

| 参与反应的π电子数 | $4n+2$ | | $4n$ | |
|---|---|---|---|---|
| 同面-同面 | △(基态) 允许 | $h\nu$(激发态) 禁阻 | △(基态) 禁阻 | $h\nu$(激发态) 允许 |
| 同面-异面 | △(基态) 禁阻 | $h\nu$(激发态) 允许 | △(基态) 允许 | $h\nu$(激发态) 禁阻 |

从表面上看,二分子二氟二氯乙烯在 200 ℃ 形成四氟四氯环丁烷似乎是一个 [2+2] 的环加成反应。实际上,该反应是经过一个双自由基中间体完成的,并不是按协同机理完成的,因此不属于周环反应。

注意:表 9-4 中所列参与反应的 π 电子数是所有反应物参与反应的 π 电子数之和。

下面介绍两类重要的环加成反应:Diels-Alder 反应和 1,3-偶极环加成反应。

**习题 9-15** 请用前线轨道理论分析:下列反应应在加热条件下,还是应在光照条件下发生(要写出具体分析过程)?

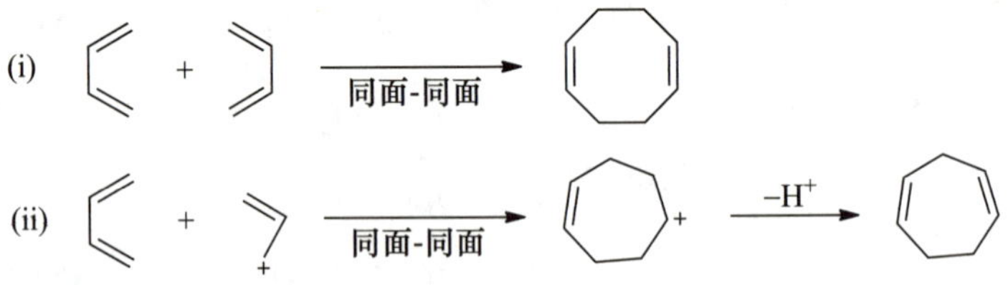

(i) 丁二烯 + 丁二烯 →(同面-同面) 环辛二烯

(ii) 丁二烯 + 烯丙基正离子 →(同面-同面) 环庚二烯正离子 →(−H⁺) 环庚三烯

**习题 9-16** 完成下列反应式。

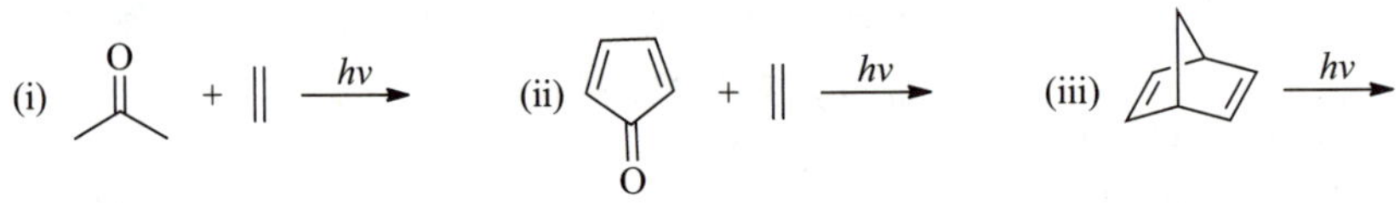

(i) 丙酮 + 乙烯 →(hv)    (ii) 环戊二烯酮 + 乙烯 →(hv)    (iii) 降冰片烯 →(hv)

**习题 9-17** 写出下列反应的产物,并用前线轨道理论予以解释。

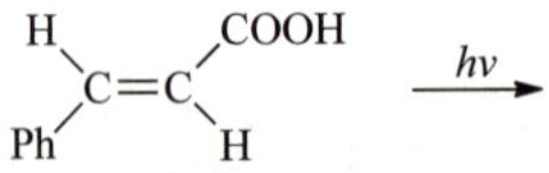

PhCH=CHCOOH →(hv)

**习题 9-18** 写出下列环加成反应的反应条件并全面表达各反应的反应类别。

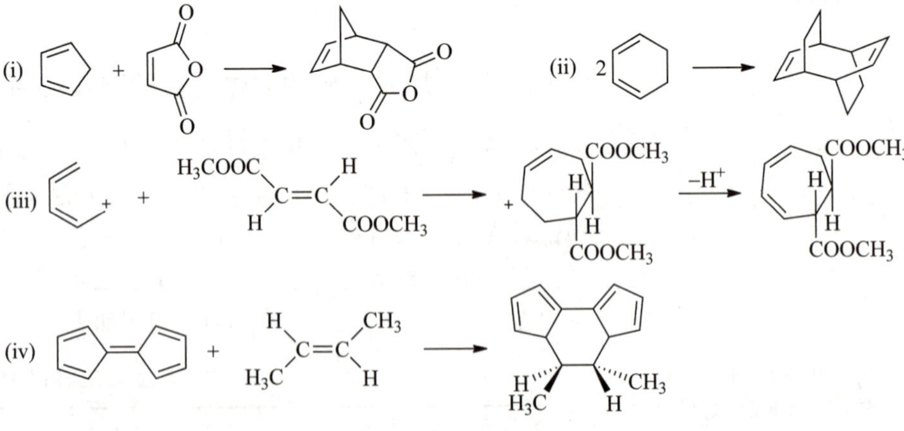

(i) 环戊二烯 + 马来酸酐 → 加成产物

(ii) 2 环己二烯 → 二聚体

(iii) 丁二烯 + H₃COOC-CH=CH-COOCH₃ → 加成产物 →(−H⁺) 产物

(iv) 富瓦烯 + 2-丁烯 → 加成产物

## 9.13 Diels-Alder 反应

### 9.13.1 Diels-Alder 反应的定义

1928年，德国化学家 O. Diels（狄尔斯）和 K. Alder（阿尔德）在研究 1,3-丁二烯和顺丁烯二酸酐的相互作用时，发现了一类反应——共轭双烯与含有烯键或炔键的化合物互相作用生成六元环状化合物的反应。这类反应被称为 Diels-Alder 反应，简称 D-A 反应，又称双烯合成（diene synthesis）。

狄尔斯（O. Diels，1876—1954），德国化学家。

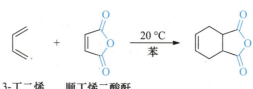

　1,3-丁二烯　　顺丁烯二酸酐
　（双烯体）　　（亲双烯体）

Diels-Alder 反应的反应物分为两部分：一部分提供共轭双烯，称为双烯体；另一部分提供不饱和键，称为亲双烯体。最简单的此类反应是 1,3-丁二烯与乙烯作用生成环己烯：

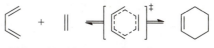

双烯体　亲双烯体　环状过渡态　产物

阿尔德（K. Alder，1902—1958），德国化学家。Alder 是 Diels 的学生。1927年，他们开始研究双烯合成，取得了成功。由于他们在有机合成领域里作出了杰出贡献，于 1950 年共同获得了诺贝尔化学奖。

在协同反应中，没有活泼中间体如碳正离子、碳负离子、自由基等产生。

Diels-Alder 反应是一步完成的。反应时，反应物分子彼此靠近，互相作用，形成一个环状过渡态，然后逐渐转化为产物分子。也即旧键的断裂和新键的形成是相互协调地在同一步骤中完成的。具有这种特点的反应称为协同反应（synergistic reaction）。

### 9.13.2 Diels-Alder 反应对反应物的要求

协同反应的机理要求双烯体的两个双键必须取 $s$-顺式构象（$cis$-conformation），如下面的(i)～(iv)。$s$-反式构象的双烯体不能发生此类反应，如(v)、(vi)。空间位阻因素对 Diels-Alder 反应的影响较大，有些双烯体的两个双键虽然是 $s$-顺式构象，但由于 1,4 位取代基的位阻较大，如(vii)，也不能发生此类反应。2,3 位有取代基的共轭体系对 Diels-Alder 反应不形成位阻，合适的取代基还能促使双烯体取 $s$-顺式构象，此时对反应有利。

(i) 开链共轭双烯　　(ii) 同环共轭双烯　　 (iii) 异环共轭双烯　　 (iv) 环内外共轭双烯

**$s$-顺式构象**

思考：解释下列实验事实：

(1) [反应式图]

(2) [反应式图]

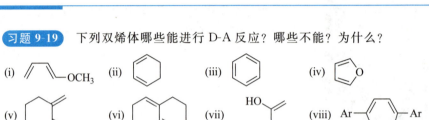

(v)     (vi)     (vii)

*s*-反式构象     *s*-顺式构象(位阻大)

**习题 9-19** 下列双烯体哪些能进行 D-A 反应？哪些不能？为什么？

(i) CH₂=CH-CH=CH-OCH₃   (ii) [环己烯]   (iii) [苯]   (iv) [呋喃]

(v) [1,2-二亚甲基环己烷]   (vi) [二氢萘]   (vii) HO-C(=CH₂)-CH=CH₂   (viii) [Ar取代的双烯]

### 9.13.3 Diels-Alder 反应的分类

按照前线轨道理论，发生 D-A 反应时，必须一个反应物出 HOMO，另一个反应物出 LUMO，而哪一个反应物出 HOMO，哪一个反应物出 LUMO，取决于两个轨道的能量。相互作用的两个轨道，能量越接近，越容易发生反应。正因为分子轨道有两种重叠的可能，所以 D-A 反应分为三类：将电子从双烯体的 HOMO 流向亲双烯体的 LUMO 的反应称为正常的 D-A 反应；将电子从亲双烯体的 HOMO 流向双烯体的 LUMO 的反应称为反常的 D-A 反应；而电子双向流动的反应称为中间的 D-A 反应。

正常的 D-A 反应主要是由双烯体的 HOMO 与亲双烯体的 LUMO 发生作用。反应过程中，电子从双烯体的 HOMO "流入"亲双烯体的 LUMO。因此，带有给电子取代基的双烯体如(viii)~(x)和带有吸电子基团的亲双烯体如(xi)~(xviii)对反应有利。

多数 D-A 反应属于正常的 D-A 反应。

(viii) 异戊二烯   (ix) 1,3-戊二烯   (x) 吡咯   (xi) CH₂=CH-CHO   (xii) CH₂=CH-COOCH₃   (xiii) 顺-1,2-二氯乙烯

(xiv) 马来酸酐   (xv) CH₂=CH-CN   (xvi) CH₂=CH-NO₂   (xvii) 对苯醌   (xviii) CH₃OOC-C≡C-COOCH₃

**习题 9-20** 解释下列实验事实：

| 双烯体 | 亲双烯体 | 相对反应速率 |
|---|---|---|
| （环戊二烯） | （环戊二烯） | 1 |
|  | $CH_2{=}CH{-}\overset{O}{\underset{\|}{C}}{-}OC_2H_5$ | 12.6 |
|  | $(NC)_2C{=}C(CN)_2$ | $4.6\times10^8$ |

**习题 9-21** 下列化合物都能与 $CH_3{-}CH{=}CH_2$ 发生 D-A 反应，请将它们按反应速率的大小排列成序。
(i) 1,3-丁二烯
(ii) 2-甲基-1,3-丁二烯
(iii) 2-甲氧基-1,3-丁二烯
(iv) 2-氯-1,3-丁二烯

## 9.13.4 Diels-Alder 反应的区域选择性

Diels-Alder 反应具有很强的区域选择性。当双烯体与亲双烯体上均有取代基时，从反应式看，有可能产生两种不同的反应产物。实验证明，两个取代基处于邻位或对位的产物占优势。例如

反应(i)和(ii)可生成邻位二取代环己烯和间位二取代环己烯两种产物，邻位二取代产物为主。

(i) 1-甲基-1,3-丁二烯 + 丙烯酸甲酯 → 邻位产物 61% + 间位产物 39%  邻位为主

(ii) 1-甲氧基-1,3-丁二烯 + 丙烯醛 → 邻位产物 100% + 间位产物 0%  邻位为主

反应(iii)可生成对位二取代环己烯和间位二取代环己烯两种产物，对位二取代产物为主。

(iii) 2-甲基-1,3-丁二烯 + 丙烯醛 → 对位产物 70% + 间位产物 30%  对位为主

分子轨道理论对上述实验事实进行了解释。它指出，从形成分子轨道的各原子轨道的组合系数来看，形成邻、对位产物能使分子轨道达到最有效的重叠。例如，1

位具有给电子取代基的双烯体的 HOMO 的 C-4 系数较大,具有吸电子取代基的亲双烯体的 LUMO 的 C-3 系数较大,形成邻位产物时,两个组合系数大的 C-4 与 C-3 恰好键连,这对分子轨道达到最有效的重叠是适宜的。

### 9.13.5 Diels-Alder 反应的立体选择性

Diels-Alder 反应是立体专一的顺式加成反应,参与反应的亲双烯体在反应过程中顺反关系保持不变。例如,反丁烯二羧酸得反-4-环己烯-1,2-二羧酸,而顺丁烯二羧酸得顺-4-环己烯-1,2-二羧酸。这也进一步证明了反应是通过协同的方式一步完成的。

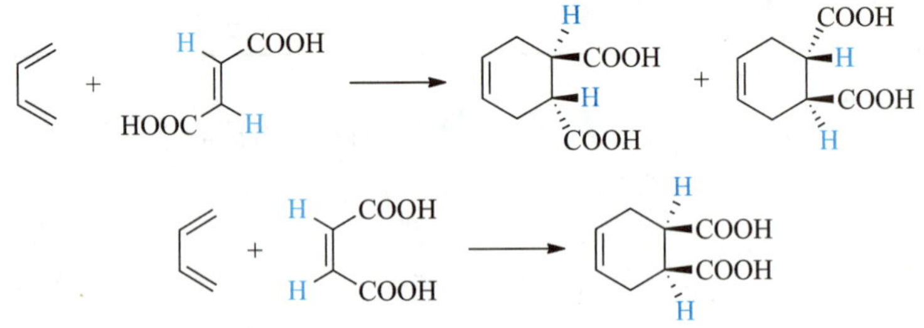

当双烯体上有给电子取代基,而亲双烯体上有不饱和基团,如 $\diagup\!=\!O$,—COOH,—COOR,—C≡N,—NO₂ 与烯键(或炔键)共轭时,优先生成内型(endo)加成产物。内型加成产物是指:双烯体中的 C(2)—C(3)键和亲双烯体中与烯键(或炔键)共轭的不饱和基团处于连接平面同侧时的生成物。两者处于异侧时的生成物则为外型(exo)产物。例如,1,3-戊二烯与丙烯酸甲酯反应得内型产物:

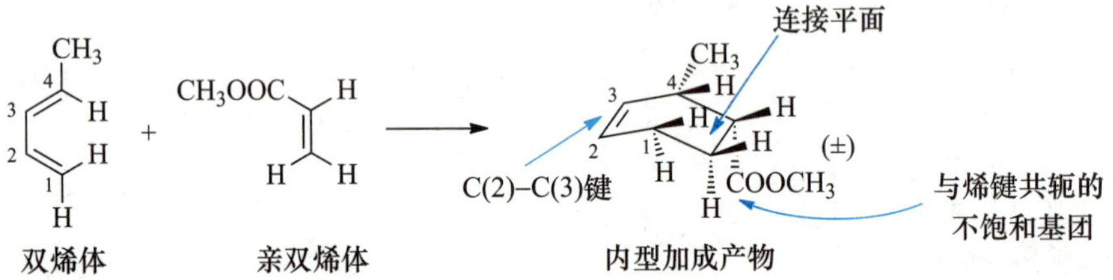

实验证明:内型加成产物是动力学控制的,而外型加成产物是热力学控制的。内型产物在一定条件下放置若干时间,或通过加热等条件,可能转化为外型产物。这从下面的实验事实中可以清楚看出:

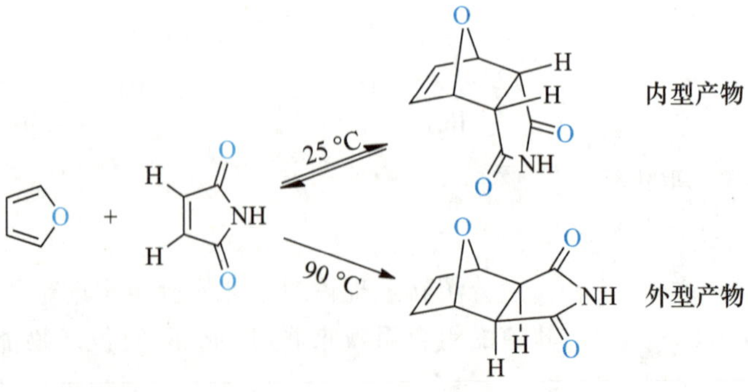

## 9.13 Diels-Alder反应

许多 D-A 反应在反应完成时，主要生成内型加成产物，这种情况可以用形成过渡态时，双烯体的 HOMO 和亲双烯体的 LUMO 的次级轨道作用来解释。图 9-18 是环戊二烯二聚的内型加成产物、外型加成产物以及形成这些产物所经过的过渡态的作用情况示意图。

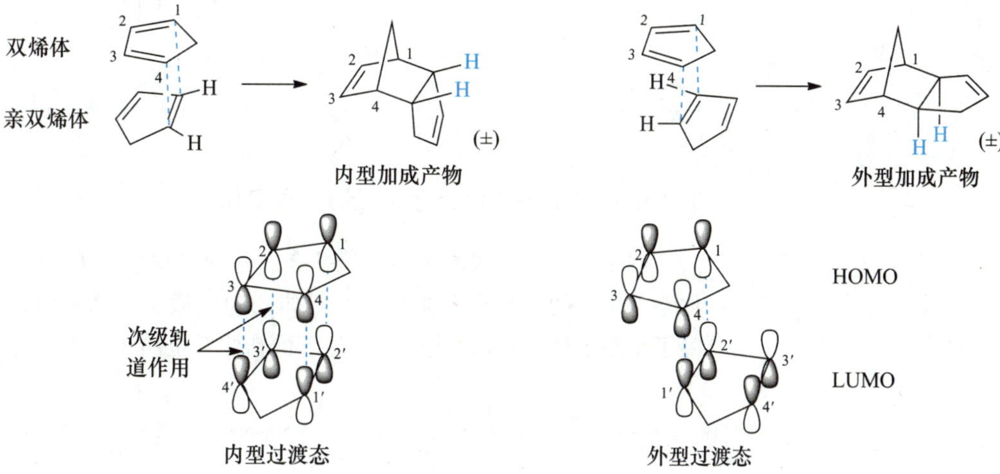

**图 9-18** 环戊二烯二聚的内型过渡态和外型过渡态

从图 9-18 可知，形成内型加成产物的过渡态，不仅在将要形成新键的原子之间 [C(1)～C(2′),C(4)～C(1′)] 有轨道的作用，不形成新键的原子之间 [C(2)～C(3′), C(3)～C(4′)] 也有轨道的作用，这种轨道的作用称为次级轨道作用。次级轨道作用使内型过渡态的稳定性增加。而外型过渡态只在将要形成新键的原子之间有轨道作用，没有次级轨道作用，因此外型过渡态的稳定性相对较差。所以，环戊二烯的二聚反应主要生成内型加成产物。

环戊二烯与乙酸乙烯酯反应时，得到的是内型产物和外型产物的混合物。

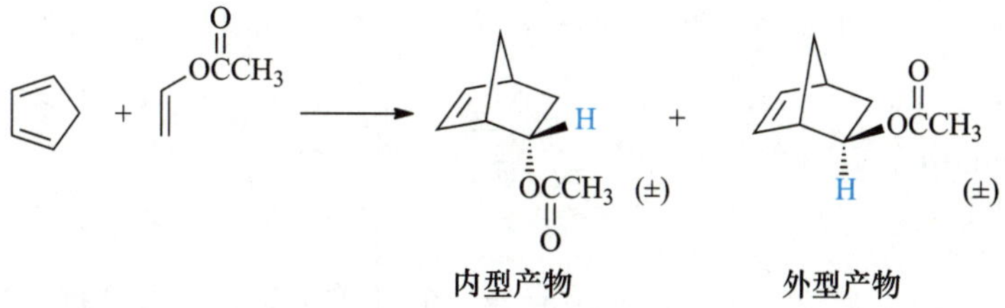

得到混合产物的原因是：亲双烯体上的吸电子酯羰基与发生反应的烯键（或炔键）没有呈 C=C—C=O 的共轭关系，因此即使形成内型过渡态时，也没有次级轨道作用。由于内型过渡态在稳定性方面的优势消失了，所以得到两种产物的混合物，此时以外型产物为主。

**习题 9-22** 完成下列反应。

(i) ![diene] + 反丁烯二酸二乙酯 ⟶　　(ii) 5,5-二甲基环戊二烯 + CH₂=CHOCOCH₃ ⟶

(iii) 2-乙基-1,3-丁二烯 + CH₂=CHOCHO ⟶　　(iv) 环戊二烯 + 马来酸酐 $\xrightarrow{25\ ^\circ C}$

## 9.13.6 Diels-Alder 反应的应用实例

Diels-Alder 反应的主要用处是合成各种各样的环状化合物。能发生 D-A 反应的体系是很多的。若双烯体和亲双烯体均为碳原子体系，可以合成环己烯及其衍生物。除了碳原子体系外，含有杂原子的不饱和体系也能作为 D-A 反应的双烯体。例如

$$\text{O=C-C=O}\ ,\quad \text{N=C-C=C}\ ,\quad \text{-C=N-N=C-}\ ,\quad \text{O=C-C=C}\ ,\quad \text{-C=N-C=C-}\quad 等$$

下列体系则可以作为 D-A 反应中的亲双烯体：

$$\text{C=N-}\ ,\quad -\text{C≡N}\ ,\quad \text{C=O}\ ,\quad -\text{N=N-}\ ,\quad -\text{N=O}\quad 等$$

下面是一些含杂原子体系的 D-A 反应的实例。从中可以看出这类反应在应用方面的多样性。

丙烯醛 + 丙烯醛 $\xrightarrow[\text{苯}]{80\ ^\circ C}$ 2-甲酰基-3,6-二氢-2H-吡喃 (45%)　　　环戊二烯 + EtO₂C-N=N-CO₂Et $\xrightarrow[\text{乙醚}]{10\ ^\circ C}$ 产物 (100%)

异戊二烯 + NC-CO-CN $\xrightarrow{20\ ^\circ C}$ 产物 (92%)　　　异戊二烯 + C₆H₅-N=O ⟶ 产物 (66%)

D-A 反应是一个可逆反应。一般情况下，正向成环反应温度相对较低，提高反应温度则发生逆向的分解反应。这种可逆性在合成上很有用，它可以作为提纯双烯化合物的一种方法，也可以用来制备少量不易保存的双烯体。例如，1,3-丁二烯在室温下是气体，不易保存，实验室少量使用时可用环己烯加热分解来制备：

1,3-丁二烯 + 乙烯 $\xrightleftharpoons[500\ ^\circ C, 镍铬丝]{200\ ^\circ C, 20\ MPa}$ 环己烯

在有机合成中，将正向的双烯加成和逆向的双烯加成结合起来十分有用。例如

思考：在所列的反应式中，哪些属于正向的 D-A 反应？哪些属于逆向的 D-A 反应？哪些化合物是双烯体？哪些化合物是亲双烯体？

在双烯合成中，双烯的 4 个 π 电子是分配在 4 个原子上的，这个体系的 HOMO 两头两个原子轨道的波相是相反的。在烯丙型负离子中，同样也有 4 个 π 电子，它的 HOMO 的对称性和普通的双烯也是一样的，由此可以推论，烯丙型负离子也应当能与烯烃型化合物发生双烯型的环加成反应。可是到目前为止，还没有发现一个简单烯丙型负离子和烯烃的加成，但在相应含氮的烯丙型负离子体系中，已找到和炔烃加成的实例，如

烯丙型正离子有两个 π 电子，它也可以作为亲双烯体参与环加成反应。例如

**习题 9-23** 完成下列反应。

**习题 9-24** 写出下列转换的反应机理。

(i) 结构图 + 马来酸酐 →(Δ) 产物

(ii) 2,2-二甲基环丙酮 →(H₃PO₄, 呋喃) 产物

## 9.14　1,3-偶极环加成反应

### 9.14.1　1,3-偶极化合物

能用偶极共振式来描述的化合物称为 1,3-偶极化合物（1,3-dipole compound），简称 1,3-偶极体。

$$a=\overset{+}{b}-\bar{c} \longleftrightarrow \overset{+}{\bar{a}}-b-\bar{c} \qquad a\equiv\overset{+}{b}-\bar{c} \longleftrightarrow \overset{+}{\bar{a}}=b-\bar{c}$$

　　　　偶极共振式　　　　　　　　　　偶极共振式

表 9-5 列出了臭氧、重氮甲烷和叠氮化合物的偶极共振的极限式。

表 9-5　1,3-偶极化合物

| 名称 | 分子式 | 电子结构 | 偶极共振的极限式 |
|---|---|---|---|
| 臭氧 | $O_3$ | :Ö—Ö—Ö: | $:\overset{..}{\underset{..}{O}}-\overset{+}{\underset{..}{O}}-\overset{..}{\underset{..}{\bar{O}}}: \longleftrightarrow :\overset{..}{\underset{..}{\bar{O}}}-\overset{+}{\underset{..}{O}}=\overset{..}{\underset{..}{O}}:$ |
| 重氮甲烷 | $CH_2N_2$ | $H_2C-N-N:$ | $H_2\bar{C}-\overset{+}{N}\equiv N: \longleftrightarrow :\bar{C}H_2-N=\overset{+}{N}:$ |
| 叠氮化合物 | $RN_3$ | $R-N-N-N:$ | $R-\bar{N}-N=\overset{+}{N}: \longleftrightarrow R-\bar{N}-\overset{+}{N}\equiv N:$ |

从表 9-5 中可以看出，1,3-偶极化合物具有一个三原子四电子的 π 体系。因此它与烯丙基负离子具有类似的分子轨道，它的 HOMO 的对称性和普通的双烯相同（图 9-19）。

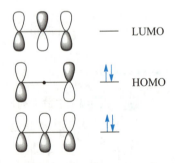

**图 9-19**　1,3-偶极化合物的 π 分子轨道和 π 电子的排布

## 9.14.2 1,3-偶极环加成反应的定义和应用实例

1,3-偶极化合物和烯烃、炔烃或相应衍生物生成五元环状化合物的环加成反应，称为1,3-偶极环加成反应(1,3-dipole cycloaddition)。在这类反应中，烯烃类化合物称为亲偶极体。

$$\underset{\text{1,3-偶极化合物}}{H_2\bar{C}-\overset{+}{N}\equiv N} + \underset{\text{亲偶极体}}{\underset{CH_3O_2C}{\overset{C_2H_5}{>}}C=C\underset{CO_2CH_3}{\overset{C_2H_5}{<}}} \longrightarrow \underset{H_3CO_2C}{\overset{C_2H_5}{\cdots}}\!\!\!\diagdown\!\!\!\diagup\!\!\!\underset{CO_2CH_3}{\overset{C_2H_5}{\cdots}}$$

1,3-偶极环加成和 Diels-Alder 反应十分类似。如果用前线轨道理论来处理 1,3-偶极环加成反应，基态时它具有如图9-20所示的过渡状态，是分子轨道对称守恒原理所允许的。

图 9-20  1,3-偶极环加成的过渡状态

因此与 D-A 反应一样，1,3-偶极环加成反应也分成三类：由 1,3-偶极体出 HOMO 的反应称为 HOMO 控制的反应；由 1,3-偶极体出 LUMO 的反应称为 LUMO 控制的反应；两种情况都存在，则称为 HOMO-LUMO 控制的反应。

与 D-A 反应一样，1,3-偶极环加成反应也是立体专一的顺式加成反应。例如

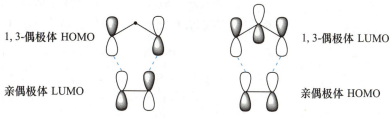

分子内也能发生 1,3-偶极环加成反应。例如

$$^-O-\overset{+}{N}\equiv C-CH_2-S-\!\!\!\!\bigcirc\!\!\!\!\diagup \xrightarrow{\Delta} \text{（双环产物）}$$

1,3-偶极环加成反应提供了许多极有价值的五元杂环的新合成法。

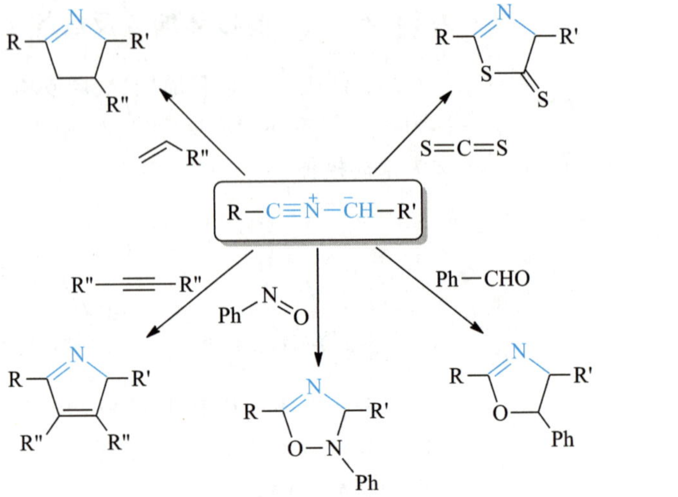

1,3-偶极环加成反应和双烯合成相似,也可以发生逆向反应。下面是悉尼酮与苯乙烯反应制备稳定五元二唑化合物的反应式:

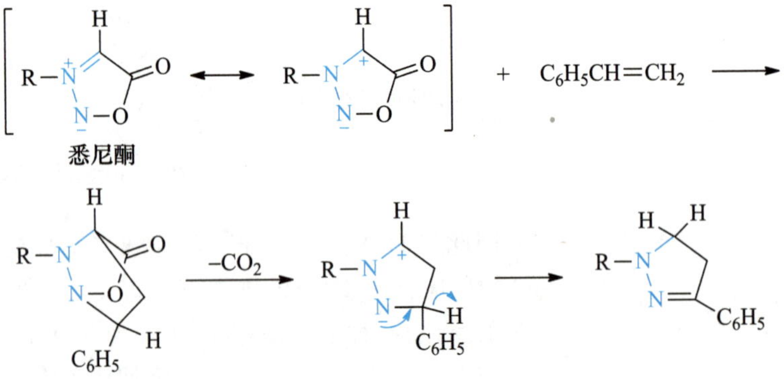

从反应式可以看出,首先是发生正向的 1,3-偶极环加成反应生成加成产物,然后再发生 1,3-偶极环加成反应的逆向反应,失去二氧化碳,得到五元二唑化合物。

> **习题 9-25** 完成下列反应式。
>
> (i) $CH_2N_2$ + $CH_3OC-C\equiv C-COCH_3$ $\xrightarrow{\triangle}$
>
> (ii) $O_3$ + $CH_3CH=CHCH_2CH_3$ $\xrightarrow{\triangle}$
>
> (iii) 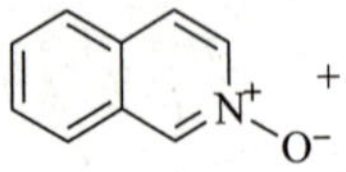 异喹啉 N-氧化物 + $CH_2=CHCOOCH_3$ $\xrightarrow{\triangle}$
>
> (iv)  降冰片烯 + 对硝基苯基叠氮 $\xrightarrow{\triangle}$

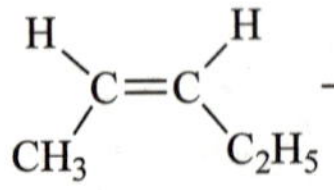

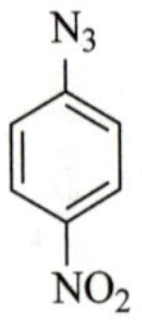

(v) 环己烯-CH₂-CH₂-C≡N⁺-O⁻ $\xrightarrow{\Delta}$  (vi) 1,3-二甲基-2H-异吲哚 + 苯炔 $\xrightarrow{\Delta}$

**习题 9-26** 阐明下列反应的反应机理。

C₆H₅-噁唑啉酮 + CH₃O₂C-CH=CH-CO₂CH₃ ⟶ 双加成产物 $\xrightarrow{-CO_2}$ 吡咯啉产物

**习题 9-27** 在加热条件下，臭氧和 1,3-丁二烯加成的主要产物是什么？应用前线轨道理论说明理由。

## 9.15 σ迁移反应及前线轨道理论对σ迁移反应的处理

### 9.15.1 σ迁移反应的定义、命名和立体化学表示方法

在化学反应中，一个 σ 键沿着共轭体系由一个位置转移到另一个位置，同时伴随着 π 键转移的反应称为 σ 迁移反应（σ migrate reaction）。在 σ 迁移反应中，原有 σ 键的断裂、新 σ 键的形成以及 π 键的迁移都是经过环状过渡态协同一步完成的。例如

在上面两个反应中，1,1′ 之间的 σ 键断裂，3,3′ 之间的 σ 键形成，原来在 2,3 之间和 2′,3′ 之间的两个 π 键分别转移到 1,2 和 1′,2′ 之间；上述键的变化都是经过一个很有规则的六元环状过渡态协同一步完成的。

σ 迁移反应的命名方法是以反应物中发生迁移的 σ 键作为标准，从其两端开始分别编号，把新生成的 σ 键所连接的两个原子的位置 $i$、$j$ 放在方括号内，称为 $[i,j]$ σ 迁移。例如

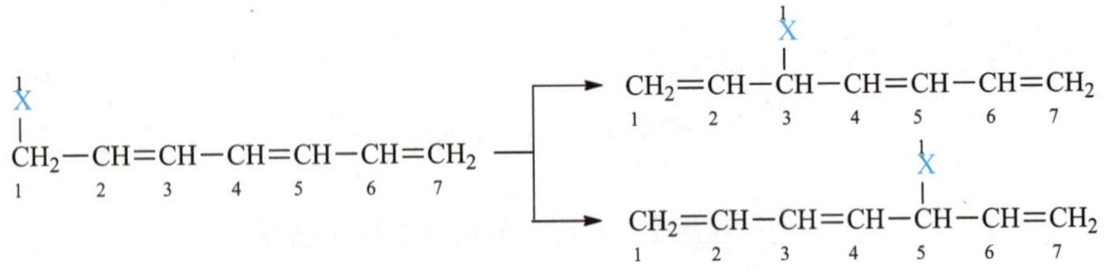

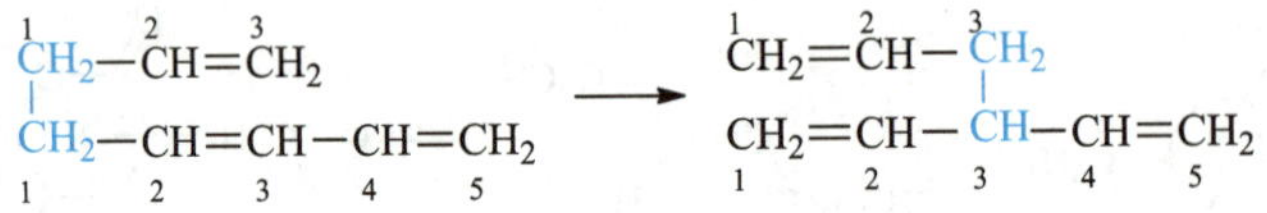

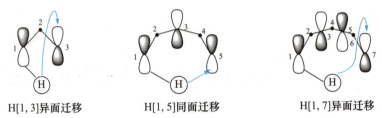

由于σ迁移反应是沿着共轭体系进行的,为了表达迁移时的立体选择性,作出如下规定:如果迁移后,新形成的σ键在π体系的同侧形成新键,称之为同面迁移;反之,则称为异面迁移。如图 9-21、图 9-22 所示。

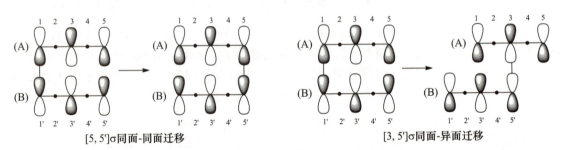

图 9-21　H[1,$j$]σ 同面迁移和异面迁移

图 9-22　C[$i$,$j$]σ 同面-同面迁移和同面-异面迁移

在 C[1,$j$]σ 迁移反应中,如果与迁移键相连的碳为手性碳,迁移后,若手性碳仍在原来键断裂的方向形成新键,称该手性碳的构型保持(retention of configuration);若在相反方向形成新键,则称该手性碳的构型翻转(inversion of configuration)。见图 9-23。

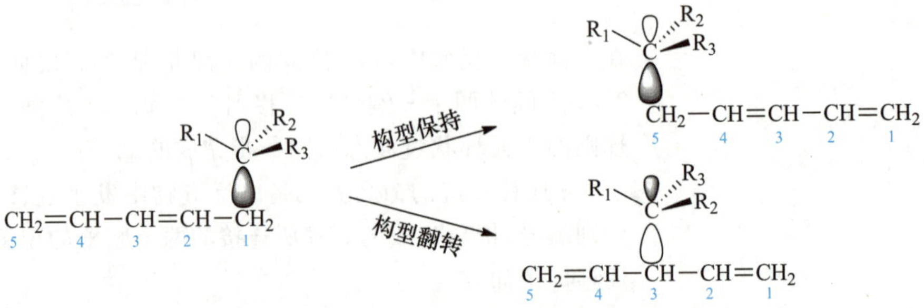

图 9-23　C[1,$j$]σ 迁移的两种立体选择

### 9.15.2 前线轨道理论处理 σ 迁移反应的原则和分析

前线轨道理论是这样来处理[1,j]σ迁移反应的：

(1) 假定发生迁移的 σ 键发生均裂，产生一个氢原子（或碳自由基）和一个奇数碳共轭体系自由基，把[1,j]σ迁移看做一个氢原子（或一个碳自由基）在一个奇数碳共轭体系自由基上移动来完成的。

(2) 它认为在[1,j]σ迁移反应中，起决定作用的分子轨道是奇数碳共轭体系中含有单电子的前线轨道，反应的立体选择性完全取决于该分子轨道的对称性。因此必须弄清奇数碳共轭体系在基态时及在激发态时，其单占电子的前线轨道的对称性。基态时，奇数碳共轭体系含有单电子的前线轨道是非键轨道，这些非键轨道都具有图 9-24 所示的一般式，图中的数字为碳原子的编号。

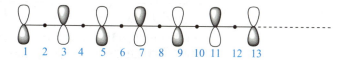

**图 9-24** 奇数碳共轭体系的非键轨道

从图 9-24 可以看出，非键轨道的特点是偶数碳原子上的电子云密度为零，奇数碳原子上的电子云密度数值相等，波相交替变化。因此，可以将奇数碳共轭体系分成两个系列：对于 $4n-1$ 系列（即 3 碳、7 碳、11 碳……）来说，它们的非键轨道对镜面是反对称性的；对于 $4n+1$ 系列（即 5 碳、9 碳、13 碳……）来说，它们的非键轨道具有镜面对称性。激发态时，由于电子的跃迁，单电子的前线轨道有了变化，其对称性也随之变化，此时 $4n-1$ 系列的单占轨道具有镜面对称性，而 $4n+1$ 系列的单占轨道对镜面是反对称的。

(3) 为了满足对称性合适的要求，新 σ 键形成时必须发生同位相的重叠。若氢在 $4n-1$ 系列的奇数碳共轭体系上迁移，参与环状过渡态的电子数为 $4n$，基态时，因单占轨道对镜面是反对称的，所以必须发生异面迁移；激发态时，单占轨道是对称的，必须发生同面迁移。若氢在 $4n+1$ 系列的奇数碳共轭体系上迁移，参与环状过渡态的电子数为 $4n+2$，基态时，因单占轨道对镜面是对称的，所以必须发生同面迁移；激发态时，单占轨道是反对称的，必须发生异面迁移。上述结论与表 9-6 中的 H[1,j]σ迁移的立体选择规则是一致的。

例如，下面的反应式表示基态时 H[1,3]σ同面迁移是对称禁阻的，而 H[1,5]σ同面迁移是对称性允许的：

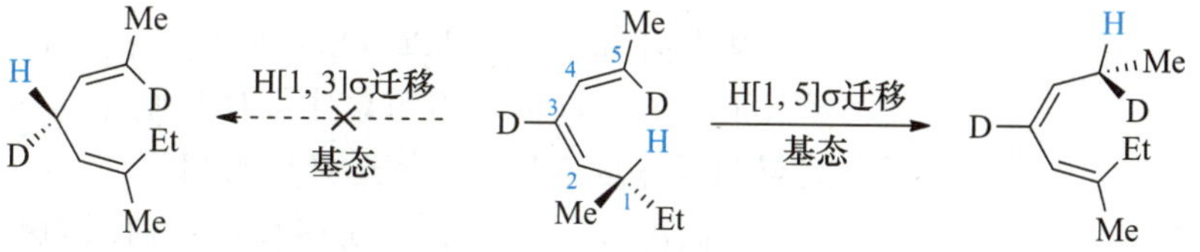

应用前线轨道理论能很好解释这一现象，H[1,5]σ迁移可以用图 9-25 来说明，

H[1,3]σ 迁移可以用图 9-26 来说明。

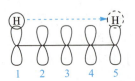

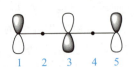

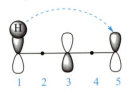

H
H
1 2 3 4 5
氢原子在一个五碳共轭
体系的自由基上迁移
1 2 3 4 5
基态时五碳共轭体系
自由基的HOMO
H
1 2 3 4 5
氢同面迁移时能发生同位相
重叠，所以是对称性容许的

图 9-25 H[1,5]σ 迁移的图示说明

H
H
氢原子在一个三碳共轭
体系的自由基上迁移
基态时三碳共轭体系
自由基的HOMO
H
氢同面迁移时不能发生同位相
重叠，所以是对称性禁阻的

图 9-26 H[1,3]σ 迁移的图示说明

下面的反应式表示：当迁移碳为手性碳时，若手性碳构型保持，则 C[1,3]σ 同面迁移是对称性禁阻的；若手性碳构型翻转，则 C[1,3]σ 同面迁移是对称性允许的。

Me
H
3
2
1
内型
手性碳构型保持
H
Me
*
3
2
1
手性碳构型翻转
120 °C
H
Me
3
2
1
外型

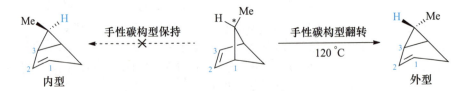

应用前线轨道理论同样能很好说明这一现象，用图 9-27 来解释。

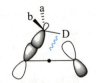

基态时三碳共轭
体系的HOMO
a
b
D
迁移前，轨道
重叠的情况
b
a
D
手性碳构型保持，同面
迁移是对称性禁阻的
a
b
D
手性碳构型翻转，同面
迁移是对称性容许的

图 9-27 C[1,3]σ 迁移的图示说明

从上面两个实例可以看出：在 C[1,$j$]σ 迁移时，若迁移碳的构型保持，其立体选择规则与 H[1,$j$]σ 迁移的立体选择规则相同；若迁移碳的构型翻转，其立体选择规则与 H[1,$j$]σ 迁移的立体选择规则相反。

下面再来分析[$i$,$j$]σ 迁移反应。前线轨道理论是这样来处理[$i$,$j$]σ 迁移反应的：

(1) 让发生迁移的 σ 键均裂,产生两个奇数碳共轭体系自由基,$[i,j]$σ 迁移可以看做这两个奇数碳共轭体系的相互作用完成。

(2) 在 $[i,j]$σ 迁移反应中,起决定作用的分子轨道是这两个奇数碳共轭体系的含单电子的前线轨道。

(3) 在 σ 迁移反应中,新 σ 键形成时必须发生同位相重叠。

1,5-二烯类化合物的 $[3,3]$σ 迁移也称为 Cope(柯普)重排。按前线轨道理论,可以看做它们是通过两个烯丙基自由基体系的相互作用完成的。图 9-28 是 Cope 重排在基态和激发态时的过渡态。

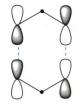
烯丙基基态时的单占轨道

烯丙基基态时的单占轨道

基态时的过渡态
同面-同面迁移对称性允许

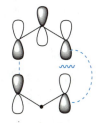
烯丙基激发态时的单占轨道

烯丙基基态时的单占轨道

激发态时的过渡态
同面-同面迁移对称性禁阻
同面-异面迁移对称性允许

**图 9-28  Cope 重排基态及激发态时的过渡态**

显然从图 9-28 可以看出,对于 $[3,3]$σ 迁移反应来讲,基态时,同面-同面迁移是对称性允许的;而激发态时,同面-异面迁移是对称性允许的。

### 9.15.3  σ 迁移反应的立体选择规则和应用实例

由于 σ 迁移反应的立体选择性完全取决于奇碳共轭体系中含有单电子的前线轨道,即它的非键轨道(参见 9.7),而奇碳共轭体系自由基的非键轨道的对称性变化是有规律的(参见 9.15.2),因此经归纳可以得出 σ 迁移反应的立体选择规则,如表 9-6 所示。

**表 9-6  σ 迁移反应的立体选择规则**

| 参与环状过渡态的 π 电子数 $(1+j)$ 或 $(i+j)$ | | | | $4n+2$ | | $4n$ | |
|---|---|---|---|---|---|---|---|
| 反应分类 | | | | | | | |
| H$[1,j]$σ 迁移 | C$[1,j]$σ 迁移 | | C$[i,j]$σ 迁移 | △(基态) | $h\nu$(激发态) | △(基态) | $h\nu$(激发态) |
| | 构型保持 | 构型翻转 | | | | | |
| 同面迁移 | 同面迁移 | 异面迁移 | 同面-同面迁移<br>异面-异面迁移 | 允许 | 禁阻 | 禁阻 | 允许 |
| 异面迁移 | 异面迁移 | 同面迁移 | 同面-异面迁移 | 禁阻 | 允许 | 允许 | 禁阻 |
| (Ⅰ) | (Ⅱ) | | (Ⅲ) | (Ⅳ) | | | |

表 9-6 中所列的 π 电子数由 $1+j$ 或 $i+j$ 得到。表中的允许是指对称性允许,表

中的禁阻是指对称性禁阻。使用此表时须注意：对于 H[1,j]σ 迁移，用（Ⅰ）和（Ⅳ）；对于 C[1,j]σ 迁移，用（Ⅱ）和（Ⅳ）；对于 C[i,j]σ 迁移，用（Ⅲ）和（Ⅳ）。

下面再举几个 σ 迁移反应的实例。

由原维生素 $D_2$ 变为维生素 $D_2$ 是异面热允许的 8 电子体系的 H[1,7]σ 迁移：

原维生素$D_2$ —H[1,7]σ迁移→ 维生素$D_2$

烯丙基芳醚在热的作用下，经[3,3]σ 迁移，烯丙基从氧上迁移到邻位的碳上，和 Cope 重排所不同的是一个氧原子代替了体系中的碳原子。

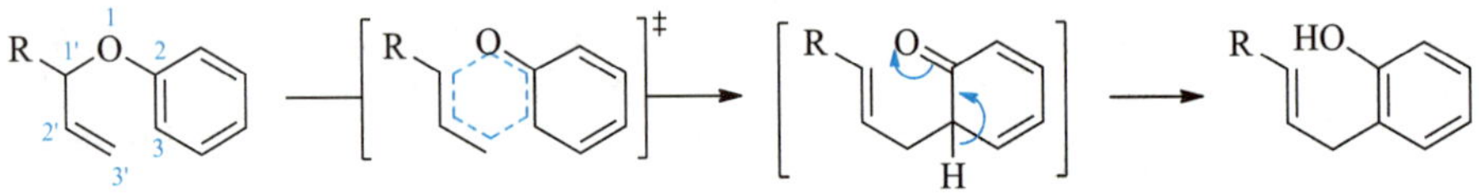

中间产物经互变异构变为稳定的酚。除氧原子外，氮原子、硫原子等也可以代替体系中的碳原子。

[3,3]σ 迁移是可逆的，若重排前后的两个化合物稳定性相当，重排过程将会反复循环。例如 Bullvalene（布尔林）分子，它有一个烯基取代的环丙烷体系，不停地在发生着 Cope 重排，得到简并的分子。

两个简并的Bullvalene分子

若重排前后两个化合物的稳定性相差很大，则反应停留在稳定的产物上。例如

顺二乙烯基环丙烷 → 1,4-环庚二烯

这种化合物，它的价键没有一个固定的位置，是流动着的，因此称为流动分子。在这种情形下，分子中的十个碳和十个氢分辨不出来，在 $^1$H NMR 图谱上只给出一个单的质子吸收峰。在低温时，才给出四种不同类型的质子吸收峰，表示重排已经可以固定下来。

产物中的一个碳碳双键与两个酯羰基共轭，比反应物稳定，所以平衡有利于正向的[3,3]σ 迁移反应。

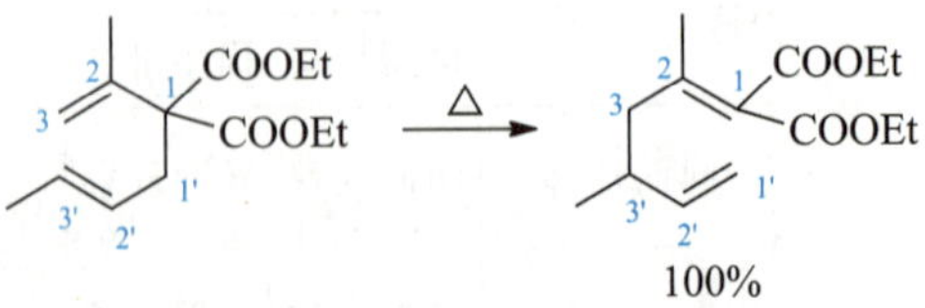

反应物中有一个不稳定的三元环，产物中没有，产物更稳定，所以平衡有利于正向的[3,3]σ 迁移反应。

## 9.15 σ迁移反应及前线轨道理论对σ迁移反应的处理

Cope重排和其他周环反应的特点一样,也具有高度的立体选择性。例如,内消旋-3,4-二甲基-1,5-己二烯重排后,产物几乎全部是(Z,E)-2,6-辛二烯:

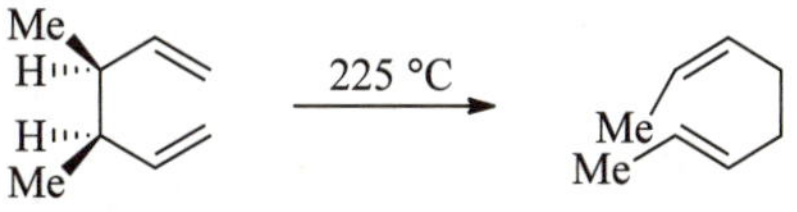

(i) 内消旋-3,4-二甲基-1,5-己二烯    (ii) (Z,E)-2,6-辛二烯

产物的立体化学不仅与轨道的对称性有关,还与反应进程中六元环状过渡态的构象有关。主要产物的立体构型只能和椅型过渡态(chair transition state)是一致的:

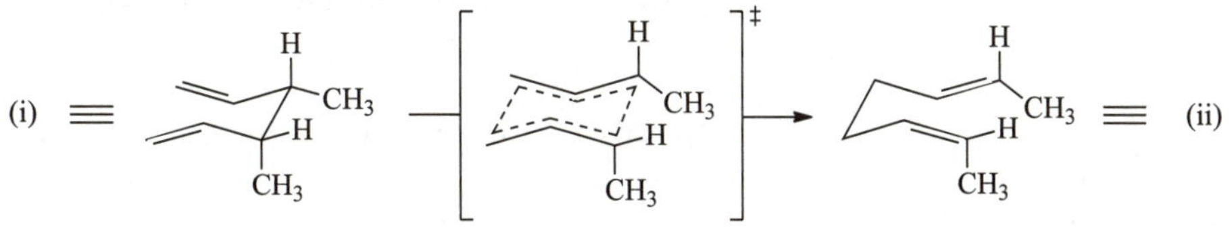

环状椅型过渡态

因为假如是经过船型过渡态(boat transition state),产物应当是(Z,Z)-或(E,E)-2,6-辛二烯:

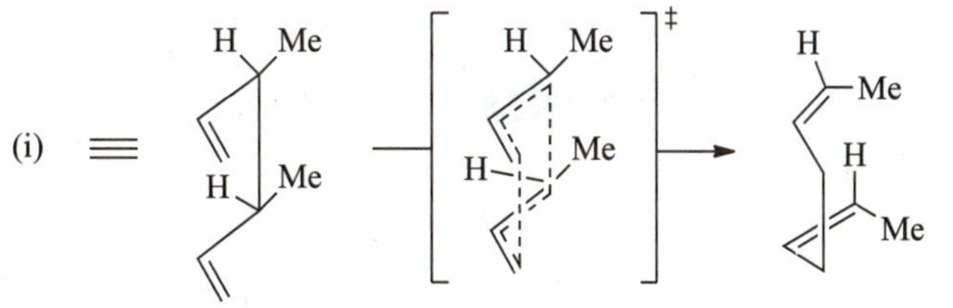

环状船型过渡态    (Z,Z)-2,6-辛二烯

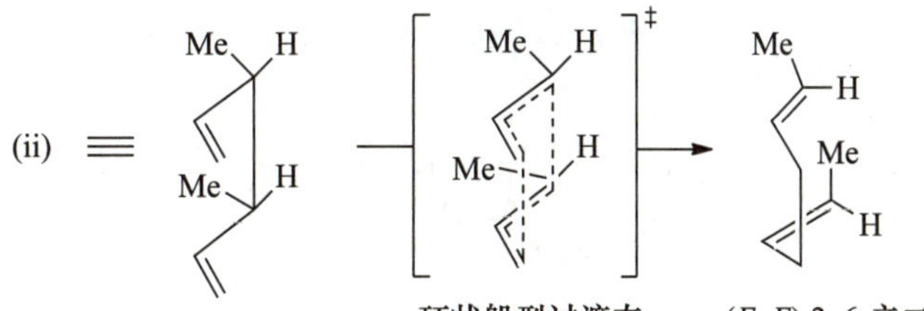

环状船型过渡态    (E,E)-2,6-辛二烯

**习题 9-28** 应用前线轨道理论证明:在C[1,j]σ迁移时,若迁移碳的构型保持,其立体选择规则与H[1,j]σ迁移的立体选择规则相同;若迁移碳的构型翻转,其立体选择规则与H[1,j]σ迁移的立体选择规则相反。

**习题 9-29** 按前线轨道理论,[3,5]σ迁移反应可以看做一个烯丙基自由基和一个戊二烯基自由基互相作用完成。请画出它们在基态时及在激发态时的过渡态,并用前线轨道理论说明基态时它们的同面-异面迁移是对称性允许的,激发态时它们的同面-同面迁移是对称性允许的。

**习题 9-30** 指出在加热条件下，下列 σ 迁移反应的类别及迁移方式。

**习题 9-31** 完成下列反应。

(i) [结构式] $\xrightarrow[C[1,5]\sigma\text{同面迁移}]{55\,°C}$ ? $\xrightarrow[C[1,5]\sigma\text{同面迁移}]{55\,°C}$

(ii) [结构式] $\xrightarrow{\Delta}$

(iii) $CH_2=CH-\underset{\underset{CH_3}{|}}{\overset{\overset{CH_3}{|}}{C}}-CH_2-CH=CH-CH_2CH_3 \xrightarrow{\Delta}$

(iv) [结构式] $\xrightarrow{\Delta}$

**习题 9-32** 写出下述反应的过程，用前线轨道表示其过渡态，并指出反应的类型。

[结构式] $\xrightarrow{100\,°C}$ [结构式]

**习题 9-33** 具体分析下面的转换是怎样实现的。

[结构式] $\xrightarrow{\Delta}$ [结构式]

**习题 9-34** 解释下列实验事实。

$CH_2=CH-\underset{(S)}{CH}-\underset{(S)}{CH}-CH=CH_2$ 或 $(R)\ (R)$ $\xrightarrow{100\,°C,\,18\,h}$ [产物1] 90% + [产物2] 10%

## 9.16 能量相关理论

应用能级相关图来阐明电环化反应、环加成反应等协同反应的立体化学选择规则，称为能量相关理论（energy correlation theory）。能级相关图是指把反应物与产物的不同能级的分子轨道按轨道对称性相互关联起来的图。

20 世纪 60 年代，R. B. Woodward 和 R. Hoffmann 将建立原子相关图的方法

原子相关图是于20世纪30年代初提出的,它利用"分离原子"和"联合原子"两种极限情况把分子轨道的性质随原子核之间的距离变化的情况定性地表达了出来。利用原子相关图,科学家可以根据分离原子和联合原子的能级结构,得到与分子对应的过渡区能级结构的有关信息。

予以推广,画出了电环化反应和环加成反应的能级相关图(energy level correlation diagram),并成功地应用能级相关图阐明了这些反应的立体化学选择规则,形成了能量相关理论。

分子轨道能级相关图可按下列步骤绘制:

(1) 将反应物中涉及旧键断裂的分子轨道和生成物中新键形成的分子轨道按能级高低顺序由上到下分别排在两侧。

(2) 选择在整个反应过程中始终有效的对称元素,用此对称元素对(1)中所画轨道按对称和反对称予以分类。

(3) 将对称性一致的反应物分子轨道和生成物分子轨道用一直线连接起来,连接的直线称为关联线。画关联线时必须遵循"一一对应原则"(即反应物体系的一个分子轨道只能与产物体系的一个分子轨道相关联)、能量相近原则(即尽量使能量接近的分子轨道相关联)、不相交原则(即对称性相同的两条关联线不能互相交叉)。对于一个协同反应的相关图来讲,按上述原则画出的关联线是唯一的。

有了相关图,就能判断反应是在什么条件以及按什么方式进行的。判断的方法很简单:在成键轨道和反键轨道之间画一分界线,如果在相关图中,除了成键轨道和反键轨道外,还有非键轨道,则在HOMO与LUMO之间画分界线。若相关图中所有的关联线都不超越分界线,说明反应活化能较低,在加热情况下反应物就能转化为产物,称这样的反应在基态时是对称允许的。若相关图中有的关联线超越了分界线,说明反应活化能较高,反应物必须先处在激发态时才能转化为产物的基态,因此反应只有在光照条件下才能进行,称这类反应在基态时是对称禁阻的,在光照时是对称允许的。

现在结合1,3-丁二烯的电环化反应来看能量相关理论的应用。1,3-丁二烯的电环化反应如下式所示:

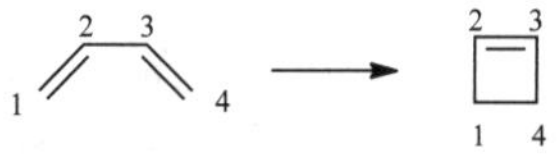

从反应式可知,在1,3-丁二烯环化成环丁烯的过程中,反应物中断裂的旧键是两个共轭的π键,即涉及4个π型的分子轨道$\psi_1,\psi_2,\psi_3,\psi_4$,生成物中新形成的键是C(1)—C(4)之间的σ键和C(2)—C(3)之间的π键,涉及的分子轨道是$\sigma,\sigma^*,\pi,\pi^*$,因此在该反应的相关图(图9-29,图9-30)中,将它们按能级高低分列在左右两侧。

电环化反应是通过旋转来完成的,在顺旋关环时,只有$C_2$旋转轴是始终保持有效的对称元素;在对旋关环时,只有镜面$m$是始终保持有效的对称元素。因此,顺旋时选择$C_2$旋转轴为对称元素来判别轨道的对称性,对旋时选择镜面$m$为对称元素来判别轨道的对称性。相关图中的S表示对称(symmetry),A表示反对称(asymmetry)。虚线为成键轨道和反键轨道的分界线,实线为关联线。图9-29是顺旋时的相关图。从图可知,关联线没有超越分界线,因此加热的情况下,1,3-丁二烯的顺旋关环是对称性允许的。图9-30是对旋时的相关图。从图可知,关联线超越了分界线,因此在加热的情况下,丁二烯的对旋关环是对称禁阻的;在光照的情况下,丁二烯的对旋关环是对称允许的。由能量相关理论分析电环化反应得出的结论与电环化反应的立体选择规则是完全一致的。

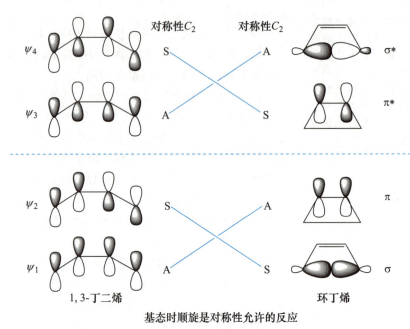

基态时顺旋是对称性允许的反应

图 9-29 顺旋时 1,3-丁二烯和环丁烯分子轨道的能级相关图

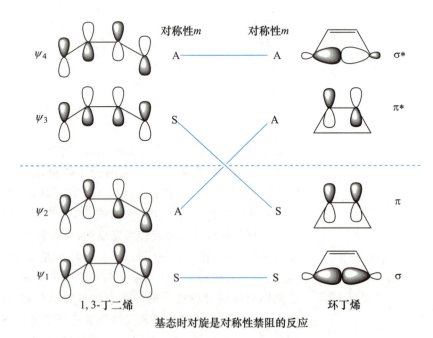

基态时对旋是对称性禁阻的反应

图 9-30 对旋时 1,3-丁二烯和环丁烯分子轨道的能级相关图

**习题 9-35** 环丁烯开环形成 1,3-丁二烯是 1,3-丁二烯关环反应的逆反应,这一对可逆反应的能级相关图是否相同?为什么?请根据相关图判断:在加热时,环丁烯通过什么方式开环?在光照时,环丁烯通过什么方式开环?

**习题 9-36** 画出 1,3,5-己三烯顺旋关环的能级相关图。应用能级相关图判断:反应须在什么条件下发生?所得结论与电环化反应的立体选择规则是否相同?

## 9.17 芳香过渡态理论

协同反应都是经过环状过渡态进行的,环状过渡态的稳定性也即能量的高低,必然对控制反应进程起着关键的作用。一个单环平面共轭多烯的稳定性可应用 Hückel 的 $4n+2$ 规则来判别,通过对许多经过环状过渡态反应的研究,发现环状过渡态的稳定性也能应用类似的规则来加以判别,并总结出了一些规律,称之为芳香过渡态理论。

芳香过渡态理论首先提出了 Möbius(莫比斯)体系和 Hückel 体系的概念。在一个环状过渡态中,如果相邻原子的轨道间出现波相改变的次数为零或偶数次,称为 Hückel 体系;若出现奇数次波相的改变,则称之为 Möbius 体系。例如图 9-31 所示。

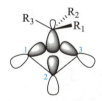
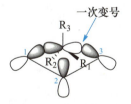

(i) 相邻原子轨道间的波相　　(ii) 相邻原子轨道间的波相
　　改变次数为零,Hückel体系　　　改变次数为一,Möbius体系

**图 9-31** C[1,3]σ 迁移的两种过渡态

接着该理论提出了判别过渡态是否具有芳香性的办法,指出:具有 $4n+2$ 个 π 电子的 Hückel 体系和具有 $4n$ 个 π 电子的 Möbius 体系是芳香性(aromaticity)的,而具有 $4n$ 个 π 电子的 Hückel 体系和具有 $4n+2$ 个 π 电子的 Möbius 体系是反芳香性(antiaromaticity)的。芳香过渡态理论认为:在加热条件下,协同反应都是通过芳香过渡态进行的;在光照条件下,协同反应都是通过反芳香过渡态进行的。上面叙述的内容可以归纳在表9-7 中。

表 9-7　芳香过渡态理论判别协同反应的选择规则

| 过渡态的电子数 | 过渡态的结构及反应条件 | |
| --- | --- | --- |
| | Hückel 体系 | Möbius 体系 |
| $4n+2$ | 过渡态是芳香性的<br>协同反应在加热条件下(基态)进行 | 过渡态是反芳香性的<br>协同反应在光照条件下(激发态)进行 |
| $4n$ | 过渡态是反芳香性的<br>协同反应在光照条件下(激发态)进行 | 过渡态是芳香性的<br>协同反应在加热条件下(基态)进行 |

下面结合实际例子来看芳香过渡态理论的应用。图 9-31 表示一个烷基由 C-1 迁移到 C-3 上去，并且是同面迁移，这时有两种可能：一种是迁移碳的构型保持不变 (i)，这时过渡态为 Hückel 体系，因为过渡态有 4 个电子，所以是反芳香性的，热反应是对称性禁阻的；另一种是迁移碳的构型发生翻转 (ii)，这时过渡态为 Möbius 体系，具有 4 个电子的 Möbius 体系是芳香性的，热反应是对称性允许的。因此可以写出下面的反应式：

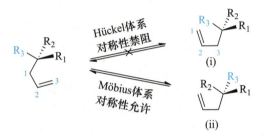

H[1,$j$]σ 迁移用芳香过渡态理论进行分析，所得规则与表 9-7 的选择规则完全相同，见图 9-32。

 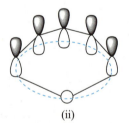

(i) 　　　　　　　　　　　(ii)

H[1,3]同面迁移，4 个电子，波相改变次数为零，Hückel体系，反芳香性的，因此基态时反应是对称性禁阻的　　H[1,5]同面迁移，6 个电子，波相改变次数为零，Hückel体系，芳香性的，因此基态时反应是对称性允许的

图 9-32　H[1,$j$]σ 同面迁移的过渡态

从上面两个例子可以看出，应用芳香过渡态理论来处理协同反应实际上有两个步骤：① 从每个反应物中选择一个分子轨道，画出这些轨道在反应时的过渡状态。从原则上讲，选择反应物的任何一个轨道都是可以的，但选择节面数最少的轨道最方便。② 应用芳香过渡态理论对画好的过渡态进行分析和作出判断。下面再举一些例子。

1,3-丁二烯的电环化反应可以作如图 9-33 的处理。

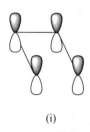 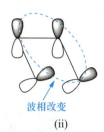 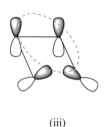

(i)
1,3-丁二烯的 $\psi_1$

(ii)
顺旋时的过渡态分析：波相改变次数为一，Möbius 体系，4 个 π 电子，芳香性，热反应是对称性允许的

(iii)
对旋时的过渡态分析：波相改变次数为零，Hückel 体系，4 个 π 电子，反芳香性，热反应是对称性禁阻的

图 9-33　1,3-丁二烯电环化反应的过渡态分析

这种方法也可以同样地运用于环加成反应。如乙烯的同面-同面环加成反应，图 9-34(i) 是最简单的基本轨道排列方式，它的波相变换次数是零，是 Hückel 体系，同时有 4 个电子，所以过渡态是反芳香性的，对热反应是不利的。图 9-34(ii) 中，一个乙烯分子选择了一个 $\psi_1$ 轨道，另一个乙烯分子选择了一个 $\psi_2$ 轨道，过渡态时，波相的转变次数是两次（偶数），所以还是 Hückel 体系，是反芳香性的。对比(i)、(ii)的分析说明：应用芳香过渡态理论进行分析，选择基本轨道是任意的。

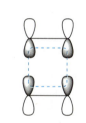 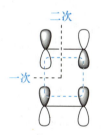

(i) 波相改变次数为零　　(ii) 波相改变次数为二

图 9-34　乙烯同面-同面环加成的过渡态

把这个规则运用在双烯合成的 6 个电子的体系中，同样也得到正确的结论。图 9-35 是一个 6 电子体系，波相改变次数是零，所以是 Hückel 的芳香体系，在加热条件下这个反应是容易进行的。

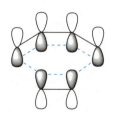

6 个电子，波相改变次数为零

图 9-35　乙烯和丁二烯的同面-同面环加成反应

**习题 9-37** 完成下面的反应,试用芳香过渡态理论解释此电环化反应。

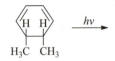

## 章 末 习 题

**习题 9-38** 乙烯、1,3-丁二烯、1,3,5-己三烯三个化合物,哪一个最易发生电子跃迁?怎样证明?

**习题 9-39** 比较下面两个化合物,指出它们在结构、物理性质和化学性质上会有什么主要的差别。

(i) $CH_2=CH-CH_2-CH_2-CH=CH_2$      (ii) $CH_3-CH=CH-CH=CH-CH_3$

**习题 9-40** 画出环戊二烯 π 分子轨道示意图,用(+)、(−)号标明不同能量状态时 p 原子轨道的波相。

**习题 9-41** 为什么说烯丙基自由基的 $\psi_1$ 是成键轨道、$\psi_2$ 是非键轨道、$\psi_3$ 是反键轨道?电子进入非键轨道能否为稳定体系作出贡献?

**习题 9-42** 写出 1,3,5-己三烯的极限式,按它们对共振杂化体的贡献大小排列成序。

**习题 9-43** 写出环戊二烯的极限式,用共振的方式表示之,并指出哪些极限式是等价的。

**习题 9-44** 请指出下列一段文字中与共振论原意不相符的观点:根据共振论的原则,使一个化合物原子核排列方式、几何形象以及电子对的数目保持不变,而改变电子对的排列方式,这样,就可能写出不同的经典结构式。化合物的真正结构相当于这些可能的经典结构的杂化体,或者说是这些结构的混合体,而不是一个单一的物质,所以不能用任何一个可能写出的经典式子表示。这种纸面上可以写出的式子叫做极限式,分子就是这些极限式间彼此共振产生的。共振论规定,所有极限式都需参加共振,参加共振的极限式越多,杂化体越稳定。这些规定都有量子力学基础,而没有人为的因素,所以,共振论是一个定量的理论,并以大量的有机化学实践为依据,因而它的预见大致与事实相符。

**习题 9-45** 写出下列反应的主要产物,并用分子轨道理论或共振论解释为什么得到这些产物。

(i) $CH_2=CH-CH=CH-CH=CH_2 + Br_2 \longrightarrow$      (ii) $CH_2=\overset{\underset{\displaystyle Cl}{|}}{C}-CH=CH_2 \xrightarrow{\text{聚合}}$

**习题 9-46** 下列反应均为周环反应,完成反应式,注明反应类型及反应方式。

**习题 9-47** 用指定化合物为起始原料,选择合适的其他试剂合成下列化合物,并写出产物的名称。

(i) 起始原料:CH≡CH ,目标产物:

(ii) 起始原料:

,目标产物:

(iii) 起始原料: + CH≡CH ,目标产物:

**习题 9-48** 下列化合物可与环己烯发生正常的 D-A 反应,请按反应难易将它们排列成序。

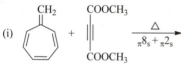

**习题 9-49** 下列化合物可与 1,3-丁二烯发生正常的 D-A 反应,请按反应难易将它们排列成序。

(i) [马来酸酐]  (ii) $H_2C=CH-CN$  (iii) $CH_3C≡CCH_3$  (iv) $H_3CO_2CC≡CCO_2CH_3$

**习题 9-50** 写出下列反应的过渡态及产物。

(i) [庚三烯] + COOCH₃/COOCH₃ 乙炔 $\xrightarrow[\pi8_s+\pi2_s]{\Delta}$

(ii) [环戊二烯] + [环庚三烯酮] $\xrightarrow[\pi6_s+\pi4_s]{\Delta}$

**习题 9-51** 解释下列各组实验事实。

(i) [环辛四烯] $\xrightarrow{20\,°C}$ [双环产物]

[环辛四烯] ⟶ [苯并环丁烯]

(ii) [四取代环戊二烯酮] + 环戊二烯 $\xrightarrow{[2+4]}$ [加成产物]; + 环戊烯 $\xrightarrow{[2+4]}$ [两种加成产物]

(iii) [9,10-二甲基蒽] + NC-CH=CH-CO₂CH₃ ⟶ [加成产物] 100% ; [苯] + [马来酸酐] $\xrightarrow{\Delta}$ ✗

**习题 9-52** 下列反应中,哪些是能进行的?写出它们的产物。

(i) [马来酸酐] + [联环己烯] ⟶

(ii) [马来酸酐] + [八氢萘二烯] ⟶

(iii) [环戊二烯] + [2,3-二甲基-1,4-苯醌] ⟶

(iv) [structure: 1,3-diphenylisobenzofuran] + [benzyne/alkyne] ⟶ (iv) [bicyclic adduct with CH₃, COOC₂H₅, H, CH₃ substituents] $\xrightarrow{\text{热裂}}{\text{气相}}$

**习题 9-53** 下列反应中，哪些产物是按协同反应机理形成的？指出相应反应的反应类型和反应条件。

[reactant: bicyclic methylenecyclohexene] ⟶ [(i) styrene-type] + [(ii) bicyclic] + [(iii) bicyclic]

(i)  (ii)  (iii)

**习题 9-54** 写出下列反应的反应机理。

[diol with two cyclohexenone rings and Et groups] $\xrightarrow{H^+}$ [spiro indene-dione product]

**习题 9-55** 化合物(i)加热可转变为(ii)，(ii)加热可转变为(iii)，(iii)加热可转变为(iv)。写出(ii)的结构及 (i)→(ii)、(ii)→(iii)、(iii)→(iv)的反应类别。

(i) [cyclic triene with H, CH₃] $\xrightarrow{\Delta}$ (ii) $\xrightarrow{\Delta}$ (iii) [decalin-type with H, CH₃] $\xrightarrow{\Delta}$ (iv) [isomer with CH₃]

**习题 9-56** 结合下列反应式回答问题：(i)该反应属于什么反应类型？(ii)写出反应机理，画出反应的过渡态并阐明产物为什么具有式中的构型。

[oxepine/oxacycle with two CH₃] $\xrightarrow{\Delta}$ 

$\begin{array}{c}\text{CHO}\\ \text{H}—\text{CH}_3\\ \text{CH}_3—\text{H}\\ \text{CH}=\text{CH}_2\end{array}$ (A) + $\begin{array}{c}\text{CHO}\\ \text{CH}_3—\text{H}\\ \text{H}—\text{CH}_3\\ \text{CH}=\text{CH}_2\end{array}$ (A')

## 复习本章的指导提纲

**基本概念和基本知识点**

共轭二烯烃、共轭烯烃的结构特征，共轭烯烃物理性质的特点；分子的折射率，分子的可极化性；氢化热；共振式（或极限式），共振结构（或极限结构），杂化体，共振杂化体的表示方式，写共振极限式的原则，极限式稳定性的分析，极限式对杂化体贡献大小的分析，共振论的缺陷；成键轨道，反键轨道，非键轨道，定域轨道，离域轨道，离域能；节面；分子轨道的对称性，镜面，二重旋转轴；动力学控制，热力学控制；基元反应，协同反应，周环反应，环状过渡态；前线轨道，前线电子，最高占有轨道(HOMO)，最低未占轨道(LUMO)，单占轨道(SOMO)；基态，激发态；同位相重叠，异位相重叠，对称性允许，对称性禁阻，顺旋，对旋；同面，异面；双烯体，亲双烯体，Diels-Alder 反应（D-A 反应），正常的 D-A 反应，反常的 D-A 反应，中间的 D-A 反应；s-顺式构象，s-反式构象；内型产物，外型产物；次级轨道作用，偶极共振式，1,3-偶极体，亲偶极体，HOMO 控制的 1,3-偶极环加成反应，LUMO 控制的 1,3-偶极环加成反应，HOMO-LUMO 控制的 1,3-偶极环加成反应；奇碳共轭体系自由基的非键轨道的特点；一一对应原则，能量相近原则，不相交原则，关联线，能级相关图；芳香性，反芳香性。

### 基本理论

共振论，分子轨道理论，Hückel 分子轨道法，分子轨道对称守恒原理，前线轨道理论，能量相关理论，芳香过渡态理论。

### 基本反应和重要反应机理

电环化反应的定义、立体化学表示方法、反应机理和立体选择规则；环加成反应的定义、分类、立体化学表示方法、反应机理和立体选择规则，共轭双烯的 1,4-加成，Diels-Alder 反应，1,3-偶极环加成反应的定义和应用；σ迁移反应的定义、命名、立体化学表示方法、反应机理和立体选择规则。

## 英汉对照词汇

antarafacial  异面的
antiaromaticity  反芳香性
aromatic transition state theory  芳香过渡态理论
asymmetry  反对称
boat transition state  船型过渡态
Bullvalene  布尔林
chair transition state  椅型过渡态
s-cis conformation  s-顺式构象
Claisen rearrangement  克莱森重排
conjugated addition  共轭加成
conrotatory  顺旋
conservation principle of the molecular orbital symmetry  分子轨道对称守恒原理
Cope rearrangement  柯普重排
cyclic transition state  环状过渡态
cycloaddition reaction  环加成反应
delocalization molecular orbital  离域分子轨道
delocalized  离域的
delocalized bond  离域键
delocalized energy  离域能
Diels-Alder reaction  狄尔斯-阿尔德反应，D-A 反应
diene synthesis  双烯合成
1,3-dipole cycloaddition  1,3-偶极环加成
1,3-dipole compound  1,3-偶极化合物，1,3-偶极体
disrotatory  对旋
electrocyclic reaction  电环化反应
elementary reaction  基元反应
endo  内型
energy level correlation diagram  能级相关图
energy correlation theory  能量相关理论
excited state  激发态
exo  外型
frontier electron  前线电子
frontier molecular orbital (FOMO)  前线分子轨道
frontier orbital theory  前线轨道理论
ground state  基态
Havinga  哈文加
highest occupied molecular orbital (HOMO)  最高占有轨道
Hoffmann, R.  霍夫曼

Hückel molecular orbital method　休克尔分子
　　轨道法
hybrid　杂化体
hydrogenated heat　氢化热
index of refraction　折射率
inversion of configuration　构型翻转
kinetic control　动力学(速率)控制
localized bond　定域键
localized orbital　定域轨道
lowest unoccupied molecular orbital(LUMO)
　　最低未占轨道
σ migrate reaction　σ迁移反应
Möbius　莫比斯
nonbonding orbital　非键轨道
node　节面
pericyclic reaction　周环反应
principle of microreversibility　微观可逆性原理
Pauling, L.　鲍林
resonance formula　共振式
resonance structure　共振结构
resonance theory　共振论
retention of configuration　构型保持
single occupied molecular orbital(SOMO)　单占
　　轨道
stereoselectivity　立体选择性
symmetry　对称
symmetry allowed　对称性允许
symmetry forbidden　对称性禁阻
synergistic reaction　协同反应
synfacial　同面的
thermodynamic control　热力学控制
Woodward, R. B.　伍德沃德

# 第10章 醛和酮 加成反应（二）

\* \* \* \* \*

樟脑是重要的莰酮，学名2-莰酮。天然樟脑是右旋体，合成品是消旋体，两者均为无色透明粒状晶体，有强烈的樟木气味和辛辣的味道。

天然樟脑
（右旋）

樟脑存在于樟脑树各部分中，以树干中含量为高。用水蒸气蒸馏法蒸馏，可以分出樟脑；但樟脑树需达到50年树龄，才能收集到。我国台湾省以盛产樟脑著称于世，福建、江西、广东等省也有出产。

樟脑在医药上用于配制强心剂、十滴水、清凉油等，也可做防蛀剂、防腐剂，还是电木、香料、国防等工业的重要原料。

\* \* \* \* \*

碳原子与氧原子用双键相连的基团称为羰基(carbonyl group)。羰基碳与氢和烃基相连的化合物称为醛(RCHO)，结构中的—CHO称为醛基。羰基碳与两个烃基相连的化合物称为酮($R_2C=O$)，酮分子中的羰基也称为酮基。

## 10.1 醛、酮的分类

根据与羰基碳相连的烃基是脂肪族的、芳香族的、饱和的和不饱和的，醛、酮分别称为脂肪族醛、酮(aliphatic aldehyde and ketone)，芳香族醛、酮(aromatic aldehyde and ketone)，饱和(saturated)醛、酮，以及不饱和(unsaturated)醛、酮。酮羰基与两个相同的烃基相连，称为简单酮(simple ketone)或对称酮；与两个不相同的烃基相连，则称为混合酮(mixture ketone)或不对称酮。

CH₃CHO　　CH₃COCH₃　　　CH₂=CH—CHO　　CH₂=CHCOCH₃　　　PhCHO　　PhCOCH₃
　　　　　　对称酮　　　　　　　　　　　　　不对称酮　　　　　　　　　　　　不对称酮
　饱和醛、酮　　　　　　　　　　　　不饱和醛、酮　　　　　　　　　　　　芳香族醛、酮
　　　　　　　　　　　　　　脂肪族醛、酮

根据分子中所含羰基的数目，醛、酮又可分为一元醛、酮，二元醛、酮等等。

CH₃CH₂CHO　　(CH₃)₂CHCOCH₃　　　OHCCH(CH₃)CHO　　CH₃COCH₂COCH₃
　　　　一元醛、酮　　　　　　　　　　　　　　　二元醛、酮

> **习题 10-1** 指出下列化合物各属于哪类醛、酮。
>
> (i) (CH₃)₂CHCHO　　　(ii) CH₃—C₆H₄—CHO　　　(iii) OHCCH(CHO)CHO
>
> (iv) PhCOCH(CH₃)　　　(v) O=C₆H₈=O　　　(vi) 螺[4.5]癸酮

## 10.2　醛、酮的命名

### 10.2.1　醛、酮的系统命名（参见 2.7）

### 10.2.2　醛的其他命名法

**1. 按氧化后生成的羧酸命名**

低级醛类化合物常用此法命名。例如，蚁醛的名称来自蚁酸；月桂醛的名称来自月桂酸。英文名称将羧酸的英文名词尾"-ic acid"或"-oic acid"改为"aldehyde"。

（蚁酸和月桂酸均为羧酸的俗名。）

**2. 按连接命名法命名**

当醛基直接与环相连时，可在环系名称后加甲醛来命名，"甲"有时可省。英文用"～aldehyde"或"～carbaldehyde"做词尾。例如

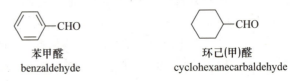

苯甲醛　　　　　　　　环己(甲)醛
benzaldehyde　　　cyclohexanecarbaldehyde

若醛基与环上支链的碳原子相连,可将环的名称和脂肪醛的名称连接起来命名。例如

苯乙醛
benzeneacetaldehyde

1,2-苯二乙醛
1,2-benzenediacetaldehyde

### 10.2.3 酮的其他命名法

1. 普通命名法

酮的普通命名法按羰基连接的两个烃基的名称来命名。中文按顺序规则,简单烃基的名称在前,复杂烃基的名称在后,然后加甲酮(甲字可省)。英文按名称中的字母顺序依次排列,最后加 ketone。例如

甲基异丁基(甲)酮
isobutylmethyl ketone

乙基环己基(甲)酮
cyclohexylethyl ketone

2. 以单酰衍生物方法命名

羰基一边与环相连,另一边与脂肪链相连,可用此法命名。命名时,链与羰基称为某酰基(基可省),放在环的名称前。英文名称可将羧酸的词尾"-ic acid"或"-oic acid"改为酰基的词尾"-yl"。例如

将羧酸中的羟基除去后,剩余部分称为酰基。例如
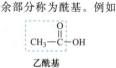
乙酰基

乙酰基环丙烷
acetylcyclopropane

丙酰苯
propionylbenzene

**习题 10-2** 用普通命名法命名下列化合物(用中、英文)。

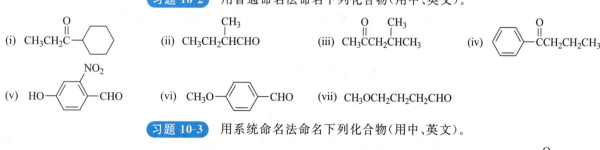

**习题 10-3** 用系统命名法命名下列化合物(用中、英文)。

(v) 环己烷-1,4-二酮  (vi) CH₃CHCH₂CH₂CHO  (vii) CH₃CHCCH₃  (viii) OHCCH₂CHCH₂CHO
              |Br                      |OH  ‖O                    |CHO

(ix) 螺[2.5]辛-6-酮  (x) C₆H₅\C=C/CH₃  (xi) H₃C\\Cl  (xii) 樟脑
                    H₃C/  \CHCH₃           Ph—C—CCH₃
                           ‖O                   ‖O
                                           CH₃

## 10.3 醛、酮的结构和构象

### 10.3.1 醛、酮的结构

羰基中,碳和氧以双键相结合,碳原子以三个 sp² 杂化轨道形成三个 σ 键,其中一个是和氧形成一个 σ 键,这三个键在同一平面上,彼此间相距的角度≈120°,如图 10-1(i)、(ii)所示,碳原子的一个 p 轨道和氧的一个 p 轨道彼此重叠起来形成一个 π 键,与这三个 σ 键所成的平面垂直,因此羰基的碳氧双键是由一个 σ 键和一个 π 键形成的,如图 10-1(iii)所示。

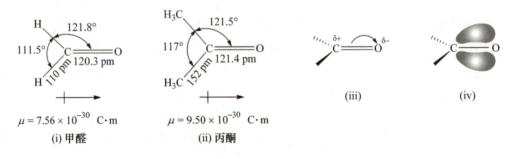

(i) 甲醛  $\mu = 7.56 \times 10^{-30}$ C·m

(ii) 丙酮  $\mu = 9.50 \times 10^{-30}$ C·m

图 10-1 羰基的结构及其电子云分布示意图

但是由于氧的电负性比碳大,所以羰基是一个极性基团(polar group),具有偶极矩,负极在氧的一边,正极在碳的一边,电子云分布的示意图如图 10-1(iv)所示。

### 10.3.2 醛、酮的构象

若醛、酮的 α 碳为手性碳,用顺序规则确定手性碳上除酰基以外的三个基团的大小,并以 L 表示大的基团,M 表示中等基团,S 表示小的基团。旋转羰基碳与 α 碳之间的单键,可以得到无数个构象,其中极限构象的 Newman 投影式如图 10-2 所示。

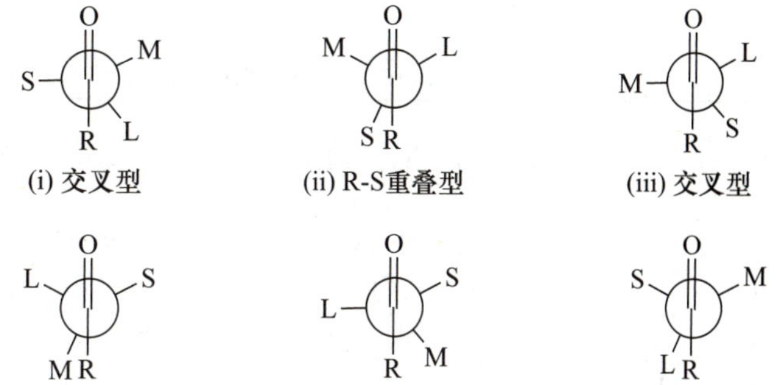

(i) 交叉型　　(ii) R-S重叠型　　(iii) 交叉型

(iv) R-M重叠型　　(v) 交叉型　　(vi) R-L重叠型

**图 10-2　醛、酮的构象**
图中的 R 为 H 或烃基

当羰基的 α 位有羟基或氨基时，羰基氧原子可以与羟基或氨基的氢原子以氢键缔合，倾向于以重叠型为优势构象形式存在，如

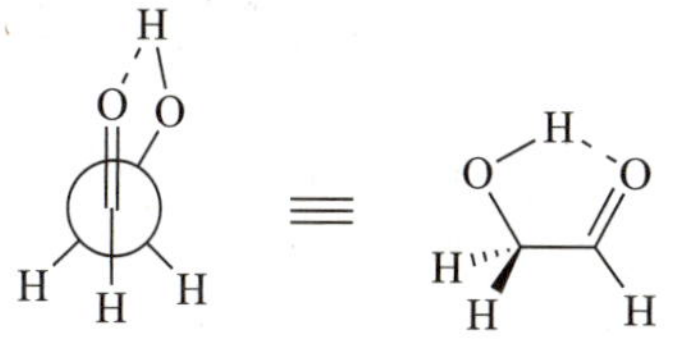

羟基乙醛

**习题 10-4**　请用伞式表示下列重叠构象式。

R-S重叠型　　　　R-M重叠型　　　　R-L重叠型

## 10.4　醛、酮的物理性质

由于羰基的偶极矩增加了分子间的吸引力，因此醛、酮的沸点比相应相对分子质量的烷烃高，但比醇低。醛、酮的氧原子可以与水形成氢键，因此低级醛、酮可以与水混溶，随着相对分子质量的增加，在水中溶解度或微溶或不溶。脂肪族醛、酮的相对密度小于 1，芳香族醛、酮的相对密度大于 1。

表 10-1 为一些常见醛、酮的物理性质。

表 10-1 一些常见醛、酮的名称及物理性质

| 化合物 | 普通命名法 | IUPAC 命名法 | 熔点/℃ | 沸点/℃ | 溶解度 g·(100 g H₂O)⁻¹ |
|---|---|---|---|---|---|
| 甲醛 HCHO | formaldehyde | formaldehyde | −92 | −21 | 易溶 |
| 乙醛 CH₃CHO | acetaldehyde | acetaldehyde | −121 | 21 | 16 |
| 丙醛 CH₃CH₂CHO | propionaldehyde | propanal | −81 | 49 | 7 |
| 丁醛 CH₃(CH₂)₂CHO | n-butyraldehyde | butanal | −99 | 76 | 微溶 |
| 戊醛 CH₃(CH₂)₃CHO | n-valeraldehyde | pentanal | −92 | 103 | 微溶 |
| 苯甲醛 C₆H₅—CHO | benzaldehyde | benzaldehyde | −26 | 178 | 0.3 |
| 丙酮 CH₃COCH₃ | acetone | propanone / 2-propanone(CA) | −95 | 56 | ∞ |
| 丁酮 CH₃COCH₂CH₃ | ethyl methyl ketone | butanone / 2-butanone(CA) | −86 | 80 | 26 |
| 2-戊酮 CH₃C(CH₂)₂CH₃ | methyl propyl ketone | 2-pentanone | −78 | 102 | 6.3 |
| 3-戊酮 CH₃CH₂COCH₂CH₃ | diethyl ketone | 3-pentanone | −40 | 102 | 5 |
| 环己酮 | cyclohexanone | cyclohexanone | −45 | 155 | 2.4 |
| 苯乙酮（乙酰苯） C₆H₅COCH₃ | methyl phenyl ketone (acetophenone) | 1-phenyl-1-ethanone | 21 | 202 | 不溶 |
| 苯丙酮 C₆H₅COCH₂CH₃ | ethyl phenyl ketone | 1-phenyl-1-propanone | 21 | 218 | 不溶 |
| 二苯酮 C₆H₅COC₆H₅ | diphenyl ketone | diphenyl methanone | 48 | 306 | 不溶 |

## 醛、酮的反应

羰基是醛、酮的官能团，也是醛、酮类化合物的反应中心。羰基氧上有两对孤对电子，能与质子结合，所以醛、酮有碱性；羰基有碳氧 π 键，因此，醛、酮能发生还原反应和加成反应，但由于氧比碳的电负性大，共用电子对更靠近氧，氧更符合稳定的八隅体结构，碳略带正电性，易受亲核试剂的进攻，所以醛、酮能发生亲核加成反应；由

于羰基的吸电子作用,醛、酮的 α 氢具有一定的活性,易发生烯醇化反应及与烯醇化反应相关的 α-卤代反应、卤仿反应和羟醛缩合反应;醛、酮能发生氧化反应,醛比酮更易氧化。

## 10.5 羰基的亲核加成

### 10.5.1 总述

羰基是一个具有极性的官能团,由于氧原子的电负性比碳原子的大,因此氧带有负电性,碳带有正电性,亲核试剂容易向带正电性的碳进攻,导致 π 键异裂,两个 σ 键形成。这就是羰基的亲核加成(nucleophilic addition)。

亲核加成反应可以在碱性条件下进行,反应机理如下:

$$\diagup C=O + {}^-Nu \longrightarrow \diagup C\diagdown_{O^-}^{Nu} \xrightarrow[-OH^-]{H_2O} \diagup C\diagdown_{OH}^{Nu}$$

也可以在酸性条件下进行,反应机理如下:

$$\diagup C=\ddot{O} + H^+ \rightleftharpoons \left[ \diagup C=\overset{+}{O}H \longleftrightarrow \diagup \overset{+}{C}-OH \right] \xrightarrow{Nu} \diagup C\diagdown_{OH}^{Nu}$$

在亲核加成反应中,由于电子效应和空间位阻的原因,醛比酮表现得更加活泼。下面结合各种最具有代表性的亲核试剂来讨论羰基的亲核加成反应。

### 10.5.2 与含碳亲核试剂的加成

常见的含碳亲核试剂有"有机金属化合物"、"氢氰酸"、"炔化物"等。

**1. 与格氏试剂或有机锂试剂的加成**

格氏试剂、有机锂试剂与醛、酮反应的化学方程式如下:

$$RCHO + R'MgX \xrightarrow{无水醚} R-\underset{H}{\overset{OMgX}{\underset{|}{C}}}-R' \xrightarrow{H_2O} R-\underset{H}{\overset{OH}{\underset{|}{C}}}-R'$$

$$\underset{}{\overset{O}{\underset{}{\parallel}}}_{RCR'} + R''MgX \xrightarrow{无水醚} R-\underset{R''}{\overset{OMgX}{\underset{|}{C}}}-R' \xrightarrow{H_2O} R-\underset{R''}{\overset{OH}{\underset{|}{C}}}-R'$$

$$RCHO + R'Li \xrightarrow{无水醚} R-\underset{H}{\overset{OLi}{\underset{|}{C}}}-R' \xrightarrow{H_2O} R-\underset{H}{\overset{OH}{\underset{|}{C}}}-R'$$

$$\underset{}{\overset{O}{\underset{}{\parallel}}}_{RCR'} + R''Li \xrightarrow{无水醚} R-\underset{R''}{\overset{OLi}{\underset{|}{C}}}-R' \xrightarrow{H_2O} R-\underset{R''}{\overset{OH}{\underset{|}{C}}}-R'$$

格氏试剂、有机锂试剂与醛、酮的亲核加成是制备醇的一个重要手段。除甲醛产生一级醇外,其他醛都产生二级醇,酮产生三级醇。

思考：含碳亲核试剂与醛、酮的亲核加成为什么要在碱性条件下进行？

反应在碱性条件下进行，按碱性反应机理完成。

当羰基与一个手性中心连接时，它与格氏试剂（也包括与氢化铝锂等试剂）反应是一个手性诱导反应（chiral induction reaction），反应有立体选择性。D. J. Cram（克拉穆）提出一个规则，称为 Cram 规则一，经常可以预言主要产物。这个规则可以用下式表示：

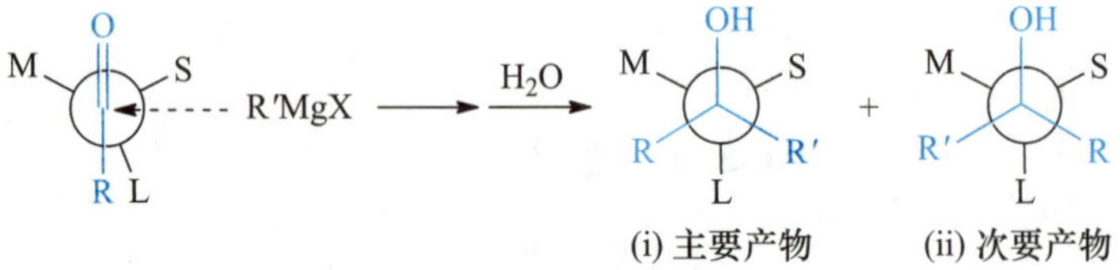

Cram 规则一规定：大的基团(L)与 R 呈重叠型，两个较小的基团在羰基两旁呈邻交叉型，与试剂反应时，试剂从羰基旁空间位阻较小的基团(S)一边接近分子，因此(i)是主要产物。(ii)是格氏试剂从中等大小的基团(M)一边接近分子，由于位阻较大，是次要产物。例如，(S)-2-苯基丁醛与 CH₃MgI 反应：

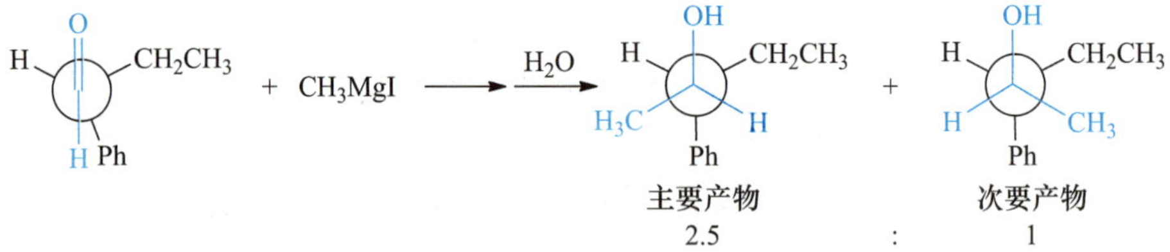

为什么 R 与 L 取重叠型构象呢？因为这些试剂与羰基发生加成反应时，它们的金属部分（如格氏试剂中的 Mg）须与羰基氧配位，因此羰基氧原子一端空阻增大，导致 α 碳上最大基团(L)与羰基处于反式，故 R 与 L 处于重叠型为最有利的反应构象。

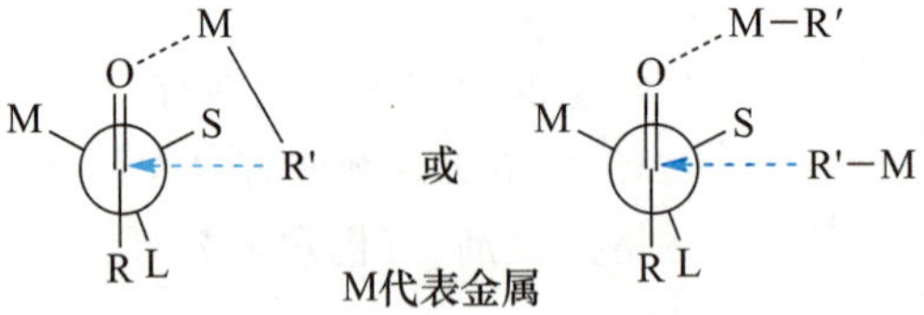

M 代表金属

**习题 10-5** 预测下列反应的主要产物。

(i) (R)-2-甲基丁醛与溴化苄基镁  (ii) (R)-2-甲基环己酮与溴化乙基镁

(iii) 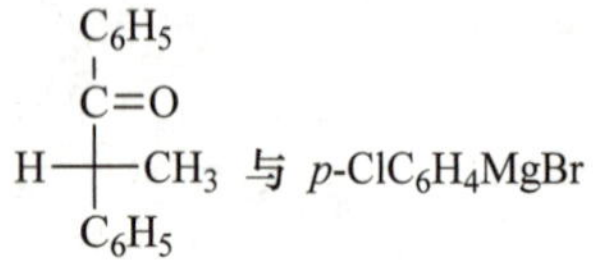 $C_6H_5$—C(=O)—CH(CH₃)—$C_6H_5$ 与 $p$-ClC₆H₄MgBr

(iv) 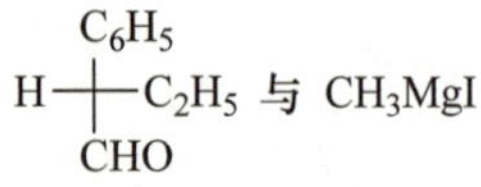 $C_6H_5$—CH(C₂H₅)—CHO 与 CH₃MgI

醛、空阻小的酮与有机锂试剂、格氏试剂能发生正常的亲核加成反应。当酮羰基两旁的基团太大，或酮羰基两旁的基团较大，而格氏试剂中的烃基也较大时，不能发生正常的亲核加成反应。例如

$$(CH_3)_2CH-\underset{O}{\overset{\|}{C}}-CH(CH_3)_2 + RMgX \xrightarrow{H_2O} (CH_3)_2CH-\underset{R}{\overset{OH}{\underset{|}{C}}}-CH(CH_3)_2$$

当 $R=C_2H_5$ 一时，产率为 80%；$R=CH_3CH_2CH_2$ 一时，产率为 30%；$R=(CH_3)_2CH$ 一时，产率为 0%。这是因为随着空阻增大，酮与格氏试剂发生了烯醇化反应和还原反应。

烯醇化（enolization）反应的机理如下：

**烷基锂体积较小，当酮与格氏试剂不能发生正常的亲核加成时，用烷基锂代替格氏试剂，可得到正常的加成产物。**

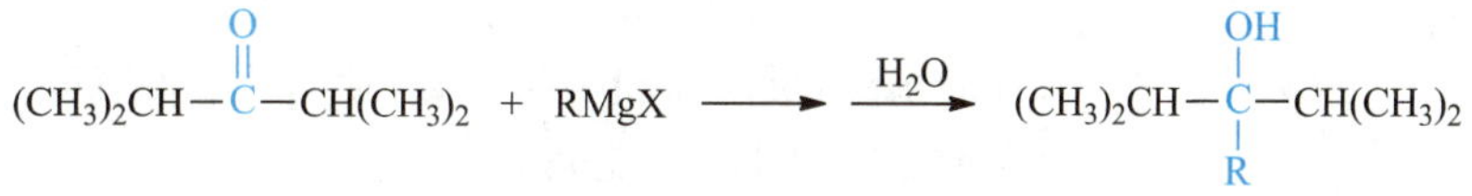

**思考：烯醇化反应和还原反应的区别是什么？**

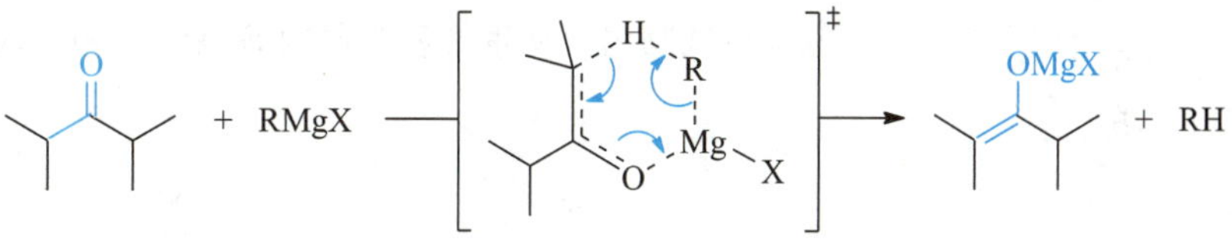

还原反应的机理如下：

**在还原反应中，酮被还原，格氏试剂中的烃基失去氢变为烯烃。**

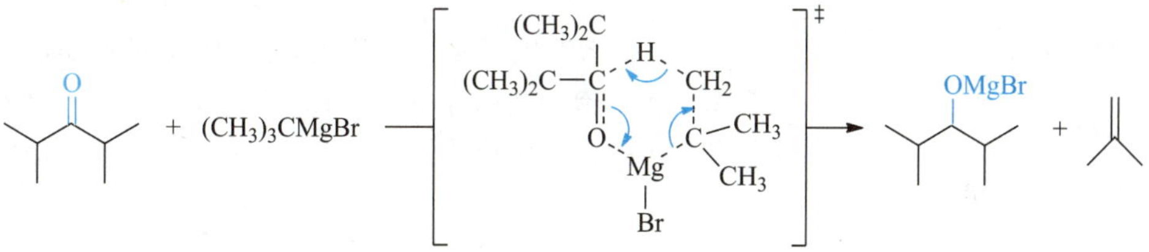

两个反应都是经过环状过渡态完成的。

### 2. 与氢氰酸的加成

氰基负离子的碳也可以和醛及多种活泼的酮发生亲核加成，产物是 α-羟基腈（α-hydroxynitrile）。

$$\underset{}{\overset{}{}}C=O + HCN \longrightarrow \underset{CN}{\overset{OH}{\underset{|}{C}}}$$

**α-羟基腈**

**当酮的两个烃基空阻太大时，反应产率大大下降。**

研究这个反应的机理是很有启发的。氢氰酸是弱酸 $HCN \rightleftharpoons H^+ + CN^-$，解离很少，当丙酮和氢氰酸反应时，若加入氢氧化钠，速率就大大增加，$OH^-$ 在这里所起的作用显然是增加 $CN^-$ 的浓度：

$$HCN + OH^- \longrightarrow CN^- + H_2O$$

若加酸，氢离子和羰基发生质子化作用，增加了羰基碳原子的亲电性能，这对反应是有利的；但氢离子浓度升高，降低了 $CN^-$ 的浓度，降低了亲核加成的速率，反应很难发生。这两种关系可用下式表示：

思考：请从安全的角度考虑，阐明反应须在弱碱性条件下进行的原因。

$$\underset{R}{\overset{R}{>}}C=O + H^+ \longrightarrow \underset{R}{\overset{R}{>}}\overset{\delta+}{C}=\overset{+}{O}H \quad \text{增加羰基的亲电性}$$

$$HCN \rightleftharpoons H^+ + CN^- \quad \text{增加氢离子浓度，使反应向左方进行}$$

总的来说，反应需要微量的碱，使有少量的 $CN^-$ 进行亲核加成，但碱性不能太强，因为最后需要 $H^+$ 才能完成反应：

$$\underset{R}{\overset{R}{>}}C=O + CN^- \rightleftharpoons \underset{R}{\overset{R}{>}}C\underset{CN}{\overset{O^-}{<}} \xrightarrow{H^+} \underset{R}{\overset{R}{>}}C\underset{CN}{\overset{OH}{<}}$$

醛、酮与 HCN 的加成也符合 Cram 规则一。但当醛、酮的 α-C 上有 —OH、—NHR 时，由于这些基团能与羰基氧形成氢键，反应物主要取重叠型构象，若发生亲核加成反应，亲核试剂主要从重叠型构象的 S 基团一侧进攻。这称为 Cram 规则二。

α-羟腈水解生成 α-羟基酸，醇解生成 α-羟基酯，水解产物和醇解产物进一步失水生成 α,β-不饱和酸（α,β-unsaturated acid）和 α,β-不饱和酯。因此，这一反应在合成上有普遍的应用价值。

甲基丙烯酸甲酯聚合生成有机玻璃。

与此类似的一个反应称 Strecker（斯瑞克）反应，是羰基化合物与氯化铵、氰化钠反应，形成 α-氨基腈，经水解可以制备 α-氨基酸：

$$\underset{R}{\overset{O}{\|}}\underset{R}{C} + NH_4Cl + NaCN \longrightarrow \underset{R}{\overset{NH_2}{>}}C\underset{CN}{\overset{R}{<}} \xrightarrow[H_2O]{H^+ \text{或} OH^-} \underset{R}{\overset{NH_2}{>}}C\underset{COOH}{\overset{R}{<}}$$

α-氨基腈　　α-氨基酸

反应过程如下：

**习题 10-6** 完成下列反应并写出相应的反应机理。

$$\begin{array}{c} \text{CHO} \\ \text{H} - \text{C} - \text{OH} \\ \text{CH}_2\text{OH} \end{array} + \text{HCN} \longrightarrow$$

### 3. 与炔化物的加成

炔化物也是一个很强的亲核试剂,与醛、酮发生亲核加成生成 α-炔基醇。常用的炔化物是炔化锂和炔化钠。例如

$$\text{环己酮} + \text{NaC}{\equiv}\text{CH} \xrightarrow{\text{H}_2\text{O}} \text{1-乙炔基环己醇}$$

反应是在碱性条件下进行的,按碱性机理完成:

$$\text{HC}{\equiv}\text{C}^-\text{Na}^+ + \text{环己酮} \longrightarrow \text{HC}{\equiv}\text{C-C}_6\text{H}_{10}\text{O}^-\text{Na}^+ \xrightarrow{\text{H}_2\text{O}} \text{HC}{\equiv}\text{C-C}_6\text{H}_{10}\text{OH} + \text{NaOH}$$

这一反应,不需用制好的炔化物进行反应,用末端炔烃本身和一个强碱性催化剂如氢氧化钾、氨基钠等即可使反应发生。如乙烯基乙炔在氢氧化钾作用下,容易和许多酮类缩合生成乙烯乙炔基醇:

$$\begin{array}{c} \text{O} \\ \text{R} - \text{C} - \text{R}' \end{array} + \text{CH}_2{=}\text{CH-C}{\equiv}\text{CH} \xrightarrow{\text{KOH}} \begin{array}{c} \text{HO} \\ \text{R} - \text{C} - \text{C}{\equiv}\text{C-CH}{=}\text{CH}_2 \\ \text{R}' \end{array}$$

这类醇经聚合后,产生性能良好的黏合剂(adhesive)。

炔化物与醛、酮的亲核加成在工业上十分有用。1,3-丁二烯和异戊二烯的工业合成均应用了这一反应。1,3-丁二烯的工业合成路线如下:

$$\text{HC}{\equiv}\text{CH} + 2\text{H}_2\text{C}{=}\text{O} \xrightarrow{\text{CuC}{\equiv}\text{CCu}} \underset{\text{丁炔-1,4-二醇}}{\text{HOCH}_2\text{-C}{\equiv}\text{C-CH}_2\text{OH}} \xrightarrow{\text{H}_2/\text{Pd}} \text{HO-(CH}_2)_4\text{-OH} \xrightarrow{-2\text{H}_2\text{O}} \text{CH}_2{=}\text{CH-CH}{=}\text{CH}_2$$

乙炔在加压和炔化亚铜催化作用下与甲醛反应,生成丁炔-1,4-二醇,后者经氢化、失水生成 1,3-丁二烯。

异戊二烯的工业合成路线如下:

$$\text{(CH}_3)_2\text{C}{=}\text{O} + \text{KC}{\equiv}\text{CH} \xrightarrow[\text{(CH}_3\text{OCH}_2\text{CH}_2)_2\text{O}]{\text{KOH}} \underset{\text{2-甲基-3-丁炔-2-醇}}{\text{(CH}_3)_2\text{C(OH)-C}{\equiv}\text{CH}} \xrightarrow[\text{Lindlar催化剂}]{\text{H}_2} \underset{\text{2-甲基-3-丁烯-2-醇}}{\text{(CH}_3)_2\text{C(OH)-CH}{=}\text{CH}_2} \xrightarrow[-\text{H}_2\text{O}]{\text{Al}_2\text{O}_3} \text{CH}_2{=}\text{C(CH}_3)\text{-CH}{=}\text{CH}_2$$

丙酮在 β,β′-二甲氧基乙醚悬浮的氢氧化钾中和炔化钾反应,将生成的 2-甲基-3-丁炔-2-醇氢化得到 2-甲基-3-丁烯-2-醇,然后在氧化铝作用下失水,得到异戊二烯。

**习题 10-7** 请用不超过三个碳的有机物为原料合成 2,5-二甲基-1,3,5-己三烯。

### 10.5.3 与含氮亲核试剂的加成

**1. 与氨和胺的加成**

氨和胺均可与醛、酮的羰基发生亲核加成。一级胺与醛、酮反应的化学方程式如下:

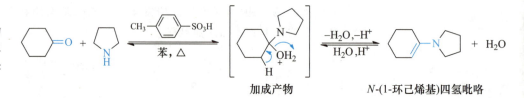

加成产物不稳定,易失去一分子水,变为亚胺(又称西佛碱,Schiff base)。脂肪族的亚胺很容易分解,芳香族的亚胺相对比较稳定,可以分离出来。

同一个碳上连着一个羟基和一个氨基不稳定,很容易失去一分子水生成亚胺。

二级胺与醛、酮反应的化学方程式如下:

二级胺与醛、酮的加成产物中,由于 N 上已无氢,失水反应在碳上发生,故产物是烯胺。

加成产物也不稳定,易失去一分子水,生成烯胺(enamine)。

烯胺的结构和烯醇的结构很相似。

一级胺、二级胺与醛、酮的加成反应及加成产物的失水反应均是可逆反应,欲使正反应完全,需要不断将水从反应体系中蒸出。由于反应是可逆的,亚胺和烯胺在稀酸中水解,又能得回羰基化合物和胺,因此这也是保护羰基化合物的一种方法。

很多这一类型的亲核加成,是一个酸性催化反应。但是不能用强酸,因为氢离子固然可以和羰基结合成锌盐而增加羰基的亲电性能,但另一方面,氢离子和氨基结合,形成铵离子的衍生物,这样就丧失了胺的亲核能力。

$$>C=O + H^+ \rightleftharpoons >C=\overset{+}{O}H$$

$$H_2N-X + H^+ \rightleftharpoons H_3\overset{+}{N}-X$$

在这些催化反应中,并不仅是氢离子发生作用,因为反应在非水溶剂内进行时,氢离子的浓度很小,实际上,主要是整个弱酸分子在发生作用。经常使用的弱酸是乙酸。

由于它的弱酸性,不能把所有亲核的氨基都变为不活泼的铵离子。反应可能是由于羰基先和整个酸分子以氢键的方式结合,从而增加了羰基的亲电性能,促进了它和游离的氨基衍生物进行亲核加成:

$$\diagdown C=O + H-A \rightleftharpoons \overset{\delta+}{\diagdown}\overset{\delta-}{C=O}\cdots H-A \xrightarrow{H_2\ddot{N}-X} \diagdown C\overset{\overset{+}{N}H_2X}{\underset{O^-\cdots H-A}{|}}$$

$$\rightleftharpoons \diagdown C\overset{\ddot{N}HX}{\underset{OH}{|}} \rightleftharpoons \diagdown C=\overset{+}{N}HX \xrightarrow{-H^+} \diagdown C=NX$$
$$\phantom{xxxxxxxxxxxx} H-A$$

根据以上讨论,一级胺反应的机理可简单表述如下:

$$\diagdown C=O \xrightleftharpoons{H^+} \diagdown \overset{+}{C}-OH \xrightarrow{H_2\ddot{N}R} \diagdown C\overset{OH}{\underset{\overset{+}{N}H_2R}{|}} \xrightleftharpoons{H^+ 转移} \diagdown C\overset{\overset{+}{O}H_2}{\underset{NR}{|}} \xrightarrow{-H^+} \diagdown C=NR + H_2O$$
$$\phantom{xxxxxxxxxxxxxxxxxxxxxxxxxxxxxxxxxxxxxxxxxxxxxxxxx} H$$

二级胺反应的机理可表述如下:

$$-\overset{H}{\underset{|}{C}}-C=O \xrightleftharpoons{H^+} -\overset{H}{\underset{|}{C}}-\overset{+}{C}=OH \xrightarrow{H\ddot{N}R_2} -\overset{H}{\underset{|}{C}}-\overset{OH}{\underset{\overset{+}{N}HR_2}{C}} \xrightarrow{-H^+} -\overset{H}{\underset{|}{C}}-\overset{OH}{\underset{NR_2}{C}}$$

加成产物

$$\xrightarrow{H^+} -\overset{H}{\underset{|}{C}}-\overset{\overset{+}{O}H_2}{\underset{NR_2}{C}} \rightleftharpoons -\overset{H}{\underset{|}{C}}-\overset{+}{\underset{NR_2}{C}} \rightleftharpoons \diagdown C=C\overset{NR_2}{\diagup}$$

烯胺

**思考**:请写出由甲醛和氨反应生成乌洛托品的反应机理。

醛、酮和氨的反应,在合成上也有一定的用处。例如,甲醛和氨反应,首先产生极不稳定的(i),然后再失水聚合,生成一个特殊的笼状化合物,叫做乌洛托品(urotropine)或称六亚甲基四胺(hexamethylene tetramine)。它是树脂及炸药不可缺少的一种原料,本身有消毒作用。它的产生大致经过下列几个步骤:

$$CH_2=O + NH_3 \rightleftharpoons \left[ H\overset{OH}{\underset{H}{\underset{|}{C}}}NH_2 \right] \xrightleftharpoons{-H_2O} [CH_2=NH]$$
$$\phantom{xxxxxxxxxxxxxxxxxxxxxx}(i)$$

这个笼状结构具有金刚烷的骨架:

金刚烷具有相当的对称性,熔点很高,因此得名。

$$3CH_2=NH \rightleftharpoons \underset{\text{HN}\diagdown\text{NH}}{\overset{\text{HN}}{\diagup}\diagdown\diagup} \xrightarrow[NH_3]{3CH_2O} \text{六亚甲基四胺, mp 260 °C 乌洛托品}$$

六亚甲基四胺用硝酸硝化,产生爆炸性极强的所谓旋风炸药,又简称 RDX。反应实际上是把环中的"桥"打断,同时在氮原子上发生硝化作用:

这个反应产生三分子的甲醛和一分子的氨,可以反复使用。

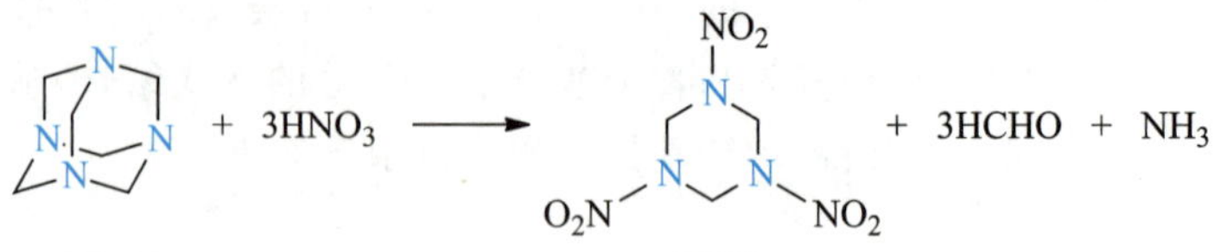

$$\text{(六亚甲基四胺)} + 3HNO_3 \longrightarrow \text{RDX} + 3HCHO + NH_3$$

### 2. 与氨衍生物的加成

氨中的氢被其他基团替代后的一类化合物称为氨的衍生物,用通式 $NH_2$—X 表示。氨的衍生物能与醛、酮发生亲核加成,然后失水,形成含碳氮双键的化合物。反应可用下面的一般式表示:

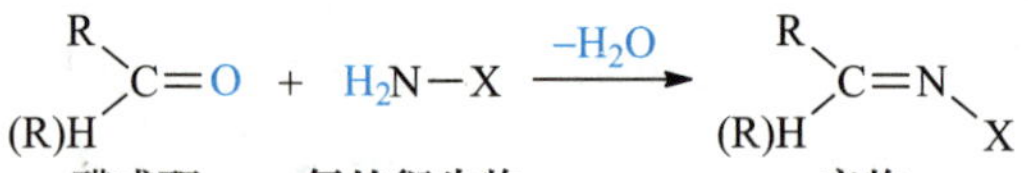

$$\underset{\text{醛或酮}}{\overset{R}{\underset{(R)H}{>}}C=O} + \underset{\text{氨的衍生物}}{H_2N-X} \xrightarrow{-H_2O} \underset{\text{产物}}{\overset{R}{\underset{(R)H}{>}}C=N-X}$$

例如,羟胺($NH_2$—OH)与苯甲醛的反应如下:

醛或酮与羟胺生成的产物称为肟(oxime),羟胺与苯甲醛生成的肟称为苯甲醛肟(benzaldoxime),和丙酮生成的肟称为丙酮肟(acetoxime)。

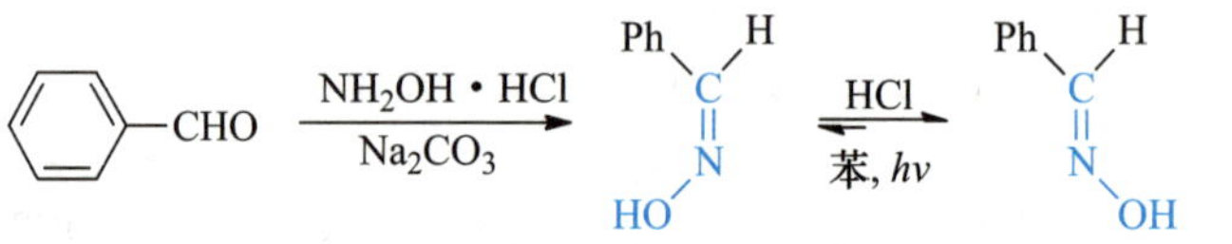

$$PhCHO \xrightarrow[Na_2CO_3]{NH_2OH \cdot HCl} \underset{\substack{(Z)\text{-苯甲醛肟} \\ \text{mp 35 ℃}}}{\overset{Ph}{\underset{HO}{>}}C=N\overset{H}{\underset{}{}}} \underset{\text{苯},h\nu}{\overset{HCl}{\rightleftharpoons}} \underset{\substack{(E)\text{-苯甲醛肟} \\ \text{mp 132 ℃}}}{\overset{Ph}{\underset{}{>}}C=N\overset{H}{\underset{OH}{}}}$$

苯甲醛肟有两种异构体,$Z$ 构型异构体溶于醇后加一点酸,就可变为 $E$ 构型异构体。($E$)-苯甲醛肟是不能用化学试剂转为 $Z$ 构型的,只有在光的作用下,才能转为($Z$)-苯甲醛肟。

常用的氨衍生物及其与醛、酮反应生成的产物的名称如表 10-2 所示。

表 10-2  氨衍生物及其与醛、酮反应生成的产物的名称

| 氨衍生物的结构和名称 | 生成产物的名称 |
| --- | --- |
| $H_2N-NH_2$(联氨或称肼 hydrazine) | 某醛或某酮腙(hydrazone) |
| $H_2N-OH$(羟胺 hydroxylamine) | 某醛或某酮肟(oxime) |
| $H_2N-NHC_6H_5$(苯肼 phenylhydrazine) | 某醛或某酮苯腙(phenylhydrazone) |
| 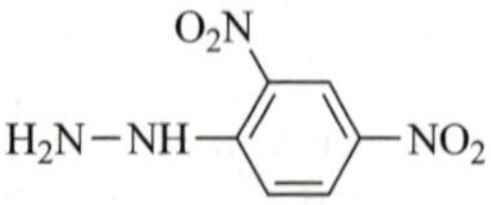 $H_2N-NH-C_6H_3(O_2N)(NO_2)$(2,4-二硝基苯肼 2,4-dinitrophenylhydrazine) | 某醛或某酮 2,4-二硝基苯腙 (2,4-dinitrophenylhydrazone) |
| $H_2N-NHCONH_2$(氨基脲 semicarbazide) | 某醛或某酮缩氨脲(semicarbazone) |

所有这些试剂都是碱性物质,一般都是把它们制成盐酸盐的形式保存。在反应时,用一个弱碱,如醋酸钠将氨衍生物游离出来,然后和醛、酮反应。

**醛、酮的提纯和鉴定**

上面所讲的醛和酮的含氮衍生物有着很重要的实际用途,例如用于提纯和鉴

定。很多醛、酮在提纯时比较困难,在实验室中常把醛和酮制成上述的一种衍生物。因为这些衍生物多半是固体,很容易结晶,并具有一定的熔点,所以经常用来鉴别醛、酮。经提纯后,再进行酸性水解,就得回原来的醛和酮。$H_2N-NHCCH_2\overset{+}{N}(CH_3)_3Cl^-$ 中羰基上方有O (吉拉德试剂,Girard reagent)也是氨的衍生物,其特点是含有一个极性很强的四级铵盐基团,和醛、酮生成的衍生物溶于水,可以和其他杂质分开。

**习题 10-8** 写出下列化合物的中、英文名称。

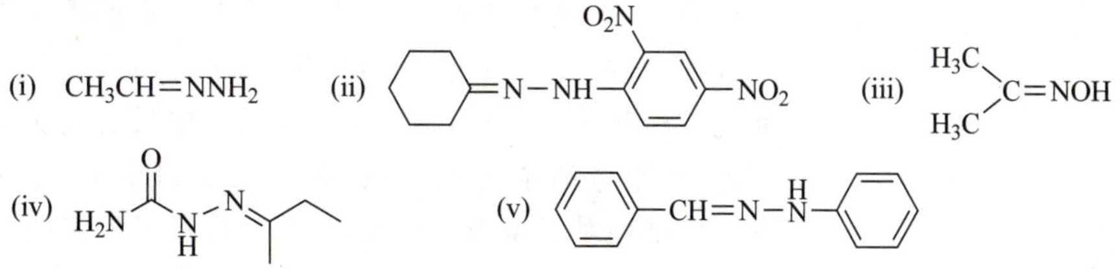

(i) $CH_3CH=NNH_2$

(ii) 环己酮与2,4-二硝基苯肼生成的腙

(iii) $(CH_3)_2C=NOH$

(iv) 丁酮缩氨基脲

(v) 苯甲醛苯腙 $C_6H_5CH=N-NHC_6H_5$

**习题 10-9** 完成下列反应,写出主要产物。

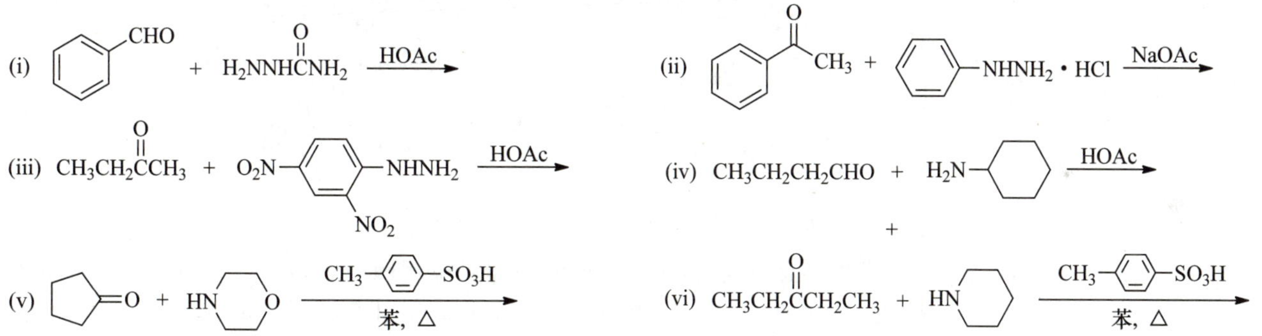

(i) 苯甲醛 + $H_2NNHCNH_2$ (O) $\xrightarrow{HOAc}$

(ii) 苯乙酮 + 苯基-NHNH$_2$·HCl $\xrightarrow{NaOAc}$

(iii) $CH_3CH_2CCH_3$ (O) + 2,4-二硝基苯肼 $\xrightarrow{HOAc}$

(iv) $CH_3CH_2CH_2CHO$ + $H_2N-$环己基 $\xrightarrow{HOAc}$

(v) 环戊酮 + 吗啉(HN-O) $\xrightarrow[苯, \triangle]{CH_3-C_6H_4-SO_3H}$

(vi) $CH_3CH_2CCH_2CH_3$ (O) + 哌啶(HN-) $\xrightarrow[苯, \triangle]{CH_3-C_6H_4-SO_3H}$

### 10.5.4 与含氧亲核试剂的加成

**1. 与水的加成**

水是亲核试剂,在酸性条件下,可以和醛或酮发生亲核加成反应,形成的加成产物称为醛或酮的水合物(hydrate)。

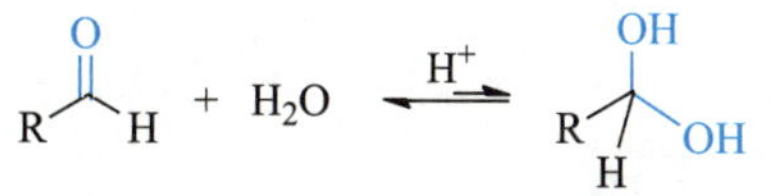

$$RCHO + H_2O \xrightleftharpoons{H^+} R\underset{H}{\overset{OH}{C}}OH$$
醛水合物

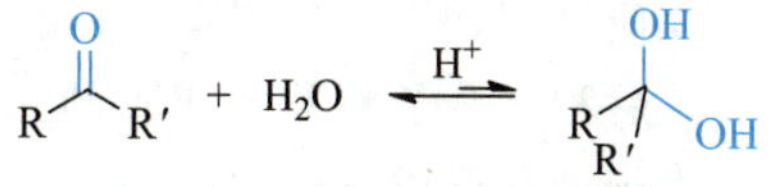

$$RCOR' + H_2O \xrightleftharpoons{H^+} R\underset{R'}{\overset{OH}{C}}OH$$
酮水合物

由于水合物中两个羟基连在同一个碳上,这样的化合物在热力学上是很不稳定的,很容易失水重新转变为醛和酮。也即水和醛、酮的加成是一可逆反应,平衡大大偏向于反应物方面。例如

$$\diagdown C=O + H_2O \rightleftharpoons \diagdown C(OH)_2 \quad \text{偕二醇}$$

$$HCHO + H_2O \rightleftharpoons H_2C(OH)_2 \quad 100\%$$

$$CH_3CHO + H_2O \rightleftharpoons CH_3CH(OH)_2 \quad \approx 58\%$$

$$CH_3COCH_3 + H_2O \rightleftharpoons (CH_3)_2C(OH)_2 \quad 0\%$$

可以看出,生成偕二醇(gem-diol)的量逐步下降,这是因为空间位阻增大及羰基的亲电性下降的缘故。只有个别的醛,如甲醛,在水溶液中几乎全部都变为水合物,但不能把它分离出来,原因是它在分离过程中很容易失水。假若羰基和强的吸电子基团相连,则羰基的亲电性增强,如 $Cl_3C-$,$RCO-$,$-CHO$,$-COOH$,$FCH_2-$等基团都可以把羰基变得极为活泼,此时即可形成稳定的水合物:

> 在三氯乙醛水合物中,IR 清楚地说明分子中不含有羰基。

$$Cl_3C-CHO + H_2O \longrightarrow Cl_3C-CH(OH)_2$$

三氯乙醛水合物(安眠药)

$$R-CO-CHO + H_2O \longrightarrow R-CO-CH(OH)_2$$

### 2. 与醇的加成

醇也具有亲核性,在酸性催化剂如对甲苯磺酸、氯化氢的作用下,很容易和醛、酮发生亲核加成,先生成半缩醛(hemiacetal)或半缩酮(hemiketal),进一步反应生成缩醛(acetal)和缩酮(ketal)。

> 半缩醛可看做醇的一烷氧基衍生物来命名,也可在相应醛的名称后加上所缩合的醇的名称来命名。例如
>
> $H_3C-CH(OH)(OCH_3)$
>
> 其中文名称为:1-甲氧基乙醇或乙醛缩一甲醇。

$$\diagdown C=O + ROH \xrightarrow{H^+} \diagdown C(OR)(OH) \xrightarrow{ROH, H^+} \diagdown C(OR)_2 + H_2O$$

醛或酮　　　　　半缩醛(酮)　　　　　缩醛(酮)
　　　　　　某醛(酮)缩一某醇　　某醛(酮)缩二某醇

总的情况是一分子醛或酮和两分子醇反应,失去一分子水后生成缩醛或缩酮。例如

$$CH_3CH_2CH_2CHO + 2CH_3OH \xrightarrow{H^+} CH_3CH_2CH_2CH(OCH_3)_2 + H_2O$$

丁醛缩二甲醇

反应过程如下:首先是羰基和催化剂氢离子形成锌盐(i),增加羰基碳原子的亲电性;然后和一分子醇发生加成,失去氢离子后,产生不稳定的半缩醛(酮)(ii);(ii)再与氢离子结合形成锌盐,若失去醇,就变成原来的醛(酮),但若失水,就变为(iii);(iii)再和一分子醇反应,失去氢离子,最后得到缩醛(酮)(iv)。

缩醛可看做烷的二烷氧基衍生物来命名，也可在相应醛的名称后加上所缩合的醇的名称来命名。例如

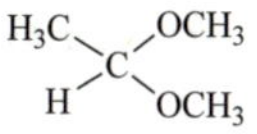

$$\underset{\text{H}}{\overset{\text{H}_3\text{C}}{\underset{\phantom{|}}{\text{C}}}} \underset{\text{OCH}_3}{\overset{\text{OCH}_3}{}}$$

其中文名称为：1,1-二甲氧基乙烷或乙醛缩二甲醇。

半缩酮、缩酮的命名原则与半缩醛、缩醛一致。

**思考**：请设计一个实验，用于制备无水的 HCl 乙醚溶液。

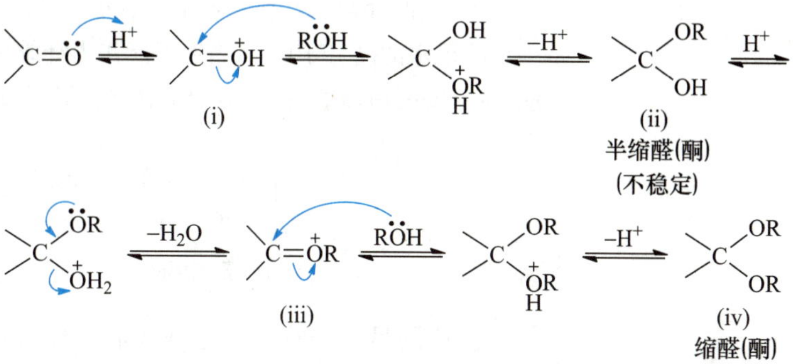

$$\text{C=O} \xrightleftharpoons{\text{H}^+} \text{C}^+\text{-OH} \xrightleftharpoons{\text{ROH}} \underset{\overset{+}{\text{O}}\text{R}\ \text{H}}{\overset{\text{OH}}{\text{C}}} \xrightleftharpoons{-\text{H}^+} \underset{\text{OH}}{\overset{\text{OR}}{\text{C}}} \xrightleftharpoons{\text{H}^+}$$

(i)　　　　　　　　　　(ii) 半缩醛(酮)(不稳定)

$$\underset{\overset{+}{\text{O}}\text{H}_2}{\overset{\text{OR}}{\text{C}}} \xrightleftharpoons{-\text{H}_2\text{O}} \text{C=}\overset{+}{\text{O}}\text{R} \xrightleftharpoons{\text{ROH}} \underset{\overset{+}{\text{O}}\text{R}\ \text{H}}{\overset{\text{OR}}{\text{C}}} \xrightleftharpoons{-\text{H}^+} \underset{\text{OR}}{\overset{\text{OR}}{\text{C}}}$$

(iii)　　　　　　　　　　(iv) 缩醛(酮)

上述的一系列反应都是可逆反应。半缩醛(酮)在酸性或碱性溶液中都是不稳定的，而缩醛(酮)在酸性水溶液中是不稳定的，但对碱及氧化剂是稳定的。所以，缩醛(酮)须在无水的酸性条件下形成，但能被稀酸分解成原来的醛(酮)和醇(即逆向反应)。

醛和醇的反应正向平衡常数较大。酮在上述条件下，平衡反应偏向于反应物方面，但在特殊装置中操作(图 10-3)，不断把反应产生的水除去，可使平衡移向右方，也可以制备缩酮。例如

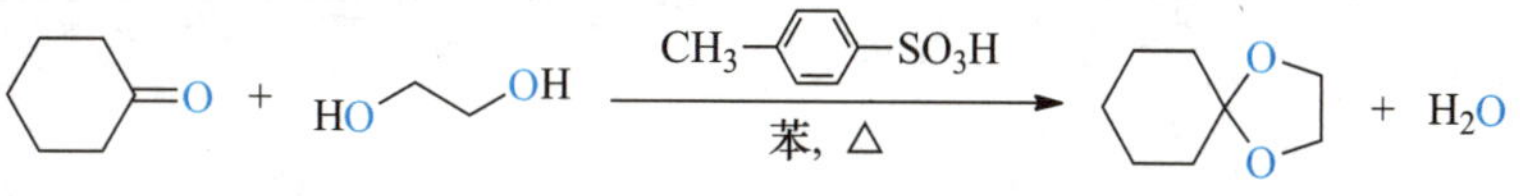

$$\text{环己酮} + \text{HOCH}_2\text{CH}_2\text{OH} \xrightarrow[\text{苯, }\Delta]{\text{CH}_3-\!\!\!\!\!\bigcirc\!\!\!\!\!-\text{SO}_3\text{H}} \text{环己酮缩乙二醇} + \text{H}_2\text{O}$$

环己酮缩乙二醇

这个特殊装置是分水器(water separater)，反应时圆底烧瓶中加入适量苯，加热反应物时，苯与反应中产生的水形成共沸混合物(在 69 ℃沸腾，含 91% 苯与 9% 水)，冷凝后滴入带有旋塞的管中，苯与水分为二层，如图 10-3 所示。苯装满管后，可以返回反应器，水可通过旋塞放出，根据水的体积及分出水的情况，就可以大致了解反应进行的程度。当平衡反应中有水产生并且反应的速率常数足够大时，这种技术可以使反应达到完全。

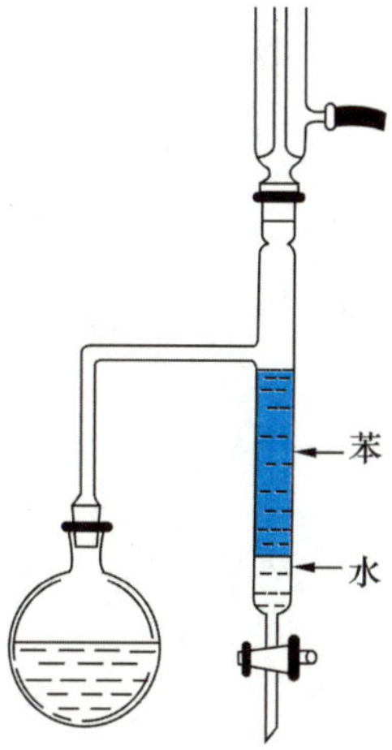

甲酸的水合物称为原甲酸，原甲酸中的羟基被烷氧基取代后的化合物称为原甲酸酯(ortho formate)。

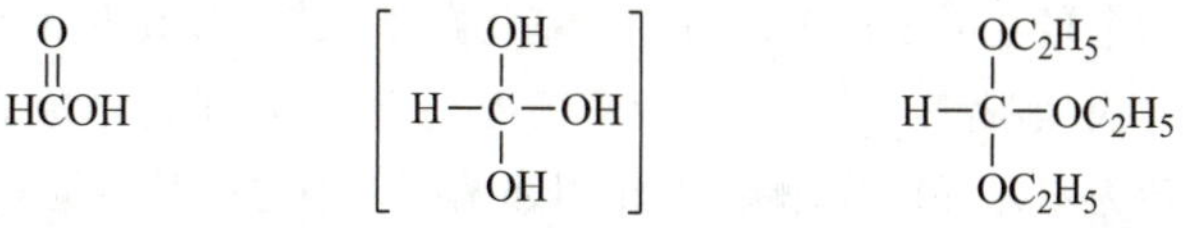

$$\underset{\text{甲酸}}{\overset{\text{O}}{\text{HCOH}}} \qquad \underset{\text{原甲酸}}{\left[\underset{\text{OH}}{\overset{\text{OH}}{\text{H}-\text{C}-\text{OH}}}\right]} \qquad \underset{\text{原甲酸乙酯}}{\underset{\text{OC}_2\text{H}_5}{\overset{\text{OC}_2\text{H}_5}{\text{H}-\text{C}-\text{OC}_2\text{H}_5}}}$$

图 10-3　分水器

另一制备缩酮的方法是用原甲酸酯和酮在酸的催化作用下进行反应。由于反应中不生成水，可以得到较好产率的产物：

$$\underset{\text{R}}{\overset{\text{R}}{\text{C=O}}} + \underset{\text{原甲酸乙酯}}{\text{HC(OC}_2\text{H}_5)_3} \longrightarrow \underset{\text{R}}{\overset{\text{R}}{\underset{\text{OC}_2\text{H}_5}{\overset{\text{OC}_2\text{H}_5}{\text{C}}}}} + \text{HCOOC}_2\text{H}_5$$

**思考**：试写出该反应的反应机理。

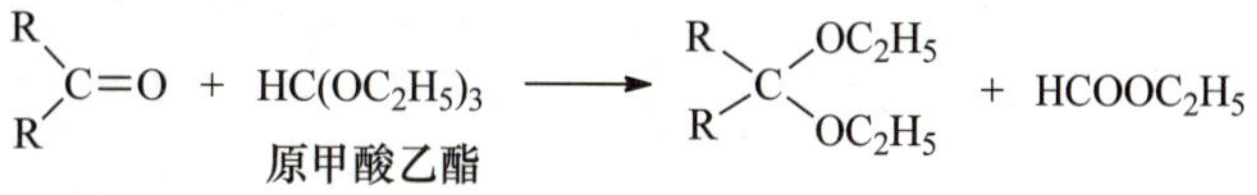

醛或酮和二醇缩合,在工业上占有很重要的位置。如乙烯醇的聚合体是不稳定的,它是一个溶于水的高分子(v),当然不能作为纤维使用,但在硫酸的催化作用下和10%甲醛反应,生成缩醛后,就变为不溶于水、性能优良的纤维——维尼纶(vinylon)(vi):

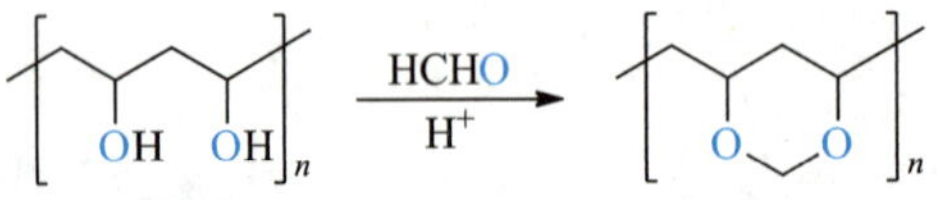

$$\text{(v) 聚乙烯醇} \xrightarrow[H^+]{HCHO} \text{(vi) 维尼纶}$$

此反应的另一个重要用途是常常在有机合成中用来保护羰基和羟基。

(1) **用于保护羰基** 例如,欲从 [结构式] 合成 [结构式],可采用酯与格氏试剂反应(参见 12.6)生成三级醇的方法,但酮更活泼,因此先将酮转变成缩酮(酯羰基不反应)。由于酯与格氏试剂是在碱性条件下反应的,这时缩酮是稳定的,反应完后用稀酸水解,再恢复酮的结构。反应方程式如下:

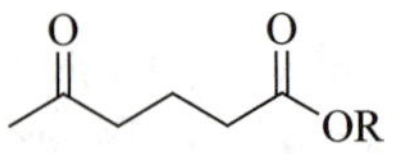

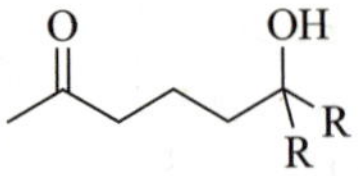

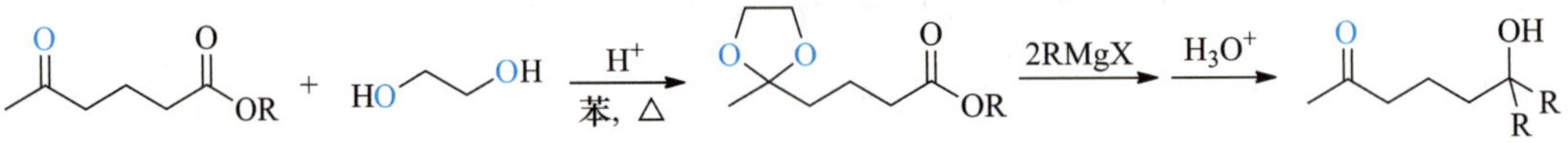

[反应式]

又如,欲从 [2-溴环己酮] 合成 [环己烯酮],可采用消除 HBr 的方法。但 α-卤代酮在碱性条件下会发生 Favorski(法沃斯基)重排反应(参见 10.9.2),所以消除前须先将羰基保护起来。反应过程如下:

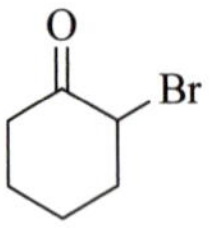

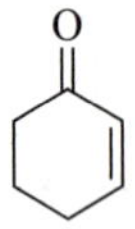

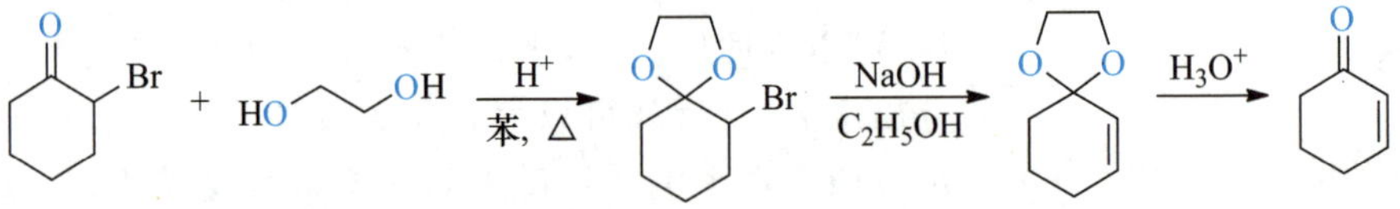

[反应式]

(2) **用于保护羟基** 从 [甘油] 合成 [甘油一羧酸酯],因制备一元酯,有两个羟基需要保护。可用羰基将羟基保护,形成五元环缩醛或缩酮的反应速率比六元环的快(前者速率控制,后者平衡控制,在一定条件下放置若干时间,五元环缩醛、酮会逐渐转为六元环缩醛、酮),因此相邻两羟基保护后,再通过酰氯醇解(参见 12.5.3)制备酯,然后在适当条件下水解,被保护的羟基又游离出来,得甘油一羧酸酯。反应式如下:

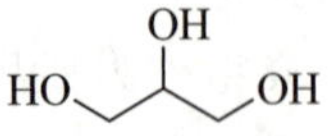

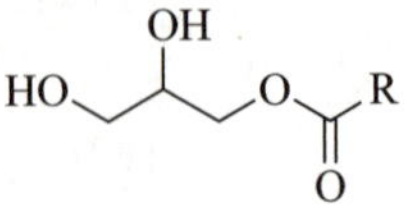

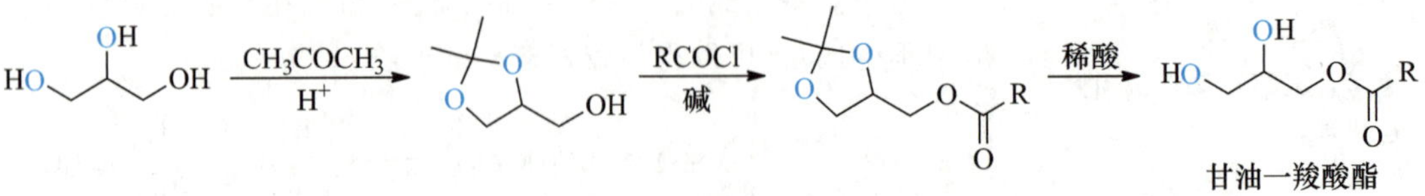

[反应式] 甘油一羧酸酯

## 10.5 羰基的亲核加成

> **习题 10-10** 指出下列化合物中半缩醛、缩醛、半缩酮、缩酮的碳原子，并说明属于哪一种。

> **习题 10-11** 从指定原料出发，用四个碳以下的有机物和无机试剂合成目标产物。
>
> (i) 由 $Br(CH_2)_7CH_2OH$ 合成 $CH_3(CH_2)_3CH_2\underset{H}{\overset{H}{C}}=\underset{(CH_2)_8OH}{C}$
>
> (ii) 由 $CH_3CCH_2Br$ 合成 $CH_3CCH_2CH_2OH$（含 C=O）
>
> (iii) 由 $Br(CH_2)_7CH_2OH$ 合成 $CH_3(CH_2)_4\underset{H}{\overset{H}{C}}=\underset{H}{\overset{(CH_2)_8OH}{C}}$
>
> (iv) 由 $CH_2=CHCHO$ 合成 $\underset{OH}{CH_2}-\underset{OH}{CHCHO}$
>
> (v) 由 $CH_2=CHCH_2CH_2Br$ 合成 $HOCH_2CH_2CH_2CH_2\overset{O}{C}CH_3$

> **习题 10-12** 从 $BrCH_2CH_2CH_2OH$ 与 $CH_3CH_2C\equiv CNa$ 合成 $CH_3CH_2C\equiv CCH_2CH_2CH_2OH$，若用 （二氢吡喃）做醇羟基的保护基，是否可以？若可行，请写出合成的每一步骤，并说明可行的理由。

> **习题 10-13** 写出下列反应的反应机理。
>
> 环己基-C(OCH$_3$)$_2$ + 2CH$_3$CH$_2$OH $\rightleftharpoons$ 环己基-C(OCH$_2$CH$_3$)$_2$ + 2CH$_3$OH

---

### 10.5.5 与含硫亲核试剂的加成

**1. 与亚硫酸氢钠的加成**

用过量的饱和亚硫酸氢钠溶液和醛一同振荡，不需要催化剂就可以发生亲核加成反应，把全部的醛变为加成物：

$$R-\underset{H}{\overset{O}{C}}=O + HO-\overset{O^-Na^+}{\underset{O}{S}}-O^-Na^+ \rightleftharpoons R-\underset{H}{\overset{O^-Na^+}{C}}-SO_3H \longrightarrow R-\underset{H}{\overset{OH}{C}}-SO_3Na$$

某醛亚硫酸氢钠加成物

含氮含氧的亲核试剂，如水、醇、氨等和醛、酮反应，初步产物一般都是不稳定的，接着发生失水反应或其他的反应，才能产生稳定的产物。亚硫酸氢钠似乎是一个"例外"，可以和醛、和某些活泼的酮发生羰基的加成作用，生成稳定的亚硫酸氢钠加成物（addition product of sodium bisulfite），这可能是由于硫的亲核性更强的缘故。

产物是一个盐，不溶于乙醚，但溶于水中，经常形成很好的晶体，所以可利用这个反应把醛从其他不溶于水的有机化合物中分离出来。由于这个反应形成一个可逆的体系，把存在于体系中微量的亚硫酸氢钠用酸或碱不断地除去，其结果是加成物又分解成为原来的醛：

$$\underset{\underset{H}{\overset{OH}{|}}}{R-\overset{|}{C}-SO_3H} \rightleftharpoons \underset{H}{\overset{R}{>}}C=O + NaHSO_3 \xrightarrow{HCl} NaCl + SO_2 + H_2O$$
$$\xrightarrow{1/2\ Na_2CO_3} Na_2SO_3 + 1/2\ CO_2 + 1/2\ H_2O$$

醛能顺利进行上述反应，酮能否进行此反应取决于它的结构，一般来说，甲基酮能发生此加成反应。但只要把甲基换成乙基后，就不能发生反应或反应很少。例如丙酮在一小时内，产率是 56.2%，丁酮 36.4%，而 3-戊酮就只有 2%。苯基对这个反应的空间位阻作用很大，如苯乙酮，虽羰基的一侧是一个小的 $CH_3$ 基团，因另一侧是苯基，加成的产率也只有 1%。所以这个反应对芳香族的酮没有什么用途，但可以用来分离醛和某些酮。

比较 3-戊酮和环己酮与亚硫酸氢钠的加成反应，发现一个很有意思的现象，就是酮一经成环后，加成物的产率大大增加：

3-戊酮，产率 2%　　　　环己酮，产率 35%

这是由于成环后，连在羰基上的两个基团的自由运动受到限制，因此空间位阻减小，而使产量增加。这个反应是一个放热反应。环酮的反应性：三元环＞四元环＞五元环，这是由于张力大，有利于反应，但六元环又快于五元环。

**习题 10-14**　在丙酮亚硫酸氢钠加成物中加入 NaCN（等物质的量），可以得到什么？为什么？

### 2. 与硫醇(RSH)的加成

硫醇可用卤代烷与硫氢化钠作用得到：

$$RX + NaSH \longrightarrow RSH + NaX$$

硫醇的性质与醇类似，但比相应的醇活泼，亲核的能力更强。乙二硫醇和醛、酮在室温下就可反应，生成缩硫醛(dithioacetal)、缩硫酮(dithioketal)：

$$\underset{R}{\overset{R}{>}}C=O + HS\diagup\diagdown SH \xrightleftharpoons{H^+} \underset{R}{\overset{R}{>}}\underset{S\diagdown\diagup S}{C} \xrightarrow[\text{兰尼 Ni}]{H_2} \underset{R}{\overset{R}{>}}CH_2 + NiS\downarrow + CH_3CH_3\uparrow$$

乙二硫醇　　　　缩硫酮

缩硫醛、缩硫酮很难分解变为原来的醛和酮，因此此法作为保护羰基使用没有太大价值。但它有一个很重要的用途，就是在吸附了氢的兰尼镍作用下，很容易把两个硫去掉，总的结果是原来羰基氧原子被两个氢原子取代，因此，这是一个经常使用的将羰基还原成亚甲基的简便方法。一般硫醇中用相对分子质量较小的烷基，使烷成为气体逸出。

若需将缩硫醛或缩硫酮恢复羰基结构,须用下列方法:

$$\begin{array}{c} R \\ R \end{array} C=O + 2RSH \rightleftharpoons \begin{array}{c} SR \\ R-C-SR \\ R \end{array} \xrightarrow[CH_3OH, H_2O]{HgCl_2, HgO} \begin{array}{c} R \\ R \end{array} C=O + (RS)_2Hg\downarrow$$

因为羰基化合物和硫醇形成缩硫醛(酮)的反应也是平衡反应,但平衡有利于缩硫醛(酮)。$Hg^{2+}$ 能与反应体系中极微量的硫醇反应,形成 $(RS)_2Hg$ 沉淀,这样才移动了平衡,又恢复为羰基化合物。

**习题 10-15** 完成下列反应,写出主要产物,并命名各步产物。

(i) $CH_3CH_2CH_2CHO$ + $NaHSO_3$(饱和) $\longrightarrow$ ? $\xrightarrow{Na_2CO_3}$

(ii) 环己酮 + $HS\sim\sim SH$ $\xrightarrow{H^+}$ ? $\xrightarrow{HgCl_2, HgO}$

(iii) $C_6H_5\overset{O}{\underset{\|}{C}}C_6H_5$ + $NaHSO_3$(饱和) $\longrightarrow$

(iv) $CH_3CH_2\overset{O}{\underset{\|}{C}}CH_2CH_3$ + $2CH_3CH_2SH$ $\xrightarrow{H^+}$ ? $\xrightarrow[\text{兰尼 Ni}]{H_2}$

**习题 10-16** 请分离提纯下列化合物。

$CH_3(CH_2)_3CHO$ (bp 86 ℃)   $CH_3(CH_2)_3CH=CH_2$ (bp 80 ℃)   $CH_3CH_2CH_2CH_2Cl$ (bp 78 ℃)

## 10.6 α,β-不饱和醛、酮的加成反应

### 10.6.1 α,β-不饱和醛、酮加成反应的分类

共轭不饱和醛、酮(conjugated unsaturated aldehyde and ketone)在结构上有一个特点,就是 1,2 之间的碳氧双键和 3,4 之间的碳碳双键形成一个 1,4-共轭体系。试剂与 α,β-不饱和醛、酮发生加成反应时,可以发生碳碳双键上的亲电加成(1,2-加成)、碳氧双键上的亲核加成(1,2-加成)和 1,4-共轭加成(1,4-conjugated addition)三种不同的反应。

> 若 5,6 之间还有双键,就形成一个 1,6-共轭体系。

$-\overset{|}{C}=\overset{|}{C}-\overset{|}{C}=O$      $-\overset{|}{C}=\overset{|}{C}-\overset{|}{C}=O$      $-\overset{|}{C}=\overset{|}{C}-\overset{|}{C}=O$

碳碳双键上的亲电加成      碳氧双键上的亲核加成      1,4-共轭加成

一般来讲,卤素和次卤酸与 α,β-不饱和醛、酮反应时,只在碳碳双键上发生亲电

加成(参见 8.6.3, 8.6.4), 如

$$\text{CH}_3\text{CH=CHCOCH}_3 \xrightarrow{\text{Br}_2} \text{CH}_3\text{CHBrCHBrCOCH}_3$$

$$\text{CH}_3\text{CH=CHCOCH}_3 \xrightarrow{\text{HOBr}} \text{CH}_3\text{CH(OH)CHBrCOCH}_3$$

而氨和氨的衍生物,HX、$H_2SO_4$、HCN 等质子酸,$H_2O$ 或 ROH 在酸催化下与 α,β-不饱和醛、酮的加成反应通常以 1,4-共轭加成为主。例如

$$\text{CH}_3\text{CH=CHCOCH}_3 + \text{HCl} \longrightarrow \text{CH}_3\text{CHClCH=C(OH)CH}_3 \xrightleftharpoons{\text{互变异构}} \text{CH}_3\text{CHClCH}_2\text{COCH}_3$$

$$\text{CH}_3\text{CH=CHCOCH}_3 + \text{RNH}_2 \longrightarrow \text{CH}_3\text{CH(NHR)CH=C(OH)CH}_3 \xrightleftharpoons{\text{互变异构}} \text{CH}_3\text{CH(NHR)CH}_2\text{COCH}_3$$

有机金属化合物与 α,β-不饱和醛、酮反应时,既可以发生 1,2-亲核加成,也可以发生 1,4-亲核加成。到底以什么反应为主? 这与羰基旁的基团大小有关,也与试剂的空间位阻大小有关。醛羰基旁的空阻很小,因此它与烃基锂、格氏试剂反应时主要以 1,2-亲核加成为主。例如

$$\text{Ph}\overset{4}{\text{CH}}=\overset{3}{\text{CH}}\overset{2}{\text{C}}\overset{1}{\text{H}}\text{O} \xrightarrow[\text{② } H_2O]{\text{① PhMgBr}} \text{PhCH=CHCH(OH)Ph} \quad 1,2\text{-加成 } 100\%$$

$$\text{Ph}\overset{4}{\text{CH}}=\overset{3}{\text{CH}}\overset{2}{\text{C}}\overset{1}{\text{H}}\text{O} \xrightarrow[\text{② } H_2O]{\text{① } C_2H_5MgBr} \text{PhCH=CHCH(OH)C}_2\text{H}_5 \quad 1,2\text{-加成 } 100\%$$

而空阻大的二烃基铜锂则与醛发生 1,4-共轭加成。

α,β-不饱和酮与有机锂试剂反应,主要得 1,2-亲核加成产物。例如

$$\text{PhCH=CHCOPh} + \text{PhLi} \xrightarrow{H_2O} \text{PhCH=CHC(OH)Ph}_2 \quad 1,2\text{-加成产物 } 75\%$$

α,β-不饱和酮与格氏试剂反应,则要作具体分析。例如

$$\text{Ph}\overset{4}{\text{CH}}=\overset{3}{\text{CH}}\overset{2}{\text{C}}\overset{1}{\text{O}}\text{CH}_3 \xrightarrow[\text{② } H_2O]{\text{① PhMgBr}} \text{PhCH(Ph)CH}_2\text{COCH}_3 + \text{PhCH=CHC(OH)(Ph)CH}_3$$
$$\text{1,4-加成 } 12\% \quad \text{1,2-加成 } 88\%$$

$$\text{Ph}\overset{4}{\text{CH}}=\overset{3}{\text{CH}}\overset{2}{\text{C}}\overset{1}{\text{O}}\text{CH}_3 \xrightarrow[\text{② } H_2O]{\text{① } C_2H_5MgBr} \text{PhCH(C}_2\text{H}_5\text{)CH}_2\text{COCH}_3 + \text{PhCH=CHC(OH)(C}_2\text{H}_5\text{)CH}_3$$
$$\text{1,4-加成 } 60\% \quad \text{1,2-加成 } 40\%$$

试剂 $C_6H_5$—的空阻比—$C_2H_5$ 大，因此 $C_6H_5MgBr$ 尽量避免在有大的基团的 4 位上反应，所以 1,2-加成产物是主要产物；而 $C_2H_5MgBr$ 作为亲核试剂时，由于 $C_2H_5$ 的空阻比 $C_6H_5$ 小，结果 1,4-加成产物是主要产物。

如果一个 α,β-不饱和酮的羰基与一个很大的基团如三级丁基相连，无论用哪一种格氏试剂，都得到 1,4-加成产物：

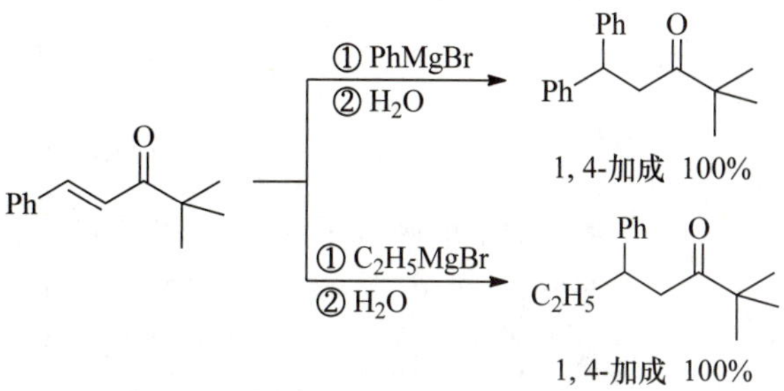

为了得到 1,4-加成产物，有一种常用的方法是在与格氏试剂的加成反应中加入 ≈0.05 mol 卤化亚铜，或用二烃基铜锂进行反应：

在有机合成中，往往希望得到产率较高的某一种产物，而不是混合物，因此需要学会选择合适的试剂。

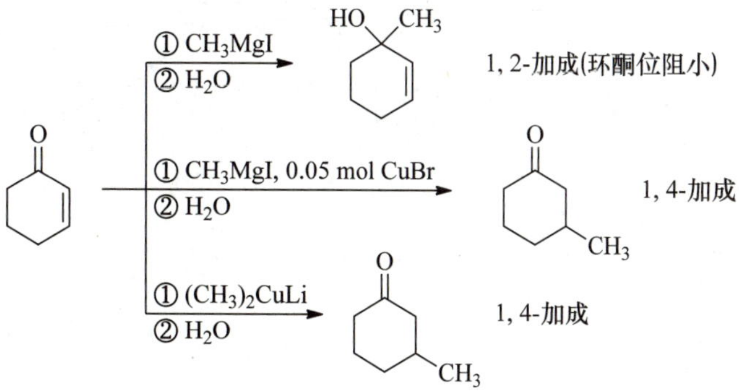

### 10.6.2　1,4-共轭加成的反应机理

1. 酸性条件下共轭加成的反应机理

1,4-共轭加成可以在酸催化下进行，也可以在碱催化下进行。在酸催化下的反应机理如下：

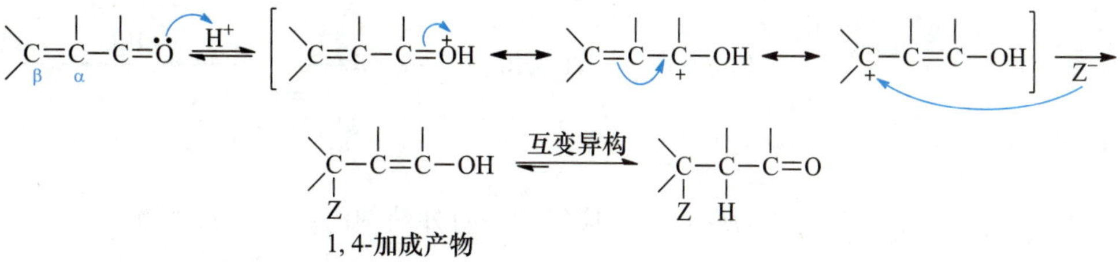

首先质子与羰基氧结合，C=O π 键异裂，产生一个烯丙基型的碳正离子离域体系，然后亲核试剂与带正电荷的 β 碳原子结合形成 1,4-加成产物。产物烯醇不稳定，互变异构为酮式(ketone form)结构。

## 2. 碱性条件下共轭加成的反应机理

在碱性条件下的反应机理如下:

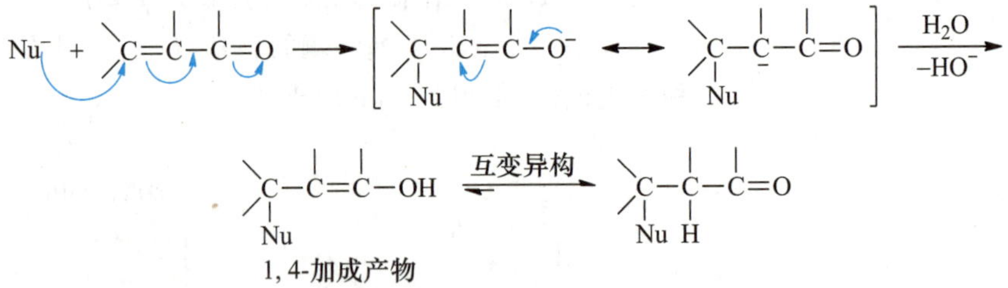

由于羰基的吸电子作用,β碳带有正电性。首先亲核试剂进攻 β 碳,α,β 碳之间的双键异裂,产生一个烯丙基型的烯醇负离子(enolate ion)离域体系,一个正性基团与负氧原子结合,形成 1,4-加成产物。若正性基团是质子,则 1,4-加成产物同样可以由烯醇式(enol form)转变成酮式。

## 3. 1,4-共轭加成的立体化学

若羰基与环己烯的碳碳双键共轭,则加成时还应考虑构象稳定性。例如

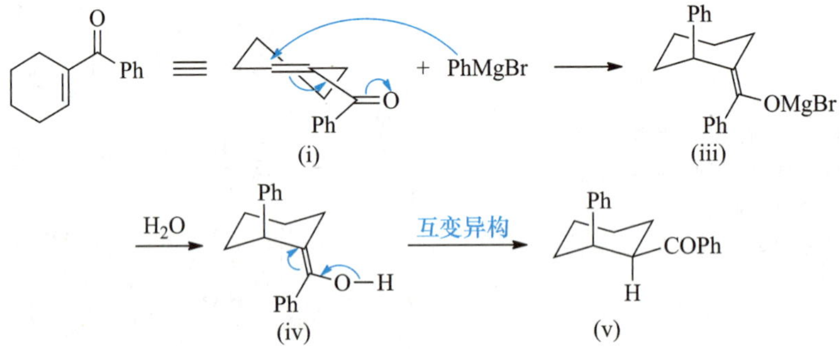

首先是 PhMgBr 中的 Ph⁻ 进行亲核的共轭加成,然后 ⁺MgBr 与共轭体系中的氧负原子结合;水解后形成烯醇,再互变异构得酮式结构。最终的结果,Ph 与 H 总是处于反式,这是因为在互变异构时,H 取直立键方向进攻可以得到热力学稳定的产物。

(i) 式可以有一个能量相等的构象转换体(ii),由(ii)进行反应,最终产物(vi)是(v)的对映体。

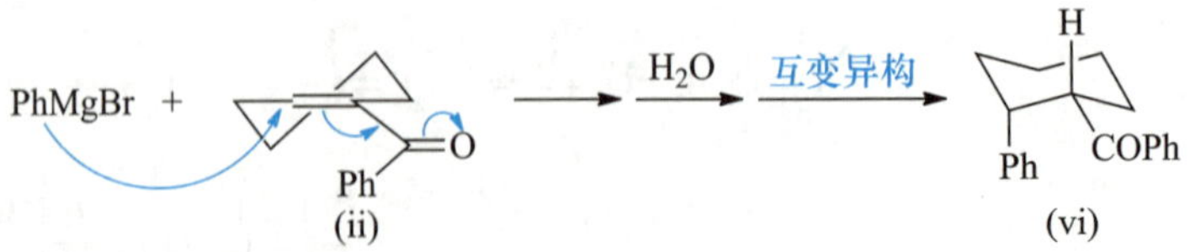

所以,该反应得到一对外消旋的反式加成产物。

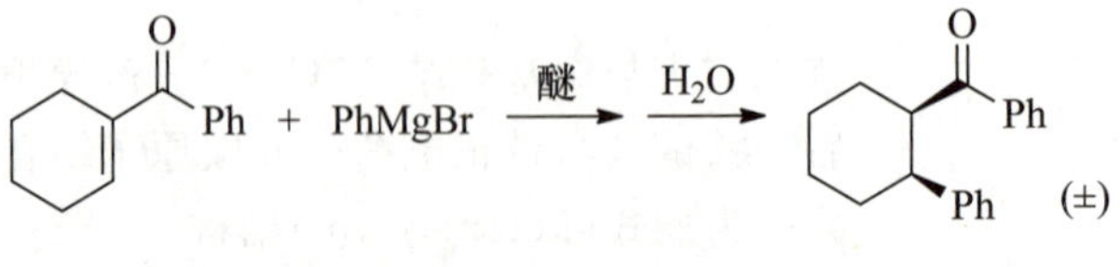

**习题 10-17** 完成下列反应，写出主要产物，并指出此反应是亲核加成还是亲电加成，是 1,2-加成还是 1,4-加成。

(i) $CH_3CH=CHCCH_2CH_3 \xrightarrow{CH_3Li} \xrightarrow{H_2O}$ (含 C=O)

(ii) $CH_3CH=CHCCH_2CH_3 \xrightarrow[CuCl]{CH_3MgBr} \xrightarrow{H_2O}$

(iii) $CH_3CH=CHCCH_2CH_3 \xrightarrow{Et_2CuLi} \xrightarrow{H_2O}$

(iv) $CH_3CH=CHCHO \xrightarrow[-10\ ℃]{HCl(气)}$

(v) $CH_3CH=CHCOOC_2H_5 \xrightarrow[H^+]{NaCN} \xrightarrow{H_2O}$

(vi) $(CH_3)_2C=CHCCH_3 \xrightarrow{CH_3NH_2}$ (含 C=O)

(vii) (3,5,5-三甲基环己-2-烯-1-酮) $\xrightarrow[CuI]{CH_3MgBr} \xrightarrow{H_2O}$

(viii) $(CH_3)_2C=CHCCH_3 \xrightarrow[H^+]{CH_3OH}$ (含 C=O)

**习题 10-18** 3-甲基环己-2-烯-1-酮 在 $Br_2$，$NaOAc$，$HOAc$ 存在下反应，请写出产物、反应过程及其立体化学（提示：不是共轭加成）。

### 10.6.3 Michael 加成反应

一个能提供亲核碳负离子的化合物（称为给体）与一个能提供亲电共轭体系的化合物，如 α,β-不饱和醛、酮、酯、腈、硝基化合物等（称为受体）在碱性催化剂作用下，发生亲核 1,4-共轭加成反应，称为 Michael（麦克尔）加成反应。Michael 加成反应的一般式如下：

$$A'-CH_2-R + \underset{\text{受体}}{\overset{R}{\underset{|}{C}}=C\overset{|}{\underset{|}{C}}=A} \xrightleftharpoons{:B^-} \underset{A'}{\overset{R}{\underset{|}{CH}}-\overset{|}{\underset{|}{C}}-C=C-A^-} \xrightleftharpoons{HB}$$

$$\underset{A'}{\overset{R}{\underset{|}{CH}}-\overset{|}{\underset{|}{C}}-C=C-AH} \xrightleftharpoons{\text{互变异构}} \underset{A'}{\overset{R}{\underset{|}{CH}}-\overset{|}{\underset{|}{C}}-\overset{|}{\underset{H}{C}}-C=A}$$

1,4-加成产物

A = O，NH，NR 等；A' = 醛基，酮基，酯基，硝基，氰基等

常用的催化量的碱有三乙胺、六氢吡啶、氢氧化钠（钾）、乙醇钠、三级丁醇钾、氨基钠及四级铵碱等。反应是可逆的，提高温度对逆反应有利。

Michael 加成反应的机理，以丙二酸二乙酯与甲基乙烯基酮在乙醇钠的作用下的反应为例表述如下：

麦克尔（A. Michael，1853—1942），生于纽约，美国科学家。他曾在 Hofmann（德国）指导下工作，后与 Wurtz（法国）一起工作，后又与 Mendelejeff（俄国）一起工作。1909 年担任新 Clark 大学化学实验室主任，不久成为美国哈佛（Harvard）大学化学教授。他的研究领域十分广泛，取得丰硕成果的领域是活泼亚甲基化合物的反应。

首先是碱夺取碳上的活泼氢，生成一个烯醇负离子，然后烯醇负离子的碳端与受体发生 1,4-共轭加成，形成的加成物从溶剂中夺取一个质子形成烯醇，再互变异构形成最终产物。

不对称酮在进行 Michael 加成反应时，反应主要在多取代的 α 碳上发生。

思考：为什么该反应主要在多取代的 α 碳上发生？

用 β-卤代乙烯酮或 β-卤代乙烯酸酯作为 Michael 反应的受体时，反应后，双键保持原来的构型。

Michael 加成反应主要用于合成 1,5-二官能团化合物，尤以 1,5-二羰基化合物为多。

但若受体的共轭体系进一步扩大，也可以用来制备 1,7-二官能团化合物。

Michael 加成反应在合成上极为重要，下面是几个典型的实例：

10.7 醛、酮α活泼氢的反应 | 477

$$\text{CH}_3\text{COCH}_2\text{COCH}_3 + \text{CH}_2=\text{CHCN} \xrightarrow[t\text{-BuOH, 25 °C}]{\text{Et}_3\text{N}} \text{CH}_3\text{COCH(COCH}_3\text{)CH}_2\text{CH}_2\text{CN} \xrightarrow[\text{(过量)}]{\text{CH}_2=\text{CHCN}} (\text{NCCH}_2\text{CH}_2)_2\text{C(COCH}_3)_2$$

$$\text{CH}_3\text{COCH}_2\text{COOEt} + \text{CH}_2=\text{CHCOOEt} \xrightarrow[\text{EtOH}]{\text{EtONa}} \text{CH}_3\text{COCH(COOEt)CH}_2\text{CH}_2\text{COOEt}$$

$$\text{EtOOCCH}_2\text{COOEt} + \text{CH}_2=\text{CHCN} \xrightarrow[\text{EtOH}]{\text{EtONa}} \text{EtOOCCH(COOEt)CH}_2\text{CH}_2\text{CN} \xrightarrow[\text{(过量)}]{\text{CH}_2=\text{CHCN}} (\text{NCCH}_2\text{CH}_2)_2\text{C(COOEt)}_2$$

$$\text{CH}_2=\text{CHCOOCH}_3 + (\text{CH}_3)_2\text{CHNO}_2 \xrightarrow[70\sim100\ °C]{R_4\overset{+}{\text{N}}\text{OH}^-} (\text{CH}_3)_2\text{C}(\text{NO}_2)\text{CH}_2\text{CH}_2\text{COOCH}_3$$

$$\text{CH}_2=\text{CHCN} + \text{CH}_3\text{CHO} \xrightarrow{\text{OH}^-} \text{NCCH}_2\text{CH}_2\text{CH}_2\text{CHO}$$

**习题 10-19** 写出丙二酸二乙酯在乙醇钠乙醇溶液中与下列化合物反应的化学方程式。

(i) 2-环己烯酮  (ii) $\text{CH}_2=\text{C}(\text{CH}_3)\text{CO}_2\text{C}_2\text{H}_5$  (iii) $\text{C}_6\text{H}_5\text{CH}=\text{CHCOC}_6\text{H}_5$

(iv) $(\text{CH}_3)_2\text{C}=\text{CHCOCH}_3$  (v) $\text{C}_6\text{H}_5\text{CH}=\text{CHCOOC}_2\text{H}_5$

**习题 10-20** 完成下列反应式,并写出相应的反应机理。

(i) $(\text{CH}_3)_2\text{CHNO}_2 + \text{H}_2\text{C}=\text{CHCCH}_3 \xrightarrow{\text{C}_6\text{H}_5\text{CH}_2\overset{+}{\text{N}}(\text{CH}_3)_3\text{OH}^-}$

(ii) 降冰片二烯-$\text{CO}_2\text{CH}_3$ + $\text{CH}_3\text{COCH}_2\text{CO}_2\text{C}_2\text{H}_5 \xrightarrow{R_4\overset{+}{\text{N}}\text{OH}^-}$

## 10.7 醛、酮 α 活泼氢的反应

### 10.7.1 醛、酮 α-H 的活性

醛、酮羰基旁 α 碳上的氢是十分活泼的。同位素交换实验已证明了这一点。

$$\text{2-甲基环己酮} \xrightarrow[\text{D}_2\text{O}]{\text{NaOD}} \text{2,6,6-三氘代-2-甲基环己酮}$$

关于 α-H 活性的进一步讨论参见 13.1.2。

羰基的 α-H 的活性是由两个原因造成的：① 羰基的吸电子诱导效应；② α 碳氢键对羰基的超共轭效应。

羰基的吸电子诱导效应 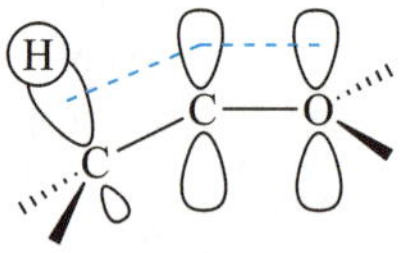　　　α碳氢键对羰基的超共轭效应

不同羰基化合物的 α-H 的活泼性是不同的。由于烷基的空阻比氢大,且烷基与羰基的超共轭效应会降低羰基碳的正电性,故醛 α-H 的活性比酮 α-H 的活性大。

### 10.7.2　醛、酮的烯醇化反应

在酸或碱的作用下,醛或酮可以转变成烯醇,这样的反应称为醛、酮的烯醇化反应。

酮式　　　烯醇式

> 实验证明：在体系中酮式和烯醇式都是存在的。
>
> 酮式和烯醇式是一对互变异构体。

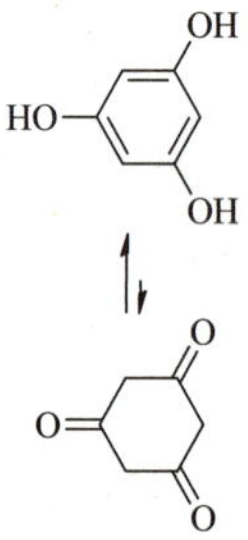

由键能数据可以判断,破坏酮式需要更多的能量,所以在一般情况下,烯醇式在平衡体系中的含量是比较少的。但随着 α-H 活性的增强,烯醇式也能成为平衡体系中的主要存在形式(参见 13.2.1)。

烯醇化反应是可逆的,可以在酸催化下完成,也可以在碱催化下完成。酸催化下的反应机理表达如下：

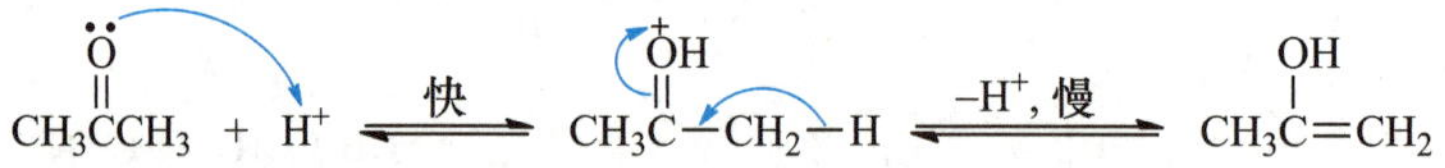

首先是酸的质子和羰基氧形成𬭩盐,质子化的羰基具有更强的吸电子效应,增强了 α 氢的酸性,从而形成了烯醇。

碱催化的反应机理表达如下：

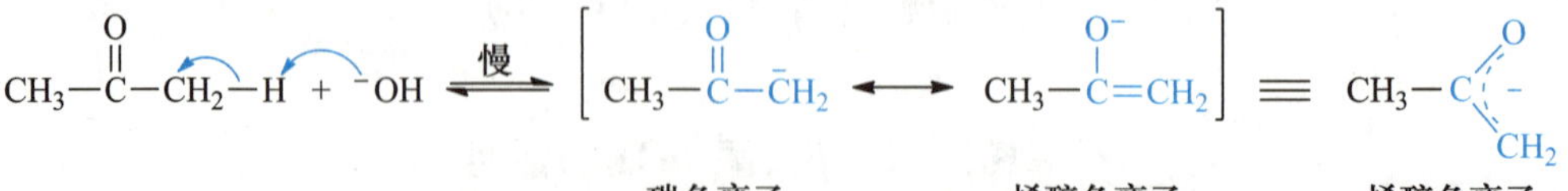

碳负离子　　　烯醇负离子　　　烯醇负离子

> 共振论认为：碳负离子和烯醇负离子都只是失去 α 氢后生成的离子的极限式,不能真实存在；真正存在的是这两个极限结构的叠加体或共振的杂化体。分子轨道理论认为：形成的负离子是一个离域的体系,负电荷分布在整个离域体系上,该离域体系也称为烯醇负离子。

碱可以直接和 α 氢结合,同时形成一个碳负离子。通过电子对的转移,碳上的负电荷可以转到氧上,新形成的负离子称为烯醇负离子。烯醇负离子再与质子结合,即得烯醇。

不对称酮有两种不同的烯醇化产物：

思考：若不对称酮的烯醇化反应在质子溶剂的碱性体系（如 $C_2H_5ONa/C_2H_5OH$ 体系）中进行，反应过程中会有什么变化？为什么？

$$CH_3CH_2\underset{\underset{\text{动力学控制的产物}}{}}{\overset{OH}{\underset{|}{C}}}=CH_2 \rightleftharpoons CH_3CH_2\overset{O}{\overset{\|}{C}}CH_3 \rightleftharpoons CH_3-\underset{\underset{\text{热力学控制的产物}}{}}{CH=\overset{OH}{\underset{|}{C}}-CH_3}$$

实验证明：在酸性条件下，主要得热力学控制的产物；在无质子溶剂的碱性体系中，主要得动力学控制的产物（深入讨论参见 13.2.3）。

---

**习题 10-21** 回答下列问题：
（i）为什么在酸性条件下，不对称酮的烯醇化反应主要得到热力学控制的产物？
（ii）为什么在碱性条件和无质子溶剂中，不对称酮的烯醇化反应主要得动力学控制的产物？

**习题 10-22** 指出下列每对化合物，哪一对是互变异构体，哪一对是极限式之间的共振，请用相应符号表示。若为互变异构体，请表示出平衡利于哪一方。

(i) $CH_3CH_2CH_2CHO \quad CH_3CH_2CH=CHOH$  (ii) $CH_3CH_2\bar{C}HCH=CH_2 \quad CH_3CH_2CH=CH\bar{C}H_2$

(iii) $CH_3\overset{O}{\overset{\|}{\bar{C}}}HCCH_2CH_3 \quad CH_3CH=\overset{O^-}{\underset{|}{C}}CH_2CH_3$  (iv) $CH_3CH_2CH_2N\overset{O}{\underset{O}{\overset{\diagup}{\diagdown}}} \quad CH_3CH_2CH=N\overset{OH}{\underset{O}{\overset{\diagup}{\diagdown}}}$

(v) ⌬—OH  ⌬=O  (vi) 环己酮  环己烯醇

(vii) $CH_3CH_2CH_2NO \quad CH_3CH_2CH=NOH$

**习题 10-23** 预测下列每组化合物中，哪一个烯醇结构较稳定，所占比例较大（热力学控制）？

(i) $CH_3\overset{O}{\overset{\|}{C}}CH_2CH_3 \rightleftharpoons CH_2=\overset{OH}{\underset{|}{C}}CH_2CH_3 \rightleftharpoons CH_3\overset{OH}{\underset{|}{C}}=CHCH_3$

(ii) $CH_3\overset{O}{\overset{\|}{C}}CH_2\overset{O}{\overset{\|}{C}}CH_2CH_3 \rightleftharpoons CH_2=\overset{OH}{\underset{|}{C}}CH_2\overset{O}{\overset{\|}{C}}CH_2CH_3 \rightleftharpoons CH_3\overset{OH}{\underset{|}{C}}=CH\overset{O}{\overset{\|}{C}}CH_2CH_3$

$\rightleftharpoons CH_3\overset{O}{\overset{\|}{C}}CH=\overset{OH}{\underset{|}{C}}CH_2CH_3 \rightleftharpoons CH_3\overset{O}{\overset{\|}{C}}CH_2\overset{OH}{\underset{|}{C}}=CHCH_3$

(iii) $CH_3\overset{O}{\overset{\|}{C}}CH_2COC_2H_5 \rightleftharpoons CH_2=\overset{OH}{\underset{|}{C}}CH_2COC_2H_5 \rightleftharpoons CH_3\overset{OH}{\underset{|}{C}}=CHCOC_2H_5$

$\rightleftharpoons CH_3\overset{O}{\overset{\|}{C}}CH=\overset{OH}{\underset{|}{C}}OC_2H_5$

**习题 10-24** 预测下列反应式中，哪一个烯醇式是动力学控制的？

(i) $CH_3\overset{O}{\overset{\|}{C}}CH_2CH_3 \xrightarrow{RONa} CH_2=\overset{O^-Na^+}{\underset{|}{C}}CH_2CH_3 \rightleftharpoons CH_3\overset{O^-Na^+}{\underset{|}{C}}=CHCH_3$

(ii) 2-甲基环己酮 $\xrightarrow{RONa}$ (烯醇钠) ⇌ (烯醇钠)

### 10.7.3 醛、酮 α-H 的卤化

在酸或碱的催化作用下,醛、酮的 α-H 被卤素取代的反应称为醛、酮 α 氢的卤化。

$$\text{—C(=O)—CH—} + X_2 \xrightarrow{\text{酸或碱}} \text{—C(=O)—CX—} + HX$$

酸催化的反应机理如下:

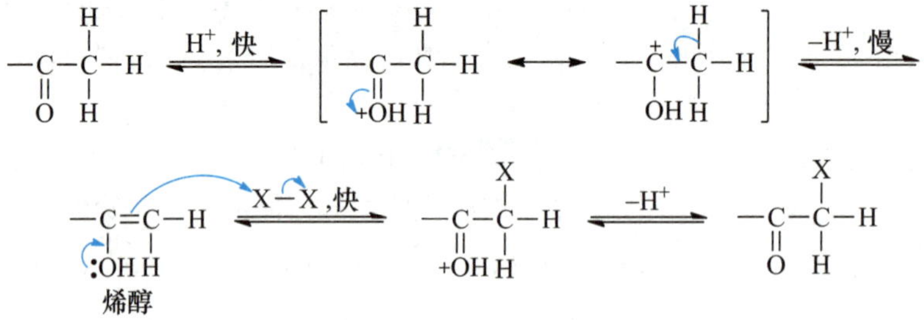

首先是羰基质子化,醛、酮失去 α 活泼氢形成烯醇,烯醇的 π 电子向卤素进攻,再失去氧上的质子完成卤化反应。

酸催化反应的特点是:① 所谓酸催化,通常不加酸,因为只要反应一开始,就产生酸,此酸可自动发生催化反应。因此反应通常有一个诱导阶段,一旦有一点酸产生,反应就很快进行。② 对于不对称酮,卤化反应的优先次序是

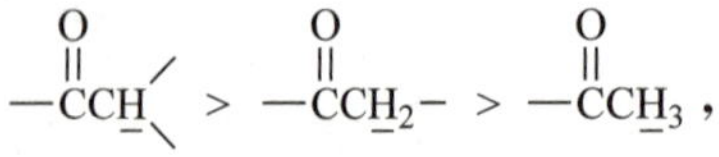

$$\text{—CCH}\diagdown \; > \; \text{—CCH}_2\text{—} \; > \; \text{—CCH}_3$$

这是因为 α 碳上取代基愈多,超共轭效应愈大,形成的烯醇愈稳定,因此,这个碳上的氢就易于离开而进行卤化反应。③ 酸催化卤化反应可以控制在一元、二元、三元等阶段,在合成反应中,大多希望控制在一元阶段。能控制的原因是一元卤化后,由于引入的卤原子的吸电子效应,使羰基氧上电子云密度降低,再质子化形成烯醇要比未卤代时困难一些,因此小心控制卤素的用量和控制反应条件,可以使反应停留在一元阶段。例如

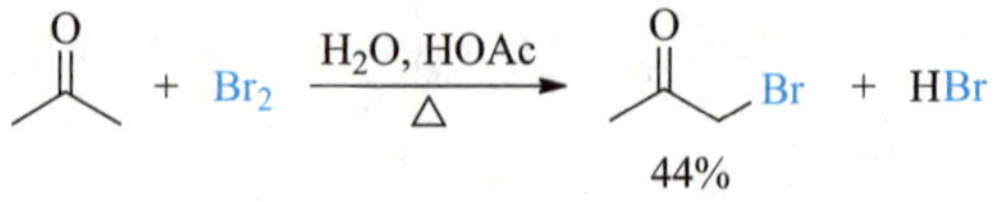

$$\text{(CH}_3\text{COCH}_3\text{)} + Br_2 \xrightarrow[\triangle]{H_2O, HOAc} \text{CH}_3COCH_2Br + HBr \quad (44\%)$$

醛类直接卤化,常被氧化成酸,可以将醛形成缩醛后再卤化,然后水解缩醛,得 α-卤代醛,如

思考:请写出由正庚醛转化为 α-溴代正庚醛的反应机理。

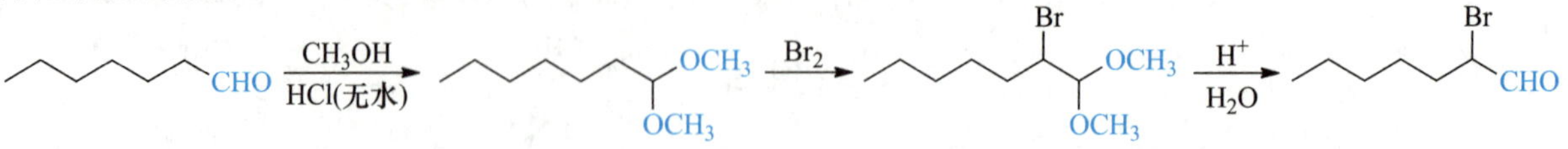

$$\text{C}_6\text{H}_{13}\text{CHO} \xrightarrow[\text{HCl(无水)}]{CH_3OH} \text{C}_6\text{H}_{13}\text{CH(OCH}_3)_2 \xrightarrow{Br_2} \text{CH}_3(CH_2)_4\text{CHBrCH(OCH}_3)_2 \xrightarrow[H_2O]{H^+} \text{CH}_3(CH_2)_4\text{CHBrCHO}$$

碱催化的反应机理如下:

$$-\underset{\underset{O}{\|}}{C}-\underset{\underset{|}{|}}{\overset{H}{C}}- \xrightarrow{OH^-} \left[ -\underset{\underset{O}{\|}}{C}-\bar{C}- \longleftrightarrow -C=C-\underset{O^-}{|} \right] \xrightarrow{X-X} -\underset{\underset{O}{\|}}{C}-\underset{\underset{|}{|}}{\overset{X}{C}}-$$

首先是 $OH^-$ 夺取质子, 形成烯醇负离子, 然后再与卤素发生反应, 得 α-卤代酮。

碱催化时, 碱用量必须超过 1 mol, 因为除了催化作用外, 还必须不断中和反应中产生的酸。对于不对称酮, 卤化反应的优先次序是 $-\overset{O}{\overset{\|}{C}}CH_3 > -\overset{O}{\overset{\|}{C}}CH_2- > -\overset{O}{\overset{\|}{C}}CH\langle$, 因为 $CH_3$ 上的氢酸性大, 易被 $OH^-$ 夺取, 当一元卤化后, 由于卤原子的吸电子效应, 使卤原子所在碳上氢的酸性比未被卤原子取代前更大, 因此第二个氢更容易被 $OH^-$ 夺取并进行卤化。同理, 第三个氢比第二个氢更易被 $OH^-$ 夺取。因此, 只要有一个氢被卤化, 第二、第三个氢均会被卤化, 即反应不停留在一元阶段, 一直到这个碳上的氢完全被取代为止。

### 10.7.4 卤仿反应

甲基酮类化合物或能被次卤酸钠氧化成甲基酮的化合物, 在碱性条件下与氯、溴、碘作用分别生成氯仿、溴仿、碘仿(统称卤仿)的反应称为卤仿反应(haloform reaction)。

$$\underset{\underset{}{}}{\overset{O}{\overset{\|}{R}CCH_3}} + NaOH + X_2 \longrightarrow RCOONa + \underset{\text{卤仿}}{CHX_3}$$

卤仿反应的机理如下:

$$R-\overset{O}{\overset{\|}{C}}-CH_3 \xrightarrow[①]{OH^-} \left[ R-\overset{O}{\overset{\|}{C}}-CH_2 \longleftrightarrow R-\overset{O^-}{\overset{|}{C}}=CH_2 \right] \xrightarrow[②]{X-X} R-\overset{O}{\overset{\|}{C}}-CH_2X \xrightarrow{①} \xrightarrow{②} R-\overset{O}{\overset{\|}{C}}-CHX_2$$

$$\xrightarrow{①} \xrightarrow{②} R-\overset{O}{\overset{\|}{C}}-CX_3 \xrightarrow[\text{加成}]{OH^-} R-\overset{O^-}{\overset{|}{\underset{OH}{C}}}-CX_3 \xrightarrow{\text{消除}} RCOOH + {}^-CX_3 \xrightarrow{\text{酸碱反应}} RCOO^- + CHX_3$$

首先是甲基酮在碱性条件下发生 α-卤代反应, 重复三次, 得三卤甲基酮, 再经加成-消除反应, 得羧酸和三卤甲基负离子, 最后通过酸碱反应得卤仿。

**鉴别甲基酮**

由于碘仿是一个不溶于 NaOH 溶液的黄色沉淀物, 所以实验室中, 常用碘仿反应来鉴别甲基酮类化合物或能在反应条件下氧化成甲基酮类的化合物。例如通过碘仿反应可以鉴定乙醇:

$$CH_3CH_2OH + I_2 + KOH \longrightarrow CHI_3\downarrow + HCOOH + KI + H_2O$$

在该反应中, 碘起两种作用: 一是先使乙醇脱氢, 形成乙醛; 随后进行取代反应, 使乙醛成为三碘乙醛,该化合物在氢氧化钾的作用下,生成碘仿和甲酸盐,甲酸盐与碘化氢反应转变为甲酸。

**习题 10-25** 完成下列反应,写出主要产物。

(i) $CH_3CH_2\overset{O}{\underset{\|}{C}}CH_3 + Cl_2\ (1\ mol) \xrightarrow{H_2O,\ HOAc}$

(ii) 2-甲基环己酮 $+ Br_2\ (1\ mol) \xrightarrow{H_2O,\ HOAc}$

(iii) $CH_3CH_2\underset{\underset{OH}{|}}{C}HCH_3 \xrightarrow[\text{过量}]{I_2,\ NaOH}$

(iv) $(CH_3)_3C\overset{O}{\underset{\|}{C}}CH_3 \xrightarrow[\text{过量}]{Br_2,\ NaOH}$

(v) 2-甲基环己酮 $\xrightarrow{2Br_2,\ OH^-}$

**习题 10-26** 从指定原料出发,如何完成下列转变?

(i) 从 $\text{C}_6\text{H}_5\text{COCH}_2\text{CH}_3$ 得到 $\text{C}_6\text{H}_5\text{COOH}$ 与 $\text{CH}_3\text{COOH}$

(ii) 从 5,5-二甲基-1,3-环己二酮 得到 $(CH_3)_2C(COOH)_2$

## 10.8 羟醛缩合反应

### 10.8.1 定义和反应式

有 α 氢的醛或酮在酸或碱的催化作用下,缩合形成 β-羟基醛(β-hydroxyl aldehyde)或 β-羟基酮(β-hydroxyl ketone)的反应称为羟醛缩合反应(aldol condensation)。

> 最初发现的这类反应是由乙醛缩合成 β-羟基醛,缩合产物中有羟基与醛基,β-羟基醛的英文名称为 aldol,即 aldehyde-alcohol,故将这一反应称为羟醛缩合反应。

$$2\ CH_3CHO \xrightarrow{H^+ \text{或} HO^-} CH_3\underset{\underset{OH}{|}}{C}H-CH_2CHO$$

$$2\ (CH_3)_2C=O \xrightarrow{H^+ \text{或} HO^-} (CH_3)_2\underset{\underset{OH}{|}}{C}-CH_2-\overset{O}{\underset{\|}{C}}-CH_3$$

该反应常用的碱性催化剂有氢氧化钾、氢氧化钠、碳酸钠、氢氧化钡、乙醇钠及三级丁醇铝等;常用的酸性催化剂有磺酸、硫酸、Lewis 酸等。β-羟基醛和 β-羟基酮很容易失水,有的在反应时就失水,有的在强碱或强酸的作用下失水,生成 α,β-不饱和醛(α,β-unsaturated aldehyde)和 α,β-不饱和酮(α,β-unsaturated ketone)。因此,羟醛缩合反应是合成 β-羟基醛、酮及 α,β-不饱和醛、酮的一个很好的方法。

### 10.8.2 羟醛缩合反应的机理

羟醛缩合反应既可以在酸催化下进行,也可以在碱催化下进行。在酸催化下缩合,然后再失水的反应机理如下:

## 10.8 羟醛缩合反应

$$CH_3CCH_3 \xrightleftharpoons{H^+} CH_3\overset{+OH}{\underset{}{C}}-CH_2-H \xrightleftharpoons{-H^+} CH_3\overset{:OH}{\underset{}{C}}=CH_2 \xrightarrow{CH_3\overset{+}{C}CH_3} CH_3-\overset{+OH}{\underset{}{C}}-CH_2-\overset{OH}{\underset{}{C}}(CH_3)_2$$

$$\xrightleftharpoons{H^+\text{转移}} CH_3-\overset{O}{\underset{}{C}}-\overset{H}{\underset{}{CH}}-\overset{+OH_2}{\underset{}{C}}(CH_3)_2 \xrightarrow{-H_2O,\,-H^+} CH_3-\overset{O}{\underset{}{C}}-CH=C(CH_3)_2$$

首先是在酸催化下由酮式转变为烯醇式，然后烯醇对质子化的酮进行亲核加成，得到质子化的 β-羟基酮，再经质子转移、消除水生成 α,β-不饱和酮。

大多数羟醛缩合反应是在碱催化下进行的。在碱催化下缩合，然后再失水的反应机理如下：

$$O=CH-CH_2-H \xrightleftharpoons{-B:} [\,\bar{O}-CH-\bar{C}H_2 \longleftrightarrow \bar{O}-CH=CH_2\,] \xrightleftharpoons{CH_3CH=O}$$

$$CH_3\overset{\bar{O}}{\underset{}{CH}}CH_2\overset{O}{\underset{}{CH}} \xrightleftharpoons{H_2O} CH_3-\overset{OH}{\underset{H}{CH}}-\overset{}{CH}-\overset{O}{\underset{}{CH}} \xrightarrow{-B:} CH_3CH=CHCHO + HB + HO^-$$

首先是在碱催化作用下生成烯醇负离子，然后烯醇负离子再对醛（或酮）发生亲核加成，加成产物从溶剂中夺取一个质子生成 β-羟基醛（或 β-羟基酮），再在碱作用下失水生成 α,β-不饱和醛、酮。

从这类反应的机理看，应当注意到一个问题：烯醇负离子的亲核加成理论上应当有两种方式，一种是碳负离子进行亲核加成，另一种是氧负离子进行亲核加成，产生碳烃基化及氧烃基化两种产物(i)及(ii)。例如乙醛的烯醇负离子和乙醛自身加成：

$$CH_3-\overset{O}{\underset{}{C}}-H \begin{array}{c} \overset{①\;\bar{C}H_2-\overset{O}{\underset{}{C}}-H}{\nearrow} \\ \underset{②\;CH_2=\overset{\bar{O}}{\underset{}{C}}}{\searrow} \end{array} \begin{array}{c} CH_3-\overset{\bar{O}}{\underset{H}{C}}-CH_2-\overset{O}{\underset{}{C}}-H \xrightarrow{BH} CH_3-\overset{OH}{\underset{H}{C}}-CH_2-\overset{O}{\underset{}{C}}-H \quad (i) \\ \\ CH_3-\overset{\bar{O}}{\underset{H}{C}}-O-CH=CH_2 \quad (ii) \end{array}$$

以上面的具体例子来说，反应是按式①进行的。反应②通常不表现出来，因为(ii)是半缩醛结构，在酸或碱的存在下，都能使反应逆转。

羟醛缩合反应是一个可逆反应，温度低有利于正向反应，加热回流有利于逆向反应。

**侧注：**

羟基不是一个好的离去基团，因此醇的失水反应通常都是在酸催化下完成的。但是 β-羟基醛、酮既可以在酸催化下失水，也可以在碱催化下失水。这是因为醛、酮的 α-H 有活性，在碱的作用下易失去 $H^+$ 形成 α-C 负离子，在 α-C 负离子的推动下，β-OH 带着电子离去。

从共振论和分子轨道理论的角度分析，都可以看出烯醇负离子是一个两位负离子，当它作为亲核试剂去进攻时，氧端和碳端都能进攻。但碳端的亲核性更强。

$$R-\overset{O}{\underset{}{C}}-\bar{C}H_2 \longleftrightarrow R-\overset{\bar{O}}{\underset{}{C}}=CH_2$$
共振式

$$R-\overset{O}{\underset{CH_2}{C}}^{\ominus}$$
离域式

氧端进攻生成的产物(ii)不稳定，易逆向返回；碳端进攻生成的产物(i)相对稳定，利于反应正向进行。

> **习题 10-27** 请写出 $CH_3CH=CHCHO$ 在碱作用下发生逆向羟醛缩合反应生成乙醛的反应机理。

### 10.8.3 羟醛缩合反应的分类

1. 醛和酮的自身缩合

醛的自身缩合平衡常数很大,反应可以顺利进行。例如

$$CH_3CHO + CH_2CHO \xrightarrow[\text{室温}]{\text{NaOH(少量)}} CH_3\underset{OH}{\underset{|}{CH}}CH_2CHO \xrightarrow[\triangle]{H^+, H_2O} CH_3CH=CHCHO$$
$$\qquad\qquad\qquad\qquad\qquad\qquad\quad \text{3-羟基丁醛} \qquad\qquad \text{2-丁烯醛(巴豆醛)}$$

> 羟醛缩合反应在有机合成中十分重要。学习此类反应,必须达到以下要求:看到反应物,能立即写出产物;看到产物,能立即在产物的适当位置进行切断,并写出相应反应原料。

又如

$$CH_3(CH_2)_6CHO \xrightarrow{NaOC_2H_5} CH_3(CH_2)_6CH=\underset{(CH_2)_5CH_3}{\underset{|}{C}}CHO$$
$$\qquad\qquad\qquad\qquad\qquad\qquad\qquad 79\%$$

许多脂肪族的酮,羟醛缩合反应的平衡大大偏向于反应物方面,往往需要用特殊的方法,才能使反应朝右进行。例如两分子的丙酮在催化量的氢氧化钡作用下,生成二丙酮醇(diacetonol):

$$2CH_3COCH_3 \xrightarrow[\text{或用碱性树脂}]{Ba(OH)_2} (CH_3)_2\underset{OH}{\underset{|}{C}}CH_2COCH_3$$
$$\qquad\qquad\qquad\qquad\qquad \text{4-甲基-4-羟基-2-戊酮(二丙酮醇)}$$

但是这个反应的平衡是大大地偏向于反应物方面的,若用普通方法操作,几乎得不到什么产物。为使反应朝产物方向顺利地进行,方法是在一个索氏(Soxhlet)提取器内进行反应,见图 10-4。将氢氧化钡放在上面的纸筒 B 内,丙酮沸点较低(56℃),在瓶 A 内沸腾后回流下来,滴在 B 内的氢氧化钡接触器上,反应后形成二丙酮醇,等满至吸回管高度时,就抽回到瓶 A 内。由于二丙酮醇的沸点很高(164℃),就积存在瓶 A 内。此反应的关键是 $Ba(OH)_2$ 不溶于丙酮及二丙酮醇,因此 $Ba(OH)_2$ 不会转移到反应瓶中,二丙酮醇不再和 $Ba(OH)_2$ 接触,使产物移出平衡体系之外,因此总是丙酮不断地进行反应,使平衡朝产物方向进行,这样可以得到 70% 的产率。二丙酮醇在 Lewis 酸或碘的催化作用下,失水变成 α,β-不饱和酮(i)。

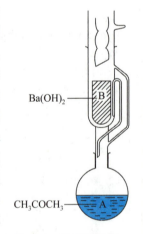

图 10-4 索氏提取器

$$(CH_3)_2\underset{OH}{\underset{|}{C}}CH_2\underset{O}{\underset{\|}{C}}CH_3 \xrightarrow{I_2} (CH_3)_2C=CH\underset{O}{\underset{\|}{C}}CH_3$$
$$\qquad\qquad\qquad\qquad\qquad\qquad\qquad (i)$$
$$\qquad\qquad\qquad\qquad\qquad\qquad\quad \text{亚异丙基丙酮}$$

环酮的缩合反应比较容易发生。例如环己酮在三级丁醇铝的作用下,顺利地缩合失水,得到不饱和酮:

## 10.8 羟醛缩合反应

$$2 \text{ 环己酮} \xrightarrow[-H_2O]{Al[OC(CH_3)_3]_3} \text{产物} \quad 78\%$$

若分子内既有羰基又有烯醇负离子,则羟醛缩合也可以在分子内发生,得到关环产物。特别是形成五、六元环时,反应非常顺利。因此,分子内的羟醛缩合和随后的脱水反应是一个广泛用于制备 α,β-不饱和环酮(α,β-unsaturated cycloketone)的合成方法。例如

$$CH_3\overset{O}{C}(CH_2)_4\overset{O}{C}CH_3 \xrightarrow{KOH, H_2O} \text{产物} \quad 85\%$$

$$\text{环癸二酮} \xrightarrow{Na_2CO_3, H_2O} \text{产物} \quad 96\%$$

有时不加催化剂,在水溶液中加温即可进行反应:

$$H\overset{O}{C}(CH_2)_3\overset{O}{C}CH\text{—}CH_2CH_2CH_3 \xrightarrow{H_2O} \text{产物}$$

早在电子理论发展以前,插烯系规则已被实验证实。

若在醛、酮的羰基和 α 碳之间插入一个或一个以上的乙烯基,即插入 $-\!\!(CH\!=\!CH)_n\!\!-$ ($n=1, 2, 3, 4, \cdots$),则与插入的 $n$ 个乙烯基两端相连的羰基和 α-H 的反应活性不变。这样的规则称为插烯系规则(vinylogy rule)。

$$R-\overset{O}{\underset{}{C}}\!\!-\!\!(CH\!=\!CH)_n\!\!-\!\!CH_3 \quad n=0 \text{ 和 } n=1,2,3,4\ldots \text{ 时,} -\overset{O}{\underset{}{C}}- \text{ 和 } CH_3 \text{ 的关系是一样的。}$$

插烯系规则的现象十分普遍。例如,由丙酮来制备 3,5,5-三甲基-2-环己烯酮就用到了插烯系规则。

$$2CH_3\overset{O}{C}CH_3 \underset{Ba(OH)_2}{\overset{\text{索氏提取器}}{\rightleftharpoons}} \xrightarrow[I_2]{-H_2O} (CH_3)_2C\!=\!CH\overset{O}{C}CH_3 \xrightarrow[H^+]{CH_3COCH_3}$$

在羰基与 α-C 之间插入一个碳碳双键 ↑　↑ α-H 的活性不变

$$\xrightarrow{1,4\text{-加成}\\(\text{插烯系规则})} \text{HO-产物} \xrightleftharpoons{\text{互变异构}} \text{O=产物}$$

## 2. 醛或酮的交叉缩合 (cross aldol condensation)

两个不同的醛和酮可以进行交叉的羟醛缩合。例如，把乙醛和丙酮混合反应，理论上可以得到四种羟醛缩合产物。

$$CH_3CHO + CH_3COCH_3 \xrightleftharpoons{\text{碱}} CH_3CH(OH)CH_2CHO + (CH_3)_2C(OH)-CH_2COCH_3 + CH_3CH(OH)-CH_2COCH_3 + (CH_3)_2C(OH)-CH_2CHO$$

各自经 $-H_2O$ 得：

- $CH_3CH=CHCHO$ —— 乙醛自身缩合后再失水的产物
- $(CH_3)_2C=CHCOCH_3$ —— 丙酮自身缩合后再失水的产物
- $CH_3CH=CHCOCH_3$ —— 丙酮提供 α-H，乙醛提供羰基，交叉缩合后再失水的产物
- $(CH_3)_2C=CHCHO$ —— 乙醛提供 α-H，丙酮提供羰基，交叉缩合后再失水的产物

**思考**：在四种缩合产物中，你认为哪一种缩合产物的含量最高？为什么？

为了减少各种缩合反应相互干扰，经常使用一个无 α 氢的芳香醛（提供羰基）和一个有 α 氢的脂肪族醛、酮（提供烯醇负离子）进行混合的缩合反应。反应在氢氧化钠的水溶液或乙醇溶液内进行，得到产率很高的 α,β-不饱和醛或酮。这一反应叫做 Claisen-Schmidt（克莱森-施密特）反应。例如苯甲醛和乙醛反应，得到两个羟醛缩合产物，一个是乙醛自身缩合的产物，另一个是混合缩合产物，但是这二者经过一段时间后，形成一个平衡体系。由于后者的羟基同时受苯基和醛基的作用，更容易发生失水反应，因此产物全部都变成肉桂醛：

**交叉缩合往往会得到混合产物，如何让反应朝我们希望的方向进行，是应该认真考虑的问题。**

$$C_6H_5CHO + CH_3CHO \rightleftharpoons \begin{Bmatrix} CH_3CH(OH)CH_2CHO \\ [C_6H_5CH(OH)CH_2CHO] \end{Bmatrix} \xrightarrow{-H_2O} C_6H_5CH=CHCHO \text{ (肉桂醛)}$$

下面再举几个例子说明这个反应的特点：

**请注意反应产物，带羰基的大基团总是和另一个大基团成反式。**

(i) $C_6H_5CHO + CH_3COCH_3$ (过量) $\xrightarrow{10\% NaOH, 25\sim30\,°C}$ $C_6H_5$ 和 $COCH_3$ 成反式的 $C_6H_5CH=CHCOCH_3$ (65%~78%)

(ii) $2C_6H_5CHO + CH_3COCH_3 \xrightarrow{H_2O-C_2H_5OH, NaOH, 15\sim30\,°C}$ $C_6H_5CH=CH-CO-CH=CHC_6H_5$

(iii) 呋喃甲醛(糠醛)-CHO $+ CH_3COCH_3 \xrightarrow{H_2O, NaOH, H^+}$ 呋喃基-CH=CH-COCH_3

(iv) $C_6H_5CHO + CH_3COC(CH_3)_3 \xrightarrow{H_2O-C_2H_5OH, NaOH}$ $C_6H_5CH=CHCOC(CH_3)_3$ (88%~93%)

## 3. 醛和酮的定向缩合 (orientated aldol condensation)

一个不对称酮发生羟醛缩合反应时，羰基两旁若有两个不同的亚甲基，哪一个亚甲基提供碳负离子？这与反应条件有关，例如苯甲醛与丁酮，在碱性或酸性条件下，均形成包括缩合产物(i)和(ii)在内的平衡体系：

思考：对于该反应，① 请写出在碱性条件下缩合，继而失水的反应机理；② 写出在酸性条件下缩合，继而失水的反应机理；③ 讨论碱性缩合和酸性缩合的主要产物为什么不同？

$$PhCHO + CH_3\overset{O}{\underset{1\ 2\ 3\ 4}{C}}CH_2CH_3 \xrightarrow{\text{酸或碱}} \begin{matrix} PhCH(OH)CH_2COCH_2CH_3 \text{ (i)} \xrightarrow[-H_2O]{OH^-} PhCH=CHCOCH_2CH_3 \text{ (iii)} \\ PhCH(OH)CH(CH_3)COCH_3 \text{ (ii)} \xrightarrow[-H_2O]{H^+} PhCH=C(CH_3)COCH_3 \text{ (iv)} \end{matrix}$$

在碱性无质子溶剂中进行反应时，主要产物是(iii)，因丁酮中 C-1 甲基的质子酸性大，空阻小，易与碱结合，使 C-1 形成碳负离子，生成 $\overset{-}{C}H_2\overset{O}{C}CH_2CH_3$，这步是动力学控制的：

$$CH_3\overset{O}{C}CH_2CH_3 \xrightarrow{:B^-} HB + [\overset{-}{C}H_2\overset{O}{\underset{1\ 2\ 3\ 4}{C}}CH_2CH_3 \longleftrightarrow CH_2=\overset{O^-}{C}CH_2CH_3]$$

C-1 与苯甲醛缩合，得(i)，(i)中与羟基邻接的 α 氢酸性大，碱很快夺取酸性大的质子，失水而得(iii)，反应是可逆的，由于失水使平衡移动。

在酸性条件下，主要产物是(iv)，因丁酮中 C-3 上氢与羰基形成较稳定的烯醇：

$$CH_3\overset{O}{C}CH_2CH_3 \underset{}{\overset{H^+}{\rightleftharpoons}} CH_3\overset{\overset{+}{O}H}{C}CH_2CH_3 \underset{}{\overset{-H^+}{\rightleftharpoons}} CH_3\overset{OH}{C}=CHCH_3$$

因此由 C-3 提供碳负离子与苯甲醛缩合，平衡体系中主要是(ii)，酸可以把(ii)中的羟基质子化，以水的形式离去，与羟基相邻的 α 碳的质子也离去，α 碳提供电子，形成(iv)。

不对称酮进行羟醛缩合反应时，往往得到两种烯醇在平衡体系中的混合物。为了得到比较纯净的某一缩合产物，可在羟醛缩合反应中，用三甲基氯硅烷 (trimethyl chloro-silicane) $[(CH_3)_3SiCl]$ 与烯醇先形成硅醚 (silicic ether)，把烯醇的双键固定，然后通过蒸馏把硅醚异构体分离，分离后的硅醚再进行缩合，可以得到比较纯净的某一缩合产物。例如，2-甲基环己酮与苯甲醛发生羟醛缩合，如果要得到热力学控制的缩合产物，可以通过下面的途径来实现：

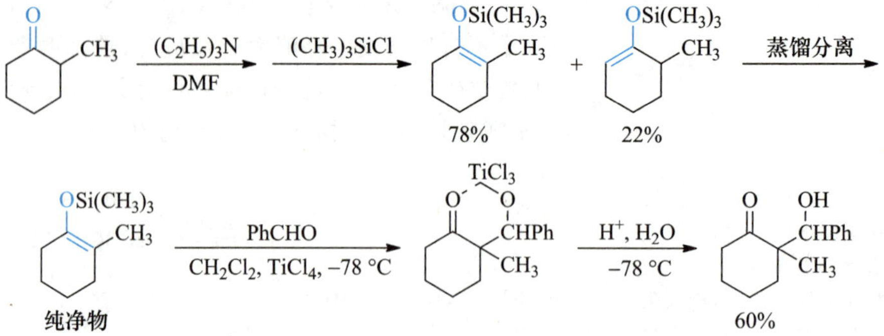

LDA 的学名是二异丙基胺锂（lithium diisopropyl amine），构造式为 $(i\text{-}C_3H_7)_2N^-Li^+$，它可从二异丙胺与有机锂化合物制得。

$(i\text{-}C_3H_7)_2NH + n\text{-}BuLi$
↓
$(i\text{-}C_3H_7)_2N^-Li^+ + C_4H_{10}$
二异丙基胺锂(LDA)

如果要得到动力学控制的产物，一种有效的方法是应用 LDA 和三甲基氯硅烷来控制反应的位置。LDA 的特点是碱性强、体积大，是一个空间位阻很大的位阻碱，因此对反应位置有高度的选择性。此碱在低温下可使不对称酮几乎全部形成动力学控制的烯醇负离子，然后用三甲基氯硅烷与烯醇反应形成硅醚，最后将分离提纯后的硅醚进行缩合反应，得到纯净的动力学控制的羟醛缩合产物。上述过程可表述如下：

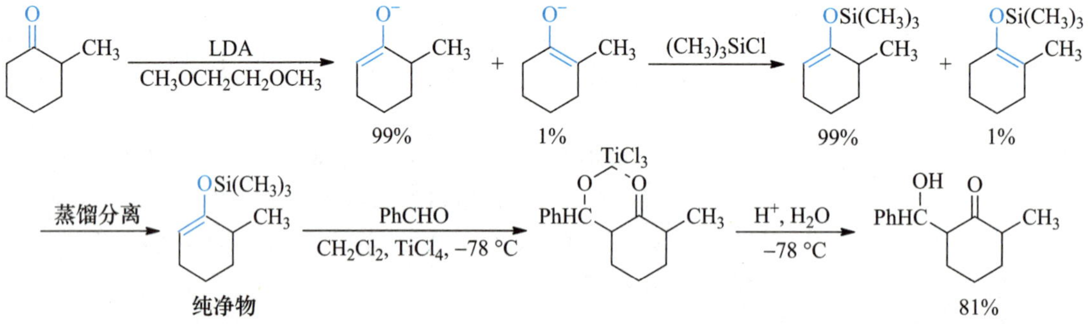

LDA 常用于具有 α 活泼氢的醛与酮的羟醛缩合。如果希望得到酮出 α 氢、醛出羰基的羟醛缩合产物，先用 LDA 在低温下将酮全部转化为烯醇负离子，然后将醛加到烯醇负离子的溶液中，此时能有效地发生羟醛缩合反应，得到醇盐，再用水处理，得到 β-羟基酮。

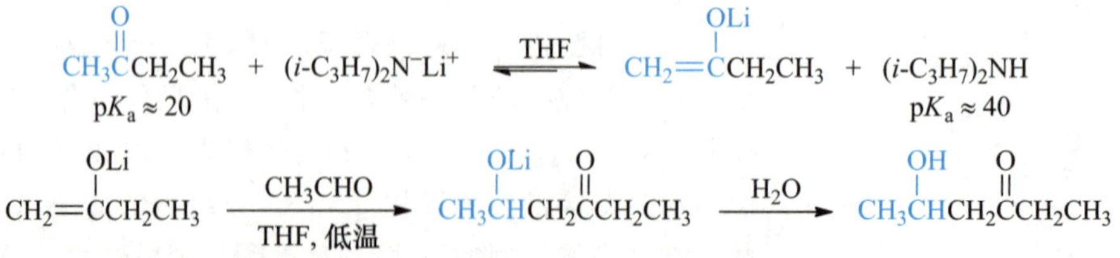

如果希望得到醛出 α 氢、酮出羰基的羟醛缩合产物，可以先将醛与胺反应形成亚胺，保护醛羰基，然后用 LDA 夺取亚胺的 α 氢，形成碳负离子，再加入酮进行缩合反应，如

$$\text{CH}_3\text{CHO} \xrightarrow{\text{C}_6\text{H}_{11}\text{NH}_2} \text{CH}_3\text{CH}=\text{N}-\text{C}_6\text{H}_{11} \xrightarrow[0\ °C]{\text{LDA}} \text{Li}^+ \bar{\text{C}}\text{H}_2\text{CH}=\text{N}-\text{C}_6\text{H}_{11}$$

$$\xrightarrow[-78\ °C]{\text{Ph}_2\text{C}=\text{O}} \underset{92\%}{\text{Ph}_2\text{C}(\text{O}^-\text{Li}^+)\text{CH}_2\text{CH}=\text{N}-\text{C}_6\text{H}_{11}} \xrightarrow[\text{H}_2\text{O}]{\text{H}^+} \underset{100\%}{\text{Ph}_2\text{C}=\text{CHCHO}} \quad (\text{总产率}59\%)$$

此法也可用于两种醛的缩合。

**习题 10-28** 完成下列反应，写出主要产物。

(i) $\text{CH}_3\text{CH}_2\text{CH}_2\text{CHO} \xrightarrow[\text{H}_2\text{O, 室温}]{\text{NaOH(少量)}} ? \xrightarrow[\triangle]{\text{H}^+, \text{H}_2\text{O}}$

(ii) $\text{CH}_3\text{CH}=\text{CHCHO} \xrightarrow[\text{C}_2\text{H}_5\text{OH}, \triangle]{\text{C}_2\text{H}_5\text{ONa}}$

(iii) PhCHO + CH₃COPh $\xrightarrow[20\ °C]{\text{C}_2\text{H}_5\text{ONa}/\text{C}_2\text{H}_5\text{OH}}$

(iv) $\text{CH}_3\text{COCH}_2\text{CH}_2\text{COCH}_3 \xrightarrow[100\ °C]{\text{NaOH-H}_2\text{O}}$

(v) 2-呋喃甲醛 + 环己酮 $\xrightarrow[\text{H}_2\text{O}]{\text{NaOH}} ? \xrightarrow[\text{NaOH, H}_2\text{O}]{\text{2-呋喃甲醛}}$

(vi) 3-硝基苯甲醛 + CH₃CHO $\xrightarrow{\text{NaOH-H}_2\text{O}}$

(vii) PhCHO + CH₃COOC₂H₅ $\xrightarrow[\text{C}_2\text{H}_5\text{OH}]{\text{C}_2\text{H}_5\text{ONa}}$

(viii) PhCHO + CH₃NO₂ $\xrightarrow[\text{H}_2\text{O}]{\text{NaOH}}$

(ix) 4-BrC₆H₄CHO + 2-甲基环己酮 $\xrightarrow[\text{ROH}]{\text{NaOH}}$

(x) 2-呋喃甲醛 + CH₃COCH₂CH₃ $\xrightarrow{\text{H}^+}$

(xi) PhCHO + PhCOCH₂CH₃ $\xrightarrow[\triangle]{\text{哌啶, C}_6\text{H}_6}$

(xii) CH₃COCH₂CH₂CHO $\xrightarrow{\text{OH}^-}$

(xiii) CH₃NO₂ + HCHO (过量) $\xrightarrow{\text{OH}^-}$

(xiv) 环己酮 + (CH₃)₃CCHO $\xrightarrow{\text{OH}^-}$

(xv) $\text{CH}_3\text{COCH}(\text{CH}_3)_2 \xrightarrow[\text{DMF}]{\text{LDA}} \xrightarrow{(\text{CH}_3)_3\text{SiCl}} ? \xrightarrow[\text{CH}_2\text{Cl}_2,\ \text{TiCl}_4,\ -78\ °C]{4\text{-O}_2\text{NC}_6\text{H}_4\text{CHO}} \xrightarrow[\text{H}^+]{\text{H}_2\text{O}}$

(xvi) CH₃CH(OH)CH₂CH₂CHO $\xrightarrow{\text{OH}^-}$

(xvii) 4-甲基-4-乙酰基环己酮 $\xrightarrow{\text{K}_2\text{CO}_3}$

(xviii) 环己酮 + 4HCHO $\xrightarrow{\text{OH}^-}$

**习题 10-29** 请用 $\text{CH}_3\text{COCH}_3$ 为原料，选用合适的无机试剂合成 $(\text{CH}_3)_2\text{C}=\text{CHCOOH}$。

## 10.9 醛、酮的重排反应

分子的骨架或分子中某一官能团的位置发生变化的一类反应称为重排反应。可分为分子内重排反应和分子间重排反应。当化学键的断裂和形成发生在同一分子中时，会引起组成分子的原子的配置方式发生改变，从而形成组成相同、结构不同的新分子，这称为分子内重排反应。当化学键的断裂和形成发生在不同分子中时，在重排过程中，迁移基团从一个分子的反应位点脱离，再与另一个分子的反应位点结合，这类重排称为分子间重排。

下面介绍几种分子内重排反应。

### 10.9.1 Beckmann 重排

酮肟在酸性催化剂如硫酸、多聚磷酸以及能产生强酸的五氯化磷、三氯化磷、苯磺酰氯和亚硫酰氯等作用下重排成酰胺的反应称为 Beckmann（贝克曼）重排（rearrangement）。

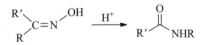

其反应机理如下：

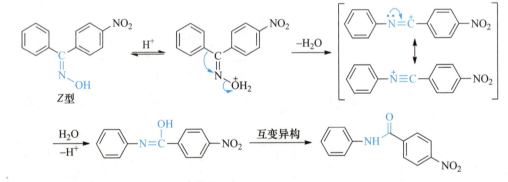

贝克曼（E. O. Beckmann, 1853—1923），德国化学家。研究了由冰点下降和沸点上升测定有机物分子量的方法；设计了 Beckmann 温度计；1886 年，在研究薄荷酮肟的空间排列时，发现了一个新的反应——Beckmann 重排反应。

肟与亚硝基化合物能互变异构，存在下列平衡：

亚硝基化合物只有在没有 α-H 时是稳定的；如果有 α-H，平衡有利于肟。

反应机理表明，酸的催化作用是帮助羟基离去。Beckmann 重排的特点是：① 离去基团与迁移基团处于反位，这是根据产物推断的。② 基团的离去与基团的迁移是同步的。如果不是同步，羟基以水的形式先离开，形成氮正离子，这时相邻碳上两个基团均可迁移，得到混合物，但实验结果只有一种产物，因此反应是同步的。③ 迁移基团在迁移前后构型不变。例如

Beckmann 重排的一个重要用途是能方便地由酮来制备酰胺。

它在工业上的一个重要应用是从环己酮肟重排为己内酰胺，其过程如下：

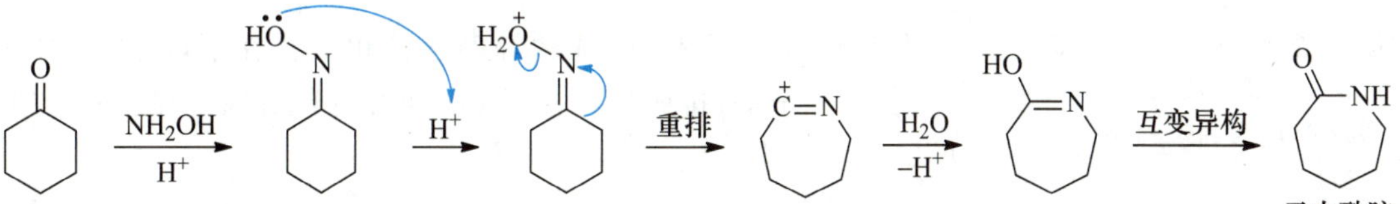

环己酮 $\xrightarrow{NH_2OH, H^+}$ 环己酮肟 $\xrightarrow{H^+}$ 质子化肟 $\xrightarrow{重排}$ $C=N^+$ 中间体 $\xrightarrow{H_2O, -H^+}$ 烯醇式 $\xrightarrow{互变异构}$ 己内酰胺

内酰胺（lactam）是分子内的羧基和氨基（胺）失水的产物。己内酰胺在硫酸或三氯化磷等作用下可开环聚合，形成聚己内酰胺，商品名尼龙-6（nylon-6）。

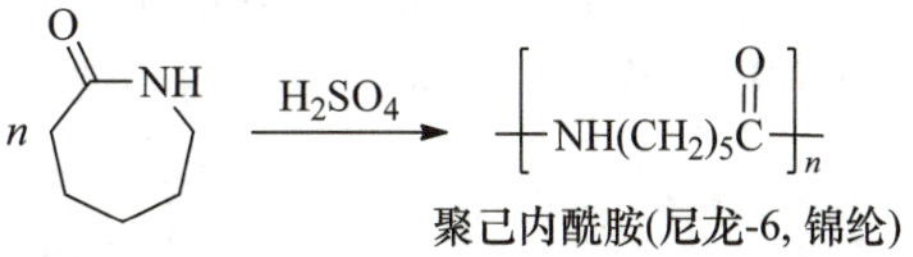

$$n \text{ (己内酰胺)} \xrightarrow{H_2SO_4} [-NH(CH_2)_5\overset{O}{\underset{}{C}}-]_n$$

聚己内酰胺（尼龙-6，锦纶）

现在环己酮肟是从环己烷合成的。

由于酰胺水解可以得到羧酸和胺，所以此重排反应也提供了一条由酮来制备羧酸和胺的途径。由于只有与羟基处于反位的基团才能迁移，因此总是处于羟基反位的基团最后生成胺，处于羟基顺位的基团最后生成羧酸。例如

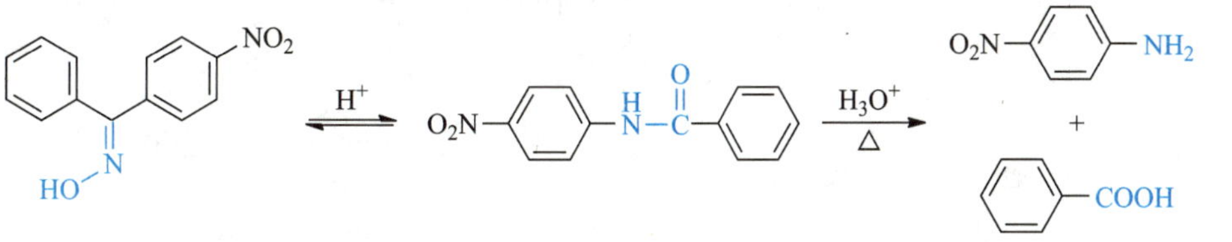

(苯基)(对硝基苯基)酮肟 $\xrightleftharpoons{H^+}$ $O_2N-C_6H_4-NH-CO-C_6H_5$ $\xrightarrow[\Delta]{H_3O^+}$ 对硝基苯胺 + 苯甲酸

因此，根据水解产物可以推断原料肟的构型。

---

**习题 10-30** 完成下列反应式并写出相应的反应机理。

(i) 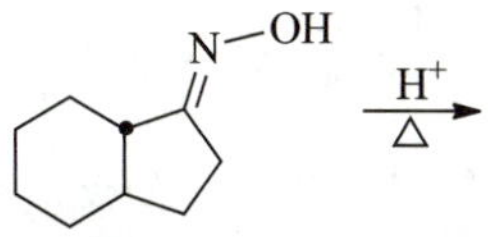 六氢茚-1-酮肟（N-OH） $\xrightarrow[\Delta]{H^+}$

(ii) 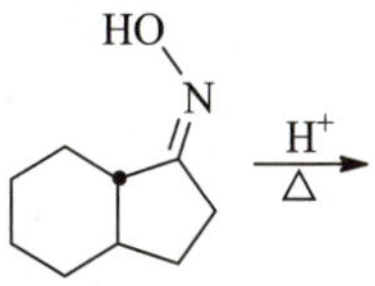 六氢茚-1-酮肟（HO-N，另一构型） $\xrightarrow[\Delta]{H^+}$

**习题 10-31** 完成下列转换。

(i) $C_6H_5-\overset{O}{\underset{}{C}}-C(CH_3)_3 \longrightarrow (CH_3)_3C-CONH-C_6H_5$

(ii) 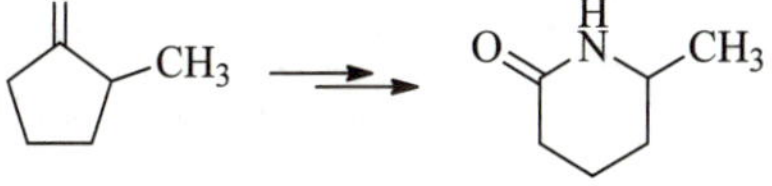 2-甲基环戊酮 $\longrightarrow$ 6-甲基-2-哌啶酮

(iii) 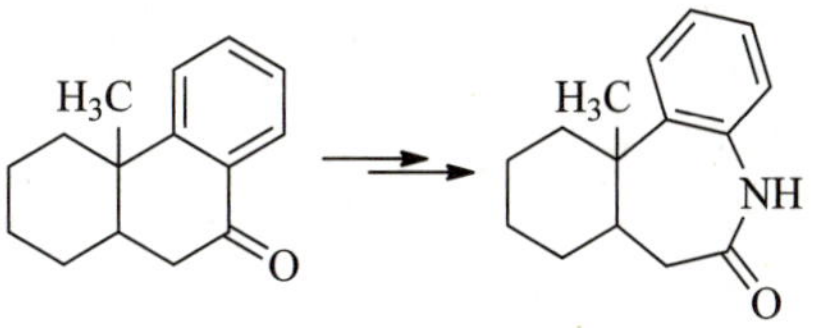 (甲基十氢菲酮) $\longrightarrow$ (相应内酰胺)

(iv) $CH_3-\overset{O}{\underset{}{C}}-\underset{\underset{CH_3}{|}}{\overset{\overset{CH_3}{|}}{C}}-COOC_2H_5 \longrightarrow CH_3COOH + (CH_3)_2C(NH_2)COOH + C_2H_5OH$

## 10.9.2 Favorski 重排

法沃斯基（A. J. Favorski, 1860—1945），苏联化学家。1902 年成为列宁格勒大学教授。

在醇钠、氢氧化钠、氨基钠等碱性催化剂存在下，α-卤代酮（α-氯代酮或 α-溴代酮）失去卤原子，重排成具有相同碳原子数的羧酸酯、羧酸、酰胺的反应称为 Favorski（法沃斯基）重排反应：

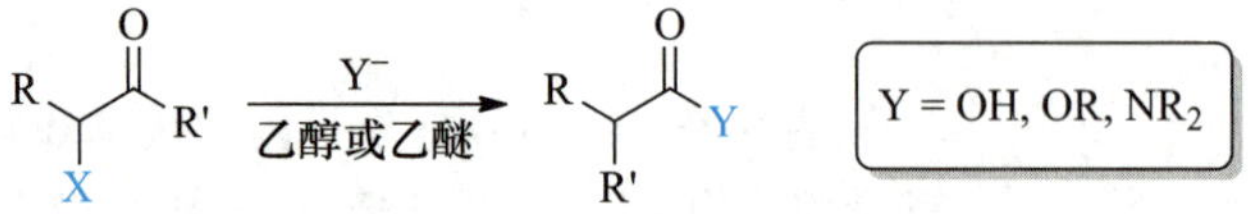

$$\underset{X}{\underset{|}{R}}-\underset{R'}{\overset{O}{\overset{\|}{C}}}-R' \xrightarrow[\text{乙醇或乙醚}]{Y^-} \underset{R'}{\underset{|}{R}}-\overset{O}{\overset{\|}{C}}-Y \qquad Y = OH, OR, NR_2$$

环状的 α-卤代酮在醇钠的作用下发生 Favorski 重排时，发生缩环反应，生成比反应物少一个环碳原子的环烷甲酸酯。

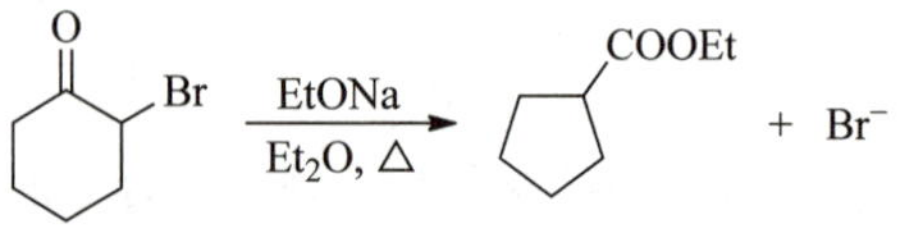

具体的反应机理如下：

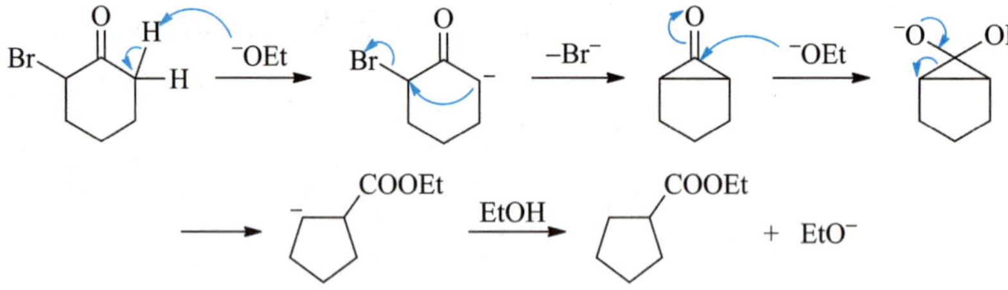

用此法可合成张力较大的四元环。

---

**习题 10-32** 完成下列反应式，写出主要产物。

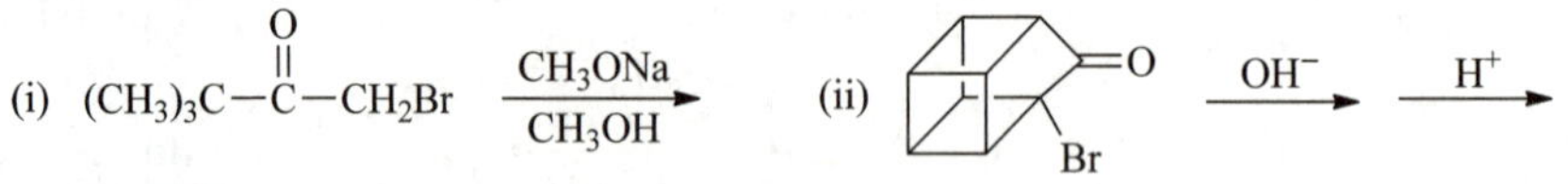

(i) $(CH_3)_3C-\overset{O}{\overset{\|}{C}}-CH_2Br \xrightarrow[CH_3OH]{CH_3ONa}$

(ii) [立方烷酮-Br] $\xrightarrow{OH^-} \xrightarrow{H^+}$

**习题 10-33** 请为下列转换提出合理的反应机理。

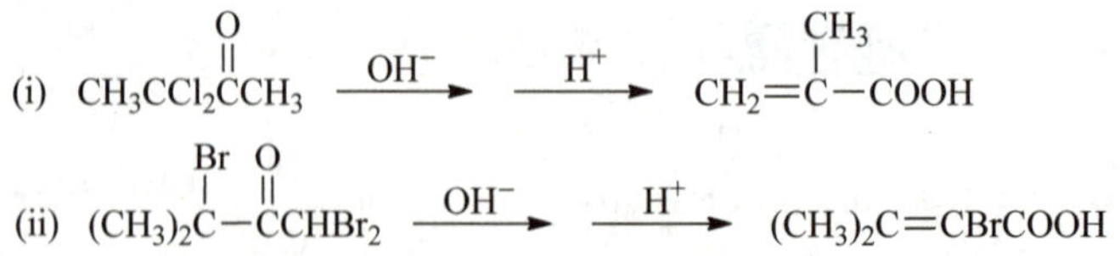

(i) $CH_3CCl_2\overset{O}{\overset{\|}{C}}CH_3 \xrightarrow{OH^-} \xrightarrow{H^+} CH_2=\underset{CH_3}{\underset{|}{C}}-COOH$

(ii) $(CH_3)_2C-\overset{O}{\overset{\|}{C}}CHBr_2 \xrightarrow{OH^-} \xrightarrow{H^+} (CH_3)_2C=CBrCOOH$
    (上标 Br)

---

## 10.9.3 二苯乙醇酸重排

二苯乙二酮在约 70%氢氧化钠溶液中加热，重排成二苯乙醇酸的反应称为二苯乙醇酸重排(benzilic acid rearrangement)。

$$Ph-CO-CO-Ph \xrightarrow[140\ ℃]{OH^-} Ph\underset{Ph}{\overset{OH}{C}}COO^- \xrightarrow{H^+} Ph\underset{Ph}{\overset{OH}{C}}COOH$$

其反应机理如下：

$$Ph-CO-CO-Ph \xrightarrow[140\ ℃]{^-OH} \left[ Ph\underset{Ph}{\overset{O^-}{\underset{|}{C}}}\overset{O}{\underset{|}{C}}OH \longrightarrow Ph\underset{Ph}{\overset{O}{\underset{|}{C}}}COH \right] \xrightarrow{\text{分子内的}\atop\text{酸碱反应}} Ph\underset{OH}{\overset{O}{\underset{|}{C}}}COO^- \xrightarrow{H^+} Ph\underset{Ph}{\overset{OH}{\underset{|}{C}}}COOH$$
二苯乙醇酸

若在氢氧化钾的甲醇或三级丁醇溶液中加热反应，则得产率很好的相应的二苯乙醇酸酯。

**习题 10-34** 二苯乙二酮在下列条件下加热反应，分别得到什么产物？写出相应的反应机理。
(i) 乙醇钠的乙醇溶液　　(ii) 氨基钠的乙醇溶液

**习题 10-35** 选择不超过四个碳的有机物合成下列化合物。

(i) 环戊基-OH,COOH (ii) $(CH_3)_2C(OH)COOH$

## 10.9.4 Baeyer-Villiger 氧化重排

酮类化合物被过酸氧化，与羰基直接相连的碳链断裂，插入一个氧形成酯的反应称为 Baeyer(拜耳)-Villiger(魏立格)氧化重排：

$$R-CO-R' + CH_3COOOH \xrightarrow[40\ ℃]{CH_3COOEt} R-CO-O-R' + CH_3COOH$$

常用的过酸有过乙酸、过苯甲酸、间氯过苯甲酸或三氟过乙酸等，其中三氟过乙酸是最好的氧化剂。这类氧化剂的特点是反应速率快，产率高。此反应的过程是，首先酮羰基生成𬭩盐，然后过酸对羰基进行亲核加成，加成产物发生如下重排得到产物：

$$\underset{R'}{\overset{R}{C}}=O: + H-O-O-CO-R'' \longrightarrow \underset{R'}{\overset{R}{\underset{|}{C}}}\overset{OH}{\underset{O-CO-R''}{|}} \longrightarrow R-CO-O-R' + R''COOH$$

对于不对称酮，羰基两旁的基团不同，两个基团均可迁移，但有一定的选择性，

迁移能力的顺序为

$$R_3C- > R_2CH-, \text{环己基}- > PhCH_2- > Ph- > RCH_2- > CH_3-$$

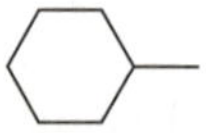

若迁移基团是手性碳，手性碳的构型保持不变。Baeyer-Villiger 反应常用于由环酮来合成内酯。如

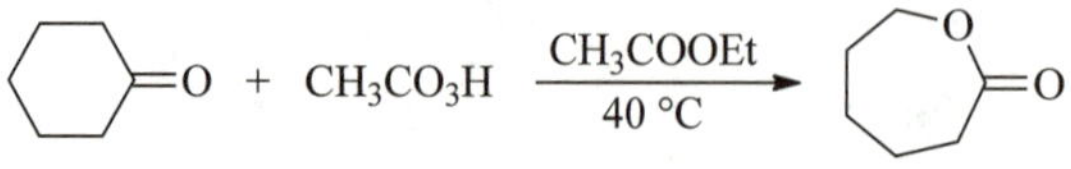

环己酮 + $CH_3CO_3H$ $\xrightarrow[40\ ℃]{CH_3COOEt}$ 己内酯 90%

---

**习题 10-36** 完成下列反应，写出主要产物。

(i) 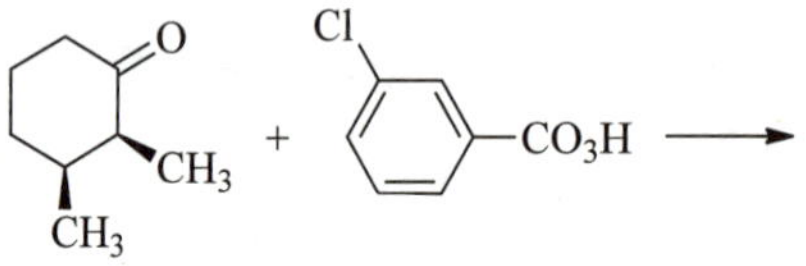 (2,3-二甲基环己酮，顺式) + 3-氯过氧苯甲酸 ($ClC_6H_4CO_3H$) ⟶

(ii) $CH_3$-C$_6$H$_4$-$COCH_3$ + $C_6H_5CO_3H$ ⟶

(iii) 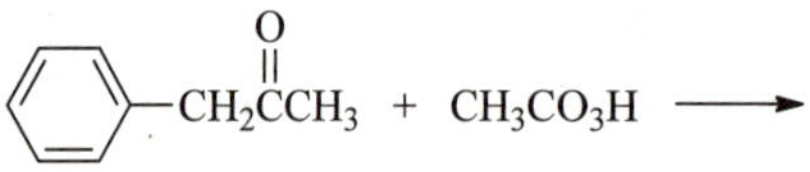 $PhCH_2COCH_3$ + $CH_3CO_3H$ ⟶

(iv) $CH_3CH_2COCH_2CH_3$ $\xrightarrow{H_2O_2,\ CF_3CO_2H}$

(v) 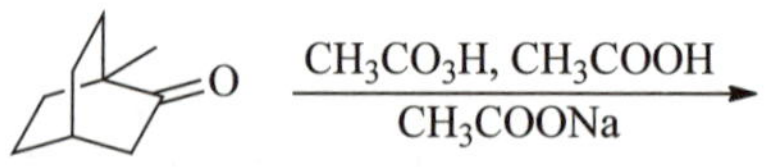 降冰片酮 $\xrightarrow[CH_3COONa]{CH_3CO_3H,\ CH_3COOH}$

(vi) 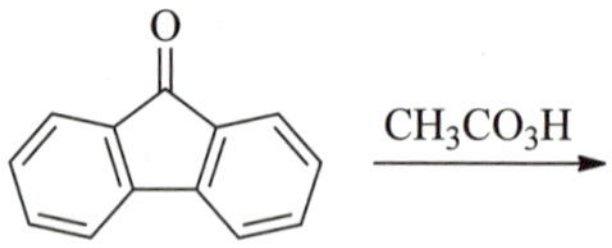 芴酮 $\xrightarrow{CH_3CO_3H}$

---

## 10.10 醛、酮的氧化

### 10.10.1 醛的氧化

**1. 一般情况**

醛极易被氧化。$KMnO_4$，$K_2Cr_2O_7$，$H_2CrO_4$，过酸，双氧水，氧化银和溴等许多氧化剂都能将醛氧化成酸。铬酸和高锰酸钾是最常用的氧化剂。例如

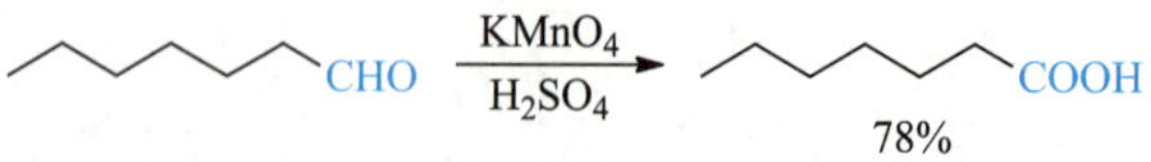

$CH_3(CH_2)_4CHO$ $\xrightarrow[H_2SO_4]{KMnO_4}$ $CH_3(CH_2)_4COOH$ 78%

$PhCH_2CHO$ $\xrightarrow[\text{或 }KMnO_4\text{ 冷的稀溶液}]{CrO_3,\ H^+}$ $PhCH_2COOH$

氧化芳香醛时,反应条件不能强烈;若反应条件强烈,芳环的侧链断裂,得到苯甲酸。

**2. 自氧化反应**

许多醛如乙醛、苯甲醛等在空气中可被氧化,这叫做自氧化作用(autoxidation)。例如,苯甲醛在瓶中保存很久,在瓶中或瓶口出现白色固体,就是已部分地被氧化成苯甲酸。醛被空气氧化,最初产物是过酸:

$$\text{RCHO} + O_2 \longrightarrow \text{RCOOOH} \xrightarrow{\text{RCHO}} \text{RCOOH}$$

自氧化反应在实际生活中的例子很多,许多物质如高分子、油脂等在空气中均可和空气中的氧结合,从而改变了物质的性能。

自氧化反应是自由基机理,其过程可能如下:

引发: $\text{RCHO} + Y\cdot \longrightarrow \text{RC}\overset{O}{\cdot} + HY$

增长: $\text{RC}\overset{O}{\cdot} + O_2 \longrightarrow \text{RCOO}\cdot \xrightarrow{\text{RCHO}} \text{RCOOOH} + \text{RC}\overset{O}{\cdot}$

过酸再与醛反应:

$$\text{RCHO} + \text{HOOOCR} \longrightarrow \left[\begin{array}{c}\text{OH}\\ \text{R}-\overset{|}{\underset{H}{C}}-O-O-\overset{O}{\overset{\|}{C}}-R\end{array}\right] \longrightarrow \text{R}-\overset{+OH}{\overset{\|}{C}}-OH + \text{RCOO}^- \longrightarrow 2\text{RCOOH}$$

在醛中加入一些抗氧化剂,可防止醛的自氧化反应。自氧化反应是由少量的自由基引起的链反应,抗氧剂实质上是一种自由基的抑制剂(inhibitor)。

**3. Cannizzaro 反应**

无α活泼氢的醛在浓氢氧化钠溶液或浓氢氧化钾溶液的作用下发生分子间的氧化还原,结果一分子醛被氧化成酸,另一分子的醛被还原成醇。这是一个歧化反应(dismutation reaction),称之为 Cannizzaro(康尼查罗)反应。例如,苯甲醛在浓氢氧化钠溶液的作用下,得到等分子的苯甲醇、苯甲酸,甲醛则得到甲醇和甲酸:

$$2\text{PhCHO} \xrightarrow{\text{OH}^-} \text{PhCH}_2\text{OH} + \text{PhCOO}^-$$

$$2\text{HCHO} \xrightarrow{\text{OH}^-} \text{CH}_3\text{OH} + \text{HCOO}^-$$

康尼查罗(S. Cannizzaro, 1826—1910),出生于意大利巴勒莫市,是意大利化学家。1853年,他发现在 KOH 作用下,苯甲醛可转变为苄醇。进一步研究发现了 Cannizzaro 反应。1891年,由于他在原子量、分子量确定方面的研究获英国皇家学会的柯普利(Copley)奖章。

有的实验表明,此反应的动力学表达式为

速率 $= k[\text{醛}]^2[\text{OH}^-]^2$

即对 $[\text{OH}^-]$ 是二级,所以,此反应有时也可能是按其他机理进行的。

反应机理如下:

$$\text{Ph}-\overset{O}{\overset{\|}{C}}-\text{H} \xrightarrow{^-\text{OH}} \text{Ph}-\overset{H}{\underset{OH}{\overset{|}{C}}}-\text{O}^-$$

$$\text{Ph}-\overset{O}{\overset{\|}{C}}-\text{H} + \text{Ph}-\overset{H}{\underset{OH}{\overset{|}{C}}}-\text{O}^- \longrightarrow \text{PhCH}_2\text{O}^- + \text{PhCOOH} \longrightarrow \text{PhCH}_2\text{OH} + \text{PhCOO}^-$$

首先 $\text{OH}^-$ 和羰基进行亲核加成,由于氧原子带有负电荷,致使邻位碳原子排斥电子的能力大大加强,使碳上的氢带着一对电子以氢负离子的形式转移到另一分子醛的羰基碳原子上。在上述过程中给出氢负离子的叫做给体,接受氢的叫做受体。

歧化反应在生产及生理的氧化还原反应中都很重要。例如,将两个没有 α 活泼氢的甲醛和苯甲醛混合在一起,由于甲醛在醛类中还原性最强,所以总是自身被氧化成甲酸,苯甲醛被还原成苯甲醇。

$$\text{PhCHO} + \text{HCHO} \xrightarrow{\text{OH}^-} \text{HCOO}^- + \text{PhCH}_2\text{OH}$$

工业上利用甲醛的这一性质来制备季戊四醇。

$$(\text{HOCH}_2)_3\text{CCHO} + \text{HCHO} \xrightarrow{\text{OH}^-} (\text{HOCH}_2)_4\text{C} + \text{HCOO}^-$$

Cannizzaro 反应也能在分子内发生。

羟基酸      内酯

**习题 10-37** 完成下列反应,写出主要产物。

(i) 呋喃-2-甲醛 $\xrightarrow{\text{OH}^-} \xrightarrow{\text{H}^+}$     (ii) $(\text{CH}_3\text{CH}_2)_3\text{CCHO} + \text{HCHO} \xrightarrow{\text{OH}^-}$

(iii) $(\text{CH}_3)_2\text{CHCHO} + \text{HCHO}(\text{过量}) \xrightarrow{\text{K}_2\text{CO}_3}$

**习题 10-38** 试用合适的原料合成下列化合物。

## 10.10.2 酮的氧化

### 1. 一般情况

酮一般不易被氧化,但遇强烈的氧化剂时,发生羰基与 α 碳之间的碳链断裂,形成酸。

$$\text{CH}_3\text{COCH}_2\text{CH}_3 \xrightarrow[\triangle]{\text{KMnO}_4, \text{H}^+} \text{CH}_3\text{COOH} + \text{CH}_3\text{CH}_2\text{COOH}$$

链形对称酮氧化得两种酸的混合物,对称环酮氧化只得一种酸。

不对称的酮由于羰基两侧的碳链都有可能断裂,产物往往是多种酸的混合物。

$$\text{CH}_3\text{CH}_2\text{CH}_2\text{COCH}_2\text{CH}_3 \xrightarrow[\triangle]{\text{KMnO}_4, \text{H}^+} \text{CH}_3\text{CH}_2\text{CH}_2\text{COOH} + \text{CH}_3\text{COOH} + \text{CH}_3\text{CH}_2\text{COOH} + \text{CO}_2 + \text{H}_2\text{O}$$

酮的氧化在生产上占有很重要的位置。生产尼龙-66所需要的己二酸可以用下法制备:苯加氢得环己烷,环己烷氧化成环己酮,环己酮再氧化成己二酸。

$$\text{环己酮} \xrightarrow{\text{HNO}_3} \text{HOOC(CH}_2)_4\text{COOH}$$

**2. Baeyer-Villiger 氧化重排**(参见 10.9.4)

### 醛、酮的鉴别

利用醛、酮氧化性能的区别,可以很迅速地鉴别醛和酮。经常用的有两种试剂:Fehling(斐林)试剂和 Tollens(土伦)试剂。Fehling 试剂是碱性铜配离子的溶液。硫酸铜的铜离子和碱性酒石酸钾钠成为一个深蓝色配离子溶液。在反应中,$\text{Cu}^{2+}$ 配离子被还原成红色的氧化亚铜,从溶液中沉淀出来,蓝色消失,而醛氧化成酸。Fehling 溶液和脂肪醛氧化速率较快;它不与简单酮反应,但可被 α-羟基酮、α-酮醛还原。Tollens 试剂是银氨离子 $\text{Ag(NH}_3)_2^+$(硝酸银的氨水溶液)。反应时,醛氧化成酸,银离子还原成银,形成一个银镜附着在管壁上,因此这个反应又称为银镜实验。酮与 Tollens 试剂不发生反应。

$$\text{RCHO} + 2\text{Ag(NH}_3)_2^+ \text{OH}^- \longrightarrow \text{RCOONH}_4 + 3\text{NH}_3 + \text{H}_2\text{O} + 2\text{Ag}\downarrow$$

葡萄糖是一个特殊的醛。患糖尿病的病人尿中含有多量的这种糖,在医院检查时,就是用铜配离子方法检查。

## 10.11 羰基的还原

醛、酮的羰基可以还原成亚甲基(methene)、CHOH,或发生双分子偶联还原生成频哪醇,下面分别讨论。

### 10.11.1 将羰基还原成亚甲基的反应

克莱门森(E. Clemmensen,1876—1941),生于丹麦,是丹麦化学家。1900 年,他去美国工作,在用锌汞齐还原羰基成亚甲基的研究方面取得成功,这就是 Clemmensen 还原法。

**1. Clemmensen 还原法**

醛或酮与锌汞齐和浓盐酸一起回流反应,醛或酮的羰基被还原成亚甲基,这个方法称为 Clemmensen 还原法。反应的一般式为

$$\text{C=O} \xrightarrow[\triangle]{\text{Zn-Hg, HCl}} \text{CH}_2$$

下面是两个实例:

$$\text{Ph-CO-CH}_3 \xrightarrow[\triangle]{\text{Zn-Hg, HCl}} \text{PhCH}_2\text{CH}_3 \quad 80\%$$

$$\text{HO-C}_6\text{H}_3(\text{CH}_3)\text{-CHO} \xrightarrow[\triangle]{\text{Zn-Hg, HCl}} \text{HO-C}_6\text{H}_3(\text{CH}_3)\text{-CH}_3 \quad 65\%$$

锌汞齐(Zn-Hg)用锌粒与汞盐($HgCl_2$)在稀盐酸溶液中反应制得,锌可以把 $Hg^{2+}$ 还原为 Hg,然后 Hg 与锌在锌的表面上形成锌汞齐。还原反应在被活化了的锌的表面上进行。此法还原芳酮结果较好。α,β-不饱和醛、酮还原时,碳碳双键一起被还原。除 α,β-不饱和键外,一般对碳碳双键无影响。此法只适用于对酸稳定的化合物。

2. Wolff-Kishner-Huang Minlon 还原法

对酸不稳定而对碱稳定的羰基化合物可以用 Wolff-Kishner-Huang Minlon(乌尔夫-凯惜纳-黄鸣龙)还原方法。原来的方法是将醛或酮与肼和金属钠或钾在高温(约 200℃)下加热反应,缺点是由于高温,需要在高压或封管中进行,操作不方便。黄鸣龙将此法改进为不用封管而在一高沸点的溶剂如一缩二乙二醇(diethylene glycol)($HOCH_2CH_2OCH_2CH_2OH$,沸点 245℃)中进行,用氢氧化钾代替金属钠,一同加热反应。一般反应式为

$$\text{R-CO-R'} \xrightarrow[(HOCH_2CH_2)_2O,\ 180\ ℃]{\text{NH}_2\text{NH}_2,\ \text{KOH}} \text{RCH}_2\text{R'}$$

例如

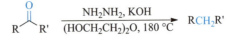

环壬烷 47%

$$\text{Ph-CO-CH}_2\text{CH}_3 \xrightarrow[(HOCH_2CH_2)_2O,\ \triangle]{\text{NH}_2\text{NH}_2,\ \text{NaOH}} \text{Ph-CH}_2\text{CH}_2\text{CH}_3 \quad 82\%$$

反应机理如下:

$$\underset{R}{\overset{R'}{C}}=N-NH_2 \xrightleftharpoons{B^-} \underset{R}{\overset{R'}{C}}=N-\overset{..}{N}H \xrightleftharpoons{BH} \underset{R}{\overset{R'}{CH}}-N=NH \xrightleftharpoons{B^-}$$

$$R'-\underset{R}{\overset{}{CH}}-\overset{..}{N}=\overset{..}{N}: \xrightarrow[慢]{-N_2} \underset{R}{\overset{R'}{CH}}^- \xrightarrow[快]{夺取溶剂H} \underset{R}{\overset{R'}{CH_2}}$$

首先酮与肼反应成腙,然后在碱的作用下,双键位移,氮离去,碳负离子从溶剂中夺取质子。常用二甲亚砜(dimethyl sulfoxide)为溶剂,反应可以在较低温度下进行。

乌尔夫(L. Wolf, 1857—1919),德国化学家。

凯惜纳(N. M. Kishner, 1867—1935),苏联化学家。

黄鸣龙(Huang Minlon, 1898—1979),中国有机化学家,生于江苏省扬州市。早年曾赴瑞士和德国留学,并于 1924 年在德国柏林大学获博士学位。在工作期间,也曾多次出国,曾在德国维尔茨堡大学、英国密德斯医院的医学院生物化学研究所、美国哈佛大学及默克药厂等处任研究员。1952 年回国后,历任中国科学院学部委员,中国科学院上海有机化学研究所一级研究员。他对山道年药和甾体化学有较高造诣,他领导研究的口服避孕药甲地孕酮是我国首创。

经过这一改进,可以大规模地进行还原,在工业上也很有价值。此法对羰基的还原有选择性,碳碳双键不受影响。

3. 缩硫酮氢解法

缩硫酮(dithioketal)氢解是在中性条件下将羰基还原成亚甲基的方法,详见10.5.5(2)。

$$\text{C=O} + \text{HSCH}_2\text{CH}_2\text{SH} \xrightarrow{\text{H}^+} \text{(dithiolane)} \xrightarrow{\text{H}_2/\text{Ni}} \text{CH}_2$$

**习题 10-39** 完成下列反应式。

(i) $C_2H_5CHO \xrightarrow{\text{Zn-Hg, 浓HCl}}$

(ii) $C_6H_5CH=CHCOCH_3 \xrightarrow{\text{Zn-Hg, 浓HCl}}$

(iii) $CH_3COCH_2COOC_2H_5 \xrightarrow[\text{甲苯}]{\text{Zn-Hg, 浓HCl}}$

(iv) $C_6H_5COCH_2CH_2COOH \xrightarrow[\text{甲苯}]{\text{Zn-Hg, 浓HCl}}$

(v) $HOOC(CH_2)_4CO(CH_2)_4COOH \xrightarrow[\text{KOH, }\triangle]{\text{NH}_2\text{NH}_2} \xrightarrow{\text{H}^+}$

(vi) (樟脑酮结构) $\xrightarrow[\text{190 °C}]{\text{NH}_2\text{NH}_2, C_2H_5ONa}$

## 10.11.2 将羰基还原成 CHOH 的反应

1. 催化氢化

醛、酮在铂、钯、镍等催化剂作用下,很容易加氢还原,产物为相应的醇:

$$\text{RCHO} \xrightarrow[\text{Pt, 0.3 MPa, 25 °C}]{\text{H}_2} \text{R—CH}_2\text{—OH}$$

$$\text{RCOR} \xrightarrow[\text{Pt, 0.3 MPa, 25 °C}]{\text{H}_2} \text{R—CH(OH)—R}$$

有些反应需加温、加压或用特殊催化剂进行,最常用的溶剂为醇、酸等。

羰基两旁的环境不同,还原产物的立体化学也有不同。如下列化合物,羰基的内型方向与大的基团 C(4)—C(5)靠近,空阻较大;羰基的外型方向空阻较小。催化剂从空阻较小的一侧接近羰基,被吸附后顺式加氢,形成羟基直立取向的异构体:

用催化氢化法还原不饱和醛、酮,当碳碳双键与羰基不共轭时,基团的还原活性为 RCHO>C=C>R$_2$C=O;当两者共轭时,通常是先还原碳碳双键,再还原羰基。例如

$$\text{3-甲基环己-2-烯酮} + H_2 (1\text{ mol}) \xrightarrow{Pd/C} \text{3-甲基环己酮} \quad (100\%)$$

### 2. 用氢化金属化合物还原

最常用的氢化金属化合物有氢化铝锂和硼氢化钠。

(1) 用氢化铝锂还原  氢化铝锂能产生氢负离子,并与羰基碳原子结合,形成醇盐(alcoholate),经水解得醇。氢化铝锂在水中会分解,在醚中稳定,所以反应一般在醚中进行。

$$4 \text{ CH}_2=\text{CHCH}_2\text{CH}_2\text{CHO} + \text{LiAlH}_4 \xrightarrow[\Delta]{\text{Et}_2\text{O}} [\text{CH}_2=\text{CHCH}_2\text{CH}_2\text{CH}_2\text{O}]_4\text{AlLi} \xrightarrow{\text{H}_2\text{O}} 4 \text{ CH}_2=\text{CHCH}_2\text{CH}_2\text{CH}_2\text{OH} + \text{LiOH} + \text{Al(OH)}_3$$

还原反应机理如下:

$$\begin{array}{c}R\\R'\end{array}\!\!C\!\!=\!\!\ddot{O} + \text{LiAlH}_4 \rightleftharpoons \begin{array}{c}R\\R'\end{array}\!\!C\!\!=\!\!\overset{+}{O}\text{Li} + H\!-\!\overset{H}{\underset{H}{\text{Al}}}\!-\!H \rightleftharpoons \left[\begin{array}{c}R'\\R-C-O^-\text{Li}^+\\H\cdots\text{AlH}_3\end{array}\right]^\ddagger \longrightarrow$$

$$\left[\begin{array}{c}R'\\R-C-\text{OAlH}_3\\H\end{array}\right]^-\text{Li}^+ \xrightarrow{\text{H}_2\text{O}} \begin{array}{c}R'\\R-C-\text{OH}\\H\end{array} + [\text{HOAlH}_3]^-\text{Li}^+$$

首先,试剂与羰基配位,然后 AlH$_4^-$ 作为唯一的进攻试剂,经过一个四元环状过渡态将一个氢负离子转移到碳上形成醇盐,醇盐经水解得醇。氢化铝锂分子中的每一个氢都能进行反应。

如果羰基两旁的立体环境不同,还原有两种方式,如

<化学反应图式: 4-甲基-3-甲基环己酮 经 LiAlH$_4$/Et$_2$O 和 H$_2$O 还原, 得到两种产物: (i) 位阻较小,对试剂接近有利; (ii) 产物稳定>

若按(i)的方式进行反应,空阻较小,对试剂接近有利,但产物中羟基占直立键;若按(ii)的方式进行反应,有一个直立键 R,空阻较大,不利于试剂接近,但产物是具有平伏键的醇,比较稳定。总的来说,环上取代基 R 愈大,按(i)方式反应就较多,当羰基两旁的立体环境差不多时,主要为较稳定的产物。如

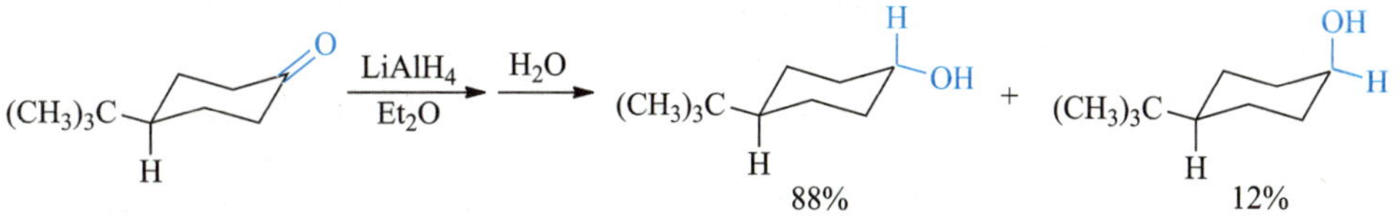

$$(CH_3)_3C\text{-cyclohexanone} \xrightarrow[Et_2O]{LiAlH_4} \xrightarrow{H_2O} (CH_3)_3C\text{-(H,OH)-cyclohexane (88\%)} + (CH_3)_3C\text{-(OH,H)-cyclohexane (12\%)}$$

当羰基和一个手性中心连接时,反应符合 Cram 规则,如(S)-3-苯基-2-丁酮与氢化铝锂反应:

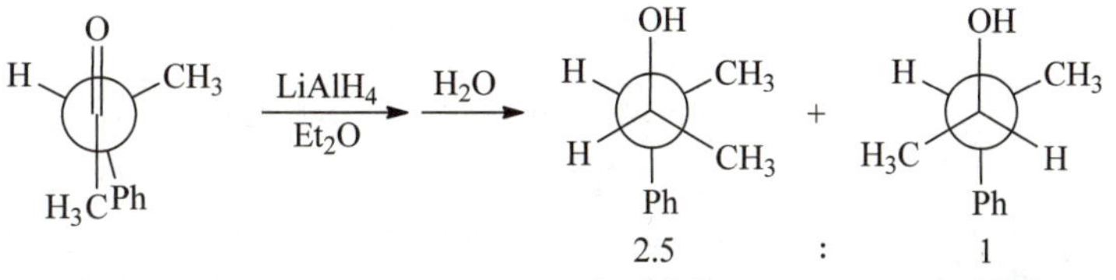

(S)-3-苯基-2-丁酮 $\xrightarrow[Et_2O]{LiAlH_4} \xrightarrow{H_2O}$ 主要产物 : 次要产物 = 2.5 : 1

氢化铝锂能还原很多其他基团(参看 12.7.2)。用烷氧基取代的氢化铝锂,由于降低了反应活性,可以选择性地进行还原;能被氢化铝锂还原的酯基,若用三(三级丁氧基)氢化铝锂,则不被还原(参看 12.7.2)。例如,下列反应中能选择性地还原酮羰基而不还原酯基:

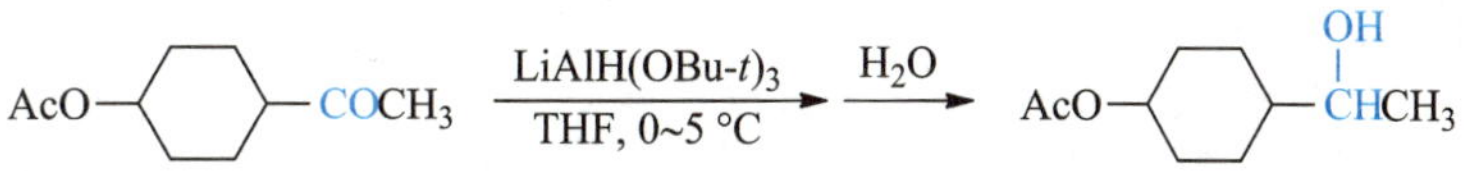

$$AcO\text{-cyclohexyl-}COCH_3 \xrightarrow[THF, 0\sim5\ ^\circ C]{LiAlH(OBu\text{-}t)_3} \xrightarrow{H_2O} AcO\text{-cyclohexyl-}CH(OH)CH_3$$

(2) 用硼氢化钠还原 硼氢化钠还原的反应机理与氢化铝锂相同。反应时,$BH_4^-$ 也是唯一的进攻试剂,但它的反应活性不如氢化铝锂,通常只还原酰卤和醛、酮,不还原酯基及其他易还原的化合物。另一个不同是反应必须在质子溶剂中或有机锂离子存在下进行。它在水及醇中有一定的稳定性,特别在碱性条件下比较稳定,很多反应经常在醇溶液中进行,反应也有立体选择性,如

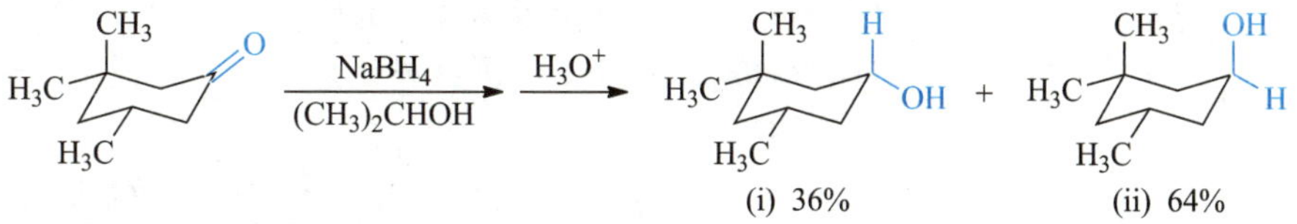

$$\xrightarrow[(CH_3)_2CHOH]{NaBH_4} \xrightarrow{H_3O^+}$$

(i) 36%    (ii) 64%

如果没有直立键空阻的影响,产物仍以稳定的为主:

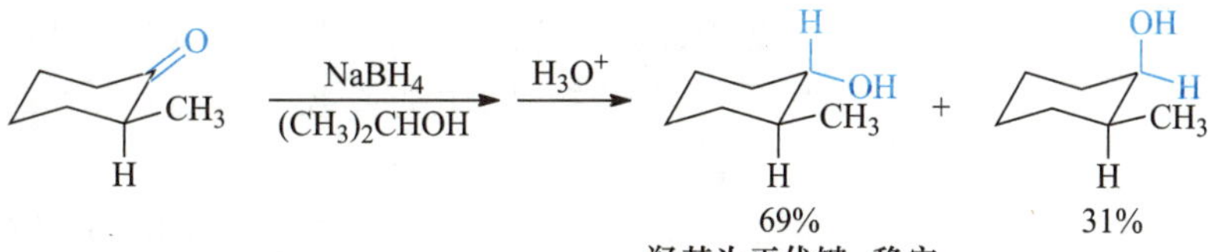

$$\xrightarrow[(CH_3)_2CHOH]{NaBH_4} \xrightarrow{H_3O^+}$$

69% 羟基为平伏键,稳定    31%

3. 用乙硼烷还原

乙硼烷同醛、酮的反应机理与乙硼烷同碳碳双键加成的反应机理相似,反应的

结果是硼原子加到羰基氧上,负氢加到羰基碳上,生成硼酸酯,后者经水解得醇。如

$$6RCHO + B_2H_6 \longrightarrow 2(RCH_2O)_3B \xrightarrow{H_2O} 6RCH_2OH + 2H_3BO_3$$

不饱和醛、酮还原时,先还原羰基,再还原碳碳双键。

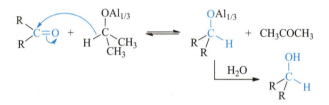

### 4. Meerwein-Ponndorf 还原

异丙醇铝(aluminium isopropoxide)也是一个选择性很高的醛、酮还原剂。这个反应一般是在苯或甲苯溶液中进行。异丙醇铝把负氢转移给醛或酮,而自身氧化成丙酮,随着反应进行,把丙酮蒸出来,使反应朝产物方向进行。这相当于前面讨论过的 Oppenauer 醇的氧化(参看 7.9.4)的逆向反应,叫做 Meerwein-Ponndorf(麦尔外因-彭道夫)反应。

麦尔外因(H. Meerwein,1879—1965),1879 年生于德国汉堡。1925 年发现用异丙醇铝作为特殊还原剂,可将醛还原为 1°醇,酮还原为 2°醇(后经 W. Ponndorf 和 A. Verley 改良)。

假如在反应中加入过量的异丙醇,新生成的醇铝可以和异丙醇交换,再生成异丙醇铝,进行还原。因此,只要使用催化量的异丙醇铝,就可完成反应。某些其他的醇铝也可进行同样的反应,但是用异丙醇铝有一个优点,就是产生出来的丙酮容易蒸出,同时也比较稳定,不容易发生其他的反应。这个还原剂的优点还有:在还原不饱和羰基化合物时,特别顺利,例如巴豆醛用此法还原,可以得到 60% 产量的巴豆醇;易被还原的硝基可以在反应中不发生变化,例如在生产氯霉素时,只把羰基还原成二级醇,而苯环上的硝基保持不变:

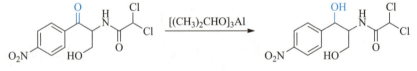

异丙醇铝在高温下,经过两次负氢的转移,可以将羰基还原成为亚甲基。实验证明,下列化合物可以用此法还原,得到产量很高的产物:

**习题 10-40** 完成下列反应，写出主要产物（注意立体构型）。

(i) (H₃C)₃C—[环己酮] $\xrightarrow[\text{HOAc, HCl, 25 °C}]{\text{H}_2, \text{Pt, 0.3 MPa}}$

(ii) [双环酮带CH₂COOH] $\xrightarrow[\text{EtOH, 25 °C}]{\text{H}_2, \text{Pt}}$

(iii) [环己烯基甲基酮] $\xrightarrow[\text{EtOH, 少量NaOH}]{\text{Pt, 2 mol H}_2}$

(iv) $\text{H}_2\text{N}-\overset{\text{H}}{\underset{\text{CH}_3}{\text{C}}}-\overset{\text{O}}{\text{C}}-\text{CH}_3 \xrightarrow{\text{H}_2, \text{Ni}}$

提示：NH₂ 与 C=O 以氢键缔合为优势构象

**习题 10-41** 预测下列反应的主要产物。

(i) $\text{CH}_3\text{CH}_2\text{CH}=\text{CHCHO} \xrightarrow{\text{LiAlH}_4} \xrightarrow{\text{H}_2\text{O}}$

(ii) $\text{H}_3\text{C}-\overset{\text{C}_2\text{H}_5}{\underset{\text{H}}{\text{C}}}-\text{CHO} \xrightarrow{\text{LiAlH}_4} \xrightarrow{\text{H}_2\text{O}}$

(iii) [3-乙氧基环己-2-烯酮] $\xrightarrow{\text{LiAlH}_4} \xrightarrow{\text{H}_2\text{O}}$ ? $\xrightarrow{\text{H}^+}$

(iv) [樟脑] $\xrightarrow{\text{LiAlH}_4} \xrightarrow{\text{H}_2\text{O}}$

(v) [顺-3-甲基环戊酮] $\xrightarrow{\text{LiAlH}_4} \xrightarrow{\text{H}_2\text{O}}$

(vi) [3,3-二甲基环戊酮] $\xrightarrow{\text{LiAlH}_4} \xrightarrow{\text{H}_2\text{O}}$

(vii) [2-甲基环戊酮] $\xrightarrow{\text{LiAlH}_4} \xrightarrow{\text{H}_2\text{O}}$

### 10.11.3 用活泼金属的单分子还原和双分子还原

用活泼金属如钠、铝、镁和酸、碱、水、醇等作用，可以顺利地将醛还原为一级醇，将酮还原为二级醇。这是醛、酮用活泼金属的单分子还原（unimolecular reduction）。

$$\text{RCHO} \xrightarrow[\text{HA}]{\text{M}} \text{RCH}_2\text{OH}$$

反应机理如下：

$$\text{C=O} + \text{M} \longrightarrow [\overset{\cdot}{\text{C}}-\text{O}^- \longleftrightarrow \overset{\cdot}{\text{C}}-\overset{\cdot}{\text{O}}] \xrightarrow{\text{HA}} \underset{\text{自由基}}{\overset{\cdot}{\text{C}}-\text{OH}} \xrightarrow{\text{M}} \underset{\text{负离子}}{\overset{-}{\text{C}}-\text{OH}} \xrightarrow{\text{HA}} \text{CH-OH}$$

在钠、铝、镁、铝汞齐或低价钛试剂的催化下，酮在非质子溶剂中发生双分子还原偶联（bimolecular reduction-coupling），生成频哪醇的反应称为酮的双分子还原。

$$\underset{\text{R}'}{\overset{\text{O}}{\underset{\|}{\text{R}-\text{C}-\text{R}'}}} \xrightarrow[\text{苯}]{\text{M}} \xrightarrow{\text{H}_2\text{O}} \underset{\text{频哪醇}}{\overset{\text{HO} \quad \text{OH}}{\underset{\text{R}' \quad \text{R}'}{\text{R}-\text{C}-\text{C}-\text{R}}}}$$

酮双分子还原反应的机理如下：

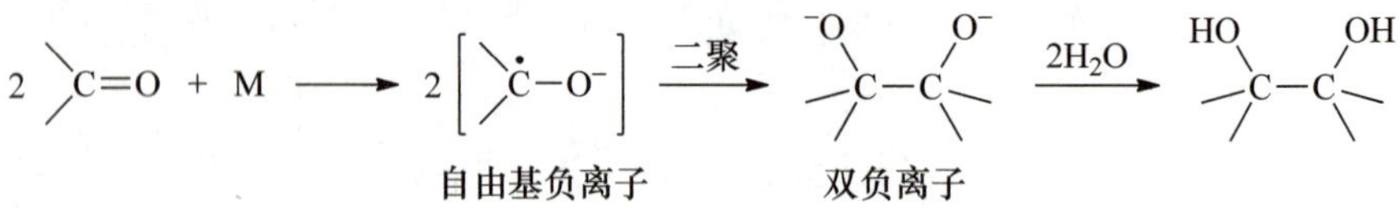

$$2 \text{ >C=O} + M \longrightarrow 2\left[\text{>Ċ-O}^-\right] \xrightarrow{\text{二聚}} \text{双负离子} \xrightarrow{2H_2O} \text{HO-C-C-OH}$$

对比以上两种还原反应的机理可知：反应的第一步是相同的，都是金属将一个电子传递给被还原的酮，生成自由基负离子；但后面的反应过程是不同的。在单分子还原中，自由基负离子从质子溶剂中夺取质子转变为自由基，自由基再从金属处得到一个电子转变为负离子，后者再次从溶剂中夺取质子生成一元醇。在双分子还原中，自由基负离子二聚生成二元醇的盐，水解后得到乙二醇的衍生物。

活泼金属不能还原孤立的碳碳双键，但可以还原 α,β-不饱和酮中的碳碳双键。若试剂过量，继共轭体系中的碳碳双键被还原后，羰基能继续被还原。例如

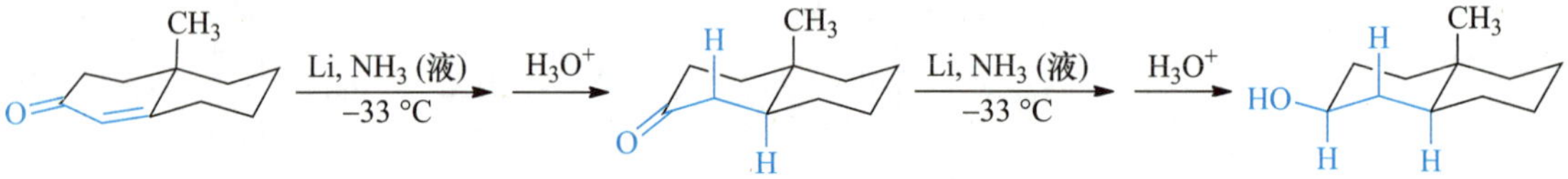

共轭体系中碳碳双键被还原的过程如下：

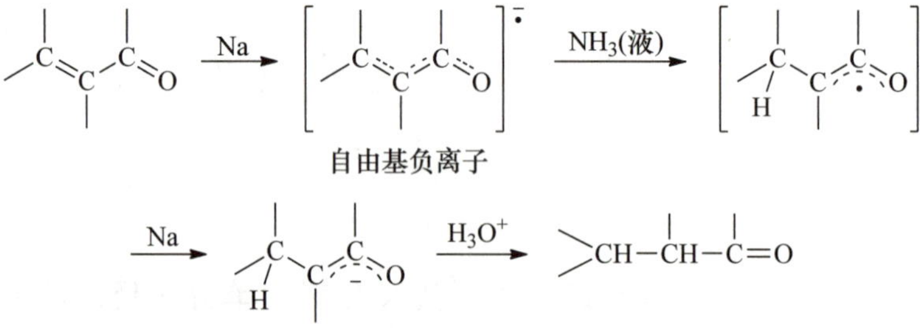

Na 提供电子，形成自由基负离子，再从 $NH_3$ 得到质子，如此反复两次，与 C═O 共轭的 C═C 被还原。

**习题 10-42** 完成下列反应，写出主要产物。

(i) 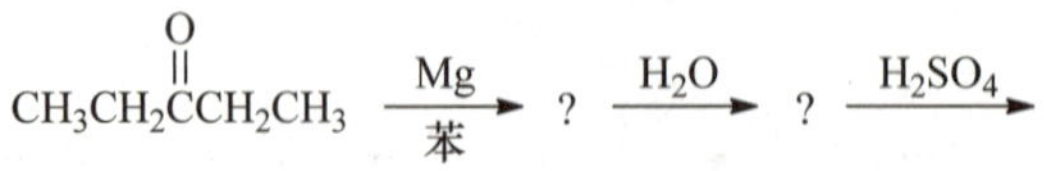 $CH_3CH_2\overset{O}{\underset{\|}{C}}CH_2CH_3 \xrightarrow[\text{苯}]{Mg} ? \xrightarrow{H_2O} ? \xrightarrow{H_2SO_4}$

(ii) 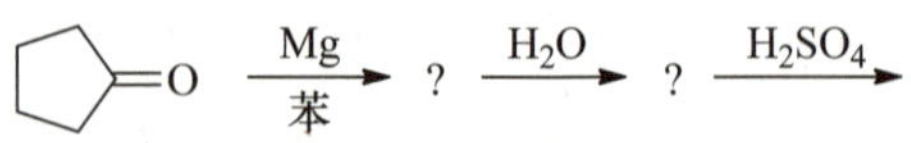 环戊酮 $\xrightarrow[\text{苯}]{Mg} ? \xrightarrow{H_2O} ? \xrightarrow{H_2SO_4}$

(iii) 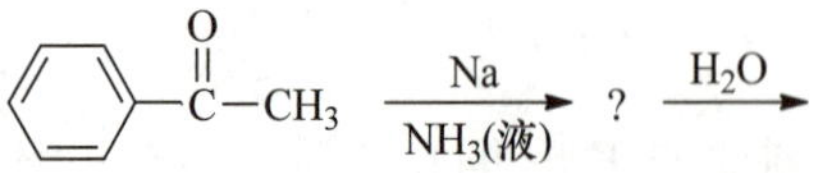 $C_6H_5\overset{O}{\underset{\|}{C}}-CH_3 \xrightarrow[NH_3(液)]{Na} ? \xrightarrow{H_2O}$

(iv) 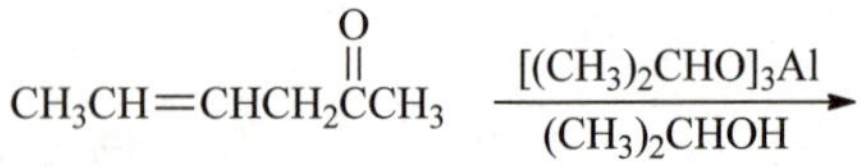 $CH_3CH=CHCH_2\overset{O}{\underset{\|}{C}}CH_3 \xrightarrow[(CH_3)_2CHOH]{[(CH_3)_2CHO]_3Al}$

(v) 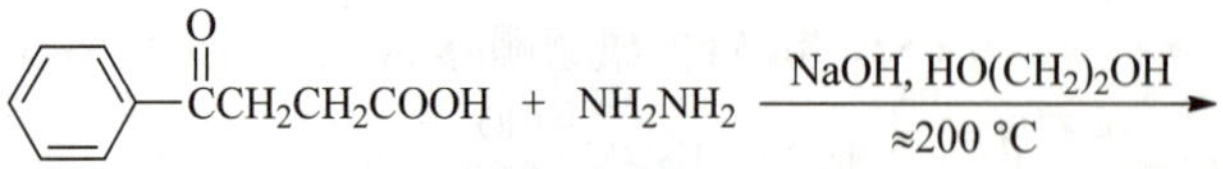 $C_6H_5\overset{O}{\underset{\|}{C}}CH_2CH_2COOH + NH_2NH_2 \xrightarrow[\approx 200\ ^\circ C]{NaOH, HO(CH_2)_2OH}$

(vi) 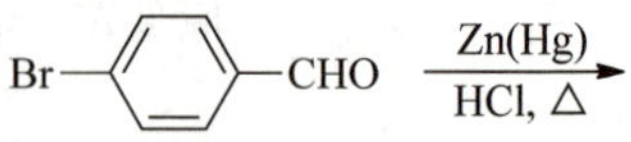 $Br-C_6H_4-CHO \xrightarrow[HCl, \Delta]{Zn(Hg)}$

**习题 10-43** 写出 3-甲基-2-环己烯酮与下列试剂反应的主要产物。

(i) $H_2$, Pd/C, $C_2H_5OH$ 　　(ii) $LiAlH_4$, 乙醚，然后 $H_2O$

(iii) Li, NH₃(液), 然后 H₃O⁺  (iv) NaBH₄, C₂H₅OH, 然后 H₂O

# 醛、酮的制备

## 10.12 醛、酮的一般制备法

### 10.12.1 用芳烃制备

1. 氧化

芳香烃侧链的 α 位,即苯甲位,在适当条件下可被氧化,侧链为甲基氧化为醛,其他侧链氧化为酮(指 α 位碳上有两个氢的)。若有多个侧链,可控制试剂用量,使其中一个侧链氧化,同时试剂必须慢慢加入,以避免醛进一步氧化为酸。如

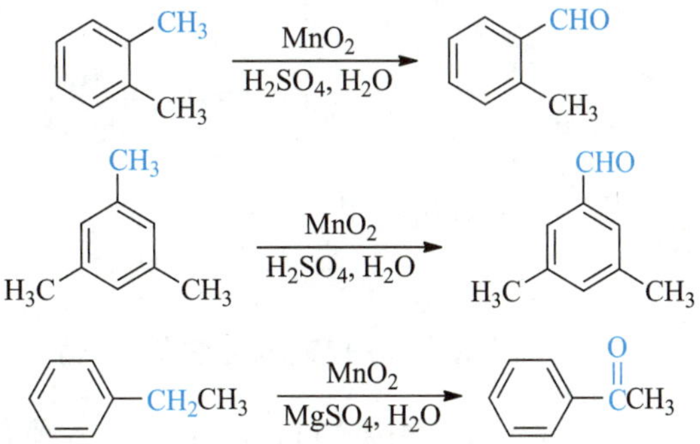

若用铬酐和醋酐做氧化剂,先得二醋酸酯,然后水解得醛:

使用这些氧化剂时,若芳环上有硝基、溴、氯等吸电子基团,芳环很稳定,不会被氧化;若有氨基、羟基等给电子基团,芳环本身易被氧化。

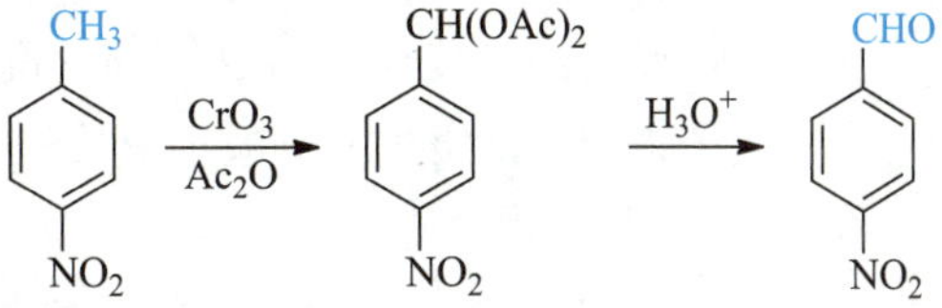

2. 卤化水解

在光或热的作用下,用卤素或 NBS 制得二卤取代物,水解后生成醛或酮。

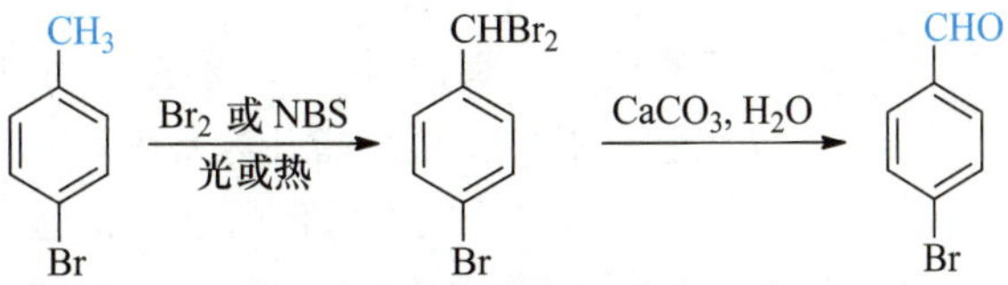

3. 傅-克酰基化反应(见下册)

### 10.12.2 用烯烃、炔烃、醇制备

**1. 用烯烃制备**

烯烃在高压和钴催化剂的作用下,和氢及一氧化碳作用,在双键处加入一个醛基,这叫做羰基合成。

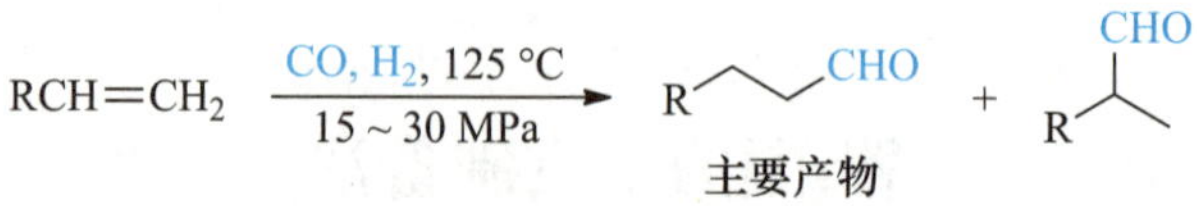

$$RCH{=}CH_2 \xrightarrow[15\sim 30\ \text{MPa}]{CO,\ H_2,\ 125\ ℃} R{-}CH_2{-}CHO\ (\text{主要产物}) + R{-}CH(CHO){-}CH_3$$

一般得到混合物,但主要产品是直链醛。由环戊烯制备甲酰环戊烷,得到 65% 的产物:

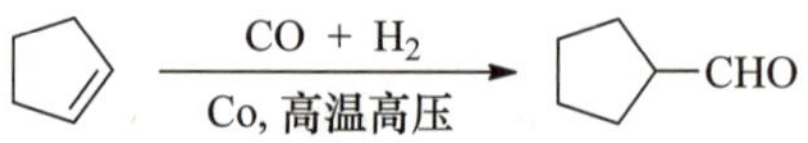

$$\text{环戊烯} \xrightarrow[\text{Co, 高温高压}]{CO + H_2} \text{环戊基-CHO}$$

**2. 用炔烃制备**

炔烃直接或间接加水得到烯醇,烯醇异构化即得醛或酮。例如

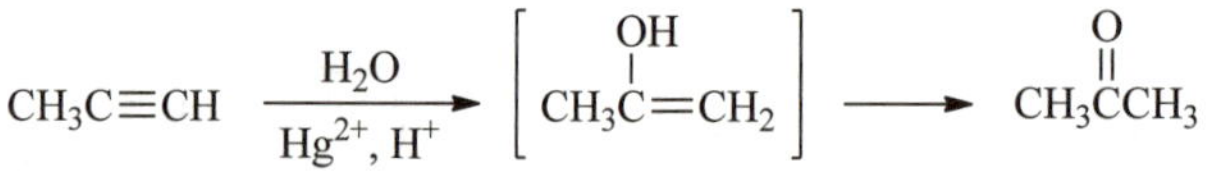

$$CH_3C{\equiv}CH \xrightarrow[Hg^{2+},\ H^+]{H_2O} \left[ CH_3\underset{OH}{C}{=}CH_2 \right] \longrightarrow CH_3COCH_3$$

**3. 用醇制备**

醇氧化可制醛、酮(参见 7.9)。

### 10.12.3 用羧酸衍生物制备

羧酸衍生物和腈均可通过各种方法转变为醛和酮。下面介绍几种方法。

**1. 用酰氯还原**

(1) Rosenmund 还原法  酰氯在部分失活的钯催化剂(Pd-BaSO$_4$)的作用下加氢还原得醛的反应称为 Rosenmund(罗森孟)还原法。有时,还在钯催化剂中加入少量硫-喹啉,以便进一步减小钯的催化活性。例如

> 罗森孟(K. W. Rosenmund),德国化学家。
>
> 应用部分失活的钯催化剂是为了防止醛进一步还原成醇。
>
> 由于酰氯是由羧酸制备的,因此这也是由羧酸经酰氯制醛的好方法。

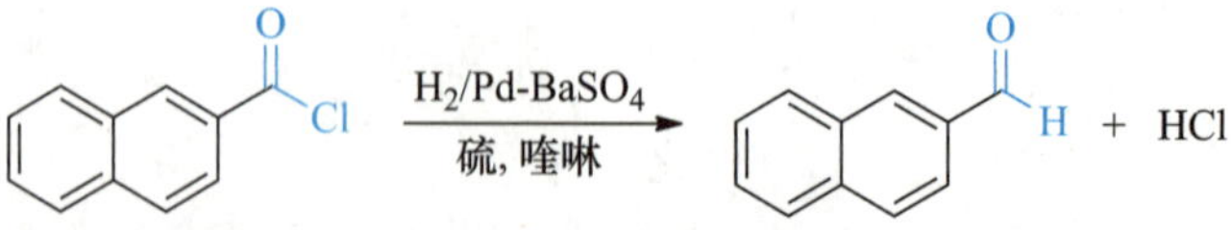

$$\beta\text{-萘甲酰氯} \xrightarrow[\text{硫,喹啉}]{H_2/Pd\text{-}BaSO_4} \beta\text{-萘甲醛},\ 74\%\sim 81\% + HCl$$

为了使反应顺利进行,反应须在尽可能低的温度下进行,以避免进一步还原。若反应物上有硝基、卤素、酯基等基团,均可保留,不被还原。

(2) 用被烷氧基取代的氢化铝锂还原  氢化铝锂中的氢负离子可以被一个、两个、三个烷氧基取代,如

$$\text{LiAlH}_4 + 2\text{CH}_3\text{CH}_2\text{OH} \xrightarrow{\text{醚}} \text{LiAlH}_2(\text{OC}_2\text{H}_5)_2 + 2\text{H}_2$$
二乙氧基氢化铝锂

$$\text{LiAlH}_4 + 3\text{CH}_3\text{OH} \xrightarrow{\text{醚}} \text{LiAlH}(\text{OCH}_3)_3 + 3\text{H}_2$$
三甲氧基氢化铝锂

$$\text{LiAlH}_4 + 3t\text{-BuOH} \xrightarrow{\text{醚}} \text{LiAlH}(\text{OBu-}t)_3 + 3\text{H}_2$$
三(三级丁氧基)氢化铝锂

> 可以通过调节烷氧基的大小和取代程度的不同,提供一定范围内不同反应程度的还原剂。

烷氧基越大,取代越多,催化剂的还原性就越弱,选择性就越强。

H. C. Brown(布朗)用三(三级丁氧基)氢化铝锂可以把很多羧酸衍生物还原为醛,它与醛、酮反应很慢,而与氰基、硝基和酯基不反应。因此,若用 1 mol 试剂与酰氯反应,能得到产率很高的醛,是由间位或对位取代芳香酰氯制相应芳香醛的一个很好方法:

$$\text{NC-C}_6\text{H}_4\text{-COCl} + \text{LiAlH}(\text{OBu-}t)_3 \longrightarrow \text{NC-C}_6\text{H}_4\text{-CH(O}^-)\text{Cl} + \text{Li}^+ + \text{Al}(\text{OBu-}t)_3$$

$$\xrightarrow{-\text{Cl}^-} \text{NC-C}_6\text{H}_4\text{-CHO} \quad 80\%$$

当然若试剂过量,醛还可进一步还原为醇,但反应进行较慢:

$$\text{NC-C}_6\text{H}_4\text{-CHO} + \text{LiAlH}(\text{OBu-}t)_3 \longrightarrow \text{NC-C}_6\text{H}_4\text{-CH}_2\text{O}^- + \text{Li}^+ + \text{Al}(\text{OBu-}t)_3$$

$$\xrightarrow{\text{H}_2\text{O}} \text{NC-C}_6\text{H}_4\text{-CH}_2\text{OH}$$

**(3) 用有机镉化合物还原** 格氏试剂和二氯化镉作用,生成有机镉化合物。当该试剂的烃基是芳基或一级烷基时,和酰氯反应,可得到高产量的酮:

$$\text{PhMgBr} \xrightarrow{\text{CdCl}_2} \text{PhCdCl} \xrightarrow{\text{CH}_3\text{COCl}} \text{PhCOCH}_3 + \text{CdCl}_2 \quad 83\%$$

> 有机镉的反应性低,能与格氏试剂发生反应的基团如醛基、酮基、氰基、酯基、硝基等均不与有机镉化合物发生反应,因此是很好的合成酮的方法。但镉试剂毒性太大,且易造成环境问题,一般尽量不用。

若用两分子的格氏试剂与二氯化镉作用,则得二苯镉;二苯镉和两分子酰氯反应得到同样的酮:

$$2\text{PhMgBr} \xrightarrow{\text{CdCl}_2} \text{Ph}_2\text{Cd} + \text{MgBr}_2 + \text{MgCl}_2$$

$$\xrightarrow{2\text{CH}_3\text{COCl}} 2\text{PhCOCH}_3 + \text{CdCl}_2 \quad 85\%$$

**(4) 用二烃基铜锂还原** 二烃基铜锂与酰氯反应得酮,在低温与酮反应很慢,与酯、腈、卤代烷不反应:

$$\text{CH}_3(\text{CH}_2)_3\text{CO}(\text{CH}_2)_4\text{COCl} \xrightarrow[\text{Et}_2\text{O, }-78\ ^\circ\text{C}]{(n\text{-Bu})_2\text{CuLi}} \text{CH}_3(\text{CH}_2)_3\text{CO}(\text{CH}_2)_4\text{CO}(\text{CH}_2)_3\text{CH}_3 \quad 83\%$$

**(5) 与不饱和烃反应** 酰氯与烯烃在三氯化铝作用下可以发生下列反应得酮:

$$\text{RCOCl} + \text{环戊烯} \xrightarrow[\text{低温}]{\text{AlCl}_3} \text{(i)}$$

$$\xrightarrow{\text{AlCl}_3} \text{(ii)} \xrightarrow{\text{Cl}^-} \text{(i)}$$

$$\text{(ii)} \xrightarrow{-\text{H}^+} \text{(iii)}$$

这与芳烃发生的傅-克酰基化反应是类似的,被称为 Nenitshesku 反应。

反应控制在低温,经(ii)得加成产物(i);在一般条件下,首先加成得(ii),(ii)羰基的 α 氢很活泼,消除质子得(iii)。

酰氯与炔反应得 β-卤乙烯基酮:

思考:写出①酰氯与炔反应得 β-卤乙烯基酮的反应机理;② 酰氯与炔化钠反应得炔酮的反应机理。

$$\text{RCOCl} + \text{HC}\equiv\text{CH} \longrightarrow \text{RC(O)}-\text{CH}=\text{CHCl}$$

酰氯还可与炔化钠反应得炔酮:

$$\text{RCOCl} + \text{NaC}\equiv\text{CR}' \longrightarrow \text{R-CO-C}\equiv\text{C-R}'$$

**(6) 将芳香酰氯转化为酰胺还原** 将芳香酰氯转变成酰胺,然后用五氯化磷处理,将酰胺变为亚胺氯,后者经氯化亚锡的还原,得到亚胺,最后水解,即得到芳香醛:

此法不适用于脂肪族化合物,因脂肪族的亚胺氯不稳定。

$$\text{ArCOCl} \xrightarrow{\text{PhNH}_2} \left[ \text{Ar-CO-NHPh} \rightleftharpoons \text{Ar-C(OH)=NPh} \right] \xrightarrow{\text{PCl}_5} \text{Ar-CCl=NPh} \text{ 亚胺氯}$$

$$\xrightarrow{\text{SnCl}_2} \text{ArCH=NPh} \xrightarrow[\text{H}^+]{\text{H}_2\text{O}} \text{ArCHO} + \text{PhNH}_2$$

**2. 用腈合成**

**(1) Stephen(斯蒂芬)还原** 将氯化亚锡悬浮在乙醚溶液中,并用氯化氢气体饱和,将芳腈加入反应,水解后得到芳醛:

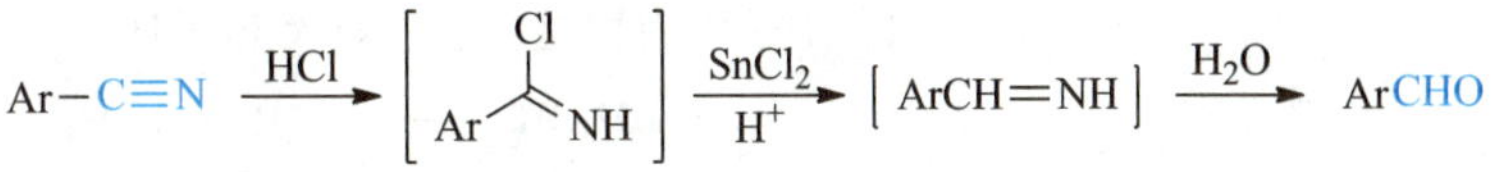

$$Ar-C\equiv N \xrightarrow{HCl} \left[ \underset{Ar}{\overset{Cl}{C}}=NH \right] \xrightarrow[H^+]{SnCl_2} [ArCH=NH] \xrightarrow{H_2O} ArCHO$$

**(2) 腈与格氏试剂反应合成酮** 腈与格氏试剂反应，生成亚胺盐；亚胺盐水解得亚胺，亚胺不稳定，很快进一步水解得到酮。用这种方法得到的酮纯度较好。

如果两个反应物均为脂肪族化合物，产率不高。

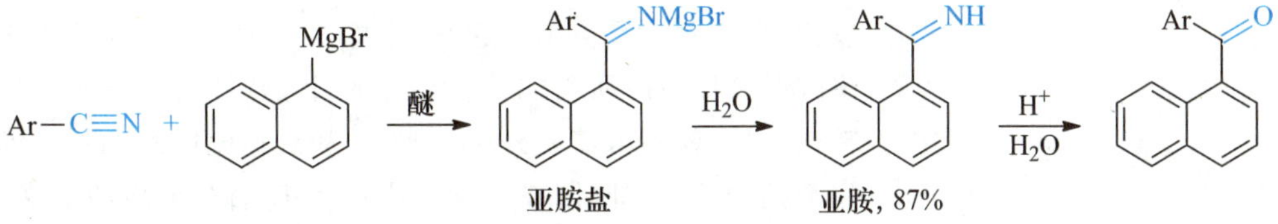

$$Ar-C\equiv N + \text{1-Naphthyl-MgBr} \xrightarrow{\text{醚}} \underset{\text{亚胺盐}}{Ar'-C(=NMgBr)-\text{Naphthyl}} \xrightarrow{H_2O} \underset{\text{亚胺, 87\%}}{Ar'-C(=NH)-\text{Naphthyl}} \xrightarrow[H_2O]{H^+} Ar'-C(=O)-\text{Naphthyl}$$

亚胺盐小心水解，有时可以得到亚胺。

---

**习题 10-44** 用甲苯、1-甲基萘及其他必要的有机、无机试剂合成下列化合物。

(i) 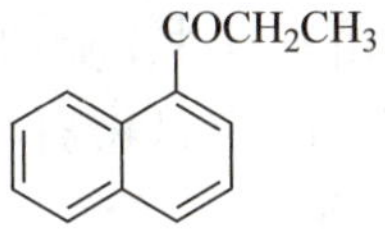 1-萘基-COCH₂CH₃

(ii) 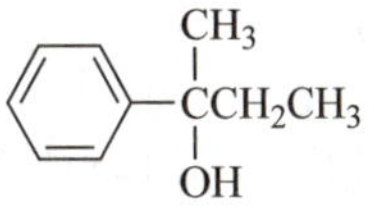 苯基-C(CH₃)(OH)-CH₂CH₃

**习题 10-45** 从指定原料及必要的无机和有机试剂合成指定化合物。

(i) 从苯合成 OHC(CH₂)₄CHO

(ii) 从环己烷合成 环己烯基-COCH₃

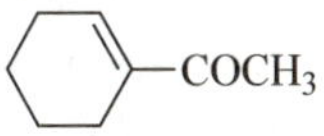

(iii) 从乙苯合成 苯基-COCH₃

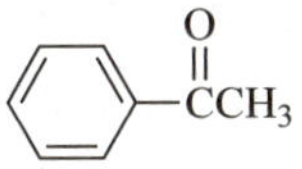

(iv) 从甲苯合成 苯基-COCH₂CH₃

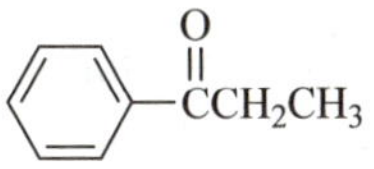

**习题 10-46** 完成下列反应，写出主要产物。

(i) 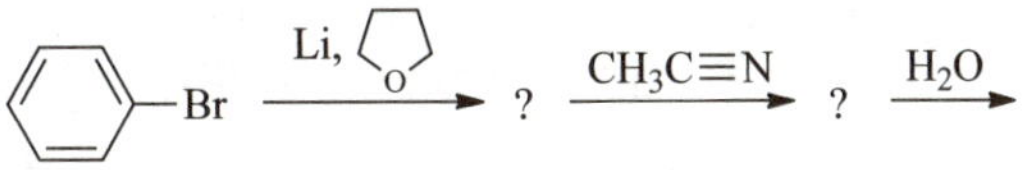 PhBr $\xrightarrow{\text{Li, THF}}$ ? $\xrightarrow{CH_3C\equiv N}$ ? $\xrightarrow{H_2O}$

(ii) 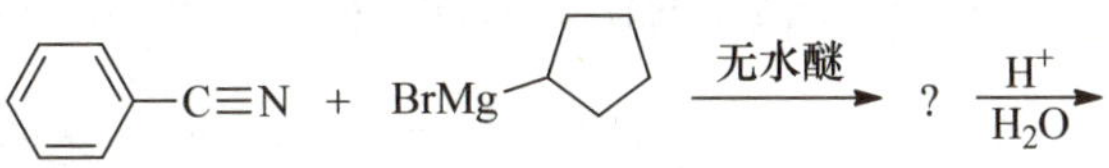 Ph-C≡N + 环戊基-MgBr $\xrightarrow{\text{无水醚}}$ ? $\xrightarrow[H_2O]{H^+}$

(iii)  $CH_3$-C₆H₄-C≡N $\xrightarrow{HCl, SnCl_2}$ ? $\xrightarrow{H_2O}$

---

## 10.13 几个常用醛、酮的工业生产

**1. 甲醛**

甲醛是产量很大的一种产品，可以利用甲醇的脱氢反应和甲醇的氧化反应来制

备。甲醇脱氢变为甲醛,是一个吸热反应。

$$CH_3OH \longrightarrow CH_2O + H_2 \qquad \Delta H = +92 \text{ kJ} \cdot \text{mol}^{-1}$$

甲醇的氧化是一个放热反应。

$$CH_3OH + 1/2 O_2 \longrightarrow CH_2O + H_2O \qquad \Delta H = -154.8 \text{ kJ} \cdot \text{mol}^{-1}$$

工业上采用以浮石为载体的银做脱氢催化剂,进行脱氢反应,同时又通入空气氧化,把这两个反应结合起来,在 700℃ 时进行。甲醇氧化时所放出的热,足以满足甲醇脱氢反应时所需的热。在生产上,开始时需要外部供给一部分热量,等反应正常进行后,就不再需要外部供热。为了避免甲醇的进一步氧化,要使反应气体和催化剂接触的时间限制在 0.1 s 以下,反应后马上冷却下来。此外,在反应气体中还混入了水蒸气,利用它将一部分反应热带走,并防止爆炸。

用此法生产甲醛,甲醇的转化率为 85%,甲醛的产率为 75%,产品是甲醛水溶液,约含 40% 甲醛(福尔马林 formalin),甲醇含量约为 2%~12%。

2. 乙醛

乙醛也是一种最重要的工业产品,是生产乙酸、乙酸乙酯、乙酸酐的原料。乙醛长期以来是由乙炔制造。但是,由于石油工业的发展,乙烯已成为一种主要的原料,新的生产方法是用乙烯在水溶液中,在氯化铜及氯化钯的催化作用下,用空气直接氧化,称 Wacker(魏克尔)烯烃氧化:

$$CH_2=CH_2 + O_2 \xrightarrow[H_2O]{CuCl_2\text{-}PdCl_2} CH_3CHO$$

其过程是,首先烯烃与氯化钯配位,然后水亲核进攻,消除质子,接着消除 Pd,重排成羰基化合物:

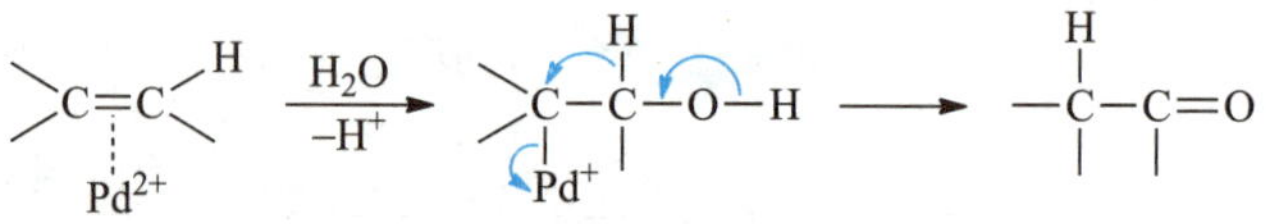

乙醛是一个低沸点的液体,沸点 21℃,并且很容易氧化,所以一般都把它变为环状的三聚乙醛(trioxane)保存。三聚乙醛是一个液体,沸点 124℃,在硫酸的作用下发生解聚。由于乙醛的沸点很低,可不断地蒸出,就会把三聚乙醛全部解聚:

$$3CH_3CHO \underset{}{\overset{H_2SO_4}{\rightleftharpoons}} (CH_3CHO)_3$$
三聚乙醛

Pd 在氯化铜的作用下,可以再生为氯化钯:

$$Pd + 2CuCl_2 \longrightarrow PdCl_2 + 2CuCl$$
$$\xrightarrow{HCl, O_2} CuCl_2 + H_2O$$

因此不需用很多氯化钯,这是工业生产乙醛的最好方法。

3. 丙酮

以往是用淀粉或蔗糖蜜发酵制备,但这个方法很不经济。现在由石油裂解的丙烯制备,因此它也是一种石油工业化学产品。有两种方法可将丙烯转变为丙酮:一种方法是丙烯水合变为异丙醇,然后脱氢变为丙酮。另一种方法是通过异丙苯氧化重排(oxidation rearrangement of isopropyl benzene)来制备,该法以丙烯和苯为起始原料,首先苯和丙烯在三氯化铝的作用下产生异丙苯(i);异丙苯三级碳原子上的氢比较活泼,在空气的直接作用下,氧化成过氧化物(ii);(ii)在酸的作用下,失去一分子水,形成一个氧正离子(iii);苯环带着一对电子转移到氧上,发生所谓的缺少电子的氧所引起的重排反应,得到"碳正"离子(iv);(iv)再和水结合,去质子分解成丙酮及苯酚:

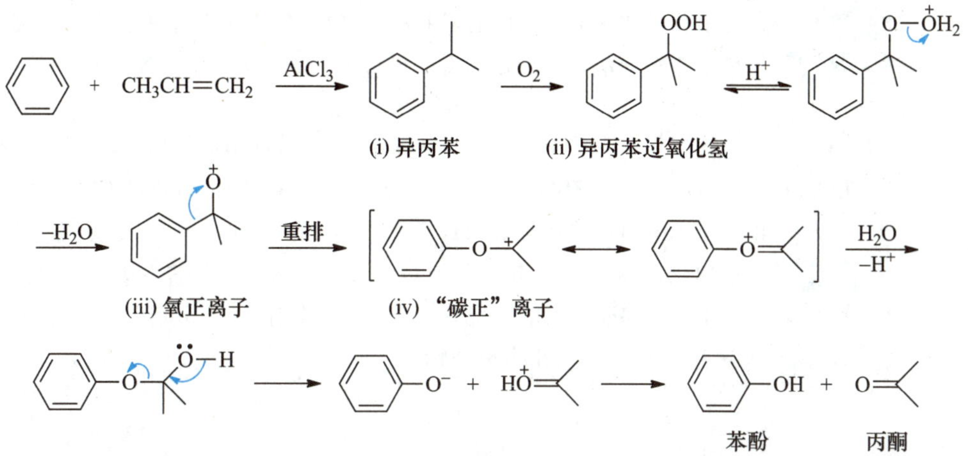

丙酮是一种重要的溶剂,既溶于有机溶剂又溶于水。它是多种有机工业的基本原料,如有机玻璃及环氧树脂都是由它开始合成的。

**4. 环己酮**

苯在气相下氢化(4 MPa,170~230℃,Ni)生成环己烷,环己烷经空气氧化(0.8~1.2 MPa,140~165℃,Co 盐)得环己酮及环己醇的混合物,环己醇脱氢(200℃,CuCrO$_4$)也得环己酮。

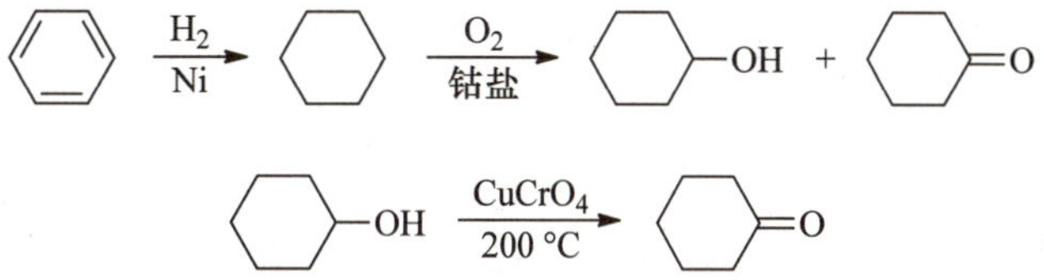

环己酮的氧化产物己二酸是制造尼龙-66(nylon-66)的原料。环己酮肟经 Beckmann 重排得到的己内酰胺是生产尼龙-6 的原料。现在生产环己酮肟的新方法是用环己烷和氯及一氧化氮进行光化学反应,首先得到 1-亚硝基-1-氯环己烷,然后用锌和盐酸还原,即得到环己酮肟的盐酸盐,产率 85%。

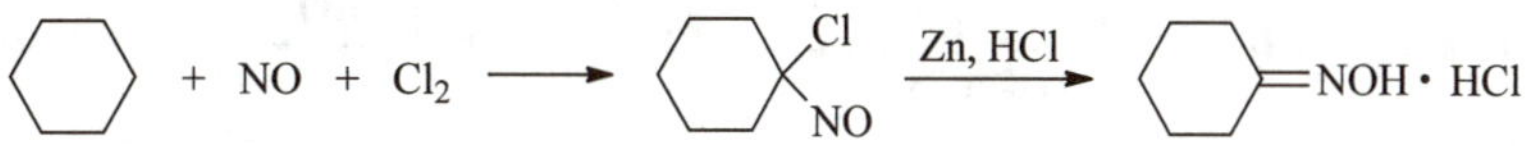

**习题 10-47** 由煤和石油产品为原料合成下列化合物。

(i)  ~~~CHO  (ii) ~~~ 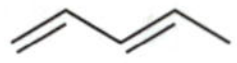  (iii) PhCHO  (iv)  Ph~~~  (v) CH$_3$CH$_2$C≡CH  (vi) ~~~

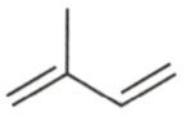

**习题 10-48** 请用苯和环己烯为原料制备苯酚和环己酮,并写出由过氧化物生成苯酚和环己酮的反应机理。

## 章末习题

**习题 10-49** 写出分子式为 $C_5H_{10}O$ 的醛和酮的结构式，并用普通命名法及系统命名法命名（用中、英文）。

**习题 10-50** 异丁醛和丙酮与下列试剂有无反应？若有，请写出反应产物。

(i) NaCl  (ii) $CH_3CH_2OH + HCl$(气)  (iii) $H_2NCNHNH_2$（含C=O）  (iv) $O_2$

(v) $LiAlH_4$  (vi) $NaHSO_3$  (vii) $Zn(Hg)$, HCl  (viii) Fehling 试剂

(ix) 异丙醇铝  (x) $H_2NNH_2$, KOH, △

**习题 10-51** 下列化合物，哪一个可以和亚硫酸氢钠发生反应？若发生反应，哪一个反应最快？

(i) 苯丁酮  (ii) 环戊酮  (iii) 丙醛  (iv) 二苯酮

**习题 10-52** 完成下列反应，写出主要产物。

(i) $CH_3CH_2COCH_2COCl + (CH_3)_2CuLi \xrightarrow{\text{醚}, \text{低温}}$

(ii) $CH_2=CHMgBr$ + α-四氢萘酮 $\xrightarrow{THF} \xrightarrow{NH_4Cl, H_2O}$

(iii) 环戊酮 + $CH_3CH_2C≡CH \xrightarrow{KOH}$

(iv) 环己二醇 + $CH_3COCH_3 \xrightarrow{HCl(气)}$

(v) $OHC\text{-}C_6H_4\text{-}CHO + CH_2O$（过量）$\xrightarrow{\text{浓 }HO^-} \xrightarrow{H^+}$

(vi) $(CH_3)_2CHCHO + Ag(NH_3)_2^+ \longrightarrow$

(vii) 8a-甲基八氢萘-2(1H)-酮（烯酮）+ $H_2$ (1 mol) $\xrightarrow{Pd}$

(viii) 八氢萘-2(1H)-酮烯酮 + $CH_3MgI \xrightarrow{CuI} \xrightarrow{H_2O}$

(ix) 环己烯酮 + $(CH_3)_2CuLi \xrightarrow{\text{醚}, \text{低温}} \xrightarrow{H_2O}$

(x) 2-甲基-2-(3-氧代丁基)环己酮 $\xrightarrow{K_2CO_3, H_2O}$

(xi) 环戊酮肟 $\xrightarrow{PCl_5}$

(xii) 苯乙酮肟 $\xrightarrow{H_2SO_4}$

(xiii) $(CH_3)_2CHCOCH_3 \xrightarrow{CF_3COOH + H_2O_2}$

(xiv) $CH_3COCH_2CH_2CH_3 \xrightarrow{LDA, THF, -78\,^\circ C}$ ? $\xrightarrow{\text{环戊酮}}$ ? $\xrightarrow{H_2O}$

(xv) $CH_3CO\text{-}$环戊基 $\xrightarrow{Br_2, HOAc}$

(xvi) $CH_3COCH(CH_3)_2 \xrightarrow{LDA, THF, -78\,^\circ C}$ ? $\xrightarrow{CH_3CH_2CHO}$ ? $\xrightarrow{H_2O}$

(xvii) $C_6H_5CH_2COCH_3 \xrightarrow{Br_2, NaOH \text{ 过量}}$

**习题 10-53** 用三个碳以下的醇和其他合适的试剂为原料合成下列化合物。

(i) 正戊醇  (ii) 2-甲基-2-戊醇  (iii) 4-甲基-4-庚醇  (iv) 异丁醇  (v) 甲基三级丁基酮  (vi) 丁酮缩乙二硫醇

**习题 10-54** 由乙醛或丙酮和必要的其他试剂制备下列化合物。

(i) CH₃CH—CH—OC₂H₅ （其中含 OC₂H₅ 及 O 环氧）

(ii) 2-甲基-4-甲基-1,3-二氧六环 CH₃ 环 O—CH(CH₃)

(iii) (HOCH₂)₃CCC(CH₂OH)₃ （中间为 C=O）
            ‖
            O

(iv) (CH₃)₂C=CHC(CH₃)₂  
                |  
                OH

(v) (CH₃)₃CCH₂COOH

**习题 10-55** 由指定原料及必要的试剂合成下列化合物。

(i) 从正丁醇合成 CH₃(CH₂)₃CHCH₂OH  
                              |  
                              CH₂CH₃

(ii) 从 BrCH₂CH₂CHO 合成 CH₃CH₂CCH₂CH₂CHO  
                                      ‖  
                                      O

(iii) 从环戊二烯、丙烯酸甲酯及丙酮合成 （所示双环缩酮结构，含 COOCH₃）

(iv) 从异丁醛以及含一个碳的化合物合成 （所示 γ-丁内酯衍生物，带 CH₃, OH, CH₃）

(v) 从丙酮及含两个碳的化合物合成 （所示 2,2,5,5-四甲基-3(2H)-呋喃酮结构）

(vi) 从糠醛及含三个碳以下化合物合成 呋喃-CH=CHCH(CH₃)₂  
                                              |  
                                              OH

**习题 10-56** 利用 $D_2$, $D_2O$, $^{14}CH_3OH$, $H_2^{18}O$ 为 $D, ^{14}C, ^{18}O$ 的来源，选用合适的原料，合成标记化合物。

(i) $^{14}CH_3CH_2CH_2OH$

(ii) $CH_3CH_2{}^{14}CH_2OH$

(iii) $CH_3CH_2CH_2OD$

(iv) $CH_3CH_2CD_2CHO$

(v) $CH_3CH{}^{18}OH$  
          |  
          CH₃

**习题 10-57** 写出下列转换的各步反应及重排一步的反应机理。

(i) 八氢萘（十氢萘烯） → 螺[4.5]癸烯

(ii) 二甲基八氢萘 → 乙酰基氢化茚

(iii) 1,1'-二羟基联环丁基 $\xrightarrow{H^+}$ 螺[3.4]辛-1-酮

(iv) 螺[3.4]辛-5-酮 → 双环[3.3.0]辛烯

**习题 10-58** 选择简便及经济的方法完成下列转换。

(i) CH₃CHCCH₃ → CH₃CHCHCH₃  
         |  ‖           |    |  
         CH₃ O         CH₃  OH

(ii) CH₃CH=CHCCH₃ → CH₃CH=CHCHCH₃  
                   ‖              |  
                   O              OH

(iii) CH₃CH₂CH₂OH → CH₃CH₂CHO

(iv) 2-甲基环戊酮 → 甲基环戊烷

**习题 10-59** 比较醛和环氧乙烷对下列试剂的作用。

(i) CH₃MgI    (ii) HCN    (iii) CH₃OH    (iv) NH₃

**习题 10-60** 把下列各组化合物按羰基的活性排列成序。

(i) (CH₃)₃CCC(CH₃)₃, CH₃CCHO, CH₃CCH₂CH₃, CH₃CH, 萘-2-甲醛  
            ‖            ‖         ‖           ‖  
            O            O         O           O

(ii) C₂H₅CCH₃, CH₃CCCl₃  
         ‖         ‖  
         O         O

(iii) 环己酮, 环丁酮, 环丙酮

**习题 10-61** 将下列化合物按它们的酸性排列成序。

(i) $CH_3NO_2$，$CH_3CHO$，$CH_3CN$，$CH_3COCH_3$

(ii) $O_2NCH_2NO_2$，$CH_3\overset{O}{\overset{\|}{C}}CH_2\overset{O}{\overset{\|}{C}}CH_3$，$CH_3CH_2\overset{O}{\overset{\|}{C}}CH_2\overset{O}{\overset{\|}{C}}CH_2CH_3$，$C_6H_5\overset{O}{\overset{\|}{C}}CH_2\overset{O}{\overset{\|}{C}}CH_3$，$C_6H_5\overset{O}{\overset{\|}{C}}CH_2\overset{O}{\overset{\|}{C}}CF_3$

**习题 10-62** 把下列化合物按它们烯醇式的含量多少排列成序。

(i) $CH_3\overset{O}{\overset{\|}{C}}CH_2\overset{O}{\overset{\|}{C}}OC_2H_5$ 
(ii) $CH_3\overset{O}{\overset{\|}{C}}CH_3$ 
(iii) $CH_3\overset{O}{\overset{\|}{C}}CH_2\overset{O}{\overset{\|}{C}}CH_3$ 
(iv) $CH_3\overset{O}{\overset{\|}{C}}CHCH_3 \atop \underset{CH_3}{\overset{|}{C}=O}$ 
(v) $CH_3\overset{O}{\overset{\|}{C}}CHCOC_2H_5 \atop \underset{CH_3}{\overset{|}{C}=O}$

**习题 10-63** 呋喃甲醛 (furyl)CHO 和环己酮的混合物与一分子氨基脲反应，过几秒钟后，产物都是环己酮缩氨脲，而过几小时后，产物都是呋喃甲醛缩氨脲。试解释之。

**习题 10-64** 有一化合物(A)$C_8H_{14}O$。(A)可以很快地使溴褪色，可以和苯肼发生反应。(A)用 $KMnO_4$ 氧化后得到一分子丙酮及另一化合物(B)；(B)具有酸性，和次碘酸钠反应后再酸化生成碘仿和一分子酸，酸的结构是 $HOOCCH_2CH_2COOH$。写出(A)所有可能的结构式。

**习题 10-65** 有一化合物(A)$C_{10}H_{12}O$，与氨基脲反应得(B)$C_{11}H_{15}ON_3$；(A)与 Tollens 试剂无反应，但在 $Cl_2$ 与 NaOH 溶液中反应得一个酸(C)，(C)强烈氧化得苯甲酸。(A)与苯甲醛在 $OH^-$ 作用下得化合物(D)$C_{17}H_{16}O$。请推测(A)，(B)，(C)，(D)的构造式及写出相应的反应式。

**习题 10-66** 有一化合物(A)$C_6H_{12}O$，与 2,4-二硝基苯肼反应，但与 $NaHSO_3$ 不生成加成物。(A)催化氢化得(B)$C_6H_{14}O$；(B)与浓 $H_2SO_4$ 加热得(C)$C_6H_{12}$；(C)与 $O_3$ 反应后用 $Zn+H_2O$ 处理，得到两个化合物(D)和(E)，分子式均为 $C_3H_6O$；(D)可使 $H_2CrO_4$ 变绿，而(E)不能。请写出(A)，(B)，(C)，(D)，(E)的构造式及相应的反应式。

**习题 10-67** 有一化合物(A)$C_{12}H_{20}$，具有旋光性，在铂催化下加一分子氢得到两个异构体(B)和(C)，分子式均为 $C_{12}H_{22}$。(A)臭氧化只得到一个化合物(D)$C_6H_{10}O$，(D)具有旋光性。(D)与羟胺反应得(E)$C_6H_{11}NO$；(D)与 DCl 在 $D_2O$ 中可以与 α 活泼氢发生交换反应得到 $C_6H_7D_3O$，表明有三个 α 活泼氢；(D)的核磁共振谱表明，只有一个甲基，是二重峰。试推测化合物(A)~(D)的结构式。

**习题 10-68** 化合物(A)和(B)的分子式均为 $C_{10}H_{12}O$，IR，在 1720 $cm^{-1}$ 处均有强吸收峰；NMR，(A)$\delta_H$：7.2（单峰，5H）、3.6（单峰，2H）、2.3（四重峰，2H）、1.0（三重峰，3H），(B)$\delta_H$：7.1（单峰，5H）、2.7（三重峰，2H）、2.6（三重峰，2H）、1.9（单峰，3H）。试提出(A)和(B)的构造式，并标明各吸收峰的归属。

**习题 10-69** 化合物(A)$C_8H_8O_2$，IR，波数/$cm^{-1}$：3010，2720，1695，1613，1587，1515，1250，1031，833；NMR，$\delta_H$：9.9（单峰，1H）、7.5（四重峰，4H）、3.9（单峰，3H）。请推测(A)的构造式，并标明各吸收峰的归属。

**习题 10-70** 化合物(A)$C_4H_8O_2$，IR，1720 $cm^{-1}$ 有强吸收峰；NMR，$\delta_H$：4.25（四重峰，1H）、3.75（单峰，1H）、2.15（单峰，3H）、1.35（二重峰，3H）。此化合物若用 $D_2O$ 处理，NMR 在 3.75 处吸收峰消失。请推测(A)的构造式，标明各吸收峰的归属，并解释用 $D_2O$ 处理吸收峰消失的原因。

**习题 10-71** 化合物(A)$C_6H_8O$，NMR 有一甲基吸收峰（单峰）。(A)经臭氧化-分解反应只得一个含甲基酮的化合物(B)$C_6H_8O_3$。(A)用 Pd 催化加氢，吸收 1 mol 氢后，得化合物(C)$C_6H_{10}O$，(C)的 IR 有羰基吸收峰。(C)用 $NaOD-D_2O$ 处理，得(D)$C_6H_7D_3O$。(C)与过乙酸反应得化合物(E)$C_6H_{10}O_2$，(E)的 NMR 在 $\delta_H=1.9$ 处有一甲基吸收峰（二重峰），$J=8$ Hz（可以自由旋转的两个相邻的碳原子上的质子之间的耦合常数 $J$ 在 5~8 Hz 之间）。请推测(A)，(B)，(C)，(D)，(E)的构造式并写出各步反应的反应式。

## 复习本章的指导提纲

**基本概念和基本知识点**

醛,醛基,酮,酮羰基,脂肪族醛、酮,芳香族醛、酮,饱和醛、酮,不饱和醛、酮,一元醛、酮,二元醛、酮,对称酮,不对称酮;醛、酮的结构特征,醛、酮的构象;醛、酮物理性质的一般规律;手性诱导作用,Cram 规则一,Cram 规则二;亚胺,Schiff 碱,烯胺;肼,羟胺,氨基脲,腙,肟,缩氨脲,内酰胺;维尼纶,尼龙-6;半缩醛,缩醛,半缩酮,缩酮;原甲酸,原甲酸乙酯;官能团的保护,羰基的保护,羟基的保护;α-羟腈;α 活泼氢,α 氢的卤代;氯仿,溴仿,碘仿,卤仿;亲核加成,1,4-共轭加成;醛、酮 α-H 的活性,酮式和烯醇式,烯醇负离子;离域式;自氧化作用。

**基本反应和重要反应机理**

羰基亲核加成的定义、表达、反应机理和反应的立体选择性;亲核加成的类别:与有机金属化合物的加成,与氢氰酸的加成,与炔化物的加成,与氨及氨的衍生物的加成,与水的加成,与醇的加成,与亚硫酸氢钠的加成,与硫醇的加成,α,β-不饱和醛、酮加成反应的分类及规律,1,4-共轭加成的反应机理和反应的立体选择性,Michael 加成反应的定义、反应式、反应机理、区域选择性、立体选择性及其在合成中的应用;醛、酮的烯醇化反应和反应机理,不对称酮动力学控制的烯醇化反应和热力学控制的烯醇化反应;醛、酮 α 氢卤化的酸催化反应机理和碱催化反应机理,这两种催化反应在催化剂用量、反应选择性及反应控制方面的区别。卤仿反应的定义、表达、机理及应用;羟醛缩合反应的定义、反应式、反应机理和分类,醛自身缩合和酮自身缩合的区别;交叉羟醛缩合反应中反应方向的控制,定向羟醛缩合反应中反应方向和反应区域选择性的控制;Favorski 重排反应的定义、反应式、反应机理和应用;二苯乙醇酸重排的定义、反应式、反应机理和应用;Beckmann 重排的定义、反应式、反应机理、立体化学的特点及其在合成和测定肟构型方面的应用;Baeyer-Villiger 氧化重排的定义、反应式、反应机理、区域选择性、立体选择性及其在合成中的应用;异丙苯氧化重排的定义、反应式、反应机理和应用;醛的氧化:一般性氧化,自氧化反应的定义和反应机理,Cannizzaro 反应的定义、反应式、反应机理及应用;酮的氧化:一般性氧化,将羰基还原成亚甲基的三种方法:Clemmensen 还原法,Wolff-Kishner-Huang Minlon 还原法,缩硫酮氢解法;将羰基还原成 CHOH 的几种方法及这些方法的特点:催化氢化,用氢化铝锂或硼氢化钠还原,用乙硼烷还原,Meerwein-Ponndorf 还原;用活泼金属的单分子还原和双分子还原在反应条件、反应机理和反应产物等方面的区别,各种还原方法应用于 α,β-不饱和醛、酮时的反应规律和反应选择性。

**重要合成方法**

醛、酮亲核加成反应在合成中的应用;α-卤代、卤仿反应在合成中的应用;羟醛缩合反应在合成中的应用;醛、酮的一般制备方法:芳烃的氧化,二卤代烃的水解,醇的氧化,酰卤的还原,腈的还原水解;甲醛、乙醛、丙酮和环己酮的重要工业生产法。

**重要鉴别方法**

利用醛、酮与氨衍生物的反应提纯和鉴定醛、酮;利用卤仿反应鉴别甲基酮;利用 Tollens 试剂鉴别醛和酮;利用 Fehling 试剂鉴别醛和酮。

## 英汉对照词汇

acetal 缩醛
acetoxime 丙酮肟
addition product of sodium bisulfite 亚硫酸氢钠加成物
adhesive 黏合剂
alcoholate 醇盐
aldol condensation 羟醛缩合反应
aliphatic aldehyde and ketone 脂肪族醛、酮
aluminium isopropoxide 异丙醇铝
aromatic aldehyde and ketone 芳香族醛、酮
autoxidation 自氧化作用
Baeyer-Villiger oxidation rearrangement 拜耳-魏立格氧化重排
Beckmann rearrangement 贝克曼重排
benzaldoxime 苯甲醛肟
benzilic acid rearrangement 二苯乙醇酸重排
bimolecular reduction-coupling 双分子还原偶联
Brown, H. C. 布朗
Cannizzaro reaction 康尼查罗反应
carbonyl group 羰基
chiral induction reaction 手性诱导反应
Claisen-Schmidt reaction 克莱森-施密特反应
Clemmensen reduction 克莱门森还原
1,4-conjugated addition 1,4-共轭加成
conjugated unsaturated aldehyde and ketone 共轭不饱和醛、酮
Cram rule 克拉姆规则
cross aldol condensation 交叉羟醛缩合
diacetonol 二丙酮醇
diethylene glycol 一缩二乙二醇
dimethyl sulfoxide 二甲亚砜
2,4-dinitrophenylhydrazone 2,4-二硝基苯肼
dismutation reaction 歧化反应
dithioacetals 缩硫醛
dithioketal 缩硫酮
enamine 烯胺
enolate ion 烯醇负离子
enol form 烯醇式

enolization 烯醇化
Favorski rearrangement 法沃斯基重排
Fehling reagent 斐林试剂
formalin 福尔马林
gem-diol 偕二醇
Girard reagent 吉拉德试剂
haloform reaction 卤仿反应
hemiacetal 半缩醛
hemiketal 半缩酮
hexamethylene tetramine 六亚甲基四胺
hydrate 水合物
hydrazine 肼
hydrazone 腙
$\beta$-hydroxyl aldehyde $\beta$-羟基醛
hydroxylamine 羟胺
$\beta$-hydroxyl ketone $\beta$-羟基酮
$\alpha$-hydroxy nitrile(or cyanohydrin) $\alpha$-羟腈
inhibitor 抑制剂
ketal 缩酮
ketone form 酮式
lactam 内酰胺
lithium diisopropyl amine(LDA) 二异丙基胺锂
Meerwein-Ponndorf reaction 麦尔外因-彭道夫反应
methene (or methylene) 亚甲基
Michael addition 麦克尔加成
mixture ketone 混合酮
nucleophilic addition 亲核加成
nylon-6 尼龙-6
nylon-66 尼龙-66
orientated aldol condensation 定向羟醛缩合
ortho formate 原甲酸酯
oxidation rearrangement of isopropyl benzene 异丙苯氧化重排
oxime 肟
phenylhydrazine 苯肼
phenylhydrazone 苯腙
polar group 极性基团
Rosenmund reduction 罗森孟还原

saturated aldehyde and ketone  饱和醛、酮
Schiff base  西佛碱
semicarbazide  氨基脲
semicarbazone  缩氨脲
silicic ether  硅醚
simple ketone  简单酮
Soxhlet  索氏
Stephen reduction  斯蒂芬还原
Strecker reaction  斯瑞克反应
Tollens reagent  土伦试剂
trimethyl chloro-silicane  三甲基氯硅烷
trioxane  三聚乙醛
unimolecular reduction  单分子还原
α,β-unsaturated acid  α,β-不饱和酸
α,β-unsaturated aldehyde and ketone  α,β-不饱和醛、酮
α,β-unsaturated cycloketone  α,β-不饱和环酮
urotropine  乌洛托品
vinylogy rule  插烯系规则
vinylon  维尼纶
Wacker alkene oxidation  魏克尔烯烃氧化
water separater  分水器
Wolff-Kishner-Huang Minlon reduction  乌尔夫-恺惜纳-黄鸣龙还原

# 第11章

# 羧　　酸

＊　＊　＊　＊　＊

世纪神药阿司匹林学名是 2-乙酰氧基苯甲酸，又名乙酰水杨酸、乙酰基柳酸、醋柳酸。本品为白色针状、片状或砂粒状结晶或结晶形粉末。熔点 135℃，易溶于乙醇、醚和氯仿，微溶于水，在干燥的空气中稳定，在潮湿的空气中易水解成水杨酸和醋酸。

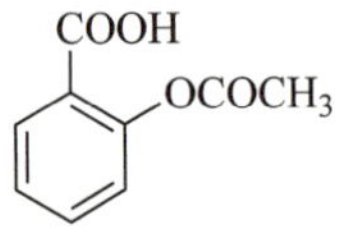

**阿司匹林的结构**

最早，阿司匹林的基本效果是退烧和止痛。随着医学的进步和研究的深入，阿司匹林的疗效越来越广。现在认为阿司匹林具有解热、镇痛（头痛、神经痛、牙痛、关节痛、肌肉痛等）、抗炎、抗风湿（急性风湿性关节炎、类风湿性关节炎等）和抗血小板聚集等诸多作用。阿司匹林的副作用是刺激胃黏膜和引起哮喘。

阿司匹林的历史可追溯到很久很久以前。公元前约 1550 年，古埃及的纸文献上就记载着"在几百年前，人们利用白柳的叶子来止疼"；公元前约 460—377 年，希腊的希波克拉底曾建议用柳树叶子的汁来镇疼和退热。1763 年，英国牧师 Edward Stone（爱德华·斯通）在他的著作中记载，可用柳树皮碾成粉末来治疗疟疾发热。1829 年，法国药剂师 Pierre-Joseph Leroux（皮埃尔-约瑟夫·勒鲁）第一次从柳树皮中分离出一种可治病的活性物质（一种可溶性晶体）并称之为柳醇。当时，巴黎著名的神经科大夫和物理学家 Joseph-Francois Magendie（约瑟夫-弗朗索瓦·马让迪）在医院试用柳醇后，说它可以在一两天内止住各种发热……

1899 年首次由德国拜尔公司作为药剂生产而问世。年轻的德国化学家 Felix Hofmann（费利克斯·霍夫曼，1868—1946）和犹太化学家 Artur Eichgreen（阿图尔·艾希格林）为阿司匹林的问世作出了很大的贡献。Hofmann 当时是拜尔公司的职工。Hofmann 的父亲患有严重的风湿病，在治疗过程中用的是水杨酸。这种药很苦，且使胃部严重不适。Hofmann 决心改造这种药，使它不带副作用。1897 年 10 月 10 日，他记下了获得纯净乙酰水杨酸的方法：

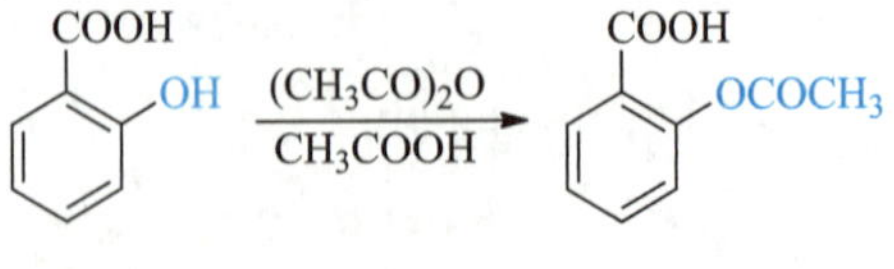

一年后，拜尔公司的另一位研究人员 Artur Eichgreen 对 Hofmann 制造的这种药物进行了临床试验，他先在自己身上试验，又让医生在病人身上试验，都取得了很好的效果。后来，拜尔公司聘请了一位独立的药理专家来进行试验，试验的结果是令人信服的。1899 年 2 月，拜尔公司以阿司匹林（ASPIRIN）的药名注了册。"A"是乙酰基的代称，"SPIRIN"是一种酸的名称。

＊　＊　＊　＊　＊

分子中具有羧基(—COOH,carboxy group)的化合物称为羧酸(carboxylic acid)。羧基是羧酸的官能团。

## 11.1 羧酸的分类

羧酸有不同的分类方法。根据与羧基相连的烃基的结构不同,可以分为脂肪酸(fatty acid)和芳香酸(aromatic acid),前者还可以分为饱和脂肪酸(saturated fatty acid)及不饱和脂肪酸(unsaturated fatty acid)。例如

$CH_3CH_2COOH$　　　$CH_2=CHCOOH$　　　C$_6$H$_5$—COOH　　　C$_6$H$_5$—CH$_2$COOH

丙酸　　　　　　　丙烯酸　　　　　　　苯甲酸　　　　　　苯乙酸
(饱和脂肪酸)　　(不饱和脂肪酸)
　　　　脂肪酸　　　　　　　　　　　　　　　　芳香酸

> 羧酸在自然界广泛存在,而且对人类生活非常重要,如食用的醋,就是 2% 的醋酸;日常使用的肥皂,是高级脂肪酸的钠盐;食用的油,是羧酸甘油酯。羧酸也是一种非常重要的工业原料,例如合成纤维(尼龙、涤纶等)的重要原料之一就是羧酸。

根据分子中所含羧基的数目不同,又可以分为一元羧酸(monocarboxylic acid)、二元羧酸(dicarboxylic acid)或多元羧酸(polycarboxylic acid)。例如

$CH_3CH_2CH_2COOH$　　　HOOC—⌬—COOH　　　HOOCCH$_2$CHCH$_2$COOH
　　　　　　　　　　　　　　　　　　　　　　　　　　　　　　　　|
　　　　　　　　　　　　　　　　　　　　　　　　　　　　　　　COOH

丁酸　　　　　　　　　反-1,4-环己烷二羧酸　　　　　1,2,3-丙三羧酸
(分子中含一个羧基,为一元酸)　(分子中含两个羧基,为二元酸)　(分子中含多个羧基,为多元酸)

自然界存在的脂肪中含有大量的高级的一元饱和羧酸,因此一元饱和羧酸亦称为脂肪酸。羧酸中和羟基相连的基团称为酰基$\left[\begin{matrix}\text{R}-\overset{\displaystyle O}{\underset{\|}{\text{C}}}-\end{matrix},\text{acyl group}\right]$,羧基中的羰基可称为羧羰基。

## 11.2 羧酸的命名

### 11.2.1 羧酸的系统命名法(参见 2.7)

### 11.2.2 羧酸的其他命名法

**1. 俗名**

> 羧酸的命名法很多,但通常除俗名外,一般都采用系统命名法和羧酸法。
>
> 1749 年才得到甲酸的纯品。

常用的有机酸在英文中通常用俗名,我国系统命名和俗名并用,但以系统命名为主。俗名主要根据来源命名。例如,甲酸是 S. Fischer(费歇尔)于 1670 年蒸馏蚂蚁时发现的,所以俗名称蚁酸;乙酸最早是由食用的醋中得到的,故俗名为醋酸;丁酸是干酪腐败时的发酵产物,所以俗称酪酸;乙二酸存在于酢浆草、酸模草和大黄等植物内,所以俗称草酸。

Scheele(席勒)于 1776 年用硝酸氧化糖首次合成了草酸。

$$\underset{\text{蚁酸}}{HCOOH} \quad \underset{\text{醋酸}}{CH_3COOH} \quad \underset{\text{酪酸}}{CH_3CH_2CH_2COOH} \quad \underset{\text{草酸}}{HOOC-COOH}$$

一些常见羧酸的俗名参见 11.4 中的表 11-1。

### 2. 羧酸法

自然界存在大量多元羧酸,脂肪族的三元或三元以上的羧酸常采用羧酸法命名。首先选连接羧基最多的链为主链,编号时让连有羧基的碳位号尽可能小(羧基碳不参与编号),根据主链的碳原子数称为某烃,根据羧基的数目称为某羧酸,羧基的位置号标在某羧酸之前。某烃某羧酸共同组成此化合物母体的名称。主链上取代基的处理方法与系统命名法相同。例如

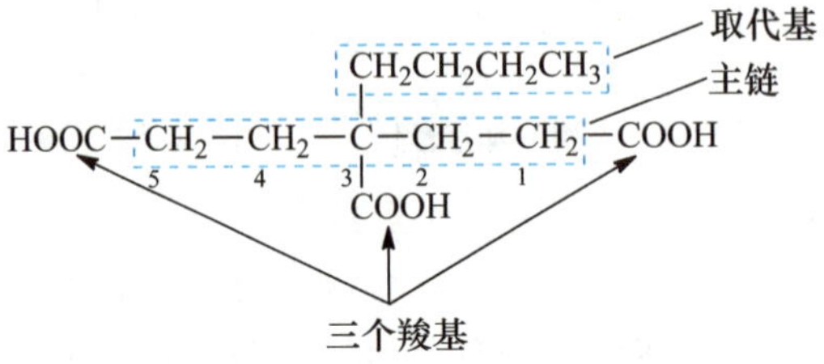

3-丁基-戊烷-1,3,5-三羧酸

又如

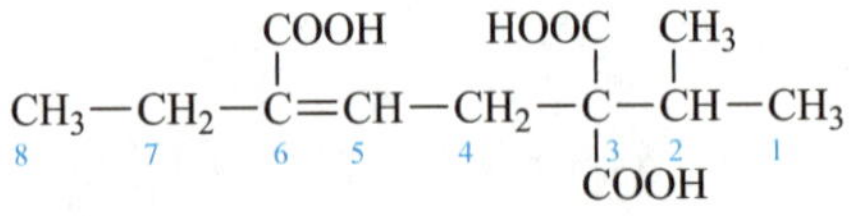

2-甲基-5-辛烯-3,3,6-三羧酸

### 3. 连接命名法

这种命名法是把烃的名称和脂肪酸的名称连接起来命名。当环和含羧基的链相连时常用此法。例如

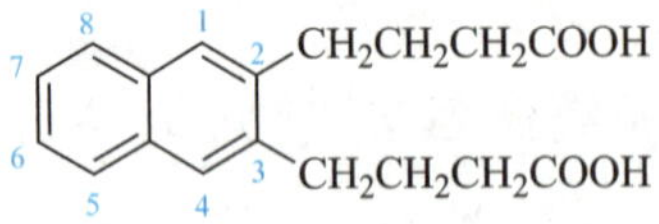

2,3-萘二丁酸 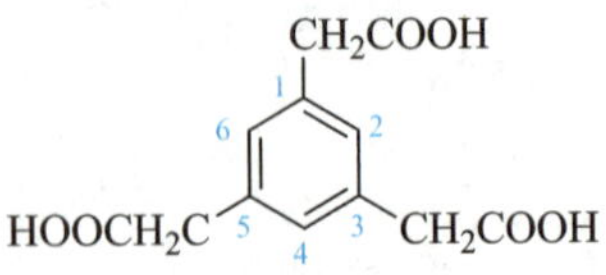    1,3,5-苯三乙酸

**习题 11-1** 用系统命名法和普通命名法命名下列化合物(用中、英文)。

(i) 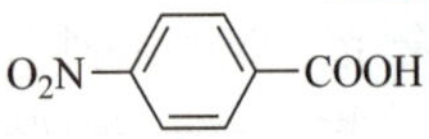 $O_2N-C_6H_4-COOH$   (ii) $CH_3CH_2OCH_2COOH$   (iii) 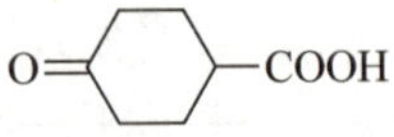 O=环己基-COOH   (iv) $HC\equiv CCOOH$

(v) 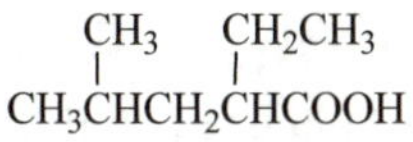 CH₃CH₂CH₂CH(CH₃)CH(CH₂CH₃)COOH  (vi) 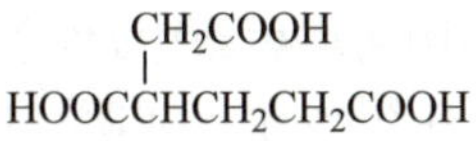 HOOCCH(CH₂COOH)CH₂CH₂COOH  (vii) 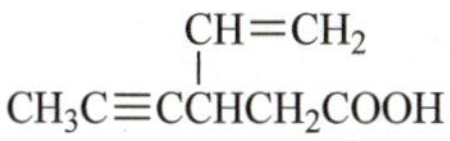 CH₃C≡CCH(CH=CH₂)CH₂COOH

(viii) HOOC(CH₂)₄CH=CHCOOH  (ix) 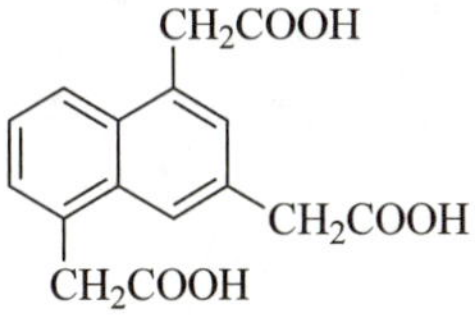 萘-1,3,5-三(CH₂COOH)  (x) 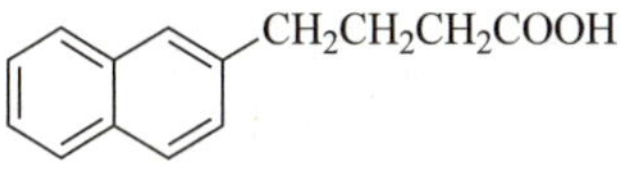 萘-2-CH₂CH₂CH₂COOH

## 11.3 羧酸及羧酸盐的结构

### 11.3.1 羧酸的结构

羧酸中,羧基碳呈 sp² 杂化,三个杂化轨道处于同一平面,键角大约为 120°,其中一个与羰基氧成 σ 键,一个与羟基氧成 σ 键,一个与氢或烃基碳成 σ 键。羧基碳上还剩有一个 p 轨道,与羰基氧上的 p 轨道经侧面重叠形成 π 键。因此羧基具有图 11-1 所示结构。

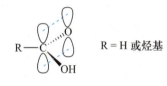

图 11-1 羧基的结构

X 射线衍射实验证明,在甲酸中,C═O 键长为 123 pm,C—O 为 136 pm,由此证明羧酸中的两个碳氧键是不一样的:

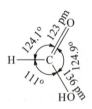

### 11.3.2 羧酸盐的结构

当羧羟基中的氢解离后,氧上带有一个负电荷,这样就更容易提供电子和原来羰基的 π 电子发生共轭作用。因此在羧基负离子中,两个氧原子和一个碳原子各提供一个 p 轨道,形成一个具有四电子三中心的离域 π 分子轨道(图 11-2)。

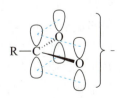

图 11-2 羧基负离子的结构

在这样的离域体系中,负电荷不再集中在一个氧上,而是分散在两个氧上。X射线衍射及电子衍射实验证明,甲酸钠的两个C—O键的键长相等,均为127 pm,没有双键与单键的差别:

$$\text{H—C}\begin{Bmatrix}\overset{127\text{ pm}}{O}\\ \underset{127\text{ pm}}{O}\end{Bmatrix}^- Na^+$$

**习题 11-2** 某羧酸的 Fischer 投影式如下:

$$\begin{array}{c}COOH\\ H\!\!-\!\!\!\!\!-\!\!\!\!\!-\!\!OH\\ CH_3\end{array}$$

(i) 写出它的系统名称;(ii) 写出它的俗名;(iii) 写出它的立体异构体;(iv) 画出它的稳定构象式;(v) 此化合物分子中最多有几个原子共平面?

## 11.4 羧酸的物理性质

低级脂肪酸是液体,可溶于水,具有刺鼻的气味;中级脂肪酸也是液体,部分地溶于水,具有难闻的气味;高级脂肪酸是蜡状固体,无味,不溶于水。芳香酸是结晶固体,在水中溶解度不大。

羧酸的沸点比相对分子质量相当的烷烃、卤代烷的沸点要高,甚至比相近相对分子质量的醇的沸点还高。这是因为羧羰基氧的电负性较强,使电子偏向氧,可以接近质子,形成二缔合体:

$$R-\overset{O\cdots H-O}{\underset{O-H\cdots O}{C}}C-R$$

二缔合体有较高的稳定性。在固态及液态时,羧酸以二缔合体的形式存在,甚至在气态时,相对分子质量较小的羧酸如甲酸、乙酸亦以二缔合体存在,这些均已被冰点降低法测定相对分子质量实验以及X射线衍射方法所证明。

所有二元酸都是结晶化合物,低级的溶于水,随相对分子质量增加,在水中的溶解度减小。在脂肪二元酸系列中有这样一个规律:单数碳原子的二元酸比少一个碳的双数碳原子的二元酸溶解度大、熔点低。

一些常见羧酸的物理性质见表 11-1。

表 11-1  一些常见羧酸的名称及物理性质

| 化合物 | 普通命名法 | IUPAC 命名法 | 熔点/℃ | 沸点/℃ | 溶解度 / g·(100 g H$_2$O)$^{-1}$ | p$K_{a_1}$ | p$K_{a_2}$ |
|---|---|---|---|---|---|---|---|
| 甲酸 HCOOH | formic acid 蚁酸 | methanoic acid | 8.4 | 101 | ∞ | 3.77 | |
| 乙酸 CH$_3$COOH | acetic acid 醋酸 | ethanoic acid | 16.6 | 118 | ∞ | 4.74 | |
| 丙酸 CH$_3$CH$_2$COOH | propionic acid 初油酸 | propanoic acid | −22 | 141 | ∞ | 4.88 | |
| 丁酸 CH$_3$(CH$_2$)$_2$COOH | butyric acid 酪酸 | butanoic acid | −5 | 163 | ∞ | 4.82 | |
| 戊酸 CH$_3$(CH$_2$)$_3$COOH | valeric acid 缬草酸 | pentanoic acid | −35 | 187 | 3.7 | 4.85 | |
| 十六酸 CH$_3$(CH$_2$)$_{14}$COOH | palmitic acid 软脂酸 | hexadecanoic acid | 62.9 | 269/0.01 MPa | 不溶 | | |
| 十八酸 CH$_3$(CH$_2$)$_{16}$COOH | stearic acid 硬脂酸 | octadecanoic acid | 69.9 | 287/0.01 MPa | 不溶 | | |
| 苯甲酸 C$_6$H$_5$—COOH | benzoic acid 苯甲酸 | benzoic acid | 122 | 249 | 0.34 | 4.20 | |
| 2-甲苯甲酸 | o-methylbenzoic acid 邻甲苯甲酸 | 2-methylbenzoic acid | 106 | 259 | 0.12 | 3.91 | |
| 3-甲苯甲酸 | m-methylbenzoic acid 间甲苯甲酸 | 3-methylbenzoic acid | 112 | 263 | 0.10 | 4.27 | |
| 4-甲苯甲酸 | p-methylbenzoic acid 对甲苯甲酸 | 4-methylbenzoic acid | 180 | 275 | 0.30 | 4.38 | |
| 乙二酸 HOOCCOOH | oxalic acid 草酸 | ethanedioic acid | 189 | | 8.6 | 1.27 | 4.27 |
| 丙二酸 HOOCCH$_2$COOH | malonic acid 缩苹果酸 | propanedioic acid | 136 | | 73.5 | 2.85 | 5.70 |
| 丁二酸 HOOC(CH$_2$)$_2$COOH | succinic acid 琥珀酸 | butanedioic acid | 185 | | 5.8 | 4.21 | 5.64 |
| 戊二酸 HOOC(CH$_2$)$_3$COOH | glutaric acid 胶酸 | pentanedioic acid | 98 | | 63.9 | 4.34 | 5.41 |
| 己二酸 HOOC(CH$_2$)$_4$COOH | adipic acid 肥酸 | hexanedioic acid | 151 | | 1.5 | 4.43 | 5.40 |

| 化合物 | 普通命名法 | IUPAC 命名法 | 熔点/℃ | 沸点/℃ | 溶解度 / g·(100 g H$_2$O)$^{-1}$ | p$K_{a_1}$ | p$K_{a_2}$ |
|---|---|---|---|---|---|---|---|
| 顺丁烯二酸 HOOC-C(H)=C(H)-COOH | maleic acid 马来酸 | cis-butenedioic acid (Z)-2-butenedioic acid(CA) | 131 | | 79 | 1.90 | 6.50 |
| 反丁烯二酸 HOOC-C(H)=C(H)-COOH | fumaric acid 富马酸 | trans-butenedioic acid (E)-2-butenedioic acid(CA) | 302 | | 0.7 | 3.00 | 4.20 |
| 1,2-苯二甲酸 | o-phthalic acid 邻苯二甲酸 | 1,2-benzene-dicarboxylic acid | 213 | | 0.7 | 3.00 | 5.39 |
| 1,3-苯二甲酸 | m-phthalic acid 间苯二甲酸 | 1,3-benzene-dicarboxylic acid | 349 | | 0.01 | 3.28 | 4.60 |
| 1,4-苯二甲酸 | p-phthalic acid 对苯二甲酸 | 1,4-benzene-dicarboxylic acid | 300 (升华) | | 0.002 | 3.82 | 4.45 |

**习题 11-3** 将下列化合物按沸点由大到小排列,并讨论相对分子质量、结构和沸点的关系。

HCOOH　CH$_3$COOH　CH$_3$CH$_2$COOH　CH$_3$CH$_2$CH$_2$COOH　CH$_3$OH　CH$_3$CH$_2$OH
CH$_3$CH$_2$CH$_2$OH　(CH$_3$)$_2$CHOH　CH$_3$CH$_2$CH$_2$CH$_2$OH　(CH$_3$)$_2$CHCH$_2$OH　(CH$_3$)$_3$COH
HOCH$_2$CH$_2$OH　HOCH$_2$CH$_2$CH$_2$OH　HOCH$_2$CH(OH)CH$_2$OH

## 羧酸的反应

羧基是羧酸的官能团,也是羧酸的反应中心。羧基是由一个羰基和一个羟基结合在一起组成的。两者结合的结果是羟基氧上的一对孤对电子与羰基的 π 电子共轭,氧、碳、氧三个原子形成了一个离域体系,电子向羰基方向移动,致使羟基上的氢更易离去,所以羧酸具有酸性;羧羰基具有 π 键,因此,羧酸在合适条件下能加氢还原;羧酸有一个与酰基相连的羟基,酰基碳具有正电性,易受亲核试剂进攻,羟基在一定条件下可带着一对电子离去,因此羧酸可以发生酰基碳上的亲核取代反应。在不同条件下,酰基碳上的亲核取代反应按不同的反应机理完成;受羧基的吸电子影响,羧酸的 α 氢具有一定的活性,因此羧酸能发生分子内的失水反应,生成烯酮;羧基含有—COOH 结构单元,在合适条件下,该结构单元可以从羧酸中逸出发生脱羧反应。

## 11.5 酸 性

羧酸都具有酸性。这是因为:① 氧的电负性比氢大,氢氧键的电子云偏向于氧;② 羧羟基氧上的孤对电子可以通过与碳氧双键的共轭,使氧上的电子云向碳氧双键转移,使氢氧键之间的电子云进一步向氧原子转移,使氢正离子更易离去,而且氢离去后形成的羧酸根负离子(carboxylate anion)也因离域使电荷分散而更加稳定。

$$R-C\begin{matrix}O\\\|\\O-H\end{matrix} \quad \left[R-C\begin{matrix}O\\\|\\O^-\end{matrix} \leftrightarrow R-C\begin{matrix}O^-\\\|\\O\end{matrix}\right] \equiv R-C\begin{Bmatrix}O\\O\end{Bmatrix}^-$$

羧酸　　　　　　　　　　　　　　　　　羧酸根

多数的羧酸是弱酸,p$K_a$ 一般在 3～5 之间,例如乙酸在水中的解离常数 $K_a$=1.75×10$^{-5}$,p$K_a$=4.74。表 11-2 列出了若干羧酸的 p$K_a$。

> 大部分羧酸是以未解离的分子形式存在的。0.1 mol·L$^{-1}$ 的乙酸仅有 1.3% 解离。

表 11-2　羧酸的 $K_a$ 与 p$K_a$

| | $K_a$ | p$K_a$ | | $K_a$ | p$K_a$ |
|---|---|---|---|---|---|
| HCOOH | 1.77×10$^{-4}$ | 3.75 | CH$_3$CH$_2$CH$_2$COOH | 1.52×10$^{-5}$ | 4.82 |
| CH$_3$COOH | 1.75×10$^{-5}$ | 4.74 | C$_6$H$_5$COOH | 6.3×10$^{-5}$ | 4.20 |
| CH$_3$CH$_2$COOH | 1.32×10$^{-5}$ | 4.88 | | | |

电子效应会对羧酸的酸性产生影响。吸电子基团会使羧酸的酸性增强,给电子基团会使羧酸的酸性减弱。空间位阻也会对羧酸的酸性产生影响,利于 H$^+$ 解离的空间结构酸性增强,不利于 H$^+$ 解离的空间结构酸性减弱。当羧羟基氧提供未共用电子对形成分子内氢键时,也能使羧酸的酸性增强。下面通过几个实例来进行分析。

**实例一**

当乙酸甲基上的氢被氯取代后,由于氯的吸电子诱导效应,电子将沿着原子链向氯原子方向偏移,使氢离子更容易解离而增强酸性,氢离去后,氯的吸电子诱导效应还能使羧酸负离子的负电荷分散而稳定。如果乙酸甲基上的氢逐个被氯取代,酸性逐渐增强,三氯乙酸已是强酸。

> 取代基的诱导效应随着距离的增加而迅速下降,吸电子基团若连在 α 碳上作用很明显,若连在 β 碳上作用就明显下降,在 γ 碳上的作用已很小,一般在第四个碳上已没有什么作用。

| | CH$_3$COOH | ClCH$_2$COOH | Cl$_2$CHCOOH | Cl$_3$CCOOH |
|---|---|---|---|---|
| p$K_a$ | 4.76 | 2.86 | 1.26 | 0.64 |

## 实例二

当甲酸碳上的氢被苯基和硝基苯基取代后,也会对酸性产生影响。具体酸性强弱如下:

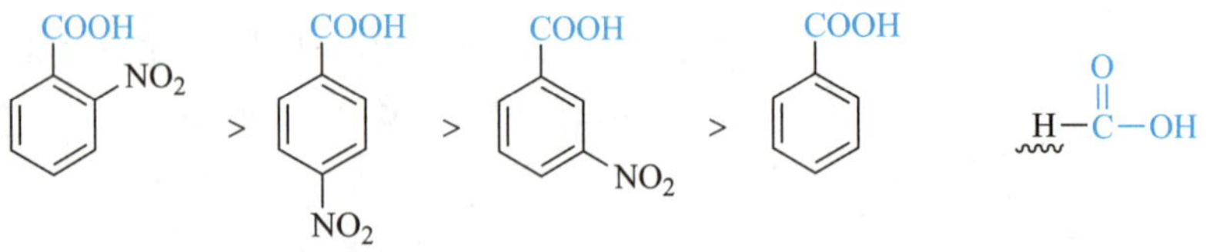

邻-硝基苯甲酸 > 对-硝基苯甲酸 > 间-硝基苯甲酸 > 苯甲酸 ; 甲酸

$pK_a$    2.21        3.42        3.49        4.20        3.75

**苯环相当于一个电子储存库,当它与吸电子基团相连时,苯环具有给电子作用;当它与给电子基团相连时,苯环具有吸电子作用。**

上述数据说明:① 苯甲酸的酸性比甲酸弱。苯环取代甲酸的氢后酸性降低,苯环起的是给电子作用。② 邻、间、对-硝基苯甲酸的酸性均比苯甲酸强。硝基既具有吸电子诱导效应,又具有吸电子共轭效应,硝基的存在使苯环碳原子的电子云密度相应地降低,有利于羧基的解离,因此它们的酸性均比苯甲酸强。③ 羧基与硝基的相对位置不同对酸性的影响也不同。邻硝基苯甲酸的酸性最强,间硝基苯甲酸的酸性最弱。从吸电子诱导效应分析,由于诱导效应随着距离的增加而迅速降低,因此硝基的吸电子诱导效应:邻位＞间位＞对位。从吸电子共轭效应分析,芳环上的取代基对于羧基的影响和在饱和碳链中传递的情形是完全不同的,因为苯环可以看做一个连续不断的共轭体系,分子一端所受的作用可以沿着共轭体系交替地传递到另一端。硝基在苯环上的吸电子共轭效应是由于硝基上氮氧双键的π电子与苯环的π电子发生共轭作用,而导致π电子云向电负性很强的氧原子转移引起的,这种电子转移可以传递很远,紧与硝基结合的碳原子π电子云密度较高,带负电性,硝基的邻位与对位碳原子的π电子云密度降低,带有正电性,π电子云密度是一正一负交替变化的:

**由于硝基苯在邻、间、对位上电子云密度不同,若分别带上羧基后,必然影响羧基的解离,所以邻、间、对三个硝基苯甲酸的解离有差别。**

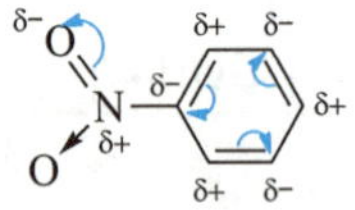

由于硝基邻、对位的电子云密度低,对羧基上的电子有吸引作用,增加了羧基的解离,所以硝基的吸电子共轭效应:邻位、对位＞间位。对于邻位有取代基的苯甲酸,除了考虑电子效应,还需要考虑空间效应。有时还需要考虑氢键的作用。例如,邻羟基苯甲酸因形成分子内的氢键使酸性增强:

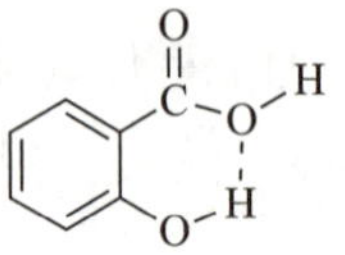

$pK_a = 2.98$

表 11-3 是一些取代苯甲酸的 $pK_a$。

从取代苯甲酸的 $pK_a$ 可以看到,无论取代基是给电子基团还是吸电子基团,邻位取代苯甲酸的酸性均较间位与对位的强。

思考:
(1) 顺丁烯二酸和反丁烯二酸的结构及 $pK_{a_1}$ 和 $pK_{a_2}$ 数值如下:

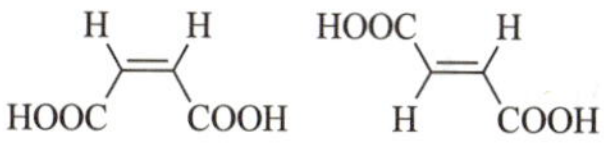

顺丁烯二酸（顺式 H、H 同侧，HOOC、COOH 同侧）
$pK_{a_1} = 1.32$
$pK_{a_2} = 6.23$

反丁烯二酸
$pK_{a_1} = 3.02$
$pK_{a_2} = 4.38$

请分析引起顺丁烯二酸和反丁烯二酸酸性不同的原因。

(2) 草酸的 $pK_{a_2}$ 为 4.27,比乙酸的 $pK_a$ 小。从 X 射线衍射对草酸盐的测定,证明草酸盐具有一个平面的八电子的 π 体系,电子稳定性特别突出:

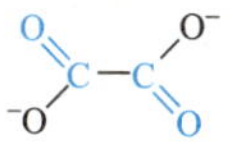

（草酸根平面结构示意图）

请分析此结构特征是如何影响草酸的酸性的。

### 表 11-3 一些取代苯甲酸的 $pK_a$

| 取代基 | o | m | p | 取代基 | o | m | p |
|---|---|---|---|---|---|---|---|
| — | 4.20 | 4.20 | 4.20 | I | 2.86 | 3.85 | 4.02 |
| $CH_3$ | 3.91 | 4.27 | 4.38 | OH | 2.98 | 4.08 | 4.57 |
| F | 3.27 | 3.86 | 4.14 | $OCH_3$ | 4.09 | 4.09 | 4.47 |
| Cl | 2.92 | 3.83 | 3.97 | $NO_2$ | 2.21 | 3.49 | 3.42 |
| Br | 2.85 | 3.81 | 3.97 | | | | |

**实例三**

二元酸中有两个可解离的氢,有 $K_1$、$K_2$ 两个解离常数。

$$HOOC(CH_2)_nCOOH \underset{}{\overset{K_1}{\rightleftharpoons}} HOOC(CH_2)_nCOO^- + H^+$$

$$HOOC(CH_2)_nCOO^- \underset{}{\overset{K_2}{\rightleftharpoons}} {}^-OOC(CH_2)_nCOO^- + H^+$$

表 11-4 是若干二元酸的 $pK_{a_1}$ 和 $pK_{a_2}$。

### 表 11-4 二元酸的 $pK_{a_1}$ 与 $pK_{a_2}$

| | $pK_{a_1}$ | $pK_{a_2}$ | | $pK_{a_1}$ | $pK_{a_2}$ |
|---|---|---|---|---|---|
| HOOCCOOH | 1.27 | 4.27 | $HOOC(CH_2)_2COOH$ | 4.21 | 5.64 |
| $HOOCCH_2COOH$ | 2.85 | 5.70 | $HOOC(CH_2)_3COOH$ | 4.34 | 5.41 |

从表中数据可以看出,二元酸的 $pK_{a_1}$ 比 $pK_{a_2}$ 小。这是由于羧基有强的吸电子效应,能对另一个羧基的解离产生影响,两个羧基愈近,影响愈大。如表 11-4 所列,草酸的 $pK_{a_1}$ 为 1.27,$pK_{a_2}$ 为 4.27,相差 3.0;丙二酸的 $pK_{a_1}$ 为 2.85,$pK_{a_2}$ 为 5.70,相差 2.85;而丁二酸以上的 $pK_{a_1}$ 和 $pK_{a_2}$ 之间的差值就明显地减小了,而且接近于一个不变的数值。可以看出,诱导效应相隔一个碳原子后,彼此影响减弱很多。因此二元酸的酸性增强与酸性减弱效应,均与链的距离有关。大多数二元羧酸的 $pK_{a_1}$ 均较乙酸的小。第一个羧基解离后,成为羧基负离子,有给电子诱导效应,使第二个羧基解离比较困难,因此大多数二元酸的 $pK_{a_2}$ 均较乙酸的 $pK_a$ 大。但也有少数二元羧酸的情况例外。

**羧酸的分离提纯**

羧酸和碱反应生成羧酸盐。羧酸盐是固体,熔点很高,常常在熔点分解。羧酸的钾盐、钠盐、铵盐可溶于水,这些盐除低级的外,一般均不溶于有机溶剂,羧酸的重金属盐不溶于水。

$$RCOOH + NaOH \underset{}{\overset{H_2O}{\rightleftharpoons}} \underset{\text{羧酸钠}}{RCOONa} + H_2O$$

羧酸是一个弱酸,将生成的羧酸盐用无机酸酸化,又可转化为原来的羧酸。

$$RCOONa + HCl \rightleftharpoons RCOOH + NaCl$$

可以利用上述反应和羧酸盐的物理性质在有机混合物中分离提纯羧酸和鉴别

羧酸盐。例如,将羧酸与氢氧化钠水溶液作用,可以将其转化为易溶于水的盐,这样可以与很多不溶于氢氧化钠水溶液的有机化合物分离,然后再用无机酸将羧酸盐转回为原来的羧酸。如果此羧酸为固体,可用过滤法得到羧酸;若为液体,可用溶剂提取,再将溶剂蒸除,即可得羧酸。

**习题 11-4** 将下列各组化合物按酸性从强到弱的顺序排序。

(i) CH$_3$CHCH$_2$COOH, CH$_3$CH$_2$CHCOOH, CH$_2$CH$_2$CH$_2$COOH
      |NO$_2$            |NO$_2$        |NO$_2$
    (A)             (B)          (C)

(ii) FCH$_2$COOH, CH$_2$=CHCH$_2$COOH, NCCH$_2$COOH, ClCH$_2$COOH, (CH$_3$)$_2$CHCH$_2$COOH
    (A)      (B)            (C)        (D)          (E)

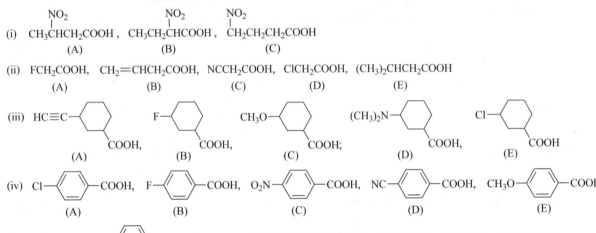

(v) CH$_3$OCH$_2$COOH, C$_6$H$_5$—COOH, CH$_3$CH$_3$, CH$_3$CH$_2$OH, CH$_3$COOH, CH$_3$CH$_2$NH$_2$, HC≡CH, ClCH$_2$COOH
    (A)         (B)         (C)      (D)       (E)         (F)      (G)     (H)

**习题 11-5** 将下列各组化合物按碱性从强到弱的顺序排序。

(i) CH$_3$CH$_2$CCl$_2$COO$^-$, CH$_3$CH$_2$CHClCOO$^-$, CH$_3$CH$_2$CH(CH$_3$)COO$^-$

(ii) CH$_3$—C$_6$H$_4$—COO$^-$, HO—C$_6$H$_4$—COO$^-$, O$_2$N—C$_6$H$_4$—COO$^-$

(iii) CH$_3$CH$_2$CH$_2$O$^-$, CH$_3$CH$_2$COO$^-$, CH$_3$CHClCOO$^-$, CH$_3$C≡C$^-$, CH$_3$CH$_2$NH$^-$, CH$_3$CH$_2^-$

**习题 11-6** 请解释邻、间、对-溴苯甲酸的酸性大小顺序。

## 11.6 羧酸 α-H 的反应——Hell-Volhard-Zelinsky 反应

此方法首先由 Hell 于 1881 年发现,后经 Volhard 和 Zelinsky 改良完成。

在催化量的三氯化磷、三溴化磷等作用下,卤素取代羧酸 α-H 的反应称为 Hell-Volhard-Zelinsky(赫尔-乌尔哈-泽林斯基)反应。

$$CH_3CH_2CH_2CH_2COOH + Br_2 \xrightarrow[70\ °C]{PBr_3} CH_3CH_2CH_2CHCOOH + HBr$$
$$\qquad\qquad\qquad\qquad\qquad\qquad\qquad\qquad\qquad\qquad |$$
$$\qquad\qquad\qquad\qquad\qquad\qquad\qquad\qquad\qquad\quad Br$$
$$\qquad\qquad\qquad\qquad\qquad\qquad\qquad\qquad\qquad\ 80\%$$

## 11.6 羧酸α-H的反应——Hell-Volhard-Zelinsky反应

氯代、溴代反应进行很顺利,控制卤素用量,可分别得到一元或多元卤代酸。α-碘代酸、α-氟代酸不能用此法制备,因为碘代、氟代反应也能在其他碳上发生。制备 α-碘代酸可用如下方法:

$$RCHCOOH \atop | \atop Cl(或Br)} + KI \xrightarrow{CH_3CCH_3 \atop \parallel \atop O} RCHCOOH \atop | \atop I} + KCl(或KBr)$$

**赫尔**(C. Hell, 1849—1926),德国科学家。1889年 Hell 合成了当时含碳数最高的烷烃 $C_{60}H_{122}$。他首先发现了 α-卤代酸的制备方法,对在磷存在下羧酸的 α-溴代机理研究较深。

**乌尔哈**(J. Volhard, 1834—1909),德国化学家。他在容量测定方面有杰出的工作;合成了肌氨酸、胍、肌酸;由琥珀酸合成了噻吩及其衍生物。

**泽林斯基**(N. D. Zelinsky, 1861—1953),苏联化学家。共发表过约 500 篇论文,主要涉及催化氢化、脱卤作用、萜类化学和合成橡胶。

反应机理如下:

$$3\ RCH_2COOH + PBr_3 \longrightarrow 3\ RCH_2COBr + H_3PO_3$$
酰溴(acyl bromide)

[反应机理示意图,展示通过烯醇化的酰溴与溴反应生成 α-溴代酰溴,再与羧酸交换得到 α-溴代羧酸]

三卤化磷的作用是将羧酸转化为酰卤。因为酰卤的 α-H 比羧酸的 α-H 活泼,更容易形成烯醇而加快了卤化反应。然后烯醇化的酰卤与卤素反应生成 α-卤代酰卤。后者与羧酸进行交换反应就得到了 α-卤代羧酸。在反应时,也可以用少量的红磷代替三卤化磷,因为红磷与卤素相遇,会立即生成三卤化磷。

$$2P + 3Br_2 \longrightarrow 2PBr_3$$

由于使用的红磷(或三卤化磷)是催化量的,因此产生的 α-卤代酰卤也是少量的。但它在与羧酸进行交换反应时会重新转变为酰卤,因此酰卤可以循环使用,直到反应完成。

常用的氯代乙酸就是用乙酸和氯气在微量碘的催化作用下制备的,可以得到一氯代、二氯代和三氯代乙酸。

$$CH_3COOH \xrightarrow[I_2]{Cl_2} ClCH_2COOH \xrightarrow{\triangle} Cl_2CHCOOH \xrightarrow{\triangle} Cl_3CCOOH$$

Hell-Volhard-Zelinsky 反应可用来鉴别脂肪酸中 α-H 的存在。

**习题 11-7** 回答下列问题:

(i) 饱和一元羧酸与 $Cl_2$ 或 $Br_2$ 直接作用也能生成 α-卤代酸,但速度很慢。请分析原因。

(ii) 羧酸的 α-卤代实际上是通过哪一类化合物的卤代来完成的?

(iii) 在 Hell-Volhard-Zelinsky 反应中,能否用 10%~30% 的乙酰氯或乙酸酐来代替少量磷(或少量三卤化磷)做催化剂?为什么?

(iv) α-卤代酰卤与羧酸的交换反应是可逆的,平衡对逆向反应更有利,为什么羧酸的 α-卤代反应还能顺利进行?

## 11.7 酯化反应

醇和酸的失水产物称为酯。醇和无机酸失水形成的产物称为无机酸酯,关于它们的制备参见 7.6.2。醇和有机酸失水形成的产物称为有机酸酯。本节讨论有机酸酯的制备。

### 11.7.1 概述

羧酸与醇在酸催化下生成酯的反应称为酯化反应(esterification reaction)。

$$CH_3COOH + C_2H_5OH \xrightleftharpoons{H^+} CH_3COOC_2H_5 + H_2O$$

常用的催化剂是硫酸、氯化氢或苯磺酸等。这个反应进行得很慢,反应是可逆的。若用 1 mol 酸和 1 mol 醇进行反应,最多只能生成 2/3 mol 的酯,也即当达到平衡时,体系中仍有 1/3 mol 的酸和醇,因此平衡常数可按下式求得:

$$K = \frac{\frac{2}{3} \times \frac{2}{3}}{\frac{1}{3} \times \frac{1}{3}} = 4$$

为提高产率,必须移动平衡,使反应尽量地向右方进行:移动平衡的一个方法是利用共沸混合物将水带走,或加合适的去水剂把反应中产生的水除去;另一方法是在反应时加过量的醇或酸,以改变反应达到平衡时反应物和产物的组成。表 11-5 所列为乙酸与乙醇以不同浓度反应达到平衡时的组成。从表中可以看出,用过量的醇几乎可以把酸完全转变为酯,反过来,若用过量的酸亦几乎能把醇完全酯化。在有机合成中,常常选择最适合的原料比例,以最经济的价格,来得到最好的产率。

表 11-5 乙酸与乙醇浓度不同时酯的产率

| 乙酸/mol | 乙醇/mol | 产物酯/mol | |
|---|---|---|---|
| | | 观察 | 计算 |
| 1 | 0.1 | 0.098 | 0.098 |
| 1 | 0.5 | 0.41 | 0.42 |
| 1 | 1 | 0.66 | 0.67 |
| 1 | 2 | 0.86 | 0.85 |
| 1 | 8 | 0.97 | 0.97 |

### 11.7.2 酯化反应的机理

酯化反应可以按三种不同的机理来进行。

1. 加成-消除机理

当羧酸酯化时,羧酸是提供氢还是提供羟基?各种实验表明,在大多数情况下,是由羧酸提供羟基,醇提供氢。如用含有 $^{18}O$ 的醇和羧酸酯化时,形成含有 $^{18}O$ 的酯:

## 11.7 酯化反应

$$C_6H_5\overset{O}{\overset{\|}{C}}-OH + H-^{18}OCH_3 \underset{}{\overset{H^+}{\rightleftharpoons}} C_6H_5\overset{O}{\overset{\|}{C}}-^{18}OCH_3 + H_2O$$

此外,当羧酸和含 α-手性碳的醇反应时,形成的酯也有旋光性,这也证明反应时羧酸提供的是羟基。因为如果羧酸提供氢,醇提供羟基,当羧酸的氧与醇的 α-手性碳结合时,会引起消旋,即所得的酯为消旋体。

$$CH_3\overset{O}{\overset{\|}{C}}OH + HO-\overset{*}{C}\overset{CH_3}{\underset{(CH_2)_5CH_3}{\cdots H}} \underset{}{\overset{H^+}{\rightleftharpoons}} CH_3\overset{O}{\overset{\|}{C}}O\overset{*}{C}\overset{CH_3}{\underset{(CH_2)_5CH_3}{\cdots H}} + H_2O$$

根据以上证据,可以认为酯化是由羧酸提供羟基,反应是经过形成四面体中间体(ii)(tetrahedral intermediate)的过程完成的。

亲核试剂进攻酰基碳,经过加成-消除机理,酰基碳上的一个原子或基团被亲核试剂取代,这类反应属于酰基碳上的亲核取代反应。

首先是把羧酸的羰基氧质子化形成(i),使羰基碳带有更多的正电性,醇就容易发生亲核进攻,碳氧之间的 π 键打开形成一个四面体中间物(ii),然后质子转移形成(iii),消除水得到(iv),再消除质子形成酯(v)。这个反应过程,是羰基发生亲核加成,再消除水,所以称为加成-消除机理(addition-elimination mechanism),总的结果是一个亲核试剂置换了羧羰基碳上的羟基。所以称此类反应为酰基碳上的亲核取代。

羧酸与一级、二级醇酯化时,绝大多数属于这个反应机理,且反应速率为

$$CH_3OH > RCH_2OH > R_2CHOH$$
$$HCOOH > CH_3COOH > RCH_2COOH > R_2CHCOOH > R_3CCOOH$$

### 2. 碳正离子机理

羧酸与 3°醇发生酯化反应时,由于三级醇的体积较大,不易形成四面体中间体,而三级碳正离子又较易形成,可以认为这类酯化反应是经碳正离子中间体机理(carbocation intermediate mechanism)完成的。具体过程如下:

思考：按碳正离子机理发生酯化反应,在反应中是醇提供羟基,还是羧酸提供羟基？此类反应属于酰基碳上的亲核取代,还是饱和碳上的亲核取代？

这一反应机理已被同位素示踪(isotope tracer)实验所证明。

$$CH_3\overset{O}{\overset{\|}{C}}{}^{18}OH + (CH_3)_3COH \underset{}{\overset{H^+}{\rightleftharpoons}} CH_3\overset{^{18}O}{\overset{\|}{C}}OC(CH_3)_3 + H_2O$$

思考：不同的羧酸和醇发生酯化反应时选择了不同的反应机理，这说明了什么？

酯化反应是一个可逆反应。由于中间体三级碳正离子$(CH_3)_3C^+$在反应过程中易与碱性较强的水结合，不易与羧羰基氧结合，因此三级醇酯化反应的产率是很低的。

### 3. 酰基正离子机理

2,4,6-三甲基苯甲酸的酯化因有空间位阻，醇分子接近羧羰基的碳很困难，不能按上述机理进行。若将羧酸先溶于100%硫酸中，形成酰基正离子，然后将其倒入希望酯化的醇中，很顺利地得到了酯。反应是按形成酰基正离子的机理（acyl cation mechanism）进行的，仅仅少数的酯化反应属于这个机理。

思考：请写出上述反应逆反应的反应机理。

酰基正离子的碳原子是sp杂化，为直线形的结构，并且与苯环共平面。醇分子可以从平面上方或下方进攻酰基碳，能很顺利地得到2,4,6-三甲基苯甲酸酯，产率很好，这是"空助效应"（steric assistance effect）反应的又一例证。同样，如果将这类酯水解，可将酯溶于浓硫酸中，然后倒入大量冰水中，能得到产率很高的酸。

**习题 11-8** 下列酸与醇在酸催化下成酯，请按反应速率从快到慢的顺序排列。

(i) $(CH_3)_3CCOOH$ 与 $CH_3CH_2OH$；$CH_3CH_2COOH$ 与 $CH_3CH_2OH$；$(CH_3)_2CHCOOH$ 与 $CH_3CH_2OH$

(ii) $CH_3CH_2COOH$ 与 $CH_3CH_2CH_2OH$；$CH_3CH_2COOH$ 与 $(CH_3)_2CHOH$

**习题 11-9** 请写出 $CH_3\overset{O}{\overset{\|}{C}}{}^{18}OH$ 与 ⌬—$CH_2CH_2OH$ 在酸催化下发生酯化反应的产物及其反应机理。

## 11.7.3 羟基酸的分子内酯化和分子间酯化

羟基酸分子内具有羟基、羧基这两个可以互相反应的官能团，因此既可以发生分子间酯化（intermolecular esterification），也可以发生分子内酯化（intramolecular esterification）。

思考：
(1) 交酯的结构特点是什么？
(2) α-羟基酸为什么易发生分子间酯化，而不发生分子内酯化？

(1) 形成交酯（lactide） α-羟基酸受热易发生分子间酯化，形成交酯：

环烷烃中以环己烷张力最小、最稳定，但在内酯中以五元环张力最小、最稳定，这与 γ-内酯键角大小有关。

五元环与六元环的内酯易于形成，这是因为分子弯曲成类似五元环和六元环构象的概率很大，这样羟基与羧基接近的机会较多。因此反应速率很快，易形成内酯。

（2）形成内酯（lactone） γ-与 δ-羟基酸易发生分子内酯化，形成内酯：

$$\underset{\gamma\text{-羟基酸}}{R-\overset{OH}{\underset{\gamma}{C}H}-\overset{}{\underset{\beta}{C}H_2}-\overset{}{\underset{\alpha}{C}H_2}-COOH} \rightleftharpoons \gamma\text{-丁内酯}$$

$$\underset{\delta\text{-羟基酸}}{R-\overset{OH}{\underset{\delta}{C}H}-\underset{\gamma}{C}H_2-\underset{\beta}{C}H_2-\underset{\alpha}{C}H_2-COOH} \rightleftharpoons \delta\text{-戊内酯}$$

γ-羟基酸与 δ-羟基酸在中性或酸性条件下成内酯；在碱性条件下内酯可开环成羧酸盐，酸化后又成内酯。表 11-6 列出了内酯与相应羟基酸的平衡关系。

**表 11-6 内酯与羟基酸的平衡关系**

| 内酯 | 平衡时羟基酸/(%) | 平衡时内酯/(%) | 内酯 | 平衡时羟基酸/(%) | 平衡时内酯/(%) |
|---|---|---|---|---|---|
| β-丙内酯（四元环） | 100 | 0 | δ-戊内酯（六元环） | 75 | 25 |
| γ-丁内酯（五元环，带甲基） | 2 | 98 | ε-己内酯（七元环） | ≈100 | ≈0 |

思考：表中数据说明哪一种内酯很难形成，为什么？

思考：大环内酯为什么要在极稀的溶液中制备？

ω-羟基酸（碳数在 9 以上）在极稀的溶液中，可形成大环内酯。

（3）聚合 除形成五元及六元环内酯倾向很大的羟基酸外，其他羟基酸在合适的酯化催化剂作用下，并在反应过程中不断将水除去，可得高相对分子质量的聚酯。催化剂常用质子酸或 Lewis 酸等；若需高温，为避免羟基脱水，常用 $Sb_2O_3$，$Zn(OAc)_2$ 等碱性催化剂。

$$n\,HO(CH_2)_8COOH \xrightarrow[\Delta]{Sb_2O_3} HO(CH_2)_8\overset{O}{\underset{}{C}}\!-\!\!\left[O(CH_2)_8\overset{O}{\underset{}{C}}\right]_{n-1}\!\!\!OH + (n-1)H_2O$$

内酯中除五元环内酯外，其他内酯在催化剂作用下均可开环聚合，如

聚丙交酯可抽丝做外科手术缝线，在体内可自动溶化而不需拆除。因为这种聚合物在体内缓缓分解为乳酸，对人体无害。如果这种聚合物中混有某种药物，置入体内，在聚合物缓慢分解过程中，就具有均匀释放（缓释）药物的功效。

$$n\,\underset{\varepsilon\text{-己内酯}}{\bigg(\!\!\bigcirc\!\!\!=\!\!O\bigg)} \xrightarrow{Zn(C_4H_9)_2} C_4H_9\!-\!\!\left[\overset{O}{\underset{}{C}}(CH_2)_5O\!-\!\overset{O}{\underset{}{C}}(CH_2)_5O\right]_{n-1}\!\!\!\!\!\text{—}$$

聚 ε-己内酯

丙交酯 → 聚丙交酯

**习题 11-10** 从指定原料出发，选用必要的试剂合成目标化合物：
(i) 从甲苯及乙醇合成乙酸苄酯； (ii) 从三级丁基氯合成 α,α-二甲基丙酸甲酯；
(iii) 从异丙醇合成 α,α-二甲基丁酸甲酯。

**习题 11-11** 完成下列反应，写出主要产物。

(i) $HOCH_2CH_2CHO \xrightarrow{HCN} \xrightarrow[\Delta]{H_3^+O}$

(ii) $\underset{CH_3}{\underset{|}{H-\overset{CH_2CH_2COONa}{\overset{|}{C}}-OH}} \xrightarrow{H^+}$

(iii) $CH_2=CHCH_2CH_2COOH \xrightarrow{\text{稀}H_2SO_4}$

(iv) $\underset{Cl}{\underset{|}{CH_3CHCH_2CH_2COOH}} \xrightarrow{NaOH-H_2O} \xrightarrow{H_3^+O}$

(v) $\underset{OH}{\underset{|}{CH_2}}-\underset{OH}{\underset{|}{CH}}-\underset{OH}{\underset{|}{CH}}-\underset{OH}{\underset{|}{CH}}-CHCOOH \xrightarrow{-H_2O}$

(vi) （环己烷顺式 COOH 与 CH$_2$OH 取代）$\xrightarrow[\Delta]{H^+}$

**习题 11-12** 用指定原料及必要的试剂合成下列化合物。

(i) 从 $CH_3CH=CH_2$ 合成 $CH_3CH=CHCOOH$
(ii) 从 $HO(CH_2)_6COOH$ 合成聚酯
(iii) 从 $CH_3CH_2CHO$ 合成丁交酯
(iv) 从 $CH_3\overset{O}{\overset{\|}{C}}CH_2CH_2COOH$ 合成 γ-甲基-γ-丁内酯
(v) 从 $Br(CH_2)_8COOH$ 合成壬内酯
(vi) 从 $CH_3\text{-}C_6H_4\text{-}CHO$ 合成 $CH_3\text{-}C_6H_4\text{-}CH(OH)COOH$
(vii) 从 $HO(CH_2)_{14}COOH$ 合成大环内酯

## 11.8 羧酸与氨或胺反应

羧酸与氨或胺可以形成铵盐。这是一个平衡反应，低温利于铵盐的形成，加热铵盐分解成羧酸和氨或胺。

$$R-\overset{O}{\overset{\|}{C}}-OH + R'NH_2 \underset{\Delta}{\rightleftharpoons} RCOO^- \overset{+}{N}H_3R'$$
羧酸　　　胺　　　　　　铵盐

在这个平衡体系中，氨或胺的氮上的孤对电子可以对羧基碳进行亲核进攻，通过与酯化反应的加成-消除机理相类似的过程，使羧酸脱去一分子水形成酰胺(amide)。

$$R-\overset{O}{\overset{\|}{C}}-OH + NH_3 \xrightarrow{\text{亲核加成}} R-\underset{\overset{+}{N}H_3}{\overset{O^-}{\overset{|}{C}}}-OH \xrightarrow{\text{质子转移}} R-\underset{NH_2}{\overset{O^-}{\overset{|}{C}}}-\overset{+}{O}H_2 \xrightarrow{-H_2O} R-\overset{O}{\overset{\|}{C}}-NH_2$$

酰胺进一步加热，再失去一分子水形成腈(nitrile)。

$$R-\overset{O}{\overset{\|}{C}}-NH_2 \xrightarrow{\text{互变异构}} R-\underset{}{\overset{OH}{\overset{|}{C}}}=N-H \xrightarrow{-H_2O, \Delta} R-C\equiv N$$

羧酸铵盐高温分解成酰胺的反应是一个可逆反应。若在反应过程中不断将水蒸发,移动平衡,可获很好的产率。

$$CH_3COOH + NH_3 \longrightarrow CH_3COONH_4 \xrightleftharpoons{100\ ℃} CH_3CONH_2 + H_2O$$

$$PhCOOH + H_2N\text{—}Ph \xrightleftharpoons{180\sim190\ ℃} PhCONHPh\ (84\%) + H_2O$$

这个反应的一个重要应用就是二元酸与二元胺作用,形成线形聚酰胺。最重要的聚酰胺是尼龙-66(nylon-66),由六个碳的二元酸与六个碳的二元胺为原料聚合,因而得名:

> 反应严格要求酸与胺的比例为1:1,因此先使它们形成盐以保证酸与胺的比例,然后将盐进行聚合反应。此反应是可逆反应,为了使正反应顺利进行,要把产生的水除去,一般是等聚合达到一定程度,在减压下把水蒸去。

$$HOOC(CH_2)_4COOH + H_2N(CH_2)_6NH_2 \longrightarrow {}^-OOC(CH_2)_4COO^-\ {}^+NH_3(CH_2)_6NH_3^+$$
尼龙盐

$$n\,[\,{}^-OOC(CH_2)_4COO^-\ {}^+NH_3(CH_2)_6NH_3^+\,] \xrightarrow[\text{1 MPa}]{270\ ℃} {+\!\!\!\![\,\overset{O}{\overset{\|}{C}}(CH_2)_4\overset{O}{\overset{\|}{C}}NH(CH_2)_6NH\,]\!\!\!\!+}_n + 2n\,H_2O$$
尼龙-66

尼龙-66 可以做合成纤维、工程塑料等。

由癸二酸及癸二胺缩聚而成的聚酰胺,称为尼龙-1010。这是一种性能良好的工程塑料,具有良好的耐磨性能、耐油性和绝缘性,可在 −40~120℃ 范围内使用。

**习题 11-13** 环内含有酰胺键的化合物称为内酰胺。己内酰胺开环聚合可以得到尼龙-6。请写出该聚合反应的化学方程式。

## 11.9 羧羟基被卤原子取代的反应

> 思考:请对比醇羟基被卤原子取代和羧羟基被卤原子取代的异同点。
>
> 酰氯易水解(hydrolysis),它的提纯方法一般是通过蒸馏将它与其他产物或未反应的反应物分离,因此要求反应物、各种产物、试剂的沸点有一定的差距,可以满足通过蒸馏方法分离。

羧酸和无机酰卤反应时,羧羟基被卤原子取代,产物是酰卤。

酰卤中最重要的是酰氯。酰氯常用亚硫酰氯(thionyl chloride)、三氯化磷、五氯化磷与羧酸反应而得。如

$$\underset{\text{mp 122 ℃}}{PhCOOH} \xrightarrow{SOCl_2\ (bp\ 79\ ℃)} \underset{\text{bp 197 ℃}}{PhCOCl} + SO_2\uparrow + HCl\uparrow$$

$$3\ CH_3CH_2CH_2COOH \xrightarrow{PCl_3\ (bp\ 75\ ℃)} 3\ \underset{\text{bp 98~102 ℃}}{CH_3CH_2CH_2COCl} + \underset{\text{bp 200 ℃}}{H_3PO_3}$$

$$CH_3(CH_2)_6COOH \xrightarrow[\text{166.8 ℃ 分解}]{PCl_5\ (160\ ℃\ 升华,加压下)} \underset{\text{bp 196 ℃}}{CH_3(CH_2)_6COCl} + \underset{\text{bp 107 ℃}}{POCl_3} + HCl\uparrow$$

这三种方法可以互相补充使用。最常用的试剂是亚硫酰氯,反应条件温和,在室温或稍加热即可反应,产物除酰氯外,其他均为气体,在反应过程中即可分离出去,只要使用稍过量的亚硫酰氯,使羧酸反应完全,反应后把稍过量的亚硫酰氯通过蒸馏分离出来,产物往往不需提纯即可应用,纯度好,产率高。

羧酸与亚硫酰氯反应过程如下所示,氯负离子"内返"形成酰氯:

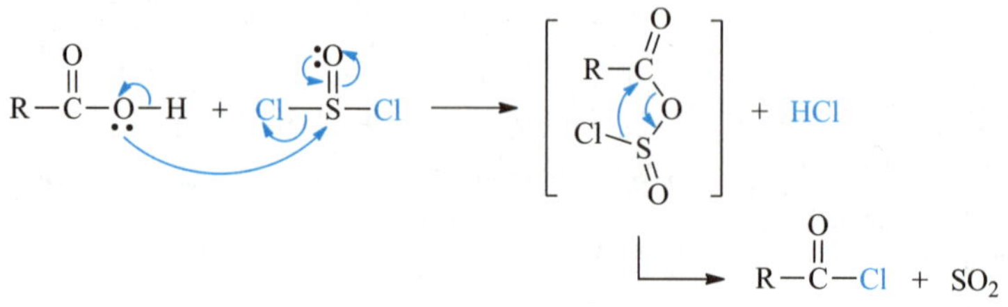

注意:使用此法生产酰氯,若将 HCl 和 $SO_2$ 排放,将会对环境造成污染,因此必须考虑废气的处理和综合利用。

$$R-\overset{O}{\underset{}{C}}-\overset{..}{\underset{..}{O}}H + \overset{..}{\underset{..}{Cl}}-\overset{\overset{..}{O}}{\underset{\overset{\|}{O}}{S}}-Cl \longrightarrow \left[ \begin{array}{c} R-\overset{O}{\underset{}{C}}-O \\ Cl \quad S \\ \| \\ O \end{array} \right] + HCl$$

$$\longrightarrow R-\overset{O}{\underset{}{C}}-Cl + SO_2$$

酰溴常用三溴化磷(沸点 173℃)为卤化试剂来制备。

> **习题 11-14** 羧酸与三氯化磷反应生成酰氯,请提供合理的、可能的反应机理。
> **习题 11-15** 醇和浓盐酸反应可得到卤代烃,羧酸和浓盐酸反应能否得到酰卤?为什么?

## 11.10 羧酸与有机金属化合物反应

格氏试剂与羧酸反应生成羧酸镁盐。羧酸镁盐不溶于有机溶剂,且成盐后的羧羰基活性降低,因此不再与格氏试剂进一步反应。

$$RCOOH + R'MgX \longrightarrow RCOOMgX\downarrow + R'H$$

羧酸与有机锂试剂反应先形成羧酸锂盐,羧酸锂盐的解离性能不是很高而溶解性能却很好,且易于接受亲核试剂对羧羰基的进攻。当第二分子有机锂试剂与羧酸锂盐反应时,首先是锂与氧接近,使羧羰基碳更具正电性,帮助烷基向羧羰基碳进攻,形成稳定的中间物,然后水解得酮。这也是合成酮的一般方法。α 碳上取代基少,空间位阻小的羧酸易于发生加成反应。反应常用的溶剂有乙醚、苯、四氢呋喃等。

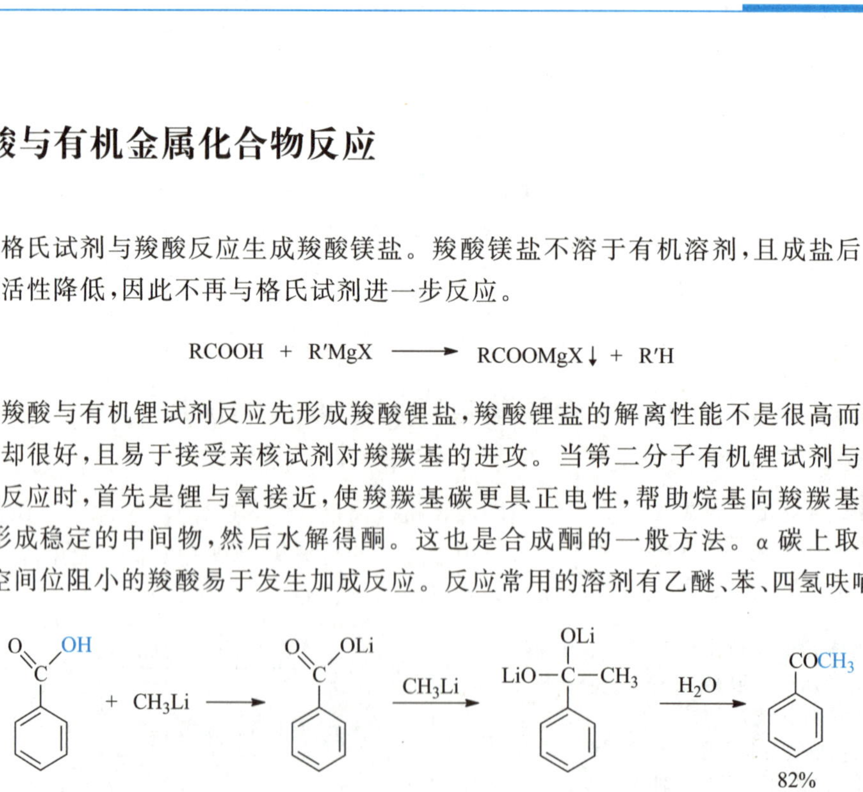

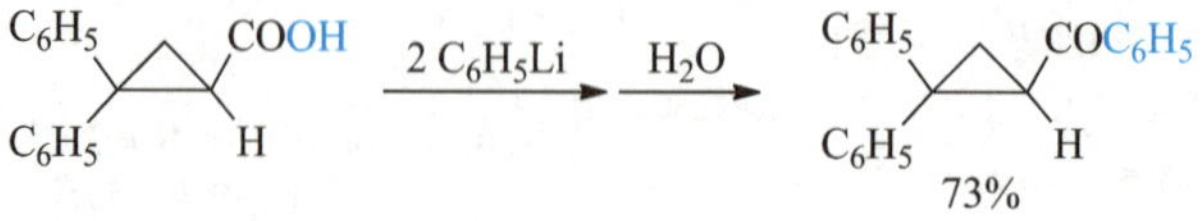

PhCOOH + CH₃Li ⟶ PhCOOLi $\xrightarrow{CH_3Li}$ Ph-C(OLi)(OLi)-CH₃ $\xrightarrow{H_2O}$ PhCOCH₃ (82%)

(C₆H₅)₂C(cyclopropane)COOH $\xrightarrow{2\,C_6H_5Li}$ $\xrightarrow{H_2O}$ (C₆H₅)₂C(cyclopropane)COC₆H₅ (73%)

## 11.11 羧酸的还原

羧酸很难用催化氢化法还原,但氢化铝锂或乙硼烷能顺利地将羧酸还原成一级醇。

$$CH_2=CHCH_2COOH \xrightarrow{LiAlH_4} \xrightarrow{H_2O} CH_2=CHCH_2CH_2OH$$

$$O_2N{-}C_6H_4{-}COOH \xrightarrow{B_2H_6} \xrightarrow{H_2O} O_2N{-}C_6H_4{-}CH_2OH \quad 79\%$$

> 虽然反应经过醛的阶段,但由于醛比酸更易被氢化铝锂还原,所以不能拿到中间产物醛。

氢化铝锂还原羧酸分两个阶段,第一阶段是将羧酸还原成醛,具体过程如下:

$$RCOOH + LiAlH_4 \longrightarrow RCOOLi + H_2 + AlH_3$$

> 氢化铝锂能还原很多具有羰基结构的化合物,但不能还原孤立的碳碳双键。

$$\underset{\underset{OLi}{|}}{\overset{O\cdots AlH_2}{\underset{\|}{R-C-H}}} \longrightarrow \underset{\underset{H}{|}}{\overset{OAlH_2}{\underset{|}{R-C-O^-Li^+}}} \xrightarrow{-LiOAlH_2} RCH=O$$

首先,羧酸转变成羧酸锂盐,然后氢化铝($AlH_3$)与羧酸锂盐接近,与羰基氧形成配合物,再将负氢从铝转移到羰基碳上,接着消除 $LiOAlH_2$ 形成醛。第二阶段是醛再与第二分子氢化铝锂反应,然后用稀酸水解得一级醇(参见 10.11.2/2)。用氢化铝锂还原时,常用无水乙醚、四氢呋喃做溶剂。

乙硼烷还原羧酸的反应过程如下:

$$RCOOH + BH_3 \longrightarrow \underset{\underset{OH}{|}}{\overset{O\cdots BH_2}{\underset{\|}{R-C-H}}} \longrightarrow \underset{\underset{H}{|}}{\overset{OBH_2}{\underset{|}{R-C-O-H}}} \xrightarrow{-BH_2(OH)} RCH=O$$

$$\xrightarrow{BH_3} \underset{\underset{H}{|}}{\overset{O\cdots BH_2}{\underset{\|}{R-C-H}}} \longrightarrow R-CH_2OBH_2 \xrightarrow{H_2O} RCH_2OH$$

首先是缺电子的硼对羧羰基氧配位,然后将负氢从硼转移到碳上,再消除 $BH_2OH$ 生成醛。醛再与一分子硼烷反应,最后水解得到一级醇。反应的关键在于硼烷与氧的配位,因此,羰基氧的碱性越强,反应越易进行。各种基团的反应性能次序如下:

> 腈与硼烷还原时,缺电子的硼与 N 配位,然后负氢转移到碳上。

$$-COOH > \,\,\rangle C=O > -C{\equiv}N > -COOR > -COCl$$

**习题 11-16** 完成下列反应,写出主要产物。

(i) $(CH_3)_2CHCH_2COOH \xrightarrow{2CH_3Li} \xrightarrow{H_2O}$   (ii) $HOOCCH_2CH_2COOH \xrightarrow{LiAlH_4} \xrightarrow{H_2O}$

(iii) 间-COOH-C₆H₄-CHO $\xrightarrow{NaBH_4}{C_2H_5OH} \xrightarrow{H_2O}$   (iv) 间-COOH-C₆H₄-COOC₂H₅ $\xrightarrow{LiAlH_4}{\text{醚}} \xrightarrow{H_2O}$

(v) $HOOCCH_2CH_2\overset{O}{\overset{\|}{C}}Cl \xrightarrow{B_2H_6} \xrightarrow{H_2O}$

## 11.12 脱羧反应

### 11.12.1 脱羧反应的机理

消除稳定中性分子的反应往往是比较容易进行的,所以羧酸的脱羧反应比较易于进行。

在合适的条件下,羧酸一般都能发生脱羧(失去 $CO_2$)反应(decarboxylation)。

$$A-CH_2COOH \xrightarrow{\triangle,\text{碱}} A-CH_3 + CO_2\uparrow$$

羧酸的脱羧反应可以按不同的机理进行,下面介绍几种常见的机理。

**1. 环状过渡态机理**

当羧酸的 α 碳与不饱和键相连时,一般都通过六元环状过渡态机理(cyclic transition state mechanism)失羧。例如,β-羰基酸的脱酸反应就是通过六中心过渡态进行的:

$$\underset{\text{}}{\overset{H_3C\ CH_3}{\underset{H_3C}{\underset{\|}{\overset{\|}{C}}\underset{O}{\overset{}{\underset{H}{\overset{\|}{C}}\underset{O}{\overset{}{}}}}}}} \xrightarrow[\triangle]{-CO_2} \underset{\text{烯醇}}{\overset{H_3C\ CH_3}{\underset{HO}{\overset{}{C=C}}\underset{CH_3}{}}} \xrightleftharpoons{\text{互变异构}} CH_3\overset{O}{\overset{\|}{C}}CH(CH_3)_2$$

2,2-二甲基-3-氧代丁酸由于氢键螯合(hydrogen bond chelation)关系,首先形成螯合物,然后发生电子转移进行脱羧,先得烯醇,然后互变异构得酮。这个反应在合成上很重要,丙二酸型化合物的脱羧一般属于这一类型。

α,β-不饱和酸通过互变异构形成 β,γ-不饱和酸后进行的脱羧反应,也是通过与 β-羰基酸类似的过程进行的:

$$R-CH=CH-CH_2COOH \rightleftharpoons R-CH_2-CH=CH-COOH \xrightarrow{\triangle} R-CH=CH_2$$

**2. 负离子机理**

当羧基和一个强吸电子基团相连时,按负离子机理(anionic mechanism)脱羧。例如三氯乙酸的脱羧反应:

## 注意:

(1) 三氯乙酸根负离子在合适条件下易发生 α-消除反应,生成二氯卡宾。

$$Cl_2C-C-O^- \xrightarrow{\Delta} Cl_2C: + CO_2 + Cl^-$$
（结构中 Cl 位于 α-碳）

(2) 三氯甲基负离子在弱酸性溶剂中不易得到质子,而易失去一个卤负离子,形成二氯卡宾。

$$HCCl_3 \xrightarrow[-H^+]{t\text{-BuOK}} :CCl_3^- \xrightarrow[\text{低酸性溶剂}]{t\text{-BuOH}} Cl_2C: + Cl^-$$

(3) 氯仿在碱的作用下也可发生 α-消除反应,失去卤化氢,生成二氯卡宾。

$$HCCl_3 + (CH_3)_3COK \xrightarrow{(CH_3)_3COH} Cl_2C: + (CH_3)_3COH + KCl$$

$$Cl_3C-\overset{O}{\underset{\|}{C}}-OH \xrightarrow[H_2O]{-H^+} Cl_3C-\overset{O}{\underset{\|}{C}}-O^- \xrightarrow{\Delta} Cl_3C^- + CO_2\uparrow$$
$$pK_a = 0.63 \qquad \downarrow H^+$$
$$HCCl_3$$

三氯乙酸在水中完全解离成负离子,由于三个氯有强的吸电子能力,使碳碳之间的电子偏向于有氯取代的碳一边;随着羧基负离子上的电子转移到碳氧之间,碳碳键异裂,释放出 $CO_2$,同时形成碳负离子;后者与水中的质子结合,形成氯仿。这就是通过负离子机理进行的脱羧反应。三氯乙酸的脱羧反应需在合适的条件下才能进行。

α-羰基羧酸(carbonyl carboxylic acid)的脱羧及邻、对位有给电子基团的芳香羧酸在强酸(如 $H_2SO_4$)作用下的脱羧反应也是按负离子机理进行的。

$$R-\overset{O}{\underset{\|}{C}}-\overset{O}{\underset{\|}{C}}-O-H \xrightarrow{-H^+} R-\overset{O}{\underset{\|}{C}}-\overset{O}{\underset{\|}{C}}-O^- \xrightarrow{\Delta} R-\overset{O}{\underset{\|}{C}}- + CO_2\uparrow$$
$$\downarrow H^+$$
$$RCHO$$

（对羟基苯甲酸经质子化、脱羧生成苯酚 + $H^+$ + $CO_2\uparrow$）

**习题 11-17** 写出下列化合物脱羧的反应机理。

(i) $CH_3CH_2CH_2\underset{NO_2}{\overset{|}{C}}HCOONa$ 在水中加热

(ii) $CH_3CH_2CH_2\underset{NO_2}{\overset{|}{C}}HCOOH$

(iii) $CH_3CH_2CH_2\underset{CN}{\overset{|}{C}}HCOOH$

(iv) （邻羟基苯甲酸结构：苯环上 COOH 和 OH 邻位）, $H_2SO_4$

**习题 11-18** 解释（桥环结构，含 COOH、C=O 及 两个 CH_3）虽是 β-氧代羧酸,但不能脱羧的原因。

### 3. 自由基机理

Kolbe(科尔贝)法通过电解羧酸盐的方法制备烷烃。

$$2\,CH_3-\overset{O}{\underset{\|}{C}}-ONa + 2H_2O \xrightarrow{\text{电解}} \underbrace{C_2H_6 + 2CO_2}_{\text{阳极}} + \underbrace{2NaOH + H_2}_{\text{阴极}}$$

此电解法中所用的羧酸,其碳原子数不宜太多或太少,最好在 10 个左右。

一般使用高浓度的羧酸钠盐,在中性或弱酸性溶液中进行电解,电极以铂制成,于较高的分解电压和较低的温度下进行反应。阳极处产生烷烃和二氧化碳;阴极处生成氢氧化钠和氢气。

整个电解反应是通过自由基机理进行的,即羧酸根负离子移向阳极,失去一个电子,生成自由基(i);(i)很快失去二氧化碳,形成新的烷基自由基(ii);两个自由基(ii)彼此结合,生成烷烃。例如

$$CH_3-\underset{O}{\overset{O}{C}}-O^- \xrightarrow{-e^-} \left[ CH_3-\underset{O}{\overset{O}{C}}-O \cdot \right] \longrightarrow CO_2 + \cdot CH_3$$
(i)　　　　　　　　　　(ii)

$$2\ CH_3 \cdot \longrightarrow CH_3-CH_3$$

随着反应条件的不同,除了上一反应外,可以生成下列几种副产物:

$$CH_3 \cdot + \begin{cases} CH_3-\overset{O}{\underset{}{C}}-OH \longrightarrow CH_4 + \cdot CH_2-\overset{O}{\underset{}{C}}-OH \\ CH_3-\overset{O}{\underset{}{C}}-O \cdot \longrightarrow CH_3-\overset{O}{\underset{}{C}}-O-CH_3 \\ HOH \longrightarrow CH_3OH + H \cdot \end{cases}$$

交叉的 Kolbe 反应在合成上非常有价值,因其产物是其他方法无法代替的。例如,家蝇的外信息素 muscalure 的合成:

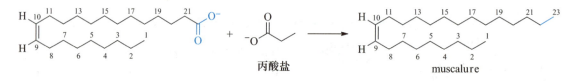

**习题 11-19** 乙酸钠和丙酸钠的混合溶液进行电解反应,会生成哪几种烷烃?

**习题 11-20** 乙酸钠和丁二酸单甲酯的钠盐的混合物进行电解反应,可生成哪些产物?

**习题 11-21** 写出习题 11-20 的反应机理。

一个在合成上非常有用的脱羧反应,称为 Hunsdiecker(汉斯狄克)反应,是用羧酸的银盐在无水的惰性溶剂如四氯化碳中与一分子溴回流,失去二氧化碳并形成比羧酸少一个碳的溴代烷:

$$\text{(1-甲环己基)乙酸银} \xrightarrow[CCl_4]{Br_2} \text{1-甲基-1-溴甲基环己烷}\quad 94\%$$

这个方法的不足是,制备原料无水银盐时比较麻烦,产率也不太理想。因此有许多改进的方法,其中 S. T. Cristol(克利斯脱)的改进法是直接用羧酸与红色氧化汞、溴在四氯化碳中反应:

$$n\text{-}C_{17}H_{35}COOH + HgO + Br_2 \xrightarrow{CCl_4} n\text{-}C_{17}H_{35}Br + HgBr_2 + CO_2 + H_2O$$
93%

反应过程可能是首先形成汞盐,然后形成 RCOOBr,再按均裂机理进行反应,产率也以一级卤代烷为好。

此法便宜,对一级、二级和三级烷基卤代烷产率均很好。

芳香族羧酸脱羧卤化产率低,应用较少。脂环和杂环羧酸亦能发生此反应。

反应是按自由基机理进行的:羧酸银盐与 $Br_2$ 反应先转化为 RCOOBr。

$$RCOOAg \xrightarrow{Br_2} RCOOBr$$

RCOOBr 在受热的作用下均裂为 RCOO· 和 Br·,RCOO· 脱羧分解产生 R·,R· 和 Br· 结合生成卤代烷。

$$RCOOBr \xrightarrow{\Delta} RCOO\cdot + Br\cdot$$
$$RCOO\cdot \longrightarrow R\cdot + CO_2$$
$$R\cdot + Br\cdot \longrightarrow RBr$$

这个反应广泛地用于制备脂肪族卤代烷,特别是从天然的含有双数碳原子的羧酸来制备单数碳的长链的卤代烷,产率以一级卤代烷最好,二级次之,三级最低,卤素中以溴反应最好。

Kochi(柯齐)反应是用四乙酸铅、金属卤化物(锂、钾、钙的卤化物)和羧酸反应,脱羧卤化(decarboxylative halogenation)而得卤代烷:

$$(CH_3)_3C\text{-}COOH + Pb(OAc)_4 + LiCl \xrightarrow[\text{回流}]{\text{苯}} (CH_3)_3C\text{-}Cl + CO_2 + LiOAc + Pb(OAc)_2 + HOAc$$

反应过程大致为,四乙酸铅分别与金属卤化物或羧酸反应,生成氯化三乙酸铅和铅盐:

$$Pb(OAc)_4 + LiCl \longrightarrow PbCl(OAc)_3 + LiOAc$$
$$Pb(OAc)_4 + RCOOH \longrightarrow RCOOPb(OAc)_3 + HOAc$$

铅盐均裂分解,形成 RCOO·,然后再裂解生成 R·:

$$RCOOPb(OAc)_3 \longrightarrow RCOO\cdot + [\cdot Pb(OAc)_3]$$
$$RCOO\cdot \longrightarrow R\cdot + CO_2$$

R· 与 $PbCl(OAc)_3$ 中的氯原子很快地发生反应,结合成为卤代烷:

$$R\cdot + PbCl(OAc)_3 \longrightarrow RCl + [\cdot Pb(OAc)_3]$$

$[\cdot Pb(OAc)_3]$ 可以形成 $Pb(OAc)_4$ 及 $Pb(OAc)_2$,其中 $Pb(OAc)_4$ 可进一步使用。

### 11.12.2 二元羧酸的脱水、脱羧反应

二元羧酸受热易发生分解,由于两个羧基的相互位置不同,互相之间的作用也有所不同,有的脱水,有的脱羧,有的同时脱水脱羧。例如

有硫酸存在时，乙二酸在100℃左右就可进行脱羧反应。

$$HOOCCOOH \xrightarrow{160\sim180\ ℃} HCOOH + CO_2$$
乙二酸
$$\hookrightarrow CO + H_2O$$

$$HOOCCH_2COOH \xrightarrow{140\sim160\ ℃} CH_3COOH + CO_2$$
丙二酸

丁二酸以上的二元酸进行脱水反应时常与去水剂共热，常用的去水剂有乙酰氯、乙酸酐、五氯化磷、三氯氧磷、五氧化二磷等。

丁二酸 $\xrightarrow{300\ ℃}$ 丁二酸酐 + $H_2O$

戊二酸 $\xrightarrow{300\ ℃}$ 戊二酸酐 + $H_2O$

己二酸 $\xrightarrow{300\ ℃}$ 环戊酮 + $CO_2$ + $H_2O$

庚二酸 $\xrightarrow{300\ ℃}$ 环己酮 + $CO_2$ + $H_2O$

一元羧酸也能发生分子间失水形成酸酐(参见12.14.1)。

庚二酸以上的二元酸，在高温时发生分子间的失水作用，形成高分子的酸酐，不形成大于六元的环酮。根据以上反应可以得出一个结论：在有机反应中有成环可能时，一般易形成五元或六元环。这称为 Blanc(布朗克)规则，这是 Blanc 在用各种二元酸和乙酸酐加热时得到的结果。

芳香二元酸也能进行上述反应：

邻苯二甲酸 $\xrightarrow{\Delta}$ 邻苯二甲酸酐

邻-(羧甲基)苯甲酸 $\xrightarrow[\Delta]{Ac_2O}$ 异色满-1,3-二酮

简单脂肪族的二元羧酸广泛存在于自然界中，它们很容易从水溶液中结晶出来，因此很易分离，也是最早知道的有机物。最简单的二元酸是草酸，它存在于许多植物(如菠菜)中，通常以钾盐形式存在；草酸的钙盐是不溶的，它存在于植物细胞内，人体内有的结石就是草酸的钙盐。草酸是有毒的。丁二酸(琥珀酸)存在于琥珀、化石、真菌、苔藓中，首次从蒸馏琥珀分离得到。戊二酸存在于甜菜中，也发现在

羊毛的水萃取液中。己二酸也可从甜菜中分离得到,但它通常是由环己烷合成的。

**习题 11-22** 完成下列反应,写出主要产物。

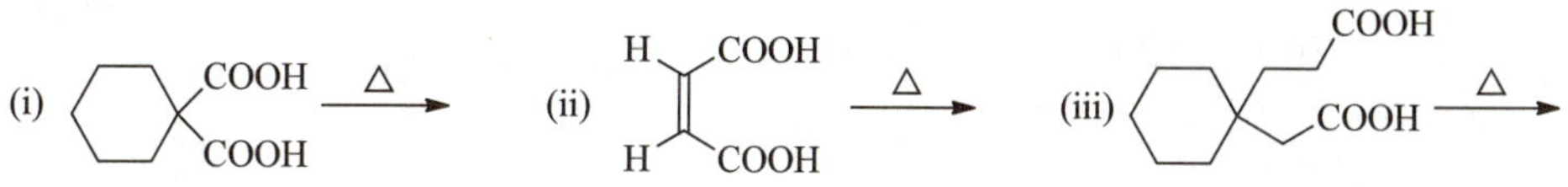

(i) 1,1-环己烷二甲酸 $\xrightarrow{\Delta}$

(ii) 顺/反-HOOC-CH=CH-COOH $\xrightarrow{\Delta}$

(iii) 1,1-环己烷二乙酸 $\xrightarrow{\Delta}$

(iv) $n\ \text{HOOC(CH}_2)_n\text{COOH} \xrightarrow{\Delta}$

## 羧酸的制备

## 11.13 羧酸的一般制备法

### 11.13.1 氧化法制备

羧酸可用醇的氧化(参见 7.9),烯、炔的氧化(参见 8.9.2,8.23),醛、酮的氧化(参见 10.10),以及芳烃的氧化来制备。

### 11.13.2 羧酸衍生物、腈的水解制备

1. 羧酸衍生物水解制备(参见 12.5.2)
2. 腈的水解制备

腈在酸性或碱性条件下回流水解,都可得到羧酸。

$$R-C\equiv N + H_2O \xrightarrow[\Delta]{\text{酸或碱}} RCOOH$$

腈在酸催化下的水解机理如下:

由于腈的酸性水解和碱性水解都要经过酰胺这一步,因此水解时若能控制合适的条件,反应可以停留在酰胺这一步。

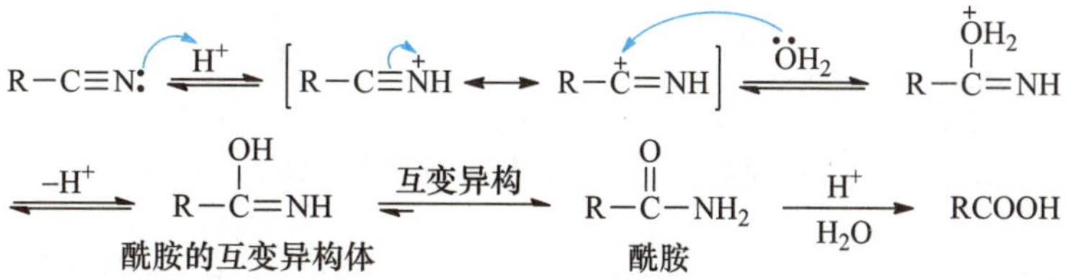

$$R-C\equiv N: \xrightarrow{H^+} [R-C\equiv \overset{+}{N}H \leftrightarrow R-\overset{+}{C}=NH] \xrightarrow{\overset{..}{O}H_2} R-\underset{\overset{+}{O}H_2}{\overset{|}{C}}=NH$$

$$\xrightleftharpoons{-H^+} R-\underset{OH}{\overset{|}{C}}=NH \xrightarrow{\text{互变异构}} R-\underset{O}{\overset{\|}{C}}-NH_2 \xrightarrow[H_2O]{H^+} RCOOH$$

酰胺的互变异构体　　　酰胺

氰基和羰基类似,可以质子化,质子化后的氮原子很易与水发生亲核加成,然后再消除质子,得酰胺的互变异构体。酰胺继续酸性水解(参见 12.5.2/3)得羧酸。

腈在碱催化下的水解机理如下：

$$R-C\equiv N \xrightarrow{^-OH} R-\underset{OH}{C}=N^- \xrightarrow{H_2O} R-\underset{OH}{C}=NH \xrightleftharpoons{互变异构} R-\underset{O}{\overset{\|}{C}}-NH_2 \xrightarrow[H_2O]{OH^-} \xrightarrow{H^+} RCOOH$$

从一级卤代烷制备腈的产率很高，二级卤代烷制腈产率不太好，三级卤代烷因氰化钠碱性较强，往往失卤化氢成烯，因此从二级及三级卤代烷制羧酸最好还是用格氏试剂的方法。苯型卤代烃和乙烯型卤代烃中的卤原子因与不饱和体系共轭，不易被取代，不能用来制备相应的腈。但苯型腈化物可通过Sandmeyer（桑德迈耳）反应制备。

$OH^-$ 是一强碱，进攻氰基的碳，然后从水中夺取质子，得酰胺的互变异构体；酰胺进一步碱性水解后，再酸化即得羧酸。

脂肪腈通常是由卤代烷与氰化钠反应制备的，水解后所得羧酸比相应卤代烷多一个碳原子。

$$\text{(CH}_3)_2\text{CHCH}_2\text{CH}_2\text{Cl} \xrightarrow{NaCN} \text{(CH}_3)_2\text{CHCH}_2\text{CH}_2\text{CN} \xrightarrow[H_2O]{OH^-} \xrightarrow{H^+} \underset{异己酸\ 82\%}{\text{(CH}_3)_2\text{CHCH}_2\text{CH}_2\text{CH}_2\text{COOH}}$$

若用卤代酸与氰化钠反应制二元酸，卤代酸必须首先制成羧酸盐，然后与氰化钠反应。否则，羧基中的质子会首先与氰化钠反应，释放出剧毒的HCN。

$$ClCH_2COOH + NaHCO_3 \longrightarrow ClCH_2COONa \xrightarrow{NaCN} NCCH_2COONa$$

$$\xrightarrow{NaOH} \xrightarrow{H_3^+O} HOOCCH_2COOH$$

此法操作方便，副反应少，产率高，应用较广。

### 11.13.3 用羧酸的锂盐制备

比较复杂的羧酸可以通过羧酸的烷基化来制备。如

$$RCH_2COOH + 2\ LiN(i\text{-}C_3H_7)_2 \longrightarrow R\overset{Li^+}{\overset{-}{C}}HCOO^-Li^+ \xrightarrow{R'X} \xrightarrow{H_2O} R\overset{R'}{\underset{|}{C}}HCOOH$$

$$(CH_3)_2CHCOOH + 2\ LiN(i\text{-}C_3H_7)_2 \xrightarrow[0\ °C]{THF, C_6H_{14}} (CH_3)_2CLiCOOLi \xrightarrow{CH_3(CH_2)_3Br} \xrightarrow{H_2O} \underset{89\%}{(CH_3)_2C(CH_2)_3CH_3COOH}$$

此法用强碱二异丙基胺锂夺取羧酸的 α 氢，使成锂盐，再用卤代烷烷基化。若分子中其他碳上有活泼氢，也能发生类似的反应。如

$$\underset{CH_3}{\text{o-CH}_3C_6H_4COOH} + 2\ LiN(i\text{-}C_3H_7)_2 \xrightarrow{THF, C_7H_{16}} \underset{CH_2Li}{\text{o-}C_6H_4(COOLi)(CH_2Li)} \xrightarrow{CH_3(CH_2)_3Br} \xrightarrow{H_2O} \underset{69\%\sim73\%}{\text{o-}C_6H_4(COOH)((CH_2)_4CH_3)}$$

二元羧酸也可以用与上述类似的方法制备。如

$$BrCH_2CH_2Br + NaCN \longrightarrow NCCH_2CH_2CN \xrightarrow[H_2O, \Delta]{H^+} HOOCCH_2CH_2COOH$$

$$2\ (CH_3)_2CLiCOOLi + Br(CH_2)_nBr \xrightarrow{H_2O} HOOC\text{-}C(CH_3)_2(CH_2)_nC(CH_3)_2\text{-}COOH$$

### 11.13.4 由有机金属化合物制备

格氏试剂和二氧化碳发生反应生成羧酸镁盐，后者经水解生成酸。此法可将一级、二级、三级和芳香卤代烷制备成多一个碳原子的羧酸。如

$$\text{sec-BuCl} + \text{Mg} \xrightarrow{\text{无水乙醚}} \text{sec-BuMgCl} \xrightarrow{CO_2} \text{sec-BuCOOMgCl} \xrightarrow[H^+]{H_2O} \text{sec-BuCOOH} \quad 86\%$$

$$\text{1-BrC}_{10}\text{H}_7 + \text{Mg} \xrightarrow{\text{无水乙醚}} \text{1-MgBrC}_{10}\text{H}_7 \xrightarrow{CO_2} \text{1-COOMgBrC}_{10}\text{H}_7 \xrightarrow[H^+]{H_2O} \alpha\text{-萘甲酸} \quad 70\%$$

低温对反应有利，一般将反应温度控制在 $-10 \sim 10 ℃$ 左右。实验时，可将格氏试剂的乙醚溶液在冷却下通入二氧化碳，也可以将格氏试剂的乙醚溶液倒入过量的干冰中，这时的干冰既是反应试剂又是冷冻剂。

有机锂试剂与等摩尔的二氧化碳反应生成羧酸锂盐，再水解也生成羧酸。但羧酸锂盐也能与有机锂试剂反应，生成物水解得酮。因此，有机锂试剂与二氧化碳的投料比将对生成哪一种产物起控制作用。

$$\text{RBr} \xrightarrow{Li} \text{RLi} \xrightarrow{CO_2} \text{RCOOLi} \xrightarrow[H^+]{H_2O} \text{RCOOH}$$

$$\text{RCOOLi} \xrightarrow{RLi} \text{R-C(OLi)}_2\text{R} \xrightarrow[H^+]{H_2O} \text{R-CO-R}$$

## 11.14 几个常用羧酸的工业生产

**1. 甲酸**

工业上，首先用一氧化碳和氢氧化钠溶液在高温高压下作用生成甲酸钠，然后再用浓硫酸分解把甲酸蒸馏出来：

$$\text{NaOH} + \text{CO} \longrightarrow \text{HCOONa} \xrightarrow{H_2SO_4} \text{HCOOH}$$

甲酸可用做还原剂、防腐剂，或用在制备染料及橡胶生产上。

**2. 乙酸**

常用的工业方法是乙醛氧化法，以乙酸锰为催化剂，用空气或氧将乙醛氧化：

$$CH_3CHO + O_2 \xrightarrow{Mn^{2+}} CH_3COOH$$

另一种方法是用甲醇在铑(Rh)的催化剂(均相催化剂)作用下和一氧化碳直接反应生成乙酸：

$$CH_3OH + CO \xrightarrow[Rh]{I_2} CH_3COOH$$

乙酸是化学工业的重要原料,可以用来合成乙酸酐、乙酸酯类,它们又可以进一步生产乙酸纤维、电影胶片、喷漆溶剂、食品工业和化妆品工业的香精。由乙酸制成的乙酸乙烯酯是合成纤维维尼纶的主要原料。

3. 苯甲酸

常用甲苯、邻二甲苯或萘为原料制备。这些原料来自煤焦油或石油：

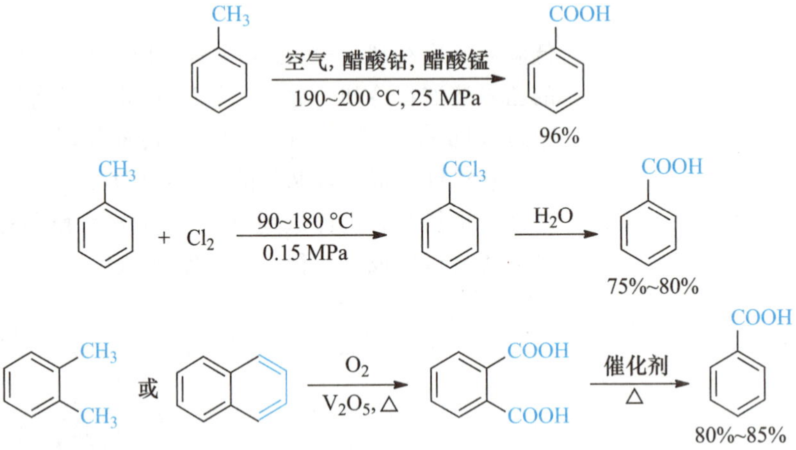


4. 己二酸

一种方法以苯为原料,还原后再氧化制得：

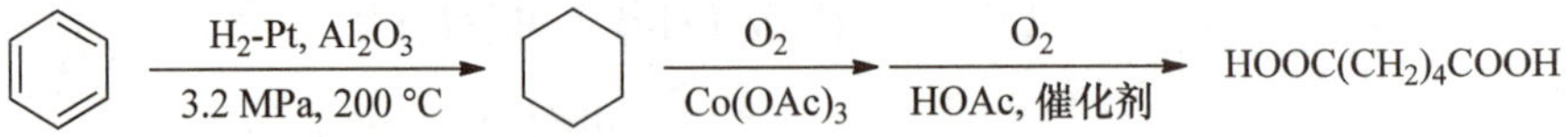


氧化时先产生环己醇及环己酮,然后进一步氧化为己二酸。

由于石油化学的发展,可用丁二烯为原料与氯进行1,4-加成,得1,4-二氯-2-丁烯,然后与氰化钠反应得二腈化物,水解、加氢得己二酸：

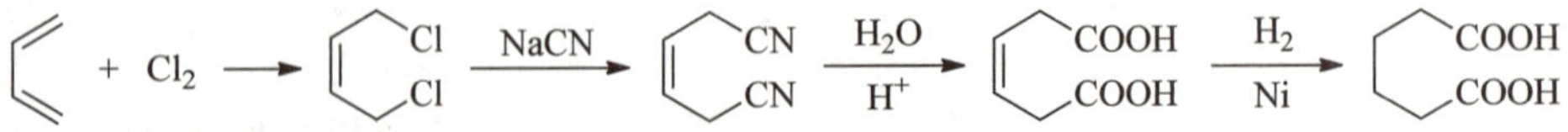


己二酸是合成尼龙-66的原料。

5. 对苯二甲酸

以对二甲苯为原料,第一步氧化成对甲苯甲酸,然后进一步氧化为对苯二甲酸：

$$\underset{CH_3}{\overset{CH_3}{\bigcirc}} + O_2 \xrightarrow[CH_3COOH]{Co^{3+}} \underset{COOH}{\overset{CH_3}{\bigcirc}} \xrightarrow[CH_3COOH]{O_2,\ Co^{3+}} \underset{COOH}{\overset{COOH}{\bigcirc}}$$

第一步氧化很容易;第二步较困难,需要在较高温度下进行。生产中的问题是乙酸的消耗及其对反应容器的腐蚀。对苯二甲酸在国内外大量生产,是合成纤维涤纶的原料之一。

**习题 11-23** 用四个碳以下的醇、对溴甲苯及必要的试剂合成:
(i) 正丁酸　　(ii) 正戊酸　　(iii) α,α-二甲基丙酸　　(iv) 戊二酸
(v) α,α'-二乙基己二酸　　(vi) 对溴苯甲酸　　(vii) 对甲苯乙酸

**习题 11-24** 用指定化合物和不超过三个碳的有机物合成目标化合物。
(i) 从软脂酸合成 $n\text{-}C_{14}H_{29}COOH$
(ii) 从硬脂酸合成 $n\text{-}C_{17}H_{35}C(CH_3)_2OH$
(iii)从 $C_9H_{19}COOH$ 合成 $C_9H_{19}\overset{OCOCH_3}{\underset{}{C}H}CH_2CH_3$
(iv) 从 ⬠–CH$_2$OH 合成 ⬠–CH(OH)CH$_2$CH$_3$

## 章末习题

**习题 11-25** 用中、英文命名下列化合物。

(i) $CH_2=CHCH(CH_3)COOH$
(ii) △–$CH_2COOH$
(iii) 3-氧代环戊烷甲酸 (环戊酮-COOH)
(iv) 苯氧基–⬡–COOH
(v) $CH_3CH(COOH)_2$
(vi) $HOOCCH_2COCH_2COOH$
(vii) $HOOCCHClCHClCOOH$
(viii) $CH_3CH_2\underset{H}{\overset{H}{C}}=C(CH_2COOH)$ 顺式

**习题 11-26** 用合适方法转变下列化合物。

(i) $(CH_3CH_2)_2C(CH_3)OH \longrightarrow (CH_3CH_2)_2C(CH_3)COOH$
(ii) $CH_3CH_2CH_2CH_2OH \longrightarrow CH_3CH_2CH_2COCl$
(iii) $CH_3CH(OH)CH_2Br \longrightarrow CH_3CH(OH)CH_2COOH$
(iv) $CH_3CH_2COOH \longrightarrow CH_3CH_2OH$
(v) ⬡–$CH_2CH_2OH \longrightarrow$ ⬡–COOH

**习题 11-27** 异戊酸与下列试剂发生什么反应？用反应式表示。
(i) $NaHCO_3$,再用酸处理
(ii) P 催化量 + $Br_2$, △
(iii) $HgO + Br_2$
(iv) $CH_3CH_2MgCl$,乙醚,然后 $H^+$, $H_2O$

(v) LiAlH₄，乙醚，然后 H₂O  (vi) 2CH₃Li，H₂O
(vii) Pb(OAc)₄，LiCl  (viii) Cl₂，光
(ix) 过量 C₂H₅OH，少量 H₂SO₄

**习题 11-28** 甲苯与下列试剂发生什么反应？用反应式表示。
(i) KMnO₄，然后 Na₂CO₃ 或 NaOH 处理
(ii) 三分子 Cl₂ 光照，然后用 NaOH 水溶液加热，再用酸处理
(iii) 与 KMnO₄ 反应后再用 CH₃CH₂Li 处理

**习题 11-29** 由五碳醇以及必要的试剂合成下列化合物。

(i) CH₃(CH₂)₄CHBrCH₂Br  
(ii) CH₃CH₂CH₂CH₂CH(CH₃)COOH  
(iii) CH₃CH(CH₃)CH₂COOC₂H₅  
(iv) CH₃CH₂CH(OCH₃)CH(Br)COOCH₃  
(v) CH₃(CH₂)₆COOH  
(vi) CH₃CH₂COOH  
(vii) CH₃(CH₂)₉COOH  
(viii) CH₃(CH₂)₅¹⁴COOH

**习题 11-30** 由指定原料合成下列化合物。
(i) 由甲醇及乙醛合成 2-羟基-2-甲基丙酸
(ii) 由乙醛合成 β-溴代丁酸
(iii) 由四个碳以下化合物合成 HOOCCH₂CH₂CH(COOH)CH(COOH)CH₂CH₂COOH
(iv) 由四个碳以下化合物合成 [环己烷，带 HO、HO、COOH、COOH 取代基的立体结构]
(v) 由己二酸及苯甲腈合成 [苯基环戊基酮结构]
(vi) 由 [环己酮] 合成 [双螺环二酯结构]

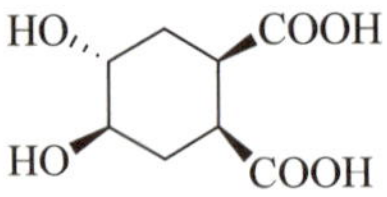

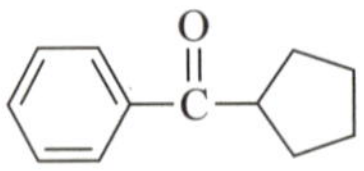

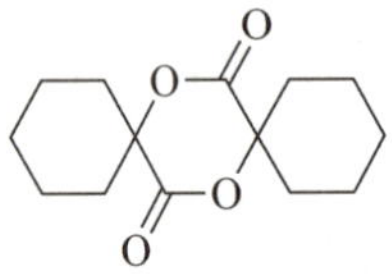

**习题 11-31** 乙酸中也含有 CH₃C(=O)— 基团，但不发生碘仿反应。为什么？

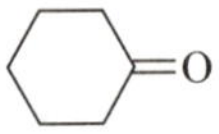

**习题 11-32** 要得到一个旋光性的碳氢化合物，但没有拆分的基团，一般是先用一个可拆分的有旋光性的原料进行反应，最后得到所需要的化合物。你能否设计由(±)-3-苯基丁酸合成下列旋光性化合物？

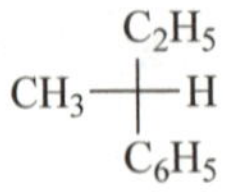

CH₃—C(C₂H₅)(H)—C₆H₅

**习题 11-33** 2,5-二甲基-1,1-环戊二羧酸(i)在合成时可得到两个熔点不同的无旋光性的化合物(A)及(B)，试画出它们的立体结构。在加热时，(A)生成两个 2,5-二甲基环戊烷羧酸(ii)，而(B)只生成一对外消旋体。写出(A)及(B)的立体结构。

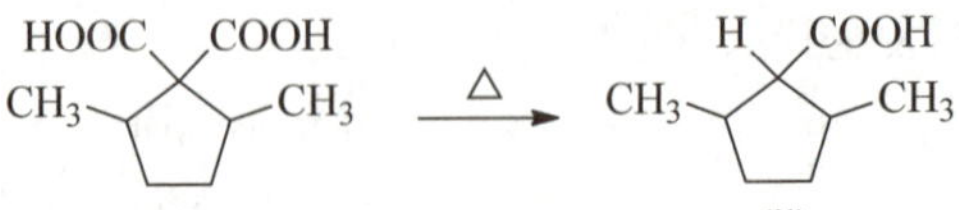

[结构式：(i) 2,5-二甲基-1,1-环戊二羧酸 →Δ→ (ii) 2,5-二甲基环戊烷羧酸]

**习题 11-34** 有一个化合物(A)含有碳、氢、氧,相对分子质量为 136,(A)用高锰酸钾加热氧化成(B),(B)熔点 212～214℃,相对分子质量为 166。当(A)与碱石灰共热,得化合物(C),沸点 110～112℃;(C)用高锰酸钾氧化转变为(D),熔点 121～122℃,相对分子质量为 122。推测化合物(A)～(D)的可能构造式。

**习题 11-35** 有一个化合物(A)溶于水内,但不溶于乙醚,含有 C,H,O,N。(A)加热后失去一分子水,得一化合物(B);(B)和氢氧化钠水溶液煮沸,放出一个有气味的气体,残余物经酸化后,得一不含氮的酸性物质(C);(C)与氢化铝锂反应后的物质用浓硫酸作用,得到一个气体烯烃,相对分子质量 56,臭氧化后用 Zn,$H_2O$ 分解,得到一个醛和一个酮。推断 A 的构造式。

**习题 11-36** 有一个化合物(A)$C_6H_{12}O$,(A)与 NaIO 在碱中反应产生大量黄色沉淀,母液酸化后得到一个酸(B);(B)在红磷存在下加入溴时,只形成一个单溴化合物(C);(C)用 NaOH 的醇溶液处理时能失去溴化氢产生(D);(D)能使溴水褪色。(D)用过量的铬酸在硫酸中氧化后蒸馏,只得到一个一元酸产物(E),(E)相对分子质量为 60。试推测(A)～(E)的构造式,并用反应式表示反应过程。

**习题 11-37** 给出与下列各组核磁共振数据相符的化合物的构造式。

(i) $C_3H_5ClO_2$: (a) $\delta_H$:1.73(二重峰,3H)    (b) $\delta_H$:4.47(四重峰,1H)    (c) $\delta_H$:11.22(单峰,1H)

(ii) $C_4H_7BrO_2$: (a) $\delta_H$:1.08(三重峰,3H)    (b) $\delta_H$:2.07(多重峰,2H)    (c) $\delta_H$:4.23(双二重峰,1H)
                 (d) $\delta_H$:10.97(单峰,1H)

(iii) $C_4H_8O_3$: (a) $\delta_H$:1.27(三重峰,3H)    (b) $\delta_H$:3.36(四重峰,2H)    (c) $\delta_H$:4.13(单峰,2H)
                (d) $\delta_H$:10.95(单峰,1H)

**习题 11-38** 一个合成乙酸乙酯的方法是用 15 mL 冰醋酸、23 mL 95％乙醇及 7.5 mL 硫酸在水浴上回流半小时,然后蒸出粗乙酸乙酯(含酸、醇及水)。请绘出此反应的装置并设计纯化乙酸乙酯的方法。

## 复习本章的指导提纲

**基本概念和基本知识点**

羧酸,脂肪酸,芳香酸,一元羧酸,二元羧酸,多元羧酸;羧基,酰基,羧羰基;羧酸物理性质的一般规律;羧酸和羧酸盐的结构特点及区别;羧酸具有酸性的原因,羧酸酸性的强弱及影响酸性强弱的各种因素;酯化反应,分子内酯化,分子间酯化;酯,内酯,交酯,聚酯;铵盐,酰胺,腈;脱羧反应,Blanc 规则。

**基本反应和重要反应机理**

成盐反应,Hell-Volhard-Zelinsky 反应及其机理;酯化反应及酯化反应的三种反应机理;形成铵盐、酰胺和腈之间的转化及相应的机理;羧酸与格氏试剂的反应,羧酸与有机锂试剂的反应;羧酸被 $LiAlH_4$ 或 $B_2H_6$ 还原及还原反应的机理;羧酸的脱羧反应,脱羧反应的环状过渡态机理,脱羧反应的负离子机理,脱羧反应的自由基机理;Kolbe 反应,Hunsdiecker 反应,Cristol 反应,Kochi 反应;二元羧酸的脱羧反应及规律。

**重要合成方法**

烯、炔、芳烃、醇、醛、酮氧化制羧酸;羧酸衍生物、腈水解制羧酸;格氏试剂、有机锂试剂与二氧化碳反应制羧酸;羧酸的工业生产;尼龙-66 和尼龙-1010 的合成。

**重要鉴别方法**

利用羧酸及其盐的酸碱性和溶解性能分离提纯和鉴别羧酸。

## 英汉对照词汇

acyl bromide　酰溴
acyl cation mechanism　酰基正离子机理
acyl group　酰基
addition-elimination mechanism　加成-消除机理
amide　酰胺
anionic mechanism　负离子机理
aromatic acid　芳香酸
Blanc, G.　布朗克
carbocation intermediate mechanism　碳正离子中间体机理
carbonyl carboxylic acid　羰基羧酸
carboxy group　羧基
carboxylate anion　羧酸根负离子
carboxylic acid　羧酸
Cristol, S. T.　克利斯脱
cyclic transition state mechanism　环状过渡态机理
decarboxylation　脱羧反应
decarboxylative halogenation　脱羧卤化
dicarboxylic acid　二元羧酸
esterification reaction　酯化反应
fatty acid　脂肪酸
Hell-Volhard-Zelinsky reaction　赫尔-乌尔哈-泽林斯基反应
Hunsdiecker reaction　汉斯狄克反应
hydrogen bond chelation　氢键螯合
hydrolysis　水解
intermolecular esterification　分子间酯化
intramolecular esterification　分子内酯化
isotope tracer　同位素示踪
Kochi reaction　柯齐反应
lactide　交酯
lactone　内酯
monocarboxylic acid　一元羧酸
muscaluve　信息素
nitrile　腈
nylon-66　尼龙-66
polycarboxylic acid　多元羧酸
Sandmeyer reaction　桑德迈耳反应
saturated fatty acid　饱和脂肪酸
Scheele　席勒
Fischer, S.　费歇尔
steric assistance effect　空助效应
tetrahedral intermediate　四面体中间体
thionyl chloride　亚硫酰氯
unsaturated fatty acid　不饱和脂肪酸

# 第12章
## 羧酸衍生物 酰基碳上的亲核取代反应

* * * * *

抗生素又称抗菌素,早期是指那些由微生物分泌的化合物,其稀溶液具有抑制和杀灭细菌的能力;近代则指微生物等生命体所产生的具有抑制和杀伤其他微生物及抗癌能力的化合物。

青霉素类和头孢素类是两大类非常重要的抗生素。它们的分子中都含有一个易于水解的β-内酰胺结构。它们的抗生机理都是干扰细菌细胞壁的合成,因此除个别有敏感外,对哺乳动物表现为低毒性。红霉素是重要的药用抗生素之一,它的分子中具有一个14环内酯结构。红霉素对革兰氏阳性菌,如肺炎双球菌、白喉杆菌等有抑菌和杀菌作用。

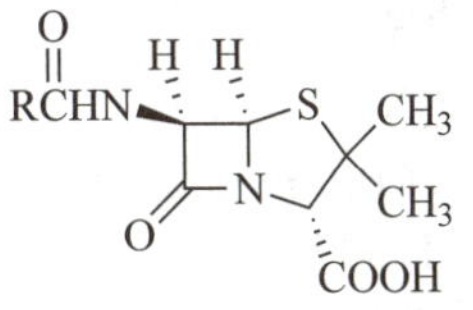

青霉素类

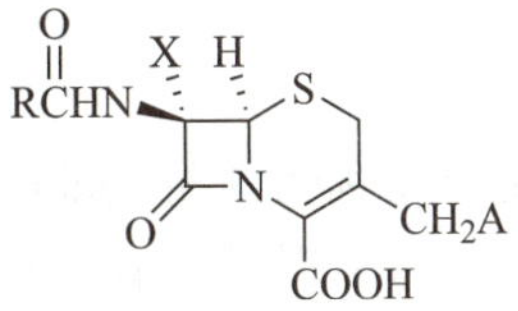

头孢素类

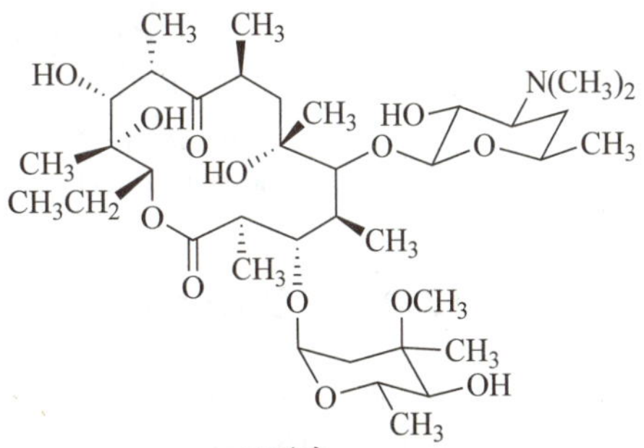

红霉素

* * * * *

羧酸分子脱去羟基的剩余部分称为酰基,酰基与卤原子、羧酸根、烃氧基、氨基相连的一大类化合物统称为羧酸衍生物。腈水解先生成酰胺,再进一步水解生成羧酸,因此这类化合物也放在本章讨论。

## 12.1 羧酸衍生物的分类

酰基与卤原子相连称为酰卤,与羧酸根相连称为酸酐,与烃氧基相连称为羧酸酯,与氨基相连称为酰胺。

$$\underset{\text{酰卤}}{R-\overset{\overset{O}{\|}}{C}-X} \qquad \underset{\text{酸酐}}{R-\overset{\overset{O}{\|}}{C}-O-\overset{\overset{O}{\|}}{C}-R'} \qquad \underset{\text{羧酸酯}}{R-\overset{\overset{O}{\|}}{C}-OR'} \qquad \underset{\text{酰胺}}{R-\overset{\overset{O}{\|}}{C}-NH_2\ (NHR,\ NR_2)}$$

## 12.2 羧酸衍生物的命名

### 12.2.1 酰卤的命名

命名酰卤(acyl halide)时，将相应羧酸的酰基名称放在前面，卤素的名称放在后面，合起来称呼。酰基的英文名称是将羧酸的词尾-ic acid 改为酰基的词尾-yl。例如

命名二元羧酸的单酰卤时，羧基是主官能团，母体是羧酸，酰卤为取代基，称为卤甲酰。例如

$$Cl-\overset{\overset{O}{\|}}{C}-CH_2COOH$$

氯甲酰乙酸
chloroformyl acetic acid

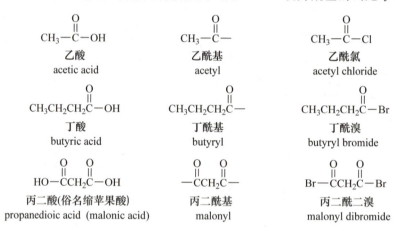

$$\underset{\substack{\text{乙酸} \\ \text{acetic acid}}}{CH_3-\overset{\overset{O}{\|}}{C}-OH} \qquad \underset{\substack{\text{乙酰基} \\ \text{acetyl}}}{CH_3-\overset{\overset{O}{\|}}{C}-} \qquad \underset{\substack{\text{乙酰氯} \\ \text{acetyl chloride}}}{CH_3-\overset{\overset{O}{\|}}{C}-Cl}$$

$$\underset{\substack{\text{丁酸} \\ \text{butyric acid}}}{CH_3CH_2CH_2\overset{\overset{O}{\|}}{C}-OH} \qquad \underset{\substack{\text{丁酰基} \\ \text{butyryl}}}{CH_3CH_2CH_2\overset{\overset{O}{\|}}{C}-} \qquad \underset{\substack{\text{丁酰溴} \\ \text{butyryl bromide}}}{CH_3CH_2CH_2\overset{\overset{O}{\|}}{C}-Br}$$

$$\underset{\substack{\text{丙二酸(俗名缩苹果酸)} \\ \text{propanedioic acid (malonic acid)}}}{HO-\overset{\overset{O}{\|}}{C}CH_2\overset{\overset{O}{\|}}{C}-OH} \qquad \underset{\substack{\text{丙二酰基} \\ \text{malonyl}}}{-\overset{\overset{O}{\|}}{C}CH_2\overset{\overset{O}{\|}}{C}-} \qquad \underset{\substack{\text{丙二酰二溴} \\ \text{malonyl dibromide}}}{Br-\overset{\overset{O}{\|}}{C}CH_2\overset{\overset{O}{\|}}{C}-Br}$$

### 12.2.2 酸酐的命名

两个羧基脱去一分子水后生成的化合物称为酸酐(acid anhydride)。由两个相同的一元羧酸脱水形成的酸酐称为单酐。命名时只需在羧酸的名称后加酐。英文名称只需将 acid 改为 anhydride。例如

$$\underset{\substack{\text{乙酸} \\ \text{acetic acid}}}{CH_3\overset{\overset{O}{\|}}{C}-OH} \quad \underset{\substack{\text{乙酸} \\ \text{acetic acid}}}{H-O\overset{\overset{O}{\|}}{C}CH_3} \xrightarrow{-H_2O} \underset{\substack{\text{乙酸酐(简称乙酐)} \\ \text{acetic anhydride}}}{CH_3\overset{\overset{O}{\|}}{C}-O-\overset{\overset{O}{\|}}{C}CH_3}$$

由两个不相同的一元羧酸脱水形成的酸酐称为混酐。命名时，在两个羧酸名称后加酐，英文名称将 acid 改为 anhydride。两个羧酸的排序，中文按顺序规则，小的在前；英文按字母顺序排列。例如

括号中的酸可省。称甲乙酸酐或甲乙酐均可。

$$\underset{\substack{\text{甲酸} \\ \text{formic acid}}}{H\overset{\overset{O}{\|}}{C}-OH} + \underset{\substack{\text{乙酸} \\ \text{acetic acid}}}{H-O\overset{\overset{O}{\|}}{C}CH_3} \xrightarrow{-H_2O} \underset{\substack{\text{甲(酸)乙(酸)酐} \\ \text{acetic formic anhydride}}}{H\overset{\overset{O}{\|}}{C}-O-\overset{\overset{O}{\|}}{C}CH_3}$$

一分子二元羧酸脱水后可形成环状酸酐。命名时在二元羧酸的名称后加酐,英文名称将 acid 改为 anhydride。例如

$$\begin{array}{c} H_2C-C{\overset{O}{\underset{|}{\|}}}OH \\ | \\ H_2C-C{\underset{\|}{\|}}OH \\ \phantom{H_2C-C}O \end{array} \xrightarrow{-H_2O} \begin{array}{c} H_2C-C{\overset{O}{\|}} \\ | \phantom{-C} \diagdown \\ H_2C-C{\underset{\|}{\phantom{-}}} O \\ \phantom{H_2C-C}O \end{array}$$

丁二酸(俗称琥珀酸)     丁二酸酐(俗称琥珀酸酐)
butanedioic acid (succinic acid)    butanedioic anhydride (succinic anhydride)

### 12.2.3 烯酮的命名

含有累积(cumulated)的羰基与碳碳双键的化合物 $\diagdown\!\!\!\mathrm{C{=}C{=}O}$ 叫做烯酮(ketene)。最简单的烯酮是乙烯酮($CH_2{=}C{=}O$)。乙烯酮的衍生物可采用取代命名法来命名。例如

$CH_3CH_2CH{=}C{=}O$    $CH_3CH_2OCH{=}C{=}O$    $CH_3CH_2\overset{O}{\overset{\|}{C}}-CH{=}C{=}O$

乙基乙烯酮      乙氧基乙烯酮      丙酰基乙烯酮
ethyl ketene      ethoxyketene      propionyl ketene

### 12.2.4 酯的命名

> 硫酸分子中有两个羟基,其中一个羟基和醇失水形成的酯为单酯,两个羟基和两分子醇失水形成的酯为二酯。例如
>
> $HO-\overset{O}{\underset{\|}{\underset{O}{S}}}-OH$
>
> 硫酸
>
> $HO-\overset{O}{\underset{\|}{\underset{O}{S}}}-OCH_3$
>
> 硫酸单甲酯
>
> $CH_3O-\overset{O}{\underset{\|}{\underset{O}{S}}}-OCH_3$
>
> 硫酸二甲酯

酸和醇的失水产物称为酯(ester)。含氧无机酸和醇的失水产物称为无机酸酯;有机羧酸和醇的失水产物称为有机酸酯。命名时,将酸的名称放在前,烃氧的烃基部分放在后,最后加上酯。英文名称,将烃基部分放在前,羧酸的名称放在后。羧酸的词尾-ic acid 或-ous acid 改为-ate 或-ite。例如

$\overset{O}{\underset{\|}{\underset{O}{N}}}-OH + HO-CH_3 \xrightarrow{-H_2O} O_2N-OCH_3$

硝酸    甲醇      硝酸甲酯
nitric acid   methanol    methyl nitrate

$CH_3\overset{O}{\overset{\|}{C}}-OH + HO-CH_2CH_3 \xrightarrow{-H_2O} CH_3\overset{O}{\overset{\|}{C}}-OCH_2CH_3$

乙酸    乙醇      乙酸乙酯
acetic acid   ethanol     ethyl acetate

> 磷酸能形成单酯、二酯和三酯。
>
> 二元羧酸能形成单酯、二酯,其他多元羧酸类推。
>
> 内酯也可按杂环或俗名来命名。

分子内的羟基和羧基脱去一分子水后生成的环状酯叫内酯(lactones)。五元或六元环的内酯最易形成。命名时,将相应羧酸的"酸"字改为"内酯",并标明其位号。英文名称将-ic acid 改为-olactone。例如

$$\underset{\substack{\gamma\text{-羟基丁酸}\\ \gamma\text{-hydroxybutyric acid}}}{\underset{\beta\ \ \gamma}{H_2C-CH_2}\underset{\alpha}{H_2C-C}\overset{O}{\underset{OH}{\|}}} \xrightarrow{-H_2O} \underset{\substack{\gamma\text{-丁内酯}\\ \gamma\text{-butyrolactone}}}{\underset{\beta\ \ \gamma}{H_2C-CH_2}\underset{\alpha}{H_2C-C}\overset{O}{\underset{O}{\|}}}$$

二分子(或多分子)α-羟基酸的羟基和羧基交互缩合脱去两分子(或多分子)水而形成的酯叫做交酯(lactide)。命名时，只需将某酸改为某交酯，并用二、三等字头来表明所含的分子数。英文名称将-ic acid 改为-ide。例如

$$\underset{\text{乳酸 dilactic acid}}{CH_3CH(OH)-C(O)-OH \ + \ HO-C(O)-CH(OH)CH_3} \xrightarrow{-2H_2O} \underset{\substack{\text{双乳交酯}\\ \text{(di)lactide}}}{\text{环状结构}}$$

### 12.2.5 酰胺的命名

酰基与氮原子相连的化合物称为酰胺(amide)。命名时，需将羧酸的酸字改为酰胺。英文将羧酸的词尾-ic acid 改为-amide。氨的氮原子上连有三个氢，一个氢被酰基取代称为单酰胺，两个氢或三个氢分别被酰基取代称为二酰胺或三酰胺。英文用 di、tri 表示二、三，加在羧酸的英文名称前。例如

| $NH_3$ | $CH_3CNH_2$ (乙酰胺 acetamide) | $H_3CC-NH-CCH_3$ (二乙酰胺 diacetamide) | 三乙酰胺 triacetamide |

氨 ammonia

二元羧酸，若两个羧羟基各被一个氨基取代，称为"某二酰胺"。英文将二元酸的词尾-dioic acid 改为 diamide。若两个羧羟基被同一个氨基取代，得到的环状化合物称为某二酰亚胺。英文用 imide 代替相应羧酸的英文词尾。若一个羧基保留，另一个羧羟基被氨基取代，则主官能团为羧基，母体化合物是羧酸，酰胺作为取代基处理，称为氨基甲酰基(氨后面的基可省)。例如

丁二酸(琥珀酸)  丁二酰胺(琥珀酰胺)  丁二酰亚胺  氨基甲酰基丙酸
butanedioic acid(succinic acid)　butanediamide　succinimide　aminoformyl propanoic acid

环内含有 −C(=O)−NH− 的环状酰胺称为某内酰胺(lactam)。英文名称在相应的烃名后加 lactam。例如

4-丁内酰胺
4-butanelactam

### 12.2.6 腈的命名

含有氰基(—CN)的化合物称为腈。作为母体化合物命名时，—CN 中的碳需计入烃的碳数内，命名时只需在相应的烃名后加上"腈"或"二腈"等。英文在烃名后加上"nitrile"或"dinitrile"等。例如

$CH_2=CH-CH_2CN$　　　　　　$NC-CH_2CH_2CH_2CH_2-CN$

3-丁烯腈　　　　　　　　　　　　　己二腈
3-butenenitrile　　　　　　　　　hexanedinitrile

腈也可将相应羧酸的"酸"字改为"腈"来命名。英文将羧酸的字尾"-oic acid"或"-ic acid"改为"-onitrile"，或将"-carboxylic acid"改为"-carbonitrile"。例如

$CH_3CN$　　　　　　　　　　　$NC-CH_2CH_2-CN$

乙腈　　　　　　　　　　　　琥珀腈(丁二腈)
acetonitrile　　　　　　　　　succinonitrile

---

**习题 12-1** 用普通命名法和系统命名法(中、英文)命名下列化合物。

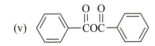

(i) $CH_3CH_2CHClCOCH_3$　(ii) $ClCH_2CH_2CH(OH)CNHCH_3$ 中的 C=O  (iii) 4-Cl-C₆H₄-C(=O)Br  (iv) $H_2NC(=O)-CH(OH)-CH(OH)-C(=O)NH_2$

(v) 苯甲酸酐 (C₆H₅CO)₂O　(vi) $CH_3OC(=O)-C_6H_4-C(=O)CH_3$　(vii) C₆H₅CH(CH₃)CH₂CN　(viii) $CH_3$ 取代的 δ-戊内酯

**习题 12-2** 写出下列化合物的构造式，并用中文命名。

(i) dimethyl methylidenemaloate
(ii) acetonitrile
(iii) N-methyl-N′-vinylbutanediamide
(iv) 3-butenenitrile
(v) haptanedioyl dichloride
(vi) glycol diacetate
(vii) monoethyl oxalate
(viii) 3-benzoyloxypropionic acid

**习题 12-3** 写出 $CH_2=CH-C(=O)-OCH_3$ 所有酯类同分异构体的结构式及中文名称。

**习题 12-4** 写出 $CH_2=CH-C(=O)-NHCH_3$ 所有不含环的酰胺类同分异构体的结构式及中文名称。

## 12.3 羧酸衍生物的结构

酰卤、酸酐、酯、酰胺的结构与羧酸类似。在酰胺中,羰基与氨基相连,氨基氮上的孤对电子可以和羰基共轭,因此酰胺与胺中的C—N键键长有很大的不同。

$$\underset{137.6 \text{ pm}}{\text{H}-\overset{\overset{\text{O}}{\|}}{\text{C}}-\text{NH}_2} \qquad \underset{147.4 \text{ pm}}{\text{CH}_3-\text{NH}_2}$$

酰胺中的C—N键较胺中的C—N键短,一个原因是酰胺中C—N键的碳是用 $sp^2$ 杂化轨道与氮成键,而胺中C—N键的碳是用 $sp^3$ 杂化轨道与氮成键,由于碳的 $sp^2$ 杂化轨道中 s 成分较多,故键长较短;另一个原因是由于羰基与氨基的氮共轭,从而使 C—N 键具有某些双键的性质而造成的。因此酰胺的结构可表示如下:

酯中的羰基亦可与烷氧基氧的孤对电子共轭,因此酯中C—O键也具有某些双键的性质,即酯中的C—O键也比醇中的C—O键短:

$$\underset{133.4 \text{ pm}}{\text{H}-\overset{\overset{\text{O}}{\|}}{\text{C}}-\text{OCH}_3} \qquad \underset{143.0 \text{ pm}}{\text{CH}_3-\text{OH}}$$

酯的结构也可以表示如下:

酰氯中C—Cl键并不比氯代烷中的C—Cl键短,这从比较酰氯和氯代烷的键长中可以看到:

$$\underset{178.9 \text{ pm}}{\text{H}-\overset{\overset{\text{O}}{\|}}{\text{C}}-\text{Cl}} \qquad \underset{178.4 \text{ pm}}{\text{CH}_3-\text{Cl}}$$

这是因为氯有较强的电负性,在酰氯中主要表现为强的吸电子诱导效应,而与羰基的共轭效应很弱的缘故。

酰胺、酯、酰氯的共振式写法如下:

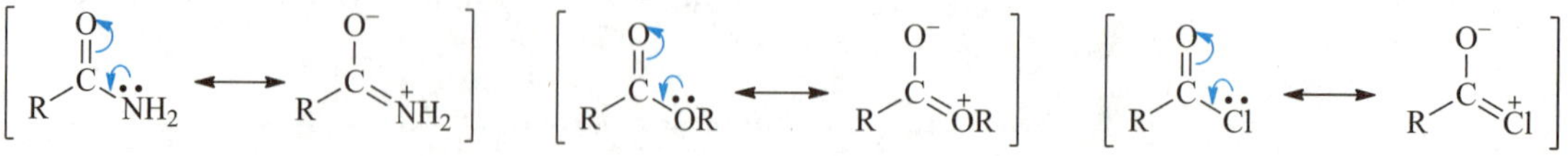

从酰胺、酯、酰氯中 C—N,C—O,C—Cl 键的键长以及其他实验数据判断,在酰胺中这种具有相反电荷的偶极结构(dipolar structure)是主要的,酯中次之,而在酰氯中这种偶极结构很少。

**习题 12-5** 以乙酸酐为模板,分析酸酐的结构特征。

## 12.4 羧酸衍生物的物理性质

低级酰氯与酸酐是有刺鼻气味的液体,高级的为固体。低级酯具有芳香的气味,存在于水果中,可用做香料。十四碳酸以下的甲酯、乙酯均为液体。酰胺除甲酰胺外,均是固体,这是因为分子中形成氢键(hydrogen bond),如果氮上的氢逐个被取代,则氢键缔合减少,因此脂肪族的 $N$-取代酰胺常为液体。酰氯和酯因分子中没有缔合,其沸点比相应的羧酸低,酸酐与酰胺的沸点比相应的羧酸高。

酰氯与酸酐不溶于水,低级的遇水分解;酯在水中溶解度很小;低级的酰胺可溶于水,$N,N$-二甲基甲酰胺和 $N,N$-二甲基乙酰胺是很好的非质子极性溶剂(polar solvent),可与水以任何比例混合。这些羧酸衍生物都可溶于有机溶剂,而乙酸乙酯是很好的有机溶剂,大量用于油漆工业。

表 12-1 列出了羧酸衍生物的名称及物理性质。

表 12-1　一些常见羧酸衍生物的名称及物理性质

| 化合物 | 普通命名法 | IUPAC 命名法 | 熔点/℃ | 沸点/℃ |
|---|---|---|---|---|
| 乙酰氯　$CH_3CCl$ (=O) | acetyl chloride | acetyl chloride | −112 | 51 |
| 乙酰溴　$CH_3CBr$ (=O) | acetyl bromide | acetyl bromide |  | 76.7 |
| 丙酰氯　$CH_3CH_2CCl$ (=O) | propionyl chloride | propanoyl chloride | −94 | 80 |
| 正丁酰氯　$CH_3(CH_2)_2CCl$ (=O) | butyryl chloride | butanoyl chloride | −89 | 102 |
| 苯甲酰氯　$C_6H_5CCl$ (=O) | benzoyl chloride | benzoyl chloride | −1 | 197 |
| 对硝基苯甲酰氯　$O_2N\text{-}C_6H_4\text{-}CCl$ (=O) | $p$-nitrobenzoyl chloride | 4-nitrobenzoyl chloride | 72 | 154/2 kPa |

| 化 合 物 | 普通命名法 | IUPAC命名法 | 熔点/℃ | 沸点/℃ |
|---|---|---|---|---|
| 乙酸酐 CH₃COCCH₃ (O,O) | acetic anhydride | acetic anhydride<br>acetic acid anhydride (CA) | −73 | 140 |
| 丙酸酐 CH₃CH₂COCCH₂CH₃ (O,O) | propinoic anhydride | propanoic anhydride<br>propanoic acid anhydride (CA) | −45 | 169 |
| 丁二酸酐 | succinic anhydride | butanedioic anhydride<br>dihydro-2,5-furandione (CA) | 119.6 | 261 |
| 顺丁烯二酸酐 | maleic anhydride | (Z)-2-butenedioic anhydride<br>2,5-furandione (CA) | 53 | 202 |
| 苯甲酸酐 [C₆H₅CO]₂O | benzoic anhydride | benzoic anhydride<br>benzoic acid anhydride (CA) | 42 | 360 |
| 邻苯二甲酸酐 | phthalic anhydride | 1,2-benzenedicarboxylic anhydride<br>2,3-benzofurandione (CA) | 132 | 284.5 |
| 甲酸甲酯 HCOCH₃ | methyl formate | methyl formate<br>formic acid methyl ester (CA) | −100 | 32 |
| 甲酸乙酯 HCOCH₂CH₃ | ethyl formate | ethyl formate<br>formic acid ethyl ester (CA) | −80 | 54 |
| 乙酸乙酯 CH₃COCH₂CH₃ | ethyl acetate | ethyl acetate<br>acetic acid ethyl ester (CA) | −83 | 77 |
| 苯甲酸乙酯 C₆H₅COCH₂CH₃ | ethyl benzoate | ethyl benzoate<br>benzoic acid ethyl ester (CA) | −34 | 213 |
| 甲基丙烯酸甲酯 CH₂=C(CH₃)COOCH₃ | methyl methacrylate | methyl 2-methylpropenoate<br>2-methyl propenoate acid methyl ester (CA) | −50 | 100 |
| 甲酰胺 HCNH₂ | formamide | formamide | 2.5 | 200 分解 |
| 乙酰胺 CH₃CNH₂ | acetamide | acetamide | 81 | 222 |

| 化 合 物 | 普通命名法 | IUPAC 命名法 | 熔点/℃ | 沸点/℃ |
|---|---|---|---|---|
| 丙酰胺 CH₃CH₂C(O)NH₂ | propionamide | propanamide | 79 | 213 |
| N,N-二甲基甲酰胺 HC(O)N(CH₃)₂ | N,N-dimethyl formamide | N,N-dimethyl formamide |  | 153 |
| 苯甲酰胺 C₆H₅C(O)NH₂ | benzamide | benzamide | 130 | 290 |
| 乙腈 CH₃CN | acetonitrile | acetonitrile |  | 81 |
| 苯甲腈 C₆H₅CN | benzonitrile | benzonitrile | −10 | 70 |

**习题 12-6** 查阅下列化合物的沸点，将它们按沸点由大到小的顺序排列，并分析原因。
（i）乙酰氯　（ii）乙酰溴　（iii）乙酸酐　（iv）乙酸乙酯　（v）氯乙烷
（vi）溴乙烷　（vii）乙醇　（viii）乙酸　（ix）乙醚

## 羧酸衍生物的反应

酰卤、酸酐、酯和酰胺统称为羧酸衍生物。此类化合物的分子中含有一个酰基（R—C(=O)—），酰基碳均与一个杂原子 W（W＝卤原子、氧原子和氮原子）相连，杂原子与羰基形成一个三原子四电子的共轭体系。这与羧酸的结构十分相似，因此，在羧酸衍生物中，—COW 是这类化合物的反应中心。羧酸衍生物与羧酸一样，也能发生加氢还原和酰基碳上的亲核取代反应。但由于与酰基碳相连的杂原子（或杂原子形成的基团）不同，它们在反应的活性上会有不同。由于羧酸和羧酸衍生物在结构上也存在一些差别，有些羧酸能发生的反应如脱羧反应，羧酸衍生物不能发生。下面首先讨论一些共有的性质，然后分别讨论各自独特的反应。

## 12.5 酰基碳上的亲核取代反应

### 12.5.1 酰基碳上亲核取代反应的概述

羧酸衍生物的亲核取代反应可表达如下：

$$R-\overset{\overset{O}{\|}}{C}-W + :Nu^- \underset{}{\overset{催化剂}{\rightleftharpoons}} R-\overset{\overset{O}{\|}}{C}-Nu + {}^-W:$$

反应的结果是酰基碳上的一个基团被亲核试剂所取代,因此这类反应称为酰基碳(acyl carbon)上的亲核取代反应。

此类亲核取代可以在碱催化的条件下进行。碱催化下的反应机理如下:

$$R-\overset{\overset{O}{\|}}{C}-Y + :B^- \longrightarrow \underset{\text{四面体中间体}}{\overset{O^-}{\underset{Y}{\overset{|}{C}}}\overset{}{\underset{R}{\overset{}{B}}}} \longrightarrow R-\overset{\overset{O}{\|}}{C}-B + :Y^-$$

反应分两步进行,首先是亲核试剂在羰基碳上发生亲核加成,形成四面体中间体(tetrahedral intermediate),然后再消除一个负离子,总的结果是取代。由于第一步反应是亲核加成,而形成的是一个带负电荷的四面体中间体,因此原料中羰基碳的正电性越大,其周围的空间位阻越少,越有利于反应的进行。第二步消除反应取决于离去基团的性质,越易离去的基团,反应越易发生。在羧酸衍生物中,基团离去能力的次序是

$$I^- > Br^- > Cl^- > {}^-OCOOR > {}^-OR > {}^-NH_2$$

此类亲核取代反应也可以在酸催化下进行。酸催化下的反应机理表述如下:

$$R-\overset{\overset{O}{\|}}{C}-Y + H^+ \rightleftharpoons R-\overset{\overset{\overset{+}{O}H}{\|}}{C}-Y \quad :B^- \longrightarrow \overset{:OH}{\underset{Y}{\overset{|}{C}}}\overset{}{\underset{R}{\overset{}{B}}} \longrightarrow R-\overset{\overset{O}{\|}}{C}-B + H:Y$$

首先是羰基氧的质子化(protonation)。羧酸衍生物的羰基氧具有碱性,酸的作用就是通过羰基氧的质子化,使氧带有正电荷,质子化的氧对碳氧双键上的 σ 电子和 π 电子具有更大的吸引力,从而使碳更具正电性。接着,亲核试剂对活化的羰基进行亲核加成,得到四面体中间体。最后发生消除反应生成产物。

绝大多数羧酸衍生物,是按上述机理进行亲核取代反应的。综合亲核加成及消除二步,不管是酸催化还是碱催化的机理,羧酸衍生物亲核取代的反应性顺序是

$$\underset{Cl}{\overset{\overset{O}{\|}}{R}} \approx \underset{Br}{\overset{\overset{O}{\|}}{R}} > \underset{O}{\overset{\overset{O}{\|}}{R}}\underset{}{\overset{\overset{O}{\|}}{R}} > \underset{OR'}{\overset{\overset{O}{\|}}{R}} > \underset{NH_2}{\overset{\overset{O}{\|}}{R}}$$

### 12.5.2 羧酸衍生物的水解——形成羧酸

羧酸的衍生物和腈都能水解(hydrolysis),它们的水解反应可用下面各式表达:

$$CH_3-\overset{\overset{O}{\|}}{C}-Cl + H_2O \longrightarrow CH_3-\overset{\overset{O}{\|}}{C}-OH + HCl$$

$$\text{CH}_3\text{C(O)OC(O)CH}_3 + \text{H}_2\text{O} \longrightarrow \text{CH}_3\text{COOH} + \text{CH}_3\text{COOH}$$

$$\text{CH}_3\text{C(O)OC}_2\text{H}_5 + \text{H}_2\text{O} \longrightarrow \text{CH}_3\text{COOH} + \text{C}_2\text{H}_5\text{OH}$$

$$\text{CH}_3\text{C(O)NH}_2(\text{或 R}) + \text{H}_2\text{O} \longrightarrow \text{CH}_3\text{COOH} + \text{NH}_3(\text{或 R})$$

$$\text{H}_3\text{C—C}\equiv\text{N} + \text{H}_2\text{O} \longrightarrow \text{CH}_3\text{COOH} + \text{NH}_4^+(\text{或 NH}_3)$$

思考：右侧的五个反应，哪些是可逆的？哪些是不可逆的？

### 1. 酰卤的水解

在羧酸衍生物中，酰卤水解速率很快，小分子酰卤水解很猛烈，如乙酰氯在湿空气中会发烟，这是因为乙酰氯水解产生盐酸之故。相对分子质量较大的酰卤，在水中溶解度较小，反应速率很慢，如果加入使酰卤与水都能溶的溶剂，反应就能顺利进行。在多数情况下，酰卤不需催化剂帮助即可发生水解反应，在少数情况下需要碱做催化剂。

思考：酰卤为什么比其他衍生物更易水解？写出三条最主要的理由。

酰卤由羧酸合成，因此酰卤的水解反应用处很少。

### 2. 酸酐的水解

酸酐可以在中性、酸性、碱性溶液中水解，酸酐不溶于水，在室温水解很慢。如果选择一合适的溶剂使成均相，或加热使成均相，不用酸碱催化，水解也能进行。如甲基丁烯二酸酐用理论量水加热至均相，放置、固化，得 2-甲基顺丁烯二酸：

链形酸酐水解得两个羧酸，环状酸酐水解得二元羧酸。

$$\text{甲基顺丁烯二酸酐} + \text{HOH} \longrightarrow \text{2-甲基顺丁烯二酸}\ (94\%)$$

### 3. 酰胺的水解

酰胺在酸或碱催化下可以水解为酸和氨（或胺），反应条件比其他羧酸衍生物的强烈，需要强酸或强碱以及比较长时间的加热回流：

$$\text{PhCH}_2\text{CONH}_2 \xrightarrow[\text{回流}]{35\% \text{ HCl}} \text{PhCH}_2\text{COOH}\ (80\%) + \text{NH}_4^+ + \text{Cl}^-$$

$$\text{H}_3\text{CO-C}_6\text{H}_3(\text{NO}_2)\text{-NHCOCH}_3 \xrightarrow[\text{回流}]{\text{KOH, H}_2\text{O}} \text{H}_3\text{CO-C}_6\text{H}_3(\text{NO}_2)\text{-NH}_2 + \text{CH}_3\text{COO}^- + \text{K}^+$$

根据酰胺水解后所得的羧酸及氨（胺），可推断酰胺的结构。

酸催化时，酸除使酰胺的羰基质子化外，还可以中和平衡体系中产生的氨或胺，使它们成为铵盐，这样可使平衡向水解方向移动。碱催化时，碱 OH$^-$ 进攻羰基碳，同时将形成的羧酸中和成盐。

有些酰胺有空间位阻，较难水解，如果用亚硝酸处理，可以在室温水解得到羧酸，产率较高：

亚硝酸的作用是将不好的离去基团 $NH_2$ 转变为好的离去基团 $N_2$。请试写出
$\text{RCNH}_2$（含羰基O）与 $HNO_2$ 反应生成 $\text{RC}\overset{+}{N_2}$（含羰基O）的反应机理。

$$(CH_3)_3C-CONH_2 + HNO_2 \xrightarrow[35\ ^\circ C]{H_2SO_4,\ H_2O} (CH_3)_3C-COOH \quad 80\%$$

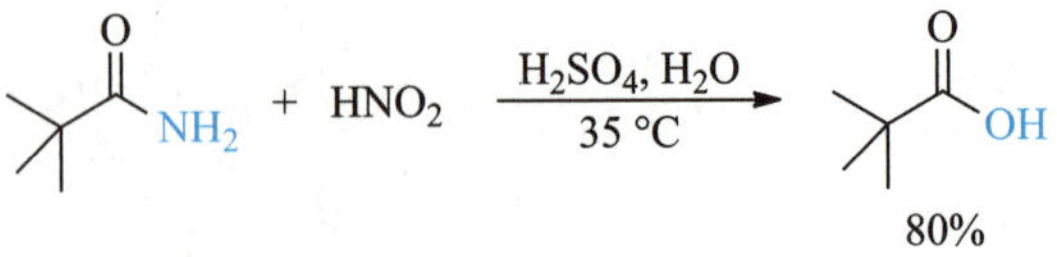

反应过程是，首先由 HONO 中的 $\overset{+}{N}O$ 与 $-NH_2$ 反应得 $-\overset{+}{N}\equiv N$，然后 $N_2$ 离去，酰基正离子与 $H_2O$ 结合，再失去质子得羧酸：

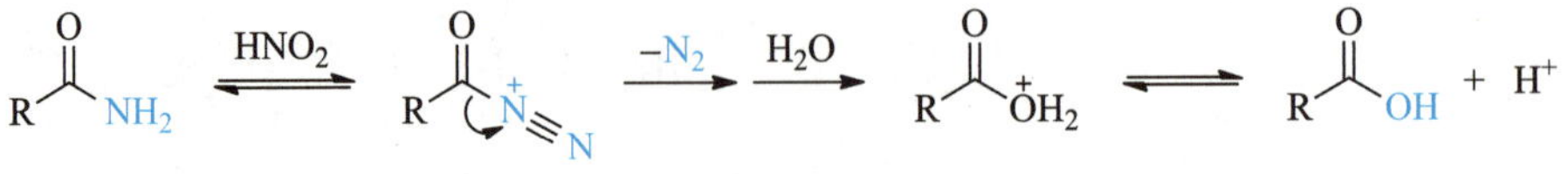

$$R-CONH_2 \xrightleftharpoons{HNO_2} R-CO-\overset{+}{N}\equiv N \xrightarrow{-N_2} \xrightarrow{H_2O} R-CO-\overset{+}{O}H_2 \rightleftharpoons R-COOH + H^+$$

**4. 腈的水解**

腈（nitrile）在酸或碱作用下加热，先生成酰胺，酰胺再进一步水解生成羧酸（参见 11.13.2/2）。它们的转换关系为

腈不是羧酸衍生物，但腈水解先生成酰胺，因此腈的水解是和羧酸衍生物的水解相关联的。

$$RCN \underset{-H_2O}{\overset{H_2O}{\rightleftharpoons}} R-CO-NH_2 \underset{-H_2O}{\overset{H_2O}{\rightleftharpoons}} RCOOH$$

小心控制反应条件，可使腈水解为酰胺。

**5. 酯的水解**

酯水解产生一分子羧酸和一分子醇：

思考：酯化反应和酯的水解反应是一对可逆反应。为什么酯化反应需在酸催化下进行，而酯的水解反应一般常用碱做催化剂？

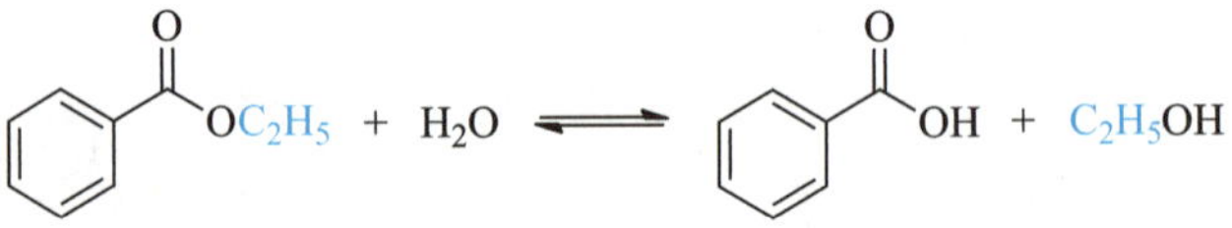

$$C_6H_5COOC_2H_5 + H_2O \rightleftharpoons C_6H_5COOH + C_2H_5OH$$

这是酯化反应的逆反应，因此酯水解反应最后也达到平衡。酯的水解比酰氯、酸酐困难，故需要酸或碱催化，一般常用碱做催化剂。因为 $OH^-$ 是较强的亲核试剂，容易与酯羰基碳发生亲核反应，而且产生的酸可以与碱作用生成盐，有利于平衡反应的正向移动。因此碱催化时，碱的用量要比 1 mol 多，碱实际上不仅是催化剂，也是试剂。

**6. 酯水解的反应机理**

酰卤、酸酐、酯、酰胺的水解、醇解、氨（胺）解的反应机理很多是类似的，对酯水解的反应机理研究得比较深入，故用它加以说明，其他类推。

（1）酯的碱性水解机理　酯可以在碱催化作用下发生水解，生成羧酸盐和醇。

$$CH_3COOC_2H_5 + NaOH \longrightarrow CH_3COONa + C_2H_5OH$$

油脂在碱性条件下水解，生成脂肪酸（fatty acid）的钠（或钾）盐及甘油。日常用的肥皂就是高级脂肪酸的钠盐（参见 12.17），所以油脂的碱性水解也称为皂化反应（saponification）。

酯的碱性水解是通过亲核加成-消除机理（nucleophilic addition-elimination mechanism）完成的，具体过程如下：

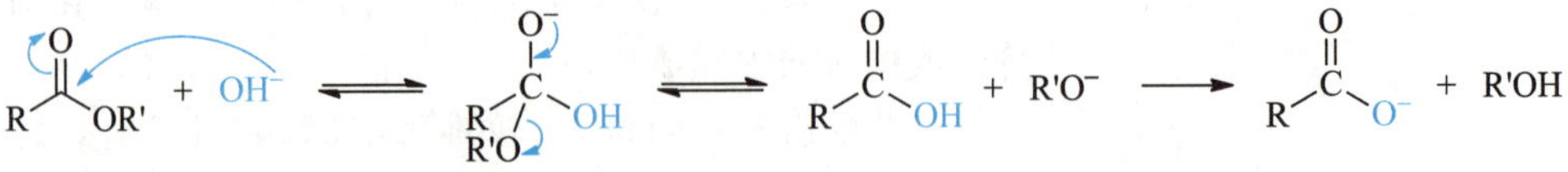

$$R-CO-OR' + \ ^-OH \rightleftharpoons R-\underset{R'O}{\underset{|}{\overset{O^-}{\overset{|}{C}}}}-OH \rightleftharpoons R-COOH + R'O^- \longrightarrow R-COO^- + R'OH$$

　　　　　　　　　　　　　四面体中间体

OH⁻ 先进攻酯羰基碳发生亲核加成，形成四面体中间体，然后消除 ⁻OR′，这两步反应均是可逆的，在四面体中间体上消除 OH⁻，得回原来的酯。消除 ⁻OR′，可以得羧酸，但由于此反应是在碱性条件下进行的，生成的羧酸可以和碱发生中和反应，从而移动了平衡。

上述反应机理表明，酯在碱性水解时，发生了酰氧键(acyl-oxygen bond)断裂，这一点已被同位素标记实验(isotope labeling experiment)所证明。乙酸戊酯用 $H_2^{18}O$ 在碱性条件下水解，结果得到的羧酸负离子中有 $^{18}O$，这说明水解是酰氧键断裂：

$$CH_3\text{—}\overset{\overset{O}{\|}}{C}\text{—}OC_5H_{11} + {}^{18}OH^- \rightleftharpoons CH_3\text{—}\overset{\overset{O}{\|}}{C}\text{—}{}^{18}OH + C_5H_{11}O^- \rightleftharpoons CH_3\text{—}\overset{\overset{O}{\|}}{C}\text{—}{}^{18}O^- + C_5H_{11}OH$$

**酰氧键断裂**

酯的碱性水解也是按四面体中间体机理进行的。这一点已被很多实验证明。其中一个证据是三氟代乙酸乙酯与乙氧基负离子在正丁醚中形成一个结构如下的四面体化合物，这已从红外光谱中得到了证实。

$$CF_3\text{—}\underset{\underset{OC_2H_5}{|}}{\overset{\overset{OC_2H_5}{|}}{C}}\text{—}O^-Na^+$$

另外一个证据是用 $R\text{—}\overset{\overset{{}^{18}O}{\|}}{C}\text{—}OR'$ 在普通水中部分水解，然后测定未水解酯中 $^{18}O$ 的含量，发现酯中 $^{18}O$ 含量减少，即存在没有 $^{18}O$ 的酯。这个现象，可以从形成四面体中间体来解释：

$$R\text{—}\overset{\overset{{}^{18}O}{\|}}{C}\text{—}OR' + OH^- \rightleftharpoons \underset{\underset{R'O}{|}}{\overset{\overset{{}^{18}O^-}{|}}{R\text{—}C\text{—}OH}} \rightleftharpoons R\text{—}\overset{\overset{{}^{18}O}{\|}}{C}\text{—}OH + {}^-OR'$$

(iv)            (i)            (iii)

$\updownarrow$ 质子转移

$$R\text{—}\overset{\overset{O}{\|}}{C}\text{—}OR' + {}^{18}OH^- \rightleftharpoons \underset{\underset{R'O}{|}}{\overset{\overset{{}^{18}OH}{|}}{R\text{—}C\text{—}O^-}} \rightleftharpoons R\text{—}\overset{\overset{O}{\|}}{C}\text{—}{}^{18}OH + {}^-OR'$$

(vi)            (ii)            (v)

中间体(i)既可消除 ⁻OR′得到羧酸(iii)，又可消除 OH⁻恢复为原来的酯(iv)，同时中间体(i)的 OH 上的质子可以转移到另一个氧上得到(ii)，这是一个交换反应(exchange reaction)。(ii)与(i)一样，可以同样的速率消除 ⁻OR′，得到羧酸(v)，又可消除 $^{18}OH^-$ 得到酯(vi)，(ii) $^{18}OH$ 上的质子也可以转移得到(i)。由于存在这些可逆反应及交换反应，因此在未水解的酯中存在两种酯即(iv)与(vi)，在(vi)中已没有 $^{18}O$，故在分析未水解酯中发现 $^{18}O$ 的含量降低，这是由于形成四面体中间体进行质子转移的结果。

碱性水解反应过程中形成一个四面体中间体的负离子,因此可以预见,羰基附近的碳上有吸电子基团,既有利于增加羰基碳的正电性,又可使生成的负离子稳定而促进反应;空间位阻越小,越有利于四面体中间体的形成而促进水解反应,这些推论已被大量实验事实证明。

> 酯的水解反应在油脂工业上非常重要,很多天然存在的脂肪、油或蜡,常需用水解方法得到相应的羧酸。

(2) 酯的酸性水解机理　酯水解亦可在酸性条件下进行:

$$CH_3COOCH_3 + H_2O \xrightleftharpoons{H^+} CH_3COOH + CH_3OH$$

经同位素方法证明,酸催化水解也是酰氧键断裂,反应是按下列机理进行的:

> 1°醇酯、2°醇酯的水解是按加成-消除反应机理进行的。

反应关键一步是水分子进攻质子化的酯(i),质子化后的酯亲电能力非常强,它与亲核能力不太强的水反应较未质子化的酯快,形成了四面体正离子(tetrahedral cation)的中间体(ii),(ii)经质子转移成为(iii),(iii)消除醇,再消除质子得到羧酸。这是一个可逆反应,由于在反应中存在大量水,因此可以使反应趋向完成。

由酯的酸性水解反应机理可以推断:空间位阻对碱性水解和酸性水解的影响是一致的,但羰基附近碳上所连的极性基团对两种水解的影响是有所不同的。若α碳上连有吸电子基团,对碱性水解是有利的,而对酸性水解存在两种相反的影响,一方面它降低了酯羰基氧的电子云密度,对酯的质子化不利,另一方面它增加了羰基碳的正电性,有利于亲核试剂的进攻。总的来说,极性基团对碱性水解的影响要大于酸性水解的影响。

(3) 3°醇酯的酸性水解机理　同位素示踪实验证明,3°醇酯在酸催化下水解是经烷氧键(alkyl-oxygen bond)断裂的机理进行的,得到的是没有 $^{18}O$ 的三级醇。

$$CH_3-C(=O)-{}^{18}O-C(CH_3)_3 + H_2O \xrightarrow{H^+} CH_3-C(=O)-{}^{18}OH + HOC(CH_3)_3$$

烷氧键断裂

> 通过鉴定酯水解所得酸和醇的结构,可以推断酯的结构。

这是一个酸催化后的 $S_N1$ 过程,中间首先形成碳正离子而产生羧酸,碳正离子再与水结合成醇。三级醇的酯化,是它的逆向反应。由于 $^+C(CH_3)_3$ 易与碱性较强的水结合,而不易与羧酸结合,故易于形成三级醇而不利于形成酯,因而三级醇的酯化产率很低。

**习题 12-7** 完成下列反应。

(i) 邻苯二甲酸酐 + H$_2$O $\xrightarrow{\Delta}$

(ii) C$_6$H$_5$COBr + H$_2$O $\longrightarrow$

(iii) CH$_3$CH$_2$CH$_2$C$^{18}$OC(CH$_3$)$_3$ + H$_2$O $\xrightarrow{\Delta}$

(iv) CH$_3$CH$_2$CH$_2$CN + H$_2$O $\xrightarrow{OH^-}$ $\xrightarrow{H^+}$

**习题 12-8** 比较有旋光性的 C$_6$H$_5$COCH(CH$_3$)CH$_2$CH$_3$ 及 C$_6$H$_5$COCH(CH$_3$)CH$_2$CH$_2$CH$_3$（带CH$_2$CH$_3$支链）用 H$_2^{18}$O 在酸催化下水解的反应产物，并用反应机理加以说明。

**习题 12-9** 写出 CH$_3$CH$_2$CONHCH$_3$ 在酸催化及碱催化下水解的反应机理。

**习题 12-10** 分析下列实验数据，可得出什么结论？

实验一    RCOOC$_2$H$_5$ + H$_2$O $\xrightarrow[25\ °C]{OH^-}$ RCOO$^-$ + C$_2$H$_5$OH

| R= | CH$_3$ | ClCH$_2$ | Cl$_2$CH | CH$_3$CO | Cl$_3$C |
|---|---|---|---|---|---|
| $v_{相对}$ | 1 | 290 | 6130 | 7200 | 23150 |

实验二    RCOOC$_2$H$_5$ + H$_2$O $\xrightarrow[C_2H_5OH(87\%)]{30\ °C}$ RCOOH + C$_2$H$_5$OH

| R= | CH$_3$ | CH$_3$CH$_2$ | (CH$_3$)$_2$CH | (CH$_3$)$_3$C | C$_6$H$_5$ |
|---|---|---|---|---|---|
| $v_{相对}$ | 1 | 0.470 | 0.100 | 0.010 | 0.102 |

实验三    CH$_3$COOR + H$_2$O $\xrightarrow[25\ °C]{70\%\ 丙酮}$ CH$_3$COOH + ROH

| R= | CH$_3$ | CH$_3$CH$_2$ | (CH$_3$)$_2$CH | (CH$_3$)$_3$C | C$_6$H$_{11}$ |
|---|---|---|---|---|---|
| $v_{相对}$ | 1 | 0.431 | 0.065 | 0.002 | 0.042 |

实验四    CH$_3$COOR + H$_2$O $\xrightarrow[25\ °C]{HCl}$ CH$_3$COOH + ROH

| R= | CH$_3$ | CH$_3$CH$_2$ | C$_6$H$_5$CH$_2$ | C$_6$H$_5$ | (CH$_3$)$_2$CH |
|---|---|---|---|---|---|
| $v_{相对}$ | 1 | 0.97 | 0.96 | 0.69 | 0.53 |

**习题 12-11** 将下列各组化合物按碱性水解反应速率由大到小排列成序。

(i) 
(a) CH$_3$CHClCOOCH$_3$    (b) CH$_3$CH(CH$_3$)COOCH$_3$    (c) CH$_3$CH(CN)COOCH$_3$    (d) CH$_3$CH(OCH$_3$)COOCH$_3$

(ii) 
(a) CH$_3$CH$_2$COOC$_6$H$_5$    (b) CH$_3$CH(CH$_3$)COOC$_6$H$_5$    (c) CH$_3$COOC$_6$H$_5$    (d) (CH$_3$)$_3$CCOOC$_6$H$_5$

(iii) 
(a) CH$_3$CH$_2$COOCH$_2$C$_6$H$_5$    (b) CH$_3$CH$_2$COOC$_6$H$_5$    (c) CH$_3$CH$_2$COOC(CH$_3$)$_3$    (d) CH$_3$CH$_2$COOCH$_3$

### 12.5.3 羧酸衍生物和腈的醇解——形成酯

羧酸衍生物的醇解(alcoholysis)是合成酯的重要方法。

**1. 酰卤的醇解**

酰卤很容易醇解。但对于反应性弱的芳香酰卤或有空间位阻的脂肪酰卤,及对于三级醇或酚,促进反应进行的方法是在氢氧化钠或三级胺如吡啶、三乙胺、二甲苯胺等存在下反应,能得到较好的结果。碱的功能一方面是中和产生的酸,另一方面可能也起了催化作用:

用羧酸制备酰氯,再经酰氯醇解形成酯。虽然经过两步反应,但结果往往比羧酸直接酯化好。

$$(CH_3)_3C\text{-COOH} \xrightarrow{SOCl_2} (CH_3)_3C\text{-COCl} \xrightarrow[\text{吡啶}]{C_6H_5OH} (CH_3)_3C\text{-COOC}_6H_5 \ (80\%) + \text{吡啶·HCl}$$

$$C_6H_5\text{-COCl} + HOC(CH_3)_3 \xrightarrow{\text{吡啶}} C_6H_5COOC(CH_3)_3 \ (85\%) + \text{吡啶·HCl}$$

**2. 酸酐的醇解**

酸酐和酰卤一样,也很容易醇解。酸酐醇解产生一分子酯和一分子酸,因此是常用的酰化试剂(acylation reagent)。

$$\text{呋喃-CH}_2\text{OH} + (CH_3CO)_2O \xrightarrow{CH_3COONa} \text{呋喃-CH}_2OCOCH_3 \ (87\% \sim 93\%) + CH_3COOH$$

环状酸酐(cyclic acid anhydride)醇解,可以得到二元羧酸一某酯。二元羧酸一某酯若欲进一步酯化成二酯,需用一般酯化条件,即用酸催化才能进行。例如

$$\text{丁二酸酐} + CH_3OH \xrightarrow{\text{回流}} HOOC\text{-}CH_2CH_2\text{-}COOCH_3 \xrightarrow{CH_3OH, H^+} H_3COOC\text{-}CH_2CH_2\text{-}COOCH_3$$

丁二酸一甲酯 95%~96%  丁二酸二甲酯

**3. 酯的醇解**

酯中的 OR′ 被另一个醇的 OR″ 置换,称为酯的醇解。反应需在酸(盐酸、硫酸或对甲苯磺酸等)或碱(烷氧负离子)催化下进行:

$$RCOOR' + R''OH \xrightleftharpoons{H^+ \text{ 或 } ^-OR''} RCOOR'' + R'OH$$

这是从一个酯转变为另外一个酯的反应,因此也称为酯交换反应(ester exchange reaction)。这是一个可逆反应,为使反应向右方进行,常用过量的所希望形成酯的醇,或将反应中产生的醇除掉。反应机理与酯的酸催化或碱催化水解机理类似。酯交换反应常用于将一种低沸点醇的酯转为一种高沸点醇的酯,例如

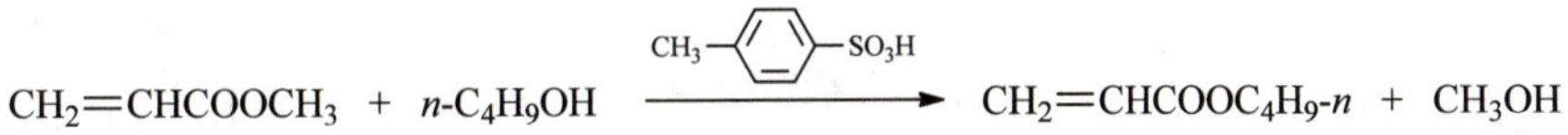

$$CH_2=CHCOOCH_3 + n\text{-}C_4H_9OH \xrightarrow{CH_3\text{-}C_6H_4\text{-}SO_3H} CH_2=CHCOOC_4H_9\text{-}n + CH_3OH$$

在反应过程中尽快把产生的甲醇除掉,使反应顺利进行。

酯交换反应可用于二酯化合物的选择性水解。例如一个二酯化合物,要水解掉一个酯基而保存另一个酯基,用一般方法不易办到,而用酯交换方法,就可顺利达到目的:

$$H_3COC\text{-}C_6H_4\text{-}OAc + CH_3OH \underset{}{\overset{NaOCH_3}{\rightleftharpoons}} H_3COC\text{-}C_6H_4\text{-}OH + CH_3COOCH_3 \quad (i)$$

上面的反应要去掉乙酰基而保存甲酯基,可用小量甲醇钠做催化剂,且使用大量甲醇进行交换反应。甲酯在交换反应中仍得到甲酯,而(i)可以被甲醇交换下来。由于使用大量的甲醇,可以使反应接近于完全。

又如维尼纶(vinylon)的中间产物聚乙酸乙烯酯(或称聚醋酸乙烯酯)不溶于水,因此不能在水溶液中进行水解,可以用过量甲醇在碱催化下进行交换反应:

$$\left[\begin{array}{c}CH-CH_2\\|\\OCOCH_3\end{array}\right]_n \xrightarrow[OH^-]{CH_3OH} \left[\begin{array}{c}CH-CH_2\\|\\OH\end{array}\right]_n + n\,CH_3COOCH_3$$

乙酰基变为乙酸甲酯,而聚乙烯醇就游离出来。

酯交换反应在工业上的另一个重要应用是涤纶(terylene)的合成。涤纶是由对苯二甲酸与乙二醇缩聚(condensation polymerization)制得,但这个反应对于对苯二甲酸纯度要求很高,而合成的对苯二甲酸不能达到要求,且很难提纯,因此通过做成它的甲酯再分馏提纯。提纯后的对苯二甲酸二甲酯与乙二醇共熔,然后在催化剂作用下通过酯交换反应而得到聚酯(polyester)——涤纶:

现在可以制得比较纯的对苯二甲酸,因此涤纶可以直接用对苯二甲酸与乙二醇缩聚制得,但酯交换的方法目前仍在使用。

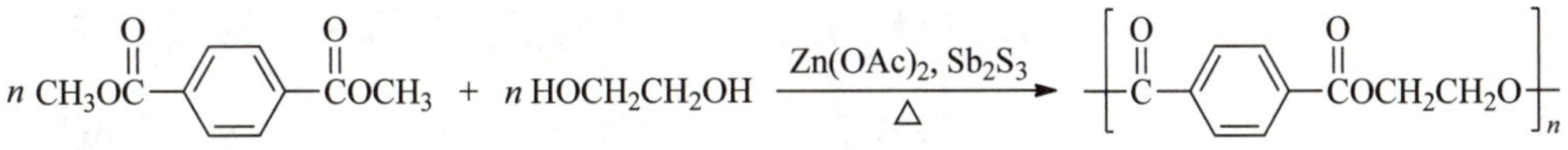

$$n\,CH_3OC\text{-}C_6H_4\text{-}COCH_3 + n\,HOCH_2CH_2OH \xrightarrow[\Delta]{Zn(OAc)_2,\,Sb_2S_3} \left[C\text{-}C_6H_4\text{-}COCH_2CH_2O\right]_n$$

涤纶

4. 酰胺的醇解

酰胺在酸性条件下醇解为酯:

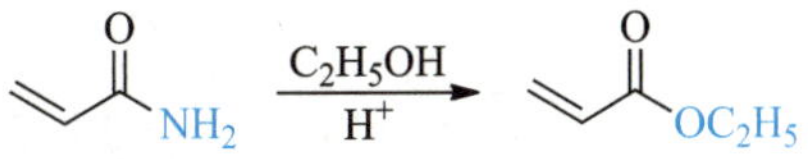

$$CH_2=CHCONH_2 \xrightarrow[H^+]{C_2H_5OH} CH_2=CHCOOC_2H_5$$

也可用少量醇钠在碱性条件下催化醇解。

5. 腈的醇解

腈在酸性条件下(如盐酸、硫酸)用醇处理,也可得到羧酸酯,例如

思考：请写出此转换反应的反应机理。

$$CH_3CN + C_2H_5OH \xrightarrow{HCl} \underset{\text{亚胺酯盐酸盐}}{CH_3-\overset{+NH_2 \cdot Cl^-}{\underset{}{C}}-OC_2H_5} \xrightarrow{H_3O^+} CH_3-\underset{O}{\overset{}{C}}-OC_2H_5$$

中间先生成亚胺酯的盐，若在无水条件下，可以分离得到；若有水存在，则可以直接得到酯。

**习题 12-12** 完成下列反应，写出主要产物。

(i) $CH_3CH_2CH_2COCl + HOCH(CH_3)_2 \xrightarrow{\text{吡啶}}$

(ii) 邻苯二甲酸酐 $+ C_2H_5OH \xrightarrow{\Delta}$ ? $\xrightarrow[H^+]{C_2H_5OH}$

(iii) $PhCOOC_2H_5 + CH_3(CH_2)_3OH \xrightarrow[\text{过量}]{C_2H_5ONa}$

(iv) $CH_3COCH=CH_2 + CH_3OH \xrightarrow{CH_3ONa}$

(v) $PhC\equiv N + PhCH_2OH \xrightarrow{H^+}$ ? $\xrightarrow{H_3O^+}$

(vi) $\underset{H_3C}{\overset{H_3C}{\diagup}}$-四氢呋喃-2-酮（3,4-二甲基-γ-丁内酯）$\xrightarrow[C_2H_5OH]{C_2H_5ONa}$

**习题 12-13** 请用不超过五个碳原子的酸或酸酐及必要的试剂合成。

(i) $(CH_3)_3CCOCH_2CH_3$

(ii) $CH_3CH_2COC(CH_3)_3$

(iii) $CH_3CH_2CO-Ph$

(iv) $CH_3CH_2COCH_2Ph$

(v) $CH_3CO\underset{CH_3}{\overset{O}{\underset{|}{C}H}}CH_2CH_3$

(vi) $CH_3CH_2OCCH_2CH_2CH_2COCH_2CH_3$ (二酯)

## 12.5.4 羧酸衍生物的氨(胺)解——形成酰胺

羧酸衍生物的氨(胺)解(ammonolysis)是制备酰胺的常用方法。

**1. 酰卤的氨(胺)解**

酰氯很容易与氨、一级胺或二级胺反应形成酰胺。例如，酰氯遇冷的氨水即可进行反应，因为氨的亲核性比水强：

$$(CH_3)_2CHCOCl + 2NH_3 \longrightarrow \underset{\text{异丁酰胺，83\%}}{(CH_3)_2CHCONH_2} + NH_4Cl$$

若用酰氯与胺进行反应，反应通常在碱性条件下进行，常用的碱有氢氧化钠、吡啶、三乙胺、N,N-二甲苯胺等，所用碱可中和反应产生的酸，以避免消耗与酰氯反应的胺：

思考：请写出右边反应的反应机理。

$$PhCOCl + HN\underset{}{\bigcirc} \xrightarrow{NaOH} Ph-\underset{\underset{81\%}{}}{\overset{O}{C}}-N\underset{}{\bigcirc} + NaCl + H_2O$$

酰化(acylation)反应最常用的酰化试剂是苯甲酰氯与乙酰氯。对于芳香酰氯与 α 碳上有空阻的脂肪酰氯，可以在 NaOH 的水溶液中进行反应。因为这些酰氯在水中溶解度很小，而 NaOH 溶于水，反应体系为二相，酰氯不易被水解，胺与酰氯反应，产生的 HCl 被 NaOH 中和。

**2. 酸酐的氨(胺)解**

常用的酸酐是乙酸酐，与乙酰氯相比较，乙酸酐较不易水解。有些反应物易溶于水，氨(胺)解可以在水中进行，因为胺比水的亲核性大得多，如

$$(CH_3CO)_2O + H_2NCH_2COOH \xrightarrow{H_2O} \underset{89\% \sim 92\%}{CH_3CONHCH_2COOH} + CH_3COOH$$

环状酸酐与氨反应，可以开环得到酰胺酸(amic acid)。酰胺酸与体系中未反应的氨形成酰胺酸盐，经无机酸酸化又得到酰胺酸。

[反应式：邻苯二甲酸酐 + NH₃ → 酰胺酸 → 酰胺酸盐 → 酰胺酸]

反应若在高温下进行，则产物是酰亚胺(imide)。

思考：请写出丁二酸酐氨解生成丁二酰亚胺的反应机理。

[反应式：邻苯二甲酸酐 + NH₃ 200 ℃ → 邻苯二甲酰亚胺]

[反应式：丁二酸酐 + NH₃ 300 ℃ → 丁二酰亚胺 (83%)]

醋酐与胺反应，除产生酰胺外，还有一分子羧酸，因此反应中经常加入三级胺，以中和反应产生的酸。酸酐与胺反应，主要用于各种胺特别是芳香一级胺或二级胺的乙酰化，反应可以在中性条件下或在小量酸或碱催化下进行。

[反应式：邻硝基-N-甲基苯胺 + (CH₃CO)₂O —H₂SO₄→ N-乙酰基-N-甲基邻硝基苯胺 + CH₃COOH]

## 3. 酯的氨(胺)解

酯可以与氨或胺反应形成酰胺,这叫做酯的氨解或胺解。这些氨或胺,本身作为亲核试剂,进攻酯羰基碳。肼和羟氨等胺的衍生物亦能与酯发生反应:

$$NC-CH_2-COOEt + :NH_3 \longrightarrow NC-CH_2-C(O^-)(NH_3^+)(OEt) \xrightarrow{H^+ 转移} NC-CH_2-C(O^-)(NH_2)(OEt\,H^+) \longrightarrow NC-CH_2-CONH_2 \quad 88\%$$

邻羟基苯甲酸乙酯 + 邻甲基苯胺 → 邻羟基-N-(邻甲基苯基)苯甲酰胺 77%

$$R-COOEt + H_2NNH_2 \longrightarrow R-CONHNH_2 + EtOH \quad (\text{酰肼})$$

$$R-COOEt + NH_2OH \cdot HCl \longrightarrow R-CONHOH + EtOH + HCl \quad (N\text{-羟基酰胺})$$

## 4. 酰胺的氨(胺)解

酰胺与氨(胺)反应,可以生成一个新的酰胺和一个新的胺,因此此反应也可以看做酰胺的交换反应。例如

$$R-CONH_2 + CH_3NH_2 \cdot HCl \xrightarrow{\Delta} R-CONHCH_3 + NH_4Cl$$

---

**习题 12-14** 完成下列反应,写出主要产物。

(i) $(CH_3CH_2C)_2O$ + 苯胺($C_6H_5NH_2$) ⟶

(ii) $(CH_3)_2CHCH(CH_3)$—$COCl$ + $(CH_3)_2NH$ $\xrightarrow{\text{吡啶}}$

(iii) 丁二酸酐 + $2CH_3NH_2$ ⟶ ? $\xrightarrow{H^+}$

(iv) γ-丁内酯 + $CH_3NH_2$ $\xrightarrow{300\,°C}$

(v) γ-丁内酯 + $C_2H_5OH$ $\xrightarrow{H^+}$ ? $\xrightarrow{HN(CH_3)_2}$

(vi) β-甲基-γ-丁内酯 + $CH_3NH_2$ ⟶

**习题 12-15** 用指定原料及必要的试剂合成。

(i) 从 环己基=CH_2 合成 环己基-CH_2-C(O)N(CH_3)_2

(ii) 从苯合成 C_6H_5-CH_2CH_2C(O)NHCH_3

(iii) 从两个碳化合物合成 CH_3CH_2CH_2C(O)NHCH_2CH_3

(iv) 从两个碳化合物合成 CH_3CH(CONH_2)CH_2CH_3

**习题 12-16** 请用图示的方法表明羧酸、羧酸衍生物、腈之间的转换关系。用箭头把它们联系起来,并标明转换反应的试剂及条件。

## 12.6 羧酸衍生物与有机金属化合物的反应

**1. 一般过程**

羧酸衍生物与有机金属化合物反应一般经历下面的过程:

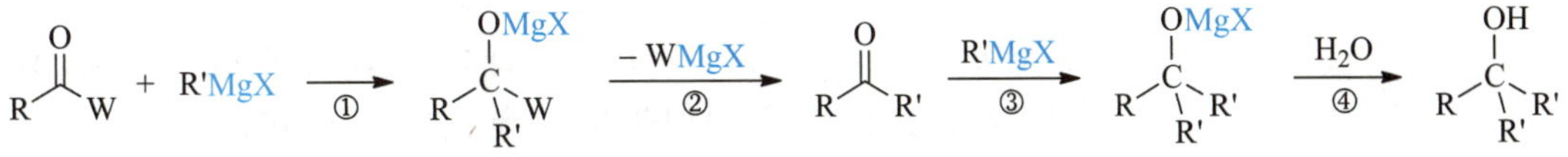

$$R-CO-W + R'MgX \xrightarrow{①} R-C(OMgX)(W)(R') \xrightarrow{-WMgX}{②} R-CO-R' \xrightarrow{R'MgX}{③} R-C(OMgX)(R')(R') \xrightarrow{H_2O}{④} R-C(OH)(R')(R')$$

①、②、③步反应是在同一体系中完成的。

**2. 酰卤与有机金属化合物的反应**

(1) 与格氏试剂、有机锂化合物反应 格氏试剂或有机锂化合物与酰卤反应得酮,但酮很易进一步反应得三级醇,因此酮的产率很低。若用 2 mol 以上的格氏试剂,主要产物为三级醇:

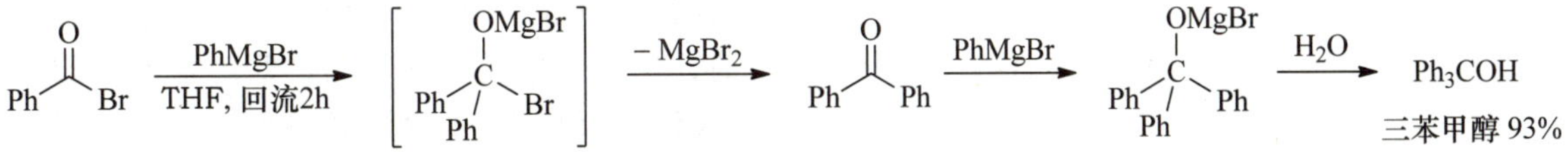

$$PhCOBr \xrightarrow[\text{THF, 回流2h}]{PhMgBr} [Ph_2C(OMgBr)Br] \xrightarrow{-MgBr_2} Ph_2CO \xrightarrow{PhMgBr} Ph_3COMgBr \xrightarrow{H_2O} Ph_3COH$$

三苯甲醇 93%

思考:请写出有机锂试剂与酰卤反应的方程式。

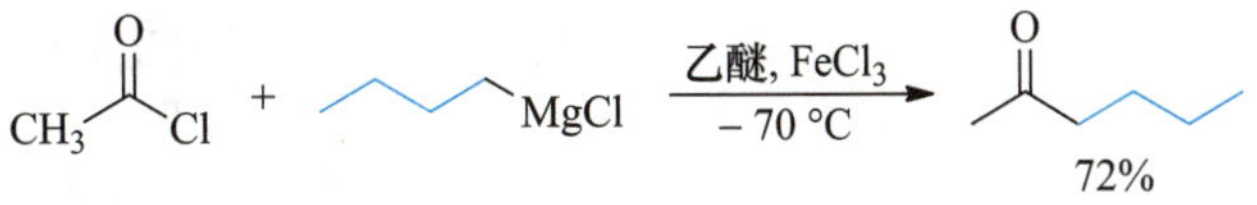

低温可以抑制格氏试剂与酮的反应,因此,如果用 1 mol 的格氏试剂,在低温下分批加到酰氯的溶液中,这样控制格氏试剂的量,以免生成的酮与格氏试剂发生作用,则可得到酮:

$$CH_3COCl + CH_3CH_2CH_2MgCl \xrightarrow[-70\,°C]{乙醚,\ FeCl_3} CH_3COCH_2CH_2CH_3 \quad 72\%$$

对于有空间位阻的反应物,能满意地得到酮,产率很高。这种空间因素可以来自酰氯(脂肪或芳香的),或者来自格氏试剂,特别是三级烃基直接连接在 MgX 基团上时空阻很大。

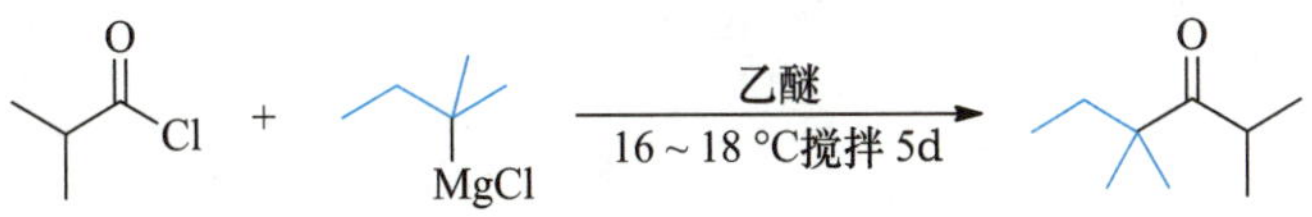

$$(CH_3)_2CHCOCl + (CH_3)_3CMgCl \xrightarrow[16 \sim 18\,°C\ 搅拌\ 5d]{乙醚} (CH_3)_2CHCOC(CH_3)_3$$

(2) 与有机镉化合物反应 有机镉化合物(organocadmium compound)反应性较低,但很易与酰氯反应,与酮反应很慢,因此可用于酮的合成[参见 10.12/3(3)]。

有机镉化合物的一个重要用途是合成酮酯(ketonic ester),当原料分子中同时含有酯基与酰氯时，利用酯基不与有机镉试剂反应而酰氯能发生反应，可以在分子中接长碳链并保存反应性活泼的酯基。但有机镉试剂毒性太大，这限制了它的应用。

$$\text{EtOOC-(CH}_2)_8\text{-COCl} + \text{Et}_2\text{Cd} \xrightarrow[\text{回流 10 min}]{\text{苯}} \text{EtOOC-(CH}_2)_8\text{-CO-CH}_2\text{CH}_3$$
10-氧代十二碳酸乙酯 88%

（3）与二烷基铜锂反应　二烷基铜锂可以与酰氟、酰氯、酰溴反应生成酮。一般的反应式为

$$\text{RCOCl} \xrightarrow[\text{乙醚}]{\text{R'}_2\text{CuLi}} \text{RCOR'}$$

二烷基铜锂比格氏试剂反应性能低，它可以与醛、酰卤[参见10.12/3(4)]反应，与酮反应很慢，很多官能团如酯基、氰基、卤代烃等在低温下不与它反应。因此这个试剂常用于从酰氯合成酮，产率很高。

$$\text{I-(CH}_2)_n\text{-COCl} \xrightarrow[\text{乙醚，}-78\,°\text{C}]{\text{Me}_2\text{CuLi}} \text{I-(CH}_2)_n\text{-CO-CH}_3 \quad 91\%$$

**3. 酯与有机金属化合物的反应**

甲酸酯与格氏试剂反应先生成醛，醛比甲酸酯更活泼，进一步与格氏试剂反应得二级醇。整个反应共消耗两倍物质的量的格氏试剂。其他羧酸酯与格氏试剂反应先得酮，酮进一步与格氏试剂反应得三级醇，故整个反应也需要消耗两倍物质的量的格氏试剂。

有机锂化合物与格氏试剂一样，与酯反应得醇，但对于有空间位阻的酯（α 氢被取代），反应能停留在酮的阶段：

$$\text{Ph-C(CH}_3)_2\text{-COOEt} \xrightarrow[\text{乙醚}]{\text{MeLi}} \text{Ph-C(CH}_3)_2\text{-C(O}^-\text{Li}^+\text{)(OEt)(Me)} \longrightarrow \text{Ph-C(CH}_3)_2\text{-COCH}_3 \quad 70\%$$

**4. 其他羧酸衍生物与有机金属化合物的反应**

酸酐与有机金属化合物反应时，酸酐的一部分被浪费掉了，所以一般不采用。但二元酸的酸酐不存在这个问题，它们与格氏试剂反应可以用来制备酮酸（ketonic acid），例如

$$\text{6-MeO-naphthyl-MgX} + \text{succinic anhydride} \xrightarrow{\text{H}_2\text{O}} \text{6-MeO-naphthyl-CO-CH}_2\text{CH}_2\text{-COOH}$$

酰胺也能与有机金属化合物反应，但氮上的活泼氢将首先反应，然后再发生亲核加成。由于消耗有机金属化合物较多，一般也不用它们来进行合成。

$$CH_3CONH_2 + 3RMgX \longrightarrow CH_3-\underset{R}{\underset{|}{\overset{OMgX}{\overset{|}{C}}}}-N(MgX)_2 \xrightarrow{-N(MgX)_3} CH_3COR \xrightarrow{RMgX} CH_3-\underset{R}{\underset{|}{\overset{OMgX}{\overset{|}{C}}}}-R \xrightarrow{H_2O} CH_3-\underset{R}{\underset{|}{\overset{OH}{\overset{|}{C}}}}-R$$

腈与有机金属化合物反应生成酮。

$$CH_3-C\equiv N + C_2H_5MgBr \longrightarrow CH_3\underset{C_2H_5}{\overset{NMgBr}{\overset{\|}{C}}} \xrightarrow{H_2O} CH_3COC_2H_5$$

**习题 12-17** 用指定原料及必要的试剂合成。
(i) 从丁酸合成 2-甲基-2-己醇　　　(ii) 从丁二酸合成 4-氧代己酸乙酯
(iii) 从丁酸合成 4-氰基-3-己酮

**习题 12-18** 完成下表（能反应的，写出反应后再加水所得到的产物；不能反应的，画横线）。

| 反应物＼产物 | RMgX | RLi | R₂CuLi | 反应物＼产物 | RMgX | RLi | R₂CuLi |
|---|---|---|---|---|---|---|---|
| HCHO | | | | R'COCl | | | |
| R'CHO | | | | R'C≡N | | | |
| R'COR" | | | | CO₂ | | | |
| —C=C—C=O | | | | 环氧乙烷 | | | |
| R'COOH | | | | R₃CX | | | |

## 12.7　羧酸衍生物和腈的还原

### 12.7.1　用催化氢化法还原

酰卤在一般催化氢化条件下还原得到醇。例如若用 Rosenmund 法还原,产物为醛[参见 10.12.3(1)]。

链形酸酐在催化氢化条件下还原,得到两分子醇。一分子环状酸酐经还原得一分子二元醇。

$$RC(=O)-O-CR'(=O) + H_2/Pd \longrightarrow RCH_2OH + R'CH_2OH$$

$$\underset{\text{环状酸酐}}{(CH_2)_n} + H_2/Pd \longrightarrow HOCH_2(CH_2)_nCH_2OH$$

这个反应大量应用于催化氢解植物油和脂肪(fat),以取得长链醇类,如硬脂醇(stearyl alcohol)、软脂醇(palmitic alcohol)等混合物。不饱和脂肪酸酯催化氢化还原时分子中的碳碳双键同时被饱和。

酯在铜铬氧化物($CuO \cdot CuCrO_4$)作用下和较强烈的反应条件下,加氢得两分子醇。内酯经此还原得二元醇。

$$RCOOR' + H_2 \xrightarrow[200\sim300\,°C,\ 10\sim30\ \text{MPa}]{CuO \cdot CuCrO_4} RCH_2OH + R'OH$$

$$(CH_2)_n\text{内酯} + H_2 \xrightarrow[200\sim300\,°C,\ 10\sim30\ \text{MPa}]{CuO \cdot CuCrO_4} HO(CH_2)_nCH_2OH$$

苯基在此催化加氢还原过程中可保持不变:

$$PhCOOEt + H_2 \xrightarrow[125\,°C,\ 30\ \text{MPa}]{CuO \cdot CuCrO_4} PhCH_2OH\ (65\%) + C_2H_5OH$$

酰胺很不易还原,用催化氢化法还原,需用特殊的催化剂并在高温高压下进行,产物为胺。内酰胺经此还原得环状胺。

$$CH_3(CH_2)_{10}CONH_2 + H_2 \xrightarrow[30\ \text{MPa},\ 250\,°C]{\text{CuCr 氧化物}} \text{正十二碳胺}$$

$$(CH_2)_n\underset{NH}{\overset{O}{C}} + H_2 \xrightarrow[\text{高温,高压}]{\text{CuCr 氧化物}} (CH_2)_n\underset{NH}{CH_2}$$

腈可用催化氢化法还原成一级胺。

$$PhCH_2-C\equiv N \xrightarrow[\text{液氨, 13 MPa}]{Ni,\ H_2,\ 120\sim130\,°C} PhCH_2CH_2NH_2\ (87\%)$$

### 12.7.2 用金属氢化物还原

常用的金属氢化物(metal hydride)有氢化铝锂、硼氢化锂(lithium borohydride)和硼氢化钠。硼氢化锂可由硼氢化钠与氯化锂在乙醇中制备：

$$NaBH_4 + LiCl \xrightarrow{C_2H_5OH} LiBH_4 + NaCl$$

作为还原剂，氢化铝锂的还原能力最强，适用于各种羧酸衍生物的还原。硼氢化锂的还原能力比硼氢化钠略强。酯能被氢化铝锂和硼氢化锂还原为一级醇，但硼氢化锂对酯反应稍慢。

$$\text{吡咯烷-CH(CH}_3\text{)COOEt} \xrightarrow[\text{乙醚}]{LiAlH_4} \xrightarrow{H_2O} \text{吡咯烷-CH(CH}_3\text{)CH}_2\text{OH}$$

$$n\text{-}C_{15}H_{31}COOC_4H_9\text{-}n \xrightarrow[THF,\triangle]{LiBH_4} n\text{-}C_{15}H_{31}CH_2OH$$

一级酰胺(primary amide, $\overset{O}{\underset{}{RCNH_2}}$)、二级酰胺(secondary amide, $\overset{O}{\underset{}{RCNHR'}}$)可以被氢化铝锂还原为一级、二级胺：

$$PhOCH_2CONH_2 \xrightarrow[\text{乙醚}]{LiAlH_4} \xrightarrow{H_2O} PhOCH_2CH_2NH_2 \quad 80\%$$

$$CH_3CONHC_6H_5 \xrightarrow[\text{乙醚}]{LiAlH_4} \xrightarrow{H_2O} CH_3CH_2NHC_6H_5 \quad 60\%$$

反应时，首先是强碱性的氢化铝锂和弱酸性的酰胺氮上的氢反应成盐：

$$R\overset{O}{\underset{}{C}}NH_2 + LiAlH_4 \longrightarrow R\overset{O}{\underset{}{C}}\bar{N}HLi^+ + AlH_3 + H_2$$
$$\text{(i)}$$

然后氢化铝(AlH₃)与(i)进行加成，形成中间物(ii)；(ii)中氮提供一对电子与碳形成碳氮双键，同时使⁻OAlH₂离去得(iii)：

$$R\overset{O}{\underset{}{C}}\bar{N}HLi^+ \xrightarrow{AlH_3} R\overset{OAlH_2}{\underset{H}{\overset{|}{C}}}\bar{N}HLi^+ \xrightarrow{-H_2AlO^-Li^+} R\overset{NH}{\underset{}{CH}}$$
$$\text{(ii)} \qquad \text{(iii)}$$

(iii)被另一分子 LiAlH₄ 再进一步还原，水解得胺：

$$\underset{R}{\overset{NH}{\underset{H}{\diagup\!\!\!\diagdown}}} \xrightarrow{AlH_4^- (或 H_2AlO^-)} \underset{R}{\overset{NHAl\diagdown}{\underset{H}{\diagup\!\!\!\diagdown}}} \xrightarrow{H_2O} RCH_2NH_2 + HOAl\diagdown$$

三级酰胺(tertiary amide, $\underset{\quad\;\;\,O}{RCNR'R''}$)与过量氢化铝锂反应,可以得三级胺:

<chemical reaction scheme showing cyclohexyl-C(O)-NMe₂ → LiAlH₄/乙醚 → (iv) cyclohexyl-CH(OAlH₂)(NMe₂) → (v) cyclohexyl-CH=N⁺Me₂ + H-AlH₂ → cyclohexyl-CH₂-NMe₂ (88%)>

三级酰胺的羰基先与第一个氢负离子(hydrogen anion)进行加成反应,得四面体中间体(iv);(iv)失去⁻OAlH₂ 得亚铵盐(v);(v)再接受第二个氢负离子的进攻,得三级胺。

如果反应时小心控制氢化铝锂不过量,则第二个氢负离子进行亲核反应的机会很少,亚铵盐进行水解,可以得到醛。例如

<chemical reaction scheme showing PrC(O)N(Me)Ph → LiAlH₄/乙醚, 0°C → PrCH(OAlH₂)N(Me)Ph → PrCH=N⁺(Me)Ph → H₂O → PrCHO (58%) + PhNHMe>

一般来说,直接用氢化铝锂还原,所得醛产率不高。现在对羧酸衍生物还原为醛进行了广泛的研究,在前面已经讨论过[参见 10.12/2(2)]在氢化铝锂中引入烷氧基后改变了试剂的还原能力,这种试剂能比较成功地把三级酰胺还原为醛,例如三乙氧氢化铝锂[$LiAlH(C_2H_5O)_3$]、二乙氧氢化铝锂[$LiAlH_2(C_2H_5O)_2$]等均是比较好的试剂。由于这些试剂的空间位阻较大,同时三级酰胺氮上有取代基,空间位阻也较大,第一分子试剂与三级酰胺加成后,第二个氢负离子不易进入,因此,醛的产量很好。例如

**思考**:请写出右边反应的反应机理。

<chemical reaction scheme showing PrC(O)NMe₂ → LiAlH(OEt)₃/乙醚 → PrCH(OLiAl(OEt)₃)(NMe₂)(H) → H₂O → PrCHO (90%) + Me₂NH>

<chemical reaction scheme showing 4-Cl-C₆H₄-C(O)NMe₂ → LiAlH₂(OEt)₂/乙醚 → H₂O → 4-Cl-C₆H₄-CHO (90%)>

腈用 $LiAlH_4$ 还原得一级胺。例如

<chemical reaction scheme showing PhC≡N → LiAlH₄ → PhCH₂NH₂ (85%)>

### 12.7.3 酯的单分子还原和双分子还原

**1. 酯的单分子还原——Bouveault-Blanc 还原**

用金属钠-醇还原酯得一级醇,称为 Bouveault-Blanc(鲍维特-布朗克)还原。在

鲍维特（L. Bouveault, 1864—1909），法国化学家。1890年在巴黎医学院获博士学位，曾在里昂和巴黎等地任教。1907年任法国化学会会长。他的兴趣在于研究萜类化合物。

氢化铝锂还原酯的方法发现前被广泛地使用。用此法还原酯，分子中的碳碳双键可以不受影响，因此不饱和酯还原可得到不饱和醇。反应时首先由金属钠给出它的价电子，形成自由基负离子（free radical anion）(i)，(i)再从钠得到一个电子生成(ii)，然后(ii)与醇反应生成(iii)，(iii)消除醇钠成为醛(iv)，醛(iv)再经过①、②、③的反应过程，得到醇钠(v)，反应完后再酸化得相应的醇(vi)。

$$RCOOR' + Na \xrightarrow{①} \underset{(i)}{R-\overset{O^-Na^+}{\underset{OR'}{C\cdot}}} \xrightarrow{Na}{②} \underset{(ii)}{R-\overset{O^-Na^+}{\underset{OR'}{C-Na^+}}} \xrightarrow{R''OH}{③} \underset{(iii)}{R-\overset{O^-Na^+}{\underset{OR'}{C-H}}}$$

$$\xrightarrow[④]{-R'ONa} \underset{(iv)}{R-\overset{O}{C}-H} \xrightarrow{重复①②③} \underset{(v)}{RCH_2O^-Na^+} \xrightarrow{H^+} \underset{(vi)}{RCH_2OH}$$

**2. 酯的双分子还原——酮醇缩合**

脂肪酸酯和金属钠在乙醚或甲苯、二甲苯中，在纯氮气流存在下（微量氧的存在会降低产量）剧烈搅拌和回流，发生双分子还原，得 α-羟基酮（也叫酮醇），此反应称为酮醇缩合（acyloin condensation）。如

思考：羧酸酯和金属钠在醇中反应发生单分子还原，而在乙醚或苯、二甲苯中反应发生双分子还原。为什么？

$$2\ (CH_3)_2CHCOOMe \xrightarrow[甲苯, \Delta]{Na, N_2} \xrightarrow{H_2O} (CH_3)_2CH-\underset{OH}{\underset{|}{CH}}-\overset{O}{\underset{\|}{C}}-CH(CH_3)_2$$

反应过程如下：

$$\underset{R-C=O}{\overset{R-C=O}{\underset{OR'}{|}}} + 2Na \longrightarrow \left[ \underset{R-\overset{\cdot}{C}-O^-}{\overset{R-\overset{\cdot}{C}-O^-}{\underset{OR'}{|}}} \longrightarrow \underset{R-\overset{\cdot}{C}-O^-}{\overset{R-\overset{\cdot}{C}-O^-}{\underset{OR'}{|}}} \right] + 2Na^+ \longrightarrow \underset{R}{\overset{R}{\underset{C=O}{|}}} + 2NaOR'$$

$$\underset{R}{\overset{R}{\underset{C=O}{|}}} + 2Na \longrightarrow \underset{R}{\overset{R}{\underset{C-O^-}{\underset{\|}{C-O^-}}}} \longrightarrow \underset{R}{\overset{R}{\underset{C-O^-Na^+}{\underset{\|}{C-O^-Na^+}}}} \xrightarrow{H_2O} \left[ \underset{R}{\overset{R}{\underset{C-OH}{\underset{\|}{C-OH}}}} \right] \longrightarrow \underset{R}{\overset{R}{\underset{HC-OH}{\underset{\|}{C=O}}}}$$

二元酸酯在此条件下可以形成 α-羟基环酮（α-hydroxy cyclic ketone）：

$$\underset{(CH_2)_n}{\overset{C=O, OR'}{\underset{C=O, OR'}{|}}} \xrightarrow[二甲苯]{Na} \underset{(CH_2)_n}{\overset{C-ONa}{\underset{C-ONa}{\|}}} \xrightarrow{H_2O} \underset{(CH_2)_n}{\overset{C=O}{\underset{CHOH}{|}}}$$

6～7元环产率50%～60%，8～9元环产率30%～40%，10～20元环产率60%～98%。

用这个反应也可制得用其他方法制备时产量很低的中环化合物。一般制环状化合物时，为避免分子间的反应，须在极稀薄的溶液中进行，而这个反应却不需要。现在的问题是，为什么这一方法就不需要在稀薄溶液内进行呢？分子间的反应是如何避免的？原因可能是二元酸酯的两个极性酯基首先固定在富有自由电子的金属表面上，如图12-1所示。图(i)中黑色点代表钠原子，一条直线和两个圆圈代表一个二元酸酯的分子。二元酸酯分子中的碳氢链部分是非极性的，在金属钠表面上可以扭动，结果使两个酯基逐渐接近，如(ii)，最后发生反应变为环状化合物(iii)。

(i)　　　　(ii)　　　　(iii)

**图 12-1**　二元酸二酯在金属表面上进行成环反应的示意图

索烃(catenane)具有下列结构：

[2]索烃　　　　[3]索烃

第一个索烃的合成方法就是利用酮醇缩合反应得到环状酮醇，再用 Clemmensen 还原得 $C_{34}$ 的环烷(分析其中有 5 个 D)，然后用 $C_{34}$ 环烷与二甲苯(1:1)做溶剂，使二元酸酯在此溶剂中再进行酮醇缩合，并希望在闭合之前此二元酸酯能穿过 $C_{34}$ 环烷。结果反应获得成功。

使用 $DCl$-$D_2O$ 代替 $HCl$-$H_2O$，目的用于跟踪分析。

该反应的产率取决于二元酸酯分子在闭合前穿过 $C_{34}$ 环烷的概率，一般产率较低。

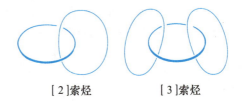

**习题 12-19**　完成下列反应，写出主要产物。

(i) $CH_3CH_2CH_2\overset{O}{\overset{\|}{C}}OC_2H_5 \xrightarrow{LiAlH_4} \xrightarrow{H_2O}$

(ii) 萘环-COCl，4-Cl $\xrightarrow[\text{硫-喹啉}]{H_2, Pd/BaSO_4}$

(iii) $CH_3CH=CHCH_2CH_2\overset{O}{\overset{\|}{C}}OC_2H_5 \xrightarrow[EtOH]{Na} \xrightarrow{H^+}$

(iv) $H_5C_2O\overset{O}{\overset{\|}{C}}CH_2CH_2\overset{O}{\overset{\|}{C}}Cl \xrightarrow{LiAlH(t\text{-}OBu)_3} \xrightarrow{H_2O}$

(v) $HC\equiv CCH_2CH_2COOC_2H_5$ $\xrightarrow[\text{高温, 高压}]{CuO, CuCrO_4, H_2}$

(vi) 
$\xrightarrow{LiAlH_4}$ $\xrightarrow{H_2O}$

(vii) $CH_3OC(CH_2)_{12}COCH_3$ $\xrightarrow[\text{二甲苯}]{Na, \Delta, N_2}$ $\xrightarrow{H^+}$

(viii) 
$\xrightarrow{LiAlH_4}$ $\xrightarrow{H_2O}$

## 12.8 酰卤 α-H 的卤代

酰卤与卤素反应，生成 α-卤代酰卤，称为酰卤 α-H 的卤代反应。反应式如下：

主要用于氯代和溴代。

$$RCH_2CBr + Br_2 \longrightarrow RCHCBr$$
$$\quad\quad\quad\quad\quad\quad\quad\quad\quad\quad |$$
$$\quad\quad\quad\quad\quad\quad\quad\quad\quad\quad Br$$

反应机理如下：

在羧酸的 α-卤代过程中实际上已包含了酰卤 α-H 的卤代。

$$RCH_2\overset{O}{C}-Br \xrightleftharpoons{H^+} RCH=\overset{OH}{C}-Br \xrightarrow{Br-Br} RCH-\overset{\overset{+}{O}H}{C}-Br + Br^-$$
酰溴
$$\xrightarrow{-H^+} RCH-\overset{O}{C}-Br$$
$$\quad\quad\quad | $$
$$\quad\quad\quad Br$$
α-溴代酰溴

首先酰溴发生烯醇化，然后烯醇化的酰卤和卤素发生反应，失去卤化氢，得到 α-溴代酰溴。

如果希望在二元羧酸的衍生物中只引入一个溴，那么可以将二元羧酸单酯用亚硫酰氯处理，将羧基转变为酰氯，然后再用一分子溴反应，酰氯的 α 氢原子被溴取代后，通过酰卤的醇解再转变为 α-溴代二元酸二酯。例如，α-溴代己二酸二乙酯的合成如下：

环状酸酐 $\xrightarrow{C_2H_5OH}$ $HOOC(CH_2)_4COOC_2H_5$ $\xrightarrow{SOCl_2}$ $ClOC(CH_2)_4COOC_2H_5$

$\xrightarrow{Br_2}$ $ClOCCHBr(CH_2)_3COOC_2H_5$ $\xrightarrow{C_2H_5OH}$ $C_2H_5OOCCHBr(CH_2)_3COOC_2H_5$

从这里也可看出，酰氯的 α 氢比酯的 α 氢更活泼。

## 12.9 烯酮的反应

含有 $\text{C=C=O}$ 结构的化合物称为烯酮(olefine ketone),它可以看做羧酸发生分子内失水(失去羧羟基和 α 氢)形成的,因此也可以看做分子内的酸酐:

$$\text{>C-C(=O)-OH}\ (\alpha\text{-H}) \xrightarrow{-H_2O} \text{>C=C=O}$$

最简单的烯酮是乙烯酮($CH_2=C=O$)。它是一个有毒的气体,沸点 $-48℃$。烯酮由于含有累积的双键,化学性质十分活泼。现以乙烯酮为例,简单介绍它的反应。

### 1. 羰基的加成

烯酮的两个 π 键成正交形式,特别易于打开。它的羰基可和多种含"活泼"氢的化合物如水、卤化氢、羧酸、醇、氨等发生加成反应。加成时,总是氢加在氧上,另一部分加在碳上,生成的烯醇经互变异构就得羧酸、酰卤、酸酐、酯、酰胺等:

$$H-OH \longrightarrow [CH_2=C(OH)-OH] \xrightleftharpoons{互变异构} CH_3COOH \quad 羧酸$$

$$H-X \longrightarrow [CH_2=C(OH)-X] \xrightleftharpoons{互变异构} CH_3CX(=O) \quad 酰卤$$

$$CH_2=C=O + H-O-C(=O)-R \longrightarrow [CH_2=C(OH)-O-C(=O)-R] \xrightleftharpoons{互变异构} CH_3COCR(=O)(=O) \quad 酸酐$$

$$H-OR \longrightarrow [CH_2=C(OH)-OR] \xrightleftharpoons{互变异构} CH_3COOR \quad 酯$$

$$H-NH_2 \longrightarrow [CH_2=C(OH)-NH_2] \xrightleftharpoons{互变异构} CH_3CNH_2(=O) \quad 酰胺$$

在以上各反应中,分子中的氢都被一个乙酰基取代,因此烯酮是一个很理想的乙酰化试剂(acetylation reagent)。工业上制备乙酸酐就是利用这个反应。

烯酮也可以和格氏试剂发生反应,生成酮:

$$CH_2=C=O + RMgX \longrightarrow CH_2=C(OMgX)(R) \xrightarrow{HOH} [CH_2=C(OH)(R)] \xrightleftharpoons{互变异构} CH_3CR(=O)$$

### 2. 与甲醛反应  烯酮二聚

烯酮与甲醛反应,可生成 β-丙内酯(β-propanolactone):

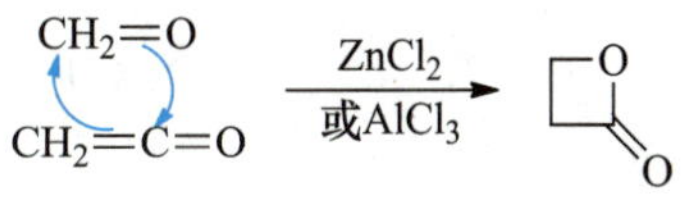

$$CH_2=O \atop CH_2=C=O \quad \xrightarrow{ZnCl_2 \text{ 或 } AlCl_3} \quad \text{β-丙内酯}$$

熔点 –33.4 °C, 沸点 162 °C

乙烯酮在合适的条件下二聚生成二乙烯酮。二乙烯酮是取代的 β-丙内酯, 加热又重新分解为乙烯酮, 因此二乙烯酮也是烯酮的一种保存形式。

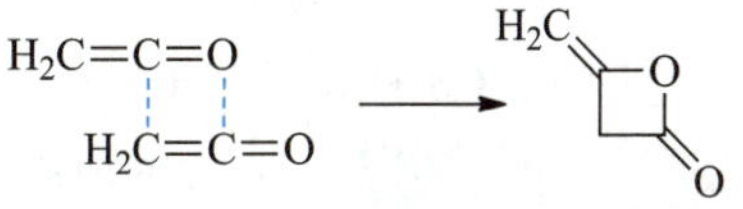

$$H_2C=C=O \atop H_2C=C=O \quad \longrightarrow \quad \text{二乙烯酮}$$

β-丙内酯可与一系列试剂发生反应, 一般在中性、弱酸性介质中, 经 $S_N2$ 反应发生烷氧键断裂, 生成 β 取代的羧酸。例如

**思考**：① 请分析 β-丙内酯的构效关系。
② 完成下列反应式并阐明理由。

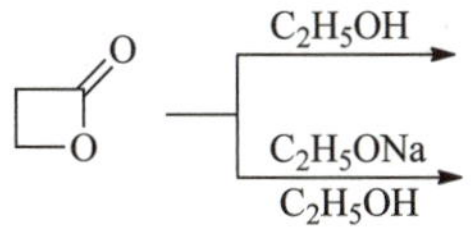

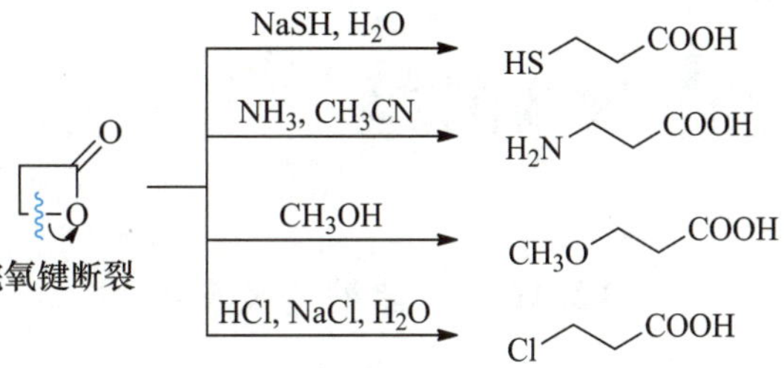

$$\text{β-丙内酯} \xrightarrow[\substack{C_2H_5ONa \\ C_2H_5OH}]{C_2H_5OH}$$

烷氧键断裂:
- NaSH, $H_2O$ → HS–CH₂CH₂–COOH
- $NH_3$, $CH_3CN$ → $H_2N$–CH₂CH₂–COOH
- $CH_3OH$ → $CH_3O$–CH₂CH₂–COOH
- HCl, NaCl, $H_2O$ → Cl–CH₂CH₂–COOH

在碱性或强酸性介质中, 经加成-消除机理发生酰氧键断裂开环, 生成 β 取代的羧酸衍生物。例如

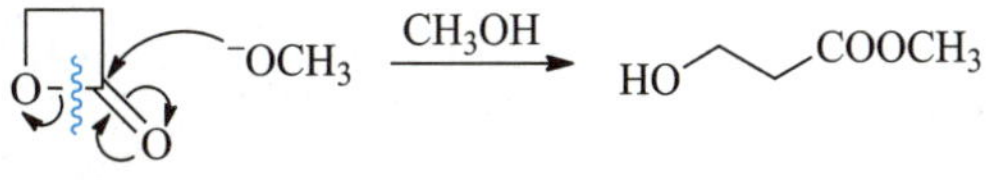

$$\text{酰氧键断裂} \xrightarrow[]{^-OCH_3, \, CH_3OH} HO-CH_2CH_2-COOCH_3$$

二乙烯酮由于 β 碳用双键与亚甲基相连, 使亲核试剂难于进攻 β 碳, 主要发生酰氧键断裂。例如

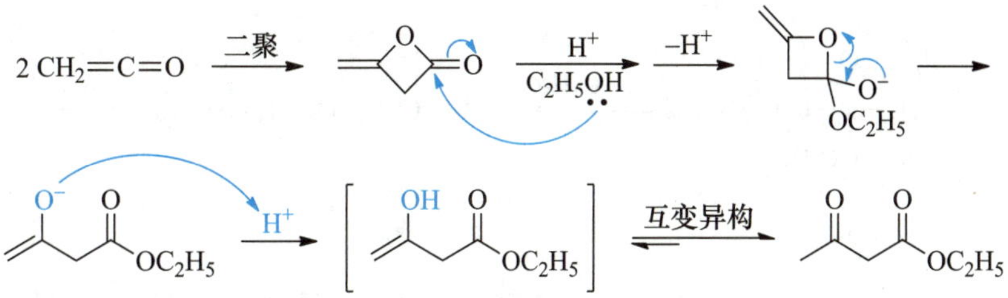

$$2\,CH_2=C=O \xrightarrow{\text{二聚}} \text{二乙烯酮} \xrightarrow[C_2H_5OH]{H^+} \xrightarrow{-H^+} \cdots$$

$$\cdots \xrightarrow{H^+} [\text{烯醇}] \xrightleftharpoons{\text{互变异构}} CH_3COCH_2COOC_2H_5$$

产物乙酰乙酸乙酯是有机合成的重要中间体。

**3. 光分解反应**

烯酮在光作用下, 分解产生亚甲基卡宾:

$$CH_2=C=O \xrightarrow{h\nu} :CH_2 + CO$$

**习题 12-20** 以二甲基乙烯酮为起始原料制备。

(i) $(CH_3)_2CHCOOH$  (ii) $(CH_3)_2CHCCl$ (with =O)  (iii) $(CH_3)_2CHCNHCH_3$ (with =O)

(iv) $(CH_3)_2CHCOCCH_3$ (双羰基)  (v) $(CH_3)_2CHCOOCH_2CH_3$

**习题 12-21** 完成下列反应并写出相应的反应机理。

$$CH_2=C=O \xrightarrow{CH_2O} \xrightarrow[H^+]{CH_3CH_2OH}$$

## 12.10 酯缩合反应

### 12.10.1 酯缩合反应概述

两分子酯在碱的作用下失去一分子醇,生成 β-羰基酯的反应称为酯缩合反应,也称为 Claisen(克莱森)缩合反应。

$$RCH_2C-OC_2H_5 + H-CHCOC_2H_5 \xrightarrow[\text{② HOAc}]{\text{① }C_2H_5ONa} RCH_2C-CHCOC_2H_5$$
（R在α碳上）

以乙酸乙酯为例,Claisen 缩合的反应机理如下:

$$CH_3COC_2H_5 \xrightarrow{\text{① }CH_3CH_2O^-Na^+} [\bar{C}H_2COC_2H_5 \leftrightarrow CH_2=C-OC_2H_5] \xrightarrow{\text{② }CH_3COC_2H_5}$$

$$CH_3-\underset{OC_2H_5}{\overset{O^-}{\underset{|}{C}}}-CH_2COC_2H_5 \xrightarrow{\text{③ }-C_2H_5O^-} CH_3CCH_2COC_2H_5 \xrightarrow{\text{④ }CH_3CH_2O^-Na^+} CH_3C\bar{C}HCOC_2H_5 + C_2H_5OH$$
$$\quad\quad\quad\quad\quad\quad\quad\quad\quad\quad\quad\quad\quad\quad\quad\quad\quad\quad\quad\quad\quad\quad\quad\quad\quad\quad\quad\quad\quad\quad\quad\quad\quad\quad\quad\quad\quad\quad\quad\quad\quad\quad\text{Na}^+$$
$$\xrightarrow{\text{⑤ }CH_3COOH} CH_3CCH_2COC_2H_5$$

首先,乙酸乙酯在碱的作用下失去 α 氢,生成烯醇负离子,烯醇负离子对另一分子酯发生亲核加成,再消去乙氧负离子生成乙酰乙酸乙酯。由于反应是在碱性体系中进行的,生成的乙酰乙酸乙酯立刻与碱反应生成钠盐,将钠盐从体系中分离出来,再酸化即得到乙酰乙酸乙酯。

乙酸乙酯的 α 氢的酸性是很弱的($pK_a \approx 24.5$),而乙醇钠又是一个比较弱的碱(乙醇,$pK_a \approx 15.9$),因此,在上面的反应①中,乙酸乙酯形成的负离子在平衡体系中是很少的。也就是说,用乙氧负离子把乙酸乙酯变为 $^-CH_2COOC_2H_5$ 是很困难的。但为什么这个反应会进行得如此完全呢?其原因就是最后产物乙酰乙酸乙酯是一个比较强的酸,在碱的作用下可以形成很稳定的负离子,使平衡朝产物方向移动。体系中乙酸乙酯负离子浓度虽然很低,但一旦形成,就不断地反应,结果使反应完成。

上述分析表明:反应④是缩合反应完成的关键的一步,而要使这一步顺利进行,两个羰基之间的碳上必须有活泼氢。因此,原料酯的 α 碳上至少需有两个氢,一个用于反应①,另一个用于反应④。假如原料酯的 α 碳上只有一个活泼氢,则缩合反应必须在更强碱的作用下才能完成。例如,异丁酸乙酯(i)在乙醇钠的作用下,不能发生酯缩合反应;但在三苯甲基钠的作用下,就可进行缩合,首先发生酸碱反应,生成碳负离子(ii)。

$$(CH_3)_2CHCOOC_2H_5 + (C_6H_5)_3C^-Na^+ \xrightarrow{(C_2H_5)_2O} (CH_3)_2\overset{Na^+}{\underset{}{\bar{C}}}COOC_2H_5 + (C_6H_5)_3CH$$
$$\text{(i)} \qquad\qquad\qquad\qquad\qquad\qquad\qquad \text{(ii)}$$

上述反应是不可逆的。因为三苯甲基钠的碱性很强,和许多羰基化合物都可迅速形成碳负离子。三苯甲基负离子是红色的,和羰基化合物反应后,变为三苯甲烷,后者是无色的,所以在上述反应中,当红色消失时,表示与三苯甲基钠等物质的量的羰基化合物已变为碳负离子(ii)。随即(ii)和(i)进行缩合,同时失去乙氧负离子。

$$(CH_3)_2CH-\overset{O}{\underset{OC_2H_5}{C}} + {}^-\overset{CH_3}{\underset{CH_3}{C}}-COOC_2H_5 \longrightarrow (CH_3)_2CHC-\overset{O}{\underset{CH_3}{\overset{\|}{C}}}\overset{CH_3}{\underset{}{-}}-COOC_2H_5 + C_2H_5O^-$$
$$\qquad\qquad\qquad\qquad\qquad\qquad\qquad\qquad\qquad \text{(iii)}$$

乙氧负离子的碱性虽比(iii)的负离子碱性还弱[乙醇的酸性比(iii)的酸性强],但(iii)在等物质的量的强碱三苯甲基钠的作用下,可以负离子的形式存在,从而使平衡朝右方进行。

$$(CH_3)_2CHC-\overset{O}{\underset{CH_3}{\overset{\|}{C}}}\overset{CH_3}{\underset{}{-}}-COOC_2H_5 + (C_6H_5)_3C^-Na^+ \longrightarrow (CH_3)_2\overset{Na^+}{\bar{C}}-\overset{O}{\overset{\|}{C}}-\overset{CH_3}{\underset{CH_3}{C}}-COOC_2H_5 + (C_6H_5)_3CH$$
$$\text{(iii)}$$

应当注意的是,在这步反应中并无乙醇产生,所有的乙氧负离子都以醇钠的形式存在。

上面的反应机理说明,在进行酯缩合反应时,当酯的 α 碳上只有一个氢时,需要使用比醇钠更强的碱,才能迫使反应朝右方进行;当 α 碳上有两个氢时,一般使用碱性相对较弱的醇钠就可以了。除了考虑碱的强度,还要考虑反应中使用的溶剂。假如溶剂的酸性比原化合物强得多,就不能产生很多的碳负离子,因为溶剂的质子被碱性很强的碳负离子夺去了。一般使用的强碱和相应的溶剂有下列几种搭配:

① 三级丁醇钾,经常使用三级丁醇、二甲亚砜、四氢呋喃为溶剂;② 氨基钠,溶剂为液氨、醚、苯、甲苯、1,2-二甲氧乙烷等;③ 氢化钠及氢化钾,溶剂为苯、醚、二甲基甲酰胺等;④ 三苯甲基钠,溶剂为苯、醚、液氨等。三苯甲烷的 p$K_a$ 大约为 31.5,而三级丁醇的 p$K_a$ 是 18,因此三苯甲基钠要比三级丁醇钠的碱性强得多。此外,还有 LDA 等。

Claisen 缩合反应是可逆的,因此生成的 β-二羰基化合物在催化量的碱(如醇钠)与一分子醇作用下,可发生 Claisen 缩合反应的逆反应,分解为二分子酯:

$$\text{CH}_3\text{CCH}_2\text{COC}_2\text{H}_5 + \text{C}_2\text{H}_5\text{OH} \xrightarrow[180\ ^\circ\text{C}]{\text{C}_2\text{H}_5\text{ONa}(\text{催化量})} 2\text{CH}_3\text{COC}_2\text{H}_5$$

其反应过程为

Claisen 缩合反应在合成上很重要,其逆反应在合成上也是很有用的。

**习题 12-22** 完成下列反应,写出主要产物。

(i) $2\ \text{CH}_3\text{CH}_2\text{CH}_2\text{COC}_2\text{H}_5 + \text{Na} + \text{C}_2\text{H}_5\text{OH}(\text{少量}) \longrightarrow$

(ii) $2\ \text{CH}_3\text{CH}_2\overset{\text{CH}_3}{\text{CH}}\text{COC}_2\text{H}_5 + (\text{C}_6\text{H}_5)_3\text{C}^- \text{Na}^+ \longrightarrow$

(iii) $2\ \text{CH}_3\text{CH}_2\overset{\text{CH}_3}{\text{CH}}\text{COC}_2\text{H}_5 + \text{Na} + \text{C}_2\text{H}_5\text{OH}(\text{少量}) \longrightarrow$

(iv) $\text{CH}_3\text{CH}_2\text{CCH}(\text{CH}_3)\text{COC}_2\text{H}_5 + \text{C}_2\text{H}_5\text{OH} \xrightarrow{\text{C}_2\text{H}_5\text{ONa}(\text{催化量})}$

(v) $\text{CH}_3\text{CCH}(\text{CH}_3)\text{COC}_2\text{H}_5 + \text{C}_2\text{H}_5\text{OH} \xrightarrow{\text{C}_2\text{H}_5\text{ONa}(\text{催化量})}$

(vi) 2-氧代环戊烷甲酸乙酯 + $\text{C}_2\text{H}_5\text{OH} \xrightarrow{\text{C}_2\text{H}_5\text{ONa}(\text{催化量})}$

(vii) 2-氧代环戊烷甲酸乙酯 + Na + $\text{C}_2\text{H}_5\text{OH}(\text{少量}) \longrightarrow$

### 12.10.2 混合酯缩合反应

若用两个不同的且都含有 α 活泼氢的酯进行酯缩合反应,理论上就可得到四种不同的产物,在制备上没有很多的价值。因此,一般进行这种混合酯缩合时,只用一个含有活泼氢的酯和一个不含活泼氢的酯进行缩合。经常用的不含活泼氢的酯有苯甲酸酯(benzoate)、甲酸酯(formate)、草酸酯(oxalate)、碳酸酯(carbonate)等。芳香酸酯的酯羰基一般不够活泼，缩合时需用较强的碱，以产生足够浓度的碳负离子，才能保证反应进行。

$$C_6H_5COOCH_3 + CH_3CH_2COOC_2H_5 \xrightarrow{NaH} C_6H_5COC(CH_3)COOC_2H_5 \xrightarrow{H^+} \underset{56\%}{C_6H_5COCH(CH_3)COOC_2H_5}$$

草酸酯由于一个酯基的诱导作用，增加了另一羰基的亲电作用，所以比较容易和其他的酯发生缩合反应：

$$C_2H_5OC(\overset{\delta-}{O})-COOC_2H_5 + CH_3CH_2COOC_2H_5 \xrightarrow[\text{② }H^+]{\text{① }C_2H_5ONa} \underset{COCOOC_2H_5}{CH_3CHCOOC_2H_5}$$

用长链的脂肪酸酯和草酸酯反应，一般产率很低。但若能将产生出来的乙醇不断蒸出，可以得到产率较高的产物：

$$C_{17}H_{35}COOC_2H_5 + (COOC_2H_5)_2 \xrightarrow[\text{② }H^+]{\text{① }C_2H_5ONa} \underset{\underset{68\%\sim71\%}{COCOOC_2H_5}}{C_{16}H_{33}CHCOOC_2H_5} + \underset{\text{蒸出}}{C_2H_5OH}$$

草酸酯的缩合产物含一个 α-羰基酸酯(α-carbonyl ester)的基团，加热即失去一分子一氧化碳，变为取代的丙二酸酯。例如苯基取代的丙二酸酯，不能用溴苯进行芳基化来制取，但可用此法制得：

$$C_6H_5CH_2COOC_2H_5 + (COOC_2H_5)_2 \xrightarrow[\text{② }H^+]{\text{① }C_2H_5ONa} \underset{CO-COOC_2H_5}{C_6H_5CHCOOC_2H_5} \xrightarrow{175\,^\circ C} \underset{\underset{80\%\sim85\%}{COOC_2H_5}}{C_6H_5CHCOOC_2H_5}$$

除此之外，草酸酯缩合后的产物，还可用来合成 α-羰基羧酸酯。如丁二酸二乙酯与草酸二乙酯缩合后再将缩合物水解，中间产物游离酸很不稳定，它既是一个 α-羰基酸，同时又是一个 β-羰基酸，很容易脱羧，变为 α-羰基酸。利用这个反应，可以合成生物化学上重要的 2-氧代戊二酸：

$$\begin{array}{c}CH_2-COOC_2H_5\\CH_2-COOC_2H_5\end{array} + (COOC_2H_5)_2 \xrightarrow[\text{② }H_2O]{\text{① }C_2H_5ONa} \begin{array}{c}CH\begin{array}{c}COCOOC_2H_5\\COOC_2H_5\end{array}\\CH_2-COOC_2H_5\end{array}$$

$$\xrightarrow{NaOH} \xrightarrow{H^+} \left[\begin{array}{c}CH\begin{array}{c}COCOOH\\COOH\end{array}\\CH_2-COOH\end{array}\right] \xrightarrow{\Delta} \begin{array}{c}CH_2COCOOH\\CH_2COOH\end{array}$$

2-氧代戊二酸(α-羰基戊二酸)

与甲酸酯发生酯缩合反应后，即在 α 碳原子上引入一个甲酰基(formyl)。例如，用苯乙酸乙酯和甲酸乙酯进行缩合，得到 α-甲酰苯乙酸乙酯：

$$C_6H_5CH_2COOC_2H_5 + HCOOC_2H_5 \xrightarrow{CH_3ONa} \underset{\underset{70\%}{CHO}}{C_6H_5\overset{|}{C}HCOOC_2H_5} + C_2H_5OH$$

α-甲酰化物是非常活泼的，产率往往很低，并且容易聚合。例如，乙酸乙酯和甲酸乙酯缩合的产物，会马上再发生羟醛缩合作用，得到均苯三甲酸三乙酯：

$$CH_3COOC_2H_5 + HCOOC_2H_5 \xrightarrow[\text{② }H_2O]{\text{① }C_2H_5ONa} \underset{\underset{CHO}{|}}{CH_2COOC_2H_5} + C_2H_5OH$$

思考：请写出整个反应的反应机理。

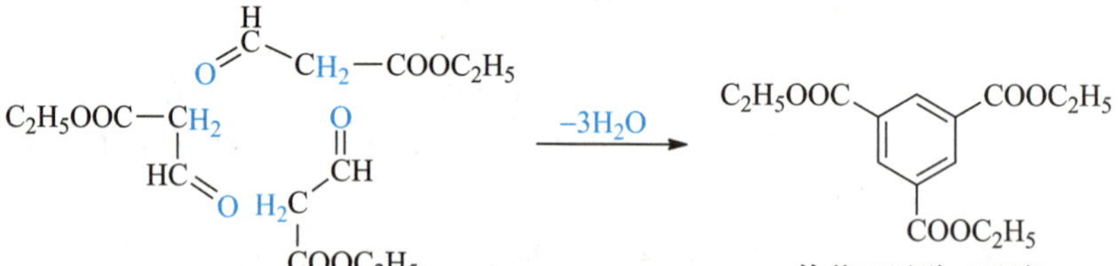

（中间体结构式 → 经 −3H₂O → 均苯三甲酸三乙酯）

### 习题 12-23 完成下列反应，写出主要产物。

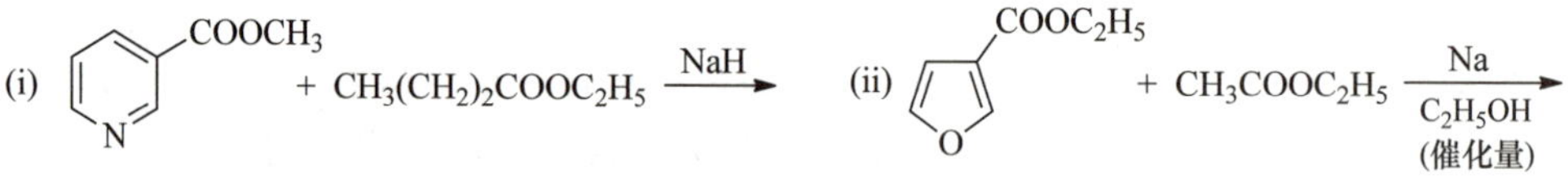

(i) 3-吡啶甲酸甲酯 + CH₃(CH₂)₂COOC₂H₅ $\xrightarrow{NaH}$

(ii) 3-呋喃甲酸乙酯 + CH₃COOC₂H₅ $\xrightarrow[\text{C}_2\text{H}_5\text{OH （催化量）}]{Na}$

(iii) $C_{10}H_{21}COOC_2H_5$ + (COOC₂H₅)₂ $\xrightarrow{C_2H_5ONa}$ $\xrightarrow{160\sim170\ ^\circ C}$

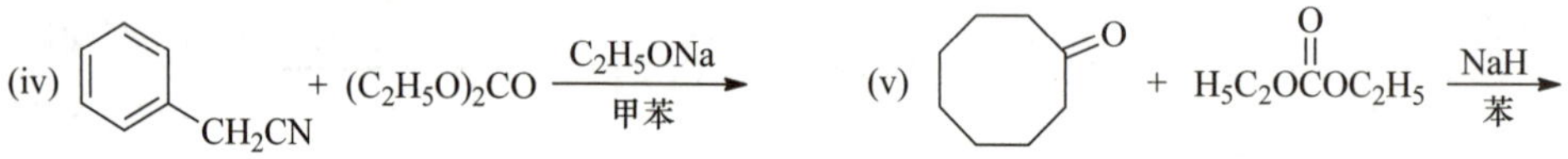

(iv) C₆H₅CH₂CN + (C₂H₅O)₂CO $\xrightarrow[\text{甲苯}]{C_2H_5ONa}$

(v) 环辛酮 + H₅C₂OCOOC₂H₅ $\xrightarrow[\text{苯}]{NaH}$

## 12.10.3 分子内的酯缩合反应

二元酸酯可以发生分子内的及分子间的酯缩合反应。假如分子中的两个酯基被四个或四个以上的碳原子隔开，就发生分子内的缩合反应，形成五元环或更大环的酯，这种环化酯缩合反应又称为 Dieckmann（狄克曼）反应：

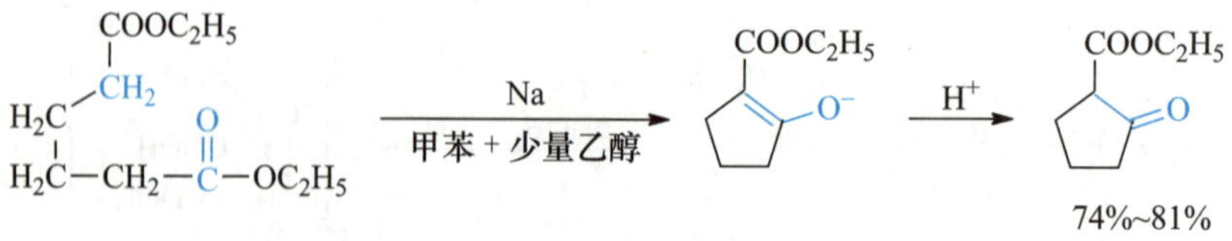

（己二酸二乙酯 $\xrightarrow[\text{甲苯+少量乙醇}]{Na}$ 中间体 $\xrightarrow{H^+}$ 2-氧代环戊烷甲酸乙酯，74%~81%）

若用庚二酸酯进行同样的反应，就得到六元环的 β-羰基酯。不对称的二酸酯发生环化酯缩合时，理论上应得到两种不同的产物。如 α-甲基己二酸二乙酯环化时，反应有两种可能，即生成(i)和(ii)：

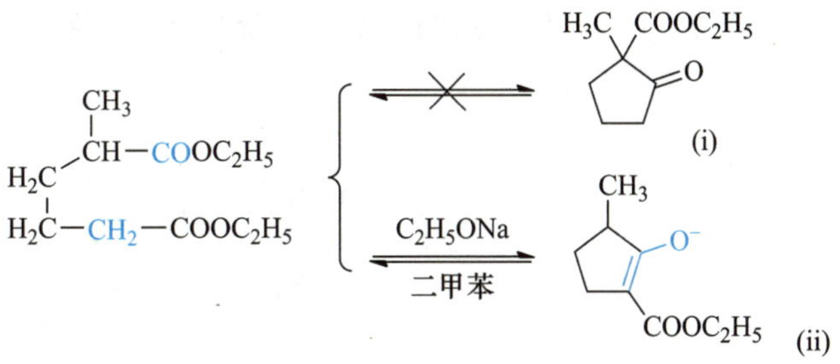

## 12.10 酯缩合反应

[反应式：二元酸酯在 C₂H₅ONa/二甲苯条件下不生成(i)，而生成(ii)]

但由于这个反应是可逆的，因此最后产物是受热力学控制的，得到的总是最稳定的烯醇负离子(ii)，而(i)不能生成。即使生成(i)，它也可以通过酯缩合反应的逆反应开环，然后再经 Dieckmann 反应关环，转变为更加稳定的(ii)：

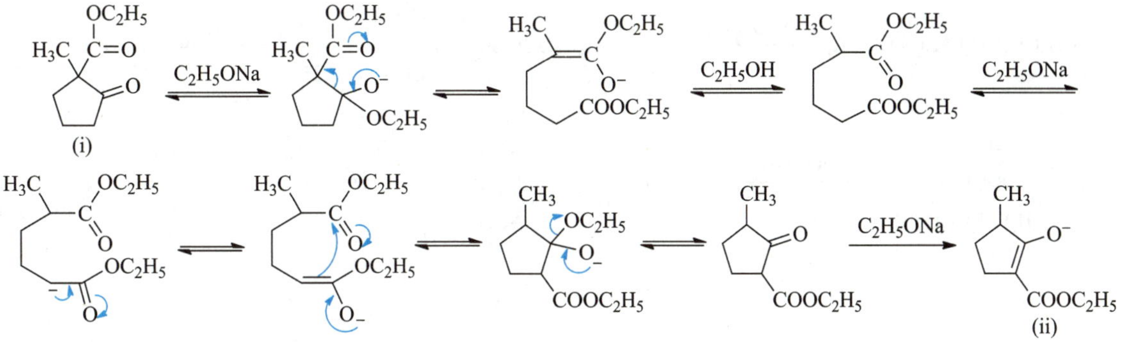

[详细的机理反应式]

利用 Dieckmann 反应，可以合成多种环状化合物。下面是几个例子：

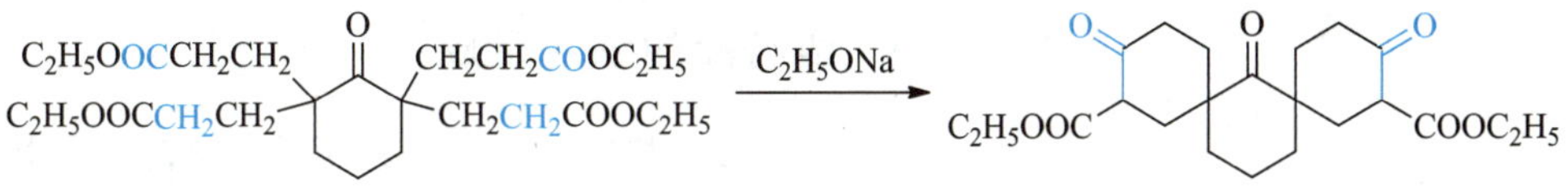

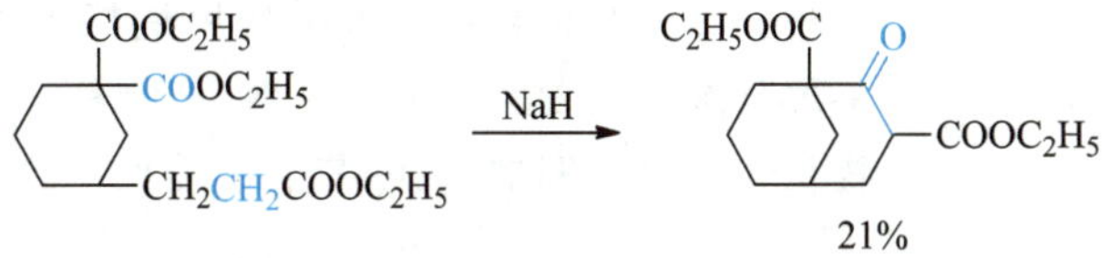

[反应式示例]

在适当的条件下，也可利用这个反应合成大环酮。在金属的作用下，二元酸酯除发生关环的酯缩合反应外，通过不同的反应机理还可以发生另一种关环反应，即所谓酮醇反应，这是目前制备大环化合物最有效的一种方法（参看 12.7.3/2）。

假若两个酯基之间只被三个或三个以下的碳原子隔开，就不能发生分子内的酯缩合反应，因为这样就要形成不稳定的四元环或小于四元环的体系。但可以利用这种二元酸酯和不含 α 活泼氢的二元酸酯发生分子间的缩合，也可同样得到环状羰基酯。例如用 β,β-二甲基戊二酸酯和草酸酯缩合，得到五元环的二 β-羰基酯：

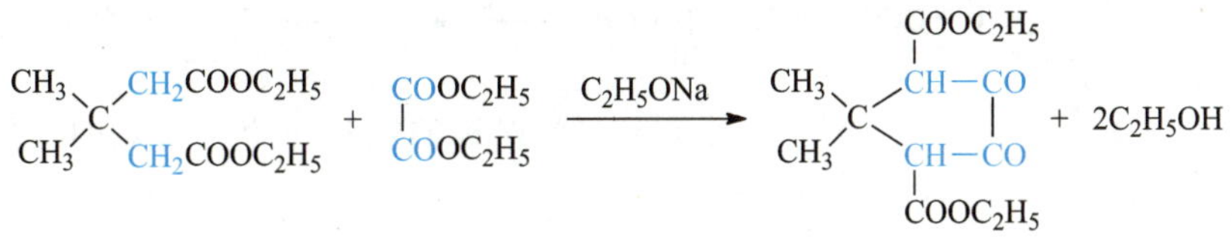

[反应式：β,β-二甲基戊二酸酯 + 草酸酯 → 五元环产物 + 2C₂H₅OH]

丁二酸二乙酯在乙醇钠催化下，发生分子间缩合，生成 2,5-二（乙氧羰基）-1,4-环己二酮：

$$2 \begin{array}{c} COOC_2H_5 \\ | \\ COOC_2H_5 \end{array} \xrightarrow{C_2H_5ONa} \text{[2,5-二(乙氧羰基)-1,4-环己二酮]} + 2C_2H_5OH$$

**习题 12-24** 完成下列反应，写出主要产物。

(i) $CH_3CH(CH_2CH_2COOC_2H_5)_2 \xrightarrow{NaOC_2H_5}$

(ii) $H_5C_2OOCHC\begin{array}{c}CH_2COOC_2H_5\\CH_2CH_2COOC_2H_5\end{array} \xrightarrow{NaOC_2H_5}$

(iii) 环状二硫化物带 COOCH₃ 两支链 $\xrightarrow{NaH}$

(iv) $PhC\begin{array}{c}CH_2CH_2COOCH_3\\COOCH_3\\CH_2CH_2COOCH_3\end{array} \xrightarrow{NaOCH_3}$

(v) 双环结构 $\xrightarrow{\text{N}^-\text{Li}^+\text{(四甲基哌啶)}}$

(vi) $CH_3CH(CHCOOCH_3)(CH_2CH(CH_3)CHCOOCH_3) \xrightarrow{Ph_3C^-K^+}$

### 12.10.4 酮与酯的缩合反应

一个有 α 氢的酮和一个没有 α 氢的酯在碱的作用下，也能发生缩合反应，产物是各种 β-二羰基化合物。若采用甲酸酯为原料，产物中有一个醛基和一个酮羰基；若采用草酸酯或碳酸二酯为原料，产物是 β-羰基酯；若采用其他一元羧酸酯为原料，产物是 β-二酮。例如，丙酮与上述酯反应的情况如下：

$$HC(=O)-OC_2H_5 + H-CH_2CCH_3(=O) \xrightarrow{EtO^-}\xrightarrow{H_2O} HC(=O)-CH_2-CCH_3(=O)$$

$$C_2H_5OC(=O)-C(=O)-OC_2H_5 + H-CH_2CCH_3(=O) \xrightarrow{EtO^-}\xrightarrow{H_2O} C_2H_5OC(=O)-C(=O)-CH_2CCH_3(=O) \xrightarrow[175\,°C]{-CO} C_2H_5OC(=O)-CH_2-CCH_3(=O)$$

$$C_2H_5O-C(=O)-OC_2H_5 + H-CH_2CCH_3(=O) \xrightarrow{NaH}\xrightarrow{H_2O} C_2H_5OC(=O)-CH_2-CCH_3(=O)$$

$$Ph-C(=O)-OC_2H_5 + H-CH_2CCH_3(=O) \xrightarrow{NaH}\xrightarrow{H_2O} Ph-C(=O)-CH_2-CCH_3(=O)$$

一个有 α 氢的对称的酮和一个有 α 氢的酯发生缩合，理论上可能有四种产物。例如

$$\underset{\text{CH}_3\text{CCH}_3}{\overset{\text{O}}{\parallel}} + \underset{\text{CH}_3\text{COC}_2\text{H}_5}{\overset{\text{O}}{\parallel}} \xrightarrow[\text{或 NaH}]{\text{EtO}^-} \xrightarrow{\text{H}^+} \underset{\text{(I)}}{\overset{\text{O}\ \ \ \ \ \text{O}}{\underset{\parallel\ \ \ \ \ \parallel}{\text{CH}_3\text{CCH}_2\text{CCH}_3}}} + \underset{\text{(II)}}{\overset{\text{OH}\ \ \ \ \ \text{O}}{\underset{\text{CH}_3}{\text{CH}_3\text{CHCH}_2\text{COC}_2\text{H}_5}}} + \underset{\text{(III)}}{\overset{\text{O}\ \ \ \ \ \text{O}}{\text{CH}_3\text{CCH}_2\text{COC}_2\text{H}_5}} + \underset{\text{(IV)}}{\overset{\text{OH}\ \ \ \ \ \text{O}}{\underset{\text{CH}_3}{\text{CH}_3\text{CCHCCH}_3}}}$$

（Ⅲ）是乙酸乙酯自身缩合形成的，而（Ⅳ）是丙酮自身缩合形成的。显然，它们都不是本反应需要的产物。（Ⅰ）是由酮提供 α 氢、酯提供羰基的缩合产物；（Ⅱ）是由酯提供 α 氢、酮提供羰基的缩合产物。采用合适的实验方法和实验手段，可以使（Ⅰ）或（Ⅱ）成为反应的主要产物。若需要得到（Ⅰ），可以让酮首先和足量及有足够强度的碱发生反应，让酮先全部转变成烯醇盐，然后再加入酯进行缩合反应。

若需要得到（Ⅱ），则首先应让酯在强碱作用下形成烯醇盐，然后再加入酮进行缩合反应。例如

**习题 12-25** 完成下列反应，写出主要产物。

## 12.11 酯的热裂

### 12.11.1 羧酸酯的热裂

酯在 400～500℃ 的高温进行裂解，产生烯和相应羧酸的反应称为酯的热裂。

反应时，将玻璃丝装入反应管中，加热到所需温度，慢慢滴入酯，酯立即气化、裂解，

产物从反应管另一端排出,这样可以得到高产率、高纯度的烯。

反应机理如下:

$$\text{六中心过渡态} \longrightarrow CH_3COOH + \underset{\alpha\ \beta}{C=C}$$

这是一个分子内通过环状过渡态的消除反应,分子的反应构象处于重叠型,被消除的酰氧基与 β 氢原子是同时离开的并处于同一侧,故称为顺式消除(cis-elimination)。

如果羧酸酯有两种 β 氢,可以得到两种消除产物,其中以酸性大、空阻小的 β 氢被消除为主要产物,如

$$\xrightarrow{500\ ℃} \quad 57\% \quad + \quad 43\%$$

如果被消除的 β 位有两个氢,以 E 型产物为主要产物:

$$\xrightarrow{500\ ℃} \quad (E)\text{-1,2-二苯乙烯}$$

因为部分重叠型构象(i)较全重叠型构象(ii)稳定,因此(i)的构象比(ii)的构象多,(i)顺式消除得 E 型产物:

(i) 部分重叠型构象　　(ii) 全重叠型构象

羧酸酯热裂反应温度较高,只适用于对热稳定的化合物。

醇在酸催化下加热直接失水生成烯是一个平衡反应,所以在反应液中可以发生双键的移位,最后倾向于形成一个较稳定的烯烃。将醇制成酯,然后在高温裂解生成的烯烃,双键的位置不会发生转移,因此常用来制备末端烯烃(end alkene)。例如

$$\xrightarrow{H^+, \Delta}$$

$$\xrightarrow{HOAc} \text{—OAc} \xrightarrow{500\ ℃} \text{末端烯烃}(\approx 100\%)$$

醇直接失水制备烯烃要经过碳正离子中间体，由于一个不稳定的碳正离子总是倾向于重排成一个更为稳定的碳正离子，因此醇直接失水时常常得到重排后的烯烃。酯热裂是通过一个环状过渡态完成的，不会产生重排产物，常常用来制备具有环外双键的烯烃。例如

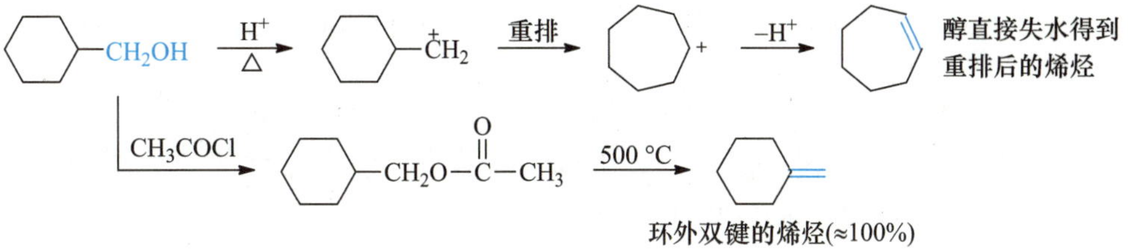
CH2OH
H+
△
CH2
重排
+
–H+
醇直接失水得到
重排后的烯烃
CH3COCl
O
CH2O—C—CH3
500 °C
环外双键的烯烃(≈100%)

## 12.11.2 黄原酸酯的热裂

黄原酸又称为烷氧基硫代甲酸。黄原酸及其衍生物的结构如下：

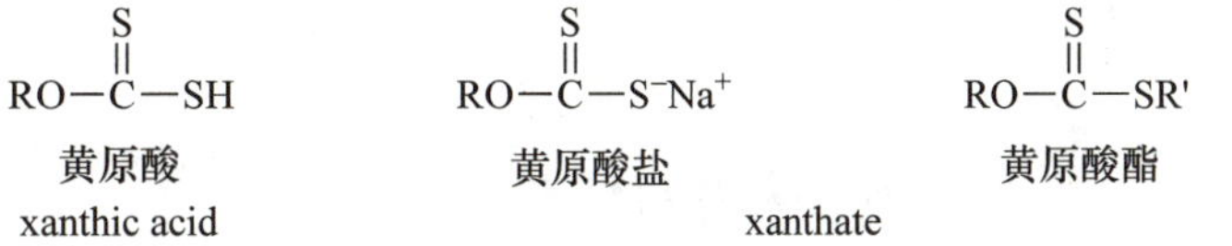
S
RO—C—SH
黄原酸
xanthic acid
S
RO—C—S⁻Na+
黄原酸盐
S
RO—C—SR'
黄原酸酯
xanthate

将醇与二硫化碳在碱性条件下反应生成黄原酸盐，再用卤代烷处理成黄原酸酯。

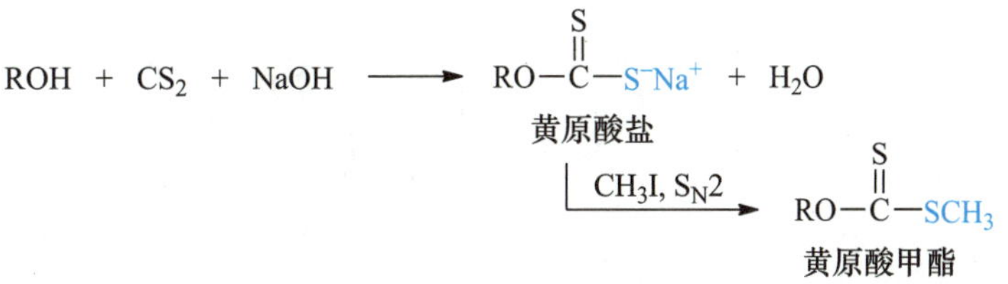
ROH + CS2 + NaOH
S
RO—C—S⁻Na+ + H2O
黄原酸盐
CH3I, SN2
S
RO—C—SCH3
黄原酸甲酯

将黄原酸酯加热到 100～200℃，即发生热裂分解生成烯烃。此反应称为 Chugaev (秋加叶夫)反应，例如

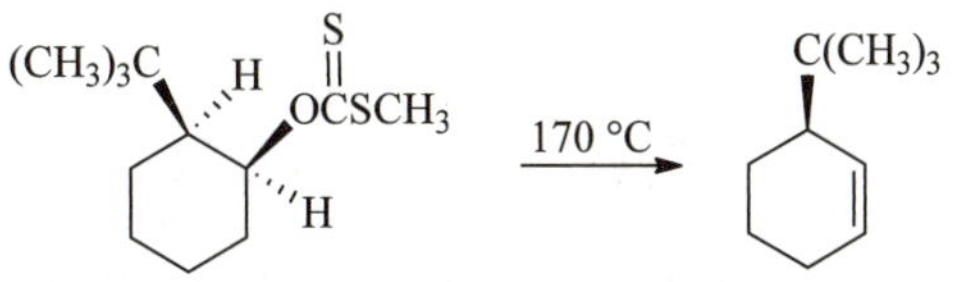
(CH3)3C
H
S
OCSCH3
H
170 °C
C(CH3)3

由于黄原酸酯热裂的反应机理、立体选择性和区域选择性均与酯热裂一致，而反应温度却大大低于酯热裂，因此在合成中很有用处。

黄原酸酯热裂的反应机理、反应的立体选择性和区域选择性均与酯热裂的情况相似：

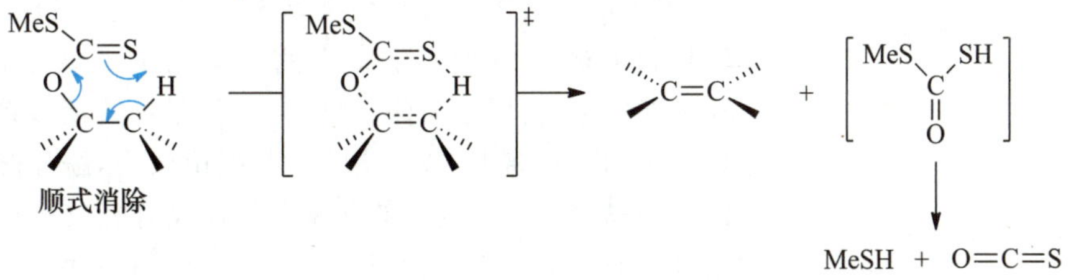
MeS
C=S
O
H
C—C
顺式消除
‡
C=C
+
MeS
SH
C
O
MeSH + O=C=S

**习题 12-26** 完成下列反应，写出主要产物。

(i) [反式-2-氘-1-乙酰氧基环己烷] $\xrightarrow{500\ ^\circ C}$

(ii) [(CH₃)₃CCHCH₂CH₂CH₃ 的黄原酸甲酯 OC(S)SCH₃] $\xrightarrow{170\ ^\circ C}$

(iii) [反式-1-叔丁基-2-氯环己烷] $\xrightarrow[C_2H_5OH]{C_2H_5ONa}$

(iv) [CH₃CHCH₂CH₂CH₃ 的黄原酸甲酯 OC(S)SCH₃] $\xrightarrow{170\ ^\circ C}$

(v) [1-甲基-2-乙基-1-乙酰氧基环己烷（顺式）] $\xrightarrow{500\ ^\circ C}$

(vi) [H₅C₂—C(CH₃)(OH)—CHD—H] $\xrightarrow[CS_2]{NaOH} \xrightarrow{CH_3I} \xrightarrow{170\ ^\circ C}$

(vii) [CH₃CH₂—C(CH₃)(H)—CHD(Br)(H)] $\xrightarrow{CH_3COO^-} \xrightarrow{500\ ^\circ C}$

## 12.12 酰亚胺的酸性

酰亚胺氮上的氢具有一定的酸性，其酸性的强弱可以根据其 $pK_a$ 来衡量：

$$\text{琥珀酰亚胺-NH} + H_2O \rightleftharpoons \text{琥珀酰亚胺-N}^- + H_3O^+$$

下面列出了氨及某些酰胺氮上质子的 $pK_a$：

| | $NH_3$ | $CH_3CONH_2$ | 琥珀酰亚胺 | 邻苯二甲酰亚胺 | $C_6H_5SO_2NH_2$ |
|---|---|---|---|---|---|
| $pK_a$ | ≈ 34 | ≈ 15.1 | 9.62 | 8.3 | ≈ 10 |

氨的氮上有一对未共用的电子对，所以氨的水溶液是有碱性的。但上面的 $pK_a$ 数据表明，当氨的氮上的氢被酰基取代后，氮上其他氢的酸性增强了。这是因为在酰胺中，氮上的未共用电子对与羰基发生了共轭，共轭的结果是氮上的孤对电子部分地转移到了氧上，这使氮氢键上的一对电子更靠近氮原子，氢易以质子的形式离去。在酰亚胺中，氮原子与两个酰基共轭，氮对共轭体系贡献的电子更多，氮上的氢更易以质子的形式离去，酸性增强。共振论认为，酰亚胺的共振杂化体具有相反的电荷，而质子离去后的负离子的共振杂化体没有相反的电荷，后者的共振杂化体降低的能量较多而更加稳定，因此质子容易解离而具有酸性：

由于酰亚胺具有酸性，因此它可以和碱发生成盐反应。

酰亚胺还可以与溴发生取代反应。例如丁二酰亚胺与溴反应，得到 N-溴代丁二酰亚胺（N-bromosuccinimide，NBS）：

*N*-溴代丁二酰亚胺是一个重要的溴化试剂，可用于烯类化合物的 α 位溴代（参看 8.12）。

## 羧酸衍生物的制备

## 12.13 酰卤的制备（参见 11.9）

## 12.14 酸酐和烯酮的制备

### 12.14.1 酸酐的制备

1. 用干燥的羧酸钠盐与酰氯反应

这是实验室制备酸酐尤其是制备混合酸酐（mixture acid anhydride）的一个重要方法。例如

思考：写出羧酸钠盐与酰氯反应生成酸酐的反应机理。

$$CH_3COONa + CH_3CH_2COCl \longrightarrow$$ （60%）

## 2. 羧酸脱水

除甲酸外,羧酸均可经脱水反应形成酸酐。例如

反应中的乙酸酐实际上是一个去水剂。

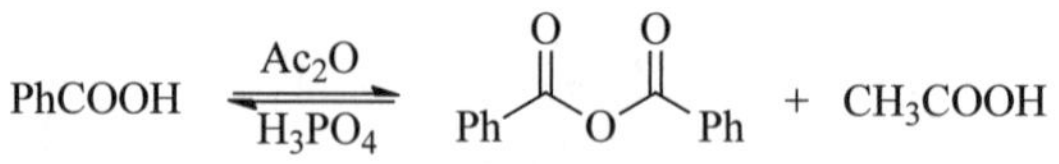

$$PhCOOH \xrightleftharpoons[H_3PO_4]{Ac_2O} Ph-CO-O-CO-Ph + CH_3COOH$$

苯甲酸酐(苯酐),74%

此法适合制备比乙酸沸点高的羧酸。因为这是一个可逆反应,反应过程中把乙酸蒸出,反应才能向右方进行。

二元羧酸通过此法可合成环状酸酐,反应产生的水常用共沸法或真空蒸馏法除去,五元、六元环状酸酐常用此法制备(参见 11.12.2)。

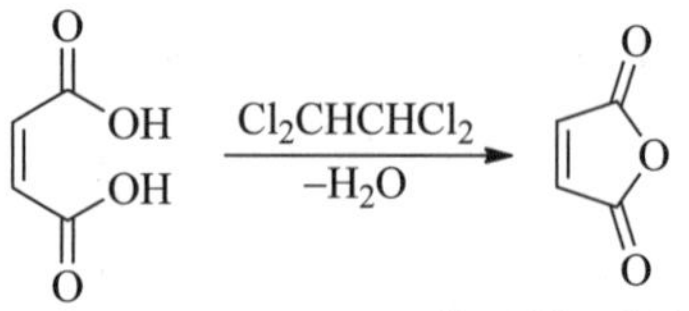

顺丁烯二酸 $\xrightarrow[-H_2O]{Cl_2CHCHCl_2}$ 顺丁烯二酸酐, 90%

## 3. 芳烃氧化

一些工业上很重要的酸酐常用此法制备,如苯在高温及 $V_2O_5$ 催化下氧化为顺丁烯二酸酐,邻二甲苯可氧化为邻苯二甲酸酐。

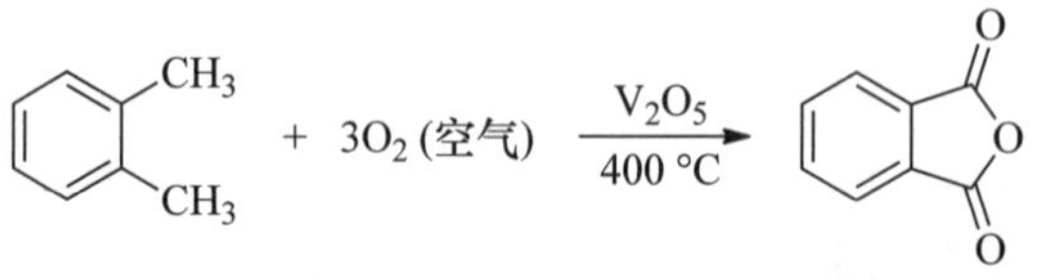

邻二甲苯 + $3O_2$(空气) $\xrightarrow[400\ °C]{V_2O_5}$ 邻苯二甲酸酐, 75%

邻苯二甲酸酐也可由萘氧化制得。这两个产品很重要。顺丁烯二酸酐是重要的高分子单体,如与乙二醇经缩聚反应可生成不饱和聚酯;与玻璃纤维一起做成玻璃钢,用于船身、车身、建筑材料等。邻苯二甲酸酐大量用于制备增塑剂(plastifler),用于聚氯乙烯的增塑(容易加工及变软);也可以合成醇酸树脂(alkyd resin),用于油漆工业等。

## 4. 乙酸酐(醋酐)的工业制法

工业上最重要的酸酐是乙酸酐,它的最重要的生产方法是用乙酸与乙烯酮反应制备:

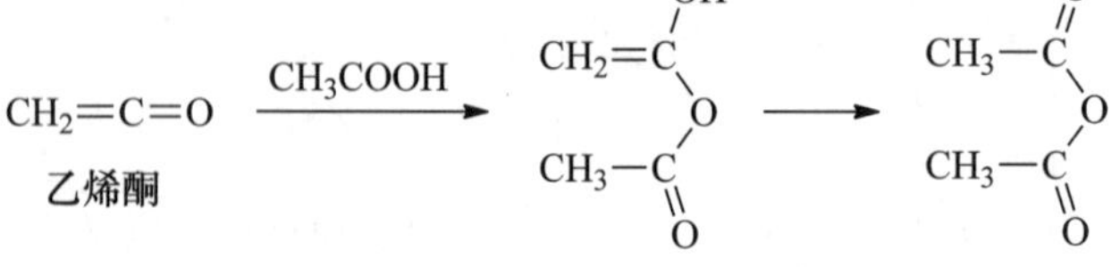

$$CH_2=C=O \xrightarrow{CH_3COOH} \begin{array}{c} CH_2=C-OH \\ | \\ O \\ | \\ CH_3-C=O \end{array} \longrightarrow \begin{array}{c} CH_3-C=O \\ | \\ O \\ | \\ CH_3-C=O \end{array}$$

乙烯酮

乙酸酐常用做乙酰化试剂,工业上用于制造乙酸纤维,然后加工成纤维、塑料、胶片

及油漆。此外，亦可用于染料、医药和香料工业。

### 12.14.2 烯酮的制备

烯酮可以看做羧酸分子内失水形成的酸酐。

烯酮一般是用 α-溴代酰溴和锌粉共热，通过 E1cb 消除失去两个溴原子后得到的。

$$\text{RCHBrCOBr} + \text{Zn} \xrightarrow{\Delta} \text{RCH=C=O} + \text{ZnBr}_2$$

也可以用酰卤在碱的作用下消除卤化氢来制备。

$$\text{RCH}_2\text{COX} \xrightarrow{\text{Et}_3\text{N}} \text{RCH=C=O} + \text{Et}_3\overset{+}{\text{N}}\text{H} \cdot \text{X}^-$$

α-重氮羰基化合物经 Wolff 重排也是制备烯酮常用的一种方法。

$$\text{RCOCHN}_2 \xrightarrow{\text{Ag}_2\text{O}} \text{RCH=C=O}$$

在工业上，乙烯酮可以通过丙酮或乙酸的热裂来制备。

$$\text{CH}_3\text{COCH}_3 \xrightarrow{700 \sim 800\ ^\circ\text{C}} \text{CH}_2\text{=C=O} + \text{CH}_4$$

$$\text{CH}_3\text{COOH} \xrightarrow[700 \sim 740\ ^\circ\text{C}]{\text{AlPO}_4} \text{CH}_2\text{=C=O} + \text{H}_2\text{O}$$

热裂反应是按自由基机理进行的。由丙酮热裂制备乙烯酮的机理如下：

链引发：$\text{CH}_3\text{COCH}_3 \xrightarrow{700\ ^\circ\text{C}} \text{CH}_3\cdot + \text{CH}_3\text{CO}\cdot$

$\text{CH}_3\text{CO}\cdot \longrightarrow \text{CH}_3\cdot + \text{CO}$

链增长：$\text{CH}_3\text{COCH}_3 + \text{CH}_3\cdot \longrightarrow \text{CH}_3\text{COCH}_2\cdot + \text{CH}_4$

$\text{CH}_3\text{COCH}_2\cdot \longrightarrow \text{CH}_2\text{=C=O} + \text{CH}_3\cdot$

## 12.15 酯 的 制 备

酯的制法很多，可以在酸的催化作用下通过羧酸和醇的直接酯化来制备（参见 11.7），或通过羧酸盐与活泼卤代烷反应来制备[参见 6.6.8(1)]，也可以通过羧酸衍生物的醇解来制备（参见 12.5.3）。羧酸与重氮甲烷反应可用来制备羧酸甲酯。

$$\text{RCOOH} + \text{CH}_2\text{N}_2 \longrightarrow \text{RCOOCH}_3$$

反应机理如下：

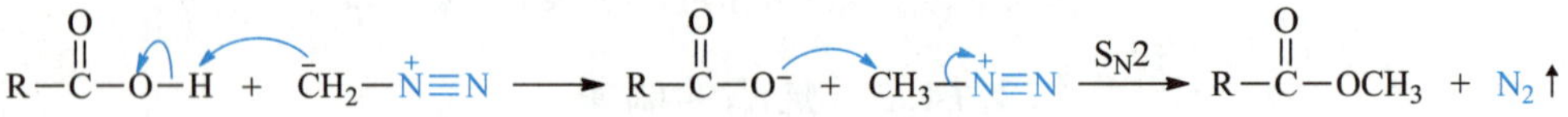

首先是重氮甲烷从羧酸中夺取一个质子,然后羧酸根对质子化的重氮甲烷进攻,经 $S_N2$ 反应形成羧酸甲酯,同时放出氮气。

羧酸与烯、炔的加成也能用来制备酯(参见 8.6.2,8.22.2),下面是几个反应实例:

$$CH_2(COOH)_2 + 2(CH_3)_2C=CH_2 \xrightarrow[\text{室温}]{\text{浓}H_2SO_4} CH_2(COOCMe_3)_2$$
$$58\%\sim60\%$$

$$CH_3COOH + HC\equiv CH \xrightarrow[75\sim80\ ℃]{H^+,\ H_2SO_4} CH_3COOCH=CH_2$$
醋酸乙烯酯(制维尼纶的单体)

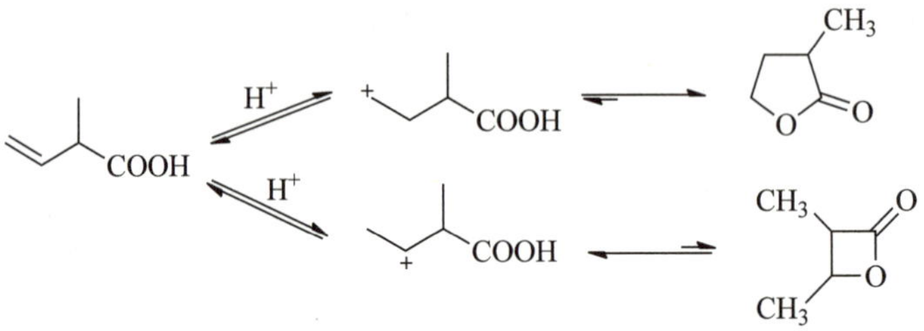

思考:请写出右边反应的反应机理。

γ-丁内酯(主要产物)

β-丙内酯(次要产物)

## 12.16 酰胺和腈的制备

### 12.16.1 酰胺的制备

酰胺可以通过羧酸衍生物的氨(胺)解来制备(参见 12.5.4),也可以通过腈的控制水解或铵盐的部分脱水来制备。例如

$$CH_3CH_2COOH + NH_3 \rightleftharpoons CH_3CH_2COO^-NH_4^+ \xrightarrow{200\ ℃} CH_3CH_2CONH_2 + H_2O$$

$$PhCH_2CN \xrightarrow[40\sim50\ ℃]{35\%\ HCl} PhCH_2CONH_2$$
$$80\%$$

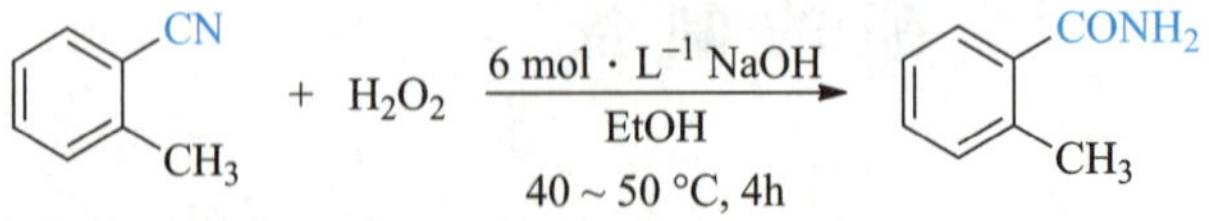

邻甲基苯腈 $+ H_2O_2 \xrightarrow[40\sim50\ ℃,\ 4h]{6\ mol\cdot L^{-1}\ NaOH,\ EtOH}$ 邻甲基苯甲酰胺

### 12.16.2 腈的制备

最常用的方法是由卤代烷与氰化钾(钠)反应来制备[参见 6.6.8(1)]:

$$RX + NaCN \longrightarrow RCN + NaX$$

酰胺失水是腈的另一种合成方法,通常的失水剂是五氧化二磷、三氯氧化磷、亚硫酰氯等,其中尤以五氧化二磷为最好。将酰胺与五氧化二磷均匀混合后小心加热,反应完后将腈从混合物中蒸出,产率很高:

$$(CH_3)_2CHCONH_2 \xrightarrow[200 \sim 220\ ^\circ C]{P_2O_5} (CH_3)_2CHCN + H_2O$$
$$86\%$$

$$o\text{-}ClC_6H_4CONH_2 \xrightarrow[\Delta]{P_2O_5} o\text{-}ClC_6H_4CN + H_2O$$
$$95\%$$

**习题 12-27** 写出下列反应的试剂或产物。

(i) $CH_3CH_2COOH \longrightarrow CH_3CH_2COCl$

(ii) $CH_3\text{-}C_6H_4\text{-}COOH \longrightarrow CH_3\text{-}C_6H_4\text{-}COCl$

(iii) $CH_3(CH_2)_3COOH \longrightarrow CH_3(CH_2)_3COCl$

(iv) $CH_3(CH_2)_3COOH \longrightarrow CH_3(CH_2)_2CHClCOOH$

(v) 邻苯二甲酸 $\xrightarrow{(CH_3CO)_2O}$

(vi) $CH_3CH=C=O + CH_3OH \longrightarrow$

(vii) $C_6H_5(CH_2)_2COOH + C_2H_5OH \xrightarrow{H^+}$

(viii) $C_6H_5CH_2CONH_2 \xrightarrow[\Delta]{P_2O_5}$

# 油脂 蜡 碳酸的衍生物

## 12.17 油 脂

油脂是高级脂肪酸的甘油酯,一般在室温下是液体的称为油,是固体或半固体的称为脂。油的化学成分以不饱和酸及相对分子质量低的酸较多。油脂不仅是食物,并且是重要的工业原料。将油脂用氢氧化钠水溶液水解,即得甘油与高级脂肪酸的钠盐,高级脂肪酸钠盐可以做肥皂,因此油脂的水解亦称为皂化反应:

$$\begin{array}{l} CH_2OCOR \\ CHOCOR' \\ CH_2OCOR'' \end{array} + NaOH \longrightarrow \begin{array}{l} CH_2OH \\ CHOH \\ CH_2OH \end{array} + \begin{array}{l} RCOONa \\ R'COONa \\ R''COONa \end{array}$$

油脂　　　　　　　　　　　　　　十个碳以上的羧酸钠盐

### 12.17.1 脂肪酸

天然油脂水解后的脂肪酸是各种酸的混合物，一般都是十个碳以上双数碳原子的羧酸。饱和酸最多的是 $C_{12}$～$C_{18}$ 酸，动物脂肪如猪油及牛油中含有大量软脂酸（palmitic acid）及硬脂酸（stearic acid）。软脂酸分布最广，几乎所有的油脂中均含有；而硬脂酸在动物脂肪中含量较多（在 10%～30%）；椰子油含有大量的十二碳酸（或称月桂酸），有时可以高达近 50%。

$$CH_3(CH_2)_{16}COOH \qquad CH_3(CH_2)_{14}COOH \qquad CH_3(CH_2)_{10}COOH$$
硬脂酸，熔点70 °C　　　　软脂酸，熔点63 °C　　　　月桂酸，熔点44 °C

奶油中含有丁酸，天然的油脂很少含有这样低级的脂肪酸。天然油脂中除了个别的酸如海豚的油脂中含有异戊酸外，均是双数碳原子的，因为这是以乙酸为结构单位进行生物合成得到的。

油脂中含有的不饱和酸碳原子数均大于10，最重要的油脂是 18 个碳原子的酸。分布最广的是油酸（oleic acid），它是橄榄油的主要成分，含量高达 83%；亚油酸（linoleic acid）是葵花子油的主要成分；亚麻酸（linolenic acid）是亚麻子油的主要成分；花生油酸（arachidic acid）是一个含有四个双键和 20 个碳的不饱和酸。它们的结构分别如下：

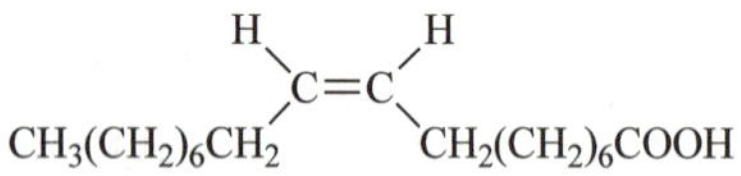

油酸，或称顺-9-十八碳烯酸，
18:1 9$C$，熔点13 °C

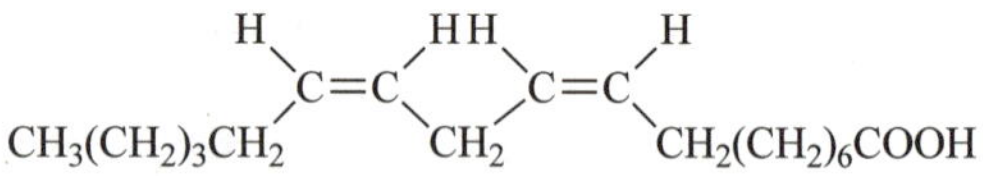

亚油酸，或称顺-9,12-十八碳二烯酸，
18:2 9$C$ 12$C$，熔点-5 °C

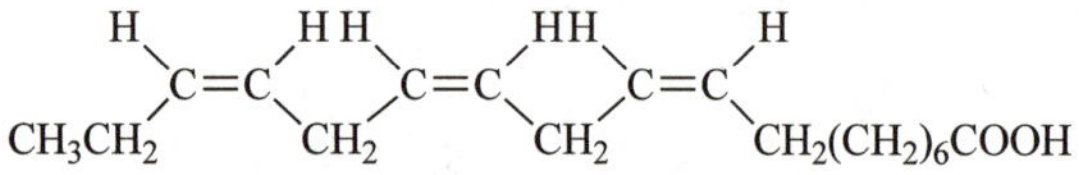

亚麻酸，或称顺,顺,顺-9,12,15-十八碳三烯酸，
18:3 9$C$ 12$C$ 15$C$，熔点-11 °C

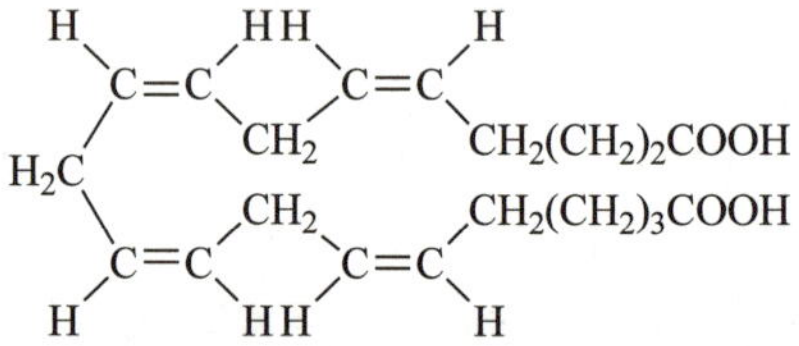

花生油酸，或称顺,顺,顺,顺-5,8,11,14-二十碳四烯酸，
20:4 5$C$ 8$C$ 11$C$ 14$C$，熔点-49.5 °C

现在常用简单的代号来代表不饱和脂肪酸的碳原子数目及双键的数目和位置，如油酸代号为 18：1 9$C$，表示它是一个 18 碳链的脂肪酸，1 代表一个双键，9$C$ 代表顺式双键在 C-9 与 C-10 之间。其他类似。

此外，尚有为数不多的羟基不饱和酸、环氧酸（epoxy acid）等：

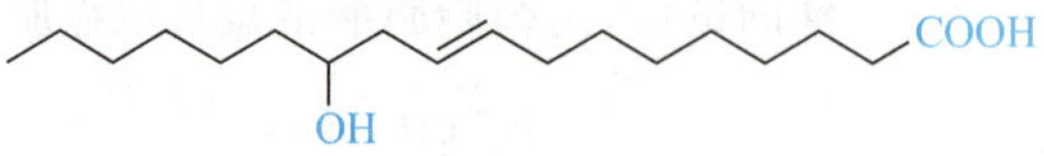

蓖麻油酸

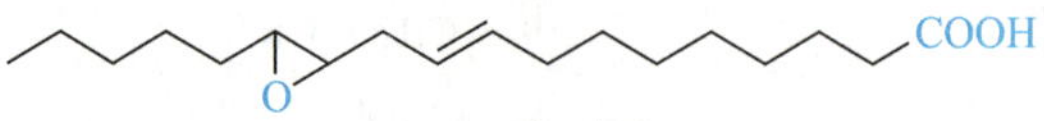

12,13-环氧油酸

含有一个以上双键的脂肪酸统称为多烯脂肪酸,对动物的新陈代谢是非常重要的。显然,动物体不能以足够的速率合成这些脂肪酸以供应身体的需要,为保持正常的生长,食物内需要含有这样的不饱和酸。

花生油酸在活体内产生一系列叫做白三烯的代谢产物,它是从白细胞内取得的,是一个共轭三烯二十碳脂肪酸的衍生物,具有多种重要的生理效能,如缓和炎症,收缩支气管等作用。其中白三烯 $B_4$ 具有下列结构:

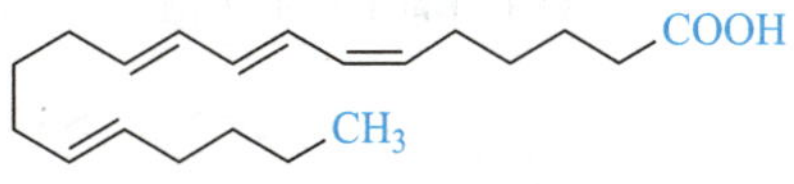

白三烯 $B_4$

自从在动物体内发现这两类重要化合物后,多烯脂肪酸的研究成为一个重要的课题。

从精液中分离出的一系列前列腺素也具有许多生理效能,如具有扩充血管、催产等作用。它们也是 $C_{20}$ 脂肪酸的衍生物,但分子中均含有一个五元环体系。其中前列腺素 $E_1$ 具有下列结构:

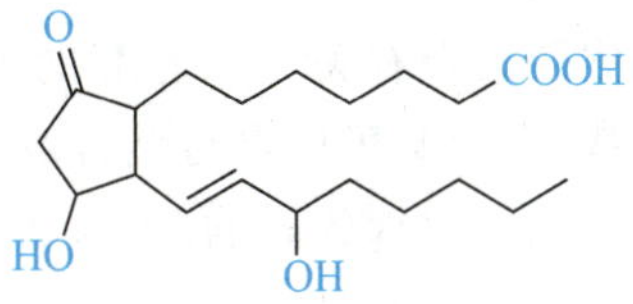

前列腺素 $E_1$

### 12.17.2　脂肪酸和脂肪醇的来源

脂肪经水解后得到的脂肪酸是一个混合物,往往不分离就可使用。工业上通过分馏脂肪酸甲酯或乙酯的方法可以得到纯度超过 90% 的各种脂肪酸。具体做法是,首先使油脂和甲醇或乙醇进行酯交换反应:

$$\begin{array}{c} CH_2OCOR \\ | \\ CHOCOR' \\ | \\ CH_2OCOR'' \end{array} + CH_3OH \xrightarrow{\text{碱}} \begin{array}{c} CH_2OH \\ | \\ CHOH \\ | \\ CH_2OH \end{array} + \begin{array}{c} RCOOCH_3 \\ R'COOCH_3 \\ R''COOCH_3 \end{array}$$

将生成的甲酯或乙酯和甘油进行分馏,然后水解,这样就得到了相当纯净的脂肪酸,$C_{10} \sim C_{18}$ 的纯脂肪酸主要是通过这种方法得到的。从椰子油分离十二碳酸,就是用这种方法。将这些混合的或纯的酯用催化氢化法等化学还原法还原,就能得到长链的醇,这是含双数碳原子的长链醇的一个来源:

$$CH_3(CH_2)_{10}COOC_2H_5 \xrightarrow[\Delta]{Na + C_2H_5OH} \underset{75\%}{CH_3(CH_2)_{10}CH_2OH} + C_2H_5OH$$

### 12.17.3　油脂硬化　干性油

油脂中脂肪酸的不饱和程度对油脂的物理及化学性质具有很大的影响。不饱和酸的熔点较低,因此用含有较多不饱和酸的油脂制肥皂,质量就比较差。为了克服这个缺点,采取催化氢化法提高油脂的熔点。油脂中的不饱和脂肪酸可以在镍的催化作用下,氢化到任何一种饱和程度。因为氢化可以逐步提高熔点,所以这个氢化过程又称为油脂的硬化(fat hardening)。例如,部分氢化的产品具有约 40℃ 的固化点,适于食用或制作肥皂;而全部氢化产物的固化点约 50℃,可供制取软脂酸或硬脂酸。

我国桐油中的桐油酸(eleostearic acid)的三个双键形成共轭体系,其结构式如下:

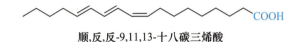

顺,反,反-9,11,13-十八碳三烯酸

它和亚麻酸是异构体,但是它们的性质很不相同,如桐油表现一些特殊的性质,在油漆工业上占有一定的地位。含有共轭双键脂肪酸的油脂,具有一个特殊的性质:当把它涂布在平面上和空气接触时,就逐渐变为一层干硬而有弹性的膜,因此这种油脂又称为干性油(drying oil)。干性油变成硬膜的详细过程还不十分清楚,但是和氧化及聚合有关。双键旁的亚甲基容易和空气中的氧发生自动氧化,形成一个自由基,自由基可以自行结合成为高分子聚合物。共轭双键两边的亚甲基因同时受两个或三个双键的影响,更为活泼,因此更容易和氧结合:

$$—CH_2—CH=CH—CH=CH—CH=CH—CH_2— \; + \; \cdot O—O\cdot$$
$$\longrightarrow \; —CH_2—CH=CH—CH=CH—CH=CH—CH— \\ \phantom{xxxxxxxxxxxxxxxxxxxxxxxxxxxxxxxxxxxxxxxxxxxxxx} | \\ \phantom{xxxxxxxxxxxxxxxxxxxxxxxxxxxxxxxxxxxxxxxxxxxxxx} O \\ \phantom{xxxxxxxxxxxxxxxxxxxxxxxxxxxxxxxxxxxxxxxxxxxxxx} | \\ \phantom{xxxxxxxxxxxxxxxxxxxxxxxxxxxxxxxxxxxxxxxxxxxxxx} O \cdot$$

产生的过氧化自由基获得一个氢,变为稳定的过氧化物,或者两个自由基结合,然后再进行氧化得到高分子聚合物。亚油酸、亚麻酸等虽有两个或三个双键,但不成共轭体系。两个双键之间的亚甲基活化程度没有桐油酸那样强,虽也可以氧化,但是速率较慢,形成的氧化膜也比较软,因此含有多量亚麻酸的亚麻油干性不很好。若把生的亚麻油和氧化铅一同加热,干性可以大大提高。可能在处理过程中,除氧化外,一部分双键发生转位变为共轭体系,而增强它的干性。

### 12.17.4 肥皂和合成洗涤剂

高级脂肪酸钠盐结构上一头是羧酸负离子,具有极性,是亲水的;一头是链形的烃基,非极性的,是疏水的。在水溶液中,这些链形的烃基,由于 van der Waals 引力,互相接近,聚成一团,似球状,而在球状物的表面为有极性的羧酸离子所占据,这种球状物称为胶束(micelle),如图 12-2 所示。遇到一滴油后,胶束的烃基部分即没入油中,羧酸离子部分伸在油滴外面而没入水中,这样油就可被肥皂分子包围起来,分散而悬浮于水中,去污时受机械力的震动和摩擦,大的油珠多数分散成细小的油珠,然后再受肥皂分子的包围而分散,不能彼此结合,只能成为极小的油珠悬浮在水中,于是肥皂就呈乳状液。

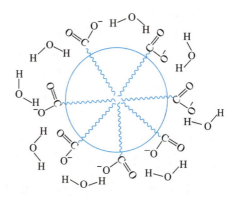

图 12-2　胶束的横切面

但是普通肥皂只能在软水中使用,一遇硬水,就生成镁盐、钙盐等不溶性的沉淀,失去去污作用。由于对肥皂的需用量很大,目前国内外大量使用合成洗涤剂。这些合成洗涤剂结构可以不同,但有一个共同点,就是均有一个极性的水溶性基团(water-soluble group)和一个非极性的油溶性(oil-soluble)烃基(C>12)。其作用与肥皂类似,但都可以在硬水中使用,因为它们形成的镁盐、钙盐可溶于水。最重要的一种洗涤剂是十二碳醇硫酸酯的钠盐:

$$CH_3(CH_2)_{11}OSO_3^- Na^+$$

制法之一是用油脂催化加氢,进行氢解变为醇:

$$\begin{array}{c}CH_2OCOR\\|\\CHOCOR'\\|\\CH_2OCOR''\end{array} + H_2 \xrightarrow[280\sim360\,°C,\ 20\ MPa]{\text{铜铬氧化物}} \begin{array}{c}CH_2OH\\|\\CHOH\\|\\CH_2OH\end{array} + \begin{array}{c}RCH_2OH\\R'CH_2OH\\R''CH_2OH\end{array}$$

将混合的脂肪醇和硫酸反应,然后再用氢氧化钠处理,就得钠盐:

$$RCH_2OH \xrightarrow{H_2SO_4} RCH_2OSO_3H \xrightarrow{NaOH} RCH_2OSO_3^- Na^+$$

当然用这种方法制备的洗涤剂是一个混合物。

近来随石油工业的发展,制高级醇的方法都从乙烯开始,在烷基铝的作用下进行控制的聚合:

$$Al_{1/3}C_2H_5 + 5\ CH_2=CH_2 \xrightarrow[130\,°C]{5\sim10\ MPa} Al_{1/3}(CH_2CH_2)_5CH_2CH_3 \xrightarrow{O_2}$$

$$Al_{1/3}O(CH_2CH_2)_5CH_2CH_3 \xrightarrow{H_2SO_4} CH_3(CH_2)_{11}OH + 1/3\ Al^{3+} + SO_4^{2-}$$

现在国内外最广泛使用的洗涤剂是烷基苯磺酸钠盐:

R—C₆H₄—SO₃Na

R 表示 $C_{12}$~$C_{18}$ 的烷基，烷基最好是直链的，称为线形烷基。过去曾用过叉链的，如用丙烯四聚体作为烷基的烷基苯磺酸钠，但发现不能为微生物所降解（大分子变为较小分子称为降解），容易聚集在地下水中或漂浮在河流中，引起环境的污染。因为微生物对有机物的生物氧化降解（biological oxidation degradation）有选择性，它对直链的有机物可以作用，每次氧化降解两个碳，而有叉链存在时就破坏了其作用。故现在国际上采用线形的 $C_{12}$ 以上的烷基制洗涤剂，它可以从石油中分出正烷烃进行一元氯化，或石油、蜡裂解分出直链的 1-烯烃，这两者均可与苯进行傅-克反应得烷基苯，磺化后成烷基苯磺酸，再用碱处理得烷基苯磺酸钠。

### 12.17.5 磷脂和生物膜（细胞膜）

在动植物体内含有一类和油脂类似的化合物，称为类脂质，都是些高级脂肪酸的酯。在分子中含有磷的叫磷脂（phosphatide），在植物的种子中、蛋黄及脑中含量较多。磷脂多为甘油酯，以脑磷脂（cephalin）及卵磷脂（lecithin）为最重要，其结构如下：

$$\begin{array}{c} CH_2OCOR \\ CHOCOR' \\ | \\ CH_2OPOCH_2CH_2\overset{+}{N}H_3 \\ | \\ O^- \end{array} \qquad \begin{array}{c} CH_2OCOR \\ CHOCOR' \\ | \\ CH_2OPOCH_2CH_2\overset{+}{N}(CH_3)_3 \\ | \\ O^- \end{array}$$

磷脂酰乙醇胺　　　　　　磷脂酰胆碱
α-脑磷脂　　　　　　　　α-卵磷脂

磷脂中的酰基都是相应的 16 个碳以上的高级脂肪酸，如硬脂酸、软脂酸、油酸、亚油酸等；磷脂中尚有一个羟基具有强的酸性，可以与具有碱性的胺形成离子偶极键（dipolar bond）。这样其分子就分为两个部分，一部分是长链的非极性的烃基，是疏水部分，另一部分是两性离子（zwitterion）

$$-\overset{O}{\underset{O^-}{\overset{\|}{O}PO}}CH_2CH_2\overset{+}{N}H_3$$

是亲水部分，因此磷脂的结构与前面所讲的肥皂结构类似。如果将磷脂放在水中，可以排成两列，它的极性基团指向水面，而疏水性基团（hydrophobic group）因对水的排斥而聚集在一起，尾尾相连，与水隔开，形成磷脂双分子层，见图 12-3。

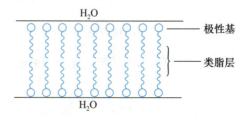

**图 12-3　磷脂双分子层横切面**

所有生物膜(biomembrane)几乎完全是由蛋白质(protein)和脂类(主要是磷脂)两大类物质组成,脂类在膜的结构和功能中起着十分重要的作用。生物膜对各类物质的渗透性(permeability)不一样,脂溶性物质可以通过生物膜的类脂部分扩散入细胞,极性分子或离子可以通过生物膜蛋白质部分的作用扩散入细胞,所以生物膜在细胞吸收外界物质和分泌代谢产物的过程中起重要作用。

## 12.18 蜡

蜡(wax),化学成分是 16 个碳以上的偶数碳原子的羧酸和高级一元醇形成的酯,此外,尚存在一些相对分子质量较高的游离的羧酸、醇以及高级的碳氢化合物及酮。

蜡多为固体,重要的有下列几种:

$C_{25\sim27}H_{51\sim55}COOC_{30\sim32}H_{61\sim65}$    $C_{15}H_{31}COOC_{16}H_{33}$    $C_{25}H_{51}COOC_{30}H_{61}$

蜂蜡,熔点60~62 ℃    鲸蜡,熔点41~46 ℃    巴西蜡,熔点83~90 ℃

存在于蜜蜂腹部    存在于鲸鱼头部    存在于巴西棕榈叶中

蜡可用于制蜡纸、防水剂、光泽剂等。若将蜡水解,得相应的高级羧酸及高级醇。

## 12.19 碳酸的衍生物

从结构上讲,碳酸是一个双羟基化合物,它的水合物称为原碳酸(ortho-carbonic acid)。

$$HO-\underset{\underset{\displaystyle }{\|O}}{C}-OH \qquad HO-\underset{\underset{\displaystyle OH}{|}}{\overset{\overset{\displaystyle OH}{|}}{C}}-OH$$

碳酸    原碳酸

因为碳酸含有两个可被取代的羧羟基,因此它可以形成单酰氯、单酰胺、单酯,也可以形成双酰氯、双酰胺、双酯。保留一个羟基的碳酸的衍生物是不稳定的,很容易分解释放出 $CO_2$:

$$HO-\overset{\overset{\displaystyle O}{\|}}{C}-OEt \longrightarrow CO_2 + EtOH$$

碳酸单乙酯

$$HO-\overset{\overset{\displaystyle O}{\|}}{C}-NH_2 \longrightarrow CO_2 + NH_3$$

碳酸单酰胺(或称氨基甲酸)

$$HO-\overset{\overset{\displaystyle O}{\|}}{C}-Cl \longrightarrow CO_2 + HCl$$

碳酸单酰氯(或称氯代甲酸)

原碳酸含有四个可被取代的羟基,因此可以形成四种体系的衍生物。原碳酸的四氯化合物即是四氯化碳。

某些碳酸及原碳酸的衍生物是十分重要的,下面列举几个有代表性的加以叙述。

### 12.19.1 光气

碳酸的二酰氯又叫光气(phosgene),有毒。光气可以由四氯化碳和 80% 发烟硫酸(发烟硫酸含有 80% 游离的 $SO_3$)制备:

$$CCl_4 + 2SO_3 \longrightarrow COCl_2 + S_2O_5Cl_2$$

工业上可以用 CO 和 $Cl_2$ 在无光照下通过活化的碳催化剂制备。它和羧酸的酰氯一样,可以发生水解、氨解和醇解反应:

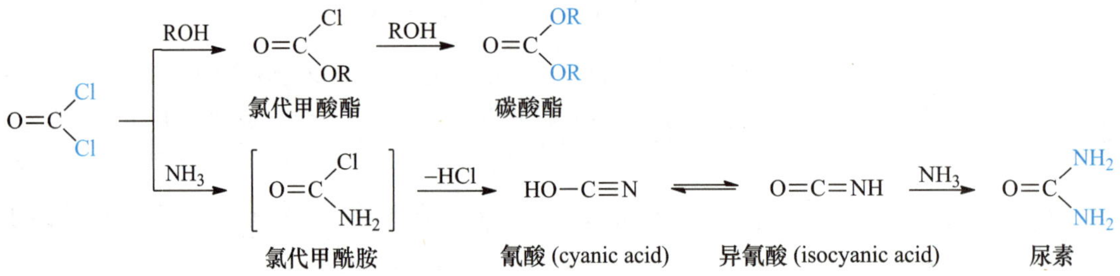

光气在有机合成上是一个重要的试剂,具有各种用途。在合成染料中占有重要的位置。它和芳香烃发生傅-克反应,生成芳香酸的酰氯,水解即得芳香酸;或再和一分子的芳烃反应,生成二芳基酮:

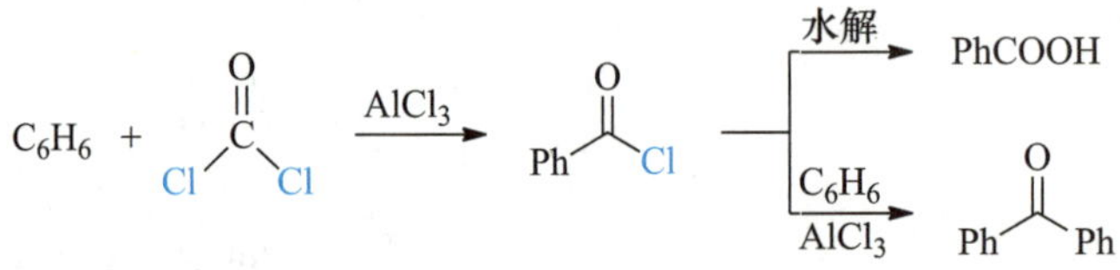

### 12.19.2 尿素(脲)

尿素(urea,又叫脲)是碳酸的全酰胺,是碳酸的最重要的衍生物,也是多数动物和人类蛋白质的新陈代谢的最后产物,每日约产生 30 g。它是最早由人体的排泄物中取得的一个纯有机化合物(1773 年),在有机化学发展史上占有重要的地位。尿素的结构至今还有些争论,碳氮键的键长是 137 pm,比正常的短一些,处于 ≡C—N 及 =C=N 之间;同时碳氧双键键长是 125 pm,比一般的 C=O 长一点。因此建议可能用下式表示较好:

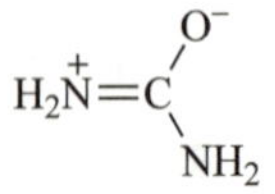

大量的尿素是用 $CO_2$ 和 $NH_3$ 在压力下制备的。尿素的主要用途是作为肥料；一部分用来制备尿素甲醛树脂；少量的用来制备巴比妥酸，它是一个重要的安眠剂：

$$O=C\begin{matrix}NH_2\\NH_2\end{matrix} + \begin{matrix}C_2H_5O\\ \\C_2H_5O\end{matrix}\begin{matrix}O\\ \parallel\\ C\\ \mid\\ CH_2\\ \mid\\ C\\ \parallel\\ O\end{matrix} \xrightarrow{NaOC_2H_5} O=\begin{matrix}HN\\ \\HN\end{matrix}\begin{matrix}O\\ \\ \\O\end{matrix} + 2C_2H_5OH$$

巴比妥酸

尿素的性质：

（1）尿素是一个一元碱，符合上述两性离子的结构，和酸形成盐，可用下式表示：

$$H_2\overset{+}{N}=C\begin{matrix}O^-\\ \\NH_2\end{matrix} + HCl \longrightarrow H_2\overset{+}{N}=C\begin{matrix}OH\\ \\NH_2\end{matrix} \cdot Cl^-$$

（2）尿素的一个很有意思的特殊性质是和具有一定结构形状的烷烃、醇等能形成结晶化合物。如六个碳的烃、醇等都可以用尿素沉淀下来，但是小于六个碳及具有支链的烃、醇等不能形成沉淀。通过这个性质，可以把某些直链的烃和叉链的烃分开。研究这类化合物的结晶，证明尿素形成一个筒状的螺旋体，中间有一个 500 pm 的通道，直链的化合物可以安置在这个通道里，但叉链的不合适，不能彼此作用。这类化合物叫做包合化合物（clathrate），它是由"主"、"客"体两种分子形成的，在这里尿素是"主"，而直链烷烃是"客"。如正辛烷和 1-溴辛烷是尿素的客体，而 2-溴辛烷、2-甲基庚烷、2-甲基辛烷却不是。主体与客体之间的作用力是 van der Waals 力，这种力虽小，但对

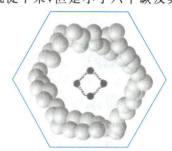

图 12-4　与尿素形成"主""客"体结晶的示意图

结构的稳定性是很重要的。这些配合物是固体，在尿素熔点时就熔化分解了。这种配合物的用途可用于分离某些很难分离的异构体。

（3）尿素在微微超过它的熔点之上加热时，分解成氨和氰酸。假若加热不太强烈，有些氰酸和尿素缩合，形成二缩脲。硫酸铜和二缩脲反应呈现紫色，称为二缩脲反应，可用来鉴定尿素。这个反应更重要的用途是用来鉴定肽键，因此也可以用它鉴定蛋白质。

$$H_2N-\overset{\overset{O}{\parallel}}{C}-NH_2 + HO-C\equiv N \longrightarrow H_2N-\overset{\overset{O}{\parallel}}{C}-\overset{\overset{H}{\mid}}{N}-\overset{\overset{O}{\parallel}}{C}-NH_2$$

二缩脲

（4）尿素在尿素酶的作用下，可以分解成 $CO_2$ 和 $NH_3$。大豆中含有大量的尿素酶，它是首次取得的结晶形的酶，在生物化学发展史上甚为重要。分解后放出的氨可以用酸标定；也可用 Nessler（奈斯勒）试剂，通过比色法测定，这是测定尿素的一个很重要的方法。

**习题 12-28** 试合成下列化合物。

(i) $CH_2=CHCH(OC_2H_5)_2$ 

(ii) $\underset{O}{\overset{\parallel}{ClCOC_4H_9}}\text{-}n$ 

(iii) $\underset{O}{\overset{\parallel}{ClCOCH_2C_6H_5}}$

(iv) $H_5C_2\overset{O}{\overset{\parallel}{O}}COC_2H_5$ 

(v) 乙内酰脲 (hydantoin 结构：$O=\underset{NH}{\overset{NH}{\diagup}}\diagdown\underset{}{\overset{O}{=}}$)

(vi) $CH_3NH\overset{O}{\overset{\parallel}{C}}NHC_2H_5$

## 章末习题

**习题 12-29** 用中、英文命名下列化合物。

(i) $H_5C_2OOC(CH_2)_4COOH$ 

(ii) $ClCH_2CH_2COOC_6H_5$ 

(iii) $(CH_3)_2CHCH_2CONH_2$ 

(iv) $CH_3CH_2\overset{CH_3}{\overset{|}{CH}}CH_2CONHCH_3$

(v) $C_6H_5COO\text{-}\bigcirc$ 

(vi) $\bigcirc\text{-}\underset{O}{\overset{O}{\overset{\parallel}{C}}}\overset{O}{\overset{\parallel}{C}}CH_3$ 

(vii) $\square\text{-}CON(CH_3)_2$ 

(viii) $C_6H_5\overset{Cl}{\overset{|}{C}}\overset{}{\underset{OH}{\overset{|}{CHCOOC_2H_5}}}$，其中 $H_3C$ 在第一个碳上

**习题 12-30** 用四个碳以下的醇、甲苯以及必要的无机试剂合成下列化合物。

(i) N-正丁基异戊酰胺  (ii) α-溴代丁酸乙酯  (iii) 二（三级丁基）酮

**习题 12-31** 将下列各组化合物按反应性排序。

(i) 苯甲酸酯化：正丙醇、乙醇、甲醇、二级丁醇   (ii) 苯甲醇酯化：2,6-二甲苯甲酸、邻甲苯甲酸、苯甲酸

(iii) 用乙醇酯化：乙酸、丙酸、α,α-二甲基丙酸、α-甲基丙酸

**习题 12-32** (i) 比较 $CH_3CH_2\overset{+OH}{\overset{\parallel}{CH}}$ 与 $CH_3CH_2\overset{+}{O}H_2$ 酸性强弱，并说明理由。

(ii) 比较酯、酰胺的羰基氧碱性的强弱，并说明理由。

(iii) 比较酰氯与酰胺中 α 氢的活泼性，并说明理由。

(iv) 比较 $C_6H_5\overset{O}{\overset{\parallel}{C}}NH_2$，$C_6H_5\overset{O}{\overset{\parallel}{C}}N(CH_3)_2$，$C_6H_5\overset{O}{\overset{\parallel}{C}}NHC_6H_5$，邻苯二甲酰亚胺 的碱性，并说明理由。

**习题 12-33** 用有标记元素的 $H_2^{18}O$ 及 $^{14}CO_2$ 作为 $^{18}O$ 及 $^{14}C$ 的来源，并用醇、卤代烷及必要的无机试剂合成下列化合物。

(i) $CH_3CH_2CH_2\overset{^{18}O}{\overset{\parallel}{C}}Cl$ 

(ii) $CH_3CH_2\overset{O}{\overset{\parallel}{C}}{}^{18}OCH_3$ 

(iii) $C_6H_5{}^{14}C\overset{O}{\overset{\parallel}{}}CH_2CH_3$ 

(iv) $CH_3\overset{^{18}O}{\overset{\parallel}{C}}CH_2CH_3$ 

(v) $CH_3CH_2CH_2{}^{14}CH_2OH$

**习题 12-34** 完成下列反应。

(i) $C_6H_5COCl \xrightarrow{(n\text{-}C_4H_9)_2Cd}$ 

(ii) $\square\text{-}COCl \xrightarrow[\text{吡啶}]{\bigcirc\text{-}OH}$ 

(iii) $CH_3CH_2COCl \xrightarrow[\text{乙醚}]{(CH_3)_2CuLi}$

(iv) $CH_3CH_2COOC_2H_5 \xrightarrow[\text{少量}NaOC_2H_5]{CH_3CH_2CH_2OH}$ 

(v) $O_2N\text{-}\bigcirc\text{-}COCl \xrightarrow[\text{乙醚}]{LiAlH(OC_4H_9\text{-}t)_3 \,(1\,mol)} \xrightarrow{H_2O}$

(vi) $C_6H_5CONH_2 \xrightarrow[\Delta]{P_2O_5}$

(vii) $CH_3-\underset{}{\underset{}{\bigcirc}}-COOC_2H_5 \xrightarrow[THF,\Delta]{LiBH_4} \xrightarrow{H_2O}$

**习题 12-35** 完成下列转换。

(i) $CH_3\overset{O}{C}CH_2CH_2\overset{O}{C}Cl \longrightarrow CH_3\overset{O}{C}CH_2CH_2\overset{O}{C}CH_3$

(ii) $(CH_3CH_2)_3\overset{O}{C}CNH_2 \longrightarrow (CH_3CH_2)_3CCOOH$

(iii) $C_6H_5\overset{O}{C}CNHCH_3 \longrightarrow C_6H_5CH_2CH_2NHCH_3$

**习题 12-36** 普通酯 RCOOR′ 在氢氧化钠的 $H_2^{18}O$ 溶液中进行水解，在尚未完全水解时就停止反应，发现有 $R\overset{^{18}O}{C}OR'$ 的存在。解释原因。

**习题 12-37** 当 N-环己基氨基甲酸乙酯与 1 mol 氢氧化钾在甲醇中于 65 ℃加热 100 h，此时得到 N-环己基甲酸甲酯，产率95%。试解释为什么不产生环己胺，用反应式表示。

**习题 12-38** 区别下列化合物。

(i) HCOOH, CH_3COOH

(ii) CH_3COBr, BrCH_2CH_2CH_3

(iii) CH_3COOC_2H_5, CH_3OCH_2COOH

(iv) CH_3CH_2COOH, CH_2=CHCOOH

**习题 12-39** 从指定原料和必要试剂合成。

(i) 从乙醇合成 $CH_3CH_2\overset{CH_2OH}{\underset{}{C}H}COOC_2H_5$

(ii) 从丁二酸合成 $H_5C_2O\overset{O}{C}\overset{Br}{C}HCH_2\overset{O}{C}OC_2H_5$

(iii) 从 $CH_3COOH$ 合成 $H_2NCH_2\overset{O}{C}NH_2$

(iv) 从乙醛合成 $CH_3\overset{CH_3}{\underset{}{C}H}CH_2COOC_2H_5$

(v) 从乙醛合成 $CH_3\overset{OH}{\underset{}{C}H}CH_2COOC_2H_5$

(vi) 从环氧乙烷合成 $CH_3CH_2\overset{O}{C}N(CH_3)_2$

(vii) 从苯乙酮合成 $\bigcirc-\overset{O}{C}CH_2O\overset{O}{C}CH_3$

(viii) 从四个碳以下化合物合成 $CH_3CH_2CH_2\overset{CONHCH_3}{\underset{}{C}H}CH_2CH_2CH_3$

(ix) 从乙醛、丙醛、丙酸、1,2-环氧丙烷合成 $C_2H_5\overset{OH}{\underset{}{C}H}\overset{O}{C}H\overset{O}{C}CH_2\overset{CH_3}{\underset{CH_3}{C}H}OC_2H_5$

(x) 从苯甲酸、丙酸、二甲胺合成 $(CH_3)_2N\overset{H_3C}{\underset{}{C}H}C\overset{OCOCH_2CH_3}{\underset{C_6H_5}{C}H}C_6H_5$

(xi) 从环己酮、环氧乙烷、溴苯合成 $\bigcirc\overset{OH}{\underset{C_6H_5}{C}}CHCOOCH_2CH_2NHCH_2CH_3$

**习题 12-40** $CH_3O\overset{O}{C}CH_2CH_2CH_2\overset{O}{C}H$ 与 HCN 反应后用碱处理，得化合物（A）；（A）的相对分子质量为 125，NMR 只有七个质子，IR 在 1735 及 2130 $cm^{-1}$ 处有吸收峰。请推测此化合物的构造式，并提出一个合理的反应机理。

**习题 12-41** 根据所给分子式、IR、NMR 数据，推测相应化合物的构造式，并标明各吸收峰的归属。

(i) $C_9H_{10}O_2$，IR 波数/$cm^{-1}$：3020，2900，1742，1385，1365，1232，1028，754，699；NMR $\delta_H$：2.1（单峰，3H），5.1（单峰，2H），7.3（单峰，5H）。

(ii) $C_7H_{13}O_2Br$，IR 波数/$cm^{-1}$：2950~2850 $cm^{-1}$ 区域有吸收峰，1740 $cm^{-1}$（较强）；NMR $\delta_H$：1.0（三重峰，3H）、1.3（二重峰，6H）、2.1（多重峰，2H）、4.2（三重峰，1H）、4.6（七重峰，1H）。

(iii) $C_6H_{11}O_2Br$，IR 波数/$cm^{-1}$：1730 $cm^{-1}$ 有较强吸收；NMR $\delta_H$：1.25（三重峰，3H）、1.82（单峰，6H）、4.18（四重峰，2H）。

**习题 12-42** 根据下列所提供的分子式及其他数据，推测相应化合物的构造式，并标明各吸收峰的归属。

$$(B) \xleftarrow{NaOH + I_2} (A) \xrightarrow[HCl气]{CH_3OH(过量)} (C) \xrightarrow{LiAlH_4} (D) \xrightarrow{HCl气催化} (E) + CH_3OH$$

(B) $C_4H_6O_4$
NMR: $\delta_H = 2.3$(单峰, 4H)
$\delta_H = 12$(单峰, 2H)

(A) $C_5H_8O_3$
IR: 3400~2400, 1760, 1710 cm$^{-1}$

(C) $C_8H_{16}O_4$

(D) $C_7H_{16}O_3$
IR: 3400, 1100, 1050 cm$^{-1}$

(E)
IR: 1120, 1070 cm$^{-1}$
MS: $m/z = 116(M^+)$
大量碎片离子 $m/z = 101$

**习题 12-43** 根据所提供分子式及 IR, NMR 的数据，推测相应化合物的构造式，并标明各吸收峰的归属。

$$(A) \xrightarrow[\text{② } H_3O^+]{\text{① } NaOCH_3} (B) \xrightarrow{SOCl_2} (C) \xrightarrow[\text{硫-喹啉}]{H_2/Pd\text{-}BaSO_4} (D)$$

(A) $C_5H_6O_3$
IR: 1820, 1755 cm$^{-1}$
NMR: $\delta_H = 2.0$(五重峰, 2H)
$\delta_H = 2.8$(三重峰, 4H)

(B)
IR: 3000(宽), 1740, 1710 cm$^{-1}$
NMR: $\delta_H = 3.8$(单峰, 3H)
$\delta_H = 13$(单峰, 1H)
此外，还有六个质子吸收峰

(C)
IR: 1785, 1735 cm$^{-1}$

(D)
IR: 1740, 1725 cm$^{-1}$

**习题 12-44** 一羧酸衍生物(A)的分子式为 $C_5H_6O_3$，它能与乙醇作用得到两个互为异构体的化合物(B)和(C)；(B)和(C)分别用 $SOCl_2$ 作用后再加入乙醇，都得到同一化合物(D)。试推测(A)，(B)，(C)，(D)的构造式。

**习题 12-45** 一化合物(A) $C_3H_6Br_2$，与 NaCN 反应生成(B) $C_5H_6N_2$；(B)酸性水解生成(C)；(C)与乙酸酐共热生成(D)和乙酸；(D)的 IR 在 1820, 1755 cm$^{-1}$ 处有强吸收，NMR, $\delta_H$: 2.0(五重峰, 2H), 2.8(三重峰, 4H)处有吸收。请推测(A)，(B)，(C)，(D)的构造式，并标明各吸收峰的归属。

## 复习本章的指导提纲

### 基本概念和基本知识点

酰卤，酸酐(包括环状酸酐、烯酮)，酯(包括内酯)，酰胺(包括内酰胺、酰亚胺、酰肼等)，腈；油脂，脂肪酸，脂肪醇，磷脂，蜡，黄原酸及其衍生物，碳酸和原碳酸及其衍生物；合成洗涤剂，重要合成纤维：维尼纶、涤纶的名称及结构；羧酸衍生物物理性质的一般规律，氢键对其物理性质的影响；羧酸衍生物的结构共性及差异，结构与化学性质的关系；水解反应、皂化反应、醇解反应、酯交换反应、氨(胺)解反应的定义；质子化、烷氧键断裂、酰氧键断裂的概念；酰亚胺具有酸性的原因；烯酮的定义和结构特点；β-丙内酯的结构特点和反应。

### 基本反应和重要反应机理

酰基碳上亲核取代反应的一般表达式，酸性催化反应机理和碱性催化反应机理，结构对反应的影响；羧酸衍生物亲核取代反应的活性顺序及各类羧酸衍生物水解、醇解、氨(胺)解的反应条件；羧酸衍生物与有机金属化合物反应的机理、条件、活性比较和适用范围；羧酸衍生物的各种还原反应，Bouveault-Blanc 还原反应的定义和反应机理，酮酯缩合反应的定义和反应机理；酰卤 α 氢卤化的定义和反应机理；烯酮的反应；β-丙内酯的反应；酯缩合反应的定义、反应式、反应机理和分类；在酯缩合反应中碱性缩合剂和溶剂的选择，在混合酯缩合、酮酯缩合中反应方向和反应区域选择性的控制；酯热裂和黄原酸酯热裂的定义、反应式、反应机理、反应的立体选择性及区域选择性。

**重要合成方法**

总结羧酸及羧酸衍生物之间的转换关系，全面总结每一类羧酸衍生物的制备方法；羧酸衍生物与有机金属化合物反应在有机合成中的应用；酯缩合反应在有机合成中的应用。

## 英汉对照词汇

acetylation reagent　乙酰化试剂
acid anhydride　酸酐
acylation reagent　酰化试剂
acylation　酰化
acyl carbon　酰基碳
acyl halide　酰卤
acyloin condensation　酮醇缩合
acyl-oxygen bond　酰氧键
alcoholysis　醇解
alkyd resin　醇酸树脂
alkyl-oxygen bond　烷氧键
amic acid　酰胺酸
amide　酰胺
ammonolysis　氨（胺）解
arachidic acid　花生油酸
benzoate　苯甲酸酯
biological oxidation degradation　生物氧化降解
biomembrane　生物膜
Bouveault-Blanc reduction　鲍维特-布朗克还原
$N$-bromosuccinimide（NBS）　$N$-溴代丁二酰亚胺
carbonate　碳酸酯
$\alpha$-carbonyl ester　$\alpha$-羰基酸酯
catenane　索烃
cephalin　脑磷脂
Chugaev reaction　秋加叶夫反应
$cis$-elimination　顺式消除
Claisen condensation　克莱森缩合反应
clathrate　包合化合物
condensation polymerization　缩聚反应
cumulate　累积
cyclic acid anhydride　环状酸酐
detergent　洗涤剂

Dieckmann reaction　狄克曼反应
dipolar bond　偶极键
dipolar structure　偶极结构
drying oil　干性油
eleostearic acid　桐油酸
end alkene　末端烯烃
epoxy acid　环氧酸
ester　酯
ester exchange　酯交换反应
fat　脂肪
fat hardening　油脂的硬化
fatty acid　脂肪酸
free radical anion　自由基负离子
formate　甲酸酯
formyl　甲酰基
hydrogen anion　氢负离子
hydrogen bond　氢键
hydrolysis　水解
hydrophobic group　疏水性基团
$\alpha$-hydroxy cyclic ketone　$\alpha$-羟基环酮
imide　酰亚胺
isotope labeling experiment　同位素标记实验
ketene　烯酮
ketonic acid　酮酸
ketonic ester　酮酯
lactam　内酰胺
lactide　交酯
lactone　内酯
lecithin　卵磷脂
linoleic acid　亚油酸
linolenic acid　亚麻酸
lithium borohydride　硼氢化锂
metal hydride　金属氢化物

micelle 胶束
mixture acid anhydride 混合酸酐
Nessler's reagent 奈斯勒试剂
nitrile 腈
nucleophilic addition-elimination mechanism
　亲核加成-消除机理
oil-soluble group 油溶性基团
olefine ketone 烯酮
oleic acid 油酸
organocadmium compound 有机镉化合物
ortho-carbonic acid 原碳酸
oxalate 草酸酯
palmitic acid 软脂酸
palmitic alcohol 软脂醇
permeability 渗透性
phosgene 光气
phosphatide 磷脂
plastifler 增塑剂
polyester 聚酯
primary amide 一级酰胺

β-propanolactone β-丙内酯
protein 蛋白质
protonation 质子化
pyrolysis 热裂
saponification 皂化反应
secondary amide 二级酰胺
stearic acid 硬脂酸
stearyl alcohol 硬脂醇
terylene 涤纶
tetrahedral cation 四面体正离子
tetrahedral intermediate 四面体中间体
tertiary amide 三级酰胺
urea 尿素，脲
vinylon 维尼纶
water-soluble group 水溶性基团
wax 蜡
xanthate 黄原酸盐，黄原酸酯
xanthic acid 黄原酸
zwitter ion 两性离子

# 第 13 章 缩合反应

有机化合物的碳架结构是极其丰富多样的。缩合反应是形成碳碳键的反应,不同的缩合反应可以形成不同的碳架,同一类缩合反应通过选择不同的原料和不同的实验方法也可以形成不同的碳架,因此,缩合反应在有机合成中十分重要。例如,托品酮的合成是有机化学历史上一件重要的事情。1903 年,它是由环庚酮(极难得的原料)经 14 步反应合成出来的,后来应用 Mannich(曼尼希)反应,选用适当的原料,在仿生条件下只用一步反应就合成出了托品酮。又如,2002 年,Scott 等人首次完成了 $C_{60}$ 的化学全合成,该合成路线的关键步骤中用到了 Wittig(魏悌息)反应和羟醛缩合两个缩合反应。再如,睾丸激素(testosterone)是雄性哺乳类、鸟类和爬行类动物的主要性激素,具有极强的生理活性。其结构如下:

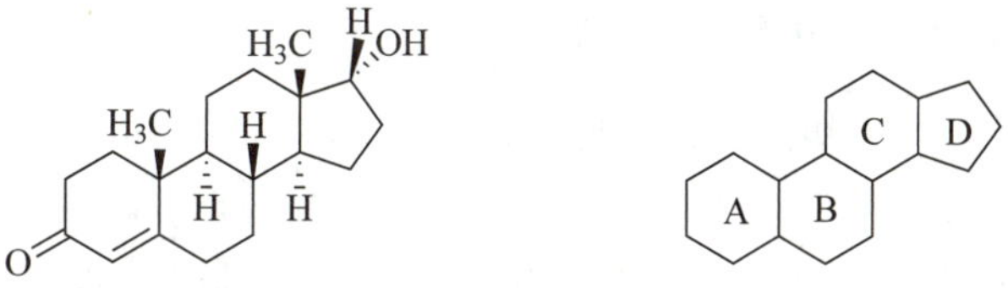

**睾丸激素的结构**

许多化学家研究了它的全合成。1956 年,W. S. Johnson 报道了他们的全合成研究。Johnson 选用 5-甲氧基-2-四氢萘酮(二环体系)为起始原料,先合成四环体系,然后调整 A、B、C 三个环的立体结构,最后,将甲氧基苯环转变为五元 D 环。睾丸激素的合成路线简化如下:

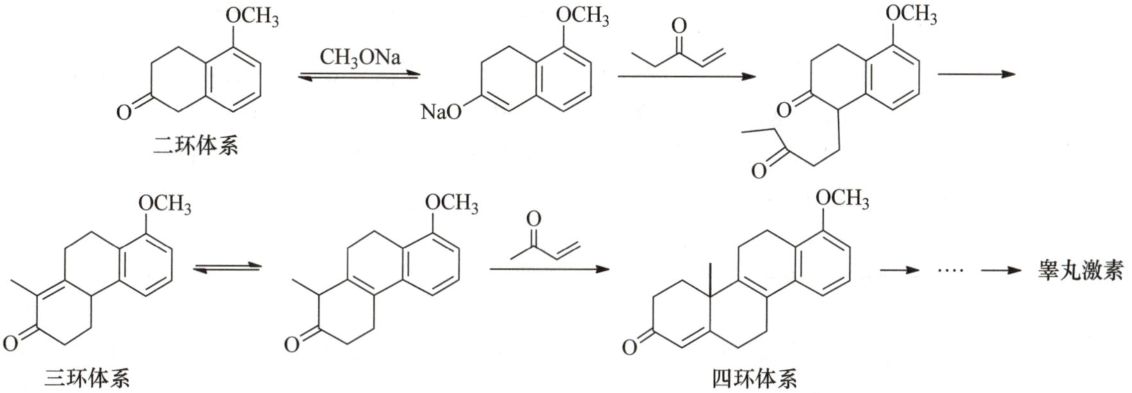

从合成路线可以看出,由 5-甲氧基-2-四氢萘酮合成四环体系需经两次 Robinson(罗宾逊)增环反应。缩合反应在建立特殊碳架中起作用的例子还有很多,这充分说明了缩合反应在有机合成中的重要性。

## 13.1 氢碳酸的概念和 α 氢的酸性

### 13.1.1 氢碳酸的概念

烃可以看做一个氢碳酸(hydrocarbonic acid)，碳上的氢以正离子解离下来的能力代表了氢碳酸的酸性强弱。可以用 $pK_a$ 来表示，$pK_a$ 越小，酸性越强。表 13-1 列出了一些氢碳酸的 $pK_a$。

表 13-1  一些氢碳酸的 $pK_a$（在二甲亚砜中）

| 化合物 | $CH_4$,$CH_3CH_3$ | $CH_3CH=CH_2$ | $CH_2(C_6H_5)_2$ | $CH(C_6H_5)_3$ | $CH_3C≡CH$ | 环戊二烯 |
|---|---|---|---|---|---|---|
| $pK_a$ | ≈50 | 35 | 34 | 31.5 | 25 | 16 |

表中的数据表明，烷烃的酸性是很弱的。烯丙位和苯甲位碳上的氢的酸性比烷烃强。末端炔烃的酸性更强一些，环戊二烯亚甲基上的氢相对更活泼一些。

### 13.1.2 α 氢的酸性

与官能团直接相连的碳称为 α 碳，α 碳上的氢称为 α 氢。α 氢以正离子解离下来的能力即为 α 氢的活性或 α 氢的酸性。通过测定 α 氢的 $pK_a$ 或其与重氢的交换速率，可以确定 α 氢的酸性强弱。表 13-2 列出了几种有机化合物 α 氢的 $pK_a$。

表 13-2  某些有机化合物 α 氢的 $pK_a$

| 化合物 | $CH_3SOCH_3$ | $CH_3CN$ | $CH_3COC_6H_5$ | $CH_3NO_2$ |
|---|---|---|---|---|
| $pK_a$ | 29 | 25 | 16 | 10.21 |

表中的数据表明，硝基甲烷的 α 氢酸性最强。这是因为硝基具有极强的吸电子能力。这说明，α 氢的酸性强弱取决于与 α 碳相连的官能团及其他基团的吸电子能力。总的吸电子能力越强，α 氢的酸性就越强。一些常见基团的吸电子能力强弱次序排列如下：

$-NO_2 > \text{\textbackslash}C=O > \text{\textbackslash}SO_2 > -COOR > -CN > -C≡CH > -C_6H_5 > -CH=CH_2 > -R$

α 氢的酸性还取决于氢解离后的碳负离子(carbanion)结构的稳定性。一般地讲，碳负离子的离域范围越大越稳定。从表 13-1 中可以看到，环戊二烯的 $pK_a$ 和丙烯的 $pK_a$ 相差 19。仅仅增加了一个双键，为什么会对 $pK_a$ 产生这么大的影响？实际上是因为丙烯失去一个质子后，形成的烯丙基负离子是一个普通的共轭体系；而环戊二烯失去一个质子后，形成的是一个具有 $4n+2$ 个 π 电子的单环平面封闭共轭体系,即环戊二烯负离子具有芳香性,结构特别稳定。

烯丙基负离子　　　　　环戊二烯负离子

在同一个碳原子上堆积几个同样的活化基团,对氢离子的解离度的增加并不等于几个基团作用的加和,并且愈强的活化基团,例如硝基,其加和的结果偏差也就越大。这可能是由于基团的堆积,使这些原子不能在同一平面上,从而减弱了离域作用,因此就不能发挥其全部稳定碳负离子的作用,$pK_a$ 也就不能按倍数降低。表13-3是活化基团在同一碳原子上堆积对氢碳酸酸性的影响。

**表 13-3　同一碳原子上有多个活化基团时对氢碳酸酸性的影响**

| 化合物 | $pK_a$ | 化合物 | $pK_a$ |
| --- | --- | --- | --- |
| $CH_3NO_2$ | 10.21 | $CH_3COCH_3$ | 20 |
| $CH_2(NO_2)_2$ | 3.57 | $CH_2(COCH_3)_2$ | 9 |
| $CH(NO_2)_3$ | 强酸 | $CH(COCH_3)_3$ | 5.85 |
| $CH_3SO_2CH_3$ | 23 | $CH_3CN$ | 25(DMSO) |
| $CH_2(SO_2CH_3)_2$ | 14 | $CH_2(CN)_2$ | 11.2(DMSO) |
| $CH(SO_2CH_3)_3$ | 0 | $CH(CN)_3$ | 0(DMSO) |
| $C_6H_5CH_2-H$ | 41(环己胺) | | |
| $(C_6H_5)_2CH-H$ | 34(环己胺) | | |
| $(C_6H_5)_3C-H$ | 31.5(环己胺) | | |

分子的几何形状也会对 α 氢的酸性产生影响。2,4-戊二酮的酸性要比丙酮强,因为亚甲基上的氢受到两个羰基的吸电子影响。但是下列桥环体系的二元酮的酸性和一元酮的差不多,增加一个羰基并不增加它的酸性。这是碳负离子的结构所决定的。因为氢解离后,不能和它旁边的羰基发生共轭作用;如果发生作用的话,"桥头"上就要形成一个具有双键性质的键,张力非常大。

α 氢的解离和介质的介电常数及溶剂化也很有关系。水的介电常数很高,最有利于化合物的解离,但是水不能作为溶剂去研究氢碳酸的解离,因为水是比很多氢碳酸强得多的一个酸。氢碳酸解离后,在弱介电常数的溶剂中往往形成一个离子簇或离子对,很容易发生内返,再变为原来的氢碳酸,而不能形成自由的碳负离子。离子对在极性溶剂内的产生并不显著,所以经常用具有偶极的非质子溶剂(non-proton solvent),特别是二甲亚砜及二甲基甲酰胺等,可以减少离子对的形成。

### 13.1.3　羰基化合物 α 氢的活性分析

羰基的吸电子能力很强,因此羰基化合物的 α 氢都很活泼。例如在 $NaOD-D_2O$ 中,2-甲基环己酮的 α 氢均可被氘取代。

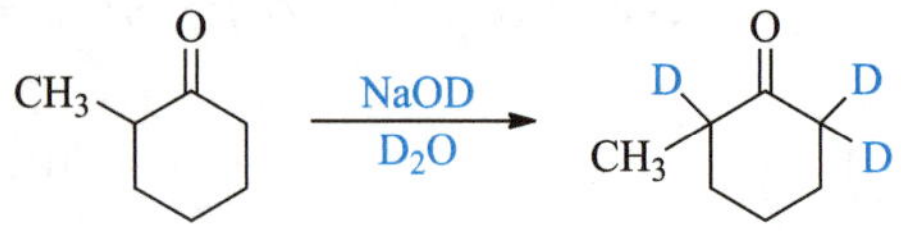


羰基使 α 碳原子上的氢具有活泼性，是由于两种不同的电子作用。一种是羰基的吸电子诱导效应，它使静止的即未反应的羰基化合物中有一个很强的偶极矩($8.34\times10^{-30}\sim10.01\times10^{-30}$ C·m)，无论在酸和碱的催化作用下，对 α 氢的解离都有帮助。另一种是羰基 α 碳上的碳氢键与羰基有超共轭作用，α 氢作为质子离开后，变为烯醇负离子(enolate anion)，由于发生电子离域的作用，增加了碳负离子的稳定性，所以容易形成。

羰基化合物的种类是很多的，虽然它们的结构共性是都有羰基，但羰基旁所连的基团是不同的，这种结构差异导致了它们的 α 氢的活性也有差异。表 13-4 列举了一些有代表性的羰基化合物和腈的 α 氢的酸性。

**表 13-4 某些羧酸衍生物和腈的 α 氢的酸性比较**

| 化合物 | α 氢的 $pK_a$ | 化合物 | α 氢的 $pK_a$ |
|---|---|---|---|
| $CH_3COCl$ | ≈16 | $CH_3COOCH_3$ | 25 |
| $CH_3CHO$ | 17 | $CH_3CN$ | ≈25 |
| $CH_3COCH_3$ | 20 | $CH_3CON(CH_3)_2$ | ≈30 |

从表 13-4 可以看到，酰氯的 α 氢酸性比醛、酮的还大，酯较小，而酰胺更小。这可以从这些化合物本身的结构以及它们形成烯醇式后的结构来认识：

$$CH_3\overset{O}{\overset{\|}{C}}Cl \rightleftharpoons H^+ + CH_2=\overset{O^-}{\overset{|}{C}}-Cl$$

$$CH_3\overset{O}{\overset{\|}{C}}OCH_3 \rightleftharpoons H^+ + CH_2=\overset{O^-}{\overset{|}{C}}-OCH_3$$

$$CH_3\overset{O}{\overset{\|}{C}}N(CH_3)_2 \rightleftharpoons H^+ + CH_2=\overset{O^-}{\overset{|}{C}}-N(CH_3)_2$$

在乙酰氯中，氯的吸电子诱导效应大于给电子共轭效应，它的存在增强了羰基对 α 碳的吸电子能力，从而也增强了 α 氢的活性。同时，氯的吸电子效应也使形成的烯醇负离子因负电荷分散而趋于稳定。故酰氯 α 氢的酸性比醛、酮的还强。在酯和酰胺中，烷氧基的氧和氨基氮的给电子共轭效应均大于吸电子诱导效应。烷氧基氧的孤对电子和氨基氮的孤对电子均可与羰基共轭而使体系变得稳定，如果解离 α 氢，形成烯醇负离子，则需要较大的能量，因此它们的酸性比醛、酮弱。酰胺氮上的孤对电子碱性较强，使共轭体系更加稳定，要解离 α 氢形成烯醇负离子需要的能量更多，故酸性比酯还弱。

当醛基中的氢被烷基代替后，由于烷基的空阻比氢大，从某种程度上讲阻碍了碱和氢的反应；另外，由于烷基对羰基具有给电子超共轭效应，因此醛的 α 氢比酮的 α 氢活泼。这种影响也可以在下面一系列酮和重氢的相对交换速率中体会到：

$$\underset{100}{CH_3-\overset{O}{\overset{\|}{C}}-CH_2-\underline{H}} \qquad \underset{51}{\underline{H}-CH_2-\overset{O}{\overset{\|}{C}}-CH_2C(CH_3)_3}$$

$$\underset{45}{\underline{H}-CH_2-\overset{O}{\overset{\|}{C}}-CH(CH_3)_2} \qquad \underset{41.5}{CH_3-\overset{O}{\overset{\|}{C}}-CH-CH_3} \qquad \underset{<0.1}{CH_3-\overset{O}{\overset{\|}{C}}-C(CH_3)_2}$$

乙酰乙酸乙酯(ethyl acetoacetate)是一个典型的 1,3-二羰基化合物(1,3-dicarbonyl compound)，由于受两个羰基的吸电子作用，亚甲基上的氢特别活泼，和碱作用可以形成稳定的负离子。负离子特别稳定，是因为负离子可以同时和两个羰基发生共轭作用，具有比较广泛的离域范围。

$$CH_3-\overset{O}{\overset{\|}{C}}-\overset{-}{C}H-\overset{O}{\overset{\|}{C}}-OC_2H_5$$

思考：这三个极限结构哪一个对杂化体的贡献最大？哪一个对杂化体的贡献最小？

按照共振论的写法，它是下列三个极限结构的杂化体：

$$CH_3-\overset{O}{\overset{\|}{\underset{}{C}}}-\overset{-}{C}H-\overset{O}{\overset{\|}{C}}-OC_2H_5 \longleftrightarrow CH_3-\overset{O^-}{\overset{\|}{C}}=CH-\overset{O}{\overset{\|}{C}}-OC_2H_5 \longleftrightarrow CH_3-\overset{O}{\overset{\|}{C}}-CH=\overset{O^-}{\overset{\|}{C}}-OC_2H_5$$

其他 1,3-二羰基化合物情况相似，其他的吸电子基团如硝基、氰基等与羰基的作用相同，因此下列化合物都具有一个活泼的亚甲基，性质是类似的：

β-羰基酸酯　　β-二酮　　丙二酸酯　　氰乙酸酯　　硝基乙酸酯

**习题 13-1** 将下列烃分子中的氢按酸性由强到弱的顺序排列，并简单阐明理由。

$$\underset{6}{HC}\equiv\underset{5}{C}-\underset{4}{CH_2}-\underset{}{\overset{\overset{7}{CH_3}}{\underset{|}{CH}}}-\underset{3}{CH_2}-\underset{2}{CH}=\underset{1}{CH_2}$$

**习题 13-2** 将丙醛、丙酮、丙酸及其衍生物的 α-H 按酸性由强到弱的顺序排列，并简单阐明理由。

**习题 13-3** 将乙酰乙酸乙酯、2,4-戊二酮、丙二酸二乙酯、α-氰基乙酸乙酯、α-硝基乙酸乙酯的亚甲基上的氢按酸性由强到弱的顺序排列，并简单阐明理由。

## 13.2 酮式和烯醇式的互变异构

### 13.2.1 酮式和烯醇式的存在

活泼的 α 氢可以在 α 碳和羰基氧之间来回移动,因此羰基化合物存在一对互变异构体:酮式(keto form)和烯醇式(enol form),它们共同存在于一个平衡体系中。例如,丙酮和乙酰乙酸乙酯的平衡体系表达如下:

丙酮的平衡体系(参见 10.7.2):

$$CH_3-\underset{\substack{\|\\O}}{C}-CH_2-H \rightleftharpoons CH_3-\underset{\substack{\|\\OH}}{C}=CH_2$$

　　　酮式　　　　　　　　烯醇式

乙酰乙酸乙酯的平衡体系:

$$CH_3-\underset{\substack{\|\\O}}{C}-\underset{\substack{|\\H}}{C}H-\underset{\substack{\|\\O}}{C}-OC_2H_5 \rightleftharpoons CH_3-\underset{\substack{|\\OH}}{C}=CH-\underset{\substack{\|\\O}}{C}-OC_2H_5$$

　　　　酮式　　　　　　　　　　　烯醇式

酮式和烯醇式都是真实存在的。现以乙酰乙酸乙酯为例予以说明。在室温下,平衡体系中的酮式和烯醇式彼此转变很快,所以难以将它们分离。在低温下,酮式及烯醇式二者互变的速率很慢,因此,在适当条件下可以把两者分开。

若将乙酰乙酸乙酯冷却到 $-78$ ℃,得到一种结晶形的化合物,熔点 $-39$ ℃,不和溴发生加成作用,也不和三氯化铁发生颜色反应(烯醇的试验),但能和与酮羰基反应的试剂发生加成作用,因此这个化合物应当是酮式。若将乙酰乙酸乙酯和钠生成的化合物在 $-78$ ℃时用足够量的盐酸酸化,得到另一种不能结晶的化合物,该化合物不和酮的试剂发生反应,但能和三氯化铁发生颜色反应,这应当是烯醇式的结构。这两种结构形成的平衡体系,可以明显地显示在下面的乙酰乙酸乙酯的核磁共振谱图上,该谱图中除有酮式的吸收峰外,还有乙烯基及羟基的吸收峰(图 13-1)。

图 13-1 中,c,b 和 a 三个峰分别代表少量烯醇式中的 $CH_3$,H—C=C 及 OH 中的三种氢的吸收峰,d 及 e 代表酮式的 α-$CH_2$ 及 $CH_3$ 中氢的吸收峰,四重峰及三重峰代表酮式及烯醇式酯基 $OCH_2CH_3$ 中 $CH_2$ 和 $CH_3$ 的氢的吸收峰。

酮式和烯醇式虽然共存于一个平衡体系中,但在绝大多数情况下,酮式是主要的存在形式。分析丙酮的酮式和烯醇式可知:破坏酮式中的碳氢 σ 键和碳氧 π 键共需 791 kJ·$mol^{-1}$ 能量,而破坏烯醇式中的氧氢 σ 键和碳碳 π 键共需 728 kJ·$mol^{-1}$ 能量,这说明酮式确实比烯醇式稳定。但是随着 α 氢的活泼性增大,失去氢后形成的碳负离子的稳定性增大,烯醇式也可能成为平衡体系中的主要存在形式。表 13-5 列出了一些化合物的烯醇式结构及其含量。

把乙酰乙酸乙酯放在石英瓶内（因普通玻璃是碱性的，能催化互变异构），在低温下进行蒸馏，也能把这两种互变异构体分开。并且，可以在低温下于石英瓶中无限期地保存。这种分馏的方法，象征性地叫做"灭菌"蒸馏。

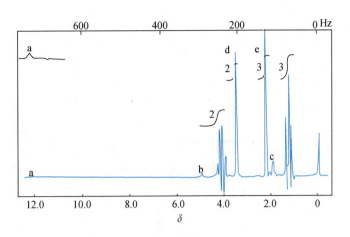

图13-1　乙酰乙酸乙酯的核磁共振谱

表13-5　一些化合物的烯醇式含量

| 化合物 | 酮式和烯醇式的互变异构 | 烯醇式含量/(%) |
|---|---|---|
| 丙酮 | $CH_3COCH_3 \rightleftharpoons CH_3C(OH)=CH_2$ | $1.5 \times 10^{-4}$ |
| 丙二酸二乙酯 | $CH_3CH_2OCOCH_2COCH_2CH_3 \rightleftharpoons CH_3CH_2OC(OH)=CHCOCH_2CH_3$ | $7.7 \times 10^{-3}$ |
| 环己酮 | 环己酮 ⇌ 环己烯醇 | $2.0 \times 10^{-2}$ |
| 乙酰乙酸乙酯 | $CH_3COCH_2COCH_2CH_3 \rightleftharpoons CH_3C(OH)=CHCOCH_2CH_3$ | 7.3 |
| 2,4-戊二酮 | $CH_3COCH_2COCH_3 \rightleftharpoons CH_3C(OH)=CHCOCH_3$ | 76.5 |
| 1,1,1-三氟-2,4-戊二酮 | $CH_3COCH_2COCF_3 \rightleftharpoons CH_3COCH=C(OH)-CF_3$ | 99 |

思考：请写出下列各酮的烯醇式结构，并判别酮式结构和烯醇式结构哪个更稳定？

在乙酰乙酸乙酯中，酮的羰基比酯的羰基更"活泼"，因此产生烯醇式时，氢主要是和酮羰基上的氧相连。由于羰基活性的差别，所以在乙酰乙酸乙酯中的亚甲基就没有乙酰丙酮中的亚甲基那样活泼，因而前者的酮式较为稳定，而后者只含有24%的酮式。丙二酸二乙酯的亚甲基就更不活泼，绝大部分成为酮式。

酮式及烯醇式的含量和溶剂的极性也很有关系，非质子溶剂对烯醇式有利，因为可以帮助分子内氢键（intramolecular hydrogen bond）的形成。如乙酰乙酸乙酯的烯醇式含量在乙醇中为10%～13%，而在正己烷中为49%。

$$\underset{\text{酮式}}{\underset{C_2H_5O}{\overset{CH_3}{\underset{\|}{\overset{\|}{C}}}\underset{O}{\overset{O}{C}}}} \Longleftrightarrow \underset{\text{烯醇式}}{\underset{C_2H_5O}{\overset{CH_3}{\underset{O\cdots H}{\overset{O}{C=C}}}}}$$

**习题 13-4** 写出下列化合物的主要互变异构体，指出哪一个异构体更稳定，并将下列化合物按酸性由大到小排列成序。

(i) $CH_3CH_2\overset{O}{\underset{\|}{C}}\underset{\underset{CH_2CH_3}{|}}{\overset{|}{\underset{C=O}{C}}}H\overset{O}{\underset{\|}{C}}CH_2CH_3$  

(ii) $CH_3CH_2\overset{O}{\underset{\|}{C}}\underset{\underset{CH_2CH_3}{|}}{\overset{CH_3}{\underset{C=O}{\overset{|}{C}}}}\overset{O}{\underset{\|}{C}}CH_2CH_3$

(iii) $CH_3CH_2\overset{O}{\underset{\|}{C}}CH_2\overset{O}{\underset{\|}{C}}OC_2H_5$

(iv) $(CH_3)_2CH\overset{O}{\underset{\|}{C}}CH_2\overset{O}{\underset{\|}{C}}OC_2H_5$  

(v) $CH_3CH_2\overset{O}{\underset{\|}{C}}\underset{\underset{CH_3}{|}}{\overset{CH_3}{\overset{|}{C}}}\overset{O}{\underset{\|}{C}}OC_2H_5$

### 13.2.2 烯醇化的反应机理

由酮式转变为烯醇式的反应称为烯醇化反应。烯醇化反应通常是在酸催化或碱催化的条件下进行的。丙酮的烯醇化反应参见 10.7.2。2,4-戊二酮在酸催化下的烯醇化反应机理如下：

$$CH_3-\overset{O}{\underset{\|}{C}}-CH_2-\overset{\overset{\cdot\cdot}{O:}}{\underset{\|}{C}}-CH_3 \underset{}{\overset{H^+}{\Longleftrightarrow}} CH_3-\overset{O}{\underset{\|}{C}}-\underset{\underset{H}{|}}{\overset{|}{C}}H-\overset{\overset{+}{OH}}{\underset{\|}{C}}-CH_3 \overset{-H^+}{\Longleftrightarrow} CH_3-\overset{O}{\underset{\|}{C}}-CH=\overset{OH}{\underset{\|}{C}}-CH_3 \Longleftrightarrow \underset{CH_3\ \ \ \ \ \ \ CH_3}{\overset{H}{\underset{}{\overset{O\cdots O}{\overset{}{}}}}}$$
烯醇式

2,4-戊二酮在碱催化下的烯醇化反应机理如下：

$$CH_3-\overset{O}{\underset{\|}{C}}-\overset{H}{\underset{|}{C}}H-\overset{O}{\underset{\|}{C}}-CH_3 \overset{-OH}{\Longleftrightarrow} \left[CH_3-\overset{O}{\underset{\|}{C}}-\overset{-}{C}H-\overset{O}{\underset{\|}{C}}-CH_3 \longleftrightarrow CH_3-\overset{O}{\underset{\|}{C}}-CH=\overset{O^-}{\underset{\|}{C}}-CH_3\right] \equiv \underset{CH_3\ \ \ \ \ \ CH_3}{\overset{O\ \ \ \ \ \ \ O}{\overset{\ominus}{\underset{}{}}}}$$
碳负离子　　　　烯醇负离子　　　　　烯醇负离子

乙酰乙酸乙酯也能在酸催化或碱催化下发生烯醇化反应。由于乙酰乙酸乙酯分子中有一个酮羰基和一个酯羰基(ester carbonyl)，因此烯醇化反应可以在两个位置发生；但由于酮羰基比酯羰基活泼，所以烯醇化反应主要在酮羰基上发生。

**习题 13·5** 请写出乙酰乙酸乙酯在酸催化下的烯醇化反应机理和碱催化下的烯醇化反应机理。

### 13.2.3 不对称酮的烯醇化反应

一个不对称酮,在碱的作用下可以产生两种不同的烯醇负离子。例如

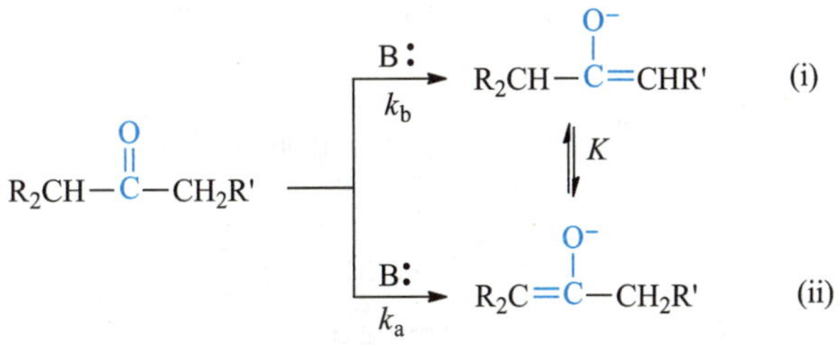

$$R_2CH-\underset{O}{\overset{\|}{C}}-CH_2R' \xrightarrow[k_a]{\overset{B:}{k_b}} \begin{matrix} R_2CH-\underset{O^-}{\overset{|}{C}}=CHR' \quad (i) \\ \updownarrow K \\ R_2C=\underset{O^-}{\overset{|}{C}}-CH_2R' \quad (ii) \end{matrix}$$

在上式中,由于 H 的酸性及空间位阻的影响,(i) 较易形成,是动力学控制(kinetic control)的;(ii) 相对比较稳定,是热力学控制(thermodynamic control)的。如果反应完全受动力学控制,那么两个不同质子去掉的相对速率之比决定着反应产物的比例。若 $k_a$ 和 $k_b$ 表示两个相应质子去掉的速率常数,则 $\frac{(ii)}{(i)} = \frac{k_a}{k_b}$,但若(i)和(ii)彼此可以很快形成一个平衡体系,这时(i)和(ii)的比例将由平衡常数决定。在上式中(ii)是热力学上最稳定的,$K = \frac{(ii)}{(i)}$ 就是一个大数。这时产物的比例是受热力学控制的。

在适当的条件下,可以测定这两种不同的控制方式。若将一个不对称的酮溶于非质子溶剂,然后在该体系中适量加入一个很强的碱,如三苯甲基锂,由于锂的体积很小,可以和烯醇式负离子的氧紧密配位形成(i),即主要得到动力学控制的产物。如果此时再加入过量的酮,由于(ii)比(i)稳定,过量的酮主要与(i)发生质子交换,使(i)转变成酮,酮再按比例形成(i)和(ii),上述转换过程反复进行直至达到一个动态平衡。综观上述整个过程,实际上是(i)逐渐转变成了(ii)。这个关系可用下式表示:

在需要产生一个动力学控制的不对称的烯醇负离子时,应尽量避免质子的交换,以避免它与其他烯醇负离子形成平衡体系。为了减低质子交换的速率,在烯醇化反应时,经常选用非质子溶剂和用烯醇负离子的锂盐为碱性试剂。

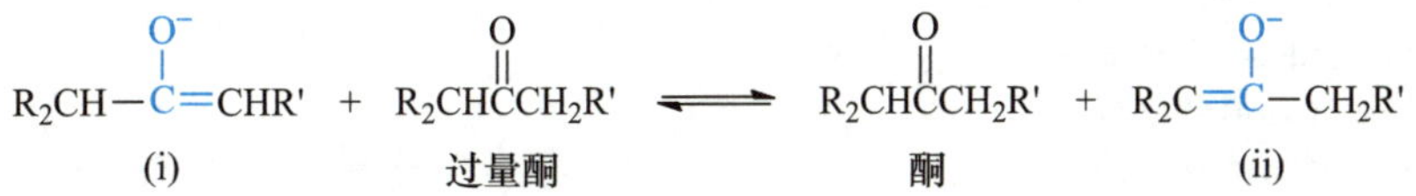

$$\underset{(i)}{R_2CH-\underset{O^-}{\overset{|}{C}}=CHR'} + \underset{\text{过量酮}}{R_2CHCCH_2R'} \rightleftharpoons \underset{\text{酮}}{R_2CHCCH_2R'} + \underset{(ii)}{R_2C=\underset{O^-}{\overset{|}{C}}-CH_2R'}$$

因此,若有多余的酮存在,结果是按上式生成最稳定的(ii),这就成为热力学控制的反应了。在形成烯醇负离子后,用乙酸酐处理,很快地形成乙酸烯醇酯(enol acetate),然后再用气相色谱分析这两个烯醇酯的比例,就可决定两种烯醇的比例。通过对一系列酮的研究,可以总结出下列规则:受热力学控制的,主要产物是取代基更多的烯醇负离子(ii),因为双键的稳定性与双键碳原子上取代的基团数目是有关系的,取代越多就越稳定;相反,受动力学控制的,主要产物是取代基最少的烯醇负离子(i),这可能是由于两个不同质子的空间位阻不同,取代基更多的碳原子上的氢比较难以去掉。下面是两个不对称取代酮受热力学控制和受动力学控制产生烯醇负离子的比例:

|  | 热力学控制 | 动力学控制 |
|---|---|---|
| H₃C—环戊酮 / H₃C—环戊烯醇(94) / H₃C—环戊烯醇(6) | 94 ; 6 | 28 ; 72 |
| CH₃(CH₂)₃CH₂—C(=O)—CH₃ | ≈87 ; ≈13 | ≈25 ; ≈75 |

### 13.2.4 烯醇负离子的两位反应性能

烯醇负离子带有负电荷,既可以接受质子表现出碱性,又可以进攻带正电荷的反应位点表现出亲核性。即烯醇负离子既是一个碱,又是一个亲核试剂。

烯醇负离子的氧端和碳端都带有部分负电荷,因此有两个反应位点。这种具有两位反应性能(ambident reactivity)的负离子称为两位负离子(ambident anion)。因为负离子是亲核的,两位负离子具有两位亲核性(ambident nucleophilicity),反应在哪端发生,取决于实际情况。一般来讲,碳端亲核性强,在亲核反应时,主要是负的碳原子作为亲核试剂去进攻,形成新的碳碳键。氧端碱性比较强,因此碳负离子和烯醇负离子与质子结合的速率有很大的差别,氢离子和碳结合是一个较慢的反应,而和氧结合是非常迅速的,生成的产物不是原来的醛或酮,而是一个烯醇,但烯醇是不稳定的,若有足够的时间,最终都变为稳定的羰基形式的醛或酮。

烯醇化合物中,由于氧上有未共用电子对,可以接受质子,也可以进攻正电性反应位点,所以有碱性和亲核性。又由于氧与碳碳双键共轭,在此共轭体系中氧具有给电子共轭效应,共轭的结果使碳端的电子云密度增大,因此导致烯醇化合物也具有亲核性和碱性。但烯醇的碱性和亲核性均比烯醇负离子弱。

H—C(=O)—CH₂⁻ → (H⁺ 慢) CH₂—CH=O 羰基化合物,热力学稳定
→ (H⁺ 快) CH₂=C—OH 烯醇式化合物,不稳定,动力学控制

**习题 13-6** 请为下列反应提出合理的反应机理,并指出其中哪几步反应体现了烯醇(或烯醇负离子)的亲核性。

$$2\ \text{PhCHO} + \text{环己烯酮} \xrightarrow{\text{NaOH}, \text{H}_2\text{O}} \text{产物}$$

## 13.3 缩合反应概述

### 13.3.1 缩合反应的定义

此处缩合反应是根据反应物和产物之间的关系而定义的,实际上,完成缩合往往需要经过加成、消除、取代等过程。因此有些反应既可以归于缩合反应,也可以归于加成、消除等反应。例如,Michael 加成反应(参见 10.6.3)既可以看做共轭加成反应,也可以看做缩合反应。

$$\text{CH}_3\text{COCH}_2\text{COCH}_3$$
$$+$$
$$\text{CH}_2=\text{CH}-\text{CH}=\text{O}$$
$$\xrightleftharpoons{\text{EtO}^-,\ \text{EtOH}}$$
$$(\text{CH}_3\text{C})_2\text{CH}-\text{CH}_2\text{CH}_2\text{CHO}$$

新形成的碳碳键

将分子间或分子内不相连的两个碳原子连接起来的反应统称为缩合反应(condensation reaction)。在缩合反应中,有新的碳碳键形成,同时也往往有水或其他比较简单的有机或无机分子失去。缩合反应通常需要在缩合剂(condensation agent)的作用下进行,无机酸、碱、盐或醇钠、醇钾等是常用的缩合剂。例如

$$\text{o-CH}_3\text{C}_6\text{H}_4\text{CHO} + \text{CH}_3\text{CHO} \xrightarrow{\text{NaOH}} \text{o-CH}_3\text{C}_6\text{H}_4\text{CH(OH)}-\text{CH}_2\text{CHO} \xrightarrow{-\text{H}_2\text{O}} \text{o-CH}_3\text{C}_6\text{H}_4\text{CH}=\text{CHCHO}$$

新形成的碳碳键

$$\text{PhCO-OC}_2\text{H}_5 + \text{CH}_3\text{COOC}_2\text{H}_5 \xrightarrow{\text{C}_2\text{H}_5\text{ONa}} \text{PhCO-CH}_2-\text{CO-OC}_2\text{H}_5 + \text{C}_2\text{H}_5\text{OH}$$

### 13.3.2 缩合反应的关键

在缩合反应中,有新的碳碳键形成。新的碳碳键是通过一个带正电荷的碳和一个带负电荷的碳连接形成的。因此,完成缩合反应的关键是要创造一个带正电荷碳的体系(正碳体系)和一个带负电荷碳的体系(负碳体系)。

### 13.3.3 羟醛缩合反应的分析

羟醛缩合反应的酸催化反应机理如下:

$$\text{CH}_3\text{CCH}_3 \underset{①}{\overset{H^+}{\rightleftharpoons}} \text{CH}_3\overset{+}{\text{C}}-\text{CH}_2-\text{H} \underset{②}{\overset{-H^+}{\rightleftharpoons}} \text{CH}_3\text{C}=\text{CH}_2 \underset{③}{\overset{\text{CH}_3\overset{+}{\text{C}}\text{CH}_3}{\rightleftharpoons}}$$

(i)          (ii)          (iii)          (iv)

$$\text{CH}_3-\overset{+}{\text{C}}-\text{CH}_2-\overset{\text{OH}}{\underset{}{\text{C}}}(\text{CH}_3)_2 \underset{④}{\overset{-H^+}{\rightleftharpoons}} \text{CH}_3\text{C}-\text{CH}_2-\overset{\text{OH}}{\underset{}{\text{C}}}(\text{CH}_3)_2$$

(v)                         (vi) β-羟基酮

↑ 新形成的碳碳键

从上述反应机理可知，③是形成新碳碳键的一步。在这步反应中，烯醇(iii)提供了略带负电性的碳的体系，质子化的丙酮提供了略带正电性的碳的体系，新碳碳键是通过亲核的带部分负电荷的碳对活化的羰基进行亲核加成完成的。

羟醛缩合反应的碱催化反应机理如下：

$$\text{H}-\overset{\text{O}}{\underset{}{\text{C}}}-\text{CH}_2-\text{H} \underset{①}{\overset{-\text{OH}}{\rightleftharpoons}} [\text{O}=\text{CH}-\overset{-}{\text{CH}}_2 \leftrightarrow \overset{-}{\text{O}}-\text{CH}=\text{CH}_2] \underset{②}{\overset{\text{CH}_3\text{CH}=\text{O}}{\rightleftharpoons}}$$

(i)        碳负离子    (ii)    烯醇负离子        (iii)

$$\text{HC}-\text{CH}_2-\overset{\text{O}^-}{\underset{}{\text{C}}}\text{H}-\text{CH}_3 \underset{③}{\overset{\text{H}-\text{OH}}{\rightleftharpoons}} \text{HC}-\text{CH}_2-\overset{\text{OH}}{\underset{}{\text{C}}}\text{H}-\text{CH}_3$$

(iv)                         (v) β-羟基醛

↑ 新形成的碳碳键

从上述反应机理可知，②是形成新碳碳键的一步。在这步反应中，烯醇负离子提供了带负电荷碳的体系，乙醛提供了带正电荷碳的体系，新碳碳键是通过亲核的碳负离子对羰基进行亲核加成完成的。

能够提供带负电荷碳的体系是很多的。从原则上讲，凡与吸电子基团相连的碳上的氢均有活性，在适当条件（通常是碱性条件）下让氢以正离子的形式离去，就会产生一个带负电荷碳的体系，它们均能对醛、酮的羰基发生亲核加成形成新的碳碳键。例如，硝基甲烷在碱的作用下可产生碳负离子，该碳负离子进攻醛或酮的羰基碳，打开双键，并形成新的碳碳键，发生类似羟醛缩合型的反应。

$$\text{CH}_3\text{NO}_2 \overset{B^-}{\rightleftharpoons} {}^-\text{CH}_2\text{NO}_2 \overset{\text{CH}_3\text{CCH}_3}{\underset{}{\rightleftharpoons}} \text{O}_2\text{NCH}_2-\overset{\text{O}^-}{\underset{}{\text{C}}}(\text{CH}_3)_2 \overset{\text{H}_2\text{O}}{\rightleftharpoons} \text{O}_2\text{NCH}_2-\overset{\text{OH}}{\underset{}{\text{C}}}(\text{CH}_3)_2$$

### 13.3.4 酯缩合反应的分析

Claisen 酯缩合的反应机理如下：

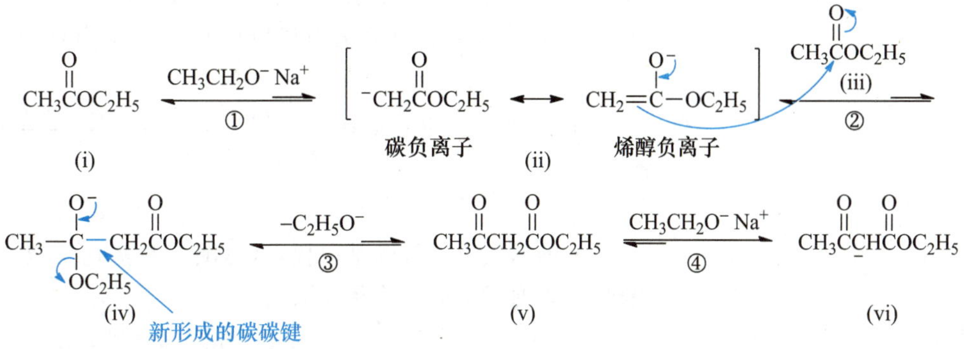

13.4 烯醇负离子的烃基化、酰基化反应 | 623

$$CH_3COC_2H_5 \xrightleftharpoons[①]{CH_3CH_2O^- Na^+} [\ ^-CH_2COC_2H_5 \leftrightarrow CH_2=C(O^-)-OC_2H_5\ ] \xrightarrow[②]{CH_3COC_2H_5 \ (iii)}$$

(i) 碳负离子 (ii) 烯醇负离子

$$CH_3-C(O^-)(OC_2H_5)-CH_2COC_2H_5 \xrightleftharpoons[③]{-C_2H_5O^-} CH_3CCH_2COC_2H_5 \xrightleftharpoons[④]{CH_3CH_2O^- Na^+} CH_3CCHCOC_2H_5$$

(iv) 新形成的碳碳键 (v) (vi)

从上述反应机理可知,②是形成新碳碳键的一步。在这步反应中,烯醇负离子提供了带负电荷碳的体系,乙酸乙酯提供了带正电荷碳的体系,新碳碳键是通过亲核的烯醇负离子对酯羰基进行亲核加成完成的。由于加成后形成的四面体结构过于拥挤,很快又脱去 $C_2H_5O^-$,恢复羰基结构。加成和消除结合起来表现的是酰基碳上的亲核取代。

**注意**:这一点与羟醛缩合是不一样的。

能够提供负碳的体系是很多的,它们都能对酯羰基发生亲核加成而形成新的碳碳键,然后再消去烷氧基,发生类似于酯缩合型的反应。除了酯,酰卤和酸酐也能提供带正电荷碳的体系,受带负电荷碳的体系进攻,发生类似的酯缩合型反应。

---

**习题 13-7** 将丙酮和乙酸乙酯在碱性体系中反应,能生成几种缩合产物?写出相应的反应机理,并指出每一种缩合产物是通过哪一种类型的缩合反应形成的。

---

## 13.4 烯醇负离子的烃基化、酰基化反应

烯醇负离子能提供一个亲核的碳,作为一个亲核试剂,它们在有机合成中的作用是很大的。酯、酮、醛均能形成烯醇负离子,尤其是酯和酮的烯醇负离子应用十分广泛。下面介绍它们的烃基化、酰基化反应。

### 13.4.1 酯的烃基化、酰基化反应

酯的 α 氢可以被烃基取代,这是酯的烃基化反应(alkylation)。酯 α 碳的烃基化反应可以通过下面的途径完成:

这里的烃基化试剂是 RX,实际上其他饱和碳原子上连着好的离去基团的化合物也能做烃基化试剂。

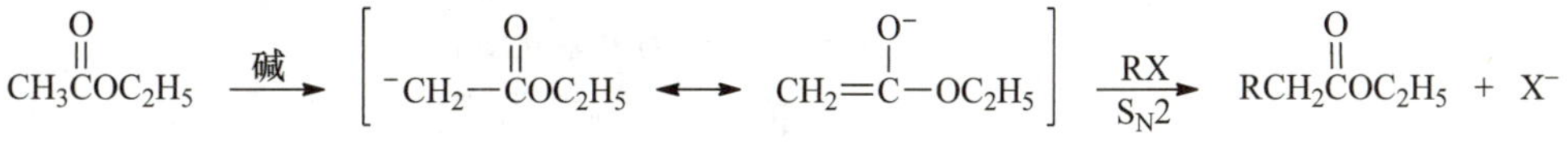

$$CH_3COC_2H_5 \xrightarrow{碱} [\ ^-CH_2-COC_2H_5 \leftrightarrow CH_2=C(O^-)-OC_2H_5\ ] \xrightarrow[S_N2]{RX} RCH_2COC_2H_5 + X^-$$

由于烃基化反应一步是通过 $S_N2$ 反应机理完成的,因此苯型和乙烯型卤代烃不能使

用。由于碳负离子既是亲核试剂，又是强碱性试剂，3°RX、2°RX 遇强碱性试剂易发生消除反应，所以最适宜的卤代烃是 1°RX。下面是烃基化反应的实例：

$$CH_3CH_2CH_2CH_2\underline{CH_2}COC_2H_5 \xrightarrow[-78\ ^\circ C]{LDA,\ THF} \xrightarrow{CH_3I} \xrightarrow{H_2O} CH_3CH_2CH_2CH_2\underset{CH_3}{\underset{|}{CH}}COC_2H_5 \quad 83\%$$

酯的 α 氢可以被酰基取代，这是酯的酰基化反应（acylation）。酯 α 碳的酰基化反应可以通过下面的途径完成：

$$CH_3COC_2H_5 \xrightarrow{\text{碱}} [^-CH_2-COC_2H_5 \leftrightarrow CH_2=C(O^-)-OC_2H_5]$$

① + $CH_3COC_2H_5$ → $CH_3COCH_2COC_2H_5 + C_2H_5O^-$

② + $CH_3CX$ → $CH_3COCH_2COC_2H_5 + X^-$

③ + $CH_3COCCH_3$ → $CH_3COCH_2COC_2H_5 + CH_3COO^-$

反应①实际上就是酯缩合反应。反应②和③是通过碳负离子对酰氯或酸酐进行亲核加成-消除来完成酰基化反应的，由于酰氯和酸酐都易于与质子溶剂发生反应，所以反应②和③应在无质子溶剂中进行。下面是酰基化反应的实例：

$$(CH_3)_2CHCOOC_2H_5 \xrightarrow[(C_2H_5)_2O]{Ph_3C^-Na^+} (CH_3)_2\bar{C}COOC_2H_5\ Na^+ \xrightarrow[(C_2H_5)_2O]{C_6H_5COCl} C_6H_5COC(CH_3)_2COOC_2H_5 \quad 50\%\sim55\%$$

$$CH_3COOC_2H_5 \xrightarrow[-78\ ^\circ C]{LDA,\ THF} CH_2=C\underset{OC_2H_5}{\overset{O^-Li^+}{<}} \xrightarrow{(CH_3)_3CCOCl} \xrightarrow{H_2O} (CH_3)_3CCOCH_2COOC_2H_5 \quad 70\%$$

$$CH_3COOC_2H_5 \xrightarrow[-78\ ^\circ C]{LDA,\ THF} \xrightarrow{(CH_3)_3SiCl} CH_2=C\underset{OC_2H_5}{\overset{OSi(CH_3)_3}{<}} \xrightarrow{CH_2=CHCH_2COCl} \xrightarrow{H_2O} CH_2=CHCH_2COCH_2COC_2H_5 \quad 90\%$$

**习题 13-8** 写出乙酸乙酯在乙酰卤作用下发生酰基化反应的反应机理。

**习题 13-9** 对比、分析酯的下列三种酰基化反应。你认为哪一种酰基化反应最实用？为什么？
(i) 用乙酸乙酯作为酰基化试剂；
(ii) 用乙酰氯作为酰基化试剂；
(iii) 用乙酸酐作为酰基化试剂。

### 13.4.2 酮的烃基化、酰基化反应

与酯类似,酮的 α 碳上也可以发生烃基化和酰基化反应。

1. 对称酮的烃基化、酰基化反应

对称酮的烃基化、酰基化反应已归纳在下面的式子中:

$$CH_3CCH_3 \xrightarrow{\text{碱}} [\bar{C}H_2-\overset{O}{\underset{\|}{C}}-CH_3 \leftrightarrow CH_2=\overset{O^-}{\underset{|}{C}}-CH_3]$$

反应产物:
- 与 $CH_3CCH_3$ 生成 $CH_3CCH_2CCH_3$(含 OH,CH_3)——羟醛缩合产物
- 与 $CH_3CH_2Br$ 经 $S_N2$ 生成 $CH_3CCH_2CH_2CH_3$——烃基化反应产物
- 与 $CH_3CX$ 生成 $CH_3CCH_2CCH_3$
- 与 $CH_3COCCH_3$ 生成 $CH_3CCH_2CCH_3$
- 与 $CH_3COC_2H_5$ 生成 $CH_3CCH_2CCH_3$ ——酰基化反应产物

首先是酮在碱的作用下生成碳负离子,碳负离子与卤代烃发生亲核取代反应,得到烃基化酮;碳负离子与酰卤、酸酐、酯经亲核加成-消除过程,生成酰基化酮。从上面的式子不难看出,无论是烃基化反应还是酰基化反应,酮本身的羟醛缩合都会对反应产生干扰。

如果要使一元酮发生烃基化或酰基化反应,并抑制羟醛缩合反应的干扰,必须用足够强的碱,将反应物酮迅速地全部变为烯醇负离子。例如,用足量的氨基钠、氢化物、三苯甲基钠等,可将简单的一元酮变为烯醇负离子,然后再加入烃基化试剂或酰基化试剂:

(环己酮) $\xrightarrow[\text{(C}_2\text{H}_5)_2\text{O}]{\text{NaNH}_2}$ (环己烯醇钠) $\xrightarrow{\text{CH}_3\text{I}}$ (2-甲基环己酮)

$$C_6H_5CCH_2CH_2CH_3 \xrightarrow[(C_2H_5)_2O]{(C_6H_5)_3C^-Na^+} C_6H_5\underset{O^-Na^+}{C}=CHCH_2CH_3 \xrightarrow{CH_3CH_2Br} C_6H_5CCH(CH_2CH_3)_2$$

$$C_6H_5CCH_3 \xrightarrow[(C_2H_5)_2O]{(C_6H_5)_3C^-Na^+} C_6H_5\underset{O^-Na^+}{C}=CH_2 \xrightarrow{CH_3CX} C_6H_5CCH_2CCH_3$$

> 与酯的烃基化反应、酰基化反应一样,当使用特别强的碱做催化剂,或用酰卤、酸酐为酰化试剂时,反应必须在非质子溶剂中进行。

2. 不对称酮的烃基化、酰基化反应

一个不对称的酮有两种不同的 α 碳,烃基化、酰基化反应可以发生在这种 α 碳上,也可以发生在另一种 α 碳上,这里有一个区域选择性问题。

$$\underset{\alpha \quad \alpha'}{CH_3CH_2\overset{O}{\underset{\|}{C}}CH_3}$$

思考：请写出整个合成的反应机理及各步反应的反应类型。

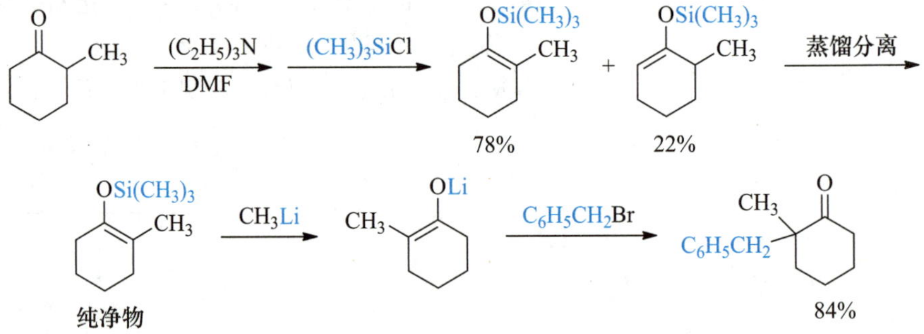

如果要得到热力学控制的烃基化、酰基化产物，可以通过下面的途径来实现（参见 10.8.3/3）：

2-甲基环己酮 $\xrightarrow[\text{DMF}]{(C_2H_5)_3N,\ (CH_3)_3SiCl}$ 2-甲基-1-(三甲基硅氧基)环己-1-烯 (78%) + 6-甲基-1-(三甲基硅氧基)环己-1-烯 (22%) $\xrightarrow{\text{蒸馏分离}}$

纯净物 (2-甲基烯醇硅醚) $\xrightarrow{CH_3Li}$ 2-甲基环己烯醇锂 $\xrightarrow{C_6H_5CH_2Br}$ 2-甲基-2-苄基环己酮 (84%)

但如果反应是在强碱催化下，于无质子溶剂中进行的，则主要得动力学控制的产物，即取代在空阻小、α氢酸性大的那个碳上发生。例如，在氢化钠的催化作用下，2-丁酮和丙酸乙酯在乙醚溶液中缩合，虽然得到了动力学控制和热力学控制的两种产物，但以动力学控制的产物为主。具体过程如下：

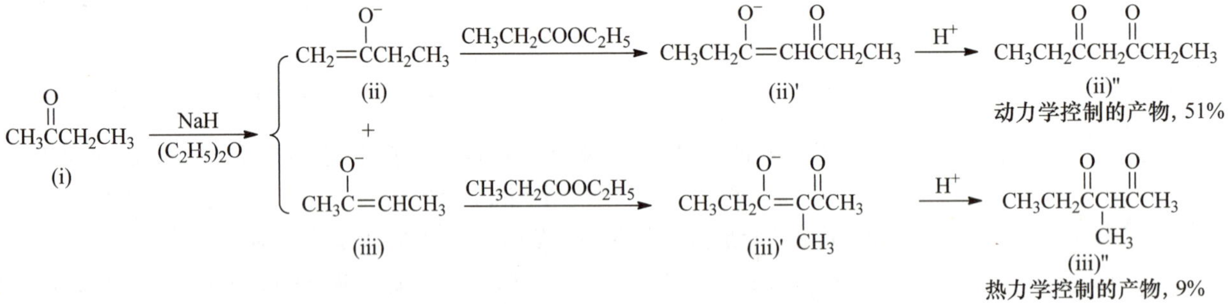

$CH_3COCH_2CH_3$ (i) $\xrightarrow[(C_2H_5)_2O]{NaH}$ 
{
$CH_2=C(O^-)CH_2CH_3$ (ii) $\xrightarrow{CH_3CH_2COOC_2H_5}$ $CH_3CH_2C(O^-)=CHCH_2CH_3$ (ii)' $\xrightarrow{H^+}$ $CH_3CH_2COCH_2COCH_2CH_3$ (ii)'' 动力学控制的产物, 51%

+

$CH_3C(O^-)=CHCH_3$ (iii) $\xrightarrow{CH_3CH_2COOC_2H_5}$ $CH_3CH_2C(O^-)=C(CH_3)COCH_3$ (iii)' $\xrightarrow{H^+}$ $CH_3CH_2COCH(CH_3)COCH_3$ (iii)'' 热力学控制的产物, 9%
}

从上面的反应式可以看出，以哪种产物为主，实际上取决于两种烯醇负离子的相对含量。在本反应中，主要是由甲基给出质子而不是亚甲基给出质子，所以主要得到动力学控制的缩合产物。用 LDA 做碱性催化剂，也主要得到动力学控制的产物（参见 10.8.3/3）：

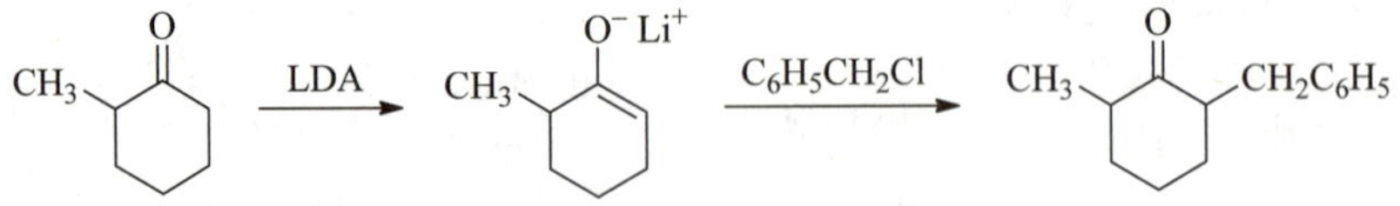

2-甲基环己酮 $\xrightarrow{LDA}$ 2-甲基环己烯醇锂 $\xrightarrow{C_6H_5CH_2Cl}$ 2-甲基-6-苄基环己酮

制备动力学控制产物的另一种方法是不对称酮经烯胺（enamine）实现烃基化、酰基化（参见 13.5）。

### 13.4.3 醛的烃基化反应

醛基特别活泼，醛在碱性条件下极易发生羟醛缩合反应。为了避免自身缩合，首先须将醛转变成亚胺，然后在强碱作用下形成亚胺碳负离子，再加入烃基化试剂，完成烃基化反应后再水解除去亚氨基，得到 α-烃基醛。如

$$\underset{\text{醛}}{\text{RCH}_2\text{CHO}} \xrightarrow{\text{R'NH}_2} \underset{\text{亚胺}}{\text{RCH}_2\text{CH}=\text{NR'}} \xrightarrow[\text{或 LDA}]{\text{C}_2\text{H}_5\text{MgX}} \underset{\text{亚胺碳负离子}}{\text{R}\bar{\text{C}}\text{H}-\text{CH}=\text{NR'}} \xrightarrow{\text{R''X}} \underset{\underset{\text{R''}}{|}}{\text{RCH}-\text{CH}=\text{NR'}} \xrightarrow{\text{H}^+, \text{H}_2\text{O}} \underset{\underset{\text{R''}}{|}}{\text{RCHCHO}}$$

R' = (CH₃)₃C, 环己基等

**习题 13-10** 以 2-甲基环戊酮 为原料合成下列化合物。

(i) 2,5-二甲基环戊酮  (ii) 2-甲基-2-乙酰基环戊酮  (iii) 1-(1-甲基环戊基)-1-羟基-2-甲基环戊烷  (iv) 2-甲基-5-(2-甲基环戊亚基)环戊酮

**习题 13-11** 写出由 2-甲基环戊酮 合成习题 13-10 中(ii)和(iv)产物的反应机理。

**习题 13-12** 以 CH₃CH₂CHO 为原料合成下列化合物，并写出相应的反应机理。

(i) $\text{CH}_3\overset{\overset{\displaystyle \text{CH}_2\text{CH}_3}{|}}{\text{CH}}\text{CHO}$   (ii) $\text{CH}_3\text{CH}_2\text{CH}=\overset{\overset{\displaystyle \text{CH}_3}{|}}{\underset{\underset{\displaystyle}{}}{\text{C}}}-\text{CHO}$

## 13.5 烯胺的结构和反应

氮上有氢的烯胺与烯醇结构相似。亚胺与酮的结构相似。

$$\underset{\text{烯醇}}{\overset{|}{\text{C}}=\overset{|}{\text{C}}-\text{O}-\text{H}} \rightleftharpoons \underset{\text{酮}}{-\overset{|}{\underset{\text{H}}{\text{C}}}-\overset{|}{\text{C}}=\text{O}}$$

氮上没有氢的烯胺与烯醇醚结构相似。

$$\overset{|}{\text{C}}=\overset{|}{\text{C}}-\text{O}-\text{R}$$
烯醇醚 (enol ether)

### 13.5.1 烯胺的结构

具有碳碳双键与氨基相连的结构（$\overset{|}{\text{C}}=\overset{|}{\text{C}}-\overset{|}{\text{N}}-$）的化合物称为烯胺。氮上有氢的烯胺易重排为亚胺的形式。

$$\overset{|}{\text{C}}=\overset{|}{\text{C}}-\overset{|}{\text{N}}-\text{H} \rightleftharpoons -\overset{|}{\underset{\text{H}}{\text{C}}}-\overset{|}{\text{C}}=\text{N}-$$
烯胺　　　　　亚胺

氮上没有氢的烯胺是一个稳定的化合物。

$$\overset{|}{\text{C}}=\overset{|}{\text{C}}-\overset{\overset{\displaystyle \text{R}}{|}}{\text{N}}-\text{R}$$
烯胺

六氢吡啶(sixhydropyridine)、四氢吡咯(tetrahydropyrrole)和吗啉(morpholine)等是最常用的二级胺，它们与羰基的反应性强弱顺序为

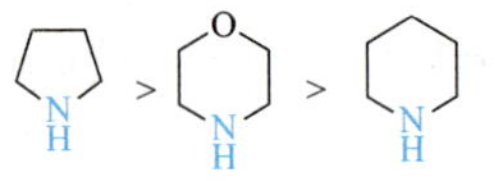

四氢吡咯 > 吗啉 > 六氢吡啶

### 13.5.2 烯胺的制备

烯胺通常是用至少具有一个 α 氢的酮和一个二级胺在酸的催化作用下制备的。近来在制备烯胺时，加一个强失水剂迫使反应进行完全，例如加四氯化钛，可以使二级胺和羰基化合物完全转变为烯胺；或用分水器共沸去水使反应完全，例如环己酮与四氢吡咯在对甲苯磺酸催化下反应，用苯共沸去水得烯胺：

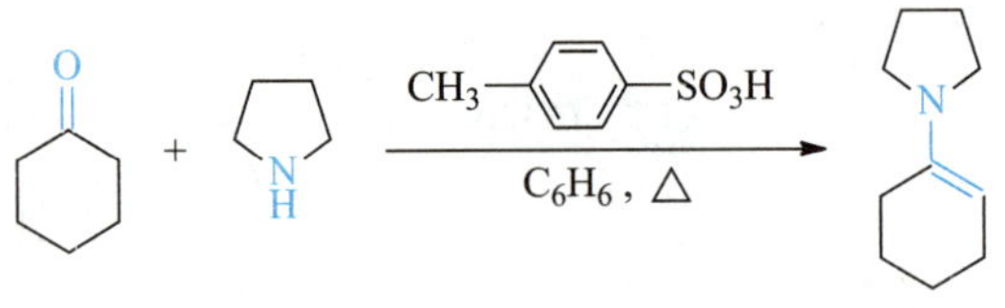

此反应的机理如下：

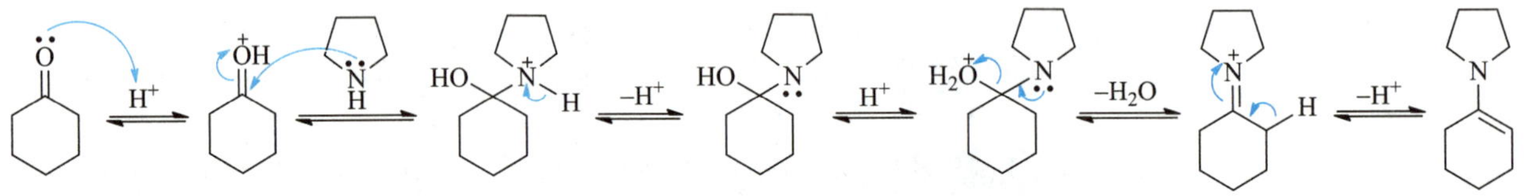

此反应是一个可逆反应，烯胺在稀酸作用下可水解为酮与二级胺。

不对称酮和二级胺反应时，主要生成双键碳上取代最少的烯胺，例如

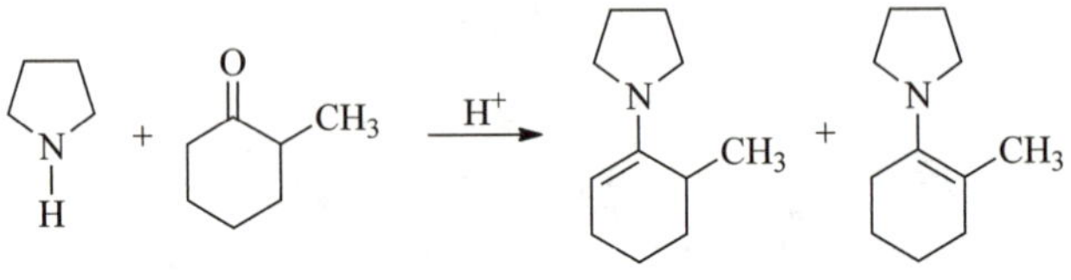

90%  10%

产生取代最少的烯胺是一个一般的规律。这是由于甲基假如连在双键碳上，和四氢吡咯环上的氢彼此排斥，使这个体系变得很不稳定，因此它以少量的副产物出现。

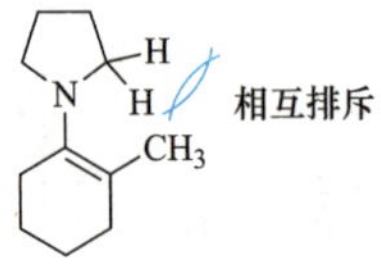

相互排斥

### 13.5.3 烯胺的两位反应性能

从结构上不难看出，烯胺具有亲核性，且可以有两个反应的位置，一个是在碳上，一个是在氮上：

烯胺烃基化可以在氮上发生，也可在碳上发生，这是一个竞争的反应：

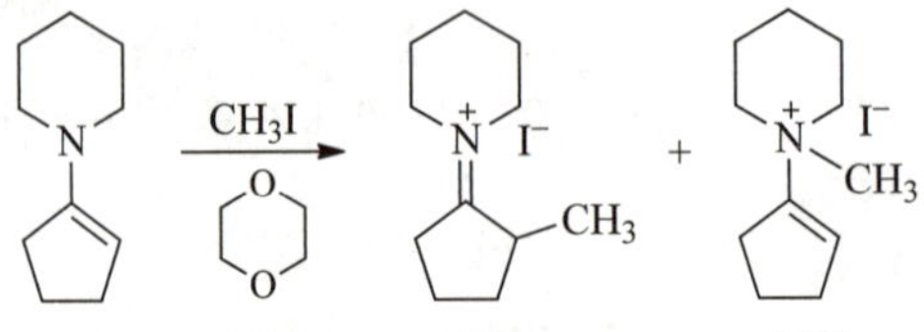

25 ℃    65%    35%
回流     95%     5%

实验证明：用活泼卤代烃，如碘甲烷、烯丙型卤代物、苯甲型卤代物等，主要发生碳烃基化反应，并具有实用的价值。

### 13.5.4 不对称酮经烯胺烃基化和酰基化

不对称酮经烯胺烃基化可经过下列途径完成：

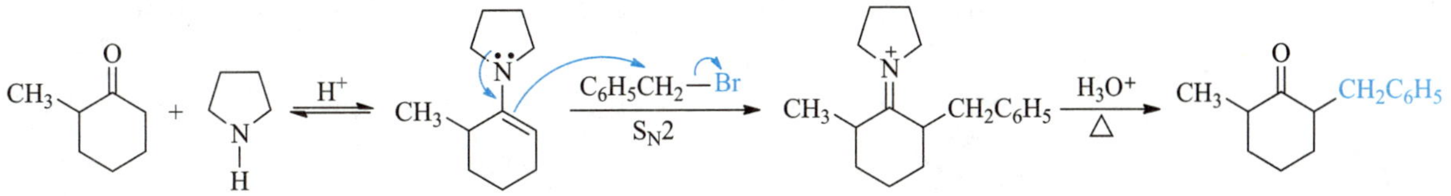

首先是不对称酮与二级胺反应生成烯胺，然后烯胺作为亲核试剂与卤代烃（也可以是其他烃基化试剂）发生 $S_N2$ 反应完成烃基化，最后烃基化的烯胺通过亚铵盐经酸性水解得 α-烃基化的酮。

不对称酮经烯胺酰基化可经过下列途径完成：

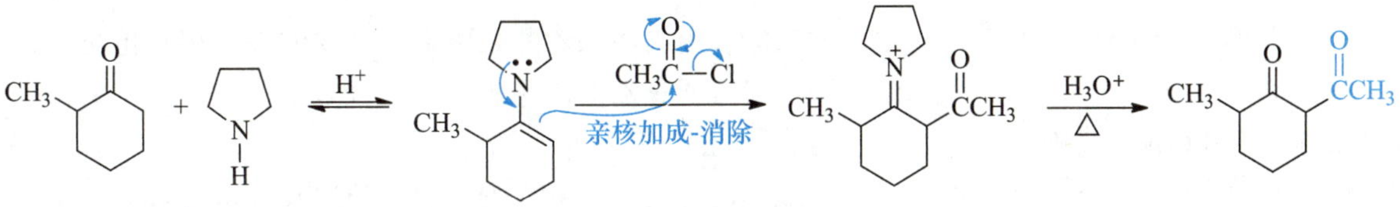

烯胺可以顺利地用酰氯在碳上进行酰基化，最后经水解得到 1,3-二酮。但在反应时，一般是用两分子的烯胺和一分子的酰氯反应。因为烯胺经酰基化后，碱性变弱，不能吸收产生出来的氯化氢，过量的烯胺就是起着和酸成盐的作用。

首先是不对称酮与二级胺反应生成烯胺，然后烯胺作为亲核试剂对酰卤（也可以是酯和酸酐）进行亲核加成-消除反应完成酰基化，最后酰基化的烯胺通过亚铵盐经酸性水解得 1,3-二酮。

烯胺也能进行 Michael 加成反应，加成反应总是在取代最少的 α 碳原子上进行。下面例子说明了这一问题：

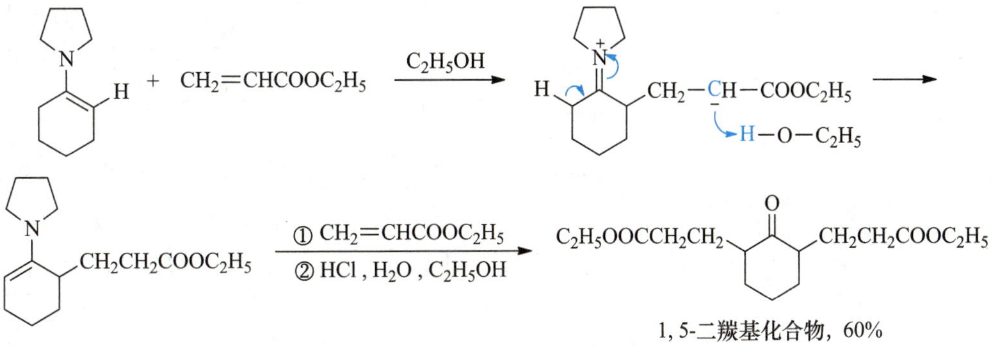

1,5-二羰基化合物，60%

**习题 13-13** 完成下列反应，写出主要产物。

(i) $(CH_3)_2CHCHO$ + $(CH_3)_2NH$ $\xrightarrow{K_2CO_3}$ ? $\xrightarrow{CH_3CH=CHCH_2Br}$ ? $\xrightarrow{H^+, H_2O}$

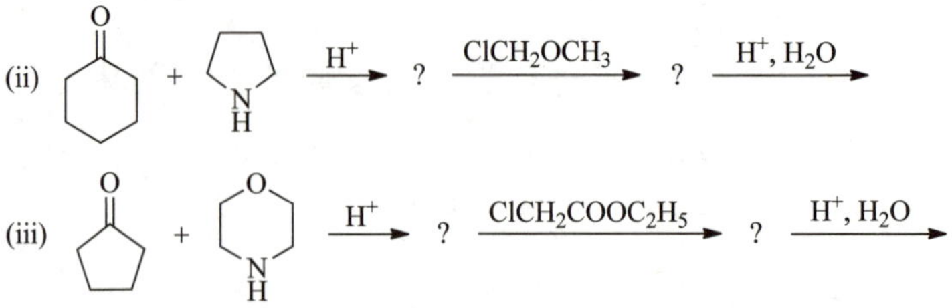

(ii) 环己酮 + 吡咯烷 $\xrightarrow{H^+}$ ? $\xrightarrow{ClCH_2OCH_3}$ ? $\xrightarrow{H^+, H_2O}$

(iii) 环戊酮 + 吗啉 $\xrightarrow{H^+}$ ? $\xrightarrow{ClCH_2COOC_2H_5}$ ? $\xrightarrow{H^+, H_2O}$

## 13.6 β-二羰基化合物的制备、性质及其在有机合成中的应用

### 13.6.1 乙酰乙酸乙酯和丙二酸二乙酯的合成

乙酰乙酸乙酯和丙二酸二乙酯是两个最重要的 β-二羰基化合物。

乙酰乙酸乙酯可通过乙酸乙酯的自身缩合来制备(参见 12.10.1)。

$$2\,CH_3COC_2H_5 \xrightarrow[C_2H_5OH]{C_2H_5ONa} \xrightarrow{CH_3COOH} CH_3CCH_2COC_2H_5$$
(中间产物带两个羰基)

> 通过酯缩合和酮酯缩合还可以合成其他的 β-二羰基化合物(参见 12.10)。

在工业上它是由乙烯酮(参见 12.9.2)的二聚体通过乙醇醇解得到的。若用其他的醇,就可以得到其他的乙酰乙酸酯,一般产量都很高:

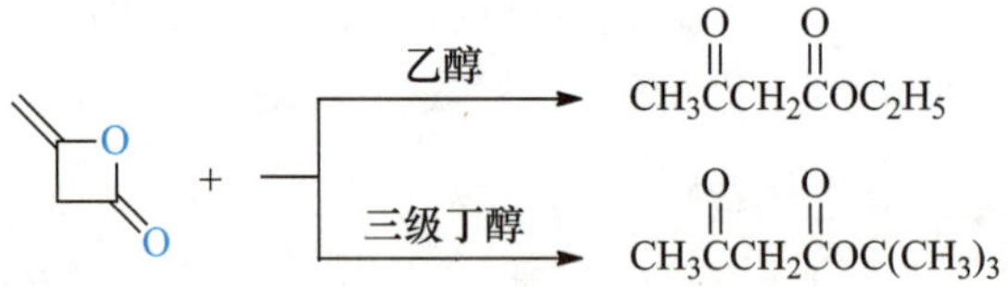

双乙烯酮 + 乙醇 → $CH_3CCH_2COC_2H_5$(两个羰基)
双乙烯酮 + 三级丁醇 → $CH_3CCH_2COC(CH_3)_3$(两个羰基)

在工业上,丙二酸二乙酯可经下列过程制得:

$ClCH_2COOH \xrightarrow{Na_2CO_3} ClCH_2COONa \xrightarrow{NaCN} NCCH_2COONa \xrightarrow[105\sim110\ ^\circ\!C]{NaOH}$

$NaOOCCH_2COONa \xrightarrow[H_2SO_4]{C_2H_5OH} C_2H_5OCCH_2COC_2H_5$(两个羰基)

> 思考:为什么要将氯乙酸先转变成钠盐,再与 NaCN 反应?

首先,氯乙酸经中和反应生成氯乙酸钠,然后经 $S_N2$ 反应转化为氰乙酸钠,后者在氢氧化钠溶液中于 105～110 ℃水解生成丙二酸二钠,最后经酯化生成丙二酸二酯。生成丙二酸二乙酯的另一种方法是使氰乙酸直接与乙醇反应。

> 思考:请写出此反应的反应机理。

$NCCH_2COOH \xrightarrow{C_2H_5OH}{H^+} C_2H_5OCCH_2COC_2H_5$(两个羰基)

> **习题 13-14** 请选用合适的原料合成下列 β-二羰基化合物。
>
> (i) HCCH₂CH (双醛，O=CH-CH₂-CH=O)
>
> (ii) HCCH₂CCH₃ (O=CH-CH₂-CO-CH₃)
>
> (iii) HCCH₂COC₂H₅ (O=CH-CH₂-COOC₂H₅)
>
> (iv) CH₃CCH₂CCH₃ (CH₃CO-CH₂-COCH₃)
>
> (v) C₂H₅CCH₂COC₂H₅ (C₂H₅CO-CH₂-COOC₂H₅)
>
> (vi) CH₃CH₂CH₂OCCH₂COCH₂CH₃

### 13.6.2 β-二羰基化合物的烃基化、酰基化反应

**1. α-烃基化及 α-酰基化**

β-二羰基化合物亚甲基上的氢比较活泼，在碱的作用下很容易形成烯醇负离子。这是一个离域体系，负电荷可以在氧上或碳上，所以烯醇负离子是一个两位负离子，具有两位反应性能。如

$$H_3CC{=\!\!=}CHCOOC_2H_5$$
（氧上带负电荷的共振结构）

由于烯醇负离子的氧电负性较强，更多的负电荷集中在氧上，溶剂可以通过形成氢键和氧结合，因此氧和碳比较，氧能发生更强的溶剂化作用，而碳的亲核性比氧强，这样使碳更容易发生烃基化反应；另一个原因是氧烃基化的过渡态势能比碳烃基化的过渡态势能高，因此碳烃基化的速率比氧烃基化快。总的结果是生成碳烃基化产物。同样的理由，酰基化反应也在碳上发生。以乙酰乙酸乙酯为例，β-二羰基化合物的 α-烃基化、α-酰基化可以表述如下：

思考：为什么烃基化反应时用乙醇钠做碱性试剂，而在酰基化反应时用氢化钠做碱性试剂？

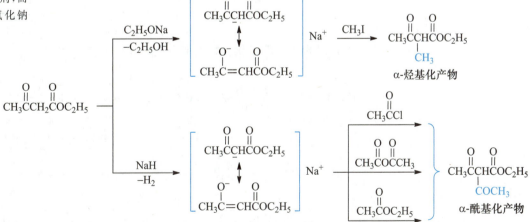

首先，乙酰乙酸乙酯在碱的作用下生成烯醇负离子，烯醇负离子与卤代烷反应得 α-烃基化产物，与酰基化试剂反应得 α-酰基化产物。

## 2. γ-烃基化及 γ-酰基化

乙酰乙酸乙酯在二分子强碱（如 $KNH_2$，$NaNH_2$，$RLi$ 等）作用下，先失去酸性强的 α 碳上的氢，继而再失去 γ 碳上的氢，形成双负离子。双负离子与一分子卤代烷或酰基化试剂反应时，由于 α 氢酸性强，形成的烯醇负离子稳定，因此试剂选择在 γ 位发生反应，使负电荷在 α 位。若用二分子试剂，则 γ 位与 α 位均可发生烃基化及酰基化反应。

上述反应情况可表述如下：

$$CH_3COCH_2COOC_2H_5 \xrightarrow[\text{NH}_3(\text{液})]{\text{NaNH}_2} CH_3CO\bar{C}HCOOC_2H_5\ Na^+ \xrightarrow[\text{NH}_3(\text{液})]{\text{NaNH}_2} \left[\bar{C}H_2CO\bar{C}HCOOC_2H_5 \longleftrightarrow CH_2=C(O^-)-CH=C(O^-)-OC_2H_5\right] Na_2^+$$
双负离子

经 1mol $CH_3I$ 反应得：$CH_3CH_2CO\bar{C}HCOOC_2H_5$ $\xrightarrow{NH_4Cl \text{ 或 } H_2O}$ $CH_3CH_2COCH_2COOC_2H_5$ （γ-烃基化产物）

再经 1mol $CH_3I$：$CH_3CH_2COCH(CH_3)COOC_2H_5$ （α-烃基化-γ-烃基化产物）

$\bar{C}H_2CO\bar{C}HCOOC_2H_5$ 与 1mol $CH_3COX$ 或 1mol $CH_3COCOCH_3$ 或 1mol $CH_3COOC_2H_5$ 反应得 $CH_3COCH_2CO\bar{C}HCOOC_2H_5$ $\xrightarrow{NH_4Cl \text{ 或 } H_2O}$ $CH_3COCH_2COCH_2COOC_2H_5$ （γ-酰基化产物）

再与 1mol $CH_3COX$ 或其他酰基化试剂反应得 $CH_3COCH_2COCH(COCH_3)COOC_2H_5$ （α-酰基化-γ-酰基化产物）

其他的 β-二羰基化合物也能发生同样的反应。例如

$$CH_3COCH_2COCH_3 \xrightarrow[\text{液氨}]{2KNH_2} \left[\bar{C}H_2CO\bar{C}HCOCH_3 \longleftrightarrow CH_2=C(O^-)-CH=C(O^-)-CH_3\right]$$

$\xrightarrow{RCOOC_2H_5} \xrightarrow{NH_4Cl} RCOCH_2COCH_2COCH_3$

对于不对称的 β-二酮，有两个 γ 位，反应首先在质子酸性较强的 γ 位发生：

$$\text{Ph}CH_2COCH_2COCH_3 \xrightarrow[\text{液氨}]{2NaNH_2} \left[\text{Ph}\bar{C}H-C(O^-)-\bar{C}H-COCH_3 \longleftrightarrow \text{Ph}CH=C(O^-)-CH=C(O^-)-CH_3\right]$$

$\xrightarrow{RX} \xrightarrow{NH_4Cl}$ Ph-CH(R)-COCH_2COCH_3

思考：请写出这两组反应中最后一步的反应机理。

利用上述反应，控制碱的用量，可以选择性地进行反应。例如

[反应式图：2-甲基环己酮甲酰衍生物经 2KNH₂/液氨，n-C₄H₉Br，NH₄Cl，KOH 分步反应，最终生成 2-甲基-2-正丁基环己酮]

[反应式图：2-甲基环己酮甲酰衍生物经 KNH₂/液氨，烯丙基溴，NH₄Cl，KOH 分步反应，最终生成 2-甲基-6-烯丙基环己酮]

**习题 13-15** 完成下列反应，写出主要产物。

(i) [3-甲基-2-氧代环戊烷甲酸乙酯] $\xrightarrow[\text{液氨}]{2\text{KNH}_2}$ $\xrightarrow[\text{② NH}_4\text{Cl}]{\text{① CH}_3\text{I}}$

(ii) [3-甲基-2-氧代环己烷甲酸乙酯] $\xrightarrow[\text{液氨}]{\text{KNH}_2}$ $\xrightarrow[\text{② NH}_4\text{Cl}]{\text{① CH}_3\text{CH}_2\text{Br}}$

(iii) 环己基CH₂COCH₂COCH₃ $\xrightarrow[\text{液氨}]{2\text{KNH}_2}$ $\xrightarrow[\text{② NH}_4\text{Cl}]{\text{① CH}_3\text{CH}_2\text{CH}_2\text{Br}}$

### 13.6.3 β-二羰基化合物的酮式分解、酸式分解和酯缩合的逆反应

**1. 酮式分解**

乙酰乙酸乙酯在稀碱溶液中水解，再酸化，生成乙酰乙酸，稍加热失羧，生成丙酮。因此，将乙酰乙酸乙酯在稀碱中水解失羧的反应称为酮式分解（keto-form decomposition）。

β-羰基酸经六中心环状过渡态脱羧（参见 11.12.1）。

$$\text{CH}_3\text{CCH}_2\text{COC}_2\text{H}_5 \xrightarrow[\text{H}_2\text{O}]{\text{NaOH}} \xrightarrow{\text{H}^+} \text{CH}_3\text{CCH}_2-\text{C}-\text{OH} \xrightarrow{\Delta} \text{CH}_3\text{CCH}_3 + \text{CO}_2$$

酮式分解的概念也适用于其他 β-酮酯或 β-二酯化合物，即任何 β-酮酯（β-keto ester）或 β-二酯化合物经在稀碱中水解，然后酸化、加热失羧的反应都称为酮式分解。取代的乙酰乙酸乙酯经酮式分解得到的产物可看做丙酮的衍生物。

$$\text{CH}_3\text{CH}_2\text{CCHCOC}_2\text{H}_5 \xrightarrow[\text{H}_2\text{O}]{\text{NaOH}} \xrightarrow[\Delta]{\text{H}^+} \underbrace{\text{CH}_3-\text{CH}_2\text{CCH}_2-\text{CH}_2\text{CH}_3}_{\text{丙酮衍生物}}$$
（取代基 CH₂CH₃）

丙二酸二乙酯或取代的丙二酸二乙酯经酮式分解得乙酸或乙酸的衍生物。

## 第13章 缩合反应

$$C_2H_5O\overset{O}{\overset{\|}{C}}-CH_2-\overset{O}{\overset{\|}{C}}OC_2H_5 \xrightarrow{\text{NaOH} \atop H_2O} \xrightarrow[\Delta]{H^+} CH_3COOH + CO_2$$
乙酸

$$C_2H_5O\overset{O}{\overset{\|}{C}}-\underset{\underset{C_2H_5}{|}}{CH}-\overset{O}{\overset{\|}{C}}OC_2H_5 \xrightarrow{\text{NaOH} \atop H_2O} \xrightarrow[\Delta]{H^+} C_2H_5{-}CH_2COOH + CO_2$$
乙酸的衍生物

### 2. 酸式分解

用浓的强碱溶液和乙酰乙酸乙酯同时加热，得到的主要产物再酸化是两个酸，所以叫做酸式分解 (acid-form decomposition)。

$$CH_3\overset{O}{\overset{\|}{C}}CH_2\overset{O}{\overset{\|}{C}}OC_2H_5 \xrightarrow{\text{浓NaOH}} \xrightarrow{H^+} CH_3COOH + CH_3COOH + C_2H_5OH$$

酸式分解的反应机理如下：

$$CH_3\overset{O}{\overset{\|}{C}}CH_2\overset{O}{\overset{\|}{C}}OC_2H_5 \underset{OH^- \; OH^-}{\rightleftharpoons} CH_3{-}\underset{\underset{OH}{|}}{\overset{O^-}{\overset{|}{C}}}{-}CH_2{-}\underset{\underset{OH}{|}}{\overset{O^-}{\overset{|}{C}}}{-}OC_2H_5 \rightleftharpoons CH_3\overset{O}{\overset{\|}{C}}OH + {}^-CH_2\overset{O}{\overset{\|}{C}}OH + C_2H_5O^-$$

$$\longrightarrow 2CH_3\overset{O}{\overset{\|}{C}}O^- + C_2H_5O^- \xrightarrow{H^+} 2CH_3COOH + C_2H_5OH$$

酸式分解的概念也适用于其他 β-酮酯或 β-二酯化合物，即 β-酮酯或 β-二酯化合物在浓的强碱溶液中发生羰基碳和亚甲基碳之间键的断裂的反应都属于酸式分解。取代的乙酰乙酸乙酯和取代的丙二酸二乙酯经酸式分解都得到乙酸的衍生物，丙二酸二乙酯经酸式分解得乙酸。

思考：请写出右边三组反应的反应机理。

$$C_2H_5O\overset{O}{\overset{\|}{C}}CH_2\overset{O}{\overset{\|}{C}}OC_2H_5 \xrightarrow{\text{强碱}} \xrightarrow{H^+} CH_3COOH + CO_2 + C_2H_5OH$$
乙酸

$$C_2H_5O\overset{O}{\overset{\|}{C}}\underset{\underset{CH_3}{|}}{CH}\overset{O}{\overset{\|}{C}}OC_2H_5 \xrightarrow{\text{强碱}} \xrightarrow{H^+} CH_3{-}CH_2COOH + CO_2 + C_2H_5OH$$
乙酸的衍生物

$$CH_3CH_2\overset{O}{\overset{\|}{C}}\underset{\underset{CH_3}{|}}{CH}\overset{O}{\overset{\|}{C}}OC_2H_5 \xrightarrow{\text{强碱}} \xrightarrow{H^+} CH_3{-}CH_2COOH + CH_3{-}CH_2COOH + C_2H_5OH$$
乙酸的衍生物

β-二酮化合物在浓的强碱作用下，也能进行酸式分解，除得到羧酸外，还得到酮。例如

思考：请写出 2,4-己二酮酸式分解的反应机理。

$$CH_3\overset{O}{\overset{\|}{C}}CH_2\overset{O}{\overset{\|}{C}}CH_2CH_3 \xrightarrow{\text{浓KOH}} \xrightarrow{H^+} CH_3COOH + CH_3COCH_2CH_3 + CH_3COCH_3 + HOOCCH_2CH_3$$

### 3. 酯缩合反应的逆反应

酯缩合反应是可逆的。通过正向的酯缩合反应，乙酸乙酯可生成乙酰乙酸乙酯；而通过逆向的酯缩合反应，乙酰乙酸乙酯又能得回乙酸乙酯（参见 12.10.1）。由此可以推论，β-二羰基化合物可以通过逆向的酯缩合反应得回相应的原料。例如

$$\text{CH}_3\text{CH}_2\text{COCH(CH}_3\text{)COOC}_2\text{H}_5 \xrightleftharpoons{\text{C}_2\text{H}_5\text{ONa}/\text{C}_2\text{H}_5\text{OH}} 2\ \text{CH}_3\text{CH}_2\text{COOC}_2\text{H}_5$$

此反应的机理如下：

$$\text{CH}_3\text{CH}_2\overset{\text{O}}{\text{C}}-\overset{\text{CH}_3}{\underset{}{\text{CH}}}-\overset{\text{O}}{\text{COC}_2\text{H}_5} \xrightarrow{\text{C}_2\text{H}_5\text{OH} / \text{Na}^+\ ^-\text{OC}_2\text{H}_5} \text{CH}_3\text{CH}_2\overset{\text{O}^-}{\underset{\text{OC}_2\text{H}_5}{\text{C}}}-\overset{\text{CH}_3}{\underset{}{\text{CH}}}-\overset{\text{O}}{\text{COC}_2\text{H}_5} \longrightarrow$$

$$\text{CH}_3\text{CH}_2\overset{\text{O}}{\text{C}}-\text{OC}_2\text{H}_5 + \text{CH}_3-\overset{-}{\text{CH}}-\overset{\text{O}}{\text{C}}-\text{OC}_2\text{H}_5 \xrightarrow{\text{H}-\text{OC}_2\text{H}_5} \text{CH}_3\text{CH}_2\text{COOC}_2\text{H}_5 + \text{C}_2\text{H}_5\text{O}^-$$

酮酯缩合的产物也可以通过逆向反应转变成相应的原料。例如

$$\text{1,3-环己二酮} \xrightleftharpoons{\text{C}_2\text{H}_5\text{ONa}/\text{C}_2\text{H}_5\text{OH}} \text{CH}_3\text{CCH}_2\text{CH}_2\text{CH}_2\text{COC}_2\text{H}_5$$

此反应的机理如下：

$$\text{环己二酮} \xrightarrow{\text{C}_2\text{H}_5\text{O}^-\ \text{Na}^+} \text{中间体(OC}_2\text{H}_5\text{)} \longrightarrow {}^-\text{CH}_2\text{CCH}_2\text{CH}_2\text{CH}_2\text{COC}_2\text{H}_5 \xrightarrow{\text{H}-\text{OC}_2\text{H}_5}$$

$$\text{CH}_3\text{CCH}_2\text{CH}_2\text{CH}_2\text{COC}_2\text{H}_5 + \text{C}_2\text{H}_5\text{O}^-$$

综上所述说明：通过酮式分解、酸式分解和酯缩合的逆反应，β-二羰基化合物可以转变为丙酮及其衍生物、乙酸及其衍生物、乙酸乙酯及其衍生物。

---

**习题 13-16** 完成下列反应式并写出相应的反应机理。

(i) 2-氧代环己烷甲酸乙酯 $\xrightarrow{\text{C}_2\text{H}_5\text{ONa}}_{\text{C}_2\text{H}_5\text{OH}}$ (ii) 2-甲酰基环己酮 $\xrightarrow{\text{C}_2\text{H}_5\text{ONa}}_{\text{C}_2\text{H}_5\text{OH}}$ (iii) 2-乙酰基环己酮 $\xrightarrow{\text{C}_2\text{H}_5\text{ONa}}_{\text{C}_2\text{H}_5\text{OH}}$

### 13.6.4 β-二羰基化合物在有机合成中的应用

乙酰乙酸乙酯、丙二酸二乙酯及其他 β-二羰基化合物的碳负离子或烯醇负离子,可以作为亲核试剂与卤代烷或酰氯等发生亲核取代。或与 α,β-不饱和醛、酮、酸、酯等发生 Michael 加成等,其结果是在亚甲基碳上或 γ 碳上引入一个烃基、一个酰基或其他各种基团,然后经酮式、酸式分解或酯缩合的逆反应,就可以得到各种不同的化合物。下面仅举五例展示它们在有机合成上的广泛用途。

**实例一** 以乙酸乙酯为起始原料合成 (i) 4-苯基-2-丁酮,(ii) 苯丙酸。

合成路线:

$$CH_3COC_2H_5 \xrightarrow{C_2H_5ONa\ (>1mol)} CH_3\overset{O}{C}\overset{-}{C}HCOC_2H_5 \xrightarrow{C_6H_5CH_2Cl}$$
$$\underset{Na^+}{}$$

$$CH_3\overset{O}{C}-CH-\overset{O}{C}-OC_2H_5 \begin{array}{c} \xrightarrow{\text{稀 OH}^-} \xrightarrow{H^+} CH_3\overset{O}{C}-CH-COOH \xrightarrow{\Delta}_{-CO_2} \boxed{CH_3\overset{O}{C}CH_2}CH_2C_6H_5 \\ \phantom{xxxxxxxxxxxxxxxxxxx} | \\ \phantom{xxxxxxxxxxxxxxxxxxx} CH_2C_6H_5 \hspace{3em} \text{丙酮的衍生物} \\ \xrightarrow{\text{浓 OH}^-}_{\Delta} \xrightarrow{H^+} CH_3COOH + C_6H_5\boxed{CH_2COOH} + C_2H_5OH \\ \phantom{xxxxxxxxxxxxxxxxxxxxxxxxxxxxx} \text{乙酸的衍生物} \end{array}$$
$$\underset{CH_2C_6H_5}{|}$$

**实例二** 以乙酸乙酯为起始原料合成甲基环戊基酮。

合成路线:

$$2CH_3COC_2H_5 \xrightarrow{C_2H_5ONa} CH_3\overset{O}{C}\overset{-}{C}HCOC_2H_5 \xrightarrow[S_N2]{Br(CH_2)_4Br} CH_3\overset{O}{C}\overset{|}{C}HCOC_2H_5 \xrightarrow{EtO^-} CH_3\overset{O}{C}-\overset{|}{C}-COC_2H_5$$
$$\phantom{xxxxxx} Na^+ \hspace{10em} (CH_2)_4Br \hspace{6em} Br$$

$$\xrightarrow{\text{分子内}S_N2} \underset{\text{环戊基}}{CH_3\overset{O}{C}\overset{|}{C}COC_2H_5} \xrightarrow{\text{稀 OH}^-} \xrightarrow{H^+} \underset{\text{环戊基}}{CH_3\overset{O}{C}\overset{|}{C}COOH} \xrightarrow{-CO_2}_{\Delta} \boxed{\underset{\text{环戊基}}{\overset{O}{C}CH_3}}$$
$$\phantom{xxxxxxxxxxxxxxxxxxxxxxxxxxxxxxxxxxxxxxxxxxxxxxxxxxxxxxxxxxxxxxxxxxxxxxxxxxxxx} \text{丙酮的衍生物}$$

乙酰乙酸乙酯分子中的亚甲基上有两个活泼氢,在乙醇钠作用下失去一个活泼氢形成钠盐,与 1,4-二溴丁烷发生 $S_N2$ 反应后,亚甲基上还有一个活泼氢,可以再一次生成钠盐,再一次和卤代烷发生分子内的 $S_N2$ 反应,结果就形成了一个环状化合物。此环状化合物可看做一个取代的乙酰乙酸乙酯,经酮式分解得到目标化合物。实际上,甲基环戊基酮也可以看做一个丙酮的衍生物。

**实例三** 由乙酰乙酸乙酯为起始原料合成 1-苯基-1,3-丁二酮。

合成路线:

$$CH_3COCH_2COOC_2H_5 \xrightarrow{NaH} \underset{Na^+}{CH_3CO\overset{-}{C}HCOOC_2H_5} + H_2\uparrow$$

> 无论乙酰乙酸乙酯还是丙二酸二乙酯的负离子和酰氯反应,都可得到酰基化的产物。这一类型的反应最好是用氢化钠代替醇钠去生成负离子的盐,因为用氢化钠在反应中不产生醇,从而避免了酰氯与醇的副反应。

$$CH_3COCHCOOC_2H_5 \xrightarrow{C_6H_5COCl} \underset{COC_6H_5}{CH_3COCHCOOC_2H_5} + Cl^-$$
$$\underset{Na^+}{\phantom{CH_3COCHCOOC_2H_5}}$$

$$\xrightarrow{\text{酮式分解}} CH_3COCH_2COC_6H_5$$

在上述反应中，通过烯醇负离子的酰基化反应，再酮式分解，实现了由一种 β-二羰基化合物到另一种 β-二羰基化合物的转换。

**实例四** 由丙二酸二乙酯为起始原料合成螺[3.3]庚烷-2,6-二羧酸。

合成路线：

思考：① 产物中的螺原子是由哪个反应物提供的？② 整个合成路线涉及哪几种类型的反应？③ 写出整个合成路线的反应机理。

$$4\,CH_2O + CH_3CHO \xrightarrow{NaOH} C(CH_2OH)_4 \xrightarrow{HBr} C(CH_2Br)_4$$

$$2\,CH_2(COOEt)_2 + \underset{Br\phantom{XX}Br}{Br\phantom{XX}Br} \xrightarrow{EtO^-} \underset{EtOOC\phantom{XX}COOEt}{EtOOC\diamond\!\diamond COOEt}$$

$$\xrightarrow{OH^-}{H_2O} \xrightarrow{H^+} \xrightarrow[\Delta]{-CO_2} HOOC\diamond\!\diamond COOH$$

上述合成路线是制备螺环二元羧酸的很好途径。其实利用类似的方法还可以制备各种单环和螺环化合物。例如

思考：产物多螺化合物中的螺原子是由哪种原料提供的？

$$CH_2(COOEt)_2 \xrightarrow[EtOH]{2\,EtO^-} \xrightarrow{BrCH_2(CH_2)_nCH_2Br} (CH_2)_n\!\!\diagdown\!\!\!\underset{CH_2}{\overset{CH_2}{\diagup}}\!\!C(COOEt)_2 \xrightarrow{LiAlH_4} (CH_2)_n\!\!\diagdown\!\!\!\underset{CH_2}{\overset{CH_2}{\diagup}}\!\!C\underset{CH_2OH}{\overset{CH_2OH}{\diagup}}$$

$$\xrightarrow{SOCl_2} (CH_2)_n\!\!\diagdown\!\!\!\underset{CH_2}{\overset{CH_2}{\diagup}}\!\!C\underset{CH_2Cl}{\overset{CH_2Cl}{\diagup}} \xrightarrow[2EtO^-]{CH_2(COOEt)_2} (CH_2)_n\!\!\diagdown\!\!\!\underset{CH_2}{\overset{CH_2}{\diagup}}\!\!\diamond\underset{COOEt}{\overset{COOEt}{\phantom{X}}} \xrightarrow{\text{反复循环反应}} \cdots\cdots \text{多螺化合物}$$

又如

$$2\,CH_2(COOEt)_2 \xrightarrow[Br(CH_2)_3Br]{2\,EtO^-} \underset{CH(COOEt)_2}{\overset{CH(COOEt)_2}{\diagup}} \xrightarrow[I_2]{2\,EtO^-} \underset{COOEt}{\overset{COOEt}{\bigcirc\!\!\!\!\!\!\!\underset{COOEt}{\overset{COOEt}{\phantom{X}}}}} \xrightarrow{OH^-} \xrightarrow[\Delta]{H^+} \bigcirc\!\!\!\!\!\!\underset{COOH}{\overset{COOH}{\phantom{X}}}$$

在上述反应中，$I_2$ 在反应中的作用是将两个丙二酸二乙酯的亚甲基碳连接起来。

思考：若要合成下列化合物

$$\bigcirc\!\!\!\!\!\!\!\underset{COOEt}{\overset{\underset{COOEt}{\overset{COOEt}{\phantom{X}}}}{\phantom{X}}}$$

合成路线中的哪个试剂要作出改变？改变成什么化合物？

$$\underset{CH(COOEt)_2}{\overset{CH(COOEt)_2}{\diagup}} \xrightarrow{EtO^-} \underset{CH(COOEt)_2}{\overset{\bar{C}(COOEt)_2}{\diagup}} \xrightarrow{I-I} \underset{CH(COOEt)_2}{\overset{\underset{C(COOEt)_2}{\overset{I}{\phantom{X}}}}{\diagup}}$$

$$\xrightarrow{EtO^-} \underset{\bar{C}(COOEt)_2}{\overset{\underset{C(COOEt)_2}{\overset{I}{\phantom{X}}}}{\diagup}} \longrightarrow \bigcirc\!\!\!\!\!\!\!\underset{COOEt}{\overset{\underset{COOEt}{\overset{COOEt}{\phantom{X}}}}{\phantom{X}}}$$

**实例五** 用丙二酸二乙酯为起始原料合成 2,7-二氧杂螺[4.4]壬烷-1,6-二酮。

合成路线：

思考：若要合成下列化合物

合成路线中的哪个试剂要作出改变？改变成什么化合物？

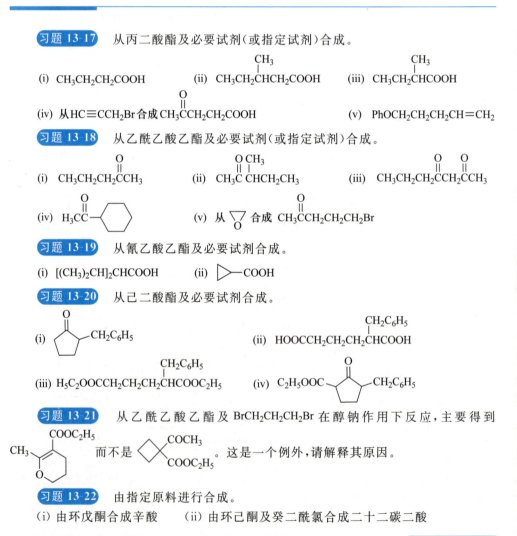

烯醇负离子具有很强的亲核能力，通过 $S_N2$ 反应使环氧乙烷开环生成氧负离子，经分子内的酯交换形成第一个内酯环。然后重复①、②、③步反应，得到第二个内酯环。

**习题 13-17** 从丙二酸酯及必要试剂（或指定试剂）合成。

(i) $CH_3CH_2CH_2COOH$ 　　(ii) $CH_3CH_2\overset{CH_3}{\underset{|}{CH}}CHCOOH$ 　　(iii) $CH_3CH_2\overset{CH_3}{\underset{|}{CH}}COOH$

(iv) 从 $HC\equiv CCH_2Br$ 合成 $CH_3\overset{O}{\underset{\|}{C}}CH_2CH_2COOH$ 　　(v) $PhOCH_2CH_2CH=CH_2$

**习题 13-18** 从乙酰乙酸乙酯及必要试剂（或指定试剂）合成。

(i) $CH_3CH_2\overset{O}{\underset{\|}{C}}CH_3$ 　　(ii) $CH_3\overset{OCH_3}{\underset{\|}{C}}CHCH_2CH_3$ 　　(iii) $CH_3CH_2\overset{O}{\underset{\|}{C}}CH_2\overset{O}{\underset{\|}{C}}CH_3$

(iv) $H_3C\overset{O}{\underset{\|}{C}}$—环己基 　　(v) 从环氧乙烷合成 $CH_3\overset{O}{\underset{\|}{C}}CH_2CH_2CH_2Br$

**习题 13-19** 从氰乙酸乙酯及必要试剂合成。

(i) $[(CH_3)_2CH]_2CHCOOH$ 　　(ii) 环丙基—COOH

**习题 13-20** 从己二酸酯及必要试剂合成。

(i) 2-苄基环戊酮 　　(ii) $HOOCCH_2CH_2CH_2\overset{CH_2C_6H_5}{\underset{|}{CH}}COOH$

(iii) $H_5C_2OOCCH_2CH_2CH_2\overset{CH_2C_6H_5}{\underset{|}{CH}}COOC_2H_5$ 　　(iv) $C_2H_5OOC$—环戊酮—$CH_2C_6H_5$

**习题 13-21** 从乙酰乙酸乙酯及 $BrCH_2CH_2CH_2Br$ 在醇钠作用下反应，主要得到

$\overset{CH_3}{\underset{O}{\bigcirc}}\!\!-\!COOC_2H_5$ 而不是 $\overset{COCH_3}{\underset{COOC_2H_5}{\square}}$ 。这是一个例外，请解释其原因。

**习题 13-22** 由指定原料进行合成。

(i) 由环戊酮合成辛酸 　　(ii) 由环己酮及癸二酰氯合成二十二碳二酸

## 13.7 Mannich 反应

曼尼希(C. Mannich, 1877—1947), 德国化学家。从 1917 年开始, 用了近 30 年的时间研究 Mannich 反应及其应用。

具有活泼氢的化合物和甲醛及胺同时缩合, 活泼氢被胺甲基或取代胺甲基代替的反应称为胺甲基化反应(aminomethylation), 也称为 Mannich(曼尼希)反应, 简称曼氏反应。其产物称为曼氏碱。Mannich 反应的一般式如下:

$$R'COCH(R)H + HCHO + HN(CH_3)_2 \xrightarrow{H^+} R'CO-C(R)(H)-CH_2N(CH_3)_2$$

左边 CH— 下方标注"活泼氢", 右边 —CH$_2$N(CH$_3$)$_2$ 标注"取代胺甲基"。

这个反应可应用的原料很多, 不但具有 α-活泼氢的醛酮可以进行此反应, 具有活泼氢的羧酸、酯、硝基化合物、腈、末端炔烃、芳环体系(如酚等)均可以发生此反应。最常用的醛是甲醛, 如甲醛的水溶液或三聚及多聚甲醛, 除甲醛外, 也可用其他醛。胺一般用二级胺, 如二甲胺、六氢吡啶等; 若用一级胺, 胺甲基化反应后得二级胺, 氮上还有氢, 可再发生反应, 因此根据需要也可以使用一级胺。这个反应一般在水、醇或醋酸溶液中进行, 通常混合物中加入少量盐酸, 以保证酸性(或用胺的盐酸盐)。

若以丙酮、甲醛、二甲胺为反应物, Mannich 反应的反应机理可表达如下:

$$CH_2=O \xrightarrow{H^+} CH_2=\overset{+}{O}H \xrightarrow{(CH_3)_2NH} (CH_3)_2\overset{+}{N}(H)-CH_2OH \xrightarrow{H^+ 转移}$$

$$(CH_3)_2N-CH_2-\overset{+}{O}H_2 \xrightleftharpoons{-H_2O} (CH_3)_2\overset{+}{N}=CH_2 \quad (i)$$

$$CH_3COCH_2H \xrightleftharpoons{H^+} CH_3-C(OH)=CH_2 \xrightarrow{CH_2=\overset{+}{N}(CH_3)_2} CH_3CO-CH_2-CH_2-N(CH_3)_2$$
(ii)                         新形成的碳碳键

若提供活泼氢的酮为不对称酮, 得到的产物为混合物。但取代多的 α 碳上的氢被胺甲基取代的产物应为主产物。

从反应机理可以看出: (ii) 是提供负碳的体系, (i) 是提供正碳的体系, (ii) 和 (i) 反应形成了新的碳碳键。

Mannich 反应在有机合成中有广泛的用途。其中, 在仿生条件(即模仿生物体内的条件)下, 用丁二醛、甲胺、3-氧代戊二酸经 Mannich 反应, 然后脱羧生成托品酮在历史上曾是一件很轰动的事情。托品酮催化氢化可生成药物托品(tropine)。托品又称莨菪醇。

$$\begin{matrix} CH_2-CHO \\ | \\ CH_2-CHO \end{matrix} + NH_2CH_3 + \begin{matrix} CH_2COOH \\ | \\ C=O \\ | \\ CH_2COOH \end{matrix} \xrightarrow{pH=5} [含N-CH_3 双环, COOH, HOOC, =O] \xrightarrow[\Delta]{-CO_2} 托品酮 \xrightarrow{H_2/Ni} (i) 托品$$

3-氧代戊二酸

丁二醛可由糠醛为原料大量生产,这才使托品这个生物碱的工业化生产得以实现。

原料中的3-氧代戊二酸有两个活泼亚甲基,它们分别和丁二醛的两个醛基进行亲核加成,同时和甲胺上的两个氢失去水,一步发生关环作用。不难看出,若不利用这个反应,目前还无法以工业的规模生产这个重要的药物。若用3-氧代戊二酸酯代替3-氧代戊二酸,得到的产物还有条件再发生胺甲基化反应,最后形成三环体系的化合物。因此,Mannich反应在合成环系化合物中很有用。

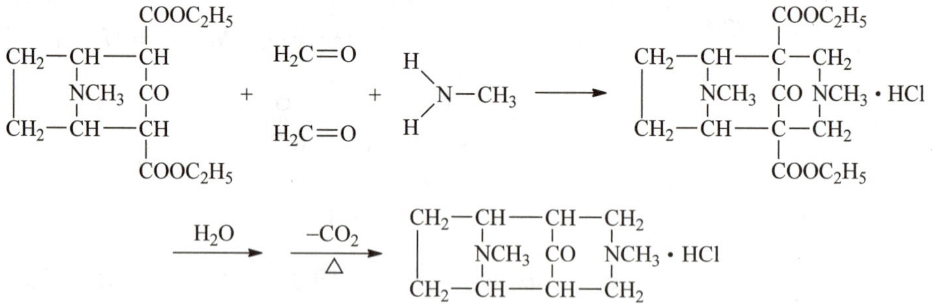

又如,下列三环化合物可经Mannich反应顺利合成:

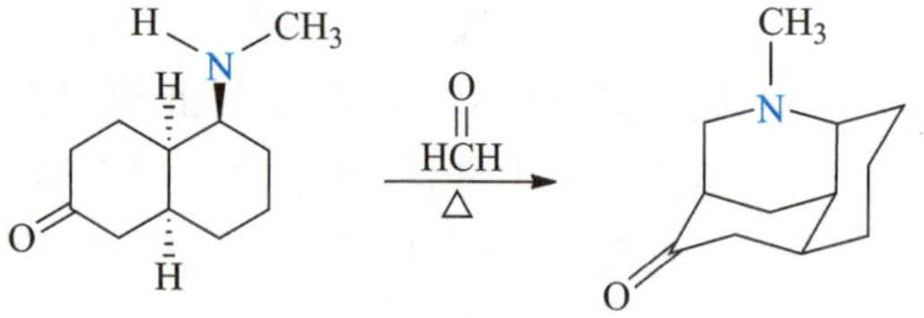

首先甲醛与胺反应形成亚铵盐,然后烯醇对活化的碳氮键进行亲核加成,在分子内成环。

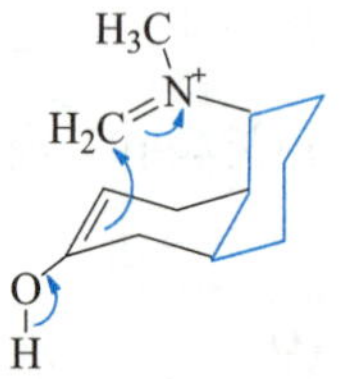

应用Mannich反应,还可以由吲哚(indole)来制备草绿碱。

吲哚(indole)(i)是一个芳香杂环体系,1位氮上的电子按箭头所示方向转移,形成(ii),由于 >C=N— 中氮吸电子,与 >C=O 类似,因此3位的氢是活泼的,也可以发生胺甲基化反应:

草绿碱是由一种芦苇内取得的植物碱,含量甚微。用上述反应可以大量制得草绿碱,它是合成重要氨基酸——色氨酸(tryptophan)的原料。

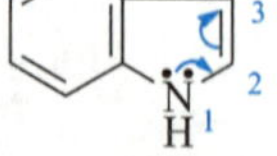

(i) 吲哚

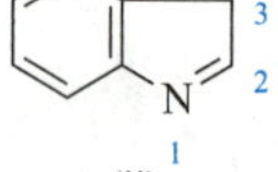

(ii)

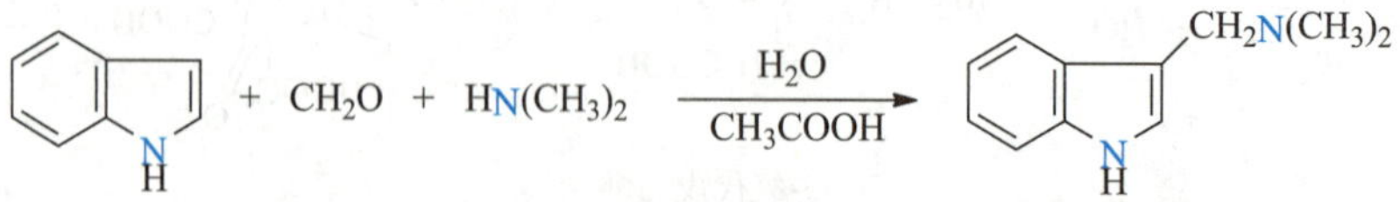

(iii) 草绿碱, 95%

具有 α 氢的酯也可通过胺甲基化反应形成曼氏碱，然后再经彻底甲基化反应、形成四级铵碱和 Hofmann 消除反应，就可以在酯的 α 位引入一个亚甲基。如

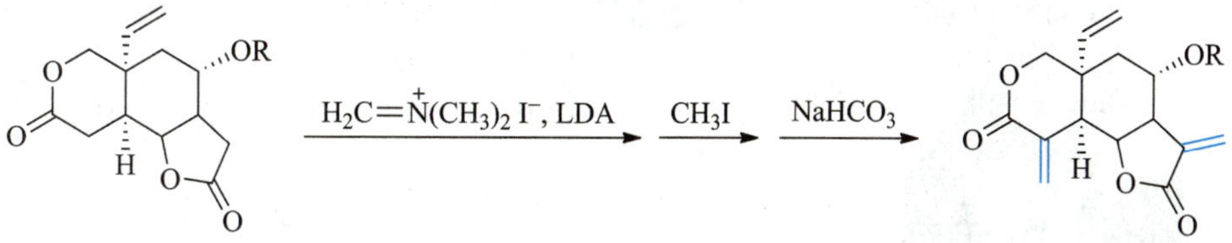

$$\text{底物} \xrightarrow{H_2C=\overset{+}{N}(CH_3)_2\ I^-,\ LDA} \xrightarrow{CH_3I} \xrightarrow{NaHCO_3} \text{产物}$$

酚的对位或邻位上的氢有足够活泼性，也可发生曼氏反应。例如对甲苯酚进行此反应时，可得到下列两个化合物：

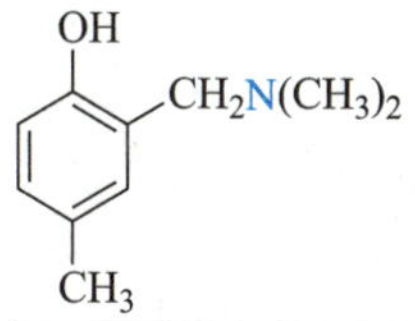

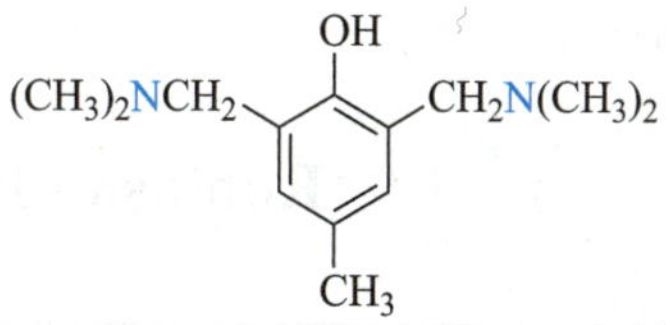

Mannich 反应的产物曼氏碱或其盐（如盐酸盐）通常比较稳定，容易保存。这些曼氏碱在蒸馏时发生分解，或在碱作用下分解，或通过彻底甲基化反应、形成四级铵碱及 Hofmann 消除反应，均可提供 α,β-不饱和酮。

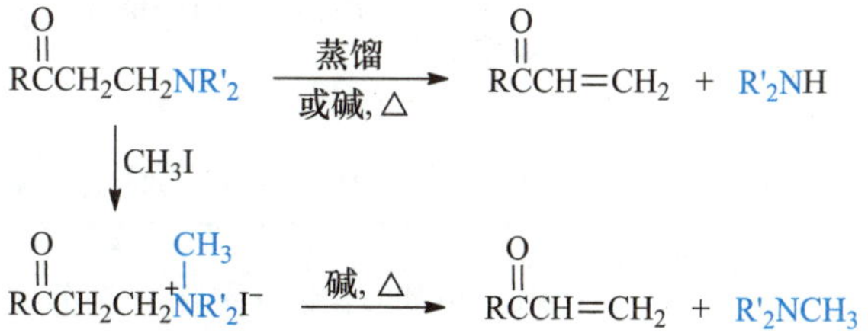

$$RCOCH_2CH_2NR'_2 \xrightarrow[\text{或碱},\Delta]{\text{蒸馏}} RCOCH=CH_2 + R'_2NH$$

$$\downarrow CH_3I$$

$$RCOCH_2CH_2\overset{+}{N}R'_2\overset{CH_3}{|}\ I^- \xrightarrow{\text{碱},\Delta} RCOCH=CH_2 + R'_2NCH_3$$

所以曼氏碱或其盐在有机合成中可以被用做 α,β-不饱和酮的前体。例如，用丙酮与甲醛缩合得到的甲基乙烯基酮很不稳定，易聚合；若先做成曼氏碱，再在反应中分解，即可克服这一弊端。

思考：请写出利用 Mannich 反应制下列化合物的化学方程式。

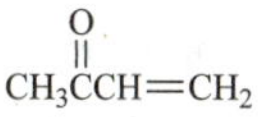

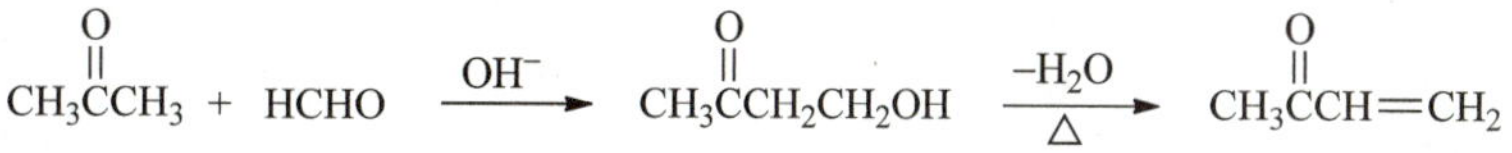

$$CH_3\overset{O}{\overset{\|}{C}}CH=CH_2$$

$$CH_3COCH_3 + HCHO \xrightarrow{OH^-} CH_3COCH_2CH_2OH \xrightarrow[\Delta]{-H_2O} CH_3COCH=CH_2$$

**习题 13-23** 完成下列反应，写出主要产物。

(i) 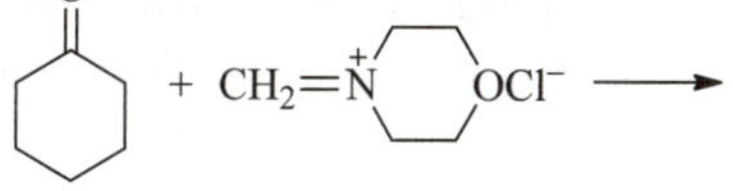 环己酮 + $CH_2=\overset{+}{N}\text{(吗啉)}\ Cl^- \longrightarrow$

(ii) 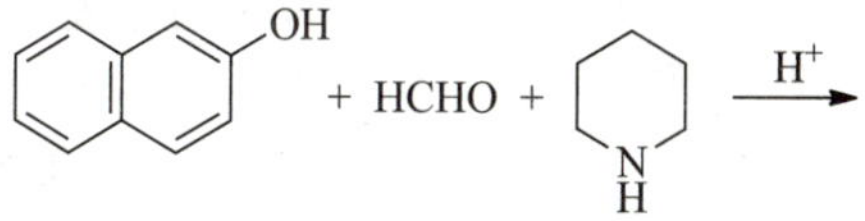 2-萘酚 + HCHO + 哌啶 $\xrightarrow{H^+}$

(iii) 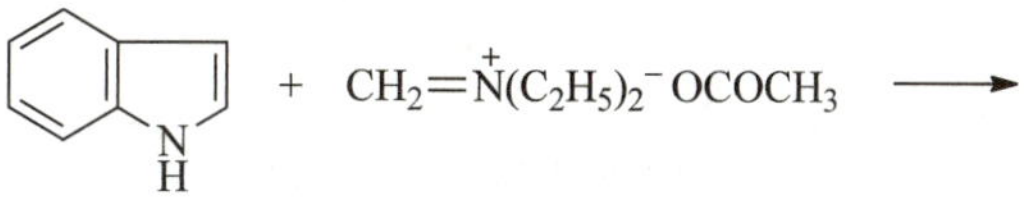 吲哚 + $CH_2=\overset{+}{N}(C_2H_5)_2\ ^-OCOCH_3 \longrightarrow$

(iv) PhC(O)CH₂CH₃ $\xrightarrow[(CH_3)_2NH]{HCHO, H^+}$ ? $\xrightarrow{C_6H_5MgCl}$ $\xrightarrow[H^+]{H_2O}$ ? $\xrightarrow{(CH_3CO)_2O}$

**习题 13-24** 完成下列反应,写出主要产物。

(i) PhC(O)CH₃ + HCCOOH + 2 O(CH₂CH₂)₂NH $\xrightarrow{50\ ℃}$ ? $\xrightarrow{CH_3COOH}$

(ii) 2 (2,2-二甲基环戊酮) + 2 CH₂O + HN(CH₂CH₂)₂NH ⟶

鲁滨逊(R. Robinson,1886—1975),英国化学家。1947年由于他对生物碱的研究和确定吗啡结构方面的成果卓越荣获诺贝尔奖。

## 13.8 Robinson 增环反应

环己酮及其衍生物在碱(如氨基钠、醇钠等)存在下,与曼氏碱的季铵盐作用产生二并六元环的反应称为 Robinson(鲁宾逊)增环反应。

环己酮衍生物 + CH₃CCH₂CH₂⁺NR₃ L⁻ $\xrightarrow{碱}$ 双环醇酮 $\xrightarrow{\Delta}$ 烯酮

G = H, R, Ar, COOR, OCR 等

Robinson 增环反应实际上是分三步完成的:

CH₃CCH₂CH₂⁺NR₃ L⁻ $\xrightarrow[①]{碱}$ CH₃CCH=CH₂ $\xrightarrow[②]{碱,\ 环己酮G}$ 中间体 $\xrightarrow[③]{碱}$ 产物

① 曼氏碱热消除  ② Michael 加成  ③ 分子内羟醛缩合

新形成的碳碳键

首先是曼氏碱发生热消除生成 α,β-不饱和酮,然后和环酮发生 Michael 加成,紧接着再发生分子内的羟醛缩合反应,形成一个新的六元环。在很多情况下可以分离出未关环前的共轭加成物,然后再用催化量的氢氧化钠的乙醇溶液,即发生关环作用。后来发现,就用曼氏碱本身,经加热后得出的不饱和酮无需分离出来,马上就和反应体系中的碳负离子发生 Michael 反应得(i),(i)再发生分子内羟醛缩合反应得(ii),(ii)失水得(iii)。

直接用其他 α,β-不饱和羰基化合物代替曼氏碱,也可以发生类似的反应。因此,Robinson 增环反应可以看做 Michael 加成反应和羟醛缩合相结合的一个反应,广泛用于合成六元环状化合物。

环己酮-R + CH₃CCH₂CH₂⁺N(C₂H₅)₂CH₃ I⁻ $\xrightarrow{NaNH_2}$ R-环己酮-CH₂CH₂CCH₃ (i)

13.8 Robinson增环反应

上述反应的特点除在一个环上再加一个环外,还可在两个环相稠合的碳原子上引入角甲基(angular methyl)。角甲基是指两个环共用碳上的甲基,这个甲基很难用其他方法引入。例如

很多药物如激素(hormone)等有角甲基的结构,可通过此法引入角甲基。

R = 烷基, $C_6H_5$, $COOC_2H_5$, $OCCH_3$ 等

**习题 13-25** 完成下列反应,写出主要产物。

(i) $2CH_3COCH=CH_2$ + (5,5-二甲基-1,3-环己二酮) $\xrightarrow{\text{t-BuOK}}{\text{THF}}$

(ii) $(CH_3)_2C=CHCOCH=C(CH_3)_2$ $\xrightarrow{\text{NaOH}}{\text{ROH}}$

(iii) $CH_3CH_2NO_2$ + $CH_2=CHCOCH_3$ $\xrightarrow{\text{NaOCH}_3}{\text{CH}_3\text{OH}}$

(iv) $CH_3COCH_2CH_2CH_3$ + $PhCOCH_2CH_2N^+(CH_3)_3\ ^-OH$ $\xrightarrow{\Delta}$ ? $\xrightarrow{\text{碱}}$

**习题 13-26** 从指定原料出发,用必要的试剂合成下列化合物。

(i) 从 $CH_2(COOC_2H_5)_2$, $CH_2=CHCN$ 合成 4-氧代环己烷甲酸

(ii) 从 $CH_3COCH_2COOC_2H_5$, $CH_2=CHCOOC_2H_5$ 合成 双环化合物(OH, 酮)

(iii) 从 环己酮, 苯, $CH_3COCH_2COOC_2H_5$ 合成 十氢萘酮-CH_2Ph

(iv) 从 $HOOC(CH_2)_4COOH$ 合成 带COOC_2H_5和甲基的稠环酮

(v) 从 $PhCH_2COOCH_3$, $CH_2=CHCOOCH_3$ 合成 含Ph、COOCH_3的环己酮

(vi) 从 2-甲基-1,3-环己二酮 合成 角甲基稠环烯酮

(vii) 从 $CH_2(COOC_2H_5)_2$, $CH_3CH_2I$, $CH_2=CHCHO$, $PhCH_2Cl$, $BrCH_2COOC_2H_5$ 合成 $C_2H_5OOC-C(C_2H_5)(COOC_2H_5)-CH_2CH_2CH_2OCH_2Ph$

## 13.9 叶立德的反应

### 13.9.1 叶立德的定义

Ylide 这个字是从两个西文字中取来的，yl 是有机基团的字尾，ide 是盐的字尾，如甲基 methyl，氯化物 chloride。此化合物中含有一个有机基团，并具有很强的类似盐的极性，所以得到这个名字。

元素周期表第三周期的元素，特别是硫和磷，与碳结合时，碳带负电荷，硫或磷带正电荷，碳和硫或磷彼此相邻，并同时保持着完整的电子隅（碳是 8，磷、硫可以超过 8），这叫做叶立德（ylide，或译为邻位两性离子）。由磷形成的叶立德称为磷叶立德（phosphorus ylide），其结构可用下式表示：

$$\overset{+}{Ph_3P}-\overset{-}{CH_2} \longleftrightarrow Ph_3P=CH_2$$
$$\text{(i)} \qquad\qquad \text{(ii)}$$

除磷叶立德外，还有硫叶立德（sulfur ylide）、氮叶立德（nitrogen ylide）及砷叶立德。

### 13.9.2 Wittig 反应

磷叶立德是德国化学家 Wittig（魏悌息）于 1953 年发现的，所以也称为 Wittig 试剂。Wittig 试剂可用四级鏻盐在强碱作用下失去一分子卤化氢制得。例如，三苯膦和溴代甲烷形成稳定的鏻盐溴化三苯基甲基鏻(iii)，(iii)在干燥的乙醚中和氮气流下用强碱苯基锂处理，即得到磷叶立德(i)：

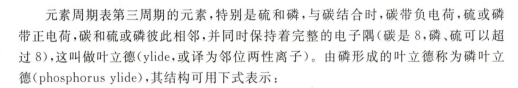

魏悌息(G. Wittig)，1897年9月生于柏林，德国化学家。他曾在许多大学任教，1956 年被聘为海德尔堡（Heidelburg）大学教授。由于他在将磷有机化合物应用于有机合成方面的出色工作荣获 1979 年诺贝尔化学奖。〔注：荣获 1979 年诺贝尔化学奖的另一位科学家是布朗（H. C. Brown），获奖原因是研究硼化学工作出色。〕

(i)是一个黄色固体，对水或空气都不稳定，因此在合成时一般不将它分离出来，直接进行下一步的反应。

在制备磷叶立德时，对于活泼卤代烷形成的鏻盐，可用比较弱的碱，如碳酸钠、氢氧化钠、醇钠等将质子夺去，形成磷叶立德。对于不活泼卤代烷形成的鏻盐，则需用强碱，如烷基锂等处理。磷可以利用其 3d 轨道，与碳 p 轨道重叠成 pd-π 键。这个 π 键具有很强的极性，可以和酮或醛的羰基进行亲核加成，形成烯烃，这个反应称为 Wittig 反应：

$$\underset{Ph\quad Ph}{\overset{O}{\|}} + H_2\overset{-}{C}-\overset{+}{P}Ph_3 \longrightarrow \underset{Ph\quad Ph}{\diagup\!\!\!\diagdown} + Ph_3P=O$$
$$\qquad\qquad\qquad\qquad\qquad\qquad\qquad\qquad \text{三苯氧磷}$$

Wittig 反应的反应机理如下：

在①中，磷叶立德提供负碳体系，负碳对略带正电性的醛、酮的羰基碳进攻，通过亲核加成形成新的碳碳键。

$$\begin{array}{c} R''\underset{R'}{\overset{R'}{C}}-\overset{+}{P}Ph_3 \\ R-\underset{R(H)}{C}=O \end{array} \xrightarrow{①} \left[\begin{array}{c} R''\underset{R'}{\overset{R'}{C}}\cdots\overset{+}{P}Ph_3 \\ R-\underset{R(H)}{C}-O^- \end{array}\right] \xrightarrow{②} \left[\begin{array}{c} R''\underset{R'}{\overset{R'}{C}}-PPh_3 \\ R-\underset{R(H)}{C}-O \end{array}\right]$$

新形成的碳碳键 (iv) 偶极中间体

$$\xrightarrow{0\ ^\circ C} \left[\begin{array}{c} R''\underset{R'}{\overset{R'}{C}}\cdots PPh_3 \\ R-\underset{R(H)}{C}\cdots O \end{array}\right]^{\ddagger} \xrightarrow{③} \underset{R\ \ R(H)}{\overset{R''\ R'}{C=C}} + Ph_3P=O$$

新形成的碳碳键

磷叶立德试剂与醛、酮发生亲核加成，形成偶极中间体（dipole intermediate）(iv)；这个偶极中间体在 −78 ℃ 时比较稳定，当温度升至 0 ℃ 时，即分解得到烯烃。

磷叶立德与羰基化合物发生亲核反应时，与醛反应最快，酮其次，酯最慢。利用羰基不同的活性，可以进行选择性的反应。例如，一个羰基酸酯和磷叶立德反应，首先是酮的羰基反应，变成一个碳碳双键：

$$H_3CO-C_6H_4-CO-CH_2CH_2-COOCH_3 + Ph_3\overset{+}{P}-\overset{-}{C}H_2 \longrightarrow H_3CO-C_6H_4-C(=CH_2)-CH_2CH_2-COOCH_3$$

利用 Wittig 反应合成的烯烃类化合物，产物中碳碳双键的位置总是相当于原来碳氧双键的位置，没有双键位置不同的其他异构体，但是产物立体化学不能准确地预先判定。一般地讲，产物烯烃的构型取决于磷叶立德的活性，当磷叶立德很活泼时，总是产生顺反异构体的混合物：

$$Ph_3\overset{+}{P}-CH_2Ph\cdot Cl^- + PhCHO \xrightarrow[EtOH,\ 25\ ^\circ C]{NaOEt} \underset{Ph}{\overset{H}{C}}=\underset{H}{\overset{Ph}{C}} + \underset{H}{\overset{Ph}{C}}=\underset{H}{\overset{Ph}{C}}$$

35%　　　41%

用比较稳定的磷叶立德，如 α 碳上连有一个羰基时，产物的取向则有一定的立体选择性，往往是含羰基的基团和 β 碳原子上较大的基团位于反式的位置。例如乙醛和磷叶立德 (v) 反应，(vi) 是主要的产物：

$$\overset{\beta}{C}H_3CHO + Ph_3\overset{+}{P}-\overset{-}{\underset{\alpha}{C}}\underset{COCH_3}{\overset{CH_3}{}} \xrightarrow{CH_2Cl_2} \underset{H}{\overset{CH_3}{C}}=\underset{COCH_3}{\overset{CH_3}{C}}$$

(v)　　　(vi) 96%

下面举例说明 Wittig 反应在合成多烯类天然产物时的用途。

维生素 $D_2$ 的合成：

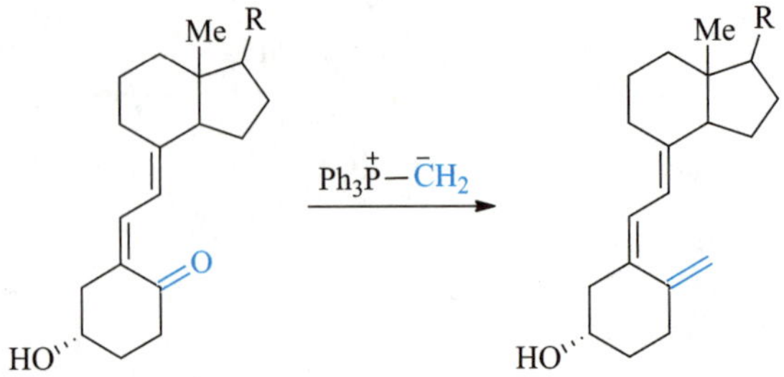
Me
R
Ph3P—CH2
O
HO
Me
R
HO

维生素 $A_1$ 乙酸酯的合成：

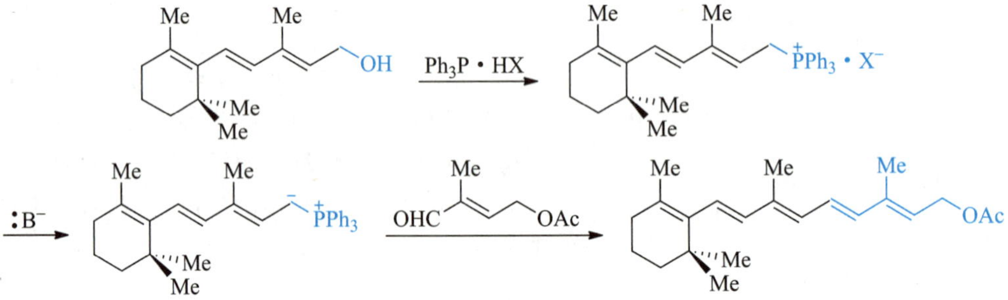
Me
Me
OH
Ph3P · HX
Me
Me
PPh3 · X−
Me
Me
Me
Me
:B−
Me
Me
PPh3
Me
Me
Me
OHC
OAc
Me
Me
Me
OAc
Me
Me

### 13.9.3 Wittig-Horner 反应

用亚磷酸酯代替三苯膦制备的磷叶立德称为 Wittig-Horner（霍纳尔）试剂。例如，亚磷酸乙酯和溴代乙酸乙酯反应得到膦酸酯（vii），（vii）在氢化钠的作用下放出一分子氢形成 Wittig-Horner 试剂（viii）。

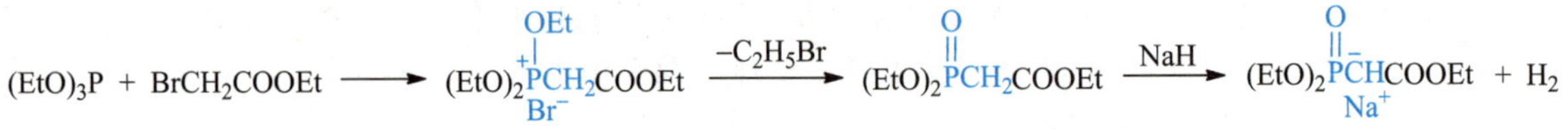
(EtO)3P + BrCH2COOEt
OEt
(EtO)2PCH2COOEt
Br−
−C2H5Br
O
(EtO)2PCH2COOEt
NaH
O
(EtO)2PCHCOOEt + H2
Na+

(vii)　　(viii)

Wittig-Horner 试剂很容易与醛、酮反应生成烯烃。此反应称为 Wittig-Horner 反应。例如（viii）与丙酮反应，生成 α，β-不饱和酸酯：

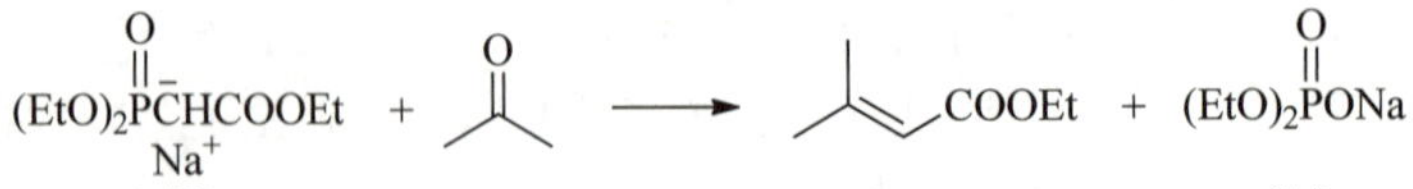
O
(EtO)2PCHCOOEt
Na+
O
COOEt
O
(EtO)2PONa

(viii)　　70%　　(ix)

Wittig-Horner 反应的后处理比 Wittig 反应容易。

反应中另一个生成物 *O*,*O*-二乙基磷酸钠（ix）溶于水，很容易与生成的不饱和酸酯分离。

Wittig-Horner 反应的机理如下：

Wittig-Horner 试剂提供负碳体系，对醛、酮的略带正电性的羰基碳进攻，通过亲核加成形成新的碳碳键。

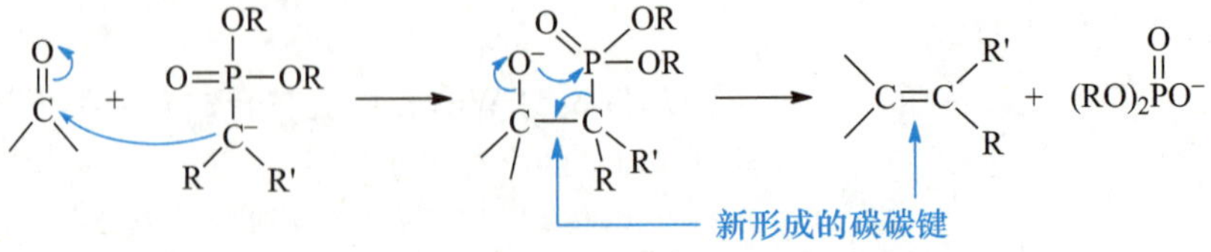
O
C
OR
O=P—OR
C
R
R'
O
OR
O−
P
OR
C
C
R
R'
R'
C=C
R
O
(RO)2PO−
新形成的碳碳键

Wittig-Horner 试剂的立体选择性很强,产物主要是 E 构型的。下面是用此反应合成多烯类化合物的实例。

制备丙二烯衍生物:

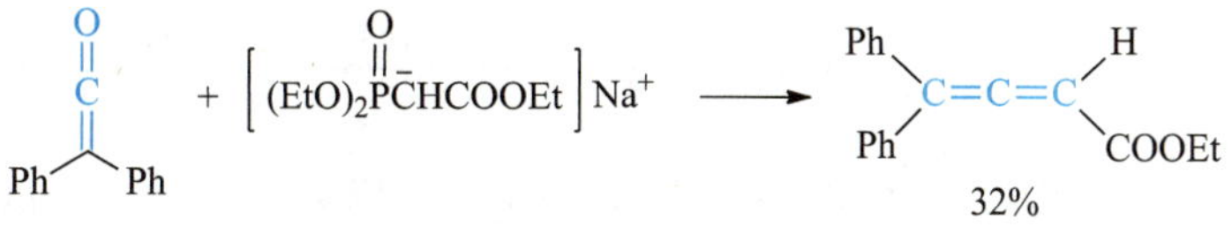

合成多烯类天然产物:

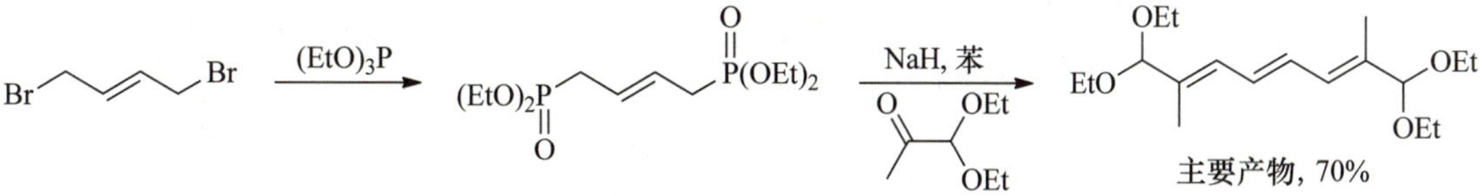

### 13.9.4 硫叶立德的反应

最常用的硫叶立德,可由二甲亚砜或二甲硫醚与碘甲烷制备:

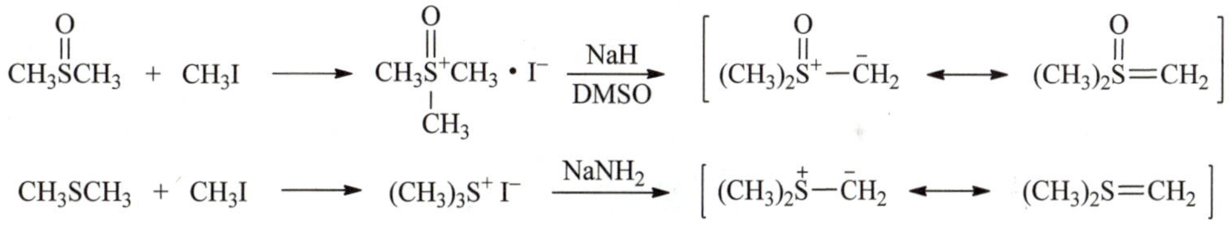

硫叶立德同样可以作为亲核试剂和羰基化合物发生反应。和非共轭的醛、酮反应,得到环氧化合物。反应首先是亲核加成,然后再发生分子中的取代反应。例如

在①中,硫叶立德提供负碳体系,对酮略带正电性的羰基碳进攻,通过亲核加成形成新的碳碳键。

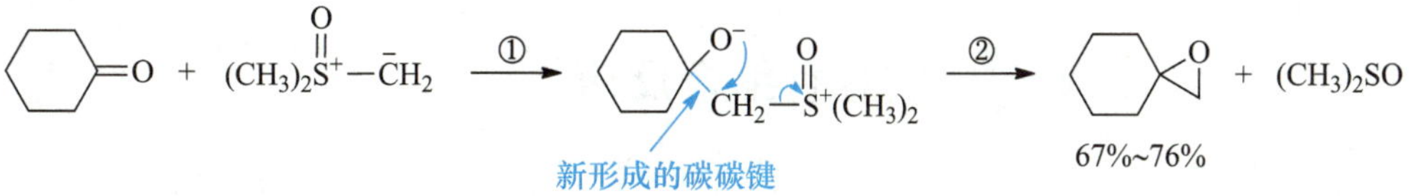

与 α,β-不饱和酮反应,发生共轭加成,然后再发生分子中的取代反应,即得到环丙烷的衍生物:

在①中,硫叶立德提供负碳体系,对共轭体系中略带正电性的 β 碳进攻,通过共轭加成形成新的碳碳键。

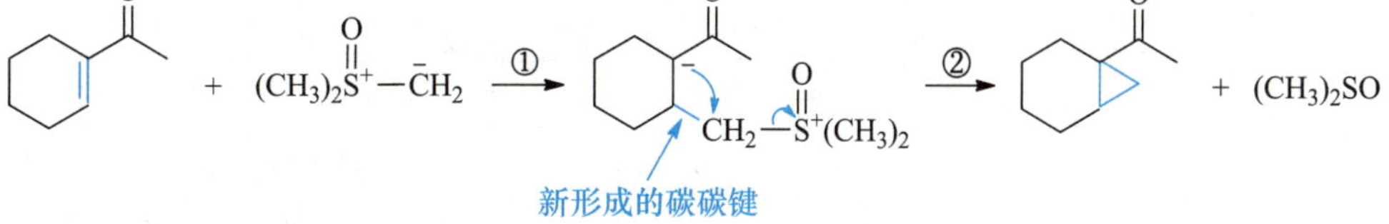

## 第13章 缩合反应

**习题 13-27** 完成下列反应，写出主要产物。

(i) $(C_6H_5)_3P + BrCH_2COOC_2H_5 \longrightarrow ? \xrightarrow{C_2H_5ONa} ? \xrightarrow{CH_3CH=CHCHO}$

(ii) 环己酮 $+ CH_3MgX \longrightarrow \xrightarrow{H_2O} ? \xrightarrow{H_2SO_4}$

(iii) 环己酮 $+ (C_6H_5)_3\overset{+}{P}-\bar{C}H_2 \xrightarrow[25\ °C]{乙醚}$

(iv) γ-丁内酯-α-甲醛 $\xrightarrow{n\text{-}C_8H_{17}\bar{C}H-\overset{+}{P}Ph_3}$

(v) 4,4-二甲基-2-羟基四氢吡喃（半缩醛）$\xrightarrow{Ph_3\overset{+}{P}-\bar{C}HCOOCH_3}$

(vi) $\alpha$-甲氧基己醛 $\xrightarrow[t\text{-}BuO^-,\ THF]{(i\text{-}PrO)_2\overset{O}{\underset{\|}{P}}CH_2COOC_2H_5}$

(vii) 四氢吡喃-3-酮 $\xrightarrow{(CH_3O)_2\overset{O}{\underset{\|}{P}}\bar{C}HCOOCH_3}$

(viii) 3-乙氧基-2-环己烯酮 $\xrightarrow{(C_2H_5O)_2\overset{O}{\underset{\|}{P}}-\bar{C}HCN}$

(ix) 4-(2,6,6-三甲基-1-环己烯基)-2-丁酮 $\xrightarrow{(C_2H_5O)_2\overset{O}{\underset{\|}{P}}\bar{C}HCOOCH_3}$

(x) 2-环己烯酮 $+ Ar_2\overset{+}{S}-\bar{C}(CH_3)_2 \xrightarrow{DMF,\ C_6H_6}$

(xi) $C_6H_5CHO + {}^-CH_2-\overset{+}{S}(CH_3)_2 \xrightarrow[25\ °C]{DMSO}$

(xii) 2-甲基-1,3-环己二酮 $+ BrCH_2\overset{O}{\underset{\|}{C}}CH-\overset{+}{P}Ph_3 \xrightarrow[\text{(提示：成环)}]{NaH,\ DMF}$

**习题 13-28** 用合适的原料（或指定原料）通过 Wittig 反应合成下列化合物。

(i) $C_6H_5CH=CHCH_2CH_3$ 　(ii) 由异丁醛合成 $(CH_3)_2CHCH=CHCH=CHCOOCH_3$ 　(iii) $CH_3CH=CHCH=CHC_6H_5$

## 13.10 安息香缩合反应

苯甲醛在氰离子（$CN^-$）的催化作用下，发生双分子缩合（bimolecular condensation）生成安息香（benzoin），很多芳香醛也能发生这类反应，因此，称此类反应为安息香缩合反应（benzoin condensation）。

$$2\ C_6H_5CHO \xrightarrow{CN^-} C_6H_5-\underset{O}{\overset{\|}{C}}-\underset{OH}{\overset{|}{C}H}-C_6H_5$$

安息香（苯偶姻）

$$2\ R\text{-}C_6H_4CHO \xrightarrow{CN^-} R\text{-}C_6H_4-\underset{O}{\overset{\|}{C}}-\underset{OH}{\overset{|}{C}H}-C_6H_4\text{-}R$$

$R = CH_3-,\ CH_3O-,\ CH_2=CH-$ 等

从上面的反应式可以看出,此反应相当于两分子醛发生了羰基的加成反应。一分子醛把与羰基碳相连的氢给予了另一分子醛的羰基上的氧,而两个醛的羰基碳原子彼此连接在一起。给出氢的醛称为给体(donor),接受氢的醛称为受体(acceptor)。不是所有的醛都能承担这两种作用的,即并不是所有的醛都能自身缩合成安息香类化合物。

以苯甲醛为例,这类缩合反应的机理如下:

(iii) 提供负碳体系,对苯甲醛带正电性的羰基碳进攻,通过亲核加成形成新的碳碳键。

首先是(i)与⁻CN发生亲核加成生成(ii),(ii)中的质子从碳转移到氧上生成(iii),(iii)通过对另一个分子醛的亲核加成把两个分子连接在一起生成(iv),(iv)中质子转移形成(v),(v)失去⁻CN得到产物(vi)。在上述过程中,⁻CN基的作用有三个:① 作为亲核试剂对羰基进行加成;② 作为吸电子基团使原来醛基的质子离去,转移到氧上;③ 最后作为离去基团离去。

在安息香缩合反应中,有一个很有趣的事实:在上述过程中,醛(i)中的羰基是极性基团,羰基碳呈正电性,具有亲电性;但是在(iii)中,该碳原子已转变为负电性,具有亲核性。同一个碳原子,前后的反应性完全翻转,所以称之为极性翻转(polarity reverse)。安息香缩合反应是人们最早知道按这种方式进行的反应。以上极性翻转的概念可以使人们开阔思路,并进一步丰富了有机反应。

**习题 13-29** 完成下列反应式,写出相应的反应机理并对结果进行讨论。

## 13.11 Perkin 反应

在碱性催化剂的作用下,芳香醛与酸酐反应生成 β-芳基-α,β-不饱和酸的反应称

蒲尔金（W. H. Perkin, 1838—1907），英国化学家。他发现了苯胺紫染料，创立了伟大的合成染料工业；发现了 Perkin 反应，并用此反应合成了香豆素和肉桂酸。他一生获得许多奖章，是获美国化学会颁发的 Perkin 奖章的第一人，此奖章每年一次赠予在应用化学上有最大贡献者。

为 Perkin（蒲尔金）反应。所用的碱性催化剂通常是与酸酐相对应的羧酸盐。反应的一般式如下：

$$ArCHO + RCH_2COCCH_2R \xrightarrow[\Delta]{RCH_2COO^-} \underset{Ar}{\overset{H}{C}}=\underset{R}{\overset{COOH}{C}} + RCH_2COOH$$

若用苯甲醛和乙酸酐在乙酸钠催化下反应，得到肉桂酸(cinnamic acid)：

$$C_6H_5CHO + (CH_3CO)_2O \xrightarrow[175\ ^\circ C]{CH_3COONa} \underset{C_6H_5}{\overset{H}{C}}=\underset{H}{\overset{COOH}{C}}$$
肉桂酸

反应过程首先是酸酐在相应羧酸盐的作用下，生成碳负离子(i)，(i)和芳香醛亲核加成后产生烷氧负离子(ii)，(ii)再向分子中的羰基进攻，关环再开环得到(iii)，(iii)和酸酐反应得到一个混合酸酐(iv)，(iv)再失去质子及 $RCH_2COO^-$，产生一个不饱和的酸酐(v)，(v)经水解得到 β-芳基-α,β-不饱和酸，主要得 E 型化合物：

(i) 提供负碳体系，对芳香醛带正电性的羰基碳进攻，通过亲核加成形成新的碳碳键。

(iv) 通过 β-消除形成碳碳 π 键。

Perkin 反应存在反应温度较高，使用催化剂碱性较强，产率有时不好等一些缺点，但由于原料便宜，在生产上还是经常使用。如合成呋喃丙烯酸，该化合物是一种医治血吸虫病的药呋喃丙胺的原料：

呋喃丙烯酸, 74%　　呋喃丙胺

香豆素(coumarin)是一个重要的香料，它也是利用这个反应合成的。水杨醛和乙酸酐在乙酸钠的作用下，一步就得到香豆素，它是香豆酸(coumaric acid)的内酯：

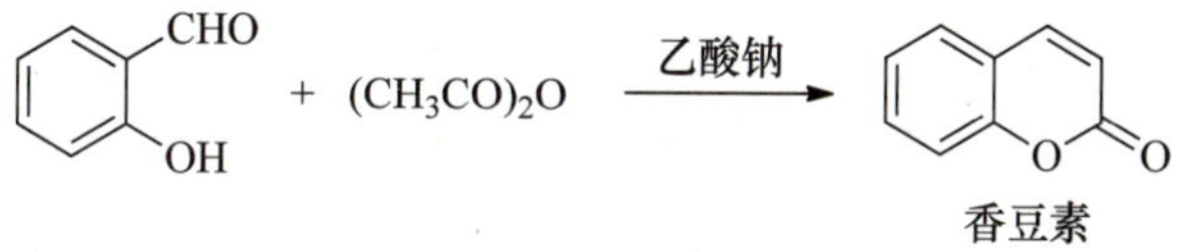

$$\text{(salicylaldehyde)} + (CH_3CO)_2O \xrightarrow{\text{乙酸钠}} \text{香豆素}$$

要注意,这个内酯是由顺式香豆酸得到的。一般在 Perkin 反应中,产物中两个大的基团总是处于反式的,但反式不能产生内酯,因此环内酯的形成可能是促使产生顺式异构体的一个原因。事实上此反应中也得到少量反式香豆酸,不能形成内酯。

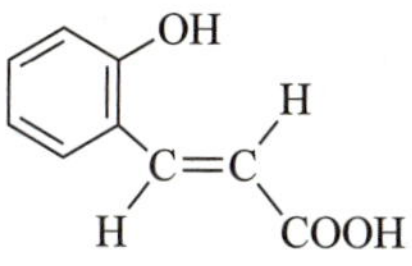

反式香豆酸 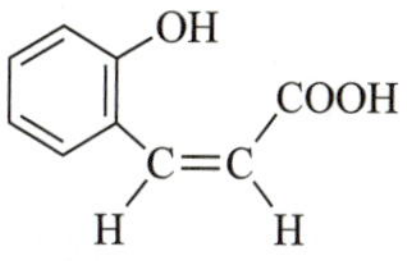　　　顺式香豆酸

**习题 13-30** 完成下列反应,写出主要产物。

(i) 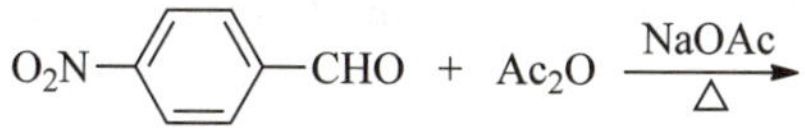 $O_2N$-C$_6$H$_4$-CHO + Ac$_2$O $\xrightarrow[\Delta]{\text{NaOAc}}$

(ii)  PhCHO + H$_5$C$_2$OOCCH$_2$SO$_2$CH$_3$ $\xrightarrow[\Delta]{\text{哌啶, HOAc}}$

(iii)  环己酮 + NCCH$_2$COOH $\xrightarrow{\text{NH}_4\text{OAc}}$

(iv) 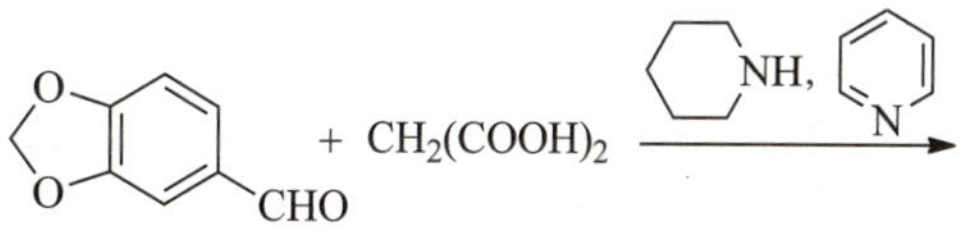 胡椒醛 + CH$_2$(COOH)$_2$ $\xrightarrow{\text{哌啶, 吡啶}}$

(v) 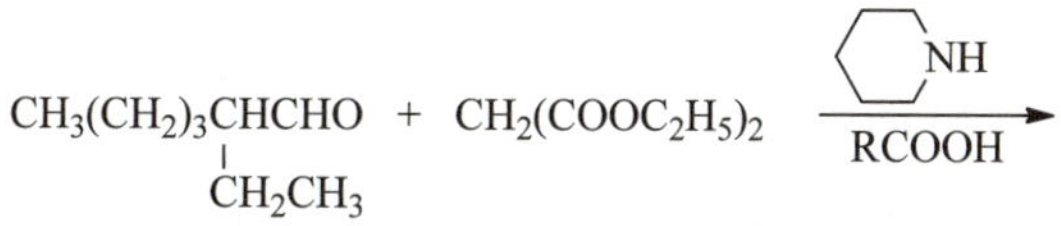 CH$_3$(CH$_2$)$_3$CH(CH$_2$CH$_3$)CHO + CH$_2$(COOC$_2$H$_5$)$_2$ $\xrightarrow[\text{RCOOH}]{\text{哌啶}}$

(vi) 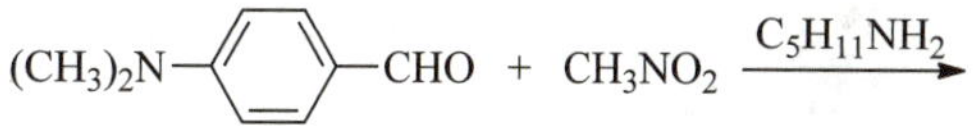 $(CH_3)_2N$-C$_6$H$_4$-CHO + CH$_3$NO$_2$ $\xrightarrow{C_5H_{11}NH_2}$

**习题 13-31** 用苯及不超过三个碳的有机化合物及必要的试剂合成。

(i) 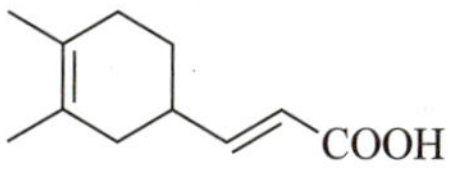 3,4-二甲基环己烯基-CH=CH-COOH

(ii) 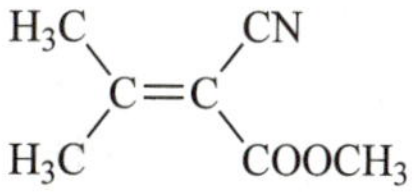 (CH$_3$)$_2$C=C(CN)(COOCH$_3$)

(iii) 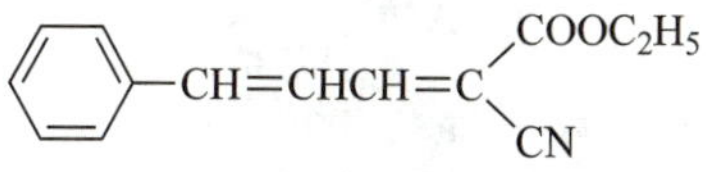 Ph-CH=CH-CH=C(COOC$_2$H$_5$)(CN)

## 13.12 Knoevenagel 反应

在弱碱的催化作用下,醛、酮和含有活泼亚甲基的化合物发生的失水缩合反应称为 Knoevenagel(脑文格)反应。常用的碱性催化剂有吡啶、六氢吡啶,以及其他一级胺、二级胺等。反应一般在苯和甲苯中进行,同时将产生的水分离出去,此法所需温度较低,产率高。下面是 Knoevenagel 反应的一个实例:

$$(CH_3)_2CHCH_2CH=O + H_2C(COOC_2H_5)_2 \xrightarrow{\bigcirc NH, \text{苯}} (CH_3)_2CHCH_2CH=C(COOC_2H_5)_2 + H_2O$$

Knoevenagel 反应是对 Perkin 反应的改进,它将酸酐改为活泼亚甲基化合物后,由于有足够活泼的氢,因此在弱碱的作用下,就可以产生足够浓度的碳负离子进行亲核加成。因为使用了弱碱,可以避免醛、酮的自身缩合,因此除芳香醛外,酮及脂肪醛均能进行反应,扩大了使用范围。

其反应机理如下:

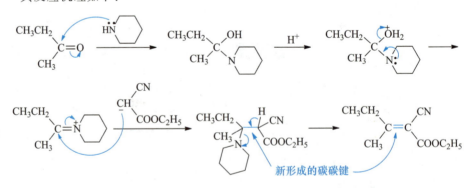

(ii)提供负碳体系,对酮带正电性的羰基碳进攻,通过亲核加成形成新的碳碳键。

Z 或 Z′=CHO,COR,COOR,COOH,CN,NO$_2$ 等吸电子基团,两者可以相同也可以不同。NO$_2$ 的吸电子能力很强,有一个就足以产生活泼氢。

这类反应有时不仅需用有机碱做催化剂,还需用有机酸共同催化才能使反应发生,并可提高产率。如

$$\underset{CH_3}{\overset{CH_3CH_2}{>}}C=O + H_2C\underset{COOC_2H_5}{\overset{CN}{<}} \xrightarrow[\text{苯}, \triangle]{\bigcirc NH, HOAc} \underset{CH_3}{\overset{CH_3CH_2}{>}}C=C\underset{COOC_2H_5}{\overset{CN}{<}}$$

其反应机理如下:

脑文格(E. Knoevenagel,1865—1921),德国化学家。1865 年生于德国的汉诺威(Hanover),24 岁获博士学位,35 岁成为正教授。

上述反应机理表明,醛或酮先与胺缩合成为亚胺,然后再与碳负离子加成,最后消去胺形成双键。

Knoevenagel 反应在制备各类 α,β-不饱和化合物方面有比较广泛的应用。例如

$$\underset{O_2N}{\text{(3-NO}_2\text{-C}_6\text{H}_4\text{)}}CHO + CH_2(COOH)_2 \xrightarrow{\text{吡啶}} \underset{O_2N}{\text{Ar}}CH=C(COOH)_2 \xrightarrow[\triangle]{-CO_2} \underset{O_2N}{\text{Ar}}CH=CHCOOH \quad 74\% \sim 80\%$$

$$\text{(furan-2-)}CHO + CH_2(CN)_2 \xrightarrow[0\,°C]{PhCH_2NH_2} \text{(furan-2-)}CH=C(CN)_2 + H_2O$$

> **习题 13-32** 完成下列反应式。

(i) PhCHO + CH$_2$(COOC$_2$H$_5$)$_2$ $\xrightarrow{\text{吡啶}}$

(ii) CH$_3$CHO + CH$_3$COCH$_2$COOC$_2$H$_5$ $\xrightarrow{\text{吡啶}}$

(iii) CH$_3$(CH$_2$)$_3$CH(CH$_2$CH$_3$)CHO + CH$_2$(COOH)$_2$ $\xrightarrow{\text{吡啶}}$

(iv) (CH$_3$)$_2$N—C$_6$H$_4$—CHO + CH$_3$NO$_2$ $\xrightarrow{\text{C}_5\text{H}_{11}\text{NH}_2}$

(v) 3-O$_2$N—C$_6$H$_4$—CHO + CH$_2$(COOC$_2$H$_5$)$_2$ $\xrightarrow{\text{吡啶}}$

(vi) CH$_3$CH$_2$COCH$_3$ + NCCH$_2$COOC$_2$H$_5$ $\xrightarrow{\beta\text{-丙氨酸}}$

(vii) 环己酮 + NCCH$_2$COOH $\xrightarrow{\text{H}_4\text{NOAc}}$

## 13.13 Reformatsky 反应

瑞佛马斯基（S. Reformatsky, 1860—1934），苏联化学家。1891 年获博士学位，后任有机化学教授；自 1931 年起在基辅橡胶研究所工作。他一生最重要的工作是用有机锌化合物制备 β-羟基酸。

有机锌试剂提供负碳体系，对酮带正电性的羰基碳进攻，通过亲核加成形成新的碳碳键。

醛或酮与 α-溴代酸酯和锌在惰性溶剂中相互作用，得到 β-羟基酸酯的反应称为 Reformatsky（瑞佛马斯基）反应。这是制备这一类化合物的一个重要方法。例如

环己酮 + BrCH$_2$COOC$_2$H$_5$ + Zn $\xrightarrow{\text{苯}}$ 1-(OZnBr)环己基-CH$_2$COOC$_2$H$_5$ $\xrightarrow{\text{H}_2\text{O}}$ 1-(OH)环己基-CH$_2$COOC$_2$H$_5$

(1-羟环己基)乙酸乙酯

PhCHO + BrCH(CH$_3$)COOC$_2$H$_5$ + Zn $\xrightarrow{\text{无水乙醚}}$ $\xrightarrow{\text{H}_2\text{O}}$ Ph—CH(OH)—CH(CH$_3$)—COOC$_2$H$_5$

2-甲基-3-苯基-3-羟基丙酸乙酯

其反应机理如下：

$$\text{BrCH}_2\text{COOR} + \text{Zn} \longrightarrow \left[ \text{CH}_2=\text{C}(\text{O}^-)\text{OR} \longleftrightarrow {}^-\text{CH}_2-\text{C}(=\text{O})\text{OR} \right] {}^+\text{ZnBr}$$

首先是 α-溴代酸酯与锌反应得中间体有机锌试剂（organozine reagent），然后有机锌

试剂与羰基进行加成,再水解得产物。α-溴代酸酯的 α 碳上有烷基或芳基均可进行反应,芳香醛、酮亦均可反应,唯有空间位阻太大时,不能反应。

这个反应**不能用镁代替锌**,这是本反应的特点。原因是镁太活泼,生成的有机镁化合物会立即和未反应的 α-卤代酸酯中的羰基发生反应。有机锌试剂比较稳定,不与酯反应而只与醛、酮反应。

β-羟基酸酯很易失水,生成 α,β-不饱和酯(α,β-unsaturated ester),如

$$\underset{\text{OH}}{\text{(CH}_3)_2\text{C}}-\text{CH}_2\text{COOC}_2\text{H}_5 \xrightarrow[\Delta]{\text{H}_2\text{SO}_4} (\text{CH}_3)_2\text{C}=\text{CHCOOC}_2\text{H}_5$$

**习题 13-33** 完成下列反应,写出主要产物。

(i) $(CH_3)_2CHCH_2CHO + BrCH(CH_3)COOC_2H_5 + Zn \xrightarrow{\text{苯}} \xrightarrow{H_2O} ? \xrightarrow[\Delta]{CH_3NH_2}$

(ii) $CH_3CH_2COCH_3 + BrCH_2COOC_2H_5 + Zn \xrightarrow{\text{苯}} \xrightarrow{H_2O} ? \xrightarrow{LiAlH_4} ? \xrightarrow[CH_3C_6H_4SO_3H,\text{苯},\Delta]{CH_3COCH_3}$

(iii) $\text{C}_6\text{H}_{11}\text{CHO} + BrCH_2COOC_2H_5 + Zn \xrightarrow{\text{苯}} \xrightarrow{H_2O} ? \xrightarrow[\Delta]{H^+}$

(iv) $CH_3CH_2CHO + BrCH_2COOC_2H_5 + Zn \xrightarrow{\text{苯}} \xrightarrow{H_2O} ? \xrightarrow{CrO_3 \cdot 2\text{Py}}$

## 13.14 Darzen 反应

达参(G. Darzen),1867 年生于莫斯科,俄国科学家。1895 年在巴黎获物理学博士。1904 年发现了 Darzen 反应。晚年的兴趣在于研究 Walden(瓦尔登)转化。

思考:请指出此反应中提供负碳体系和正碳体系的结构。

醛或酮在强碱(如醇钠、氨基钠等)的作用下和一个 α-卤代羧酸酯反应,生成 α,β-环氧羧酸酯(α,β-epoxycarboxylate)的反应称为 Darzen(达参)反应。

$$\underset{\text{RCR(H)}}{\overset{\text{O}}{\|}} + \underset{\text{XCHCOOC}_2\text{H}_5}{\overset{\text{R'}}{|}} \xrightarrow{\text{碱}} \underset{\text{(H)R R'}}{\text{RC}-\text{CCOOC}_2\text{H}_5}$$

其反应机理如下:

$$\underset{\text{(H)R}}{\overset{\text{R'}}{\text{XCHCOOC}_2\text{H}_5}} \xrightarrow{:\text{B}^-} \text{XCCOOC}_2\text{H}_5 \xrightarrow{\text{RCR(H)}} \text{R}-\underset{\text{(H)R}}{\overset{\text{O}^-}{\text{C}}}-\underset{\text{X}}{\overset{\text{R'}}{\text{CCOOC}_2\text{H}_5}} \longrightarrow \underset{\text{(H)R}}{\overset{\text{O}}{\text{R}-\underset{\beta}{\text{C}}-\underset{\alpha}{\text{C}}}\text{COOC}_2\text{H}_5}$$

(i)                                   (ii)                         (iii)

新形成的碳碳键

思考：Reformatsky 反应和 Darzen 反应的反应物均为醛或酮、α-卤代酸酯，但产物是不同的。请分析原因并谈谈你的体会。

思考：醛、酮经 Darzen 反应和其后续反应可以制备新的醛、酮，请通过详细分析反应机理总结转换中的规律。

α-卤代羧酸酯在碱的作用下，首先形成碳负离子(i)；(i) 与醛或酮的羰基进行亲核加成后，得到一个烷氧负离子(ii)；(ii) 氧上的负电荷进攻 α 碳，卤离子离去，形成 α,β-环氧羧酸酯(iii)。

α,β-环氧羧酸酯的用途是可以制备醛和酮。因为它在很温和的条件下水解，得到游离的酸，游离的酸很不稳定，受热后即失去二氧化碳，变成烯醇，再互变异构为醛或酮。例如下列化合物经水解得到醛：

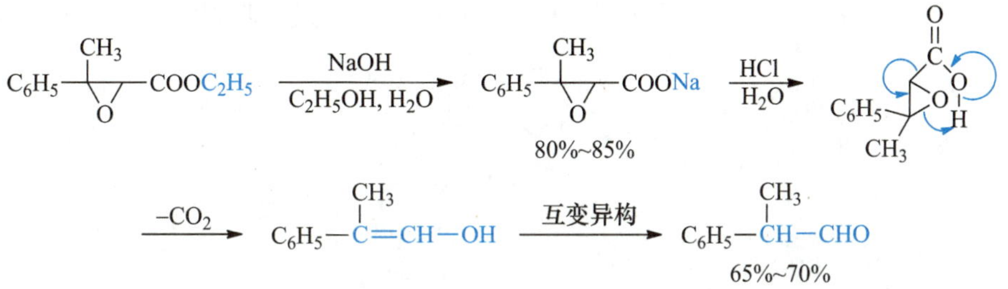

在生产维生素 A 的中间体时，开始的原料就是用 β-紫罗兰酮（β-ionone）和氯乙酸甲酯进行 Darzen 反应，生成的环氧羧酸酯经碱性水解、再酸化得到一个 14 碳醛，产率为 78%：

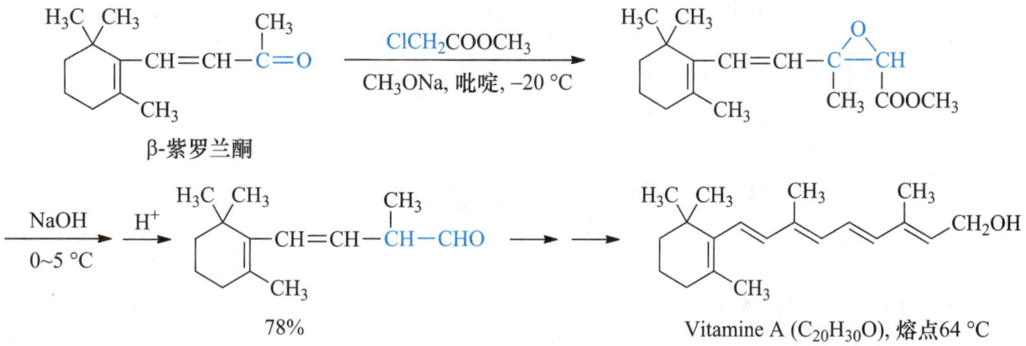

---

**习题 13-34** 完成下列反应，写出主要产物。

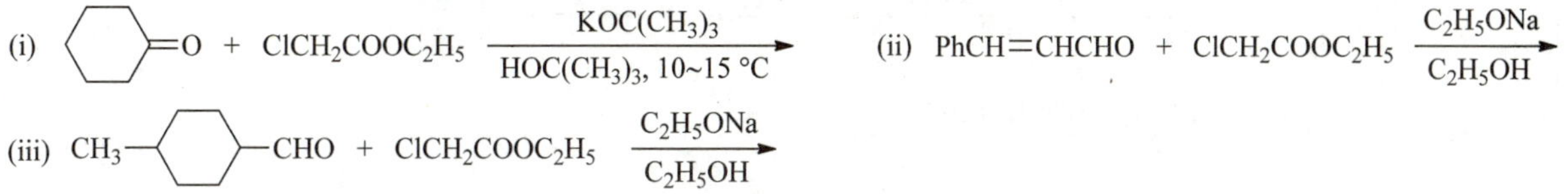

(i) 环己酮 + ClCH$_2$COOC$_2$H$_5$ $\xrightarrow[\text{HOC(CH}_3)_3,\ 10\sim15\ °C]{\text{KOC(CH}_3)_3}$

(ii) PhCH=CHCHO + ClCH$_2$COOC$_2$H$_5$ $\xrightarrow[\text{C}_2\text{H}_5\text{OH}]{\text{C}_2\text{H}_5\text{ONa}}$

(iii) CH$_3$-环己基-CHO + ClCH$_2$COOC$_2$H$_5$ $\xrightarrow[\text{C}_2\text{H}_5\text{OH}]{\text{C}_2\text{H}_5\text{ONa}}$

**习题 13-35** 从指定原料及合适的羧酸通过 Darzen 反应合成下列化合物。

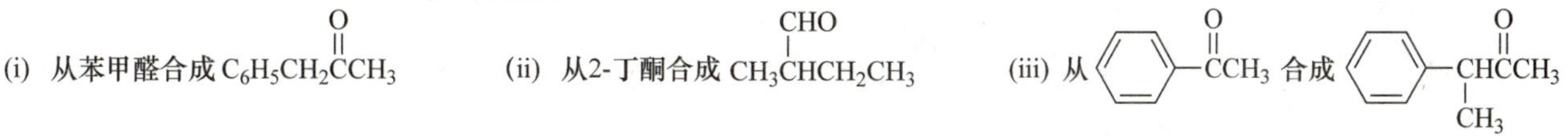

(i) 从苯甲醛合成 C$_6$H$_5$CH$_2$COCH$_3$

(ii) 从 2-丁酮合成 CH$_3$CH(CHO)CH$_2$CH$_3$

(iii) 从 PhCOCH$_3$ 合成 PhCOCH(CH$_3$)$_2$

## 章末习题

**习题 13-36** 完成下列反应。

(i) 

![structure] + ? ⟶ ![structure with HOOCH₂CH₂] ⟶? ![lactone product]

(ii) 

![7-hydroxyisoquinoline] + ? ⟶ ![8-(piperidinomethyl)-7-hydroxyisoquinoline]

(iii) 

![bicyclic aldehyde with OH] + ? ⟶ 产物 ⟶? ![reduced bicyclic product]

(iv) 

![carene carbaldehyde] + ? ⟶ ![carene vinyl]

(v) $2$ ![o-nitrostyrene, CH=CH₂] + $\underset{CH_2COOC_2H_5}{\overset{CN}{|}}$ $\xrightarrow{NaOC_2H_5}$

(vi) $CH_3CH_2CH_2COOCH_3$ $\xrightarrow{LDA, THF}$ ? $\xrightarrow{CH_3CH_2I}$

(vii) $(CH_3)_2CHCOOC_2H_5$ $\xrightarrow{Ph_3CNa}$ ? $\xrightarrow{CH_3COCl}$

(viii) $CH_3CN + 3\ CH_3(CH_2)_3Br$ $\xrightarrow[\text{甲苯, }\triangle]{3\ NaNH_2}$

(ix) ![ethyl 2-oxocyclohexanecarboxylate] $\xrightarrow{NaOC_2H_5}$ $\xrightarrow{PhCOCOPh}$ ? $\xrightarrow{OH^-}$ $\xrightarrow{H^+}$ $\xrightarrow{\triangle}$

(x) $PhCOCH_3$ $\xrightarrow{NaNH_2}$ ? $\xrightarrow{PhCH=CHCOCl}$

(xi) $NCCH_2COOC_2H_5$ $\xrightarrow[C_2H_5OH]{NaOC_2H_5}$ $\xrightarrow{CH_3COCH=CHPh}$

(xii) ![PhCHO] + $\underset{CH_2COOC_2H_5}{\overset{Cl}{|}}$ $\xrightarrow[C_2H_5OH]{NaOC_2H_5}$

(xiii) $(CH_3)_2CHCHO$ $\xrightarrow{\text{cyclohexyl-}NH_2}$ ? $\xrightarrow{C_2H_5MgX}$ ? $\xrightarrow{CH_3(CH_2)_2Cl}$ ? $\xrightarrow[H_2O]{H^+}$

**习题 13-37** 由乙酰乙酸乙酯、指定化合物及必要试剂合成。

(i) 由 环己酮 合成 3-甲基-八氢萘-2-酮衍生物

(ii) 由不超过三个碳的化合物合成 6-异丙基-3-甲基-环己-2-烯酮

(iii) 由丙烯酸乙酯及 $Ph_3\overset{+}{P}-\overset{-}{C}H_2$ 合成 二氧杂环化合物

(iv) 由苯、不超过四个碳的化合物合成 环戊基-$(CH_2)_3$-苯基

(v) 由苯、不超过两个碳的化合物合成 2-乙氧羰基-4,6-二苯基-环己-3-烯酮

(vi) 由不超过三个碳的化合物合成 1-乙氧羰基-2-甲基-4-氧代-环己-2-烯

(vii) 由不超过三个碳的化合物合成 (Z)-辛-5-烯-2-酮类化合物

**习题 13-38** 由丙二酸二乙酯、指定化合物及必要试剂合成。

(i) 用丙酮合成 $CH_3\overset{O}{\overset{\|}{C}}CH_2CH_2COOH$

(ii) 用不超过三个碳的有机物合成 $CH_2=CHCH_2\overset{CH_3}{\underset{}{CH}}CH_2OAc$

(iii) 用丙酮合成 $(CH_3)_3C\overset{O}{\overset{\|}{C}}CH_2CH_2COOH$

(iv) 用不超过三个碳的有机物合成 $CH_3CH_2\underset{CH_3}{\overset{CH_2OH}{\underset{|}{C}}}CHO$

(v) 用丙酮合成 5,5-二甲基-环己烷-1,3-二酮

(vi) 用丙酮合成 内酯羧酸化合物

(vii) 用 环氧乙烷 合成 螺[4.4]壬烷-1,6-二酮 （提示：已二酸关环成环戊酮）

**习题 13-39** 完成下列反应，写出主要产物。

(i) $CH_3O\text{-}C_6H_4\text{-}CHO \xrightarrow[H_2O]{KCN, C_2H_5OH}$

(ii) $CH_2=CH\text{-}C_6H_4\text{-}CHO \xrightarrow[H_2O]{KCN, C_2H_5OH}$

(iii) 2-羟基环己酮 $\xrightarrow[\text{吡啶}]{CuSO_4} \xrightarrow{\text{浓KOH}} \xrightarrow{H^+}$

(iv) $HOOCCH_2\overset{O}{\overset{\|}{C}}\overset{O}{\overset{\|}{C}}CH_2COOH \xrightarrow[\triangle]{\text{浓KOH}} \xrightarrow{H^+}$

(v) $C_6H_5CHO \xrightarrow[H_2O]{Bu_4\overset{+}{N}CN^-}$

(vi) 菲醌 $\xrightarrow[CH_3ONa, \triangle]{\text{浓KOH}}$

(vii) 双环[2.2.1]庚烷-2,3-二酮 $\xrightarrow[\triangle]{\text{浓KOH}} \xrightarrow{H^+}$

**习题 13-40** 从指定原料及合适试剂合成下列化合物。

(i) 从甲苯合成 $\left(CH_3-\underset{}{\bigcirc}-\right)_2 \underset{OH}{\overset{|}{C}}COOH$

(ii) 从糠醛合成 $\left(\underset{O}{\langle\ \rangle}\right)_2 \underset{OH}{\overset{|}{C}}COOCH_3$

**习题 13-41** 由简单的原料制备下列化合物。

(i) $CH_3CH_2\overset{O}{\overset{\|}{C}}-\overset{CH_3}{\overset{|}{C}}HCOOC_2H_5$
(ii) 环戊烷-1,2-二酮
(iii) 环己烷-1,4-二酮
(iv) $CH_3CH_2\overset{COOC_2H_5}{\underset{COOC_2H_5}{\overset{|}{C}H}}$
(v) $CH_3\overset{O}{\overset{\|}{C}}\overset{}{\underset{C_6H_{11}}{\overset{|}{C}H}}\overset{O}{\overset{\|}{C}}OC_2H_5$

**习题 13-42** 试用两个简单的试剂区别下列两个化合物。

(A) $CH_3COCH_2COOC_2H_5$   (B) $CH_3\overset{OH}{\overset{|}{C}}=CHCOOC_2H_5$

**习题 13-43** 写出下列反应的反应机理。

(i) 烯胺 + (CH₃)₂C=CHCH₂Br, 然后 H₂O → 产物

(ii) 2-乙基环己酮 + CH₃COCH₂CH₂N⁺(CH₃)₃ I⁻ → NaOH/H₂O → 稠环烯酮

(iii) 环氧乙烷 + C₂H₅OOC-CH₂-COOC₂H₅ → C₂H₅ONa/C₂H₅OH → γ-丁内酯衍生物 + ⁻OC₂H₅

**习题 13-44** 由指定化合物及必要试剂通过烯胺合成。

(i) 用 环己酮, HC≡CH, CH₃CH₂CHO, CH₃I 合成（稠环化合物）（提示：—C≡C—C(=O)— 也可进行Michael加成）

(ii) 用 环己酮, PhCH=CH₂ 合成 产物

(iii) 用丁醛、不超过四个碳的其他有机物和合适的无机试剂合成 目标化合物（含 CH₃CH₂— 和 —CH₂COOCH₃ 取代基的环己烯酮）

**习题 13-45** 用不超过四个碳的有机物和必要的无机试剂合成。

(i) $CH_3\underset{OH}{\overset{|}{C}H}\overset{O}{\overset{\|}{C}H}\underset{CH_3}{\overset{|}{C}H}\overset{O}{\overset{\|}{C}}OC_2H_5$
(ii) $CH_3CH_2\overset{O}{\overset{\|}{C}}\overset{O}{\overset{\|}{C}}OC_2H_5$
(iii) $CH_3CH_2\underset{CH_3}{\overset{|}{C}H}COOC_2H_5$
(iv) $CH_3CH_2\overset{O}{\overset{\|}{C}}\underset{CH_3}{\overset{|}{C}H}CH_2\overset{O}{\overset{\|}{C}}OC_2H_5$

## 复习本章的指导提纲

**基本概念和基本知识点**

氢碳酸的概念及其酸性强弱的表示；α氢的酸性、酸性强弱的测定以及影响酸性强弱的各种因素；羰基化合物活性强弱的分析和排序；酮式和烯醇式的概念、互变异构及它们稳定性的分析；烯醇负离子的形成、共振式和离域式，烯醇的两位反应性能；烯胺的结构，烯胺的两位反应性能；酮式分解和酸式分解的概念；极性翻转的概念；缩合反应的定义和关键，叶立德，叶立德的结构特征，Wittig 试剂，Wittig-Horner 试剂，硫叶立德。

**基本反应和重要反应机理**

羰基化合物烯醇化的反应机理，不对称酮动力学控制的烯醇化反应和热力学控制的烯醇化反应；醛、酮、酯、β-二羰基化合物烃基化、酰基化反应的特点及对反应条件的要求，不对称酮和 β-二羰基化合物在烃基化、酰基化反应中的区域选择性；β-二羰基化合物的酮式分解、酸式分解和酯缩合的逆反应；Mannich 反应的定义、反应式、反应机理和反应的区域选择性；Robinson 增环反应的定义和反应式；Wittig 反应、Wittig-Horner 反应和硫叶立德反应的定义、反应式和反应机理；安息香缩合反应的定义、反应式和反应机理；Perkin 反应的定义、反应式和反应机理；Knoevenagel 反应的定义、反应式和反应机理；Reformatsky 反应的定义、反应式和反应机理；Darzen 反应的定义、反应式和反应机理。

**重要合成方法**

乙酰乙酸乙酯和丙二酸二乙酯的合成；羟醛缩合反应、酯缩合反应、β-二羰基化合物在有机合成中的应用；Mannich 反应、Robinson 增环反应、Wittig 反应、Wittig-Horner 反应、硫叶立德反应、安息香缩合反应、Perkin 反应、Knoevenagel 反应、Reformatsky 反应、Darzen 反应在有机合成中的应用。

## 英汉对照词汇

acceptor　受体
acid-form decomposition　酸式分解
acylation　酰基化反应
alkylation　烃基化反应
ambident anion　两位负离子
ambident nucleophilicity　两位亲核性
ambident reactivity　两位反应性
aminomethylation　胺甲基化反应
angular methyl　角甲基
benzoin　安息香
benzoin condensation　安息香缩合反应
bimolecular condensation　双分子缩合
biomimetic organic synthesis　仿生有机合成
carbanion　碳负离子

cinnamic acid　肉桂酸
condensation agent　缩合剂
condensation reaction　缩合反应
coumaric acid　香豆酸
coumarin　香豆素
Darzen reaction　达参反应
1,3-dicarbonyl compound　1,3-二羰基化合物
dipole intermediate　偶极中间体
donor　给体
enamine　烯胺
enol acetate　乙酸烯醇酯
enolate anion　烯醇负离子
enol ether　烯醇醚
enol form　烯醇式

α,β-epoxycarboxylate α,β-环氧羧酸酯
ester carbonyl 酯羰基
ethyl acetoacetate 乙酰乙酸乙酯
furfural 糠醛
hormone 激素
hydrocarbonic acid 氢碳酸
indole 吲哚
intramolecular hydrogen bond 分子内氢键
β-ionone β-紫罗兰酮
β-keto ester β-酮酯
keto form 酮式
keto-form decomposition 酮式分解
kinetic control 动力学控制
Knoevenagel reaction 脑文格反应
Mannich base 曼氏碱
Mannich reaction 曼尼希反应,曼氏反应
morpholine 吗啉
nitrogen ylide 氮叶立德

non-proton solvent 非质子溶剂
organozine reagent 有机锌试剂
Perkin reaction 蒲尔金反应
Reformatsky reaction 瑞佛马斯基反应
phosphorus ylide 磷叶立德
polarity reverse 极性翻转
Robinson annelation 鲁宾逊增环反应
sixhydropyridine 六氢吡啶
sulfur ylide 硫叶立德
tetrahydropyrrole 四氢吡咯
thermodynamic control 热力学控制
tropine 托品
tropinone 托品酮
tryptophan 色氨酸
α,β-unsaturated ester α,β-不饱和酯
Wittig-Horner reaction 魏悌息-霍纳尔反应
Wittig reaction 魏悌息反应
ylide 叶立德